北京中澳联合矿业技术发展有限公司

China Australia Mining Development Alliance Co., Ltd.

CAMDA

北京中澳联合矿业技术发展有限公司，是澳大利亚联合矿业与国家安监总局发展研究中心组建的中外合资企业。

公司以安全、节能、环保为理念，在国际合作交流、专业咨询、瓦斯治理、煤层气勘探、设备技术引进，以及协助中国企业海外投资等方面开展工作。

公司先后举办了中澳煤炭峰会、中澳煤矿安全与瓦斯技术交流会。在北京与澳洲，举办神华集团 -- 中澳矿业煤矿瓦斯综合治理技术国际研讨会。

公司理念：为客户引入 IMSS（综合矿山安全治理）模式，提升安全治理水平

引进国外技术，组建专业实验室。与美国、澳大利亚等国家先进专业公司，组成联合技术团队，为近 20 家大型煤炭集团，开展咨询与技术服务等工作。

公司创建了独特、完整的“IMSS”(Integrated、Mine、Solutions、Safety)综合矿山安全治理模式，形成了“八位一体”(规划、勘探、测试、模拟、设计、抽采、生产安全、综合利用)的瓦斯综合治理与管理体系，先后为神华集团、国投能源等公司，实施 20 余万米合同的中长定向钻进瓦斯抽采工程，抽出瓦斯共计 2 亿多立方。

运营系统：八位一体，以煤矿安全生产和瓦斯综合治理为主线，为煤矿客户提供专业化、定向集中、量身定制的安全服务。

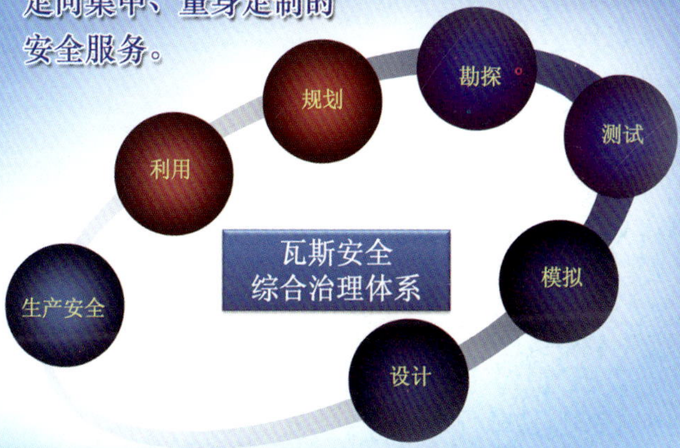

公司业务

- 大力提高中长距离钻进瓦斯抽放工程量
- 深入研究瓦斯治理的难点、要点课题，加强合作，实现技术产业化

- 推进国外先进的专业化设备与零部件生产国产化
- 推介国外先进的瓦斯快速测试设备、洗选设备、灭火降尘设备等

- 为国内外公司提供有关煤炭资源、安全管理、瓦斯抽采、煤层气等咨询
- 构建高层交往平台，定期组织高层论坛与专业化研讨会

- 推进与澳洲及东南亚的矿产品贸易
- 以贸易为载体，开展煤炭海运业务

HAN阻隔防爆橇装式加油（气）装置系列产品是河北华安天泰防爆科技有限公司自行研制开发的具有自主知识产权的专利产品，它是一种地面加油装置，集HAN阻隔防爆储油罐、加油机、液位仪等设备于一体，并设有高液位报警液位仪、紧急泄压阀、放溢流阀、自动灭火装置及防雷防静电装置，同时在加油机进油管道上设有高温自动断油保护阀，可满足不同的注油方式。具有目前使用中、小型加油站的所有功能，是一种既安全防爆又不污染大气及地下水资源的高科技产品。

北京奥运会地铁站附近橇装式加油装置

北京奥运会鸟巢外橇装式加油装置

济南全运会橇装式加油装

上海世博园内站橇装式加油装置

阻隔防爆橇装式加油装置

地址：河北省遵化市工业园区（邦宽公路北侧）
邮编：064200
电话：010-64028496 传真：010-64028496
网址：www.chinahan.com.cn

特点及功能

***安全防爆:** 阻燃防爆效果好,热辐射小。装置采用的阻隔防爆储罐，在遇到明火、撞击、雷击、枪击、焊接等意外情况时也不会发生爆炸,即使出现燃烧，火焰高度低，可迅速灭火，不会发生爆炸。

***运营成本低、安全可靠:** 采用的阻隔防爆装置，不受内部和外部条件变化的影响(如停电、停水、停气、监控和自动控制装置失灵等),不需增加辅助设备,运行成本低。

***高效快捷:** 设备整机出厂，安装方便，建站时间只需(1～3天),占地面积小,可移动,标准化和模块化设计适用于各种供油环境。

***功能齐全:**

1、可盛装两种或多种不同油品，并可配置两部或多部加油机能满足不同注油方式;

2、可配备发电机，以保证外界停电时正常工作;

3、设有制动断油保护装置、高液位报警（防溢流）装置、紧急泄压装置、及多种监控报警装置，以保证装置的事故预防和应急。

***环保节能:**

1、装置储罐内部的阻隔防爆装置具有抑制油气挥发的功能,比现在广泛使用的储油装置减少油品耗损65%左右;

2、储罐为双层罐，内罐壁得到阻隔防爆材料的阴极保护，可延长罐体使用寿命;

3、双壁罐之间设有防渗漏探测装置，可随时检测储罐的泄露，从而避免因储罐泄露而导致的对地下水资源的污染。

***导除静电:** 阻隔防爆装置材料能及时导除装卸油过程中的静电，不产生静电积聚。

***维护简便:** 装置维护简单，油罐清洗安全便捷，罐体可随时进行焊接不爆炸，实现了本质安全。

***设计灵活:** 储油罐的规格尺寸和加油机的规格,可根据用户的要求进行设计制造,并可根据客户的需求设计安装自动监控系统。

***风格多样:** 外部造型可根据用户要求进行不同风格的设计,满足与环境的最佳匹配和整体协调。

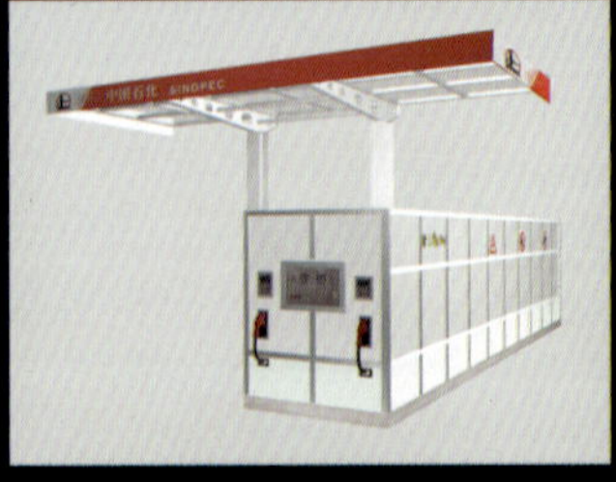
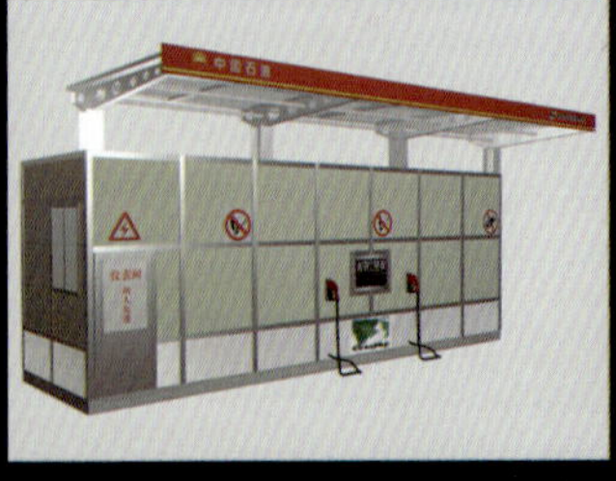

铝塑板阻隔防爆橇装式加油装置

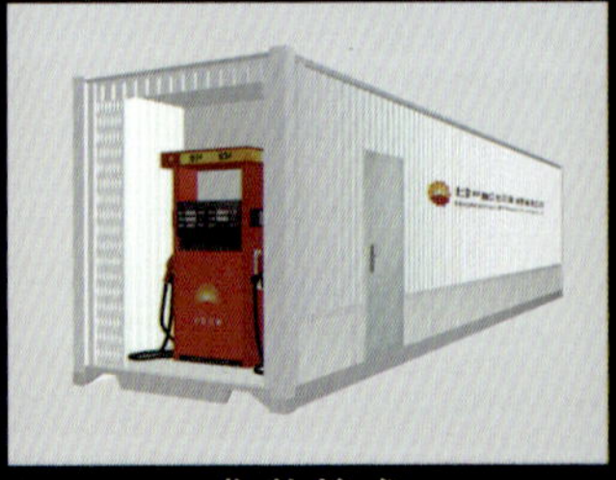

集装箱式
阻隔防爆橇装式加油装置

北京回龙观橇装式加油装置

汶川地区橇装式加油装置

HAN®

阻隔防爆橇装式加油装置

地址：河北省遵化市工业园区（邦宽公路北侧）

邮编：064200

电话：010-64028496 传真：010-64028496

网址：www.chinahan.com.cn

河北冀中能源张矿集团宣东二号煤矿

矿长　王怀玉

党委书记　贾洪滨

河北冀中能源张矿集团宣东二号煤矿，是国家控股的煤炭生产企业，是冀中能源北方支柱矿区新崛起的一座现代化矿井。矿井设计能力90吨/年，经过矿井扩能技改，核定生产能力为150吨/年，矿井位于张家口市宣化城东南10Km处的宣化县顾家营镇境内，井田内有京包铁路和110国道、京张高速公路、宣大高速公路，交通十分便利。

矿井共有5个可采煤层，即Ⅲ3、Ⅳ1、Ⅳ2、Ⅳ3、Ⅴ2煤层。其中，主采煤层为Ⅲ3、Ⅴ2煤层；矿井地质储量为一亿二千八百万吨，可采储量8682万吨。煤种有1/3焦煤、气煤、动力煤，生产的1/3焦煤具有低灰、低硫、低磷、高热值的特点，深受用户青睐。

2007年7月，“中澳煤矿安全健康示范型矿井”合作项目，正式落户在该矿。该项目旨在通过两国政府间的合作，从安全管理、风险评估控制、技术装备、管理培训、瓦斯综合利用等方面，对高瓦斯矿井进行安全健康示范型矿井建设，把宣东建设成国际一流的安全健康示范型矿井。自项目实施以来，中澳双方为加快项目进程，各类代表曾多次组织技术研讨，在矿山紧急救助、除尘、瓦斯管理、技术信息管理、员工安全培训等多领域展开了深入交流，取得了显著的成效，夯实了合作基础，提升了矿井的安全管理能力，实现互利共赢，共同发展。

2009年2月，以矿长王怀玉、党委书记贾洪滨为班长新的一届领导班子，提出了“今年像个样，明年变个样，后年大变样”的三步走战略发展目标，以建设中澳安全健康示范矿井为契机，积极实施“科技兴企”战略，努力破解制约企业发展的瓦斯治理难题，大力推进制度创新、技术创新和管理创新，矿井管理水平显著提升，职工队伍素质快速提高，安全质量标准化日渐稳固，安全生产持续稳定，各项工作呈现勃勃生机，矿井的四个文明建设健康协调发展。企业先后被荣获煤炭系统文明矿，行业级安全高效矿井、基层先进党组织、企业文化示范矿、思想政治工作先进单位等荣誉称号。

宣东矿职工公寓

扎实推进风险评估和三级事故隐患排查治理
全面打造中澳安全健康示范型矿井

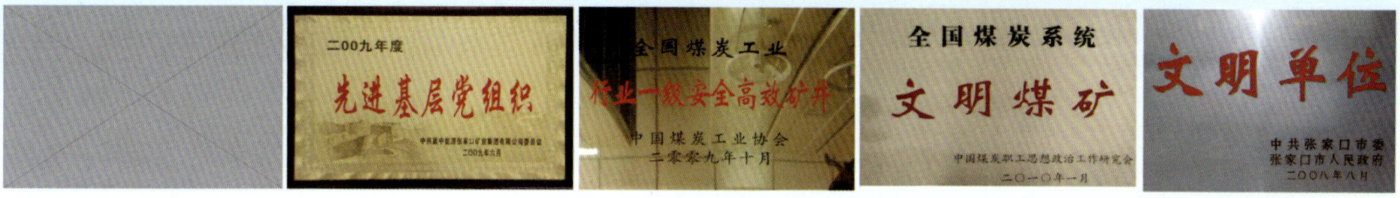

宣东矿是冀中能源张家口矿业集团的主力矿井之一，是一座新崛起的现代化矿井。矿井位于河北省张家口市宣化县境内，东距北京130公里，毗邻京包铁路和110国道、京张、宣大高速公路，交通十分便利。始建于1992年，设计生产能力90万吨／年，服务年限64.3年。后通过扩能改造，达到了150万吨/年生产能力。

矿井自投产以来，始终坚持安全发展，确立了“以人为本，瓦斯为天，安全第一，生产第二”的指导思想，切实把安全工作放到了重中之重抓紧抓实。2007年7月，“中澳煤矿安全健康示范型矿井”合作项目落户宣东矿。该项目旨在通过两国政府间的合作，从安全管理、风险评估控制、技术装备、管理培训、瓦斯综合利用等方面，对高瓦斯矿井进行安全健康示范型矿井建设，把宣东建设成国际一流的安全健康示范型矿井。

一、提高认识，高度重视，把风险评估和隐患排查治理作为安全基础工作来抓

宣东矿是一座瓦斯、水、火、顶板、煤尘、地应力六大灾害俱全的矿井，这给矿井安全管理带来了巨大困难。如何确保矿井安全生产，保障企业实现安全发展、持续发展、健康发展成为了宣东首当其冲的关键课题。

澳方专家到宣东矿考察

澳方专家到井下考察

为此，我们从宣东矿的实际情况出发，坚持以科学发展观为引领，牢固树立了“煤矿生产、安全为天；安全生产、预防为主”的指导思想，始终将三级隐患排查治理作为事关矿井生存发展的基础工作来抓，未雨绸缪、防患未然。在张矿集团公司的正确指导下，健全了矿井及各专业组、区队、班组隐患排查治理机构，明确了各级管理人员在隐患排查治理中的责任，完善了《隐患排查治理办法》，规范了排查治理运行程序，把隐患排查治理工作纳入安全结构工资考核。为使工作有效开展，分阶段、分层次进行了全员隐患排查治理培训学习，举办了四期三级事故隐患培训班，重点对班组长以上管理人员进行了培训。同时，各区利用班后半小时对职工进行各类安全知识、岗位操作技能以及三级事故隐患排查治理管控体系培训，通过学习培训，使广大干部职工进一步提高了思想认识，树立了正确的安全理念，提高了操作技能，发生了由以往间歇、被动式的管理向持续、主动的安全管理的转变，进而向实现全员参与和过程控制稳步迈进，实现了全员、全过程、全方位、全天候和多层次的风险防控和隐患排查治理，形成了系统科学的隐患排查机制，使得人人积极主动地排查和治理隐患，从而把事故隐患消灭在萌芽状态。

二、加强领导，建章立制，建立健全了组织机构

进一步加强了矿井风险评估和隐患排查治理工作，

中澳双方专家在商讨矿井瓦斯治理有关事宜

制定出台了《宣东二号煤矿安全健康管控体系运行办法》，设立了专门的治理组织机构，成立了以矿长为组长、安全矿长为副组长的领导小组，分设了专业矿长为组长的专业管理小组，并由安全监察部负责日常监督管理，实行分级负责制。矿领导小组对隐患排查治理工作全面负责，各专业小组对本专业隐患排查治理工作负直接领导责任，各区正职负责本区隐患排查治理工作。这样就明确了安全管理责任，做到了管生产同时要管安全。各司其职，分工协作，共同推进矿井隐患排查治理工作，充分发挥信息站的作用，有效利用安全隐患排查治理信息软件网络管理平台，实现安全信息网络化管理，从安全信息的收集、上报、治理形成了闭环管理，做到安全隐患及时安排整改落实，按时进行跟踪检查验收，构建了完善的组织管理责任体系。

三、健全制度，完善体系，规范运行，严格考核，风险评估和隐患排查治理取得了良好成效

一是建立完善了安全管理责任体系。要求每一位职工必须了解作业场所和工作岗位上存在的事故隐患，对存在的隐患进行全面排查。岗位人员要进行岗位排查，在每一步操作前，首先要排除隐患，填写《岗位排查表》，并现场签字确认；集中生产作业场所由班组长负责本班的隐患排查治理，下班后提交《隐患排查治理表》；跟班区长要对本区管辖的范围进行全面隐患排查和巡查，（包括集体工作地点、单人岗位和流动作业人员），并提交当班的《隐患排查、巡查表》。区隐患排查信息员每天查阅各种排查表，将当班解决不了的隐患填写在《隐患排查治理台帐》上，由区长负责协调解决；区解决不了的填写《隐患排查治理日报表》，报主管矿领导协调解决，并由主管矿领导签字后报安监部备案；各级管理人员下井实行走动式管理，随身携带走动式管理记录本，随时记录沿途发现的问题隐患，能够现场整改的立即处理，不能现场整改的，升井后到信息站填写隐患整改指令，责令相关单位按指令整改；安监部信息站将入井人员填写的《安全信息卡》进行筛选，填写三联单下发到隐患所属单位进行整改，同时信息站综合当日筛选出来的安全隐患信息和区日报表的隐患，填写《安全隐患排查治理日报表》，送报每位专业矿领导和职能部门协调管理，并登录隐患排查治理信息平台，实现信息传递。

中澳煤矿安全示范合作项目联合声明签字仪式

从岗位、班组到区队，各级排查出的来隐患，能解决的立即解决，不能解决的逐级上报，岗位报班长、班组报区（队）、区（队）报矿、矿报集团公司。这样就形成了从上到下压力逐级传递、职责明确的安全管理责任体系。

二是建立了安全健康管控体系。分为矿井重大危险源评估、井下工作场所的风险评估、个人工作过程中的风险评估三级评估方法。运用“故障树”法分析某一特定重大灾害发生的各种影响因素；对于工作场所及特殊工艺风险评估，运用“工作场所风险评估与措施（WRAC）”法，利用风险矩阵表和安全分析表进行全方位风险评估；个人一般作业场所，采用工作安全分析法

宣东矿给职工集体过生日

宣东矿召开地面瓦斯抽采论证会

备战双五集体宣誓

（JSA），利用风险矩阵表和安全分析表进行风险评估。对现场实施公司、矿、专业组、区队、班组及岗位分层级风险评估和隐患排查治理，对高风险作业环节和现场不能及时治理的隐患规定处置方法。同时按照事前风险评估、现场作业过程隐患排查和隐患治理与风险控制以及实施成果评估的步骤，形成了风险防控和隐患治理的闭环管理。

三是建立完善了安全监督检查体系。对风险评估和隐患排查治理情况逐级检查，矿领导检查专业组、专业组检查所属区队和部门，区队检查班组，班组检查岗位。每一级漏查了隐患或者对存在的隐患整改治理不及时的，都由上一级进行追究处罚。安监部全面负责矿井隐患排查治理监督检查工作，包括隐患排查情况、治理情况、建档管理及资料整理、分类、汇总、上报等，在隐患治理过程中由安监员或兼职安监员盯在现场，进行过程监督，形成了完善的过程有效监督的安全监督检查体系。

四是建立完善了安全管理制约体系。在生产过程中，把现场随时出现的安全隐患排查出来，并及时地进行风险评估和整改治理，要依靠上下之间的制约体系来控制。从矿领导到区队、班组、到每个工作岗位，层层进行制约。隐患自下而上逐级排查上报，治理从上到下及时安排整改，监督各环节是否到位，形成了相互制约的管理机制，从而保证隐患排查到位、治理彻底。

五是建立完善了安全责任考核追究体系。风险评估和隐患排查治理过程中哪一级漏查了隐患，或者查出了隐患不积极进行治理、上报的，由上一级进行责任追究；由于隐患治理不到位而造成事故的，要根据事故发生的原因，从上到下一级一级的追查责任；这样既能通过对人员的追查来查找责任，也能通过事故反过来一级一级查找责任人，保证各级全面负责。宣东矿把隐患排查治理工作纳入安全结构工资考核。对隐患漏查、漏报和隐患治理不及时、不彻底的责任人和责任单位，对工伤事故的责任人和“三违”行为，严格对照相关规定进行考核，严肃责任追究。今年以来共实施责任追究38人次（包括专业矿领导、区科长、班组长、职工），罚款11.5万元（不包括对集体罚款），起到了正向的保证作用，有效地保障了体系的运行。

自全面推进中澳安全示范矿井建设、推行风险评估和三级隐患排查治理工作以来，宣东矿的安全管理得到了强化，职工生产作业环境得到了改善，各类安全隐患得到了整治，各类事故的发生大幅度减少，保障了安全生产。治理管控体系的扎实有效运行，改变了宣东矿被动安全管理的模式，实现了矿井安全管理从事后处理向超前预防的转变，做到了关口前移、超前预防、主动管理，保障了安全生产，受到了良好成效，惠及了全体员工。经验告诉我们，风险评估和三级隐患排查治理管控体系，是预防事故的有效途径，是保障安全生产的有力手段，我们必须坚定不移地继续将此项工作深入持久地开展下去，在实践中不断完善、深化、提升和发展，全面建设中澳安全示范矿井，跻身国内国际先进行列，确保矿井长治久安。

备战双五集体宣誓

现代化调度指挥中心

丰富多彩的职工文化生活

丰富多彩的职工文化生活

发展循环经济 实现持续发展

冀中能源张矿集团宣东瓦斯热电有限公司

近年来，冀中能源张矿集团高屋建瓴，积极顺应国情民意，深化节能减排工作，综合利用矿井瓦斯资源，开展瓦斯发电、供电、供热项目建设，坚持走循环经济、可持续发展之路。目前，该公司瓦斯综合利用项目建设全部竣工投产，产生了显著的企业和社会效益，走出了一条具有节能环保的绿色和谐发展之路。

该公司前身为张矿集团瓦斯发电厂。发电厂于2005年8月1日成立，2005年10月18日开工建设电站一期工程，于2006年1月23日并网发电，供宣东矿自用。

2008年4月28日，张家口宣东瓦斯热电有限公司正式成立，注册资本为16000万元，现有职工125人。

目前，公司拥有三个发电站，总装机容量达到21500kW，即20台高浓度燃气发电机组、20台低浓度燃气发电机组和配套18台余热锅炉、1台1500kW的汽轮机发电机组。

该公司分两期工程建设，一期工程装机8台×500GF-RW型燃气发电机组，总装机容量4000kW。配套8台烟气余热锅炉，燃气机排出的尾气直接引入余热回收装置，用回收的余热产生0.8MPa饱和蒸汽（主要供宣东矿职工洗澡），产汽量为8×0.45t/h=3.6t/h，日消耗瓦斯纯量2.88万m^3。该工程于2005年10月18日开工建设，2006年1月23日发电，供宣东二号煤矿自用。

为了充分利用宣东煤矿矿井瓦斯资源，在瓦斯电厂一期电站成功运行的基础上，扩大瓦斯利用规模。2007年8月22日，瓦斯电厂二期工程开工建设。该工程建设规模为32台×500kW燃气发电机组并配套安装尾气锅炉。二期工程分两部分，一个电站建在宣东工业场地东侧，装机规模12台×500kW燃气发电机组，装机容量6000kW，该电站已于2008年7月20日并网发电，日消耗瓦斯纯量4.32万m^3。另一个电站建在风井的东侧装机规模20台×500kW低浓度内燃发电机组，装机容量10000kW，该电站于2008年7月20日开工建设，于2009年10月22日并网发电，日消耗瓦斯纯量7.2万m^3。

由于内燃机发电后排放的高温烟气温度约为500℃左右，为了充分利用风井电站20台内燃发电机组产生的余热蒸汽，通过余热蒸汽锅炉，产生过热蒸汽带动汽轮机发电。在风井电站配套安装1台×1500kW蒸汽汽轮机发电机组，4台余热锅炉，形成余热利用发电系统，实现燃气和蒸汽联合循环发电。

张矿集团公司党委书记、董事长董传彤（前排左二）陪同澳大利亚客人参观瓦斯发电站

从一期电站到二期宣东、风井三个电站建设中，公司克服北京奥运、国庆60周年安保、高压线路跨越京张、京化高速、110国道及跨越10处高压供电线路等重重困难，顺利并入国家电网安全发电，三个电站圆满成功并网发电，在河北省瓦斯发电开创了先河，为全省乃至全国瓦斯发电起到了典范作用。2009年获得了冀中能源项目建设先进单位荣誉称号。近年来，美国、俄罗斯、澳大利亚、荷兰、日本、韩国、波兰等国家人员和国家、省、市领导等大批人员相继到该公司参观以及洽谈合作意项，做为冀中能源张矿集团的一个窗口，向国内外来宾展示了冀中能源张矿集团的良好形象。

张矿集团公司副总经理、宣东瓦斯热电有限公司董事长涂玉良（左）会见美国客人

在发电机组运行中，他们加强职工安全技术培训培训，各电站主要值班、维修人员完全可以保证操作、维修、运行安全。2009年7月，邀请机组生产厂家对一期发电机组进行了机组中度维修，在运行过程中，日常基本保养和维修由该公司人员进行，保证了瓦斯输送、发电机组、高低压配电、余热锅炉等系统的安全可靠运行。从发电站运行截止到2010年六月底，累计发电12374.73万度，实现收入6254.4万元。发电机组运行功率保证在

河北省副省长张和（左四）、冀中能源集团公司党委书记、董事长王社平（左一）等领导为该公司二期工程奠基

450kW左右。

三个电站总装机容量21500kW，40台燃气发电机组全部并网发电。40台燃气发电机组和一台汽轮发电机组全部达产后，如果瓦斯气源充足，每年可发电一亿度。瓦斯发电是可再生资源利用项目，符合国家发改委优惠政策，经河北省物价局批准，该公司一、二期瓦斯发电项目上网电价为0.595元/kWh，除厂区自用电外华北电网公司全部收购。每年将为企业创收5000多万元，年节约标煤6万多吨，综合利用煤层气近4千万立方，减排二氧化碳40多万吨。

国家能源局煤炭司副司长魏鹏远（前排右三）到该公司视察

宣东瓦斯热电有限公司总经理涂明成（左一）书记刘润平（右一）陪同美国客人参观考察瓦斯发电站

目前，余热锅炉产生的蒸汽在夏季供职工洗澡，冬季供宣东煤矿井筒供热和公司电站厂区供热。如果风井电站瓦斯气量增加，能够满足4台余热蒸汽锅炉运行的情况下，产生过热蒸汽将带动1500kW的汽轮机发电，将产生更大的经济效益。

瓦斯综合利用项目是响应国家节能减排项目，可以减少空排瓦斯对环境大气的污染，减缓全球温室效应，改善大气环境质量，为国家和全人类做出更大的贡献。同时，瓦斯发电余热锅炉的启用，节约燃煤，减少粉煤灰的排放，净化了矿区环境，甚至对北京空气质量改善做出了积极贡献，真正达到了节能减排的良好效果。

三个电站每年共产生的二氧化碳减排总额约为45万吨，根据联合国环境与发展大会签署的联

瓦斯发电站全景

合国《气候变化框架公约》，瓦斯利用后，由于减排了二氧化碳，可做成CDM项目进行出售。为此，张矿集团积极运作，与CDM项目合作伙伴进行合作，如果合作项目成功，将为企业创造更大的经济效益。

为了达到瓦斯零排放，该公司积极探索矿井乏风处理和利用。宣东矿井风排瓦斯浓度虽然低于0.5%，但排放总量较大，占矿井瓦斯总量的30%。为了做到瓦斯零排放，最大限度地利用宣东矿废气中的瓦斯气体,净化大气环境，为企业创造更大的经济效益和社会效益。从2009年开始，他们积极寻找合作伙伴，积极开展矿井乏风处理和利用项目。届时，将彻底解决多年来矿井风排瓦斯白白排到大气中，为改善大气环境，更好地实现节能减排，降低全球温室效应做出积极努力。

波兰客人到该公司参观考察

该公司风井电站成功并入国家电网启动仪式

冀中能源张矿集团

夯实煤矿安全文化建设

冀中能源张矿集团涿鹿矿业有限公司通过夯实企业安全文化建设，使职工的安全意识进一步增强、安全技术水平进一步提高，企业连续三年实现了无重伤以上事故及二类非伤亡事故，多次被集团公司授予“安全生产先进单位”等荣誉称号。

在安全文化建设方面的主要做法有：

强化培训提素质。为进一步贯彻落实“安全第一、预防为主、综合治理”的安全生产方针，切实把“管理、装备、培训并重”的原则落到实处，我公司把全面提高特种作业人员的安全生产技术素质、促进安全生产的可持续发展放在企业安全文化建设的首位。2008年至2010年，组织开展了多种形式的安全培训工作：一、是根据集团公司有关文件精神，坚持每年制定《特种作业人员安全技术业务培训计划》，并积极组织举办特种作业人员培训、复训工作。重点培训、复训的特殊工种有：瓦斯员、爆破员、绞车司机、电钳工、信号把钩工、充灯工、司泵工、空压机司机、主扇司机、安全监测工等14个工种，全公司共有214人参加了培训，考试合格率达100%，并由集团公司安培中心核发了《特种作业人员上岗证》。通过培训，使广大特种作业人员的安全生产技术知识和实际操作技能得到全面提高。

涿鹿矿业有限公司

助推企业安全健康发展

二是认真搞好安全生产管理人员的培训、复训工作，总经理、安全副总、生产副总、总工4名安全生产管理人员全部取得了《矿长资格证》和《矿长安全资格证》；全矿有53名安全生产管理人员参加了集团公司安培中心的三级培训，并全部取得了《河北省煤矿安全技术资格证书》，确保了安全生产管理人员持证上岗。

三是组织公司安全生产管理人员以及区队长以上干部认真学习了《安全生产法》、《安全生产条例》、《国务院关于预防煤矿生产安全事故的特别规定》（446号文件）和《国务院关于进一步加强企业安全生产工作的通知》（国发【2010】23号）精神等有关安全生产文件。通过学习，进一步增强了各级安全生产管理人员的法制观念。对于指导现场安全管理起到了积极的作用。

四是进一步强化和规范企业安全技术培训工作，不断提高员工的整体安全技术素质，促进安全生产的持续稳定发展，公司成立了四级安全培训机构，设立了专（兼）职培训教师13名，建立了能同时满足50人学习的培训教室4处，并配备了相应的桌凳、黑板等教学电视、VCD播放机等办公设施。2008年至2010年，坚持每年对一般工种开展培训，三年累计培训一般工种4329人次、培训新工人489人次。

同时还开展了“三日一题”、“七日一考”、“三不伤害”和周五安全活动日等多种形式的安全生产教育活动，重点学习了《煤矿安全规程》、《煤矿职工安全手册》和《煤矿职工安全知识读本》等内容。并结合各生产井实际使每个井下职工及时了解不同时期的安全生产重点，使职工能够正确辨别矿井所存在的各种危险因素，并及时掌握各种避灾及自救方法。

注重宣传树理念。涿鹿矿业有限公司是一个已有建矿九十年的老企业，大部分职工来自于农村，文化素质偏低，公司根据企业实际，把加强企业安全文化宣传作为搞好安全生产的突破口，使职工在潜移默化中受到教育。

一是在西山坡井、黄土湾井和西寺湾井建起了安全文化宣传走廊，大力宣传国家有关安全生产文件精神、法律法规，使职工牢固树立 “以人为本、安全为天”的安全文化理念，增强了职工的安全意识。

二是在重大节日期间，利用宣传阵地大力宣传党的安全生产方针、张贴安全标语、安全警句、悬挂安全宣传条幅等。2010年，组织开展了多种形式的安全生产活动。在“安全生产月”期间，开展了“安全生产承诺宣誓”和　“安全生产咨询”活动，重点宣传安全生产法律、法规、入井须知、安全行车与行走、灾害预防等有关安全生产知识，现场发放《2010年6月份“安全生产月”安全知识宣传提纲》600多份。同时还组织开展了职工技术练兵和技术比武活动，全公司有180多人参加了电钳工、瓦斯检查员、救护工等八个项目技术比武活动。公司选拔9名优秀选手参加了集团公司举办的“职工技术比武”活动，有3人取得“技术能手”荣誉称号。有1人摘取张家口市救护比武大赛个人体能第一名桂冠。

三是对在生产建设中涌现出的安全先进单位和先进个人给予表彰奖励，在矿内大张旗鼓地宣传其安全先进事迹，对有突出贡献的推荐到集团公司进行表彰奖励。三年累计表彰奖励各类安全先进单位12个、安全先进个人32人。有12人被集团公司授予“安全先进个人”荣誉称号。

规范制度促管理。在安全生产规章制度建设方面，进一步完善并充实了《安全生产管理制度》41项、《安全生产责任制》81项、《安全技术操作规程》37项、《一通三防管理制度》12项，并下发各井口、部门贯彻落实，使安全管理工作有章可循。同时根据《特别规定》要求，制定了各级安全生产管理人员下井带班制度。

搞好群监是基础。为进一步搞好群众安全生产监督工作，按照集团公司的有关要求，公司成立了群监组织机构、各生产井口建立了安全信息站、生产班组配备了群监员，使生产过程中的安全管理时时接受群众的监督，“三违”现象同比下降了50%。

规范运行《安全健康管控体系实施办法》是保障。搞好生产现场隐患排查与治理是确保煤矿安全生产的重要基础之一。针对本矿多井口实际，公司制定了《安全健康管控体系实施办法》推进计划和《安全健康管控体系实施细则》，成立了相应的领导机构和工作机构。

一是抓好生产班组隐患排查治理。我矿在明确生产班组长的隐患治理责任的同时，全面推行生产现场隐患排查工作，使生产现场的隐患及时发现，对危及生产安全的隐患跟班队长就有权指挥立即进入治理程序，最大限度地减少和控制了各类事故隐患的存在时间，使生产现场安全环境得以大大改善。

二是抓好井区隐患排查治理。井区工作千头万绪，井区既是隐患排查者又是隐患治理者，井区每天组织开展的隐患排查工作，是搞好矿井安全生产的重要一环。为确保各类隐患如期治理，明确了生产井区主要负责人的隐患治理责任，生产井区发现的较大安全隐患，由生产井区主要负责人组织处理，并按照“五定四措施”的原则限期整改，生产井区无能力处理的隐患上报公司，由公司负责解决。

三是抓好专业隐患排查治理。每旬由总经理带队组织各专业科室有关技术人员开展全方位隐患排查，根据排查结果，确定隐患级别，对B级以上的隐患严格按照“五定四措施”原则进行整改，对A级隐患上报集团公司协助解决，使过去的一些“老大难”隐患得以及时治理。2010年11月份，组织黄土湾井班组长、区队长对急倾斜煤层水平分层开采工作面开展事前风险评估工作，确定各道工序风险类型、风险等级及潜在危险，明确现有措施和改进措施，广泛收集意见并进行修改完善，制定出《黄土湾井急倾斜煤层水平分层开采工作面事前风险评估表》和黄土湾井急倾斜煤层《采煤工作面事故隐患排查评估表》，制作了《隐患类型及风险评估图表》卡片，做到班组长随身携带，使隐患排查与风险评估有机结合。

自全面推行安全健康管控体系工作以来，全矿安全管理工作发生了根本变化，由过去的现场隐患排查的被动型方式变为事先风险评估，以各专业为主、全员参与的主动型方式。安全管理工作条理清晰、思路明确、有根有据。矿井生产环境明显改善，事故频率大大降低，同时也为企业安全文化建设赋予了新的内涵。

夯实煤矿安全文化建设 助推企业安全健康发展

冀中能源张矿集团煤炭销售分公司

公司简介

煤炭销售分公司位于河北省张家口市宣化县顾家营镇土山洼村，是一个集销售煤炭、多项物流贸易于一体的国有企业，隶属于冀中能源张张家口矿业集团。现有职工215人，总资产4亿多元，年创利税9000多元。

公司承担冀中能源张矿集团所属各生产矿井自产煤炭及洗精煤产品的销售、发运及售后服务工作及化工、建材、橡胶等物流贸易，拥有三条铁路专用线、四个大型储煤场及两条筛选、配煤加工生产线；煤炭产品可经宣化、下花园、新保安三个铁路车站发运，年煤炭发运能力200万吨以上，物流贸易收入10亿元，年销售收入达50亿元。

总经理张海涛

集团公司董事长董传彤

到煤炭销售分公司调研指导工作

公司召开中层干部会，研究公司经营销售工作

公司总经理张海涛到基层检查指导工作

公司女工委组织女职工
到装车一线慰问装车职工

公司领导带头向玉树灾区人民捐款

公司领导到困难职工家庭进行慰问

随着冀中能源张家口矿业集团的不断壮大，公司与时俱进紧跟时代发展步伐。公司坚持科学发展观，坚持“发展、创新、做实”的管理理念，坚持“做强主业、延伸链条、综合发展、带动相关”的发展战略，坚持走可持续科学发展的道路，坚持“敢为人先，奋发图强，勇争一流”的企业精神，使公司规模不断发展扩大，综合实力不断增强。

煤炭装运货位

与河北钢铁集团洽谈业务

下花园装运区储煤场

三八妇女节，公司领导与公司女职工一起联欢

公司曾连续荣获冀中能源先进集体、张矿集团先进单位、安全生产先进单位等荣誉称号。

公司坚持“以人为本、安全第一”的安全理念，秉承“生命高于一切”的原则。公司十分注重安全生产教育，每月定期组织管理人员对一线职工进行安全生产教育培训，增强员工的自主保安和互助保安的安全意识，采取定期和不定期相结合的安全隐患排查措施，使安全生产工作实现无轻伤以上事故的目标。

目前，煤炭销售分公司广大干部职工正在满怀豪情，脚踏实地一步一个脚印地，向着“2010年实现煤炭销量 200 万吨，销售收入实现 50 亿元”奋斗目标阔步前进。并在此基础上，不断创新管理，砥砺奋进，顽强拼搏，努力增强企业发展后劲，为实现公司的可持续发展，为实现冀中能源“6·1”奋斗目标积极努力着。

“潮平两岸阔，风正一帆悬”，面对新的机遇和挑战，全体员工信心坚定，精神振奋，锐意进取，勇于创新，决心用实际行动和光辉的业绩共同创造出炭销售分公司光辉灿烂的明天！

公司总经理张海涛代表全体干部职工，真诚欢迎各界朋友光临惠顾、洽谈合作。

开展“决战双五，青年当先”主题宣誓活动

领导班子会议

下花园装车货位储煤仓

皮带运输大巷

公司简介

Company's profile

山西易高煤层气有限公司是在2006年11月28日由香港中华煤气有限公司与山西晋城无烟煤矿业集团有限责任公司经友好协商合资成立的。

公司经营范围为：建设和经营液化煤层气的加工、生产设施及配套的储运设备及输气管道铺设；采购、运输、储存煤层气、液化煤层气及销售液化煤层气；及从事与前述业务相关的其它业务。

公司地处山西省晋城市沁水县，位于山西省东南部，东枕太行，南临中原，西望黄河，北通幽燕，区位适中，交通便捷，是山西通往河南的重要门户。太焦、侯月铁路纵贯当地，晋焦高速、二广高速、晋阳高速、207国道、省道与县道、乡道交织成网，陆路交通四通八达，矿藏资源丰富，煤、铁储量大。沁水盆地是我国主要的煤层气资源集中地之一，沁水盆地煤层埋深适中、厚度大、含气量高，具备良好的煤层气资源条件和开发地质条件。

公司煤层气液化项目可以依托当地丰富的煤层气资源优势，积极推动煤层气资源综合利用，促进经济发展。

公司一二期工程投资总额约6亿元人民币，注册资本为2亿元，液化规模为90万立方米/天，其中香港中华煤气出资70%，晋城煤业集团出资30%。

公司目前是亚洲最大的煤层气液化基地。公司采用拥有自主知识产权、世界上最先进的液化工艺，将抽取的煤层气就地经过脱碳、脱硫、脱汞、脱水、脱重烃杂质等工艺环节及液化处理，液化后煤层气处于约$-162^{0}C$的低温常压状态，体积转换为原来的1/593。液化后的煤层气能源密度高，便于运输，且更为清洁。

合资双方股东简介
Brief Introduction of Partners

■香港中华煤气有限公司

香港中华煤气有限公司成立于1862年，是香港最早的公共事业有限公司和香港最早的上市公司之一，亦是香港唯一的城市管道燃气有限公司。公司主要业务为管道燃气生产、输配及销售。中华煤气拥有两座轻油制气厂，总生产能力每天为1，200万立方米，并通过3，056公里的输配管网，为香港159万客户提供源源不断的煤气。

中华煤气于1994年开始拓展内地燃气业务，属下的国内燃气合资公司及项目已达80余家，遍布珠三角、长三角、山东、东北等地区，为广大居民和企业用户供应安全可靠的燃气，提供亲切、专业和高效率的服务，并致力于保护及改善环境。

香港中华煤气有限公司网址： http://www.towngas.com/

■晋城煤业集团

山西晋城无烟煤矿业集团有限责任公司（简称“晋城煤业集团”）是山西省国资委控股的有限责任公司，是我国优质无烟煤重要的生产基地、全国最大的煤化工企业集团和全国最大的煤层气抽采利用基地。位列中国最大500家企业集团第116名，中国大企业集团竞争力500强第103名，中国企业效益200佳第79名、煤炭采掘及采选业第8名、全国煤炭企业100强第9名。

煤炭主业方面，煤炭综采、连掘方面，采掘技术已达到世界先进水平，建成了一批安全高效型现代化矿井；

煤层气产业方面，形成了全国最大的煤层气抽采井群，煤层气广泛应用于发电、民用燃气、CNG清洁能源汽车、工业用气等领域

煤化工产业方面，控股拥有了全国9个省市的18家化工公司，跻身全国最大的煤化工企业集团行列；

电力产业方面，已形成30万千瓦装机容量，正在积极筹备建设三个大型坑口电厂。

目前，企业已经确立了“亿吨基地、千亿规模、百年企业、能源旗舰”战略愿景，努力把企业建设成为主业规模大、体制机制活、创新能力强、经济效益好、生态环境美、跨区域、跨行业、跨所有制、跨国界、极具竞争能力的现代化能源旗舰型集团。

山西晋城无烟煤矿业集团有限公司网址：http://www.jccoal.com/

液化煤层气（LCBM）的广泛用途

Application of LCBM

（1）用作工业，如陶瓷、玻璃纤维、冶炼、铜业等；

（2）用作城市能源，可大大提高供气的稳定性、安全性及经济性；

（3）用作电厂发电，有利于电网的调峰，安全运行和优化；

（4）用作LNG小区气化的气源；

（5）用作汽车加气的燃料；

（6）用作飞机燃料；

（7）LNG的冷能利用（气化过程释放出的冷量可以广泛用于冷藏、冷冻）。

液化煤层气（LCBM）的产品优点

Advantages of LCBM

（1）每使用1万立方米煤层气可节能减排5.6吨CO_2；

（2）优质、清洁、抗爆性好、燃烧完全、排气无污染、使用成本低；

（3）方便车辆、轮船运输，快捷、经济、可靠；

（4）体积小，储存效率高，占地少，适应性强；

（5）安全性高，稍有泄露即自行挥发飞散，不易引起事故。

山西易高煤层气有限公司
Shanxi ECO Coalbed Methane Co.,Ltd.

地址：晋城市黄华街1539号锦华商务大厦A座12层
电话：0356-6960560　6960552　6960551（销售）
传真：048000　邮箱：Gh.sx@towngas.com

LCBM工艺流程

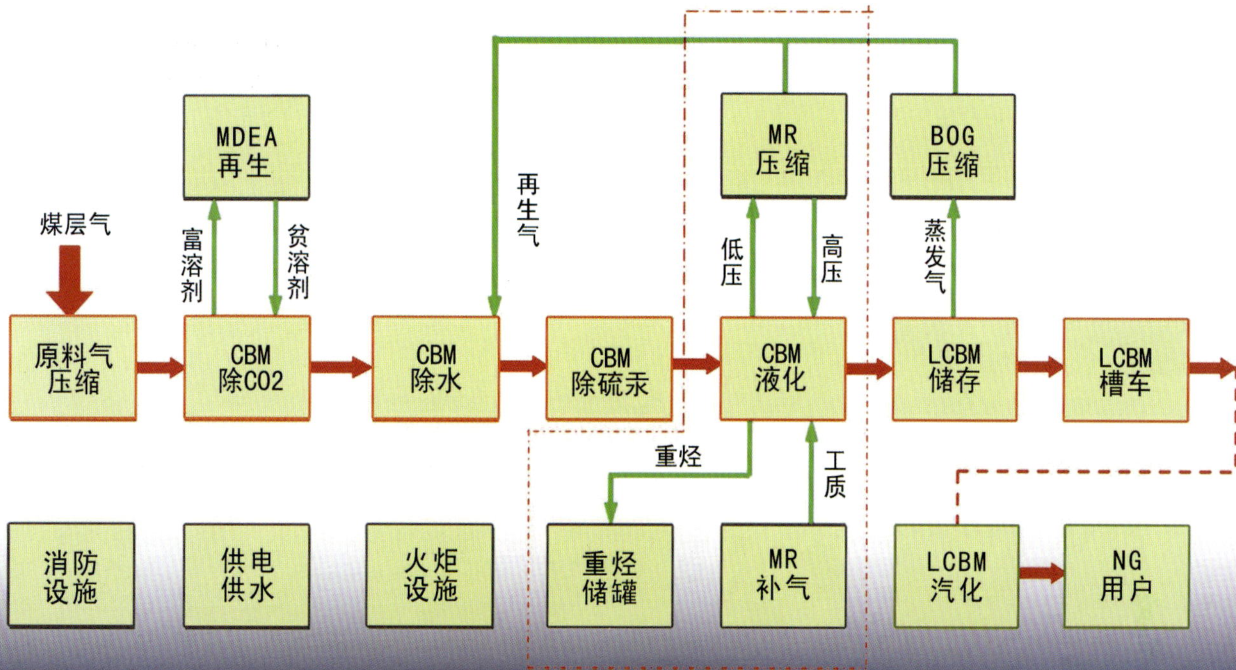
煤层气
原料气压缩
MDEA再生
富溶剂
贫溶剂
CBM除CO2
CBM除水
再生气
CBM除硫汞
MR压缩
低压
高压
BOG压缩
蒸发气
CBM液化
LCBM储存
LCBM槽车
重烃
工质
消防设施
供电供水
火炬设施
重烃储罐
MR补气
LCBM汽化
NG用户

產品介紹

电光防爆科技股份有限公司
DIANGUANG EXPLOSIONPROOF TECHNOLOGY CO.,LTD

电光防爆G型救生舱

用途及适用范围

KJY-96系列煤矿安全救生舱（简称救生舱）是煤矿井下瓦斯、煤尘爆炸、透水等事故发生后的应急救生设备，可广泛应用于各种地质条件的煤矿井下巷道中。

七大安全保障系统

救生舱由以下七大安全保障系统组成：安全防护系统、氧气供给保障系统、空气净化与温湿度调节系统、环境监测系统、通讯系统、照明及动力供应系统、生存保障系统。当井下发生爆炸、透水等事故后，该产品能够为被封堵在巷道中的人员提供生存空间并为矿山外部救援赢得宝贵时间。

产品特点

a 对外能够抵御瓦斯粉尘爆炸产生的局部超高压力的侵害。b 承受瓦斯粉尘爆炸产生的冲击波和爆轰。c 承受爆炸产生的高温影响，内部温度保持稳定。d 承受冒顶产生的煤层压力。e 透水事故时提供被淹250米水下能承受压力的安全生存空间。f 隔绝有毒有害气体；内部热处理；对内能及时处理舱内被困人员呼出的二氧化碳气体，并通过多套供氧系统为被困矿工提供氧气。g 本产品可为被困人员赢得至少96小时以及更长时间的生存时间。被困人员还能通过舱内通讯检测设备，引导外界救援。h本产品为系列产品，可根据不同地质结构和矿井作业条件单独设计制造，可提供4-40人用等不同制式。

主要技术参数

生命支持时间：96小时。舱体承受静水压(外压)1MPa。可承受不低于2.5MPa的冲击压力；可承受不低于2.5MPa的爆炸冲击压力。压风供氧速率不低于2.5L/min。连续噪音不高于70dB(A)，出口压力不高于0.1-0.3MPa。环境温度55°C时，舱内温度不小于35°C。整个壳体可承受外界瞬间（≦0.2S）最高温度不小于1200°C。空气循环流量大于20L/min；对二氧化碳的吸附能力不低于10L/min。具备与井下通讯网的接口；无线、应急通讯应具备双向通讯功能，通讯距离不小于1000米。型号:KJY-96/4~40 容量:4~40人 长度(m)：5~14 宽度(m)：2.4 高度(m):2.1 重量(Kg):8250~20850。

环境指标

O_2:18.5%-23% CO :≤24ppm CO_2 :<1.0% H_2S :≤X10^{-6} CH_4:≤1.0 温度 :≤35℃ 湿度:≤85%

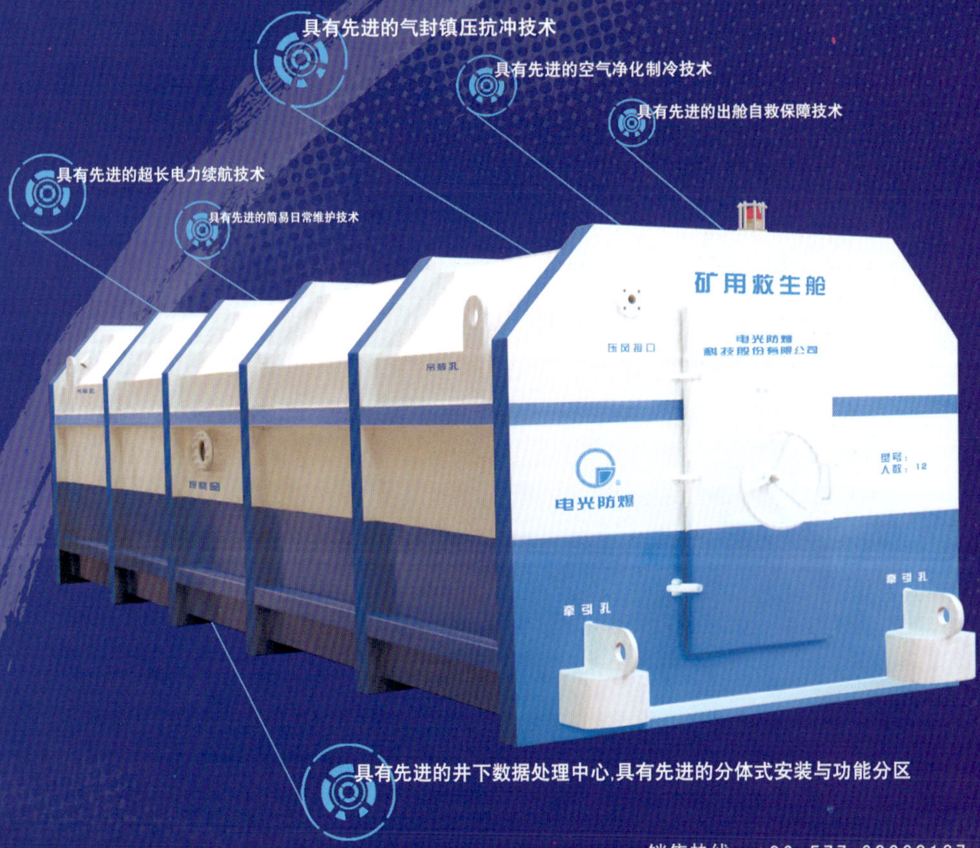

销售热线：+86-577-62668187
+86-577-62055888
地　　址：浙江省乐清经济开发区纬十八路
传　　真：+86-577-62055576
E-mail：dg@dianguang.com.cn
Http//：www.dianguang.com.cn

产品介绍

电光防爆科技股份有限公司
DIANGUANG EXPLOSIONPROOF TECHNOLOGY CO.,LTD

QJZ-(800-1600)/3300-(2-12)
矿用隔爆兼本质安全型组合开关

用途

适用于含有爆炸性气体（甲烷）和煤尘的煤矿井下，在交流50Hz，电压为3300V的供电系统中，对多台双速电动机或三相交流异步步感应电动机进行单独控制、顺序控制、联锁控制、混合控制、高低速切换、互投互备等任意组合，并对电动机及供电线路进行保护。配置于KJ254矿用电力监控系统中可实现供电设备的自动化控制。

技术特征

a 配置于KJ254矿用电力自动控制及综合监测监控系统中实现遥测、遥控、遥信、遥调等四遥功能
b 具有过流、短路、欠压、断相、漏电闭锁、过电压吸收、三相不平衡等多种保护功能
c 实时显示三相电流、系统电压、运行状态、回路联机状态、绝缘状态、故障类型等
d 下拉式菜单设定，可对各回路重要参数进行设定，步长为1
e 采用全中文触摸式显示屏，操作方便，直观
f 可提供4kVA/127V(220V)照明电源
g 引入装置：快速插头、压盘式可选
h 具备故障查询、故障记忆力功能
j 标准RS485/232通讯接口

技术数据

型号：QJZ-800~1600/3300-(2~12)　回路数：2~12回路　额定电压（V）：3300　总工作电流（A）：800~1600
每支路最大电流（A）：400　工作频率（Hz）：50　组合形式：每一回路之间可任意组合
结构形式：单机单速、多机单速、双机双速、混合使用、互投互备等多种控制方式　接触器容量（A）：450
结构形式：接触器为模块式，每回路完全一致

销售热线：+86-577-62668187
+86-577-62055888
地　址：浙江省乐清经济开发区纬十八路
传　真：+86-577-62055576
E-mail：dg@dianguang.com.cn
Http//：www.dianguang.com.cn

產品介紹

ZJTG1-□/3.3 矿用隔爆兼本质安全型高压变频调速装置

用途

ZJTG1系列矿用隔爆兼本质安全型高压变频调速装置（以下简称高压变频调速装置）适用于在具有爆炸性危险气体环境下对采面3. 3KV大型综采掘进面的多台三相异步电动机进行变频起动与调速控制。

主要由整流变压器，高压变频调速装置，冷却水泵站三部分组成。

综合技术特性

整流变压器与整流器输入：　(a)变压器进线侧电压:6KV或10KV +10%/-5%(b)输入频率范围:50Hz ±2c;(c)变压器输出侧相移:12脉波整流30°;24脉波整流15°(d)电压不平衡度:±2% 相电压(e)功率因数：≥95%(f)变压器二次侧电缆:12脉波整流30m 共模电感可扩展为200m 24脉波整流20m 共模电感可扩展为150m

整流器输出电机连接：　(a)输出电压0..额定电压三相对称正弦(b)输出频率:0...66Hz(c)弱磁点:≥45Hz(d)静态速度偏差:0.1%额定电机转速(e)效率:≥98%（满载）(f)开关频率:1kHz（三电平逆变，2×500Hz）(g)短时过载能力:10分钟110%额定电流(h)电机电缆长度:最大1000m(e)加速时间:0...1800秒

辅助电源： 三相380V±10% 容量5000VA 单相220V 容量1500VA

冷却系统： (a)冷却方式:内部循环的水冷系统并且配套外部水-水冷却循环(b)内水温度:+4℃...+27℃　(c)内水压力:10bar

產品介紹

KJF-□/10/(6)/3300(1140.660)
矿用隔爆型负荷中心

用途

集高压真空配电装置、干式变压器、低压组合开关为一体，大容量多回路输出，满足矿井动力配电、集成度高，故障率低，并能接入KJ254矿井自动化电力监控系统。

技术数据

高压侧额定电压：6KVA、10KVA　　移动变压器额定容量：2500 KVA 、3150 KVA、 4000 KVA　　额定电流1600A、2000A
低压侧组合开关：具有漏电、短路、过载、计量等功能 额定电压：3300V/1140V/660V　　额定功率：50HZ　　照明输出：AC127V
照明功率：5.0KVA　真空交流接触器参数：3.6KV/400A 1.14KV/400A　输出支路数：6-14支路任选　　显示：彩屏工控一体机显示
控制方式：单机单速、多机多数、单机双速、双机双速

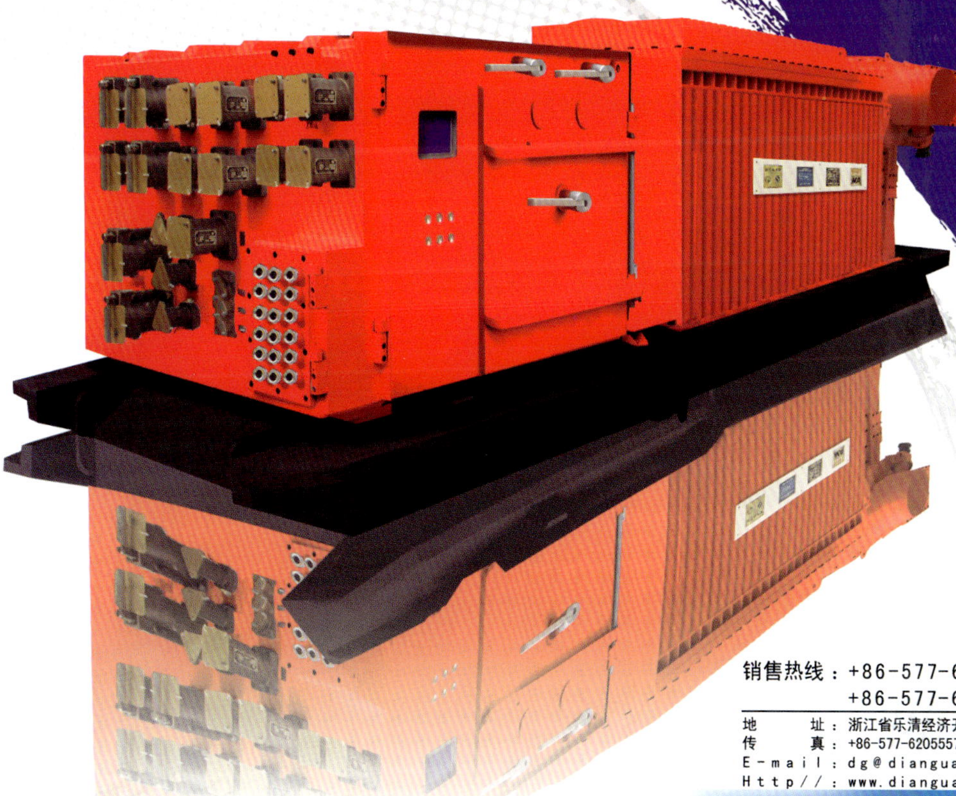

销售热线：+86-577-62668187
+86-577-62055888
地　　址：浙江省乐清经济开发区纬十八路
传　　真：+86-577-62055576
E-mail：dg@dianguang.com.cn
Http//：www.dianguang.com.cn

做硬资质 做强支持 做专研究 做好服务

努力开创安全环保技术研究工作新局面

院长　贾国军

中国石油集团安全环保技术研究院于2007年11月16日成立，为中国石油集团公司直属科研机构，独立法人，按分公司管理。

中国石油安全环保技术研究院的发展定位是“一部三中心”。即：中国石油天然气集团公司、中国石油天然气股份有限公司安全环保战略决策的参谋部、安全环保技术研究中心、HSE信息中心和安全环保技术服务中心。主要承担安全环保政策法规、战略规划和标准规范研究；HSE管理体系研究；专项治理工程技术论证和重大项目安全环保技术评估；重大新建和并购项目HSE体系技术支持；应急技术研究，为应急管理和事故调查分析提供技术支持；开展基础、超前、共性和重大安全环保技术攻关、应用技术研究和新技术推广；HSE信息管理、对外交流与服务；HSE评价、审核、认证、咨询等技术服务。

中国石油天然气集团公司、中国石油天然气股份有限公司有16个安全、环保、职业健康机构设在中国石油安全环保技术研究院。这些机构是：中国石油天然气集团公司环境监测总站、环境影响评价中心、劳动安全卫生预评价中心、环境工程技术中心、HSE审核中心、石化安全技术研究所、静电监测中心、劳动安全卫生信息中心；中国石油天然气股份有限公司环境监测总站、环境影响评价中心、安全评价中心、职业病防治工作中心、安全技术研究所、静电监测中心、安保基金自然灾害与事故理赔现场核查专家组秘书处、劳动安全卫生信息中心。因此，中国石油安全环保技术研究院还需要履行以上16个机构被赋予的关于安全、环保、职业健康的监督、检测、评价、考核的职能职责。

中国石油安全环保技术研究院还承担了国家环境标准化TC207/SC4分委会秘书处、石油工业环境专业标准化工作组秘书处、国家油气田清洁生产标准化委员会秘书处、中国石油学会石油环保专业委员会秘书处、中国石油天然气股份有限公司健康安全环境标准化直属工作组等安全环保标准化机构的工作任务。

◆ 组织机构

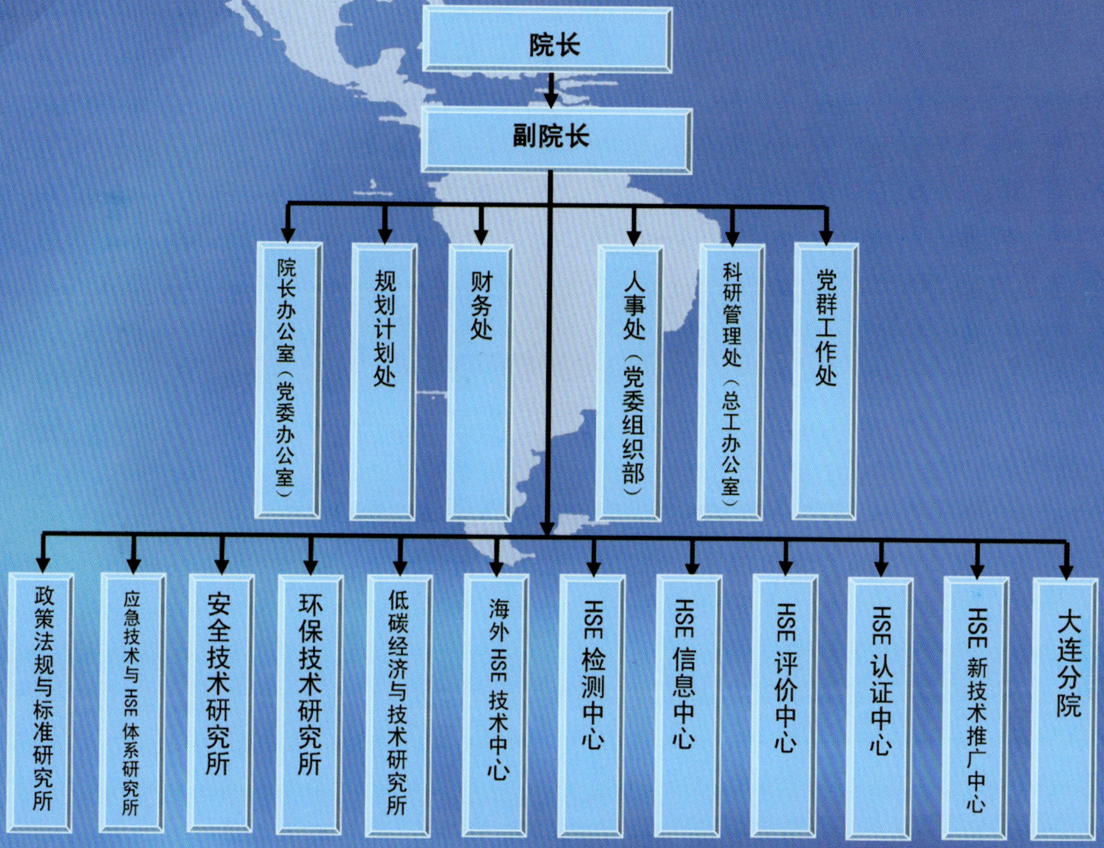

◆ 技术资质

中国石油安全环保技术研究院拥有15个国家级资质。分别是国家环境污染防治专项工程设计证书（废水、废气、固废甲级）、建设项目环境影响评价资质证书（甲级）、安全评价机构资质证书（甲级）、建设项目职业病危害评价（职业卫生）、国家海洋石油天然气安全评价资质证书、中华人民共和国计量认证合格证书、中国实验室国家认可委员会认可证书、静电监测计量认证、职业安全健康管理体系认证机构国家认证、ISO14000环境管理体系认证、ISO9000质量管理体系认证、石油天然气工业HSE审核认证、能源管理体系认证等。

◆ 经营范围

中国石油安全环保技术研究院主营业务范围包括：安全、环保、职业卫生、节能技术研究；健康、安全与环境的应急技术研究；健康、安全与环境的信息服务；健康、安全与环境的技术评估；健康、安全与环境的技术培训；健康、安全与环境的检测和监测；健康、安全与环境工程设计和承包；安全、环保、节能设备的研制与销售；安全、环境影响、职业卫生评价；清洁生产审核与审计；健康、安全与环境技术推广；油田化学药剂的研制；技术开发、技术咨询、技术转让、技术服务；广告业务等。

中国石油安全环保技术研究院领导班子

◆ 工作思路和发展目标

中国石油安全环保技术研究院按照中国石油天然气集团公司赋予“一部三中心”的发展定位和八项主要职责，提出“支持、研究、转化、服务”四大战略和“特色、成果、效益”三大主题，明确“44344”发展思路——“四做四结合”，建设“三个平台”，做到“四个立足于”，实现“四个一流”。即“做硬资质、做强支持、做专研究、做好服务”，“远近结合、冷热结合、虚实结合、上下结合”；建设好“技术支持、技术研究和技术服务”三个平台；“四个立足于”——立足于为总部做好参谋，重点开展政策、法规、标准和技术方法研究，立足于科研工作“四个结合”，切实取得科研项目的重点突破，立足于不断提高咨询水平，认真做好技术质量管理，立足于内抓管理、外树形象，不断加强员工队伍建设；实现“一流人才、一流设备、一流管理和一流成果”。

我们的发展目标是建设“国内第一、国际一流”的石油安全环保技术研究机构，为中国石油建立安全环保长效机制和建设综合性国际能源公司的战略目标，提供强有力的技术支持和技术保障。

HSE管理体系及质量管理体系发布会

地址：北京市海淀区志新西路8号
邮编：100083
电话：（010）82379615
传真：（010）82379999

光华创世

矿用蓄冰空调系统

北京光华创世科技有限责任公司是一家致力于区域供冷（热）的环保型综合性高新技术企业，是国内蓄冰设备主要生产商及蓄冰系统的主要推广企业之一，也是国内极少数矿用救生舱用蓄冰设备生产厂商之一。公司总部位于北京中关村科技园区丰台园，专业提供商用及矿用蓄冰设备及系统的设计、生产、调试与售后服务。

公司大门

公司在河北张家口高新区设有生产基地，占地20亩，专业生产各类拥有自主知识产权的蓄冰设备。

公司秉承“诚信为本、持续进步、科技创新、整合资源”的经营理念，务求“使客户满意”；凭借稳定的质量、良好的服务，公司已与国际多家知名企业结成战略联盟，建立了稳固的合作关系。光华创世在矿用救生用环控系统研究方面，通过不懈努力，自主研发，目前已取得多项国家实用新型专利及发明专利。

特别关注

※ 中国第一台救生舱所用的降温除湿系统由我公司研发提供；

※ 通过和中国航天科技集团第七研究院合作，真人试验的效果极佳。舱外55℃的条件下，舱内温度控制在30℃、湿度50%以下，达100小时以上；

※ 整个系统总耗电量48W以下；

※ 本系统已申请国家发明专利。

原 理

蓄冰设备是矿用救生舱环控系统最重要的核心部件之一。该系统采用蓄冰原理，在安全时期：利用救生舱环控系统中制冰主机将蓄冰设备内水冻结成冰并将冷量蓄存下来；在矿难发生时期，利用该环控系统中的循环装置，将蓄冰设备内蓄存的冷量释放出来供舱体内降温使用。其蓄存的冷量，足够保证舱体内96小时供冷使用。

救生舱图1

其主要功能是为救生舱提供降温、除湿，兼顾食物保鲜及紧急饮水功能。

救生舱图2

蓄冷阶段：

救生舱外的环控系统制冰主机制得的低温载冷剂，通过机械循环装置，送入蓄冰设备换热器内，蓄冰设备换热器外的水在持续低温交换下，逐渐凝结成冰并将其冷量蓄存下来。

释冷阶段：

在救生舱使用时期，也就是矿难发生时期，位于救生舱外的制冰主机停止运行。位于救生舱内的蓄冰设备，通过循环装置将蓄冰设备内的低温水送入救生舱内的送风装置中，用于降温使用。

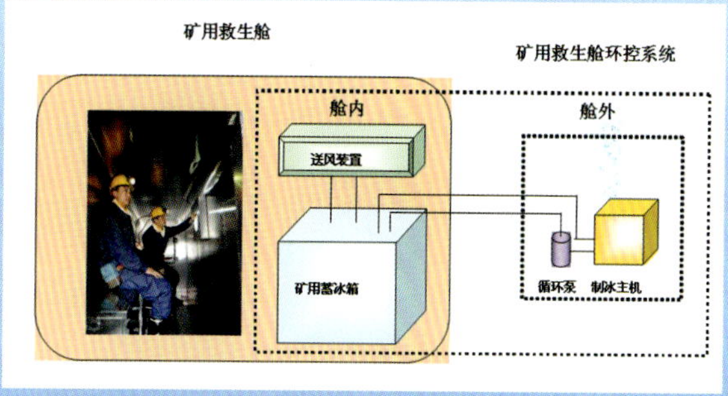

舱内舱外图示

优　点

我公司经过多年研究，自主研发了“矿用蓄冰空调系统”专利技术，专门用于矿下救生舱内供冷使用，并成功运用在北京科技大学国家“十一五”工程——矿用救生舱中。它利用的是蓄冷原理，在常规状态下将舱内所需冷量蓄存下来备用，在矿难发生时，即采用较小功率循环装置驱动系统运行即可满足舱体内长时间供冷需求，其系统供冷所用功率不到50W，不到常规供冷系统功率的1/70。既保证了系统的安全可靠，也大大降低了蓄电池投资费用。

1、利用较小功率即能完成救生舱内长时间持续降温需求；

2、在降温的同时能完成舱体内除湿要求；

3、兼顾食物保鲜及紧急饮水功能；

4、充分利用设备的每一寸空间蓄能，减小设备尺寸，最大限度地节省舱体空间。

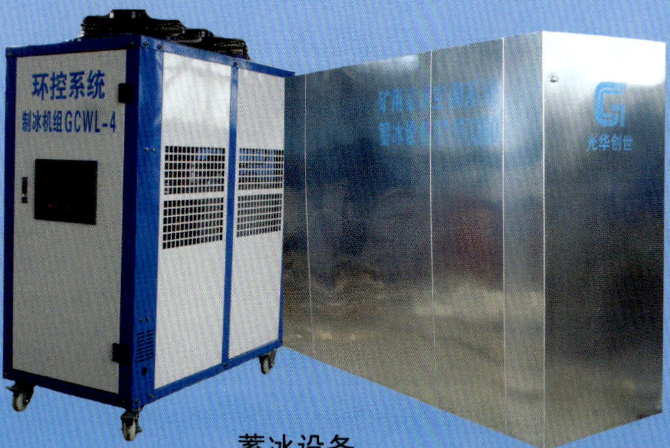

蓄冰设备

地址：北京市丰台区丰体北路5号

邮编：100166

电话：010-63840061 63840062

传真：010-63852787

四川国泰民安科技有限公司

为天地立心 为生民立命 为先圣继绝学 为万世开太平

谷穗 执行董事

四川国泰民安科技有限公司是以四川大学为主要技术依托，从事安全评价，安全生产标准化咨询与考评，建设项目职业病危害评价，职业病危害因素检测与评价，检验检测，节能服务，能源审计，合同能源管理，环境工程设计与施工等业务，集设计，评价，科研，开发，施工建设为一体的综合技术密集型服务企业。

公司成立于2001年，注册资金1000万，取得了安全评价，建设项目职业病危害评价，职业病危害因素检测与评价，CMA计量认证，能源审计，环境工程等资质，2010年成为国家发展改革委，财政部推荐的第一批节能服务公司。公司取得了ISO9001:2008质量管理体系认证。公司地址在四川省成都市临江中路16号四川大学华西科技楼5楼、6楼。

公司现有员工66人，包括高级能源师6名，能源审计师10名，清洁生产审计师6名，注册安全评价师30名，注册安全工程师21名，公司卫生医师4名，检测人员20名。其中教授6名，副教授5名，教授级高工6名，高工11名，工程师33名。同时公司还拥有四川大学化工学院，电气信息学院，材料科学与工程学院，工程设计研究院，分析测试中心等技术骨干的上百人专家团队，为公司业务提供强有力的技术支撑。

几年来，公司承接了大量任务，涉及非煤矿山采选，化工，石油天然气开采及运输，冶金冶炼，水利工程，机械，交通运输等行业，其中编制投资额上亿的安评，职评，能源审计等报告800多个，均一次性通过评审，为业主和主管部门把好了关，受到了各级主管部门的一致好评和肯定。开展节能服务以来每年为企业节约标煤近20000吨。

公司是国家安全生产监督管理总局安全生产理事成员，四川省循环经济促进会会员单位，四川职业康协会安全评价分会的副理事长单位。

公司确立“为天地立心，为生民立命，为先圣继绝学，为万世开太平”的企业理念和核心价值观，本着“从点滴做起，做好每一件事，服务好每一个客户”的宗旨，为建设单位提供满意的服务！

项目评审会

评价项目研讨会

技术服务

现场勘察

与业主交流

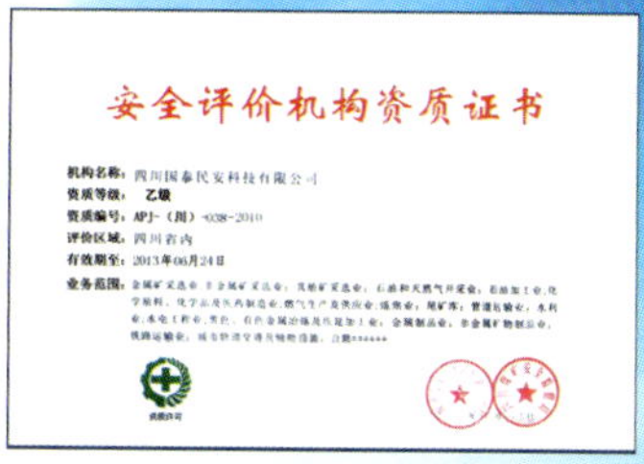

业务范围：

★安全技术服务类

安全评价

安全生产标准化咨询

安全生产标准化考评

★职业卫生服务类

建设项目职业危害评价（职业类）

职业病危害因素检测与评价

职业健康体检

★环境工程类

清洁生产审核

★检测类

职业病危害因素检测

职业健康体检

节能检测

★工程类

合同能源管理

其他节能工程

★节能技术服务类

能源审计

节能评估

地址：四川省成都市临江中路16号四川大学华西科技楼5楼、6楼

电话：86-28-86717197　　86667195　　传真：86-28-86667195

E-mail：gtmasafety@yahoo.com.cn　　网址：www.gtmasc.com

移动互联网平台提供商

深圳市融创天下科技发展有限公司

融创天下是移动互联网平台提供商，致力于三网合一、三屏合一的综合多媒体平台开发，专注于物联网系统、移动流媒体平台、移动视频终端、移动视频多媒体解决方案的研发与业务运营。公司核心技术团队组建于2005年6月，公司正式成立于2007年1月，现有员工超过500人，其中本科及以上学历占员工总数的95%，研发人员占60%以上，是国家级高新技术企业。

公司6年持续投资超过2亿在移动互联网底层核心技术的研发上，拥有发明专利143项，实用新型8项，外观5项，国际PCT97项，其中欧美落地6项，形成以TIVC移动视频编解码技术、TQOS移动数据传输保障技术和TMCM移动云计算中间件技术为核心的三大技术体系，并以核心技术为基础，聚合形成了移动多媒体综合应用平台——T3平台。融创天下已成为具备技术优势、平台产品优势、运营优势和商业模式创新优势的高科技、综合性新锐企业。

融创天下核心技术产业化应用

移动互联网业务支撑平台：如北京奥运手机电视、中国移动全网手机视频业务、广州亚运会媒体服务移动平台、孔子学院移动教育平台等。

个人移动多媒体应用门户：如联合共青团中央网络影视中心、中央电视台、中国移动共同运营的“万花筒”业务，用户数量累计超过1500万，全网推广接入的“中青视讯”等。

无线城市综合应用门户：如“无限厦门”，已成为中国移动的“无线城市”样板和标杆，广东、河南、吉林、山西、福建等省市无线城市已经落地运营。

移动家庭智能终端GHOME:（家庭无线网关及多功能多媒体综合应用产品，属于物联网应用家庭信息数据终端）。3G时代连接家庭、行业、个人数据应用的战略型产品。

远景目标

最有价值的移动互联网平台服务提供商。

发展战略

依托三网融合的产业机会及产业资源，集合技术人才，构建创新型移动互联网平台方案能力，建立标准技术体系，充分发挥领先的核心竞争力优势，推动以T3平台的三大技术为核心的持续优化、产品化能力综合提升，为各类移动互联网用户开放技术及合作接口；推动联合产业伙伴共同发展移动互联网生态链的战略思路，成为移动互联网产业的最有价值的平台提供商，服务产业，回馈社会。

中共中央政治局委员、国务院副总理张德江，工业和信息化部部长苗圩，国务院副秘书长肖亚庆，广东省委常委、副省长肖志恒，广东省委常委、深圳市委书记王荣，广东省委常委、秘书长徐少华，深圳市委副书记、市长许勤，深圳市委常委、市委秘书长王毅等领导在公司董事长朱在国等人的陪同下视察融创天下，观看安监产品演示。

国家安全监管总局党组成员、副局长孙华山一行对融创天下进行关于国家安全生产监督执法物联网平台建设情况的专题调研。

深圳市委副书记、市长许勤率领市府办、发改委、科工信委、规划国土委等相关部门，在公司董事长朱在国等人的陪同下，对融创天下进行考察。

国务院安委会副主任、国家安全监管总局党组成员、副局长杨元元在成都听取融创天下关于安全生产物联网综合监管平台建设方案的工作汇报，并对下一步的建设工作给予了重要指示。

融创天下技术在安全生产领域的应用

深圳市融创天下科技发展有限公司基于物联网的远程安全监管监察与事故应急处置系统是在“金安工程”一期的基础上补充和完善，扩展可管理、可运营、可进行数据统计分析，提供完整的综合信息管理的业务平台。安监局/煤监局作为监察部门，建设基于物联网的远程安全监管监察与事故应急处置系统平台，贯彻国务院安全生产委员会办公室、国家安全监管总局文件的要求，遵照国家总体发展构想和发展战略，遵循国发23号文《关于进一步加强企业安全生产工作的通知》、《中共中央关于制定国民经济和社会发展第十二个五年规划的建议》确立的信息化建设指导方针，围绕系统现代化建设的全局和迫切需求，以网络为基础、信息资源开发利用为核心、信息化软环境为保障，推动我国安全生产监察、监管的信息化向着更深、更广、更高的方向发展，为国家的繁荣富强作出应有的贡献。

基于物联网的远程安全监管监察与事故应急处置系统建成后部分应用场景如下：

应用场景A：安全生产管理部门工作人员和生产主体单位责任人、值班人员日常都可以通过移动终端登录到综合信息管理系统平台，通过系统的授权实现国家、省、地市、区县、生产主体单位多级管理，可以察看各个区域的生产简讯，可以使用安全生产监督与行政执法系统、安全生产调度与统计系统、应急救援信息管理系统，同时提供了现场图像及报警数据等信息。生产主体单位责任人及值班人员可以通过系统及时了解企业自身的生产现场、生产设备报警数据等相关信息。

应用场景B：安全生产管理部门基层工作人员可以通过移动终端实时调阅进入矿井人员信息和值班室信息，一次巡检辖区内20个生产主体单位时间只需要15分钟左右。同时，系统还提供了存储功能，针对一些违规的生产主体单位处罚和整改提供了科学的依据。

应用场景C：针对一些关闭或者整改矿井如果出现非常开采，智能终端的红外探头和门磁会自动触发，会以短信方式及时通知辖区内基层管理人员，快速的对事件进行响应和处理。

应用场景D：当事故发生后，通过县级单位配置的应急指挥终端，国家局、四川省相关领导在第一时间可以了解到事故现场的音视频信息，为事故的应急救援预案提供科学的决策平台。

平台主要实现目标如下：

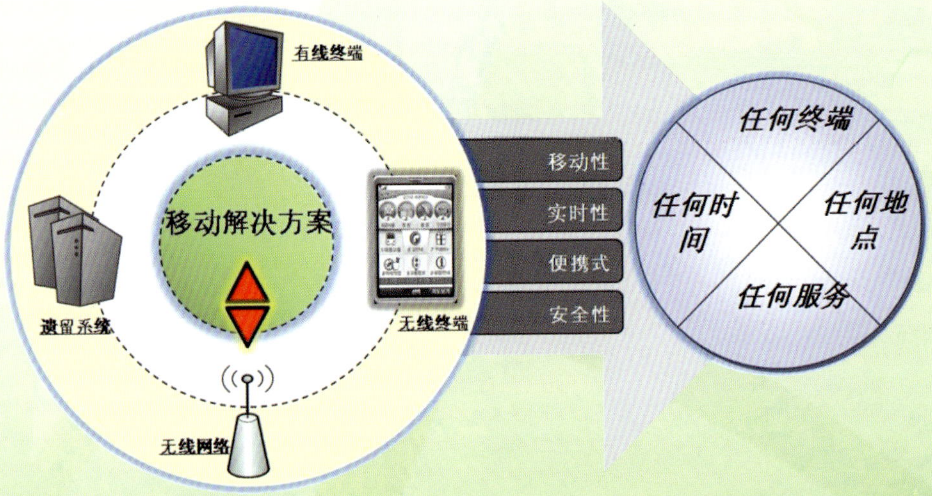

（1）实现四个任何

基于物联网的远程安全监管监察与事故应急处置系统支持有线和无线的网络接入，各级人员通过多场景（手机、专用手持终端、办公电脑、移动笔记本、指挥中心大屏幕）进行访问。可以实现随时随地各级领导对关注点想看就看，可以随时随地组织指挥，可以让领导机构实现24小时“我”在现场、实时进行现场决策。

（2）实现系统灵活扩展

基于物联网的远程安全监管监察与事故应急处置系统操作平台采用标准的数据库，并为与其他系统结合预留大量的接口，可以同其他任何标准功能模块对接。另外，在网络环境方面，我们也考虑到使用人员的实际需求，平台可以兼容目前绝大部分网络，也是当前市场上唯一能同时支持互联网、卫星网、局域网、无线网、2.75G/3G手机的系统解决方案。

（3）实现移动执法的高速访问

系统的建设基于专网、互联网和无线3G APN专用网络，可以实现国家中心平台、省级平台、各地市及国有大型企业集团分控中心、区县分控中心、生产企业多级网络联网，实现移动执法的高速访问。

（4）实现应急救援指挥的快速响应

基于物联网的远程安全监管监察与事故应急处置系统支持移动便携式信息采集终端和移动的接入，在有重点行业及重大危险源的县级监管单位配置一套便携式信息采集终端，针对生产企业安全生产事故发生后通过该便携终端将现场信息实时上传至指挥中心、各级分控中心及主管领导、基层企业责任人移动手机终端，解决了传统有线监控系统的盲区，更重要的是领导可以第一时间迅速建立起全国的应急场景快速决策指挥系统，各级人员通过多场景（手机、专用手持终端、办公电脑、移动笔记本、指挥中心大屏幕）访问应急现场直播信息，为应急及事故处理预案提供了方便、快捷的决策平台。

（5）实现移动接入的高安全性

传统的移动接入必须要求所有应用和数据库都建立在外网，因此传统移动接入系统可提供的功能上受到了限制。基于物联网的远程安全监管监察与事故应急处置系统通过安全隔离与安全通道的方式实现内外网之间的互通；同时系统本身采用信息加密技术以保障所有信息传输与应用的安全性，因此系统的应用将实现所有内外网的应用接入移动终端，充分体现移动云计算中心的价值所在。

同时，系统采用了适用于移动无线网络低带宽（25K到256K）环境下的实时编解码器，拥有多项国际专利和国产自主知识产权的TIVC编解码技术为中国用户提供了更低码率和更安全的特殊编码模型，已经在2008年奥运会和2010年亚运会成为服务官方流媒体发布平台的技术标准。

主要实现功能如下：

（1）远程安全监管监察系统

针对重点行业/领域，建立统一的视频监控、综合参数监控及设备状态监控系统，为现场执法检查工作提供信息与技术支持。包括重点行业/领域安全监管和移动执法监察两个子系统。

- 重点行业/领域安全监管系统。

针对监管行业和领域，通过大屏幕、计算机、移动终端（或手机）调阅信息采集终端上传的实时视频与参数监测数据，调用地市/区县系统存储的监管企业预警与报警信息，整理与分析上述安全生产基础数据，为安全监管监察、安全生产事故调查和制定有关法规政策提供决策支持，形成国家、省、市、县四级安全监管部门的上下互动。

- 移动执法监察系统。

提供现场执法流程指导、执法依据查询、执法文书自动生成、执法行为跟踪提醒、执法档案调阅、执法情况实时查询与综合统计分析等功能，具体包括金属/非金属矿山监管、尾矿库监管、危险化学品监管、重大危险源监管、重大隐患排查、行政许可证管理、职业健康危害监督管理等功能模块。

（2）应急救援指挥系统

通过现场信息快速获取、应急辅助决策支持、应急指挥调度、事故应急演练等功能，及时掌握事故现场实时信息，对事故紧急处置提供辅助决策支持。

1）现场信息快速获取：通过事故现场车载或便携式数据采集系统，将事故现场的实时视频信息、重要参数信息传输到系统并发布，指挥中心及相关救援人员可以随时随地了解事故现场状况。

2）应急辅助决策支持：利用现场信息采集终端实时采集或记录的数据及图像、应急资源信息（包括应急预案、应急装备、应急专家、应急队伍、危险化学品应急信息等）和GIS空间技术、事故后果模拟技术等，对事故发展态势及后果、应急资源调配方案等进行实时定量分析与模拟预测。

3）应急指挥调度协调：依托系统、便携式信息采集终端和专用手持终端（或手机）获得的视频和参数等信息，以及应急辅助决策支持系统的模拟与预测，对事故应急救援进行统一会商和调度指挥。

4）事故应急演练：依托现代通信工具、视频工具、GIS系统、大屏幕、移动终端等进行事故应急演练，并进行评估考核。

国务院安委会副主任、国家安全监管总局局长骆琳，国家安全监管总局总工程师黄毅，广东省政府副秘书长林英，广东省安全生产监督管理局党组书记、局长杨富等领导在公司董事长朱在国等人的陪同下考察融创天下，并听取了关于国家安全监督执法物联网平台建设情况的专题汇报。

地址：广东省深圳市南山区科技南十二路长虹科技大厦19楼　总机：0755-33911888
传真：0755-33911777　网址：http://www.temobi.com

福吉长安 FUJICHANGAN

为中国油站的安全　保驾护航

电话：010-88895755　传真：010-88893755
邮箱：bjfjca@163.com　网址：www.bjfjca.com
地址：北京海淀区远大路金源时代商务中心A座8A

北京福吉长安防爆材料盐城有限责任公司

专业制造研发防爆、抑爆、橇装式加油（气）设备

企业介绍

北京福吉长安防爆材料盐城有限责任公司成立于2008年，是一家专业制造研发JFJ型特种铝合金防爆，抑爆材料、及抑爆橇装式加油（气）设备的专业公司。

企业规模

公司现有员工180余人，其中各类专业技术人员60余人，中、高级职称35余人，注册资金666万元，现拥有生产车间15000平方米，组装车间2800平方米，办公室场所4500平方米，可用总面积达150000平方米。

企业宗旨

经过多年对行业的深刻了解和艰苦努力的专业精神、融合国际化的设计理念、竭力实现产品的成品化、生产的规模化，进一步简化现场安装为企业的形象提升，从而提高生产到安装维护的一体化专业服务和保障。

企业资质

福吉公司先后获得了（ISO9001：2008）国际质量管理体系认证证书及建设部颁发的施工安装资质证书、安全生产许可证书，和国家知识产权局的多项专利，该产品制造安装均符合国家颁布的《汽车加油（气）站的设计与施工规范》（GB50150—2006）及《汽车加油（气）站轻质燃油和液化石油气汽车阻隔防爆储罐技术要求》（AQ3001—2005）。达到国家安全生产监督管理部门的标准和要求。符合《（AQ3002—2005）和阻隔防爆撬装式加油（气）装置技术要求》。

企业业绩

公司先后为中国石化、中国石油、中国海油和社会各大型油站、油库，十多家企业知名品牌服务。为提高公司业绩的同时也提升了公司的品牌形象和价值。目前我公司的产品遍布北京、江苏、江西、甘肃、青海、宁夏、新疆等数十个省市。

企业承诺

福吉公司将不断探索油站的安全、环保、节能新技术而努力奋斗，让自己成为同行业中的佼佼者，做客户心目中永久值得信赖的合作伙伴，为中国石油界保驾护航！

产品简介：

抑爆撬装式加油（气）设备是北京福吉长安防爆材料盐城有限责任公司自主研发的具有技术创新的实用型新产品。

抑爆撬装式加油（气）设备由防爆储罐、防爆多功能油泵管路系统、封闭装卸油气二级回收装置。防爆自动一体化电气控制装置、紧急切断装置、防溢流及内窥视频监控系统等功能为一体的可移动地面防爆加油设备，是一种安全防爆、环保节能、移动方便，具有大中型加油站作业多功能的绿色环保高科技产品。

抑爆撬装式加油（气）设备的设计、制造、安装、运行均符合国家颁布的《汽车加油加气站设计与施工规范》GB50516—2002及《汽车加油（气）站、轻质燃油和液化石油气汽车阻隔防爆储罐装置技术要求》AQ3001—2005和《阻隔防爆撬装式加油（气）站装置技术要求》AQ3002—2005规定并借鉴了国际相关的领先技术。

抑爆撬装式加油（气）设备是在罐内装填有抑爆材料及防爆结构件的双壁罐，储罐设有液位计量（高、低）声光报警装置、紧急卸压阀、防溢流阀、防雷防静电装置、漏油监测报警系统。加

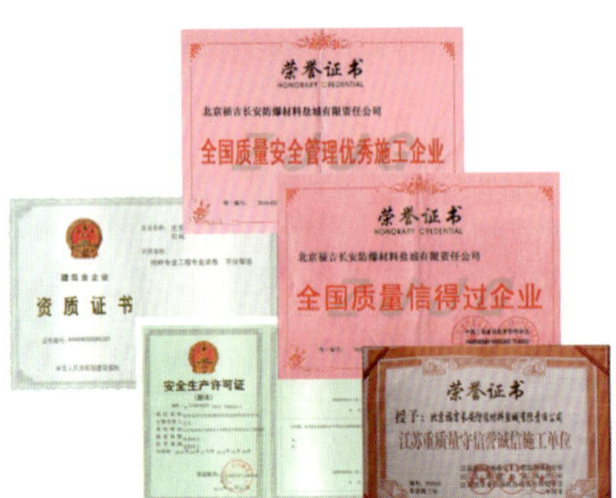

抑爆撬装式加油站实景

为中国油站的安全 保驾护航

福吉长安
FUJICHANGAN

电话：010-88895755 传真：010-88893755
邮箱：bjfjca@163.com 网址：www.bjfjca.com
地址：北京海淀区远大路金源时代商务中心A座8A

加油站样图1

加油站样图2

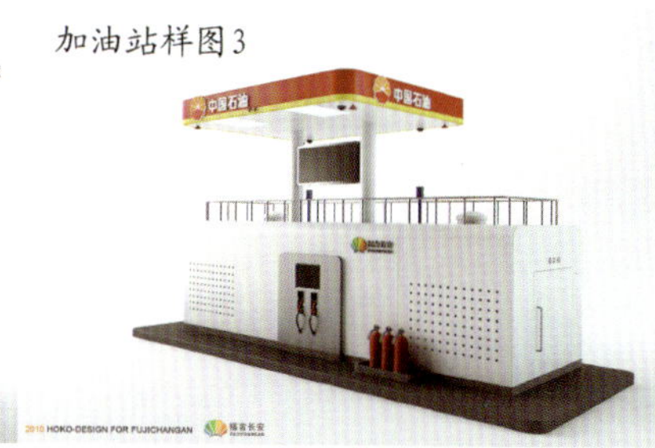
加油站样图3

油机具有多种注油方式，设有油气探测感应报警仪及高温自动断油保护阀等。该设备采用人性化的设计、自动化的组合标准，广泛用于多种供油环境，满足客户的不同需求。

我公司自主研发的抑爆撬装式加油设备，该设备具有领先的设计理念，先进的技术加工工艺、科技含量高。该产品经国家民用爆破器材质量监督检验中心检测合格。公司资质齐全，先后获得重质量守信誉诚信施工单位和中国高科技产业化荣誉，并通ISO9001－2008质量管理体系论证。

产品功能：

1、油品的仓储，多油品仓储、周转一定量的供应。

2、油品的注入，多种油品定值、定量注入设计。

3、油品的计量，有加油、卸油、仓储的计量显示。

4、储罐排残，随时封闭排放及清洗残液，确保油品的质量。

技术特点：

1、安全防爆：双壁储罐内装填符合国家标准的阻隔防爆材料，一旦遇到意外事故，如明火、静电、枪击、雷击等，不会发生爆炸，可避免伤亡，同时还设有自动声光报警控制系统，及时发现异常情况，进行应急处理。

2、节能减排：装置设有自动化油气回收系统，抑制油品挥发，减少对环境的危害和大气的污染。

3、环保达标：装置设有漏油视频监控系统，一旦发生油汽泄漏自动保护声光报警，避免对水源和土壤的污染。

4、消除静电：装置在（注、卸）油时产生的静电积聚能及时消除，避免火花的产生、大大降低了危险，提高安全性。

5、配置造型多样化：根据用户不同的需要，提供不同规格和人性化的设计进行灵活配置。

6、经济效益：缩短建站时间，降低成本，投资小见效快。

7、方便快捷：整体吊装，移动方便，一次到位，安装快捷。

应用范围

抑爆撬装式加油（气）设备广泛适用于城市中心区域，城镇社区、公交场站、高速公路、停车场、农村、厂矿等固定或临时场所，设置加油站。

产品类别

抑爆撬装式加油设备分单侧面加油设备，双侧面加油设备，端头加油设备三种类型，能满足各种场地布置和车辆加油通行需要。

加油站样图4

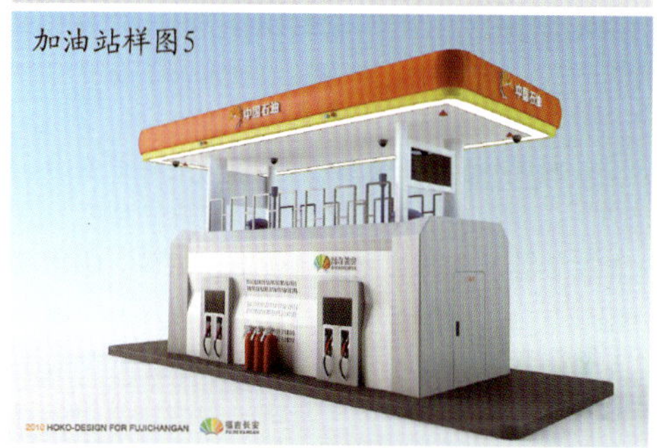
加油站样图5

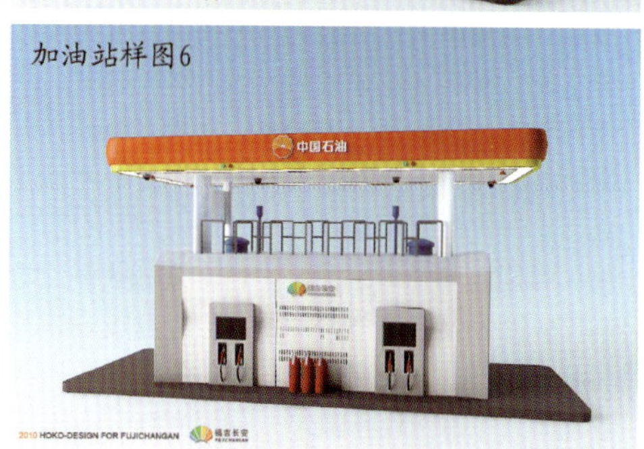
加油站样图6

加油站样图7

青海省安全监管局成功举行加油站应急联合演练暨阻隔防爆技术演示

阻隔防爆技术演示会

加油站事故应急联合演练

为进一步提高社会公众的安全防范意识，检验青海省相关部门、企业对加油站突发事故的应急处置能力，10月17日，在省安全生产委员会办公室统一协调组织下，由青海省安全生产监督管理局主办，中国石油青海销售公司承办，青海省公安消防总队、北京福吉长安科技有限公司协办的加油站应急联合演练暨阻隔防爆技术演示在武警西宁指挥学院成功举行。省公安消防总队西宁支队、中油青海销售公司、北京福吉公司参加了演练。省安委会副主任、省安全监管局副局长、本次联合演练领导小组组长范士伟担任演练总指挥。省政府应急管理办公、省公安消防总队、武警青海总队、省安委会部分成员单位，全省厅州级领导干部应急管理工作培训班学员，各州（地、市）和西宁市辖县（区）安监局、中油青海销售公司、中石化青海销售公司、中石油格尔木炼油厂，西宁中油燃气公司，部分社会加油站、危化运输企业等部门和单位及省内新闻媒体约300多人参加观摩了本次联合演练。演练结束后，省政府副秘书长马骥作了重要讲话。

此次演练分阻隔防爆技术应用演示、加油站火灾事故应急演练、油库储罐区火灾事故应急预案演练三个部分，采用现场演示和实战演练相结合的形式，设置了各种“事件”和“异常”，场景模拟真实，组织措施到位，安全保障有力，全面验证了加油站事故应急预案的实用性和可操作性。演练历时1小时10分圆满结束，取得了预期的效果。通过各参演单位的处置演练，不仅充分展现了中石油青海销售公司工作人员和省公安消防官兵高效、专业的应急保障体系，体现了协同作战能力和联动水平，反映了政府统一、灵敏的整体协调能力和应急处置能力，达到了锻炼队伍、检验预案、完善机制和示范教育的目的，有效提高了相关部门、危化经营企业及社会各界对加油站突发事件的应急处置能力，为开展加油站应急演练活动积累了宝贵的经验。而阻隔防爆技术的演示，对进一步强化危险化学品企业安全基础工作，增强防范成品油火灾、爆炸事故的能力和作用，提高灭火效果，解决加油站安全距离及周边复杂环境的储存安全难题，从源头上强化危险化学品生产、储存、运输企业的本质安全具有十分重要的意义。

阻隔防爆技术应用演示

阻隔防爆技术应用演示

加油站安装阻隔防爆装置给居民一颗“定心丸”

阻隔防爆现场验收会

青海省西宁市杨家庄加油站旁开了一家牛肉面馆，居民对叼着烟进进出出的顾客可能引发的“安全隐患”甚为揪心。为消除群众心中的顾虑，12月23日上午，中国石油青海销售公司在杨家庄加油站进行防爆演练，阻隔防爆装置给加油站周边居民吃了一颗“定心丸”。

杨家庄加油站位于西宁市八一路与德令哈路的交汇处，净占地面积5044平方米，内有2具30立方米汽油罐，9台单油品双枪长吉牌潜油泵式加油机，每日车流量为420辆。站边开设的牛肉面馆隶属杨家庄加油站，面馆与加油站之间的隔墙距离最近的加油机约20米左右。每天看到运油车往储油罐输油，而到饭馆就餐的客人抽着烟从饭馆进进出出时，附近居民感觉不塌实。

为了消除附近居民的疑虑，12月23日，青海销售公司西宁分公司在杨家庄加油站举行了一场阻隔防爆现场验收会，邀请了青海省、西宁市安监、消防等有关部门的负责人，并邀请中央和地方媒体代表参加。上午11点40分，加油站工作人员在北京福吉长安防爆材料盐城有限责任公司技术人员的指导下进行了阻隔防爆装置现场带火、注油演练。演练中，油桶在注油状态下仍然未发生爆炸，加油站油罐在达到爆炸状态时燃油口只有微弱的小火苗。

据了解，阻隔防爆技术是我国安全生产领域中具有自主知识产权的专业技术，已达到世界先进水平。该站采用的阻隔防爆材料是特种铝合金箔制成的一种网状结构材料，由北京福吉长安防爆材料盐城有限责任公司负责安装。据介绍，将这种材料按一定的密度充填在贮有易燃易爆液体的容器中，当易燃易爆液体的挥发气体与空气混合达到爆炸范围时，遇到明火、静电、雷击及意外猛烈撞击等，其能量即使达到可燃物的引燃引爆能量，容器也不会发生爆炸。

目前，中国石油青海销售公司已在西宁市区的15座加油站安装了此种阻隔防爆装置。

阻隔防爆装置现场带火、注油演练

通用手套
抗割手套
特殊手套
抗化学品手套

chemsafe
www.ansellchemsafe.com

Ansell

安思尔（上海）商贸有限公司

抗化学品手套系列

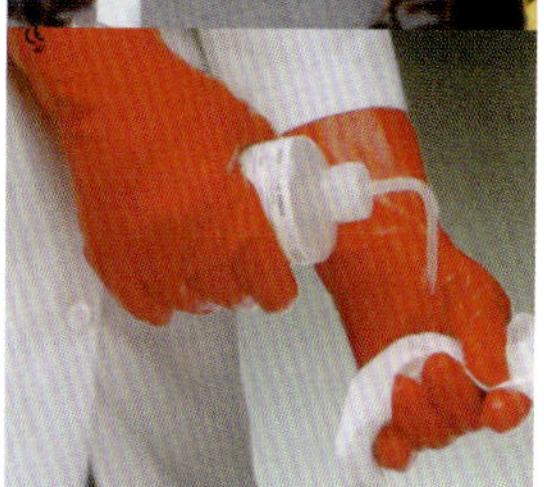

■ 100多年来，Ansell不断的适应市场的变化和需要。我们不仅仅把自己当作安全手套生产销售公司，而是要成为最好的手部防护专家，帮助客户实现其长期安全，降低成本和提高收益的目标。

■ 不断增长的市场竞争压力使得每一家公司都在寻找更多的供应商来降低成本。但企业渐渐发现使用仿制的或质量不佳的个人防护用品，表面看来是在短期内节约了成本，实际上从长期成本效应来说，往往是适得其反。根据以往的多年经验，Ansell在与一些跨国公司和许多本地公司的合作中，都成功的协助他们节约超过30%的成本。

■ Ansell有超过70名专业科研人员、工程师和相关人员，同时每年投入超过1000万美元的研发经费，Ansell在工业手套产品研发方面的投入领先于任何其他同类品牌。

抗割手套系列

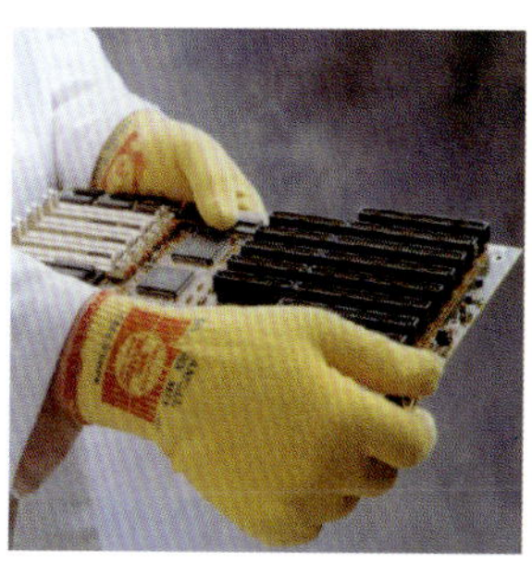

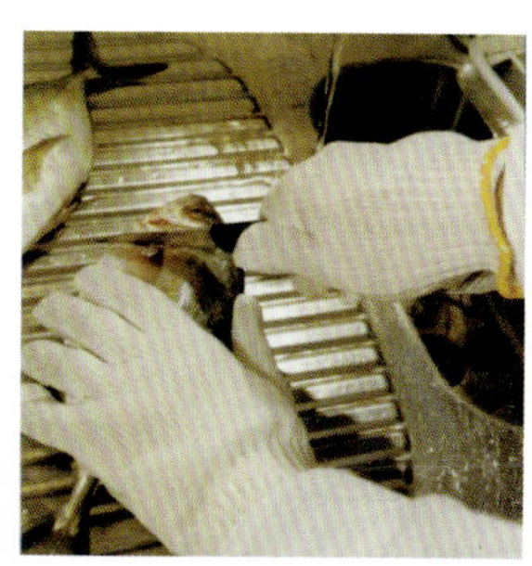

通用手套系列

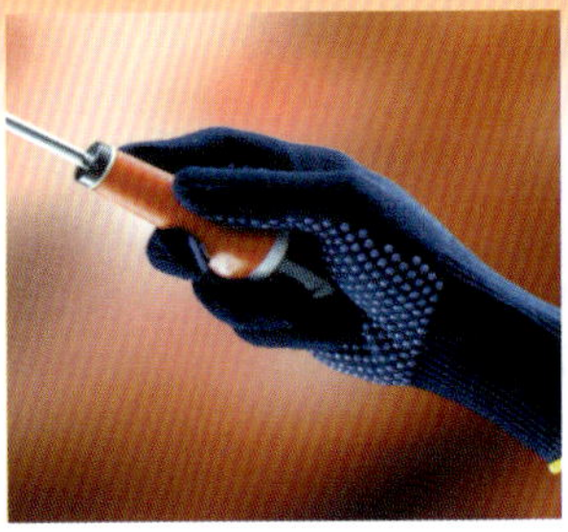
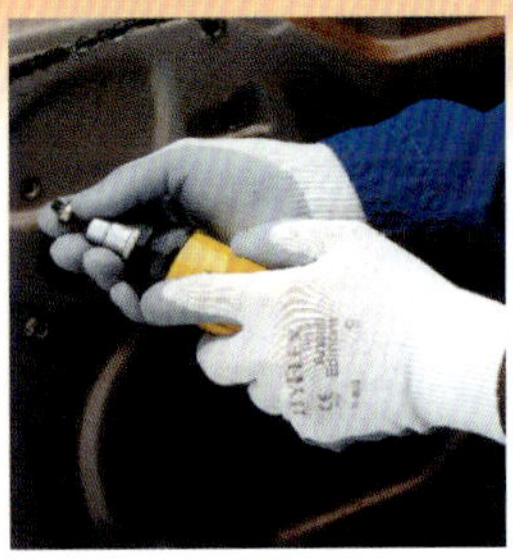

■ 全球领先者和市场经验

Ansell 在大部分工业手套市场居于全球第一的位置。我们在全球有超过 11，000 名雇员，同时有分布在英国、亚洲和北美的 15 家工厂和位于墨尔本、东京、上海、吉隆坡、布鲁塞尔和新泽西 RedBank 的分支机构。

■ 战略合作伙伴

Ansell 广泛的供应链保证了我们可以在提供低成本的同时也可以提供优质的服务，以及对市场变化及时作出迅速反应。我们与一些领先的行业权威公司，例如杜邦，陶式化工等结成战略合作伙伴关系，确保我们的发展能力，提供给客户独特的创新产品。

■ Ansell 产品

Ansell 职业健康产品有超过 1000 个品种，适合几乎所有的个人防护应用要求，同时我们不断在改进，增加和创新现有的产品。新产品的研发是根据“客户的声音”来引导，以确保我们的产品可以解决市场实际需求。

■ Ansell 手套安全考察评估

为了降低客户生产成本和提高生产运营效率，我们去了解客户整个运营情况，从安全回顾，产品合理化，效率分析到库存控制来确定提高客户效率的每个机会。

■ 培训和支持

我们提供一套完善的产品手册，单个产品的技术资料，产品说明。同时您可以通过拨打免费电话直接找到我们的销售和客服人员，也可以登陆我们的网站，通过一系列的互动内容了解我们。这些都可以使您体会到 Ansell 完善的服务和支持。

特殊手套系列

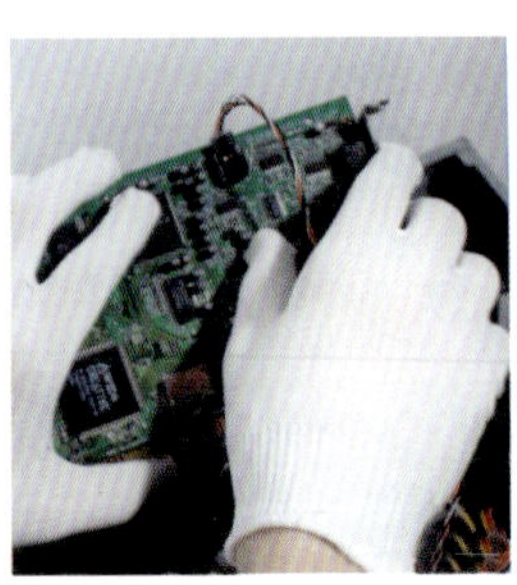

公司及服务

NOSA源自南非，始终走在国际安健环风险管理的前沿。NOSA针对不同行业设计了相应的安健环管理体系和服务，如电力、矿务、港口、基建、医疗等行业。此外，NOSA还可根据企业自身特点设计相应的安健环管理体系和服务。

NOSA服务主要包括安健环管理策划、训练、咨询、审查评价等。目前，NOSA已成功地为许多遍布全球的企业建立并巩固了安健环综合管理，包括中国大陆的神华、国华、粤电、国电、国投等集团公司。

NOSA在中国的合法指定机构为诺诚亚洲有限公司、诺诚企业顾问（深圳）有限公司及诺诚企业顾问（深圳）有限公司北京分公司。

体系

NOSA体系是国际先进安健环综合风险管理的代表。以人为本，强化风险意识及文化建设，强调可操作性和有效性，关注细节，注重全员参与，推崇自主性安健环风险管理的综合体系。

NOSA体系把安全、健康和环保管理体系合成一体，并且与质量管理相连、与ISO/OHSAS等国际标准化管理体系相互兼容，同时能够与其有效整合。NOSA体系已成为国际公认并倡导的安健环综合管理体系。

体系的特点及优点包括：

1. 综合安全、健康和环保管理

NOSA科学地对安全、健康和环保三方面的管理进行有效整合，通过资源优化为企业节省营运成本。

2.体系先进、操作性及有效性强

NOSA体系是经过数十年的实施与改进提炼而成，体系共有5大部份，72元素，300多条最低标准，1200多条实施细则和标准说明。

3.机制完善、目标清晰

NOSA拥有一整套科学的审查系统，全面考虑风险评估、系统设计、依从性及有效性。将企业的安健环水平分为七个不同级别，为企业提供一个完善的激励机制及清晰的持续改进目标，推动企业不断提高其安健环管理水平。

4.增强企业凝聚力、执行力，推动综合管理的文化建设

NOSA体系的推行，不仅体现在企业安健环管理水平的提升方面，同时也将提升企业的综合管理水平，如企业的凝聚力、执行力及员工的主动性等，把“PDCA”等先进管理理念综合应用，加快员工向国际先进理念的转变，更快地与国际接轨。此外，NOSA体系也将有效地培养员工的安健环意识文化并提高整体素养。

第三方评价

1.2006年国资委与安监总局共同编著《现代安全理念和创新实践》一书，详细并客观地介绍了NOSA体系及其在国内的成功实践应用。

“…南非NOSA（国家职业安全协会）管理体系是国际劳工组织推荐的安全管理体系的范本，也是实践证明行之有效的安全生产长效机制建设的重要工具…”——选自《现代安全理念和创新实践》一书中李荣融序。

“…中海油、神华集团等实践HSE和NOSA安全评价标准，推动了企业安全生产水平的提高，他们的经验值得学习…”——选自《现代安全理念和创新实践》一书中李毅中序。

2.“衡水支队研究借鉴南非NOSA消防管理经验”——引自《河北消防网》

3.通过NOSA五星管理系统在生产中的实践应用，国华公司600MW超临界机组及其他机组各项管理得到了有效的风险预控，为机组的安全、经济运行进一步夯实了基础——引自《中国电力安全管理网》

服务宗旨

1.致力为企业提供专业的安健环管理服务，使其员工可以在安全及健康的环境下工作。

2.与各界企业建立关系，为提高安健环水平而共同努力。

3.确保企业使用NOSA服务后在预防及控制安健环风险及事故方面能紧随国际步伐。

浏阳市东信

东信烟花由董事长钟自奇先生创建于1996年，2004年组建为东信烟花集团有限公司。在钟自奇先生的领导下，公司始终把强化企业安全主体责任，着力把东信公司打造为行业内最安全的企业作为公司上下的奋斗目标。整个东信公司出现了安全有保障，生产大发展，企业大跨越的可喜局面，东信公司连续十年被评为安全生产先进企业。近三年，东信公司在激烈的市场竞争中，从全国众多花炮厂家中脱颖而出，先后取得了北京奥运会、国庆60周年北京天安门庆典、上海世博会、广州亚运会开闭幕式等“四大盛典”为代表的数百场国内外大型活动的烟花供应和燃放权。做到了场场安全，取得了圆满成功，受到了党和国家领导人、众多外国元首和国内外亿万观众的广泛赞誉，为国家赢得了荣誉。

钟自奇先生在花炮企业摸爬滚打了几十年。他认为，花炮行业安全生产的落脚点在企业，花炮企业是安全生产的主体，从科研、生产、储存、运输、销售、燃放，无一不和企业直接相连。企业的安全意识加强了，企业的安全管理到位了，企业的安全生产搞好了，整个花炮的安全就有保障。他说：“在花炮行业，事故是可控的，安全是可以创造的。”

一、提高安全责任意识是前提

一是充分认识安全生产工作的重要性。花炮安全生产，关系到人民群众的生命财产安全、关系到社会和谐和社会稳定大局，关系到企业的生存与发展。东信公司要求把“以人为本、关爱生命”的现代安全理念贯穿到生产和管理的每一个环节，特别是国发（2010）23号

董事长钟自奇

东信集团董事长钟自奇在向张德江副总理等一行领导汇报集团公司情况

东信集团董事长钟自奇（右1）在向张德江副总理（左3）骆琳局长（左2）周强书记（左1）等领导介绍集团公司产品

东升旭日烟花美　　信立天下企业兴

烟花集团有限公司

文件《国务院关于进一步加强企业安全生产工作的通知》和《国务院办公厅转发安全监管总局等部门关于进一步加强烟花爆竹安全监督管理工作意见的通知》（国办发〔2010〕53号）下发后，东信公司更加强调，要想尽一切办法，调动一切管理手段，让浓厚的安全意识深入员工心中，融化在血液里，落实在行动中。在东信公司，从董事长到班组长到一般员工，安全年年讲，月月讲，天天讲，时时讲。安全生产是东信公司工作中最重要的一环，最日常的事务，最经常的话题。确保全年生产经营零事故，实现长治久安，把东信公司打造成行业中安全工作抓得最好的企业，是我们上下一致的奋斗目标，

二是充分认识安全生产问题的严重性。在我国花炮行业，安全生产形势严峻，花炮安全事故时有发生。东信公司着眼于防范，把其它一些厂家发生的安全事故，当作自己的教训来吸取，警钟长鸣，及时清除隐患，消灭事故苗头，确保安全生产。

三是充分认识安全工作的艰巨性。传统花炮企业工艺落后、设备简陋，从业人员素质较低，安全意识比较薄弱。这一切，都决定了企业安全生产工作的艰巨性、长期性和复杂性。东信公司要求企业上下强化安全生产必须常抓不懈的意识，任何时候都要把安全生产抓紧抓好抓实，决不能有半点松懈。

国务院副总理张德江(左4) 湖南省省委书记周强(左5)
湖南省省长徐守盛(左3) 国家安监总局局长骆琳(左6)
与东信集团董事长钟自奇(左2)等集团高管人员合影

二、健全安全生产制度是基础

安全生产制度建设是东信公司最重要的制度建设，对安全工作重要性的认识，必须体现在安全制度中。东信公司安全制度建设突出了三个重点：一是建立安全管理网络。集团公司建立了由总经理任组长，副总经理任副组长，部室负责人任组员的安全领导小组，形成组员对组长负责，车间班组、部门对领导小组负责，员工对车间班组、部门负责的三级网络管理模式。领导小组下设安全保卫部，固定专职安全监督员，负责日常事务，使安全工作每时每刻处于严密监督管理之中；二是建立安全制度体系。公司选派了对花炮生产最熟悉、责任心最强的人员编写涵盖各车间、各工序、工艺、各岗位在内的规章制度，安全制度做到了：全面无遗落，量化到岗位，责任到个人；三是严格执行制度。抓好经常性的安全教育十分重要，集团公司管理人员安全工作会议每月必须召开一次，分职工每半个月召开一次，各道工序随时召开安全生产教育会议，做到“时时查、日日清、月月结”。东信公司的安全制度把责任与员工、管理者的经济利益、职务升降等切身利益紧密挂钩，奖则重奖，罚则重罚，上至企业领导，下至普通员工，实行安全制度面前人人平等。

四大盛典　惊艳世界
东信烟花　誉满全球

三．强化安全监督管理是关键

东信公司把执行国家烟花生产安全法律法规和公司各项安全管理制度，强化安全监管作为保证烟花安全生产经营的关键环节，下大力气抓紧抓好，不准有任何松懈。以2010年为例，东信公司的具体做法是：

1、督查经常化。严格执行《安全生产事故隐患排查治理暂行规定》（国家安全生产管理总局第16号令）有关规定。安全部全年组织下厂检查38次，交叉大检查4次，部安全会议和现场督查会议16次，查处违章现象190次，管理不到位50人次，从而把事故消灭在萌芽状态，实现了全年零事故。

2、责任明确化。公司安全部与各厂安全员签订了全年目标管理责任书。目标管理内容如下：杜绝本年度安全大小事故发生，做到无人员伤亡，无财产损失；安全员必须24小时跟班作业（轮值），每月住厂不少于20晚，出勤不少于28天，特殊情况请假报主管领导批准；重点人员重点监督，重点部位重点监管，重点违章重点打击，使公司所有地方、所有岗位、所有人员均处于严格的安全管理之中，人人肩上有责任、有目标、有压力。

3、处理严格化。公司安全制度处罚严格，比如，厂内吸烟者一次批评教育，二次罚款100元以上，三次辞退。2010年公司查处安全违章现象中，共罚款5424元，辞退2人，开除2人。

4、形式多样化。公司通过大小会议、网络视频、报纸墙报等营造安全生产氛围，组织督查、检查、评比等狠抓安全制度落实，形式多样，内容丰富。2010年公司还开展了“十查十比”的百日竞赛活动，活动收到了很好的效果。

四．抓好科学规划投入是重点

科学规划，合理布局，加大花炮企业安全投入，对确保企业安全生产具有十分重要的作用，绝不能将花炮企业安全建设视为“嘴上说一说、纸上写一写”的虚功。要解决花炮企业安全的实质性问题，必须科学规划，下大力气加大投入。众所周知，花炮药物均为易燃易爆品，药物生产相对集中，人工操作、时有违章作业行为发生是导致事故的重要原因。为杜绝这一隐患，东信公司耗资近1000万元建立药物分厂，做到药物统一管理、统一生产、统一质量、统一分发，安全效果十分明显；花炮产品的储存保管，历来是事故多发点，为从根本上改变传统仓储习惯，东信扩征400亩土地，投入400万元按新安全标准建立了仓储基地，实现了产品仓储的转型升级；公司先后投资1000

东信烟花绽放亚运

东信烟花绽放世博

多万元，研究、开发、应用了药物混合机、敷球机等各种生产设备400余台套，推进了生产机械化，提高安全生产水平和生产效率。东信在厂区安全检查中，对厂房、厂区的安全隐患，对不符合国家标准的设施进行彻底整改，改造投入300多万元。加大安全投入，有利于从根本上改变不安全现状，解决安全生产中的重大实质性问题。作为危爆企业，要在安全建设上有大胸怀，大手笔，大投入。

五、加大科研自主创新是支撑

用现代科技改造、提升传统花炮产业，是我国乃至世界花炮产业面临的一项重大使命，也是实现花炮安全生产的根本之所在。东信公司在这方面主要做了以下几项工作，一是材料创新，二是设备创新，三是工艺创新。

"十一五"期间东信 公司与北京理工大学、南京理工大学等大学建立了产学研合作关系，年投入300多万元，先后承担并完成了湖南省科技厅科技重大专项"安全环保烟花爆竹材料和综合燃放技术研究及其产业化"、 "十一五"国家科技支撑计划重点项目"烟花爆竹事故预防控制关键技术研究与示范工程"。通过技术攻关和工艺的调整，新型环保材料组合烟花产品，解决了生产劳动强度大， 实现了80%的机械自动化生产， 提高了工作效率，提升和稳定了产品的质量。用"新型礼花安全环保材料"取代传统的"纸垫压力舱"，真正实现了焰火燃放的安全环保亮丽。

东信公司与浏河机械厂共同研制成功了YBJYY-LHYJ-1型烟火药自动混合机，该设备实现了人药（机）隔离，有利于安全生产。该机2010年8月已通过湖南省安监局组织的安全性能评审、湖南省科技厅组织的科技成果鉴定和湖南省经信委组织的新产品鉴定，该机安全性能好，整体技术水平居国内领先水平，湖南省安监局已发文向全省烟花爆竹企业推广运用。

东信公司研制出新一代焰火电脑程控自动点火系统，用现代信息技术取代了传统手工点火工艺，新一代产品适合点火线路长、点火次数多、点火时间短、点火密集点打的高难度作业。在实际运用中，系统稳定性强，性能优越，既解决了焰火燃放与音乐旋律同步的技术瓶颈问题，又大大增强了焰火的艺术魅力。该设备是国内唯一的具有自主知识产权，并在北京奥运会、国庆60周年、上海世博会、广州亚运会四大盛典上成功应用，达到世界先进水平。

随着一批安全新材料、新设备、新工艺的研制和问世，科技创造安全的作用正日益凸现。

如今东信公司正在研发组合烟花生产自动化，对发射药自动灌装、自动检测、亮珠生产线的关键装备进行攻关，成功以后，又将大大改善安全条件，提高生产效益。

作为绵延千年的传统产业，花炮为我们提供了发展之良"机"，民生之大"利"，在党和政府的领导下，东信公司决心抓住新机遇，实现新发展，将更加美丽精彩、更加环保安全的烟花爆竹奉献给中国人民和世界人民。

公司董事长钟自奇与中国工艺美术大师黎仲畦在亚运燃放现场检查

东信烟花绽放奥运

东信烟花绽放国庆

地址：湖南浏阳市沿溪镇礼花村　邮编：410304
电话：0731-83940268
网址：http://www.dancingfireworks.com

东升旭日烟花美　信立天下企业兴

昆明巫家坝国际机场

以安全为基础 着力打造昆明国际机场安全空港

昆明机场领导班子

昆明巫家坝国际机场是我国西南地区重要的省会干线运输机场，是国务院公布的全国五大口岸机场之一，民航局确定的地区枢纽机场。目前，昆明机场已开通航线 248 条，其中国内航线 211 条，国际、地区航线 37 条，与国内外 29 家航空公司建立了航空业务往来，基本形成了以昆明为中心，辐射全省及我国和东南亚近 100 个主要城市的航线网络。2009 年，昆明机场航班起降架次 17.2 万架次，旅客吞吐量 1895 万人次，货邮吞吐量 25.88 万吨。2010 年，昆明机场预计旅客吞吐量将突破 2000 万人次大关，跻身世界大型枢纽机场行列。2001 年，昆明机场荣记民航总局授予的“连续保证航空安全 50 年集体一等功”。2006 年，机场顺利通过国际民航组织开展的航空保安审计。2008 年，机场以 97.96 分的高分顺利通过民航局安全审计，所得成绩在当时已受审的年旅客吞吐量超千万的机场当中名列前茅。

昆明机场一直把安全工作视为机场生存、发展的前提和基础，始终坚持“安全第一、预防为主、综合治理、持续改进”的安全工作方针，运用科学、系统的安全管理方法，全面履行安全生产责任制，保证了昆明机场自 2004 年分立运行以来未发生事故征候以上不安全事件，空防安全始终处于可控范围，圆满实现了上级下达的各项安全目标，安全态势持续平稳，安全管理效能不断提升。近年来，昆明机场立足本职，积极探索新形势下机场安全管理新模式，致力构建机场良好的安全营运环境和安全生产平台，围绕“夯实四个基础，运用两个方法，构建一个体系”的“四二一”安全工作新思路，通过健全组织管理、完善规章制度、狠抓运行安全、加强资源配置、规范信息管理、提升应急能力、强化人员培训，努力构筑昆明机场高效、持续和协调发展的安全工作新局面。

荣誉证书

安全竞赛活动

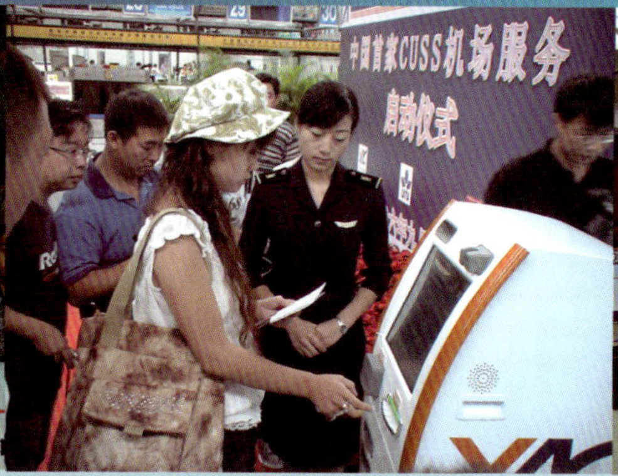

启用自助值机柜台

安全生产月知识竞赛

一、夯实安全制度、物质、文化和技术“四个基础”

——企业要安全，制度是根本。昆明机场始终将安全生产责任制作为保障机场安全生产最基本、最重要的制度进行统一管理、分级监控、动态完善，并组建独立于生产运行之外的安全管理部门，负责对机场运行安全进行有效监控。在具体监督落实过程中，实行班组、部门、机场三级监控，对安全责任制实施动态管理和完善。

同时，机场将工作重点放在对规章制度的修改完善和培训监督上，对各项规章制度和作业手册进行建立和完善，通过组织员工开展内容丰富、形式多样的学习、竞赛、考核，并加强监督管理，形成了一套有制度、有培训、有检查、有整改、有反馈、有复查的安全生产闭环式管理。

——企业要安全，物质是保证。为有效解决制约昆明机场安全发展的基础条件瓶颈问题，机场先后投入巨资新增停机坪和候机楼面积，优化运行保障流程。目前，昆明机场停机坪面积增至50.5万平方米，停机位65个，航站楼总面积增至9.4万平方米。此外，昆明机场专门成立了信息技术中心，对机场网络安全实施动态24小时监控，确保机场信息网络安全。

——企业要安全，员工是根本。昆明机场始终致力于构筑以人为本的安全管理模式，从员工的行为入手，着力提高员工的安全意识，确立机场的安全目标，倡导共同的安全价值观、思维和行为规范，有效调节和控制员工的行为方式，最大限度地减少人的不安全行为，促进机场安全文化与管理实际相结合。机场通过组织开展形式多样的安全主题活动，把各类安全主题贯穿于全年，活动呈现出内容丰富、主题鲜明、效果明显的特点，有效提高了员工的安全意识和素养。在各级行业部门组织的技能大赛上，昆明机场都取得了较好的成绩，充分展示了昆明机场员工的良好精神风貌和娴熟的工作技能。

——企业要安全，技术是先导。随着机场安全、服务体系网络的不断发展和更新，昆明机场充分学习和借鉴国内、外先进的科技管理经验，采用先进的监测、预测、预警和应急处置技术和设备，充分保障机场安全、服务体系的有效运行。2006年，昆明机场自主研发的“民用机场安检信息管理系统”顺利通过国家科技成果鉴定。同年9月，昆明机场成为国内首家可以为昆明始发的全部航空公司提供符合国际航协标准自助值机服务的机场。因昆明机场在信息化建设方面成绩显著，被国际航空运

机坪一景

道口安全检查

输协会授予“简化商务同心协作奖”。

二、运用系统安全管理法和风险管理法“两个方法”，提升机场安全管理效能

——树立“六种意识”，完善系统理念，实现相互配合、相互促进，达到共保安全的系统管理局面

民航机场的客货运输工作是一个集多家单位、不同专业为一体的复杂的系统工程，需要各方的相互衔接、相互配合。昆明机场首先在机场内部强调树立系统安全管理的“六种意识”，即树立“全局安全”意识；树立“零事故不等于安全”意识；树立“危机管理”意识；树立“遵章守纪”意识；树立“安全高标准”意识；树立“安全事故链”管理意识。其次，积极将安全管理系统向外延伸，与当地政府组建机场净空保护、鸟害防治、防汛抢修和应急救援等联合机构，与公安、武警、医疗救护、消防以及相关政府部门建立了良好的协调运行机制，完善机场应急救援互助协议。同时，联合驻场各航空公司、空管、油料、机务、公安、边防、武警、检验检疫以及当地政府主管部门成立了昆明机场安全管理委员会，制定相关规章制度，定期或不定期召开安全工作协调会，及时解决机场在实际运行工作中的问题，搭建良好的协调联系平台，签订和完善机场相关安全运行保障协议，明确各自职责和任务，为实现机场的统一管理，促进机场安全运行起到了积极作用。

——强调“危机意识”，引入“风险管理”，通过有效辨识和控制危险源，达到消除隐患、预防为主的目的。

面对严峻和复杂的空防安全形势，昆明机场积极引入风险管理方法。通过对作业行为、作业环境以及危险因素的三种状态、三种时态等方面进行全方位辨识，确定重大危险源，为安全目标、指标和管理方案提供有力依据，并实施事前的有效控制，降低危险因素对机场安全运行可能造成的影响。同时，机场进一步完善各

应急救援演练

昆明巫家坝国际机场

顺利通过安全审计

候机楼值机

类应急处置预案，号召全体员工树立危机意识，明确在面对危机时，以社会公众和消费者利益为重，迅速做出有效反应，及时采取补救措施，并力争以危机为契机，因势利导，减少负面影响。目前，昆明机场科学利用风险评价法，确定危险源、重大危险源或风险，并张贴警示标识，据此界定风险岗位，对风险岗位进行评价和重点控制，及时制定措施整改安全隐患，努力将隐患消除在萌芽状态。

三、以构建安全管理体系为核心，建立安全生产长效机制

按照中国民航安全生产“十一五”规划和在2010年前全面建立符合国际民航组织要求并适合中国国情的中国民航安全管理体系。昆明机场于2007年全面启动以建立和完善 “自我监督、自我审核、自我约束、自我完善”为主的SMS安全管理体系。体系包括机场安全组织机构、职责，安全宣传与教育，安全文件和记录控制，机场安全信息管理和报告，风险管理，内部安全检查，应急响应，安全监督与审核，纠正与预防措施，机场安全管理制度，机场安全设施设备管理，员工培训与资格认证以及机场安全保卫方案等13个方面的内容。昆明机场通过不断创新和健全安全管理的各项规章制度，加强规章制度的可操作性，改进检查方式和手段，不断完善安全管理激励机制和对航空事故、不安全事件的预防研究，以促进安全管理工作从注重结果向注重过程、从善后处理向事前防范的转变，形成了一套较为完整、有效的安全管理长效体系。

2012年，昆明新机场将投入使用，确保老机场的安全平稳运行和新、老机场转场工作的有效衔接将是昆明机场当前一项重要而艰巨的任务。昆明机场全体员工有信心、有能力在民航上级主管部门、云南机场集团有限责任公司以及昆明机场的领导下，精心组织、周密部署，以实际行动为创造昆明机场更加辉煌灿烂的明天而不懈努力。

机坪北扩施工

TOPSKY 北京凌天世纪自动化技术有限公司

北京凌天世纪自动化技术有限公司专门从事于煤矿安全产品，是集科研、生产、贸易于一体的现代化企业。

ZR1000型二氧化碳发生器

最新产品

大产气量，高浓度二氧化碳产气体
一罐式结构，平板车运输，适合于狭窄矿井灭火
双专利保护

用途：通过浓硫酸与碳酸氢钠或碳酸氢铵反应产生1000^3/小时的高浓度（98%）二氧化碳气体，通入矿井密闭火区，快速灭火。适用于通风、防火部门。

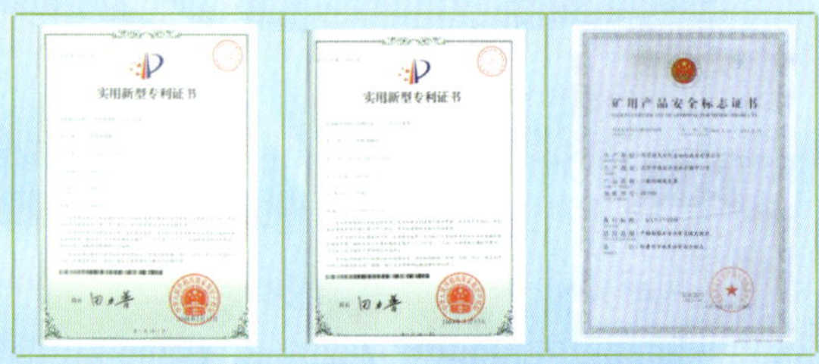

JYL-6/5000 矿用液压链条锯 新

国内唯一做到转速超过5000转/分的“削石如泥”的快速切割工具

采用防爆液压动力站驱动进口金刚石链条锯高速运转，可快速切割开采煤层，岩石，用于煤槽开沟建造，砌筑与拆除矿井火区密闭墙。

适用于：通风、防火部门。

切割范围：切割煤层、岩石、混凝土、钢筋混凝土、管道、砖石、木材、门。

单 位	数 值
额定主轴转速	≥5000 r/min
机重	≤6 kg
切割深度	33 cm
切缝宽度	≤6mm
额定压力	≥16 MPa
额定流量	≥30 L/min

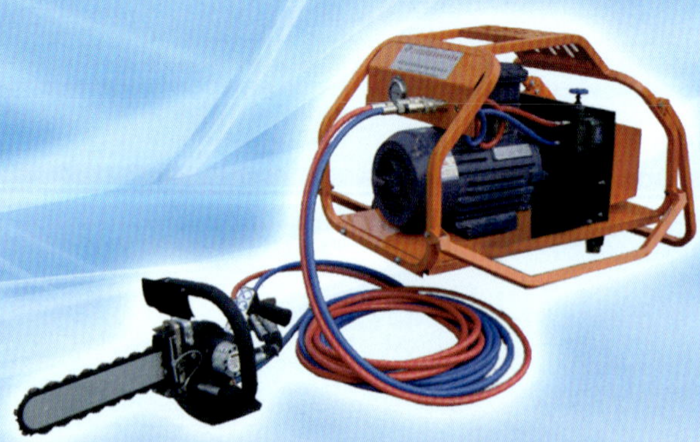

TOPSKY
北京凌天世纪自动化技术有限公司
E-mail:topskytech@126.com
电 话：010-51652021
网 址：http://www.bjltsj.com

中国石油集团安全环保技术研究院
做硬资质 做强支持 做专研究 做好服务
努力开创安全环保技术研究工作新局面

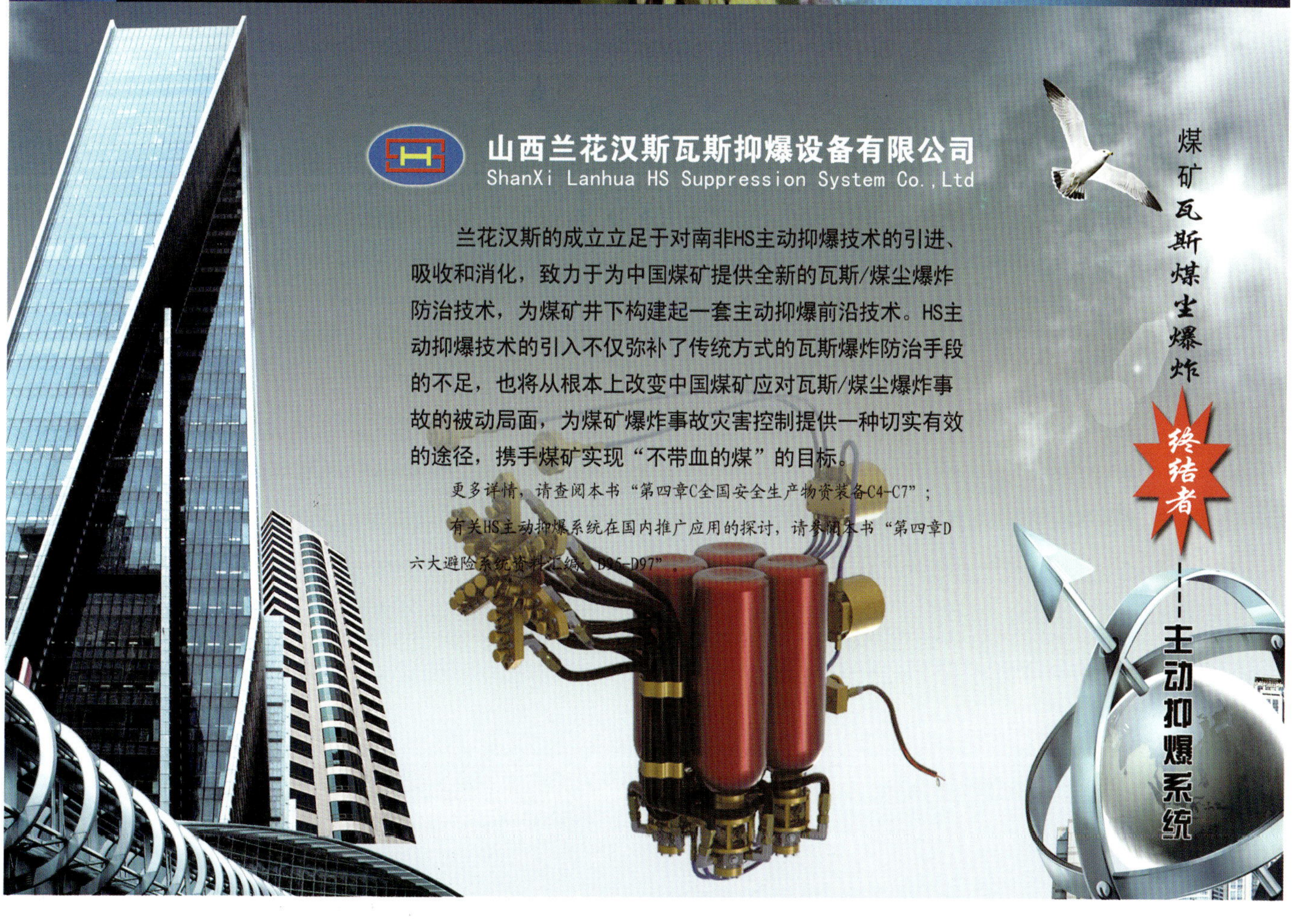

山西兰花汉斯瓦斯抑爆设备有限公司
ShanXi Lanhua HS Suppression System Co.,Ltd
兰花汉斯的成立立足于对南非HS主动抑爆技术的引进、吸收和消化，致力于为中国煤矿提供全新的瓦斯/煤尘爆炸防治技术，为煤矿井下构建起一套主动抑爆前沿技术。HS主动抑爆技术的引入不仅弥补了传统方式的瓦斯爆炸防治手段的不足，也将从根本上改变中国煤矿应对瓦斯/煤尘爆炸事故的被动局面，为煤矿爆炸事故灾害控制提供一种切实有效的途径，携手煤矿实现“不带血的煤”的目标。
更多详情，请查阅本书“第四章C全国安全生产物资装备C4-C7”；
有关HS主动抑爆系统在国内推广应用的探讨，请参阅本书“第四章D六大避险系统资料汇编 D95-D97”。
煤矿瓦斯煤尘爆炸
终结者
——主动抑爆系统

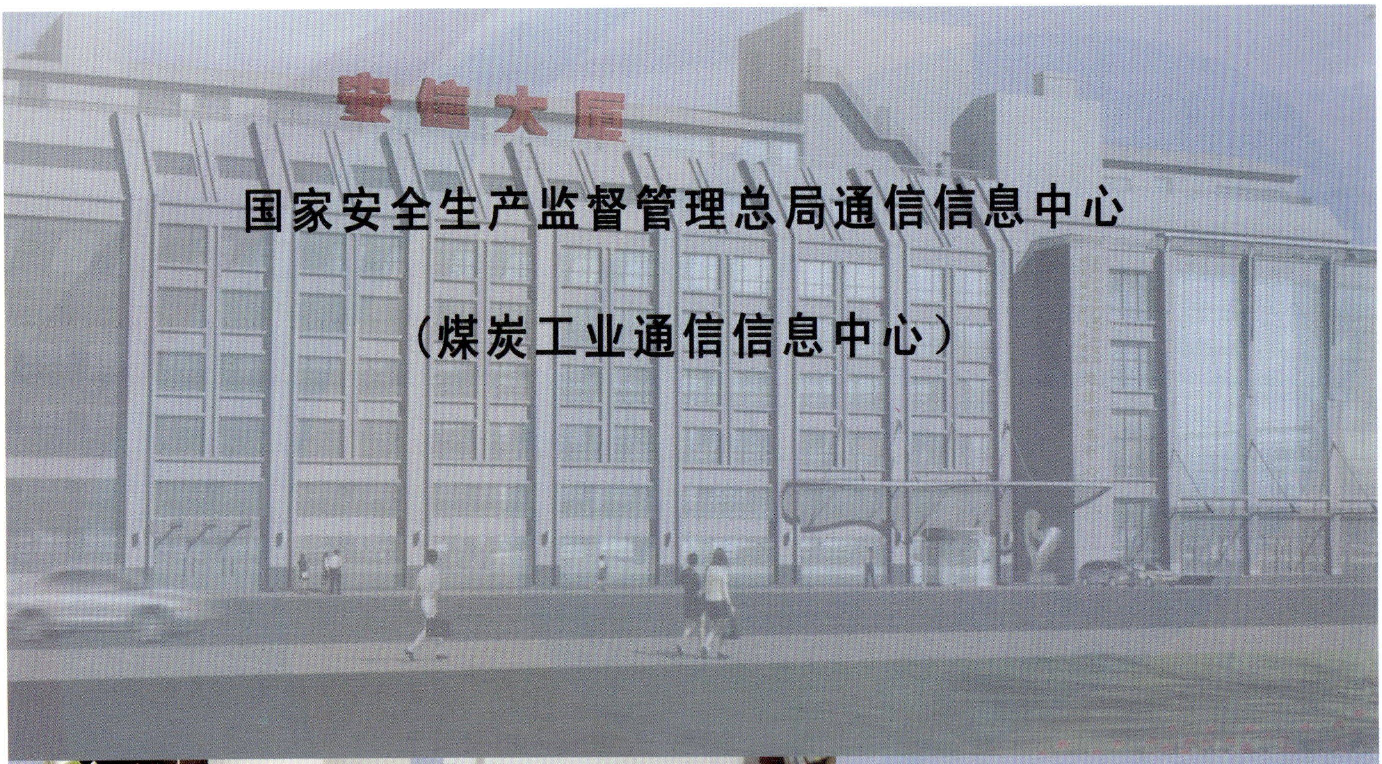

国家安全生产监督管理总局通信信息中心

（煤炭工业通信信息中心）

主任 张瑞新

党委书记 罗万江

国家安全生产监督管理总局通信信息中心成立于1984年，是国家安全生产监督管理总局（以下简称总局）直属事业单位。主要职能是参与安全生产信息化发展规划及相关技术、标准、规范的研究拟订，提出安全生产信息化工作的建议，提供相关技术支持与服务；承担总局机关电子政务及相关信息系统研究开发与技术服务。承担总局政务信息系统的安全、保密和密码的技术管理、日常检查、维护工作；承担总局通信信息网络及相关基础设施、设备建设和计算机终端的运行、维护、管理；承担总局外网及政府网站的建设、运行、维护、管理和信息采编、发布；承担总局信息化领导小组办公室及安全生产应急平台技术支持保障办公室的日常工作；承担安全生产网络舆情监测分析系统的建设、运行、维护和管理；承担对网络舆情进行监测， 提交网络舆情分析报告；承担国家安全生产信息系统和总局办公内网、资源专网及应用系统的建设、运行、维护、管理；承担总局安全生产信息系统数据中心管理和相关数据处理，开展安全生产应用软件测试工作；参与煤炭工业信息化规划及相关标准的研究拟订，推进煤炭工业信息化建设，编辑、出版、发行煤炭工业有关信息期刊；参与各级监管监察和应急机构信息化建设和服务工作，开展煤炭等高危行业及冶金等工贸行业企业安全生产信息化标准规范拟定及典型试点示范建设和服务；开展安全生产信息化相关业务培训，从事相关技术的开发、应用与咨询服务工作。

中心现有员工120人，各类专业技术人员106人，其中具有高级职称的52人，是一支专业化、素质高、能力强的从事安全生产领域和煤炭行业信息化的高科技队伍。中心所属北京安信创业信息科技发展公司通过了ISO9001质量管理体系认证，取得了计算机信息系统集成二级资质；中心所属北京安信兴业管理咨询有限公司通过了ISO9001质量管理体系认证，取得了安全评价机构甲级资质。

地址：北京市东城区和平里九区甲四号
邮编：100013
电话：010-64463687
网址：http://www.chinasafety.com.cn

北京安信创业信息科技发展公司

北京安信创业信息科技发展公司成立于1992年，是国家安全生产监督管理总局通信信息中心的全资公司，是国家安全生产监督管理总局通信信息中心面向高危行业企业及社会公众提供信息化产品和服务的平台。公司注册资本1483.2万元。公司通过了ISO9001质量管理体系认证，并获得了北京市高新技术企业认证，具有中华人民共和国工业和信息化部计算机信息系统集成二级资质。

公司积极拓展安全生产领域高危行业企业信息化服务范围和能力，致力于安全科技成果的应用推广工作，组织实施了一批煤矿企业的安全生产信息化技术改造、煤矿综合信息系统、煤矿自动化、煤矿井下移动通信、视频会议与工业电视、瓦斯监测监控、井下人员管理系统、救灾通信、加油站阻隔防爆技术项目和安全生产应急救援设备、防爆对讲机等先进、实用的信息技术设备的代理，有力地提高了企业信息化应用水平，为企业安全生产提供了保障。

计算机信息系统集成资质证书

高新技术企业资质证书

质量管理体系认证

联系地址：北京市东城区和平里九区甲4号安信大厦　　邮政编码：100013

联 系 人：马国礼　　联系电话：010-64464821　　传真：010-64237208

电子邮件：magl@chinasafety.gov.cn

网址：http://www.chinasafety.com.cn/list?folder=1508&model=00000000000000004881

中国煤炭工业网：http://www.chinacoal.org.cn

安全生产信息网：http://www.chinasafety.org.cn

北京安信创业信息科技发展公司
上海分公司

北京安信创业信息科技发展公司上海分公司利用上海的地域和资源优势，在上海及华东地区开展经营活动，围绕网络建设、基础业务平台建设、移动办公及执法平台建设、应用系统建设、数据库建设、网站群建设、运维管理体系建设、信息化标准等方面为各基层单位的信息化建设提供帮助和指导。

上海分公司主要面向安监部门以及相关企事业单位，以生产安全监管业务信息化为核心，实现监管基础信息的采集、现场移动办公与执法、企业生产安全监管档案管理、数据分析等功能。先后开发了区县安监局安全生产综合业务监管系统、职业危害因素查询信息系统、职业安全健康监督管理系统、党风廉政系统、电子监察系统、生产安全事故应急预案和应急资源数据库管理系统和区县安监局门户网站等，并实现与国家“金安”工程的无缝对接。

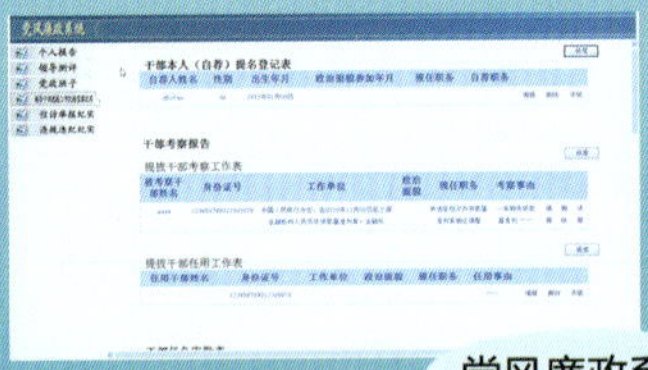

党风廉政系统

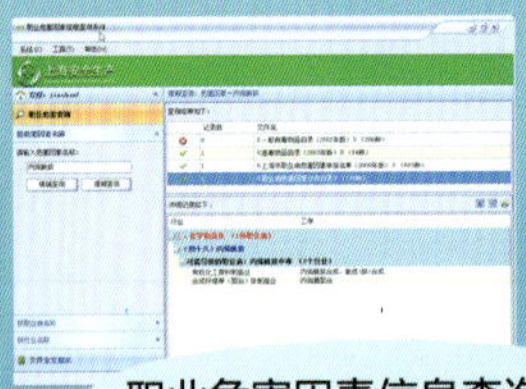

职业危害因素信息查询系统

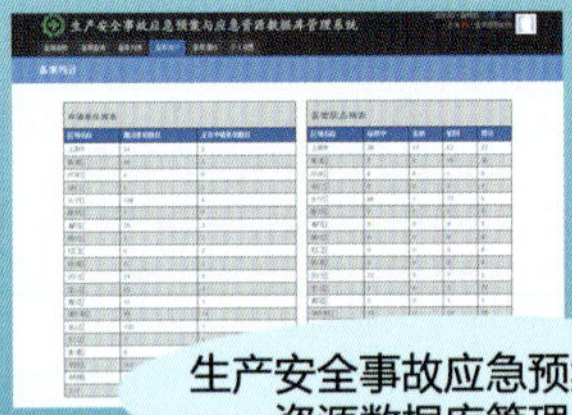

生产安全事故应急预案与应急资源数据库管理系统

移动办公

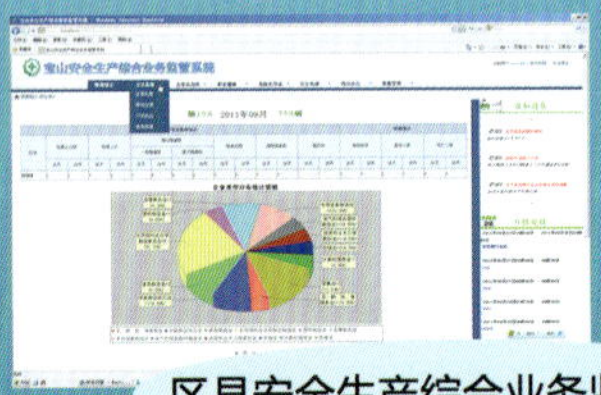

区县安全生产综合业务监管系统

区县安监局网站

移动考勤

移动执法

触摸屏展示系统

地址：上海市复兴中路593号　邮编：200020　联系人：彭青松

电话：021-54666568　E-mail：pengqs@shsafety.gov.cn

北京安信创业信息科技发展公司

南京办事处

南京办事处充分利用在长三角地区的地域和资源优势，大力推广安全生产信息化相关系列软件产品和配套专业设备以及解决方案提供服务。实施了一批被国家安监总局、国家科技部、 国家工信部等部委列为重点推广的项目，相关产品已广泛应用于政府部门应急和企业HSE管理等领域。为各级政府部门和相关企业提供全方位的安全生产信息化整体解决方案，并以专业、快捷、周到的服务，为中国安全生产事业做出不断的创新和努力。通过不断的发展，形成以行业软件平台为核心、以安全生产物联网整体解决方案为重点的业务模式。

监测预警主机

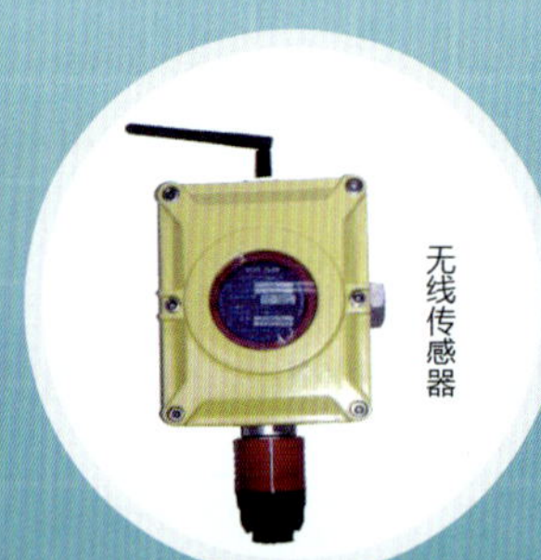
无线传感器

地址：南京市新模范马路5号南京工业大学国家大学科技园科技创新大楼B座4楼

邮编：210009　　联系人：王三明　　电话：025-83752661

E-mail：sanming@a-y.com.cn

北京安信兴业管理咨询有限公司

北京安信兴业管理咨询有限公司是国家安全生产监督管理总局通信信息中心所属专业从事煤矿、非煤矿山、危险化学品行业安全评价、安全生产技术研究、产品研发等业务的独立法人企业，2006年取得国家安全生产监督管理总局颁发的安全评价甲级资质。公司成立以来，先后开展煤矿、非煤矿山、危险化学品行业安全评价业务500多项。依靠雄厚的人才实力和科学、公正、高效的服务理念，公司在安全生产中介服务领域享有较高的声誉，广泛得到了企业和当地有关管理部门的认可和好评。

公司遵循“以人为本、科学公正、优质高效”的服务理念，严格按照国家有关法律法规规定，为企业建设安全、和谐和可持续发展的安全生产环境，为各级安全生产监管部门的监管监察工作提供科学的咨询服务。

安全评价机构资质证书

质量管理体系认证证书

联系地址：北京市东城区和平里九区甲4号安信大厦B505　邮政编码：100013

联系人：张玉明　　联系电话：010-64464851　　传真：010-64263824

电子邮件：axxy@chinasafety.gov.cn

网址：http://www.chinasafety.com.cn/list?folder=1522&model=0000000000000004882

国家安全生产监督管理总局通信信息中心

HUADUN 山东华盾科技股份有限公司

基于物联网的矿用可移动式救生舱

基于物联网的矿用可移动式救生舱由国家安全生产监督管理总局通信信息中心和山东华盾科技股份有限公司联合研制开发，具备安全防护、氧气供给保障、有害气体去除、环境监测、通讯、照明、人员生存保障等基本功能， 可实现与矿井安全监测监控、人员定位、压风自救、供水施救、通信联络系统相连接，有效形成井下整体性的安全避险系统。

研发单位依托物联网技术对分布在全国各地的产品提供在线检测和运维服务，保证产品的安全可靠性。

基于物联网的矿用可移动式救生舱

十大专利 打造一件精品

专利名称	专利类型	专利号
矿用救生舱生命管	发明专利	201010550217.1
矿用救生舱温度调节装置	发明专利	201010550221.8
矿用救生舱生命管	实用新型	201020614236.1
矿用救生舱温度调节装置	实用新型	201020614189.0
矿用救生舱舱体	实用新型	201020614212.6
矿用救生舱空气净化装置	实用新型	201020614214.5
矿用救生舱舱门	实用新型	201020614221.5
矿用救生舱氧气发生器	实用新型	201020614239.5
矿用救生舱无线通讯系统	实用新型	201020614231.9
矿用救生舱	外观设计	201130091498.3

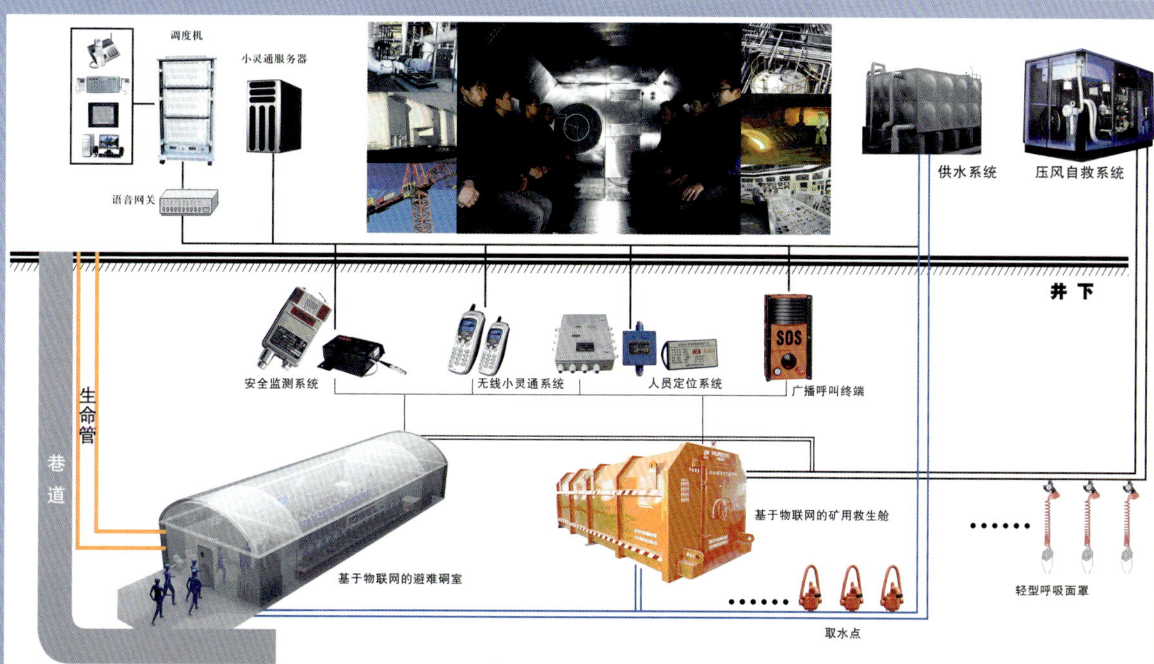

基于物联网的矿山避险技术监控平台

联系地址：北京市东城区和平里九区甲4号 邮编：100013 联系人：周耀武 联系电话：010-64464859

传真：010-64263824 邮箱：axxy@chinasafety.gov.cn

国家安全生产监督管理总局通信信息中心 网址：http://www.chinasafety.com.cn

山东华盾科技股份有限公司 网址：http://www.sdhdkj.com

江苏安普特防爆科技有限公司

JIANGSU AMPUTE EXPLOSION PREVENTION TECHNOLOGY CO., LTD.

APT阻隔防爆材料

APT阻隔防爆材料（球状体）

APT阻隔防爆材料（圆柱体）

江苏安普特防爆科技有限公司生产的阻隔防爆材料是经过热轧工艺制成的特殊铝合金箔材，它改变了材料的力学特性，经切割-拉伸制成了一种高孔隙网状结构的圆柱体或球状体，这种材料可有效地解决在长期使用过程中产生破碎，造成泵、表、阀及各种油路系统堵塞的难题。该材料广泛应用于汽车加油站埋地储罐、危险化学品运输车、汽车加油槽车和军用车辆的存储容器以及飞机、舰艇和船舶等存储油箱的安全防爆；还用于存储汽油、柴油、液化石油气等危险品地面存储容器及大型油库储罐的安全防爆。与北京安信创业信息科技发展公司合作，在浙江省完成了15座加油站900多立方米的埋地储罐阻隔防爆改造。

该材料 1. 防爆、阻燃；2. 防腐蚀；3. 防静电；4. 消除浪涌；5. 抑制油气挥发；6. 不影响容器容积、只占容器容积的0.3-0.8%；7. 预防“BLEVE”现象；8. 有效降低油品氧化速度；9. 结构强度高，抗压缩；10. 对装有阻隔防爆材料的容器可随时进行补焊，不爆炸；11. 容器维护简便、安全，随时清洗，不会发生爆炸；12. 对介质无污染；13. 消除静电。

技术创新

1. 公司对铝合金箔料的配方选择及加工工艺进行了改进，改变了阻隔防爆材料的力学特性，材料的抗拉性能在210-220N/mm²之间，延展率由1.0%达到2.0%以上，大大降低了材料的破碎率，材料脆弱性及铝箔粉尘的脱落，有效地避免了泵、表、阀及各种油路系统堵塞，增强了材料的使用寿命。

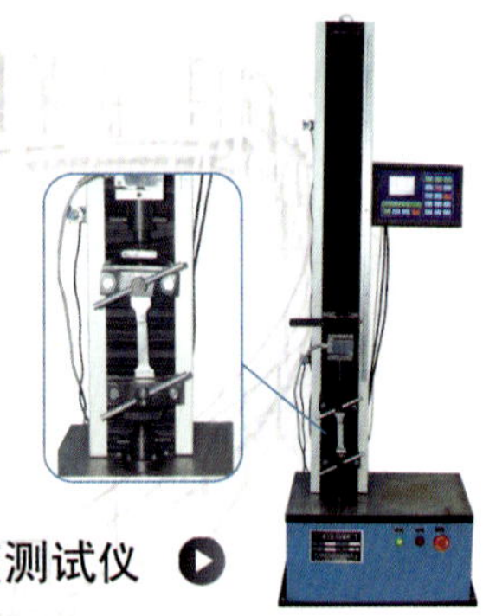

铝合金材料抗拉强度测试仪

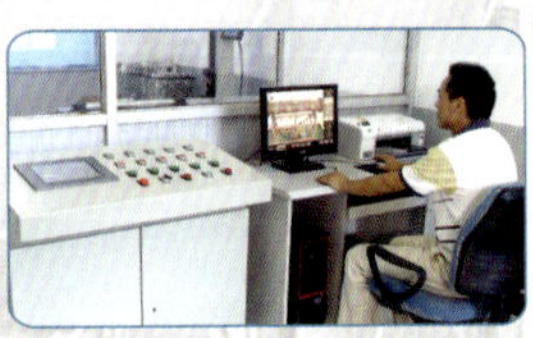

阻隔防爆材料性能测试中心

2. 我公司专业研制了阻隔防爆材料的防爆性能测试装置，该测试装置分段组装设计，便于材料的装卸。采用自动化多路数据计算机系统，快速瞬间采集数据，准确的计算出容器装有阻隔防爆材料时的燃爆峰压值进行评定防爆性能。该套装置申请了发明专利，通过了技术监督检验所与特检院的检测。

3. 公司对加工的阻隔防爆材料进行二次加工，大大增加了材料的密实度，克服材料的松弛及填充在储罐内出现的塌陷现象；规范每一成卷的尺寸、重量和强度指标，通过材料的性能测试，满足行业标准AQ3001-2005的有关规定。

4. 公司对装有阻隔防爆储罐的清洗已有一套完整的清洗工艺流程，解决了阻隔防爆技术中一直未解决的“不易清洗，不易维护”的技术难题。

地埋储罐清洗试验装置

科技支撑发展 创新引领未来

销售热线：0519-88707333

传真：0519-88701642

网址：http://www.czampute.com

地址：中国江苏常州遥观工业大道2号

邮箱：guoliangm1@gmail.com

江苏安普特防爆科技有限公司

JIANGSU AMPUTE EXPLOSION PREVENTION TECHNOLOGY CO., LTD.

APT集成式橇装防爆加油装置

APT集成式橇装防爆加油装置（2011款）

APT集成式橇装防爆加油装置（2012款）

APT集成式橇装防爆加油装置是由江苏安普特防爆科技有限公司依托于专业技术研制、开发的创新型系列产品。APT集成式技术成为了阻隔防爆橇装式加油装置的一项革命性突破。

该装置是由阻隔防爆储罐、加油机（不同规格）、多功能油泵及管路系统、密闭装卸油气回收系统、高温紧急切断装置、防漏、防溢流及内窥镜等集成为一体的防爆加油设备；具有安全防爆、环保节能、移动便利、经济实用等特点，并综合了中小型加油站所有作业功能的地上安全型加油设备。

产品设计理念新颖、制造工艺先进、科技含量高，不仅借鉴了国际与国内同领域的防爆技术，而且融入了具有独创性的APT集成式技术；符合国家标准GB50516-2002《汽车加油站设计与施工规范》及行业标准AQ3001-2005《汽车加油（气）站、轻质燃油和液化石油气汽车阻隔防爆储罐装置技术要求》和AQ3002-2005《阻隔防爆撬装式加油（气）装置技术要求》的规定；经中国特种设备检测研究院、国家安全生产北京危险品储罐检测检验中心和国家民用爆破器材质量监督检验中心的检测合格。

与北京安信创业信息科技发展公司合作，在浙江省完成了22座橇装式加油站的推广应用。

技术创新

1. APT集成式橇装防爆加油装置的输油管路由罐体上端引出后连接至加油机，一方面减小了地面橇装站管路内高低液位差产生的油压对电磁阀和加油机产生的冲击，另一方面也解决了传统橇装站罐体底部法兰连接处漏油而无法维修的难题。

2. APT集成式橇装防爆加油装置的鞍座采用纵向型整体鞍座设计，避免了以往横向及一般鞍座在运输或地面沉降时油罐受力不均而发生的变形。

3. 该产品设计有独特的APT集成式清洗系统，利用专门研制的APT清洗剂，随时对油罐进行密闭清污排残，保证了油品质量，减少了环境的污染，安全环保。

4. APT集成式橇装防爆加油装置省去防爆储罐外的“罩体”，防爆储罐为双壁罐结构，内外罐壁间设置相关工艺管线，并填充了阻隔防爆材料；防爆储罐一端设置配电室及泵阀室，另一端与加油机相连；集成式的设计，使得空间大大节省，油气不易积聚与泄露，安全防爆，外型美观，经济节能。

5. APT集成式橇装防爆加油装置可广泛应用于闹市区、城乡社区、飞机场、车站、公交站点、码头、厂矿、城镇、运输公司、公交公司、物流公司、其它特殊加油场所等。

技术专家莅临指导

APT集成式橇装防爆加油装置应用于长途汽车站

»»»»»»»»» 科技彰显实力　安全成就品牌 «««««««««

销售热线：0519-88707333　　**传真：0519-88701642**

地址：中国江苏常州遥观工业大道2号

网址：http://www.czampute.com

邮箱：guoliangm1@gmail.com

摩托罗拉井下无线通信解决方案

营造有序生产环境，保障人员生命安全

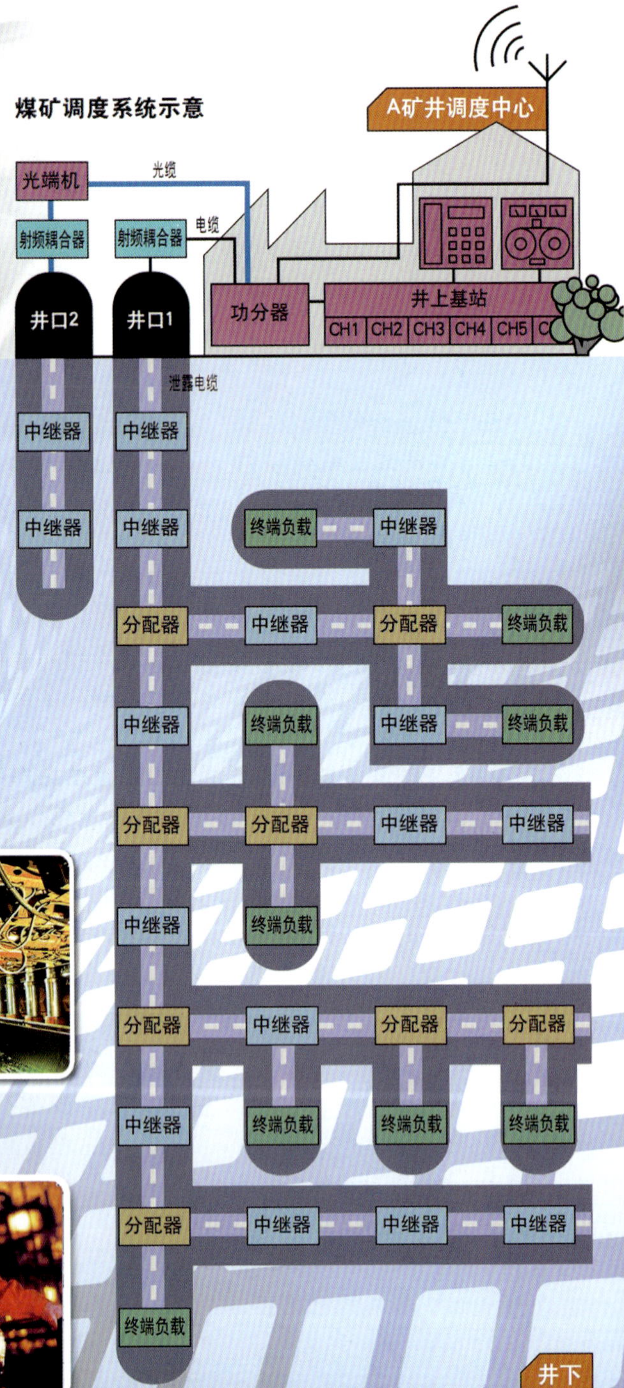

KTL109井下无线通信系统是秉承摩托罗拉通信产品的优良品质，根据矿山井下存在的瓦斯环境和复杂地形环境，采用国际主流的井下通信方式组网，具有可靠性高、维护简便、易于扩展等特点，灵活实现井上井下一体通信，对煤矿日常生产调度、统一管理、处置突发事件发挥重要的作用。

此外，本系统采用模块化结构，具有扩展方便的特点：系统接口丰富，能够利用TCP/IP网络交换技术进行联网，通过IP网络实现多矿互联，组建集团化无线通讯网络；系统具有丰富的控制接口，可使用模拟常规、MPT1327集群、数字常规等多种制式完成无线调度。

系统目前已经在山西、吉林、重庆、江西等省份多个大中型矿业集团投入使用，为企业日常生产调度和突发事件应急处理发挥巨大作用。

安全检查

生产调度

日常检修

矿山救护

矿山专用

国家安全生产监督管理总局通信信息中心监制

本质安全
井下设备通过防爆等级及认证：Exd(ib)本安型，所有设备通过煤监局相关防爆及安全认证。

指挥调度
由快速呼叫（小于500ms）呼叫建立的个呼、组呼、群呼功能，实现日常作业的快速调度指挥，特殊情况时，紧急按钮可以瞬时呼叫所有井下人员。

标准体制
符合国家各项相关技术标准与体制要求，所有设备在通过国家无线电管理监测部门核准后，再由煤监部门认证通过。

工业标准
终端设备主机外壳均通过5年老化试验，达到IP54级别防水，符合美国军用标准—美国军用标准810C、D和E。

录音存储
所有通话可实时录音并能够根据时间或通话组进行查询，回放。

无盲区覆盖
可实现井下40km无盲区有效无线场强覆盖，通话效果良好。

KTL109-S防爆手持机

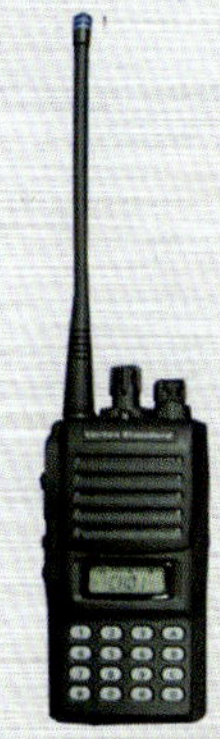

KT32-S2防爆手持机

KT32-S3防爆手持机

KT32-S4防爆手持机

KTL109井上基站及调度录音系统

DYNERCOMM

达因瑞康

MOTOROLA

专业无线通信产品分销商

北京达因瑞康电气设备有限公司

联系人：李 明

地　址：北京市丰台区科学城中核路1号03号楼1层

邮　编：100070

电　话：010-82563300　82564540(直线)

传　真：010-82562348转2081

E-mail：liming@rcomm.com.cn

网　站：www.rcommele.com.cn

国家安全生产监督管理总局通信信息中心

长春金鹰智谷科技集团有限公司

矿井条带式应急安全保障系统

矿井条带式应急安全保障系统由国家安全生产监督管理总局通信信息中心和长春金鹰智谷科技集团有限公司共同研制开发，主要用于煤矿井下事故应急救援，保障遇险人员在避灾路线上随时随地避险，辅助救援指挥。系统地面部分由指挥中心、控制中心和供给中心组成，主要进行灾害监测及人员避险指导控制；井下部分由一条沿着避灾路线布设的救生线组成，设有监测、自救点，主要保障井下人员避险所需的自救供给及通讯联络、避灾指导等，满足整条避灾路线不同地点的避险需要。

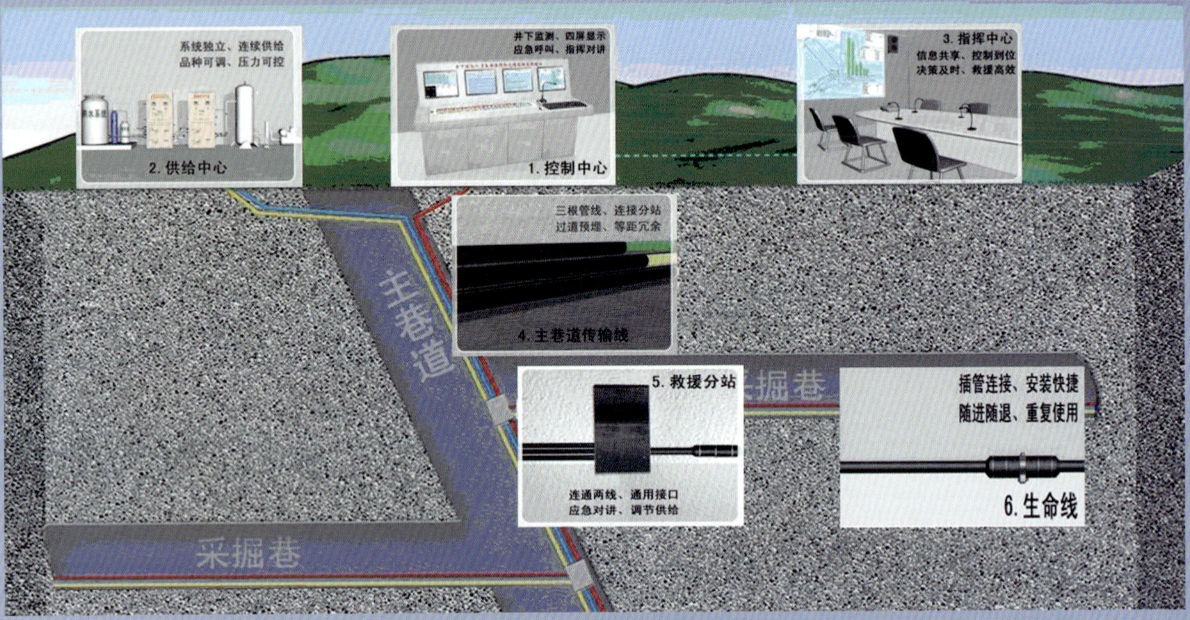

矿井条带式应急安全保障系统

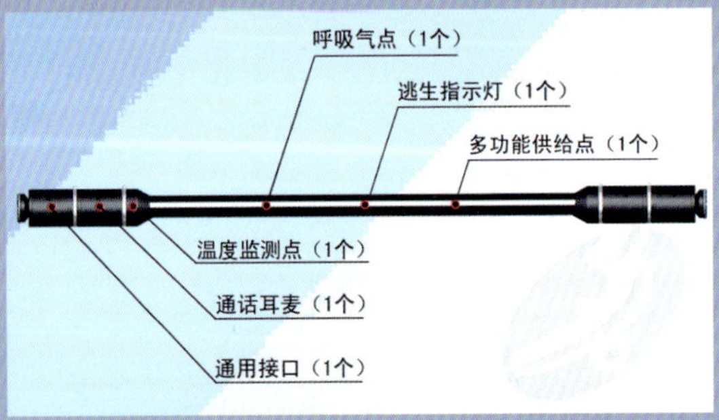

单根救生带配置

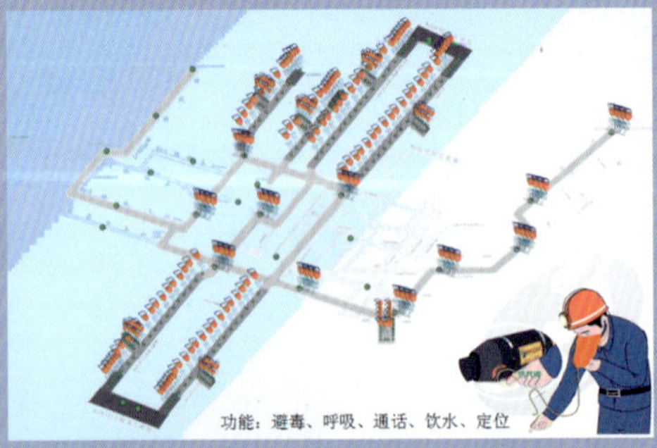

自救点分布情况

联系地址：北京市东城区和平里九区甲4号　邮编：100013　联系人：周耀武　联系电话：010-64464859

传真：010-64263824　　邮箱：axxy@chinasafety.gov.cn

国家安全生产监督管理总局通信信息中心　　网址：http://www.chinasafety.com.cn

长春金鹰智谷科技集团有限公司　　网址：http://www.jyol.com

安全生产信息网

http://www.chinasafety.org.cn

安全生产信息网是由国家安全生产监督管理总局通信信息中心主办的，面向安全生产领域开展专业的安全生产信息技术咨讯和检索等服务的综合门户网站。

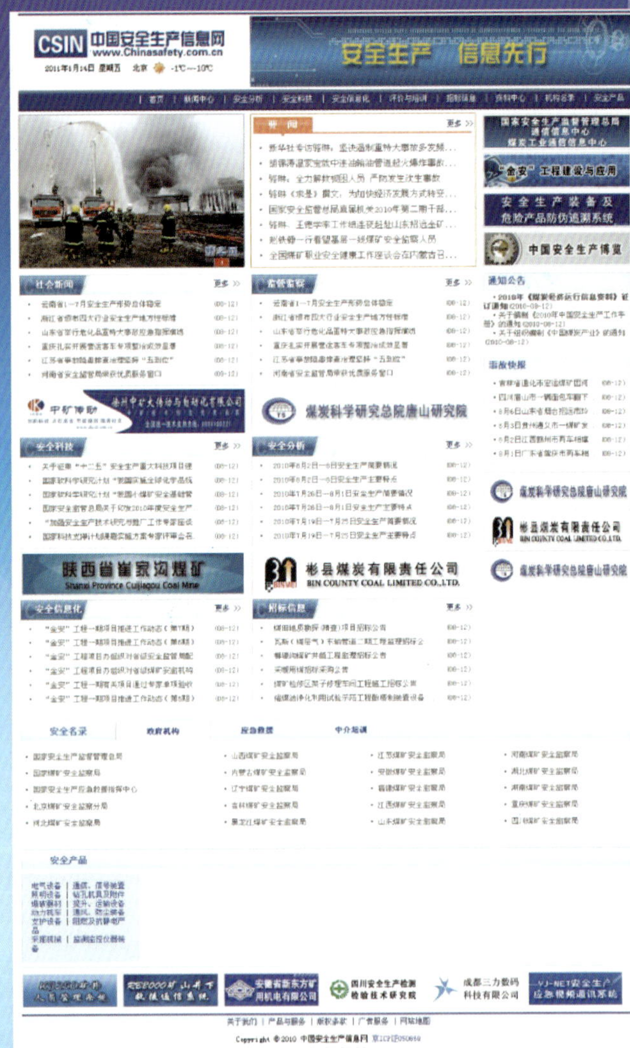

热点专题　舆情分析

经济运行　安全科技

安全分析　安全产品

防伪追朔

主办单位：国家安全生产监督管理总局通信信息中心

地　　址：北京市东城区和平里九区甲四号安信大厦

邮　　编：100013

联 系 人：屈立新　　联系电话：010-64464875

邮　　箱：xxsc@chinasafety.gov.cn

网　　址：http://www.chinasafety.org.cn

2010年中国安全生产工作手册

国家安全生产监督管理总局通信信息中心　编

中国财政经济出版社

图书在版编目(CIP)数据

2010年中国安全生产工作手册/国家安全生产监督管理总局通信信息中心编.—北京：中国财政经济出版社，2011.9

ISBN 978-7-5095-1507-5

Ⅰ.①2… Ⅱ.①国…Ⅲ.①安全手册-中国-2010-手册 Ⅳ.①X931-62

中国版本图书馆CIP数据核字(2011)第152222号

中国财政经济出版社出版

URL:http://www.cfeph.cn

E-mail:cfeph@cfeph.cn

社址:北京海淀区阜成路甲28号 邮政编码:100142

发行处电话:010-88190406 财经书店电话:010-64033436

北京鑫富华彩色印刷有限公司印刷 各地新华书店经销

787×1092毫米 16开 44印张 1 408 000字

2011年9月第1版 2011年9月北京第1次印刷

定价:580.00元

ISBN 978-7-5095-1507-5/F·1302

(图书出现印装问题,本社负责调换)

本社质量投诉电话:010-88190744

编委会成员名单

CONTENTS 2010年中国安全生产工作手册

总索引

2010

第4章 企业安全生产工作巡礼

A、全国安全生产企业篇

B、全国安全生产服务机构篇

C、全国安全生产物资装备篇

CONTENTS 2010年中国安全生产工作手册 总索引

第 1 章

2011 年度安全生产工作重点

国务院关于进一步加强企业安全生产工作的通知

国发〔2010〕23号

各省、自治区、直辖市人民政府，国务院各部委、各直属机构：

近年来，全国生产安全事故逐年下降，安全生产状况总体稳定、趋于好转，但形势依然十分严峻，事故总量仍然很大，非法违法生产现象严重，重特大事故多发频发，给人民群众生命财产安全造成重大损失，暴露出一些企业重生产轻安全、安全管理薄弱、主体责任不落实，一些地方和部门安全监管不到位等突出问题。为进一步加强安全生产工作，全面提高企业安全生产水平，现就有关事项通知如下：

一、总体要求

1. 工作要求。深入贯彻落实科学发展观，坚持以人为本，牢固树立安全发展的理念，切实转变经济发展方式，调整产业结构，提高经济发展的质量和效益，把经济发展建立在安全生产有可靠保障的基础上；坚持“安全第一、预防为主、综合治理”的方针，全面加强企业安全管理，健全规章制度，完善安全标准，提高企业技术水平，夯实安全生产基础；坚持依法依规生产经营，切实加强安全监管，强化企业安全生产主体责任落实和责任追究，促进我国安全生产形势实现根本好转。

2. 主要任务。以煤矿、非煤矿山、交通运输、建筑施工、危险化学品、烟花爆竹、民用爆炸物品、冶金等行业（领域）为重点，全面加强企业安全生产工作。要通过更加严格的目标考核和责任追究，采取更加有效的管理手段和政策措施，集中整治非法违法生产行为，坚决遏制重特大事故发生；要尽快建成完善的国家安全生产应急救援体系，在高危行业强制推行一批安全适用的技术装备和防护设施，最大程度减少事故造成的损失；要建立更加完善的技术标准体系，促进企业安全生产技术装备全面达到国家和行业标准，实现我国安全生产技术水平的提高；要进一步调整产业结构，积极推进重点行业的企业重组和矿产资源开发整合，彻底淘汰安全性能低下、危及安全生产的落后产能；以更加有力的政策引导，形成安全生产长效机制。

二、严格企业安全管理

3. 进一步规范企业生产经营行为。企业要健全完善严格的安全生产规章制度，坚持不安全不生产。加强对生产现场监督检查，严格查处违章指挥、违规作业、违反劳动纪律的“三违”行为。凡超能力、超强度、超定员组织生产的，要责令停产停工整顿，并对企业和企业主要负责人依法给予规定上限的经济处罚。对以整合、技改名义违规组织生产，以及规定期限内未实施改造或故意拖延工期的矿井，由地方政府依法予以关闭。要加强对境外中资企业安全生产工作的指导和管理，严格落实境内投资主体和派出企业的安全生产监督责任。

4. 及时排查治理安全隐患。企业要经常性开展安全隐患排查，并切实做到整改措施、责任、资金、时限和预案“五到位”。建立以安全生产专业人员为主导的隐患整改效果评价制度，确保整改到位。对隐患整改不力造成事故的，要依法追究企业和企业相关负责人的责任。对停产整改逾期未完成的不得复产。

5. 强化生产过程管理的领导责任。企业主要负责人和领导班子成员要轮流现场带班。煤矿、非煤矿山要有矿领导带班并与工人同时下井、同时升井，对无企业负责人带班下井或该带班而未带班的，对有关责任人按擅离职守处理，同时给予规定上限的经济处罚。发生事故而没有领导现场带班的，对企业给予规定上限的经济处罚，并依法从重追究企业主要负责人的责任。

6. 强化职工安全培训。企业主要负责人和安全生产管理人员、特殊工种人员一律严格考核，按国家有关规定持职业资格证书上岗；职工必须全部经过培训合格后上岗。企业用工要严格依照劳动合同法与职工签订劳动合同。凡存在不经培训上岗、无证上岗的企业，依法停产整顿。没有对井下作业人员进行安全培训教育，或存在特种作业人员无证上岗的企业，情节严重的要依法予以关闭。

7. 全面开展安全达标。深入开展以岗位达标、专业达标和企业达标为内容的安全生产标准化建设，凡在规定时间内未实现达标的企业要依法暂扣其生产许可证、安全生产许可证，责令停产整顿；对整改逾期未达标的，地方政府要依法予以关闭。

三、建设坚实的技术保障体系

8. 加强企业生产技术管理。强化企业技术管理机构的安全职能，按规定配备安全技术人员，切实落实企业负责人安全生产技术管理负责制，强化企业主要技术负责人技术决策和指挥权。因安全生产技术问题不解决产生重大隐患的，要对企业主要负责人、主要技术负责人和有关人员给予处罚；发生事故的，依法追究责任。

9. 强制推行先进适用的技术装备。煤矿、非煤矿山要制定和实施生产技术装备标准，安装监测监控系统、井下人员定位系统、紧急避险系统、压风自救系统、供水施救系统和通信联络系统等技术装备，并于3年之内完成。逾期未安装的，依法暂扣安全生产许可证、生产许可证。运输危险化学品、烟花爆竹、民用爆炸物品的道路专用车辆，旅游包车和三类以上的班线客车要安装使用具有行驶记录功能的卫星定位装置，于2年之内全部完成；鼓励有条件的渔船安装防撞自动识别系统，在大型尾矿库安装全过程在线监控系统，大型起重机械要安装安全监控管理系统；积极推进信息化建设，努力提高企业安全防护水平。

10. 加快安全生产技术研发。企业在年度财务预算中必须确定必要的安全投入。国家鼓励企业开展安全科技研发，加快安全生产关键技术装备的换代升级。进一步落实《国家中长期科学和技术发展规划纲要（2006-2020年）》等，加大对高危行业安全技术、装备、工艺和产品研发的支持力度，引导高危行业提高机械化、自动化生产水平，合理确定生产一线用工。“十二五”期间要继续组织研发一批提升我国重点行业领域安全生产保障能力的关键技术和装备项目。

四、实施更加有力的监督管理

11. 进一步加大安全监管力度。强化安全生产监管部门对安全生产的综合监管，全面落实公安、交通、国土资源、建设、工商、质检等部门的安全生产监督管理及工业主管部门的安全生产指导职责，形成安全生产综合监管与行业监管指导相结合的工作机制，加强协作，形成合力。在各级政府统一领导下，严厉打击非法违法生产、经营、建设等影响安全生产的行为，安全生产综合监管和行业管理部门要会同司法机关联合执法，以强有力措施查处、取缔非法企业。对重大安全隐患治理实行逐级挂牌督办、公告制度，重大隐患治理由省级安全生产监管部门或行业主管部门挂牌督办，国家相关部门加强督促检查。对拒不执行监管监察指令的企业，要依法依规从重处罚。进一步加强监管力量建设，提高监管人员专业素质和技术装备水平，强化基层站点监管能力，加强对企业安全生产的现场监管和技术指导。

12. 强化企业安全生产属地管理。安全生产监管监察部门、负有安全生产监管职责的有关部门和行业管理部门要按职责分工，对当地企业包括中央、省属企业实行严格的安全生产监督检查和管理，组织对企业安全生产状况进行安全标准化分级考核评价，评价结果向社会公开，并向银行业、证券业、保险业、担保业等主管部门通报，作为企业信用评级的重要参考依据。

13. 加强建设项目安全管理。强化项目安全设施核准审批，加强建设项目的日常安全监管，严格落实审批、监管的责任。企业新建、改建、扩建工程项目的安全设施，要包括安全监控设施和防瓦斯等有害气体、防尘、排水、防火、防爆等设施，并与主体工程同时设计、同时施工、同时投入生产和使用。安全设施与建设项目主体工程未做到同时设计的一律不予审批，未做到同时施工的责令立即停止施工，未同时投入使用的不得颁发安全生产许可证，并视情节追究有关单位负责人的责任。严格落实建设、设计、施工、监理、监管等各方安全责任。对项目建设生产经营单位存在违法分包、转包等行为的，立即依法停工停产整顿，并追究项目业主、承包方等各方责任。

14. 加强社会监督和舆论监督。要充分发挥工会、共青团、妇联组织的作用，依法维护和落实企业职工对安全生产的参与权与监督权，鼓励职工监督举报各类安全隐患，对举报者予以奖励。有关部门和地方要进一步畅通安全生产的社会监督渠道，设立举报箱，公布举报电话，接受人民群众的公开监督。要发挥新闻媒体的舆论监督，对舆论反映的客观问题要深查原因，切实整改。

五、建设更加高效的应急救援体系

15. 加快国家安全生产应急救援基地建设。按行业类型和区域分布，依托大型企业，在中央预算内基建投资支持下，先期抓紧建设7个国家矿山应急救援队，配备性能可靠、机动性强的装备和设备，保障必要的运行维护费用。推进公路交通、铁路运输、水上搜救、船舶溢油、油气田、危险化学品等行业（领域）国家救援基地和队伍建设。鼓励和支持各地区、各部门、各行业依托大型企业和专业救援力量，加强服务周边的区域性应急救援能力建设。

16. 建立完善企业安全生产预警机制。企业要建立完善安全生产动态监控及预警预报体系，每月进行一次安全生产风险分析。发现事故征兆要立即发布预警信息，落实防范和应急处置措施。对重大危险源和重大隐患要报当地安全生产监管监察部门、负有安全生产监管职责的有关部门和行业管理部门备案。涉及国家秘密的，按有关规定执行。

17. 完善企业应急预案。企业应急预案要与当地政府应急预案保持衔接，并定期进行演练。赋予企业生产现场带班人员、班组长和调度人员在遇到险情时第一时间下达停产撤人命令的直接决策权和指挥权。因撤离不及时导致人身伤亡事故的，要从重追究相关人员的法律责任。

六、严格行业安全准入

18. 加快完善安全生产技术标准。各行业管理部门和负有安全生产监管职责的有关部门要根据行业技术进步和产业升级的要求，加快制定修订生产、安全技术标准，制定和实施高危行业从业人员资格标准。对实施许可证管理制度的危险性作业要制定落实专项安全技术作业规程和岗位安全操作规程。

19. 严格安全生产准入前置条件。把符合安全生产标准作为高危行业企业准入的前置条件，实行严格的安全标准核准制度。矿山建设项目和用于生产、储存危险物品的建设项目，应当分别按照国家有关规定进行安全条件论证和安全评价，严把安全生产准入关。凡不符合安全生产条件违规建设的，要立即停止建设，情节严重的由本级人民政府或主管部门实施关闭取缔。降低标准造成隐患的，要追究相关人员和负责人的责任。

20. 发挥安全生产专业服务机构的作用。依托科研院所，结合事业单位改制，推动安全生产评价、技术支持、安全培训、技术改造等服务性机构的规范发展。制定完善安全生产专业服务机构管理办法，保证专业服务机构从业行为的专业性、独立性和客观性。专业服务机构对相关评价、鉴定结论承担法律责任，对违法违规、弄虚作假的，要依法依规从严追究相关人员和机构的法律责任，并降低或取消相关资质。

七、加强政策引导

21. 制定促进安全技术装备发展的产业政策。要鼓励和引导企业研发、采用先进适用的安全技术和产品，鼓励安全生产适用技术和新装备、新工艺、新标准的推广应用。把安全检测监控、安全避险、安全保护、个人防护、灾害监控、特种安全设施及应急救援等安全生产专用设备的研发制造，作为安全产业加以培育，纳入国家振兴装备制造业的政策支持范畴。大力发展安全装备融资租赁业务，促进高危行业企业加快提升安全装备水平。

22. 加大安全专项投入。切实做好尾矿库治理、扶持煤矿安全技改建设、瓦斯防治和小煤矿整顿关闭等各类中央资金的安排使用，落实地方和企业配套资金。加强对高危行业企业安全生产费用提取和使用管理的监督检查，进一步完善高危行业企业安全生产费用财务管理制度，研究提高安全生产费用提取下限标准，适当扩大适用范围。依法加强道路交通事故社会救助基金制度建设，加快建立完善水上搜救奖励与补偿机制。高危行业企业探索实行全员安全风险抵押金制度。完善落实工伤保险制度，积极稳妥推行安全生产责任保险制度。

23. 提高工伤事故死亡职工一次性赔偿标准。从2011年1月1日起，依照《工伤保险条例》的规定，对因生产安全事故造成的职工死亡，其一次性工亡补助金标准调整为按全国上一年度城镇居民人均可支配收入的20倍计算，发放给工亡职工近亲属。同时，依法确保工亡职工一次性丧葬补助金、供养亲属抚恤金的发放。

24. 鼓励扩大专业技术和技能人才培养。进一步落实完善校企合作办学、对口单招、订单式培养等政策，鼓励高等院校、职业学校逐年扩大采矿、机电、地质、通风、安全等相关专业人才的招生培养规模，加快培养高危行业专业人才和生产一线急需技能型人才。

八、更加注重经济发展方式转变

25. 制定落实安全生产规划。各地区、各有关部门要把安全生产纳入经济社会发展的总体布局，在制定国家、地区发展规划时，要同步明确安全生产目标和专项规划。企业要把安全生产工作的各项要求落实在企业发展和日常工作之中，在制定企业发展规划和年度生产经营计划中要突出安全生产，确保安全投入和各项安全措施到位。

26. 强制淘汰落后技术产品。不符合有关安全标准、安全性能低下、职业危害严重、危及安全生产的落后技术、工艺和装备要列入国家产业结构调整指导目录，予以强制性淘汰。各省级人民政府也要制订本地区相应的目录和措施，支持有效消除重大安全隐患的技术改造和搬迁项目，遏制安全水平低、保障能力差的项目建设和延续。对存在落后技术装备、构成重大安全隐患的企业，要予以公布，责令限期整改，逾期未整改的依法予以关闭。

27. 加快产业重组步伐。要充分发挥产业政策导向和市场机制的作用，加大对相关高危行业企业重组力度，进一步整合或淘汰浪费资源、安全保障低的落后产能，提高安全基础保障能力。

九、实行更加严格的考核和责任追究

28. 严格落实安全目标考核。对各地区、各有关部门和企业完成年度生产安全事故控制指标情况进行严格考核，并建立激励约束机制。加大重特大事故的考核权重，发生特别重大生产安全事故的，要根据情节轻重，追究地市级分管领导或主要领导的责任；后果特别严重、影响特别恶劣的，要按规定追究省部级相关领导的责任。加强安全生产基础工作考核，加快推进安全生产长效机制建设，坚决遏制重特大事故的发生。

29. 加大对事故企业负责人的责任追究力度。企业发生重大生产安全责任事故，追究事故企业主要负责人责任；触犯法律的，依法追究事故企业主要负责人或企业实际控制人的法律责任。发生特别重大事故，除追究企业主要负责人和实际控制人责任外，还要追究上级企业主要负责人的责任；触犯法律的，依法追究企业主要负责人、企业实际控制人和上级企业负责人的法律责任。对重大、特别重大生产安全责任事故负有主要责任的企业，其主要负责人终身不得担任本行业企业的矿长(厂长、经理)。对非法违法生产造成人员伤亡的,以及瞒报事故、事故后逃逸等情节特别恶劣的,要依法从重处罚。

30. 加大对事故企业的处罚力度。对于发生重大、特别重大生产安全责任事故或一年内发生2次以上较大生产安全责任事故并负主要责任的企业,以及存在重大隐患整改不力的企业,由省级及以上安全监管监察部门会同有关行业主管部门向社会公告,并向投资、国土资源、建设、银行、证券等主管部门通报,一年内严格限制新增的项目核准、用地审批、证券融资等,并作为银行贷款等的重要参考依据。

31. 对打击非法生产不力的地方实行严格的责任追究。在所辖区域对群众举报、上级督办、日常检查发现的非法生产企业(单位)没有采取有效措施予以查处,致使非法生产企业(单位)存在的,对县(市、区)、乡(镇)人民政府主要领导以及相关责任人,根据情节轻重,给予降级、撤职或者开除的行政处分,涉嫌犯罪的,依法追究刑事责任。国家另有规定的,从其规定。

32. 建立事故查处督办制度。依法严格事故查处,对事故查处实行地方各级安全生产委员会层层挂牌督办,重大事故查处实行国务院安全生产委员会挂牌督办。事故查处结案后,要及时予以公告,接受社会监督。

各地区、各部门和各有关单位要做好对加强企业安全生产工作的组织实施,制订部署本地区本行业贯彻落实本通知要求的具体措施,加强监督检查和指导,及时研究、协调解决贯彻实施中出现的突出问题。国务院安全生产委员会办公室和国务院有关部门要加强工作督查,及时掌握各地区、各部门和本行业(领域)工作进展情况,确保各项规定、措施执行落实到位。省级人民政府和国务院有关部门要将加强企业安全生产工作情况及时报送国务院安全生产委员会办公室。

国务院

二〇一〇年七月十九日

加强安全监管 推动责任落实
努力实现"十二五"安全生产的良好开局

（国家安全监管总局局长骆琳在2011年全国安全生产工作会议上的工作报告）

1月12日下午，国务院召开了全国安全生产电视电话会议。张德江副总理出席会议并发表了重要讲话，全面回顾总结了"十一五"时期全国安全生产工作情况，充分肯定了2010年和"十一五"时期安全生产工作取得的明显成效，深刻分析了安全生产形势的严峻性和紧迫性，明确提出了"十二五"时期安全生产的总体思路、奋斗目标和工作重点，对2011年的安全生产工作提出了全面系统的要求。张德江副总理的重要讲话高屋建瓴，思想深刻，内涵丰富，具有很强的针对性和指导性，我们一定要认真学习、深刻领会，全面深入贯彻落实。

这次全国安全生产工作会议的主要任务，就是认真学习贯彻张德江副总理的重要讲话精神，把全系统的思想和行动统一到党中央、国务院对安全生产形势的分析判断和对下一步工作的总体部署上来，在党的十七届五中全会和中央经济工作会议精神指导下，坚持以科学发展为主题，以加快转变经济发展方式为主线，牢固树立以人为本、安全发展的理念，以深入贯彻落实《国务院关于进一步加强企业安全生产工作的通知》（国发〔2010〕23号，以下简称《通知》）为核心，以落实企业安全生产主体责任为重点，继续深入开展"安全生产年"活动，强化"三深化"（深化企业主体责任落实、加强安全管理和监督，深化依法监管、持续严厉打击非法违法行为，深化专项整治、狠抓隐患排查治理）、"三推进"（推进科技进步、提高安全保障和救援能力，推进安全达标、强化基层基础，推进长效机制建设、构建安全防范体系）工作措施，有效防范和坚决遏制重特大事故，继续降低事故总量，努力实现"十二五"安全生产工作的良好开局。

根据总局党组研究的意见，我讲三个方面的问题。随后赵铁锤同志将就煤矿安全工作作出专题部署；会议结束时，杨元元同志还要作总结讲话，希望大家一并贯彻落实。

一、2010年安全生产工作取得新的进展和成效，全面完成了"十一五"规划目标，实现了全国安全生产状况的明显好转

党中央、国务院始终高度重视安全生产工作。一个时期来，胡锦涛总书记、温家宝总理和张德江副总理等中央领导同志多次作出重要指示和批示，对充分认识安全生产工作的极端重要性和全面加强安全生产工作，提出了全面系统和具体明确的要求。2010年，张德江副总理先后6次发表重要讲话（即1月7日和8月19日安委会全体会议，1月18日电视电话会，8月31日国际安全生产论坛暨展览会，11月2日全国煤矿瓦斯防治工作电视电话会，12月26日全国煤矿班组安全建设推进会），先后8次深入重点地区和事故现场进行调查研究、指导指挥抢险救援。国务院第118次常务会专题研究了安全生产工作，审议下发了《国务院关于进一步加强企业安全生产工作的通知》，出台了一系列更加严格、切实管用的政策措施。国务院办公厅和国务院安委会就继续深入开展"安全生产年"活动、加强烟花爆竹安全监管、集

中开展"打非"专项行动,以及国务院相关部门和安委会成员单位安全生产工作职责划分等,先后下发7个重要文件。所有这些,都有力地指导和推动了安全生产工作。

2010年,各地区、各部门和各单位认真贯彻落实党中央、国务院关于安全生产工作的决策部署和重要指示精神,以预防为主、加强监管、落实责任为重点,继续深入开展"安全生产年"活动,突出抓了以下八个方面的重点工作。

(一)紧紧抓住国务院《通知》出台实施的有利时机,强化措施、加大力度,推动工作落实。国务院《通知》结合转变经济发展方式,对企业安全生产基础工作,以及政府安全监管、行业安全准入、政策引导、技术保障、应急救援、考核和责任追究等,提出了全面系统的要求,是指导当前和今后一个时期安全生产工作的纲领性文件。国务院办公厅把《通知》所涉及的各项工作任务,逐条分工落实到相关部门。国务院安委办督促指导各地区、各部门、各单位紧密结合实际,抓紧制定贯彻实施意见和政策措施。到去年底,国务院有关部门、31个省(区、市)人民政府和新疆生产建设兵团、工矿商贸领域多数中央企业都出台了贯彻实施意见和措施。总局将《通知》内容细化为99条具体要求,分解落实到各司局和有关单位,并就煤矿、非煤矿山、危险化学品、烟花爆竹、冶金、机械等企业贯彻落实《通知》,以及事故查处挂牌督办、矿山企业领导带班下井、企业安全生产标准化建设、安全生产综合监管、应急救援等方面的工作,相继制定出台了27个部门规章和规范性文件。总局和各省级局举办了一系列研讨班、培训班、专题讲座、报告会等,认真学习、深入研讨,把全系统的思想和行动较好地统一到了《通知》精神上来。各地安监煤监机构的同志抓住机遇,切实履行职责,在协助本级政府制定出台贯彻落实政策措施的同时,深入企业、深入基层,面向职工群众和社会公众,进行广泛宣传,为《通知》的全面贯彻落实奠定了坚实基础。随着《通知》精神的全面认真贯彻落实,年内一度出现的阶段性、局部性安全生产被动局面得到扭转,全国重特大事故由前8个月平均3.6天发生一起(3月和7、8月份大约2天发生一起),延长至9-12月份平均6.5天发生一起,9月份之后各月同比均实现了下降,工矿商贸领域更为明显。

(二)突出加强监管,严格监管执法,依法严厉打击安全生产领域各类非法违法行为。国办年初下发的关于继续深入开展"安全生产年"活动的通知,明确了2010年安全监管执法的重点内容。总局和煤矿安监局下达了执法工作计划,健全完善了监管监察执法责任制。针对非法生产经营和建设现象严重、由此造成的各类事故多发问题,按照国务院领导同志的重要指示和《通知》要求,国务院安委会部署从8月份开始,在全国范围集中开展"打非"专项行动。各地区紧密结合实际,针对普遍存在的非法违法问题和无证无照、私采乱挖、死灰复燃等典型非法违法行为,制定了专项行动工作方案,建立了政府统一领导、相关部门共同参与的"打非"工作协同联动机制,组织相关部门开展联合执法。10月下旬,总局会同相关部门召开专题视频会进行再动员再部署。8-11月份集中开展"打非"专项行动期间,全国安监系统对非法违法行为实施行政处罚5.7万次,责令停产停业整顿生产经营单位4876家,提请关闭2037家。2010年依法关闭取缔非法和不具备安全生产条件煤矿2045处,结合资源整合和企业重组,使全国小煤矿总数降到1万处以内,完成了"十一五"规划目标;结合矿产开发秩序整顿和资源整合,关闭取缔非法和不具备安全生产条件的金属与非金属小型矿山5970余座;召开了危险化学品安全监管部际联席会议第三次会议,依法严厉打击无证或证照不全生产和经营危化品、损毁城市危化品管网等非法违法行为。国务院办公厅转发了七部门《关于进一步加强烟花爆竹安全监督管理工作的意见》,对烟花爆竹"打非"等工作进行了部署和督查。道路交通领域查处超员超载超速和酒后驾驶,建筑施工领域打击违法转包分包等行动,也都取得了明显成效。2010年全国查处各类非法违法行为共计442.6万余起,依法关闭取缔各类非法生产、经营、建设、运输等单位和项目1.08万余个。因非法违法所造成的重特大事故比例,由1-8月份的80%以上降到8-11月份的54%。

(三)突出预防为主,加强监督检查,深化重点行业(领域)的安全整治和隐患治理。2010年,我们先后部署开展了5次全国范围内的安全生产大检查,各地也都组织开展了形式多样的检查督查活动。在12月上中旬以国务院安委会名义组织开展的综合督查中,15个督查组分别深入到31个省级单位的115个市县、330多家生产经营单位,发现了一大批隐患和问题,分别向有关地方和单位下达了整改意见通知书,并实行跟踪整改。认真贯彻全国煤矿瓦斯防治工作现场会和电视电话会议精神,积极实施瓦斯治理示范工程建设,初步建成了630个瓦斯治理示范矿井和79个示范县,组织开展了煤矿瓦斯和水害防治、防灭火、建设项目安全设施"三同时"、兼并重组与整合技改煤矿安全生产等专项检查。集中开展了为期半年的金属与非金属地下矿山安全生产大检查,深化了防尾矿库溃坝、防海洋石油井喷泄漏等安全专项整治。争取中央财政投入11.7亿元,对105个重点尾矿库项目进行了治理。对上海市、广东省及周边地区危化品安全管理进行了重点督查,建立健全了苏浙沪和环渤海危化品道路运输安全区域联控机制,保障了上海世博会、广州亚运会安全。开展了化工企业自动化控制检查督查和礼花弹专项整治。集中开展了冶金企业煤气安全、机械等行业建设项目安全设施"三同时"专项检查。开展了粉尘与高毒物品危害专项治理行动,以石英砂加工、木制家具制造、石棉生产与制品企业为重点,进行了职业危害排查治理。各地安监部门还会同相关部门,组织开展了道路交通、水上交通、建筑施工、消防、民用爆炸物品、农业机械、特种设备、游乐设施、校园安全等方面的安全专项治理工作。据不完全统计,2010年全国共排查各类隐患936.3万项,其中重大隐患2.4万项,落实治理资金100.5亿元,到年底已完成治理2.1万项。

(四)突出落实责任,厉行责任追究,用事故教训推动工作。依据国务院《通知》要求,国务院安委会发布了《重大事故查处挂牌督办办法》;安委办先后公告了55起重大事故查处挂牌督办名单,对每一起事故查处结果均提请安委办主任办公会审议,并督促指导地方及时向社会公布。部分省级安委会也建立和实行了事故查处挂牌督办制度。对已发生的事故,严格按照"四不放过"和"依法依规、实事求是、注重实效"的原则进行查处追究。2010年各类事故查处结案率达到95.9%,累计追究处理5357人,其中给予党纪政纪处分4546人,移送司法机关追究刑事责任811人。2009年由国务院事故调查组负责查处的5起特别重大事故,已全部结案并及时向社会公布,共有168人受到刑事责任追究,142人受到党纪政纪处分。2010年发生的11起特别重大事故中,上半年发生的6起已调查结案,已向社会公布2起,近期将公布4起。总局会同相关部门,对2006年5月以来查处的366起重特大事故责任追究落实情况进行了专项检查。全国有25个省(区、市)开通了"12350"安全生产举报投诉特服电话,2010 年共接收群众举报658件次,全部进行了核查和落实。坚持事故约谈和通报制度,对发生重大以上事故的有关地方政府、部门和企业负责人进行约谈,及时下发事故通报并向社会公布,指导督促地方和企业深刻吸取事故教训,堵塞漏洞,改进工作。继续严格实行安全生产情况日报告、周调度、月通报、季发布、年考核制度,加强调度运行调节,不断强化调度功能,推动各地落实安全生产责任制。

(五)加强宣教培训,强化安全意识,提高安全素质。我们会同有关部门,以"安全发展、预防为主"为主题,组织开展了第9个全国"安全生产月"和"安全生产万里行"集中宣传教育活动。各地开展了安全警示教育、应急知识竞赛和预案演练等系列活动,以及"保护生命安全出行"、"平安畅通区县"、"平安农机"、"平安渔业"、"平安工地"、"特种设备安全进校园"、"安全生产科技周"、"安康杯"、"青年安全示范岗"等针对特殊人群、各具特色的安全宣教活动,推动安全理念、方针、文化、法律和知识进企业、乡村、社区和校园。与工会组织密切合作,在煤炭系统深入开展争创优秀安全班组、优秀班组长和优秀群众安全监督员活动,召开全国煤矿班组安全建设推进会,联合表彰了先进集体和个人。深入推进以企业"三项岗位"人员、农民工和班组长为重点的安全生产全员培训工作，2010年共培训“三项岗位”人员477.8万人次，同比增加5.4%；农民工安全技能培训1044.4万人次，同比增加8.1%。分5批对市（地）政府分管领导干部和市级安监局长进行了安全生产培训。制定发布了安全文化建设示范企业标准，深入开展安全文化示范企业和安全社区创建活动。

（六）加强应急管理，全力做好事故抢险救援工作。先期建设的7个国家矿山应急救援队项目立项、评审和报批工作已经基本完成，国家安全生产应急指挥中心应急平台、装备配备、陆地搜寻与救护平顶山基地等项目建设陆续启动。我们总结推广了广东省健全应急机构、完善协调机制的成功经验。所有重大以上事故和典型涉险事故发生后，总局、煤矿安监局都及时会同有关部门派出人员赶赴现场，协助地方政府组织指导救援处置。开展矿山救护队质量标准化建设，举办了第8届全国矿山救援技术竞赛，参加第七届国际矿山救援技术比赛的我国代表队取得了团体总分第一的好成绩。2010年全国矿山救护队抢救遇险矿工11167人；危化救援队伍抢救遇险者17514人；公安消防部队接警出动58.9万起，疏散和抢救遇险被困者16万余人；海上搜救中心组织救援2218次，抢救遇险者2.45万多人。在山西华晋焦煤公司王家岭矿“3·28”透水事故救援中，6000多名抢险人员连续奋战8天8夜，成功救出115人；四川八田煤矿“11·21”透水事故29名被困人员全部获救；在玉树抗震救灾中，国务院安委办迅速调集26支矿山救护队伍和512名专家赶赴现场，从废墟中救出46名幸存者，救助和转移伤员241人。

（七）加快科技进步，努力提升安全保障能力。完成了“十一五”国家科技支撑计划中安全生产项目的科研任务，组织实施了2010年度351项事故防治关键技术攻关，发布了70项先进适用技术推广目录，召开了全国安全生产科技装备现场会和推广煤矿井下救生舱等安全避险设施现场会，结合安全生产行政许可、监督检查等，强制推行安全性能可靠的新技术、新工艺、新装备和新材料。继续安排国债资金和有关专项资金支持安全技术改造、隐患治理和基础建设。扩大了道路交通动态监管试点，22个试点省市客运车辆安装率达到90%，事故减少12.7%。水上交通动态监管试点地区积极推广安装渔船防撞识别系统，一些省份的安装率达到100%，有效避免了碰撞事故发生。加强安全监管监察保障能力建设，为中西部地区省、市、县三级安监局配置1134套尾矿库检测检验设备和545辆执法车辆，安全监管信息系统“金安”工程一期投入运用。开通了化学事故应急咨询专线，全天候向全国提供咨询服务。

（八）加强安监队伍建设，不断提高履职能力。我们以“争做安全发展忠诚卫士，创建为民务实清廉安监机构”为主题在全系统开展了创先争优活动，涌现了李适、丁安等一大批先进集体和先进个人。各地不断加强安监机构和队伍建设，2010年省、市、县三级安监部门及执法机构人员分别增加4323名、3927名，同比分别增长6.7%、5.6%，总计达73971名。我们不断深化干部人事制度改革，认真做好干部选拔任用工作，进一步优化班子结构，增强队伍活力。加强反腐倡廉建设，运用正反两方面典型组织开展了反腐倡廉“警示教育周”，建立长效教育机制。加大巡视检查力度，推进惩防体系建设，从源头上防治腐败。深入开展“五型机关”创建活动。从制度建设等基础环节抓起，进一步强化执法责任，加强执法监督，推进依法行政。坚持每月举办一次安全生产专业知识视频讲座，组织开展多层次、多形式的监管监察业务培训，进一步提高了安监煤监队伍思想业务素质和履职能力。各地安监煤监机构紧密结合本地实际，注重创造性地开展工作，在安全生产理念、制度规范、体制机制，对策措施、方式方法等方面进行了持续不懈的探索和创新，扎实有效地推动了工作。

经过全系统上下的不懈努力，2010年在我国有效应对国际金融危机、扩大内需一揽子政策措施集中实施，建设项目大量增加，能源原材料和交通运输市场需求旺盛，以及气候条件异常、因自然灾害引发的事故灾难频繁的情况下，全国安全生产继续保持了总体稳定、趋于好转的发展态势。

——事故总量和死亡人数持续明显下降。据总局调度统计，2010年全国发生各类事故363383起，死亡79552人，同比减少15865起、3648人，分别下降4.2%和4.4%。全国年度各类事故死亡人数继2008年首次降到10万人以下、2009年降到9万人以下之后，2010年又降到了8万人以下。经过有效防范和全力救援，煤矿遏制了一次死亡50人以上、全国没有发生一次涉难60人以上的特别重大事故。

——重点行业（领域）安全生产状况进一步改善。工矿商贸企业事故总量和死亡人数分别为8431起、10616人，同比减少1111起、920人，分别下降11.6%和8%。煤矿事故起数和死亡人数分别为1403起、死亡2433人，同比减少213起、198人，分别下降13.2%和7.5%。其他重点行业（领域）事故死亡人数同比：金属与非金属矿山下降17.2%，危险化学品下降9.4%，道路交通下降3.7%，水上交通下降2.1%，铁路交通下降12.1%，农业机械下降18.3%，火灾下降3.5%。

——大部分地区安全生产状况稳定好转。全国31个省（区、市）和新疆生产建设兵团事故起数和死亡人数均比上年下降。北京、天津、浙江、海南、重庆和新疆生产建设兵团等6个省级统计单位没有发生重特大事故。上海、福建、广东、云南、西藏、青海、宁夏等13个地区的工矿商贸领域没有发生重特大事故。山东、贵州、安徽等8个地区重特大事故起数同比下降。

——安全生产总体水平较大幅度提高。反映安全生产整体水平的四项相对指标同比降幅均在10%以上。亿元GDP生产安全事故死亡率由0.248降到0.201，降幅19%；工矿商贸十万就业人员生产安全事故死亡率由2.4降到2.13，降幅11.3%，道路交通万车死亡率由3.6降到3.2，降幅11.1%；煤矿百万吨死亡率由0.892降到0.749，降幅16%。

——安全生产控制指标实施进展情况良好。年度指标实施进度低于控制目标3个百分点。煤矿、金属与非金属矿山、危险化学品、房屋建筑及市政工程、道路交通、铁路交通、农业机械、消防等行业（领域）事故死亡人数下降率均控制在进度目标以内。全国32个省级统计单位中的事故死亡人数下降率全部控制在考核进度之内。

2010年安全生产工作成绩的取得，也标志着安全生产“十一五”规划各项规划指标的园满完成。与“十五”期末的2005年相比，实现了“四个显著下降”。一是事故总量显著下降。2010年全国共发生各类事故36.3万起，比2005年的71.8万起下降49.4%。二是事故死亡人数显著下降。2010年事故死亡人数7.95万人，比2005年的12.7万人下降37.4%。三是重特大事故显著下降。重特大事故起数和死亡人数由2005年的134起、3049人，分别减少到2010年85起、1438人，分别下降了36.6%和52.8%。四是反映安全生产总体水平的四项相对指标显著下降。其中亿元GDP事故死亡率由0.697降到0.201，下降71%；工矿商贸十万从业人员事故死亡率由3.85降到2.13，下降45%；道路交通万车死亡率由7.6降到3.2，下降58 %；煤矿百万吨死亡率由2.811降到0.749，下降73%。圆满完成了《国务院关于进一步加强安全生产工作的决定》（国发〔2004〕2号）和国务院办公厅印发的《安全生产“十一五”规划》（国办发〔2006〕53号）确定的目标任务，实现了全国安全生产状况明显好转的目标。关于“十一五”时期安全生产工作的主要情况，张德江副总理已经作出了全面回顾和总结，我们要深刻领会，共同珍惜经过努力奋斗取得的宝贵成果和经验。

上述成绩来之不易，是在党中央、国务院坚强正确领导下，各地区、各部门和各单位密切配合、共同努力的结果；也是全国安全监管监察系统和安全生产工作战线攻坚克难、发奋工作的结果，包含着全系统以及全战线各级领导班子、全体干部职工的辛勤劳动和无私奉献。借此机会，我谨代表国务院安委办和国家安监总局，向大家表示衷心的感谢和崇高的敬意！

回顾总结2010年和“十一五”期间的安全生产工作，我们有六点比较深刻的体会：一是必须坚持用科学发展观统揽全局，牢固树立安全发展的科学理念，自觉围绕经济发展和社会和谐稳定大局，履行好安全生产工作的职责使命。二是必须坚持预防为主、加强监管和落实责任，切实做到关口前移、重心下移，有效防范和坚决遏制重特大事故，真正把握安全生产工作的主动权。三是必须坚持依法治安方略，健全完善并认真执行安全生产各项制度，严字当头，敢抓敢管，依法依规狠抓安全生产，加快形成规范的安全生产法治秩序。四是必须坚持实施科技兴安战略，充分发挥科学技术的支撑和引领作用，从根本上提升安全保障、安全发展能力。五是必须坚持抓基层、打基础，盯紧企业这个安全生产的责任主体，通过加强监管推动企业主体责任落实到位，夯实筑牢安全生产的基础防线，从源头上防范和遏制事故的发生。六是必须坚持解放思想、实事求是、与时俱进，不断推动安全生产工作体制机制创新，更好应对前进道路上出现的新情况、新问题和新挑战，推动安全生产工作的规范、有序、高效开展，不断开创新局面。这些都需要我们在今后的工作中进一步发扬光大并不断创新发展。

二、认清面临的严峻挑战，切实增强贯彻落实“十二五”时期安全生产工作思路、目标任务的责任感和紧迫感

2010年和“十一五”时期的安全生产工作虽然取得了积极进展和明显成效，但与党中央、国务院的要求和广大人民群众的期望相比还存在较大差距。目前我国正处在工业化、城镇化快速发展时期，处在生产安全事故易发多发的特殊时期，安全生产领域各类矛盾、问题和隐患还很多，形势依然严峻。突出表现在：一是事故总量仍然过大，“十一五”期间虽然实现了事故起数和死亡人数“双下降”，但目前每年仍有接近8万人在各类事故中丧生，因事故伤残和因职业危害致病的人数更多。二是重特大事故尚未得到有效遏制，2005年至2010年一次死亡10人以上的重特大事故起数各年度分别为134、96、85、96、67、85起，在下降到百起以后，呈现明显波动起伏的态势。2010年由于自然灾害比较频繁，加上少数地方和单位安全与发展的关系处理不当、重视不够、防范不力，造成重特大事故严重反弹，相继发生了11起涉难30人以上或直接经济损失超亿元的特别重大事故，给人民群众生命财产造成重大损失。三是安全生产基础仍然薄弱，煤矿等高危行业结构不合理、发展方式粗放落后的问题仍然比较严重，大量小矿小厂技术装备和管理手段落后，安全保障能力低下，一些公共设施安全隐患严重，应急处置和抢险救援能力不足。四是非法违法行为、违规违章现象屡禁不止，严重威胁安全生产，目前仍有半数以上的重特大事故是由非法违法生产经营建设行为所造成的，几乎所有的事故都程度不同地存在着违规违章问题。对以上问题要认真进行分析，始终保持清醒头脑，既要看到现阶段生产力发展不均衡、经济发展方式落后等深层次原因，也要看到主观工作上存在的不到位、不落实等问题。张德江副总理重要讲话中指出的“五个不够”，完全符合实际，切中要害，令人警醒。

“十二五”时期是全面建设小康社会的重要战略机遇期，是深化改革开放、加快转变经济发展方式的攻坚阶段；也是安全生产状况由明显好转向根本好转目标迈进，努力保持持续稳定好转的态势，为到2020年实现根本好转打下具有决定意义基础的关键时期。这一时期安全生产工作面临着新的更加严峻的挑战：一是随着经济社会的持续快速发展和全面建设小康社会宏伟战略目标的逐步实现，人民群众日益增长的安全健康需求与相对落后的安全保障能力之间的矛盾更加突出，社会舆论对安全生产工作的期望值越来越高，安全生产工作面临的压力进一步加大。二是随着工业化、城镇化进程的加快，各类工业生产规模和就业队伍不断扩大，重特大事故隐患增加。尤其是一些大型化工生产储存装置、城市管网、轨道交通，以及高层公寓、人员密集场所等方面潜在的安全隐患会逐步显现，治大隐患、防大事故的任务十分繁重。三是随着国际国内经济形势的进一步回升向好，能源原材料和交通运输市场需求更趋旺盛，煤矿等企业扩大规模、增加生产的冲动强烈，“十一五”时期已关闭取缔的一些小矿小厂有可能死灰复燃，打击非法违法和治理“三超”（工业企业超能力、超强度、超定员组织生产，交通运输企业超载、超限、超负荷运行）、“三违”的工作任务将会更加艰巨。四是为应对国际金融危机，“十一五”中后期国家和地方新上了一大批建设项目，一些大型企业跨行业跨地区办矿办厂，上了不少煤矿、重化工等项目，“十二五”期间这些项目集中进入建成投产阶段，各类建设工程、新投产项目安全隐患监控治理和安全监管任务十分繁重。

“十二五”时期安全生产工作也面临着重大机遇：一是党中央、国务院高度重视安全生产工作。党的十七届五中全会把安全生产作为实施扩大内需战略、发展现代产业体系、推进现代能源产业和综合交通运输体系建设、加强社会管理、保障和改善民生等所必须遵循的一项重要原则和基本要求，将有力促进安全生产与经济社会的同步协调发展。国务院《通知》以及一系列重大举措的出台，为进一步做好安全生产工作指明了方向，提供了有力政策支撑和坚强保证。二是中央确定“十二五”时期经济社会发展要以科学发展为主题、以加快经济发展方式转变为主线，将有助于尽快解决高危行业和传统产业经济增长方式粗放、劳动密集、技术落后、安全保障能力低下等影响制约安全生产的一系列深层次和结构性问题，从根本上、总体上提升企业安全生产水平和行业安全发展能力。三是经过多年来的持续努力，社会公共和高危行业安全保障能力不断提升，一批先进适用的事故预防、灾害治理和检测监控技术得到推广应用，安全生产法制体制机制逐步健全完善，企业安全生产主体责任意识不断增强，为做好安全生产工作奠定了比较坚实的基础。四是在连续两年广泛深入开展的“安全生产年”活动中，我们突出预防为主、加强监管和落实责任，切实加强宣传教育和队伍建设，加强安全基础工作，加强协作联动，扎实推进“三项行动”和“三项建设”，坚持远近结合、标本兼治，在解决当前突出问题的同时，努力推动长效机制建设，逐步探索积累了经验。只要我们坚定不移地认真贯彻落实党中央、国务院关于加强安全生产工作的决策部署，按照张德江副总理明确提出的“十二五”时期安全生产工作的总体思路和工作要求，持之以恒、狠抓落实，就一定能够在目前的基础上，把安全生产工作不断推向前进。

综上所述，“十二五”时期安全生产挑战与机遇共有，困难与希望同在，安全发展的必然趋势与依然严峻的现实状况并存。我们必须始终保持清醒头脑，既要看到安全生产形势的严峻性和紧迫性，切实增强紧迫感和危机感；也要看到有利条件，进一步增强信心和决心，抓住机遇、迎接挑战、乘势而上，紧紧抓住加快转变经济发展方式带来的新机遇、积极应对工业化、城镇化快速发展过程中带来的新课题新挑战，科学把握发展规律，主动适应环境变化，有效化解各种矛盾，抓紧解决安全生产领域各类问题，更加奋发有为地推进安全生产工作。

1月10日，张德江副总理主持召开国务院安委会全体会议，审议并原则同意“十二五”时期安全生产工作的总体思路，即坚持以邓小平理论和“三个代表”重要思想为指导，深入贯彻落实科学发展观，适应经济社会发展的新要求和人民群众的新期待，以科学发展为主题，以加快转变经济发展方式为主线，牢固树立以人为本、安全发展的理念，坚持“安全第一、预防为主、综合治理”的方针，切实把事故预防作为促进安全生产的主攻方向，把规范生产作为促进安全生产的重要保障，把科技进步作为促进安全生产的重要支撑，加强基础建设，加强责任落实，加强依法监管，继续降低事故总量和伤亡人数，减少职业危害，有效防范和坚决遏制重特大事故，努力促进全国安全生产状况的根本好转，切实维护人民群众生命财产安全，为促进经济长期平稳较快发展和社会和谐稳定提供有力的安全生产保障。

遵循党的十七届五中全会《建议》和国务院即将提出的“十二五”规划纲要草案，从我国安全生产的现状和实际出发，按照主要控制指标不低于《安全生产“十一五”规划》目标的总体要求，国务院安委会全体会议确定了“十二五”时期安全生产奋斗目标。主要由以下五部分组成：一是相对指标：主要是亿元GDP事故死亡率下降36%以上，工矿商贸十万从业人员事故死亡率下降26%以上，煤矿百万吨死亡率下降28%以上，道路交通万车死亡率下降32%以上。二是绝对指标：共计26项，包括各类事故死亡人数下降8.1%以上，工矿商贸事故死亡人数下降12.5%以上，煤矿事故死亡人数下降12.5%以上等。三是较大以上事故下降指标：各类较大事故起数下降15%以上，重大事故起数下降15%以上，特别重大事故起数下降50%以上。四是职业健康工作目标：要求达到国家职业病防治规划规定的目标。五是煤矿瓦斯抽采量,安全监管部门基础设施达标率等预期性指标。总之,力争经过“十二五”时期的努力,使企业安全保障能力和政府安全监管能力得到明显提升,各行业(领域)安全生产状况全面改善,安全管理体系更加完善,努力实现事故总量、死亡人数继续下降,重特大事故得到有效遏制,为到2020年实现全国安全生产状况的根本好转(亿元GDP事故死亡率、工矿商贸十万就业人员事故死亡率等指标达到或者接近世界中等发达国家水平),奠定具有决定意义的基础。

为实现“十二五”时期的奋斗目标,我们必须遵照张德江副总理重要讲话要求,科学分析安全生产新形势、新问题,科学把握经济社会运行和安全生产工作新规律、新特点,统筹谋划好安全发展宏观战略,统筹安排好安全生产各项工作,在继续深入开展“安全生产年”活动,全面深化安全生产执法、治理和宣教行动,切实加强安全生产法制体制机制、安全保障能力和安全监管监察队伍建设的基础上,进一步针对薄弱环节,加大工作力度,抓紧建立完善企业安全保障、政府监管和社会监督、安全科技支撑、法律法规和政策标准、应急救援、宣教培训等“六大体系”,着力提高企业本质安全水平和事故防范、监察执法和群防群治、技术装备安全保障、依法依规安全生产、事故救援和应急处置、从业人员安全素质和社会公众自救互救等“六个能力”,加快安全生产长效机制建设,推动实现安全生产的长治久安。

国务院已决定将《安全生产“十二五”规划》作为国家专项规划予以发布实施。总局目前已经拿出了规划草案,将在进一步征求各方面意见、修改完善之后,按程序上报,争取尽快发布实施。国家发展改革委已将安全生产作为专节纳入“十二五”规划纲要(草案),对安全生产奋斗指标、重点工作任务和主要政策措施等作出具体规定。“十二五”期间,国家在煤矿安全技术改造和兼并重组、尾矿库隐患治理、应急救援队伍和基地建设、安全监管监察能力建设等方面,将继续给予必要的政策和资金支持。各地也都要认真做好地方安全生产“十二五”规划工作,确保将安全生产纳入地方经济社会发展总体布局,统筹规划好安全生产“六大体系”、“六个能力”建设,相关重点工程要纳入地方政府投资规划,切实做到安全生产与经济社会同步规划、同步部署、同步推进。

三、突出重点、狠抓落实,扎扎实实做好2011年安全生产各项工作

2011年是实施“十二五”规划的开局之年,是中国共产党建党90周年,也是实现全国安全生产状况根本好转战略目标的起步之年。做好2011年的工作,实现“十二五”安全生产良好开局,对于维护全党全国工作的大局,促进经济社会又好又快发展,有着十分重要的意义。全系统各级领导班子和广大干部职工要认清形势任务,进一步增强做好开局起步之年安全生产工作的责任感、使命感和紧迫感。

2011年全国安全生产工作,总的讲就是要按照张德江副总理在全国安全生产电视电话会议上重要讲话的要求,全面贯彻党的十七届五中全会和中央经济工作会议精神,紧紧围绕科学发展这个主题和加快转变经济发展方式这条主线,深入贯彻落实科学发展观,坚持“安全第一、预防为主、综合治理”的方针,牢固树立以人为本、安全发展的理念,以深入贯彻落实国务院《通知》为核心,以强化企业安全生产主体责任为重点,继续深入开展“安全生产年”活动,加强基础建设,加强责任落实,加强依法监督,以“三深化”和“三推进”为重要抓手,全面深化安全生产“三项行动”和“三项建设”,继续降低事故总量,有效防范和坚决遏制重特大事故,促进安全生产形势的进一步稳定好转,确保实现“十二五”时期安全生产工作的良好开局。

2011年全国安全生产控制考核指标已经国务院安委会全体会议研究确定,工作会议之后将以国务院安委会文件下达。各地要尽快把指标细化分解,落实到市、县、乡镇政府和重点企业。国务院安委办和总局将继续实行并完善月通报、季发布、年考核制度,研究完善安全生产工作绩效考核奖惩制度并组织实施,进一步健全激励约束机制。

2011年要突出抓好以下八项重点工作:

(一)以深入贯彻执行国务院《通知》和各地实施

意见为有效抓手，深化企业主体责任落实。一是以“安全责任、重在落实”为主题，组织开展第10个全国“安全生产月”和“安全生产万里行”活动。各级安监部门要会同有关方面组织宣讲团，深入基层、深入企业，结合《通知》下发以来贯彻实施过程中出现的实际问题进行宣讲，解疑释惑、破解难题，推动《通知》各项政策规定的全面贯彻实行。二是认真落实《通知》关于地方政府安全生产责任的规定，落实安监部门和相关部门的职责，切实加强对各类企业安全生产的监管和指导。各地要对照《通知》规定，对企业安全发展规划、安全生产责任制、安全投入和隐患治理、领导人员现场带班、班组安全建设等进行全面检查，指导督促企业严格履行安全生产主体责任，建立完善“责任落实、基础扎实、投入到位、管理规范”的企业安全保障体系，着力提高企业本质安全水平和事故防范能力。三是严肃事故查处和责任追究，促使安全生产责任履行到位。认真执行事故查处挂牌督办制度，落实督办责任，提高督办效率。对瞒报、谎报、迟报事故以及事故后逃逸等行为，要依法从重从快查处。对一周内发生三次较大以上事故的省份要发出警示通报，发生重大以上事故的要采取约谈、通报和召开现场会等，加大警示问责和督导整改力度。所有较大以上事故查处结果都要向社会公告，接受人民群众监督。在事故查处过程中更加注重分析事故发生的深层次问题和原因，提高事故调查工作的质量和调查报告的说服力；更加注重各部门的协调配合，提高事故调查和结案效率；更加注重总结各类事故中的共性和规律性的问题，亡羊补牢、举一反三，有效避免同类事故的重复发生；更加注重查处重特大责任事故涉及的失职渎职和腐败行为，有力推动安全责任落实。四是加大宣教培训工作力度，建立完善“面向基层、贴近实际、题材多样”的宣传教育培训体系，着力提高从业人员安全素质和社会公众自救互救能力。继续实施“三项岗位”和企业全员培训工程。积极开展安全文化示范企业、安全诚信企业、安全社区、安全保障型城市、安全文化教育基地等创建工作。扶持发展安全文化产业，繁荣安全文化市场。

（二）以“打非治违”为有效手段，深化依法监管。继续保持高压态势，依法严厉打击无证无照进行生产经营和建设、不具备安全生产条件擅自生产、关闭取缔后擅自恢复生产等非法违法行为，严肃纠正“三超”等违规违章现象，进一步巩固和扩大“打非”专项行动的成果。要按照张德江副总理提出的“四个一律”的要求，严惩非法违法行为，敢于碰硬，绝不手软。要着力强化地方政府特别是县、乡政府的“打非”责任，发现一起严肃查处并公告一起。对因非法违法生产、经营和建设而导致事故的要加大处罚力度，构成犯罪的要依法追究刑事责任。要严厉打击非法违法行为背后的“保护伞”、“黑势力”。进一步加强安监部门与相关部门之间的协调配合，建立和完善联合执法机制。加强和改进安全生产行政执法工作，强化执法责任、完善执法手段、落实执法措施，认真研究解决安全监管监察执法中出现的新情况新问题，有效应对安全生产执法环境的深刻变化和严峻挑战，进一步提高行政执法的针对性和实效性，推进安全生产行政执法工作。

深刻吸取一个时期来整合技改煤矿事故多发的教训，严厉打击和认真治理资源整合、企业兼并重组过程中的非法违法与违规违章行为，督促指导地方明确兼并重组产权主体转移过程中的安全责任主体，严格按照规划和方案组织实施，确保安全主体责任不缺位，坚决杜绝一些整合技改煤矿假整合真生产、边技改边生产现象；认真治理城市规划和建设过程中的违规违章现象，严防违章开挖、野蛮施工等导致管网泄漏燃烧等事故发生；严厉打击工程招投标、转包、分包等过程中的违法行为，认真治理城市轨道交通、高速铁路、高速公路等建设与运行中的违规违章现象。

（三）以治理隐患、解决突出问题为着力点，深化重点行业（领域）的安全专项整治。煤矿要认真落实全国煤矿瓦斯防治工作电视电话会议精神，强力推进瓦斯先抽后采和综合治理，切实抓好水害防治和井下安全避险“六大系统”建设，提升防范抵御瓦斯、水灾等事故灾害的能力；非煤矿山要加快淘汰落后，2011年要再关闭整合一批隐患严重的小型金属与非金属矿山，再治理1000余座危、险、病尾矿库；危险化学品要集中治理危及公众安全的重大隐患，2011年所有安全防护距离不够的化工企业都要制定搬迁或关停计划并抓紧落实，继续健全完善苏浙沪、环渤海地区危化品道路运输安全区域联合监控机制；烟花爆竹要加快推行工厂化、标准化和机械化生产；冶金企业要继续加强煤气安全管理，开展高温液体安全隐患治理。道路交通要继续落实“五整顿”“三加强”，尤其要认真整顿交通运输企业，健全和落实运输安全责任制，同时加大道路交通安全整治力度，深化平安畅通县区创建、交通秩序示范公路创建、道路客运交通安全整治等活动。针对存在的隐患和突出问题，继续深入开展建筑施工、铁路交通、水上交通、渔业船舶、农业机械、消防等行业（领域）的安全专项整治。各级安监部门要进一步加强与卫生、社保、工会等部门（单位）的协调配合，认真贯彻执行《国家职业病防治规划》，切实履行调整后的职责职能，建立监管队伍，做好职业卫生“三同时”监管、职业健康监护、职业卫生安全许可、职业健康培训和监督检查等工作，推进重点行业和领域职业危害治理。

（四）以先进适用科研成果的推广应用为有效途径，大力推进安全生产科技进步。在矿山企业强制推行井下安全避险“六大系统”，在非煤矿山推广机械通风、中深孔爆破、高陡边坡安全监测、油气长输管道泄漏检测等技术和装备。在冶金机械制造企业推广行车定位、冲压机防坠落装置。在道路运输领域推广卫星定位动态监控和联网联控，所有运输危险化学品、烟花爆竹、民用爆炸物品的道路专用车辆，旅游包车和三类以上的班线客车都要安装使用具有行驶记录功能的卫星定位装置。渔船要推广安装防撞自动识别系统。在三等以上尾矿库安装在线监控系统。大型起重机械要安装安全监控管理系统等。加强基础研究和开发，抓紧矿山重大事故预防预警与控制、化学工业园区安全生产管控一体化、烟花爆竹自动化制装药、粉尘与高毒职业危害预防与控制、事故快速抢险及应急处置等关键技术与装备的研发。制定实施安全生产监管部门和煤矿安全监察机构能力建设规划，提高技术装备水平和监管监察能力。加快建立完善与工业化、信息化发展要求相适应的安全科技支撑体系，充分发挥科研机构的科技创新作用，把安全生产建立在依靠科技进步的可靠基础上。完善和规范对安全生产专业服务机构的监管办法，充分发挥其作用。

（五）以广泛开展安全生产标准化创建活动为有效载体，全面推进企业安全达标。从2011年起，在全国工矿商贸和交通运输企业普遍开展以“企业达标升级”为主要内容的安全生产标准化创建活动。认真贯彻张德江副总理在全国煤矿班组安全建设促进会上的重要讲话精神，把班组建设作为安全管理的关键环节，从班组和岗位安全生产标准化这个基点抓起，推动专业和企业达标，把企业安全生产纳入制度化、规范化轨道，夯实筑牢企业安全生产根基。危化品企业必须在2012年底前，煤矿等其他高危行业企业必须在2011年底前达到三级以上安全生产标准化水平，重点企业要达到一级标准。冶金机械等其他企业必须制定达标规划，确保三年内全部达标，逾期不达标的要依法停产整顿直至依法关闭。各级安监部门和有关部门要加强对这项工作的综合监管、监督管理和行业指导。要加快标准制修订工作，健全完善行业安全生产标准体系；要分行业制定达标规划，实施分类指导、分步实施；要注意抓典型，先在本行业（领域）选树若干个达标示范企业，发挥典型的引路作用，逐步扩大覆盖面；要把达标创建活动与企业安全生产各项基础性工作有机结合起来，与加强企业安全生产诚信建设结合起来，逐步建立完善自我约束、持续改进、不断加强的企业安全生产长效机制，在提高企业安全保障能力上见到实效。

（六）以建立健全安全生产法制体制机制为关键环节，推进长效机制建设。继续抓好有关法律、法规和标准的制定修订工作，支持和促进地方立法，建立完善“规范完备、门类齐全、针对性强”的安全生产法律法规和政策标准体系。坚持和完善安全生产标本兼治各项政策措施，认真落实高危行业安全生产费用提取和使用、安全风险抵押、责任保险等制度，从规定之日起各地必须严格执行新的工亡职工赔偿标准。研究扩大安全生产专用设备所得税优惠范围，为矿山井下安全避险“六大系统”建设、道路交通动态监控等争取税收优惠。认真落实国务院《通知》明确的安全监管部门的综合监管职责，公安、交通、国土资源、建设、工商、质检等部门的安全生产监督管理职责，以及工业主管部门的安全生产指导职责，进一步形成齐抓共管的工作合力。按照“分级负责、属地监管”和“国家监察、地方监管、企业负责”的原则，进一步完善安全生产综合监管和煤矿安全生产工作体制机制。继续推动建立基层安全生产执法队伍，推广乡镇街道建立安监站（所）、实行委托执法的经验。建立完善“覆盖全面、监管到位、监督有力”的政府监管和社会监督体系，着力提高监察执法和群防群治能力。

（七）以先期建设的国家矿山应急救援队为契机，加快建设高效实用的应急救援体系。本着统筹规划、分步实施和政企结合、条块结合的原则，抓紧建立完善“反应迅速、机动灵活、处置高效”的应急救援体系，着力提高事故救援和应急处置能力。重点抓好先期建设的河北开滦、山西大同、黑龙江鹤岗、安徽淮南、河南平顶山、四川芙蓉、甘肃靖远等7个国家矿山应急救援队建设。依托大型企业，通过中央财政支持和政策扶持，建设国家（区域）矿山、危险化学品、油气田应急救援队。继续加强公安消防、公路交通、铁路运输、海上水上搜救、船舶溢油、民用航空、电力等行业（领域）专业应急救援体系建设。加强对应急能力建设专项资金的监督管理，确保专款专用。加强政府和企业安全生产应急管理体制建设，建立健全企业和政府对事故灾难的预防预警和应急处置机制。规范和加强重大危险源监管监控工作，加强预案管理，搞好应急演练。办好第五届国际矿山救援大会暨第三届国际应急管理论坛。

（八）以深入开展创先争优活动为载体，继续加强安监队伍建设，不断提升科学监管能力。在全系统继续深入开展以“争做安全发展忠诚卫士，创建为民务实清廉安监机构”为主题的创先争优活动，通过表彰先进、选树榜样、多方激励等方法途径，尤其要充分发挥各级干部的带头表率作用，把创先争优活动引向深入。今年下半年要启动五年一届的全国安全监管监察系统先进集体和先进工作者评选表彰工作，明年工作会召开之时与人力资源社会保障部联合实施表彰。

以迎接建党90周年为契机，进一步加强安监队伍的思想政治建设、作风建设和业务能力建设。加强理论学习，用中国特色社会主义理论和科学发展观武装头脑，深刻领会党中央、国务院对安全生产工作的决策部署和重要指示精神，自觉从全局和战略高度来思考谋划安全生产工作，积极破解安全发展难题，使我们的工作更好地服从服务于推动科学发展、加快经济发展方式转变这一全党全国工作的大局。进一步强化宗旨意识、政治意识、责任意识和忧患意识，把党和人民赋予的安全生产工作职责看得比泰山还重，大力发扬求真务实、真抓实干精神，倡导摸实情、说实话、出实招、干实事、求实效，力戒浅薄浮躁、形式主义。进一步加强业务学习，继续运用外送委培、短期轮训、视频讲座等多种方式进行监管监察业务培训，大力提升业务素质和履行职责的能力，熟悉掌握安全生产方针政策、法律法规、标准规范和监管监察执法程序等知识，加快培养更多的安全生产行家里手。

要认真贯彻落实中央纪委六次全会精神，按照胡锦涛总书记的要求，切实把以人为本、执政为民贯彻落实到党风廉政建设和反腐败斗争之中。进一步健全完善惩防腐败体系，严格落实党风廉政建设责任制，认真执行《中国共产党党员领导干部廉洁从政若干准则》，切实加强制度约束。积极推进安全生产政务公开，提高行政审批、行政执法、中介机构监管等工作的透明度，着力解决安全生产领域人民群众反映强烈的突出问题。继续搞好反腐倡廉“警示教育周”活动，加大监督工作力度，加快建立反腐倡廉长效机制。

要把严格要求与关心爱护更好地统一起来，设身处地为基层安监机构和广大干部职工着想，尽力解决好他们在工作和生活中遇到的实际问题，进一步增强安监队伍的凝聚力、战斗力和创造力，切实履行职责使命，自觉为党分忧、为国尽责、为民奉献。

2011年以及“十二五”时期安全生产工作的思

路、目标和主要任务已经明确，关键是抓落实。会议之后，各地区、各部门和各单位要立即贯彻落实，迅速把各项工作措施推进到位。目前正值年初岁末，一向是安全生产的关键时期。各地区、各部门和各单位务必高度重视，按照张德江副总理重要讲话的要求，深刻吸取往年这一时段各类事故多发的教训，切实抓好安全防范工作，严防重特大事故发生，确保节日期间全国安全生产形势的基本稳定。一是要突出煤矿安全这个重中之重。目前煤炭市场需求旺盛，价格上扬，大小煤矿都在开足马力生产。我们必须高度警觉，一方面要盯住国有大矿，及时发现、坚决纠正“三超”现象，严防大矿出大事；另一方面要加大对小煤矿的监管监察力度，严防非法违法组织生产导致事故发生。二是要加强烟花爆竹安全监管。深刻吸取2010年以来发生的几起重特大烟花爆竹事故教训，把监管工作抓实抓细，把责任落实到村组。尤其是烟花爆竹传统产区，一定要高度警觉，严防非法窝点死灰复燃，严防企业节前突击生产。要与公安、工商等部门密切配合，依法严厉打击非法违法运输、销售和燃放烟花爆竹的行为。三是要加强非煤矿山、危化品以及工商贸其他企业的安全监管，严防放松警惕导致事故发生。企业节日停产放假和节后恢复生产，都要制定严格的保安措施。四是要积极配合公安、交通部门，加强对公路、水路、铁路、民航等交通运输企业的安全监管，确保春运安全；落实人员密集场所和大型集会活动的安全责任制，严防火灾、踩踏等群死群伤事故。五是要加强值班值守，及时掌握了解上报安全生产信息，制定完善应急预案，做好应对处置各类紧急情况的准备。各级领导同志要进一步转变作风，深入企业，深入安全监管监察工作第一线，与基层同志共同做好节日安全生产工作，确保全国人民过一个安全祥和的新春佳节，确保2011年安全生产各项工作的顺利起步和扎实推进。

国务院2004年作出的《关于进一步加强安全生产工作的决定》明确提出了全国安全生产状况到2007年稳定好转、2010年明显好转、2020年根本好转三个阶段性目标。经过上下各方的奋力拼搏，“十一五”时期全国安全生产已经实现了明显好转，目前正在向着第三阶段“根本好转”目标迈进。《国务院关于进一步加强企业安全生产工作的通知》再次明确了这一奋斗目标。从我国安全生产所具有的特殊优势、近年来所取得的积极进展和总体发展趋势看，我们完全有可能在现有工作基础上，再经过10年的努力，实现“根本好转”的目标。从现在起到2020年的这10年，是我国安全生产事业大发展、大跨越的10年，也是安全生产工作战线大有作为、大可建树的10年。回首过去，展望未来，我们对我国经济社会科学发展光明前景和安全生产宏伟大业充满了信心。让我们在党中央、国务院的坚强正确领导下，紧紧依靠各级党委政府，依靠广大人民群众，更加精神振奋、作风务实地做好安全生产工作，坚决打好“十二五”时期的第一仗，坚决维护人民群众生命财产安全，为经济长期平稳较快发展和社会和谐稳定，作出我们新的应有的贡献！

2010年国家安全生产工作总结

2011年1月13日，国家安全生产监督管理总局在京召开全国安全生产工作会议。国家安全生产监督管理总局局长骆琳作了题为《加强安全监管 推动责任落实 努力实现“十二五”安全生产的良好开局》的工作报告。他在报告中指出：2010年，各地区、各部门和各单位认真贯彻落实党中央、国务院关于安全生产工作的决策部署和重要指示精神，以预防为主、加强监管、落实责任为重点，继续深入开展“安全生产年”活动，突出抓了以下八个方面的重点工作。

（一）紧紧抓住国务院《通知》出台实施的有利时机，强化措施、加大力度，推动工作落实。国务院《通知》结合转变经济发展方式，对企业安全生产基础工作，以及政府安全监管、行业安全准入、政策引导、技术保障、应急救援、考核和责任追究等，提出了全面系统的要求，是指导当前和今后一个时期安全生产工作的纲领性文件。国务院办公厅把《通知》所涉及的各项工作任务，逐条分工落实到相关部门。国务院安委办督促指导各地区、各部门、各单位紧密结合实际，抓紧制定贯彻实施意见和政策措施。到去年底，国务院有关部门、31个省（区市）人民政府和新疆生产建设兵团、工矿商贸领域多数中央企业都出台了贯彻实施意见和措施。总局将《通知》内容细化为99条具体要求，分解落实到各司局和有关单位；并就煤矿、非煤矿山、危险化学品、烟花爆竹、冶金、机械等企业贯彻落实《通知》，以及事故查处挂牌督办、矿山企业领导带班下井、企业安全生产标准化建设、安全生产综合监管、应急救援等方面的工作，相继制定出台了27个部门规章和规范性文件。总局和各省级局举办了一系列研讨班、培训班、专题讲座、报告会等，认真学习深入研讨，把全系统的思想和行动较好地统一到了《通知》精神上来。各地安监煤监机构的同志抓住机遇，切实履行职责，在协助本级政府制定出台贯彻落实政策措施的同时，深入企业，深入基层，面向职工群众和社会公众，进行广泛宣传，为《通知》的全面贯彻落实奠定了坚实基础。随着《通知》精神的全面认真贯彻落实，年内一度出现的阶段性、局部性安全生产被动局面得到扭转，全国重特大事故由前8个月平均3.6天发生一起(三月和七八月份大约2天发生一起)，延长至9~12月份平均6.5天发生一起，9月份之后各月的同比均实现下降，工矿商贸领域更为明显。

（二）突出加强监管，严格监管执法，依法严厉打击安全生产领域各类非法违法行为。国办年初下发的关于继续深入开展“安全生产年”活动的通知，明确了2010年安全监管执法的重点内容。总局和煤监局下达了执法工作计划，健全完善了监管监察执法责任制。针对非法生产经营和建设现象严重、由此造成的各类事故多发问题，按照国务院领导同志的指示和《通知》要求，安委会部署从8月份开始，在全国范围集中开展“打非”专项行动。各地区紧密结合实际，针对普遍存在的非法违法问题和无证无照、私采乱挖、死灰复燃等典型非法违法行为，制定了专项行动工作方案，建立了政府统一领导、相关部门共同参与的“打非”工作协同联动机制，组织相关部门开展联合执法。10月下旬，总局会同相关部门召开专题视频会进行再动员再部署。8~11月份集中开展“打非”专项行动期间，全国安监系统对非法违法行为实施行政处罚5.7万次，责令停产停业整顿生产经营单位4876家，提请关闭2037家。2010年依法关闭取缔非法和不具备安全生产条件煤矿2045处，结合资源整合和企业重组，使全国小煤矿总数降到1万处以内，完成了“十一五”规划目标；结合矿产开发秩序整顿和资源整合，关闭取缔非法和不具备安全生产条件的金属与非金属小型矿山5970余座；召开了危险化学品安全监管部际联席会议第三次会议，依法严厉打击无证或证照不全生产和经营危化品、损毁城市危化品管网等非法违法行为。国务院办公厅转发了七部委局《关于进一步加强烟花爆竹安全监督管理工作的意见》，对烟花爆竹“打非”等工作进行了部署和督查。道路交通领域查处超员超载超速和酒后驾驶，建筑施工领域打击违法转包分包等行动，也都取得了明显成效。2010年全国查处各类非法违法行为共计442.6万余起，依法关闭取缔各类非法生产、经营、建设、运输等单位和项目1.08万余个。因非法违法所造成的重特大事故比例，由1~8月份的80%以上降到8~11月份的54%。

（三）突出预防为主，加强监督检查，深化重点行业领域的安全整治和隐患治理。2010年，我们先后部署开展了5次全国范围内的安全生产大检查，各地也都组织开展了形式多样的检查督查活动。在12月上中旬以国务院安委会名义组织开展的综合督查中，15个督察组分别深入到31个省级单位的115个市县、330多家生产经营单位，发现了一大批隐患和问题，分别向有关地方和单位下达了整改意见通知书，并实行跟踪整改。认真贯彻全国煤矿瓦斯防治工作现场会和电视电话会议精神，积极实施瓦斯治理示范工程建设，初步建成了630个瓦斯治理示范矿井和79个示范县，组织开展了煤矿瓦斯和水害防治、防灭火、建设项目安全设施“三同时”、兼并重组与整合技改煤矿安全生产等专项检查。集中开展了为期半年的金属与非金属地下矿山安全生产大检查，深化了防尾矿库溃坝、防海洋石油井喷泄漏等安全专项整治。争取中央财政投入11.7亿元，对105个重点尾矿库项目进行了治理。对上海市、广东省及周边地区危化品安全管理进行了重点督查，建立健全了苏浙沪和环渤海危化品道路运输安全区域联控机制，保障了上海世博会、广州亚运会安全。开展了化工企业自动化控制检查督查和礼花弹专项整治。集中开展了冶金企业煤气安全、机械等行业建设项目“三同时”专项检查。开展了粉尘与高毒物品危害专项治理行动，以石英砂加工、木制家具制造、石棉生产与制品企业为重点，进行了职业危害排查治理。各地安监机构还会同相关部门，组织开展了道路交通、水上交通、建筑施工、消防、民爆器材、农业机械、特种设备、游乐设施、校园安全等方面的安全专项治理工作。据不完全统计，2010年全国共排查各类隐患936.3万项，其中重大隐患2.4万项，落实治理资金100.5亿元，到年底已完成治理2.1万项。

（四）突出落实责任，厉行责任追究，用事故教训推动工作。依据国务院《通知》要求，安委会颁布了《重大事故查处挂牌督办办法》；安委办先后公告了55起重大事故查处挂牌督办名单，对每一起事故查处结果均提请安委办主任办公会审议，并督促指导地方及时向社会公布。部分省级安委会也建立和实行了事故查处挂牌督办制度。对已发生的事故，严格按照“四不放过”和“依法依规、实事求是、注重实效”的原则进行查处追究。2010年各类事故查处结案率达到95.9%，累计追究处理5357人，其中给予党纪政纪处分4564人，移送司法机关追究刑事责任811人。2009年由国务院事故调查组负责查处的5起特别重大事故，已全部结案并及时向社会公布，共有168人受到刑事责任追究，142人受到党纪政纪处分。2010年发生的11起特别重大事故中，上半年发生的6起已调查结案，已向社会公布2起，近期将公布4起。总局会同相关部门，对2006年5月以来查处的366起重特大事故责任追究落实情况进行了专项检查。全国有25个省（区市）开通了12350安全生产举报投诉专线电话，2010年共接收群众举报658件次，全部进行了核查和落实。坚持事故约谈和通报制度，对发生重大以上事故的有关地方政府、部门和企业负责人进行约谈，及时下发事故通报并向社会公布，指导督促地方和企业深刻吸取事故教训，堵塞漏洞，改进工作。继续严格实行安全生产情况日报告、周调度、月通报、季发布、年考核制度，加强调度运行调节，不断强化调度功能，推动各地落实安全生产责任制。

（五）加强宣教培训，强化安全意识，提高安全素质。我们会同有关部门，以“安全发展、预防为主”为主题，组织开展了全国第9个“安全生产月”和“安全生产万里行”集中宣传教育活动。各地开展了安全警示教育、应急知识竞赛和预案演练等系列活动，以及

"保护生命安全出行"、"平安畅通区县"、"平安农机"、"平安渔业"、"平安工地"、"特种设备安全进校园"、"安全生产科技周"、"安康杯"、"青年安全示范岗"等针对特殊人群、各具特色的安全宣教活动,推动安全理念、方针、文化、法律和知识进企业、乡村、社区和校园。与工会组织密切合作,在煤炭系统深入开展争创优秀安全班组、优秀班组长和优秀群众安全监督员活动,召开全国煤矿班组安全建设推进会,联合表彰了先进集体和个人。深入推进以企业"三项岗位"人员、农民工和班组长为重点的安全生产全员培训工作,2010年共培训"三项岗位"人员477.8万人次,同比增加5.4%;农民工安全技能培训1044.4万人次,同比增加8.1%。分5批对市(地)政府分管领导干部和市级安监局长进行了安全生产培训。制定发布了安全文化建设示范企业标准,深入开展安全文化示范企业和安全社区创建活动。

(六)加强应急管理,全力做好事故抢险救援工作。先期建设的7个国家矿山应急救援队项目立项、评审和报批工作已经基本完成,国家安全生产应急指挥中心应急平台、装备配备、陆地搜寻与救护平顶山基地等项目建设陆续启动。我们总结推广了广东省健全应急机构、完善协调机制的成功经验。所有重大以上事故和典型涉险事故发生后,总局、煤监局都及时会同有关部门派出人员赶赴现场,协助地方政府组织指导救援处置。开展矿山救护队质量标准化建设,举办了第8届全国矿山救援技术竞赛,参加第七届国际矿山救援技术比赛的我国代表队取得了团体总分第一的好成绩。2010年全国矿山救护队抢救遇险矿工11167人;危化救援队伍抢救遇险者17514人;公安消防部队接警出动58.9万起,疏散和抢救遇险被困者16万余人;海上搜救中心组织救援2218次,抢救遇险者24500多人。在山西华晋焦煤王家岭煤矿"3.28"透水事故救援中,6000多名抢险人员连续奋战8天8夜,成功救出115人;四川八田煤矿"11.21"透水事故29名被困人员全部获救;在玉树抗震救灾中,安委办迅速调集26支矿山救护队伍和512名专家赶赴现场,从废墟中救出46名幸存者,救助和转移伤员241人。

(七)加快科技进步,努力提升安全保障能力。完成了"十一五"国家科技支撑计划中安全生产项目的科研任务,组织实施了2010年度351项事故防治关键技术攻关,发布了70项先进适用技术推广目录,召开了全国安全生产科技装备现场会和推广煤矿井下救生舱等避险设施现场会,结合安全生产行政许可、监督检查等,强制推行安全性能可靠的新技术、新工艺、新装备和新材料。继续安排国债资金和有关专项资金支持安全技术改造、隐患治理和基础建设。扩大了道路交通动态监管试点,22个试点省市客运车辆安装率达到90%,事故减少12.7%。水上交通动态监管试点地区积极推广安装渔船防撞识别系统,一些省份的安装率达到100%,有效避免了碰撞事故发生。加强安全监管监察保障能力建设,为中西部地区省市县三级安监局配置1134套尾矿库检测检验设备和545辆执法车辆,安全监管信息系统"金安工程"一期投入运用。开通了化学事故应急咨询专线,全天候向全国提供咨询服务。

(八)加强安监队伍建设,不断提高履职能力。我们以"争做安全发展的忠诚卫士、创建为民务实清廉的安监机构"为主题在全系统开展了创先争优活动,涌现了李适、丁安等一大批先进集体和先进个人。各地不断加强安监机构和队伍建设,2010年省、市、县三级安监部门及执法机构人员分别增加4323名、3927名,同比分别增长6.7%、5.6%,总计达73971名。我们不断深化干部人事制度改革,认真做好干部选拔任用工作,进一步优化班子结构,增强队伍活力。加强反腐倡廉建设,运用正反两方面典型组织开展了反腐倡廉"警示教育周",建立长效教育机制。加大巡视检查力度,推进惩防体系建设,从源头上防治腐败。深入开展"五型"机关创建活动。从制度建设等基础环节抓起,进一步强化执法责任,加强执法监督,推进依法行政。坚持每月举办一次安全生产专业知识视频讲座,组织开展多层次、多形式的监管监察业务培训,进一步提高了安监队伍思想业务素质和履职能力。各地安监、煤监机构紧密结合本地实际,注重创造性地开展工作,在安全生产理念、制度规范、体制机制,对策措施、方式方法等方面进行了持续不懈的探索和创新,扎实有效地推动了工作。

2010年煤矿安全工作总结

2011年1月13日，国家安全生产监督管理总局在京召开全国安全生产工作会议。国家安全生产监督管理总局副局长、国家煤矿安全监察局局长赵铁锤作了煤矿安全生产工作报告，回顾了2010年煤矿安全生产工作情况。

2010年以来，全国煤矿安全监察监管系统认真学习贯彻党的十七届四中、五中全会和中央经济工作会议精神，认真学习贯彻胡锦涛总书记、温家宝总理和张德江副总理等中央领导同志的一系列重要讲话和指示批示要求，坚持安全发展指导原则，按照深入开展“安全生产年”活动的总体部署和总局党组的统一安排，积极推进了煤矿安全各项工作。

第一，大力学习宣传贯彻国务院《通知》精神，有效防范和坚决遏制煤矿重特大事故。国务院《通知》下发以来，我们在全国煤矿安全生产领域认真组织学习宣传贯彻，抓紧研究制定并发布了《关于认真贯彻落实国务院〈通知〉精神切实加强煤矿安全生产工作的实施意见》等一系列部门规章、规范性文件和配套制度，召开“瓦斯治理、班组建设”两个全国性会议和“整顿关闭、安全避险、领导带班下井”三个专题会议，全面部署、严格要求，集中开展了一系列执法治理、监督监察、技术推广等活动；研究制定《煤矿领导带班下井及安全监督检查规定》，建立了监督管理与考核考评机制，并加大宣传贯彻和督查力度，推动落实煤矿领导带班下井制度；各地区、各部门、各企业密切结合实际制定贯彻实施办法和细则，纷纷采取有效、管用的措施，落实企业主体责任和地方监管责任。随着国务院《通知》精神的深入贯彻落实，一度呈现的重特大事故阶段性、局部性反弹的被动局面得到有效遏制和扭转。去年煤矿重特大事故由前8个月平均每月超过2起延长至后4个月平均每月不到1起；全年煤矿事故起数和死亡人数同比减少213起、198人，分别下降了13.2%和7.5%；全国26个省级统计单位中，17个单位煤矿事故死亡人数同比下降，13个单位没有发生煤矿重大以上事故，有效遏制了重特大事故多发势头。

第二，强化安全监察监管，认真组织开展“打非治违”和“131”专项行动。针对一个时期以来非法生产经营建设现象严重、各类非法违法事故、中央企业煤矿重大灾害事故多发的问题，按照国务院安委会的总体部署和总局党组的统一安排，集中力量开展了“打非治违”和“131”（即：建设项目安全整治，瓦斯、水害、火灾安全整治，中央企业煤矿安全整治）专项行动。并及时组织召开专题视频会议，总结分析进展情况，进行再动员再部署；各级煤矿安全监察机构认真组织开展“三项监察”，严格煤矿安全准入制度，健全完善联合执法机制，严厉惩处事故瞒报谎报逃匿等行为，积极协调指导各地区、各部门明确打击重点，强化舆论引导，加强督促检查，推动专项行动扎实深入开展。一年来，各级煤矿安全监察机构共实施监察约2.4万矿次（据总局有关部门上半年统计，各省级煤矿安全监察机构主要领导平均下井16.3矿次。其中，下井较多的有安徽局桂来保、39矿次，山东局王子奇、33矿次，新疆局王健、25矿次，等等），查处隐患14.4万项，隐患整改率97%，行政处罚1.49万次（罚款6.8亿元），重点督查了1230个煤矿建设项目，有效制止和纠正了违法建设行为。在瓦斯、水害和火灾专项整治中，突出重点，深入整治，共抽查煤矿6147处，查处隐患和违法违规行为27031条，下达执法文书9955份，483处矿井停产整顿、448个采掘工作面停止作业。促进了中央企业煤矿安全管理进一步加强，非法违法行为得到遏制，非法违法导致的事故下降了30%以上。

第三，突出工作重点，深入开展煤矿瓦斯治理。各地区、各部门和各煤矿企业认真学习贯彻全国煤矿瓦斯防治“南昌”会议、去年11月2日电视电话会议，特别是张德江副总理的重要讲话精神，严格落实先抽后采、抽采达标的要求，进一步健全煤矿瓦斯防治工作机制，继续加大投入，着力构建瓦斯综合治理工作体系。深入开展“双百工程”建设，落实煤矿瓦斯“两个四位一体”综合防突措施，全力以赴抓好煤矿瓦斯治理工作，初步形成“部委协调、上下联动、齐抓共管、综合防治”的工作格局。继续安排和用好30亿元国债资金、带动地方及企业投资约100亿元，加强安全技术改造。推进建立煤矿瓦斯防治工作体系，共已建成79个示范县和630个示范矿井，瓦斯治理工作又上了一个新台阶。2010年，全国煤矿瓦斯事故起数和死亡人数同比分别下降7.6%和17.5%，其中，特别重大瓦斯事故起数和死亡人数同比分别下降50%和70.9%。

第四，严格安全准入，坚决淘汰落后生产能力。各地区、各部门认真贯彻落实煤矿整顿关闭工作部际联席会议第五次会议精神，按照《关于进一步规范煤矿资源整合技改工作的通知》要求，严格安全准入，充分发挥“以奖代补”专项资金政策支持作用，深入开展整顿关闭，严格安全许可管理，推进规范资源整合技改和兼并重组工作。经过共同努力，全年共关闭不具备安全生产条件的小煤矿2045处、淘汰落后产能2亿吨/年。2010年，全国小煤矿发生事故970起、死亡1700人，同比分别下降14.1%和3.2%；小煤矿百万吨死亡率为1.417，同比下降6%。

第五，以班组安全建设为重点，全面强化安全基础管理。大力组织开展争创“三优”(优秀班组、班组长、群监员)活动，加强煤矿班组安全建设。去年12月26日在人民大会堂隆重召开了全国煤矿班组安全建设推进会，王兆国副委员长和张德江副总理亲切接见了受表彰的班组长和群监员代表；张德江副总理发表了重要讲话，在高度评价煤矿班组安全建设工作的同时，提出了“五落实”的要求，强调要通过班组人人平安，实现企业个个安全，为我们下一步的班组安全建设指明了方向。深入开展以岗位达标、专业达标和企业达标为主要内容的安全质量标准化建设；组织召开了煤矿井下辅助运输系统技术装备和应用经验交流会，强力推进煤矿机械化水平的不断提高；继续实施“万名班组长培训工程”，积极开展煤矿安全教育培训等工作。2010年，有6000多处煤矿达到省级以上安全质量标准，其中国家级标准化矿井242处；实现安全生产1000天以上的矿井达787处(其中周期最长的达到8700天)；国有重点煤矿采掘机械化程度达到80%以上；培训“三项岗位人员”86.7万人次、班组长12.6万人，促进了煤矿安全基础管理和从业人员素质的不断提高。

第六，突出预防为主，着力提升煤矿安全保障能力。我们认真贯彻、全面落实中央领导同志有关重要指示批示，召开全国推广井下避险设施现场会，建设完善“六大系统”视频会、推进会和煤矿井下避险设施推广应用国际研讨会，并以贯彻落实国务院《通知》精神为契机，督促地方和企业制定实施规划、明确方向和重点，抓紧建设完善煤矿井下安全避险“六大系统”；修订相关法规规章，发布实施安全生产标准，健全完善煤矿安全法规标准体系，并征集汇编煤矿瓦斯综合治理技术集成体系和瓦斯防治关键技术，开展专家进企业活动。各地区、各部门积极推广先进适用技术，淘汰落后工艺设备，严格落实重大灾害预防技术措施；各煤矿企业积极学习运用《煤矿总工程师技术手册》，制定技术创新制度，建立科技研发机制，加强和改进煤矿安全技术管理。通过一年来方方面面的共同努力，全国煤矿已基本完善了监测监控、压风自救、供水施救和通信联络系统，明显提升了煤矿现代化、信息化和自动化水平。

第七，依法依规查处事故，积极推进煤矿职业安全健康工作。各级煤矿安全监察机构积极指导和参与事故抢险救援工作，同时严格按照“三项基本要求”和“四不放过”原则，与有关方面一起依法依规、严肃查处煤矿事故以及事故背后的腐败问题；严格执行和不断完善事故约谈、通报、督导、公告等“四项制度”和重大事故挂牌督办制度；深刻分析问题，把握事故规律，及时修订和出台煤矿防治水、防治瓦斯突出等规定。

2010年，共查处结案重特大事故19起，处理责任人538人。通过事故查处、严肃问责、强化措施，煤矿安全工作不断得到加强。同时，还积极组织开展了覆盖26个产煤省（区、市）所有煤矿的作业场所粉尘危害防治“专项行动”，下达执法文书10670份，罚款800余万元，煤矿职业危害防治工作进一步加强。

第八，深入开展创先争优活动，努力提高煤矿安全执法水平。按照中央关于开展创先争优活动的总体要求及总局党组的具体部署，着力提高行政执法水平和党风廉政建设，全系统党员干部把创先争优活动与煤矿安全监察监管执法相结合，与党风廉政建设相结合，与班子和队伍建设相结合，深入开展理论学习，立足岗位、争创一流，爱岗敬业、甘于奉献，务实清廉、秉公执法，切实提高监察监管执行力，推动安全发展，促进社会和谐，努力实现煤矿安全生产形势持续稳定好转，切实保障广大人民群众生命财产安全。煤矿安全监察监管战线涌现了丁安、李适等一大批先进典型，成为全系统学习的榜样。

2010年安全生产应急救援主要工作总结

2010年，应急指挥中心在总局党组的正确领导下，以《国务院关于进一步加强企业安全生产工作的通知》(以下简称《国务院通知》)精神为准则，围绕继续深入开展"安全生产年"活动的总体工作部署，在深化安全生产"三项行动"和"三项建设"中，大力推进安全生产应急管理工作，取得了明显成效。

一、安全生产应急救援体系建设有重大突破。

1.贯彻落实《国务院通知》精神，认真制定、大力宣贯进一步加强安全生产应急救援体系建设的实施意见。《国务院通知》下发后，应急指挥中心按照总局党组的要求，认真反复地组织学习、讨论，并结合实际，研究提出了《国务院安委办关于贯彻落实国务院〈通知〉精神 进一步加强安全生产应急救援体系建设的实施意见》(以下简称《实施意见》)。《实施意见》经总局批准下发后，我们立即组织召开了《实施意见》宣贯视频会议，总局分管领导到会讲话，对贯彻落实工作提出明确要求。同时在《中国安全生产报》和总局政府网站对《实施意见》进行解读和宣传，在全国安全生产应急管理基础工作座谈会上进一步宣贯，有力地推动了《实施意见》的落实。

2.国家矿山应急救援队建设取得突破性进展。在党中央、国务院和总局党组的高度重视下，在国家有关部门的大力支持下，国务院决定依托大型企业抓紧建设国家矿山应急救援队后，我们在总局党组领导下会同有关部门抓紧工作，取得重要进展。一是立项工作快速推进。应急指挥中心会同总局规划司积极与国家发展改革委深入交流沟通，按要求提交了《国家矿山应急救援队可行性研究报告（代初步设计)》和其他相关材料，有关部门和单位正在加紧推进立项工作。二是示范工作已经启动，总局和河北省政府联合在唐山召开了现场办公会，确定了相关事项。三是国家(区域)矿山应急救援队建设项目已召开项目初步设计投标、评标会议，开始项目初步设计。四是已制定《国家矿山应急救援队建设总体方案》及建设标准，起草了《国家(区域)矿山应急救援队管理办法》等规范性文件。

3.国家(区域)危险化学品和油气田应急救援队伍建设前期工作有新进展。会同总局办公厅（财务司)、监管一司积极争取财政部支持，共同组织编制了《加强高危行业中央企业应急救援能力建设方案》。目前，《建设方案》正在报请财政部主要领导审批。

4.相关重点项目的建设进度加快。在规划科技司的协调推动下，发展改革委批复了应急指挥中心应急平台、应急指挥中心装备配备、国家陆地搜寻与救护平顶山基地等3个建设项目，批准建设投资分别为4900万元、1200万元和3741万元。总局和应急指挥中心都成立了项目建设领导小组和工作组，制定了一系列规章制度。目前，上述3个项目和矿山中心应急救援装备配备的第一次公开招标、评标工作已经完成，正在组织落实项目合同实施和部分设备招标后废标的第二次招标工作。按国务院应急办要求，建设了应急指挥中心应急信息报送系统，与国务院应急平台实现互联互通。

5.安全生产应急管理"十二五"规划编制工作进展顺利。根据总局"十二五"规划编制工作的总体部署和要求，研究制定了《安全生产应急管理"十二五"规划编制工作方案》，组织开展了重大课题研究和应急管理规划编制工作，起草完成了《提升安全生产事故应急管理能力总体报告(草案)》等课题研究报告。同时，督促指导各地对"十一五"期间应急体系建设情况进行总结评估，认真编制好应急管理“十二五”规划，并纳入本地区经济社会发展规划之中。

二、事故预防和救援工作取得明显成效。

1.加强预防性检查和重大危险源监管。印发指导意见，召开工作座谈会，推动矿山、危险化学品应急救援队伍开展预防性安全检查工作。2010年前三季度，全国矿山救护队组织进行预防性安全检查40482队次，264247人次，查处各类安全生产隐患111443项。先后2次通报施救不当导致伤亡扩大的事故，指导各地严防类似事故发生。督促推动各地区及有关中央企业加强重大危险源监管。积极配合做好世博会、广东亚运会安保工作和重点时段的安全生产领域反恐工作。

2.加强应急值守，做好事故防范和救援的指导工作。向国务院应急办报送了《2009年安全生产事故灾难应对工作总结评估报告》和《全国安全生产应急管理工作情况统计分析(2009年度)》。针对强降雪、强降温、大雾、“凡亚比”及“鲇鱼”超强台风等恶劣天气和汛期地质灾害，共发布了30份预警通知（其中4份红色预警）、11份明电和3份通知，指导有关地区和企业防范自然灾害可能导致的安全事故。对156起事故进行了跟踪了解，起草了47期《事故跟踪与救援工作简报》，并向总局值班室报送了33份事故跟踪情况签报。

3.应急救援取得显著成效。2010年前三季度，全国矿山救护队参加事故处理1186起，救出遇险矿工3745人，其中2625人抢救生还。截至2010年12月9日，应急指挥中心应急值班室共接处834起事故信息，10601人遇险，5536人经抢救生还；应急指挥中心共派出107人次参加了59起事故救援指导工作，指导救援队伍抢救遇险人员3388人，有2352人经抢救生还。山西王家岭煤矿“3·28”透水事故抢险救援中，在党中央、国务院的坚强领导下，总局骆琳局长亲自率队现场组织指挥，经过6000名救援指战员8昼夜的连续奋战，救出115名被困矿工；应急指挥中心派员深入现场共28天，协助指导将水排干、泥挖净，查清事故直接原因，作出了全面总结。四川八田煤矿“11·21”透水事故抢险救援中，应急指挥中心连夜赶赴现场、深入井下指导救援，当地政府快速调集救援力量，仅用10个小时将排水设备及时调运到位并快速安装出水，历时25小时，29名被困职工全部获救生还。

4.在青海玉树地震抗震救灾中发挥了重要作用。青海玉树“4·14”地震发生后，总局立即成立安全生产应急救援抗震救灾指挥部。按照总局安排，应急指挥中心积极协调总参作战部组织空运，派出4人工作组并调集512名救援队员赶赴灾区，成为第一支进入灾区的专业救援队伍，共救出46名幸存者，转运伤员241人。安全监管监察系统共有3人荣获“全国抗震救灾英雄模范”称号。

5.进一步健全安全生产应急救援综合管理职能。组织开展了2009年安全生产领域防灾减灾分析评估、2009年度及2010年各季度全国安全生产应急管理工作情况统计分析和2009年全国矿山救援工作统计分析。组织研究国内外应急救援案例分析，认真总结智利铜矿救援成功经验，指导我国应急救援体系建设。

三、应急救援装备和技术水平不断提升。

1.引导和推动各地区、各有关部门尤其是企业加大应急投入。督促指导各地区、各有关部门和单位认真贯彻落实《国务院通知》、国务院《关于全面加强应急管理工作的意见》和国务院办公厅《关于加强企业应急管理工作的意见》精神，按照国家有关法律法规要求，加大应急投入。重庆市2010年投入8500万元建成了市安全生产应急救援指挥中心大楼。市投入1.2亿元专项资金，区县配套1.2亿元资金，建设18个区县安全生产应急指挥中心。江苏省2010年投入7800万元专项资金建设省安全生产指挥中心和应急平台。中石油投资10多亿元，集中采购510辆救援车辆；中石化投入5亿多元先后建设了西部和川东地区应急救援中心；中海油投资5亿多元，在沿海建立了绥中、塘沽、龙口、惠州、深圳、珠海等7个溢油应急救援基地；国投集团投资1个多亿建立了新集救援基地；神华集团投巨资加强应急救援体系特别是加强了新兼并重组企业的救援能力建设。

2.大力推进应急救援装备水平的提高。完善了《安全生产应急救援科技成果汇编》,会同有关司局和单位研究提出了煤矿井下侦察机器人的功能定位、技术指标、检测检验等标准初稿,为厂家研发和安标审查提供了依据。会同总局财务司修订了安全生产应急救援专用设备优惠目录,淘汰3种落后设备,增加13种先进适用设备,使应急救援类设备由2008年版的8种增至18种。

3.认真组织了第八届全国矿山救援技术竞赛活动。这次竞赛共有来自全国26个省(区、市)和新疆生产建设兵团的32支矿山救援队伍、288名队员参加,近1000名代表参加并观摩了竞赛。无论竞赛项目还是竞赛水平都实现了新的突破，尤其是历时一年的训练选拔，全国矿山救护队都掀起了钻研业务、大练兵、大比武的热潮,救护队员的技战术素养、技术能力,队伍装备水平都得到了很大的提高,有力推动了应急救援队伍建设。

4.我们组织有关专业人员和山东淄博矿业集团救护大队、山西焦煤集团汾西矿山救护大队认真钻研、刻苦训练,我们特别强调要学习国际竞赛经验,学习实战能力,在第七届国际矿山救援技术竞赛中,展示中国矿山救援队伍精神面貌和顽强作风，最终取得竞赛团体总分第一名和理论竞赛第一名的好成绩。

5.认真做好第五届国际矿山救援大会暨第三届中国国际安全生产论坛及展览会的筹备工作。编制完成了筹备方案，征求了国际矿山救援组织秘书长意见,通过了局长办公会审议,赴开滦实地考察落实大会参观地点及活动安排。

四、安全生产应急宣教培训工作得到加强。

1.组织了首届全国安全生产应急救援技能大赛和全国安全生产应急知识竞赛活动。救援技能大赛以挖掘机安全操作和挖掘机应急作业为主要竞赛内容,32个省级单位共3000多人报名参赛,经过初赛、晋级赛和决赛，共历时3个月。中央电视台“状元360”栏目对竞赛全程录制并在央视一套播出,达到了增强应急意识,宣传应急管理,推动应急工作的目的。知识竞赛以“树立安全意识,提高应急能力”为主题,各地安全监管监察部门、工会组织全面动员,31个省(区、市)共2万多家工矿商贸单位参加,认真组织员工学习参赛,反馈答题卡680万份,竞赛规模和影响都大大超过了历年。达到了普及应急知识、增强应急意识、提高应急能力的目的。

2.加强了应急培训工作。组织了4期安全生产应急管理人员培训班,共培训392人。组织了4期矿山救护大中队指挥员培训班和10期复训班，共培训1563人。组织编写了4本培训教材,制作预案管理视频教程供公众免费学习。积极组织应急管理人员和救护队指战员出国培训和考察，协助举办国际应急管理论坛,交流了经验,开阔了眼界。

3.强化了日常应急宣教工作。编制34期《安全生产应急管理动态》,编写了2007年和2008年的《中国灾害大事记——事故灾难篇》。充分利用政府网站、报纸、杂志等新闻媒介,积极宣传安全生产应急管理重大政策、重要活动和典型事故救援。

五、安全生产应急管理“一案三制”建设进一步深化。

1.认真总结和大力推广广东等地先进经验。在总局党组的高度重视和广东省委、省政府的大力支持下,广东试点工作取得了重要进展,尤其是在落实应急管理综合监管职能、落实应急管理机构、人员、经费、建立健全应急专业队伍和社会队伍、建立完善互联互通的安全生产应急管理系统网络和抓基层打基础等方面取得了成功的经验和有效做法。为推广广东经验,4月1日至2日在中石化广东分公司组织召开了广东安全生产应急管理综合试点现场会暨全国安全生产应急管理工作会议。骆琳局长在会议上发表了重要书面讲话，王德学副局长在会议上发表了讲话并对会议进行了总结。特别是骆琳局长的重要书面讲话，极大地鼓舞了大家进一步做好全国安全生产应急管理工作的热情和斗志，增强了大家的责任感、使命感和紧迫感,使大家进一步明确了工作任务,对全面推动安全生产应急管理工作上台阶、上水平具有重要意义。会后,应急指挥中心组织《中国安全生产报》等媒体开展了推广广东等地经验的专题宣传，督促指导各地区、各有关部门和单位认真学习借鉴。

2.安全生产应急管理机构建设进一步推进。组织召开了机构建设区域座谈会，并通过全国市(地)领导干部安全生产专题研究班、全国安全生产应急管理基础工作座谈会上的领导讲话，督促指导加快市级安全生产应急机构建设步伐。截至2010年11月底，全国省级安全生产应急机构已全部成立。市级机构已成立215个，占333个市级单位的64.6%。县级机构成立434个，占2859个县级单位的15.2%。纳入统计的54家中央企业全部设立安全生产应急管理机构。

3.安全生产应急联动机制在应急救援中发挥了重要作用。总局进一步完善了与气象、海洋和地震等部门的应急机制，深化了与环境保护部应急联动机制建设。加强了同总参作战部的联系与沟通，进一步深化了与总参、武警的应急合作，这一应急联动机制在华晋焦煤王家岭“3·28”特别重大事故、内蒙古骆驼山“3·1”特别重大事故和青海玉树“4·14”地震灾害等事故灾害抢险救援中发挥了很好的作用。

4.安全生产预案管理工作进一步加强。修改完善了《国家生产安全事故灾难应急预案》中的部门职责和协调机制。在重庆、河南、湖北开展地方政府部门预案管理工作试点。推动煤矿企业应急预案编制和修订工作进一步深化，会同中国石油天然气集团公司进行危险化学品企业应急预案管理试点，指导中国施工企业管理协会开展施工企业应急预案管理试点。目前122家中央企业全部修订了安全生产预案。联合海洋局和中海油等单位筹备了海上石油天然气开采重大事故应急演练。全国范围内开展了“应急预案演练周”活动。

5.安全生产应急管理法制建设进一步加强。在政法司的大力支持下，与国务院法制办工交司就《生产安全事故应急条例(草案)》完善工作进行座谈和补充说明，为推动尽快讨论公布打了基础。进一步对《重大危险源监督管理规定》等规章草案进行了修改完善。完成了安全生产应急管理相关的法规和规范性文件清理工作。对近40件文件提出反馈意见，尽力将安全生产应急管理工作纳入相关规范性文件内容一并部署安排。

六、安全生产应急基层基础建设扎实推进。

1.事故接报和应急响应工作进一步完善。各级安全生产应急机构进一步完善事故(灾害)信息接报和应急响应制度，力求接报及时、反应灵敏。推动各企业之间建立应急联动机制，加强中央企业二级单位与地方安全生产应急管理部门联动机制建设。据不完全统计，2010年1~11月，省级安全监管监察部门共发307份预警通知、311份明电，中央企业共发277份预警通知、146份明电。

2.信息统计和综合分析工作进一步加强。建立健全了信息统计分析制度，安排专人负责应急管理信息统计工作，建立健全了应急信息报送渠道。各地区、各有关部门和单位落实了专人负责，每季度及时上报应急信息情况，我们及时进行了整理分析，为加强和改进工作提供了依据。

3.救护队达标和资质认定工作扎实推进。组织开展了全国矿山救护队质量标准化达标验收活动，加强矿山救护队的学习交流，提高了应急救援能力。严格依法审查救护队资质认定、延期、变更材料，并对部分救护队进行了现场核查，目前全国共有35支一级资质矿山救护队、70支二级资质矿山救护队，还有8支二级队伍正在审批中。指导有关地方做好三、四级矿山救护队资质认定管理工作。

4.应急资源数据库建设工作稳步推进。建立了应急救援专家库。截至2010年11月，国家安全生产应急救援专家组共149人，分为综合、煤矿、非煤矿山、石油开采、危化、冶金、通信7个组，另有27名医疗专家。17个省(区、市)明确组建了安全生产应急救援专家组，专家总人数超过1400人。进一步完善了数据库管理系统的功能，将中央企业应急预案、矿山救护队伍、危险化学品应急救援队伍和应急专家等信息整理入库，组织编制了相关数据库设计方案，制定了《安全生产应急预案与应急资源数据库建设工作标准(讨论稿)》，指导各级安全监管部门建立相关信息数据库。

目前,各省级安全监管部门均已开展应急资源数据库建设,其中山西等17个省(区、市)和新疆生产建设兵团已制定数据库建设方案或工作方案。

5.基层建设工作取得新进展。督促各地区进一步加强应急管理基层工作,要求应急体系建设向乡镇、社区、街道等基层组织延伸。各地区安全监管监察部门积极工作,有力加强了基层应急管理工作。目前,广东94%的县(市、区)成立了安全生产应急管理机构,有的县已将应急管理机构延伸到了基层街道、乡镇。重庆市全部区县和所有乡镇、街道、社区、有关企业建立了应急管理基层组织,村居落实了应急管理专兼职人员。

七、中心自身队伍建设得到进一步加强。

1.组织学习了党的十七届四中、五中全会、中央经济工作会议、中纪委十七届五次全会和"两会"精神,保持思想与中央的高度一致。按照总局党组和直属机关党委要求深入开展了"创先争优"活动,应急指挥中心结合实际还开展了办公桌设立党员示范岗牌、公务活动佩戴党徽等"亮牌示范"特色活动,有力地推动了争当模范氛围的形成。如刘超同志在青海玉树抗震救灾中表现突出,荣获了"全国抗震救灾英雄模范"称号。

2.学习贯彻《中国共产党党员领导干部廉洁从政若干准则》,举行违纪违法案例剖析会、读书活动、廉政隐患"一查两找"活动、专题组织生活会和主题党日活动等5项活动,进一步推进党风廉政建设。组织召开民主生活会,积极开展批评与自我批评,进一步加强了思想作风建设和党内团结。

3.制定完善了应急指挥中心日常工作制度。针对安全生产应急救援重点建设项目规模大、要求高的实际,制定并认真落实了建设项目管理办法、建设项目法人责任制度、招投标管理制度、项目监理制度、建设项目竣工验收制度、合同管理办法等6项制度,用制度管人,用制度管事,保证建设工程规范进行。围绕总局目标责任制,分解责任,狠抓落实,建立了月小结、周协调的工作制度,每周一召开中心部门领导碰头会,汇报交流,督促落实,每月召开中心主任办公会总结部署工作,确保总局的工作部署在应急指挥中心落到实处。印发了36期《应急指挥中心每周督办信息》和12期《督办要情》,督促各项工作按期进行。严格遵守保密纪律,进一步加强涉密管理。

总结一年来的工作,我们深切体会到,2010年安全生产应急管理工作之所以取得了明显成效,最根本的一条就是党中央、国务院高度重视坚强领导和总局党组高度重视大力推动的结果。同时,我们清醒地认识到,由于一些地方、部门、单位认识不高,重视不够等因素,安全生产应急管理仍存在一些问题。主要表现在:应急投入不足,应急救援队伍装备水平低、信息化程度低,应急救援能力不强,应急救援政策法规滞后等等,如由于缺乏高度机动、高可靠、大功率的应急救援装备,在内蒙古骆驼山"3·1"特别重大事故救援中,虽然集中了13台(套)国内最先进的钻机和7套大型水泵,但71天后才将144万立方水排出,才将遇难矿工搜寻到。再如由于救援能力不强,因施救不当导致伤亡扩大的事故时有发生。2010年,因盲目施救造成死亡人员增加的较大以上事故37起,当初只有59人被困,因施救不当结果造成153人死亡。这些问题我们将在今后的工作中努力加以解决。

国家安全监管总局2011年工作要点

2011年全国安全生产工作的总体要求是：全面贯彻党的十七届五中全会、中央经济工作会议和全国安全生产电视电话会议精神，紧紧围绕科学发展这个主题和加快转变经济发展方式这条主线，深入贯彻落实科学发展观，坚持“安全第一、预防为主、综合治理”的方针，牢固树立以人为本、安全发展的理念，以深入贯彻落实《国务院关于进一步加强企业安全生产工作的通知》(国发〔2010〕23号，以下简称《通知》)为核心，以强化企业安全生产主体责任为重点，继续深入开展“安全生产年”活动，加强基础建设，加强责任落实，加强依法监督，以“三深化”和“三推进”为重要抓手，全面深化安全生产“三项行动”和“三项建设”，继续降低事故总量，有效防范和坚决遏制重特大事故，促进安全生产形势的进一步稳定好转，确保实现“十二五”时期安全生产工作的良好开局。

一、以深入贯彻执行国务院《通知》和各地实施意见为有效抓手，深化企业主体责任落实

(一)深入宣传贯彻《通知》精神。各级安全监管部门会同有关方面组织宣讲团，深入基层、深入企业，结合《通知》下发以来贯彻实施过程中出现的实际问题进行宣讲，解疑释惑、破解难题，推动《通知》各项政策规定的全面贯彻执行。

(二)切实加强对企业的监管和指导。认真落实《通知》关于地方政府安全生产责任的规定，落实安全监管部门和相关部门的职责，切实加强对各类企业安全生产的监管和指导。督促各地对照《通知》规定，对企业安全发展规划、安全生产责任制、安全投入和隐患治理、领导人员现场带班、班组安全建设、应急救援队伍建设等进行全面检查，指导督促企业严格履行安全生产主体责任，建立完善“责任落实、基础扎实、投入到位、管理规范”的企业安全保障体系，着力提高企业本质安全水平和事故防范能力。

(三)严肃事故查处和责任追究。认真执行事故查处挂牌督办制度，落实督办责任，提高督办效率。对瞒报、谎报、迟报事故以及事故后逃逸等行为，要依法从重从快查处。对一周内发生三次较大以上事故的省份要发出警示通报，发生重大以上事故的要采取约谈、通报和召开现场会等，加大警示问责和督导整改力度。所有较大以上事故查处结果都要向社会公告，接受人民群众监督。在事故查处过程中，更加注重分析事故发生的深层次问题和原因，提高事故调查工作的质量和调查报告的说服力；更加注重各部门的协调配合，提高事故调查和结案效率；更加注重总结各类事故中的共性和规律性的问题，亡羊补牢、举一反三，有效避免同类事故的重复发生；更加注重查处重特大责任事故涉及的失职渎职和腐败行为，有力推动安全责任落实。

(四)建立完善宣传教育培训体系。坚持宣教培训工作面向基层、贴近实际，力求题材多样，着力提高从业人员安全素质和社会公众自救互救能力。继续实施“三项岗位”人员和企业全员培训工程。

(五)组织开展全国“安全生产月”和“安全生产万里行”活动。会同相关部门，以“安全责任、重在落实”为主题，组织开展第10个全国“安全生产月”系列宣传教育活动和“安全生产万里行”集中报道活动。

(六)加强安全文化建设。积极开展安全文化示范企业、安全诚信企业、安全社区、安全保障型城市、安全文化教育基地等创建工作。扶持发展安全文化产业，繁荣安全文化市场。

二、以“打非治违”为有效手段，深化依法监管监察

（七）进一步巩固和扩大“打非”专项行动成果。继续保持高压态势，依法严厉打击无证无照进行生产经营和建设、不具备安全生产条件擅自生产、关闭取缔后擅自恢复生产等非法违法行为，严肃纠正“三超”（工业企业超能力、超强度、超定员组织生产，交通运输企业超载、超限、超负荷运行）等违规违章现象，要按照张德江副总理提出的“四个一律”的要求，严惩非法违法行为，敢于碰硬，绝不手软。强化地方政府特别是县、乡政府的“打非”责任，发现一起严肃查处并公告一起。对因非法违法生产、经营和建设而导致事故的要加大处罚力度，构成犯罪的要依法追究刑事责任。严厉打击非法违法行为背后的“保护伞”、“黑势力”。

（八）加强和改进安全生产行政执法工作。严格安全准入，严格执行安全设施“三同时”规定。进一步加强安全监管监察机构与相关部门之间的协调配合，建立和完善联合执法机制。强化执法责任、完善执法手段、落实执法措施，认真研究解决安全监管监察执法中出现的新情况新问题，有效应对安全生产执法环境的深刻变化和严峻挑战，进一步提高行政执法的针对性和实效性，推进安全生产行政执法工作。

（九）重点打击煤矿资源整合、兼并重组等过程中的违法违规行为。加强煤矿安全监察监管执法工作。严厉打击和认真治理资源整合、企业兼并重组过程中的非法违法与违规违章行为，督促指导地方明确兼并重组产权主体转移过程中的安全责任，严格按照规划和方案组织实施，确保安全责任主体不缺位，坚决杜绝一些整合技改煤矿假整合真生产、边技改边生产现象。

（十）加强城市规划建设过程中的安全监管。认真治理城市规划和建设过程中的违规违章现象，严防违章开挖、野蛮施工等导致管网泄漏燃烧等事故发生；严厉打击工程招投标、转包、分包等过程中的违法行为，认真治理城市轨道交通、高速铁路、高速公路等建设与运行中的违规违章现象。

三、以治理隐患、解决突出问题为着力点，深化重点行业领域的安全专项整治

（十一）深化煤矿安全整治。认真落实全国煤矿瓦斯防治工作会议精神，强力推进瓦斯先抽后采和综合治理。切实抓好煤矿水、火、煤尘、顶板等灾害的防治，提升煤矿防范抵御重特大事故灾害的能力。

（十二）深化非煤矿山和尾矿库安全整治。组织开展地下矿山局部通讯系统和防治水、露天矿山采场和排土场边坡专项整治强制淘汰非煤矿山落后技术、工艺和设备。2011年要再关闭整合一批不具备安全生产条件的小型非煤矿山，再治理1000余座危、险、病尾矿库。

（十三）深化危险化学品和烟花爆竹安全整治。所有安全防护距离不够的化工企业都要制定搬迁或关停计划并抓紧落实，继续健全完善苏浙沪、环渤海地区危化品道路运输安全区域联合监控机制；烟花爆竹要加快推行工厂化、标准化和机械化生产。

（十四）继续深入开展道路交通安全整治。道路交通要继续落实“五整顿”、“三加强”，尤其要认真整顿交通运输企业，健全和落实运输安全责任制，同时加大道路交通安全整治力度，深化平安畅通县区创建、交通秩序示范公路创建、道路客运交通安全整治等活动。

（十五）深入开展其他重点行业（领域）的安全整治。冶金企业要继续加强煤气安全管理，开展高温液体安全隐患治理。针对存在的隐患和突出问题，继续深入开展建筑施工、铁路交通、水上交通、渔业船舶、农业机械、消防等行业（领域）的安全专项整治。

（十六）做好职业卫生安全监管工作。各级安全监管部门要进一步加强与卫生、社保、工会等部门的协调配合，认真贯彻执行《国家职业病防治规划》，切实履行调整后的职业卫生监管职责，建立监管队伍，做好职业卫生“三同时”监管、职业健康监护监管、职业卫生安全许可、职业健康培训和监督检查等工作，推进重点行业领域职业危害治理。

四、以先进适用科研成果的推广应用为有效途

径，大力推进安全生产科技进步

（十七）积极推广应用安全生产新技术、新装备。在矿山企业强制推行井下安全避险“六大系统”，在非煤矿山推行机械通风、中深孔爆破、高陡边坡安全监测、油气长输管道泄漏检测等技术和装备。在冶金机械制造企业推广行车定位、起重机吊钩上下限位、压力机滑块防坠落装置。在道路运输领域推广卫星定位动态监控和联网联控，所有运输危险化学品、烟花爆竹、民用爆炸物品的道路专用车辆，旅游包车和三类以上的班线客车都要安装使用具有行驶记录功能的卫星定位装置。渔船要推广安装防撞自动识别系统。在三等以上尾矿库安装在线监控系统。大型起重机械要安装安全监控管理系统等。

（十八）加强安全科技基础研究和技术开发。继续开展煤矿瓦斯机理研究，抓紧化学工业园区安全生产管控一体化、烟花爆竹自动化制装药、粉尘与高毒物品职业危害预防与控制、事故快速抢险及应急处置等关键技术与装备的研发。

（十九）建立和完善安全科技支撑体系。加快建立完善与工业化、信息化发展要求相适应的安全科技支撑体系，充分发挥科研机构的科技创新作用，把安全生产建立在依靠科技进步的可靠基础上。完善和规范对安全生产专业服务机构的监管办法，充分发挥其作用。

五、以广泛开展安全生产标准化创建活动为有效载体，全面推进企业安全达标

（二十）全面开展安全生产标准化创建活动。在全国工矿商贸和交通运输企业普遍开展以“企业达标升级”为主要内容的安全生产标准化创建活动。认真贯彻张德江副总理在全国煤矿班组安全建设推进会上的重要讲话精神，把班组建设作为安全管理的关键环节，从班组和岗位安全生产标准化这个基点抓起，推动专业达标和企业达标，把企业安全生产纳入制度化、规范化轨道，夯实筑牢企业安全生产根基。高危行业的危险化学品企业必须在2012年底前、煤矿等其他高危行业的企业必须在2011年底前达到三级以上安全生产标准化水平，重点企业要达到一级标准。冶金、机械等其他行业的企业必须制定达标规划，确保三年内全部达标，逾期不达标的要依法停产整顿直至依法关闭。各级安全监管部门和有关部门要加强对这项工作的综合监管、监督管理、统计分析和行业指导。

（二十一）做好相关配套工作，扎实推动达标创建活动。加快标准制修订工作，健全完善行业安全生产标准体系；分行业制定达标规划，实施分类指导、分步实施；注意抓典型，先在本行业（领域）选树若干个达标示范企业，发挥典型的引路作用，逐步扩大覆盖面；把达标创建活动与企业安全生产各项基础性工作有机结合起来，与加强企业安全生产诚信建设结合起来，逐步建立完善自我约束、持续改进、不断加强的企业安全生产长效机制，在提高企业安全保障能力上见到实效。

六、以建立健全安全生产法制体制机制为关键环节，推进长效机制建设

（二十二）组织制定好安全生产“十二五”规划。抓紧征求意见、修改完善《安全生产“十二五”规划》，争取尽快送审发布实施。同时做好煤矿、非煤矿山、科技、信息化、危险化学品、应急救援、培训等7个专项规划，制定实施安全监管部门和煤矿安全监察机构能力建设规划。各地都要认真做好地方安全生产“十二五”规划工作，确保将安全生产纳入地方经济社会发展总体布局，统筹规划好安全生产“六大体系”、“六个能力”建设，相关重点工程要纳入地方政府投资规划，切实做到安全生产与经济社会同步规划、同步部署、同步推进。

（二十三）继续做好安全生产立法工作。继续大力推动安全生产有关法律、法规的制修订，加快安全生产标准制修订工作，支持和促进地方立法，建立完善“规范完备、门类齐全、针对性强”的安全生产法律法规和政策标准体系。

（二十四）坚持和完善安全生产各项政策措施。认真落实高危行业安全生产费用提取和使用、安全风险抵押、责任保险等制度，从规定之日起各地必须严格执行新的工亡职工赔偿标准。研究扩大安全

生产专用设备所得税优惠范围，为矿山井下安全避险“六大系统”建设、道路交通动态监控等争取税收优惠。

（二十五）进一步完善安全生产工作体制。按照“分级负责、属地监管”和“国家监察、地方监管、企业负责”的原则，进一步完善安全生产监管和煤矿安全生产工作体制机制。

（二十六）认真落实各部门安全生产工作职责。落实好国务院《通知》明确的安全监管部门的综合监管职责，公安、交通、国土资源、建设、工商、质检等部门的安全生产监督管理职责，以及工业主管部门的安全生产指导职责，进一步形成齐抓共管的工作合力。

（二十七）进一步加强基层安全监管队伍建设。继续推动建立基层安全生产执法队伍，推广乡镇街道建立安监站（所）、实行委托执法的经验。建立完善“覆盖全面、监管到位、监督有力”的政府监管和社会监督体系，着力提高监察执法和群防群治能力。

七、以先期建设的国家矿山应急救援队为契机，加快建设高效实用的应急救援体系

（二十八）建立和完善应急救援体系。本着统筹规划、分步实施和政企结合、条块结合的原则，抓紧建立完善“反应迅速、机动灵活、处置高效”的应急救援体系，着力提高事故救援和应急处置能力。

（二十九）抓好国家矿山应急救援队、区域应急救援队和专业应急救援队建设。重点抓好先期建设的河北开滦、山西大同、黑龙江鹤岗、安徽淮南、河南平顶山、四川芙蓉、甘肃靖远等7个国家矿山应急救援队建设。依托大型企业，通过中央财政支持和政策扶持，建设国家（区域）矿山、危险化学品、油气田应急救援队。大力支持公安消防、公路交通、铁路运输、水上搜救、船舶溢油、民用航空、电力等行业（领域）专业应急救援体系建设。

（三十）做好应急管理工作。加强对应急能力建设专项资金的监督管理，确保专款专用。加强政府和企业安全生产应急管理体制建设，建立健全企业和政府对事故灾难的预防预警和应急处置机制。规范和加强重大危险源监管监控工作，加强应急平台和应急资源数据库建设，加强预案管理，搞好应急演练。

八、以深入开展创先争优活动为载体，继续加强安监队伍建设，不断提升科学监管能力

（三十一）继续开展创先争优活动。在全系统继续深入开展以创建“五型机关”和“争做安全发展忠诚卫士，创建为民务实清廉安监机构”为载体的创先争优活动，通过表彰先进、选树榜样、多方激励等方法途径，尤其要充分发挥各级领导干部的带头表率作用，把创先争优活动引向深入。今年下半年要启动五年一届的全国安全监管监察系统先进集体和先进工作者评选表彰工作，明年工作会召开之时与人力资源和社会保障部联合实施表彰。

（三十二）进一步加强安监队伍的思想政治建设、作风建设和业务能力建设。加强理论学习，用中国特色社会主义理论和科学发展观武装头脑，深刻领会党中央、国务院对安全生产工作的决策部署和重要指示精神，自觉从全局和战略高度来思考谋划安全生产工作，积极破解安全发展难题，更好地服从服务于推动科学发展、加快经济发展方式转变这一全党全国工作的大局。进一步强化宗旨意识、政治意识、责任意识和忧患意识，大力发扬求真务实、真抓实干精神，倡导摸实情、说实话、出实招、干实事、求实效，力戒浅薄浮躁、形式主义。进一步加强业务学习，继续运用外送委培、短期轮训、视频讲座等多种方式进行监管监察业务培训，大力提升业务素质和履行职责的能力，熟悉掌握安全生产方针政策、法律法规、标准规范和监管监察执法程序等知识，加快培养更多的安全生产行家里手。

（三十三）认真抓好党风廉政建设和反腐败斗争。认真贯彻落实中央纪委六次全会精神，切实把以人为本、执政为民的理念贯彻落实到党风廉政建设和反腐败斗争之中。进一步健全完善惩防腐败体系，严格落实党风廉政建设责任制，认真执行《中国共产党党员领导干部廉洁从政若干准则》，切实加强制度约束。积极推进安全生产政务公开，提高行政审批、行政执法、中介机构监管等工作的透明度，着力解决安全生产领域人民群众反映强烈的突出问题。继续

搞好反腐倡廉“警示教育周”活动，加大监督工作力度，加快建立反腐倡廉长效机制。

（三十四）关心爱护安全监管监察干部。把严格要求与关心爱护更好地统一起来，尽力解决好安全监管监察人员在工作和生活中遇到的实际问题，全面做好离退休干部工作，进一步增强安全监管监察队伍的凝聚力、战斗力和创造力，切实履行职责使命，自觉为党分忧、为国尽责、为民奉献。

九、统筹做好其他各项工作

（三十五）继续扩大对外开放和国际合作。办好第五届国际矿山救援大会暨第三届国际应急管理论坛及展览会；组织好国际矿山安全论坛。加强与相关国际组织、外国政府和民间机构等的交流与合作，积极引进借鉴国外安全生产先进技术和安全管理经验，组织成果交流、推广和应用。

（三十六）充分发挥中介机构、社团组织的作用。充分发挥安全生产评价、检测检验等中介机构，以及中国安全生产协会、中国职业安全健康协会以及其他有关协会、学会等社团组织在行业指导、咨询服务等方面的作用。

（三十七）加强事业单位的建设和管理。搞好直属事业单位的改革发展和资源整合工作，充分发挥其对安全生产的支撑服务功能。继续做好信息工作、后勤服务工作。

2011年煤矿安全工作要点

2011年煤矿安全工作的总体思路是：认真贯彻落实党的十七届五中全会和中央经济工作会议精神，深入贯彻落实科学发展观，坚持“安全第一，预防为主，综合治理”的方针，牢固树立以人为本、执政为民、安全发展的理念，以深入贯彻落实《国务院关于进一步加强企业安全生产工作的通知》(以下简称国务院《通知》)精神为核心，以强化企业安全生产主体责任为重点，继续深入开展“安全生产年”活动，进一步加强煤矿安全基础建设，加强安全监察监管，不断深化安全生产“三项行动”、“三项建设”，着力降低事故总量，有效防范和坚决遏制重特大事故，努力开创“十二五”煤矿安全生产工作新局面。

根据上述总体思路，要突出抓好以下8个方面、33项重点工作：

一、深入贯彻执行国务院《通知》要求，进一步推动企业落实主体责任

紧紧抓住机遇、深入贯彻落实国务院《通知》精神，扎实有效推动各项工作。

1. 加大宣传贯彻力度。健全完善一整套机制和制度，通过继续深化“安全生产年”活动，深入持久地开展学习宣传，领会好、执行好国务院《通知》精神。

2. 加大执行落实力度。督促各地制定出台贯彻落实的实施办法和配套措施，强力推动企业安全生产主体责任落实到位，规范煤矿安全生产行为。切实加强煤矿领导现场带班、隐患治理和事故查处挂牌督办等重要制度的落实。

3. 加大监督检查力度。定期组织专项调研督导活动，通过督促检查煤矿企业落实国务院《通知》精神的具体做法、了解各地贯彻落实进展情况，并针对存在的问题，提出改进和加强的意见建议，务必把国务院《通知》的每一条要求都落实到位，进一步推动煤矿企业落实安全生产主体责任。

二、强化安全监察监管，进一步推进“打非治违”行动深入开展

紧紧围绕落实国务院《通知》精神及有关要求，进一步加大执法力度，扎实推进“打非治违”。

4. 明确“打非”重点。以非法违法生产经营建设行为和事故多发地区、新建技改、整合重组煤矿为重点，抓住关键，实施准确打击、重点打击、有效打击，该停产整顿的要坚决停产整顿，该取缔的要坚决取缔，该关闭的要坚决关闭。

5. 强化“打非”责任。推进地方加强对安全生产执法工作的组织领导，完善联合执法机制，依法严厉打击非法违法生产经营建设行为；对“打非”工作不力、未能取得实质性进展，特别是包庇纵容非法违法行为、因非法违法导致事故发生的有关责任人，要严肃追究责任。

6. 规范企业行为。督促企业健全完善安全生产规章制度，加强煤矿生产过程安全管理，严肃处理违章指挥、违章作业、违反劳动纪律的行为。

7. 加大执法力度。依法严厉打击煤矿无证无照生产、不具备安全条件擅自生产、关闭取缔后“死灰复燃”以及未批先建、批小建大等非法违法行为，严肃查处煤矿超能力、超强度、超定员组织生产等违规违章现象。

三、强力推进先抽后采、综合治理的根本措施，进一步深化煤矿瓦斯防治工作

全面贯彻落实全国煤矿瓦斯防治工作电视电话会议精神，按照张德江副总理重要讲话要求，以先抽后采、综合治理为根本措施，有效防范和坚决遏制重特大瓦斯事故。

8. 突出预防为主。以落实保护层开采和大面积预抽煤层瓦斯区域防突措施为重点，督促煤矿企业严格做到不采突出面、不掘突出头；把能否落实"两个四位一体"综合防突措施作为评估煤矿是否具备煤与瓦斯突出防治能力的重要指标，有效提升矿井防治技术水平。

9. 强力推进抽采达标。认真落实《煤矿瓦斯抽采基本指标》要求，出台《瓦斯抽采达标规定》，督促煤矿企业建立瓦斯抽采达标自我评估体系，组织各地开展瓦斯抽采达标监督检查和专项监察，建立和完善瓦斯抽采管理和考核等制度，督促高瓦斯和突出矿井严格落实瓦斯应抽尽抽、不抽不采的要求，对抽采不达标的矿井实施停产整顿。

10. 强化瓦斯防治基础工作。修订《矿井瓦斯等级鉴定办法》，进一步规范矿井瓦斯鉴定工作，从基础入手严格矿井瓦斯管理。加快瓦斯灾害防治等关键技术、先进装备的推广应用，进一步推进煤矿建设瓦斯防治工作体系，落实"通风可靠、抽采达标、监控有效、管理到位"的要求。

11. 加强现场管理。切实做到"三严格、三加强"，即：严格遵守采掘作业的安全操作规程，严格落实"两个四位一体"综合防突措施，严格执行领导干部带班下井制度；加强作业现场瓦斯实时监测监控，加强通风管理，加强现场劳动组织管理，有效防范事故。

12. 发挥政策引导作用。认真执行安全费用提取使用规定，组织落实好国债补助资金支持的煤矿瓦斯防治和安全技术改造项目，加强协调、推动落实瓦斯抽采达标、发电上网加价、利用补贴政策等落实到位。

四、坚决淘汰落后生产能力，进一步推进企业兼并重组和整合技改工作

深入贯彻落实《国务院关于进一步加强淘汰落后产能工作的通知》和国务院办公厅转发的《关于加快推进煤矿企业兼并重组的若干意见》要求，研究制定相关措施，严格安全许可，扎实推进工作。

13. 规范企业兼并重组。继续支持有条件的大型企业或企业集团兼并重组小煤矿；督促指导参与兼并重组的各方，明确主体，落实责任，加强管理，加大投入，提高水平，防范事故。

14. 坚持严格准入和有序退出。新建、在建和整合技改矿井，要充分考虑地质灾害、技术防治水平等因素，科学进行规划设计和安全评价；经论证现有技术难以有效治理的高瓦斯矿井、煤与瓦斯突出矿井和其他灾害严重的矿井，要下决心停产整顿，有序退出。

15. 加强检查执法。督促各地认真落实13部委局《关于进一步规范煤矿资源整合技改工作的通知》要求，对相关矿井进行全面清理整顿，并严格执法，对那些借整合或技改之名、行违法违规组织生产之实的矿井，坚决依法予以关闭。

五、以推进安全质量标准化建设为重点，进一步强化安全基层基础管理

遵照张德江副总理重要讲话要求，落实岗位安全责任制，积极创建安全质量标准化矿井，推进小煤矿机械化，认真组织开展安全培训，提升班组安全管理水平，强化安全基础管理。

16. 深化安全质量标准化建设。不断推进以"三达标"（岗位达标、专业达标、企业达标）为内容的煤矿安全质量标准化建设，选树典型，总结经验，适时命名表彰一批示范企业。同时，对2011年底达不到省级安全质量标准化最低等级的煤矿，一律停产整改；限期仍未达标的，要依法予以关闭。

17. 扎实推进煤矿班组安全建设。研究出台《煤矿班组安全建设规定》（暂定名），督促指导企业研究编制建设规划和管理标准，切实发挥班组安全生产前沿阵地作用，认真抓好"五落实"。同时，加大宣传力度，掀起一个煤矿班组安全建设的新热潮。

18. 督促企业严格落实领导带班下井制度。把企业执行该制度情况作为煤矿安全执法的重要内容，对达不到《煤矿领导带班下井及安全监督检查规定》要求的，要严肃问责。

19. 继续深化煤矿隐患排查治理。督促指导各地

区、各煤矿企业认真执行和落实隐患排查、治理、报告制度和重大隐患挂牌督办制度，建立并实施风险预控管理体系。对存在重大隐患的，必须停产整改，并要实行整改效果评价，确保整改到位。

20. 大力推进小型煤矿机械化。按照4部门《关于推进小型煤矿机械化的指导意见》，督促各地制定发展规划，推进组织实施。

21. 强化安全教育培训。出台《煤矿安全培训规定》，规范煤矿安全培训工作，不断提高从业人员素质。督促企业做到"三项岗位人员"持证上岗、煤矿职工全部培训合格后上岗，依法依规与职工签订劳动合同，切实维护职工合法权益。

22. 监督检查中央企业煤矿安全生产工作。坚持属地管理原则，督促落实地方煤矿监管部门对中央企业煤矿的日常监管工作；执行和落实统计分析制度，定期召开交流分析会议；开展督导调研，指导中央企业煤矿安全生产工作。

23. 加强和改进煤矿生产能力管理。修订《煤矿生产能力核定办法》，指导和监督地方煤炭行业管理部门开展煤矿生产能力核定工作。

六、坚持实施"科技兴安"战略，进一步提升煤矿安全保障能力

积极建立与工业化、信息化发展相适应的煤矿安全科技支撑体系，切实提高煤矿技术装备水平和安全保障能力。

24. 加快建设完善井下安全避险"六大系统"。全力推进"六大系统"建设步伐，加大督促检查力度，发挥典型示范作用，推进实现分期建设的目标；逾期未达标的，依法暂扣安全生产许可证。

25. 推进加强煤矿安全技术管理。认真督促企业落实安全生产技术管理责任制，宣传好、贯彻好、应用好《煤矿总工程师技术手册》。出台《关于进一步加强煤矿企业技术管理工作的意见》，强化企业技术管理机构的安全职能，落实安全技术管理责任，加强企业安全技术队伍建设。

26. 大力支持科技研发和推广应用。围绕瓦斯、水害、火灾等重大灾害预警和防治体系建设，积极组织开展产学研科技攻关，在大力推广煤矿新技术、新装备的同时，及时淘汰落后技术、装备。

七、严格事故查处和责任追究，进一步用事故教训推动工作

以切实维护广大人民群众最关心、最直接、最现实的利益为出发点，严格按照"三项基本要求"和"四不放过"原则，进一步提高煤矿事故调查处理工作的能力和水平。

27. 以更加严肃的态度查处事故。做到"四个更加注重"，即：更加注重分析研究事故深层次的技术和管理原因，提高事故调查质量；更加注重事故调查过程中的协调沟通，提高事故按期结案率；更加注重完善挂牌督办制度，完善并落实事故后约谈、现场分析会、事故通报和跟踪督导"四项制度"，确保责任追究落实到位，公开曝光到位；更加注重总结各类事故中的共性和规律性问题，并及时上升为法律法规、规程标准。

28. 以更加严格的要求追究责任。做到"四个加大"，即：加大对非法违法生产导致事故的查处力度，加大对重大隐患整改不力引发事故的查处力度，加大对事故瞒报、谎报、迟报、逃匿行为的责任追究力度，加大对责任追究落实情况的监督检查力度。同时，突出预防，厉行责任追究"关口前移"，对重大隐患整改不彻底和"打非治违"不力的，要追究责任。

29. 以更加严厉的手段查处事故背后的腐败行为。加大煤矿事故举报信息核查力度，加大对重特大事故背后腐败行为的追查和惩处力度，并充分发挥社会和舆论的监督作用。

30. 以更加有效的措施加强煤矿职业安全健康工作。贯彻落实《煤矿作业场所职业危害防治规定》，督促煤矿企业落实职业危害防治主体责任；将煤矿作业场所职业危害监察列入"三项监察"的重要内容，认真做好申报工作。

八、继续深入开展创先争优活动，进一步加强安全监察监管队伍执法能力建设

深入开展以"争做安全发展忠诚卫士、创建为民务实清廉安监机构”为主题的创先争优活动,更好地履行党和人民赋予的职责。

31. 不断提高思想认识。深入学习贯彻党的十七届五中全会和中央经济工作会议精神，贯彻落实中央领导同志关于深入开展创先争优活动的一系列重要讲话精神,积极投身于创先争优活动,不断提高政治意识、宗旨意识、大局意识、责任意识,认真履行工作职责。

32. 加强党风廉政建设。认真贯彻落实党中央、国务院和中央纪委关于加强党风廉政建设的有关规定,不断强化党风廉政建设“一岗双责”,强化监督,廉洁从政。

33. 强化业务能力建设。加强教育培训,不断提高执法效率效能;关心爱护基层执法人员,不断改善执法条件,进一步增强队伍的凝聚力和执行力。

2011年安全生产应急管理重点工作安排

2011年安全生产应急管理工作的总体要求是：深入贯彻落实《国务院关于进一步加强企业安全生产工作的通知》(国发〔2010〕23号)精神及其有关实施意见的要求，以提高应急能力为中心，以建设更加高效的安全生产应急救援体系为重点，以7个国家矿山应急救援队建设为先导，强化责任落实、工作落实、政策落实、措施落实，大力推动安全生产应急救援体系建设，进一步夯实安全生产应急管理基层基础，全面提升防范和应对事故灾难的能力，为全国安全生产形势稳定好转作出更大贡献，为“十二五”安全生产应急管理事业发展开好头、起好步。

一、加快推进安全生产应急救援队伍体系建设

1. 大力加强矿山应急救援队伍建设。按照建设更加高效的应急救援体系的要求，先期建设好河北开滦、山西大同、黑龙江鹤岗、安徽淮南、河南平顶山、四川芙蓉、甘肃靖远等7个国家矿山应急救援队。其他14个国家区域矿山应急救援队参照国家矿山应急救援队建设模式进行建设。开展国家矿山应急救援开滦队、平顶山队示范建设，通过示范建设形成一套建设标准、一套制度规范、一套教育培训教材、一套应急行动预案、一套实训演练科目和一套基础设施等“六个一”成果，为其他国家矿山应急救援队建设提供成熟的经验。加快地方骨干矿山应急救援队建设。推动矿山企业按照有关标准加强应急救援队伍建设。

2. 加快推进危险化学品、油气田等应急救援队伍建设。积极争取国家有关部门支持，采取政企共同出资方式，依托石化、石油、建筑施工、航运等中央企业应急救援队，推进国家(区域)危险化学品应急救援队、区域油气田应急救援队及隧道施工、水上交通、海上石油等其他应急救援队伍建设。加强危险化学品应急救援技术指导中心建设。加快推进危险化学品等应急救援地方骨干队伍建设。

3. 支持重点行业（领域）专业应急救援队伍建设。进一步加强协同配合，大力推进公安消防、公路交通、铁路运输、海上搜救、船舶溢油、民用航空、电力等行业(领域)专业应急救援队伍建设，进一步完善布局、健全体系。

4. 加强矿山医疗救护队伍建设。搞好矿山医疗救护体系建设规划，将矿山医疗救护体系建设纳入安全生产应急救援体系和医疗卫生应急体系，依托各地优势医疗资源，建设装备精良、高水准的国家(区域)和地方骨干矿山医疗救护队，提高医疗救护技术和装备水平。充分发挥煤矿和非煤矿山企业矿区医疗机构的作用，将矿山医疗救护点向井(坑)口延伸。

5. 鼓励和发展安全生产应急救援社会力量。加强对社会应急救援组织和志愿者组织等社会力量的引导、推动、扶持和管理，充分发挥社会力量在安全生产应急救援中的作用。

二、加强安全生产应急规划、法制和预案工作

6. 将安全生产应急救援体系建设纳入“十二五”有关总体规划。按照统筹规划、分步实施和政企结合、条块结合的原则，各级安全监管部门要制定“十二五”安全生产应急救援体系建设规划，并将其纳入各级安全生产“十二五”规划和经济社会发展“十二五”规划。企业要将安全生产应急救援队伍建设纳入企业发展规划和总体工作部署，同步建设、同步推进。

7. 加强安全生产应急管理法制建设。进一步加大工作力度，推动《安全生产应急管理条例》及其配套规章、标准的制定工作，尽快出台《重大危险源监督管理规定》等规章。会同有关部门加紧研究制定安全生产应急救援体系建设的财税扶持政策、应急救援征用补偿政策和安全生产应急救援队伍服务收费等制度，建立安全生产应急救援经费保障机制，研究解决救援车辆快速通行、事故救援中牺牲人员荣誉抚恤等问题，完善各级事故预防、预测、预警和应急值守、信息报告、现场处置、应急投入、物资保障等应急工作制度。

8. 加强应急预案和演练工作。进一步加强预案管理、提高预案质量、完善预案体系，尤其要提高预案的针对性、可操作性、相互衔接性。完善企业应急预案，切实落实现场带班人员、班组长和调度人员遇到险情时具有第一时间下达停产撤人命令的直接决策权和指挥权，做到所有重大危险源和重点工作岗位都有专项应急预案或现场处置方案，关键应急程序简明化、图表化、牌板化，易懂好记。

严格执行预案审查和备案制度，依法将实行安全生产许可制度企业的应急预案作为行业准入的必要条件，强化监管监察。应急预案不健全或未通过专家评审的煤矿和非煤矿山企业、建筑施工企业和危险化学品、烟花爆竹、民用爆炸物品等行业企业，不予颁发安全生产许可证。

尽快制定印发《生产安全事故应急演练指南》，规范和指导应急演练工作。企业要建立健全应急演练制度，定期组织开展综合应急演练或专项应急演练，重点车间(工段)、班组的应急演练要经常化。

三、加强安全生产应急管理基础工作

9. 加强应急值守和统计分析工作。进一步健全并严格执行应急值守、信息报告制度，及时接收、研判、上报、处置事故及预警信息，做好应急管理信息报送和统计分析工作；充分发挥应急平台在应急值守和信息报告方面的作用，及时传输现场图像信息、报告现场情况；建立各级政府、有关部门和有关企业应急机构、社会组织等方面的信息沟通渠道。

大中型企业和高危行业企业要建立健全值班机构和制度，实行24小时不间断应急值守，做好各类事故及预警信息处置和统计报告等工作。

10. 加强应急总结评估分析工作。做好事故救援总结评估工作，建立健全事故救援工作总结报告、典型救援案例分析报告、年度应急管理评估分析报告等制度，通过评估分析，不断总结经验、发现问题，改进应急管理工作。

11. 努力提升救援队伍素质。大力开展矿山救护队质量标准化示范活动，加强矿山救护队正规化、专业化、标准化建设，提高装备、服务水平和救援、管理、保障能力，切实做好应急救援队伍资质认定工作，争取用1–2年时间，各省(区、市)专业矿山救援队伍至少有1/3达到二级资质以上。

12. 加强应急培训和宣传教育工作。建立健全安全生产应急管理培训工作制度，将安全生产应急管理培训纳入安全生产培训工作总体规划，加强对企业安全生产应急管理培训工作的监督指导，强化从业人员应急知识、应急技能培训教育，提高企业各级管理人员和全体员工的应急意识和应急处置、避险、自救、互救能力，严防因施救不当造成伤亡扩大。广泛开展各级各类救援队伍指挥员救援战术、技术培训交流活动，将典型救援案例纳入救援队伍指战员培训内容。充分调动和发挥企业、中介组织、新闻媒体的作用，广泛开展应急宣传教育活动，普及应急知识，推动应急管理工作。

13. 加强应急资源数据库建设。按照“分级负责、分类管理”原则，建立国家、省、市、县四级安全生产应急资源数据库。按照《国家应急平台体系部门数据库表结构规范(试行)》和《应急信息资源分类与编码规范(试行)》的要求，建立健全安全生产应急预案和应急救援队伍、专家、物资、装备等各类应急资源数据库，及时采集、更新应急预案和应急资源信息。

14. 办好第五届国际矿山救援大会暨第三届中国国际安全生产应急管理论坛及展览会。认真做好会议和展览会的各项筹备和组织工作。有关单位要积极组织参会和参展，以此为平台，展示和宣传我国安全生产应急管理成就，学习借鉴世界各国的先进

应急理念、经验和技术，促进更加高效的应急救援体系建设，加强对外交流合作。

四、加强事故预防和重大危险源监管工作

15. 做好重大危险源监控监管工作。建立健全企业重大危险源动态监控机制，做好预警工作，做到早发现、早报告、早防御、早响应、早处置。加强对存在重大危险源企业的监督检查，指导企业做好重大危险源的辨识、评估、备案、登记建档、监控和安全管理工作。依托安全生产应急平台和“金安”工程系统，建立健全重大危险源信息管理系统和重大危险源数据库，尽快实现重大危险源的网络监管。重大危险源未经检测、评估或监控措施不到位、应急预案不完善的企业，不予颁发安全生产许可证。

16. 推动各类救援队伍开展预防性安全检查。按照“险时搞救援，平时搞防范”的原则，组织引导各类安全生产应急救援队伍充分发挥其专业技术等优势，对本企业和服务范围内企业开展预防性安全检查，重点围绕矿山、危险化学品生产经营、铁路施工、道路施工、建筑施工等单位的重点系统、重要部位、关键环节排查事故隐患。对应急队伍检查中发现的问题，有关单位要及时整改。

五、加快推进安全生产应急救援装备和保障能力建设

17. 推动应急救援技术装备产业发展。加强同有关部门的沟通协调，争取将大型高端应急救援装备、关键应急救援技术的研发纳入国家振兴装备制造业发展规划体系，加大国家对应急救援技术进步的推动力。大力扶持在应急救援领域拥有自主知识产权和核心技术的重点单位进行应急救援新技术、新材料、新装备的研发，支持有条件、有基础的地区培育应急救援专用设备制造产业。

18. 推动应急装备技术创新与发展。坚持以应急救援需求为导向，指导有关应急装备和物资生产企业、科研机构搞好产学研结合，形成强有力的安全生产应急救援科技研发、创新、成果转化的能力和机制。以煤矿、金属非金属矿山、危险化学品、烟花爆竹等高危行业（领域）为重点，积极推广应用经过实践检验、能显著提高救援效果的应急救援新技术、新装备、新材料、新工艺。优先推广应用紧急避险、应急救援、逃生报警、逃生路线标识等先进适用技术和装备。不适应救援需要、不符合相关标准、性能不高、不能保障救援人员安全和健康的落后救援技术装备要列入国家产业结构调整指导目录，予以强制淘汰。鼓励和引导企业加快应急救援关键技术装备的换代升级。

19. 积极采用国际、国内先进应急救援装备。进一步加大投入和扶持力度，积极引进、采用国际国内先进适用的应急救援技术装备，重点引进、采用高效快速救援钻机，大型排水设备，大型清障支护设备，快速灭火、堵漏、洗消设备以及人员避险、搜寻、定位等装备，提高应急救援安全保障和救援能力。

20. 加快安全生产应急平台建设。尽快建立健全省（区、市）、市（地）和重点县（市、区）三级安全生产应急平台体系，开发和完善应急保障、模拟推演、监测预警、辅助决策、指挥调度等应用系统。企业要充分利用和整合现有的调度指挥、监测监控、办公自动化等信息系统建立应急平台。

21. 加快应急物资储备体系建设。坚持实物储备与生产能力储备相结合，社会化储备与专业化储备相结合，针对易发事故的特点，依托大型企业储备必要的应急装备物资，指定相关生产企业储备一定的应急装备、物资生产能力，并建立专门的应急装备物资储备网点；在国家（区域）应急救援队储备一定的大型特种救援装备和相关物资，努力形成多层次的应急救援装备和物资储备体系，确保应对各类事故，尤其是重特大且救援难度大的事故的需要。建立健全安全生产应急装备和物资的储备与调运机制，确保储备到位、调运顺畅、及时有效、发挥作用。企业要针对本企业事故特点，加大应急救援装备及物资储备力度，尤其要针对重点工艺流程储备必要的应急物料、应急器材等应急装备和物资。

六、加快推进安全生产应急管理体制机制建设

22. 加强应急机构建设。进一步加大工作力度，

指导推动所有市（地）和重点县（市、区）建立安全生产应急管理（救援指挥）机构；已经建立的省级和市级安全生产应急机构，切实做到编制、职责、人员、经费和装备“五落实”，有效发挥综合监管和事故救援指挥、指导、协调作用。加快推进省级煤矿安全生产应急救援机构能力建设，重点组建武装好26个省级煤矿安监机构的矿山救援中心。逐步理顺安全生产应急管理（救援指挥）机构与相关专业应急机构的关系。

23. 健全应急救援机制。建立和完善安全生产应急救援联络员会议制度，强化生产安全事故信息沟通机制和应急救援快速协调机制。进一步完善安全生产应急管理综合监管与行业监管的协作机制、区域间协同应对重特大生产安全事故的应急联动机制、各级安全生产应急工作机构与有关应急救援队伍之间的工作机制。深化与地震、气象、海洋、环境保护等有关部门的预警和应急协作机制，有效防范和应对自然灾害引发的事故灾难。

24. 加强基层应急管理。推动安全生产应急管理工作向基层延伸，督促基层政府和组织落实专人负责安全生产应急工作。高危行业大中型企业要设置或指定安全生产应急管理机构或办事机构，小型企业要落实专人负责应急管理工作。积极探索建立当地政府相关部门与周边企业的应急联动机制，切实提高协同应对事故灾难的能力。

25. 加强应急队伍自身建设。加强安全生产应急队伍思想政治教育、纪律教育和党风廉政建设、作风建设，提高应急队伍政治素养，培养顽强的工作作风和敢打必胜的信心、决心。加强业务学习，定期组织业务知识讲座和交流，努力提高应急人员的履职能力；支持和鼓励应急管理人员深入基层、深入事故现场，深入开展调查研究，在实践中锻炼和成长。建立和完善应急工作制度，推进应急工作科学化、程序化、规范化。

2011年规划科技重点工作安排

2011年规划科技工作的总体思路是：紧紧围绕国家安全监管总局中心任务和工作部署，深入贯彻落实《国务院关于进一步加强企业安全生产工作的通知》(国发〔2010〕23号)精神，切实做好安全生产"十一五"规划评估总结和"十二五"规划制定、实施工作；努力争取政策支持，提升安全生产监管监察保障能力；着力推动科技兴安，加强安全科技研发和推广应用；创新工作思路，强化专业服务机构监管，为有效防范和坚决遏制重特大事故发生作出更大贡献。

一、认真总结评估"十一五"规划执行情况，做好安全生产"十二五"规划制定、发布和实施工作

1. 做好安全生产"十一五"规划的评估总结工作。总结各地区"十一五"规划实施进度和五年规划目标完成情况，印发各地区安全生产"十一五"专项规划实施情况通报和安全生产"十一五"规划评估公告。

2. 做好安全生产"十二五"规划制定、实施工作。明确"十二五"时期安全生产工作的主攻方向、重点任务和政策措施，提升安全生产监管监察保障能力。

3. 搞好科技、信息化等"十二五"专项规划编制、发布工作。

4. 建立规划实施进展情况定期发布与考核制度，定期公布各地区、有关行业(领域)安全生产规划指标、重点工程项目的实施进展情况。研究制定全面做好安全生产"十二五"规划实施工作的指导意见，编印《全国省级安全生产"十二五"规划汇编》。

二、建立和完善安全生产科技支撑体系，着力解决制约安全生产重大科技问题

5. 会同科技部门研究制定进一步加强安全生产科技工作的相关政策、措施，进一步推进安全科技支撑体系建设和产、学、研、用安全科技创新体系建设，以及支撑煤矿等高危行业(领域)的安全生产科技自主创新和产业发展；加强安全科技研发平台建设。围绕安全生产重特大事故防治关键技术装备，集中优势资源，启动实施一批重点科技计划项目。

6. 组织开展生产安全事故灾害防治基础理论和技术研究，以及关键技术、装备等的研发；积极争取矿山安全避险"六大系统"等关键技术科技攻关项目在国家科技支撑计划中立项；推荐一批重大事故防治关键技术国家科技项目；组织做好第五届安全生产科技成果奖励评审工作。

7. 加快先进适用技术装备推广与成果转化应用。选择一批高危行业(领域)国家重点实验室、省部级重点实验室、省部共建实验室，培植一批安全生产科技进步与应用的支撑平台；开展先进适用安全科技成果100推、新型实用安全科技产品1000推和安全科技中小型企业100佳的遴选推广活动；会同国家科技部门联合组织召开"大型尾矿库全过程在线监控系统现场会"，发挥科技成果示范推动影响和带动作用；配合工业和信息化、能源等部门，将不符合有关安全标准、安全性能低下、职业危害严重、危及安全生产的落后技术、工艺和装备列入国家产业结构调整指导目录，予以强制性淘汰。

8. 培育发展安全科技产业。制定培育发展安全科技产业实施总体方案，大力培育安全生产专用设备产业；发展安全装备融资租赁业务，促进高危行业企业加快提升安全装备水平；加强与工业和信息化部门合作，推动安全科技成果孵化园和安全产业园示范工程建设。

9. 举办专家在线讲座、安全科普知识竞赛、科技论坛；组织开展2011年"安全科技周"活动，充分利用全国"安全生产月"、"安全生产万里行"等活动，推动安全科技进企业、进社区、进基层，深化安全生产科

学普及工作。

10. 发挥国家安全生产专家作用，完善专家组管理机制，为开展监督检查、事故调查、应急救援等工作提供及时、有效的技术支撑服务，进一步发挥专家在防范和遏制重特大事故发生，应对突发事故灾难中的重要作用。

11. 大力推进安全生产信息化建设。大力推动"金安"一期工程建设和应用；积极开展"金安"工程二期前期工作；组织制定国家安全监管总局安全生产业务信息化建设通用标准；选择并实施企业利用物联网等信息技术加强安全生产监控的试点工程；研究出台一批利用物联网技术建设安全监控系统的行业标准；结合企业标准化建设，推动高危行业企业加快建设和完善防范事故安全生产物联网监控信息系统。

12. 建立和完善安全评价和检测检验等专业服务机构管理制度。建立检测检验和矿用产品安标目录管理制度，分期分批公布煤矿、金属非金属矿山等重点行业（领域）的检测检验目录、检测项目和检测周期等相关规定，修订《执行安全标志管理的煤矿矿用产品目录》、《执行安全标志管理的金属与非金属矿山矿用产品目录》。制订《安全评价和检测检验机构工作质量综合评估办法》。研究安全评价技术服务收费管理办法，加强和规范安全评价技术服务收费行为。制订《安全生产检测检验机构资质审批程序》、《安全生产检测检验机构资质评审专家管理规则》、《安全生产检测检验机构资质申请指南》、《安全生产检测检验机构资质现场评审指南》、《煤与瓦斯突出危险性鉴定能力要求》、《钢丝绳安全生产检测检验能力要求》等检测检验规范，进一步加强和规范检测检验工作。

13. 创新专业服务机构监督机制，发挥安全生产专业服务机构技术支撑作用。发挥各级安全监管监察部门在矿用产品安全标志监督管理各环节的作用，加强和规范矿用产品安全标志认证及使用过程的监督管理，逐步建立服务于安全生产监管监察的矿用产品安全标志信息平台、物证溯源支撑平台。细化安全生产检测检验机构资质审批程序和要求，加强和规范检测检验机构资质审批和监督管理。及时组织专家对煤矿、金属非金属矿山、危险化学品等重点行业（领域）事故单位相关安全评价、检测检验报告进行剖析，有针对性地提出改进安全评价、检测检验工作的措施。编制、发布2010年度安全评价机构发挥技术支持作用的统计分析报告。

14. 开展煤矿企业使用安全标志产品情况专项治理行动，严肃查处违法违规行为。上半年重点组织开展对煤矿安全监控系统和井下人员定位系统安标产品的专项监督检查；下半年重点开展对阻燃输送胶带和阻燃电缆的专项监督检查，进一步提高矿用安标产品对促进安全生产工作的装备保障作用。

三、组织制定安全监管监察保障能力建设规划，加强重点工程项目建设

15. 加强调查研究，结合各地区实际，制订《安全生产监管机构和煤矿安全监察机构监管监察能力建设规划》。

16. 加快安全监管监察机构标准化建设制度建设。研究制定推进安全监管监察机构标准化建设的指导意见和安全监管监察机构标准化建设达标验收办法，推动安全监管监察工作装备标准化、管理规范化、执法效能化。

17. 加强重点工程项目建设。进一步完善加强政府投资重点项目建设管理办法。组织开展安全生产技术支撑专业中心实验室项目竣工验收和资质认定工作。加强对国家陆地救援平顶山基地等重点项目建设的监督管理，进一步规范项目建设实施、安全、质量和资金使用。加快推进远程安全监管监察与事故紧急处置系统示范工程建设。

18. 积极稳妥地做好2012年部门自身建设项目准备工作。组织实施好2011年煤矿安全监察专项设备补充更新项目。组织、协调做好国家和区域安全生产应急救援基地项目审批和建设工作。

四、加强自身队伍建设

19. 大力开展创先争优活动，做好2011年党风廉政建设和反腐倡廉工作。强化政治业务学习，切实提高政治思想水平和依法履职能力；创新工作方式，提高工作效率。

2011年非煤矿山安全监管重点工作安排

2011年非煤矿山安全生产工作的总体思路是：认真贯彻落实《国务院关于进一步加强企业安全生产工作的通知》(国发〔2010〕23号)和全国安全生产电视电话会议、全国安全生产工作会议精神，继续深化“安全生产年”活动，深入落实“三深化”和“三推进”各项工作举措，以有效防范和坚决遏制非煤矿山重特大事故为目标，以落实非煤矿山企业安全生产主体责任和治小治散治差、转变发展方式为重点，以全面推动非煤矿山安全标准化建设为切入点，着力在改善条件、提升水平、强基固本、强化保障等方面取得新成效，促进非煤矿山安全生产形势进一步稳定好转，确保“十二五”时期非煤矿山安全生产工作开好局、起好步。

一、工作目标

1. 非煤矿山生产安全事故死亡人数比2010年下降3%以上，坚决遏制重特大事故发生。

2. 通过严格准入、淘汰落后、整顿关闭等有效手段，力争使非煤矿山数量在2010年基础上减少2%以上。

3. 非煤矿山安全标准化和健康、安全、环境(HSE)管理体系建设全面推进，大中型矿山企业和三等以上尾矿库全部达到安全标准化最低以上等级，石油天然气开采企业HSE管理体系建设示范单位持续改进提高。

4. 完成1000座以上危、险、病尾矿库的隐患治理任务和中央财政支持的尾矿库隐患治理项目；中西部地区尾矿库安全监管能力明显提升。

5. 地下矿山安全避险“六大系统”按期建设完成；露天矿山适合采用中深孔爆破、机械铲装、机械二次破碎技术和装备的全部采用；三等以上尾矿库实现在线监测率达到50%以上。

二、重点工作

(一)以深入贯彻落实国发〔2010〕23号文件精神为核心，进一步推动非煤矿山企业落实安全生产主体责任。

6. 地方各级安全监管部门要组织辖区内非煤矿山企业深入贯彻落实《国务院安委会办公室关于贯彻落实〈国务院关于进一步加强企业安全生产工作的通知〉进一步加强非煤矿山安全生产工作的实施意见》(安委办〔2010〕17号)，结合本地区实际，出台相应实施办法或细则，并督促指导非煤矿山企业全面贯彻落实。

7. 推动非煤矿山企业完善和落实安全生产责任制，健全安全管理机构，完善安全管理制度，加大安全投入，足额提取和使用安全费用，强化生产技术和专业安全管理，加强现场安全检查和外包施工队伍管理。

8. 开展金属非金属地下矿山企业领导带班下井制度专项检查，对带班下井工作制度、监督和公示制度、考核奖惩制度、档案管理等制度落实不到位，以及没有领导带班下井而发生生产安全事故的，依法严格追究企业和相关人员的责任。

9. 排查非煤矿山企业主要负责人、安全管理人员、特种作业人员持证上岗和从业人员先培训后上岗制度落实情况。对存在不经培训上岗、无证上岗的企业，依法责令停产整顿；没有对井下作业人员进行安全培训教育，或存在特种作业人员无证上岗的企业，情节严重的要依法予以关闭。

10. 开展事故调查处理情况专项检查，切实用事故教训推动工作。重点检查2010年非煤矿山43起较大事故、2起重大事故查处和处理结果向社会公布情况，事故多发地区防范措施落实情况。继续做好重大事故和较大以上由非法生产建设行为导致的事故挂牌督办工作。

（二）以打非治违、资源整合、淘汰落后为重点，进一步推动非煤矿山发展方式转变。

11. 巩固和扩大“打非”专项行动成果，进一步完善工作机制，继续保持高压态势，严格落实“四个一律”要求（即对非法生产经营建设和经停产整顿仍未达到要求的，一律关闭取缔；对非法违法生产经营建设的有关单位和责任人，一律按规定上限予以处罚；对存在违法生产经营建设的单位，一律责令停产整顿，并严格落实监管措施；对触犯法律的有关单位和人员，一律依法严格追究法律责任）。采取对“打非”工作不力的地区予以通报、对矿业秩序混乱的地区进行挂牌督办等方式，推动“打非”工作真正落实到位。

12. 继续推动非煤矿山矿产资源整合工作，逐步实现规模化和集约化生产。开展整合矿区建设项目安全设施“三同时”专项检查，督促企业依法履行“三同时”手续，严格项目建设周期管理和试生产（运行）期限。加强日常监管，严防以整合名义逃避关闭，严防以矿井整合代替资源整合，严防整合期间违规组织生产。

13. 各地要结合本地区实际，会同国土资源等部门研究制定非煤矿山重点矿种最小开采规模标准，开采规模达不到要求的坚决不予审批。加强新建非煤矿山建设项目安全管理，严格实行非煤矿山建设项目安全核准。

14. 强制淘汰非煤矿山落后技术、工艺和设备。露天矿山重点淘汰扩壶爆破、使用爆破方式进行二次破碎、人工装载矿岩、没有捕尘装置的干式凿岩、雷电多发地区采用电雷管起爆等，地下矿山重点淘汰局部通风机非阻燃风筒、主要井巷木支护、主提升设备使用带式制动器、凸轮式防坠保险装置、非阻燃电缆和胶带、非矿用局部通风机等落后技术、工艺和装备。地方各级安全监管部门要会同有关部门研究制定本地区淘汰落后工艺、技术、装备目录，限定淘汰时间，逾期未淘汰的责令限期整改，否则依法予以关闭。

（三）以专项整治、隐患排查治理为手段，进一步强化非煤矿山安全基础管理。

15. 组织开展地下矿山局部通风和防治水工作专项整治，对局部通风机使用情况、矿区水文地质资料、防治水措施等进行全面检查，切实把防中毒窒息、防火灾、防治水制度和措施落实到位；开展露天矿山采场和排土场边坡专项检查，重点检查边坡监测监控措施落实情况，高陡边坡和危险级排土场治理情况等，严防边坡坍塌事故。

16. 深化隐患排查治理，落实重大隐患逐级挂牌督办制度。督促非煤矿山企业严格落实安全生产隐患排查治理制度，对查出的各类隐患进行登记，做到整改措施、责任、资金、时限和预案“五落实”。对重大隐患实行逐级挂牌督办。

17. 开展尾矿库隐患综合治理专项检查，重点检查中央财政支持尾矿库隐患治理项目和中西部地区监管能力建设项目进展情况，加强开工项目的跟踪督查，严把工程项目竣工验收关。

18. 针对陆上高含硫气田勘探开发、海洋石油极端天气灾害的特点，组织开展防井喷失控、防硫化氢中毒、防台风（风暴潮）、防管道泄漏爆炸为主要内容的专项督导工作。

（四）以安全避险“六大系统”、安全标准化建设为切入点，进一步提高非煤矿山企业本质安全水平。

19. 指导地下矿山安全避险“六大系统”建设工作，选树示范矿井，适时召开现场会，推动地下矿山企业按要求、按时限完成安全避险“六大系统”建设任务。

20. 全面加强非煤矿山安全标准化和HSE管理体系建设，进一步健全完善技术支撑、教育培训、考评认定、激励约束和信息交流体系，适时召开现场会，全面推动工作。巩固“强基固本‘五个一百’示范单位”创建活动成果，大力推动示范单位安全标准化和HSE管理体系建设。

21. 积极推广应用非煤矿山安全生产先进适用技术和装备，重点推广应用地压监测监控系统、高陡边坡稳定性监测系统、非电起爆、干式排尾、尾矿充填及综合利用、高含硫气田勘探开发安全关键技术、油气长输管道泄漏检测等技术（工艺）装备。推动非煤矿山安全标志管理制度的实施。

22. 开展非煤矿山生产安全事故规律、露天矿山高陡边坡安全监测监控技术、深海开采安全监管体系等研究工作，进一步提高非煤矿山安全保障能力。

23. 加强非煤矿山安全生产班组建设，组织编写班组长安全生产培训教材，加强班组长安全教育培训工作，开展创建优秀班组和优秀班组长活动。

24. 推动企业安全文化建设。借鉴国内外先进企业安全文化建设成熟经验，探索建立非煤矿山企业安全文化框架结构；发挥主流媒体和安全监管系统报刊网络作用，努力营造安全生产氛围。

25. 健全完善非煤矿山企业各类安全生产应急预案，督促指导非煤矿山企业根据本企业实际和安全生产特点，在总体预案的基础上，编制专项应急预案，并加强应急演练。

（五）以完善法规标准制度和政策措施为抓手，进一步加强非煤矿山安全生产长效机制建设。

26. 完善非煤矿山安全生产法律法规和标准体系建设。配合有关部门继续做好《矿山安全法》修订工作，组织制修订《非煤矿山外包工程安全管理规定》、《陆上石油天然气安全管理规定》、《金属非金属矿山危险性较大设备设施检测检验规定》、《金属非金属地下矿山防治水规定》、《非煤矿矿山建设项目安全设施设计审查与竣工验收办法》等5个部门规章和地下矿山安全避险“六大系统”安装使用规范等25个安全标准。

27. 开展非煤矿山安全生产法律法规体系框架和非煤矿山安全标准体系框架研究制定工作。加大相关法律法规和标准宣贯工作力度。

28. 启动非煤矿山“十二五”规划重点工程。组织实施地下矿山采空区监测监控、露天矿山高陡边坡监测监控、尾矿库在线监测、防硫化氢中毒等安全生产科技示范工程，以点带面，促进非煤矿山企业加快提升安全技术装备水平。

29. 加强政策研究。开展非煤矿山安全生产激励政策等相关经济政策研究，完善非煤矿山安全生产费用提取制度、全员安全风险抵押金制度和安全生产责任保险制度。

30. 积极争取中央财政支持中央企业安全生产保障能力资金支持，切实提高中央企业安全保障能力，示范带动地方财政加大安全生产投入。

（六）以创新监管方式、加强队伍建设为着力点，进一步提高非煤矿山安全监管执法能力。

31. 健全完善政府统一领导、安委会办公室综合协调、部门分工负责的非煤矿山安全监管工作机制。

32. 积极探索非煤矿山分级分类监管方式，完善非煤矿山联系点工作制度，督促指导重点地区安全监管部门建立相应工作制度，不断创新监管方式，提高监管水平。

33. 健全完善非煤矿山安全监管体系，推动非煤矿山安全监管机构向乡镇延伸，明确乡镇政府对辖区内非煤矿山企业的安全监管责任。加强海洋石油安全生产和职业卫生监管队伍建设。

34. 加强非煤矿山安全生产技术支撑机构、专家库建设。利用“金安”（一期）工程，完善非煤矿山安全监管信息平台及安全生产许可证、尾矿库、非煤矿山基础资料等数据库，不断提高安全监管科学化和信息化水平。

35. 继续抓好非煤矿山安全监管执法人员业务培训，逐步提高非煤矿山安全监督检查和执法水平，进一步提高监管效能。

2011年有关重点行业(领域)安全生产综合监管重点工作安排

2011年有关重点行业(领域)安全生产综合监管工作的总体思路是：认真贯彻落实国务院安委会全体会议、全国安全生产电视电话会议和全国安全生产工作会议精神，按照国务院关于继续深化“安全生产年”活动的总体部署，以深入贯彻落实《国务院关于进一步加强企业安全生产工作的通知》(国发〔2010〕23号)为核心，以强化企业安全生产主体责任为重点，以“三深化”和“三推进”为重要抓手，指导协调相关行业主管部门全面深化安全生产“三项行动”、“三项建设”，有效防范和坚决遏制交通运输、建筑施工、消防等重点行业(领域)重特大事故，促进全国安全生产形势进一步稳定好转。

一、健全完善综合监管工作体系，落实安全监管责任

1. 进一步落实行业管理部门安全监管职责。各地要参照《国务院安全生产委员会成员单位安全生产工作职责》(安委〔2010〕2号)，完善本级政府安委会成员单位安全生产工作职责规定，进一步落实相关部门安全监管职责。

2. 切实落实安全生产综合监管职责。认真落实《国家安全监管总局关于贯彻落实国务院〈通知〉精神强化安全生产综合监管工作的指导意见》(安监总管二〔2010〕203号)，进一步创新综合监管方式方法，完善综合监管体制机制，研究拟定《综合监管工作条例(草案)》。

3. 加强和完善综合监管与行业监管的协调联动机制。充分发挥各级安委会办公室的协调指导作用，认真落实定期通报、定期会商和联合督导、联合约谈、联合分析、联合检查等制度，完善协作联动机制，形成相关部门齐抓共管的工作合力。

二、以全面推进道路交通动态监管为重点，充分发挥科技在事故防范中的作用

4. 加大道路交通动态监管系统推广力度。深入贯彻落实党中央、国务院领导同志有关重要批示精神，在2010年试点工作的基础上，在全国范围内全面推广。会同相关部门加快推进动态监管系统安装应用工作，按照国发〔2010〕23号文件要求的时限，完成“两客一危”车辆(即旅游包车、三级以上班线客车和危险化学品运输车辆)动态监管系统的安装工作。

5. 加强道路交通动态监管制度规范建设。会同交通运输、公安等部门研究制定道路运输车辆卫星定位动态监管系统平台技术要求、平台数据交换和终端技术要求三个标准，进一步规范动态监管系统安装应用工作；研究制定道路交通动态监管系统应用管理办法，强化部门监管责任，规范企业对驾驶员的动态监管，切实发挥好动态监管系统的作用。

6. 实现道路交通动态监管全国联网联控。在全国建立国家、省、市三级监控平台和国家、省、市、县、企业五级监控网络，推进“两客一危”车辆实现全国联网联控，及时纠正查处车辆超速、超员等违法行为。

7. 推进水上交通和大型起重机械动态监管系统安装应用工作。扩大水上交通动态监管试点范围，在全国沿海省(区、市)推动防碰撞系统安装应用工作，建立区域监控平台。2011年底前，海洋运输船舶和60

马力以上机动渔船防撞自动识别系统安装率要分别达到70%和40%。研究制定大型起重机械安全监控管理系统相关标准规范，在铁路、公路等重点工程建设领域的有关中央企业和大型企业开展试点。

三、深化重点行业（领域）安全专项整治，推动“打非治违”工作取得更大成效

8. 深化道路交通安全专项整治。各级安全监管部门要积极配合公安、交通运输等部门深化和拓展“五整顿”“三加强”各项工作措施，切实落实运输企业安全责任制。以道路客运安全为重点，严厉打击超员、超速和非法载客行为；支持配合公安、工业和信息化、住房城乡建设、交通运输、农业等部门，部署开展为期五年的创建“平安畅通县区”活动，大力加强县（市、区）道路交通安全监管力度，进一步落实县、乡级人民政府安全监管责任，降低交通违法违规率，提高农村道路交通安全水平。会同农业部门继续开展创建“平安农机”示范县活动，有效降低农机事故。

9. 深化建筑施工安全专项整治。协调配合住房城乡建设、铁道、交通运输、水利、电力等部门开展以防坍塌、防高处坠落事故为重点的专项整治，强化施工过程管理的领导责任，认真排查治理施工安全隐患，加强对在建工程项目涉及的深基坑、高大模板、脚手架、建筑起重机械设备等施工部位和环节的重点检查治理。严厉打击转包和违法分包，以及施工企业无相关资质证书非法从事建筑活动的行为。

10. 深化消防安全专项整治。协调配合公安消防等部门深入开展以人员密集场所和高层、地下建筑为重点的专项整治，持续组织开展以社会消防安全主体责任落实、消防安全“四个能力”建设、建筑消防设施设置运行和建筑使用性质及装修等情况为主要内容的火灾隐患排查整治。严厉打击违规使用易燃可燃材料装修装饰以及疏散通道、安全出口封堵、自动消防设施损坏等非法违法行为。加强建设工程消防安全源头管理，依法落实有关部门和建设、设计、施工、监理等单位的消防安全责任，坚决防止新开工建设项目产生先天性火灾隐患。

11. 深化水上交通安全专项整治。协调配合交通海事、农业等部门开展防碰撞、防泄漏专项整治。以“四客一危”船舶（客滚船、客渡船、客船、旅游船和危险化学品运输船）为重点，严厉打击无证无照船舶运输、船舶非法载客、超载和非法渡运等非法违法行为。支持配合农业部门开展“平安渔业”示范县活动，进一步落实渔业安全生产责任，提高渔船作业人员持证率和渔船检验检测率，提升渔业防灾减灾能力。

四、积极推动企业开展安全标准化创建活动，落实企业安全生产主体责任

12. 全面推进重点行业（领域）安全生产标准化工作。督促指导有关部门加快标准制修订进度，健全完善行业安全标准体系。重点推进道路交通运输企业安全评估标准化、建筑施工安全标准化、水上运输企业体系审核和渡口渡船安全标准化、铁路运输企业安全责任标准化、民航运输企业安全管理标准化和电力安全生产风险管理标准化，督促企业建立自我约束、持续改进的安全管理长效机制。

13. 积极开展标准化优秀班组示范活动。推动在重点行业企业开展创建“安全生产标准化优秀班组”活动，充分发挥中央企业和国有企业的示范带动作用，及时总结和宣传推广优秀班组典型，推动企业安全达标。

五、严格事故查处，推动各地区、各相关重点行业（领域）和企业吸取事故教训，强化事故预防工作

14. 严格落实事故查处分级挂牌督办制度。认真贯彻落实国务院安委会《重大事故查处挂牌督办办法》（安委〔2010〕6号），进一步完善重点行业（领域）事故查处挂牌督办工作程序，加强沟通协商，提高事故调查工作的实效，切实发挥挂牌督办制度的作用。

15. 严肃认真做好事故查处工作。坚持“四不放过”和“依法依规、实事求是、注重实效”的原则，加强对事故调查工作的组织协调，研究建立相关工作制度，推动事故调查工作不断完善。督促重特大事故按期结案，并及时向社会公布事故查处结果，接受社会监督。

16. 切实用事故教训推动安全生产工作。认真总

结分析重特大事故的原因，加强对典型事故案例的剖析。对2010年相关行业(领域)生产安全事故进行综合分析,总结倾向性、规律性问题,提高政策措施的针对性。

六、加强学习和调查研究,进一步提高综合监管履职能力

17. 强化综合素质能力培养。以迎接建党90周年为契机,深入开展创先争优活动和党风廉政建设,大力发扬学习之风、奋斗之风、奉献之风,进一步增强工作的大局意识和责任意识,强化政治理论学习,努力提高业务能力,狠抓作风建设,着力提高安全生产综合监管履职能力。

18. 加强调查研究。结合安全生产综合监管工作中的重点、难点问题,深入基层、深入行业、深入企业开展专题调研,研究新情况、新问题,创新综合监管工作方法,不断健全完善综合监管长效机制。

2011年危险化学品和烟花爆竹安全监管重点工作安排

2011年全国危险化学品和烟花爆竹安全监管工作的总体要求是:按照国务院关于继续深化"安全生产年"活动的部署和要求,以深入贯彻落实《国务院关于进一步加强企业安全生产工作的通知》(国发〔2010〕23号)为主线,以全面开展安全生产标准化为重要抓手,继续通过强化政府监管,推动企业切实落实安全生产主体责任;认真执行危险化学品和烟花爆竹企业贯彻落实国发〔2010〕23号文件精神的相关配套文件,着力提高安全监管工作执行力,着力强化对基层安全监管工作指导力度,着力加强综合监管,着力提高监管的效率和效果;切实强化危险化学品领域和烟花爆竹行业"三深化"和"三推进";进一步完善法规标准,积极推进科技进步,大力加强信息化建设,促进全国危险化学品和烟花爆竹安全生产形势持续稳定好转。

一、着力推动危险化学品和烟花爆竹企业落实安全生产主体责任

1. 认真做好国发〔2010〕23号文件及相关配套文件的宣传贯彻工作。各地要紧密结合实际,统筹安排部署,制定工作方案,深入宣传贯彻国发〔2010〕23号文件及相关文件:《国务院办公厅转发安全监管总局等部门关于进一步加强烟花爆竹安全监督管理工作的意见》(国办发〔2010〕53号),国家安全监管总局、工业和信息化部《关于危险化学品企业贯彻落实〈国务院关于进一步加强企业安全生产工作的通知〉的实施意见》(安监总管三〔2010〕186号),国务院安委会办公室《关于进一步加强危险化学品安全生产工作的指导意见》(安委办〔2008〕26号)、《关于烟花爆竹生产经营企业贯彻落实〈国务院关于进一步加强企业安全生产工作的通知〉的实施意见》(安委办〔2010〕30号)。地方各级安全监管部门和相关企业要针对不同的培训对象和培训需求,采取多种形式,切实提高宣传贯彻的覆盖面和实效性,增强贯彻落实的针对性和有效性。

2. 把全面开展安全生产标准化工作作为重要抓手,确保企业贯彻落实国发〔2010〕23号文件取得实效。修订完善危险化学品和烟花爆竹安全生产标准化标准规范,督促、推动危险化学品和烟花爆竹企业全面开展安全生产标准化活动,确保2012年底前现有危险化学品企业达到三级以上安全生产标准化水平。

3. 加强企业安全教育培训工作。加强对企业安全教育培训的督导,指导企业健全安全教育培训管理制度,实施持续不断的全员安全教育培训。企业主要负责人、分管安全负责人、安全管理人员、特种作业人员和烟花爆竹危险工序作业人员,要按照有关法律法规的规定接受安全培训考核,具备与岗位工作相适应的安全生产知识和任职资格。督促企业强化班组长安全教育培训,加强用工管理和教育培训,监督指导企业开展形式多样、针对性强、实效性好的安全教育培训工作。

二、加强和改进危险化学品和烟花爆竹安全监管工作

4. 强化和规范安全生产执法检查。各地要根据实际情况,制定重点突出、科学规范的年度执法检查计划,明确被检企业、时间、频次和内容。执法人员到

危险化学品和烟花爆竹企业执法检查前，应根据被检企业安全生产特点，制定有针对性的执法检查方案和检查表，必要时聘请相关专家参加检查。要及时跟踪查出问题的整改情况，保证执法检查效果，提高执法效率和效能。

要突出执法检查重点。把企业建立健全安全生产责任制、建立健全和严格执行安全生产规章制度、安全投入、建立隐患排查治理机制、重大危险源监控、变更管理、安全作业管理、培训、应急工作、吸取同类企业事故教训等情况作为执法检查的重点，督促企业建立和不断完善安全生产体制机制。加大对违法违规生产经营企业的查处力度，对查出的违法违规生产经营企业，一律依法予以处罚并责令限期整改，逾期不整改或整改没有达到要求的，暂扣安全生产许可证。强化对未按要求办理安全生产许可证延期、换证和被停产、关闭企业的监管，严防关而不死、死灰复燃。重视试生产延期企业的监管，防止个别企业借试生产延期之名拖延和逃避安全隐患的及时整改。继续深化"打非"专项行动，依法严厉打击非法建设、生产、经营行为，继续推动地方政府进一步强化烟花爆竹"打非"工作。

5. 严肃查处生产安全事故，严格事故责任追究，以事故教训推动安全生产工作。要依法严肃查处各类生产安全事故，对无人员伤亡的泄漏、火灾、爆炸等事故也要引起重视并做好调查处理工作。在事故调查处理工作中，各地要在查清事故直接原因的基础上，全面查清管理原因，监督企业从完善安全生产制度和安全生产条件入手，深刻吸取事故教训，制定有针对性的防范措施并限期落实。对较大以上和其他典型事故，省级安全监管部门要及时发出通报，吸取教训，引以为戒。加大对事故单位处罚力度，对发生死亡事故的企业，既要严肃追究有关责任人的责任，又要依法加重给予经济处罚。要坚持"四不放过"和"依法依规、实事求是、注重实效"的原则，依法严肃查处危险化学品和烟花爆竹事故，监督事故企业单位深刻吸取事故教训，认真落实防范措施，切实提高安全管理水平，防止同类事故发生。

6. 切实做好安全生产行政许可工作。各地要严格执行危险化学品和烟花爆竹安全生产许可制度，注重关口前移，严格新建项目安全准入，严把安全设计审查关，提高建设项目本质安全水平；通过换证逐步提高安全准入条件，继续淘汰不具备安全生产条件的企业；对危险化学品建设项目、生产、经营及使用许可等工作进行研究，及时解决行政许可工作中发现的问题，并逐步细化准入条件，规范相关工作程序。研究制定烟花爆竹新(改、扩)建项目安全设计审查和竣工验收管理规定，加强烟花爆竹建设项目安全设施"三同时"工作。

7. 强化危险化学品和烟花爆竹安全生产综合监管工作。各地区要发挥好危险化学品安全生产监管部门联席会议制度作用，协调和督促相关部门做好城市危险化学品、大型危险化学品储罐区、危险化学品道路运输和输送管道以及使用危险化学品等方面的安全管理。继续健全完善苏浙沪、环渤海地区区域危险化学品道路运输联控机制。建立烟花爆竹安全监管部际(部门)联席会议制度，强化部门协作配合，加强烟花爆竹联合执法和综合监管。

8. 探索强化安全监管的新途径。组织开展对"事故多发和发生重特大事故危险化学品和烟花爆竹企业新建项目限批制度"实施方案的研究，探索实行对连续发生事故或发生重特大生产安全事故的企业和地区暂停建设项目审批的对策措施。

9. 加强调查研究和对各地安全监管部门的指导。加大基层调研的频次和深度，掌握安全生产第一手资料，为科学制定政策、法规、标准打下基础。强化对地方危险化学品和烟花爆竹安全监管工作的指导，指导省级、市级特别是县级安全监管部门正确理解国家安全监管总局有关危险化学品和烟花爆竹安全监管重点工作部署，协助解决基层安全监管部门在推进重点工作中遇到的问题，加快推进重点工作，提高执行力。

三、努力突破危险化学品和烟花爆竹安全生产工作难点

10. 科学规划化工行业安全发展布局。继续推动地方各级政府制定和实施化工行业安全发展规划，

抓住调整产业结构的有利时机，淘汰安全生产条件差的企业，推动城区和风险大的危险化学品企业搬迁进入化工园区(或化工集中区)。强化城市危险化学品安全管理，做到产业布局调整与城市建设规划相结合、城区危险化学品安全管理与城市公共安全管理相结合，促进城市本质安全水平提升。积极推进化工园区一体化安全管理和整体安全评估工作。

11. 加快化工企业自动化控制改造进程。2011年要基本完成采用危险化工工艺的化工装置的自动化控制改造；按照有关规定，规范和加强危险化学品重大危险源管理，加快重点危险化学品重大危险源自动化监控设施的完善和改造。

12. 开展光气企业和化学制药企业安全现状调查研究。全面调查全国涉及光气、双光气、三光气工艺的企业基本情况，分析化学制药企业安全监管存在的薄弱环节和问题，研究提出进一步加强涉及光气、双光气、三光气工艺的企业和化学制药企业安全监管的对策措施。

13. 大力提升烟花爆竹本质安全和信息化水平。严格执行《烟花爆竹工程设计安全规范》(GB50161-2009)，进一步推进烟花爆竹企业的改造提升工作。推动烟花爆竹企业建立新药物使用安全评估和药物的重要安全指标检测制度，研究建立药物的重要安全指标检测工作机制。配合质检等部门科学分类烟花爆竹，禁止生产危险性大的烟花爆竹产品品种。推进全国统一的烟花爆竹流向管理信息系统建设，强化烟花爆竹市场监管，进一步规范烟花爆竹企业经营行为。

14. 继续开展安全生产专项整治。各地区要选准突破口，研究政策措施，积极推进周边人口密集的危险化学品企业安全生产综合治理，集中治理危及公众安全的危险化学品重大事故隐患，2011年所有安全防护距离不够的化工企业都要制定搬迁或关停计划并抓紧落实；继续组织开展礼花弹和氯酸钾专项治理，严格落实礼花弹流向监控制度；开展涉及裸露药工序的安全治理和“假整合”及分包经营问题的整治；危险化学品企业继续深入开展反“三违”工作，烟花爆竹企业强化反“三超一改”工作。

四、继续推进危险化学品和烟花爆竹安全生产法规标准体系建设

15. 建设危险化学品和烟花爆竹安全生产法规标准体系。按照《危险化学品安全管理条例》和《烟花爆竹安全管理条例》配套部门规章、安全生产指导性意见、重要安全生产管理规定、重点行业安全生产管理规定和行业安全生产标准五个层次，科学构建危险化学品和烟花爆竹安全生产法规标准体系。

16. 加快推进部门规章制修订工作。做好《危险化学品生产企业安全生产许可证实施办法》(原国家安全监管局令第10号)、《危险化学品经营许可证管理办法》(原国家经贸委令第36号)、《危险化学品登记管理办法》(原国家经贸委令第35号)、《危险化学品建设项目安全许可实施办法》(国家安全监管总局令第8号)、《烟花爆竹生产企业安全生产许可证实施办法》(原国家安全监管局令第11号)、《烟花爆竹经营许可实施办法》(国家安全监管总局令第7号)的修订工作，研究制订《危险化学品安全使用许可证管理办法》。

17. 制定《加强城市危险化学品安全管理的意见》、《危险化学品输送管道安全管理规定》、《危险化学品重大危险源安全监督管理暂行规定》、《首批重点监管的危险化学品名录》、《化工行业安全发展规划编制导则》，启动《危险化学品目录》和《化学品物理危险性鉴定与分类管理办法》的制订工作。

18. 做好《化工建设项目安全设计管理导则》(AQ/T3033-2010)和修订后的《危险化学品安全管理条例》、《烟花爆竹劳动安全技术规程》等法规标准宣贯工作。

19. 指导、督促列入2011年安全生产标准制修订计划的危险化学品、烟花爆竹安全生产标准的起草工作，组织制订《危险与可操作性分析方法应用指南》、《烟花爆竹名录》和《烟花爆竹专用运输车辆安全技术条件》等标准，着手按行业梳理安全生产标准，加快急需标准的制修订工作。推动各地加强危险化学品和烟花爆竹安全生产立法工作。

20. 分析研究典型事故中暴露出的部分化工项目建设标准低的问题，会同有关部门指导标准起草单位完善有关建设标准，提高行业准入门槛。

五、加强国际合作，依靠科技进步提高安全生产保障能力

21. 指导企业采用科学的管理方法，提升安全管理水平。继续推动有关中央企业积极开展化工生产装置危险与可操作性分析（以下简称 HAZOP），积极推进新建化工项目在设计阶段应用 HAZOP，逐渐将 HAZOP 应用范围扩大至涉及有毒有害、易燃易爆和液化气体以及采用危险化工工艺的化工装置，全面排查化工装置安全风险，提升企业排查消除事故隐患的能力。

22. 加快先进适用新装备和新技术的推广应用。推广使用液化气体万向节管道充装系统；加快实现所有危险化学品自动计量充装；安全风险大的和大型化工装置推广装备紧急停车系统（ESD）或安全仪表系统（SIS）；所有涉及有毒有害、易燃易爆危险化学品场所全部安装有毒有害、易燃易爆介质泄漏报警仪表；组织推进烟花爆竹生产机械化、安全环保型烟花药剂研发，烟花爆竹企业重点部位推广视频监控；危险化学品和烟花爆竹运输车辆全部安装具有行驶记录功能的卫星定位装置。

23. 积极开展危险化学品安全管理国际交流合作。积极参与我国应对《全球化学品统一分类和标签制度（GHS）》对策与措施的研究和国际合作，指导有关单位跟踪和研究《欧盟化学品注册、评估、授权和限制法规（REACH）》实施情况。启动实施国家安全监管总局与陶氏化学公司危险化学品安全管理第二期示范合作项目，与拜耳公司合作开展《光气安全管理规定》标准制订，开展与塞拉尼斯公司关于化工工艺安全管理方面的合作。与国际劳工组织共同组织召开第二届构建危险化学品安全生产长效机制国际研讨会。

24. 配合做好危险化学品安全生产“十二五”规划编制工作，统筹规划好危险化学品安全生产“十二五”期间的重点项目。

六、强化危险化学品和烟花爆竹安全生产基础工作

25. 加快安全监管信息化建设。各地要积极采取措施，以安全监管信息化建设为基础，以实现行政许可网上申请和审批为目标，依托“金安”工程，尽快启用危险化学品安全监管系统和烟花爆竹安全监管系统，及时解决出现的问题，推进危险化学品和烟花爆竹安全监管工作信息化建设。

26. 全面完成危险化学品生产单位首次登记工作。组织召开全国危险化学品登记工作会议，部署全年危险化学品登记工作，力争全面完成首次危险化学品登记和登记证书到期复核换证工作，基本建立起覆盖全面、数据准确的全国危险化学品基础数据库。

27. 地方安全监管部门要加强档案管理和事故统计调度工作。指导各地安全监管部门按照有关要求建立健全危险化学品和烟花爆竹安全生产档案管理以及事故统计调度制度，完善化工企业非危险化学品事故统计工作，规范各种文件材料的收集、分类、归档、保存和利用以及信息统计工作，做好安全生产工作的原始记录，为安全生产监管工作提供全面的信息服务。

28. 加强各级危险化学品和烟花爆竹安全监管部门和队伍建设。以县级安全监管队伍建设为重点，结合经济产业特点，重点地区应设立专门的危险化学品或烟花爆竹安全监管部门，配备相应的专业人员和技术装备；省级安全监管部门要加强对市级、县级安全监管部门的业务培训，不断提高队伍素质，提升安全监管人员依法行政能力和执法水平。

29. 充分发挥技术支撑单位的作用。指导有关技术支撑单位开展基于风险的危险化学品生产、储存装置外部安全距离标准、高含硫油品加工安全技术、化工园区定量风险评价和安全容量分析以及大型油品储罐区安全控制技术等课题研究，提出针对性的建议和措施。

30. 引导有关行业协会积极参与危险化学品和烟花爆竹安全生产工作。加强与行业协会的联系，与政府监管形成联动、增强合力；充分发挥有关协会在行业安全生产中的作用，指导危险化学品和烟花爆竹企业加强和改进安全生产工作。积极推动中国烟花爆竹协会成立工作。

2011年冶金有色建材机械轻工纺织烟草商贸等行业安全监管重点工作安排

2011年冶金、有色、建材、机械、轻工、纺织、烟草、商贸等行业(以下简称冶金、机械等行业)安全监管工作的主要任务是:认真贯彻落实《国务院关于进一步加强企业安全生产工作的通知》(国发〔2010〕23号)和全国安全生产电视电话会议、全国安全生产工作会议精神,以落实企业安全生产主体责任为主线,紧紧围绕企业安全生产标准化创建工作,加强制度建设,制订标准规范,完善考评体系,突出典型引路,注重政策引导,为冶金、机械等行业的企业在三年内实现达标打好基础、开好局,提高冶金、机械等行业企业安全生产管理水平和防范事故的能力,提高安全生产监管水平,继续降低事故总量和伤亡人数。

一、抓好规章标准制修订工作,为全面开展安全生产标准化奠定基础

1. 制订重点行业规章,做到安全监管有法可依。制订《建材企业安全生产监督管理规定》和《机械制造企业安全生产监督管理规定》,启动《有色金属企业安全生产监督管理规定》制订工作。

2. 制修订行业安全标准,规范企业安全生产管理。按照国际领先的目标,不断提高安全标准中有关技术要求。年内完成《变形铝及铝合金铸锭安全生产规范》、《冶金煤气管道用水封式排水器技术规范》、《冶金煤气柜安全规程》、《水泥工厂预热器安全操作规程》等4个标准发布工作;组织开展《高温金属液体吊运安全规程》、《氧化铝安全规程》、《电解铝安全规程》、《水泥煤粉系统制备安全规程》、《企业班组安全管理规范》等6个安全标准的制订工作;开展《工业企业煤气安全规程》、《炼铁安全规程》、《炼钢安全规程》、《轧钢安全规程》等4个标准的修订工作。

3. 加快工作进度,及时发布17项评定标准。依据《企业安全生产标准化基本规范》确定的原则,广泛征求有关企业、监管部门和专家的意见,以提高评定标准的科学性、先进性和可操作性为原则,完成冶金焦化、烧结球团、冶金煤气、铁合金、氧化铝、电解铝、水泥、造纸、棉纺、白酒、啤酒、乳业、烟草、商业、炼铁、炼钢和机械制造企业等17项评定标准的修订和发布工作。

4. 突出重点领域,年内完成冶金、机械等行业企业评定标准的制订。突出数量多和危险性大的重点门类企业,充分依靠大型企业的技术优势,发挥科研机构、行业协会的积极性,在今年年底前完成铜铅锌镍等有色重金属冶炼、有色金属压延加工、平板玻璃、家具、食品、现代物流商贸等重点行业企业评定标准的制订工作。

5. 合理配置资源,实现评定标准的全面覆盖。地方安全监管部门要积极支持配合评定标准的制修订工作,防止出现评定标准不统一和达标企业水平明显差异的现象。对于尚无评定标准的企业,原则上依据《企业安全生产标准化基本规范》,参照有关评定标准进行评定,地方安全监管部门也可以根据本地实际情况,制订相关企业的评定标准。

二、抓好考评体系的建立和完善,为全面开展安全生产标准化提供条件

6. 调动各方面积极性,加强考评体系建设。按照国家安全监管总局关于三年完成冶金、机械等行业企业安全生产标准化的总体目标,认真分析各行业

企业的数量、分布等情况，发挥科研院所、行业协会学会等单位的作用，研究提出标准化考评单位的条件，合理确定不同等级的考评单位，并向社会公布。

7. 完善考评工作程序，提高考评工作质量。各级安全监管部门要总结经验，不断完善标准化考评工作程序，严格咨询、自评、考评、核准、公告、发牌等流程，加强对考评单位的管理，规范安全达标考评工作，严把考评质量关，加快达标创建工作。

三、抓好示范地区和典型企业的创建，为全面开展安全生产标准化提供经验

8. 摸清企业基本情况，制订标准化工作方案。为实现国家安全监管总局关于冶金、机械等行业的企业三年实现达标的总体部署，国家安全监管总局将制订发布冶金、机械等行业企业安全生产标准化实施指导意见。各级安全监管部门要创新工作方式方法，采取切实有效措施，摸清本地有关企业的基本情况，并制定所有企业三年实现达标的工作方案，明确工作进度安排和工作保障措施。

9. 建立标准化创建活动示范地区，积累创建工作经验。全国确定2至4个示范地区，各省级安全监管局结合实际，分别选择1至2个示范区，鼓励示范区先行先试。加强协调、指导和督促，破解推进标准化工作中遇到的难题，探索和推广在不同地区、行业、企业开展达标升级的成功经验和做法。

10. 树立标准化创建典型企业，引领标准化创建工作。按照打造安全生产国际一流企业的目标，国家安全监管总局在冶金、机械等行业的每个行业抓2至4家大型企业，作为一级标准化企业的典型。省级以下安全监管部门要结合企业的类型、规模和特点，在每个行业选择1至3家典型企业，树立二级、三级标准化企业的标杆和样板。大力推动标准化创建工作，不断提高达标水平。

11. 开展达标经验交流，推动全面开展标准化工作。组织召开不同形式、层次、行业和区域的标准化现场交流会、专题座谈会，交流经验，分析情况，提出对策，分类指导，推动各地区、各企业的标准化创建工作。

四、加强政策措施研究，加大工作力度，为全面开展安全生产标准化提供保障

12. 加强立法配套工作，建立长效工作机制。把开展安全生产标准化作为促进企业转型升级的重要内容，力争将具体要求法定化，将企业达标列入“十二五”规划的考核指标中，使这项工作与日常安全监管工作有机结合起来。

13. 加强内部工作整合，形成监管系统合力。加强对标准化工作的协调组织，将安全生产标准化与安全许可、日常监管执法、风险抵押金缴纳、评优评先、奖惩考核、事故处理等有机结合起来，发挥安全监管的整体作用。

14. 加强部门协调联动，完善激励约束机制。把安全生产标准化创建作为推动企业转型升级、转变经济增长方式的重要内容来抓。协调有关部门制订出台有关安全生产标准化的激励政策和约束措施，将安全生产标准化与项目立项审批、高新技术企业和名牌申报、股份制改造和申报上市、保险费率、融资贷款、信贷信用等级、劳模评选等挂钩。

15. 加强组织领导，落实监管责任。地方各级安全监管部门要落实专门的机构、专职人员，抓好冶金、机械等行业安全生产监管工作，负责冶金、机械等行业安全监管的人员要集中力量抓好安全生产标准化创建工作，以安全生产标准化创建工作带动其他各项工作。把冶金、机械等行业安全生产标准化创建工作作为业绩考核的重要内容。

五、积极开展专项监督检查，督促企业落实安全生产主体责任

16. 继续开展专项治理，提高企业安全管理水平。全面落实《冶金企业安全生产管理规定》(国家安全监管总局令第26号)和国家安全监管总局《关于冶金企业贯彻落实〈国务院关于进一步加强企业安全生产工作的通知〉的实施意见》(安监总管四〔2010〕208号)、《关于开展冶金企业煤气安全管理专项检查的通知》(安监总管四〔2010〕63号)等要求，继续深化冶金煤气安全专项检查工作；抓住生产工艺、吊运及车辆运输等重点环节，开展冶金、有色、机械铸造等行业高温金属液体专项治理工作，防范重特大事故的发生。

17. 加强监督检查，落实安全“三同时”制度。督促指导企业认真贯彻落实《建设项目安全设施“三同时”监督管理暂行办法》(国家安全监管总局令第36号)，检查《国家安全监管总局办公厅关于印发机械轻工纺织烟草商贸等行业建设项目安全设施“三同时”专项检查工作方案的通知》(安监总厅管四〔2010〕107号)的落实情况。对违反“三同时”有关规定逾期没有整改的，一律不能通过标准化考评，依据有关规定予以处罚，情节严重的，要予以曝光。国家安全监管总局将编制钢铁、水泥、机械、纺织、卷烟、造纸和白酒企业建设项目初步设计《安全专篇》编写提纲，规范编写的格式、内容和要点。不断完善建设项目安全预评价报告、安全专篇、安全验收评价报告备案工作的程序，区别不同规模、危险程度的建设项目，采取编制报告、填写报表等办法，实行分类监管，提高效率。

18. 强化事故督导，提高事故查处效率。加大对冶金、机械等行业生产安全事故责任单位约谈力度，对发生重特大事故或者在一个月内发生3次以上较大事故地区的地方政府、责任企业进行约谈，通过事故教训推动责任落实。严格落实事故调查处理报告备案制度，督导较大以上生产安全事故按规定结案和及时备案，切实做到“四不放过”。

19. 推动科技兴安，提高企业本质安全水平。按照《国家安全监管总局关于冶金有色建材机械轻工纺织烟草商贸等行业企业贯彻落实国务院〈通知〉的指导意见》(安监总管四〔2010〕169号)要求，督促各有关企业安装使用桥式起重机准确定位装置、起重机吊钩上下限位安全保护装置、压力机滑块防坠落装置和安全型煤气管道排水器等。组织开发冶金、机械等行业安全生产监督管理信息系统。加强适用及实际需要安全生产技术的调研，提出一批需要开展重点攻关的项目和可以推广的技术装备。

六、加强安全技术培训，提高监管队伍素质，提升安全监管水平

20. 围绕重点工作，加大评定标准宣贯力度。把安全生产标准化评定标准的宣贯作为今年培训工作的重点，选择重点行业和领域，组织有关单位编制评定标准的宣贯培训材料，在安全监管部门、企业和考评单位中开展多种形式的宣贯工作，以评定标准的宣贯促进标准化创建工作。

21. 有效开展专业培训，提高监管工作能力。通过视频讲座、专家介绍、业务培训班、业务交流和交叉检查等方式，继续组织开展安全监管人员培训，提升现场监管执法水平，逐步建成一支廉洁、高效和与监管任务基本适应的监管队伍。

22. 深入开展创先争优活动，加强队伍自身建设。通过深入开展创先争优活动，不断提高监管队伍严格执法、廉洁执法、公正执法、文明执法水平。

2011年职业健康监管重点工作安排

2011年，职业健康监管工作的总要求是：要认真贯彻落实中央编办《关于职业卫生监管部门职责分工的通知》（中央编办发〔2010〕104号）精神和《职业病防治法》等法律法规，强化法规宣贯，创建“两支队伍”（即安全监管系统职业健康监管队伍和企业职业健康管理员队伍），探讨落实“三项制度”（即职业危害申报制度、检测监控制度和警示告知制度），探讨构建“四大体系”（即职业健康监管法规标准体系、宣传教育培训体系、技术服务与支撑体系和信息与装备保障体系），努力做好“五项基础工作”（即职业卫生“三同时”审查、职业卫生安全许可证管理、职业健康监护管理、职业健康培训和用人单位作业场所监督检查），通过扎实有效的工作，努力推动用人单位落实职业健康管理主体责任，改善作业环境，保护劳动者的健康权益。

一、以宣传贯彻《国家职业病防治规划（2009-2015年）》、《职业病防治法》为重点，大力开展职业健康法规宣教活动

1. 围绕《国家职业病防治规划（2009-2015年）》中提出的“十二五”末职业病防治工作的目标和任务，开展一系列宣贯活动。各级安全监管部门要在新修订的《职业病防治法》颁布实施后，采取召开座谈会、邀请专家讲座等多种形式，对其主要精神及重点内容进行宣贯。加强职业健康法规标准知识培训工作，对有关职业健康法规标准进行讲解培训，提高各级安全监管部门依法履职的能力。

2. 开展职业健康宣传活动，提高广大职工的职业健康意识。在《职业病防治法》宣传周期间，各级安全监管部门要会同有关部门联合开展宣传活动，利用各种媒体大力宣传职业健康法规标准和职业危害防护知识，努力营造职业健康“政府大力倡导、全民广泛支持、职工自觉参与”的良好社会氛围；同时，要组织力量开展《职业病防治法》现场咨询日活动，切实使宣传活动深入基层、深入企业。在全国“安全生产月”、“安全生产万里行”期间，通过举办展览、采访报道、案例剖析等形式，大力宣传国家职业健康方针政策、法律法规、防治知识和防护常识，提高全社会的职业危害防护意识。

二、创建“两支队伍”，为职业健康工作开展提供组织保障

3. 认真贯彻落实中央编办发〔2010〕104号文件精神，积极推动各地职业健康监管队伍建设。推动职业卫生监管职能划转和队伍建设较慢的地区尽快理顺完善职业卫生监管体制。各地要利用新修订的《职业病防治法》颁布的有利时机，加强职业健康执法队伍建设；加强职业危害防治知识培训和监管执法业务培训，提高监管队伍的业务素质和执法水平；加强职业健康监管队伍使用执法装备的培训，逐步提高执法检查的科学性、准确性和规范性。

4. 推动重点行业（领域）企业建立职业健康管理员队伍。在北京、辽宁、吉林开展试点工作的基础上，研究制定重点行业（领域）企业职业健康管理员的配备标准、主要职责及监督管理的规范性文件，推广北京市安全监管局的经验和做法，各地都应依据实际情况，选择一些重点企业开展试点工作，积极推动在重点行业（领域）的企业建立职业健康管理员队伍。

三、落实企业主体责任,建立完善"三项制度"

5. 督促指导企业建立完善职业危害申报制度。加强职业危害申报情况的监督检查，督促指导企业在对本单位作业场所职业危害因素进行定期检测的基础上,认真填写《作业场所职业危害申报表》,如实申报作业场所职业危害。

6. 督促指导企业建立职业危害检测监控制度。加强监管与引导,督促企业按照相关规定,指定专人负责对作业场所职业危害因素进行日常监测，确保监测系统、设备处于正常运行状态,并按照国家有关规定聘请技术服务机构开展定期检测，检测结果存入职业卫生档案并及时向劳动者公布。

7. 督促指导企业建立完善职业危害警示告知制度。开展专项检查和执法,督促企业认真执行《工作场所职业病危害警示标识》(GBZ158-2003)和《高毒物品作业岗位职业病危害告知规范》(GBZ7203-2007),建立完善企业内部警示标识及危害告知卡悬挂、设置管理制度,在作业场所醒目位置设置警示标识、告知卡、划定警戒线等。

四、夯实职业健康监管基础,探讨建立完善"四大体系"

8. 完善职业健康监管法规标准体系。研究起草《职业卫生"三同时"监督管理办法》、《职业健康技术服务机构监督管理办法》、《职业健康监护监督管理办法》等部门规章,修订《作业场所职业健康监督管理暂行规定》。各地也要根据工作实际,制定相关地方性法规,为执法检查提供依据。根据监管工作需要和职业危害严重的行业(领域)职业危害治理特点,研究起草皮革加工制造、冶炼、箱包制造、涂料等行业职业危害因素工程控制、职业防护设施、个体职业防护等相关标准。

9. 完善宣传教育培训体系。依托安全生产宣传教育培训机构,完善职业健康宣传教育培训体系。逐步规范职业健康培训工作，提高培训质量，推动国家、省、市、县四级职业健康培训工作。

10. 加强职业健康技术服务与支撑体系建设。按照逐步建立国家、省、市、县四级较为完善的职业健康技术服务与支撑体系的规划，以中国安全生产科学研究院、职业安全卫生研究所、中国石化集团公司职业病防治中心、北京市劳动保护科学研究所为试点,探讨建立国家级职业健康技术服务与支撑机构。要积极主动与卫生系统的相关技术服务机构联系，充分发挥他们的作用。成立职业健康技术服务机构资质认证管理机构，逐步规范技术服务机构的资质认证程序、审批办法及日常监管。

11. 建立职业健康信息与装备保障体系。进一步完善现有的职业危害申报管理软件，开展工矿商贸行业(领域)职业健康现状调查摸底,逐步建立国家、省、市、县四级职业危害数据库。研究开发集职业危害申报、建设项目职业卫生"三同时"核准、职业卫生安全许可证颁发、技术服务机构管理、职业健康监护信息汇总统计分析和违法行为处罚与事故调查处理等信息功能于一体的综合信息管理平台。要对今年验收的安全监管系统技术支撑体系专业中心里有关职业危害因素检测项目，制定办法，充分发挥其作用,提高监管装备保障水平。

五、强化源头预防和过程监管,扎实做好"五项基础工作"

12. 做好职业卫生"三同时"监管工作。各地区要做好建设项目职业卫生"三同时"交接工作,确保与卫生系统工作的连续性，认真做好受理项目的审查和验收,确保工作平稳延续。要加强建设项目职业卫生"三同时"落实情况的监督检查,进一步规范建设项目备案、审核、审查和竣工验收工作。

13. 做好职业卫生安全许可证颁发试点工作。国家安全监管总局将尽快制定职业卫生安全许可证实施意见,利用半年左右时间,先行组织一个省和一个计划单列市进行试点,取得经验后再全面实施。在全面实施阶段，督促指导各地按照分级、属地管理原则,以安全监管部门的监管能力为原则,以危害严重的行业(领域)为重点,确定实施许可的发证范围,健全职业卫生安全许可证申请、审查、发放等工作程序,切实把好源头监管关。

14. 做好职业健康监护管理工作。进一步规范职业健康监护工作，开展对用人单位职业健康监护开展情况的专项检查，督促用人单位建立健全职业健康监护制度,做好职工上岗前、在岗期间、离岗时和应急时的健康检查，建立健全职业健康监护档案并如实、无偿向职工提供。

15. 做好职业健康培训工作。指导各地做好职业健康监管人员和用人单位负责人及相关管理人员的培训，并督促用人单位加强对劳动者的职业健康知识培训工作，不断提高和强化用人单位管理层的守法观念和保障劳动者健康权益的意识。

16. 做好职业健康监督检查工作。通过交互检查、分片督查和专项检查等,加大职业卫生监管执法力度,严厉查处各类违法违规行为,促进企业履行职业危害防治义务。继续抓好重点行业(领域)粉尘与高毒物品危害治理工作，督促在专项行动中工作不力的地区和企业采取有效措施,限期整改到位。深入推进木质家具制造企业、石英砂加工企业、石棉生产和使用企业的职业危害治理工作，促进企业加强工艺技术改造等各项治理措施的落实。

2011年煤矿瓦斯防治监管监察工作要点

2011年煤矿瓦斯防治监管监察工作的总体思路是：以贯彻落实《国务院关于进一步加强企业安全生产工作的通知》(国发〔2010〕23号，以下简称国务院《通知》）和全国煤矿瓦斯防治电视电话会议精神为核心，以强化煤矿企业安全生产主体责任为重点，以进一步减少瓦斯事故总量、遏制煤矿瓦斯重特大事故为目标，围绕全面落实“三深化”、“三推进”重点任务和建设完善“六大体系”、着力提高“六个能力”的总体要求，继续深入开展“安全生产年”活动，强力推进瓦斯先抽后采、综合治理根本措施和瓦斯抽采达标、煤与瓦斯突出防治“两个四位一体”综合措施的落实，强化现场安全管理、加大科技支撑和政策扶持，全面推进“通风可靠、抽采达标、监控有效、管理到位”的综合治理工作体系建设，确保煤矿瓦斯防治工作取得新进展，推进煤矿安全生产形势持续稳定好转。

一、强力推进瓦斯抽采达标

1. 组织落实“先抽后采、综合治理”瓦斯防治根本措施。深刻领会张德江副总理关于“有效防范瓦斯事故的根本措施在于先抽后采、综合治理”的重要指示精神，按照“以安全管理为基础、科技投入为支撑、政策扶持为保障、结构调整为根本进行综合治理”的要求，把瓦斯防治工作作为煤矿安全工作的重中之重，充分发挥瓦斯防治领导小组作用，进一步加强对瓦斯防治工作的领导，落实监管监察责任和企业主体责任，深入分析本地区瓦斯防治工作重点难点，不断完善瓦斯先抽后采、综合治理工作措施，全面推进瓦斯防治工作落实到位。

2. 认真贯彻落实瓦斯抽采达标规章标准。进一步加强瓦斯抽采达标规章标准的宣贯，督促所有应抽采瓦斯的矿井认真贯彻落实《煤矿瓦斯抽采基本指标》(AQ1026-2006)，进一步完善瓦斯抽采技术措施。研究制订《煤矿瓦斯抽采达标规定》，并采取组织学习培训、专家解读、监督检查等多种措施，大力宣贯落实，提高矿井抽采达标能力。

3. 建立完善瓦斯抽采达标评估检查制度。督促煤矿企业牢固树立“抽采不达标不生产”的理念，将瓦斯抽采达标作为确定煤矿生产能力的一项约束性指标；建立健全瓦斯抽采责任制和机构，配备培训合格的专职技术人员；建立瓦斯抽采达标的自评估体系，制定矿井瓦斯抽采达标评判办法，建立和完善瓦斯抽采管理和考核奖惩等制度，每年要对所属矿井的瓦斯抽采达标工作计划和执行情况进行审查。

4. 多措并举强力推进落实瓦斯抽采各项措施。进一步建立完善地面或井下瓦斯抽采系统，做到抽采系统能力足够、设施完善，抽采计量和参数测定准确，抽采管理制度完善；瓦斯抽采工作要超前规划、超前设计、超前施工，确保抽采时间和抽采效果，保持抽采达标煤量与生产准备及回采煤量相平衡；强化现场管理，采取多种可能的抽采技术和工程措施充分抽采瓦斯；加强协调，完善瓦斯利用机制，推动税费优惠、财政补贴、发电上网、价格调节等优惠政策落实到位，加大以利用促抽采工作力度；组织开展瓦斯抽采达标监督检查和专项监察，对落实不力的重点地区开展跟踪督办，对抽采不达标的矿井实施停产整顿等处罚措施。

5. 推进采煤采气一体化。积极配合有关部门按照一个开发主体、采煤采气一体化原则，完善煤炭、煤层气协调开发体制机制，继续推进煤炭和煤层气矿业权重叠问题的解决，完善煤层气开发的政策、技术和管理；鼓励和支持煤矿企业成立瓦斯抽采利用专业公司，促进煤矿企业与瓦斯抽采企业的合作；制定并严格落实《煤层气地面开发安全规程》，加强对煤层气抽采企业的安全监管监察；凡煤层气含量高于国家规定标准并具备地面开发条件的，必须统一编制煤炭和煤层气开发利用方案，优先选择进行地面抽采煤层气，促进煤层气和煤炭资源协调开发。

二、强力推进落实防治煤与瓦斯突出的"两个四位一体"措施

6.认真落实《防治煤与瓦斯突出规定》。加强突出矿井防突措施落实情况的监督检查，严格落实《防治煤与瓦斯突出规定》(国家安全生产监督管理总局令第19号)，督促建立和完善防突机构和专业队伍，强化突出矿井地质基础工作，编制突出矿井区域性治理技术方案，严格落实"两个四位一体"防突措施，协调地方政府和企业制定并落实相关政策措施，鼓励煤与瓦斯突出矿井开采保护层，落实大面积预抽煤层瓦斯区域防突措施，做到不采突出面、不掘突出头。加强矿井揭煤管理，凡揭煤设计未经批准擅自揭开突出煤层，或误揭开突出煤层的，要严肃处理有关责任人。

7. 建立不具备防突能力矿井退出机制。进一步加强防治煤与瓦斯突出能力建设，制定并落实矿井防突能力评估办法，把是否落实"两个四位一体"综合防突措施作为评估煤矿企业是否具备煤与瓦斯突出防治能力的重要指标；研究提出针对煤与瓦斯突出矿井的技术经济政策，建立对不具备防突能力矿井实施有序退出的机制。组织开展矿井防突能力达标监督检查和专项监察，对不达标煤矿实施停产整顿等措施。对发生较大以上煤与瓦斯突出事故的煤矿，要立即启动矿井防突能力评估，对不具备防突能力的煤矿要采取停产整顿、限期改正直至关闭等措施。

8. 严格煤与瓦斯突出矿井的准入。加强对煤矿企业防治瓦斯能力的审查，严格核准煤与瓦斯突出矿井建设项目；不具备防治煤与瓦斯突出能力的企业，不得建设煤与瓦斯突出矿井；对新建开采煤与瓦斯突出煤层的矿井必须坚持首先落实"两个四位一体"综合防突措施。

三、强力推进煤矿瓦斯综合治理工作体系建设

9. 统筹规划煤矿瓦斯综合治理工作体系建设。各地要在煤矿瓦斯治理"双百工程"建设的基础上，结合实际情况，按照力争用3~5年逐步实现所有矿井和产煤县(区)全面建设完成瓦斯综合治理工作体系的目标，统筹规划、分步实施、典型引路、全面提升，研究制定并落实"十二五"期间推进本地区瓦斯治理工作体系建设的规划方案和具体工作措施；要与煤矿安全质量标准化建设紧密结合，通过标准制定、达标验收等手段共同推进，推动瓦斯防治专业达标、岗位达标和企业达标；要与煤矿瓦斯治理示范矿井建设紧密结合，借鉴示范矿井建设经验和模式，促进瓦斯综合治理工作体系建设。

10. 总结推广"双百工程"建设经验。各地要总结提炼瓦斯综合治理工作体系"双百工程"建设的经验和做法，召开瓦斯治理体系建设推进现场会，组织学习和交流示范县、示范矿井建设经验，充分发挥示范工程的模范带头作用，引导辖区内煤矿全面推进瓦斯治理工作体系建设。

11. 加强煤矿瓦斯综合治理工作体系建设的监督检查。加大监督检查力度，结合本地区煤矿企业实际，分类指导、稳步推进；对照建设规划、目标、进度和标准等要求进行监督检查，针对建设中存在的问题和薄弱环节，帮助企业分析和解决存在的问题，并督促其落实责任，采取措施，加快进度，按期达到建设要求，确保完成建设目标。

12. 严格瓦斯防治现场管理。组织开展瓦斯防治专项监察、重点监察，推动煤矿企业加强现场管理，做到"三严格、三加强"，即：严格遵守采掘作业的安全操作规程，严格落实"两个四位一体"综合防突措施，严格执行领导干部带班下井制度；加强作业现场瓦斯实时监测监控，加强通风管理，加强现场劳动组

织管理，全面提升瓦斯防治管理工作水平。

四、强力推进健全完善瓦斯防治技术集成体系

13. 组织开展煤矿瓦斯防治科技攻关。积极探索建立与工业化、信息化发展相适应的煤矿安全科技支撑体系，切实提高煤矿“科技兴安”能力。充分发挥煤矿企业、高校、科研机构和社会中介机构的力量，加强煤与瓦斯突出机理等基础理论研究，加强低透气性煤层瓦斯赋存规律和抽采工艺、瓦斯灾害防治等关键技术及重大装备研发。

14. 积极推广瓦斯防治先进适用技术。充分调动煤矿安全监察监管系统的力量，建立起推广先进适用技术的工作机制；组织筛选煤矿瓦斯防治先进技术集成体系经验和先进适用技术装备，开展煤矿安全科技进企业、技术会诊、技术讲座、技术交流和产品展示等活动，推广煤矿瓦斯防治技术集成体系经验和先进适用技术；大力支持具备瓦斯防治能力的煤矿企业和科研院所、大专院校等单位成立专业化技术服务机构，开展煤矿瓦斯防治技术咨询、技术托管、技术培训和工程服务，并强化监管监察；组织落实好《禁止井工煤矿使用的设备及工艺目录》，促进煤矿企业淘汰落后设备工艺，不断提高安全装备水平。

15. 加强煤矿安全技术管理。制定并落实《关于进一步加强煤矿企业安全技术管理工作的意见》，推进煤矿企业落实安全生产技术管理责任制，强化企业总工程师技术决策权和指挥权，推动煤矿企业建立健全煤矿安全技术管理体系，强化企业技术管理机构的安全职能，应用好《煤矿总工程师技术手册》，夯实瓦斯防治技术管理基础。

16. 推进煤矿井下安全避险“六大系统”建设。督促建立建设完善煤矿井下安全避险“六大系统”工作机制，组织开展煤矿井下安全避险“六大系统”示范矿井建设；监督落实好《煤矿井下紧急避险系统建设管理暂行规定》、《煤矿井下安全避险“六大系统”建设完善基本要求及检查验收办法》等规定；召开技术研讨会、经验交流会、工作座谈会，组织专家对各地建设完善“六大系统”特别是紧急避险系统进行指导；开展工作进展情况检查，及时下发情况通报，总结推广各地建设经验，实现到2011年底全国所有煤矿完成监测监控、人员定位、压风自救、供水施救、通信联络五个系统的建设完善工作。年底前，各地区都应当建成一批“六大系统”建设示范矿井。

五、强力推进完善落实瓦斯防治的法规政策标准

17. 做好煤矿安全“十二五”规划制定和贯彻落实工作。各地要按照《中共中央关于制定国民经济和社会发展第十二个五年规划的建议》要求，紧密结合深入贯彻落实国务院《通知》精神，深入分析本地区煤矿安全生产新形势、新问题，科学制定本地区煤矿安全生产“十二五”规划。把煤矿瓦斯防治作为煤矿安全的重点工作，与加快转变煤炭工业发展方式、调整优化煤炭产业结构紧密结合，与建立和完善安全生产“六大体系”、着力提高“六个能力”紧密结合，统筹规划好、布置好“十二五”期间的煤矿瓦斯防治思路、目标和重点工作。

18. 推进煤矿瓦斯防治政策法规标准的完善落实。认真落实国家促进煤矿瓦斯抽采利用政策和高瓦斯、突出矿井税收优惠政策。充分吸纳近年来煤矿安全规章、标准和先进技术成果，充分吸取煤矿重特大事故教训，进一步做好《煤矿安全规程》中关于瓦斯等条款的修订工作；加快制定出台《煤层气地面开发安全规程》、《矿井瓦斯等级鉴定办法》、《煤矿瓦斯抽采达标规定》等瓦斯防治规章标准；进一步完善生产能力核定办法，把抽采达标作为能力核定的重要指标。

19. 做好煤矿安全改造项目的审核和检查工作。积极配合投资主管部门，组织好2011年30亿国债资金项目的申报、审核和实施，重点支持煤矿瓦斯先抽后采、区域防突和煤矿井下安全避险“六大系统”建设，充分发挥国债资金的带动引领作用；进一步做好煤矿安全改造项目执行情况和煤矿安全生产费用提取、使用情况的监督检查，督促煤矿企业加快项目实施，提足用好安全费用，不断加强煤矿瓦斯防治基础工作；积极协调地方政府对瓦斯防治的资金投入，拓宽资金渠道，加快推进瓦斯抽采利用。

六、强化瓦斯防治的监管监察

20. 加强矿井瓦斯等级鉴定。全面做好煤矿瓦斯等级鉴定,并依据鉴定结果做好相关整改工作,进一步完善瓦斯防治措施。加强对瓦斯鉴定的指导、协调、监督检查和审批备案,严格瓦斯等级鉴定程序和标准,强化动态管理,确保鉴定结果真实可靠。高瓦斯矿井和煤与瓦斯突出矿井一律不得降低矿井瓦斯鉴定等级。

21. 加大煤矿瓦斯防治监管监察力度。督促建立完善企业负责人及相关人员瓦斯防治责任制，切实强化企业法定代表人、实际控制人第一责任人的责任,完善管理制度,配齐相关技术人员和专业队伍,健全矿井瓦斯防治系统,落实各项瓦斯防治措施。要逐级签订瓦斯防治目标责任书，凡瓦斯事故和死亡人数超过控制目标的,要严肃追究责任。建立瓦斯防治督查督办制度,严格安全生产目标责任考核,把瓦斯抽采利用目标完成情况纳入绩效考核体系，加大安全奖罚力度,加强对瓦斯事故多发地区、单位的约谈、通报和监督检查。对发生事故的企业,要按照“四不放过”和依法依规、实事求是、注重实效的原则从严查处,严肃追究有关人员的责任。

22. 强化瓦斯隐患整改。加强对瓦斯事故集中多发地区的现场督导，进一步完善瓦斯事故隐患定期排查、逐级挂牌督办和公告通报制度,对查出的重大瓦斯事故隐患,明确责任、措施、资金、时间和应急预案,强化隐患排查治理信息化监控手段,切实搞好隐患整改效果评价,有效消除大隐患、遏制大事故。

2011年安全生产宣传工作要点

2011年是中国共产党成立90周年，是“十二五”规划的开局之年，也是实现全国安全生产状况根本好转战略目标的起步之年。为切实加强安全生产宣传工作，按照党中央、国务院有关工作部署，根据国家安全监管总局2011年重点工作安排，制定2011年安全生产宣传工作要点。

一、总体要求

1. 认真学习贯彻党的十七大和十七届三中、四中、五中全会及中央经济工作会议精神，以邓小平理论和“三个代表”重要思想为指导，深入贯彻科学发展观，牢固树立以人为本、安全发展的理念，以深入贯彻落实《国务院关于进一步加强企业安全生产工作的通知》（国发〔2010〕23号，以下简称《国务院通知》）精神为核心，以强化企业安全生产主体责任为重点，以继续深化“安全生产年”活动为主线，紧紧围绕“三深化”、“三推进”，坚持贴近实际、贴近生活、贴近群众，全面加强安全生产宣传工作，深入推进安全文化建设，加快建立完善安全生产宣传教育体系，为“十二五”时期全国安全生产工作开好局、起好步提供有力的思想保证、精神动力、舆论支持和文化条件。

二、大力宣传安全生产工作的重要部署

2. 继续深入宣传贯彻《国务院通知》精神。会同有关方面组织宣讲团，深入基层、深入企业，深入解读宣传《国务院通知》及相关实施意见，组织开展专题培训和知识竞赛，并对贯彻实施过程中出现的实际问题进行解答宣讲，促进各地区、各有关部门和单位加深对《国务院通知》精神的理解把握，切实抓好每一项政策措施的贯彻落实。

3. 切实做好安全生产重要会议精神的宣传。认真宣传国务院安委会全体会议、全国安全生产电视电话会和全国安全生产工作会议精神，围绕工作重点，深入宣传安全生产“三深化”、“三推进”的具体内容，促进各地区、各有关部门和单位进一步深化安全生产“三项行动”和“三项建设”。

4. 扎实开展安全生产“十二五”规划的宣传。结合国家“十二五”规划的实施，加强安全生产重点内容的宣传。认真宣传安全生产“十二五”规划提出的目标任务、重点工作、建设工程及保障措施，促进加快建设“六个体系”，着力提高“六个能力”。

三、加强深化“安全生产年”活动各项任务措施的宣传

5. 突出深化“安全生产年”活动的主题。认真学习宣传国务院办公厅关于深化“安全生产年”活动通知的精神，突出活动主题，把深化企业安全主体责任落实、依法监管、专项整治和推进科技进步、安全达标、长效机制建设作为重点内容，做好深入细致的宣传工作，促进各项部署要求的贯彻落实。

6. 密切与有关部门的工作配合。针对联合执法、专项整治、安全标准化建设和事故查处督办等方面，以及涉及其他有关行业主管部门的重点工作，各地区安全监管监察部门要加强工作沟通，共同谋划宣传重点，制定宣传方案，搞好宣传发动，推动工作深入开展，确保实效。

7. 加强企业班组安全建设宣传。认真宣传贯彻中央领导同志在全国煤矿班组安全建设推进会上的重要讲话精神，组织班组安全建设先进事迹报告会

和以反映基层安全管理工作为题材的电影《金牌班长》巡回放映活动。大力宣传“白国周班组管理法”，并将其推广到全国各类企业的班组中，杜绝“三违”，夯实企业安全生产基层基础。

8. 积极创造良好的舆论氛围。以“安全责任，重在落实”为主题，组织开展好第十个全国“安全生产月”和“安全生产万里行”、“安全生产宣传咨询日”、“国际矿山安全论坛”、“安康杯”竞赛、创建“青年安全生产示范岗”等系列宣传教育活动，为深化“安全生产年”活动营造良好的社会氛围。

四、深入开展以正面报道为主的宣传工作

9. 认真抓好建党90周年的宣传工作。组织开展丰富多彩的宣传活动，进一步激发爱党爱国爱民热情，动员各级安全监管、煤矿安全监察人员牢记党的宗旨，以对党和人民高度负责的精神，认真履行职责，切实加强安全生产工作。

10. 积极宣传安全生产工作的突出成就。认真宣传党和政府“十一五”期间在加强安全生产工作方面采取的重要政策措施、积累的宝贵经验、开展的重点工作和取得的显著成效。总结推广各地区、各有关部门和单位创造的经验做法，进一步增强做好安全生产工作、维护人民群众生命财产安全的信心和决心。

11. 进一步扩大舆论宣传影响。充分发挥中央主流媒体的深度引导作用，通过专题报道、系列报道、跟踪报道，强化正面宣传。发挥好行业媒体的主动报道作用，善于把握工作动态，及时从不同侧面反映安全生产工作的新进展，向全社会展示安全生产的新成效。

12. 抓好安全监管监察系统“创先争优”活动成果的宣传。以全系统深入开展“创先争优”活动为契机，大力宣传安全监管监察和应急救援战线上涌现出来的先进典型和先进事迹，培育一批“安全发展忠诚卫士”和“为民务实清廉安监机构”典型，切实发挥好各级党员干部的示范表率作用。

13. 深入宣传基层安全管理的先进典型。围绕落实安全生产主体责任，广泛总结宣传地方各级政府、安全监管、煤矿安全监察、主管部门在行业和企业安全管理，以及“打非治违”、安全专项整治、安全标准化建设、安全科技进步等方面的先进经验，推进安全生产工作不断得到加强。

五、不断深化安全文化建设

14. 大力宣传安全生产法律法规及科普知识。采取多种多样和灵活有效的方式，普及安全生产法律知识，增强广大群众的安全生产法制意识。深入开展“安全科技周”、“安全警示教育周”、“职业病防治宣传周”、“应急预案演练周”以及送安全科技、安全文化、安全影视作品进企业、进学校、进乡村、进社区、进家庭等活动，组织专家为企业“会诊”，编印群众喜闻乐见、通俗易懂的安全常识图书、手册、动画等，提高全民安全意识、自救互救和有效防范的能力。

15. 全面实施《“十二五”安全文化建设纲要》。研究探索深化安全文化建设的新思路、新途径、新举措，加快各项重点任务的推进，按年度分解计划，落实保障措施，继续抓好安全文化示范企业、安全发展城市、安全社区等示范工程建设，制定修订相关指导意见，加强制度建设，确保规范动作，推进安全文化活动不断创新发展。

16. 积极推进安全生产诚信建设。注重总结宣传各地区、各行业和企业安全生产诚信建设的经验做法，有效推进煤矿等重点行业（领域）企业全面履行安全生产法定义务和社会责任。

17. 积极扶持安全文艺创作。广泛调动社会各界参与安全文化建设的积极性。支持、鼓励各类文化团体、文学艺术工作者创作更多更好的安全文化产品，深入基层开展安全生产文艺巡演、生命之歌传唱等活动，弘扬安全文化，打造安全文艺精品。

六、进一步加强安全生产社会监督和舆论监督

18. 畅通舆论监督渠道。认真贯彻落实《国家安全监管总局关于加强安全生产社会监督和舆论监督的指导意见》（安监总政法〔2010〕192号），充分发挥工会、共青团和妇联组织以及新闻媒体对安全生产工作的监督作用。深入贯彻落实突发事件新闻报道的有关规定，不断扩大新闻媒体舆论监督的公众参

与范围,加快扩大全国统一的“12350”安全生产举报投诉电话的设立覆盖面,扩大监督举报途径。

19. 主动发布安全生产相关信息。针对社会普遍关注的热点问题,公开发布安全生产重大决策部署及重点工作进展情况、重大隐患治理挂牌督办情况、重特大事故和典型事故的救援及查处情况,以及安全生产企业“黑名单”等内容,加强正面引导。认真做好安全生产控制指标实施情况的公告发布。切实做好重大生产安全事故查处挂牌督办结果的公告发布,对事故查处不到位、责任追究不落实的要公开曝光。

20. 加快推进舆情分析工作。加强安全生产信息化建设,关注有关媒体和互联网对安全生产工作的报道、评论、建议和监督,高度重视社会和舆论对有关重大隐患和事故查处情况的反映和监督,及时搜集、整理和分析信息,为加强有针对性的舆论引导发挥应有的作用。

21. 深入开展专项教育活动。认真贯彻中宣部的部署要求,积极开展“杜绝虚假报道、增强社会责任、加强新闻职业道德建设”专项教育活动,建立组织机构,明确工作重点,抓好落实。按照属地管理、行政隶属原则,理顺有关报刊的主管部门;抓好报刊审读,制定审读办法,促进办报办刊质量和水平的不断提高。

七、加强安全生产宣教队伍建设

22. 继续推进全国安全生产宣教体系建设。建立和完善各级宣教机构沟通和联动机制,加强安全宣传教育阵地建设,加强对有关主管网站的管理和引导,完善安全文化建设信息化手段,鼓励各地建设安全宣传教育基地(场所),为不断加强安全宣传工作提供平台支撑。

23. 加大宣传教育培训力度。积极组织举办和参加相关业务培训,引导各级安全监管监察机构负责人特别是新闻宣传负责人和工作人员,改进宣传工作方式方法,善待媒体、善用媒体,加强对网络宣传产品的开发应用,提高运用各类媒体引导社会舆论、推进安全生产工作的能力。

24. 加强对相关社会安全文化机构的监督管理。既要发挥社会安全文化专业机构对安全生产宣传工作的支持作用,又要坚持依法依规办事,规范运作,加强监督,杜绝有偿新闻,维护安全监管监察机构的形象。

25. 加强安全宣教制度建设。健全完善与各有关宣教机构和新闻媒体等的沟通联络机制、重特大事故及其救援工作快速报道机制、重大宣传活动会商制度,推进安全宣教工作日常化、制度化建设,促进安全宣传教育工作健康发展。

26. 加强宣传工作的组织领导。加强宣传队伍自身建设,严格遵守党风廉政有关规定,特别是在与社会机构合作时要严防发生不廉洁行为。进一步加强对安全宣传工作的组织指导,健全保障措施,为开展相关宣传活动提供必要的支持,确保全年安全生产宣传工作扎实深入开展。

第 2 章

2010 年度中国安全生产状况

2010 年全国安全生产总体情况

(一)事故总体情况

2010 年，全国共发生各类生产安全事故 363383 起，死亡 79552 人，同比减少 15865 起、3648 人，分别下降 4.2%和 4.4%。

按行业和领域分，绝大多数行业领域事故下降。工矿商贸、道路交通、水上交通、铁路交通和农业机械事故起数和死亡人数同比下降；火灾事故起数同比上升、死亡人数同比下降；民航飞行、渔业船舶和其它事故起数同比下降、死亡人数同比上升。(各行业和领域事故详见表 1.1)。

表 1.1　　2010 年各行业领域各类事故情况表

	事故起数	同比		死亡人数	同比	
		±	± %		±	± %
合　　计	363383	-15865	-4.2	79552	-3648	-4.4
一、工矿商贸	8431	-1111	-11.6	10616	-920	-8.0
其中：煤　矿	1403	-213	-13.2	2433	-198	-7.5
二、火　　灾	131705	3374	2.6	1108	-40	-3.5
三、道路交通	219521	-18830	-7.9	65225	-2534	-3.7
四、水上交通	331	-27	-7.5	329	-7	-2.1
五、铁路交通	2301	-297	-11.4	1589	-218	-12.1
六、民航飞行	3	-1	-25.0	45	39	
七、渔业船舶	263	-64	-19.6	319	13	4.2
八、农业机械	812	-24	-2.9	214	-48	-18.3
九、其　　它	16	-3	-15.8	107	13	13.8

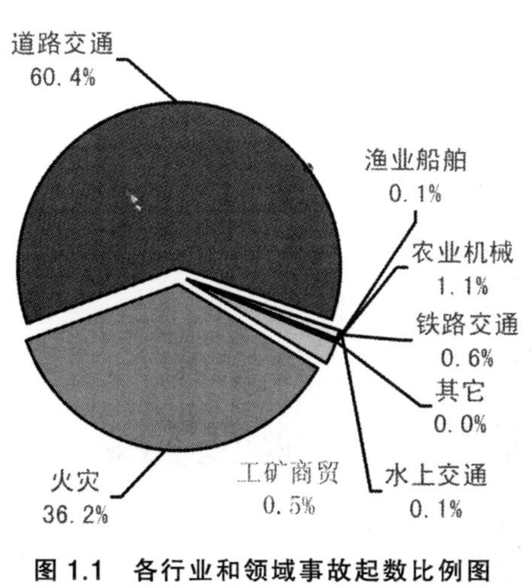

图 1.1　各行业和领域事故起数比例图

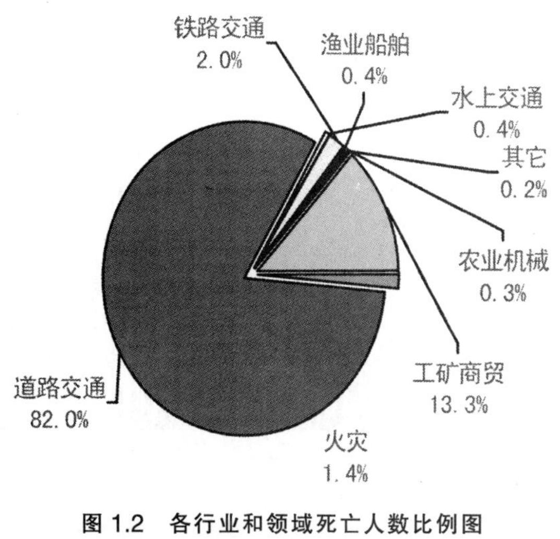

图 1.2　各行业和领域死亡人数比例图

在各行业和领域事故中，道路交通事故起数和死亡人数均居第一位，分别占60.4%和82.0%；事故起数居第二位的是火灾，占36.2%，死亡人数居第二位的是工矿商贸，占13.3%。（各行业和领域事故起数和死亡人数比例详见图1.1、图1.2）

按行政区分，半数地区事故起数和死亡人数同比下降。全国32个省级统计单位（省、区、市和新疆兵团，以下同）中，有16个单位事故起数和死亡人数同比分别下降，占50.0%；有12个单位事故起数同比上升、死亡人数同比下降，占37.5%；天津事故起数同比下降、死亡人数同比上升；新疆兵团事故起数同比上升、死亡人数同比持平；北京和西藏2个单位事故起数和死亡人数同比分别上升。（各行政区事故情况详见表1.2、图1.3）

表1.2　　2010年全国32个统计单位各类事故情况表

地区	事故起数	同比		死亡人数	同比		地区	事故起数	同比		死亡人数	同比	
		±	±%		±	±%			±	±%		±	±%
合计	363383	-15865	-4.2	79552	-3648	-4.4	河南	11798	164	1.4	2479	-108	-4.2
北京	9924	375	3.9	1171	12	1	湖北	16442	-2084	-11.2	2531	-83	-3.2
天津	4416	-863	-16.3	1087	14	1.3	湖南	11996	1212	11.2	2985	-157	-5
河北	11006	822	8.1	3123	-88	-2.7	广东	37047	-609	-1.6	6882	-381	-5.2
山西	11598	-1049	-8.3	2797	-343	-10.9	广西	6130	-725	-10.6	2867	-130	-4.3
内蒙古	13835	1	0	1838	-15	-0.8	海南	2610	209	8.7	552	-40	-6.8
辽宁	12806	2369	22.7	2736	-52	-1.9	四川	20095	-8120	-28.8	3872	-189	-4.7
吉林	12510	-1131	-8.3	1761	-62	-3.4	贵州	3971	519	15	1936	-222	-10.3
黑龙江	6638	226	3.5	1751	-133	-7.1	云南	7160	-487	-6.4	2436	-22	-0.9
上海	8314	-1185	-12.5	1345	-138	-9.3	西藏	1036	122	13.3	455	33	7.8
江苏	19527	-477	-2.4	5584	-175	-3	重庆	11454	-1087	-8.7	1613	-125	-7.2
浙江	26179	-2241	-7.9	6167	-346	-5.3	陕西	10943	405	3.8	2285	-93	-3.9
安徽	13487	-610	-4.3	3380	-85	-2.5	甘肃	4428	44	1	1770	-38	-2.1
福建	17020	-742	-4.2	3159	-147	-4.4	青海	2928	342	13.2	688	-3	-0.4
江西	9140	-1470	-13.9	1938	-76	-3.8	宁夏	5336	-561	-9.5	546	-47	-7.9
山东	22058	-688	-3	4693	-307	-6.1	新疆	10910	421	4	2480	-32	-1.3
							新疆兵团	24	6	33.3	27		

注：各行政区为工矿商贸、道路交通、火灾、铁路交通和农业机械事故五项之和

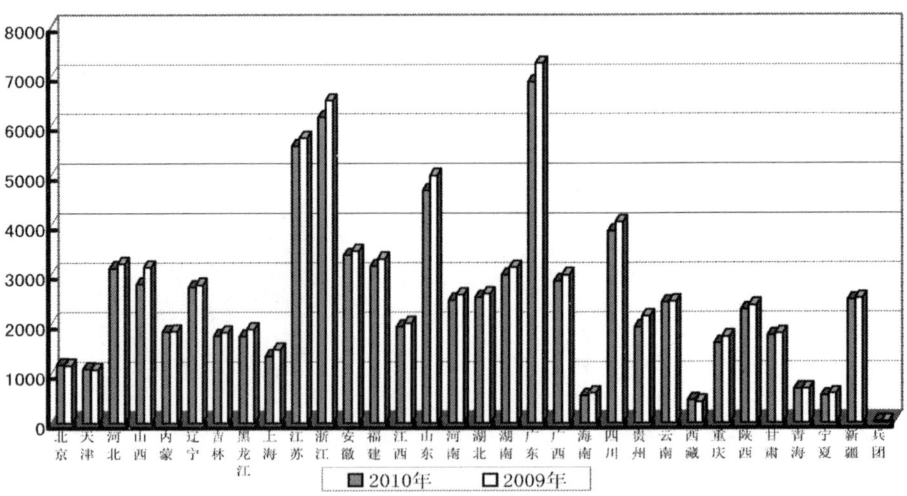

图1.3　全国32个统计单位事故死亡人数对比图

按事故发生时段分。具有以下特征：

一是事故变化趋势与上年基本同步，且绝大多数月份同比下降。从图1.4和图1.5看，2010年事故起数月度曲线变化趋势与2009年完全同步，2010年事故死亡人数除3月份环比变化与2009年3月份环比变化不同外，其余11个月事故死亡人数变化趋势与2009年完全一致。从同比情况看，2010年事故起数除11月份同比略有上升外，其余11个月同比均下降，其中以2月份下降9.8%为最多；事故死亡人数除12月份同比略有上升外，其余11个月同比均下降，其中以2月份下降19.2%。

二是三季度事故最少，四季度事故多发且死亡人数最多。从图1.6和图1.7看，三季度为全年事故最少季节，共发生各类事故8.1万起，占全年事故总起数的22.3%，低于全年季度平均起数2.7个百分点；四季度为全年事故多发而死亡人数最多的季节，四季度共发生事故10.4万起，死亡2.6万人，占全年事故总起数和死亡人数的28.7%和32.7%，分别高于全年季度平均3.7个百分点和7.7个百分点。从季度趋势看，事故起数在前三个季度保持连续下降后，四季度上升较多；事故死亡人数四个季度保持持续上升。

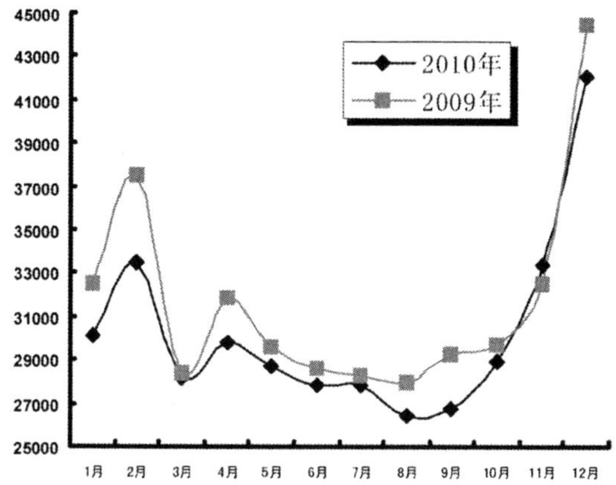

图1.4 全国各类事故起数分月对比图

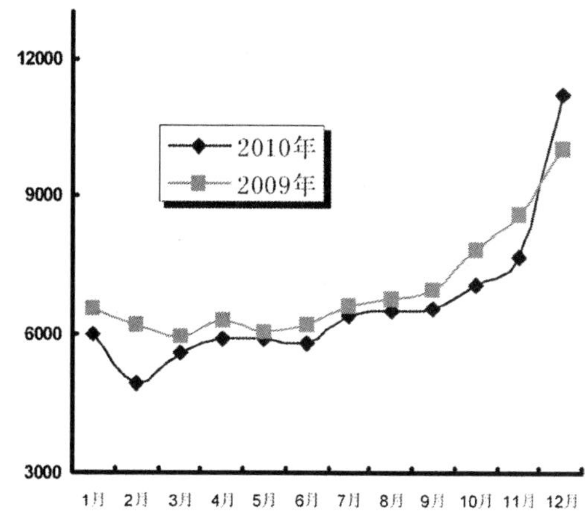

图1.5 全国各类事故死亡人数分月对比图

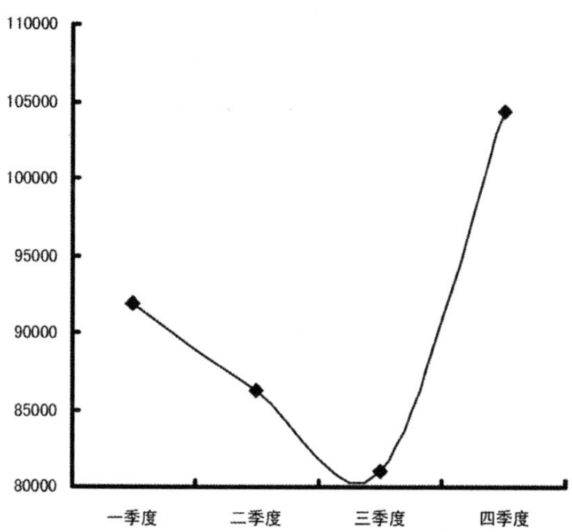

图1.6 全国各类事故起数分季趋势图

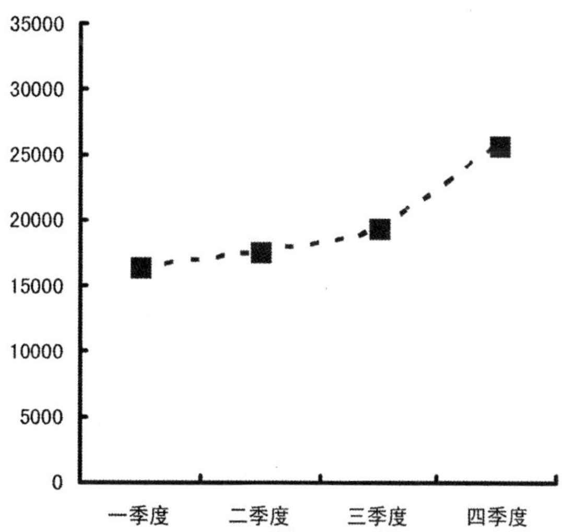

图1.7 全国各类事故死亡人数分季趋势图

（二）较大事故情况

2010年，全国共发生各类较大事故1732起，死亡6870人，同比减少28起、33人，分别下降1.6%和0.5%。

按行业和领域分，多数行业（领域）较大事故有所上升。工矿商贸及其中的煤矿、建筑施工、危险化学品、火灾、水上交通、渔业船舶较大事故起数和死亡人数同比上升；道路交通、铁路交通和其它较大事故起数和死亡人数同比下降；民航飞行和农业机械没有发生较大事故（各行业和领域较大事故情况详见表2.1）。

在各行业和领域较大事故中，道路交通较大事故起数和死亡人数居第一位，分别占68.0%和65.8%，其次是工矿商贸，较大事故起数和死亡人数分别占23.2%和24.5%。（各行业和领域较大事故起数和死亡人数比例详见图2.1、图2.2）。

表2.1　　2010年各行业领域较大事故情况表

	事故起数	同比		死亡人数	同比	
		±	±%		±	±%
合　计	1732	-28	-1.6	6870	-33	-0.5
一、工矿商贸	402	43	12.0	1685	217	14.8
其中：煤　矿	110	4	3.8	517	42	8.8
二、火　灾	65	14	27.5	232	40	20.8
三、道路交通	1177	-79	-6.3	4522	-290	-6.0
四、水上交通	36	5	16.1	156	13	9.1
五、铁路交通	1	-8	-88.9	3	-34	-91.9
六、民航飞行		-1	-100.0		-4	-100.0
七、渔业船舶	39	5	14.7	219	44	25.1
八、农业机械		-1	-100.0		-4	-100.0
九、其　它	12	-4	-25.0	53	-19	-26.4

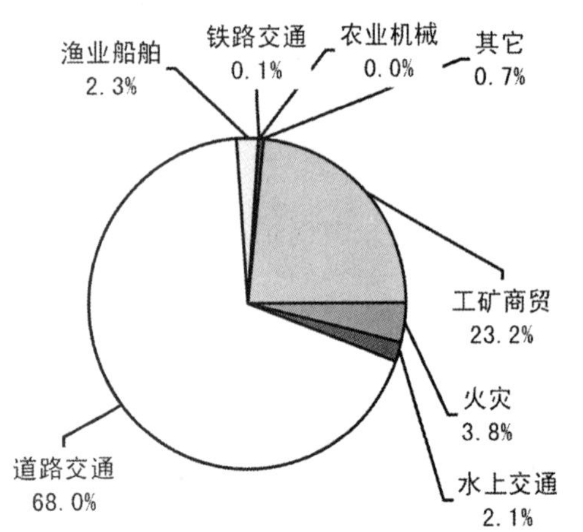

图2.1　各行业和领域较大事故起数比例图

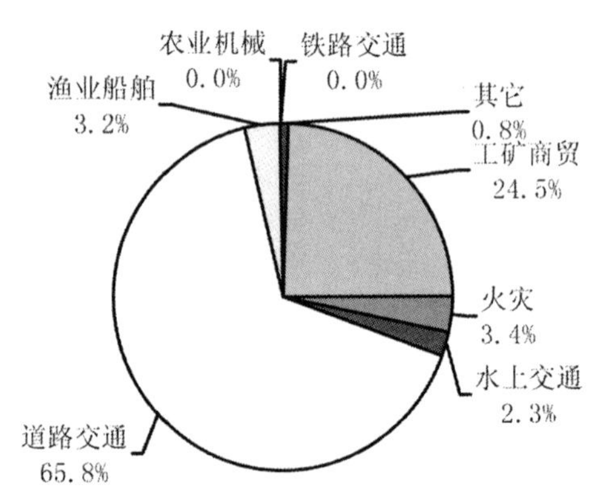

图2.2　各行业和领域较大事故死亡人数比例图

按行政区分，半数地区较大事故同比下降。全国32个省级统计单位中，有16个单位事故起数和死亡人数同比下降，占50.0%；有13个单位事故起数和死亡人数同比上升，占40.6%。（各行政区较大事故情况详见表2.2、图2.3）。

（三）重大事故情况

2010年，全国共发生重大事故74起，死亡1028人，同比增加12起、193人，分别上升19.4%和23.1%。

按行业和领域分，工矿商贸和道路交通重大事故多发。道路交通共发生重大事故33起，死亡428人，工矿商贸共发生重大事故29起，死亡445人，两者合计分别占重大事故起数和死亡人数的83.8%和84.9%。（各行业和领域重大事故起数和死亡人数比例详见图3.1、图3.2）。

表 2.2　　　2010 年全国 32 个统计单位各类较大事故情况表

地区	事故起数	同比		死亡人数	同比		地区	事故起数	同比		死亡人数	同比	
		±	±%		±	±%			±	±%		±	±%
合计	1732	6870	-28	-1.6	-33	-0.5	河南	43	-5	-10.4	195	-22	-10.1
北京	24	5	26.3	73	1	1.4	湖北	75	19	33.9	275	50	22.2
天津	25	-3	-10.7	91	-4	-4.2	湖南	88	13	17.3	378	67	21.5
河北	41	-2	-4.7	159	-28	-15	广东	109	5	4.8	419	58	16.1
山西	67	-4	-5.6	254	8	3.3	广西	82	-12	-12.8	318	-24	-7
内蒙古	78	9	13	302	24	8.6	海南	14	-1	-6.7	48	-10	-17.2
辽宁	49	20	69	186	76	69.1	四川	79	-3	-3.7	319	-4	-1.2
吉林	30	-14	-31.8	115	-61	-34.7	贵州	100	-8	-7.4	403	-23	-5.4
黑龙江	62	13	26.5	236	38	19.2	云南	93	10	12	363	46	14.5
上海	18	4	28.6	64	10	18.5	西藏	18			73	6	9
江苏	52	-5	-8.8	196	-14	-6.7	重庆	37	6	19.4	131	15	12.9
浙江	52	-10	-16.1	195	-49	-20.1	陕西	30	-6	-16.7	144	12	9.1
安徽	65	-4	-5.8	236	-18	-7.1	甘肃	59	-7	-10.6	235	-12	-4.9
福建	58	-21	-26.6	221	-80	-26.6	青海	20	-4	-16.7	78	-18	-18.8
江西	73	6	9	276	11	4.2	宁夏	19	1	5.6	69	1	1.5
山东	47	-35	-42.7	209	-126	-37.6	新疆	64	11	20.8	256	53	26.1
							新疆兵团	1	-1	-50	3	-7	-70

注：各行政区为工矿商贸、道路交通、火灾、铁路交通和农业机械事故五项之和

75

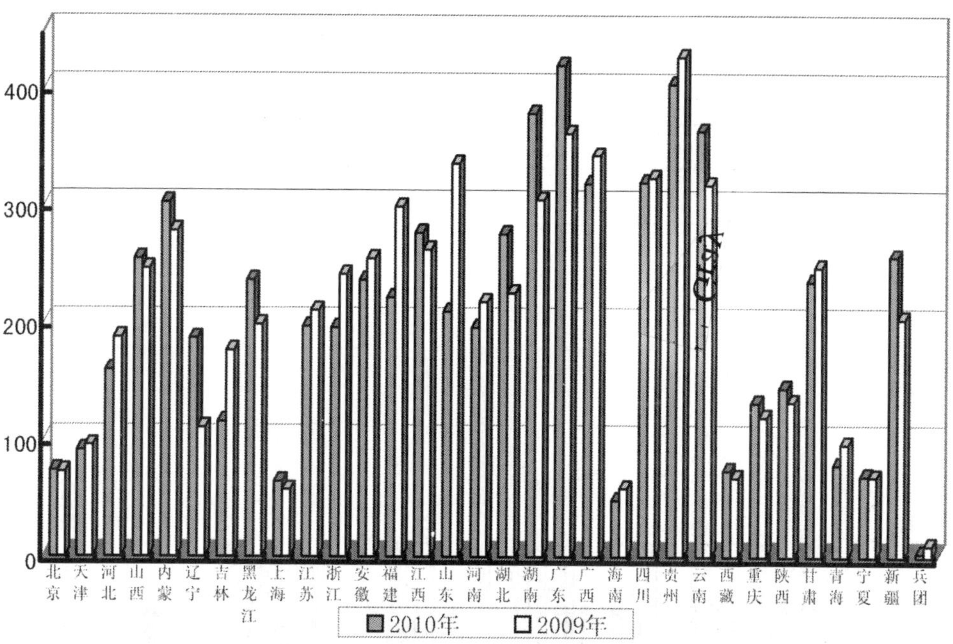

图 2.3　全国 32 个统计单位较大事故死亡人数对比图

在各行业和领域中，铁路交通、民航飞行和农业机械没有发生重大事故；道路交通、水上交通和其他重大事故起数和死亡人数同比上升；火灾重大事故起数和死亡人数同比下降。（各行业和领域重大事故情况详见表 3.1）。

按行政区分。在全国 32 个省级统计单位中，北

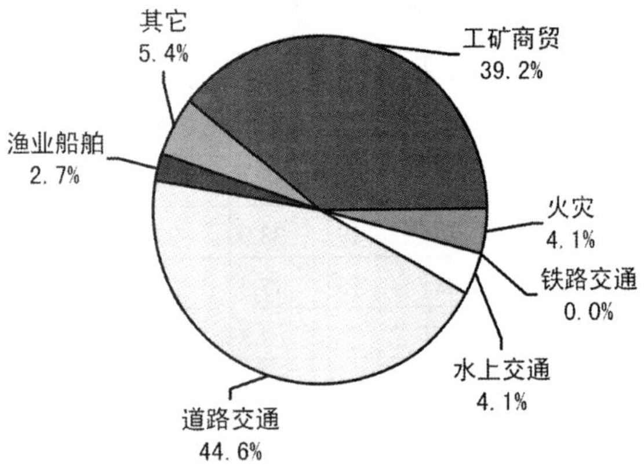

图 3.1　各行业和领域重大事故起数比例图

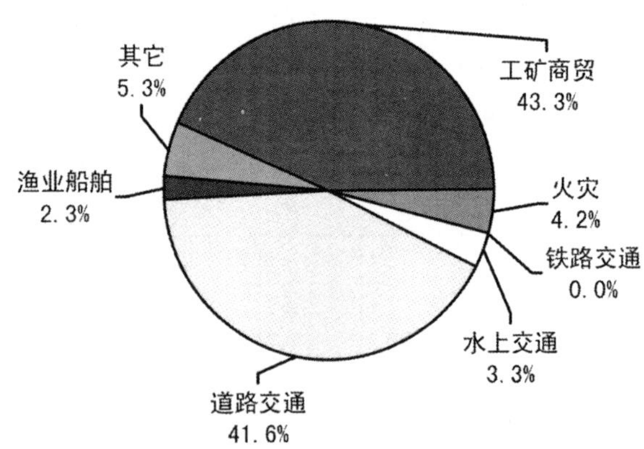

图 3.2　各行业和领域重大事故死亡人数比例图

表 3.1　　2010 年各行业领域重大事故情况表

	事故起数	同比		死亡人数	同比	
		±	±%		±	±%
合　计	74	12	19.4	1028	193	23.1
一、工矿商贸	29			445	49	12.4
其中：煤　矿	18	2	12.5	294	77	35.5
二、火　　灾	3	-1	-25	43	-6	-12.2
三、道路交通	33	9	37.5	428	100	30.5
四、水上交通	3	1	50	34	12	54.5
五、铁路交通						
六、民航飞行						
七、渔业船舶	2			24	4	20
八、农业机械						
九、其　　它	4	3	300	54	34	170

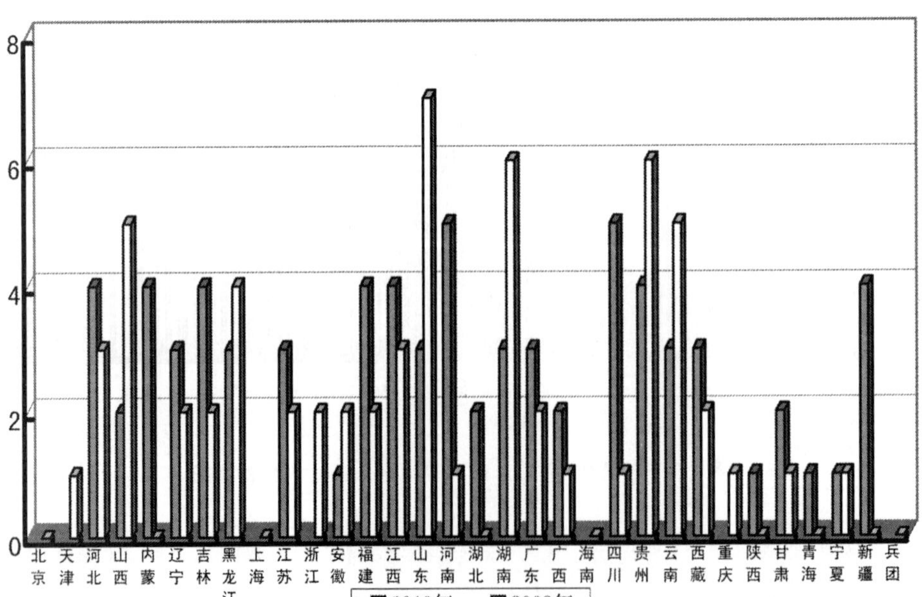

图 3.3　全国 32 个统计单位重大事故起数对比图

京、天津、上海、浙江、海南、重庆和新疆兵团7个单位没有发生重大事故，占21.9%；在发生重大事故的25个单位中，有7个单位重大事故起数和死亡人数同比下降，占事故发生单位28.0%；有16个单位重大事故起数和死亡人数同比上升，占事故发生单位的64.0%。河北、内蒙古古、吉林、福建、江西、河南、四川、贵州和新疆9个单位重大事故均发生在4起以上，共发生38起重大事故，死亡535人，分别占全国重大事故起数和死亡人数的51.4%和52.0%。（各行政区重大事故情况详见表3.2、图3.3）。

表3.2　　2010年全国32个统计单位重大事故情况表

地区	事故起数	同比		死亡人数	同比		地区	事故起数	同比		死亡人数	同比	
		±	±%		±	±%			±	±%		±	±%
合计	74	12	19.4	1028	193	23.1	河南	5	4	400	98	85	653.8
北京							湖北	2	2		25	25	
天津		-1	-100		-12	-100	湖南	3	-3	-50	41	-65	-61.3
河北	4	1	33.3	62	17	37.8	广东	3	1	50	36	13	56.5
山西	2	-3	-60	22	-39	-63.9	广西	2	1	100	22	10	83.3
内蒙古	4	4		42	42		海南						
辽宁	3	1	50	33	8	32	四川	5	4	400	74	64	640
吉林	4	2	100	65	38	140.7	贵州	4	-2	-33.3	62	-6	-8.8
黑龙江	3	-1	-25	53	-11	-17.2	云南	3	-2	-40	34	-30	-46.9
上海							西藏	3	1	50	49	27	122.7
江苏	3	1	50	51	30	142.9	重庆		-1	-100		-12	-100
浙江		-2	-100		-21	-100	陕西	1	1		28	28	
安徽	1	-1	-50	10	-21	-67.7	甘肃	2	1	100	23	13	130
福建	4	2	100	45	13	40.6	青海	1	1		10	10	
江西	4	1	33.3	44	-4	-8.3	宁夏	1			11	-3	-21.4
山东	3	-4	-57.1	45	-49	-52.1	新疆	4	4		43	43	
							新疆兵团						

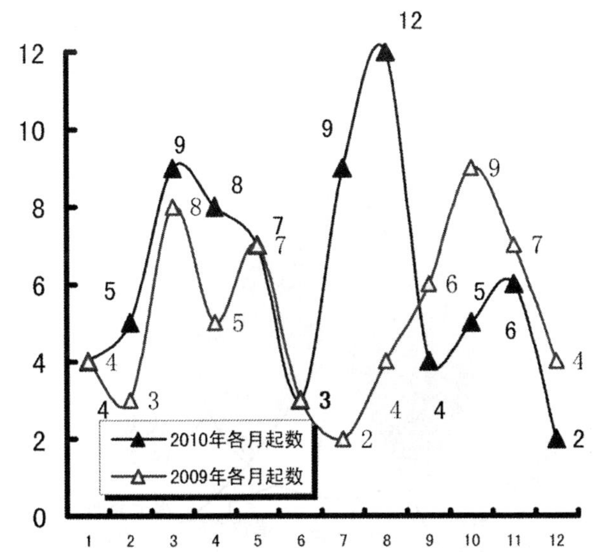

图3.6　全国重大事故起数分月趋势图

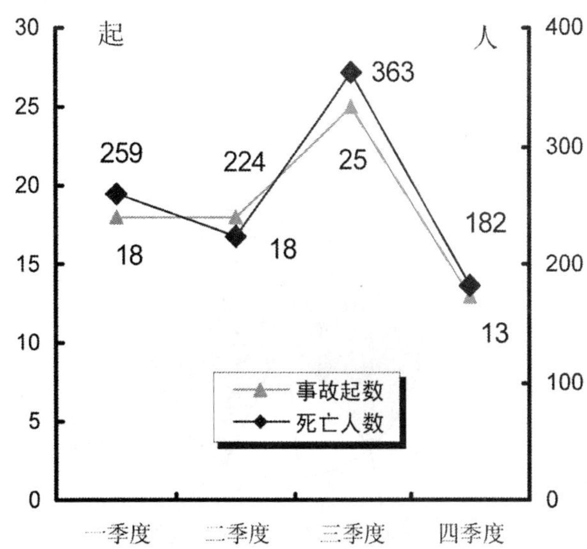

图3.7　全国重大事故起数分季趋势图

按事故发生时段分,具有以下特征:

一是全年后四个月重大事故同比下降。从图 3.6 看,9-12 月份,重大事故起数同比均有所下降;1-8 月份重大事故起数同比上升或持平,其中 2 月、3 月、4 月、7 月、8 月等 5 个月份重大事故起数同比上升,以 8 月同比增加 8 起为最多。

二是三季度重大事故相对多发,因事故造成的人员死亡最多。从图 2.3.7 看,三季度共发生 25 起重大事故,占全年重大事故起数的 33.8%,为全年最高,高于全年季度平均 8.8 个百分点;三季度因重大事故造成 363 人死亡,占全年重大事故死亡人数的 35.3%,高于全年季度平均 10.3 个百分点。

(四)特别重大事故情况

2010 年,全国共发生特别重大事故 11 起,死亡 410 人,同比增加 6 起、118 人,分别下降 120.0%和 40.4%。

按行业和领域分,工矿商贸特别重大事故相对多发。工矿商贸共发生特别重大事故 8 起、死亡 275 人,同比增加 4 起、减少 17 人,分别上升 100.0%和下降 5.8%,事故起数和死亡人数分别占全国总体的 72.7%和 67.1%。

按行政区分,河南省特别重大事故相对多发。全国 32 个省级统计单位中,山西、内蒙古古、辽宁、黑龙江、上海、河南和湖南 7 个单位发生特别重大事故,占 21.9%。其中河南省发生 3 起特别重大事故,占

表 4.1　　2010 年各行业领域特别重大事故情况表

	事故起数	同比		死亡人数	同比	
		±	±%		±	±%
合　计	11	6	120	410	118	40.4
一、工矿商贸	8	4	100	275	-17	-5.8
其中:煤　矿	6	2	50	238	-54	-18.5
二、火　灾	1			58	58	
三、道路交通	1	1		33	33	
四、水上交通						
五、铁路交通						
六、民航飞行	1	1		44	44	
七、农业机械						
八、渔业船舶						
九、其　它						

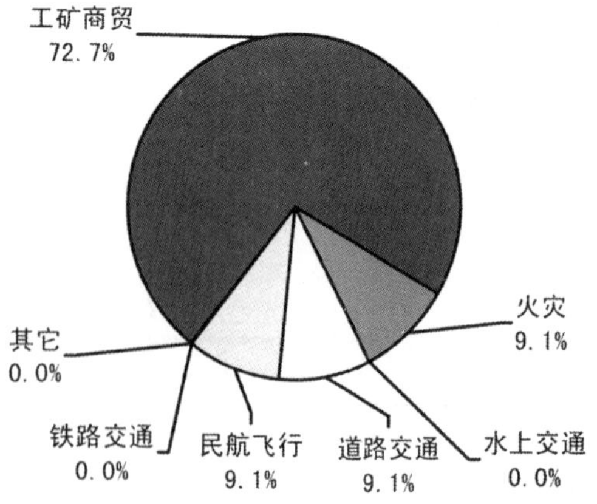

图 4.1　各行业和领域重大事故起数比例图

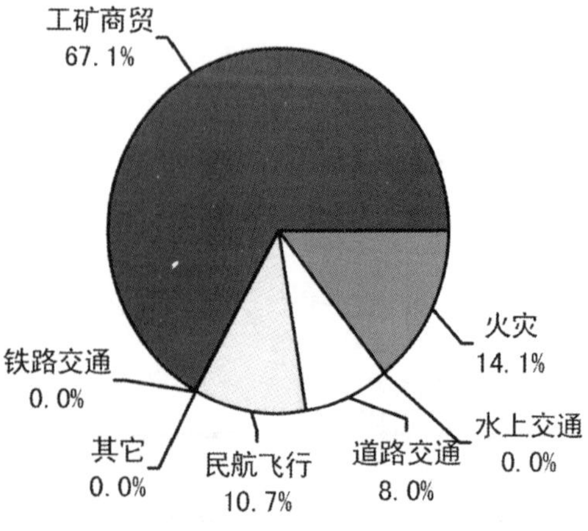

图 4.2　各行业和领域重大事故死亡人数比例图

表 4.2　　2010 年全国 32 个统计单位特别重大事故情况表

地区	事故起数	同比		死亡人数	同比		地区	事故起数	同比		死亡人数	同比	
		±	±%		±	±%			±	±%		±	±%
合计	10	6	120	410	118	40.4	河南	3	2	200	134	58	76.3
北京							湖北						
天津		-1	-100				湖南	1	1		34	34	
河北							广东						
山西	1			38	-40	-51.3	广西						
内蒙古	1	1		32	32		海南						
辽宁	2	2		33	33		四川						
吉林							贵州						
黑龙江	2	1	100	81	-27	-25	云南						
上海	1	1		58	58		西藏						
江苏							重庆		-1	-100		-30	-100
浙江							陕西						
安徽							甘肃						
福建							青海						
江西							宁夏						
山东							新疆						
							新疆兵团						

全年特别重大事故总起数的 27.3%。

（五）四项相对指标情况

2010 年，纳入安全生产“十一五”规划、列入国民经济和社会发展统计公报、反映我国安全生产状况的四项相对指标进一步下降：

1. 亿元国内生产总值生产安全事故死亡率为 0.201（2010 年 GDP 按 39.8 万亿元测算），比同期 0.248 减少 0.047，下降 19.0%。

2. 工矿商贸就业人员 10 万人生产安全事故死亡率为 2.13（2010 年二、三产业就业人员按增加 1500 万人，以 49800 万人测算），比同期 2.40 减少 0.27，下降 11.3%。

3. 道路交通万车死亡率为 3.2（2010 年机动车保有量按 2.07 亿辆测算），比同期 3.6 减少 0.4，下降 11.1%。

4. 煤矿百万吨死亡率为 0.749（2010 年煤炭产量按 32.5 亿吨测算），比同期 0.892 减少 0.143，下降 16.0%。

表 5.1　　2002 年-2010 年四项相对指标情况表

相对指标	2002 年	2003 年	2004 年	2005 年	2006 年	2007 年	2008 年	2010 年	2010 年
亿元 GDP 生产安全事故死亡率	1.330	1.770	0.855	0.697	0.558	0.413	0.312	0.248	0.201
工矿商贸就业人员 10 万人事故死亡率	4.05	4.57	4.13	3.85	3.33	3.05	2.82	2.4	2.13
道路交通万车死亡率	13.7	10.8	9.9	7.6	6.2	5.1	4.3	3.6	3.2
煤矿百万吨死亡率	4.940	3.724	3.080	2.811	2.041	1.485	1.182	0.892	0.749

（六）全国安全生产控制指标实施情况

2010年，全国安全生产控制指标实施情况总体较好，各类事故死亡人数较年度控制指标目标下降了3.0%，全年除建筑施工、烟花爆竹、火灾和渔业船舶4个重点行业(领域)事故死亡人数突破年度控制指标目标外，其它行业(领域)事故死亡人数均在年度控制指标目标以内，但较大以上事故起数均超年度控制指标。

1. 总体控制指标实施情况

2010年，全国各类事故死亡79552人，同比减少3648人、下降4.4%，占全年控制指标的97.0%，在年度控制指标目标以内，低于全年目标3.0个百分点。

2. 重点行业(领域)控制指标实施情况

(1)工矿商贸事故死亡10616人，占全年控制指标的93.8%，在年度控制指标以内。其中：

煤矿事故死亡2433人，占全年控制指标的93.7%；金属与非金属矿事故死亡1271人，占全年控制指标的84.1%；房屋建筑及市政工程事故死亡752人，占全年控制指标的90.7%；特种设备事故死亡310人，占全年控制指标的99.4%；危险化学品事故死亡135人，占全年控制指标的92.5%。均在年度控制指标以内。

建筑施工事故死亡2769人，占全年控制指标的102.4%；烟花爆竹事故死亡212人，占全年控制指标的115.2%。均超年度控制指标。

(2)火灾事故死亡1108人，占全年控制指标的103.0%，超年度控制指标。

(3)道路交通事故死亡65225人，占全年控制指标的97.5%(其中生产经营性道路交通事故死亡26708人，占全年控制指标的90.8%)。

(4)水上交通事故死亡329人，占全年控制指标的98.8%。

(5)铁路交通事故死亡1589人，占全年控制指标的88.8%。

(6)渔业船舶事故死亡319人，占全年控制指标的106.3%，超年度控制指标。

(7)农业机械事故死亡214人，占全年控制指标的81.7%。

3. 事故起数控制指标实施情况

(1)较大事故起数控制指标实施情况

2010年，全国共发生较大事故1732起，同比减少28起、下降1.6%，占全年控制指标的101.5%(其中煤矿较大事故110起，同比增加4起，上升3.8%，占全年控制指标的106.8%)。均超年度控制指标。

(2)重大事故起数控制指标实施情况

2010年，全国共发生重大事故74起，同比增加12起、上升19.4%，占全年控制指标的123.3%(其中煤矿重大事故18起，同比增加2起，上升12.5%，占全年控制指标的112.5%)。均超年度控制指标。

(3)特别重大事故起数控制指标实施情况

2010年，全国共发生特别重大事故11起，同比增加6起、上升120.0%。河南、黑龙江、辽宁、山西、湖南、内蒙古古、上海7个统计单位超年度控制指标。

4. 相对控制指标实施情况

(1) 亿元国内生产总值生产安全事故死亡率为0.201(2010年GDP按39.8万亿元测算)，比控制指标0.23减少0.029，下降12.6%；比同期0.248减少0.047，下降19.0%。

(2)工矿商贸就业人员10万人生产安全事故死亡率为2.13 (2010年二、三产业就业人员按增加1500万人，以49800万人测算)，比控制指标2.29减少0.16，下降7.0%；比同期2.40减少0.27，下降11.3%。

(3)道路交通万车死亡率为3.2(2010年机动车保有量按2.07亿辆测算)，比控制指标3.47减少0.27，下降7.8%；比同期3.6减少0.4，下降11.1%。

(4) 煤矿百万吨死亡率为0.749(2010年煤炭产量按32.5亿吨测算)，比控制指标0.859减少0.110，下降12.8%；比同期0.892减少0.143，下降16.0%。

5. 地区控制指标实施情况

全国32个省级统计单位事故死亡人数总体控制指标(工矿商贸、火灾、道路交通、铁路交通和农业机械事故死亡人数五项合计) 均在年度控制指标以内。其中：

工矿商贸事故死亡人数有25个统计单位在年度控制指标以内，占32个省级统计单位的78.1%。河北、内蒙古古、江西、河南、陕西、青海和新疆7个统计单位超年度控制指标（其中煤矿事故死亡人数有22个统计单位在年度控制指标以内，占27个产煤省级统计单位的81.5%。内蒙古古、河南、湖北、四川和陕西5个统计单位超年度控制指标）。

道路交通事故死亡人数有28个统计单位在年度控制指标以内，占31个省级统计单位的90.3%。辽宁、湖北和甘肃3个统计单位超年度控制指标(其中生产经营性道路事故死亡人数有27个统计单位在年度控制指标以内，占31个省级统计单位的87.1%。天津、湖北、广西和西藏4个统计单位超年度控制指标)。

火灾事故死亡人数有16个统计单位在年度控制指标以内，占31个省级统计单位的51.6%。天津、山西、内蒙古古、辽宁、上海、江苏、山东、河南、广东、广西、云南、甘肃、青海、宁夏和新疆15个统计单位超年度控制指标。

铁路交通事故死亡人数有28个统计单位在年度控制指标以内，占31个省级统计单位的90.3%。江苏、安徽和河南3个统计单位超年度控制指标。

农业机械事故死亡人数有27个统计单位在年度控制指标以内，占31个省级统计单位的87.1%。湖北、甘肃、贵州和新疆4个统计单位超年度控制指标。

2010 年全国安全生产简要情况

2010 年，在党中央、国务院的坚强领导下，各地区、各有关部门和单位深入贯彻落实科学发展观，认真贯彻落实党中央、国务院关于加强安全生产工作的一系列重要决策部署和指示，坚持安全发展理念，全面贯彻落实《国务院办公厅关于继续深入开展“安全生产年”活动的通知》(国办发〔2010〕15 号)精神，以预防为主、加强监管、落实责任为重点，扎实推进安全生产“三项行动”，切实加强安全生产“三项建设”，全力抓好各项工作的落实。特别是 7 月下旬以来，各地认真贯彻落实《国务院关于进一步加强企业安全生产工作的通知》(国发〔2010〕23 号)精神，按照国务院安委会《关于集中开展严厉打击非法违法生产经营建设行为专项行动的通知》的部署和要求，集中开展了安全生产“打非”专项行动、重点行业(领域)专项整治、综合督查和检查。在各方面共同努力下，全国事故总量、较大事故、重点行业(领域)和大部分地区事故下降，全国安全生产形势继续保持了总体稳定，趋向好转的发展态势。但是，部分行业(领域)和地区重特大事故上升，全国安全生产形势依然十分严峻。

一、主要特点

2010 年，全国安全生产形势主要表现出“三个下降、三个明显成效、一个提高、一个稳定、一个良好”的特点：

(1)全国事故总量下降

全国各类事故发生 363383 起，死亡 79552 人，同比减少 15865 起、3648 人，分别下降 4.2%和 4.4%。

(2)全国较大事故下降

全国各类较大事故发生 1732 起，死亡 6870 人，同比减少 28 起、33 人，分别下降 1.6%和 0.5%。

(3)大部分重点行业(领域)事故下降

煤矿同比分别下降 13.2%和 7.5%，金属与非金属矿分别下降 17.9%和 17.2%，危险化学品分别下降 27.7%和 9.4%，烟花爆竹分别下降 1.1%和 12.8%，冶金、有色、建材等工商贸其他企业分别下降 12.5%和 11.3%，道路交通分别下降 7.9%和 3.7%，水上交通分别下降 7.5%和 2.1%，铁路交通分别下降 11.4%和 12.1%，农业机械分别下降 2.9%和 18.3%。

(4)煤矿瓦斯治理和整顿关闭工作取得明显成效

煤矿瓦斯事故下降。全国煤矿瓦斯事故发生 145 起，死亡 623 人，同比减少 12 起、132 人，分别下降 7.6%和 17.5%。

煤矿瓦斯抽采和利用量大幅提高。全国煤矿抽采瓦斯累计 69.6 亿立方米，同比增长 12.8%；瓦斯利用量累计 21.9 亿立方米，同比增长 23.8%；瓦斯利用率为 31.5%，同比增长 2.9 个百分点。

乡镇煤矿事故较大幅度下降。全国乡镇煤矿发生各类事故 970 起，死亡 1700 人，同比减少 159 起、57 人，分别下降 14.1%和 3.2%。比“十五”期末(2005 年)分别下降 60.9%和 61.2%，平均每年分别下降 12.2%和 12.3%。

(5)安全生产“打非”专项行动取得明显成效

按照国务院安委会的统一部署，2010 年 8 月份开始的在全国范围内集中开展“打非”专项行动取得了明显成效。据调度快报数据，1-12 月，非法违法较大以上事故发生 900 起，死亡 4662 人，分别占全国较大以上事故的 49.5%和 56.1%，比 1-7 月份分别下降了 4.7 和 6 个百分点。

(6)安全生产隐患排查治理行动取得明显成效

2010 年，全国各地认真深入开展了安全生产隐患排查治理行动，取得了明显成效。据调度快报数据,2010年全国共排查治理各类安全隐患936.3万项,同比增加180.8万项,增长23.9%(其中排查治理重大隐患2.4万项,落实治理资金100.5亿元,已经完成治理1.97万项)。

(7)安全生产总体水平有较大幅度提高

反映安全生产整体水平的四项相对指标同比继续下降。亿元GDP生产安全事故死亡率为0.201,同比下降19.0%;工矿商贸十万就业人员人事故死亡率为2.13,同比下降11.3%;道路交通万车死亡率为3.2,同比下降11.1%;煤矿百万吨死亡率为0.749,同比下降16.0%。

(8)大部分地区安全生产状况稳定

全国32个统计单位中,有28个单位的事故死亡人数下降。北京、天津、浙江、海南、重庆和新疆兵团等6个单位未发生重特大事故。北京、天津、上海、浙江、福建、广东、海南、云南、西藏、重庆、青海、宁夏和新疆兵团等13个单位的工矿商贸领域未发生重特大事故。山东、山西、湖南、云南、贵州、安徽、黑龙江、宁夏等8个单位的重特大事故下降。

(9)安全生产控制指标实施进展情况良好

2010年,全国各类事故死亡人数占全年控制指标的97.0%,低于控制指标3个百分点。

全国除建筑施工、烟花爆竹、火灾和渔业船舶外,煤矿、金属与非金属矿、房屋建筑及市政工程、危险化学品、特种设备、道路交通、水上交通、铁路交通、农业机械等行业(领域)死亡人数均在控制指标以内。全国32个统计单位中的事故死亡人数均在控制指标以内。

全国26个产煤统计单位中,有21个单位煤矿事故死亡人数在控制指标以内,占80.8%。

二、存在的问题

2010年,部分行业(领域)较大以上事故多发,全国重特大事故上升,非法违法行为导致的重特大事故时有发生,安全生产形势依然十分严峻。主要表现为:“两个上升、两个多发、三个时有发生”。

(1)全国重特大事故上升

2010年,全国重特大事故发生85起,死亡1438人,同比增加18起、311人,分别上升26.9%和27.6%(其中重大事故发生74起,死亡1028人,同比增加12起、193人,分别上升19.4%和23.1%;特别重大事故发生11起,死亡410人,同比增加6起、118人,分别上升120%和40.4%)。

部分行业(领域)重特大事故上升。煤矿发生重特大事故24起,死亡532人,同比分别上升20.0%和4.5%;建筑施工发生6起,死亡62人,同比分别上升50.0%和37.8%;危险化学品发生2起,死亡22人,同比分别上升100%和22.2%;烟花爆竹发生1起,死亡37人,死亡人数同比上升42.3%;冶金、有色、建材等其他工商贸企业发生2起,死亡41人,死亡人数同比上升105%;火灾发生4起,死亡101人,死亡人数同比上升106.1%;道路交通发生34起,死亡461人,同比分别上升41.7%和40.5%;水上交通发生3起,死亡34人,同比分别上升50.0%和54.5%;民航飞行发生1起,死亡44人,同比增加1起、44人;渔业船舶发生2起,死亡24人,死亡人数同比上升20.0%;其他行业(领域)发生4起,死亡54人,同比分别上升300%和170%。

部分地区重特大事故上升。全国32个省级统计单位中,有18个单位重特大事故同比上升。

(2)中央企业较大以上事故上升

2010年,中央企业发生较大以上事故48起,死亡289人,同比增加18起、127人,分别上升60.0%和83.6%(其中发生重特大事故8起,死亡121人,同比增加4起、73人,分别上升100%和152.1%)。

(3)建筑施工坍塌坠落较大以上事故多发

2010年,建筑施工发生较大以上事故140起,死亡580人,同比增加38起、138人,分别上升37.3%和31.2%(其中发生较大以上坍塌坠落事故108起,死亡458人,同比增加30起、114人,分别上升38.5%和33.1%,分别占全年建筑施工较大以上事故的77.1%和79.0%)。

(4)煤矿技改、整合矿井较大以上事故多发

2010年,煤矿建设项目发生较大以上事故80起,死亡802人,分别占煤矿较大以上事故的59.8%和76.5%(其中技改、整合矿井发生较大以上事故72

起，死亡677人，分别占煤矿建设项目较大以上事故的90.0%和84.4%）。煤矿技改、整合矿井发生重特大事故17起，死亡396人，分别占煤矿建设项目重特大事故的77.3%和78.6%。

(5)因非法违法行为导致重特大事故时有发生

2010年，因非法违法生产经营建设行为导致重特大事故61起，死亡1095人，分别占全部重特大事故的71.8%和76.1%。尤其是在11起特别重大事故中，有8起是因非法违法生产经营建设行为导致的特别重大事故，分别占72.7%和80.2%。分行业(领域)为：煤矿(5起、201人)、烟花爆竹(1起、37人)、火灾(1起、58人)、道路交通(1起、33人)。

(6)因施救不当造成的较大以上事故时有发生

2010年，因盲目施救造成死亡人员增加的较大以上事故发生43起，造成161人死亡，同比增加7起、11人，分别上升19.4%和7.3%。这43起较大以上事故，当时只有66人涉险或被困，因施救不当造成事故扩大，多死亡95人。

(7)较大涉险事故时有发生

2010年，全国共发生较大涉险事故58起，涉及煤矿、金属矿、石油开采、原油储存、化工企业、建筑施工、危险化学品运输、冶金企业、商贸企业、消防、道路交通、铁路交通、渔业船舶等行业(领域)，涉险和疏散1.2万余人，300余人受伤和住院治疗，部分农田、道路和河流受到不同程度污染。

2010 年全国安全生产控制指标实施情况表

	各类事故死亡人数（各地区为工矿商贸、道路交通、火灾、铁路交通、农业机械五项合计）		工矿商贸死亡人数				道路交通死亡人数	
					煤矿死亡人数			
	全年实际	占全年控制指标%	全年实际	占全年控制指标%	全年实际	占全年控制指标%	全年实际	占全年控制指标%
全国	79552	97.0	10616	93.80	2433	93.70	65225	97.5
北京	1171	89.3	136	82.40	8	61.50	974	90.9
天津	1087	94.4	95	100.00			950	94.2
河北	3123	99.2	335	103.10	62	91.20	2693	99.7
山西	2797	91.4	304	80.60	144	57.40	2449	92.3
内蒙古	1828	99.5	346	122.70	49	116.70	1375	95.2
辽宁	2736	99.2	466	92.80	55	68.80	2129	101.0
吉林	1761	97.2	208	92.00	60	82.20	1454	97.8
黑龙江	1751	95.9	264	90.40	94	66.20	1395	97.8
上海	1403	97.0	290	81.20			1009	98.9
江苏	5584	99.9	421	98.10	10	100.00	5031	99.6
浙江	6167	99.3	701	99.60			5382	99.5
安徽	3380	98.2	390	88.80	36	54.50	2877	98.9
福建	3159	97.2	237	93.20	4	14.80	2822	99.1
江西	1938	98.3	263	101.50	58	81.70	1603	98.6
山东	4693	94.2	308	90.60	11	47.80	4268	94.3
河南	2497	96.2	484	130.80	266	207.80	1825	89.4
湖北	2531	99.8	474	93.70	87	133.80	1944	102.6
湖南	2985	95.6	553	85.20	244	96.10	2162	99.5
广东	6882	95.7	549	99.60			6203	95.4
广西	2867	97.2	409	98.80	17	50.00	2342	97.3
海南	552	89.2	76	78.40			471	94.2
四川	3872	96.7	795	96.40	297	107.60	2931	97.1
贵州	1936	93.7	659	89.40	388	99.70	1136	97.8
云南	2436	98.6	460	93.10	104	77.00	1886	99.3
西藏	455	95.8	46	95.80			409	99.8
重庆	1613	95.8	509	91.40	183	89.70	1017	99.6
陕西	2285	98.6	262	103.60	93	155.00	1944	98.5
甘肃	1770	99.9	210	94.20	36	80.00	1506	100.4
青海	688	99.7	85	106.30	9	90.00	573	99.1
宁夏	546	95.0	87	87.90	15	62.50	442	96.7
新疆	2480	99.0	339	108.30	88	100.00	2023	97.3
新疆兵团	27	100.0	27	100.00	15	100		

(续表)

	生产经营性道路交通死亡人数		火灾死亡人数		铁路死亡人数		农业机械死亡人数	
	全年实际	占全年控制指标%	全年实际	占全年控制指标%	全年实际	占全年控制指标%	全年实际	占全年控制指标%
全国	26708	90.8	1108	103.0	1589	88.8	214	81.7
北京	275	90.8	27	84.4	33	82.5	1	50.0
天津	376	117.5	23	164.3	16	57.1	3	42.9
河北	1141	94.1	25	86.2	66	75.0	4	100.0
山西	1172	81.0	25	416.7	19	82.6		
内蒙古	543	85.9	49	140.0	48	78.7	10	71.4
辽宁	925	97.3	42	323.1	72	76.6	27	65.9
吉林	539	98.5	40	100.0	58	100.0	1	100.0
黑龙江	587	98.3	19	79.2	71	88.8	2	100.0
上海	343	77.8	101	171.2	2	22.2	1	100.0
江苏	1851	88.6	83	131.7	12	120.0	37	100.0
浙江	2031	88.1	73	97.3	6	66.7	5	38.5
安徽	1469	97.5	34	82.9	75	163.0	4	57.1
福建	1095	90.1	47	92.2	37	77.1	16	100.0
江西	812	89.7	15	78.9	57	96.6		
山东	1612	87.4	31	129.2	86	96.6		
河南	847	84.2	14	107.7	151	103.4	5	71.4
湖北	1037	100.4	22	66.7	77	85.6	14	116.7
湖南	960	97.7	33	70.2	234	94.4	3	60.0
广东	2298	91.5	108	106.9	22	64.7		
广西	988	101.4	32	106.7	80	86.0	4	100.0
海南	144	85.7	3	30.0			2	100.0
四川	977	74.6	37	86.0	108	94.7	1	33.3
贵州	507	92.7	64	84.2	75	80.6	2	
云南	731	87.2	60	127.7	26	100.0	4	100.0
西藏	50	156.3						
重庆	422	90.8	46	93.9	41	74.5		
陕西	941	92.2	22	73.3	55	94.8	2	100.0
甘肃	741	89.4	15	214.3	28	87.5	11	122.2
青海	263	88.6	12	133.3	7	58.3	11	100.0
宁夏	187	96.4	5	125.0	12	85.7		
新疆	844	94.6	59	140.5	15	93.8	44	104.8
新疆兵团								

(续表)

	较大事故起数（各地区为工矿商贸、道路交通、火灾、铁路交通、农业机械五项合计）		煤矿较大事故起数		重大事故起数		煤矿重大事故起数	
	全年实际	占全年控制指标%	全年实际	占全年控制指标%	全年实际	占全年控制指标%	全年实际	占全年控制指标%
全国	1732	101.5	110	106.8	74	123.3	18	112.5
北京	24	133.3	1					
天津	25	92.6						
河北	41	97.6	5	250.0	4	133.3	1	
山西	67	97.1	7	100.0	2	40.0	1	33.3
内蒙古	78	116.4			4			
辽宁	49	181.5	5	250.0	3	150.0		
吉林	30	69.8	3	300.0	4	200.0	1	100.0
黑龙江	62	129.2	6	200.0	3	75.0	1	50.0
上海	18	120.0						
江苏	52	91.2			3	150.0		
浙江	52	86.7						
安徽	65	97.0	1	50.0	1	50.0		
福建	58	76.3			4	200.0		
江西	73	112.3	1	14.3	4	133.3	2	
山东	47	58.8			3	50.0		
河南	43	91.5	4	100.0	5	500.0	4	
湖北	75	138.9	4	200.0	2		1	
湖南	88	125.7	13	108.3	3	50.0	1	33.3
广东	109	104.8			3	150.0		
广西	82	89.1			2	200.0		
海南	14	87.5						
四川	79	98.8	8	66.7	5	500.0		
贵州	100	95.2	21	110.5	4	80.0	3	100.0
云南	93	114.8	10	142.9	3	60.0		
西藏	18	100.0			3	150.0		
重庆	37	123.3	8	100.0				
陕西	30	85.7	3		1		1	
甘肃	59	92.2	1	33.3	2	200.0	1	
青海	20	87.0	1	100.0	1			
宁夏	19	111.8	2	200.0	1	100.0		
新疆	64	125.5	5	125.0	4		1	
新疆兵团	1	100.0	1	100.0				

说明：各省(自治区、直辖市)和新疆生产建设兵团各类事故死亡人数中不含水上交通、民航飞行、渔业船舶和其它事故死亡人数，上半年为484人；较大事故起数中不含水上交通、民航飞行、渔业船舶和其它事故起数，上半年为57起。

金属与非金属矿事故死亡560人，占全年控制指标37.1%；建筑施工事故死亡1010人，占全年控制指标37.3%(其中房屋建筑及市政工程事故死亡276人，占全年控制指标33.3%)； 危险化学品事故死亡49人，占全年控制指标33.6%；

烟花爆竹事故死亡80人，占全年控制指标43.5%；特种设备事故死亡132人，占全年控制指标42.3%；水上交通事故死亡166人，占全年控制指标49.8%；渔业船舶事故死亡220人，占全年控制指标73.3%。

2010 年煤矿安全生产情况

一、事故总体情况

2010 年，全国煤矿共发生各类生产安全事故 1403 起，死亡 2433 人，同比减少 213 起、198 人，分别下降 13.2%和 7.5%

按煤矿类型分，国有重点煤矿和乡镇煤矿事故起数和死亡人数同比下降；国有地方起数略有上升，死亡人数同比下降。其中事故起数以国有重点煤矿下降 18.8%、死亡人数以国有重点煤矿下降 18.8%为最多。(各类煤矿事故见表 1.1)。

在三类煤矿事故中，事故起数和死亡人数居第一位的是乡镇煤矿，分别占 69.1%和 69.9%；事故起数和死亡人数居第二位是国有重点煤矿，占 17.0%和 19.4%。(各类煤矿事故起数和死亡人数比例详见图 1.1、图 1.2)。

按行政区分，大部分地区事故同比下降。全国 27 个省级产煤统计单位中，浙江和西藏 2 个单位没有发生事故，在发生事故的 25 个单位中，有 15 个单位事故起数和死亡人数同比下降，占事故发生单位的 60%；有 7 个单位事故起数和死亡人数同比上升，占事故发生单位的 28.0%。其中，湖南、四川、贵州和重庆 4 个单位事故均在 100 起以上，共发生事故 776 起，占全年煤矿事故起数的 55.3%；山西、河南、湖南、四川、贵州、云南和重庆 7 个单位事故死亡人数均在 100 人以上，共死亡 1626 人，占全年煤矿事故死亡人数的 66.8%。(详见表 1.2)。

按事故类型分。在各类型事故中，顶板、瓦斯、机电、运输、放炮和其它事故起数和死亡人数同比下降；水害事故起数同比下降，死亡人数同比上升；火

表 1.1　　2010 年全国各类煤矿事故情况表

	事故起数	同比		死亡人数	同比	
		±	±%		±	±%
合　计	1403	-213	-13.2	2433	-198	-7.5
国有重点	238	-55	-18.8	471	-109	-18.8
国有地方	195	1	0.5	262	-32	-10.9
乡镇煤矿	970	-159	-14.1	1700	-57	-3.2

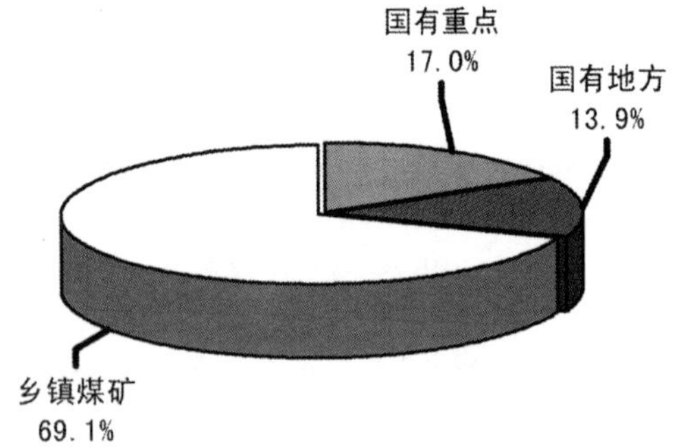

图 1.1　全国三类煤矿域事故起数比例图

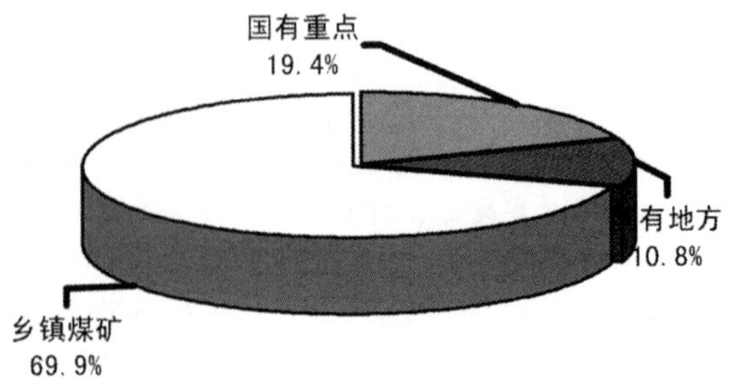

图 1.2　全国三类煤矿死亡人数比例图

表 1.2　　2010 年全国煤矿事故分地区情况表

地区	事故起数	同比		死亡人数	同比		地区	事故起数	同比		死亡人数	同比	
		±	±%		±	±%			±	±%		±	±%
合计	1403	-213	-13.2	2433	-198	-7.5	湖北	63	3	5	87	17	24.3
北京	6	3	100	8	5	166.7	湖南	136	-19	-12.3	244	-36	-12.9
河北	37	-15	-28.8	62	-6	-8.8	广西	15	-10	-40	17	-12	-41.4
山西	64	-8	-11.1	144	-62	-30.1	四川	247	25	11.3	297	19	6.8
内蒙古	17	-4	-19	49	16	48.5	贵州	250	-62	-19.9	388	-46	-10.6
辽宁	38	-6	-13.6	55	-11	-16.7	云南	57	-17	-23	104	-14	-11.9
吉林	25	-21	-45.7	60	-10	-14.3	西藏						
黑龙江	49	-6	-10.9	94	-116	-55.2	重庆	143	-17	-10.6	183	-51	-21.8
江苏	10	3	42.9	10	2	25	陕西	40	9	29	93	59	173.5
浙江							甘肃	15	-2	-11.8	36	5	16.1
安徽	33	-18	-35.3	36	-24	-40	青海	7	3	75	9	1	12.5
福建	4	-9	-69.2	4	-16	-80	宁夏	4	-11	-73.3	15	-23	-60.5
江西	30	-4	-11.8	58	-10	-14.7	新疆	57	-18	-24	88	-3	-3.3
山东	8	1	14.3	11	3	37.5	新疆兵团	13	4	44.4	15	-2	-11.8
河南	35	-17	-32.7	266	117	78.5							

灾事故起数和死亡人数同比上升（全国及三类煤矿各类型事故详见表 1.3）。

在全国煤矿各类型事故中，事故起数和死亡人数居第一位的是顶板事故，分别占 50.0%和 34.1%；事故起数居第二位的是运输事故，占 17.5%，死亡人数居第二位的是瓦斯事故，占 25.6%。（各类型事故起数和死亡人数比例详见图 1.3、图 1.4）。

在国有重点煤矿中，事故起数居第一位的是顶板事故，占 30.7%；其次是运输事故，占 22.3%。死亡人数居第一位的是瓦斯事故，占 27.8%；其次是顶板事故，占 19.7%。（各类型事故起数和死亡人数比例详见图 1.5、图 1.6）。

在地方国有煤矿中，事故起数和死亡人数居第一位的是顶板事故，分别占 45.1%和 44.3%；事故起数和死亡人数居第二位的是运输事故，分别占 21.5%和 17.6%。（各类型事故起数和死亡人数比例详见图 1.7、图 1.8）。

在乡镇煤矿中，事故起数和死亡人数居第一位的是顶板事故，分别占 55.8%和 36.5%；事故起数居第二位的运输事故，占 15.6%，死亡人数居第二位的是瓦斯事故，占 26.6%。（各类型事故起数和死亡人数比例详见图 1.9、图 1.10。

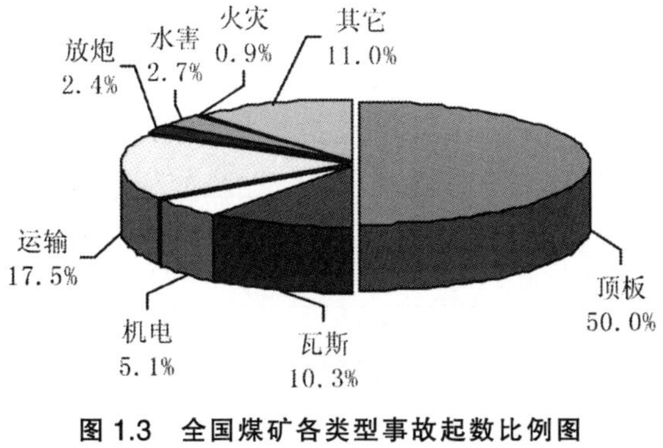

图 1.3　全国煤矿各类型事故起数比例图

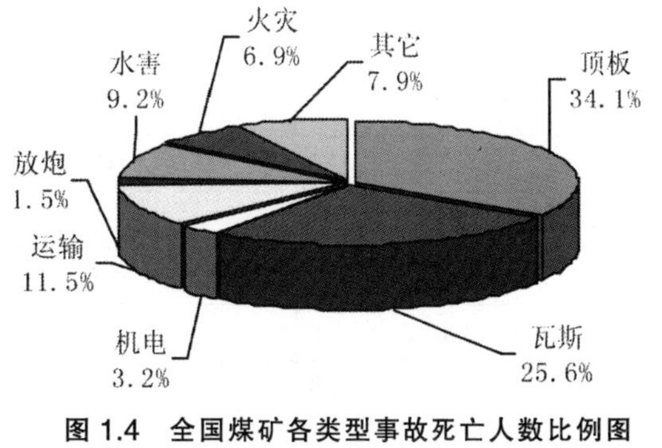

图 1.4　全国煤矿各类型事故死亡人数比例图

表 1.3　　2010 年全国三类煤矿各类事故情况表

	事故起数	同比		死亡人数	同比	
		±	±%		±	±%
合　计	1403	-213	-13.2	2433	-198	-7.5
顶板	702	-103	-12.8	829	-110	-11.7
瓦斯	145	-12	-7.6	623	-132	-17.5
机电	71	-26	-26.8	78	-19	-19.6
运输	246	-39	-13.7	281	-38	-11.9
放炮	34	-11	-24.4	37	-38	-50.7
水害	38	-9	-19.1	224	58	34.9
火灾	12	8	200	168	137	441.9
其它	155	-21	-11.9	193	-56	-22.5
国有重点	238	-55	-18.8	471	-109	-18.8
顶板	73	-25	-25.5	93	-23	-19.8
瓦斯	19	-1	-5	131	-126	-49
机电	27	-8	-22.9	29	-6	-17.1
运输	53	-24	-31.2	65	-15	-18.8
放炮	7	-6	-46.2	6	-31	-83.8
水害	7	5	250	82	80	4000
火灾	3	3		9	9	
其它	49	1	2.1	56	3	5.7
国有地方	195	1	0.5	262	-32	-10.9
顶板	88	4	4.8	116	12	11.5
瓦斯	15	-2	-11.8	39	-24	-38.1
机电	19	3	18.8	20	4	25
运输	42	3	7.7	46	4	9.5
放炮	7	1	16.7	8	3	60
水害	5			12		
火灾	1	-2	-66.7	2	-16	-88.9
其它	18	-6	-25	19	-15	-44.1
乡镇煤矿	970	-159	-14.1	1700	-57	-3.2
顶板	541	-82	-13.2	620	-99	-13.8
瓦斯	111	-9	-7.5	453	18	4.1
机电	25	-21	-45.7	29	-17	-37
运输	151	-18	-10.7	170	-27	-13.7
放炮	20	-6	-23.1	23	-10	-30.3
水害	26	-14	-35	130	-22	-14.5
火灾	8	7	700	157	144	1107.7
其它	88	-16	-15.4	118	-44	-27.2

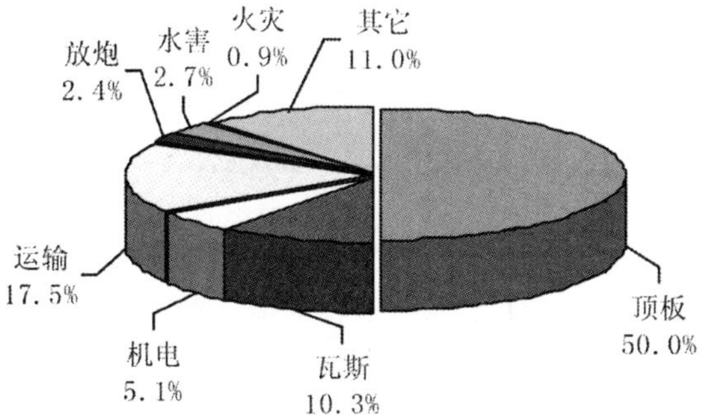

图 1.5　国有重点煤矿各类型事故起数比例图

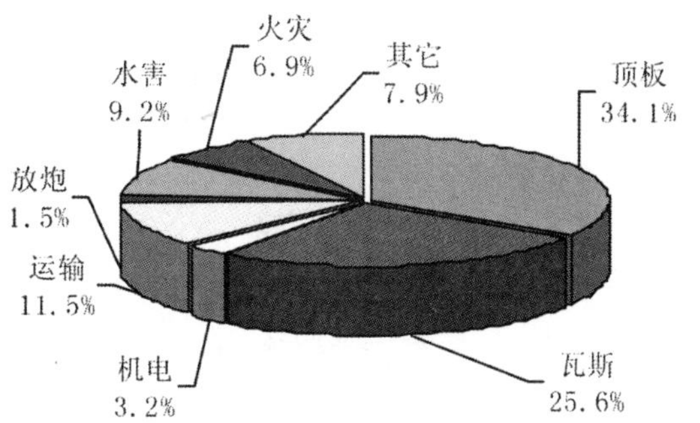

图 1.6　国有重点煤矿各类型事故死亡人数比例图

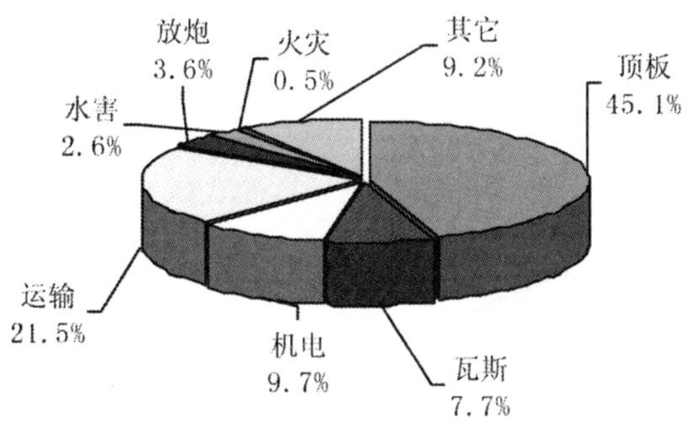

图 1.7　国有地方煤矿各类型事故起数比例图

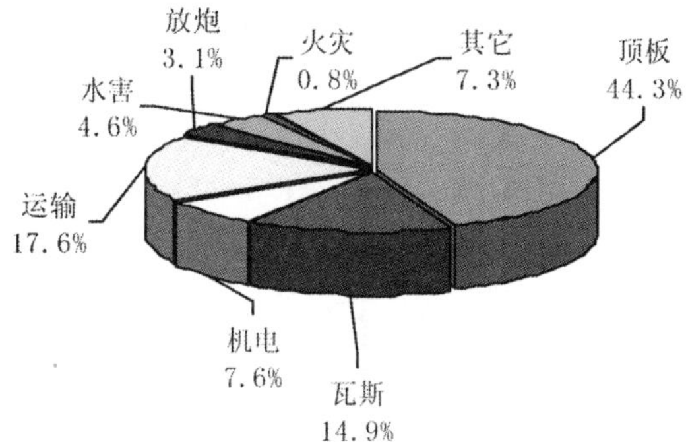

图 1.8　国有地方煤矿各类型事故死亡人数比例图

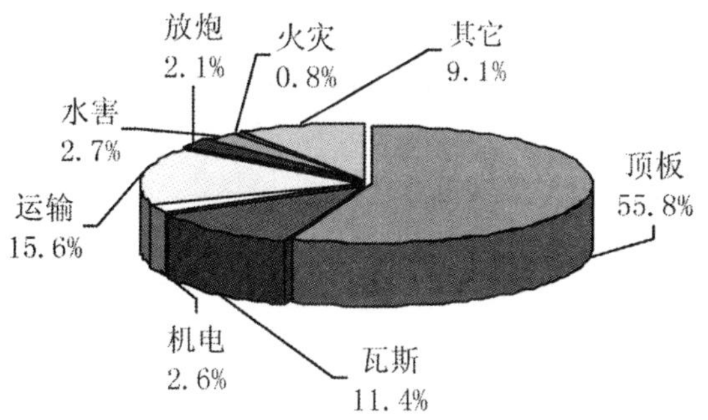

图 1.9　乡镇煤矿各类型事故起数比例图

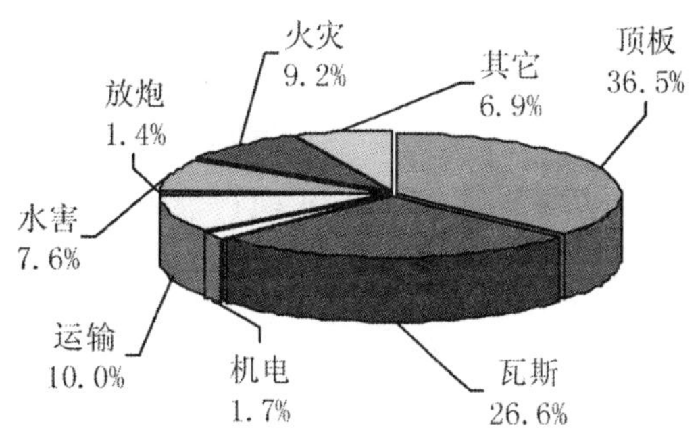

图 1.10　乡镇煤矿各类型事故死亡人数比例图

按事故发生时段分。具有以下特征:

一是 2 月份事故起数和死亡人数最少,4 月份死亡人数最多。从图 1.11、1.12 看,2 月份共发生 42 起事故、造成 52 人死亡,分别比全年月平均 117 起、203 人少 75 起、151 人,分别低 64.1%和 74.4%,主要原因是春节期间及其前后大多数煤矿停产放假影响。3 月份因发生内蒙古神华集团乌海能源有限公司骆驼山煤矿“3.1”透水事故、山西华晋焦煤公司王家岭煤矿“3.28”透水事故、河南洛阳市伊川县国民煤业有限公司“3.31”瓦斯突出事故等三起特别重大事故,受此影响,全月因事故共死亡 357 人,为全年最高,占全年事故死亡总人数的 14.7%。

二是一季度事故最少,上半年死亡人数较多。从图 1.13 看,一季度为全年四季度中事故最少的季节,共发生 293 起事故,较全年季平均 351 起少 58 起,低 16.5%;受二季度较大及重特大事故相对多发影响,上半年事故死亡人数明显高于上半年,上半年共死亡 1318 人,占全年事故死亡人数的 54.2%,高于上半年 8.4 个百分点。

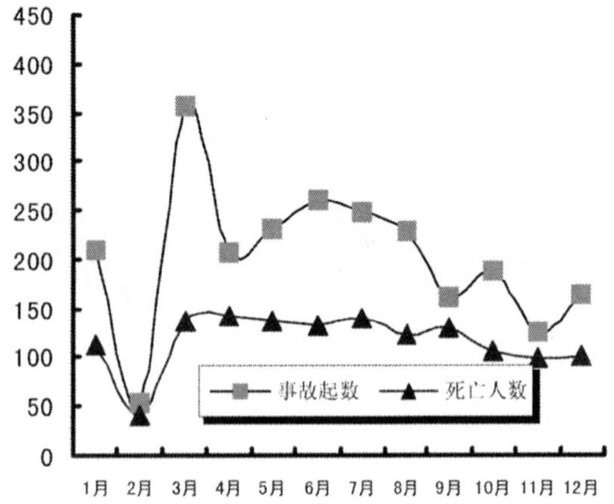

图 1.11 全国煤矿各类事故起数和死亡人数分月趋势图

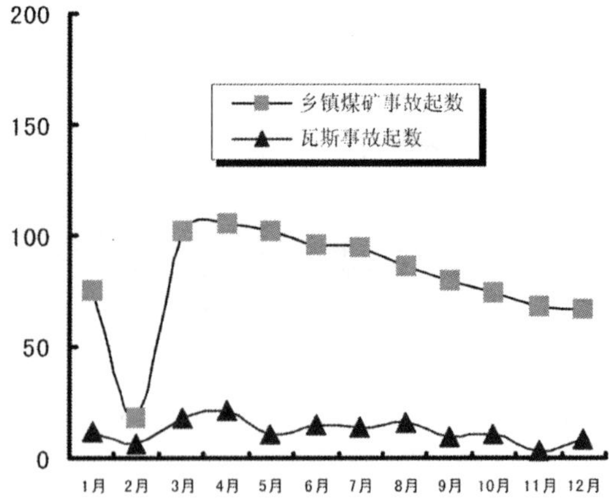

图 1.12 瓦斯与乡镇煤矿事故起数分月趋势图

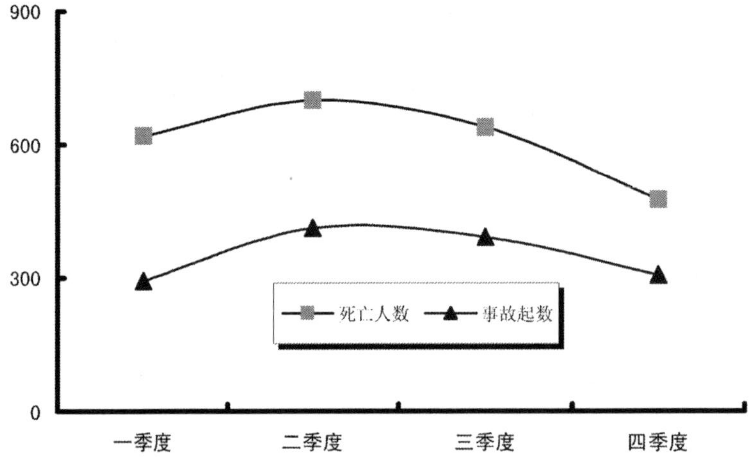

图 1.13 全国煤矿各类事故起数和死亡人数分季趋势图

二、较大事故情况

2010 年，全国煤矿共发生较大事故 110 起，死亡 517 人，同比增加 4 起、42 人，分别上升 3.8%和 8.8%。

按煤矿类型分，国有地方煤矿和乡镇煤矿事故起数和死亡人数同比下降；国有重点煤矿事故起数和死亡人数同比上升。(详见表 2.1)。

在全国煤矿较大事故中，事故起数和死亡人数居第一位的是乡镇煤矿，分别占 70.9%和 72.9%；国有地方煤矿最少，事故起数和死亡人数分别占 9.1%和 7.9%。(各类煤矿较大事故起数和死亡人数比例详见图 2.1、图 2.2)。

表 2.1　　2010 年全国各类煤矿较大事故情况表

	事故起数	同比		死亡人数	同比	
		±	±%		±	±%
合　计	110	4	3.8	517	42	8.8
国有重点	22	12	120	99	54	120
国有地方	10	-6	-37.5	41	-38	-48.1
乡镇煤矿	78	-2	-2.5	377	26	7.4

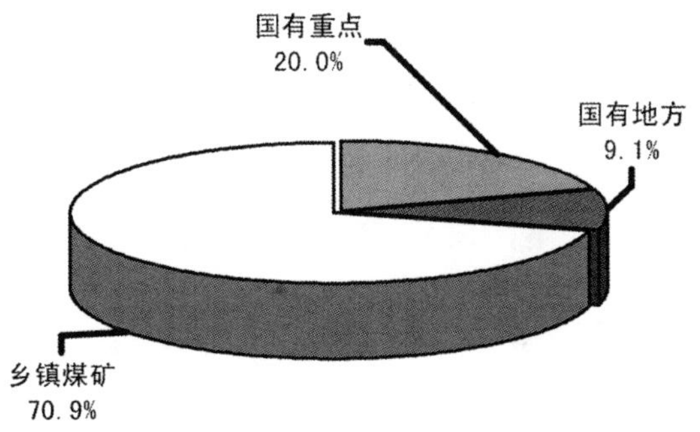

图 2.1　全国各类煤矿较大事故起数比例图

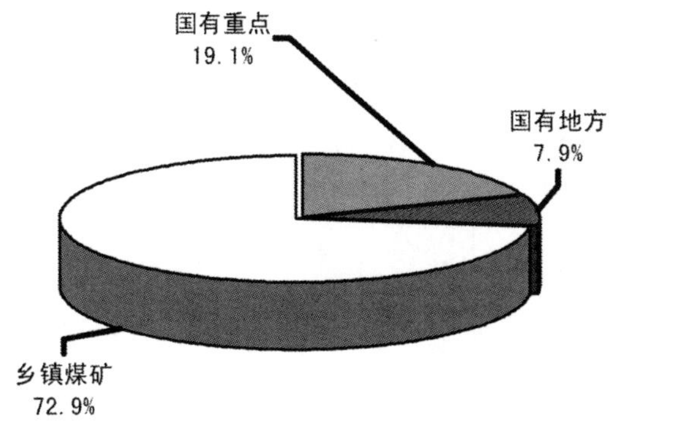

图.2.2　全国各类煤矿较大事故死亡人数比例图

按行政区分，21 个单位煤矿发生较大事故。全国 27 个省级产煤统计单位中，内蒙古、江苏、浙江、福建、山东、广西和西藏 7 个单位没有发生较大事故，占 25.9%；在发生事故的 20 个单位中，有 5 个单位事故起数和死亡人数同比下降，占发生事故单位的 25.0%；有 12 个单位事故起数和死亡人数同比上升，占发生事故单位的 60.0%。其中，河北、山西、辽宁、黑龙江、湖南、四川、贵州、云南、重庆和新疆 10 个单位较大事故多发，共发生较大事故 88 起，占全国煤矿较大事故总起数的 80.0%。（详见表 2.2）。

按事故类型分，较大瓦斯事故相对多发。全年共发生较大瓦斯事故 57 起、死亡 299 人，分别占全年较大事故的 51.8%和 57.8%。全年没有发生较大放炮事故；较大水害和其它事故起数和死亡人数同比下降；较大瓦斯、运输和火灾事故起数同比持平，较大运输和火灾事故死亡人数同比下降，较大瓦斯事故死亡人数同比上升；较大顶板和机电事故起数和死亡人数同比上升。（全国及三类煤矿各类型较大事故详见表 2.3）。

在三类煤矿较大事故中：国有重点煤矿没有发

表 2.2　　2010 年全国煤矿较大事故分地区情况表

地区	事故起数	同比		死亡人数	同比		地区	事故起数	同比		死亡人数	同比	
		±	±%		±	±%			±	±%		±	±%
合计	110	4	3.8	517	42	8.8	湖北	4	2	100	16	7	77.8
北京	1	1		3	3		湖南	13	1	8.3	58	–4	–6.5
河北	5	3	150	17	7	70	广西		–1	–100		–3	–100
山西	7			31	7	29.2	四川	8	–4	–33.3	42	–11	–20.8
内蒙古		–3	–100		–14	–100	贵州	21	1	5	96	9	10.3
辽宁	5	3	150	20	13	185.7	云南	10	3	42.9	50	26	108.3
吉林	3	2	200	16	12	300	西藏						
黑龙江	6	3	100	26	12	85.7	重庆	8			34	1	3
江苏							陕西	3	3		23	23	
浙江							甘肃	1	–2	–66.7	9	–8	–47.1
安徽	1	–1	–50	3	–3	–50	青海	1			3	–3	–50
福建		–1	–100		–7	–100	宁夏	2	1	100	12	3	33.3
江西	1	–7	–87.5	3	–35	–92.1	新疆	5	1	25	24	7	41.2
山东							新疆兵团	1	–1	–50	3	–7	–70
河南	4			28	7	33.3							

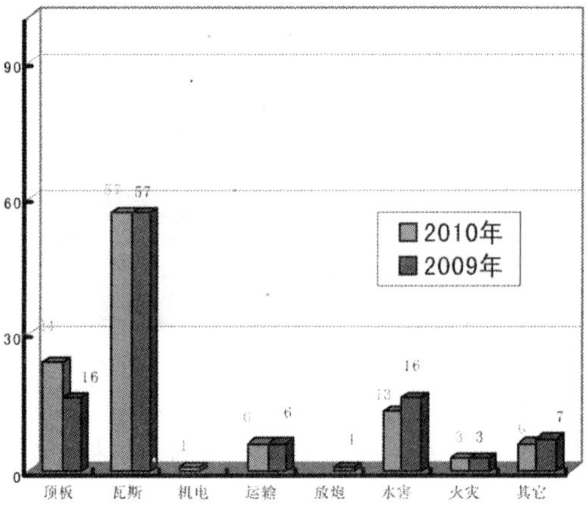

图 2.3 全国煤矿较大事故起数对比图

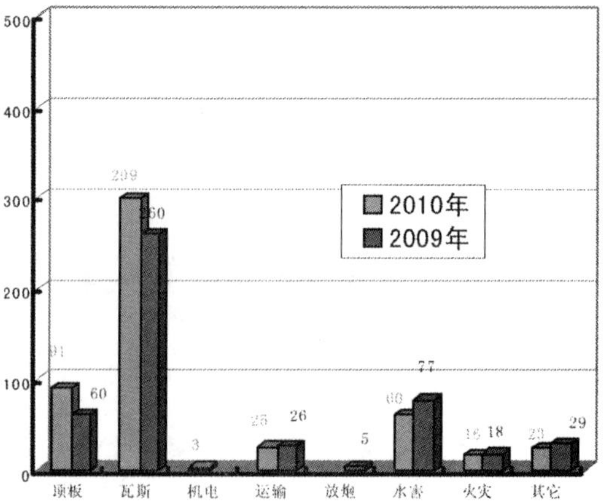

图 2.4 全国煤矿较大死亡人数对比图

生较大放炮事故，其中，较大顶板、瓦斯、机电、运输、水害、火灾和其它事故起数和死亡人数同比上升；国有地方没有发生较大机电、运输、放炮、火灾和其它事故，较大瓦斯事故起数和死亡人数同比下降，较大顶板和水害事故起数和死亡人数同比上升；乡镇煤矿没有发生较大机电和放炮事故，较大运输、水害和其它事故起数和死亡人数同比下降，较大顶板、瓦斯和火灾事故起数和死亡人数同比上升。

在全国煤矿各类型较大事故中，事故起数和死亡人数居第一位的是瓦斯事故，分别占 51.8%和57.8%；事故起数居第二位的是顶板事故，占 21.8%和 17.6%。（各类型较大事故起数和死亡人数比例详见图 2.5、图 2.6）。

在国有重点煤矿较大事故中，事故起数和死亡人数居第一位的是瓦斯事故，分别占 36.4%和41.4%；其次是顶板事故，分别占 22.7%和 19.2%。（各类型较大事故起数和死亡人数比例详见图 2.7、图 2.8）。

在国有地方煤矿较大事故中，事故起数和死亡人数居第一位的是顶板事故，分别占 50%和 48.8%；

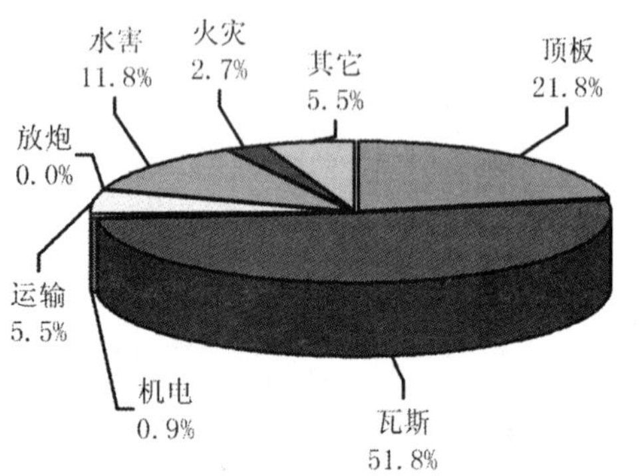

图.2.5 全国煤矿各类型较大事故起数比例图

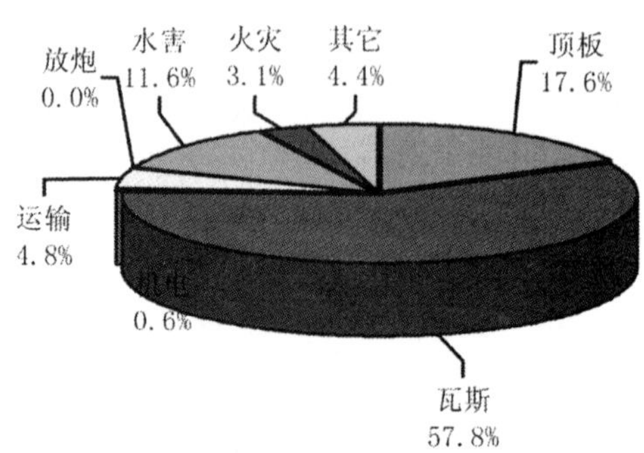

图 2.6 全国煤矿各类型较大事故死亡人数比例图

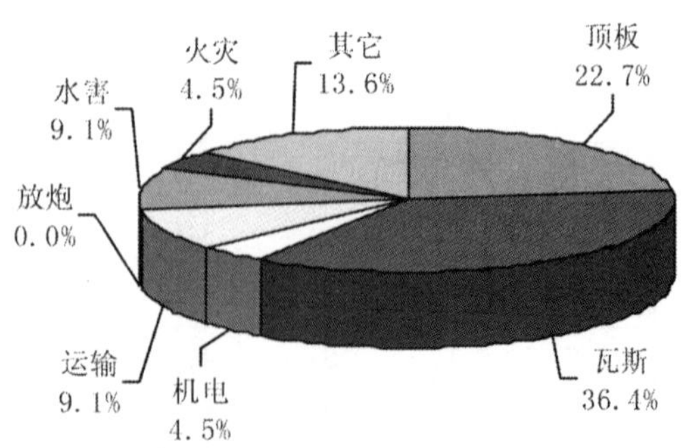

图 2.7 国有重点煤矿各类型较大事故起数比例图

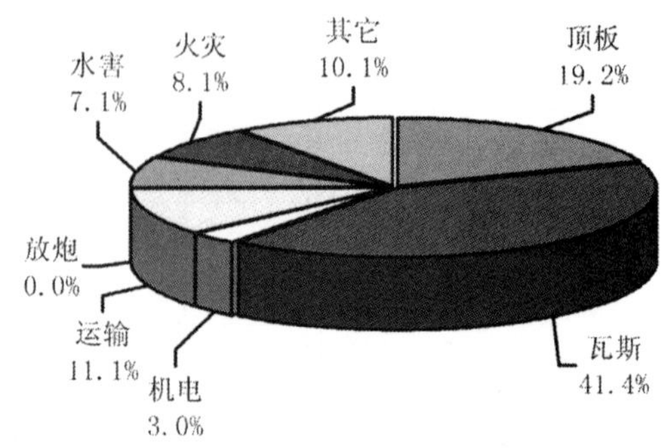

图 2.8 国有重点煤矿各类型较大事故死亡人数比例图

表 2.3　　2010 年全国三类煤矿各类较大事故情况表

	事故起数	同比		死亡人数	同比	
		±	±%		±	±%
合　计	110	4	3.8	517	42	8.8
顶板	24	8	50	91	31	51.7
瓦斯	57			299	39	15
机电	1	1		3	3	
运输	6			25	-1	-3.8
放炮		-1	-100		-5	-100
水害	13	-3	-18.8	60	-17	-22.1
火灾	3			16	-2	-11.1
其它	6	-1	-14.3	23	-6	-20.7
国有重点	22	12	120	99	54	120
顶板	5	2	66.7	19	7	58.3
瓦斯	8	2	33.3	41	11	36.7
机电	1	1		3	3	
运输	2	2		11	11	
放炮						
水害	2	2		7	7	
火灾	1	1		8	8	
其它	3	2	200	10	7	233.3
国有地方	10	-6	-37.5	41	-38	-48.1
顶板	5	3	150	20	10	100
瓦斯	2	-4	-66.7	11	-17	-60.7
机电						
运输		-1	-100		-3	-100
放炮						
水害	3	1	50	10	2	25
火灾		-3	-100		-18	-100
其它		-2	-100		-12	-100
乡镇煤矿	78	-2	-2.5	377	26	7.4
顶板	14	3	27.3	52	14	36.8
瓦斯	47	2	4.4	247	45	22.3
机电						
运输	4	-1	-20	14	-9	-39.1
放炮		-1	-100		-5	-100
水害	8	-6	-42.9	43	-26	-37.7
火灾	2	2		8	8	
其它	3	-1	-25	13	-1	-7.1

其次是瓦斯事故，分别占 20.0%和 26.8%。（各类型较大事故起数和死亡人数比例详见图 2.9、图 2.10）。

在乡镇煤矿较大事故中，事故起数和死亡人数居第一位的是瓦斯事故，分别占 60.3%和 65.5%；其次是顶板事故，分别占 17.9%和 13.8%。（各类型较大事故起数和死亡人数比例详见图 2.11、图 2.12）。

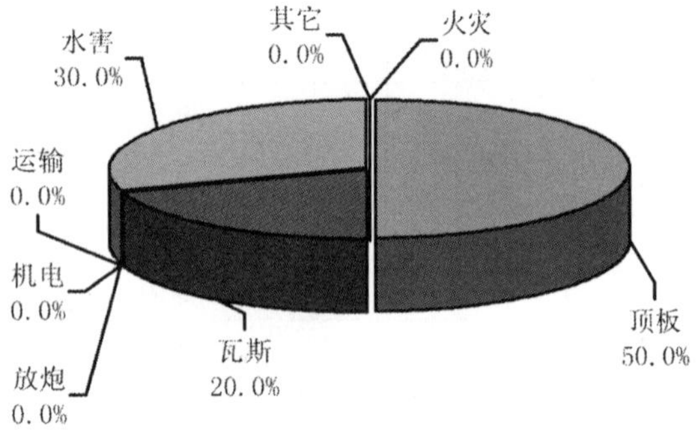

图 2.9　国有地方煤矿各类型较大事故起数比例图

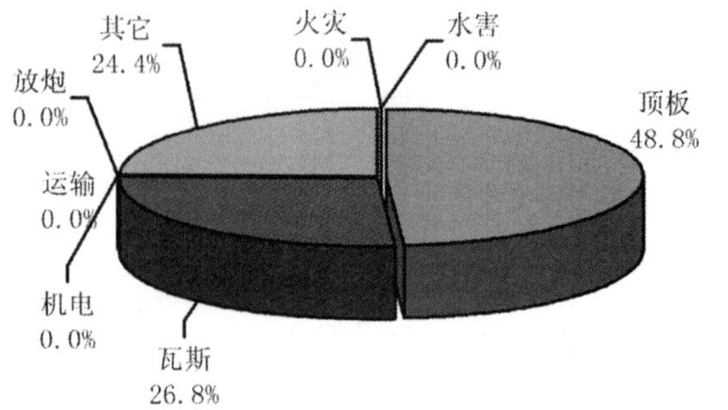

图 2.10　国有地方煤矿各类型较大事故死亡人数比例图

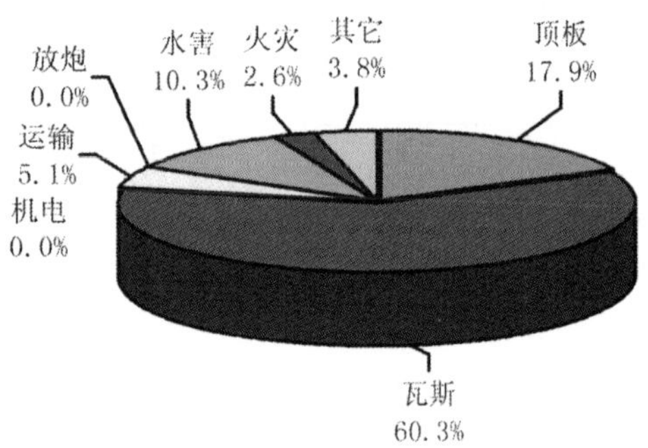

图 2.11　乡镇煤矿各类型较大事故起数比例图

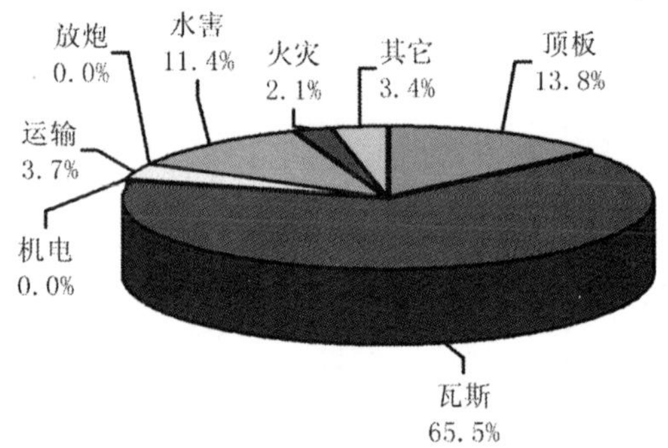

图 2.12　乡镇煤矿各类型较大事故死亡人数比例图

三、重大事故情况

2010 年，全国煤矿共发生重大事故 18 起，死亡 294 人，同比增加 2 起、77 人，分别上升 12.5%和 35.5%。

按煤矿类型分，乡镇煤矿重大事故多发。在三类煤矿中，乡镇煤矿重大事故起数和死亡人数分别占总体的 77.8%和 78.6%；国有地方煤矿最少，事故起数和死亡人数分别占 11.1%和 7.1%。

国有重点煤矿和国有地方煤矿重大事故起数同比持平，国有地方煤矿死亡人数同比下降，国有重点煤矿死亡人数同比上升，乡镇煤矿事故起数和死亡人数同比上升。（详见表 3.1）。

按行政区分。一是绝大多数地区未发生重大事故。全国 28 个产煤统计单位中，有 16 个单位没有发生重大事故，占 57.1%，在发生重大事故的 12 个单位中，有 3 个单位事故起数和死亡人数同比下降，占发生事故单位的 25.0%；有 7 个单位事故起数和死亡人数同比上升，占发生事故单位的 58.3%。二是部分地

表.3.1　　2010 年全国各类煤矿重大事故情况表表

	事故起数	同比		死亡人数	同比	
		±	±%		±	±%
合　计	18	2	12.5	294	77	35.5
国有重点	2			42	17	68
国有地方	2			21	-3	-12.5
乡镇煤矿	14	2	16.7	231	63	37.5

区重大事故多发。河南和贵州3个单位重大事故多发，共发生重大事故7起，占全年重大事故起数的38.9%。(详见表3.2)。

按事故类型分,重大瓦斯事故多发。重大瓦斯事故起数和死亡人数分别占43.8%和37.8%，居第一位;其次是重大水害事故,事故起数和死亡人数分别占25.0%和24.9%。

在煤矿各类重大事故中,没有发生重大机电、运输和放炮事故；重大其它事故起数和死亡人数同比下降;顶板、瓦斯和火灾事故起数和死亡人数同比上升。(详见表3.3)。

从三类煤矿重大事故情况看，国有重点煤矿发生2起重大放炮事故；乡镇煤矿发生6起重大瓦斯事故、4起重大水害事故、3起重大火灾事故,分别占乡镇煤矿重大事故的42.9%、28.6%、21.4%。(三类煤矿各类重大事故起数和死亡人数详见表3.4)。

表3.2　　2010年全国煤矿重大事故分地区情况表

地区	事故起数	同比		死亡人数	同比		地区	事故起数	同比		死亡人数	同比	
		±	±%		±	±%			±	±%		±	±%
合计	18	2	12.5	294	77	35.5	湖北	1	1		10	10	
北京							湖南	1	-2	-66.7	17	-31	-64.6
河北	1	1		11	11		广东						
山西	1	-2	-66.7	11	-26	-70.3	广西						
内蒙古							四川						
辽宁		-1	-100		-13	-100	贵州	3			49	16	48.5
吉林	1			18	2	12.5	云南		-2	-100		-21	-100
黑龙江	1	-1	-50	24	-11	-31.4	西藏						
江苏							重庆						
浙江							陕西	1	1		28	28	
安徽							甘肃	1	1		13	13	
福建							青海						
江西	2	2		24	24		宁夏		-1	-100		-14	-100
山东							新疆	1	1		10	10	
河南	4	4		79	79		新疆兵团						

表3.3　　2010年全国煤矿各类重大事故情况表

	事故起数	同比		死亡人数	同比	
		±	±%		±	±%
合　计	18	2	12.5	294	77	35.5
顶板	1	1		10	10	
瓦斯	9	2	28.6	135	53	64.6
机电						
运输						
放炮		-2	-100		-25	-100
水害	4			67	13	24.1
火灾	3	2	200	65	52	
其他	1	-1	-50	17	-26	

表 3.4　　2010 年全国三类煤矿各类重大事故情况表

	事故起数	同比		死亡人数	同比	
		±	±%		±	±%
合　计	18	2	12.5	294	77	35.5
国有重点	2	-2	-50	25	-45	-64.3
顶板		-1	-100		-13	-100
瓦斯		-1	-100		-23	-100
放炮	2	1	100	25	9	56.3
水害		-1	-100		-18	-100
国有地方	2			21	-3	-12.5
瓦斯	1	1		10	10	
运输	1	-1	-50	11	-13	-54.2
水害						
火灾						
其它						
乡镇煤矿	14	2	16.7	231	63	37.5
顶板						
瓦斯	6	1	20	82	24	41.4
水害	4			67	13	24.1
火灾	3	2	200	65	52	400
其他	1	-1	-50	17	-26	-60.5

从事故发生时段看,2 月、6 月、9 月和 11 月没有发生重大事故,3 月、5 月、7 月和 8 月份重大事故较多,分别发生 3 起、4 起、3 起和 3 起重大事故,4 个月发生的重大事故起数占煤矿重大事故总起数的72.2%。

四、特别重大事故情况

2010 年,全国煤矿共发生特别重大事故 6 起,死亡 238 人,同比增加 2 起、减少 54 人,分别上升 50%和下降 18.5%。

按煤矿类型分，国有重点煤矿和乡镇煤矿特别重大事故多发。国有地方煤矿没有发生特别重大事故，国有重点煤矿和乡镇煤矿各发生 3 起特别重大事故，分别占特别重大事故总体的 50%。(详见表4.1)。

这 6 起特别重大事故是:

(1)1 月 5 日，湖南湘潭市湘潭县力胜煤矿发生电缆着火事故,造成 34 人死亡。

表 4.1　　2010 年全国各类煤矿特别重大事故情况表

	事故起数	同比		死亡人数	同比	
		±	±%		±	±%
合　计	6	2	50	238	-54	-18.5
国有重点	3			107	-109	-50.5
国有地方						
乡镇煤矿	3	2	200	131	55	72.4

(2)3月1日，内蒙古神华集团乌海能源有限公司骆驼山煤矿16层回风巷掘进工作面发生透水事故,造成32人死亡。

(3)3月28日,山西临汾市乡宁县华晋焦煤公司王家岭煤矿北翼盘区101回风顺槽发生透水事故,造成38人死亡。

(4)3月31日,河南洛阳市伊川县国民煤业有限公司发生瓦斯突出事故,并引发地面副井口爆炸,造成48人死亡(其中地面5人死亡),26人受伤。

(5)6月21日,河南省平顶山市卫东区兴东二矿井下发生火药爆炸事故,造成49人死亡,26人受伤。

(6)10月16日，河南省中平能化集团平禹煤电四矿发生煤与瓦斯突出事故,造成37人死亡。

五、百万吨死亡率情况

2010年,全国煤矿百万吨死亡率为0.749(公布数),同比减少0.143,下降了16.1%。国有重点煤矿等三类煤矿百万吨死亡率同比均下降。

表5.1　　2010年全国煤矿百万吨死亡率表

	本期	同期	同比	
			±	±%
合　计	0.749	0.892	-0.143	-16.1
国有重点	0.278	0.382	-0.104	-27.2
国有地方	0.507	0.804	-0.297	-36.9
乡镇煤矿	1.414	1.507	-0.093	-6.2

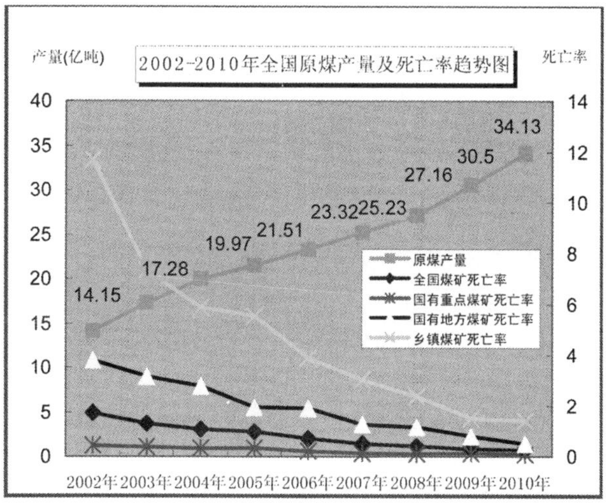

2002年-2010年，全国煤矿百万吨死亡率大幅度下降，由2002年的4.94下降到2010年的0.749,累计下降了84.8%。其中,国有重点煤矿由2002年的1.25下降到2010年的0.278，累计下降了77.8%;国有地方煤矿由2002年的3.78下降到2010年的0.507，累计下降了86.6%；乡镇煤矿由2002年的11.69下降到2010年的1.414,累计下降了87.9%。

全国27个产煤省级统计单位中,北京、内蒙古、江苏、江西、山东、河南、湖北、四川、陕西、甘肃和青海1个单位煤矿百万吨死亡率同比上升，其余单位煤矿百万吨死亡率同比均下降。其中,黑龙江、福建和宁夏3个单位降幅超过50%;山西、内蒙古、江苏、安徽、福建、山东、陕西和宁夏8个单位百万吨死亡率低于0.5,其中内蒙古和山东2个单位百万吨死亡率低于0.1。

六.事故主要原因分析

(1)非法违法生产建设屡禁不止。无证或证照不全生产建设、关闭矿井死灰复燃、超层越界非法盗采、拒不执行停产停工指令而造成的事故经常发生。2010年因非法违法生产、建设行为导致发生较大以上事故分别占较大以上事故的42.5%和52.1%,其中非法违法导致的重特大事故分别占重特大事故的75%和72%。如河南省平顶山市卫东区兴东二矿,已被河南省政府确定为关闭矿井，而且采矿许可证等证照已经过期,地方政府已责令其停产,并采取了断电措施;但该矿拒不执行停产指令,私自接通电源,继续违法组织生产；井下违法违规私存炸药发生燃烧,造成49人死亡。

(2)兼并重组、基建技改矿井安全管理不到位。一方面是企业责任不落实,主要表现在建设单位、施

表 5.2　　2010 年全国煤矿百万吨死亡率分地区情况表

地区	2010 年	2008 年	同比		地区	2010 年	2008 年	同比	
			±	±%				±	±%
北京	1.558	0.459	1.099	239.5	湖北	6.048	5.002	1.046	20.9
河北	0.608	0.792	-0.184	-23.2	湖南	3.935	4.070	-0.135	-3.3
山西	0.194	0.335	-0.141	-42.0	广西	2.903	4.921	-2.018	-41.0
内蒙古	0.062	0.055	0.007	13.3	四川	3.877	3.090	0.787	25.5
辽宁	0.962	0.996	-0.034	-3.4	贵州	2.432	3.170	-0.738	-23.3
吉林	1.402	1.556	-0.154	-9.9	云南	1.066	1.368	-0.302	-22.1
黑龙江	0.968	2.121	-1.153	-54.3	重庆	4.181	5.242	-1.061	-20.2
江苏	0.463	0.334	0.129	38.6	陕西	0.258	0.114	0.144	126.1
浙江					甘肃	0.794	0.780	0.014	1.8
安徽	0.274	0.467	-0.193	-41.4	青海	0.542	0.507	0.035	7.0
福建	0.191	0.811	-0.620	-76.4	宁夏	0.220	0.679	-0.459	-67.5
江西	2.112	1.992	0.120	6.0	新疆	0.869	1.130	-0.261	-23.1
山东	0.074	0.056	0.018	31.9	新疆兵团	1.935	2.401	-0.106	-5.2
河南	1.485	0.647	0.838	129.6					

工单位、监理单位安全管理工作配合不力、协调不够，特别是在安全生产建设管理方面职责不清，安全管理责任不落实。另一方面是监管责任不落实，一些矿井建设、技改时间超过规定期限，并多次延期；一些矿井甚至以技改名义长期违法生产，同时由于监管缺位，使违法违规行为没有得到有效遏制和纠正。2010 年 110 起较大事故中，整合技改、基建 53 起，占 48.2%；24 起重特大事故中，整合技改、基建 19 起，占 79.2%。如河南省义煤集团巨源煤业有限公司没有做到真投入、真兼并、真到位，在兼并重组过程中未能对该矿进行有效控制管理。原有小煤矿的运行模式没有改变，在整改隐患的幌子下，技改期间长期非法越界盗采煤炭资源；事故当班入井人数严重超员，以包代管；工人未经培训即下井作业；采用明令禁止的高落式采煤法，且瓦斯超限作业，没有矿领导带班下井；还存在非法购买、使用火工品的严重问题；在事故发生后，谎报事故发生时间和下井人数，组织藏匿遇难人员，性质十分恶劣。

(3)小煤矿安全基础管理水平仍然较低。通过连续几年的整顿关闭，我国小煤矿数量虽然大幅度减少，但仍有 9000 多处，约占煤矿总数的 80%。小煤矿普遍井型小，安全生产基础条件差、生产工艺落后，采掘机械化水平低，劳动组织混乱且从业人员素质低，技术力量薄弱等基础工作较差的现状仍没有得到根本改变，2010 年小煤矿事故起数和死亡人数占全国总量的 69.1%和 69.9%。如湖南省湘潭市湘潭县谭家山镇立胜煤矿，长期超深越界盗采资源，借技改名义违法组织生产，长期违规使用国家明令禁止的设备和工艺(如吊箩)中间立井三道暗立井内敷设的非阻燃电缆老化破损，短路着火，引燃电缆外套塑料管、吊箩、木支架及周边煤层，产生大量有毒有害气体，造成 34 人窒息伤亡。

(4)一些矿井现场管理不严格。一些煤矿现场管理、技术管理以及隐患排查治理工作薄弱，2010 年发生的 24 起重特大事故和 110 起较大事故均存在现场管理管理混乱、隐患排查治理不到位的问题，一些事故矿井甚至长期对重大隐患熟视无睹、习以为常。顶板、运输事故均是由于违规违章引起的，2010 年顶板事故总量第一位（分别占全国总起数和死亡人数的 50%和 34.1%)，运输事故起数第二(占 17.5%)、死亡人数第三(占 11.5%)，突出反映出现场管理不严、支护质量不合格、安全措施不落实等问题，所以加强现场管理、遏制顶板、运输事故是降低事故总量的主要途径之一。如新疆塔城地区乌苏市源利煤矿5101采煤工作面采用Ⅱ型钢梁配单体液压支柱，在进行支护设备维修时安全防护措施不到位，引发工作面19米长的巷道顶板跨落，造成4人死亡。

(5)一些煤矿瓦斯综合防治工作有差距。主要表现在突出矿井没有认真贯彻《煤与瓦斯突出防治规定》,没有按规定认真落实“两个四位一体”综合防突措施,2010年发生25起较大以上突出事故中只有2个矿井采取了区域防突措施、有6个矿井未采取任何防突措施;采取局部防突措施的矿井中,也存在抽放时间不够,效果不达标等问题,一些采取了防突措施的矿井存在区域和局部突出预测敏感指标及临界值照搬照抄指标选用,不切实际;一些突出矿井为逃避监管,降低瓦斯等级,不按突出矿井管理。如贵州省安顺市普定县远洋煤矿M0煤层曾多次发生动力现象,但未重新对其突出危险性进行鉴定,仍按低瓦斯矿井管理,未采取防突措施,放炮诱发煤与瓦斯突出,造成21人死亡。

(6)一些矿井通风及机电管理存在突出问题。瓦斯事故大都是由于通风管理和机电管理不到位引起的,从瓦斯积聚原因看,30起较大以上瓦斯爆炸事故中,煤矿通风系统不合理,存在总风量不足、风流短路引起瓦斯积聚的有7起;风筒安全不符合要求,存在风筒漏风、循环风等局部通风管理问题的有16起。从瓦斯爆炸火源看,30起较大以上瓦斯爆炸事故中,煤电钻失爆、电缆短路、矿灯失爆等电气设备火花引爆瓦斯18起，暴露出一些煤矿机电设备老化，未按规定对机电设备进行检修等突出问题。从瓦斯爆炸、窒息、燃烧等57起较大以上瓦斯事故看,20个事故矿井未安装瓦斯监控系统或存在传感器数量不足、安装位置不符合要求等问题。大多如湖北省恩施州利川市水井湾煤矿,2106工作面没有形成全负压通风,造成局部瓦斯聚积达到爆炸界限,矿灯失爆产生电火花引起瓦斯爆炸,造成10人死亡。另外,从重特大火灾事故均是由于机电设备及电缆引起的。

(7)一些矿井防治水工作不到位。一些煤矿没有查明地质构造、水文地质情况,制定的作业规程和防范措施针对性不强。2010年19起较大以上水害事故中有17起是由于矿井水文地质资料不清,未按规定采取探放水措施造成的。如华晋焦煤公司王家岭煤矿,未按照设计完成201盘区三维地震勘探,没有查明采空区位置和范围，井下实际超前探查仅采用物探探测方法，未对探测结果进一步实施钻探探查验证。尤其是在明知20101回风巷前方存在两条老空巷道的情况下，在安排物探方法探测前方老空区隐患时,没有查清老空巷道位置及积水情况,且发现透水征兆后未及时采取撤出井下作业人员等果断措施,掘进作业导通老空积水,造成+583.168m标高以下的巷道被淹和38人死亡。

2010 年金属与非金属矿安全生产情况

一、事故总体情况

2010 年，全国金属与非金属矿共发生各类事故 1009 起，死亡 1271 人，同比减少 221 起、269 人，分别下降 18.0%和 17.5%。

按矿山类型分，非金属矿事故最多。非金属矿事故起数和死亡人数分别占总体的 45.4%和 40.6%，居第一位；其次是有色金属矿，事故起数和死亡人数分别占 30.2%和 33.7%；事故起数和死亡人数最少是石油和天燃气，分别占 1.1%和 0.9%。(各类型事故比例详见图 1.3、图 1.4)。

在各类金属与非金属矿事故中，黑色金属矿、有色金属矿、非金属矿和其他矿事故起数和死亡人数同比下降，占 80%；石油和天燃气事故起数和死亡人数同比上升(各类型事故情况详见表 1.1)。

按经济类型分，私营经济事故相对多发。私营经济共发生事故 388 起，造成 461 人死亡，事故起数和死亡人数分别占总体的 38.5%和 36.3%，居第一位；其次是有限责任公司，事故起数和死亡人数分别占 29.2%和 29.4%。(各经济类型事故起数和死亡人数比例详见图 1.5、图 1.6)。

在各经济类型事故中，国有经济、集体经济、联营经济、有限责任公司、私营经济和其他经济事故起数和死亡人数同比下降，占 60%；股份合作事故起数和死亡人数同比上升，占 10%。(各经济类型事故情况详见表 1.2)

按行政区分，多数地区事故起数和死亡人数同

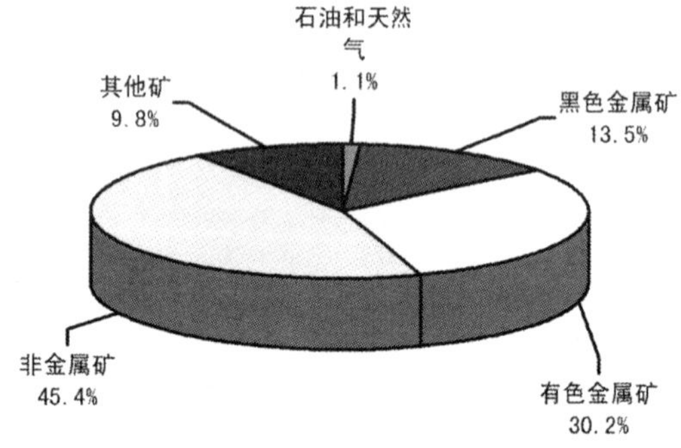

图 1.3 各行业事故起数比例图

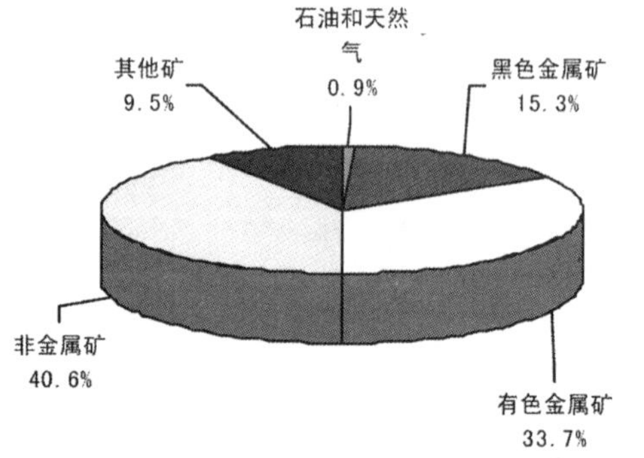

图 1.4 各行业事故死亡人数比例图

表.1.1　　2010 年金属与非金属矿事故情况表

	事故起数	同比		死亡人数	同比	
		±	±%		±	±%
合　　计	1009	-221	-18	1271	-269	-17.5
石油和天然气	11	4	57.1	11	4	57.1
黑色金属矿	136	-23	-14.5	195	-22	-10.1
有色金属矿	305	-43	-12.4	428	-54	-11.2
非金属矿	458	-142	-23.7	516	-188	-26.7
其他矿	99	-17	-14.7	121	-9	-6.9

比下降。全国32个省级统计单位中，北京、天津、上海和新疆兵团4个单位没有发生事故。在发生事故的单位中，有22个单位事故起数和死亡人数同比下降，占发生事故的单位的78.6%；有4个单位事故起数和死亡人数同比上升，占发生事故的单位的14.3%。辽宁、湖北、湖南、广西和云南5个单位事故相对多发，合计发生事故377起，占事故总起数的37.4%；辽宁、湖北、湖南、广西和云南5个单位事故死亡人数较多，合计死亡485人，占死亡总人数的38.2%。(详见表1.3)。

按事故类型分，冒顶片帮事故最多。冒顶片帮事故起数和死亡人数分别占19.8%和19.7%，居第一

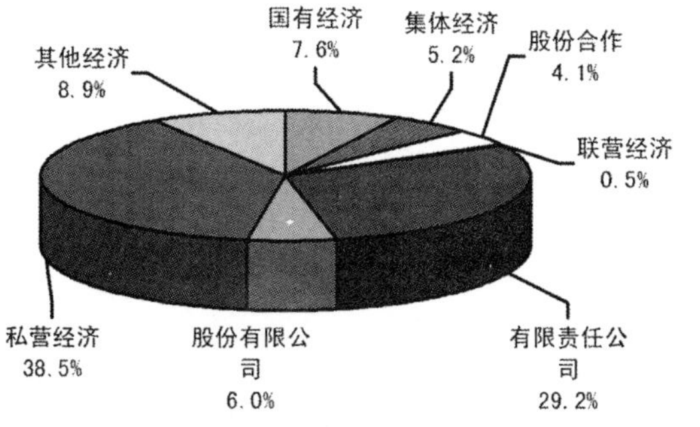

图1.5 各经济类型事故起数比例图

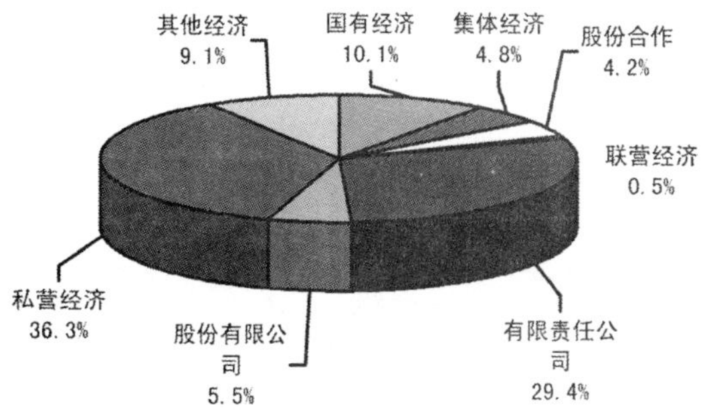

图1.6 各经济类型事故死亡人数比例图

表1.2 2010年金属与非金属矿分经济类型事故情况表

	事故起数	同比		死亡人数	同比	
		±	±%		±	±%
合　计	1009	-221	-18	1271	-269	-17.5
国有经济	77	-11	-12.5	129	-31	-19.4
集体经济	52	-8	-13.3	61	-19	-23.8
股份合作	41	6	17.1	54	15	38.5
联营经济	5	-1	-16.7	6		
有限责任公司	295	-29	-9	374	-10	-2.6
股份有限公司	61			70	2	2.9
私营经济	388	-162	-29.5	461	-218	-32.1
港澳台投资	1			1		
外商投资	1			1		
其他经济	88	-16	-15.4	114	-8	-6.6

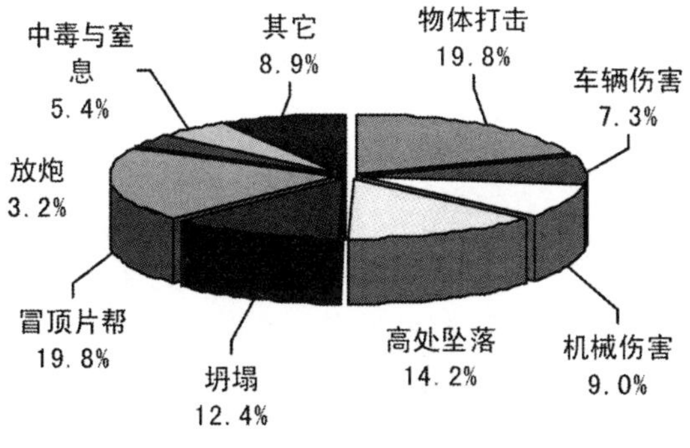

图1.7 各类别事故起数比例图

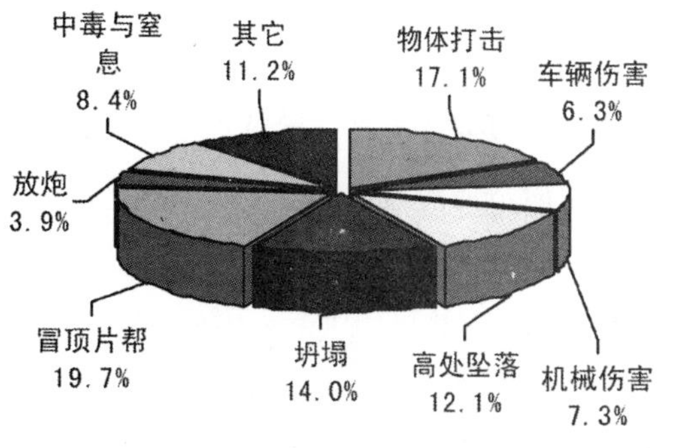

图1.8 各类别事故死亡人数比例图

表 1.3　　2010 年全国金属与非金属矿事故分地区情况表

地区	事故起数	同比		死亡人数	同比		地区	事故起数	同比		死亡人数	同比	
		±	±%		±	±%			±	±%		±	±%
合计	1009	−221	−18	1271	−269	−17.5	河南	25	−1	−3.8	47	−4	−7.8
北京							湖北	65	−31	−32.3	76	−40	−34.5
天津							湖南	65	−16	−19.8	101	−35	−25.7
河北	28	−4	−12.5	35	−28	−44.4	广东	23	−14	−37.8	26	−17	−39.5
山西	17	14	466.7	19	14	280	广西	80	−8	−9.1	95	−1	−1
内蒙	51	−9	−15	62	−13	−17.3	海南	11	−2	−15.4	11	−2	−15.4
辽宁	74	−8	−9.8	88	−6	−6.4	四川	56	−19	−25.3	64	−22	−25.6
吉林	25			35			贵州	46	−24	−34.3	47	−37	−44
黑龙江	17	−2	−10.5	17	−7	−29.2	云南	93	−27	−22.5	125	−22	−15
上海							西藏	12	7	140	16	7	77.8
江苏	7	−9	−56.3	8	−9	−52.9	重庆	23	−8	−25.8	28	−8	−22.2
浙江	43	−2	−4.4	46	−1	−2.1	陕西	34	−17	−33.3	51	−5	−8.9
安徽	50	−16	−24.2	60	−16	−21.1	甘肃	28	7	33.3	38	5	15.2
福建	28	−6	−17.6	33	−8	−19.5	青海	6	−3	−33.3	7	−2	−22.2
江西	44	4	10	55			宁夏	5	3	150	8	6	300
山东	10	−17	−63	27	−6	−18.2	新疆	43	−13	−23.2	46	−12	−20.7
							新疆兵团						

位；其次是物体打击事故，分别占 19.8%和 17.1%（各类事故比例见图 1.7、图 1.8）。

在各类型事故中，物体打击、车辆伤害、机械伤害、起重伤害、触电、灼烫、高处坠落、坍塌、冒顶片帮、放炮、火药爆炸、容器爆炸和其他伤害事故起数和死亡人数同比下降；火灾、透水和瓦斯爆炸事故起数和死亡人数同比上升。（各类事故详见表 1.4）。

按事故原因分。因设备设施工具附件有缺陷、安全设施缺少或有缺陷、生产场所环境不良、个人防护用品缺少或有缺陷、违反操作规程或劳动纪律、劳动组织不合理、对现场工作缺乏检查或指挥错误、教育培训不够缺乏安全操作知识和其他等原因造成的事故起数和死亡人数同比下降；因没有安全操作规程或不健全等原因造成的事故起数同比下降，死亡人数同比上升；因技术和设计有缺陷等原因造成的事故起数和死亡人数同比分别上升。（按事故原因分各类事故情况详见表 1.5）。

按事故发生时段分。具有以下特点：

一是 5 月份事故最多，2 月份事故最少。5 月份事故起数和死亡人数为全年最多，共发生事故 114 起，死亡 136 人，分别占全年事故起数和死亡人数的 11.3%和 10.7%；2 月份事故起数和死亡人数为全年最少，共发生事故 24 起，死亡 31 人，分别占全年事故起数和死亡人数的 2.4%和 2.4%；

二是年初事故较少，年中事故多发。在四个季度中，一季度事故起数和死亡人数最少，共发生事故 165 起、死亡 228 人，分别占全年事故起数和死亡人数的 16.4%和 17.9%；事故起数和死亡人数最多的是二季度，共发生事故 288 起，死亡 355 人，分别占全年事故起数和死亡人数的 28.5%和 27.9%。

二、较大事故情况

2010 年，全国金属与非金属矿共发生较大事故 43 起，死亡 179 人，事故起数同比减少 1 起，死亡人数同比增加 6 人，分别下降 2.3%和上升 3.5%。

按矿山类型分，非金属矿较大事故多发。有色

表 1.4　　2010 年金属与非金属矿各类事故情况表

	事故起数	同比		死亡人数	同比	
		±	±%		±	±%
合　计	1009	-221	-18	1271	-269	-17.5
物体打击	200	-22	-9.9	217	-21	-8.8
车辆伤害	74	-37	-33.3	80	-44	-35.5
机械伤害	91	-3	-3.2	93	-2	-2.1
起重伤害	5	-4	-44.4	5	-5	-50
触电	27	-19	-41.3	28	-21	-42.9
淹溺	13	2	18.2	18	-13	-41.9
灼烫	1	-2	-66.7	1	-1	-50
火灾	3	3		19	19	
高处坠落	143	-30	-17.3	154	-56	-26.7
坍塌	125	-18	-12.6	178	-16	-8.2
冒顶片帮	200	-55	-21.6	250	-63	-20.1
透水	8	3	60	27	6	28.6
放炮	32	-22	-40.7	50	-26	-34.2
火药爆炸	6	-11	-64.7	6	-37	-86
瓦斯爆炸	1	1		4	4	
锅炉爆炸	1	-1	-50	1	-2	-66.7
容器爆炸	1	-1	-50	7	6	600
其他爆炸	54	-1	-1.8	107	5	4.9
中毒和窒息	24	-4	-14.3	26	-2	-7.1
其他伤害	1009	-221	-18	1271	-269	-17.5

表 1.5　　2010 年金属与非金属矿事故按原因分情况表

	事故起数	同比		死亡人数	同比	
		±	±%		±	±%
合　计	1009	-221	-18	1271	-269	-17.5
技术和设计有缺陷	22	2	10	31	3	10.7
设备设施工具附件有缺陷	50	-15	-23.1	77	-29	-27.4
安全设施缺少或有缺陷	80	-18	-18.4	95	-29	-23.4
生产场所环境不良	275	-63	-18.6	356	-60	-14.4
个人防护用品缺少或有缺陷	84	-63	-42.9	88	-70	-44.3
没有安全操作规程或不健全	57	-8	-12.3	71	2	2.9
违反操作规程或劳动纪律	329	-25	-7.1	414	-17	-3.9
劳动组织不合理	11	-8	-42.1	14	-8	-36.4
对现场工作缺乏检查或指挥错误	44	-23	-34.3	56	-16	-22.2
教育培训不够缺乏安全操作知识	49	-26	-34.7	66	-23	-25.8
其他	152	-6	-3.8	205	-17	-7.7

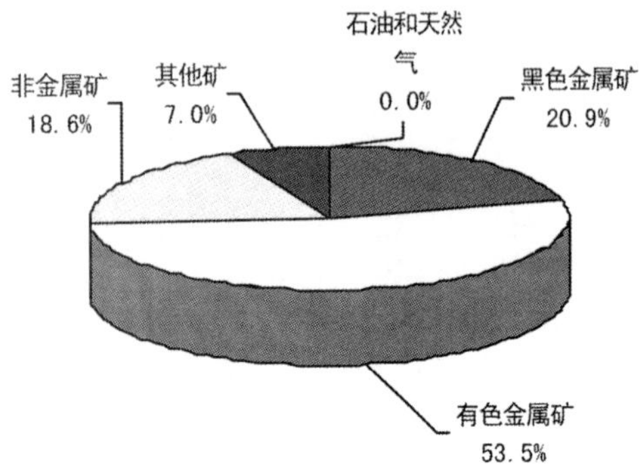

图 2.1 各行业较大事故起数比例图

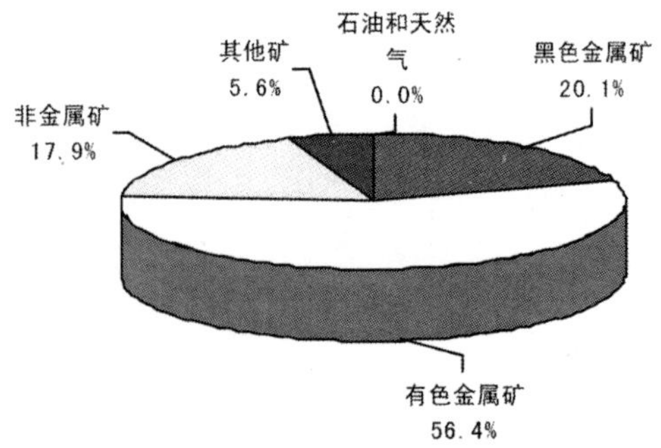

图 2.2 各行业较大事故死亡人数比例图

金属矿采选业发生23起较大事故，占总体的53.5%；其次是黑色金属矿采选业，占20.9%。事故死亡人数居第一位的是有色金属矿采选业，占较大总体的56.4%；其次是黑色金属矿采选业，占20.1%。（各类型较大事故比例详见图2.1、图2.2）。

在各类矿山较大事故中，石油和天燃气没有发生较大事故，占20.0%；非金属矿和其他矿较大事故起数和死亡人数同比下降，占60.0%；黑色金属矿和有色金属矿事故起数和死亡人数同比上升，占40.0%。（各类型较大事故情况详见表2.1）。

表 2.1　　2010年金属与非金属矿较大事故情况表

	事故起数	同比		死亡人数	同比	
		±	±%		±	±%
合　计	43	-1	-2.3	179	6	3.5
石油和天然气						
黑色金属矿	9	2	28.6	36	8	28.6
有色金属矿	23	7	43.8	101	34	50.7
非金属矿	8	-9	-52.9	32	-32	-50
其他矿	3	-1	-25	10	-4	-28.6

表 2.2　　2010年金属与非金属矿分经济类型较大事故情况表

	事故起数	同比		死亡人数	同比	
		±	±%		±	±%
合　计	43	-1	-2.3	179	6	3.5
国有经济	7	4	133.3	36	21	140
集体经济	1	-1	-50	4	-4	-50
股份合作	2	1	100	8	5	166.7
联营经济						
有限责任公司	15	6	66.7	58	19	48.7
股份有限公司	3	2	200	9	6	200
私营经济	12	-14	-53.8	45	-54	-54.5
港澳台投资						
外商投资						
其他经济	3	1	50	19	13	216.7

按经济类型分，私营经济较大事故多发。有限责任公司较大事故起数和死亡人数分别分别占总体的34.9%和32.4%，均居第一位；其次是私营经济，分别占较大事故总体的27.9%和25.1%。

在各类经济类型较大事故中，集体经济和私营经济较大事故起数和死亡人数同比分别下降，占20.0%；国有经济、股份合作、有限责任公司、股份有限公司和其他经济事故起数和死亡人数同比分别上升，占50.0%。联营经济、港澳台投资和外商投资没有发生较大事故，占30.0%。(各经济类型较大事故情况详见表2.2)。

按行政区分。全国32个省级统计单位中，有16个单位没有发生较大事故，占50.0%。在发生事故的16个单位中，有4个单位较大事故起数和死亡人数同比下降，占事故发生单位的25.0%；有8个单位较大事故起数和死亡人数同比上升，占事故发生单位的50.0%。(详见表2.3)。

按事故类型分，较大中毒与窒息事故多发。全年共发生较大中毒与窒息事故11起、死亡54人，分别占总体的25.6%和30.2%，居第一位；其次是冒顶片帮事故，分别占总体的23.3%和21.2%。

在各类型事故中，高处坠落、透水和火药爆炸事故起数和死亡人数同比下降；较大车辆伤害、冒顶片帮、瓦斯爆炸和其他爆炸事故起数和死亡人数同比上升(各类事故详见表2.4)。

按事故原因分。因设备设施工具附件有缺陷和安全设施缺少或有缺陷等原因造成的事故起数和死亡人数同比下降；因没有安全操作规程或不健全、违反操作规程或劳动纪律和对现场工作缺乏检查或指挥错误等原因造成的事故起数和死亡人数同比上升。(按事故原因分各类较大事故情况详见表.2.5)。

三、重大事故情况

2010年，全国金属与非金属矿共发生重大事故2起，死亡26人，同比减少2起、44人，分别下降50.0%和62.9%。

表2.3　　2010年全国金属与非金属矿较大事故分地区情况表

地区	事故起数	同比		死亡人数	同比		地区	事故起数	同比		死亡人数	同比	
		±	±%		±	±%			±	±%		±	±%
合计	43	-1	-2.3	179	6	3.5	河南	5	2	66.7	26	14	116.7
北京							湖北	1	-1	-50	3	-7	-70
天津							湖南	6	3	100	30	20	200
河北	2	-2	-50	7	-10	-58.8	广东		-2	-100		-7	-100
山西		-1	-100		-3	-100	广西	3			10	-1	-9.1
内蒙	3	-1	-25	10	-5	-33.3	海南						
辽宁	3	2	200	11	6	120	四川	2	1	100	6	2	50
吉林	1	-2	-66.7	7	-3	-30	贵州		-2	-100		-11	-100
黑龙江		-1	-100		-3	-100	云南	7	2	40	27	10	58.8
上海							西藏		-1	-100		-3	-100
江苏							重庆	1			3	-1	-25
浙江		-1	-100		-3	-100	陕西	2	2		15	15	
安徽	2			7	-1	-12.5	甘肃	1	1		3	3	
福建		-1	-100		-5	-100	青海						
江西	3	1	50	11	-1	-8.3	宁夏	1	1		3	3	
山东		-1	-100		-3	-100	新疆						
							新疆兵团						

表 2.4　　2010 年金属与非金属矿各类较大事故情况表

	事故起数	同比		死亡人数	同比	
		±	±%		±	±%
合　计	43	-1	-2.3	179	6	3.5
物体打击	2			6	-1	-14.3
车辆伤害	3	1	50	9	2	28.6
机械伤害						
起重伤害						
触电						
淹溺		-1	-100		-3	-100
灼烫						
火灾						
高处坠落	2	-2	-50	7	-6	-46.2
坍塌	9	-1	-10	31	1	3.3
冒顶片帮	10	5	100	38	22	137.5
透水	2	-1	-33.3	12	-5	-29.4
放炮	2	-1	-33.3	11	-8	-42.1
火药爆炸		-2	-100		-12	-100
瓦斯爆炸	1	1		4	4	
锅炉爆炸						
容器爆炸	1	1		7	7	
其他爆炸	11	-1	-8.3	54	5	10.2
中毒和窒息						
其他伤害	43	-1	-2.3	179	6	3.5

表 2.5　　2010 年金属与非金属矿较大事故按原因分情况表

	事故起数	同比		死亡人数	同比	
		±	±%		±	±%
合　计	43	-1	-2.3	179	6	3.5
技术和设计有缺陷	1			3	-5	-62.5
设备设施工具附件有缺陷	2	-1	-33.3	7	-5	-41.7
安全设施缺少或有缺陷	3	-3	-50	11	-8	-42.1
生产场所环境不良	12	-1	-7.7	54	10	22.7
个人防护用品缺少或有缺陷		-1	-100		-8	-100
没有安全操作规程或不健全	3	3		12	12	
违反操作规程或劳动纪律	15	4	36.4	74	30	68.2
劳动组织不合理						
对现场工作缺乏检查或指挥错误	2	2		6	6	
教育培训不够缺乏安全操作知识	2	-1	-33.3	15	6	66.7
其他	11	-1	-8.3	49		

按矿山类型分，黑色金属矿和有色金属矿各发生重大事故1起。有色金属矿共发生重大事故1起，造成16人死亡，分别占总体的50.0%和61.5%，居第一位；其次是黑色金属矿，分别占总体的50.0%和38.5%。

在各类矿山中，石油和天燃气、非金属矿及其他矿没有发生重大事故，占60.0%；有色金属矿重大事故起数和死亡人数同比下降，占20.0%；黑色金属矿重大事故起数同比持平，死亡人数同比下降，占20%。(各类型重大事故情况详见表3.1)。

这2起重大事故是：

(1)7月20日，湖南花垣县磊鑫公司施工中打通了中发公司锰矿洞，发生透水事故；文化公司组织11人进行掘进，造成13人被困井下。经抢救，造成10人死亡。

(2)8月6日，山东烟台市招远县玲南矿业公司罗山金矿4矿区盲主井12中段井筒电缆起火，造成16人死亡、58人受伤。

表3.1　　2010年金属与非金属矿重大事故情况表

	事故起数	同比		死亡人数	同比	
		±	±%		±	±%
合　计	2	-2	-50	26	-44	-62.9
石油和天然气						
黑色金属矿	1			10	-6	-37.5
有色金属矿	1	-1	-50	16	-23	-59
非金属矿		-1	-100		-15	-100
其他矿						

2010年中央企业安全生产情况

一、事故总体情况

2010年，中央企业共发生各类事故286起，死亡543人，同比减少37起、增加115人，分别下降11.5%和上升26.9%。

按行政区分。全国31个省级统计单位中，有11个单位中央企业事故起数和死亡人数同比下降，占总体的35.5%；有14个单位中央企业事故起数和死亡人数同比上升，占总体的45.2%。发生事故较多的单位分别是：内蒙古(17起、84人)、辽宁(20起、30人)、湖北(21起、31人)、四川(22起、31人)、新疆(17起、29人)。(详见表1.1)。

表1.1　　2010年中央企业事故分地区情况表

地区	事故起数	同比		死亡人数	同比		地区	事故起数	同比		死亡人数	同比	
		±	±%		±	±%			±	±%		±	±%
合计	286	-37	-11.5	543	115	26.9	河南	7	-2	-22.2	9	-2	-18.2
北京	5	-1	-16.7	6	-2	-25	湖北	21	5	31.3	31	10	47.6
天津	10	3	42.9	13	4	44.4	湖南	2	1	100	2	1	100
河北	11	4	57.1	20	8	66.7	广东	15	-9	-37.5	27	-3	-10
山西	10	2	25	50	27	117.4	广西	16	-2	-11.1	25	9	56.3
内蒙古	17	-2	-10.5	84	56	200	海南	1	-5	-83.3	1	-6	-85.7
辽宁	20	-8	-28.6	30			四川	22	5	29.4	31	9	40.9
吉林	4	-4	-50	8			贵州	7	-8	-53.3	21	5	31.3
黑龙江	5	1	25	12	7	140	云南	6	3	100	9	6	200
上海	8	-20	-71.4	7	-9	-56.3	西藏		-1	-100		-1	-100
江苏	11	-4	-26.7	20	-15	-42.9	重庆	4	-9	-69.2	6	-19	-76
浙江	8	-3	-27.3	8	-5	-38.5	陕西	9	-4	-30.8	15	-9	-37.5
安徽	11	6	120	15	10	200	甘肃	8	1	14.3	14	7	100
福建	11	-4	-26.7	11	-6	-35.3	青海	5	2	66.7	13	8	160
江西	6	1	20	11	5	83.3	宁夏	1	-1	-50	1	-14	-93.3
山东	8	6	300	14	12	600	新疆	17	10	142.9	29	22	314.3

二、较大事故情况

2010年，中央企业共发生较大事故37起，死亡163人，同比增加17起、91人，分别上升85.0%和126.4%。

按行政区分。全国31个省级统计单位中，有20个单位的中央企业发生较大事故，占64.5%。其中，有3个单位中央企业事故起数和死亡人数同比下降，占发生事故单位的15.0%；有15个单位中央企业事故起数和死亡人数同比上升，占发生事故单位的75.0%。发生较大事故较多的单位分别是：河北(3起、10人)、辽宁(3起、13人)、四川(3起、10人)、贵州(3起、17人)。(详见表2.1)。

表.2.1　　2010 年中央企业较大事故分地区情况表

地区	事故起数	同比		死亡人数	同比		地区	事故起数	同比		死亡人数	同比	
		±	±%		±	±%			±	±%		±	±%
合计	37	17	85	163	91	126.4	河南						
北京		-1	-100		-3	-100	湖北	2	1	100	9	4	80
天津	1	1		4	4		湖南						
河北	3	2	200	10	5	100	广东	2			15	9	150
山西		-2	-100		-7	-100	广西		-1	-100		-3	-100
内蒙古	2	-1	-33.3	10	-1	-9.1	海南						
辽宁	3	2	200	13	10	333.3	四川	3	3		10	10	
吉林	1	1		5	5		贵州	3	3		17	17	
黑龙江	2	2		9	9		云南	1	1		3	3	
上海							西藏						
江苏	2	-1	-33.3	11	-1	-8.3	重庆	1	1		3	3	
浙江							陕西	2	-1	-33.3	7	-4	-36.4
安徽	1	1		3	3		甘肃	2	2		7	7	
福建		-1	-100		-3	-100	青海	1	1		8	8	
江西	2	2		7	7		宁夏						
山东	2	2		8	8		新疆	1			4	1	33.3

三、重大事故情况

2010 年，中央企业共发生重大事故 5 起，死亡 51 人，同比增加 1 起、3 人，分别上升 25.0%和 6.3%。

这 5 起重大事故是：

(1)3 月 19 日，内蒙古乌兰察布卓资县集包线旗下营隧道发生塌方事故，造成 10 人死亡。

(2)3 月 30 日，新疆区塔城地区鲁能煤电化开发公司沙吉海煤矿发生冒顶事故，造成 10 人死亡。

(3)5 月 3 日，内蒙古呼和浩特赛罕区榆林镇二道河村中铁十九局工程公司职工工棚发生火灾，造成 10 人死亡，14 人受伤。

(4)7 月 11 日，广西区南宁市宾阳县境内，由中铁十八局承建施工南黎铁路 LN-4 标宾阳段那适 2#隧道发生塌方事故，造成 10 人死亡。

(5)8 月 13 日，内蒙古自治区包头市达茂旗境内包满铁路新建线路段发生工程车辆溜逸事故，死亡 11 人、受伤 3 人(其中重伤 1 人)。

四、特别重大事故情况

2010 年，中央企业共发生特别重大事故 2 起，死亡 70 人，同比增加 2 起、70 人。

这 2 起特别重大事故是：

(1)3 月 1 日，神华集团乌海能源公司骆驼山煤矿发生透水事故，造成 32 死亡。

(2)3 月 28 日，山西省临汾市华晋焦煤公司王家岭煤矿基建巷道施工时发生透水事故，造成 38 人死亡。

2010年消防安全情况

2010年,各地区、各部门和全国公安消防部队深入贯彻落实党中央、国务院关于加强消防安全工作重要指示批示精神,坚持"预防为主、防消结合"方针,紧紧围绕为上海世博、广州亚运等重要活动创造良好消防安全环境和有效遏制重特大火灾为目标,继续深入开展"安全生产年"活动,以人员密集场所、建筑工地、高层居民楼、地下空间、"三合一"场所为重点,联合开展火灾隐患大排查活动;严厉打击使用易燃可燃有毒材料装修等消防安全领域"三非"和"三违"等行为;加大宣传力度,着力提高社会单位检查消除火灾隐患、组织扑救初起火灾、组织人员疏散逃生和消防宣传教育"四个能力",有力地推进了消防安全工作,确保了全国火灾安全形势的总体稳定。

一、消防救援简要情况

2010年,全国公安消防部队共出警作战58.9万起,是建国以来灭火救援任务最多的一年,出动消防车辆96.8万辆次,官兵615.9万人次,营救遇险被困人员近16万人,挽回经济损失430多亿元。其中,火灾扑救13.2万起、抢险救援18.3万起、社会救助14.8万起、公务执勤近1万起、其他出动11.6万起。特别是在青海玉树地震、甘肃舟曲特大泥石流等自然灾害和重特大火灾抢救救援中,广大消防官兵不畏艰难、英勇奋战、不怕牺牲,共有7名消防官兵在灭火、救援中,为保卫国家和人民生命财产安全献出生命。

二、事故总体情况

2010年,全国共发生火灾事故(不含森林、草原等火灾)131705起,死亡1108人,受伤573人,同比增加3374起、减少40人、减少40人,分别上升2.6%和下降3.5%、6.5%。

按行政区分,大部分地区火灾同比上升。在全国31个省级统计单位中,有16个单位事故起数同比上升,占51.6%,15个单位事故死亡人数同比上升,占48.4%;有7个单位事故起数和死亡人数同比下降,占22.6%,7个单位事故死亡人数同比下降,占22.6%。其中天津、浙江、江西、湖北、重庆和宁夏等6个单位事故起数下降幅度超过10%以上,以江西下降20.9%为最多;黑龙江、上海、安徽、江西、湖北、湖南、四川和陕西8个单位事故死亡人数下降幅度超过20%以上,以湖北下降43.6%为最多。

北京、内蒙古、辽宁、吉林、上海、江苏、安徽、山东、湖北、广东、四川、重庆和新疆等13个单位火灾事故相对多发,均发生火灾事故在5000起以上,共发生82742起火灾事故,占全国火灾事故的62.8%,其中以湖北发生火灾事故9355起为最多,占全国火灾事故的7.1%。(各行政区火灾事故情况详见表2.1)。

按城乡分,城市火灾起数和伤亡人数上升,农村火灾所占比重下降。城市共发生火灾49389起,死亡395人,受伤233人,同比分别上升4.7%、23.4%和33.9%;县城集镇共发生火灾33557起,死亡322人,受伤156人,同比分别上升2.8%和下降6.9%、33.9%;农村共发生火灾38334起,死亡372人,受伤157人,事故起数和死亡人数同比分别下降2.4%、1.7%,受伤人数同比持平。从城乡火灾构成情况看,农村火灾起数占火灾总起数的29.1%、死亡人数占总死亡人数的33.6,比重同比下降了1.5和5.4个百分点。(见图2.1、图2.2)。

按场所分,住宅和人员密集场所火灾死亡人数较多。住宅发生的火灾造成787人死亡,占总数的

表 2.1　　2010 年全国火灾事故分地区情况表

地区	事故起数	同比		死亡人数	同比		地区	事故起数	同比		死亡人数	同比	
		±	±%		±	±%			±	±%		±	±%
合计	131705	3374	2.6	1108	-40	-3.5	河南	3516	907	34.8	14	1	7.7
北京	5472	-113	-2	27	-6	-18.2	湖北	9355	-1969	-17.4	22	-17	-43.6
天津	1124	-177	-13.6	23	8	53.3	湖南	2921	384	15.1	33	-19	-36.5
河北	4658	1688	56.8	25	-4	-13.8	广东	6118	1596	35.3	108	5	4.9
山西	4407	-338	-7.1	25	19	316.7	广西	1251	175	16.3	32	-5	-13.5
内蒙古	8744	-583	-6.3	49	11	28.9	海南	1049	50	5	3	-3	-50
辽宁	5516	2637	91.6	42	24	133.3	四川	6191	536	9.5	37	-12	-24.5
吉林	7859	-237	-2.9	40	1	2.6	贵州	1634	744	83.6	64	-13	-16.9
黑龙江	2888	139	5.1	19	-5	-20.8	云南	2031	-95	-4.5	60	5	9.1
上海	5746	-326	-5.4	43	-20	-31.7	西藏	219	14	6.8		-10	-100
江苏	5237	262	5.3	83	4	5.1	重庆	5043	-956	-15.9	46	3	7
浙江	3793	-508	-11.8	73	-8	-9.9	陕西	4603	-82	-1.8	22	-9	-29
安徽	5138	-278	-5.1	34	-9	-20.9	甘肃	1122	-111	-9	15	10	200
福建	3985	256	6.9	47	-5	-9.6	青海	1622	280	20.9	12	4	50
江西	4698	-1245	-20.9	15	-8	-34.8	宁夏	3442	-485	-12.4	5	1	25
山东	7164	960	15.5	31	2	6.9	新疆	5159	249	5.1	59	15	34.1

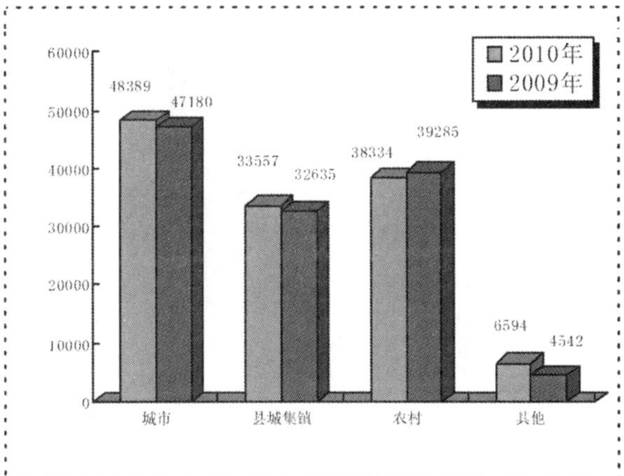

图 2.1　城乡火灾分布及同比情况图

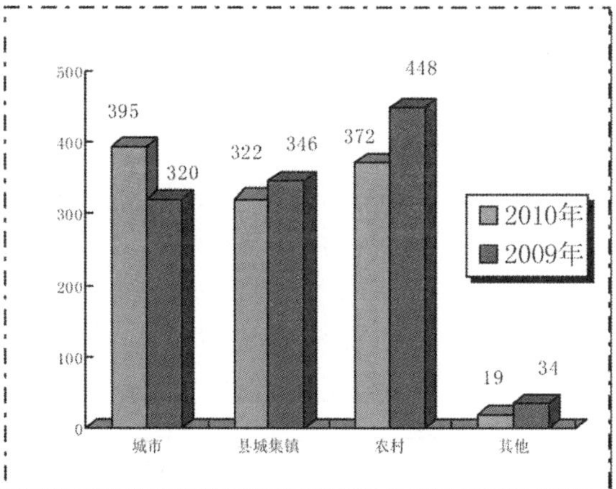

图 2.2　城乡火灾死亡人数分布及册比图

71.0%，人员密集场所发生的火灾造成 156 人死亡，占总数的 14.1%，两者合计占全年火灾死亡人数的 85.1%。(见图 2.3)。

按事故发生的直接原因分，因窒息和中毒原因导致的火灾事故死亡人数最多。全年因窒息和中毒造成 625 人死亡，占总数的 56.4%，为最多；因烧灼造成 335 人死亡，占总数的 30.2%；因摔、砸、炸等原因造成 148 人死亡，占总数的 13.4%。(见图 2.4)。

按起火原因分，半数火灾系电气、用火不慎引发。全年因电线短路、过负荷及电气设备故障等电气原因引起的火灾 40481 起，占火灾总数的 30.7%；生活用火不慎引发火灾 25547 起，占 19.4%；吸烟引发的火灾占 5.7%。(见图 2.5)。

按火灾发生时段分，冬春季节火灾高发，2 月份为全年火灾最高发月份。从季节情况看：冬春季共发生火灾 7.8 万起，死亡 738 人，受伤 270 人，分别占全年总数的 59%、66.6%和 47.1%。从月度情况看：由于 2 月份是新春佳节，因烟花爆竹燃放及用火用电较多

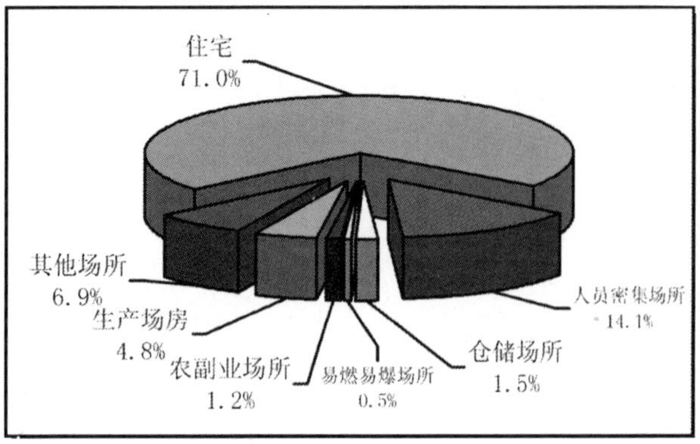

图 2.3　各类场所火灾死亡人数比例图

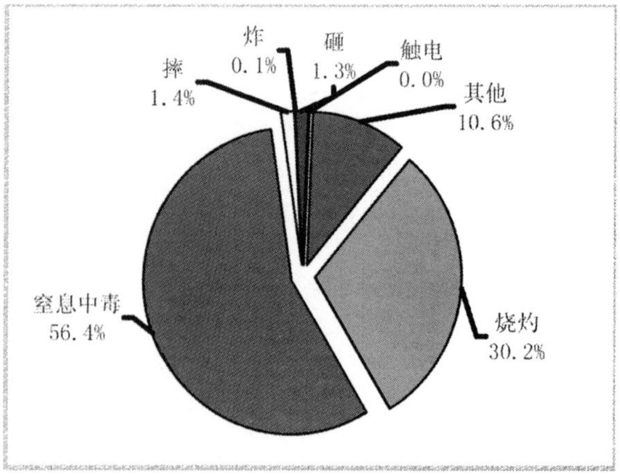

图 2.4　火灾事故按原因分比例图

等原因引发火灾较多，共发生火灾 1.7 万起，占全年火灾总数的 13.6%，为全年最多月份；9 月份火灾占全年火灾总数的 5.7%，为全年最少月份。从时间情况看：夜间 22 时至次日 6 时火灾发生最为集中，该时段共发生火灾 1974 起，造成 556 人死亡，虽然起数只占总数的 24.3%，但死亡人数占到总数的 50.2%。(见图 2.6)。

三、较大事故情况

2010 年，全国共发生较大火灾事故(不含森林、草原等火灾)事故 65 起，死亡 232 人，受伤 50 人，同比增加 14 起、40 人、27 人，分别上升 27.5%和 20.8%、117.4%。

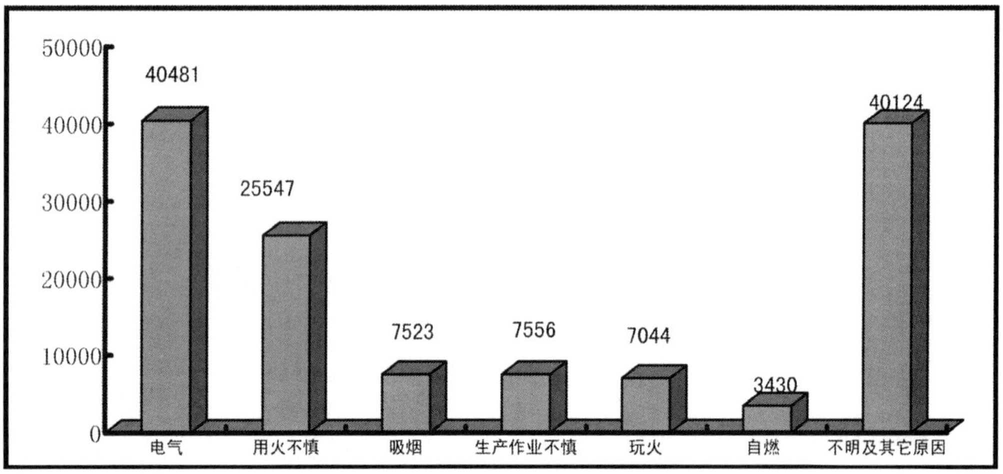

图 2.5　全年火灾起火原因分布图

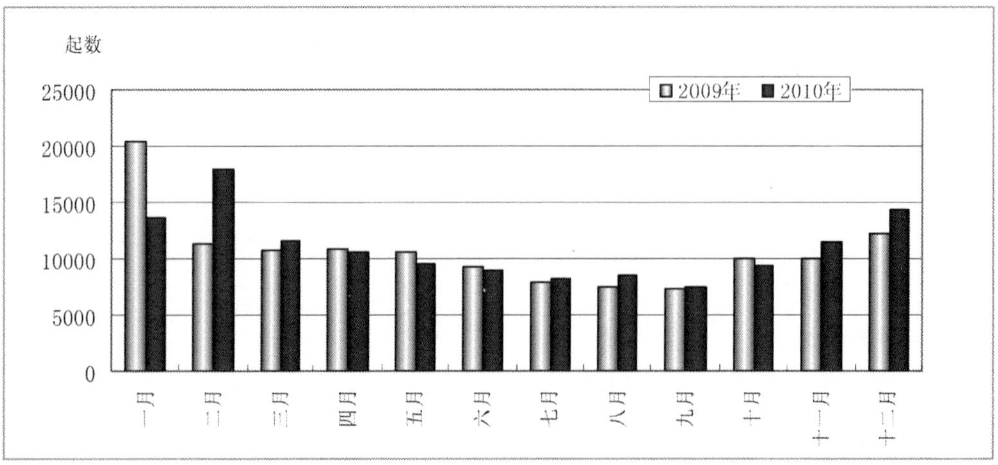

图 2.6　2010 年分月火灾对比情况

按行政区分，近八成地区发生较大火灾事故。在全国 31 个省级统计单位中，24 个单位发生较大火灾事故，占 77.4%。在发生较大火灾事故的 24 个单位中，13 个单位事故起数同比上升，占 54.2%；6 个单位事故起数和死亡人数同比下降，占 25.0%。

辽宁、浙江、山东、广东和云南 5 个单位较大火灾事故多发，共发生较大火灾事故 27 起，占全年较大火灾事故的 41.5%；天津、河北、山西、海南、四川、西藏和宁夏 7 个单位没有发生较大火灾事故。（各行政区较大事故情况详见表 3.1）。

表 3.1　　2010 年全国火灾较大事故分地区情况表

地区	事故起数	同比		死亡人数	同比		地区	事故起数	同比		死亡人数	同比	
		±	±%		±	±%			±	±%		±	±%
合计	65	14	27.5	232	40	20.8	河南	2	1	100	6	2	50
北京	2	1	100	3			湖北	1			3	−3	−50
天津							湖南	3	−1	−25	11	−5	−31.3
河北		−2	−100		−6	−100	广东	10	7	233.3	41	31	310
山西							广西	3	−1	−25	10	−5	−33.3
内蒙古	3	1	50	10	4	66.7	海南						
辽宁	4	3	300	12	9	300	四川		−1	−100		−3	−100
吉林	1			3	−3	−50	贵州	3	−1	−25	12	−1	−7.7
黑龙江	1	1		4	4		云南	4	2	100	12	6	100
上海	1	−1	−50	3	−4	−57.1	西藏						
江苏	3	2	200	9	6	200	重庆	2			7	−1	−12.5
浙江	5	−5	−50	26	−15	−36.6	陕西	2			9	2	28.6
安徽	2	2		6	6		甘肃	1	1		6	6	
福建	3	2	200	10	7	233.3	青海	1	1		3	3	
江西	1	−2	−66.7	3	−8	−72.7	宁夏						
山东	4	2	100	12	1	9.1	新疆	3	2	200	11	7	175

四、重大事故情况

2010 年，全国共发生重大火灾事故（不含森林、草原等火灾）3 起，死亡 43 人，同比减少 1 起、6 人，分别下降 25.0%和 12.2%。

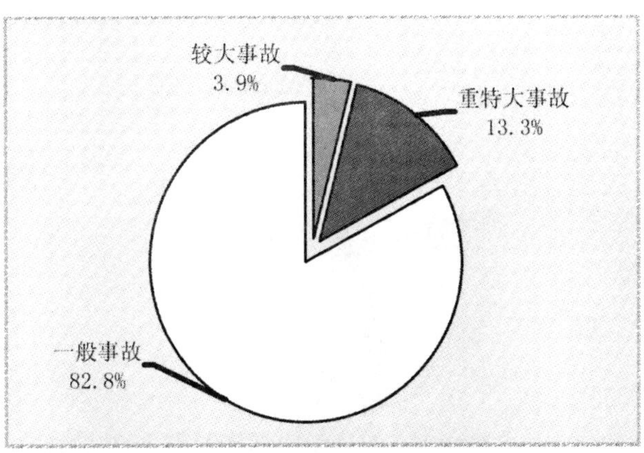

图 4.1　火灾财产损失按事故级别比例图

这 3 起重大火灾事故分别是：

1. 7 月 19 日，新疆自治区乌鲁木齐市长春路至长沙路拐弯处一小区旁边居民自建房（地上 2 层，地下 1 层）发生火灾，造成 12 人死亡。

2. 8 月 28 日，辽宁省沈阳市铁西区辽中路兴华南街万达广场一售楼处发生火灾，造成 12 人死亡。

3. 11 月 5 日，吉林省吉林市船营区商业大厦发生火灾事故，造成 19 人死亡、24 人受伤。

五、特别重大事故情况

2010 年，全国共发生特别重大火灾事故（不含森林、草原等火灾）1 起，死亡 58 人，同比起数持平，增加 58 人。

这起特别重大火灾事故是：

11月15日，上海市静安区胶州路728号一幢28层高的住宅楼发生火灾，造成58人死亡、71人受伤(其中16人重伤)。

六、直接财产损失情况

2010年，全国因火灾造成直接财产损失(不含森林、草原等火灾)17.7亿元（包括上海市静安区“11.15”特别重大火灾事故损失1.58亿元)，比2010年的15.8亿元增加1.9亿元，上升12.0%。

从火灾财产损失分类情况看，一般火灾财产损失所占比例最高，占全年损失总体的82.8%；较大火灾财产损失最小，占全年损失总体的3.9%。

从地区情况看，在全国31个省级统计单位中，有21个省级统计单位火灾损失同比上升，占67.7%。其中多数统计单位上升幅度达或超过了两位数。

从火灾发生时段情况看，冬春季节发生的火灾造成的直接财产损失比例较高，占全年的损失总体的55.9%。

从城乡情况看，城市火灾造成的直接财产损失较高，占全年损失总体的33.7%，其中是县城集镇火灾损失，占全年损失总体的31.1%。

七、事故主要原因分析

1. 部分生产经营单位依然存在消防安全主体责任不落实现象

如上海市“11·15”特别重大火灾事故中起火建筑综合节能改造工程违法层层多次分包，导致消防安全责任不能有效落实，施工作业现场安全管理混乱，存在明显抢工期、抢进度、突击施工行为。如吉林市“11·5”重大火灾事故单位吉林商业大厦防火责任制和安全生产规章制度不健全，日常防火检查巡查不落实，近年来没有组织进行安全防火教育，还将部分消防疏散楼梯堵塞或封闭用作仓库。

2. 社会公众和生产经营单位从业人员疏散逃生技能和应急处置能力欠缺

如沈阳万达广场“8·28”重大火灾中售楼处员工自行灭火，但处置方法不当，盲目打开沙盘侧面维修口，导致空气涌入发生轰燃；购房群众返回火场拿取个人财物，贻误逃生时机。吉林市“11·5”重大火灾事故中消防控制室值班人员对消防控制室管理及应急程序不熟练，火灾发后没有及时启动消防设施。

3. 部分生产经营单位消防安全隐患仍大量存在

主要表现在建筑结构、疏散通道、灭火设施、装饰装修材料等不符合消防安全规范，电气线路和电气设备的敷设、安装、使用不符合标准，局部地区“三合一”、“多合一”场所依然存在。如上海市“11·15”特别重大火灾事故中施工现场脚手架使用大量尼龙网、竹片板等易燃材料。

4. 建筑工程外墙保温材料引发火灾问题突出

2009年公安部、住房城乡建设部联合印发《民用建筑外保温系统及外墙装饰防火暂行规定》，规定民用建筑外保温材料的燃烧性能宜为A级（不燃)，且不应低于B2级(可燃)，但是部分地方和建设单位片面强调轻型、节能、美观、价廉，忽视消防安全要求，导致因建筑工程外墙保温材料引发的火灾连续发生。

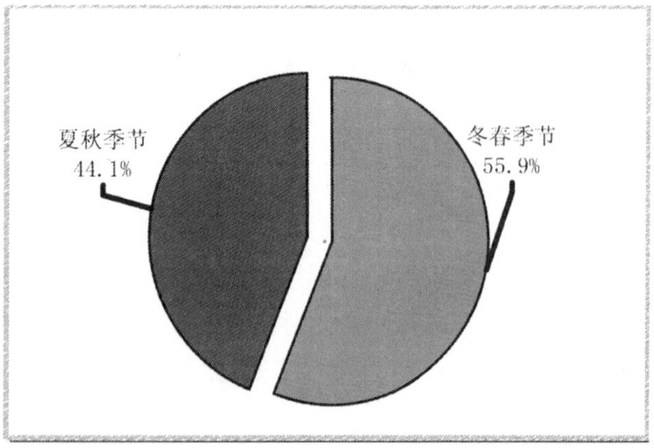

图6.1　火灾财产损失按季节比例图

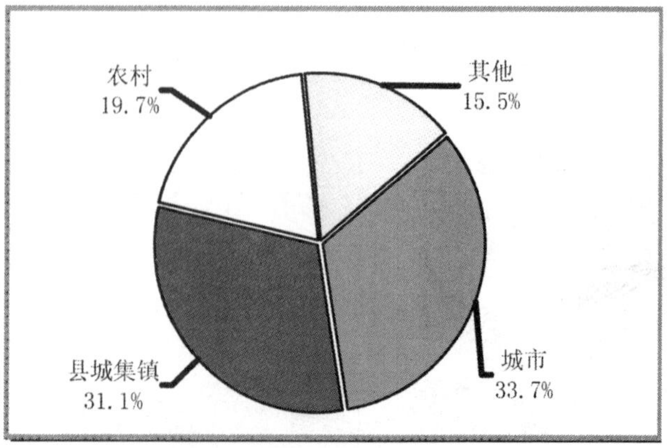

图6.2　火灾财产损失按城乡比例图

2010 年道路交通安全情况

2010 年，各地区、各部门和全国各级公安机关交通管理部门认真贯彻落实全国安全生产电视电话会议和全国道路交通安全工作部际联席会议精神，按照国务院继续深入开展“安全生产年”活动部署，以坚决遏制和减少重特大道路交通事故为重点，扎实推进道路交通“五整顿”、“三加强”工作，深化上海世博、广东亚运会、亚残运会重大活动期间及涉牌涉证交通违法整治、酒后驾驶专项整治等专项整治，加大部门协作力度，深入开展“公路客运交通安全教育整治”、“文明交通行动计划”、“平安畅通县区”、“平安农机”等活动，大力开展交通安全“五进”宣传教育工作，促进了全国道路交通安全形势呈现总体稳定、趋于好转的发展态势。

一、行业简要情况

1. 公路通车里程不断增长。2010 年全国公路通车总里程 398.4 万公里，其中高速公路 7.4 万公里。

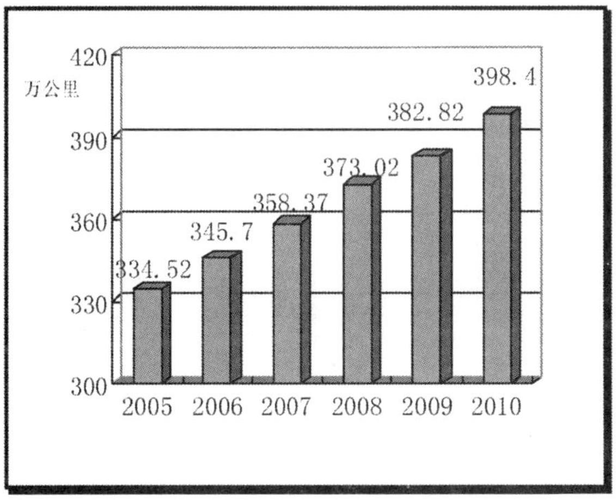

图 1.1　2005-2010 年公路通车总里程发展图

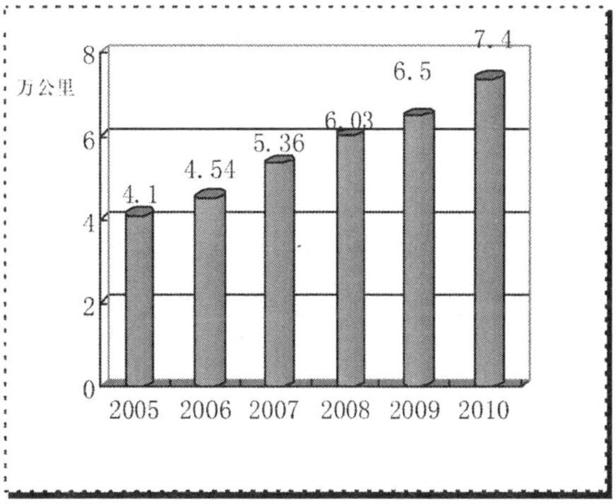

图 1.2　2005-2010 年高速公路里程发展图

2. 机动车保有量高速增长。到 2010 年年底，全国机动车保有量 2.07 亿辆。

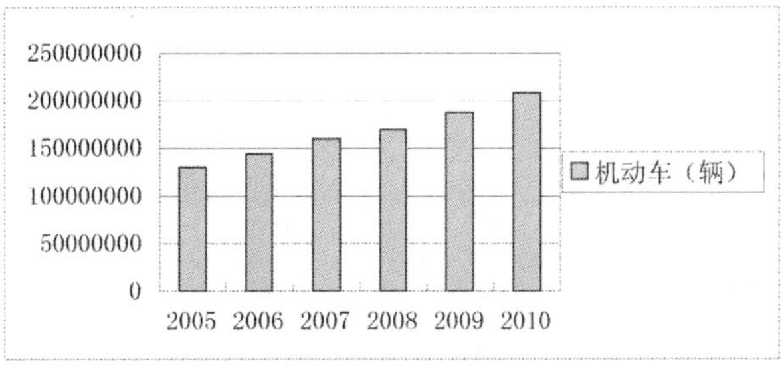

图 1.3　2005-2010 年机动车保有量

3. 机动车驾驶人大幅增加。到 2010 年年底，全国有机动车驾驶人 2.13 亿人。

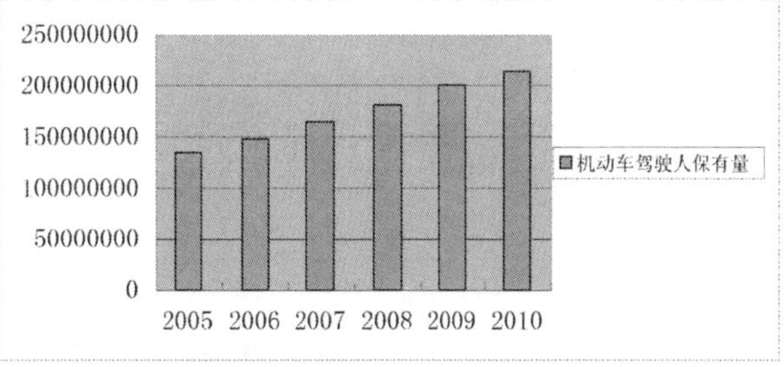

图 1.4　2005-2010 年机动车驾驶人保有量

4. 公路客货运量大幅度增长。2010年公路完成客运量306.3亿人次，旅客周转量14913.9亿人公里，同比分别增长10.2%和10.4%；完成货运量242.5亿吨，货物周转量43005.4亿吨公里，同比分别增长14.0%和15.6%。

二、事故总体情况

2010年，全国共发生道路交通事故219521起，造成65225人死亡，同比减少18830起、2534人，分别下降7.9%和3.7%。道路交通万车死亡率为3.2，同比减少0.4。

按行政区分，绝大多数地区事故总量下降。全国31个省级统计单位中，有20个单位事故起数和死亡人数同比下降，占64.5%。其中起数以四川下降39.7%为最多，死亡人数以山西下降11.7%为最多；2个单位事故起数和死亡人数同比同比上升，占6.5%；其中江苏、浙江、福建、山东、广东和四川6个单位事故相对多发，事故起数均在1万起以上，共发生事故

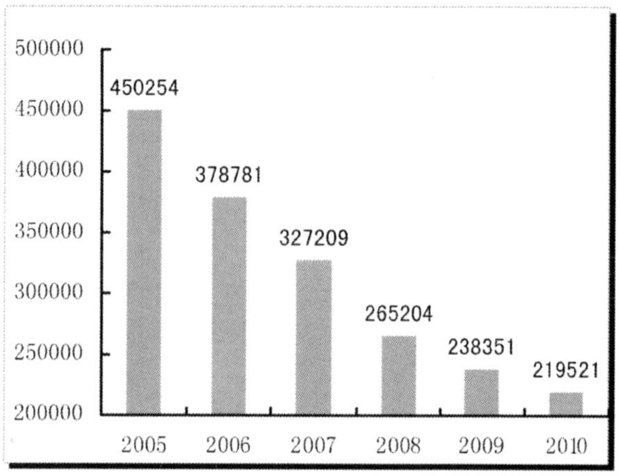

图2.1 "十一五"道路交通事故起数趋势图

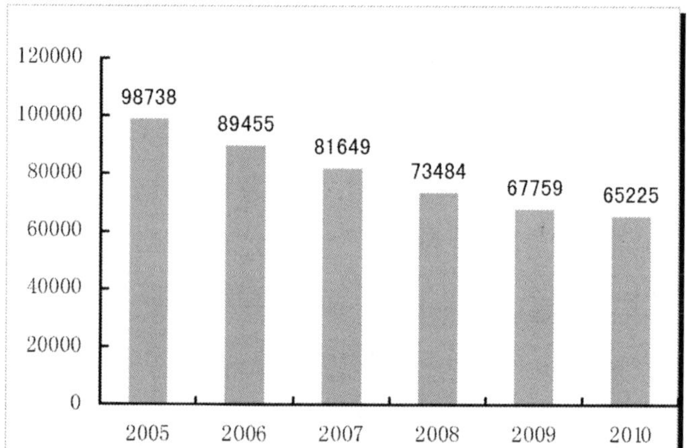

图2.2 "十一五"道路交通事故死亡人数趋势图

表2.1 2010全国道路交通事故分地区情况表

地区	事故起数	同比		死亡人数	同比		地区	事故起数	同比		死亡人数	同比	
		±	±%		±	±%			±	±%		±	±%
合计	219521	-18830	-7.9	65225	-2534	-3.7	河南	7890	-697	-8.1	1825	-193	-9.6
北京	4279	465	12.2	974	-7	-0.7	湖北	6543	-87	-1.3	1944	-8	-0.4
天津	3165	-674	-17.6	950	5	0.5	湖南	8413	969	13	2162	8	0.4
河北	5959	-843	-12.4	2693	-73	-2.6	广东	30370	-2085	-6.4	6203	-339	-5.2
山西	6962	-735	-9.5	2449	-324	-11.7	广西	4351	-845	-16.3	2342	-95	-3.9
内蒙古	4780	614	14.7	1375	-65	-4.5	海南	1488	165	12.5	471	-28	-5.6
辽宁	6781	-192	-2.8	2129	-27	-1.3	四川	13072	-8608	-39.7	2931	-126	-4.1
吉林	4438	-839	-15.9	1454	-29	-2	贵州	1764	-52	-2.9	1136	-74	-6.1
黑龙江	3466	135	4.1	1395	-24	-1.7	云南	4739	-336	-6.6	1886	-2	-0.1
上海	2176	-655	-23.1	1009	-33	-3.2	西藏	781	103	15.2	409	40	10.8
江苏	13793	-749	-5.2	5031	-171	-3.3	重庆	5908	-84	-1.4	1017	-14	-1.4
浙江	21698	-1693	-7.2	5382	-307	-5.4	陕西	6004	503	9.1	1944	-90	-4.4
安徽	7901	-290	-3.5	2877	-54	-1.8	甘肃	3090	153	5.2	1506	-47	-3
福建	12714	-919	-6.7	2822	-89	-3.1	青海	1206	60	5.2	573	-5	-0.9
江西	4126	-136	-3.2	1603	-41	-2.5	宁夏	1806	-50	-2.7	442	-15	-3.3
山东	14560	-1606	-9.9	4268	-250	-5.5	新疆	5298	178	3.5	2023	-57	-2.7

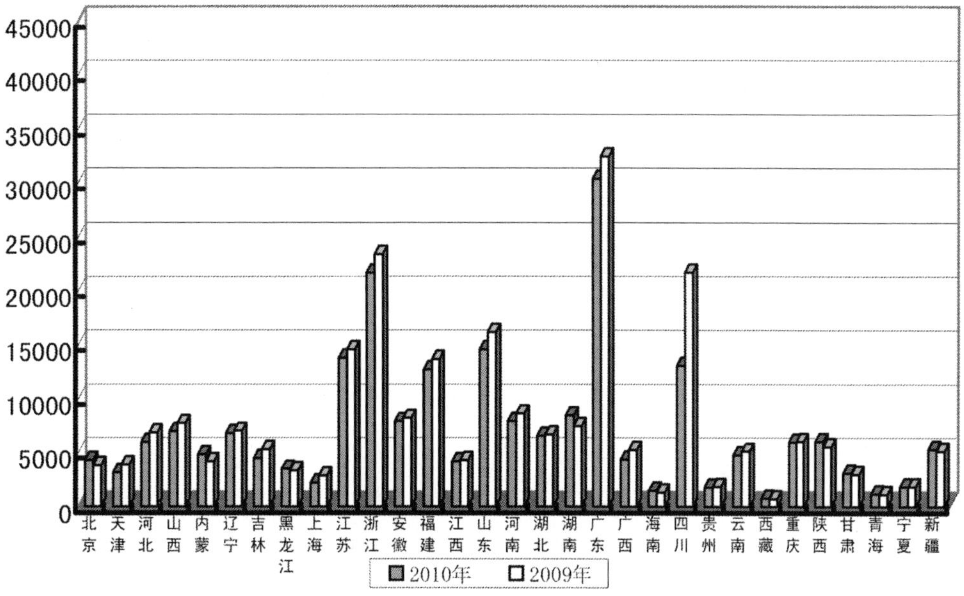

图 2.3　各地区道路交通事故起数对比图

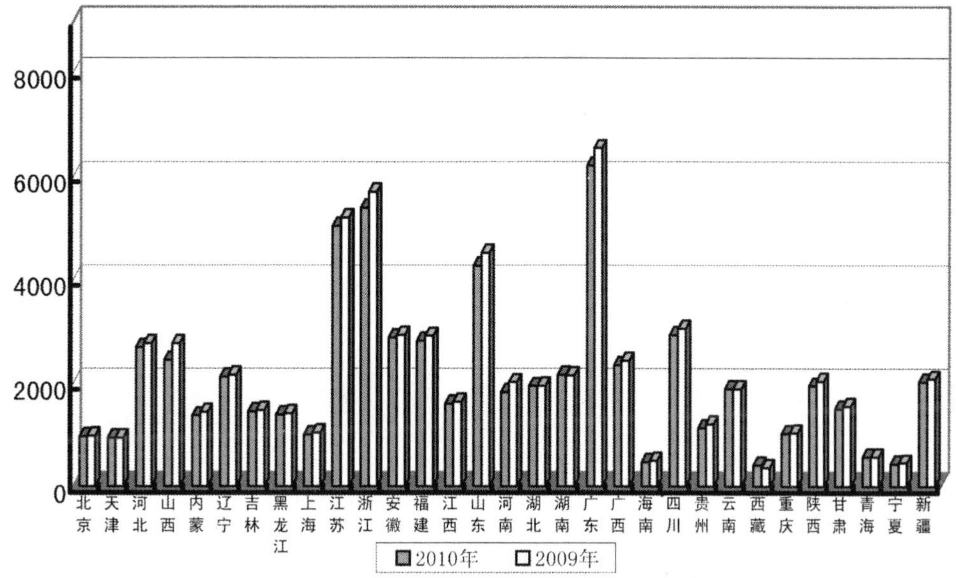

图 2.4　各地区道路交通事故死亡人数对比图

106207 起，占全年事故总起数的 48.4%。（各行政区道路交通情况详见表 2.1）。

经济发达地区道路交通事故相对多发。2010 年道路交通事故死亡人数居全国前 4 位的单位分别是广东（30370 起、死亡 6203 人）、浙江（21698 起、死亡 5382 人）、江苏（13793 起、死亡 5031 人）、山东（14560 起、死亡 4268 人），4 个单位共发生道路交通事故 80421 起，死亡 20884 人，分别占全年的 36.6%和 32.0%。

按违法行为分，超速行驶、未按规定让行、无证驾驶是造成事故的三大主要违法行动。2010 年，92%的事故死亡人数因机动车驾驶人违法违规行为导致，虽然同比下降 1.7%，但绝对数字仍然偏大。超速行驶仍是导致人员死亡最多的违法行为，造成的死亡人数占事故死亡总数的 14%。不按规定让行导致事故死亡人数占事故死亡总数的 11.9%。无证驾驶导致死亡人数占事故死亡总数的 6.8%，摩托车是无证驾驶事故的主要车型。

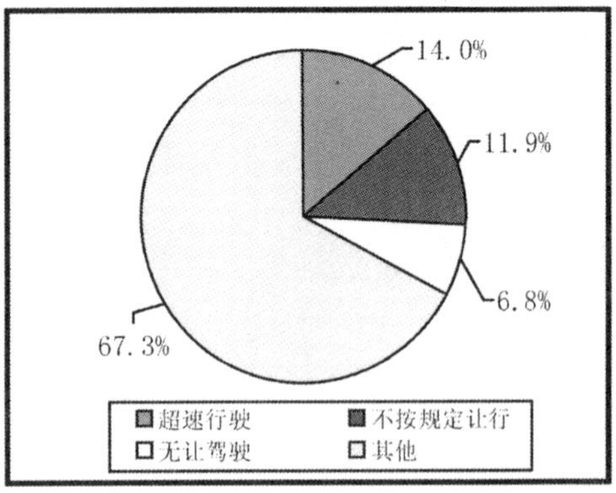

图 2.5 各类违法行为事故死亡人数比例图

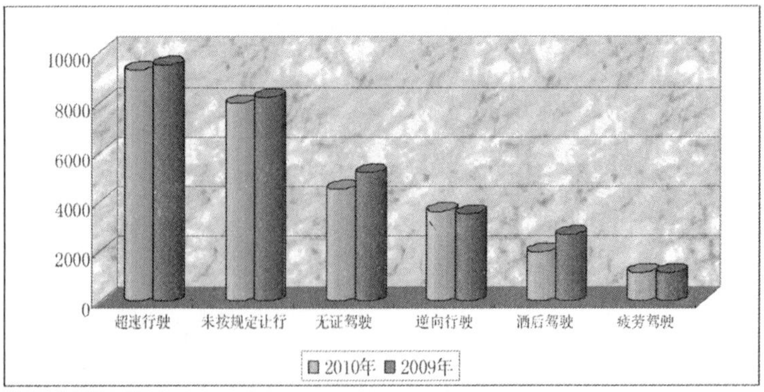

图 2.6 2010 年主要交通违法行为肇事致人死亡及同比情况

三、较大事故情况

2010 年，全国共发生道路交通较大事故 1177 起，死亡 4522 人，同比减少 79 起、290 人，分别下降 6.3%和 6.0%。

按行政区分，17 个省(区、市)事故总量下降。全国 31 个省级统计单位中，有 17 个单位较大事故起数和死亡人数同比下降，占 54.8%，较去年减少 3 个；有 12 个单位较大事故起数和死亡人数同比上升，占 38.7%，较去年减少 6 个。(各行政区较大事故情况详见表 3.1)

四、重大事故情况

2010 年，全国共发生道路交通重大事故 33 起，死亡 428 人，同比增加 9 起、100 人，分别下 37.5%和 30.5%。

按行政区分。全国 31 个省级统计单位中，有 21 个单位发生重大事故，占 67.7%，较去年增加 6 个；在 21 个发生重大事故的单位中，3 个单位事故起数和死亡人数同比下降，占 21 个事故单位的 14.3%，11 个单位事故起数和死亡人数同比上升，占 21 个事故单位的 52.4%。

表 3.1 2010 年全国道路交通较大事故分地区情况表

地区	事故起数	同比		死亡人数	同比		地区	事故起数	同比		死亡人数	同比	
		±	±%		±	±%			±	±%		±	±%
合计	1177	-79	-6.3	4522	-290	-6	河南	24	-7	-22.6	100	-44	-30.6
北京	18	5	38.5	58	8	16	湖北	58	17	41.5	214	58	37.2
天津	23	-5	-17.9	84	-11	-11.6	湖南	53	10	23.3	226	58	34.5
河北	20	-9	-31	83	-45	-35.2	广东	81	-5	-5.8	298	1	0.3
山西	50	1	2	182	12	7.1	广西	65	-11	-14.5	258	-12	-4.4
内蒙古	57	4	7.5	227	15	7.1	海南	13	1	8.3	45	-1	-2.2
辽宁	25	9	56.3	92	29	46	四川	55	-6	-9.8	225	-10	-4.3
吉林	22	-12	-35.3	77	-58	-43	贵州	64	-14	-17.9	235	-61	-20.6
黑龙江	49	10	25.6	182	27	17.4	云南	62	-2	-3.1	237	-14	-5.6
上海	14	5	55.6	49	13	36.1	西藏	17	2	13.3	70	13	22.8
江苏	36	-4	-10	133	-11	-7.6	重庆	18	6	50	63	25	65.8
浙江	41	-4	-8.9	150	-26	-14.8	陕西	16	-11	-40.7	66	-33	-33.3
安徽	54	-4	-6.9	196	-19	-8.8	甘肃	50	-11	-18	193	-29	-13.1
福建	49	-22	-31	189	-78	-29.2	青海	15	-7	-31.8	57	-25	-30.5
江西	59	11	22.9	225	45	25	宁夏	14	-2	-12.5	48	-8	-14.3
山东	32	-28	-46.7	142	-108	-43.2	新疆	50	11	28.2	196	42	27.3

表 4.1　　　　2010 年全国道路交通重大事故分地区情况表

地区	事故起数	同比		死亡人数	同比		地区	事故起数	同比		死亡人数	同比	
		±	±%		±	±%			±	±%		±	±%
合计	33	9	37.5	428	100	30.5	河南	1	1		19	19	
北京							湖北						
天津							湖南	1			14	-3	-17.6
河北		-1	-100		-19	-100	广东	3	2	200	36	26	260
山西	1	-1	-50	11	-13	-54.2	广西	1			12		
内蒙古	1	1		11	11		海南						
辽宁	1	1		10	10		四川	4	4		64	64	
吉林	1	1		17	17		贵州	1			13	-2	-13.3
黑龙江	1			10	-9	-47.4	云南	3			34	-9	-20.9
上海							西藏	3	1	50	49	27	122.7
江苏	1	1		17	17		重庆						
浙江		-1	-100		-11	-100	陕西						
安徽		-1	-100		-11	-100	甘肃	1			10		
福建	1			10	-7	-41.2	青海	1	1		10	10	
江西	2	-1	-33.3	20	-28	-58.3	宁夏	1	1		11	11	
山东	2	-2	-50	29	-21	-42	新疆	2	2		21	21	

广东、四川、云南和西藏 4 个单位分别发生 3 起以上重大事故，合计发生 13 起重大事故，占 39.4%。(各行政区重大交通事故情况详见表 4.1)。

按事故责任分，车辆单方事故增多。在 23 起重大事故中，有 19 起为翻车、坠车、碰撞固定物、刮撞行人等单方事故，同比增加 6 起，占占重大事故总起数的 57.6%，同比增加 46.2%。其中坠车事故所占比例最高，共发生 14 起，占重大事故总起数的 42.4%，西部地区发生了 13 起，为坠车事故高发地区。

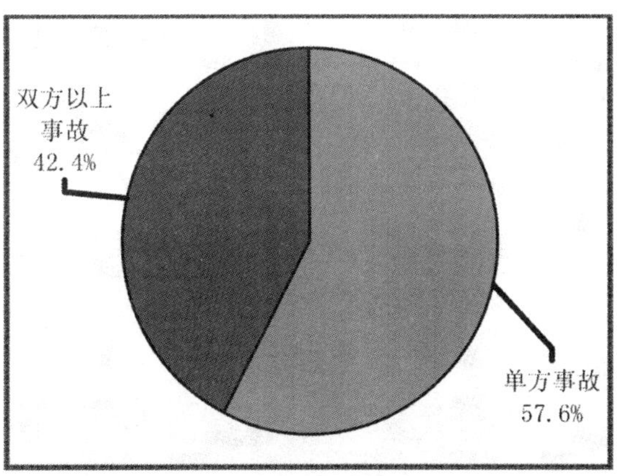

图 4.1　重大事故起数按责任划分比例图

按事故原因分，非法载人、非法营运现象和超载行为导致的重大事故仍有发生。2010 年共发生农用车辆、货车非法载人、非法营运重大事故 11 起，造成 143 人死亡。如西藏山南地区“3.6”、云南丽江“4.20”、山东聊城“11.11”、湖南衡阳“12.27”等重大事故都是货车非法载人导致。在全年 33 起重大道路交通事故中，有 16 起是存在超载行为，占 48.5%。如，四川雅安“2.17”、西藏桑日“3.6”、宁夏中卫“6.26”等重大道路交通事故车辆都存在严重超载问题。辽宁阜新“5.23”特别重大道路交通事故中，内蒙古货车核载 33 吨，实载 57.46 吨，超载 74.1%，天津客车核载 35 人，实载 54 人(含一名 1 岁婴儿)，超载 51.4%。

按公路等级分，低等级公路及安全防护设施和警示标识标牌不全路段事故较多。有 8 起重大事故发生在长下坡、急弯、连续转弯等线性不良的路段，以及存在安全防护设施设置不全、警示和警告标志不足、道路中心线不清楚、路面坑槽较多等严重安全隐患的路段。

五、道路交通万车死亡率

2010 年，全国道路交通万车死亡率为 3.2，同比下降了 11.1%，与 2005 年的 7.6 相比，累计下降了 58%。

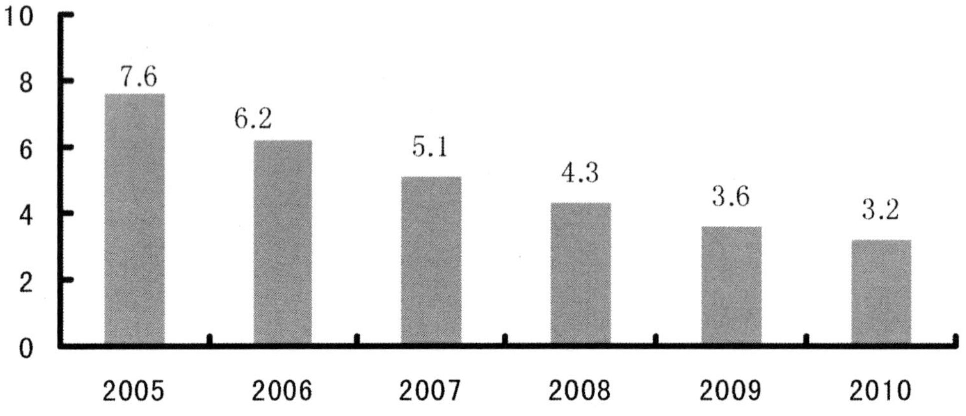

图 5.1　2005-2010 年道路交通万车死亡率情况图

六、直接财产损失情况

2010 年，全国道路交通事故造成直接财产损失约为 8.7 亿元，同比减少 0.4 亿元，下降 4.4%。

七、事故主要原因分析

从全年事故分析，当前道路交通安全工作仍然暴露出“五个不到位”：

一是客运企业对驾驶人的动态监控不到位；

二是客运企业对营运车辆的日常维护不到位；

三是路面管控执法工作不到位；

四是危险路段隐患排查治理不到位；

五是道路交通安全宣传不到位等。

另外，一些影响道路交通安全的法制、体制、机制等方面的深层次问题尚未从根本上得到解决。

2010 年水上交通安全情况

2010 年，各地区、各部门和各级水上交通安全监管部门认真贯彻落实全国安全生产电视电话会议和全国交通运输工作会议精神，按照国务院继续深入开展“安全生产年”活动部署，进一步深化渡口渡船、施工船、挖砂船、低质量船舶、危险品运输船舶等专项整治，强化和落实企业安全生产主体责任，严厉打击各类非法违法营运行为，加大重点水域、重点时段、重点环节安全监管工作力度，进一步健全完善各级水上搜救预案体系，着力提高突发事件应对能力，确保了水上交通安全继续呈现总体稳定好转的态势。

一、行业简要概况

1. 内河航道

2010 年，全国内河航道通航里程 12.37 万公里，与十五末期相比，新增及改善内河航道 4181 公里，增长 3.5%。其中等级航道 6.15 万公里，占总里程的 49.8%；三级及以上航道 0.9 万公里，占总里程的 7.1%；五级及以上航道 2.48 万公里，占总里程的 20.0%。

2. 港口

2010 年，全国港口拥有生产用码头泊位 31429 个，其中万吨级及以上泊位 1554 个。全国沿海港口拥有生产用码头泊位 5320 个，其中万吨级及以上泊位 1261 个；内河港口拥有生产用码头泊位 26109 个，其中万吨级及以上泊位 293 个，与十五末期相比，分别减少 4835 个和增加 106 个。2010 年，22 个港口进入亿吨大港行列，世界排位前 20 位的亿吨大港和集装箱大港，中国大陆分别占 12 个和 9 个。

全国万吨级及以上泊位中，通用散货泊位 274 个，通用件杂货泊位 284 个，专业化泊位 863 个。专业化泊位中，集装箱泊位 280 个，煤炭泊位 168 个，金属矿石泊位 44 个，原油泊位 66 个，成品油泊位 108 个，散装粮食泊位 24 个。

3. 水上运输船舶

运输船舶 25 万余艘，船舶吨位达 1 亿总吨。拥有沿海运输船舶 10018 艘，净载重量 3860.00 万吨，载客量 15.62 万客位，与十五末期相比，分别增加 609 艘，1812.24 万吨，1.95 万客位。拥有内河运输船舶 16.48 万艘，净载重量 5988.57 万吨，载客量 80.52 万客位，与十五末期相比，分别减少 3.1 万艘，增加 1507.08 万吨，减少 5.48 万客位。

4. 水路运输情况

全年水路货运量、货物周转量、客运量、旅客周转量完成 31.90 亿吨、57556.67 亿吨公里、2.23 亿人、69.38 亿人公里，与十五末期相比，分别增加 9.94 亿吨、7884.39 亿吨公里、0.21 亿人、1.67 亿人公里，增长 45.3%、15.9%、10.4%、2.5%。

在全国水路货运中，远洋运输完成货运量 5.17 亿吨、货物周转量 39524.12 亿吨公里；沿海运输完成货运量 11.04 亿吨、货物周转量 13399.81 亿吨公里，与十五末期相比，增长 68.8%和 57.7%；内河运输完成货运量 15.68 亿吨、货物周转量 4632.73 亿吨公里，分别比上年增长 16.4%和 11.6%。

在内河货物运输中，长江水系完成货运量 6.53 亿吨、货物周转量 2897.36 亿吨公里，分别占全国内河货运量和货物周转量的 41.6%和 62.5%；珠江水系完成货运量 2.72 亿吨、货物周转量 514.33 亿吨公里，分别占 17.4%和 11.1%；京杭运河完成货运量 1.88 亿吨、货物周转量 338.42 亿吨公里，分别占 12.0%和 7.3%；黑龙江水系完成货运量 0.13 亿吨、货物周转量 7.95 亿吨公里，分别占 0.8%和 0.2%。

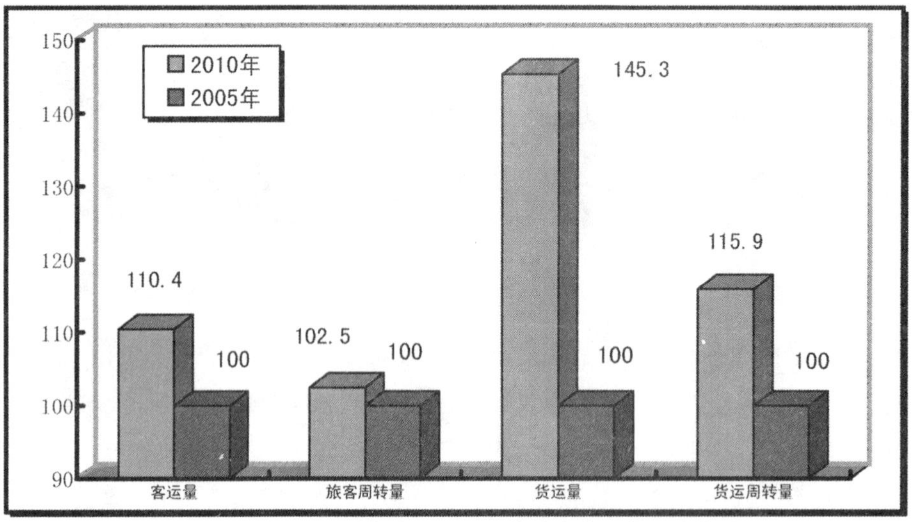

图 1.1 “十一五”时期水上交通运输能力发展状况比较图

二、事故总体情况

2010年，全国共发生水上交通事故331起，死亡和失踪329人，沉船195艘，同比减少27起、7人、4艘，分别下降7.5%、2.1%和2.0%。

按时间分。4月水上交通事故多发，事故造成的死亡人数最多，同时沉船艘数也是全年最多的一个月；12月份因水上交通事故造成的直接经济损失为全年最高。（四项指标分月趋势图详图2.1）。

按运输船舶性质分。乡镇个体运输船舶和“四客”船舶（客船、客渡船、客滚船、高速客船）事故起数和死亡人数同比下降；中央直属运输船舶事故起数同比上升、死亡人数同比持平；其他运输船舶事故起数同比持平、死亡人数同比上升。（各类运输船舶事故情况详见表2.1）。

在各类运输船舶中，其他运输船舶事故总量最，起数占53.8%，其次是乡镇个体运输船舶，占42.0%；死亡人数以其他运输船舶占58.4%为最多。（各类运输船舶事故起数和死亡人数比例见图2.4和图2.5）。

按事故类型分，商船与渔船碰撞事故多发。从今年事故统计情况看，发生渔船与商船碰撞事故62起，死亡141人，占全部渔业船舶事故死亡人数的51.8%。如1月9日12时35分，一艘“大新华营口”号天津籍货船在南日岛东南海域，与一艘“闽狮渔3785“号渔船发生碰撞事故，导致渔船沉没，14人全

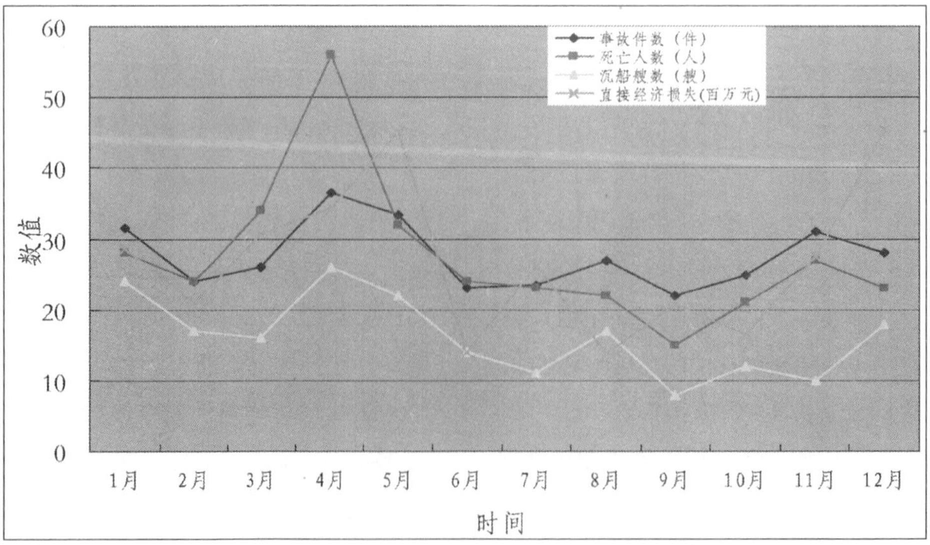

图 2.1 2010年水上交通事故四项指标分月度情况图

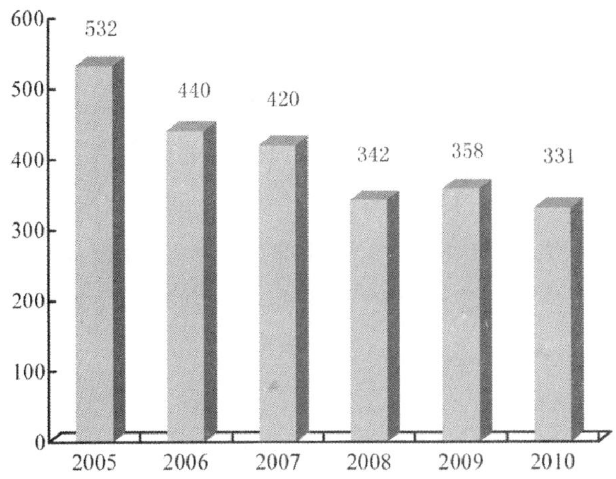

图 2.2 “十一五”时期水上交通事故起数趋势图

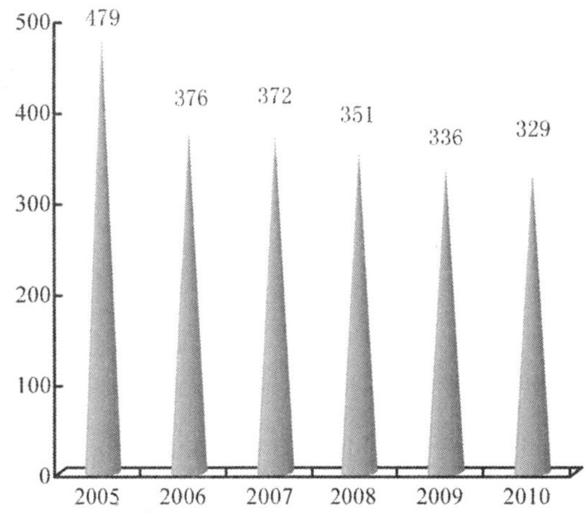

图 2.3 “十一五”时期水上交通事故死亡人数趋势图

表 2.1　　2010 年全国水上各类运输船舶事故情况表

	事故起数	同比		死亡人数	同比	
		±	±%		±	±%
合　计	331	–27	–7.5	329	–7	–2.1
中央直属运输船舶	7	1	16.7	1		
乡镇个体运输船舶	139	–18	–11.2	128	–86	–40.2
客船、客渡船、客滚船、高速客船	7	–10	–60.6	8	–30	–78.9
其他运输船舶	178			192	109	131.3

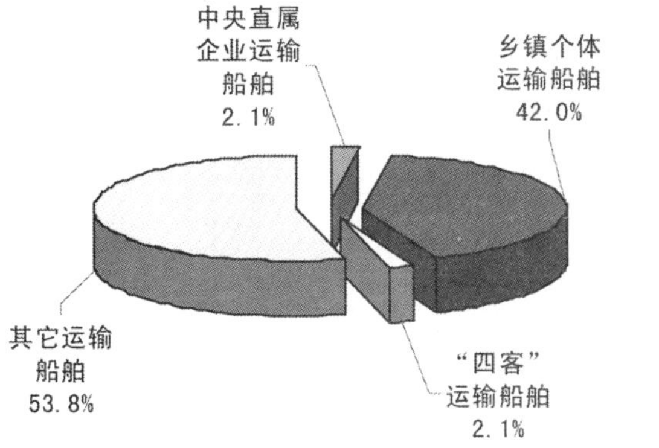

图 2.4 各类运输船舶水上交通事故起数比例图

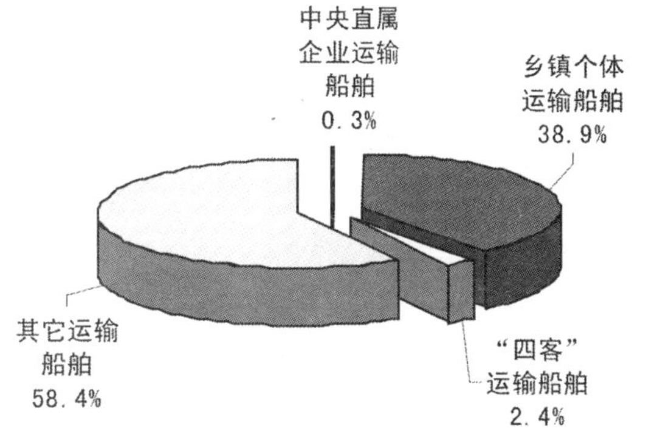

2.5 各类运输船舶水上交通事故死亡人数比例图

部落水，经搜救，2 人获救，造成 1 人死亡、11 人下落不明。

按事故原因分，农用船非法载人和非法渡运是造成较大以上事故发生的主要原因。5 月 29 日 15 时 30 分，湖南湘西州永顺县润雅乡麻阳村一村民驾驶自用船舶，运送 4 名亲属渡澧水河给其亲人拜寿，行至河中间时，船舶遇浪翻沉，导致 5 人全部落水，除驾驶员获救生还外，其余 4 人中 1 人死亡、3 人下落不明。5 月 23 日 13 时，黑龙江庆安县一辆号牌为黑 M15826 号的宇通客车(实载 29 人)，赶到呼兰河李贵渡口(中途下车 6 人)，客车开到渡船中间位置后，由于渡船搁浅以及加强员操作失误，客车驶入河中，造成车辆和车上 23 人全部落水，其中，3 人生还，6 人遇难、14 人下落不明。据调查李贵渡口属于非法营运渡口，渡船为非法运输船舶。

三、较大事故情况

2010年，全国水上交通共发生较大事故36起，死亡156人，同比增加5起、13人，分别上升16.1%和9.1%。

四、重大事故情况

2010年，全国水上交通共发生重大事故3起，死亡34人，同比增加1起、12人，分别上升50.0%和54.5%。

这3起重大事故分别是：

1. 2月8日，江苏省张家港市一艘货轮（“鹏翔9号”，载14人）下行至长江张家港段附近水域，与“金泰618号”轮发生碰撞，导致“鹏翔9号”轮沉没，船上14人全部落水，其中2人获救，造成9人死亡，3人下落不明。

2. 9月30日，福建省福州市平潭县一艘天津籍货船“惠盈168号”（总吨2970吨、净吨1663吨、运载4450吨陶土）在平潭澳前镇附近海域（北纬28度26分4秒、东经119度49分3秒）抛锚避风时沉没，船上15人中4人获救，造成7人死亡、4人下落不明。

3. 11月3日，辽宁省长兴岛西北水域（39°41.5′N 121°10.9′E）一艘非法运沙船（船籍港武汉，总吨3742）发生翻沉，船上共有14名船员，其中11人落水，1人死亡，10人下落不明。

五、直接经济损失情况

2010年，全国水上交通事故直接经济损失32360.7万元，同比减少2330.3万元，下降6.7%。

从运输船舶性质看，除乡镇个体运输船舶事故直接经济损失同比上升外，其他三类船舶事故直接经济损失同比均下降。其中，以中央直属运输船舶事故直接经济损失同比下降34.4%为最多。（各类运输船舶事故直接经济损失情况详见表5.1）。

在各类运输船舶事故直接经济损失中，其他运

表5.1　　2010年全国水上各类运输船舶事故直接经济损失情况表

	直接经济损失（万元）	同比	
		±	±%
合　计	32360.7	-2330.3	-6.7
中央直属运输船舶	1083.0	-567.0	-34.4
乡镇个体运输船舶	10241.6	2171.1	26.9
客船、客渡船、客滚船、高速客船	99	-460.0	-82.3
其他运输船舶	20937.1	-3474.4	-14.2

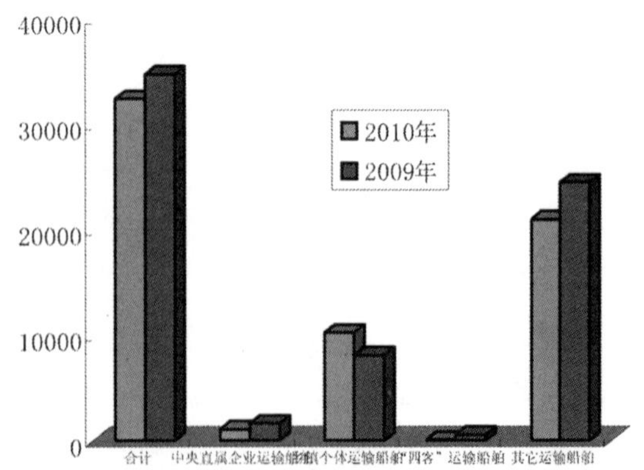

图5.1　各类运输船舶事故直接经济损失同比图图

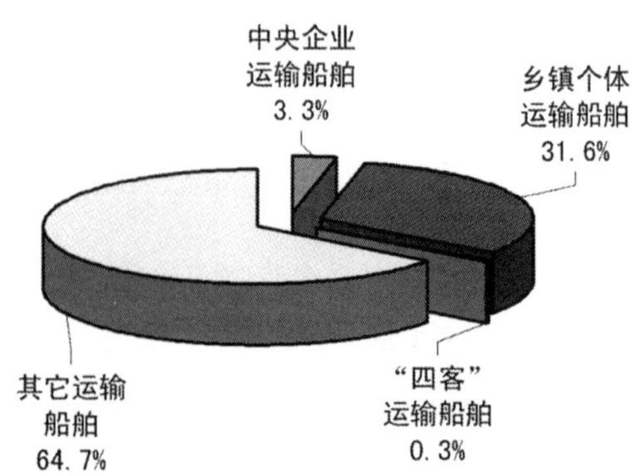

5.2　各类运输船舶事故直接经济损失比例

输船舶事故直接经济损失总量最高，占64.7%，较去年同期下降了5.7个百分点；其次是乡镇个体运输船舶事故直接经济损失，占31.6%，较去年同期上升8.3个百分点；“四客”运输船舶事故直接经济损失最小，占0.3%，较去年同期下降1.3个百分点。(各类运输船舶事故直接经济损失情况见图5.1和图5.2)。

六、事故主要原因分析

1. 碰撞仍然是造成船舶事故的主要因素。船舶碰撞事故的发生不仅受水域地理环境、航道条件、助航设施、气象因素的影响，而更重要的是与值班人员的工作责任心、业务素质、应变能力、驾驶专业水平及船方与引航员配合等息息相关。其中由于船员疏于了望、不遵守航行值班规定、船舶未用安全航速、船员违规作业是造成船舶碰撞事故的主要原因。

2. 乡镇渡口渡船责任不落实。乡镇渡口渡船数量众多、分布面广，监管难度较大。渡口安全设施差，船主、驾驶员素质参差不齐，安全责任不落实。

3. 违规作业未得到有效遏制。农用船非法载客，无证照和达到报废年限的船舶仍在运营，超载和冒险航行等各种违规作业行为屡禁不止。

4. 极端恶劣天气是水上交通影响重要因素。通航条件较差。台风、暴雨和强对流等极端天气事件频发，特别是2010年的“康森”、“马勒卡”、“鲇鱼”等台风给水上运输安全造成巨大影响。

2010年铁路交通安全情况

2010年，各地区、全国铁路系统认真贯彻落实全国安全生产电视电话会议和全国铁路工作会议精神，坚持“安全第一、预防为主、综合治理”的方针，按照国务院继续深入开展“安全生产年”活动部署，紧密围绕建设“安全、便捷、高效、绿色”铁路目标，进一步深化铁路交通安全生产“三项行动”和“三项建设”，突出抓好高速和提速铁路交通安全，深入推进安全基本建设“三项工程”，深化铁路立交道口和线路施工等隐患排查治理工作，加大路外安全宣传力度，强化和落实各级监管部门的安全生产责任，有力地促进了铁路交通安全生产工作，确保了铁路交通安全生产形势总体稳定、趋于好转的发展态势。

一、行业简要概况

1. 铁路营业里程不断增加，路网密度持续加大。2010年全国铁路营业里程达到9.1万公里，里程长度居世界第二位，与十五末期相比，增加了1.56万公里，增长20.7%。(图1.1)

2. 高速铁路从无到有，迅猛发展。自2008年我国建成京津城际高速铁路以来，至2010年，16条客运专线建成通车，高速铁路营业里程已达到8358公里。(图1.2)

3. 2010年，铁路完成旅客周转量8923.8亿人公里，货物周转量27557.1亿吨公里，与十五末期相比，分别增长47.2%、33.0%。(图1.3)

4. 铁路道口平交改立交取得成效，但数量依然

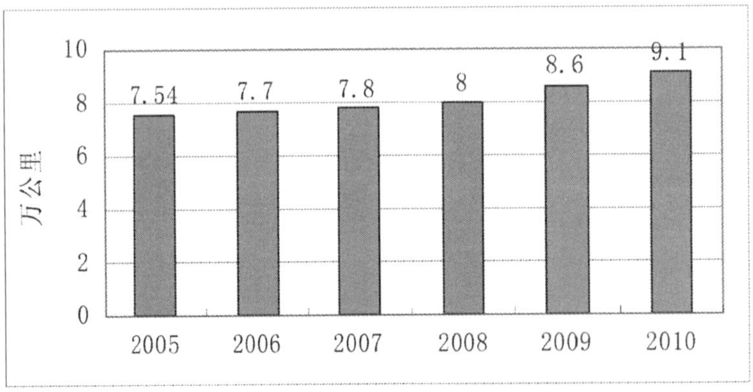

图1.1　2005-2010年铁路通车里程

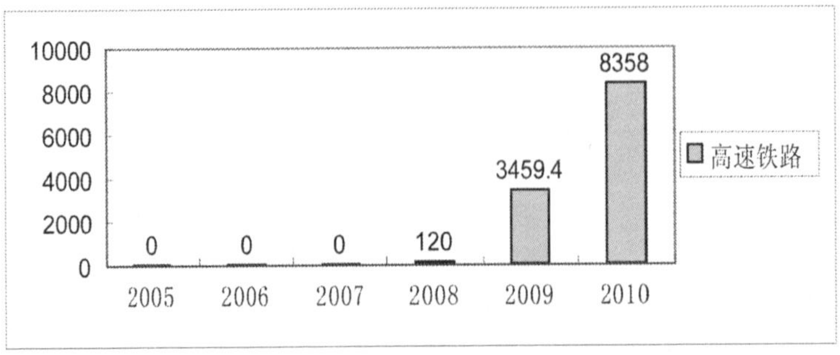

图1.2　高速铁路

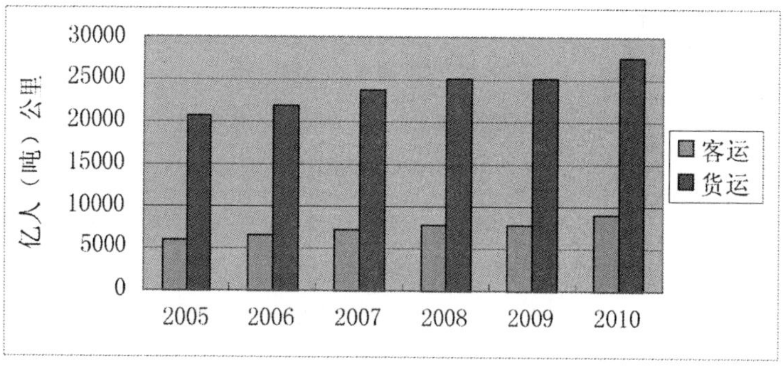

图 1.3　2005-2010 年铁路客、货运周转量

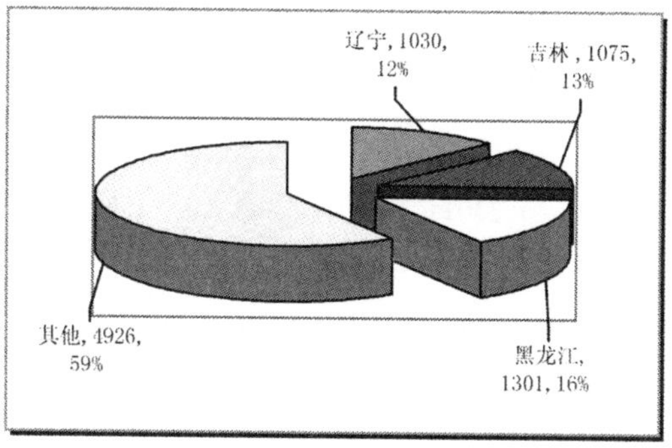

图 1.4

偏大。全国铁路正线现有道口 8332 处，其中：有人看守道口 1718 处、无人道口 6614 处。其中东北三省道口数量较多，辽宁省现有铁路道口 1030 处，吉林省现有铁路道口 1075 处，黑龙江省现有铁路道口 1301 处。三省铁路道口合计 3406 处，占全国铁路正线道口总数的 40.8 %。（图 1.4）

二、事故总体情况

2010 年，全国共发生铁路交通事故 2301 起，死亡 1589 人，同比减少 297 起、218 人，分别下降 11.4%和 12.1%。百万机车总走行公里死亡率为 0.54，同比减少 0.2、下降 27.0%。

按行政区分，多数地区事故起数和死亡人数同比下降。全国 31 个省级统计单位中，有 23 个单位事故起数和死亡人数同比下降，占总体的 74.2%。其中，事故相对多发的是河北、黑龙江、山东、河南、湖南、广西、四川和贵州 8 个单位，共发生事故 1210 起、死亡 871 人，分别占全年的 52.3%和 54.8%。（各行政区铁路交通事故情况详见表 2.1）。

按事故发生的路局分，伤亡人数超过 200 人的路局略有下降。18 个铁路局中有 2 个铁路局路外伤亡人数超过 200 人，分别是广铁集团 289 人、成都铁路局 288 人。与十五末期相比，伤亡人数超过 200 人的铁路局数从 2005 年的 17 个下降到 2 个。

按事故发生的原因分，在线路上行走或横越线路是造成事故多发的主要原因。一是在线路上行走或横越线路造成伤亡的人数，占总伤亡人数的比例仍居高不下。2010 年因行人横过线路或在线路上行走死亡 1347 人，占总人数的 84.9 %。二是穿越铁路站场造成伤亡和道口发生事故造成伤亡仍占一定的比例。因行人穿越铁路站场造成的死亡 92 人，占总人数的 5.8%；因道口发生事故造成的死亡 18 人，占总人数的 1.1%。

按事故伤亡人员的成分看，因事故造成农民及无业和流动人员死亡所占比例较大。2010 年共发生农民死亡 335 人，占总人数的 22.3%，其他人员（无业及外地流动人员）死亡 1137 人，占总人数的 71.6%，两项合计死亡 1492 人，占总死亡人数的 94.0%。

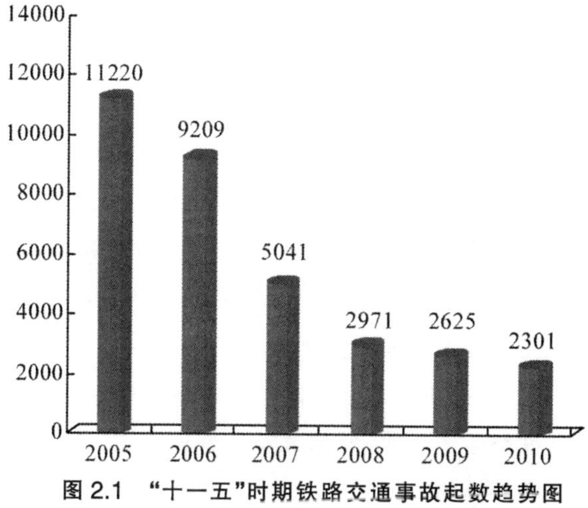

图 2.1　“十一五”时期铁路交通事故起数趋势图

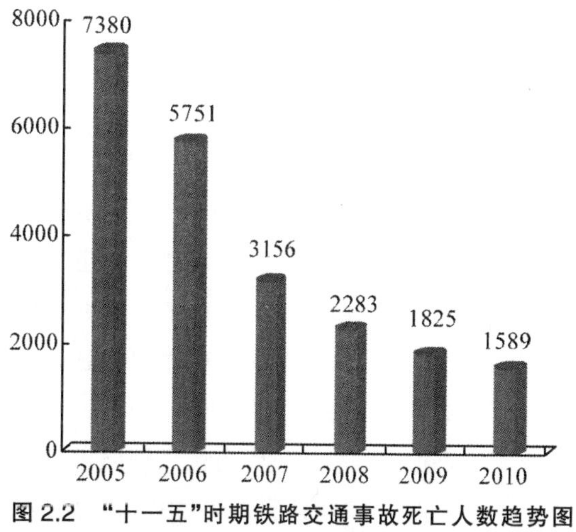

图 2.2　“十一五”时期铁路交通事故死亡人数趋势图

表 2.1　　2010 年全国铁路交通事故分地区情况表

地区	事故起数	同比		死亡人数	同比		地区	事故起数	同比		死亡人数	同比	
		±	±%		±	±%			±	±%		±	±%
合计	2301	-297	-11.4	1589	-218	-12.1	河南	192	-18	-8.6	151	-14	-8.5
北京	47			33	11	50	湖北	89	-5	-5.3	77	-15	-16.3
天津	31	-8	-20.5	16	-3	-15.8	湖南	275	-33	-10.7	234	-25	-9.7
河北	116	-27	-18.9	66	-24	-26.7	广东	29	-18	-38.3	22	-13	-37.1
山西	57	12	26.7	19	-4	-17.4	广西	131	-10	-7.1	80	-16	-16.7
内蒙古	59	-16	-21.3	48	-12	-20	海南						
辽宁	96	-32	-25	72	-29	-28.7	四川	155	-19	-10.9	108	-13	-10.7
吉林	74	-9	-10.8	58	-1	-1.7	贵州	108	-34	-23.9	75	-20	-21.1
黑龙江	114	-25	-18	71	-6	-7.8	云南	43	-10	-18.9	26	-1	-3.7
上海	5	-9	-64.3	2	-7	-77.8	西藏		-1	-100			
江苏	17	-7	-29.2	12	2	20	重庆	64	-14	-17.9	41	-17	-29.3
浙江	12	-4	-25	6	-4	-40	陕西	70	-9	-11.4	55	-4	-6.8
安徽	96	18	23.1	75	28	59.6	甘肃	53	1	1.9	28	-5	-15.2
福建	68	-20	-22.7	37	-10	-21.3	青海	10	-7	-41.2	7	-5	-41.7
江西	90	-4	-4.3	57	-3	-5	宁夏	21	-2	-8.7	12	-2	-14.3
山东	119	-9	-7	86	-5	-5.5	新疆	60	22	57.9	15	-1	-6.3

三、较大事故情况

2010 年，全国铁路交通共发生较大事故 1 起，死亡 3 人，同比减少 8 起、34 人，分别下降 88.9%和 91.9%。

四、直接经济损失情况

2010 年，全国铁路交通事故直接经济损失约为 2300 万，较 2009 年直接经济损失 2800 万元减少了约 500 万，下降 18%。

五、事故主要原因分析

1. 道口平改立工作难度越来越大。从九十年代起，各铁路局开始对铁路平交道口进行立交改造。到目前为止，全路道口总数已下降近 60%。在现有的平交道口中，大多是地形复杂、拆迁量和公路引道工程量大的道口，其投资相对也比较大，由于地方财力问题，铁路部门与地方政府就道口平改立的问题难以达成共识，严重影响道口平改立的进度。

2. 机动车闯越道口存在监管盲区。铁路道口属于道路交通的一部分，铁路线路点多线长，道路交通警察很少在铁路道口执法纠正违章行为，使得机动车在铁路道口处违章得不到警告和处罚，违法违章行为得不到纠正，形成了铁路与公路衔接的道口结合部的道路安全管理的盲区。

3. 线路上行走或横越线路造成的人员伤亡据高不下。线路上行走或横越线路造成的人员伤亡占路外伤亡总人数的 95%以上，是控制和减少路外伤亡人数最重要的环节。各级地方政府应层层签订铁路运输安全保护协议，切实落实《安全生产法》规定的安全生产行政首长负责制，进一步会同地方政府及有关部门，共同做好路外安全综合治理工作，最大限度地净化铁路沿线的路外和治安环境。

4. 高速铁路运行速度不断提高，里程不断增长，给安全生产带来巨大压力。近年来，铁路改革力度不断加大，分局撤并、新设备投入使用、新线路投入运营、速度记录不断刷新，这些满足了人民出行的需要，但也对安全管理带来了巨大压力。在改革过程中，严控重大行车事故的发生，特别对小事故频发的铁路运输企业，要加大监控管理力度，遏制重特大行车事故的发生。

2010年民航飞行安全情况

2010年是民航安全工作经历重大考验的一年。一年来，全民航系统认真贯彻落实全国安全生产电视电话会议和民航安全生产工作会议精神，以科学发展观为指导，牢固树立安全发展理念，继续深入开展“安全生产年”活动，严格落实安全法规规章，着力推进安全体系建设，加强行业安全监管，狠抓安全基础建设，前七个月，保持了平稳的安全态势。“8.24”运输航空特大飞行事故发生后，全民航系统认真贯彻落实中央领导的重要批示精神，立即开展安全大检查，查找和消除安全隐患，同时采取有力措施，全面加强安全工作，防止事故接连发生，使航空安全重新回归到平稳发展的轨道。总体来看，全行业安全工作取得了新的进展，特别是确保了玉树抗震救灾、上海世博会和广州亚运会等重大任务的航空运输安全和空防安全，得到了各方面的充分肯定。

一、行业简要概况

2010年底，民航共拥有客机1639架，通用航空飞机1010架。

全年完成旅客运输量2.67亿人，同比增加3647万人、增长15.8%；旅客运输周转量4031.6亿人公里，同比增加656亿人公里，增加19.4%。

全年货物运输总量557.4万吨，同比增加112万吨、增长25.1%；货物运输周转量176.6亿吨公里，同比增加50亿吨公里，增加39.9%。全年运输飞行509.8万小时，增长14.6%。

二、民航飞行事故情况

2010年，全国民航共发生运输事故1起、通用事故2起，死亡45人，事故起数去年减少1起，死亡人数比去年增加39人。其中：

没有发生较大事故，同比减少1起、4人；

发生特别重大事故1起，死亡44人，同比增加1起、44人。这起特别重大事故是：

8月24日，河南航空有限公司一架VD8387号客机在黑龙江省伊春市机场坠落，死亡44人、受伤52人(其中重伤2人)。

三、民航飞行事故征候情况

2010年，民航共发生事故征候159起，其中飞行事故征候152起，地面事故征候7起；飞行事故征候同比增加32起，上升21.1%。

2010年，民航共发生事故征候221起，其中飞行事故征候210起，地面事故征候11起；飞行事故征候同比增加54起，上升34.6%。

按事故征候类型分，鸟击事故征候最多。全年共发生鸟击事故征候109起，同比增加37起，上升51.4%，占全年事故征候的49.3%；其次是雷击和外来物击伤事故征候，全年各发生24起，分别同比增加7起和12起，分别上升41.2%和100%，各占全年事故征候的10.9%。(详见表3.1、图3.1)。

在各类事故征候中，跑道侵入/混淆、地面撞障碍物/可控飞行撞地、雷击、鸟击、外来物击伤、低于安全高度、车辆与航空器碰撞、航空器与航空器碰撞起数同比分别有所上升；冲/偏出跑道、空中颠簸、通讯中断、发动机停车、航空器与设施设备碰撞事故征候起数同比下降。

按事故征候责任分，因天气、意外原因造成的事故征候最多。全年因天气和意外原因共发生事故征候131起，同比增加40起，上升44.0%，占全年事故征候的59.3%；其次是其他事故征候，全年共发生29起，同比增加15起，上升107%，占全年事故征候的

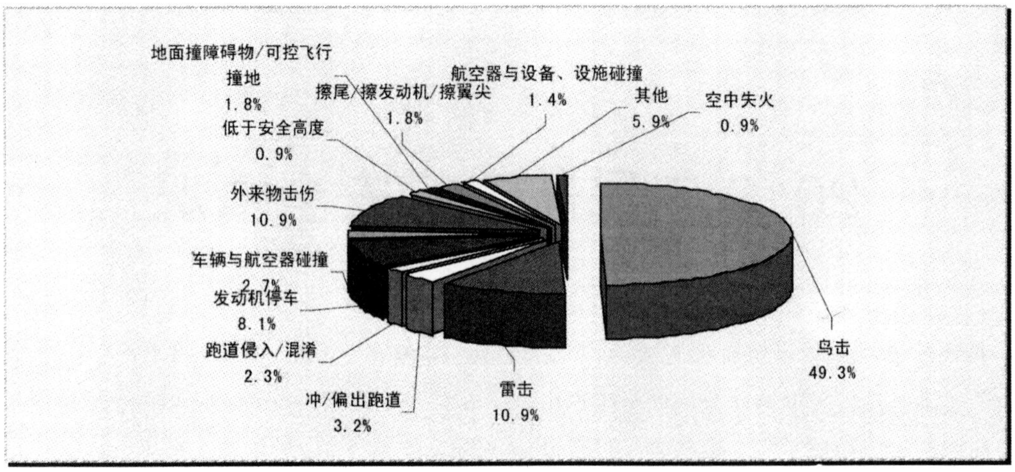

图 3.1　民航事故征候起数分类型比例图

3.1　　2010 年民航各类型事故征候情况表

	事故征候起数	同比			事故征候起数	同比	
		±	±%			±	±%
合　计	221	59	36.4				
冲/偏出跑道	7	–1	–12.5	通讯中断	1	–1	–50
跑道侵入/混淆	5	5	–	空中失火	2	0	0
地面撞障碍物/可控飞行撞地	4	1	33.3	发动机停车	18	–7	–28
擦尾/擦发动机/擦翼尖	4	0	0	低于安全高度	2	2	–
雷击	24	7	41.2	车辆与航空器碰撞	6	5	500
鸟击	109	37	51.4	航空器与航空器碰撞	1	1	–
外来物击伤	24	12	100	航空器与设备、设施碰撞	3	–2	–40
空中颠簸	1	–2	–66.7	其他	10	2	71.4

表 3.2　　2010 年民航事故征候按责任划分情况表

	事故征候起数	同比			事故征候起数	同比	
		±	±%			±	±%
合　计	221	59	36.4				
机组	20	0	0	地面保障	14	4	40
机务	6	5	500	天气、意外原因	131	40	44
机械	16	–10	–38.5	其他	29	15	107
空中交通管制	2	2	–	责任待定	3	3	–

13.1%；再次是机组事故征候，全年共发生 20 起，同比持平，占全年事故征候的 9.0%。（详见表 3.2、图 3.2）。

按航空公司责任情况分。2010 年，共发生 28 起航空公司责任事故征候，比去年同期 34 起减少 6 起、下降 17.6%。其中，中国国际航空公司和中国东方航空公司事故征候较多，分别发生事故征候 4 起；其次是中国南方航空公司、深圳航空公司、海南航空公

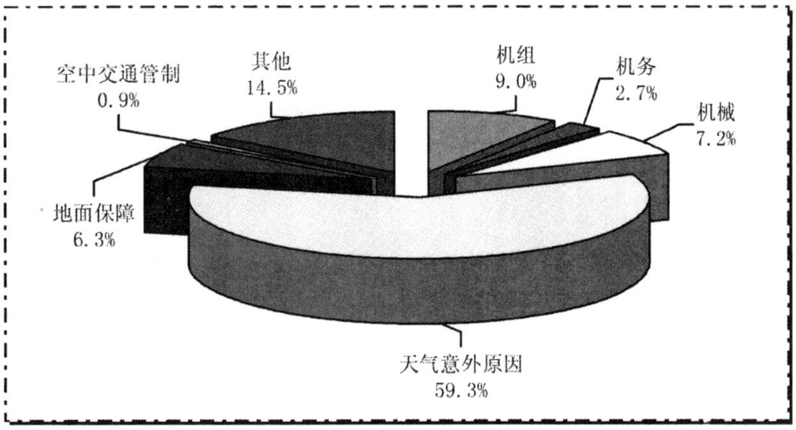

图 3.2　民航事故征候起数按责任划分比例图

司、天津航空公司、奥凯航空公司、上海航空公司和长城航空公司，分别发生事故征候 2 起。（详见表 3.3、图 3.3）。

在 9 大航空公司中，厦门航空公司和山东航空公司没有发生责任事故征候。中国东方航空公司、中国南方航空公司、深圳航空公司、海南航空公司和翡翠航事故征候起数同比下降；天津航空公司、春秋航空公司、华夏航空公司、奥凯航空公司、上海航空公司、长城航空公司、四川航空公司、国货航和上货航责任事故征候同比上升，其中以天津和长城航空公司上升最高。

表 3.3　　2010 年航空公司责任事故征候情况表

	事故征候起数	同比			事故征候起数	同比	
		±	±%			±	±%
中国国际航空公司	4	0	0	长城航空公司	2	2	–
中国东方航空公司	4	–1	–25%	四川航空公司	1	1	–
中国南方航空公司	2	–6	–75	春秋航空公司	1	1	–
深圳航空公司	2	–4	–66.7	华夏航空公司	1	1	–
海南航空公司	2	–1	–33.3	国货航	1	1	–
天津航空公司	2	2	–	翡翠航	1	–1	–50
奥凯航空公司	2	1	100	上货航	1	1	–
上海航空公司	2	1	100				

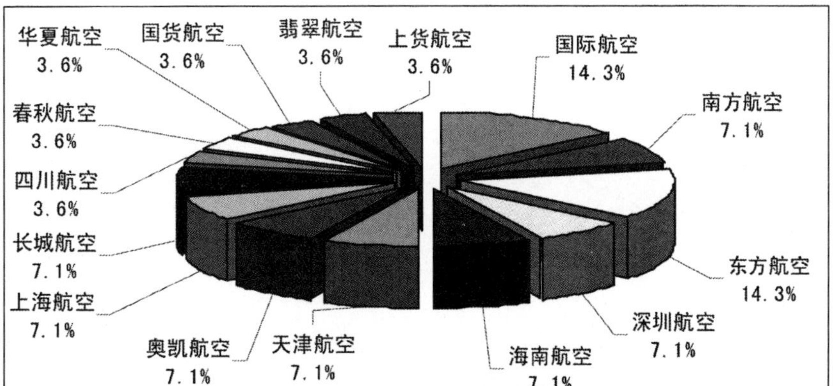

图 3.3　2010 年航空公司责任事故征候起数比例图

四、事故主要原因分析

1. 一些单位忽视安全盲目发展。在旺盛的市场需求面前,一些航空公司为了追求经济效益,超能力组织运输生产,超裕度使用人力资源,持续踩着规章标准红线运行。有的航空公司盲目扩张,管理链条越拉越长,导致管控能力削弱,安全责任得不到落实。个别新成立的航空公司,不顾安全基础薄弱的现实,超能力组织生产。与此同时,面对全行业历史上最好的安全纪录,一些单位、一些领导安全警觉性有所降低。

2. 关键岗位技术人才依然缺乏。目前,民航正处在快速发展时期,企事业单位的规模、业务不断扩大,对关键岗位专业技术人员的需求很大。由于人才培养周期较长,储备严重不足,关键岗位技术人才依然缺乏。由于工资待遇、招录政策等原因,局方难以招录到经验丰富的专业技术人才,安全监管能力亟需加强。地方管理的民航企业有相当一部分领导干部不熟悉民航安全业务工作。

3. 违规违章问题依然突出。截至2010年11月底,发生人为原因事故征候39起。“8.24”事故发生后四天之内,相继发生了“8.25”天津航飞机在南宁冲偏出跑道、“8.28”华夏航飞机在贵阳着陆擦翼尖两起人为原因严重事故征候,说明这些单位没有深刻吸取事故教训。另外,2010年以来,空管系统发生多起由于管制员错、忘、漏飞行动态造成的飞行冲突事件。有些单位对于发生的问题,过于注重事件的定性,不能认真查找自身问题,强调客观原因,认识不够深刻。

4. 一些中小机场设施设备落后,安全保障能力不足。

2010年渔业船舶安全情况

2010年，各地区、各级渔业部门认真贯彻落实中央一号文件和全国安全生产电视电话会议、全国渔业工作会议精神，按照国务院继续深入开展“安全生产年”活动部署，进一步深化渔业船舶安全生产“三项行动”和“三项建设”，以开展“平安渔业示范县”创建活动为载体，以减少事故总量和遏制重特大渔业船舶事故为目标，深入开展重点环节、重要作业场所、重点作业季节等专项整治，全面排查各类渔业安全隐患，严肃查处各种违法违规行为，强化台风等极端天气的预警、预报和应对工作，促进了全国渔业船舶安全形势总体趋于稳定。

一、行业简况情况

2010年，全国约有渔业船舶104.24万艘，与十五末期相比，增加8.4万艘，其中：机动渔船67.26万艘，增加15.87万艘；非机动渔船36.98万艘，减少7.56万艘。机动渔船中，生产渔船63.73万艘，海洋机动渔业船舶29.58万艘，其中60马力以上海洋机动渔业船舶7万多艘。

2010年，全国从事渔业生产的渔业人口2084.56万人。其中，海洋捕捞专业渔民约110多万。

2010年，全国共有渔港1550个，与十五末期相比，增加374个。其中沿海渔港1400个，内陆渔港150个。

2010年，全国现有农用船总50万艘左右，除北京市外，全国其他所有省份都有农用船。

二、事故总体情况

2010年，全国共发生渔业船舶水上生产安全事故327起，死亡（失踪）306人，同比减少119起、93人，分别下降26.7%和23.3%。

事故主要发生在沿海十一个省（区、市），内陆省份中，江西和安徽两省各发生两起事故，重庆市发生一起事故，共死亡4人。

按行政区分，多数地区事故死亡人数同比上升。在沿海十一个省（区、市）中，只有3个省（区、市）事故死亡人数同比下降，占27.3%，事故起数和死亡人数均居第一位的是浙江省，分别占事故总数和死亡

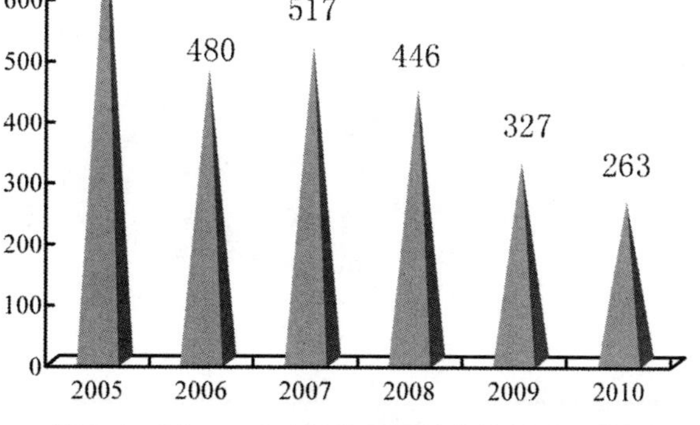

图2.1 “十一五”时期渔业船舶事故起数趋势图

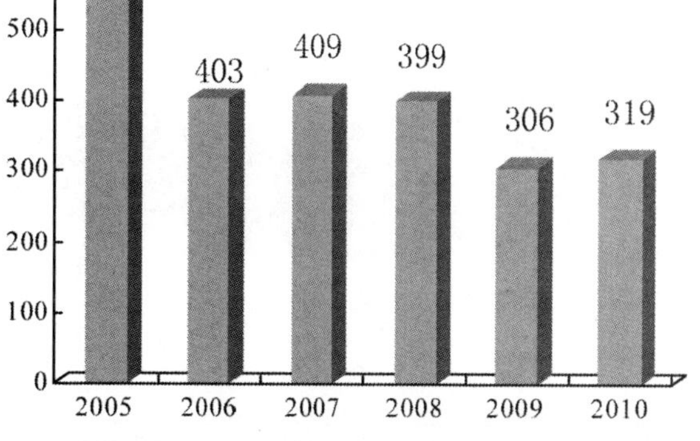

图2.2 “十一五”时期渔业船舶事故死亡人数趋势图

表 2.1　　2010 年沿海十一省(区、市)渔业船舶事故情况表

	事故起数	同比		死亡人数	同比	
		±	±%		±	±%
合计	258	-66	-20	315	+14	+4.7
山东	11	-3	-21	18	-30	-63
辽宁	20	-14	-41	70	+10	+17
天津	3	-3	-50	2	+2	
河北	21	-16	-43	6	+1	+20
江苏	11	-6	-35	4	-33	-89
浙江	73	-12	-14	76	0	0
福建	26	-32	-55	55	+16	+41
上海	5	-2	-29	4	+4	0
广东	63	+15	+31	72	+46	+177
广西	20	+7	+54	6	+1	+20
海南	5	0	0	2	-3	-60

人数的 27.8%和 23.8%。事故起数最少的是天津市,占事故总数的 1.1%;事故死亡人数最少的是天津市和海南省,死亡人数均为 2 人(沿海十一个省区市渔业船舶事故情况详见表 2.1)。

按事故类型分,碰撞和风损是造成渔业船舶水上安全事故的两大主因。2010 年,沿海十一省(区、市)发生的事故中,因碰撞造成事故 108 起,导致 164 人死亡,分别占事故总起数和造成死亡总人数的 41.1%和 51.4%;因风损造成事故 25 起,导致 44 人死亡,分别占事故总起数和造成死亡总人数的 9.5%和 13.8%。(各类渔业船舶水上安全事故按原因比例详见图 2.3、图 2.4)。

按事故发生时段分,具有以下特征:

一是从月度情况看,3 月、4 月和 12 月渔业船舶水上生产安全事故相对多发,3 个月共发生事故 90 起、死亡 162 人,月均发生事故 30 起、死亡 54 人,较全年月均 22 起、27 人分别多 8 起和 27 人;因实施伏季休渔制度,7 月、8 月渔业船舶水上生产安全事故相对较少,2 个月共发生事故 28 起、死亡 12 人,月均发生事故 14 起、死亡 6 人,较全年月均 22 起、27 人分别少 8 起和 21 人。其中,发生事故起数最多的为 3 月,共发生事故 34 起,占全年事故总起数的 12.9%;

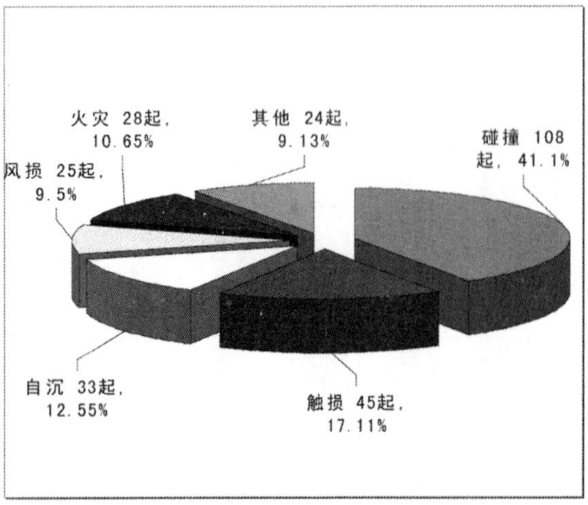

图 2.3　渔业船舶事故起数按原因分比例图

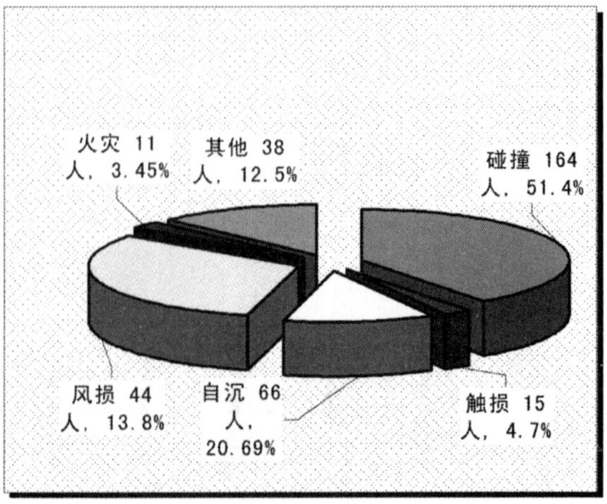

图 2.4　渔业船舶事故死亡人数按原因分比例图

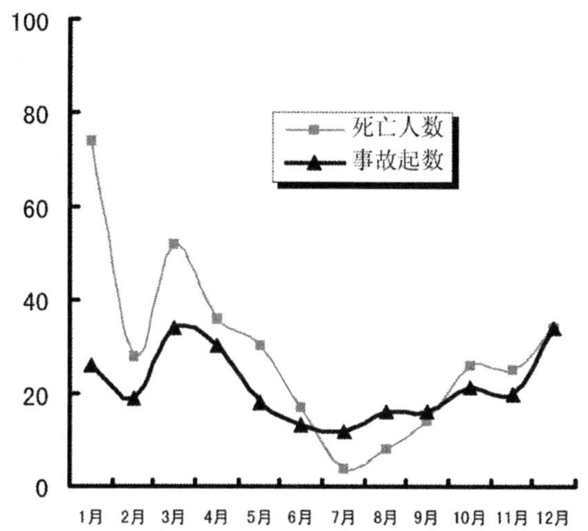

图 2.5 渔业船舶事故起数和死亡人数分月趋势图

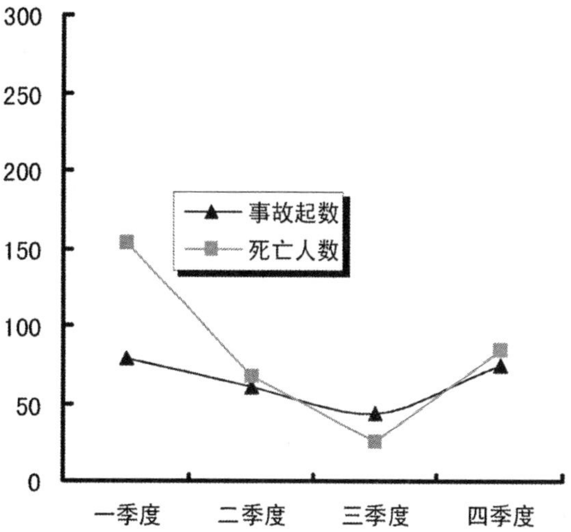

图 2.6 渔业船舶事故起数和死亡人数分季趋势图

死亡人数最多的为1月，共死亡74人，占全年死亡总人数的23.2%。

二是第一季度渔业船舶水上安全事故多发，图9.1.8显示，第一季度的事故起数和死亡人数均达到高“峰”，共发生事故79起、死亡154人，分别占全年渔业船舶水上安全事故总起数和造成死亡总人数30%和48.3%。

三、较大事故情况

2010年，全国共发生较大渔业船舶水上生产安全事故39起、死亡219人，同比增加5起、44人，分别上升14.7%和25.1%。

四、重大事故情况

2010年，全国共发生重大渔业船舶水上生产安全事故2起，死亡24人，同比起数持平，增加4人、上升20.0%。

这2起重大事故分别是：

1. 1月9日，福建省泉州市石狮市一艘渔船(闽狮渔3785)在南日岛东南海南(北纬25度5.34分,东经119度48.38分)处，与一艘天津籍货船(大新华营口号)发生碰撞事故，造成闽狮渔沉没，船上14人全部落水，经搜救，2人获救，造成1人死亡，11人失踪。

2. 1月20日，福建省漳州市东山县铜陵镇一艘渔船(闽东渔2619)，在广东汕头附近海域(北纬23度28分05秒，东经117度42分54秒)，与一艘巴拿马籍货船“CURITIBA号”发生碰撞，造成东渔2619渔船沉没，船上12人全部下落不明。

五、直接经济损失情况

2010年，全国渔业船舶水上生产安全事故直接经济损失9372.09万元，比去年同期7651.78万元增加1720.31万元，上升22.5%。

按行政区分。在沿海十一个省(区、市)中，因渔业船舶水上生产安全事故造成直接经济损失最多的是辽宁省，占28.8%；其次是浙江省，占16%；最少的是海南省，占0.6%。(沿海十一个省、区、市渔业船舶水上生产安全事故直接经济损失情况详见图5.1)。

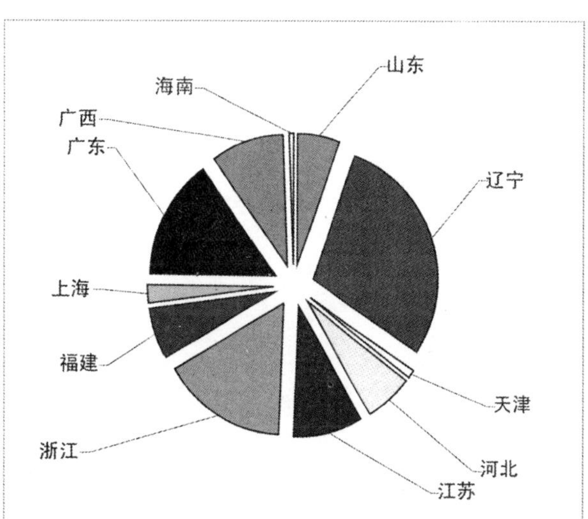

图 5.1

表 5.1　　2010 年沿海十一省(区、市)渔业船舶直接经济损失情况表

地区	直接经济损失	地区	直接经济损失	地区	直接经济损失
合计	9330.09	河北	575.75	上海	207.5
山东	515	江苏	846	广东	1386.5
辽宁	2690	浙江	1497.24	广西	874
天津	94	福建	589.1	海南	55

六、事故主要原因分析

1. 航线交叠、疏于瞭望和操作不当是造成商船与渔船碰撞事故发生的主要原因。2010 年渔业船舶共发生水上碰撞事故 108 起、死亡 164 人,分别占事故总起数和死亡人数的 41.1%和 51.4%。其中,商船与渔船碰撞事故发生 63 起、死亡 141 人,分别占碰撞事故起数和死亡（失踪）人数的 58.3%和 86%,仍是造成渔业船舶水上作业人员伤亡和重大财产损失的主要事故类型。分析其原因,一是渔船作业区域与商船航线相互交叉重叠,船舶数量增多,密度增大,使碰撞事故的发生风险明显增加；二是部分商船及渔船船员安全意识不强,安全航行、值班瞭望和生产作业等安全操作规程落实不到位；三是肇事船舶和责任人得不到应有惩处,肇事逃逸成本过低,致使肇事逃逸事件时有发生。

2. 极端天气事件多发,气候和海洋灾害频发,给渔业船舶水上生产安全带来严重影响。近些年来,受全球气候变暖等因素影响，极端天气事件发生频率明显增多,气象性灾害(热带气旋、温带气旋、龙卷风、寒潮、海雾)和海洋性灾害(风暴潮、海浪、海啸、海冰)发生也呈上升趋势。特别是目前我国海上捕捞渔船大多吨位小、抗风能力差,船上基础设施和技术装备比较落后,致使碰撞、风损、触损等水上生产安全事故时有发生。

3. 渔民安全意识差、渔船船员安全生产技能偏低和流动性较大，给渔业船舶水上安全事故的防控带来许多不利因素。由于渔民文化水平普遍较低,特别是内陆地区上船下海的务工人员不断增加，使渔船船员流动性大的特点更加突出,安全意识、从业技能和应急避险能力整体下降的趋势更加明显，给渔业船舶水上生产安全事故的防控工作带来许多不利因素。

2010年危险化学品安全生产情况

一、事故总体情况

2010年，全国共发生危险化学品事故60起，死亡135人，同比减少23起、14人，分别下降27.7%和9.4%。

按事故发生环节分，生产环节事故最多。生产环节事故起数和死亡人数均居第一位，分别占95.0%和98.5%；其次是经营环节，事故起数和死亡人数分别占3.3%和1.5%。(各环节事故起数和死亡人数比例详见图1.3、图1.4)。

在各个环节发生的事故中，储存环节事故起数和死亡人数同比下降；生产环节事故起数同比下降、死亡人数同比上升；经营环节事故起数同比持平、死亡人数同比下降。(各环节事故情况详见表1.1)。

按行政区分，湖北省事故最多。全国32个省级统计单位中，北京、吉林、上海、海南、云南、重庆、陕西、青海、宁夏和新疆兵团10个单位没有发生危险化学品事故，占31.3%。在发生事故的22个单位中，有3个单位事故起数和死亡人数同比下降，占发生事故单位的13.6%；有7个单位事故起数和死亡人数同比上升，占发生事故单位的31.8%；以湖北省发生8起事故，占全年事故起数的13.3%为最多(详见表1.2)。

按经济类型分，有限责任公司事故多发。有限责任公司事故起数和死亡人数居第一位，分别占43.3%

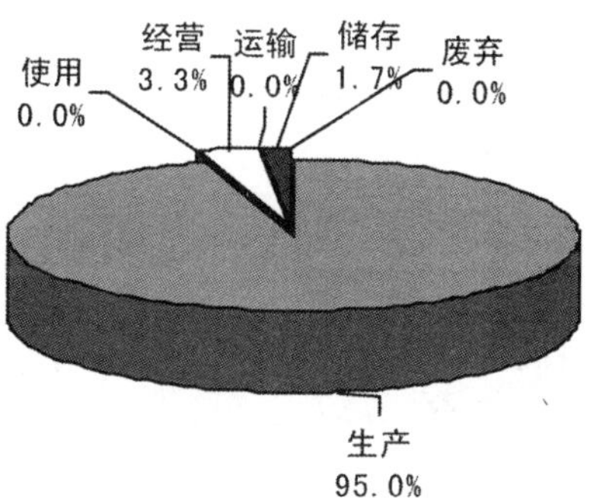

图1.3 各环节事故起数比例图

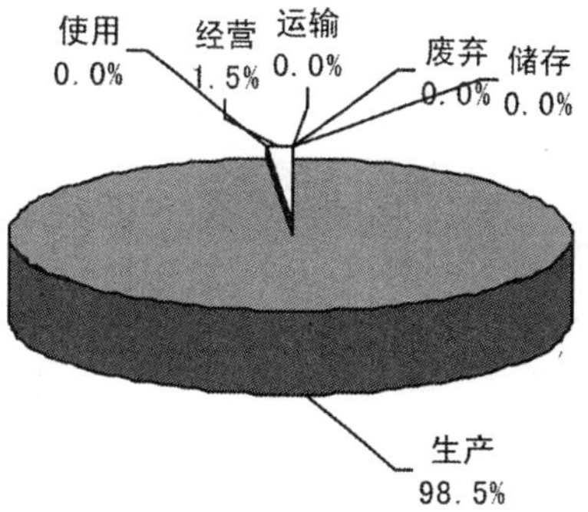

图1.4 各环节事故死亡人数比例图

表1.1 2010年危险化学品各环节事故情况表

	事故起数	同比		死亡人数	同比	
		±	±%		±	±%
合　计	60	-23	-27.7	135	-14	-9.4
生产	57	-15	-20.8	133	17	14.7
使用		-8	-100		-10	-100
经营	2	-1	-33.3	2	-21	-91.3
运输						
储存	1	1				
废弃						

表 1.2　　2010 年全国危险化学品事故分地区情况表

地区	事故起数	同比		死亡人数	同比		地区	事故起数	同比		死亡人数	同比	
		±	±%		±	±%			±	±%		±	±%
合计	60	-23	-27.7	135	-14	-9.4	河南	1	-5	-83.3	2	-12	-85.7
北京							湖北	8			13	4	44.4
天津	1			3	3		湖南	2			3		
河北	6	3	100	7	2	40	广东	2				-2	-100
山西	1			4	1	33.3	广西	1	-1	-50	3	1	50
内蒙	5	1	25	8	3	60	海南						
辽宁	3	-1	-25	7	-5	-41.7	四川	3	-1	-25	5		
吉林		-1	-100		-2	-100	贵州	1	-1	-50	8	6	300
黑龙江	2	2		4	4		云南		-5	-100		-7	-100
上海		-2	-100		-2	-100	西藏	1	1		1	1	
江苏	5	-5	-50	27	5	22.7	重庆		-2	-100		-2	-100
浙江	2	-1	-33.3	3			陕西						
安徽	2	2		2	2		甘肃	3	2	200	11	9	450
福建	1			1			青海						
江西	2	1	100	3	2	200	宁夏		-1	-100		-2	-100
山东	7	-7	-50	17	-23	-57.5	新疆	1	-2	-66.7	3		
							新疆兵团						

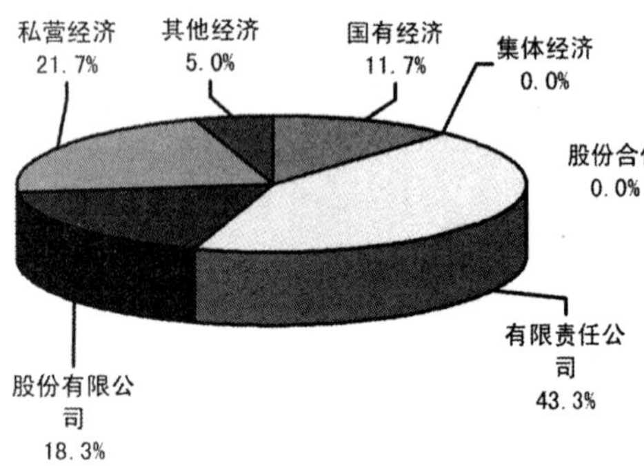

图 1.5　分经济类型事故起数比例图

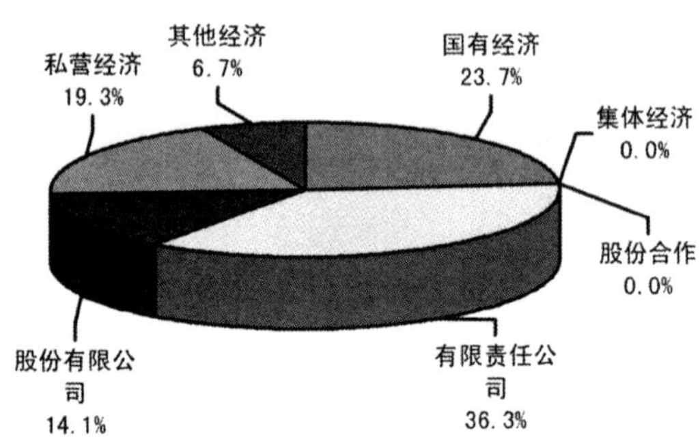

图 1.6　分经济类型事故死亡人数比例图

和 36.3%；其次是私营经济，事故起数和死亡人数分别占 21.7%和 19.3%。（各经济类型事故起数和死亡人数比例详见图 1.5、图 1.6）。

在各经济类型事故中，集体经济、股份合作、联营经济、港澳台投资和其他经济没有发生事故，占 50.0%；有限责任公司和私营经济事故起数和死亡人数同比下降，占 20.0%；股份有限公司和外商投资事故起数和死亡人数同比上升，占 20.0%；国有经济事故起数同比下降，死亡人数同比上升。（各经济类型事故情况详见表 1.3）。

按事故类别分，因危险化学品引发的爆炸事故最多。共发生爆炸事故 34 起、死亡 94 人，分别占全年事故总量的 56.7%和 69.6%，为最多；中毒与窒息、烧伤与灼烫和火灾事故起数和死亡人数同比下降。（各类别事故情况详见表 1.4）。

按事故发生时段分。具有以下特征：

一是 9 月份事故最少，7 月份事故最多。从图1.9 和图 1.10 看，9 月份共发生事故 1 起、死亡 2 人，较

表 1.3　　2010 年全国危险化学品事故分经济类型情况表

	事故起数	同比		死亡人数	同比	
		±	±%		±	±%
合　计	60	-23	-27.7	135	-14	-9.4
国有经济	7	-1	-12.5	32	19	146.2
集体经济		-1	-100			
股份合作		-5	-100		-10	-100
联营经济						
有限责任公司	26	-9	-25.7	49	-5	-9.3
股份有限公司	11	2	22.2	19	8	72.7
私营经济	13	-10	-43.5	26	-31	-54.4
港澳台投资		-1	-100		-2	-100
外商投资	3	3		9	9	
其他经济		-1	-100		-2	-100

表 1.4　　2009 年危险化学品各类别事故情况表

	事故起数	同比		死亡人数	同比	
		±	±%		±	±%
合　计	60	-23	-27.7	135	-14	-9.4
爆炸	34	-2	-5.6	94	25	21.0
中毒、窒息	19	-11	-36.7	30	-10	-25.0
火灾	1	-6	-85.7	1	-25	-96.2
烧伤、灼烫	5	-4	-44.4	10	-3	-23.1
其他	1	0	0	0	-1	-100.0

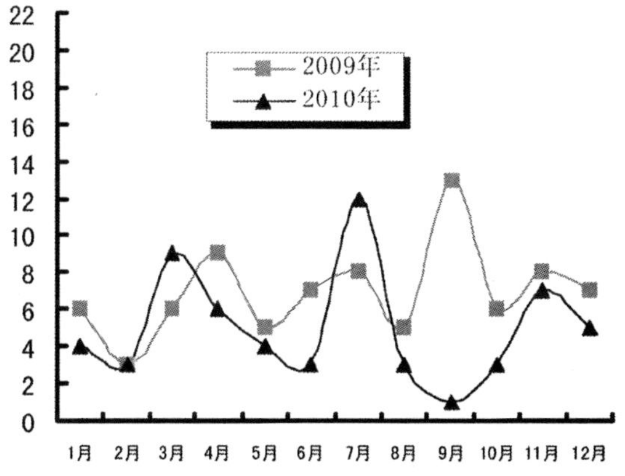

图 1.9　事故起数分月对比趋势图

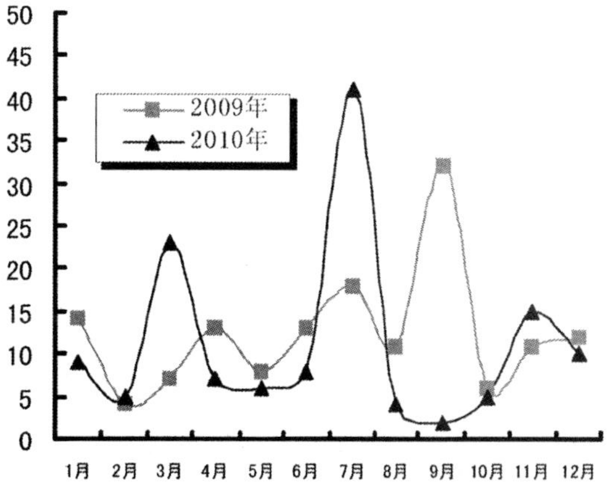

图 1.10　死亡人数分月对比及趋势图

全年月平均 5 起、11 人少 4 起、9 人，分别占全年事故总量的 1.7%和 1.5%，为全年最少；7 月份共发生事故 12 起、死亡 41 人，较全年月平均 7 起、11 人多 5 起、30 人，分别占全年事故总量的 20.0%和 30.4%，为全年最多。

二是二季度事故最少，一、三季度事故最多，三季度死亡人数最多。从图 1.11 和图 1.12 看，二季度事故最少，共发生 13 起事故，造成 21 人死亡，分别

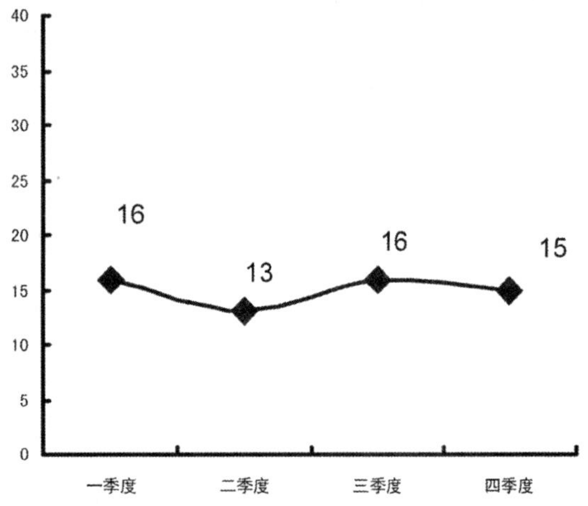

图 1.11　事故起数分季趋势图

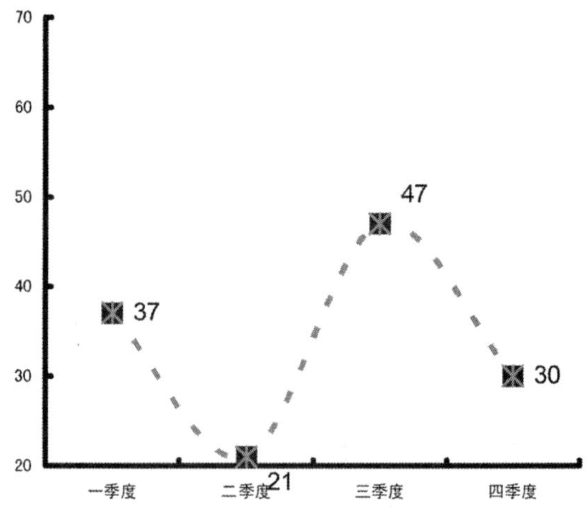

图 1.12　死亡人数分季月趋势图

占全年事故总量的 21.7%和 15.6%；一、三季度均发生 16 起事故，为全年事故最高的季度，其中三季度因事故造成 47 人死亡，占全年 34.8%，为全年事故死亡人数最多季度。

按事故原因分。因技术和设计有缺陷、设备设施工具附件有缺陷、安全设施缺失或有缺陷、生产场所环境不良及违反操作规程或劳动纪律等原因造成事故起数和死亡人数同比下降；因个人防护用品缺少或有缺陷、没有安全操作规程或不健全、对现场工作缺乏检查或指挥错误、教育培训不够缺乏安全操作知识和其他等原因造成的事故起数同比下降，死亡人数同比上升；没有因劳动组织不合理等原因造成的事故。（按事故原因分各类事故情况详见表 1.5）。

在各种原因事故中，因违反操作规程或劳动纪律造成的事故最多，死亡人数最高，分别占全年事故总量的 50.8%和 45.1%；其次是因设备设施工具附件有缺陷，分别占全年事故总量的 16.9%和 14.2%。（各种原因事故起数和死亡人数比例详见图 1.13、图 1.14）。

表 1.5　　2010 年危险化学品事故按原因分情况表

	事故起数	同比		死亡人数	同比	
		±	±%		±	±%
合　计	60	-23	-27.7	135	-14	-9.4
技术和设计有缺陷	3	-1	-25	4	-6	-60
设备设施工具附件有缺陷	10	-1	-9.1	16	-4	-20
安全设施缺少或有缺陷	4	-3	-42.9	7	-2	-22.2
生产场所环境不良	4	-2	-33.3	6	-3	-33.3
个人防护用品缺少或有缺陷	4	-5	-55.6	13	4	44.4
没有安全操作规程或不健全	5	-2	-28.6	27	17	170
违反操作规程或劳动纪律	30	-6	-16.7	51	-22	-30.1
劳动组织不合理		-2	-100		-3	-100
对现场工作缺乏检查或指挥错误	1	-2	-66.7	5	1	25
教育培训不够缺乏安全操作知识	3	-1	-25	6	2	50
其他	7	-2	-22.2	20	3	17.6

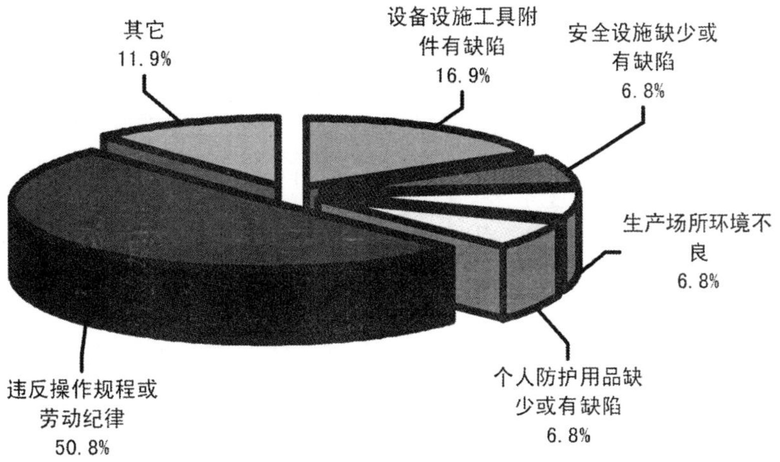

图 1.13　危险化学品事故起数按原因比例图

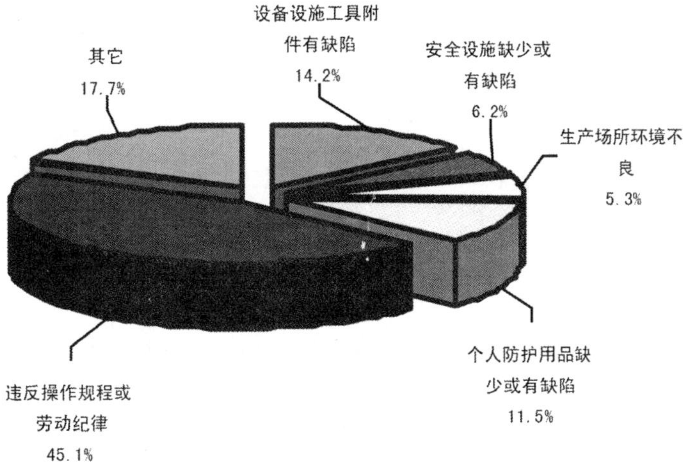

图 1.14　危险化学品事故死亡人数按原因比例图

二、较大事故情况

2010 年，全国共发生较大危险化学品事故 11 起，死亡 48 人，同比增加 2 起、11 人，分别上升 22.2%和 29.7%。

按事故发生环节分，生产环节较大事故多发。生产环节共发生 9 起较大事故，造成 40 人死亡，分别占总体的 81.8%和 83.3%。(各环节较大事故起数和死亡人数比例详见图 2.1、图 2.2)。

在各个环节发生的较大事故中，经营、使用、运输和储存环节没有发生较大事故，生不和废弃环节发生的较大事故起数和死亡人数同比上升。(各环节事故情况详见表 2.1)。

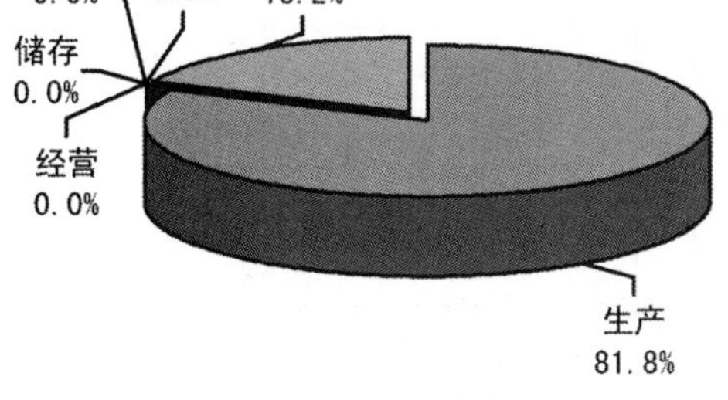

图 2.1　各环节较大事故起数比例图

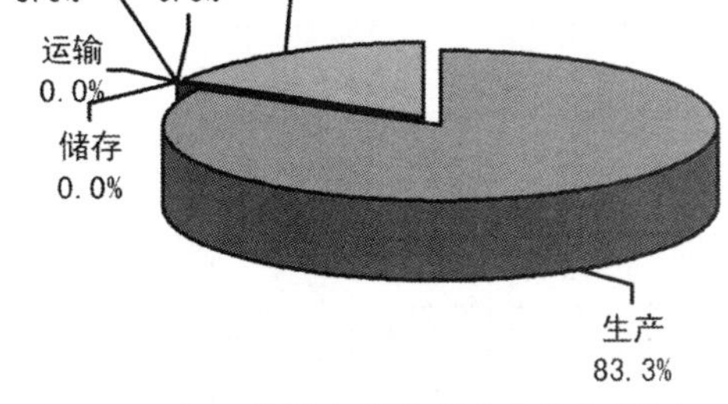

图 2.2　各环节较大事故死亡人数比例图

表 2.1　　2010 年危险化学品各环节较大事故情况表

	事故起数	同比		死亡人数	同比	
		±	±%		±	±%
合　计	11	2	22.2	48	11	29.7
生产	9	2	28.6	40	10	33.3
经营						
储存		-1	-100		-4	-100
运输						
使用						
处置废弃	2	1	100	8	5	166.7

按行政区分，大部分地区未发生较大事故。全国32个省级统计单位中，有22个单位未发生较大事故，占68.8%，在发生较大事故的10个单位中，有7个单位事故起数和死亡人数同比上升，占发生事故单位的70.0%，有2个单位事故起数和死亡人数同比下降，占发生事故单位的20.0%。(各地区较大事故起数和死亡人数情况详见表2.2)。

按经济类型分，国有经济、有限责任公司、股份有限公司、私营经济和外商投资发生较大事故。私营经济较大事故起数和死亡人数同比下降，占10.0%；股份合作和外商投资较大事故起数和死亡人数同比上升，占20.0%。(各经济事故情况详见表2.3)。

在各类经济类型较大事故中，事故起数和死亡人数居第一位的是私营经济，分别占27.8%和31.3%，其次是有限责任公司，事故起数和死亡人数分别占27.3%和29.2%。

表 2.2　　2010 年全国危险化学品较大事故分地区情况表

地区	事故起数	同比		死亡人数	同比		地区	事故起数	同比		死亡人数	同比	
		±	±%		±	±%			±	±%		±	±%
合计	11	2	22.2	48	11	29.7	河南		-1	-100		-8	-100
北京							湖北	1	1		4	4	
天津	1	1		3	3		湖南						
河北							广东						
山西	1			4	1	33.3	广西	1	1		3	3	
内蒙	1	1		3	3		海南						
辽宁	1	-1	-50	5	-3	-37.5	四川						
吉林							贵州	1	1		8	8	
黑龙江							云南						
上海							西藏						
江苏		-3	-100		-10	-100	重庆						
浙江							陕西						
安徽							甘肃	2	2		9	9	
福建							青海						
江西							宁夏						
山东	1	-1	-50	6	-2	-25	新疆	1	1		3	3	
							新疆兵团						

表 2.3　　2010 年全国危险化学品较大事故分经济类型情况表

	事故起数	同比		死亡人数	同比	
		±	±%		±	±%
合　计	11	2	22.2	48	11	29.7
国有经济	1			5	1	25
集体经济						
股份合作		-1	-100		-3	-100
联营经济						
有限责任公司	3			14		
股份有限公司	2	2		7	7	
私营经济	3	-1	-25	15	-1	-6.3
港澳台投资						
外商投资	2	2		7	7	
其他经济						

表 2.4　　2010 年危险化学品各类别事故情况表

	事故起数	同比		死亡人数	同比	
		±	±%		±	±%
合　计	11	2	22.2	48	11	29.7
灼烫	1			6	3	100
火灾						
爆炸	9	3	50	39	11	39.3
中毒和窒息	1	-1	-50	3	-3	-50

表 2.5　　2010 年危险化学品较大事故按原因分情况表

	事故起数	同比		死亡人数	同比	
		±	±%		±	±%
合　计	11	2	22.2	48	11	29.7
技术和设计有缺陷		-1	-100		-5	-100
设备设施工具附件有缺陷	2			6	-5	-45.5
安全设施缺少或有缺陷	1	1		3	3	
生产场所环境不良						
个人防护用品缺少或有缺陷	2	2		10	10	
没有安全操作规程或不健全						
违反操作规程或劳动纪律	4			18	4	28.6
劳动组织不合理						
对现场工作缺乏检查或指挥错误	1	1		5	5	
教育培训不够缺乏安全操作知识	1	1		3	3	
其他	2			12	5	71.4

按事故类别分,较大爆炸事故多发。共发生较大爆炸事故9起,死亡39人,分别占总体的81.8%和81.3%;较大中毒与窒息事故起数和死亡人数同比下降;较大爆炸事故起数和死亡人数同比上升(各类别较大事故情况详见表2.4)。

按事故原因分。因技术和设计有缺陷、生产场所环境不良、没有安全操作规程或不健全和劳动组织不合理等原因没有造成较大事故。在造成事故的原因中,因安全设施缺少或有缺陷、个人防护用品缺少或有缺陷、对现场工作缺乏检查或指挥错误和教育培训不够缺乏安全操作知识等原因造成的事故起数和死亡人数同比上升(按事故原因分各类事故情况详见表2.5)。

三、重大事故情况

2010年,全国共发生重大危险化学品事故1起,死亡22人,事故起数同比持平,死亡人数增加4人、上升22.2%。

这起重大事故是:

7月28日,江苏省南京市栖霞区原塑料4厂地块,一条向金陵塑胶公司输送丙烯的管线发生泄漏,引发爆燃事故,造成22人死亡,11人重伤,120人受伤。

四、事故主要原因分析

(1)石油和化学工业保持快速增长、企业高速扩张,面临的安全生产压力增大。特别是部分非化工企业进入化工领域,缺乏化工安全生产管理的经验,没有掌握化工安全生产的特点和规律,没有建立有效的安全生产体制机制,没有建立完善的安全生产管理规章制度,安全投入有效性差,技术和安全管理力量未跟上,防范事故的能力较差,发生事故的风险较大。如,中国盐业总公司下属的吉兰泰氯碱化工公司自2008年开始建设和试生产以来,已发生7起事故(死亡8人)。

(2)从事故统计情况和重特大事故原因来看,企业主体责任未落实是事故多发重要原因。一是违章指挥、违章作业、违反劳动纪律的问题仍然严重。从事故统计情况看,“三违”操作导致事故的死亡人数,占事故总死亡人数的一半以上(51.9%)。二是企业安全生产责任制和安全管理制度不健全、不完善,岗位责任制不落实,安全教育走过场,操作人员安全意识和遵章守纪意识差,不严格执行操作规程。三是化工装置及储存设施大型化造成事故规模扩大、安全风险倍增。据统计,中央企业危险化学品事故死亡人数已连续两年上升。特别是在大连中石油国际储运有限公司“7·16”输油管道爆炸火灾事故中,由于原油储罐的大型化以及事故所在区域内危险化学品大型储罐集中布置的因素,造成事故险象环生。四是城镇化快速推进,城市危险化学品安全管理问题显现。随着城镇化进程加快,化工安全发展规划与社会经济发展不适应,部分企业分布在人口密集区域,周边安全防护距离不足,城市危险化学品安全管理管理问题突出,给安全管理和安全监管带来新挑战。南京“7.28”事故就暴露城市地下化学品管道管理问题。

2010 年烟花爆竹安全生产情况

一、事故总体情况

2010 年，全国共发生烟花爆竹事故 93 起，死亡 212 人，同比事故起数减少 1 起，死亡人数增加 24 人，分别下降 1.1%和上升 12.8%。

按事故发生环节分，生产环节事故最多。生产环节共发生事故 78 起，占事故总起数的 83.9%；运输环节发生事故 1 起，占事故总起数的 1.1%；储存环节发生事故 5 起，占事故总起数的 5.4%；经营环节发生事故 3 起，占事故总起数的 3.2%。

按企业性质分，合法企业事故起数和死亡人数占总体的七成以上。合法企业共发生事故 70 起，造成 156 人死亡，同比增加 13 起、75 人，分别上升 22.8%和 92.6%，事故起数和死亡人数分别占总体的 75.3%和 73.6%；因非法行为发生事故 23 起，造成 56 人死亡，同比减少 14 起、51 人，分别下降 37.8%和 47.7%，事故起数和死亡人数分别占总体的 24.7%和 26.4%（各类事故情况详见表 1.1 和图 1.4、图 1.5）。

按行政区分，近半数地区未发生烟花爆竹事故。全国 32 个省级统计单位）中，有 14 个单位没有发生事故，占 43.8%。在发生事故的单位中，有 4 个单位事故起数和死亡人数同比下降，占发生事故单位的 22.2%；有 9 个单位事故起数和死亡人数同比上升，占发生事故单位的 50.0%安徽、江西、湖南和广西 4 个单位事故较多，共发生事故 66 起，占总体的 71.0%；黑龙江、安徽、江西、山东、河南、湖南、广东和广西 8 个单位事故死亡人数较多，共死亡 166 人，占总体的 78.3%。（详见表 1.2）。

按经济类型分，私营经济烟花爆竹事故多发。私营经济共发生 53 起事故，造成 90 人死亡，分别占事故总体的 57.0%和 42.5%，事故起数和死亡人数均居

表 1.1　　2010 年烟花爆竹事故分性质情况表

	事故起数	同比		死亡人数	同比	
		±	±%		±	±%
合　　计	93	-1	-1.1	212	24	12.8
合法	70	13	75.3	156	75	73.6
非法	23	-14	-37.8	56	-51	-47.7

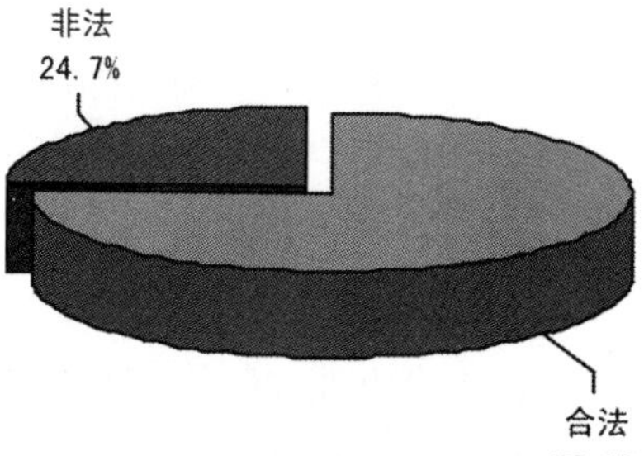

图 1.4　各类事故起数比例图

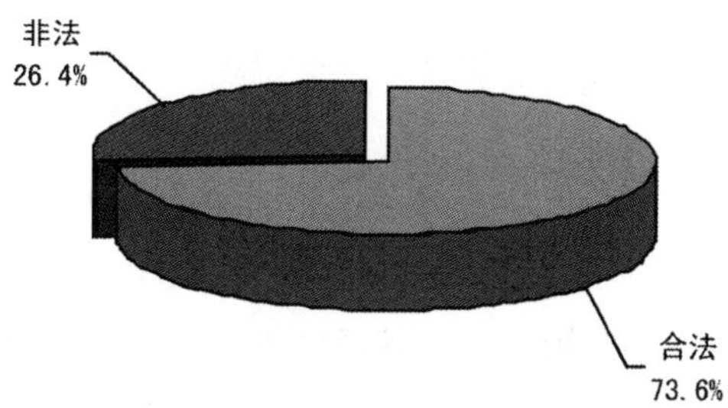

图 1.5　各类事故死亡人数比例图

表 1.2　　　　2010 年全国烟花爆竹事故分地区情况表

地区	事故起数	同比		死亡人数	同比		地区	事故起数	同比		死亡人数	同比	
		±	±%		±	±%			±	±%		±	±%
合计	93	–1	–1.1	212	24	12.8	河南	3	–5	–62.5	11	–2	–15.4
北京							湖北	1			3	1	50
天津							湖南	33	5	17.9	46	11	31.4
河北	2	2		7	7		广东	2	1	100	10	5	100
山西							广西	8	–5	–38.5	18	–10	–35.7
内蒙古	3	–1	–25	8	3	60	海南						
辽宁							四川	2	–2	–50	5	–2	–28.6
吉林	1	1		1	1		贵州	3	1	50	5	–8	–61.5
黑龙江	1			37	34	1133.3	云南	1			1	–1	–50
上海							西藏						
江苏		–1	–100		–3	–100	重庆	3	–1	–25	6	1	20
浙江	1	1		1	1		陕西	1	1		9	9	
安徽	13	1	8.3	15	3	25	甘肃						
福建							青海						
江西	12	4	50	15	–2	–11.8	宁夏						
山东	3	–3	–50	14	–24	–63.2	新疆						
							新疆兵团						

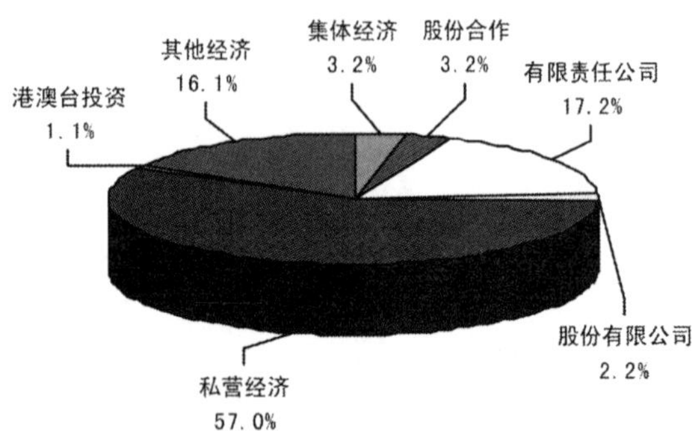

图 1.6　分经济类型事故起数比例图

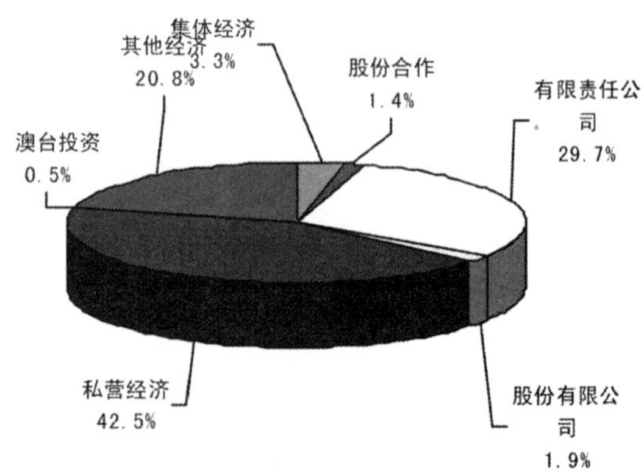

图 1.7　分经济类型事故死亡人数比例图

第一位；事故起数和死亡人数居第二位的是有限责任公司，分别占事故总体的 17.2%和 29.7%。(各经济类型事故起数和死亡人数比例详见图 1.6、图 1.7)。

在各类经济类型事故中，国有经济、集体经济、港澳台投资和外商投资没有发生事故，占 40.0%；股份合作、有限责任公司其他企业事故起数和死亡人数同比下降，占 30.0%。(各经济事故情况详见表 1.3)。

按事故原因分，违反操作规程或劳动纪律是造成事故多发的主要原因。违反操作规程或劳动纪律造成的事故起数和死亡人数分别占总体的 55.9%和 44.3%，为最多；事故起数和死亡人数居第二位的是其他原因，分别占总体的 18.2%和 38.7%。(各种原因事故起数和死亡人数比例详见图 1.8、图 1.9)。

因设备设施工具附件有缺陷、生产场所环境不良、没有安全操作规程或不健全和教育培训不够缺

表 1.3　　2010 年全国烟花爆竹事故分经济类型情况表

	事故起数	同比		死亡人数	同比	
		±	±%		±	±%
合　计	93	−1	−1.1	212	24	12.8
国有经济						
集体经济	3	3		7	7	
股份合作	3			3		
联营经济		−1	−100		−1	−100
有限责任公司	16	6	60	63	46	270.6
股份有限公司	2	−2	−50	4	−2	−33.3
私营经济	53			90	−6	−6.3
港澳台投资	1	1		1	1	
外商投资						
其他经济	15	−8	−34.8	44	−21	−32.3

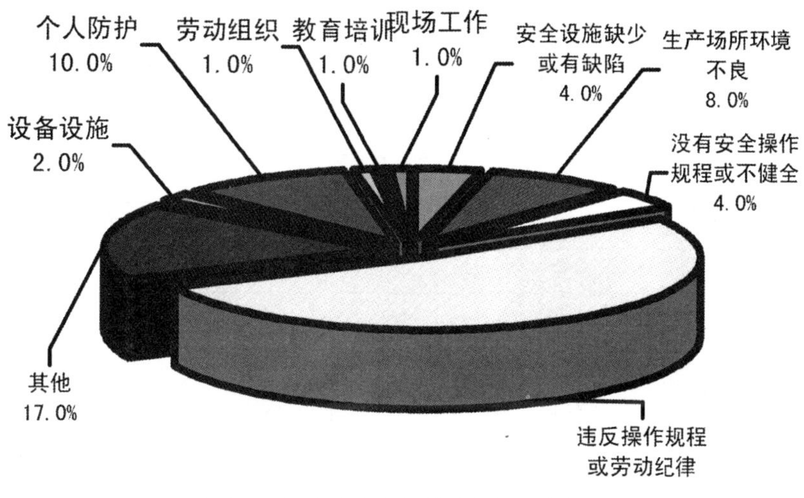

图 1.8　烟花爆竹事故起数按原因比例图

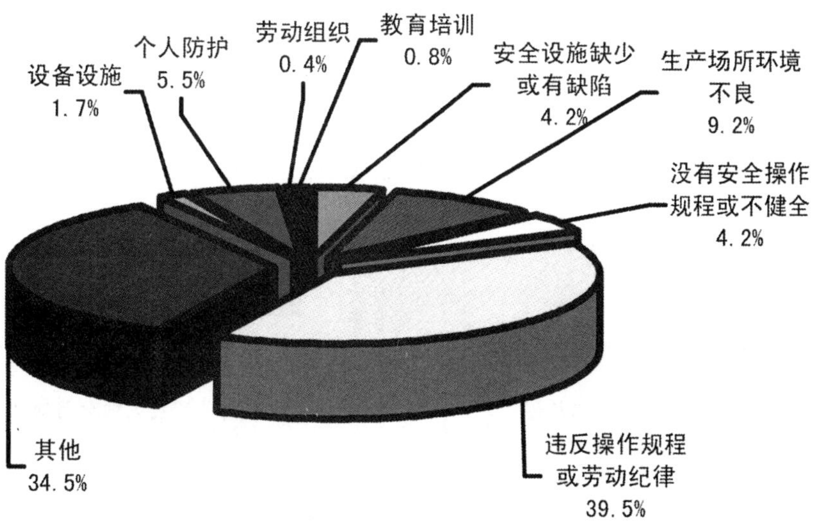

图 1.9　烟花爆竹事故死亡人数按原因比例图

乏安全操作知识等原因造成的事故起数和死亡人数同比下降；因个人防护用品缺少或有缺陷、违反操作规程或劳动纪律、劳动组织不合理和其他原因造成的事故起数和死亡人数同比上升（按事故原因分各类事故情况详见表1.4）。

按事故发生时段分。具有以下特征：

一是7月份事故最少，12月份事故最多。从图1.10和图1.11看，7月份发生烟花爆竹事故1起，死亡1人，分别占事故总体的1.1%和0.5%，为全年事故最低“谷”；12月份共发生事故18起，死亡32人，分别占事故总体的19.4%和15.1%，为全年事故最高“峰”，事故多发的主要原因是12月份邻近“两节”，是烟花爆竹生产销售旺季。

二是下半年事故多发，死亡人数较多。从图1.10和图1.11看，下半年共发生烟花爆竹事故58起，死亡151人，分别占全年事故总体的62.4%和71.2%，明显高于上半年。

表1.4　　2010年烟花爆竹事故按原因分情况表

	事故起数	同比		死亡人数	同比	
		±	±%		±	±%
合　计	93	-1	-1.1	212	24	12.8
技术和设计有缺陷						
设备设施工具附件有缺陷	2	-1	-33.3	4	-2	-33.3
安全设施缺少或有缺陷	4			10	6	150
生产场所环境不良	8	-10	-55.6	22	-13	-37.1
个人防护用品缺少或有缺陷	10	7	233.3	13	5	62.5
没有安全操作规程或不健全	4	-10	-71.4	10	-13	-56.5
违反操作规程或劳动纪律	52	4	8.3	94	6	6.8
劳动组织不合理	1	1		1	1	
对现场工作缺乏检查或指挥错误	1			4	3	300
教育培训不够缺乏安全操作知识	1	-1	-50	2	-1	-33.3
其他	17	4	30.8	82	43	110.3

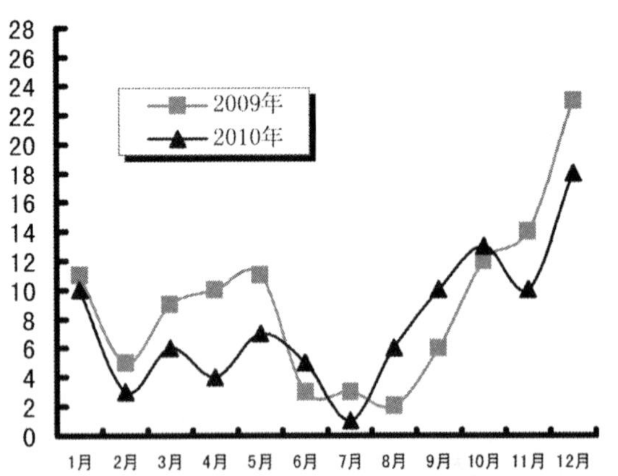

图1.10　事故起数分月对比趋势图

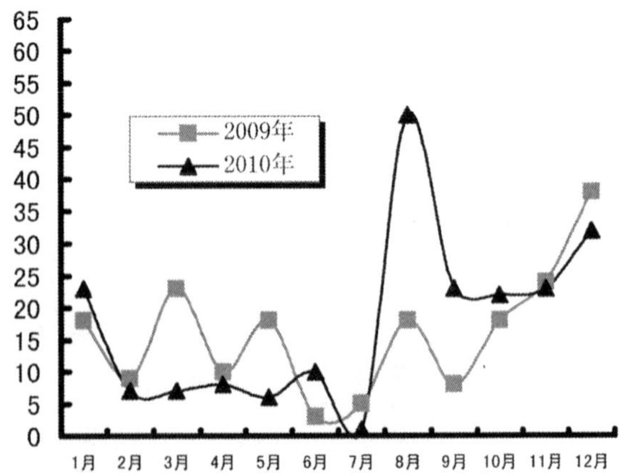

图1.11　死亡人数分月对比及趋势图

二、较大事故情况

2010年，全国共发生较大烟花爆竹事故17起，死亡86人，同比减少1起、增加15人，分别下降5.6%和上升21.1%。

按事故发生环节分，生产环节较大事故多发。发生在生产环节较大事故起数和死亡人数分别占总体的88.2%和86.0%。(各环节较大事故起数和死亡人数比例详见图2.1、图2.2)。

在各环节较大事故中，经营、运输和处置废弃环节没有发生较大事故，生产环节事故起数同比下降、死亡人数同比上升；储存环节事故起数和死亡人数同比上升。(各环节较大事故情况详见表2.1)。

按性质分，合法企业较大事故多发。合法企业发生较大事故10起，死亡50人，分别占较大事故总体的58.8%和58.1%，为最多。(各类较大事故情况详见表2.2和图2.3、图2.4)。

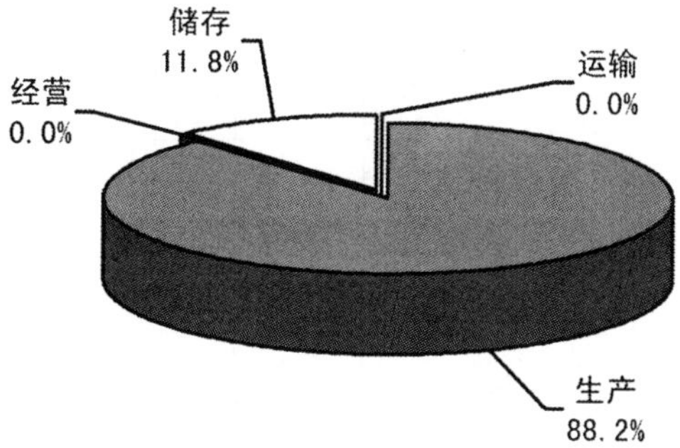

图2.1　各环节事故起数比例图

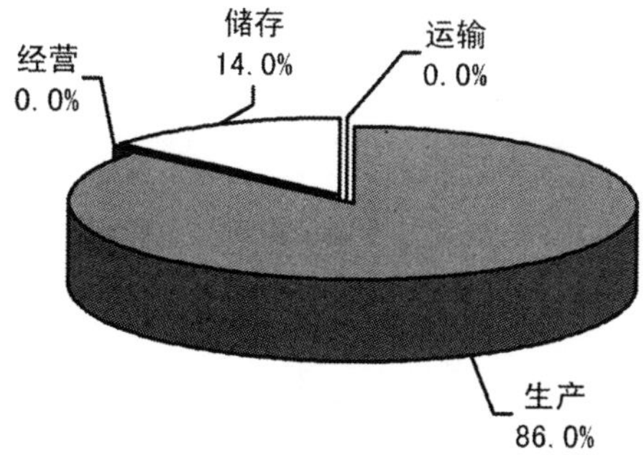

图2.2　各环节事故死亡人数比例图

表2.1　2010年烟花爆竹各环节较大事故情况表

	事故起数	同比		死亡人数	同比	
		±	±%		±	±%
合　计	17	-1	-5.6	86	15	21.1
生产	15	-2	-11.8	74	6	8.8
经营		-1	-100		-3	-100
储存	2	2		12	12	
运输						
处置废弃						

表2.2　2010年烟花爆竹较大事故分性质情况表

	事故起数	同比		死亡人数	同比	
		±	±%		±	±%
合　计	17	-1	-5.6	86	15	21.1
合法	10	2	25	50	23	85.2
非法	7	-3	-30.0	36	-8	-18.2

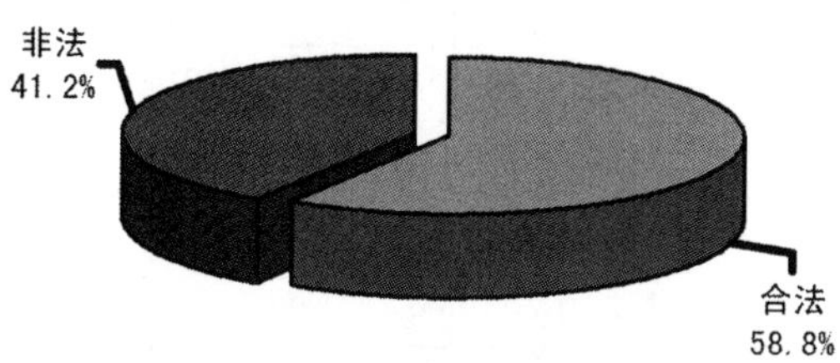

图2.3　各类事故起数比例图

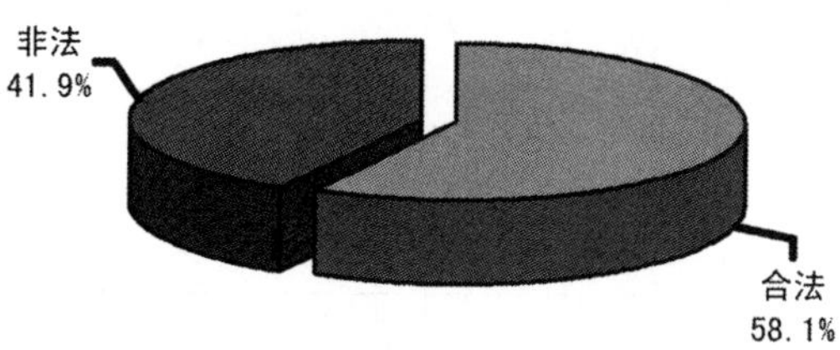

图2.4　各类事故死亡人数比例图

按行政区分。全国32个省级统计单位中，有12个单位发生较大事故，占37.5%。其中湖南较大事故较多，发生较大事故3起，占总体的17.6%。（详见表2.3）。

按经济类型分。集体经济事故起数和死亡人数同比上升。（各经济较大事故情况详见表2.4）。

在各类经济类型事故中，事故起数和死亡人数居第一位的是私营经济，分别占事故总体的52.9%和

表2.3　　2010年全国烟花爆竹较大事故分地区情况表

地区	事故起数	同比		死亡人数	同比		地区	事故起数	同比		死亡人数	同比	
		±	±%		±	±%			±	±%		±	±%
合计	17	-1	-5.6	86	15	21.1	河南	2			10	4	66.7
北京							湖北	1	1		3	3	
天津							湖南	3	1	50	12	6	100
河北	1	1		6	6		广东	1			8	3	60
山西							广西	2	-2	-50	10	-7	-41.2
内蒙古	1	1		6	6		海南						
辽宁							四川	1	1		4	4	
吉林							贵州		-2	-100		-13	-100
黑龙江		-1	-100		-3	-100	云南						
上海							西藏						
江苏		-1	-100		-3	-100	重庆	1	1		3	3	
浙江							陕西	1	1		9	9	
安徽							甘肃						
福建							青海						
江西	1	-1	-50	3	-5	-62.5	宁夏						
山东	2	-1	-33.3	12	2	20	新疆						
							新疆兵团						

表2.4　　2010年全国烟花爆竹较大事故分经济类型情况表

	事故起数	同比		死亡人数	同比	
		±	±%		±	±%
合　计	17	-1	-5.6	86	15	21.1
国有经济						
集体经济	1	1		4	4	
股份合作						
联营经济						
有限责任公司	2			12	4	50
股份有限公司		-1	-100		-3	-100
私营经济	9			38		
港澳台投资						
外商投资						
其他经济	5	-1	-16.7	32	10	45.5

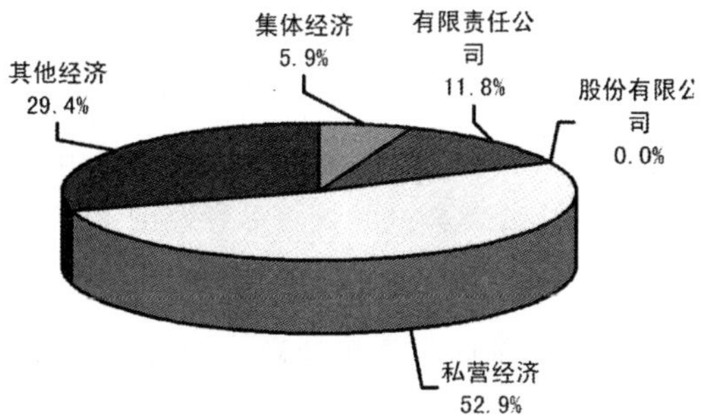

图 2.5 分经济类型事故起数比例图

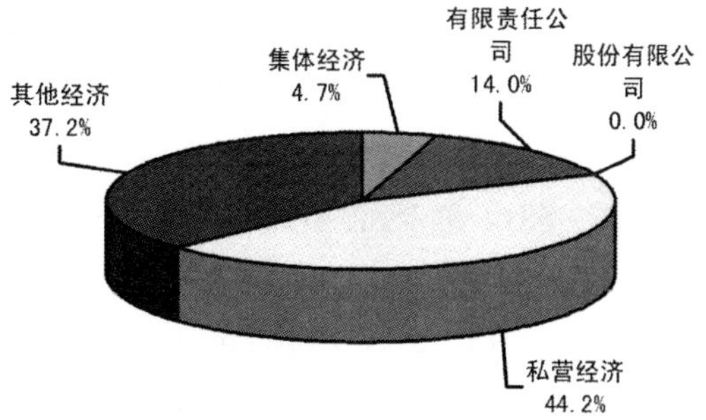

图 2.6 分经济类型事故死亡人数比例图

44.2%，其次是其他经济，事故起数和死亡人数分别占事故总体的 29.4%和 37.2%。(各经济类型较大事故起数和死亡人数比例详见图 2.5、图 2.6)。

按事故原因分。没有因技术和设计有缺陷、个人防护用品缺少或有缺陷、劳动组织不合理和教育培训不够缺乏安全操作知识等原因发生较大事故。因安全设施缺少或有缺陷、违反操作规程或劳动纪律、对现场工作缺乏检查或指挥错误和其他原因造成的事故起数和死亡人数同比上升；因生产场所环境不良和没有安全操作规程或不健全原因造成的事故起数和死亡人数同比下降。(按事故原因分各类较大事故情况详见表 2.5)。

表 2.5　　2010 年烟花爆竹较大事故按原因分情况表

	事故起数	同比		死亡人数	同比	
		±	±%		±	±%
合　计	17	-1	-5.6	86	15	21.1
技术和设计有缺陷						
设备设施工具附件有缺陷	1			3		
安全设施缺少或有缺陷	2	2		7	7	
生产场所环境不良	3	-1	-25	15	-4	-21.1
个人防护用品缺少或有缺陷		-1	-100		-5	-100
没有安全操作规程或不健全	1	-2	-66.7	7	-2	-22.2
违反操作规程或劳动纪律	9	2	28.6	45	17	60.7
劳动组织不合理						
对现场工作缺乏检查或指挥错误	1	1		4	4	
教育培训不够缺乏安全操作知识						
其他	5	1	25	31	18	138.5

三、重特大事故情况

2010 年，全国没有发生重大事故，同比减少 2 起、26 人。

2010 年，全国发生特别重大事故 1 起、死亡 37 人，同比增加 1 起、37 人。

这起特别重大事故是：

8 月 16 日，黑龙江省伊春市华利实业有限公司振兴烟花厂发生爆炸事故，死亡 34 人、下落不明 3 人、受伤 98 人(其中重伤 1 人)，疏散群众 2000 余人。

案例分析——黑龙江省伊春市华利实业有限公司“8·16”特别重大事故

1. 事故经过

2010 年 8 月 16 日 9 时 47 分，黑龙江省伊春市华利实业有限公司发生特别重大爆炸事故，造成 34

人死亡、3人失踪、152人受伤住院治疗，华利实业有限公司及相邻企业大量建筑物被炸毁、坍塌或烧毁，半径2300m范围内建筑物的门窗、玻璃不同程度破损，直接经济损失6818.40万元。事故的直接原因是：礼花弹合球挤压、敲实球体时，操作不慎引发爆炸，随后引发周边装药工房、中转工房的开包药、效果件、半成品爆炸。爆炸冲击波、抛射物体、燃烧星体引起厂区其他部位陆续爆炸并导致相邻木制品企业等单位着火。

2. 原因分析

一是超许可范围生产。事发企业在安全生产许可证许可生产范围为C级以下产品的情况下，擅自违法组织生产大量3至8号礼花弹和B级以上组合烟花。二是严重超员、超量生产。事发企业在应当定员1人、限定药量不超过5kg的1.1-1级工房内，分别组织3人、以3.421吨TNT当量的药物生产礼花弹和4人、以1.058吨 TNT当量的药物生产组合烟花。三是外部距离不足。事发企业与周围相邻木制品企业和居民区的距离不符合《烟花爆竹工程设计安全规范》，外部距离不足是事故殃及周边企业和居民区的主要原因。四是大量擅自新建工、库房和扩大生产区域，导致内部距离不足。事发企业未经相关部门审批，擅自增建了10个、扩建了1个工、库房。内部距离不足导致连环殉爆和传爆，扩大了事故损失。五是生产工艺布置和建筑结构不符合国家标准。事发企业未按设计规范要求分区设置危险品生产区和非危险品生产区、储存区、办公区，生产流程交叉往返。1.1级工、库房联建，未设置防护屏障，建筑结构强度低等严重不符合设计规范的现象普遍存在。六是擅自改变工房用途。据调查，事发时，该企业至少有9个工房改变了安全评价时标明的用途

四、事故主要原因分析

(1) 烟花爆竹生产经营企业安全生产主体责任不落实，企业违法违规行为是引发事故特别是较大以上事故的主要原因

一是企业为追求经济利益，"三超一改"现象仍然严重。2010年烟花爆竹生产经营企业发生的11起较大以上事故中，均存在作业现场药物超量滞留现象，有6起涉及擅自改变工(库)房用途、擅自增建工(库)房或在规定的作业场所外作业，4起涉及作业现场超定员，2起涉及超许可品种范围生产经营。

二是企业生产组织管理混乱。2010年的烟花爆竹生产经营企业事故暴露出企业擅自违法转包生产，企业外部人员随意进入危险品作业区域，危险品仓库区无人值守，未采取任何安全措施擅自动火作业，作业人员长期违规作业未能被及时制止等问题，均反映出企业生产组织混乱，安全管理不到位。

三是从业人员培训教育不到位，安全意识淡薄，操作技能差。一些烟花爆竹企业从业人员未经必要的安全培训及考核就上岗从事涉及危险品的作业，导致对相关作业危险性的认识不足，不具备基本的安全知识技能，对超药量作业、工具老化或不合格等严重违规行为和隐患习以为常、熟视无睹，最终导致事故发生。

(2) 烟花爆竹生产经营企业安全生产条件差的问题尚未得到根本改变

虽然大部分地区烟花爆竹生产经营企业通过整顿改造提升，企业安全条件得到了改善，但仍有一部分地区和一些企业由于设计先天不足、许可审查把关不严等因素，企业依然存在内、外部安全距离不够，工房设施与生产能力不匹配，涉药工、库房屋防护屏障，工房建筑结构、防火等级不符合标准要求，工艺布置不合理等问题。这些基础设施安全缺陷致使安全防护能力不够或起不到作用，导致事故扩大、升级。

(3)基层安全监管仍不到位，监督执法不严

一些地区日常安全监管、检查中不能及时发现和消除突出问题、隐患。有的地区发现了隐患、问题，但执法处罚不严格，对整改措施、停产指令未能督促落实到位。个别地区对事故重视不足，对事故查处不够认真、细致，原因分析不清楚，未能吸取事故教训。

(4)非法生产经营烟花爆竹行为问题依然突出

非法生产经营行为隐蔽性较强，不法分子容易获得氯酸钾等非法生产烟花爆竹的原材料，非法产品价格较合法产品低，存在市场销售渠道。同时，一些地区在发现和查处非法生产经营行为时，追根溯源不到位，处罚不严格。

2010 年冶金有色等行业安全生产情况

1. 事故总体情况

2010 年，全国冶金有色等八个行业共发生事故1602 起，死亡 1781 人，同比减少 186 起、85 人，分别下降 10.4%和 4.6%。

2010 年冶金有色等行业事故情况表

	事故起数	同比		死亡人数	同比	
		±	±%		±	±%
合　　计	1602	-186	-10.4	1781	-85	-4.6
冶金	415	-32	-7.2	460	15	3.4
有色	445	-118	-21	438	-108	-19.8
机械	63	-14	-18.2	85	-6	-6.6
建材	71	8	12.7	75		
轻工	328	-71	-17.8	371	-71	-16.1
纺织	210	27	14.8	278	76	37.6
贸易	69	14	25.5	73	9	14.1
烟草	1			1		

2. 较大事故情况

2010 年，全国冶金有色等八行业共发生较大事故 45 起，死亡 160 人，同比增加 11 起、35 人，分别上升 32.4%和 28.0%。

2010 年冶金有色等行业较大事故情况表

	事故起数	同比		死亡人数	同比	
		±	±%		±	±%
合　　计	45	11	32.4	160	35	28
冶金	14	6	75	44	13	41.9
有色	3			12	1	9.1
机械	3			13	3	30
建材	1	-5	-83.3	3	-18	-85.7
轻工	10	2	25	34	3	9.7
纺织	13	7	116.7	50	29	138.1
贸易	1	1		4	4	
烟草						

3. 重大事故情况

2010 年,纺织等行业共发生 2 起重大事故,造成 41 人死亡,同比起数持平，增加 21 人、上升 105.0。

这 2 起重大事故是:

(1)1 月 4 日，河北省邯郸市武安市普阳钢铁有限公司 2 号转炉发生煤气泄漏事故，造成 21 人死亡、9 人受伤。

(2)2 月 24 日,河北省秦皇岛市抚宁县骊骅淀粉股份有限公司淀粉四车间发生粉尘爆炸，导致墙体倒塌,造成 20 人死亡。

2010 年建筑施工安全生产情况

一、事故总体情况

2010 年，全国建筑施工共发生各类事故 2330 起，死亡 2760 人，同比增加 63 起、57 人，分别上升 2.8%和 2.1%。其中：房屋建筑及市政工程发生事故 591 起，死亡 752 人，同比减少 93 起、50 人，分别下降 13.6%和 6.2%。

按建筑施工类型分。土木工程建筑、建筑装饰和其他建筑事故起数和死亡人数同比下降，在土木工程建筑中，铁路、道路、隧道和桥梁工程建筑，水利和港口工程建筑、工矿工程建筑事故起数和死亡人数同比上升。房屋工程建筑事故起数同比下降、死亡人数同比上升；建筑安装事故起数同比上升、死亡人数同比下降(各建筑施工事故情况详见表 1.1 和图 1.3、图 1.4)。

在各类建筑事故中，事故起数和死亡人数居第一位的是房屋工程建筑，分别占 57.2%和 58.4%；其次是其他建筑，事故起数和死亡人数分别占 16.7%和 16.2%；建筑装饰事故起数和死亡人数所占比例最小，分别为 3.7%和 3.0%。(各类建筑施工事故起数和死亡人数比例详见图 1.5、图 1.6)。

按行政区分，半数单位事故起数和死亡人数同比下降。全国 32 个省级统计单位中，16 个单位事故起数和死亡人数同比下降，占 50.0%；7 个单位事故起数和死亡人数同比上升，占 21.9%;7 个单位事故起数同比下降、死亡人数同比上升，占 21.9%。浙江、安徽、湖北、广东、广西、四川和重庆 7 个单位建筑施工事故多发，均发生 100 起以上事故，共发生事故 1012 起、死亡 1183 人，分别占全国建筑施工事故总体的

表 1.1　　2010 年全国各类建筑施工事故情况表

	事故起数	同比		死亡人数	同比	
		±	±%		±	±%
合　　计	2197	-133	-5.7	2769	9	0.3
房屋和土木工程建筑	1622	-98	-5.7	2085	97	4.9
其中：房屋工程建筑	1256	-130	-9.4	1618	62	4.0
土木工程建筑	270	-62	-18.7	361	-69	-16.1
1. 铁路、道路、隧道和桥梁工程建筑	180	-46	-20.4	260	-47	-15.3
2. 水利和港口工程建筑	15	-22	-59.5	15	-27	-64.3
3. 工矿工程建筑	11	-2	-15.4	12	-5	-29.4
4. 架线和管道工程建筑	31	8	34.8	36	6	20.0
5. 其他土木工程建筑	33	1	3.1	38	5	15.2
其它工程建筑	96	94	4700	106	104	5200
建筑安装	222	1	0.5	260	-3	-1.1
建筑装饰	82	-29	-26.1	82	-32	-28.1
其他建筑	271	-7	-2.5	342	-53	-13.4

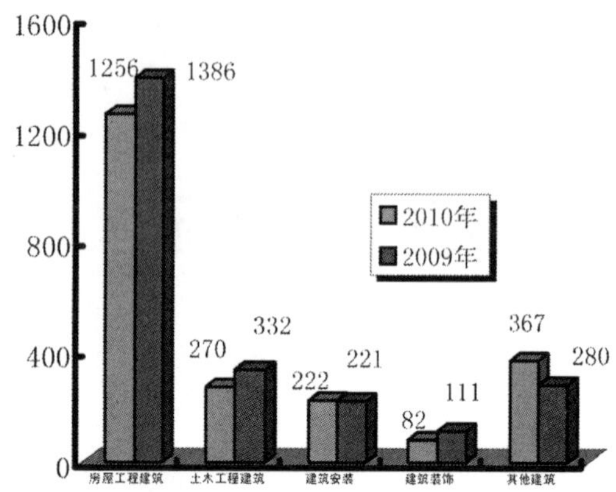

图 1.3 各类建筑施工事故起数比较图

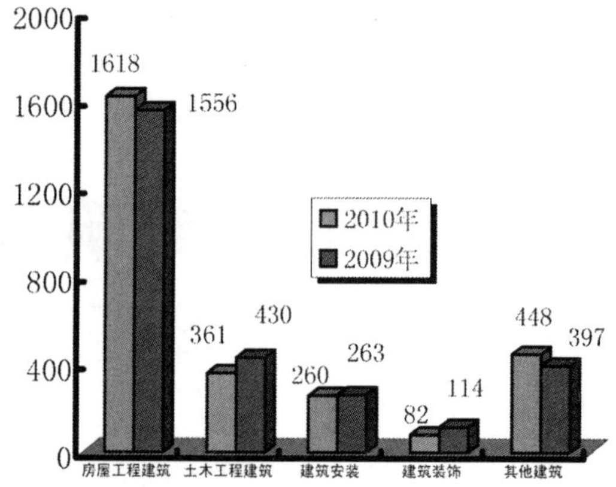

图 1.4 各类建筑施工事故死亡人数比较图

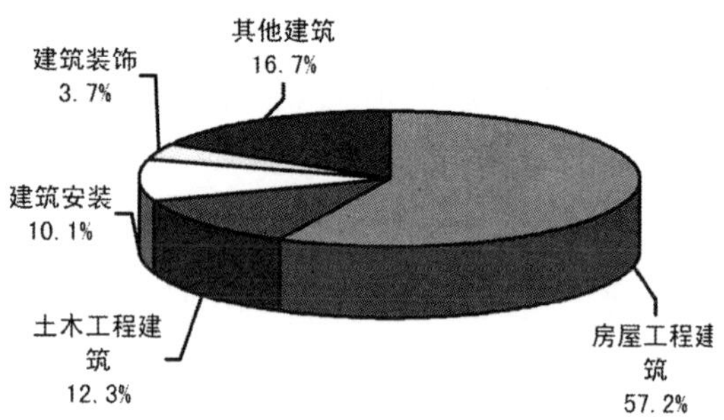

图 1.5 各类建筑施工事故起数比例图

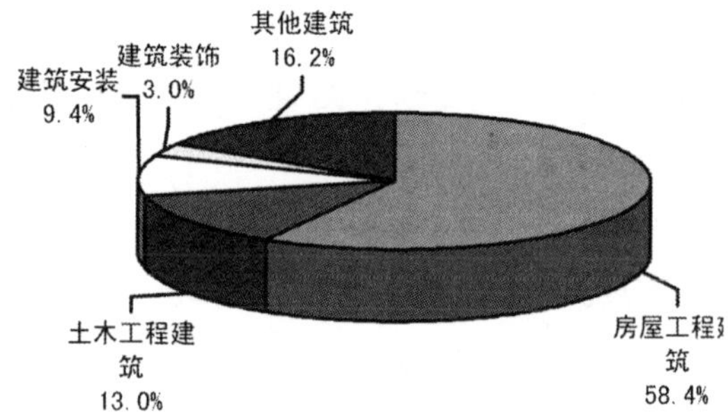

图 1.6 各类建筑施工事故死亡人数比例图

表 1.2　　2010 年全国建筑施工事故分地区情况表

地区	事故起数	同比		死亡人数	同比		地区	事故起数	同比		死亡人数	同比	
		±	±%		±	±%			±	±%		±	±%
合计	2197	−133	−5.7	2769	9	0.3	河南	57	15	35.7	85	27	46.6
北京	73	21	40.4	84	23	37.7	湖北	121	−15	−11	152	−4	−2.6
天津	30	−3	−9.1	31	−16	−34	湖南	38	−15	−28.3	52	−15	−22.4
河北	42	−17	−28.8	63	−14	−18.2	广东	155	−13	−7.7	188	13	7.4
山西	25	−4	−13.8	40	−8	−16.7	广西	133	−4	−2.9	136	6	4.6
内蒙古	47	−17	−26.6	98	18	22.5	海南	38	−8	−17.4	38	−15	−28.3
辽宁	84	−2	−2.3	105	4	4	四川	176	−24	−12	221	−18	−7.5
吉林	35	−10	−22.2	55	−2	−3.5	贵州	64	−16	−20	105	15	16.7
黑龙江	37	−9	−19.6	51	−9	−15	云南	77	3	4.1	98	16	19.5
上海	65	−33	−33.7	64	−11	−14.7	西藏	20	−1	−4.8	24	−4	−14.3
江苏	98	10	11.4	125	−9	−6.7	重庆	161	21	15	174	−9	−4.9
浙江	156	−4	−2.5	173	−4	−2.3	陕西	42	−10	−19.2	58	−15	−20.5
安徽	110	−1	−0.9	139	8	6.1	甘肃	46	−1	−2.1	62	2	3.3
福建	58	−13	−18.3	70	−7	−9.1	青海	33	8	32	44	12	37.5
江西	46	3	7	63	11	21.2	宁夏	15	1	7.1	19	5	35.7
山东	48	−8	−14.3	75	−8	−9.6	新疆	66	14	26.9	76	18	31
							新疆兵团	1	−1	−50	1	−1	−50

46.1%和 42.7%。(各行政区建筑施工事故情况详见表 1.2)。

按经济类型分，有限责任公司事故起数和死亡人数最多。有限责任公司共发生 1017 起事故，造成 1244 人死亡，分别占总体的 46.3%和 44.9%，居第一位；其次是私营经济，事故起数和死亡人数分别占总体的 17.9%和 16.6%。(各经济类型事故起数和死亡人数比例详见图 1.7、图 1.8)。

在各类经济类型事故中，国有经济、集体经济、股份合作、股份有限公司、私营经济和其他经济事故起数和死亡人数同比分别下降，占 60.0%；有限责任公司、港澳台投资和外商投资事故起数和死亡人数同比分别上升，占 30.0%。(各经济类型建筑施工事故情况详见表 1.3)。

按事故类别分，高处坠落事故多发。共发生高处坠落事故 904 起，造成 972 人死亡，分别占总体的 41.1%和 35.1%，事故起数和死亡人数均居第一位；其次是坍塌事故，分别占总体的 16.4%和 23.9%。(各类事故比例见图 1.9、图 1.10)。

全国没有发生建筑施工火灾、透水、瓦斯爆炸、锅炉爆炸和其他爆炸事故；机械伤害、触电、淹溺、灼烫、高处坠落、火药爆炸事故起数和死亡人数同比下降；起重伤害、坍塌、中毒和窒息、其他伤害事故起数和死亡人数同比上升(各类事故情况详见表 1.4)。

按事故原因分，违反操作规程或劳动纪律是造成事故的主要原因。因违反操作规程或劳动纪律造成事故 673 起和 843 人死亡，占总体的 30.6%和 30.4%。其中，因设备设施工具附件有缺陷、个人防护

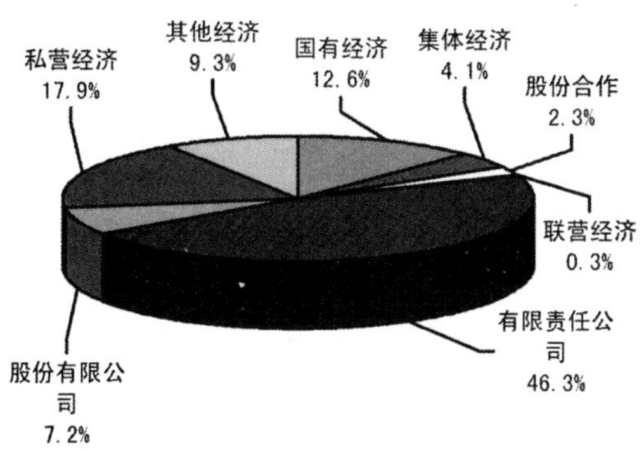

图 1.7 分经济类型事故起数比例图

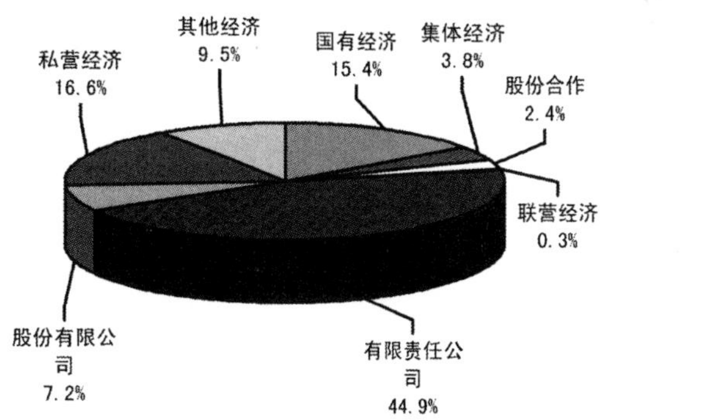

图 1.8 分经济类型事故死亡人数比例图

表 1.3　　2010 年全国建筑施工分经济类型事故情况表

	事故起数	同比		死亡人数	同比	
		±	±%		±	±%
合　计	2197	-133	-5.7	2769	9	0.3
国有经济	276	-79	-22.3	426	-38	-8.2
集体经济	90	-28	-23.7	104	-29	-21.8
股份合作	51	-14	-21.5	67	-11	-14.1
联营经济	7			7		
有限责任公司	1017	78	8.3	1244	153	14
股份有限公司	158	-8	-4.8	198	-23	-10.4
私营经济	394	-76	-16.2	461	-53	-10.3
港澳台投资	3	1	50	4	2	100
外商投资	7	3	75	13	10	333.3
其他经济	194	-10	-4.9	245	-2	-0.8

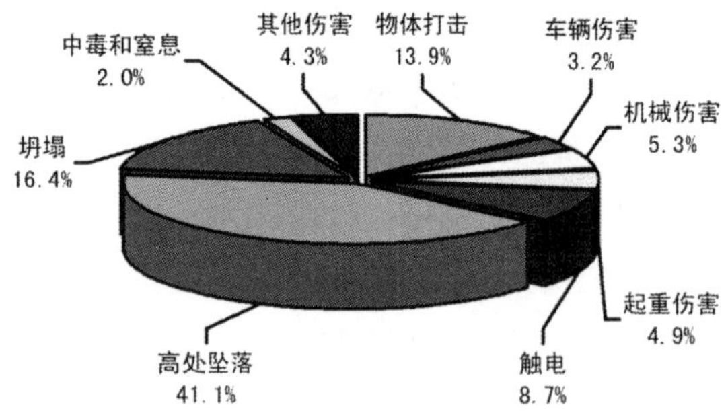

图 1.9 各类别事故起数比例图

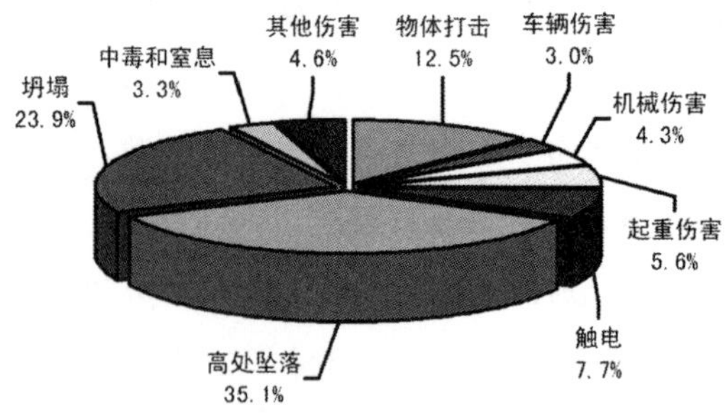

图 1.10 各类别事故死亡人数比例图

表 1.4　　2010 年建筑施工各类事故情况表

	事故起数	同比		死亡人数	同比	
		±	±%		±	±%
合　计	2197	-133	-5.7	2769	9	0.3
物体打击	306	-17	-5.3	346	10	3
车辆伤害	71	-2	-2.7	82		
机械伤害	117	-36	-23.5	119	-27	-18.5
起重伤害	108	2	1.9	156	14	9.9
触电	192	-26	-11.9	212	-21	-9
淹溺	18	-3	-14.3	20	-10	-33.3
灼烫	2	-1	-33.3	2	-1	-33.3
火灾						
高处坠落	904	-75	-7.7	972	-55	-5.4
坍塌	361	13	3.7	663	90	15.7
冒顶片帮	7			9	-1	-10
透水		-3	-100		-7	-100
放炮	15	4	36.4	22	9	69.2
火药爆炸	2	-5	-71.4	5	-5	-50
瓦斯爆炸		-1	-100		-3	-100
锅炉爆炸						
容器爆炸		-1	-100		-1	-100
其他爆炸	7	1	16.7	11	-21	-65.6
中毒和窒息	51	8	18.6	91	13	16.7
其他伤害	36	9	33.3	59	25	73.5

用品缺少或有缺陷、没有安全操作规程或不健全、违反操作规程或劳动纪律、教育培训不够缺乏安全操作知识等原因造成的事故起数和死亡人数同比下降；因生产场所环境不良、对现场工作缺乏检查或指挥错误和其他原因造成的事故起数和死亡人数同比上升。(按事故原因分各类事故情况详见表 1.5)。

按事故发生时段分。具有以下特征：

一是 2 月份事故最少，8 月份事故最多。从图 1.11 看，受“春节”期间及其前后绝大多数建设项目停工放假影响，2 月份事故最少，共发生事故 28 起，

表 1.5　　2010 年建筑施工事故按原因分情况表

	事故起数	同比		死亡人数	同比	
		±	±%		±	±%
合　　计	2197	−133	−5.7	2769	9	0.3
技术和设计有缺陷	56	−3	−5.1	91	10	12.3
设备设施工具附件有缺陷	182	−16	−8.1	231	−16	−6.5
安全设施缺少或有缺陷	325	−43	−11.7	413	14	3.5
生产场所环境不良	364	23	6.7	472	82	21
个人防护用品缺少或有缺陷	286	−48	−14.4	308	−50	−14
没有安全操作规程或不健全	131	−7	−5.1	147	−21	−12.5
违反操作规程或劳动纪律	673	−83	−11	843	−37	−4.2
劳动组织不合理	36	−2	−5.3	46		
对现场工作缺乏检查或指挥错误	116	20	20.8	139	26	23
教育培训不够缺乏安全操作知识	115	−4	−3.4	119	−24	−16.8
其他	280	41	17.2	417	87	26.4

死亡 30 人，较全年月平均 183 起、231 人少 155 起、201 人；8 月发生事故最多，共发生事故 254 起、死亡 324 人，较全年月均分别多 71 起、93 人。

二是三季度事故总量最高、重大事故多发。从图 1.12 看，三季度发生的事故最多，共发生事故 736 起，死亡 905 人，分别占全年事故总量的 33.5%和 32.7%，并发生 3 起重大事故，造成 32 人死亡；四季度共发生较大事故 40 起，死亡 157 人，分别占全年较大事故总量的 30.3%和 30.7%。

三是下半年事故相对多发。下半年事故事故相对集中，共发生事故 1355 起，死亡 1691 人，分别占全年事故总量的 61.7%和 61.1%。

二、事故主要原因分析

（1）一些地区的行政主管部门对工程建设项目施工安全监管不力和职责缺位，监管手段和能力不适应经济快速发展和建筑市场复杂多变情况的需要，工程地质条件不良，施工作业危险性因素较多且安全管理薄弱的地区，是造成一些地区事故多发及形成地区间安全状况差异的主要原因。

(2)施工单位违章指挥、违章作业和违反劳动纪律的“三违”行为是造成施工安全事故最主要原因。

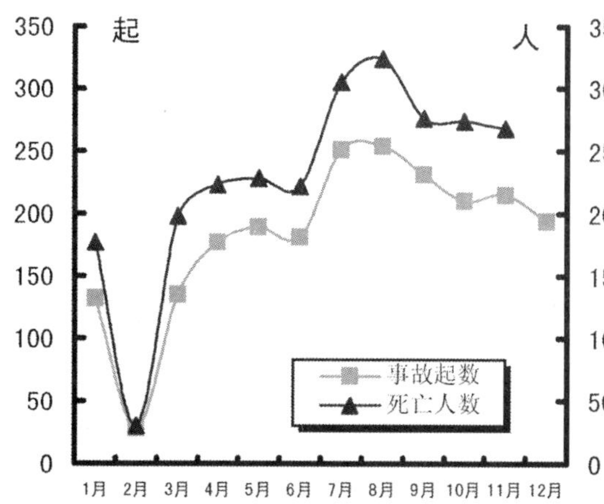

图 1.11　事故起数和死亡人数分月趋势图

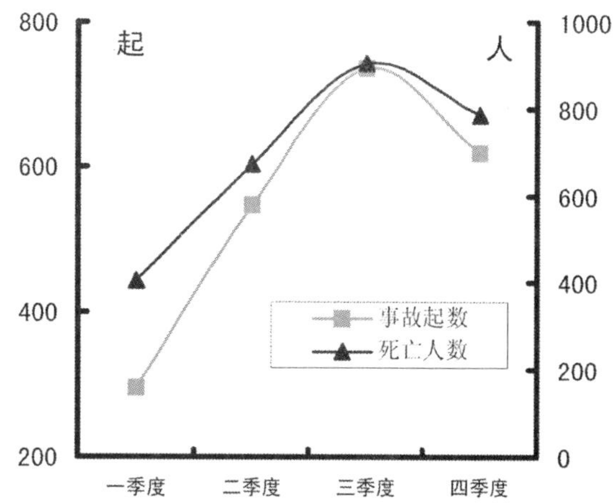

图 1.12　事故起数和死亡人数分季趋势图

(3)企业主体责任不落实。一些企业安全生产没有真正从领导重视转化为全员意识，规章制度和责任制没有层层落实到基层、工序、岗位等。一些建设项目危险性较大的分部分项工程从方案编制、技术管理、设备调用、人员分配、材料检验、施工操作、监督检查和验收审核等各个环节都存在缺陷，安全防护措施不到位。

(4)中央管理企业安全生产存在薄弱环节。2010年中央管理企业发生的较大事故起数和死亡人数分别占到了较大事故总数的14.3%和16.8%，且较2009年增长幅度较大，充分暴露出中央管理施工企业在安全管理上还存在薄弱环节。

(5)手段落后，技防措施不力，新技术、新设备和新材料应用不广泛。一些老设备等没有及时更新、淘汰，新技术和新产品研发力度不够，推广使用滞后。

(6)作业人员的安全教育培训不适应工程建设发展的实际。一些施工企业不按规定认真组织开展农民工安全教育培训，忽视农民工成为产业工人的初级安全教育和专业技能培训等，缺乏对农民工进行应知应会、自救避险等知识技能教育，未经安全培训或培训不合格即上岗作业，有些特种作业人员未取得相应资质上岗操作，致使作业人员习惯性违章和“三违”行为普遍存在，造成事故发生。

2010年工矿商贸安全生产总体情况

一、工业贸易发展简况

(1)工业增加值情况

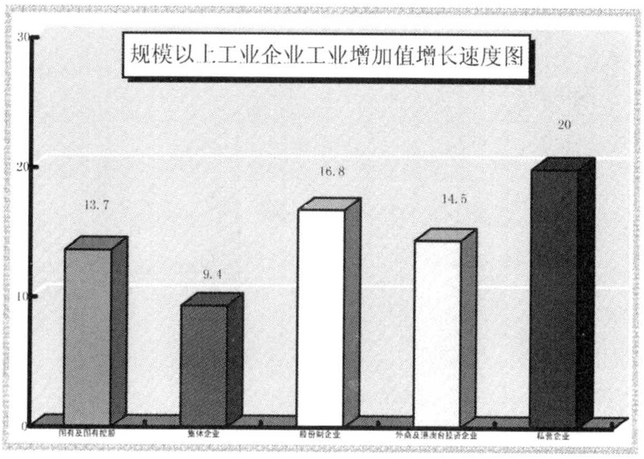

图1.1

2010年,全部工业增加值160030亿元,比上年增长12.1%。规模以上工业增加值增长15.7%,其中国有及国有控股企业增长13.7%;集体企业增长9.4%;股份制企业增长16.8%;外商及港澳台商投资企业增长14.5%;私营企业增长20.0%。

分轻重工业看,轻工业增长13.6%,重工业增长16.5%。

规模以上工业中,农副食品加工业增加值比上年增长15.0%;纺织业增长11.6%;通用设备制造业增长21.7%;专用设备制造业增长20.6%;交通运输设备制造业增长22.4%,其中汽车制造增长24.8%,铁路运输设备制造增长25.4%;通信设备、计算机及其他电子设备制造业增长16.9%;电气机械及器材制造业增长18.7%。

六大高耗能行业比上年增长13.5%,其中,非金属矿物制品业增长20.3%,化学原料及化学制品制造业增长15.5%,有色金属冶炼及压延加工业增长13.2%,黑色金属冶炼及压延加工业增长11.6%,电力、热力的生产和供应业增长11.0%,石油加工、炼焦及核燃料加工业增长9.6%。高技术制造业增加值比上年增长16.6%。

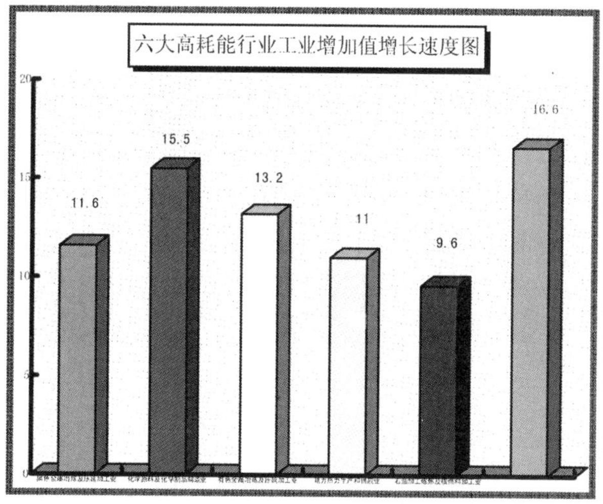

图1.2

(2)社会消费品消费

全年社会消费品零售总额156998亿元,比上年增长18.3%,扣除价格因素,实际增长14.8%。按经营地统计,城镇消费品零售额136123亿元,增长

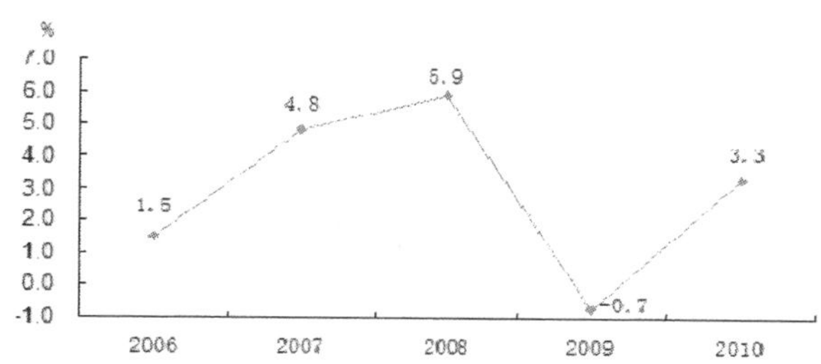

图1.3

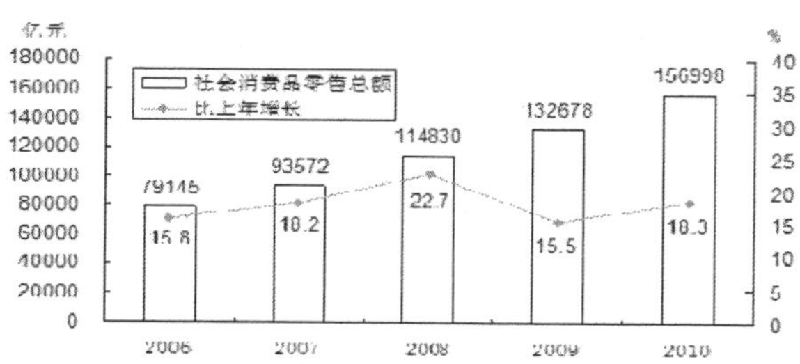

图1.4

18.7%;乡村消费品零售额20875亿元,增长16.2%。按消费形态统计,商品零售额139350亿元,增长18.4%;餐饮收入额17648亿元,增长18.1%。

(3)就业人员情况

全年城镇新增就业1168万人,比上年增加66万人。年末城镇登记失业率为4.1%,比上年末下降0.2个百分点。全年农民总量为24223万人,比上年增长5.4%。其中,外出农民工15335万人,增长5.5%;本地农民工8888万人,增长5.2%。

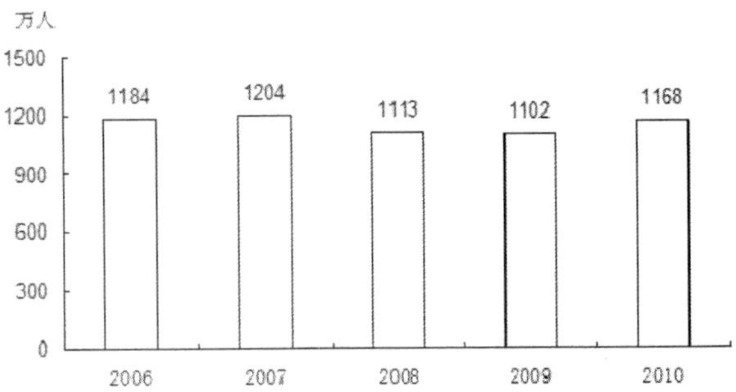

图1.5

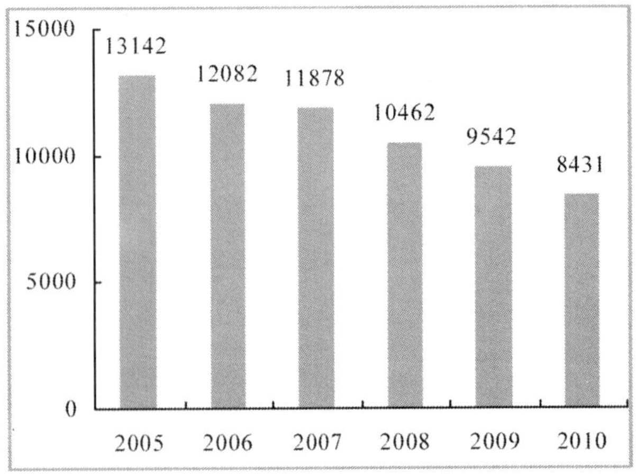

图2.1 “十一五”工矿商贸事故起数趋势图

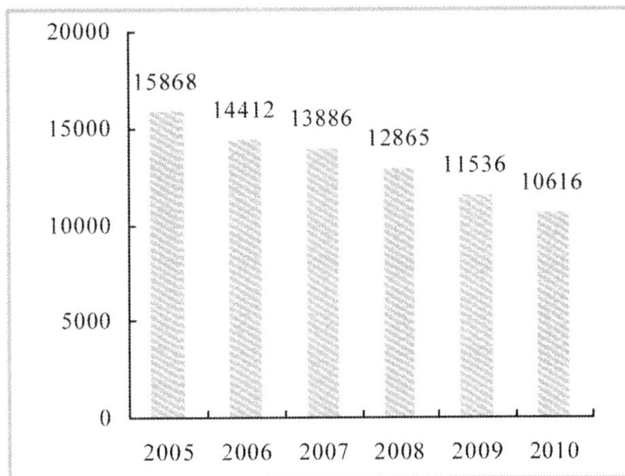

图2.2 “十一五”工矿商贸事故死亡人数趋势图

二、事故总体情况

2010年,全国工矿商贸共发生各类生产安全事故8431起,死亡10616人,同比减少1111起、920人,分别下降11.6%和8.0%。

按行业和领域分,绝大多数行业领域事故下降。煤矿、金属与非金属矿、危险化学品和工商贸其它事故起数和死亡人数同比下降;建筑施工和烟花爆竹事故起数同比下降、死亡人数同比上升。在工商贸其它事故中,电力事故起数和死亡人数同比下降;化工事故起数和死亡人数同比上升。(详见表2.1)。

表2.1　　2010年工矿商贸各类事故情况表

	事故起数	同比		死亡人数	同比	
		±	±%		±	±%
合　计	8431	-1111	-11.6	10616	-920	-8.0
1、煤　矿	1403	-213	-13.2	2433	-198	-7.5
2、金属与非金属矿	1009	-221	-18	1271	-269	-17.5
3、建筑施工	2197	-133	-5.7	2769	9	0.3
4、危险化学品	60	-23	-27.7	135	-14	-9.4
5、烟花爆竹	93	-1	-1.1	212	24	12.8
6、工商贸其它	3669	-520	-12.4	3796	-472	-11.1
石油	7	-5	-41.7	14		
电力	120	-56	-31.8	143	-57	-28.5
化工	197	57	40.7	219	68	45

在各行业和领域事故中，事故起数和死亡人数居第一位的是工商贸其它，分别占 43.5%和占 35.8%,其次是建筑施工,分别占 26.1%和占 26.1%。(各行业和领域事故起数和死亡人数比例详见图 2.3 和图 2.4)。

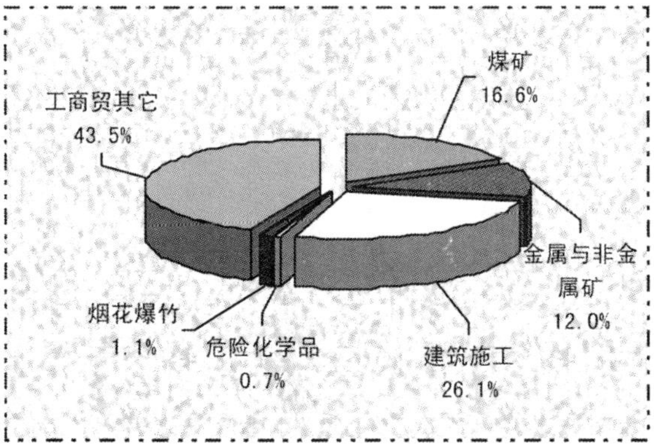

图 2.3　高危行业和领域事故起数比例图

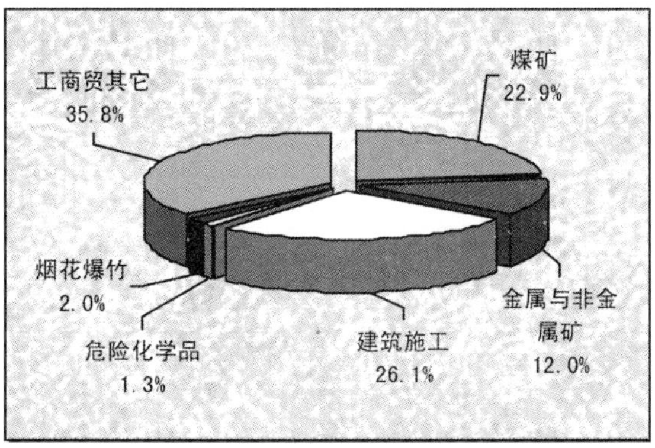

图 2.4　高危行业和领域死亡人数比例图

按国民经济行业分,制造业事故最多。制造业共发生 2629 起事故,占全年事故总量的 31.2%,居第一位,其次是采矿业,占全年事故总量的 28.6%;采矿业

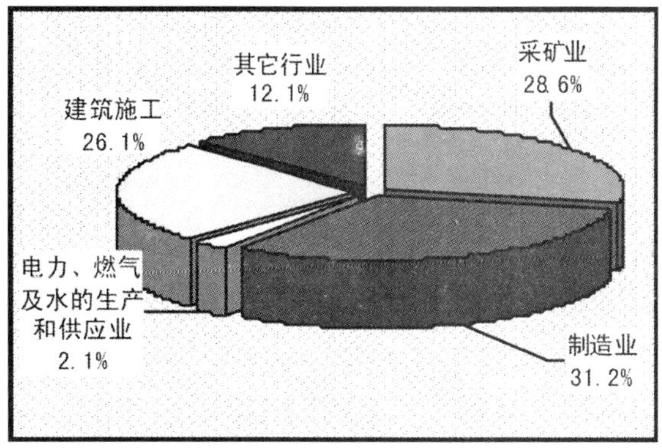

图 2.5　按国民经济行业划分事故起数比例图

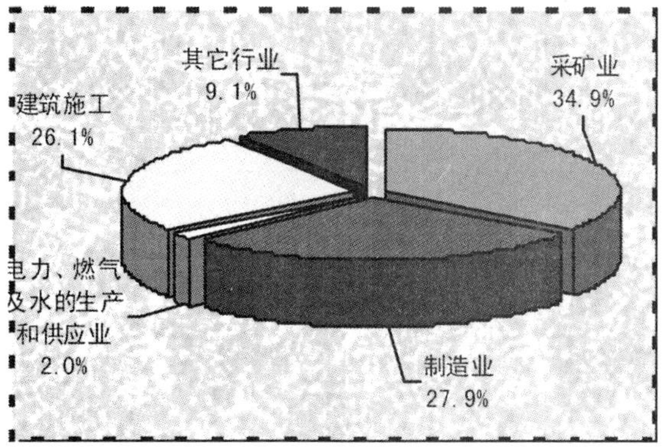

图 2.6　按国民经济行业划分死亡人数比例图

因事故造成 3704 人死亡，占全年事故死亡人数的 34.9%,居第一位,其次是制造业,占全年事故死亡人数的 27.9%。(各行业事故起数和死亡人数比例详见图 2.5、图 2.6)。

采矿业,制造业,电力、燃气及水的生产和供应业等 15 个行业事故起数和死亡人数同比下降;金融业等 2 个行业事故起数和死亡人数同比上升。(各行业事故情况详见表 2.2)。

按经济类型分。国有经济、集体经济、股份合作、

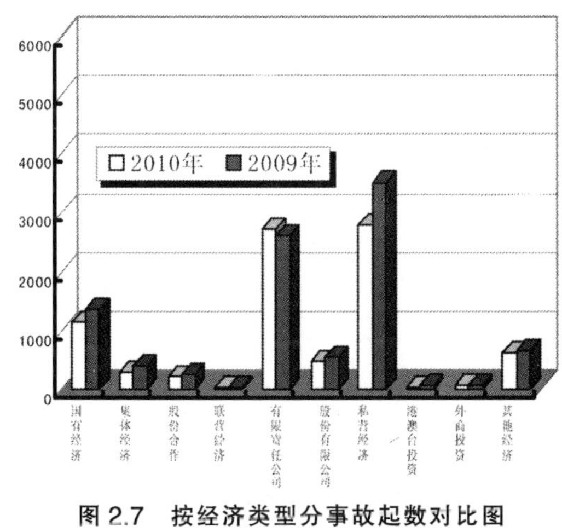

图 2.7　按经济类型分事故起数对比图

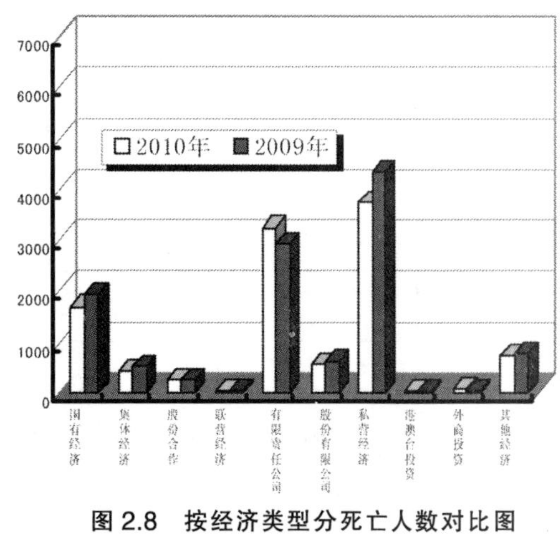

图 2.8　按经济类型分死亡人数对比图

表 2.2　　2010年工矿商贸事故按国民经济行业划分情况表

	事故起数	同比		死亡人数	同比	
		±	±%		±	±%
合　计	8431	-1111	-11.6	10616	-920	-8.0
农、林、牧、渔业	84	-17	-16.8	97	-8	-7.6
采矿业	2412	-434	-15.2	3704	-467	-11.2
制造业	2629	-298	-10.2	2966	-31	-1
电力、燃气及水的生产和供应业	174	-70	-28.7	210	-77	-26.8
建筑施工	2197	-133	-5.7	2769	9	0.3
交通运输、仓储和邮政业	172	-14	-7.5	188	-24	-11.3
公共管理和社会组织	9	-3	-25	9	-6	-40
信息传输、计算机服务和软件业	34	-11	-24.4	37	-11	-22.9
批发和零售业	92	-21	-18.6	104	-30	-22.4
住宿和餐饮业	38	-23	-37.7	44	-22	-33.3
金融业	2	1	100	2	1	100
房地产业	40	-3	-7	39	-11	-22
租赁和商务服务业	142	-24	-14.5	139	-18	-11.5
科学研究、技术服务和地质勘查业	32	3	10.3	38	4	11.8
水利、环境和公共设施管理业	77	-7	-8.3	111	20	22
居民服务和其他服务业	216	-53	-19.7	243	-60	-19.8
教育	10	-4	-28.6	11	-5	-31.3
卫生、社会保障和社会福利业	3	-3	-50	3	-5	-62.5
文化、体育和娱乐业	30	-2	-6.3	38	-4	-9.5
其他行业	33			36	-3	-7.7

表 2.3　　2010年工矿商贸各经济类型事故情况表

	事故起数	同比		死亡人数	同比	
		±	±%		±	±%
合　计	8431	-1111	-11.6	10616	-920	-8.0
国有经济	1148	-208	-15.3	1698	-226	-11.7
集体经济	297	-104	-25.9	432	-87	-16.8
股份合作	212	-45	-17.5	243	-32	-11.6
联营经济	36	4	12.5	33	4	13.8
有限责任公司	2724	106	4	3246	318	10.9
股份有限公司	468	-73	-13.5	565	-58	-9.3
私营经济	2802	-716	-20.4	3731	-612	-14.1
港澳台投资	35	-29	-45.3	31	-13	-29.5
外商投资	90	1	1.1	80	18	29
其他经济	614	-52	-7.8	729	-60	-7.6

股份有限公司、私营经济、港澳台经济和其他经济事故起数和死亡人数同比下降，占70.0%；联营经济、有限责任公司和外商投资起数和死亡人数同比上升，占30.0%。(各经济类型事故情况详见图2.7、图2.8

和表 2.3)。

在各类经济类型中,私营经济、有限责任公司和国有经济事故较多。事故起数和死亡人数居第一位的是私营经济,分别占 33.2%和 34.6%;其次是有限责任公司,分别占 32.3%和 30.1%。(各经济类型事故起数和死亡人数比例详见图 2.9、图 2.10)。

按行政区分,大部分地区事故起数和死亡人数同比下降。全国 32 个省级统计单位中,有 20 个单位事故起数和死亡人数同比下降,占 62.5%;3 个单位事故起数和死亡人数同比上升,占 9.4%。其中,辽宁、上海、江苏、浙江、安徽、河南、湖北、湖南、广东、广西、四川、贵州、云南和重庆 14 个单位事故多发,共发生 5856 起事故、死亡 7160 人,分别占事故总体的 69.5%和 67.4%。黑龙江、上海、安徽、福建、山东、河南、湖南、广东、贵州、和宁夏 10 个单位事故起数降幅超过 13%以上;黑龙江、湖南、贵州和重庆 4 个单位事故死亡人数减少在 90 人以上。(各行政区事故起数和死亡人数情况详见表 2.4、图 2.11)。

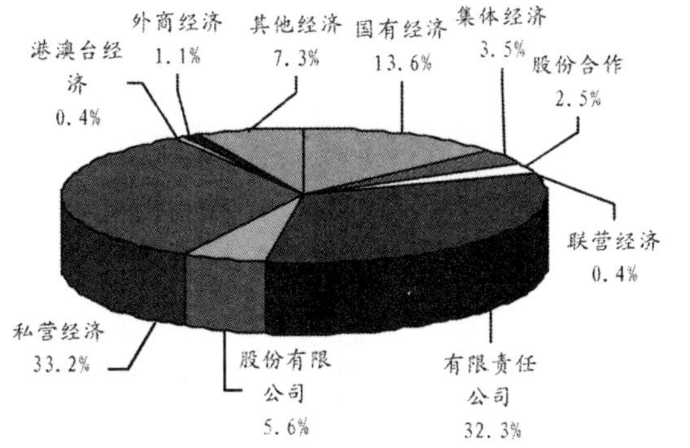

图 2.9 各经济类型事故起数比例图

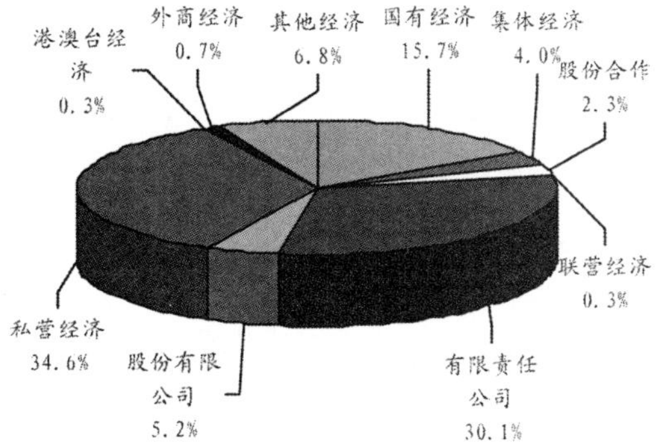

图 2.10 各经济类型死亡人数比例图

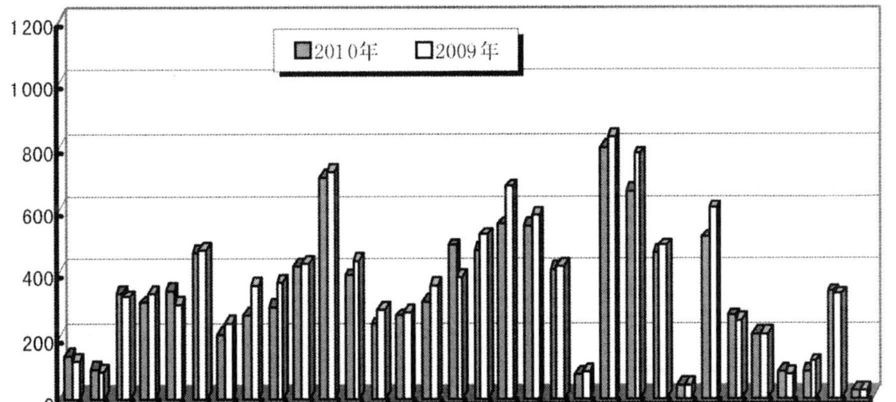

图 2.11 全国 32 个统计单位死亡人数对比图

按事故发生时段分。具有以下特征:

一是绝大多数月份事故起数和死亡人数同比下降。从图 2.12 看,事故起数除 1 月份上升外,其他 11 个月事故起数同比下降,其中 2 月、3 月、6 月、8 月和 12 月份下降幅度超过 14%,以 2 月份下降 52.6%为最大;从图 2.13 看,各类事故死亡人数除 1 月和 3 月份同比上升外,其余 10 个月事故死亡人数同比下降,其中 6 月、9 月、11 月、12 月份下降幅度超过 10%,以 2 月份下降 52.0%为最多。

二是 2 月份事故起数和死亡人数最少。受“春节”期间大部分工矿企业停产放假、商贸企业歇业、建设施工项目停工,2 月份共发生 228 起事故、死亡 286 人,比月平均起数 703 起和死亡人数 885 人分别少 475 起、599 人。

三是春夏季节工矿商贸事故相对多发。从图 2.12 和图 2.13 看,春夏季节(3-9 月份)工矿商贸事

表 2.4　　2010 年工矿商贸事故分行政区情况表

地区	事故起数	同比		死亡人数	同比		地区	事故起数	同比		死亡人数	同比	
		±	±%		±	±%			±	±%		±	±%
合计	8431	-1111	-11.6	10616	-920	-8.0	河南	189	-31	-14.1	484	100	26
北京	119	18	17.8	136	13	10.6	湖北	389	-53	-12	474	-45	-8.7
天津	90	3	3.4	95	6	6.7	湖南	355	-82	-18.8	553	-119	-17.7
河北	208	-28	-11.9	335	13	4	广东	530	-102	-16.1	549	-34	-5.8
山西	171	12	7.5	304	-33	-9.8	广西	390	-43	-9.9	409	-14	-3.3
内蒙古	231	-8	-3.3	346	45	15	海南	72	-5	-6.5	76	-9	-10.6
辽宁	376	-27	-6.7	466	-4	-0.9	四川	670	-30	-4.3	795	-36	-4.3
吉林	138	-46	-25	208	-33	-13.7	贵州	462	-142	-23.5	659	-117	-15.1
黑龙江	166	-25	-13.1	264	-98	-27.1	云南	339	-42	-11	460	-24	-5
上海	383	-193	-33.5	290	-78	-21.2	西藏	36	6	20	46	3	7
江苏	334	-11	-3.2	421	-8	-1.9	重庆	439	-32	-6.8	509	-96	-15.9
浙江	666	-30	-4.3	701	-19	-2.6	陕西	162	-43	-21	262	10	4
安徽	334	-55	-14.1	390	-47	-10.8	甘肃	138	-6	-4.2	210	2	1
福建	209	-39	-15.7	237	-43	-15.4	青海	68	-1	-1.4	85	3	3.7
江西	186	-13	-6.5	263	-14	-5.1	宁夏	67	-22	-24.7	87	-30	-25.6
山东	209	-34	-14	308	-51	-14.2	新疆	276	-18	-6.1	339	9	2.7
							新疆兵团	24	6	33.3	27		

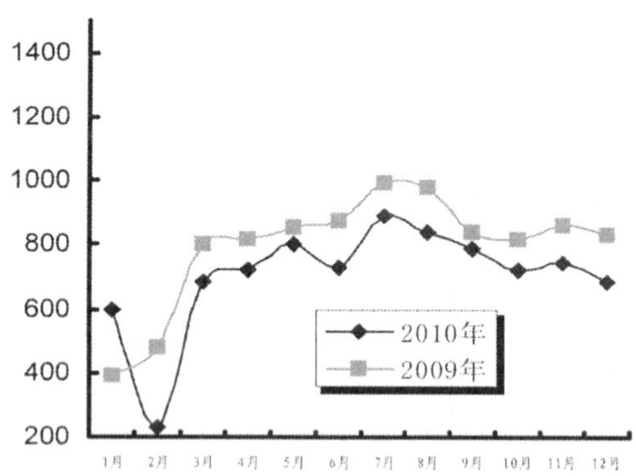

图 2.12　各类事故起数分月对比图

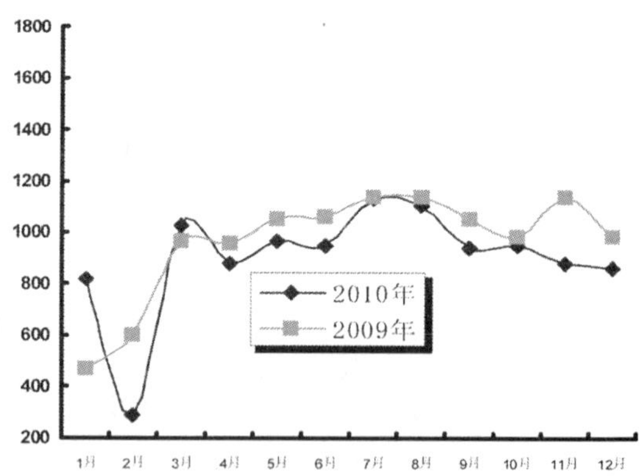

图 2.13　各类事故死亡人数分月对比图

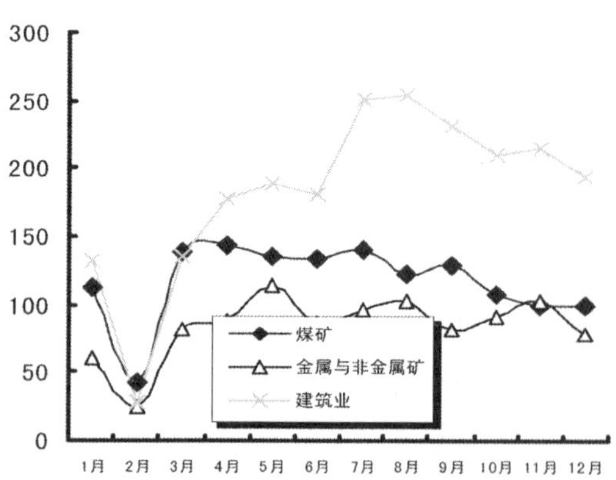

图 2.14　部分工矿商贸事故起数分月趋势图

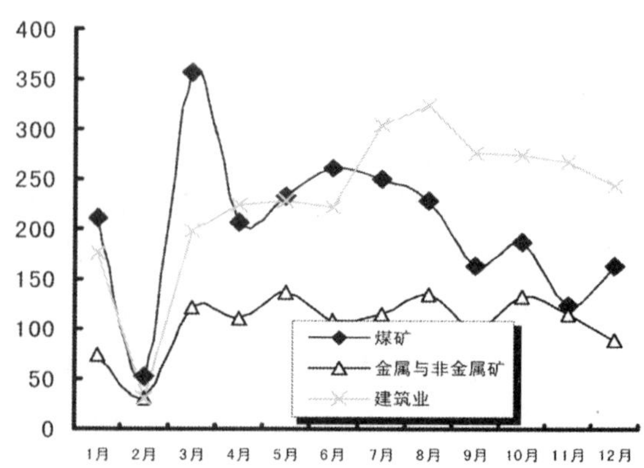

图 2.15　部分工矿商贸事故死亡人数分月趋势图

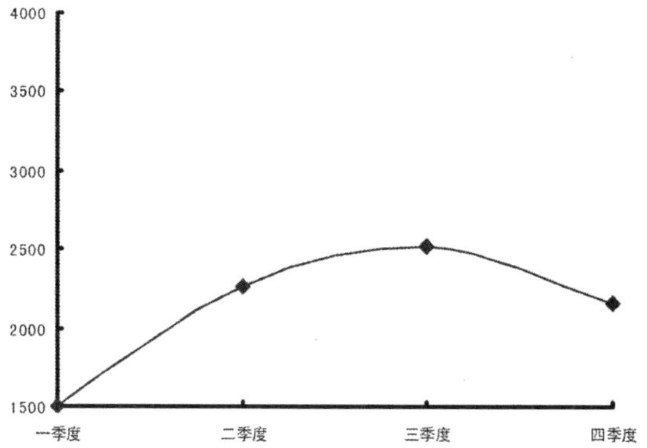

图 2.16 各类事故起数分季趋势图

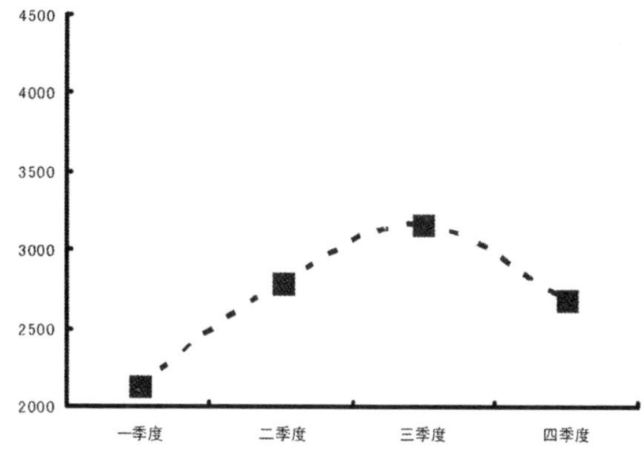

图 2.17 各类事故死亡人数分季趋势图

故起数和死亡人数相对较多，共发生事故 5452 起，死亡 6988 人，分别占总体的 64.7%和 65.8%。从图 2.14 和图 2.15 看，煤矿、金属与非金属矿和建筑施工事故多发、死亡人数较多的时期也集中在 3-9 月份。

四是三季度事故最多。从图 2.16 和图 2.17 可以看出，一季度事故起数和死亡人数相对较少，共发生 1505 起事故、死亡 2134 人，分别占全年事故起数和死亡人数的 17.9%和 20.1%；二、三、四季度事故起数和死亡人数相对较高，以三季度发生事故 2513 起，死亡 3173 人为最多，分别占全年事故总起数和总死亡人数的 29.8%和 29.9%。

按事故类型分，多数类型事故同比下降。物体打击、车辆伤害、机械伤害、起重伤害、触电、灼烫、高处坠落、坍塌、冒顶片帮、放炮、火药爆炸、锅炉爆炸、容器爆炸及中毒和窒息事故起数和死亡人数同比下降；其他爆炸事故起数和死亡人数同比上升；火灾、透水和其他伤害事故起数同比下降、死亡人数同比上升；淹溺和瓦斯爆竹事故起数同比上升、死亡人数同比下降(各类型事故情况见表 2.5)。在各类型事故中，物体打击、机械伤害、触电、高处坠落和冒顶片帮事故多发，其中事故起数和死亡人数居第一位的是高处坠落，分别占 20.6% 16.9%；其次是物体打击，分别占 12.5%和 10.2%。(各类事故起数和死亡人数比例详见图 2.18、图 1.19)。

按事故原因分，违反操作规程或劳动纪律造成事故最多。因违反操作规程或劳动纪律造成事故 2890 起、死亡 3526 人，分别占总体的的 34.3%和 33.2%。因设备设施工具附件有缺陷，个人防护用品缺少或有缺陷，没有安全操作规程或不健全，违反操作规程或劳动纪律，劳动组织不合理，对现场工作缺乏检查或指挥错误等原因造成的事故起数和死亡人数同比下降；因技术和设计有缺陷和其他原因造成的事故起数和死亡人数同比上升；因安全设施缺少或有缺陷，生产场所环境不良原因造成的事故起数同比下降、死亡人数同比上升(工矿商贸各类事故情况按事故原因分详见表 2.6)。

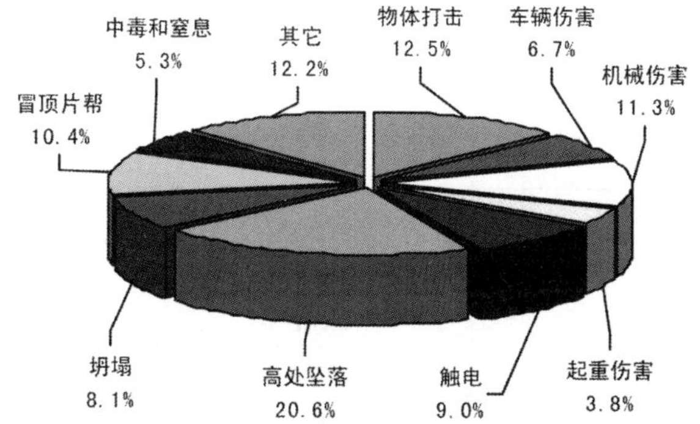

图 2.18 各类别事故起数比例图

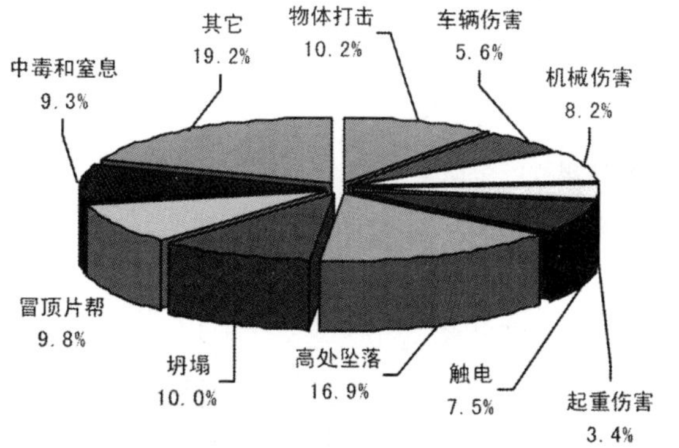

图 2.19 各类别事故死亡人数比例图

表 2.5　　2010 年工矿商贸各类事故情况表

	事故起数	同比		死亡人数	同比	
		±	± %		±	± %
合　计	8431	-1111	-11.6	10616	-920	-8.0
物体打击	1051	-116	-9.9	1095	-64	-5.5
车辆伤害	569	-64	-10.1	602	-63	-9.5
机械伤害	953	-116	-10.9	886	-67	-7
起重伤害	323	-31	-8.8	368	-12	-3.2
触电	756	-114	-13.1	812	-80	-9
淹溺	114	6	5.6	142	-17	-10.7
灼烫	87	-26	-23	98	-9	-8.4
火灾	54	-9	-14.3	246	116	89.2
高处坠落	1737	-361	-17.2	1821	-302	-14.2
坍塌	681	-35	-4.9	1078	-29	-2.6
冒顶片帮	879	-155	-15	1053	-175	-14.3
透水	44	-10	-18.5	249	54	27.7
放炮	83	-33	-28.4	111	-59	-34.7
火药爆炸	102	-28	-21.5	228	-51	-18.3
瓦斯爆炸	46	7	17.9	239	-76	-24.1
锅炉爆炸	14	-12	-46.2	27	-10	-27
容器爆炸	69	-2	-2.8	93	-12	-11.4
其他爆炸	157	25	18.9	308	117	61.3
中毒和窒息	451	-38	-7.8	1006	-20	-1.9
其他伤害	256	-4	-1.5	326	11	3.5

表 2.6　　2010 年工矿商贸事故按原因分情况表

	事故起数	同比		死亡人数	同比	
		±	± %		±	± %
合　计	8431	-1111	-11.6	10616	-920	-8.0
技术和设计有缺陷	264	1	0.4	416	35	9.2
设备设施工具附件有缺陷	615	-111	-15.3	762	-80	-9.5
安全设施缺少或有缺陷	913	-98	-9.7	1242	34	2.8
生产场所环境不良	1625	-86	-5	2229	100	4.7
个人防护用品缺少或有缺陷	795	-378	-32.2	842	-370	-30.5
没有安全操作规程或不健全	517	-87	-14.4	647	-9	-1.4
违反操作规程或劳动纪律	2890	-422	-12.7	3526	-513	-12.7
劳动组织不合理	124	-26	-17.3	142	-20	-12.3
对现场工作缺乏检查或指挥错误	317	-26	-7.6	386	-25	-6.1
教育培训不够缺乏安全操作知识	408	-35	-7.9	481		
其他	1155	124	12	1812	299	19.8

三、较大事故情况

2010年，全国工矿商贸共发生较大事故402起，死亡1685人，同比增加43起、217人，分别上升12.0%和14.8%。

按行业和领域分，多数行业领域较大事故上升。煤矿、建筑施工、危险化学品和工商贸其它较大事故起数和死亡人数同比上升；金属与非金属矿和烟花爆竹较大事故起数同比下降、死亡人数同比上升。在工商贸其它事故中，石油和化工较大事故起数和死亡人数同比上升（各行业和领域较大事故详见表3.1）。

在各行业和领域较大事故中，事故起数居第一位的是建筑施工，占32.8%，其次是煤矿，占27.4%；死亡人数居第一位的是煤矿，占30.7%，其次是建筑施工，占30.4%。（各类较大事故比例详见图3.1、图3.2）。

按国民经济行业分，采矿业和建筑施工较大事故多发。在各行业较大事故中，采矿业较大事故最

表3.1　　2010年工矿商贸各类较大事故情况表

	事故起数	同比		死亡人数	同比	
		±	±%		±	±%
合　计	402	43	12	1685	217	14.8
1. 煤　矿	110	4	3.8	517	42	8.8
2. 金属与非金属矿	43	-1	-2.3	179	6	3.5
3. 建筑施工	132	34	34.7	512	115	29
4. 危险化学品	11	2	22.2	48	11	29.7
5. 烟花爆竹	17	-1	-5.6	86	15	21.1
6. 工商贸其它	89	5	6	343	28	8.9
石油	2	1	100	8	5	166.7
电力	6	1	20	20		
化工	5	3	150	18	10	125

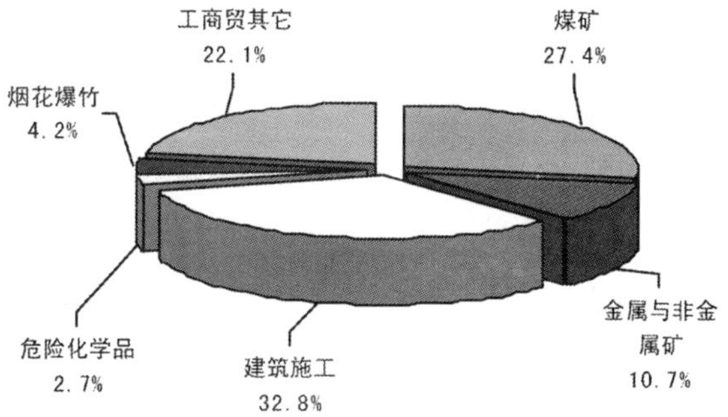

图3.1　高危行业和领域较大事故起数比例图

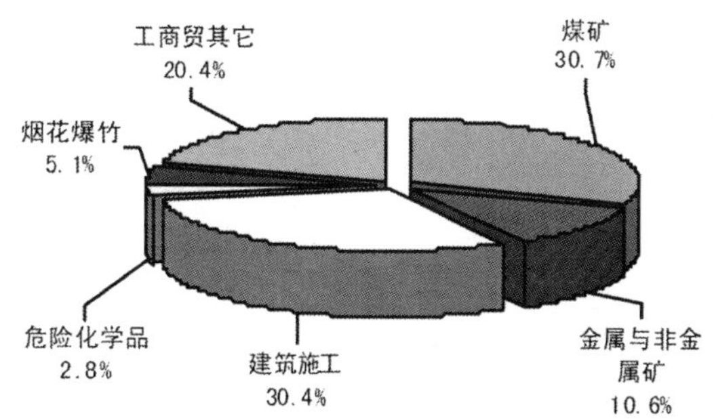

图3.2　高危行业和领域较大事故死亡人数比例图

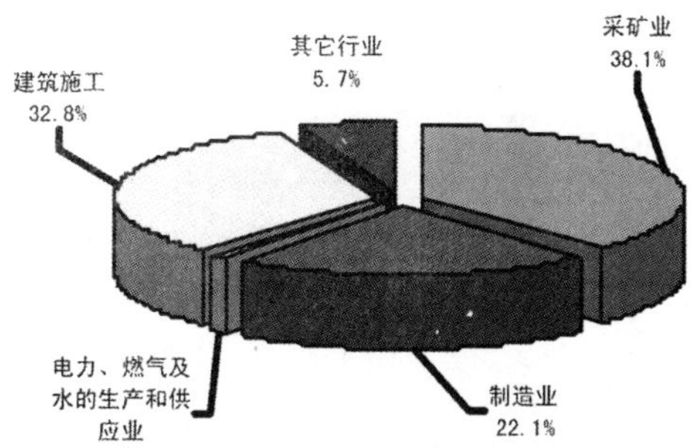

图3.3　按国民经济行业较大事故起数比例图

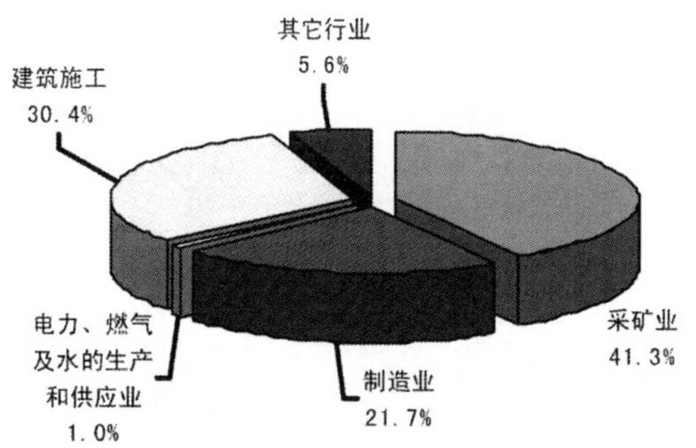

图3.4　按国民经济行业较大事故死亡人数比例图

多,事故起数和死亡人数均居第一位,分别占38.1%和41.3%;其次是建筑施工,事故起数和死亡人数分别占32.8%和30.4%。(各行业比例详见图3.3和图3.4)。

在各行业中,公共管理和社会组织,金融业和教育等6个行业没有发生较大事故;电力、燃气及水的生产和供应业等5个行业较大事故起数和死亡人数下降;采矿业、制造业等5个行业较大事故起数和死亡人数上升。(各行业较大事故情况详见表3.2)。

按经济类型分,私营经济较大事故多发。在各经济类型较大事故中,私营经济较大事故起数和死亡人数均居第一位,分别占34.8%和35.9%,其次是有限责任公司,较大事故起数和死亡人数分别占26.1%和23.6%。(各经济类型事故比例详见图3.5、图3.6)。

表3.2　　2010年工矿商贸较大事故按国民经济行业分情况表

	事故起数	同比		死亡人数	同比	
		±	±%		±	±%
合　计	402	43	12	1685	217	14.8
农、林、牧、渔业	3	2	200	16	13	433.3
采矿业	153	3	2	696	48	7.4
制造业	89	19	27.1	365	100	37.7
电力、燃气及水的生产和供应业	5	-4	-44.4	17	-16	-48.5
建筑施工	132	34	34.7	512	115	29
交通运输、仓储和邮政业	3			11	-3	-21.4
公共管理和社会组织						
信息传输、计算机服务和软件业	1			3		
批发和零售业	2	-4	-66.7	7	-16	-69.6
住宿和餐饮业	1	-1	-50	4	-3	-42.9
金融业						
房地产业		-1	-100		-7	-100
租赁和商务服务业		-2	-100		-6	-100
科学研究、技术服务和地质勘查业	2			7	-1	-12.5
水利、环境和公共设施管理业	4	1	33.3	16	6	60
居民服务和其他服务业	4	-2	-33.3	19	-8	-29.6
教育						
卫生、社会保障和社会福利业		-1	-100		-3	-100
文化、体育和娱乐业	2	-1	-33.3	9	-2	-18.2
其他行业	1			3		

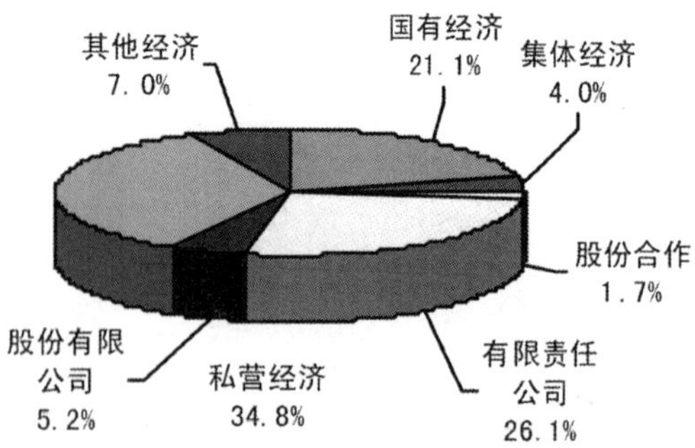

图3.5　各经济类型较大事故起数比例图

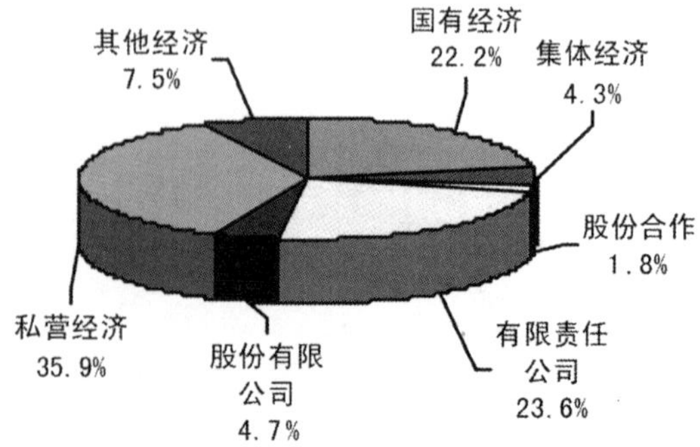

图3.6　各经济类型较大事故死亡人数比例图

在各经济类型中，联营经济和港澳台投资没有发生较大事故；国有经济、集体经济、股份合作、有限责任公司、股份有限公司和外商投资较大事故起数和死亡人数同比上升；私营经济和其他经济较大事故起数和死亡人数同比下降。(各经济类型较大事故起数和死亡人数情况详见表3.3)。

按行政区分，半数地区较大事故同比上升。全国32个省级统计单位中，有16个单位较大事故起数和死亡人数同比上升，占50.0%；有11个单位较大事故起数和死亡人数同比下降，占34.4%。湖南、贵州和云南3个单位事故死亡人数较多，共死亡408人，占较大事故死亡人数总体的24.2%。(各行政区事故情况

表3.3　　2010年工矿商贸各经济类型较大事故情况表

	事故起数	同比		死亡人数	同比	
		±	±%		±	±%
合　　计	402	43	12	1685	217	14.8
国有经济	85	18	26.9	374	94	33.6
集体经济	16	2	14.3	73	5	7.4
股份合作	7	2	40	30	7	30.4
联营经济						
有限责任公司	105	32	43.8	397	108	37.4
股份有限公司	21	3	16.7	79	7	9.7
私营经济	140	-10	-6.7	605	-4	-0.7
港澳台投资		-2	-100		-9	-100
外商投资	3	3		14	14	
其他经济	25	-5	-16.7	113	-5	-4.2

表3.4　　2010年工矿商贸较大事故分地区情况表

地区	事故起数	同比		死亡人数	同比		地区	事故起数	同比		死亡人数	同比	
		±	±%		±	±%			±	±%		±	±%
合计	402	43	12	1685	217	14.8	河南	17	2	13.3	89	23	34.8
北京	4	-1	-20	12	-7	-36.8	湖北	16	3	23.1	58	4	7.4
天津	2	2		7	7		湖南	31	5	19.2	138	18	15
河北	21	9	75	76	23	43.4	广东	18	3	20	80	26	48.1
山西	17	-5	-22.7	72	-4	-5.3	广西	14	1	7.7	50	-3	-5.7
内蒙古	18	5	38.5	65	10	18.2	海南	1	-2	-66.7	3	-9	-75
辽宁	20	9	81.8	82	41	100	四川	24	4	20	94	9	10.6
吉林	7	-2	-22.2	35			贵州	33	7	26.9	156	39	33.3
黑龙江	12	3	33.3	50	10	25	云南	27	10	58.8	114	54	90
上海	3			12	1	9.1	西藏	1	-2	-66.7	3	-7	-70
江苏	13	-3	-18.8	54	-9	-14.3	重庆	17			61	-9	-12.9
浙江	6	-1	-14.3	19	-8	-29.6	陕西	12	5	71.4	69	43	165.4
安徽	9	-2	-18.2	34	-5	-12.8	甘肃	8	3	60	36	11	44
福建	6	-1	-14.3	22	-9	-29	青海	4	2	100	18	4	28.6
江西	13	-3	-18.8	48	-26	-35.1	宁夏	5	3	150	21	9	75
山东	11	-8	-42.1	55	-16	-22.5	新疆	11	-2	-15.4	49	4	8.9
							新疆兵团	1	-1	-50	3	-7	-70

详见表3.4)。

按事故类型分,中毒和窒息及坍塌事故多发。较大事故起数和死亡人数居第一位是中毒与窒息事故,发生83起、死亡354人,分别占总体的20.6%和21.0%;居第二位的是较大坍塌事故,发生80起、死亡319人,分别占总体的19.9%和18.9%。(各类较大事故起数和死亡人数比例详见图3.9、图3.10)。

在各类型事故中,车辆伤害、淹溺、坍塌、透水、放炮和火药爆炸较大事故起数和死亡人数同比下降;物体打击、机械伤害、触电、灼烫、火灾、高处坠落、冒顶片帮、瓦斯爆炸、锅炉爆炸、其他爆炸和其他伤害较大事故起数和死亡人数同比上升(各类型较大事故情况详见表3.5)。

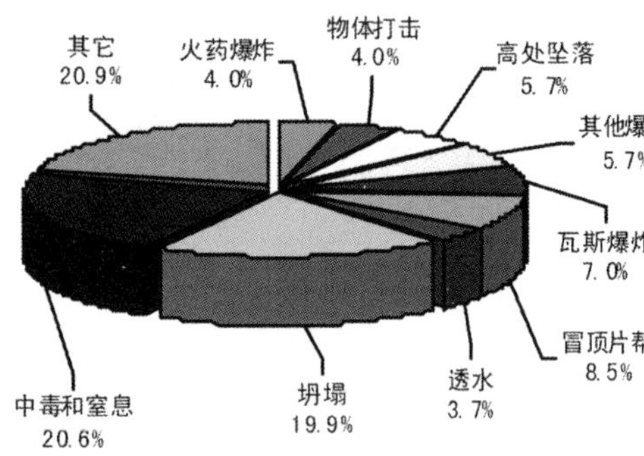

图3.9 各类别较大事故起数比例图

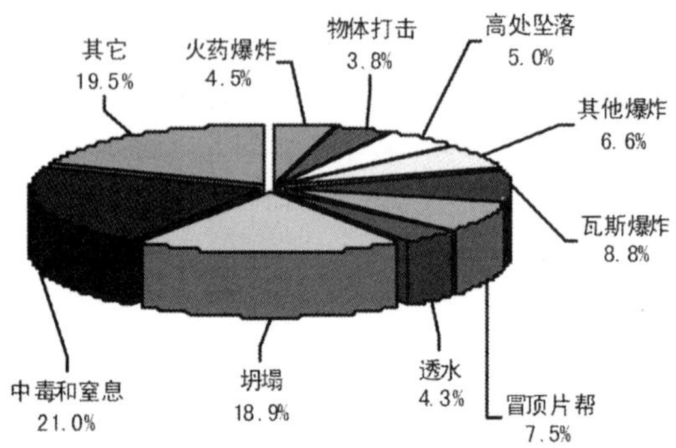

图3.10 各类别较大事故死亡人数比例图

表3.5 2010年工矿商贸各类较大事故情况表

	事故起数	同比		死亡人数	同比	
		±	±%		±	±%
合　　计	402	43	12	1685	217	14.8
物体打击	16	5	45.5	64	24	60
车辆伤害	8	–2	–20	27	–14	–34.1
机械伤害	5	4	400	16	13	433.3
起重伤害	11			44	–6	–12
触电	11	6	120	37	22	146.7
淹溺	4	–3	–42.9	20	–9	–31
灼烫	7	2	40	25	8	47.1
火灾	9	3	50	41	8	24.2
高处坠落	23	5	27.8	85	23	37.1
坍塌	80	–3	–3.6	319	–20	–5.9
冒顶片帮	34	14	70	127	54	74
透水	15	–5	–25	72	–29	–28.7
放炮	4	–1	–20	18	–9	–33.3
火药爆炸	16	–5	–23.8	75	–12	–13.8
瓦斯爆炸	28	4	16.7	149	41	38
锅炉爆炸	3	1	50	15	7	87.5
容器爆炸	7			23	–4	–14.8
其他爆炸	23	12	109.1	111	68	158.1
中毒和窒息	83			354	18	5.4
其他伤害	15	6	66.7	63	34	117.2

按事故原因分。除因技术和设计有缺陷、个人防护用品缺少或有缺陷原因造成的事故起数和死亡人数同比下降,生产场所环境不良、教育培训不够缺乏安全操作知识造成的事故起数同比下降、死亡人数同比上升外,其余原因造成的事故起数和死亡人数同比均上升。(较大事故情况按事故原因分详见表 3.6)。

表 3.6　　2010 年工矿商贸较大事故按原因分情况表

	事故起数	同比		死亡人数	同比	
		±	±%		±	±%
合　计	402	43	12	1685	217	14.8
技术和设计有缺陷	17	-7	-29.2	70	-41	-36.9
设备设施工具附件有缺陷	27	2	8	101	3	3.1
安全设施缺少或有缺陷	42	14	50	167	54	47.8
生产场所环境不良	83	-4	-4.6	364	15	4.3
个人防护用品缺少或有缺陷	18	-3	-14.3	70	-15	-17.6
没有安全操作规程或不健全	25	10	66.7	107	52	94.5
违反操作规程或劳动纪律	132	26	24.5	537	105	24.3
劳动组织不合理	5	2	66.7	17	6	54.5
对现场工作缺乏检查或指挥错误	15	6	66.7	58	22	61.1
教育培训不够缺乏安全操作知识	10	-3	-23.1	51	8	18.6
其他	92	17	22.7	427	121	39.5

四、重大事故情况

2010 年,全国工矿商贸共发生重大事故 29 起,死亡 445 人,同比起数持平,增加 49 人、上升 12.4%。

按行业和领域分,煤矿重大事故多发。煤矿重大事故起数和死亡人数分别占总体的 62.1%和 66.1%,均居第一位;其次是建筑施工事故,分别占总体的 20.7%和 13.9%。(各行业和领域重大事故起数和死亡人数详见图 4.1 和图 4.2)。

从各行业和领域重大事故情况看,煤矿和建筑施工重大事故起数和死亡人数同比上升;金属与非金属矿重大事故起数和死亡人数同比下降。(各行业和领域重大事故情况详见表 4.1)。

按国民经济行业分,采矿业重大事故多发。在发生重大事故的行业中,采矿业事故起数和死亡人数居第一位,分别占 69.0%和 72.5%;其次建筑施工事故,分别占 13.8%和 11.4%。(各行业重大事故起数和死亡人数比例详见图 4.3 和图 4.4)。

在各行业中,采矿业,制造业,建筑施工,水利、环境和公共设施管理业 4 个行业发生重大事故。其中,建筑施工和水利、环境和公共设施管理业重大事

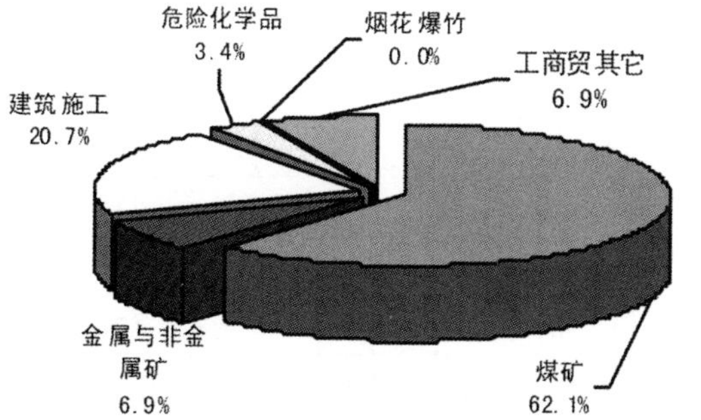

图 4.1　高危行业和领域重大事故起数比例图

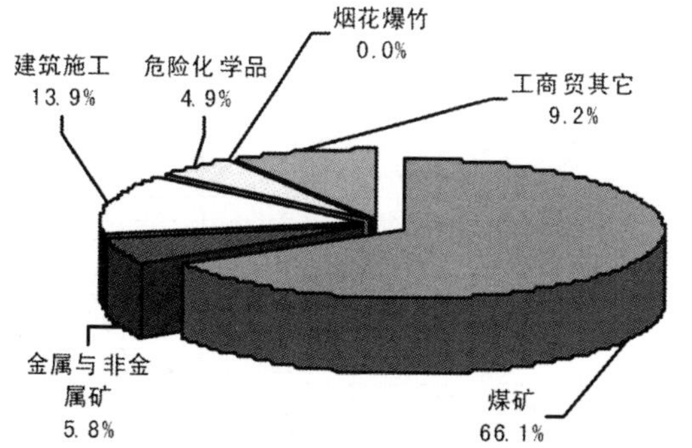

图 4.2　高危行业和领域重大事故死亡人数比例图

表 4.1　　2010 年工矿商贸重大事故情况表

	事故起数	同比		死亡人数	同比	
		±	±%		±	±%
合　计	29			445	49	12.4
1. 煤　矿	18	2	12.5	294	77	35.5
2. 金属与非金属矿	2	-2	-50	26	-44	-62.9
3. 建筑施工	6	2	50	62	17	37.8
4. 危险化学品	1			22	4	22.2
5. 烟花爆竹		-2	-100		-26	-100
6. 工商贸其它	2			41	21	105
石油						
电力						
化工						

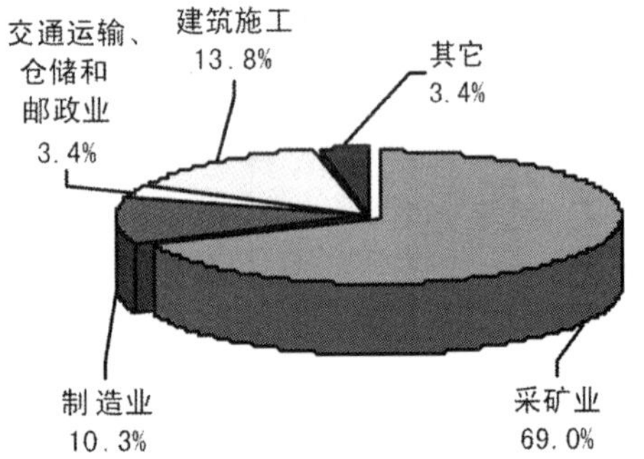

图 4.3　按国民经济行业重大事故起数比例图

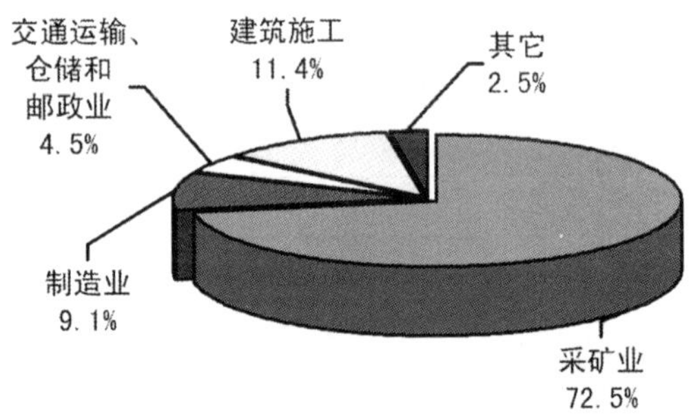

图 4.4　按国民经济行业重大事故死亡人数比例图

故起数和死亡人数同比上升；采矿业和制造业重大事故死亡人数同比上升。(各行业重大事故起数和死亡人数情况详见表 4.2)。

按经济类型分,私营经济重大事故多发。在各类经济类型重大事故中,私营经济重大事故多发,事故起数和死亡人数分别占 48.3%和 48.5%,其次是国有经济，事故起数和死亡人数分别占 31.0%和 29.7%。(各经济类型重大事故起数和死亡人数比例详见图 4.5、图 4.6)。

在各经济类型中,股份合作、联营经济、港澳台投资和外商投资经济未发生重大事故,国有经济、集体经济重大事故起数和其他经济死亡人数同比下降；有限责任公司和私营经济重大事故起数和死亡人数同比上升。(各经济类型重大事故起数和死亡人

表 4.2　　2010 年工矿商贸重大事故按国民经济行业情况表

	事故起数	同比		死亡人数	同比	
		±	±%		±	±%
合　计	29			445	49	12.4
采矿业	20			320	33	11.5
制造业	2	-1	-33.3	41	5	13.9
建筑施工	6	2	50	62	17	37.8
水利、环境和公共设施管理业	1	1		22	22	
其他						

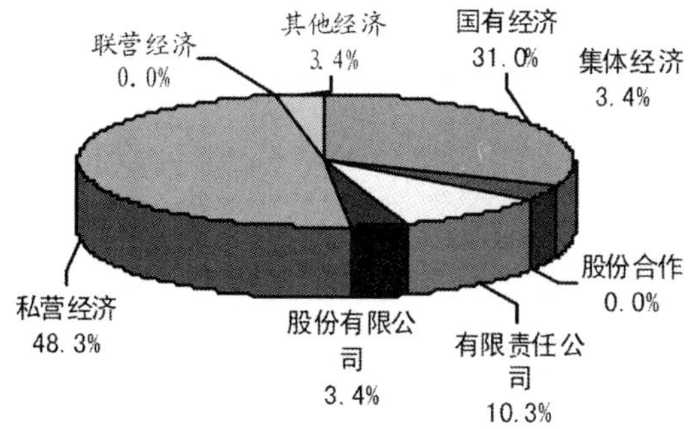

图 4.5　各经济类型重大事故起数比例图

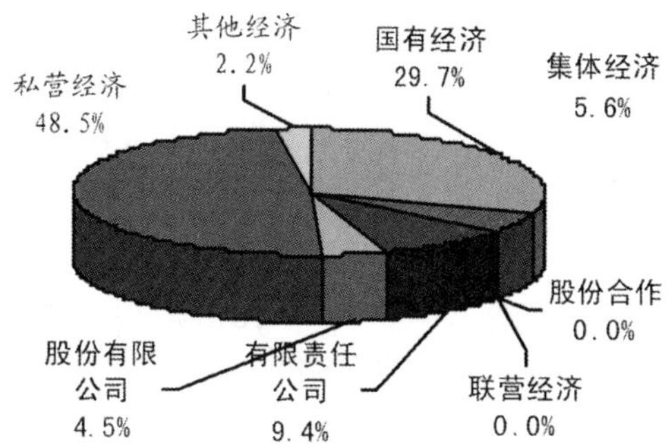

图 4.6　各经济类型重大事故死亡人数比例图

表 4.3　　2010 年工矿商贸各经济类型重大事故情况表

	事故起数	同比		死亡人数	同比	
		±	±%		±	±%
合　计	29			445	49	12.4
国有经济	9	–1	–10	132	–4	–2.9
集体经济	1	–2	–66.7	25	–25	–50
股份合作						
联营经济						
有限责任公司	3	2	200	42	31	281.8
股份有限公司	1			20	8	66.7
私营经济	14	2	16.7	216	55	34.2
港澳台投资						
外商投资						
其他经济	1	–1	–50	10	–16	–61.5

数详见表 4.3)。

按行政区分。全国 32 个省级统计单位中,有 18 个单位发生重大事故,占总体 56.3%。其中,有 4 个单位重大事故起数和死亡人数同比下降，占发生事故单位的 22.2%；有 11 个单位重大事故起数和死亡人数同比上升,占发生事故单位的 61.1%。重大事故多发的单位分别是河北、河南和贵州,共发生 10 起重大事故,死亡 180 人,分别占总体的 34.5%和 40.4%。(各行政区重大事故起数和死亡人数详见表 4.4)。

按事故原因分，因违反操作规程或劳动纪律原因造成的重大事故最多。共造成重大事故 9 起,占全年重大事故起数的 31.0%。因设备设施工具附件有缺

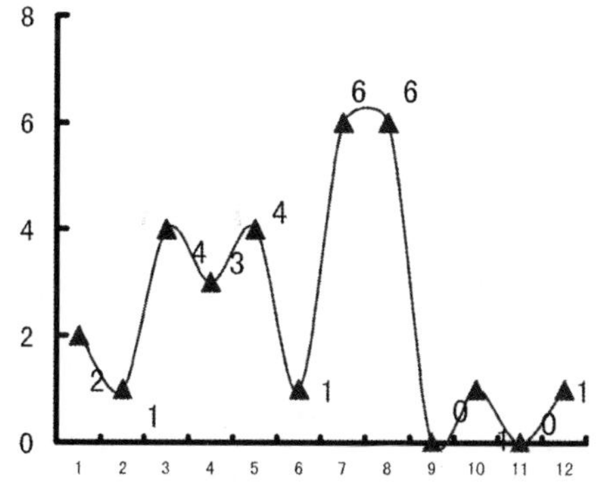

图 4.9　工矿商贸重大事故起数分月趋势图

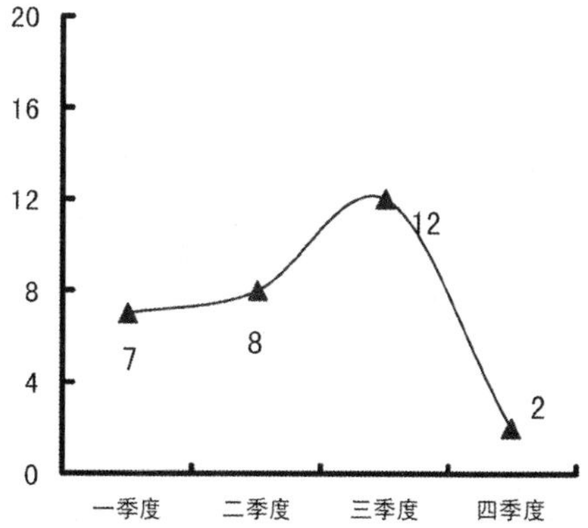

图 4.10　工矿商贸重大起数分季趋势图

陷、安全设施缺少或有缺陷、生产场所环境不良、没有安全操作规程或不健全、教育培训不够缺乏安全操作知识原因造成的重大事故起数和死亡人数同比上升（按事故原因分各类重大事故起数和死亡人数情况详见表 4.5）。

按事故发生时段分。具有以下特征：

一是 3–5 月份和 10–11 月份重大事故多发。从图 4.9 看，2 月份没有发生重大事故，受 3–5 月份和

表 4.4　　2010 年工矿商贸重大事故分地区情况表

地区	事故起数	同比		死亡人数	同比		地区	事故起数	同比		死亡人数	同比	
		±	±%		±	±%			±	±%		±	±%
合计	29			445	49	12.4	河南	4	3	300	79	66	507.7
北京							湖北	1	1		10	10	
天津		−1	−100		−12	−100	湖南	2	−3	−60	27	−62	−69.7
河北	3	1	50	52	26	100	广东						
山西	1	−2	−66.7	11	−26	−70.3	广西	1	1		10	10	
内蒙古	2	2		21	21		海南						
辽宁		−1	−100		−13	−100	四川	1			10		
吉林	2	1	100	29	13	81.3	贵州	3	−1	−25	49	6	14
黑龙江	1	−1	−50	24	−11	−31.4	云南		−2	−100		−21	−100
上海							西藏						
江苏	1			22	11	100	重庆		−1	−100		−12	−100
浙江							陕西	1	1		28	28	
安徽	1	1		10	10		甘肃	1	1		13	13	
福建							青海						
江西	2	2		24	24		宁夏		−1	−100		−14	−100
山东	1	−2	−66.7	16	−28	−63.6	新疆	1	1		10	10	
							新疆兵团						

表 4.5　　2010 年工矿商贸重大事故按原因分情况表

	事故起数	同比		死亡人数	同比	
		±	±%		±	±%
合　　计	29			445	49	12.4
技术和设计有缺陷	1	−1	−50	24	2	9.1
设备设施工具附件有缺陷	2	1	100	37	11	42.3
安全设施缺少或有缺陷	3	2	200	49	39	390
生产场所环境不良	8	2	33.3	111	38	52.1
个人防护用品缺少或有缺陷						
没有安全操作规程或不健全	3	1	50	52	29	126.1
违反操作规程或劳动纪律	9			134	8	6.3
劳动组织不合理						
对现场工作缺乏检查或指挥错误		−2	−100		−26	−100
教育培训不够缺乏安全操作知识	1	1		21	21	
其他	7	−2	−22.2	99	−28	−22

7-8 月份煤矿、金属与非金属矿以及建筑施工重大事故多发影响，3-5 月份和 7-8 月份重大事故相对较高，死亡人数相对较多，其中以 7、8 月份重大事故最多，2 个月共发生 12 起重大事故、死亡 195 人，分别占全年重大事故总起数和死亡人数的 41.4%和 43.8%。

二是三季度重大事故多发，四季度重大事故最少。三季度共发生 12 起重大事故，占全年重大事故起数的 41.4%，高于全年季度平均比例 16.4 个百分点；四季度共发生 2 起重大事故，占全年重大事故起数的 6.9%，低于全年季度平均比例 18.1 个百分点。

五、特别重大事故情况

2010 年，全国工矿商贸共发生一次死亡 30 人以上特别重大事故 8 起，死亡 275 人，同比增加 4 起、减少 17 人、分别上升 100.0%和下降 5.8%。

按行业和领域分，煤矿特别重大事故多发。8 起特别重大事故中，煤矿发生 6 起，占 75%，且发生在河南、山西和内蒙古 3 个地区，煤矿特别重大事故起数虽然上升，但死亡人数同比下降。另外，危险化学品和烟花爆竹各发生 1 起特别重大事故。（各行业和领域特别重大事故情况详见表 5.1）

表 5.1　　2010 年工矿商贸重大事故情况表

	事故起数	同比		死亡人数	同比	
		±	±%		±	±%
合　计	8	4	100	275	-17	-5.8
1、煤　矿	6	2	50	238	-54	-18.5
2、金属与非金属矿						
3、建筑施工						
4、危险化学品	1	1				
5、烟花爆竹	1	1		37	37	
6、工商贸其它						
石油						
电力						
化工						

2010 年特种设备安全情况

一、事故总体情况

2010 年，全国共发生各类特种设备生产安全事故 380 起、死亡 315 人、受伤 402 人，同比事故起数增加 73 起、死亡人数减少 2 人、受伤人数减少 59 人，分别上升 23.8%、下降 0.6%、下降 12.8%。（各类特种设备事故情况详见表 1.1）。

按特种设备类别分。在各类特种设备生产安全事故中，各类特种设备事故起数同比均上升；压力容器、气瓶、压力管道、电梯、起重机械、场（厂）内机动车辆、大型游乐设施事故死亡人数同比上升；锅炉、房屋起重机械事故死亡人数同比下降；客运索道事故死亡人数同比持平。（各类特种设备事故起数和死亡人数情况详见表 1.1）。

在各类特种设备生产安全事故中，事故起数和死亡人数居第一位的是起重机械事故，事故起数和死亡人数分别占 23%、27%；其次是电梯事故，事故起数和死亡人数分别占 16%、14%。（各类特种设备事故起数和死亡人数比例详见图 1.1、图 1.2）。

按事故发生环节分。使用环节事故起数 258 起、死亡 195 人，同比分别上升；安装（拆卸）环节事故起数 14 起、死亡 22 人，同比分别下降；维修、调试、改造环节事故起数 10 起、死亡 9 人，同比分别下降；检验环节事故起数 3 起、死亡 2 人，同比事故起数上升，死亡人数下降；气瓶充装运输存储环节事故 15 起、死亡 17 人，同比分别上升；其他事故中含涉险事故 80 起，死亡 70 人，同比事故起数下降、死亡人数上升。（各环节特种设备事故情况详见表 1.2）。

在特种设备事故发生的各环节中，使用环节事故起数和死亡人数居第一位，分别占总体的 67.0%和 62.0%，其次是安装拆卸环节和气瓶充装、运输、存储环节，分别各占总体的 4.0%和 7.0%，4.0%和 5.0%。（特种设备各环节事故起数和死亡人数比例详见图

表 1.1　　2010 年各类特种设备事故情况表

	事故起数	同比		死亡人数	同比	
		±	±%		±	±%
合　计	380	73	23.8	315	-2	-0.6
锅炉	36	3	9.1	23	-1	-4.2
土锅炉	16	1	6.7	13	8	160.0
压力容器	41	19	86.4	36	19	111.8
气瓶	41	26	173.3	35	21	150.0
压力管道	13	8	160.0	3	2	200.0
电梯	60	22	57.9	43	11	34.4
起重机械	87	33	61.1	85	11	14.9
房屋起重机械	32	6	23.1	40	-31	-43.7
场（厂）内机动车辆	43	28	186.7	34	17	100.0
客运索道	1	1	-	0	0	0.0
大型游乐设施	10	7	233.3	3	2	200.0

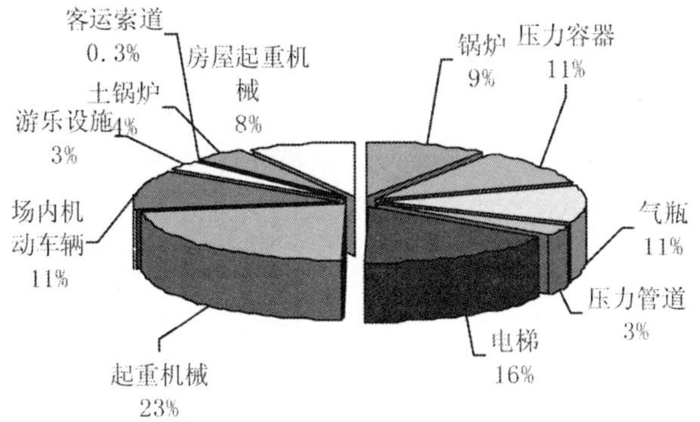

图 1.1 各类特种设备事故起数比例图

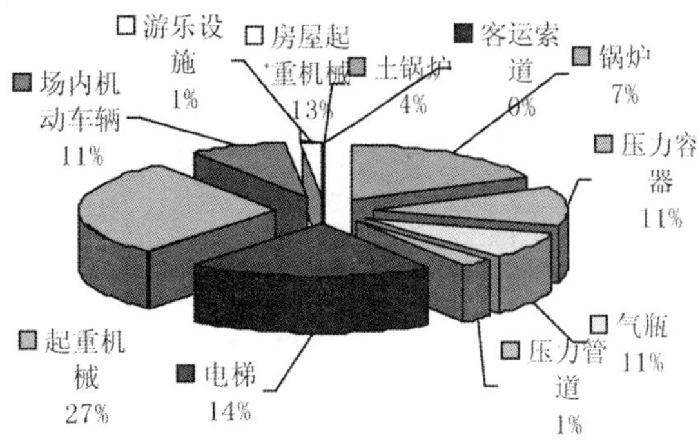

图 1.2 各类特种设备死亡人数比例图

表 1.2 2010 年特种设备各环节事故情况表

	事故起数	同比		死亡人数	同比	
		±	±%		±	±%
合 计	380	73	23.8	315	−2	−0.6
使用	258	86	50.0	195	5	2.6
安装(拆卸)	14	−2	−12.5	22	−2	−8.3
维修、调试、改造	10	−12	−54.5	9	−14	−60.9
检验	3	1	50.0	2	−3	−60.0
气瓶充装、运输、存储	15	1	7.1	17	3	21.4
其他环节	80	−1	1.2	70	9	14.8

1.3、图 1.4)。

从已查明事故原因的 215 起事故来看，在特种设备使用、安装维护中，因违章作业或操作不当引发的事故 144 起，死亡 119 人，居事故之首；因非法生产(制造、修理、改造、气体充装)、使用引发的事故 24 起，死亡 23 人；使用管理不善引发的事故 7 起，死亡 4 人；因设备存在隐患引发的事故 40 起，死亡 20 人。

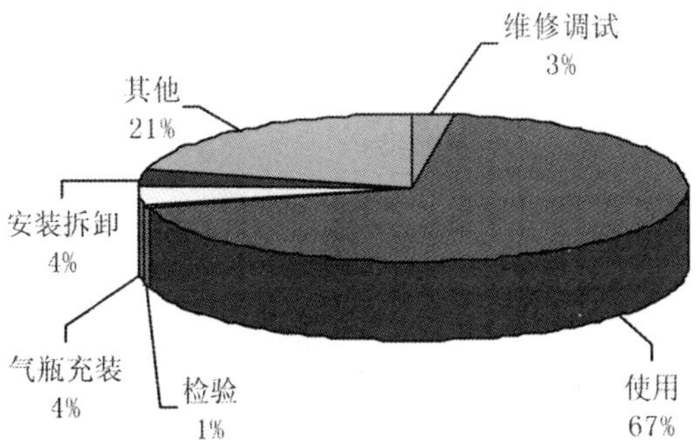

图 1.3 各环节特种设备事故起数比例图

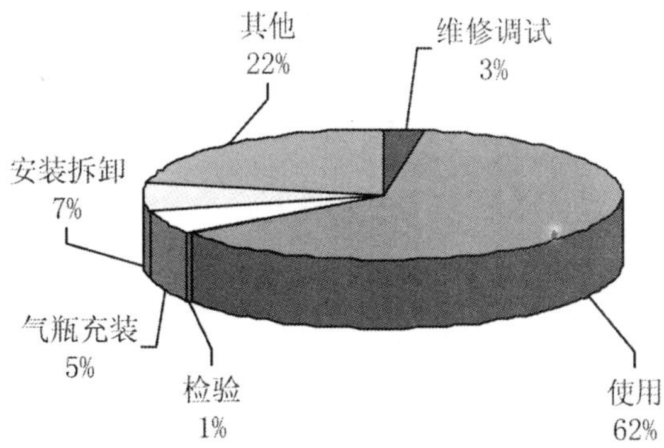

图 1.4 各环节特种设备死亡人数比例图

二、万台事故率和万台死亡率

2010 年，特种设备万台事故率为 0.92，与 2008 年的 0.74 相比，上升了 24.3%；特种设备万台死亡率为 0.76，与 2008 年的 0.82 相比，下降了 7.3%。(2001 年–2010 年特种设备万台事故率和万台死亡率见图 2.1、图 2.2)。

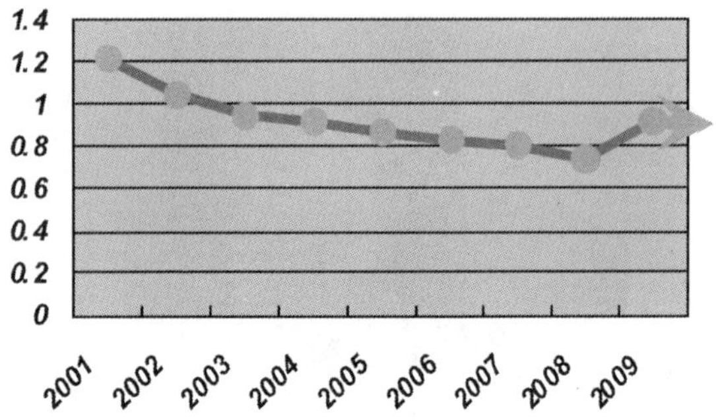

图 2.1 特种设备万台事故率历年趋势图

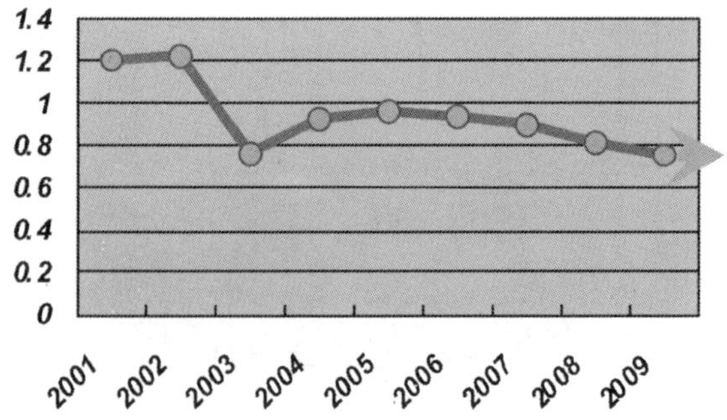

图 2.2 特种设备事故万台死亡率历年趋势图

三、直接经济损失情况

2010年，全国特种设备生产安全事故直接经济损失6181.16万元，同比减少3608.33万元，下降36.86%。

按特种设备类别分，起重机械事故直接经济损失最多、大型游乐设施同比升幅最高。起重机械事故造成直接经济损失1000多万元，占直接经济损失总体的28.9%，同比下降74.79%；大型游乐设施事故造成直接经济损失95.05万元，占直接经济损失总体的1.5%，同比上升6236.67%。（各类特种设备事故直接经济损失比例详见图3.1）。

在各类特种设备生产安全事故直接经济损失中，土锅炉、起重机械、房屋起重机械直接经济损失同比下降；锅炉、压力容器、气瓶、压力管道、电梯、场(厂)内专用机动车辆和大型游乐设施直接经济损失同比上升，其中以大型游乐设施同比上升6000%以上。（详见表3.1）。

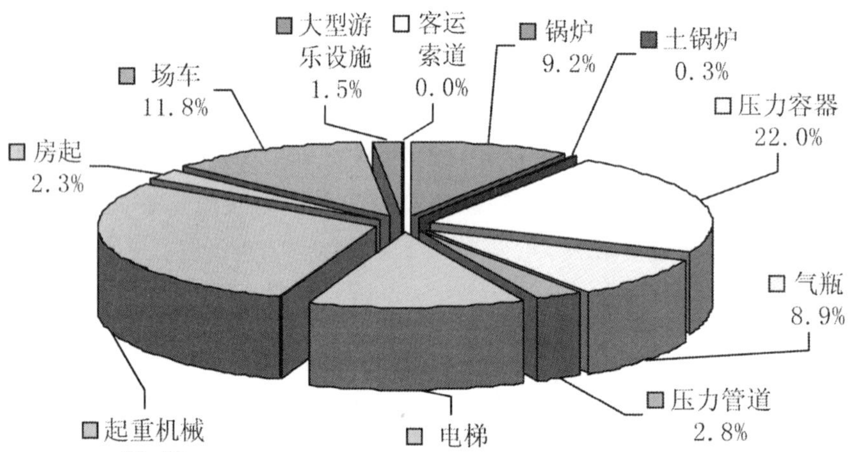

图 3.1 各类特种设备事故直接经济损失比例图

表 3.1 2010年各类特种设备生产安全事故直接经济损失情况表

	直接经济损失(万元)	同比			直接经济损失(万元)	同比	
		±	±%			±	±%
合　计	6181.16	-3608.33	-36.86	电梯	761.03	559.03	276.75
锅炉	566.35	51.12	9.92	起重机械	1786.68	-5299.19	-74.79
土锅炉	19.00	-10.7	-36.03	房屋起重机械	143.00	-349.00	-70.93
压力容器	1356.80	764.41	129.04	场(厂)内机动车辆	729.40	386.40	112.65
气瓶	552.15	341.35	161.93	客运索道	0.20	0.20	2
压力管道	171.50	106.10	162.23	大型游乐设施	95.05	93.55	6236.67

第 3 章

中国煤炭产业经济运行情况

2010 年全国煤炭生产情况

（数据仅供参考）

2010 年，全国煤炭产量继续增长，原国有重点煤矿、国有地方煤矿和乡镇煤矿均呈较大增幅。原国有重点煤矿洗精煤产量增产较多。

一、基本情况

（一）原煤产量

12 月份，全国原煤产量完成 33726.33 万吨，同比增加 1727.52 万吨，增长 5.40%，平均日产 1087.94 万吨。其中：原国有重点煤矿原煤产量完成 15752.48 万吨，同比增加 823.86 万吨，增长 5.52%，平均日产 508.14 万吨；国有地方煤矿原煤产量完成 4794.05 万吨，同比增加 54.67 万吨，增长 1.15%，平均日产 154.65 万吨；乡镇煤矿原煤产量完成 13179.80 万吨，同比增加 848.99 万吨，增长 6.89%，平均日产 425.15 万吨。

全年，全国原煤产量完成 341322.14 万吨，同比增加 45300.11 万吨，增长 15.30%，平均日产 935.13 万吨。其中：原国有重点煤矿原煤产量完成 169449.23 万吨，同比增加 18436.91 万吨，增长 12.21%，平均日产 464.24 万吨；国有地方煤矿原煤产量完成 51631.04 万吨，同比增加 4999.20 万吨，增长 10.72%，平均日产 141.45 万吨；乡镇煤矿原煤产量完成 120241.87 万吨，同比增加 21864.00 万吨，增长 22.22%，平均日产 329.42 万吨。

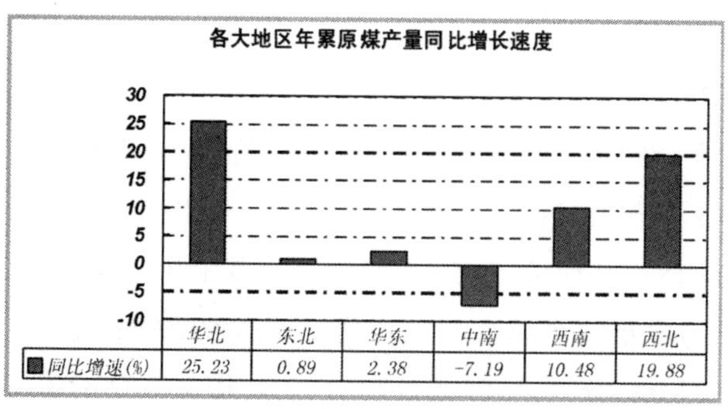

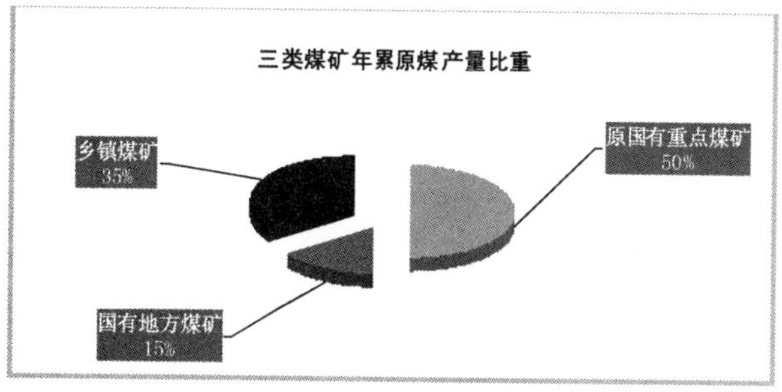

（二）洗精煤产量

12 月份，原国有重点煤矿洗精煤产量完成 1495.10 万吨，同比增加 9.95 万吨，增长 0.67%。

全年，原国有重点煤矿洗精煤产量完成 18705.16 万吨，同比增加 2407.77 万吨，增长 14.77%。

二、主要特点

（一）原煤产量创历史新水平

全国原煤产量再创历史新水平，全年原煤产量完成 34.13 亿吨，同比增长 15.30%。国有重点、国有地方和乡镇三大类煤矿原煤产量占全国总产量的比重分别为 49.64%、15.12%、35.44%，三大类煤矿比重分别比去年减少 1.37 个百分点、减少 0.63 个百分点、增加 2.00 个百分点。

原煤产量按属地统计，全国 26 个产煤省（自治区、直辖市）中有 19 个省（自治区、直辖市）增产，占 73.07%，共计增产 48503.54 万吨。其中有 8 个省（自治区）增幅在全国平均增长率（15.30%）以上，占 30.76%，分别是：内蒙古（+30.98%）、湖北（+29.89%）、河北（+23.36%）、陕西（+22.59%）、山西（+20.37%）、宁夏（+20.08%）、贵州（+16.53%）、新疆（+15.91%）。内蒙古增量最多，同比增产 18606.21 万吨。

北京、辽宁、黑龙江、江苏、福建、河南、湖南 7 个省（直辖市）的原煤产量同比减产，共计减产 3203.43

万吨。北京减幅最大,同比下降21.47%,减产140.35万吨;河南减量最多,同比减产1696.14万吨,下降8.65%。

原煤产量按顺序排列在全国前十位的省(自治区)是:

1. 内蒙古(78664.66万吨);
2. 山西(74095.99万吨);
3. 陕西(36082.55万吨);
4. 河南(17908.76万吨);
5. 贵州(15954.03万吨);
6. 山东(14892.03万吨);
7. 安徽(13144.80万吨);
8. 河北(10199.27万吨);
9. 新疆(10130.68万吨);
10. 云南(9759.89万吨)。

在全国原煤产量总计中:神华集团原煤产量35695.63万吨,同比增产2996.02万吨,增长9.16%;中煤集团原煤产量15369.66万吨,同比增产2864.41万吨,增长22.91%;伊敏公司原煤产量1550.07万吨,同比增产129.80万吨,增长9.14%。

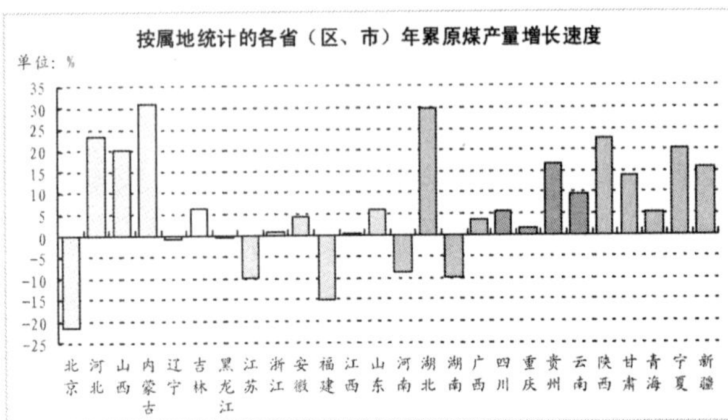

在22个有原国有重点煤矿的省(自治区、直辖市)中,18个省(自治区、直辖市)的原煤产量同比增产,占81.81%,共计增产19353.57万吨。其中4个省(自治区)增幅在原国有重点煤矿平均增长率(12.21%)以上,占18.18%,分别是:新疆(+24.47%)、山西(+23.39%)、宁夏(+19.53%)、四川(+16.84%)。山西增量最多,同比增产9908.89万吨。

北京、辽宁、黑龙江、江苏4个省(直辖市)的原煤产量同比减产,共计减产916.67万吨。江苏减幅最大,同比下降12.35%,减产266.22万吨;黑龙江减量最多,同比减产469.14万吨,下降8.54%。

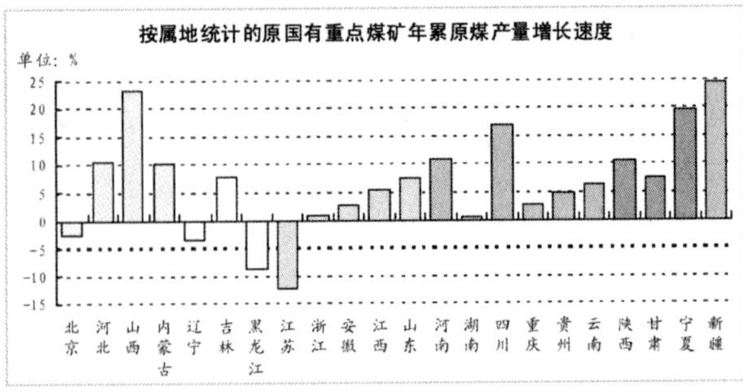

原国有重点煤矿原煤产量按顺序排列在全国前十位的煤炭企业是:

1. 神华股份(24330.38万吨);
2. 中煤平朔(10388.27万吨);
3. 山西焦煤(10213.72万吨);
4. 山西大同(10118.71万吨);
5. 河北冀中(7021.80万吨);
6. 安徽淮南(6619.10万吨);
7. 河北开滦(6087.10万吨);
8. 神华宁夏煤业(6006.53万吨);
9. 河南煤业化工(5221.49万吨);
10. 山西阳泉(5206.09万吨)。

在23个有国有地方煤矿的省(自治区、直辖市)中,15个省(自治区、直辖市)的原煤产量同比增产,占65.21%,共计增产6336.09万吨。其中8个省(直辖市)增幅在国有地方煤矿平均增长率(10.72%)以上,占34.78%,分别是:河北(+343.68%)、重庆(+70.86%)、贵州(+70.28%)、青海(+30.23%)、陕西(+21.61%)、山西(+13.71%)、安徽(+13.46%)、江苏(+12.24%)。山西增量最多,同比增产2631.79万吨。

辽宁、福建、江西、河南、湖南、四川、云南、新疆8个省(自治区)的原煤产量同比减产,共计减产1336.89万吨。河南减幅最大、减量最多,同比下降42.29%,减产536.05万吨。

在22个有乡镇煤矿的省(自治区、直辖市)中,15个省(自治区、直辖市)的原煤产量同比增产,占68.18%,共计增产25606.37万吨。其中7个省(自治区)增幅在乡镇煤矿平均增长率(22.22%)以上,占31.81%,分别是:河北(+426.62%)、甘肃(+82.61%)、宁夏（+47.05%）、内蒙古（+46.46%）、陕西（+35.55%）、湖北（+33.26%）、新疆（+24.45%）。内蒙古增量最多，同比增产 15972.71 万吨。

北京、安徽、福建、河南、湖南、广西、青海 7 个省（直辖市）的原煤产量同比减产，共计减产 3742.37 万吨。北京减幅最大，同比下降 90.48%，减产 127.32 万吨；河南减量最多，同比减产 2541.83 万吨，下降 46.41%。

（二）部分安全生产重点监控企业产量增幅较大

全年，安全生产重点监控企业原煤产量完成 86587.40 万吨，占原国有重点煤矿原煤产量的 51.09%，同比增加 11985.38 万吨，占原国有重点煤矿增产量的 65%，同比增长 16.07%。

40 个安全生产重点监控企业中（7 个企业分别归入湘煤、川煤集团）有 25 个企业同比增产，占 62.50%，总计增产 13403.07 万吨。其中 11 个企业的增速在重点监控企业平均增幅（16.07%）以上，占 27.50%，合计增产 11630.03 万吨。其中有 5 个企业增幅在 30%以上，占 12.50%，合计增产 8301.25 万吨，分别是：新余（+376.37%）、冀中（+79.13%）、开滦（+50.48%）、大同（+34.67%）、新汶（+32.91%）。抚顺、阜新、鸡西、鹤岗、七台河、双鸭山、徐州、淮南、丰城、乐平、义马、天府、盘江、神华新疆、乌海能源 15 个企业的原煤产量同比减产，总计减产 1417.69 万吨。

（三）洗精煤产量增产较多

12 月份，原国有重点煤矿洗精煤产量略有增加，同比增产 9.95 万吨，增长 0.67%。

全年，原国有重点洗精煤产量同比增产 2407.77 万吨，增长 14.77%。原国有重点煤矿洗精煤 41 个企业中有 27 个企业增产，占 65.85%，总计增产 2662.00 万吨。其中 14 个企业增速在全国平均增幅（14.77%）以上，占 34.14%，合计增产 2023.51 万吨。同比增产较多的单位有：冀中+653.66 万吨（+54.39%）、开滦+474.48 万吨（+46.14%）、山西焦煤+365.48 万吨（+10.38%）、煤业化工+273.79 万吨（+100%）、新汶+245.88 万吨（+44.04%）、徐州+83.91 万吨（+22.94%）、水城+71.81 万吨（+168.82%）、大屯+68.73 万吨（+26.33%）、兖州+57.56 万吨（+4.62%）、淄博+54.77 万吨（+93%）、淮北+53.60 万吨（+6.44%）。

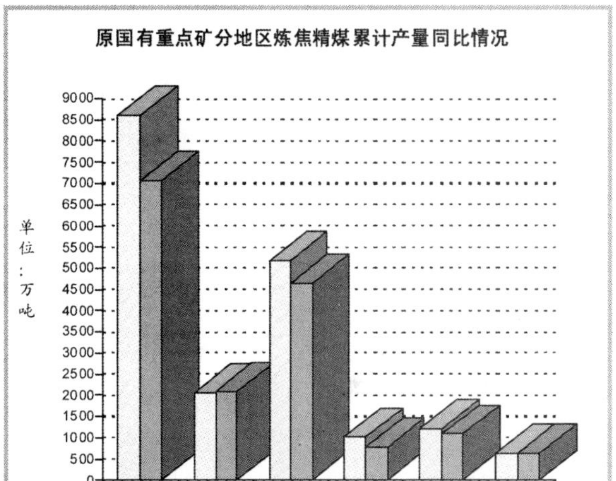

	华北	东北	华东	中南	西南	西北
本期产量	8610	2052	5185	1010	1209	640
同期产量	7069	2101	4644	761	1084	637

2010 年全国煤炭运销情况

（数据仅供参考）

12 月份，全国煤炭销售继续保持较高增速。全国煤炭铁路装车日均完成在较高水平上继续增长，煤炭主要港口运输完成继续大幅度增长。煤炭出口下降。社会煤炭库存比年初大幅度上升。电力行业煤炭消费继续增加，冶金重点钢厂煤炭消耗月度完成同比减少。

一、煤炭运销基本情况

（一）煤炭装车增加

12 月份，全国煤炭铁路装车日均 64324 车，比上月增长 0.41%，同比增长 11.8%。其中：国有重点煤矿煤炭装车日均 40409 车，比上月下降 3.96%，同比增长 4.73%。45 个安全生产重点监察矿区 17354 车，同比下降 2.3%。地方煤矿 23915 车，同比增长 26.18%。

1 至 12 月，全国煤炭铁路累计装车日均 62526 车，同比增长 15.73%。其中：国有重点煤矿煤 42010 车，同比增长 8.17%。45 个安全生产重点监控矿区 18435 车，同比增长 5.46%。地方煤矿 20516 车，同比增长 35.05%。

煤炭装车情况表　　单位：车/日

	合　计	原国有重点	重点监控	地　方
本月	64324	40409	17354	23915
比上月	+263	-1666	-408	+1929
比同期	+6787	+1825	+540	+4962
累计	62526	42010	18435	20516
比同期	+8499	+3174	+954	+5325

（二）煤炭运量增长

12 月份，全国煤炭铁路运量 13563.0 万吨，同比增加 1502.5 万吨，增长 12.46%。其中：国有重点煤矿运量 8294.1 万吨，同比增加 323.2 万吨，增长 4.05%。45 个安全生产重点监察矿区 3574.7 万吨，同比增加 144.1 万吨，增长 4.2%。地方煤矿运量 5268.9 万吨，同比增加 1179.3 万吨，增长 28.84%。

1 至 12 月，全国煤炭铁路运量累计 155000.2 万吨，同比增加 22344.4 万吨，增长 16.84%。其中：国有重点煤矿 102076.8 万吨，同比增加 7866.7 万吨，增长 8.35%；45 个安全生产重点监控矿区 44388.1 万吨，同比增加 2697.1 万吨，增长 6.47%；地方煤矿 52923.4 万吨，同比增加 14477.7 万吨，增长 37.66%。

煤炭运量情况表　　单位：万吨

	合　计	原国有重点	重点监控	地　方
本月	13563.0	8294.1	3574.7	5268.9
比上月	+477.0	-211.3	+42.4	+688.3
比同期	+1502.5	+323.2	+144.1	+1179.3
累计	155000.2	102076.8	44388.1	52923.4
比同期	+22344.4	+7866.7	+2697.1	+14477.7

(三)煤炭销量增加

十二月份，全国煤炭商品煤销售31702.0万吨，同比增长17.9%。其中：国有重点煤矿销量13070.9万吨，同比增长10.12%;45个安全生产重点监控矿区5643.3吨，同比增长10.95%。地方煤矿销量18631.1万吨,同比增长24.08%。

1至12月,全国煤炭商品煤销售330037.0万吨,同比增长11.8%。其中：国有重点煤矿161200.2万吨，同比增长13.74%;45个安全生产重点监控矿区71492.8万吨,同比增长13.17%;地方煤矿168836.8万吨,同比增长10.02%。

煤炭销量情况表 **单位:万吨**

	合　计	原国有重点	重点监控	地　　方
本月	31702.0	13070.9	5643.3	18631.1
比上月	+3940.0	+195.7	+370.5	+3744.3
比同期	+4817.0	+1201.2	+556.9	+3615.8
累计	330037.0	161200.2	71492.8	168836.8
比同期	+34828.0	+19469.6	+8321.7	+15358.4

(四)煤炭出口下降

十二月份,全国煤炭出口126.89万吨,同比下降47.13%。一至十二月,全国煤炭出口1768.31万吨,同比下降11.63%。

煤炭出口情况表 **单位:万吨**

	合　计	中煤公司	山西公司	神华集团	五矿公司
本月	126.89	33.74	21.74	67.65	3.76
比上月	+17.69	+8.82	+9.89	-4.24	+3.22
比同期	-113.12	-12.63	+11.67	-115.92	+3.76
累计	1768.31	505.61	196.63	1033.25	32.82
比同期	-232.73	+79.08	+44.66	-326.13	-30.34

(五)煤炭企业库存增加

截止到十二月末，全国煤炭企业库存5168.0万吨,比年初增加759.7万吨,上升17.2%。其中,国有重点煤矿库存2234.0万吨,比年初增加228.5万吨,上升11.4%。

煤炭库存情况表 **单位:万吨**

	合　计	原国有重点	原国有地方	乡　　镇
月末	5168.0	2234.0	638.0	2296.0
比上月	-119.0	-254.0	-28.0	+163.0
比年初	+759.7	+228.5	-69.7	+600.9
比同期	+759.7	+228.5	-69.7	+600.9

二、煤炭运销特点

12月份,全国商品煤销售量继续增长,其中国有重点煤矿商品煤销售量同比继续保持较大增长幅度。全国煤炭铁路运输完成达到历史月度完成最好水平;交通(海运中转)煤炭运输完成继续快速增长。煤炭出口同比继续减少。煤炭库存环比回落。电力直供电网煤炭消耗同比继续增长，冶金重点钢厂煤炭消耗同比下降。

（一）全国煤炭铁路运输完成同比继续保持较高增速。

12 月份，全国煤炭铁路日均装车同比增长 11.8%;环比增长 0.4%。其中国有重点煤矿日均装车同比增长 8.17%,环比下降 3.96%。

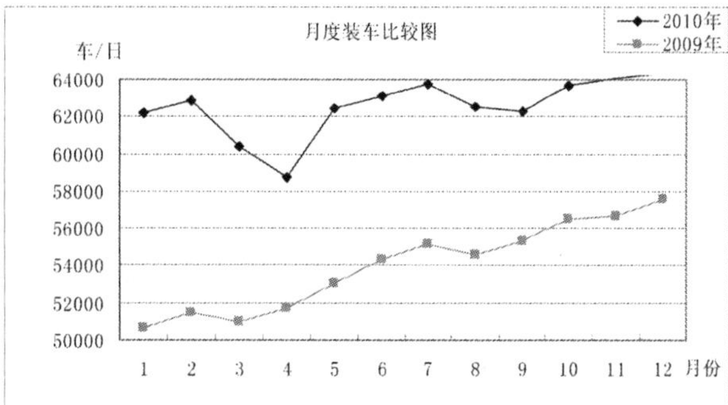

运量完成同比增长 12.46%。其中国有重点煤矿运量完成同比增长 4.05%。

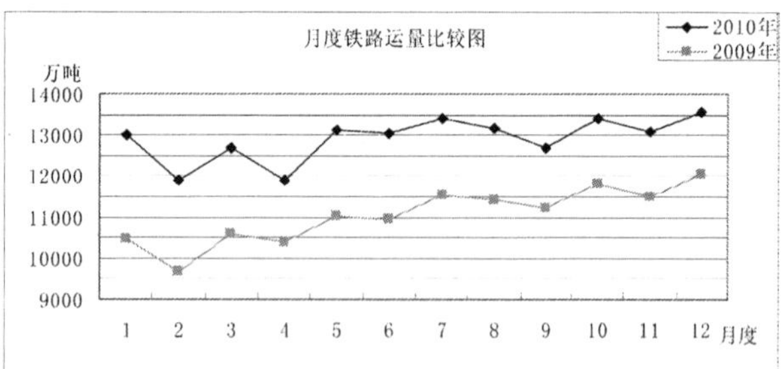

1 至 12 月，全国煤炭铁路运量同比增长 16.84%,其中国有重点煤矿同比增长 8.35%。从国有重点煤矿分地区煤炭运量完成情况看，华北地区 66070.9 万吨，同比增加 6196.3 万吨,增长 10.35%;东北地区 7411.1 万吨，同比减少 480.5 万吨，下降 6.09%;华东地区 11455.6 万吨，同比增加 799.4 万吨，增长 7.5%;中南地区 6441.9 万吨,同比增加 403.3 万吨，增长 6.68%；西南地区 3224.3 万吨，同比增加 54.6 万吨，增长 1.72%;西北地区 7473.0 万吨，同比增加 893.6 万吨，增长 13.58%。

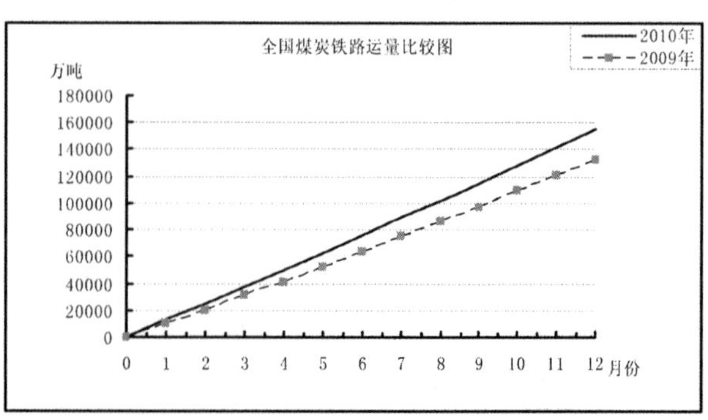

（二）全国主要港口煤炭中转完成继续增长，增速回落。

12 月份，全国主要港口煤炭运输中转量同比继续增长，但增长幅度减少，缩减到 1 位数。全月完成 4483.5 万吨，同比增加 279.2 万吨，增长 6.64%。其中，内贸完成 4358.3 万吨，同比增加 492.8 万吨，增长 12.75%;外贸完成 125.5 万吨，同比减少 213.3 万吨，下降 63.0%。

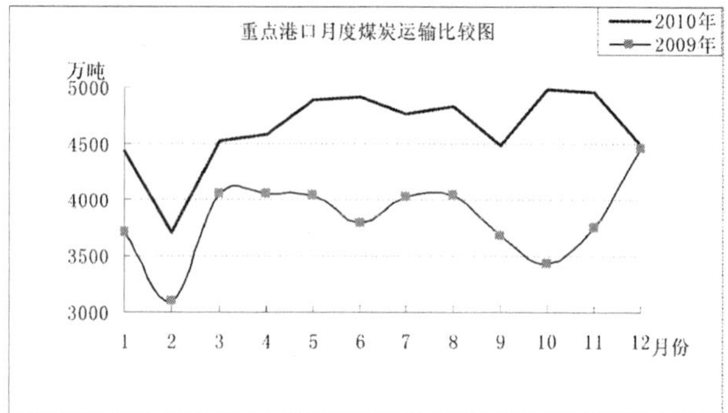

其中北方七港合计煤炭中转运输完成 3971.4 万吨，同比增加 152.8 万吨，增长 4.0%。其中：秦皇岛港完成 1698.0 万吨，同比下降 7.93%；天津港完成 522.0 万吨，同比下降 0.42%；唐山港完成 859.2 万吨，同比增长 47.43%;黄骅港完成 717.1 万吨，同比增长 3.46%；青岛港完成 70.6 万吨，同比下降 17.14%;日照港完成 68.1 万吨，同比增长 34.85%;连云港完成 36.4 万吨，同比下降 5.7%。其他，营口港完成 87.8 万吨，同比增长 273.62%;锦州港完成 125.5 万吨，同比增长 28.59%;武汉港完成 6.5 万吨，同比下降 9.72%。

1 至 12 月，全国主要港口煤炭运输中转完成

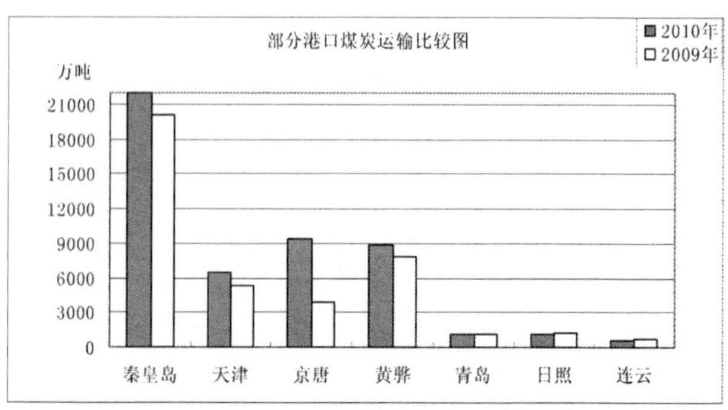

55597.4 万吨，同比增加 9854.3 万吨，增长 21.54%。其中内贸完成 53788.7 万吨，同比增加 10450.9 万吨，增长 24.11%；外贸完成 1809.8 万吨，同比减少 611.3 万吨，下降 25.25%。

北方七港合计煤炭中转运输完成 49610.6 万吨，同比增加 9146.1 万吨，增长 22.6%。其中：秦皇岛港完成 21992.4 万吨，增长 9.49%；天津港完成 6448.6 万吨，增长 20.42%；唐山港完成 9389.5 万吨，增长 136.2%；黄骅港完成 8903.6 万吨，增长 13.47%；青岛港完成 1090.1 万吨，下降 4.69%；日照港完成 1162.4 万吨，下降 9.84%；连云港完成 624.0 万吨，下降 18.81%。其他，营口港完成 1073.9 万吨，增长 14.22%；锦州港完成 1755.8 万吨，增长 10.74%；武汉港完成 118.1 万吨，下降 34.17%。

(三)全国商品煤销售继续增长。

12 月份，全国煤炭商品煤销售量完成 3.17 亿吨，同比增长 17.9%；其中国有重点煤矿同比增长 10.12%。

1 至 12 月，全国煤炭商品煤销售量同比增长 11.8%，其中国有重点煤矿同比增长 13.74%。从国有重点煤矿分地区情况看，华北地区 92328.8 万吨，同比增加 13912.1 万吨，增长 17.74%；东北地区 10591.0 万吨，同比减少 86.7 万吨，下降 0.81%；华东地区 21594.8 万吨，同比增加 993.5 万吨，增长 4.82%；中南地区 17731.3 万吨，同比增加 2723.2 万吨，增长 18.14%；西南地区 4934.4 万吨，同比增加 311.1 万吨，增长 6.73%；西北地区 14019.9 万吨，同比增加 1616.4 万吨，增长 13.036%。

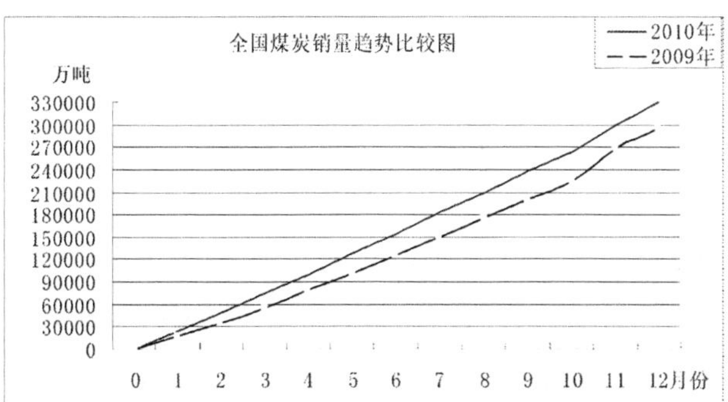

(四)全国煤炭出口同比继续下降。

十二月份，全国煤炭出口同比减少 113.12 万吨，下降 47.13%；环比增加 17.69 万吨，增长 16.2%。其中：中煤公司出口 33.74 万吨，同比下降27.24%，环比增长 35.39%；山西地方出口 21.74 万吨，同比增长 115.89%，环比增长 83.46%；神华集团出口 67.65 万吨，同比下降 63.15%，环比下降 5.9%；五矿公司出口 3.76 万吨，同比持平，环比大幅度增长。

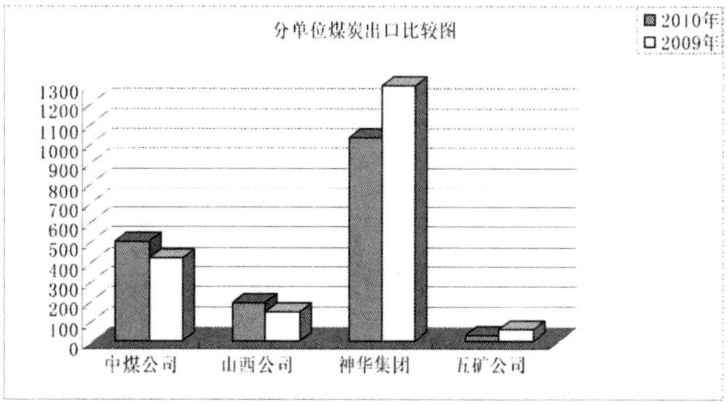

全国煤炭出口年累计同比下降 11.63%。其中：中煤公司出口 505.61 万吨，同比增长 18.54%；山西地方出口 196.63 万吨，同比增长 29.39%；神华集团出口 1033.25 万吨，同比下降 23.99%；五矿公司出口 32.82 万吨，同比下降 48.04%。

(五)煤炭生产企业库存比年初大幅上升。

截止到 12 月末，煤炭生产企业库存比年初上升 17.2%，环比下降 2.3%。

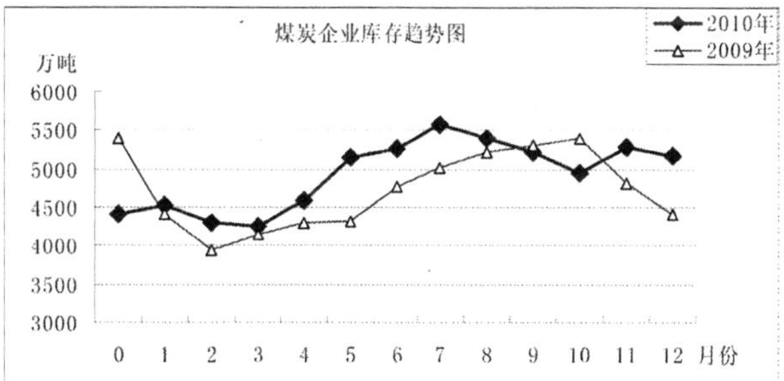

其中国有重点煤矿库存比年初上升 11.4%，环比下降 10.2%；国有地方煤矿库存比年初下降 9.8%，环比下降 4.2%；乡镇煤矿库存比年初上升 35.4%，环比上升 7.6%。

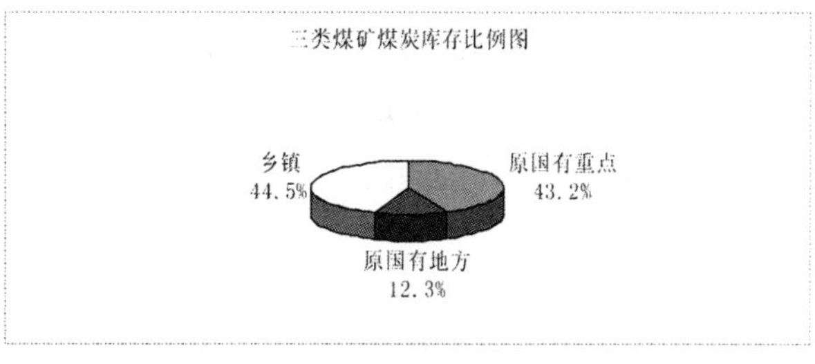

从分地区库存情况看，华北地区1300.3万吨，比年初减少2.7万吨，下降0.21%。东北地区744.8万吨，比年初增加82.4万吨，上升12.44%。华东地区库存373.0万吨，比年初增加79.2万吨，上升26.96%。中南地区262.2万吨，比年初增加20.9万吨，上升8.66%。西南地区681.7万吨，比年初增加70.1万吨，上升11.46%。西北地区1806.2万吨，比年初增加510.0万吨，上升39.35%。

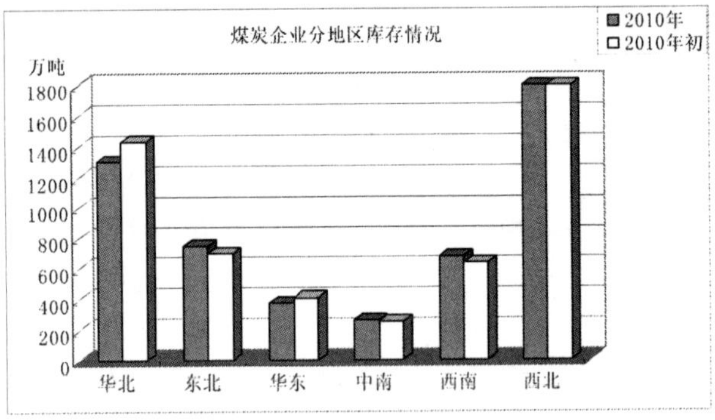

(六)电力直供电网煤炭消耗继续增长，冶金重点钢厂煤炭消耗月度完成同比小幅下降。

1至12月，全国规模以上工业企业完成增加值同比增长15.7%，增速比上年加快4.7个百分点。发电量同比增长13.2%，其中火电发电量同比增长11.6%；生铁、粗钢和钢材产量分别增长7.4%、9.6%、14.9%。建材水泥产量同比增长14.4%。焦炭产量同比增长9.1%

12月份，电力直供电网煤炭消耗11445.9万吨，比上月增加1038.6万吨，增长9.98%；同比增加809.9万吨，增长7.62%，同比增幅比上月减少1.76个百分点。冶金重点钢厂煤炭消耗875.6万吨，同比下降1.46%。

1至12月，电力直供电网煤炭消耗118403.0万吨，同比增长20.33%。冶金重点钢厂煤炭消耗10628.48万吨，同比增长7.680%。

(七)全国社会煤炭库存环比小幅回落。

全国煤炭社会库存环比减少，比年初大幅度上升。截止到12月末，全国煤炭社会库存20631.4万吨，比年初增加3697.3万吨，上升21.8%；环比减少319.4万吨，下降1.5%。

1. 电力直供电网煤炭库存5608.0万吨，比年初上升46.4%，环比下降5.9%。

从电力直供电网分地区煤炭库存情况看，华北电网库存1794.0万吨，比年初上升79.4%。东北电网库存587.0万吨，比年初上升52.9%。华东电网库存857.0万吨，比年初上升69.7%。华中电网库存877.0万吨，比年初上升14.5%。西北电网库存441.0万吨，比年初上升27.8%。南方电网库存1050.0万吨，比年初上升26.5%。

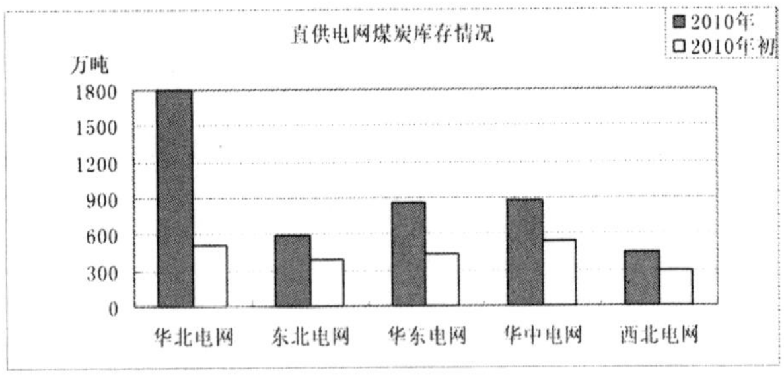

2. 冶金重点钢厂煤炭库存590.9万吨，比年初上升34.7%；其中炼焦精煤库存408.4万吨，比年初上升43.0%。

3. 主要煤炭中转港口煤炭库存2372.5万吨，比年初上升65.2%，环比上升6.2%。

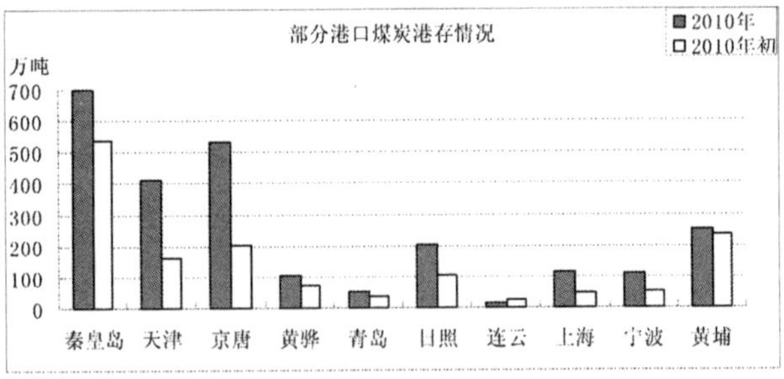

北方七港库存2019.3万吨，比年初上升76.7%，环比下降2.5%。其中：秦皇岛港比年初上升30.66%，天津港比年初上升157.68%，唐山港比年初上升162.56%，黄骅港比年初上升39.48%，青岛港比年初上升37.95%，日照港比年初上升92.94%，连云港比年初下降44.65%。

2010 年全国重点煤矿主要技术指标情况

（数据仅供参考）

2010 年，原国有重点煤矿开拓进尺增幅加大；回采工作面与掘进工作面平均个数减少，月均单产、单进提高；开拓掘进率提高；洗精煤产率下降，洗精煤灰分、水分下降；原煤生产人员效率提高。

一、基本情况

（一）开拓进尺

12 月份，原国有重点煤矿开拓进尺完成 16.23 万米，同比增加 0.76 万米，上升 4.94%。

全年，原国有重点煤矿开拓进尺完成 187.84 万米，同比增加 24.18 万米，上升 14.77%。

（二）单产

12 月份，原国有重点煤矿回采工作面平均个数 1524 个，同比减少 96 个，下降 5.94%；回采工作面月均单产 68740 吨，同比增加 9742 吨，提高 16.51%。

全年，原国有重点煤矿回采工作面平均个数 1579 个，同比减少 32 个，下降 1.96%；回采工作面月均单产 63735 吨，同比增加 6422 吨，提高 11.21%。

（三）单进

12 月份，原国有重点煤矿掘进工作面平均个数 4893 个，同比减少 171 个，下降 3.37%；掘进工作面月均单进 164 米，同比增加 9 米，提高 6.01%。其中：开拓工作面平均个数 1422 个，同比增加 15 个，上升 1.04%；开拓工作面月均单进 114 米，同比增加7 米，上升 6.55%。

全年，原国有重点煤矿掘进工作面平均个数 4841 个，同比减少 81 个，下降 1.65%；掘进工作面月均单进 162 米，同比增加 8 米，提高 5.11%。其中：开拓工作面平均个数 1457 个，同比增加 92 个，上升 6.72%；开拓工作面月均单进 107 米，同比增加 7 米，提高 7.17%。

（四）开拓掘进率

12 月份，原国有重点煤矿开拓掘进率 13.65 米/万吨，同比减少 0.76 米/万吨，下降 5.28%。

全年，原国有重点煤矿开拓掘进率 15.19 米/万吨，同比增加 1.85 米/万吨，提高 13.84%。

（五）洗精煤质量指标

12 月份，原国有重点煤矿洗精煤产率 49.46%，同比下降 0.88%；洗精煤灰分 9.77%，同比下降 4.40%；洗精煤水分 10.07%，同比下降 0.30%。

全年，原国有重点煤矿洗精煤产率 50.26%，同比下降 2.45%；洗精煤灰分 9.78%，同比下降 3.55%；洗精煤水分 10.08%，同比下降 1.08%。

（六）原煤生产人员效率

12 月份，原国有重点煤矿原煤生产人员效率 6.048 吨/工，同比增加 0.682 吨/工，提高 12.71%。

全年，原国有重点煤矿原煤生产人员效率 5.723 吨/工，同比增加 0.310 吨/工，提高 5.73%。

二、主要特点

（一）开拓进尺持续较大增幅

12 月份，原国有重点煤矿开拓进尺保持增长，同比增加 0.76 万米，上升 4.94%。22 个有原国有重点煤矿的统计单位（省、自治区、直辖市和集团公司）中，有 16 个统计单位（省、自治区、直辖市和集团公司）的开拓进尺同比上升或持平，占 72.72%。其中 5 个统计单位（省和集团公司）上升幅度在全国平均增幅（4.94%）以上，占 22.72%。有 6 个统计单位（省、直辖市）的开拓进尺同比减少。

全年，原国有重点煤矿开拓进尺同比增加 24.18 万米，上升 14.77%。22 个有原国有重点煤矿的统计单位（省、自治区、直辖市和集团公司）中，有 16 个统计单位(省、自治区、直辖市和集团公司)的开拓进尺同比上升,占72.72%。其中10个统计单位(省、自治区、直辖市和集团公司)上升幅度在全国平均增幅(14.77%)以上,占45.45%。辽宁、黑龙江、江苏、江西、四川、云南6个统计单位(省)的开拓进尺同比减少。

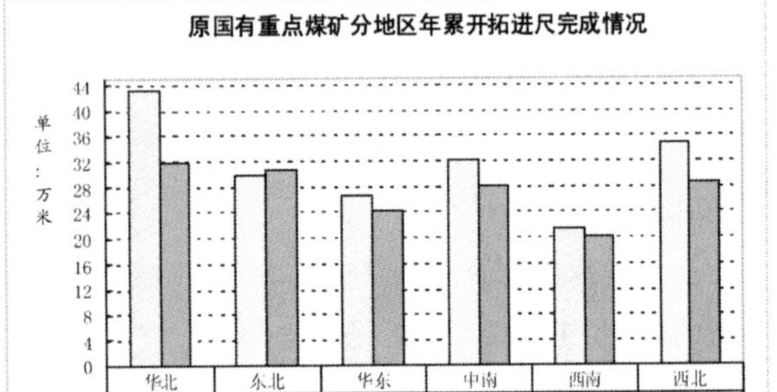

	华北	东北	华东	中南	西南	西北
本期	43.29	29.7	26.51	32.11	21.44	34.79
同期	31.74	30.72	24.19	28.17	20.28	28.57

(二)回采工作面平均个数减少,月均单产提高

12月份,原国有重点煤矿回采工作面平均个数同比减少96个,月均单产同比增加9742吨,提高16.51%。回采工作面月均单产前五名的单位分别为:平朔675794吨、神华股份497362吨、潞安262427吨、黄陵250743吨、珲春235178吨。

全年,原国有重点煤矿回采工作面平均个数同比减少32个,月均单产同比增加6422吨,提高11.21%。回采工作面月均单产前五名的单位分别为:平朔640925吨、神华股份507855吨、黄陵270127吨、潞安224316吨、潞新209443吨。

(三)掘进工作面平均个数减少,月均单进提高

12月份,原国有重点煤矿掘进平均工作面平均个数同比减少171个,月均单进同比增加9米,提高6.01%。掘进工作面月均单进前五名的单位分别为:神华股份929米、国华能源691米、黄陵522米、煤建公司502米、晋城445米。

全年,原国有重点煤矿掘进平均工作面平均个数同比减少81个,月均单进同比增加8米,提高5.11%。掘进工作面月均单进前五名的单位分别为:神华股份887米、新疆焦煤567米、黄陵494米、潞安390米、煤建公司367米。

(四)原煤生产人员效率提高

12月份,原国有重点煤矿原煤生产人员效率增加0.682吨/工,提高12.71%。原煤生产人员效率(井工)前五名的单位分别为:平朔106.432吨/工、神华股份89.399吨/工、神华新疆29.328吨/工、黄陵20.351吨/工、平庄14.879吨/工。

全年,原国有重点煤矿原煤生产人员效率增加0.310吨/工,提高5.73%。原煤生产人员效率(井工)前五名的单位分别为:平朔105.366吨/工、神华股份83.413吨/工、神华新疆26.751吨/工、黄陵21.541吨/工、神华包头13.703吨/工。

2010年12月底部分地区煤炭市场参考价格行情表

单位:元/吨

地 区	主要煤种价格（元/吨）	比年初（元/吨）	比上月（元/吨）	备注
北 京	神华.大同煤 700–720 北京无烟煤 800–820	+20 +200	持平	
天 津	5500大卡 765–785	–35	–25	
上 海	优混 890–920	+105	+70	
秦皇岛（平仓价）	5800大卡 830–840 5500大卡 780–790	持平	–15 –15	
南 京	晋城.阳泉煤 880–900 徐州.山东煤 745–765	+150 +15	持平	
杭 州	晋城、阳泉 840–850 山西优混 790–800	+30 –70	持平 –10	
宁 波	优 混 850–870	持平	–30	
武 汉	平顶山 750–770 晋城末 800–850 潞安煤 800–850 陕西煤 820–850	+170 +150 +90 +120	持平	
广 州	大 优 880–900 大 混 820–830 无烟煤 740–760	+60 +30 –30	持平 持平 –20	
厦 门	>5500大卡 900–920 无烟煤 780–800	+70 +180	持平	
沈 阳	抚顺精煤 1040 沈阳精煤 1750 铁法混煤 570	+280 +350 +50	持平 +120 +15	

（数据仅供参考）

2010年煤炭工业生产主要指标表

2010年12月

<table>
<tr><th colspan="4" rowspan="2">指标</th><th rowspan="2">计算单位</th><th colspan="4">本月</th><th colspan="4">本月止累计</th></tr>
<tr><th>本期</th><th>同期</th><th>+.-</th><th>±%</th><th>本期</th><th>同期</th><th>+.-</th><th>±%</th></tr>
<tr><td colspan="4">全国原煤产量</td><td>万吨</td><td>33726.33</td><td>31998.81</td><td>1727.52</td><td>5.40</td><td>341322.14</td><td>296022.03</td><td>45300.11</td><td>15.30</td></tr>
<tr><td colspan="4">地方合计</td><td>万吨</td><td>17973.85</td><td>17070.19</td><td>903.66</td><td>5.29</td><td>171872.91</td><td>145009.71</td><td>26863.20</td><td>18.53</td></tr>
<tr><td colspan="4">其中：国有地方矿</td><td>万吨</td><td>4794.05</td><td>4739.38</td><td>54.67</td><td>1.15</td><td>51631.04</td><td>46631.84</td><td>4999.20</td><td>10.72</td></tr>
<tr><td colspan="4">乡镇矿</td><td>万吨</td><td>13179.80</td><td>12330.81</td><td>848.99</td><td>6.89</td><td>120241.87</td><td>98377.87</td><td>21864.00</td><td>22.22</td></tr>
<tr><td rowspan="8">国有重点煤矿</td><td colspan="3">原煤产量</td><td>万吨</td><td>15752.48</td><td>14928.62</td><td>823.86</td><td>5.52</td><td>169449.23</td><td>151012.32</td><td>18436.91</td><td>12.21</td></tr>
<tr><td rowspan="2">回采工作面</td><td colspan="2">平均个数</td><td>个</td><td>1524</td><td>1620</td><td>–96</td><td>–5.94</td><td>1579</td><td>1611</td><td>–32</td><td>–1.96</td></tr>
<tr><td colspan="2">平均月产量</td><td>吨/个/月</td><td>68740</td><td>58998</td><td>9742</td><td>16.51</td><td>63735</td><td>57313</td><td>6422</td><td>11.21</td></tr>
<tr><td rowspan="4">掘进工作面</td><td rowspan="2">平均个数</td><td>全部</td><td>个</td><td>4893</td><td>5064</td><td>–171</td><td>–3.37</td><td>4841</td><td>4922</td><td>–81</td><td>–1.65</td></tr>
<tr><td>开拓</td><td>个</td><td>1422</td><td>1407</td><td>15</td><td>1.04</td><td>1457</td><td>1365</td><td>92</td><td>6.72</td></tr>
<tr><td rowspan="2">平均月进度</td><td>全部</td><td>米/个/月</td><td>164</td><td>155</td><td>9</td><td>6.01</td><td>162</td><td>154</td><td>8</td><td>5.11</td></tr>
<tr><td>开拓</td><td>米/个/月</td><td>117</td><td>110</td><td>7</td><td>6.55</td><td>107</td><td>100</td><td>7</td><td>7.17</td></tr>
<tr><td colspan="3">开拓进尺</td><td>米</td><td>162258</td><td>154618</td><td>7640</td><td>4.94</td><td>1878427</td><td>1636640</td><td>241787</td><td>14.77</td></tr>
<tr><td rowspan="6">主要指标</td><td colspan="3">开拓掘进率</td><td>米/万吨</td><td>13.65</td><td>14.41</td><td>–0.76</td><td>–5.28</td><td>15.19</td><td>13.34</td><td>1.85</td><td>13.84</td></tr>
<tr><td colspan="3">原煤生产人员效率</td><td>吨/工</td><td>6.048</td><td>5.366</td><td>0.682</td><td>12.71</td><td>5.723</td><td>5.413</td><td>0.310</td><td>5.73</td></tr>
<tr><td colspan="3">洗精煤</td><td>万吨</td><td>1495.10</td><td>1485.15</td><td>9.95</td><td>0.67</td><td>18705.16</td><td>16297.39</td><td>2407.77</td><td>14.77</td></tr>
<tr><td colspan="3">洗精煤产率</td><td>%</td><td>49.46</td><td>49.90</td><td>–0.44</td><td>–0.88</td><td>50.26</td><td>51.52</td><td>–1.26</td><td>–2.45</td></tr>
<tr><td colspan="3">洗精煤灰分</td><td>%</td><td>9.77</td><td>10.22</td><td>–0.45</td><td>–4.40</td><td>9.78</td><td>10.14</td><td>–0.36</td><td>–3.55</td></tr>
<tr><td colspan="3">洗精煤水分</td><td>%</td><td>10.07</td><td>10.10</td><td>–0.03</td><td>–0.30</td><td>10.08</td><td>10.19</td><td>–0.11</td><td>–1.08</td></tr>
</table>

（数据仅供参考）

2010 年煤炭工业原煤产量表

2010 年 12 月

	全国煤矿合计（万吨）				国有重点煤矿（万吨）			
	本期	同期	同期对比		本期	同期	同期对比	
			+.−	±%			+.−	±%
合　计	341322.14	296022.03	45300.11	15.30	169449.23	151012.32	18436.91	12.21
北　京	513.40	653.75	−140.35	−21.47	500.00	513.03	−13.03	−2.54
河　北	10199.27	8267.89	1931.38	23.36	8792.55	7965.03	827.52	10.39
山　西	74095.99	61555.31	12540.68	20.37	52266.46	42357.57	9908.89	23.39
内蒙古	78664.66	60058.45	18606.21	30.98	28316.00	25682.50	2633.50	10.25
辽　宁	5717.69	5764.82	−47.13	−0.82	4664.52	4832.80	−168.28	−3.48
吉　林	4280.00	4029.98	250.02	6.20	2808.00	2606.00	202.00	7.75
黑龙江	9706.57	9735.83	−29.26	−0.30	5024.67	5493.81	−469.14	−8.54
江　苏	2160.89	2397.44	−236.55	−9.87	1888.89	2155.11	−266.22	−12.35
浙　江	12.20	12.10	0.10	0.83	12.20	12.10	0.10	0.83
安　徽	13144.80	12567.69	577.11	4.59	9680.23	9449.57	230.66	2.44
福　建	2092.10	2466.13	−374.03	−15.17				
江　西	2746.17	2739.55	6.62	0.24	781.53	741.38	40.15	5.42
山　东	14892.03	14051.00	841.03	5.99	10099.17	9395.55	703.62	7.49
河　南	17908.76	19604.90	−1696.14	−8.65	14242.16	12860.42	1381.74	10.74
湖　北	1438.47	1107.45	331.02	29.89				
湖　南	6200.00	6879.98	−679.98	−9.88	694.97	691.11	3.86	0.56
广　东								
广　西	585.61	565.13	20.48	3.62				
四　川	7659.71	7258.47	401.24	5.53	1406.56	1203.81	202.75	16.84
重　庆	4377.07	4299.35	77.72	1.81	1322.90	1291.13	31.77	2.46
贵　州	15954.03	13690.74	2263.29	16.53	2758.66	2637.90	120.76	4.58
云　南	9759.89	8921.02	838.87	9.40	170.60	160.58	10.02	6.24
陕　西	36082.55	29432.84	6649.71	22.59	12644.65	11429.89	1214.76	10.63
甘　肃	4532.20	3975.96	556.24	13.99	1552.61	1442.80	109.81	7.61
青　海	1659.76	1577.10	82.66	5.24				
宁　夏	6807.62	5669.34	1138.28	20.08	6006.53	5025.02	981.51	19.53
新　疆	10130.68	8739.81	1390.87	15.91	3815.35	3065.21	750.14	24.47
合计中:								
中煤集团	15369.66	12505.25	2864.41	22.91	15369.66	12505.25	2864.41	22.91
神华集团	35695.63	32699.61	2996.02	9.16	35695.63	32699.61	2996.02	9.16
伊敏公司	1550.07	1420.27	129.80	9.14	1550.07	1420.27	129.80	9.14

（数据仅供参考）

2010年煤炭工业原煤产量续表

2010 年 12 月

	国有地方煤矿（万吨）				乡镇煤矿（万吨）			
	本期	同期	同期对比		本期	同期	同期对比	
			+.−	±%			+.−	±%
合　计	51631.04	46631.84	4999.20	10.72	120241.87	98377.87	21864.00	22.22
北　京					13.40	140.72	−127.32	−90.48
河　北	1006.70	226.90	779.80	343.68	400.02	75.96	324.06	426.62
山　西	21829.53	19197.74	2631.79	13.71				
内蒙古					50348.66	34375.95	15972.71	46.46
辽　宁	52.38	67.52	−15.14	−22.42	1000.79	864.50	136.29	15.77
吉　林	294.20	278.82	15.38	5.52	1177.80	1145.16	32.64	2.85
黑龙江	1360.22	1340.37	19.85	1.48	3321.68	2901.65	420.03	14.48
江　苏	272.00	242.33	29.67	12.24				
浙　江								
安　徽	3032.83	2673.13	359.70	13.46	431.74	444.99	−13.25	−2.98
福　建	480.53	569.03	−88.50	−15.55	1611.57	1897.10	−285.53	−15.05
江　西	396.68	457.09	−60.41	−13.22	1567.96	1541.08	26.88	1.74
山　东	4792.86	4655.45	137.41	2.95				
河　南	731.61	1267.66	−536.05	−42.29	2934.99	5476.82	−2541.83	−46.41
湖　北	172.45	157.42	15.03	9.55	1266.02	950.03	315.99	33.26
湖　南	524.38	556.45	−32.07	−5.76	4980.65	5632.42	−651.77	−11.57
广　东								
广　西	477.45	452.84	24.61	5.43	108.16	112.29	−4.13	−3.68
四　川	328.85	526.23	−197.38	−37.51	5924.30	5528.43	395.87	7.16
重　庆	57.46	33.63	23.83	70.86	2996.71	2974.59	22.12	0.74
贵　州	1284.82	754.54	530.28	70.28	11910.55	10298.30	1612.25	15.66
云　南	1574.51	1612.62	−38.11	−2.36	8014.78	7147.82	866.96	12.13
陕　西	8418.27	6922.49	1495.78	21.61	15019.63	11080.46	3939.17	35.55
甘　肃	2056.17	2027.49	28.68	1.41	923.42	505.67	417.75	82.61
青　海	866.80	665.60	201.20	30.23	792.96	911.50	−118.54	−13.00
宁　夏	445.77	402.69	43.08	10.70	355.32	241.63	113.69	47.05
新　疆	1174.57	1543.80	−369.23	−23.92	5140.76	4130.80	1009.96	24.45

备注：分省（自治区、直辖市）原煤产量均按属地统计。

2010年国有重点煤矿开拓进尺表

2010年12月　　单位：米

	本月				年累计			
	本期	同期	同期对比		本期	同期	同期对比	
			+.-	±%			+.-	±%
合　计	162258	154618	7640	4.94	1878427	1636640	241787	14.77
北京市	2056	3183	-1127	-35.41	33639	32766	873	2.66
河北省	10734	9726	1008	10.36	121823	105377	16446	15.61
山西省	23387	15554	7833	50.36	242064	158142	83922	53.07
内蒙区	976	976	0	0.00	11803	7884	3919	49.71
辽宁省	4421	4421	0	0.00	58378	65174	-6796	-10.43
吉林省	3619	3619	0	0.00	43771	40080	3691	9.21
黑龙江省	15773	15773	0	0.00	194877	201921	-7044	-3.49
江苏省	1149	2511	-1362	-54.24	22581	28326	-5745	-20.28
浙江省								
安徽省	5202	5202	0	0.00	61675	47534	14141	29.75
福建省								
江西省	3110	4309	-1199	-27.83	33692	35867	-2175	-6.06
山东省	10121	11071	-950	-8.58	138656	123281	15375	12.47
河南省	23992	21649	2343	10.82	263894	232007	31887	13.74
湖北省								
湖南省	5388	7596	-2208	-29.07	57236	49724	7512	15.11
广东省								
广西区								
四川省	3892	4359	-467	-10.71	43801	47320	-3519	-7.44
重庆市	9232	9232	0	0.00	125036	109377	15659	14.32
贵州省	2443	2162	281	13.00	28699	27398	1301	4.75
云南省	1007	1007	0	0.00	16858	18660	-1802	-9.66
陕西省	5105	5105	0	0.00	61082	46930	14152	30.16
甘肃省	1360	1300	60	4.62	17118	13573	3545	26.12
青海省								
宁夏区								
新疆区	276	276	0	0.00	7646	4762	2884	60.56
中煤集团	2293	2293	0	0.00	29012	17055	11957	70.11
神华集团	26722	23294	3428	14.72	265086	223482	41604	18.62
伊敏公司								

（数据仅供参考）

2010年国有重点煤矿洗精煤产量表

2010年12月　　单位:米

	本月				年累计			
	本期	同期	同期对比		本期	同期	同期对比	
			+.-	±%			+.-	±%
合　计	1495.10	1485.15	9.95	0.67	18705.16	16297.39	2407.77	14.77
北京市								
河北省	282.38	177.89	104.49	58.74	3358.43	2230.29	1128.14	50.58
山西省	354.62	423.02	-68.40	-16.17	4242.31	3859.33	382.98	9.92
内蒙区								
辽宁省	13.45	42.73	-29.28	-68.53	546.49	539.76	6.73	1.25
吉林省								
黑龙江省	102.37	117.30	-14.93	-12.73	1505.65	1561.60	-55.95	-3.58
江苏省	41.95	35.34	6.61	18.71	449.73	365.82	83.91	22.94
浙江省								
安徽省	93.52	73.83	19.69	26.67	1136.67	1072.37	64.30	6.00
福建省								
江西省	13.01	12.73	0.28	2.20	149.19	134.36	14.83	11.04
山东省	287.45	261.96	25.49	9.73	3119.27	2810.90	308.37	10.97
河南省	80.55	57.60	22.95	39.84	1009.78	761.36	248.42	32.63
湖北省								
湖南省								
广东省								
广西区								
四川省	15.87	2.50	13.37	534.90	315.06	316.22	-1.16	-0.37
重庆市	22.90	15.00	7.90	52.64	287.03	246.98	40.05	16.21
贵州省	45.45	68.00	-22.55	-33.16	464.72	375.10	89.62	23.89
云南省	8.53	9.15	-0.62	-6.78	142.04	145.90	-3.86	-2.65
陕西省	5.65	9.69	-4.04	-41.72	91.33	110.97	-19.64	-17.70
甘肃省								
青海省								
宁夏区								
新疆区	10.02	15.64	-5.62	-35.93	167.08	177.97	-10.89	-6.12
中煤集团	36.68	50.34	-13.66	-27.13	612.33	524.53	87.80	16.74
神华集团	80.69	112.43	-31.74	-28.23	1108.05	1063.93	44.12	4.15
伊敏公司								

(数据仅供参考)

第4章 企业安全生产工作巡礼

第4章

A 全国安全生产企业篇

2010年
中国安全生产工作手册

2010

打造百年老矿　实现自我超越

——记河南省义马煤业集团观音堂煤业有限公司董事长、总经理李中超

李中超，工商管理硕士，高级工程师、高级经济师，中国职业经理人、全国企业文化管理师、全国煤炭工业“优秀矿长”、河南省十大创新青年企业家。现任河南义马煤业集团观音堂煤业有限公司董事长、总经理。

任观音堂煤业有限公司董事长以来，他锐意打造“百年观音堂、文化观音堂、平安观音堂、和谐观音堂、创新观音堂、现代观音堂”。解放思想，大胆创新，使百年老矿发生了翻天覆地的变化，职工思想由过去的封闭、落后转变为积极进取、开拓创新，百年老矿迎来了又一个崭新的发展春天。

安全为天创佳绩

作为企业安全生产负责人，李中超全面贯彻落实安全事故“零”目标和“责任有我，我必负责；安全有我，我必安全”的理念，建立健全了“大小三防”安全工作体系，推广践行“一线工作法”，创新“24571”、“安全伙伴”和“零点行动”等安全管理形式，强化“四个一”安全培训，强力推行“三述三化一确认”，规范了干部职工的行为。建成了一、二级行人井、井底车场、工业广场、矿灯超市等一大批亮点精品工程，实现整改项目40多项，连续三年实现了矿井安全生产。

科技创新促生产

作为一名知识型矿长，李中超对人才求贤若渴。近年来，共引进吸收各类大学生40多名，建立了“多学习、能吃苦、压担子、快成长”的人才培养机制，成为煤炭系统的人才培养基地。提出了“大学生工人化、工人知识化”、“人人都是人才、个个都能成才”的人才观。开展了“千人上讲堂”活动，从领导干部到职工，人人都是学生，人人都要讲课，使每名职工的聪明才智得到了充分发挥。近两年全公司共取得60多项科学技术进步奖，解决了生产实践中的许多难题，为矿井持续发展起到了关键性的作用。

精细管理增效益

李中超结合改制后实际需要，提出“安全第一、成本领先、效益至上、职工富裕”、“一切工作都是设计和计划出来的”、“一切工作标准化、一切管理精细化、一切检查动态化、一切行为规范化”的工作理念及“四预”管理法。要求全体员工不说三句话“不知道、差不多、下不为例”，提高全体员工主动参与管理的积极性。在人、财、物、产、供、销等方面加强基础管理，开展内部市场化运作，实行预算管理，实现从粗放型向节约型增长方式的转变，提升了企业的综合管理水平。

民心工程促和谐

李中超坚持以人为本，以追求职工群众幸福的最大化为己任，不断提高员工的生活质量。共建棚改住宅楼43幢，相当于建矿100多年楼房建筑数量的2.5倍，面积的4.7倍，1820户职工家属喜迁新居，实现了多年来的梦想。

新建了矿区市场、体育中心、平安苑，改造了露天大剧场、职工宿舍等，改善了矿区环境面貌。深入开展“春风进万家”和“下访谈心办实事”活动，与困难家庭结成帮扶对子，想方设法帮助困难户脱贫致富，被职工家属亲切地誉为“企业的活菩萨”。

企业文化树形象

李中超把企业文化建设纳入长远发展规划，与企业的生产经营同步发展，整体推进。他科学定位，深挖百年老矿的文化底蕴，全力打造“百年老矿、文化大矿、人才强矿”。组织编写了《百年观音堂》系列丛书、《观音堂煤业企业文化巡礼》、《煤魂》、《煤城史话》；创刊发行了《观音信息》；创新性地开展了“三述三化一确认”、岗位军事化活动，规范了干部职工的行为；成立了乒乓球、诗词楹联、摄影、书画协会等多个群众团体组织；在网上开办了《观音文苑》论坛；每年组织开展书画展、岗位准军事化比赛、职工运动会、文艺晚会、卡拉OK大赛、安全文艺演出、演讲、诗歌朗诵、时装表演、小品大赛等活动，丰富了职工的文化生活，提高了公司的文化品位，使观音堂煤业成为豫西一大瑰宝。

“创业有起点，事业无终点”。在企业发展的浪潮中，他高举“自我超越”的旗帜，勤勤恳恳，兢兢业业，充分发挥自己的聪明才智，实现了自己的人生价值。使一个濒临破产的百年老矿焕发出勃勃生机，企业已进入一个跨越发展的快车道。

国家安全监管总局副局长、国家煤矿安监局局长赵铁锤和河南省副省长张大卫到公司检查指导工作

重矗毛泽东塑像

李中超在井下检查工作

跨越

——观音堂煤业有限公司发展纪实

董事长、总经理 李中超

党委书记、监事会主席 楚跃海

河南省义马煤业集团观音堂煤业有限公司位于河南省陕县境内，东西长3公里，南北宽6公里，井田面积10.74平方公里，以生产主焦煤为主，矿井生产能力核定为45万吨/年。

据《陕县志》记载，清朝雍正三年，这里已有开采挖煤的历史。1905年，正式向官府呈领矿照。11920年，原国民党政要张钫以民族振兴为己任，创立民生煤矿公司，也就是观音堂煤业有限公司的前身，距今已有100多年的历史。素以“中国第一民族煤矿”而为世人所瞩目，是三门峡地区工业发展的起步地。新中国成立以来，凡是运往祖国四面八方的煤炭中，有2500多万吨是出自观音堂煤业。河南省的计件工资制、货币工资制、八级工资制的政策法规都出自观音堂煤业。这里是改革开放后第一个实现扭亏增盈的国有重点煤矿，开创了第一个政策性改制重组企业不停产、零上访、创佳绩的先河。2009年8月31日完成重组改制，由观音堂煤矿更名为观音堂煤业有限公司。

近年来，该公司全体干部职工秉承“艰苦奋斗 自我超越”的企业精神，以企业文化建设为抓手，以实现“百年观音堂 文化观音堂 平安观音堂 和谐观音堂 创新观音堂 现代观音堂”为目标，自我超越、勇攀高峰，安全生产、经营管理、企业文化等各项工作呈现出蓬勃发展的喜人景象。

安全生产奠基

观音堂煤业始终牢牢抓住安全生产这一主题，构建了“1+X”长效管理机制，全力塑造本质安全员工，打造本质安全岗位，创建本质安全矿井。实施24571隐患闭合管理模式，实行人本化、流程化、准军事化管理。坚持“四位一体”设防原则，狠抓“五个到位”的安全工作思路，全力打造以责任制落实为基石的安全工作新平台。大力开展“千人上讲堂”、“四个一”、“三必提”和“温馨提示”等安全培训教育活动，从公司领导到一般家属，共有600多人走上讲堂为职工授课、16000多人次参加培训学习。

强力推行“一线工作法”，即：“领导在一线指挥、工作在一线落实、作风在一线转变、形象在一线体现、人才在一线成长、传统在一线弘扬、典型在一线推广、经验在一线总结、决策在

集团公司董事长、党委书记武予鲁到观音堂检查指导工作

现代化变电所

线问计、和谐在一线构建”。坚持做到关口前移，靠前指挥，每班都有一名公司领导下井带班，每月下井班数均达到规定要求。重点规范职工行为，大力推行“三述三化一确认”、文明生产等。加强科队级值班制度督查考核，不定时对科室、区队值班情况进行抽查，抽查结果与工资挂钩。

扎实开展质量标准化工作，按照“整体达标、局部精品”的要求，严格工程验收，全面改善井下工作环境，加快新装备、新工艺的引进和推广使用，降低劳动强度，提高工作效率。实施井下治理重点工程，形成了亮化、美化、彩色化、语音化的质量标准化新格局，潜移默化地提高职工安全意识。

配置齐全、装备先进、环境一流的职工安全技术培训中心

井下大巷

集团公司总经理翟源涛到观音堂煤业检查指导工作

庄严的廉政宣誓现场

党政领导深入棚改工地

精细管理引路

观音堂煤业精细管理，狠抓五件大事，切实提升科学发展实力。

抓生产接续，对矿井深水平煤层进行地质调查分析与评价，获得适用于机械化开采的储量，延长开采年限，提高煤炭资源回收率。抓经营管理，按时进行经营分析调研，严格成本控制。实施了煤质流程管理，提升吨煤同比售价，经济效益成倍增长。抓人才储备，建立人才队伍数据库，将30多名工作认真、业绩突出的大学生，提拔到副科级以上领导岗位，10多名工作经验丰富的普通职工，从班组长逐步培养为各级管理人员。对“明星员工”月月发放技术津贴，广泛开展“师带徒”、“技术练兵”和“拜工人为师傅与工人交朋友”活动，打造了一支过硬的人力资源队伍。抓工程建设，启动了形象工程、安全工程、民心工程等，拉长企业产业链，改善人居环境，克服资源枯竭引发的系列问题。抓项目革新。积极研究和推广科技新工艺，在工作面使用大断面锚护、大断面锚网支护、井下触控自动洒网支护、井下触控自动洒水装置和直读式测尘仪、沿空留巷技术、井下无线通讯技术等，逐步走上了循环、节约、可持续发展的轨道。

品牌文化铸魂

观音堂煤业结合自身特点，把握市场规则，制定了一系列助推企业发展的文化理念。

该公司提出“事事有管理 处处有文化”的文化创建思路，整合企业文化资源，确定了文化品牌战略，创建学习创新型、安全高效型、和谐稳定型，一切工作标准化、一切管理精细化、一切检查动态化、一切行为规范化、一切思维超前化、一切行动军事化、地面建设园林化的品牌矿区。

该公司将理念渗透、行为养成、管理推进、形象塑造等逻辑体系，纳入战略管理范畴，打造安全文化、廉洁文化、财务文化、人才文化、历史文化、亲情文化为一体的企业文化体系。大力实施人才强企战略，提出了“人人都是人才、个个都能成才”的人才培养理念和实行“压担子、

意气风发的职工队伍

观苑新区搬迁入住仪式

风景如画的文化苑

打板子、架梯子、抬轿子”培养模式，为职工成长搭建平台，涌现出了全国煤炭工业优秀矿长李中超、河南省劳动模范谷胜利、河南省煤炭系统优秀班组长孙崇义、三门峡市“工人先锋号”一采队等一大批先进集体和先进个人，为企业的安全、健康、持续发展提供了人才支撑。

观音堂煤业立志“让职工群众充分享受改革发展成果”、“建设花园式矿区”的长期发展规划，三年来，仅地面环境绿化就投入资金800余万元，修建了文化苑、平安苑、文化长廊、体育中心，新建职工培训室，开设职工阅览室、游艺室、棋牌室等，装修改造“两堂一舍”，实施棚户区改造工程，新建成住宅楼43栋，入住1820户，解决了职工住房难问题。新华社、河南电视台、三门峡电视台等主流媒体多次到该公司实地采访。

企业先后荣获全国煤炭工业“先进煤矿”、“中国文化管理典范单位”、“中国安全文化示范单位”、“河南省文明单位”、“河南省管理创新最佳企业”、“河南省特级安全质量标准化单位”、“河南省质量信得过企业”、河南省煤炭系统“文明单位”、“三门峡市五一劳动奖状”、“三门峡市职业道德先进单位”、“三门峡市诚信单位”等殊荣。

温馨和谐的平安苑

美丽如幻的矿区夜色

地址：河南省陕县观音堂镇　邮编：472123　电话：0398-5802420

兖矿集团济宁三号煤矿

深化"3+6"安全文化建设 构建安全长效机制

矿长**吴向前**全国煤炭工业双十佳矿长、山东省优秀企业家

党委书记**盛春海**全国煤炭系统石圪节精神奖获得者、山东省优秀思想政治工作者

兖矿集团济三煤矿是国家"八五"重点建设项目，国内第一座集煤、电、港于一体的现代化井工煤矿。核定生产能力700万吨。济三煤矿在建设发展过程中，始终坚持"安全第一"的指导思想，立足安全管理超前预防这一课题，探索实施了以人为本、安全为天、预防为主"三为"为核心，预教→预测→预想→预报→预警→预控"六预"为运作流程的"3+6"安全文化管理模式，初步构建了安全生产长效机制，有力推动了矿井安全发展。

一、提升境界，探索创新，潜心打造"3+6"特色安全文化

把安全生产的具体工作上升到文化层面，是济三煤矿立足实际，适应新形势，加强安全工作的一种思维和实践上的创新尝试。济三煤矿作为投产时间相对较短的矿井，安全基础相对薄弱：职工队伍构成复杂，安全素质参差不齐；地质构造极为复杂，地质自然灾害给安全生产带来极大威胁；前进式开采环节越来越多，系统越来越复杂，不利于安全管理。针对这种实际，起初我们在依法管理、科技兴安、严格奖惩上采取了一系列积极措施，取得了一定成效。但仍有个别职工"有章不循"、"有禁不止"、"对法规制度执行上存在逆反心理"等现象，给安全生产带来了较大威胁。深刻反思，我们认识到：安全生产的核心是人，要实现矿井本质安全，必须用先进的安全文化来培育全员安全价值观，规范安全行为，建设本质安全型的员工队伍;必须构建预防为主的安全长效机制，通过防在前，牢牢抓住安全管理的主动权。为此，围绕建塑以人为本、预防为主的安全文化，学习先进，积极探索，系统挖掘，整合形成了独具特色的"三为六预"，简称"3+6"安全文化管理新模式。"三为"体现了生命至高无上的安全管理理念，旨在为职工创造安全、健康、舒适、高效、文明、和谐的工作生活环境；"六预"递进式、立体化事故隐患防控体系，落实于安全管理的全过程，实现安全管理的超前主动。

二、超前预防，闭环控制，将"六预"融入安全管理全过程

将"六预"纳入安全管理的全过程，使之具体化、系统化，无形变有形，做到超前预防，闭环控制，层层实施，环节不漏，"六预"逐步成为了干部职工基本的安全行为习惯。

现代化调度室

（一）实施预教，增强全员安全意识和业务技能素质。创新实施“831”安全教育方法。“8”：即完善了环境、亲情、联手、安全主题、案例警示、“三违”惩戒、安全诚信、身心调适安全教育八项制度；“31”：即一季一主题、一月一活动、一天一内容的安全宣教工程，通过灵活开展算安全“五笔帐”、“三算三比”、案例警示教育等形式，培育了全员安全价值观念。深化拓展“四种”安全培训方式。深化“四五”级联动培训，区队充分利用多媒体、网能大学等手段，有针对性开展自主培训，实现了集中培训与自主培训一体化。开展“实景”培训，依托一流的三级安全教培基地，职工在地面就可模拟井下环境进行实际操作演练。实施现场“说教培训”，各级专业技术和管理人员深入现场，对照规程措施和操作标准，边讲解、边示范、边模拟，使职工能够快速准确掌握本岗位安全技能。强化岗位培训，不间断开展全员岗位练兵、技术比武活动，突出区队长、班组长“两长”、安监员、质检员、特殊作业人员“三员”培训，提升了干部的安全问题超前分析判断、动态管控、制度落实“三种能力”，职工的隐患辨识、标准操作、应急处置“三种能力”。

（二）实施预测，超前排查发现各类危险因素。用科学化、系统化、定量化的方法，对矿井安全状况、现场危险源进行动态分析预测，及时预知各类隐患。分级预测排查隐患。建立了矿、专业、区队、班组、岗位五级隐患预测排查制度，每月由总工程师组织一次全矿范围隐患预测排查，统筹把握安全重点和薄弱环节；每周由副总工程师组织一次专业隐患预测排查，明确本专业安全管理的难点要点；区队每天、班组每班动态进行隐患和安全不放心人排查，岗位职工围绕作业环境、生产系统、施工工序、设备工具、操作方法、人的不安全行为等方面开展隐患自查，及时发现和消除动态作业过程中的隐患。落实各级安全主体预测责任。创新实施《区队长安全不放心事落实整改卡》、《支部书记安全不放心人监督教育卡》、《管理人员现场走动式写实本》、《班组长工作写实记录》，对“物”和“人”的隐患排查分头落实责任。强化管理人员现场“三查两盯一问询”责任落实，干部下现场必须查改作业环境隐患、查系统设备运行状况、查人员作业状态，盯特殊施工环节、盯重点隐患整改过程，对岗位人员进行安全提示、警示、问询；安监员、跟班区队长、班长作业前进行“三位一体”安全隐患检查确认，确认具备安全条件后方可作业。推行班前职工个人安全能力评估“十测”，强化了个人心理提醒和行为防范。

（三）实施预想，动态弥补预测结果的缺失。充分发挥全员主观能动性，对各生产工序、环节认真分析，想象工作流程中可能出现的危险及后果，提出针对性防范措施，动态弥补预测结果。实施“开放式”预想。区队管理人员、班组长利用每周一次的安全活动日对施工组织、技术措施的合理性、针对性、实用性进行“开放式”预想，及时查找和改进安全管理和技术措施不足；职工利用每天班前班后会对现场实际情况进行预想，相互提醒安全注意事项。开展“针对性”预想。围绕作业程序、设备工具、现场环境等要素，岗位人员现场开展全方位、全覆盖“针对性”预想，通过对作业流程的“过电影”，想象本岗位可能出现的安全问题，填入“岗位安全预想卡”，预知安全风险，实施安全作业。组织“走动式”预想。安全管理人员在现场监督检查过程中，想象作业环境、作业过程中可能产生的危险因素，填入“安全预想牌板”，给作业人员以提示提醒。

（四）实施预报，把预测预想结果准确及时传输给相关单位及个人。对预测预想出的安全隐患或危险性问题，通过“五级”预报，让有关单位和个人超前掌握各类风险隐患和防范措施。一级预报。利用井口电子屏对矿排查的重点隐患随时预报；通过调度信息系统、内部办公网络、手机短信平台等现代传输手段，对井下地质灾害、极端天气等突发危害及防范措施，第一时间预报到有关单位、人员。二级预报。通过54种预报表将专业排查的隐患及时预报给区队。三级预报。在区队会议室设置“预报看板”，由值班区长将当天排查的隐患、预想的风险随时预报到班组和个人。四级预报。在作业现场设置“预报牌板”，由当班班长将排查的隐患预报给全班现场职工。五级预报。职工将本岗位预测预想的隐患预报给跟班区长和周围作业人员，互相提醒。通过全方位、全过程的“五级”预报，使干部职工养成了像关心天气一样关注安全的良好习惯，自觉撑起了自我保护的“安全伞”。

2010年2月8日中共中央政治局委员、国务院副总理张德江亲临矿井视察安全生产工作

“3+6”安全文化再教育

井口视频教育

（五）实施预警，对预报出的各类安全风险隐患及时警示。对预报反映的安全风险隐患，整理分类，采取针对性的预警措施，强化对“人”的警示。思想意识警示。建立了严格的安全奖惩制度，对违章行为、严重隐患公开剖析、处理，对违章党员给予组织谈话、纪律处分，利用经济处罚、行政问责等多种手段对各类人员进行警示。针对节假日等薄弱时段，强化案例剖析警示，消除松懈麻痹思想。视觉听觉警示。完善井下安全视觉听觉系统，通过语音、声光、标识牌等对危险性区域、设备进行警示。统一配备了不同岗位不同色彩标示的工装。对危险性的设备、设施喷刷各种醒目颜色，对特殊作业、重大隐患地点悬挂“安全警示牌”；对危险物品分类存放、标示清楚，提醒使用人员注意。完善井下避灾标识，特殊情况下给现场人员以应急指示。

（六）实施预控，提前消除安全隐患和危险因素。通过人、技、物、环各种预控形式，动态控制和提前消除预测、预想、预报的各类危险因素。

煤矿巷道内的高速公路

井下无轨胶轮车

抓行为预控。始终把人的因素作为安全生产的决定因素。重抓职工安全行为规范，制定实施了《下井人员安全行为规范》及《准军事化管理条例》；建立了“两卡一册”，预警预教卡、安全确认卡和涵盖9项内容、87个岗位工种的精细标准手册，推行“十六字”手指口述安全确认作业程序，培育了职工“预测隐患、预想风险、确认安全、标准操作”的良好习惯。重抓干部安全责任意识培育，完善实施安全绩效考核制度，建立了干部安全绩效档案，实行季度排名、末位通报，并将干部安全绩效作为晋级提拔、薪酬分配的主要依据。重抓全员安全自律习惯养成，创新实施安全诚信管理，建立了全员安全诚信缺失不良记录档案，对干部、职工不良安全行为进行积分写实；开展“五级”安全双向承诺，逐步培育了全员“我要安全、我讲诚信”的安全价值观，促进了全员行为自觉自律。

抓制度预控。完善了安全生产行政问责办法、经济量化考核办法，细化了人身和非人身事故的惩处标准，实行安全问题责任追究与经济处罚“双考核”。实施安全超前问责追究机制，加大了隐患整改率、隐患重复发生率、“三违”比率“三率”量化考核力度。创新实行隐患市场化管理，把市场买卖机制引入隐患排查整改全过程。制定了《加强特殊作业安全监管的特别规定》，对现场重大隐患、特殊施工、突发情况等重点，重新明确了汇报程序、处置措施、监管责任。建立完善了“安全责任四联挂”、“四级安全专盯”、“安全四个网络”“三个四”的责任落实过程管控体系，强化了安全责任、安全制度的全过程落实。

抓技术预控。加大科技投入，围绕制约安全生产的技术难题积极开展技术攻关，累计投入科研、技改资金2.5亿元，开展了700余项课题研究。国内第一套冲击地压实时在线监测系统的开发投用，引进波兰微振监测系统，初步实现了对冲击地压的实时监测和超前预警，提升了矿井防灾抗灾能力。完善技控手段，建成了信息化与自动化高度集成的安全监测监控系统和生产调度指挥系统，提升了安全技术保障能力。

抓硬件预控。坚持管理、装备、培训并重，加大安全投入，开展设备升级改造，引进应用了无轨胶轮车、工作面顺槽自移式超前支护液压支架、液压钻车岩石快速掘进作业线、工作面顺槽运输单轨吊，提高了现场作业的机械化、自动化水平；建立了矿井综合信息平台，对安全信息隐患及时预报，闭合管控；完善了安全环境监测、冲击地压监测、井下无线通讯、人机定位、气象信息预报预警、井下水仓、地面降雨量观测系统，实现了井上下各类灾害隐患预测预报；应用了井下无线通讯、人机定位系统，实现了井下人员、机车轨迹查询和跟踪定位。整合生产集中控制系统，实现了皮带运煤量、提升量、仓储量等生产参数的动态显示和实时预报，以及供电、排水、通风、提升运输、洗选、污水处理等系统主要运转设备的工况监测和远程集中控制。

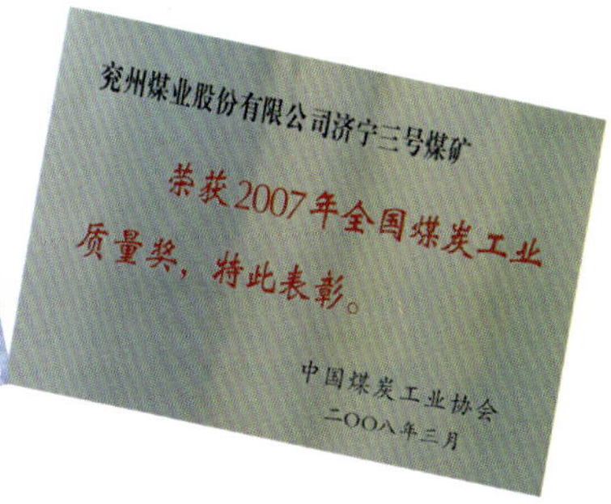

抓环境预控。推进安全精细管理，建立了理念、标准、考核于一体的精细化管理体系，积极推行走动式管理、编码定置管理等方法手段，逐步实现了标准精细化、管理精细化、行为精细化、监督检查精细化、考核奖惩精细化。加强“双基”建设，建立了区队班组建设“566”模式，明确了创建“安全质量型、创新创效型、责任落实型、学习管理型、文明和谐型”“五型”班组、打造“学习力、决策力、管控力、执行力、创新力、聚合力”“六力”班组长队伍目标，完善了制度保障、选拔聘任、引导激励、教育培训、创新实践、评价考核“六项机制”，区队班组自管自治水平明显提高。深化安全质量标准化建设，实施安全质量管理一查、二改、三惩处、四交流“1234工作法”，建立清洁生产标准，完善乘车、洗浴、就餐、住宿等标准化设施，为职工创造了舒适的工作生活环境，对职工心态产生了良好影响。

三、系统推进，沉底求实，追求“3+6”安全文化管理最佳成效

安全文化建设作为一项系统工程，关键在于持之以恒、精益求精地抓建塑。在推进实施“3+6”安全文化管理模式的过程中，为保证“六预”流程闭环落实，建立了制度保障和责任落实体系，制定完善了安全监督检查、安全不良行为积分考核、安全生产奖惩条例等52项支持性制度，严格落实了决策管理层、专业技术指导层、组织落实层、现场实施层等各级责任，将“六预”实施过程和结果纳入日常检查考核，并不断完善、深化，真正使“3+6”安全文化管理模式实施有形、落实有果，变为了干部职工共同的价值标准和行为规范。经过几年来的实践，已得到充分检验，取得了初步成效。

一是激发了学习力，队伍整体素质明显提升。广大干部职工“我要安全”的意识更加强烈，自动自发学业务、练技能的主动性空前高涨，2005年以来，新增高级技师67名、技师110名、高级工558名，8名职工荣获全国百名优秀矿工、全国煤炭系统专业拔尖人才、省市首席技师、省杰出青年岗位能手称号。二是激活了创新力，科技保安兴矿取得新成效。取得各类科技成果661项，74项获集团公司及以上奖励，13项自主发明获国家专利。其中，“W8型防爆低污染悬挂式胶轮车”、“煤矿安全文化管理模式研究与实践”分别被评为全国煤炭工业科技进步一等奖、二等奖，“放顶煤工艺条件下上行开采技术研究与应用”获山东省煤炭工业科技进步一等奖。连续四年被评为全国煤炭工业科技创新型矿井。三是提升了管控力，安全形势持续稳定。矿井安全管理实现了由单一制度管理向制度与文化管理并重转变，由事后补救向超前预防转变，促进了安全形势持续稳定，截至5月25日，矿井实现连续安全生产1874天。2010年2月8日，中共中央政治局委员、国务院副总理张德江莅临矿井视察安全生产工作，对矿井安全管理特别是“三为六预”安全文化给予了充分肯定。四是催生了发展力，和谐发展展示新形象。稳定的安全形势促进了矿井和谐发展，累计产煤6916万吨，实现销售收入243亿元，利税130亿元，矿井荣获全国安全文化建设示范企业、全国煤炭工业特级安全高效矿井、全国煤炭工业企业文化示范矿、全国安全文化管理典范单位、山东省安全文化建设示范企业等150余项省部级以上荣誉称号。

安全工作无止境。济三煤矿虽然在安全文化建设上进行了一些探索和实践，但与上级要求、与先进单位相比，还有较大差距。在今后工作中，将认真贯彻落实各级安全指示精神，深入推进安全文化建设，强化安全基础管理，努力实现矿井安全持续发展。

意气风发的矿工

安全生产月启动大会

现代化的综采放顶煤工作面

地址：山东省济宁市任城区石桥镇　邮编：272169　电话：0537-2628168

“转变方式”十句谈

神华神东上湾煤矿矿长　王国力

上湾煤矿矿长王国力在综采工作面工作照

在神东贯彻落实神华集团“十八字”发展战略方针之际，神华集团公司又向我们提出了贯彻落实国家“加快转变经济发展方式”的号召。这是神东作为神华集团的核心子公司的光荣使命，更是公司必须坚决落实好的一项重要工作。这是公司和矿上的一个重大发展机遇，也是一次管理革命，必将有力推进我们管理方式的转变。根据工作实际，矿里在转变经济发展方式上有十个方面的新思路和举措。

首先要把转变经济发展方式的概念、意义和目的宣贯到全体员工；二是要在公司领导下结合矿上实际制定好本矿的实施规划；三是要把规划细化分解，形成具体实施办法；四是要根据细化分解的实施办法按照专业业务把责任分解到各部门和单位；五是要按照人身安全、工程质量、煤质、煤矿综合效益（兼顾社会效益和经济效益）和员工职业发展的顺序去研究部署各项相关工作；六是要在公司领导下以科技为龙头结合矿井实际着力推进新材料、新技术、新工艺在矿井的应用；七是要建立员工尤其是各级干部日常培训机制，不断提升他们贯彻落实公司和矿上“转变经济发展方式”各项政策的综合素质；八是要在公司领导下结合本矿实际把握好实施规划和实施办法的实施节奏和力度，确保积极稳步推进；九是要与公司有关部门保持密切联系，及时接受他们的指导，确保实施进程少走弯路；十是要经常与兄弟煤矿交流切磋，虚心向他们学习，做到取长补短，携手并进。

平安大道通上湾

——中国神华本安一级单位神东上湾煤矿纪略

中国煤炭工业协会副会长兼秘书长姜智敏（左3）2010年6月18日考察上湾煤矿 矿长王国力陪同

徐才厚在上湾煤矿考察，王国力介绍情况

上湾煤矿位于内蒙古鄂尔多斯市乌兰木伦镇，是神华神东煤炭集团公司的千万吨级骨干矿井，井田面积61.8平方公里，可采储量8.3亿吨。1987年8月5日开工建设，初期设计生产能力为年产60万吨。从2000年开始，矿井经3次改扩建，到2003年11月份建成千万吨矿井，目前核定生产能力为1400万吨。

我们正在走进上湾，走进中国最先进、最安全的煤矿。

我们和这里的矿工一样，乘坐井下专用防爆无轨胶轮车，沿着被称为“地下高速公路”的巷道前行10多公里，再经过简短的步行，就来到了这个矿的综采工作面。

这里就像是一座钢铁铸就的地下长廊：180台国产6.3米大采高液压支架，在300多米的采煤工作面上傲然挺立。从国外引进的大功率双滚筒电牵引采煤机，在厚厚的煤壁上往返穿梭，每分钟平均生产原煤40吨，通过电液阀，液压支架实现了自动编程控制；配套的刮板运输机、破碎机、转载机与采煤机、支架联动，实现了生产的自动化；工作面顺槽输送系统采用胶带输送机，小时运输能力达2500吨，原煤通过长达数十公里的运煤大皮带，以每小时4500 吨的流量源源不断地输送到地面选煤厂，经过洗选的精煤再通过皮带传送到快速装车站，以45秒1节的速度完成装车作业。生产、运输、装车，流水作业、一气呵成，构成了神华神东现代化的煤炭生产运输画面。

自动化装备把矿工从繁重的体力劳动中完全解脱出来。采煤工只需操作遥控器就可完成生产环节的控制。一个班只有生产工人8名，综采队全员41人，全矿300多人，是国内相同规模煤矿定员的1%；全员工效、回采工效分别达到160吨/工、859.47吨/工，是国有重点煤矿的33.33倍、43.93倍，是美国、澳大利亚等先进采矿国家的2—3倍。

掘进系统使用连续采煤机，配套梭车、锚杆机，实现了长壁工作面煤巷快速掘进，保证了生产及时接续；辅助运输实现无轨胶轮化，为井下大型设备的安装、工作面搬家带来了革命性突破；井下供电系统达到10千伏电压，实现了地面箱变移动供电，有效满足了大功率设备的供电需求。

上湾煤矿按照神东“生产规模化、技术现代化、队伍专业化、管理信息化”的发展模式，坚持解放思想、自主创新，不断提升矿井的现代化水平。

优化盘区布置，坚持矿井大型化、系统最简化，为矿井实现由60万吨向1000万吨的成功跨越奠定了重要基础；采用平峒、小倾角斜井综合开拓方式，降低了万吨煤掘进率；推行长短壁结合开采，创新了大采高、加长、重型工作面；专业化队伍应用辅巷多通道快速搬家倒面工艺，实现了搬家倒面不停产……

走进上湾煤矿，还让我们见识了最安全的矿井。上湾煤矿不仅是神华集团公司安全质量标准化样板矿井，也是全国煤矿本质安全管理体系试点矿。2007年，由国家煤矿安全监察局和神华集团公司组织的“煤矿本质安全管理体系”试点工作在上湾煤矿进行，研究成果已在全国重点煤矿推广运用。到2010年3月3日，上湾煤矿连续11年安全生产无事故，创国内井工煤矿安全生产新水平。

上湾煤矿也是神东管理信息化的成功示范。

走进矿生产调度指挥中心，信息化的气息扑面而来：这个全矿信息化管理的核心“中枢”，集煤矿调度管理、信息汇总共享、实时监测监控为一体。

生产自动化控制系统可实现对井下主运输系统、供排水设备、各变电所停送电的远程控制和地面仓存、洗选系统、装车外运参数的实时监控。当设备发生故障或异常时，会自动报警，并显示故障类型和具体位置，方便了故障排除。

安全监测监控系统与神东安监局联网，可以实时监测井下一氧化碳、二氧化碳、甲烷、氧气、温度等具体数值。出现有害气体超限、监测分站断电、断线等故障时，系统自动报警，并显示故障类型和具体位置。

工业电视监视系统可实时监测地面场区、井下各皮带机头、机尾、综采工作面的运行情况。

综采面生产设备数据采集系统可以实时采集综采工作面的推进度、支架的初撑力、煤机的行走位置、三机和泵站控制开关的状态等信息，方便了现场的调度指挥。系统与神东本质安全管理体系信息化系统联网，公司决策、管理层可以在异地调取、分析实时数据。

井下人员定位系统实时动态掌握井下人员、车辆的运行轨迹，实现人员及车辆的可寻迹管理；井上下采用小灵通无线移动通讯，实现了信息的全覆盖。

综采一个班，带班队长带领班长及工人8名，入井前检查完随身安全设施后作安全宣誓

上湾煤矿辅运平硐井口及工业广场

上湾煤矿也是神东管理信息化的成功示范。

走进矿生产调度指挥中心，信息化的气息扑面而来：这个全矿信息化管理的核心“中枢”，集煤矿调度管理、信息汇总共享、实时监测监控为一体。

生产自动化控制系统可实现对井下主运输系统、供排水设备、各变电所停送电的远程控制和地面仓存、洗选系统、装车外运参数的实时监控。当设备发生故障或异常时，会自动报警，并显示故障类型和具体位置，方便了故障排除。

安全监测监控系统与神东安监局联网，可以实时监测井下一氧化碳、二氧化碳、甲烷、氧气、温度等具体数值。出现有害气体超限、监测分站断电、断线等故障时，系统自动报警，并显示故障类型和具体位置。

工业电视监视系统可实时监测地面场区、井下各皮带机头、机尾、综采工作面的运行情况。

综采面生产设备数据采集系统可以实时采集综采工作面的推进度、支架的初撑力、煤机的行走位置、三机和泵站控制开关的状态等信息，方便了现场的调度指挥。系统与神东本质安全管理体系信息化系统联网，公司决策、管理层可以在异地调取、分析实时数据。

井下人员定位系统实时动态掌握井下人员、车辆的运行轨迹，实现人员及车辆的可寻迹管理；井上下采用小灵通无线移动通讯，实现了信息的全覆盖。

（高越胡供稿）

上湾煤矿综采工作面

上湾煤矿信息化的生产调度集控中心

地址：内蒙古自治区鄂尔多斯市伊金霍洛镇乌兰木伦镇　邮编：017209　电话：0477-8218029

实行"三化"并进，筑牢安全基础

铁煤集团大平煤矿安全文化建设情况

矿长　刘长海

党委书记　王永权

铁煤集团大平矿于2004年10月15日正式投产，属高应力、强膨胀、极软岩和水库下开采矿井，现有员工1865人，核定生产能力405万吨的现代化矿井。2006年以来，我们以人本管理为核心，以塑造本质型安全员工、建设幸福家庭和构建和谐煤矿为目标，实行亲情安全文化、"五精"管理文化、安全行为文化"三化"并进，依靠文化力增强现场力，提升执行力，促进了矿井安全发展。矿井连续五年消灭了重伤以上人身事故及非伤亡列级事故，利润每年超过4亿元，2010年实现利润6.2亿元，各项经济技术指标创造了全国同类型矿井新水平，走出了一条安全高效的和谐发展之路。我们的主要作法是：

一、建设亲情安全文化，激发员工"我要安全"的内在动力

从2006年开始，我们大力开展亲情安全文化建设，立足用亲情的感染力激发员工安全生产的内在潜能和动力，使员工的安全责任意识得到了较大提升，通过几年来的努力，逐步形成了"企业和谐发展，家庭幸福平安"的企业安全愿景，"温馨的家源于安全的你"的亲情观，"我的生命我来负责"、"安全为我，我要安全"的员工自主安全观，营造出了安全生产的和谐环境。

共同愿景：企业和谐发展 家庭幸福平安

文化长廊

集体升入井

我们采取定期把员工家属、子女请到矿里参加班前会，以班组为单位举办员工家属座谈会，开展家属与员工的互动，让家属讲当好贤内助的做法和体会，讲对员工的安全期望，与员工亲切交流。我们把安全事故案例制作成警示教育片，在班前会上对全体员工进行播放，然后因势利导，开展“三笔账”专题教育，引导员工算“三违”或发生事故后给员工身心健康、家庭收入、企业声誉带来的损失，组织员工围绕“如何对安全是家庭幸福的保障这句话的理解”，“怎样担负起家庭幸福的责任？”等话题进行讨论，不仅使员工看到了自身的损失，更感到了自身在安全生产中的责任所在。

矿党委把传统文化融入安全思想教育。从2009年以来，矿领导组织干部工人学习《弟子规》、《孝经》，通过班前会、安全大讨论、专题辅导等形式，引导广大员工重点领会“身有伤，贻亲忧，德有伤，贻亲羞”、“百善孝为先”等古训中的深刻道理，引导员工敦伦尽份，做人做事，懂得孝、悌，讲诚信、讲仁爱。此外我们还就“什么是幸福？矿工应该树立什么样的幸福观？”，“从矿工的角度谈对孝道的理解”等话题进行每周一题讨论，使员工认识到，按章操作就是善，保障自身安全就是孝，就是家庭幸福，从而树立正确的亲情观、幸福观。

开展“唱亲情歌曲，谈安全责任”活动。我们在组织每个家庭成员传唱亲情歌曲并体会家庭生活的温馨、幸福、快乐的同时，围绕实现安全生产与员工个人所肩负的责任，安全生产与每个家庭成员之间的关系等内容谈认识、谈体会，激发和唤醒员工心中内在的安全生产愿望。在此基础上，我们开展了长期的温馨家庭DV展播活动，让员工家庭在自己演自己的过程中，既提醒了自己又昭示了他人，把自身的安全与家庭幸福平安紧密结合在一起。

营造浓厚的亲情文化环境和氛围。我们在全矿员工家属中开展了亲情寄语、家书征集活动，将亲情寄语、家书的作者请到矿里，在工业广场、班前会、井口、候罐室为员工演讲，并将获奖寄语、家书汇编成册，制作成台历发放给员工家属，把员工的亲情寄语配上员工家庭的温馨画面制作成灯箱、牌板分别悬挂在井下轨道大巷，人车站、候罐室及地面工业广场，形成了“六个一”亲情文化工程。我们还分别在井上下安装了音响系统，利用员工升入井和休息时间播放轻音乐；在副井口安装了员工亲人安全嘱托视屏系统，同员工入井定位仪信号同步输出到井口视频上，员工携带个人信息卡升入井时，与其相对应的亲人的身影和亲情嘱托视频就会出现在井口大屏幕上，提示员工在工作中牢记亲人嘱托，遵章让家人少一丝牵挂，平安让家庭多一份幸福；邀请员工家属录制了安全提醒语音，配以温馨音乐制作成音频文件，在员工岗位“三三整理”过程中，利用井下载波系统播放当班员工家人的安全嘱托。这些在家庭和企业之间构筑起的全方位亲情安全文化环境，以全方位的视听觉冲击，起到了长期的引导教育作用，让员工领悟到了“安全为我，我要安全”这一理念的内涵，并转化为一种责任自觉遵循。

二、建设“五精管理”文化，提升现场安全管理水平

近年来，我们结合矿井实际，把“五精”管理导入现场，落实到区队、班组和每个人，实现了安全生产由粗放管理向精细管理的转变。

第一，健全安全责任，奖惩制度，推进安全文化建设。我们从岗位做起，建立健全了每个人、每件事、每一物、每一处、每一时的“5E”工作标准，做到工作质量、数量、安全等内容人人、事事、时时、处处有标准。把安全生产纳入规范化、制度化、科学化管理，形成具有大平矿特色的安全制度文化。

第二，建立干部走动式管理机制。结合生产实际和安全需求，经过不断总结探索，从增强管理人员走动管理积极性出发，自主开发应用了“大平煤矿走动式管理系统”，管理人员走动式管理实行闭合管理法，在点、线、面的空间上定级确认，在时间上按时间段进行分解，达到无盲区、无死角、无漏洞、零距离的现场流程控制。在隐患的查出、处置、反馈、考核、讲评五个环节，形成了严密的闭环整改考核体系，使现场管理更加科学规范，促进了安全工作稳步发展。此外，我们还把奖惩机制引入走动巡查管理，实行了《安全隐患定价排查办法》。即在不增加安全奖数额的基础上，把机关管理人员每月奖金的30%拿出来作为查处隐患的奖励基金，按查处隐患大小制定奖励金额，对发现重大隐患、避免重大事故的，另行重奖，实现了巡查次数有要求、隐患查处有定价、查处成果有奖励、工作失职有处罚。这一隐患排查量化、价值化管理，进一步增强了走动巡查人员的排查隐患的责任感和积极性。得到了中煤政研会的高度评价并在全煤系统推广。

第三，开展了以“星级安全员工”评比为内容的素质金字塔磨练。从2006年开始，我们以正向激励为主，在生产一线和生产辅助单位开展了“星级安全员工”评比活动，这种机制采取了循序渐进、螺旋式上升的评比办法，让员工自己推着自己攀升。四个级别的星级员工佩带醒目的星级标志，按星级每月兑现相应的奖励标准，星级越高、奖金越多。精神和物质的双重激励，极大地激发了员工争“星”的热情，使星级高的员工产生一种荣耀和自豪感，无星和星级低的员工产生一种奋起直追的动力。从而建立了正激励和负激励融为一体的，强制约束和教育引导有效渗透的内部安全管理激励机制，为员工提升安全生产素质搭建了平台。

无人值守的机电硐室

揭牌仪式

生产集中控制指挥中心

三、建设安全行为文化，提升员工队伍执行力。

近年来，我们注重员工的行为养成，加强行为文化建设，以文化力推动执行力，以执行力提升战斗力。

坚持思想与行为并重，教育与养成并举，加强员工安全培训，提高员工安全素养。我们从安全知识到业务技能，采取每日一题、每周一课等培训方式，进行一些列内容的全员培训学习，同时重点抓好特殊工种作业人员、主要技术工种、新工人等人员业务素质的培训工作，改善不安全行为习惯，增强对危险源的识别能力和规避安全风险的能力。为提高安全教育质量，我们为基层区队会议室安装了液晶电视，进行班前安全视频教育。为各区队安装了投影仪、配备了笔记本电脑，将岗位操作规程、事故案例制作成动画演示对员工进行培训，优越的条件使班前安全教育效果得到显著提高。

无人值守的中央变电所

安全确认

综放工作面

五精管理示范段

强化行为约束，用刚性的制度与行为控制，培养员工良好的作业习惯。制定了员工基本行为规范、员工文明礼仪、井下文明生产、道路交通行为等10项准军事化管理行为规范，严格员工的日常行为、着装穿戴、坐姿行走、文明用语等方面的要求，使员工自觉做到井上井下列队行走、乘车乘罐自觉排队，养成良好的工作和生活习惯。全矿生产岗位全面推行了安全确认、手指口述、三三整理“三项制度”，在各关键生产岗位推行了联合操作确认制，各重点岗位均在每次作业前进行预想、预知、预测、预防“四预”安全确认。建立完善了安全监测监控系统，井下人员考勤定位系统。一系列行为规范的落实，确保了执行力工作的精细化管理，程序化控制，规范化运作，减少了不安全行为。

近年来，我们通过大力开展安全文化建设，极大提升了矿井安全管理水平，2009年、2010年先后被中煤政研会命名为“企业文化示范矿”和“五精管理样板矿”，今年四月份，被国家安全监察总局命名为全国安全文化示范企业。当然，这些只是我们在安全文化建设上的一些探索和尝试，今后，我们将在虚心向先进企业学习的基础上，继续创新和加强安全文化，打造安全高效现代化矿井，为企业安全发展、和谐发展再做新贡献。

地址：辽宁省调兵山市　邮编：112700　电话：0410-6842342

山西兰花科技创业股份有限公司
大阳煤矿分公司

大阳煤矿分公司是山西兰花科技创业股份有限公司的重点骨干煤炭企业，全国安全质量标准化高效矿井。现有员工2300余人，固定资产4.37亿元，生产能力达150万吨/年。

矿井采用综合机械化放顶煤开采技术，装备了安全生产监测监控系统，生产工艺先进，装备、设施完善，机械化程度高，集煤炭生产、洗选加工、装运为一体。

建立了持续有效的ISO9000质量认证体系，每年可提供商品煤150万吨，其中：0－15mm末煤90余万吨，16－30mm洗精小块和30－80mm洗精中块50余万吨，煤质优良，九级无烟块煤曾获得“山西省人民政府优质产品奖章”。商品煤具有固定炭高，发热量高，机械强度高，热稳定性高和低硫、低磷、低灰分、低挥发性等“四高四低”的良好特性，广泛用于电力、冶金、化工、建材等行业，更是化肥厂、冶炼厂的优质用料。

2007年，“斜撑式支架”获实用新型授权专利，“可脱水胶带输送机（发明）”及“可脱水的胶带输送机（实用新型）”获受理专利。2008年，“综放工作面收尾中顶板支护构件”获实用新型授权专利。“孤岛工作面开采技术研究”通过省科技厅科技成果鉴定，研究成果达国际先进水平。2009年，“沿底巷道松软顶煤预注浆固化技术研究”获得山西省科学技术奖科技进步类三等奖及国家安全生产监督管理总局安全生产科技成果二等奖。“孤岛综放沿空顺槽稳定机理及控制技术研究”项目获“中国煤炭工业协会科学技术奖三等奖”。“铁路快速装车计量添加装置”获实用新型专利。2010年，井下运输大巷大型设备调头设施、锚索断裂防射保护装置、斜井人车脱钩试验装置，已由国家知识产权局受理。

先后荣获全国煤炭工业“双十佳”矿井、“安康杯”明星企业、和谐企业、安全高效矿井等称号，连年达安全质量标准化一级矿井标准。

共谋“十二五”发展大计

副市长王树新莅临大阳矿检查指导

股份公司董事长郝跃洲在大阳矿调研

股份公司总经理陈胜利视察大阳矿西风井生命工程

和谐矿山曲　安全奏强音

近年来，依托兰花公司跨越发展的良好机遇，大阳煤矿始终保持强劲发展的旺势，取得了巨大进步。短短几年时间，实现了“30－90万吨，90－150万吨”两级跨越；产销量、综合成本、生产成本、安全指标、工效等经济技术指标连年保持兰花公司较高水平；安全形势越来越好，管理水平越来越高，企业规模和现代化水平得到显著提升，受到了广泛关注和普遍赞誉。

一、依托新工艺，突出科技保安。

大阳煤矿以创建“安全高效”矿井为目标，科学谋划，周密部署，推进采煤方法改革，加大技改投资力度，广泛应用新技术，大力推广新工艺，不断提高矿井的科技装备水平。

以“150万吨/年煤炭高效机械化矿井建设”为主线，从三大工艺四大系统着手，全面提升矿井机械化、自动化、现代化水平。总投资1.15亿元顺利完成150万吨/年高效机械化矿井建设，实现了当年投资当年达产达效。装备了两套综掘、两套综放设备，实现了采煤、掘进机械化，劳动强度大大降低，有力地保障了采掘正常衔接;完成了提升运输系统改造，实现了井上井下全程皮带运输；在掘进支护工艺方面，相继推广应用了锚网、锚杆、锚索支护方式，探索高效掘进、安全支护的新途径；装备了煤矿瓦斯监控系统，实现了安全生产管理的智能化、信息化、网络化；装备了产量监控系统，实现了产量动态监控；装备了井下人员定位跟踪系统，实现了井下人员精确定位，完善了矿井安全管理水平；完成35kv地面变电站建设，实现了双回路供电；推广应用新装备，逐步提高矿井抗灾能力。

“恪尽职守 共筑安全”签名活动

团结和谐的领导一班人

二、依托“一通三防”，突出管理保安。

大阳煤矿以瓦斯管理为重点，不断加强瓦斯治理力度，合理调配风量，优化通风设施，使“一通三防”工作做得扎实有效。一是投资3000余万元建成西盘区回风立井，井下风量达8000m3/min，完善优化了通风系统。二是针对综放工作面后上隅角瓦斯偏高，坚持使用上隅角埋管抽放和本煤层抽放，提高了安全回采系数。三是严格执行工作面深孔、浅孔注水等工作，积极筹建地面瓦斯抽放泵站，并通过与科研院校合作开发，保证矿井安全生产。

三、依托宣传报道，突出文化保安。

安全文化是企业安全生产的有效载体。大阳煤矿广泛深入开展安全宣传，通过多种方式，利用各种载体，打好安全文化阵地战。让安全理念处处在身边，时时在身边，长伴职工左右。一是在井下大巷、井底车场、候车室、井口、工业广场等地，根据环境选取适当内容，制作灯箱、板面，营造安全大环境。二是将每年的劳动模范、安全标兵，图文并茂，悬挂于会议室，彰显劳模、先进的标榜作用。三是充分利用内刊、网络、广播等，大力宣传安全生产中涌现的先进人物、典型事迹。四是通过手机短信，将安全警句、安全提示等发送给职工，让大家时时不忘安全。

四、依托教育培训，突出思想保安。

在安全培训中，大阳煤矿坚持“把企业办成学校，把员工塑造成军人”的理念，突出教育引导，创新培训模式。由灌输式、填鸭式学习培训向菜单式、自选式方式转变。坚持“一日一题、一月一考、一周一课”，推行手指口述、岗位描述等，使职工不仅要安全，而且能安全，会安全。一是强化安全理念培植，不断培养职工树立“安全工作高于一切、重于一切”的思想。二是强化技能培训，实现员工岗位成才。三是深入学习实践“白国周班组管理法”。提高班组长准入门槛，让懂生产、懂技术、通安全、熟管理，并且具备高度责任感的员工经考试合格后方可持证上岗，走上班组长岗位。做到精抓班组建设，提高现场管理水平。四是推行精细化管理、6S管理、准军事化管理等，注重培养员工行为习惯，提高工作执行力。

酒店式接待中心

现代化监控中心

五、依托专项活动，突出自主保安。

安全第一，预防为主。大阳煤矿通过强化制度，提升矿井应变能力。一是落实安全责任，实行逐级负责制度。从矿领导到职工，层层签订安全目标责任书，一级抓一级，层层落实责任。二是以火工品专项检查、“一通三防”专项检查、机电专项检查、防治水专项检查等为契机，大力开展隐患排查，将隐患处理消灭在萌芽状态。三是定期模拟各种应急救援演练，检验矿井应急水平。2010年6月20日，在本矿成功举行了晋城市反风避灾应急救援演练，受到市领导的表扬和嘉奖。

六、依托安全监管，突出过程保安。

制度加上不落实等于零。大阳煤矿从安全监管人员入手，以安全生产各项规章制度为准绳，狠抓安全生产过程中的薄弱环节。坚持矿领导二十四小时跟班值班制度、领导干部安全否决制和层层安全目标责任制等多种考核机制，扎实开展隐患治理工作，对查出的隐患严格按照“五落实”进行整改，跟踪处理。加强“三员”（安全员、群监员、群工员）教育，明确“三员”任职标准、实施考核办法、制定准入制度，并切实执行。安监人员将各采掘队组上报的“不放心的人”作为重点对象，进行实时监控。精心编制下发了《周末、节假日“零点行动”实施方案》，保证安全工作在时间上、地点上无盲点、无盲区，做到安全监管全覆盖，使周末、节假日午夜等安全生产薄弱环节得到有效控制。

七、依托安全账户，突出经济保安。

在全矿范围内开展“个人安全技能账户管理”，形成人人头上有指标，千斤重担大家挑的局面。严格做到责任有落实，工作有程序，作业有标准，处理有结果，实现了安全态势持续平稳运行。奖罚不是目的，却是最有效的手段。奖，足以让人眼红；罚，足以让人心惊。大阳煤矿的安全帐户每年奖罚率200%，最高金额达两万余元。领导干部实行安全一票否决。对“三违”人员，不仅要承受高额的经济罚款，严厉的处分外，还要在全矿职工大会上深刻检讨。员工如此说：“丢钱是小，丢脸是大，还是注意安全最好。”

八、依托优质服务，突出亲情保安。

恩威并举，张驰有度，软服务升华硬制度。大阳煤矿在严格执行各项安全制度的同时，突显以人为本理念，以关心职工生活，提高职工收入为出发点和落脚点，积极为职工群众办实事、办好事，让广大职工共享企业发展成果。冬送温暖，夏送清凉，职工们能真切地体会到矿领导的关心、关爱，以感恩之心，更加注重安全，回报矿山大家庭。2009年5月，亲情驿站挂牌成立，职工不仅在升井后能够免费领取食品补充体力，而且听到的是关切的安全嘱咐，升井看到的是灿烂的笑脸，优质的服务，无形中提高了员工安全意识。

如今，安全的生产环境、稳定的矿区环境、和谐的人文环境，处处洋溢着兰花底蕴、兰花文化。面对新形势，大阳煤矿将继续坚持以科学发展观为指引，进一步提高安全管理水平，享有兰花旗舰美誉的大阳煤矿将航行得更稳、更快、更远。

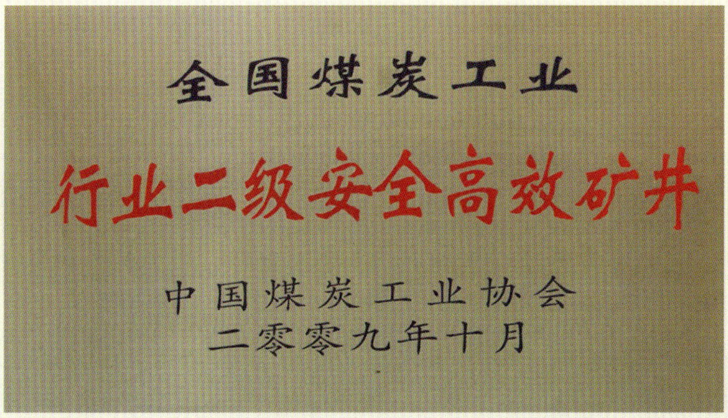

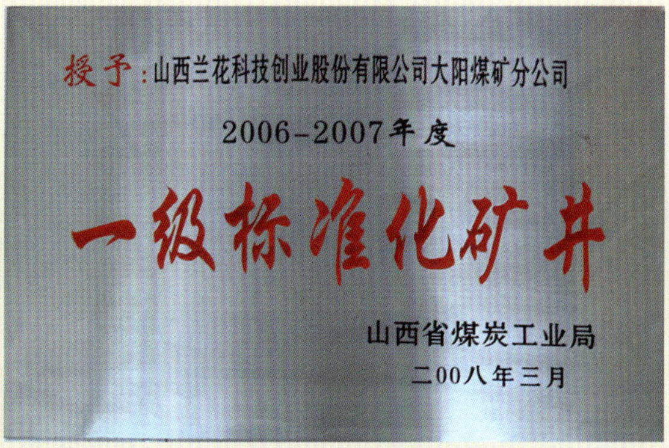

地址：泽州市大阳镇　邮编：048002　电话：0356-3846140

创新安全管理工作思路 推进特色安全文化建设

——山西兰花科技创业股份有限公司唐安煤矿分公司

唐安煤矿是山西兰花科创公司下属一个分公司，现有职工2200余人，年生产原煤150万吨，井田面积29.95平方公里，地质储量2.23亿吨，可采储量1.37亿吨。属沁水煤田腹地，井田煤层赋存稳定，属低瓦斯等级矿井。是一个集产、选、洗、运、深加工于一体的高产高效矿井，生产采用综采放顶煤技术，井下采、掘、开、运全部实现了机械化。现开采的3#煤，素有“香煤”和“兰花炭”的美誉，具有灰分低、含硫低、含磷低、发热量高，可磨指数适中等特点，是化工、电力、冶金、建材、造气行业首先最佳原料。2003年10月全面通过了GB/TISO9001：2000质量管理体系；GB/TISO14001：2004环境管理体系；GB/T28001—2001职业健康安全管理体系认证。产品质量稳定，在广大用户中享有很高的信誉。

近几年，我矿结合企业实际，始终把安全工作摆在首位，事事与安全挂钩，处处显安全特色，安全牵系你我他，安全发展靠大家。急安全所急，想安全所想，全矿上下安全环境和员工精神面貌发生了很大变化。员工人心思进，干群关系和谐，已连续3400多天未发生重伤以上人身伤亡事故。总结我矿这几年来的安全文化建设特点，主要体现在“七个重视”：

一、重视安全理念的落实

为了使“从零开始，向零奋斗”的安全核心理念落到实处，让员工入脑入心。实现员工对安全观念和态度的转变，我们建起了安全文化走廊，安全文化展室，井下安全文化大巷，安全网站等文化阵地。广泛收集整理在安全生产实践中积淀形成的安全理念、安全格言、安全警句，并编印成册，做成牌板、灯箱，通过视觉、听觉，对员工进行潜移默化的教育和安全文化熏陶，使员工在耳濡目染中接受安全教育，让安全理念扎根每名员工心中。

二、重视安全亲情文化的培育

“如果说煤矿安全一年靠的是机遇，三年靠的是侥幸，五年靠的是管理，那么十年、八年则要靠安全亲情文化的加盟和支持”。总结我矿多年来安全生产的经验，除坚持“管理、装备、培训”并重的硬措施外，其软环境措施主要是培育和引领安全亲情文化，即唱企歌、立承诺、报平安、送祝福、重关爱，讲诚信。

——唱企歌：每周周二班前会，员工唱响《兰花集团之歌》和《唐矿之歌》，用激情澎湃的歌声唤起员工对矿山的忠诚和感恩。

——立承诺：员工入井前面对“全家福”安全宣誓，让每位员工心中清楚，安全不仅是为国家和集体的利益，也是为了自己的家庭和幸福，不能让亲人为自己的安全牵肠挂肚。

——报平安：为了不让家人牵挂，当员工升井后，第一时间向亲人短信报平安。

——送祝福：员工过生日，矿党政领导用有线广播、电子屏、手机短信祝福员工生日快乐，使员工渡过一个温馨的生日。

——重关爱：员工春节返矿后，矿设立“关爱日”将安全培训、收心座谈会、文娱活动紧密结合，对职工进行全方位的关心、关爱、关注。

讲诚信：推行“诚信帐户”管理，全面提升员工综合素质，让诚信贯穿于员工的日常行为中，形成了政令畅通、令行禁止、言行一致、执行到位、层层落实安全责任制的氛围。安全亲情文化的培育和引领，让全矿员工树立了“安全为自己、安全为大家”的安全理念，实现了企业安全稳定发展。

三、重视员工安全教育培训

加强安全教育培训是培养本质安全人的重要途径，也是实现安全生产的重要环节。我们积极引导员工结合自身岗位和未来发展需要，明确干什么、学什么，需要什么、学习什么，做到“学习工作化，工作学习化”。始终把“安全是父母所愿，妻子所依，孩子所盼，家庭所靠，企业所系”的安全理念贯穿于安全教育工作中，通过完善矿四级培训站的功能设施，结合队组自主培训，形成了“天天有培训，处处有课堂，时时有学习”的浓厚氛围，使广大员工在寓教于乐的教育渗透中学到了知识，整体素质得到提升。三年来我们先后投入培训资金500余万元，完成各类培训400余期，培训员工4万余人次。

陪同上级领导进行调查研究

团结的领导集体共谋企业发展大计

同职工进行深入交流

企业文化节

文艺活动

宜人小区

四、重视员工思想教育

开展安全思想工作是搞好煤矿安全群防群治的有效途径，按照矿党政制定的“民情本”制度、“五六七”政治思想工作法和“群工员”制度。建立了横向到边，纵向到底的安全工作体系。“民情本”是为每名党员干部配备的随身携带记录反馈员工意见和建议的笔记本，通过“民情本”了解了职工关注的热点、难点问题，畅通了员工的诉求渠道，确保了员工队伍思想稳定。“五六七”特色思想政治工作法是：五必清：员工家庭及社会关系要清；员工成长过程及优缺点要清；对员工个性、爱好、特长要清；对员工不同思想变化要清。六必帮：对新老员工离科（队）必帮；对伤病员工必帮；对生活困难员工必帮；对员工子女入学、入托、就业必帮；婚丧嫁娶必帮；对员工遭遇突发性变故者必帮。七必谈：员工发生“三违”必谈；员工无故缺勤、旷工必谈；人际关系紧张时必谈；受批评处分者必谈；完不成工作任务者必谈；工作变动者必谈；情绪反常者必谈。并为每名中层以上领导配备了记录本，使领导干部随时了解员工的思想动态。用“五必清”发现人才，用好人才，为员工搭建了成才的平台；通过“六必帮”关心职工，爱护职工，解决了职工的后顾之忧；让“七必谈”成为构建和谐矿区，促进矿山健康发展的重要保障。“群工员”是我矿不脱离本工，爱护职工，解决了职工的后顾之忧；让“七必谈”成为构建和谐矿区，促进矿山健康发展的重要保障。“群工员”是我矿不脱离本职岗位的群众思想工作人员。通过“群工员”能够让矿党政在第一时间全面、快速地掌握和了解员工的安全思想动态，及时化解可能出现的各种不稳定因素，做到早发现、早预防。稳定了点班之间、工序之间、岗位之间员工的思想，使员工全身心的投入到安全生产之中。

五、重视创新用人机制

人才是推动企业安全发展的“第一资源”。我们坚持“想干事给机会，能干事给岗位，干成事给地位”的用人理念，以全新的机制激励人，不拘一格选拔人才，对工作业绩突出、思想觉悟高、技术水平精的优秀员工，不看“出身”看成绩。出台了《唐安煤矿关于中层干部实行竞聘上岗、末位淘汰、安全一票否决方案》、《技术大拿评聘实施方案》、《金牌员工评选办法》。坚持中层干部百分之百竞聘上岗。对评聘为“技术大拿”的员工，给予奖励和享受中层干部待遇，被评为“金牌员工”的给予重奖。这一系列的用人机制，极大地激发了员工立足本职学技术、钻业务、强技能、提素质的积极性，特别是一些新入矿的年轻人，不但在岗位上勤学苦练，还利用业余时间参加自考和在互联网上对自己不断“充电”，使他们的业务技能和工作效率不断提高，成为安全生产的中坚力量。近几年，有89名员工通过公开竞聘走上了领导岗位，有24名员工评聘为技术大拿，有10名员工被评为金牌员工。“技术创新、合理化建议”激励机制，为员工提供了一个显能力、搞攻关、出点子、创效益的平台，大大提高了员工的工作热情，同时也给企业带来了丰厚的回报。三年来，共完成技术创新项目100余项，被采纳的合理化建议300余条，为企业的现代化精品矿井建设提供了强有力支撑，使一大批有技术、有能力、履职尽责，主动工作的员工成为安全生产的生力军，“文化强企、人才兴矿”的战略目标正在逐步实现。

六、重视安全制度的制定和落实

规章制度是企业安全生产管理理念的实现载体，是履行管理职能，实现管理目标的程序、方法和途径。我们及时修订了《安全工程帐户管理方案》，出台了《安全生产隐患排查制度》、《矿安委会安全例会制度》、《安全生产隐患及事故举报制度》、《安全一票否决制度》、《重大危险源监控制度》、《安全生产重点和专项督查制度》、《矿领导入井带班管理办法》。制度定的再多，贯彻落实是关键。为了强化现场管理和监督落实，我们推出了“零点行动”和“四六三三”安全工作法。“四六三三”安全工作法的内容是：四个凡事：凡事有章可循、凡事有据可查、凡事有人监督、凡事有人检查。六不放过：不放过一切隐患、不放过一个违章作业者；不放过一个违章指挥者；不放过一个为违章说情者；不放过一个渎职者；不放过一个不作为者。三个“紧盯”：紧盯重点部位；紧盯重点人员；紧盯隐患治理。三个是否：班前确认员工是否饮酒或情绪异常；开工前确认机器、物品、环境是否可靠；安全隐患是否排除，隐患不排除不准生产。通过“四六三三”工作法的应用，科学规范了员工作业行为和安全行为。

七、重视安全工作的创新

安全工作天天讲、班班讲，领导讲烦了，员工听厌了，迫切需要有创新的思路和方法来引领员工对安全工作的重视。首先，我们创新的提出了“抓心、抓人、抓事”的安全工作思路。“抓心”就是搞好安全教育，使安全入脑入心，营造“时时想安全，事事保安全、处处为安全”的良好氛围；“抓人”是抓安全行为养成，规范员工操作行为，提高员工的整体安全素质，打造本质安全型员工队伍；“抓事”就是让安全文化落地入井，以岗位、现场、流程为重点，以安全质量标准化建设务实安全基础，以精细化管理优化流程再造提升安全管理，以机械化和信息化推进安全技术创新。其次，把安全文化渗透到班组建设中，拓宽班组文化建设渠道，通过班组长公开竞聘，优秀班组长评选，班组成员连片住宿，岗位练兵、技术比武、拓展训练等活动，使员工做到了“三知”、“三会”，即：知道事故的危害性，知道如何安全操作，知道如何查隐患、纠“三违”；事故一旦发生会报警，会逃生，会开展自救与救人，确保了我矿安全生产长周期平稳运行。

春风化雨润物无声。和谐、健康、积极、向上的矿山安全文化，成为凝聚唐矿员工的一种无形力量，是培育共同价值观和精神追求的力量。如今，在矿山安全文化的引领下，全矿形成了浓郁的昂扬奋进、团结拼搏的氛围和安全、有序的生产环境。安全文化已成为推动唐安矿持续、快速发展的不竭动力。

地址：高平市马村镇唐安村　邮编：048407　电话：0356-5822140

山西省晋神能源沙坪煤业有限公司

沙坪煤矿矿长 田宏伟

沙坪煤矿党委书记 郭小平

晋神能源沙坪煤业有限公司地处河曲县城南30km处风景秀丽的黄河东岸，2004年10月在山西省委、省政府的高度重视和亲切关怀下，由山西省煤运总公司出资51%控股，神华集团出资49%参股，组建了山西省晋神能源有限公司。晋神能源公司经营宗旨是积极利用省政府“关小建大，资源整合”的煤炭产业政策，于2004年整合了7座小煤矿及已关闭刘家寨煤矿、巨宝沟煤矿整合而成的现代化大型高产高效的首座矿井——晋神能源沙坪煤业有限公司。公司成立以来，通过建设环保型、节约型、安全型、可持续发展型为发展理念，积极带动地方经济发展。经营范围集煤炭生产、销售、煤化工及电力为一体的现代化企业。

晋神能源沙坪煤业有限公司井田面积22.59km^2，共有8、9、10、11、12、13号六层可采煤层，地质储量59305万吨，可采储量 42268.8万吨，煤的自燃倾向为Ⅰ级，煤层自燃发火期一般为3-4个月，顶板为泥岩+砂岩，煤层稳定性较好，煤尘具有爆炸危险性。矿井生产能力240万吨/年，服务年限125.5年。

“人才为本，文化为根”，晋神能源沙坪煤业有限公司通过多种方式引进人才，采用理论与实践相结合的方式，造就出了一支专业齐全、梯次合理、素质优良、充分满足企业发展需要的人才队伍，

公司在编职工总数为361名，其中安全技术管理人员55名，占总人数15%；采掘生产一线人员143名，占总人数39%；辅助生产人员163名，占总人数45%；全矿大中专学历以上人数306名，占总人数85%；安全管理人员、特殊工种持证率达标，“四个百分百”完全达标，公司通过倡导“团结、学习、奉献”的企业精神，抓干部深入基层管过程，抓全员培训学习提素质；强化现场过程

2011年晋神公司沙坪煤矿安全工作会议

2010年11月29日沙坪煤矿通过山西省一级质量标准化矿井验收

应急演练

管理，用标准的过程保证安全的结果。

公司管理机构设置为综合办公室、党群管理科、生产技术科、机电动力科、安全监察科、生产指挥中心、人事劳资科、经营财务科、计划统计科、地质测量科共十个科室，井下生产设置一综两连，配套机电、运转、通风共六个区队，辅助生产单位为三个，分别为车队、机修厂、物业中心。

2005年7月6日，山西省副省长靳善忠为沙坪煤矿奠基

通过整合，晋神能源沙坪煤业有限公司采用现代技术和装备取代了传统煤矿生产模式，生产系统采用先进的微机集中模式，生产系统采用先进的微机集中控制，全部实现机械化连续生产作业。生产人员、下井材料从地面到井下采用了无轨胶轮车，可直接到达各掘进和回采工作面，取消轨道和矿车，实现了全矿井辅助运输胶轮化。主运系统、辅运系统、通风系统、供排水系统完全按照高产高效矿井模式设计，通过安全管理信息化、数字化，确保高效、安全矿井的实现。

矿井开采方式为斜井-平硐联合开拓方式，长壁综合机械化采煤法，斜井提升采用胶带输送机方式，副平硐辅助运输采用防爆胶轮车，矿井使用双回路供电。

晋神能源沙坪煤业有限公司为低瓦斯矿井，采用中央并列式通风，矿井机电设备保护齐全。忻州市唯一一家上传市局全员人员定位及产量监控、工业电视、视频监控、外线电话齐全，瓦斯监控实现远程联网，各掘进工作面风电、瓦斯电闭锁齐全。

沙坪煤矿矿长田宏伟陪同晋神公司董事长陈学志一行深入进下进行专项治理检查

2011年晋神能源沙坪煤业有限公司将加大信息化矿井建设投入，拟建成远程决策控制系统等数字化系统。

建矿以来，全矿员工弘扬“以矿为家、艰苦奋斗、乐于奉献”的精神，先后荣获2006年煤炭运销总公司“双文明单位”，2006年“特殊贡献单位，2006年煤炭运销总公司“安全先进单位”2007年煤炭运销总公司“双文明单位”，2007晋神能源有限公司年“优秀单位”2007年忻州市档案局“档案工作先进集体”， 2008年煤炭运销总公司抗击冰冻灾害保障煤炭供应先进单位，2010年顺利通过“山西省一级质量标准化矿井”验收。2010年沙坪矿综采队生产一班荣获年度“山西省煤矿优秀安全班组”荣誉称号，2010年山西省“五一劳动奖章”等先进人物。

井下质量标准化

井下质量标准化

2007.9.6首列火车进站

资源整合使煤炭产业各项效能提升，目前随着矿井的发展，晋神能源沙坪煤业有限公司每年将向地方政府上缴各种税费2.2亿多元。近期，公司以科学发展观为指导，认真贯彻落实“安全第一、预防为主、综合治理”方针，坚持“管理、装备、培训”三并重原则，落实“安全、高效、发展”战略，强化安全层级管理，夯实安全管理基础，坚持“生产组织正规循环，绩效考核正面激励，理念转变正确引导”工作原则，为实现“安全高效”型矿井建设目标提供强有力的安全保障，为全面建设国家级安全质量标准化矿井奠定坚实基础，为建设资源整合的样板矿井树立成功典范，同时也必将扩大周边区域更大的经济跨越式发展，带来更大的社会效应。

2008年5月百日沙坪煤矿工展安全会战活动

2010年正月十五元宵节文艺活动

授予：沙坪煤矿
二OO六年度
安全先进单位
山西晋神河曲煤炭开发有限公司
山西晋神沙坪煤矿
二OO九年度民爆工作
先进集体
授予：二OO七年度
优秀单位
授予：二OO七年度
双文明单位
二O一O年度安全工作
先进单位
山西省晋神能源有限公司
授予 晋神公司沙坪煤矿
抗击冰冻灾害保障煤炭供应
先进集体
授予：沙坪煤矿机关党支部
先进基层党组织
中共山西省晋神能源有限公司委员会
二零一零年七月一日
（2010年度）
全省煤矿优秀安全班组
二OO六年度
双文明单位
山西晋神沙坪煤矿
2007年度
授予：沙坪煤矿机关党支部
先进基层党组织
中共山西省晋神能源有限公司委员会
二零一零年七月一日
授予：安监处
二OO六年度
安全先进集体
授予：沙坪煤矿
二OO六年度
特殊贡献单位
山西晋神河曲煤炭开发有限公司

扬帆正当时　奋发创伟业

——山西焦煤霍州煤电回坡底煤矿

回坡底煤矿隶属于山西焦煤霍州煤电集团公司，位于洪洞县刘家垣镇，始建于1997年，年生产能力150万吨，拥有150万吨重介洗煤厂一座，全矿资产总值2.9亿元，固定资产4.6亿元，共设有20个科室，26个队组（车间），在册员工2500人。

近年来，回坡底矿坚持以科学发展观为指导，牢固树立“以人为本，安全第一”思想意识，实施安全固企，管理建企，科技兴企，文化强企方略，安全生产持续平稳，经济指标连年攀升，生态建设成效显著，文化建设欣欣向荣，矿区风清气正，职工安居乐业，先后被评为全国煤炭工业行业一级安全高效矿井、全煤系统思想政治工作先进单位、省属企业文明和谐单位、省属企业绿化先进单位等多项荣誉。

团总支组织团员在队组发放安全基础知识材料

现代化的综合楼

矿井全貌

矿区一角

150万吨现代化重介洗煤厂

和谐广场

办公楼

2010年，回坡底矿迎来了新的发展春天，乘安全高效发展战略东风，勤劳智慧的回矿人以“忠诚、自尊、进取”优良企业文化引领动力，东区接替工程快速推进，210万吨生产规模年内形成，二次创业扬帆起航，新回矿，新视野，新舞台，以安全生产800天为标志，锁定本质安全型矿井目标，以整章建制，完善标准，落实责任，规范三种行为为安全管理基本措施，创新安全主体自主管理、自查自纠工作法，提升安全质量标准化内涵水平，强基固本，全力打造安全高效文明和谐现代化矿井。

集团公司董事长、党委书记曹耀丰在井下检查指导工作

回坡底矿矿长牛新贵在井下现场办公

地址：洪洞县刘家垣镇

邮编：031601

电话：0357-6513068

山西省长治经坊煤业有限公司

丹心绘春秋 热血谱华章

经坊煤业董事长、总经理、党委书记　王山虎

我公司隶属山西煤炭进出口集团控股管理，是集采煤、洗精煤、矸石制砖于一体的现代化新型企业，自有12.6公里铁路专用线与太焦线接轨，自有公路专营线4.6公里，与207国道和长晋高速公路交汇，产品遍及山东、河北、河南、江苏、上海等省市，并远销日本、韩国等国家和地区。

2000年10月份以前，我公司年生产能力徘徊在20万吨左右，资产负债率高达144.26%。职工长期放假，人心涣散，上访告状时有发生，企业管理瘫痪，濒临倒闭边缘。

自2001年以来，在董事长王山虎同志的带领下，紧紧抓住生产经营这条主线，以科学的发展观为指导，按照“依托煤、延伸煤、超越煤”的发展思路，不断进行矿井技术改造，大力实施产业结构调整，将一个年产只有20万吨的濒临倒闭企业建成了一座年产300万吨的高效集约化矿井，在全省地方同类矿井中属领先地位。

一是进行了企业改制，打破了传统的管理格局，充分应用了人力资源。

二是狠抓了煤炭质量，原煤发热量由原来的4000大卡提高到了7000大卡。

三是努力扩大销售，在铁路发运的基础上开辟了公路销售和出口煤。

四是不断进行了技术改造。

——2001年，我们紧紧依靠科技进行，自筹资金2400余万元进行了20—60万吨矿井改造。

——2002年我们审时度势继续加大矿井技术改造力度，自筹资金4000余万元进行了60—120万吨/年矿井技术改造，完成了提升、采掘、供电、排水、通风、运输、筛选七大系统46个项目。

——2003年，自筹资金2200万元进行了120—180万吨/年矿井改造，形成了两个综采一个综掘。

五是不断进行了产业结构调整。

自筹资金6400余万元建成了入洗能力为120万吨的选煤厂，自筹资金1797万元建成了年产3600万块矸石砖的新型建材厂。2009年投资6亿元完成了5000吨大列煤炭战略装车站工程、1亿块煤矸石砖厂改扩建工程、35KV变电站增容改造工程、日处理3000立方米污水处理厂工程、矿井接替改造工程；2010年完成了5000吨大列煤炭战略系统配套工程、180万吨选煤厂工程、2#风井地面配套工程、新建材料库工程、配套专用公路工程，形成了300万吨/年生产能力。

十年来，我们本着培训、装备、管理并重的原则，加强现场管理，确保安全投入，提高职工素质，保障职工安全。一是通过改革采煤方法，夯实了安全基础。严格按照以风定产的原则，改单向进风为双向进风，可满足300万吨生产需要。二是加大安全技术培训力度。严格制定年度培训计划，采用走出去、请进来的办法，借鉴、学习先进管理经验，分批、分期、分步骤、分专业进行了全员培训、特殊工种培训，同时，通过岗位练兵，技术比武，不断提高了质量标准化管理，工程质量合格率达100%，优良率达85%，机电设备事故率为“0”，职工全员素质得到了显著提高。三是通过加强“一通三防”，提高了矿井抗灾、避灾能力。在技术改造的同时，先后投资1000余万元，新建了地面2000m3蓄水池，井下由原来静压供水变为动压供水，新装了喷雾、洒水设施，新上了瓦斯检测监控系统，购置了低噪音轴流式风机，更换了电缆，制定了严格的防尘、通风管理制度，实现了地面、井下瓦斯管理一体化、现代化。四是层层落实了安全责任制，建立健全了各种规章制度，加大了监督检查力度，狠抓三违不放松。五是为保证安全生产，投资上千万元修建了数字化生产调度指挥中心，由瓦斯监测、调度监控、视频监控、人员定位、入井人员考勤、语言通讯、局域网络及视频会议、网络会议、原煤计量等十大系统组成，实现了生产调度的快速指挥，安全数据的实时接收，及各种信息的及时转入，为安全生产奠定了坚实的基础。

2010年累计生产原煤314.19万吨，实现销售收入22.63亿元，实现利润14.03亿元，上缴税金5.87亿元。

在安全生产的同时，注重社会公益事业，不断改善职工福利。自2001年以来，累计上缴职工养老保险4589.1万元，上缴失业保险220.33万元，上缴医疗保险828.82万元，上缴工伤保险218.4万元，上缴意外伤害保险86.68万元，清缴历史拖欠养老保险金536万元，完成计划的100%。投资1137万元进行了基础设施建设和危房改造；新增医疗设备120余万元；为新农村建设和回报社会资金4476万元，为我县免费公交车出资250万元，缴纳市县调产基金1.83亿元，为希望工程、光彩事业出资1200余万元。

2003年顺利通过ISO9001质量体系认证；2004年被评为全国高产高效矿井；2005年被评为全国依法生产先进煤矿，全国煤炭工业优秀企业，荣获全国煤炭工业科技进步双十佳矿井，荣立山西省集体一等功，被山西省安监局评为安全质量国标一级矿井；2006年被评为全国特级安全高效矿井，全国煤炭工业科技进步优秀矿井，山西省AAA级质量信用企业，荣获山西省“五一”集体劳动奖状，被山西省公安厅评为“省级治安先进单位”，被评为“山西省百强企业”；2007年被评为全国煤炭工业先进集体，中国企业安全信用AAA级企业，国家级信用AA＋等级单位，全国企业文化先进单位，山西省一级标准化矿井，山西省模范单位，山西省生态示范矿井；2008年荣获山西省“五一”劳动奖状，被评为山西省质量信誉AAA级企业，全国企业文化建设优秀单位；2009年被评为全国煤炭工业双十佳煤矿，全国AAA级信用企业，山西省质量信誉“AAA”级企业，山西省绿色环保企业，全国百县（市）优质动力煤生产基地；2010年被评为全国安全质量标准化一级矿井，国家本质安全型一级矿井，山西省模范单位，山西省质量信誉AAA级企业，连续四年被评为省属文明企业，连续四年被评为山西省百强企业，连续四年被评为全国企业文化建设优秀单位，连续四年被评为全国“安康杯”竞赛优胜企业，连续五年被评为全国特级安全高效矿井，连续七年被评为全国煤炭工业百强企业。

井下巷道

经坊煤业领导班子成员深入一线指导工作

井下中央变电所

经坊煤业花园式矿区

公司民兵应急小分队

现代化集控中心

地址：山西省长治市新建路　邮编：047100　电话：0355-8089445

山西西山晋兴能源有限责任公司

董事长　于长龙　　副董事长、党委书记　薛建刚　　副董事长、总经理　雷引民

山西西山晋兴能源有限责任公司（简称西山晋兴能源公司）成立于2003年8月8日，注册资本23.35亿元。其中，山西西山煤电股份有限公司出资80%、华能国际电力股份有限公司出资10%、山西国际电力集团有限公司出资10%。西山晋兴能源公司负责兴县矿区的开发建设及建成后的管理，着力在兴县建设全国一流，具有鲜明循环经济特色的煤炭综合开发利用示范矿区。

在“十一五”期间，西山晋兴能源公司承担了斜沟煤矿和岢瓦铁路两项山西省重点工程建设任务。斜沟煤矿位于山西省吕梁市兴县魏家滩镇，距省会太原230公里，是西山晋兴能源公司以收购的兴县原国营斜沟煤矿和阳坪煤矿为基础，实施大规模开发建设的现代化特大型矿井，被列为国家“十一五”重点建设的10个千万吨级矿井之一，承担着国家科技支撑计划“年产千万吨级矿井综采工作面生产系统关键技术与开采示范”项目研究任务，设计生产能力1500万吨/年。

岢(岚)—瓦（塘）铁路位于山西省忻州市、吕梁市境内，东接北同蒲铁路宁（武）岢（岚）国铁支线终点岢岚站，一期终点魏家滩站，线路全长48.76km，2005年12月20日开工，2009年6月18日建成通车，累计完成投资14.4亿元，创造了山西省企业投资兴建铁路长度、等级、投资规模、桥隧比例、施工难度、工程质量6项第一。2010年1月25日，岢瓦铁路进行了客车开通试验，开通方案已被铁道部批复，正在积极协调开通客运。岢瓦铁路的建成，结束了兴县没有铁路的历史，成为带动当地经济腾飞的大动脉。

国家安全生产监督管理总局领导调研

山西省委书记金道铭调研

岢瓦铁路专用线

水泥厂

电厂一期1×300MW+600MW项目

水泥厂

八年来，西山晋兴能源公司先后荣获吕梁市“双百双千”项目大会战“先进企业”，水利部黄河流域（片）大型生产建设项目水土保持“先进单位”称号。

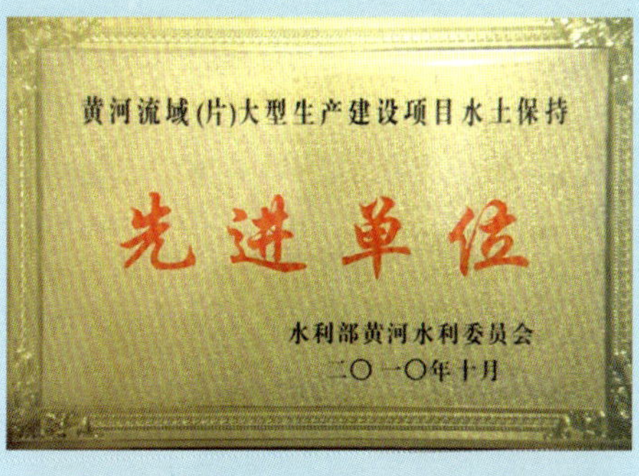

安全管理

“安全为天比天大，安全第一大于一”，安全工作是做好一切工作的前提，是转型发展全过程必须首先抓好的工作。西山晋兴能源公司将坚持“管理、装备、培训”并重的原则，按照“坚持一个方针，突出一个重点，围绕两个目标，开展三项建设加大五个力度，树立六种理念，推进六个转变”的安全工作思路，狠抓安全基础设施建设和制度落实，坚决杜绝重大事故，有效控制零星事故，向本质安全型、安全可靠性高的目标迈进。

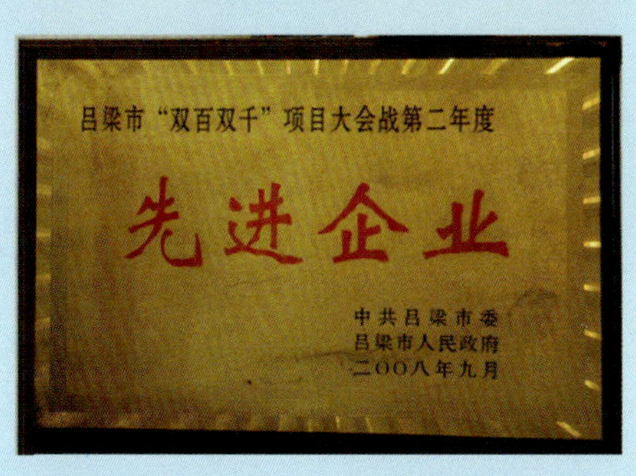

企业愿景

根据国家规划和《兴县资源环保型循环经济综合开发示范基地规划》（晋政办发〔2008〕66号）文件精神，结合山西省委书记袁纯清提出的“以煤为基、多元发展”和“沿黄地区要大力发展现代煤化工”的要求，今后十年，西山晋兴能源公司将继续发扬“艰苦创业、埋头苦干、拼搏奉献、敢为人先”的“晋兴精神”，在争创“四个一流”（一流的素质、一流的管理、一流的效率、一流的环境），打造“四高”（安全可靠性高、生产经营目标高、职工收入水平高、职业道德水准高）企业奋斗目标的引领下，拟投资千亿元建设兴县循环经济综合开发示范基地，重点发展新型煤化工项目，将从单一的煤炭产业向低碳、循环经济转变，向煤炭深加工、多元发展转型，致力于打造全国第一、世界一流的“煤电铝化材路”六业并举的循环经济产业链。预计到“十三五”末可建成全部项目，形成较为完整的循环经济产业链。

西山晋兴能源公司在转型跨越发展中，将一如既往地履行企业的社会责任，带动革命老区的经济发展，造福当地群众。

地址：山西省太原市万柏林区西矿街380号

邮编：030053　电话：0351-6216335

山西省副省长赴兴县矿区调研

李兆前书记来调研

矿长　张珉

冀中能源张矿集团蔚西矿业有限公司前身为北京军区长城煤矿，始建于1990年5月，年生产能力21万吨。1998年划归河北省国资委原邯郸矿务局管理，2005年3月改制后更名为邯郸矿业集团长城矿业有限公司，并先后投资1.9亿元进行矿井升级技术改造，年生产能力提高到了60万吨以上，从而实现了从最原始的采煤方式到现代化采掘工艺的过度和飞跃。2007年2月份随着张矿集团的组建和2009年6月冀中能源集团的成立，成为了冀中能源张矿集团的下属子公司，并于2010年5月更名为冀中能源张矿集团蔚西矿业有限公司。

冀中能源张矿集团蔚西矿业有限公司

冀中能源张矿集团蔚西矿业有限公司位于河北省蔚县白草乡西北部，京包，京涞，大秦三条铁路干线距矿区80公里之内，沙蔚地方铁路直达白草乡矿区；张石高速，109国道，下（下花园）广（广灵）省道途径蔚县，交通便利。井田面积7.395平方公里，可采储量1916.24万吨，所产煤种以弱粘煤为主，发热量在5000大卡左右，具有低灰，低硫，低磷等特点，是优质的动力用煤和民用煤，颇受用户赞誉。

冀中能源张矿集团蔚西矿业有限公司在矿长张珉、党委书记郭海山的带领下，始终坚持以人为本、精干高效的宗旨，以一个创建（本质安全型矿井）、两个提高（员工整体素质和矿井管理水平）、三个实现（矿井零伤亡，企业效益最大化和职工收入稳步增长）、五个作风（讲实话、想实招、鼓实劲、干实事、出实力）为奋斗目标，以经济效益为中心，以市场需求为导向，以提升管理为动力，深化体制改革，优化企业管理，强化技术创新，在改革中发展，在管理中提高，在创新中超越，使企业迅速走上了健康发展的快车道。广大干部职工更是团结一致，众志成城，向着美好的明天奋勇前进。

用安全诚信文化破解煤矿安全事故多发难题

团结奋进的领导班子在精心描绘云驾岭矿美好发展前景，展望美好未来.

矿区大门

框架模式：诚信体系枝繁叶茂形成了安全诚信文化六大机制

云驾岭矿研发建立了十位一体的安全诚信管理系统，提炼出了安全诚信文化“十必不敢”理念，暨“任务虽艰必不敢省人工，生产虽忙必不敢轻培训，成本虽控必不敢少投入，工序虽繁必不敢缺细节，平安虽拌必不敢有懈怠，虽不是主管必不敢不管，工程虽紧必不敢降标准，关系虽硬必不敢不追究，隐患虽小必不敢不根除，琐事虽繁必不敢乱分心”。并通过 “123456”载体平台（矿区一条文化街，井口和井底两个安全文化长廊，文化研究、文艺创作、基层活动等三个中心，文艺演出队、形势宣传队、亲情演讲队、一线宣讲队等四支队伍，板报橱窗、《云煤文化》报刊、广播站、矿区电视台、内部网络等五个舆论阵地，周二五安全活动、党工团628夜间安全督导、月度安全高潮日等六项活动），大力宣贯安全诚信“十必不敢”理念，使安全诚信理念在职工中内化于心，外化于形，耳熟能详、入脑入心，形成了职工的日常行为规范。

云驾岭矿研发形成了安全诚信文化六大机制，建立了十位一体安全诚信管理系统，包括责任主体、教育引导、技术支撑、专抓专管、群众安全、监督监察、青年先锋、温情防线、自主保安、后勤保障。矿行政定思路、做决策，坚持践行安全统揽一切的理念。党委坚持研发实践煤矿安全文化，把安全生产的重点、难点，作为思想政治工作的切入点。技术部门坚持科学设计工作面。安全检查部门着力建设一支业务过硬、作风过硬、坚持原则、敢于碰硬的专职安监队伍，认真开展隐患排查和责任追究。矿团委积极开展青年安全诚信演讲，积极发挥青年安全监督岗作用。工会加强安全网员队伍建设，组织女工开展亲情嘱托、安全协管、女工讲安全等活动，筑牢了安全第二道防线。形成了全矿上下齐心协力抓安全的安全诚信氛围。

云驾岭矿还借助TRAM精细精细管理系统，把安全诚信文化润泽到企业的方方面面。制定了使安全诚信文化内化于心、外化于形的具体措施，实现了文化与管理的对接。提出了细化各系统、岗位的职能，做到人人、事事、处处有目标、有责任、有考核、有追究、有改进、有提高，用精细管理制度确保安全指令畅通、安全责任明确、安全压力传递、安全措施到位、安全规程落实。制定了230多个工种的安全作业标准、岗位目标责任。成立了考核评价组织，一级对一级分项、分块考核，形成层层责任传递链条。坚持了ABCD四卡管理，实行动态考核，与绩效工资挂钩，形成了“一纵”“一横”“一环”的闭合循环考核体系。坚持各级管理人员走动式管理，每月规定走动巡查次数、发现问题个数和现场处理问题情况等，并与月度考核挂钩。坚持正负激励，各级管理人员在安全履职方面，实行月度考核、季度评价、半年排名，年度末位者给予降级转岗处理。云驾岭矿建立的安全诚信精细管理体系，使企业的规章制度，各个单位、各个业务科室的工作事务，井上下各个岗位工作标准，都层层分解落实到人头，进行精细考核，奖优罚劣，促进了各项工作的贯彻落实，执行到位。

考核执行：将诚信进行到底

干部职工是否做到了安全诚信，诚信度是多少，哪些方面还有欠缺，如何改进等等，这些都是安全诚信文化能否落地生根、开花结果的重要体现。云驾岭矿借鉴系统工程研究理论，采用系统分析与系统评价的方法，研发建立了全员安全诚信测评考核系统，制定了矿领导决策层、科室管理层、区队执行层和职工的安全诚信因素标准，确立了各个层级系统和个体的数学考核计算公式，建立了安全诚信测评考核体系。

通过会议研讨、问卷调查、现场采访等形式，确定了矿领导、科室中层干部、采掘开区队、班组长和职工的安全诚信因素标准。确定了计算方法，引入数学函数，对全矿各个层级系统和个体的安全诚信状况进行数理量化考核，建立了各个层级系统和员工个人的安全诚信测评考核数学模型。通过比较计算出考核因素的权重值，确定出对应因素标准的分项状态值，对层级系统或个人对照相应的考核因素标准，综合各因素的考核得分，经评价调整得出该层级系统或个人的测评值，也就是层级系统和个人的安全诚信状态值。

该矿积极开展矿领导、中层干部和职工的安全诚信状况测评考核，建立了全员安全诚信档案，每月进行安全诚信状况测评考核，开发了安全诚信测评考核软件，根据确定的因素标准和计算公式，定期对全员安全诚信状况进行动态测评，从中查找自己安全工作中的不诚信现象和行为，及时采取措施，进行整改。

行为养成：沉甸甸的诚信之果

云驾岭矿每年都要层层签订安全承诺状、安全保证书，定期不定期举行职工安全承诺签名活动，开展“身边的诚信故事”讲述征集活动，利用周三中层干部学习日、职工学习日和微型党课，讲述安全诚信故事。按照“无三违、无工伤、无事故”标准，开展“矿工安全诚信季、班组安全诚信月、区队安全诚信周、矿区安全诚信日”评比活动。每月5日前职工向基层区队、机关科室递交安全承诺卡。按照安全承诺卡要求，如职工本人不能回家，家属要委托支部书记在亲情寄语处签字。为了掌握全员的安全诚信状况，专门建立了诚信档案，安检科根据月度违章、事故、工伤等情况，形成专门工作台帐，建立职工、管理人员、区队（厂）三级安全诚信档案，作为评先评优、提拔任用的重要指标之一。实行三违疏导，对一般三违除对其处罚外，管理人员还要结对子安全帮教，找出违章根源，明确整改措施，做好思想工作。使云驾岭矿形成了一个让诚信敬业、按章作业、老实干活儿的人受尊重、有舞台、得实惠，在全矿形成了一个人人争当诚信职工的良好氛围。

正值煤炭销售旺季，云驾岭矿主力工作面却突遇断层，大坡度，给安全生产带来严重隐患，该矿党政班子经过慎重研究，果断决策，多走巷道1600余米，对工作面进行了为期一个月的停产改造，停产改造期间，全矿少出煤12万吨，减少经济收入4010余万元，但却保证了主力工作面的安全生产，也保证了职工的生命安全和健康。

采一区质量标准化严重掉标，是严重的安全管理不诚信行为，经过矿党政班子研究，区长被免去了职务……

诸如此类的安全诚信现象和对不诚信行为的处罚，已经成为了云驾岭矿干部职工的自觉行为和共识。由此可见，在安全诚信方面，云驾岭矿的干部已经形成了共识，安全诚信文化的因子，已经渗透到了该矿安全管理和职工行为之中，浸润到干部职工的思想意识深处，指导着全矿干部职工的实际行动。如今，违章指挥、严重“三违”、工伤、事故等现象呈逐年下降趋势，已经越来越少，广大干部职工的安全认知、安全态度、安全能力、安全素养都在明显转变，上标准岗、干标准活儿、不安全不生产、先安全后生产，逐渐成为广大职工的一种自我约束、思维定式和行为习惯。

近年来，云驾岭矿安全形势持续稳定，经济效益逐年攀升，矿区环境明显改善，精神面貌富有朝气，和谐矿区不断推进，社会形象得到提升。2007年以来，矿井累计安全产煤655万吨，实现销售收入26.2亿元，利润12.6亿元，先后荣获了全国煤炭工业双十佳煤矿、全国文明煤矿、全国“安康杯”竞赛优胜企业、中华环境友好煤炭单位、全国企业文化优秀单位、全国精神文明建设先进单位等一系列荣誉称号，矿井实现了安全平稳发展。实践证明，厚重的安全诚信文化之魂是破解煤矿安全事故多发的根本之策。

地址：河北武宁县新华大街北端　邮编：056300　电话：0310-7756723　撰稿人：张毅 姚龙科

冀中能源张矿集团洗煤厂

厂长　成文区

冀中能源张矿集团洗煤厂，是张家口地区一座现代化大型国有煤炭加工企业，拥有跳汰、重介两条洗煤生产线，年入洗量达百万吨，年产值达6亿多元。主要精煤产品有：主焦煤、1/3焦煤、冶金喷吹煤，及副产品中煤、煤泥等系列产品，产品销往京、津、冀等地。

冀中能源张矿集团洗煤厂党政领导班子，多年来，认真贯彻党和国家安全生产方针，把安全生产作为企业发展的基石，安全工作常抓不懈。

一是加强安全制度建设，形成了一整套详细且行之有效的安全管理规章制度和管理办法，明确各级管理人员和岗位职工的安全工作职责，管理干部层层签订安全责任状，全体职工签订安全承诺书，并强化安全工作的考核，将安全指标纳入全厂每一名干部职工的工资考核，实现奖惩兑现，激发了干部职工搞好安全工作的积极性，使各项安全管理制度和安全工作措施落实到实处，形成了安全工作层层有人管，事事有人抓的局面，夯实了安全工作的基础。

二是搞好三级事故安全隐患排查，抓预防，把事故隐患消灭在萌芽之中，该厂多年来，形成了岗位班查、班组日查、车间周查、厂旬查的安全隐患排查体系，安全隐患每日及时上报厂安全部门，对隐患治理做到“五定”，做到安全隐患不治理不生产。把安全隐患治理作为厂、车间一把手　“工程”，厂、车间领导亲自抓安全隐患治理工作，由于各级管理干部高度重视，全体职工参与，安全隐患排查治理工作常抓不懈，使安全隐患及时得到治理，有效的防止了安全事故的发生，保证了安全生产。

三是强化职工安全教育培训。该厂把职工安全教育培训作为安全生产的基础性工作抓，形成了三级职工安全教育培训网络，班组利用班前会、周五安全活动日，组织职工认真学习岗位安全操作技术知识、安全管理规章制度。车间每旬组织一次安全工作会议，利用多种形式对职工进行安全思想教育和岗位安全知识培训。厂定期对特殊技术岗位工种进行岗位技术培训。由于经常性的对职工进行安全思想教育和岗位安全技能培训，增强了职工的安全思想意识，提高了岗位安全操作技能。各岗位职工人人高度重视安全，严格按照安全操作规程操作，杜绝了违章作业，保障了安全生产。

四是搞好安全文化建设，打造本质性安全企业，该厂利用宣传栏、板报、宣传条幅、标语、通讯报道等多种载体宣传安全文化理念，经常利用知识竞赛、演讲、文艺演出等形式，组织安全文化活动，营造安全文化氛围，“安全第一”、“安全重于泰山”“先安全后生产”等理念深入人心，使员工自觉养成重视安全、严格把好安全观的自觉行为。

冀中能源张矿集团洗煤厂党政领导班子，高度重视安全生产，采取多种举措抓好安全生产，打造本质性安全企业，连续多年实现安全生产无事故，被集团公司多次授予安全生产先进单位，有力的促进了企业的科学发展。

内蒙古中煤煤电运销集团有限公司

WANGCHUANGGUAN

董事长　王闯关

王闯关，董事长，男，生于1945年，现任内蒙古中煤煤电运销集团董事长，曾任华能精煤运销公司总调，神华东胜煤田煤炭运销公司副总经理，鄂尔多斯市聚宝源煤炭运销有限公司董事长，内蒙古中煤煤电物流有限公司董事长。公司董事长王闯关，从事煤炭生产、运销近30年，有着丰富的煤炭管理经验和人生阅历。在第三届中国企业发展自主创新论坛即2008年中国民营企业领袖年会上获得中国改革开放30周年“创新人物”荣誉称号，并在第三届中国企业发展自主创新论坛即2008年中国民营企业领袖年会上获得“创新人物”荣誉称号。王闯关作为中煤煤电运销集团的舵手，一直秉承和谐共赢的理念，努力为合作伙伴创造更多价值，努力为能源事业发展做出更大的贡献。

内蒙古中煤煤电运销集团有限公司,是一家从事煤炭运销的股份制企业，是国家重点合同煤铁路计划运销单位。从古城湾站和公积坂站发往秦皇岛等各大港口年发运煤炭量300万吨以上，为了应对金融风暴于2009年6月份组建成立集团公司，集团公司下设三个分公司注册地在鄂尔多斯市,母公司注册资本6000万元，集团公司注册资本9000万元。经营范围：煤炭批发经营；种树种草；各类土石方工程施工。

内蒙古中煤煤电运销集团有限公司拥有发运计划和装车煤台，现有职工60余人，固定资产2000余万元。内蒙古鄂尔多斯地区是全国著名的煤都,已探明煤炭储量1496亿吨，占全国已探明储量的六分之一。鄂尔多斯市是神府东胜煤田的主采区，具有低硫、低灰、低磷、高发热量的特点，被中外能源专家称为优质“精煤”是世界上罕见的优质环保动力煤。

内蒙古中煤煤电运销集团有限公司现已是一个中型企业，在2008年南方冰雹灾害和四川地震发生后，我公司积极响应党中央的号召，加班加点，夜以继日地抢运煤炭，为南方灾区分忧解难，为灾区人民送去温暖与光明。2008年全年已向南方发运煤炭20余万吨，在抗灾救灾中奉献了爱心。

内蒙古中煤煤电运销集团有限公司总裁王闯关，从事煤炭生产、运销近30年，有着丰富的煤炭管理经验和人生阅历。王总裁热忱欢迎全国各地客商前来合作洽谈，公司可将国家免检环保煤从包头公积坂站和古城湾站经铁路直接发运到秦皇岛港和京唐港，价格随行就市。内蒙古中煤煤电运销集团有限公司将热情为您服务。

企业安全生产

内蒙古中煤煤电运销集团是煤炭仓储、铁路运输及销售为一体的煤炭企业，从煤矿短途汽运到仓储卸车作业，再从仓储自动化装火车经铁路运往各大港口，整个过程依托内蒙古呼铁局古城湾现代化环保装车基地以每天三个万吨列的发运能力和装车能力。

公司经营的煤种有原煤、粉煤、块煤等，更是以低灰、低硫、高发热量、高挥发分的优质精煤为主，达到了环保、绿色、安全、高效的生产作业和管理理念，使得公司呈大跨越式发展。

在仓储基地，公司驻地机构层层签订了安全生产责任状，明确安全生产与企业员工工资挂钩，“安全就是效益”渗透了每个员工的思想。同时企业领导不定期检查装卸作业安全生产情况，两年来一直保持着安全生产零事故的良好成绩。

联系电话：0477—8549598、8549384

传　　真：0477—8549381

川煤集团华蓥山广能公司绿水洞煤矿

矿长　谢家腾

川煤集团华蓥山广能公司绿水洞煤矿地处一代伟人邓小平故里，坐落在风景绮丽的华蓥山天池湖畔，矿井于1981年建成投产，设计年生产能力60万吨，2005年核定年生产能力为120万吨，配套建有一座年入洗能力为120万吨的重介模块选煤厂。矿井主采的K1煤层平均厚度为3.19米，采煤机械化程度达99.14%，掘进装载机械化达100%，是西南机械化装备程度最高、创新能力最强的矿井之一。全矿现有职工2198人，各类专业技术人员143人，其中高级职称5人，中级职称42人。近年来，绿水洞煤矿依靠自主创新、科技进步，在发展的道路上攻坚克难，化危为机，多项指标取得了历史性突破，企业实现了跨越式发展。

矿井先后荣获“川煤集团高产高效矿井”、“全国行业一级安全高效矿井”、“中国企业文化建设二十五周年优秀单位”、“中国文化管理十佳单位”、“全国煤炭系统群众文化先进单位”和“四川省安全文化建设示范企业”称号；矿领导班子被川煤集团评为“四好班子”，保持了全国“文明煤矿”和“安全高效矿井”荣誉称号.

矿部广场

绿水洞煤矿现任矿长谢家鹏，1963年12月生，四川南部县人，中共党员，本科文化，高级采矿工程师。几年来,绿水洞煤矿在他的带领下，全面完成了上级下达的各项考核指标，国有资产实现保值增值，为国家经济建设做出了较大贡献。他带领矿井先后获得广能集团科技进步一等奖一项、二等奖一项、三等奖两项，广安市科技进步特等奖一项，川煤集团科技进步特等奖一项、一、二等奖各两项，四川省政府科技进步一等奖一项、二等奖两项。作为第一作者写的《提高大倾角综采工作面单产的措施》论文，被中国技术发展科学研究院评为一等奖。他亲自审定或参与研究完成的“复杂地质条件下煤矿开采水文地质研究”、“综采工作面电缆拖挂自移装置改进研究”等多项技术创新成果，共创经济效益达1460万元。个人多次被广能集团公司评为“安全标兵”、“优秀管理工作者”和“先进个人”，2009年被评为“全国煤炭工业优秀矿长”。

矿井口花园

科技利剑辟新路

上世纪90年代中后期，随着矿井深部开采，绿水洞煤矿矿井煤炭赋存条件越来越差，煤层倾角大多在35到50度之间，为破解大倾角综合机械化开采难题，绿矿人发扬 “挑战极限，敢为人先”的探索精神，举全矿之力，聚全矿之智，与科研院所、大专院校合作，历时三年，攻克了大倾角综采技术难关，填补了国内煤炭大倾角综采技术空白。该项目荣获1999年度四川省科技进步一等奖。这一先进技术的成功应用，使矿井总产量比90年代初提高了2倍，达到120万吨／年；回采工效比建矿初期提高了8.72倍，达到18.91吨／工；全员工效提高了7.85倍，达到3.48吨／工。

科技推动 文化引领
绿水洞煤矿健步踏上安全高效发展之路

2008年，绿矿人在总结10年大倾角综采经验的基础上，再次攻克了45到60度急倾斜综合机械采煤多项核心技术难题，开创了国内急倾斜综合机械采煤技术先河，获四川省煤炭产业集团2008年科技进步一等奖；与广能嘉华公司合作的“急倾斜煤层综采液压支架研制”项目，达到“国内首创，国际领先”水平，荣获2008年度四川省科技进步一等奖。这些科技成果，引起国内外同行的高度关注，越南冒溪煤矿、乌兹别克斯坦沙尔古煤矿以及国内神华集团、新疆焦煤集团、黑龙江龙煤集团等国内外知名煤炭企业纷纷派专业人员前来学习取经。

绿矿自主研发的“双锚头可回收锚杆技术”、“大倾角无轨回采法”等数十项科研项目中有6项获得国家发明专利，9项技术成果分别获省（部）级科技进步一、二、三等奖。更新投入的大功率综采、综掘设备，瓦斯监测监控及抽放系统，矿井工业监视系统，井下人员定位系统等设备设施极大地提升了矿井科技抗灾、治灾能力和企业生产力。

文化创新添活力

绿水洞矿井地质构造复杂，煤层赋存条件差，自然条件恶劣：煤层分岔合并频繁，煤层倾角大（多在40°-60°之间）；矿井绝对瓦斯涌出量为30.26m³/min，相对瓦斯涌出量为18.43m³/t；煤尘具有爆炸危险性；煤层底板属软底，顶板为复合层顶板；矿井涌水量大，集水、火、瓦斯、煤尘、顶板五大自然灾害于一体，安全管理难度较大。

综采工作面

多年来，绿水洞煤矿牢固树立“安全高于一切，安全重于一切，安全先于一切”的思想，坚持以“一通三防”和防治水为重点，严格执行瓦斯治理“十二”字方针和防治水“十六”字原则，杜绝了重特大事故的发生。矿党政在坚持走“科技兴安、质量保安”路子的同时，提出了“文化促安、人本保安”的工作思路，制定了《安全质量标准化管理及考核办法》，建立了“一优”、“二化”、“三一”、“四无”、“五条线”的质量标准；大力开展安全文化建设“123”工程，“1”即树立一大目标：创本质安全型矿井；“2”即突出两大重点：提升管理人员安全履职的意识和能力，提升职工安全意识和业务技能；“3”即建塑三大体系：形象体系、育人体系、制度体系。在注重加强职工业务技能的同时，通过在全体职工中开展“事故案例、手指口述、十种违章现象、每周一题”等安全文化教育活动，进一步提升了职工的安全技能，该矿先后列支数百万元资金大力开展安全文化建设活动，收到明显效果。近年来，该矿根据国家相关法律法规和行业安全管理标准，结合矿井安全生产实际，修订完善了25个安全生产管理制度，确保矿井安全生产“有法可依，有章可循，有据可查”。该矿还健全了以矿长为第一责任人的安全管理机制，以党委书记为第一责任人的安全教育培训机制，以总工程师为第一责任人的技术保障机制，以安全副矿长为第一责任人的监督检查机制。全矿管理人员、各工种岗位人员也对本岗位的安全生产责任制进行自我完善，并严格对照责任制履职，极大地提高了全矿干部职工自觉搞好安全生产的意识和能力。

强有力的安全文化建塑活动，使“安全第一，珍爱生命”的安全核心价值观外化于形、内化于心、固化于制，细化于企业生产经营的具体工作之中，确保了矿井抗灾能力有所提升，矿井两次实现安全生产1000天，2007、2008年，矿井实现了安全生产零死亡；2009年，矿井百万吨死亡率为0.87，2010年安全状况基本稳定。

在谈及企业的发展时，绿矿矿长谢家鹏表示：我们将充分发扬“追求卓越，奉献光热”的企业精神，把“创西南片区安全高效标兵矿，打造数字化、信息化、现代化的新绿煤”作为奋斗的更高目标，努力续写新的篇章，开创新的辉煌！

综采工作面

撰稿人：胡安华 潘家伟 陈开霞

2009年6月27日，福建省地勘局局长邵旭（左四）及党组全体成员、副巡视员一行到公司调研，并深入井下生产现场检查工作

2006年8月8日，福建省人民政府黄小晶省长（左二）率领省、市有关部门领导来公司视察、调研

福建马坑矿业股份有限公司

福建马坑矿业股份有限公司前身为龙岩马坑矿业有限责任公司，成立于1999年9月8日。2005年12月12日福建省人民政府以闽政股（2005）27号文《关于同意设立福建马坑矿业股份有限公司的批复》同意公司整体变更为股份有限公司。同年12月19日福建马坑矿业股份有限公司召开创立大会，并于12月31日经福建省工商行政管理局核准登记。公司现由福建省地质矿产勘查开发局、紫金矿业集团股份有限公司、福建省第八地质大队、福建省潘洛铁矿、福建省天宝矿业集团股份有限公司五个股东出资组建，注册资本为3.65亿元人民币，总资产达18亿元。主要从事马坑铁矿的开发，包括采矿、选矿和销售，产品主要为TFe65%的铁精矿和Mo45%的钼精矿。

公司位于319国道和漳（州）--龙（岩）高速公路旁的龙岩市新罗区曹溪镇崎濑村，距龙岩市区和龙岩火车站约12Km。

全国非煤矿山安全生产工作暨安全避险“六大系统”建设推进会议，到公司参观避险系统

马坑铁矿二期技改工程验收评审会

避难硐室

按照省、市政府的要求及矿体赋存特征，公司按照"总体规划、分步实施、滚动发展"的办矿思路，进行总体规划，最终年采规模将达到500万吨以上。目前，国家发改委核准《关于福建马坑矿业股份有限公司新增500万吨/年采选工程项目核准批复的通知》（发改业[2010]1536号）。公司大致分三期建设：

一期工程采选规模为50～100万吨/年，开采范围+490m～+420m标高内矿体，项目从2001年6月开工建设，2004年9月试投产，并于2005年9月通过竣工验收，现已形成年采选100万吨铁矿石和年处理50万吨选钼的生产能力。

二期工程设计为300万吨/年采选能力，开采范围为+200m　～+420m标高内矿体。目前该工程已经福建省安全生产监督管理局审查，正按照设计方案组织施工。

三期工程开采范围为-100m～+200m标高以内的矿体，公司根据国家发改委的批文正在办理有关手续。

马坑铁矿的开发与建设，深受省、市地方领导和各级党委政府及各有关部门单位的关心和支持，自2000年以来，连续被省、市、区列为工业结构调整重点技改项目；2005年龙岩市委、市政府在"十一五"规划中把公司列入大力发展"10+3"产业重点培育和发展对象；2005年公司被评为福建工业主要行业前十强、福建高成长型工业企业；2006年被评为"福建省'十五'技术改造优秀项目"；2007年被授予龙岩市首届"闽西工业30强"、"福建省最佳信用企业"、2009年被授予龙岩新罗区2007-2009年度精神文明建设先进单位、2010年被省政府列为省重点工程项目。

公司将坚持以科学发展观为指导，按照循环经济和建设节约型社会、全面协调可持续发展的要求，充分利用马坑铁矿丰富的矿产资源，引进先进、适用的工艺技术，通过企业自主创新和加快发展，把马坑矿业建设成为一座国内先进的铁矿企业。

地址：福建省龙岩市　邮编：364021　电话：0597-2755018

贵州省仁怀市梯子岩煤矿

仁怀市梯子岩煤矿位于群山环拥、绿树成荫、风景秀丽的贵州省仁怀市长岗镇丰岩村，矿井设计生产能力15万吨/年（技改扩能30万吨/年已经批准），矿区面积为1.2827km²，保有资源量770万吨，自2006年整合基建以来，矿井共投入建设资金1.3亿多元，于2010年3月份通过了投产验收，为六证齐全合法矿井。

企业生产低磷、低硫优质无烟煤，发热量在7000大卡以上，生产煤炭除供应电厂、本地以外，还远销四川、广西、云南，产品供不应求。

企业拥有员工196人，中、初级职称管理人员8人，在法人叶友平和矿领导的坚强领导下，企业上下团结一至，积极进取，科技创新，取得了较辉煌的发展业绩。其中，在瓦斯抽采利用、安全管理和环境保护等方面走在了仁怀市煤矿发展前列，安全质量标准化建设被评为仁怀市煤矿安全质量标准化达标企业。

安全管理

近几年来，我矿在安全生产管理中，认真贯彻落实党的安全生产方针，国家安全生产法律法规，各级政府安全生产会议精神、指令，坚持“培训、装备、管理”三并重原则，舍得投入、很抓安全教育培训、安全基础建设、隐患排查治理，矿井安全管理上了一个较大的台阶，成为仁怀市安全生产示范矿井，被评为仁怀市安全管理一类企业。

1、企业员工素质是企业安全的基础，梯子煤矿注重安全教育和培训，每一位员工进场要进行煤矿安全教育培训，培训合格后方准上岗；在职员工，利用班前会、安全例会，专题培训、安全知识竞赛、宣传栏等多种形式进行安全教育培训；注重员工持证上岗培训，建有完善的安全教育培训档案（一人一档），组织员工参加各种培训班，持证上岗率达100%。

2、安全系统是安全生产的重要保证，梯子岩煤矿注重抓安全系统建设和升级，先后投入资金4000万元完善了供水施救系统、压风自救系统、通信系统、人员定位系统、瓦斯高低负压抽放系统、视频监控系统，升级了瓦斯监控系统，正在着手完善紧急避险系统。

3、安全管理是安全生产的基石，梯子岩煤矿狠抓安全管理，日常管理中，主要从以下几个方面落实。

①认真贯彻落实国家关于安全生产的的法律法规、方针政策和各级政府关于安全生产的文件精神、指令；做到方针是我们是我们的行动方向，法规是我们行动依据，文件精神、指令是我们当前工作实出重点。

②落实企业安全生产主体责任，将安全生产责任分解到每一位员工，通过强化安全生产管理制度执行力度，重处“三违人员”，对安全有突出表现和提出合理化建议的个人给予重奖。

③搞好企业隐患自查自纠，积极配合上级部门安全检查，对查出的隐患积极进行整改，隐患整改做到五落实：方案措施落实、责任落实、资金落实、整改日期落实、预案落实。

④现场管理是搞好安全生产的重要保证，我们在现场管理中，强化现场管理，首先严格落实矿领导下井带班制度，要求与职工同上同下，配齐配足管理人员，每一施工地点都配有一名安全员、瓦检员和放炮员，不忽视生产环节的每一个细节，认真将每一条隐患及时整改到位。

⑤充分利用瓦斯监控系统、人员定位系统、视频监控系统、通讯系统的功能，矿领导、调度员、安全员、监控员对安全生产作业现场进行24时不间断监督，班班调度重要作业环节、重点部位、重点人员安全生产作业情况，发现不安全因素，立即停止作业、撤出人员，整改完善后方准生产。

⑥瓦斯是安全生产的第一杀手，我们管理中严格瓦斯治理“十六”字管理体系进行管理，从通风可靠、监控有效、抽采达标、管理到位来进行严格管理，做到通风配风量留有较大备用系数，监控做到设备可靠、到位，抽放采用大孔径、深钻孔、粗管路，大流量，高负压；管理方面做到瓦斯超限即是事故，按照“四不放过”的原则进行认真的追查处理。

瓦斯的抽采改善了我矿井下作业环境，提高了矿井生产效率，确保了矿井安全；瓦斯发电，减少排放对大气的污染，创造了可观的经济效益，符合国家节能减排和发展低碳经济的产业政策。梯子岩煤矿走出了一条以利用促抽采、以抽采保安全、以安全促发展企业发展良性循环路子。

（一）瓦斯抽放

仁怀梯子岩煤矿是高瓦斯突出矿井，瓦斯相对涌出量45.59m³/t；瓦斯绝对涌出量1.9m³/min，瓦斯是我矿安全生产最大的隐患，以前抽采瓦斯是以保证开采为目的的，抽出的瓦斯量很小，且都排放到大气中，污染了空气和环境。

瓦斯抽采和瓦斯发电

自从瓦斯发电在我矿推广成功后，瓦斯发电为我矿带来了较好的经济效益，以保发电和保安全双层目的瓦斯抽放在我矿得到了快速的发展，以前我矿只有一套2台小型的22m³/min瓦斯抽放泵配150mm管径的小型抽放系统，日抽放瓦斯量只有不足700m³，瓦斯发电项目成功后，我们先后上了两套抽放系统，2台80m³/min抽放泵配直径250mm管路抽放系统，2台200m³/min抽放泵配直径500mm管路抽放系统，瓦斯抽放达到日抽放瓦斯5万m³的抽放能力。

生产线厂区

梯子岩煤矿支部

梯子岩矿主斜井

井下抽放钻孔布置，正向高密度、大孔径、深钻孔的发展方向改革，比如本煤层抽放把以前5m布1个钻孔改为2m布1个钻孔，改原来抽放孔径75mm为120mm，钻孔深度由原来的不足40m增长至80-100m，达到到了应抽尽抽、抽采达标的行业标准要求。

（二）瓦斯发电

响应仁怀市人民政府号召，2008年1月，仁怀梯子岩煤矿开始筹划6台500千瓦瓦斯发电机组建设项目，2008年10月14日完成《瓦斯发电可行性报告》的编制工作，2008年11月3日立项批复，2010年7月份我矿瓦斯发电站安装了两台500KW发电机组，进行试运转，于2010年10月份正常发电，2010年10月通过验收。目前每天瓦斯发电量2万多度、创产值1.2余万元，年营业收入400多万元，年减少排放瓦斯260万m^3以上；计划2011年5月份增加两台500KW瓦斯发电机组，2011年11月底再增加两台500KW瓦斯发电机组，达到总装机容量3000KW。每年可以利用瓦斯排放量800万m^3以上，年发电量可达到1800万度以上，年创产值1000余万元。

安全生产质量标准化

煤矿安全质量标准化是煤矿安全生产的基础，推进安全质量标准化建设对煤矿安全生产具有重要意义，我矿煤矿安全质量标准化建设过程中，坚持“以人为本、安全发展”理念，统筹规划、分步实施，树立典型、稳步推进，注重机制、体制建设，加强组织领导、宣传指导，严格对照质量标准化要求抓落实，不断改善煤矿安全生产条件，全面推进煤矿安全质量标准化建设，矿井2010年被评为安全质量标准化三级矿井，争取2011年达到安全质量标准化二级矿井 。

1、把工作重点转到安全质量标准化建设方面，落实专项资金，突出抓好“两堂一舍”、掘进工作面和采煤工作面、瓦斯治理、防突、防治水、软件资料等方面的建设，按照质量标准抓落实，保证人、财、物到位。

2、加强煤矿安全质量标准化建设和氛围的营造。通过标语宣传和班前培训等形式，使所有职工树立“安全质量标准化”观念，做到人人懂标准，人人管标准，人人重标注准。

3、加强宣传教育，强化培训，提高职工素质，帮助全矿职工正确认识安全质量标准化的重要意义和作用，强化安全质量意识，及时奖励质量标准化工作的先进单位和先进个人，结合其他先进矿抓安全质量标准化建设的先进经验，认清我矿的差距，增强紧迫感，树立抓好安全质量标准化工作的信心。利用知识讲座、技术比武、岗位练兵等多种形式，提高职工安全技术技能。牢固树立“安全第一，预防为主，综合治理”的安全管理理念，坚持以人为本，以安全促生产。

4、明确安全质量标准化工作目标和质量标准化责任。把安全质量标准化工作目标层层分解，落实到各个岗位，形成层层把关负责，配套联动的责任体系。

5、建立安全质量标准化考核制度和对煤矿安全质量标准化工作实行日常监督管理。建立每月检查、每季考评、半年总结、全年评比的安全质量考核制度，做好自检原始资料档案管理。

6、从体制、机制和投入上切实保证安全质量标准化的顺利开展。一是在体制上，配备懂安全、会搞标准化的技术人员；二是在机制上，树立安全质量标准化典型工作面，典型引路，推进今年达到三级安全质量标准化矿井工作。

7、加强班组建设，班组成员在作业中能否坚持标准是煤矿企业实现安全质量标准化和实现安全生产的最坚实的基础。加强班组安全质量标准化要做到：（1）安全意识。牢固树立“安全第一，预防为主”的意识，明确安全教育在班组质量标准化工作中的重要性，开展经常性的安全教育；（2）制度。建立健全完善的制度是执行规程的保证；（3）考核。安全标准学习要有计划，有检查，有考核，要真抓实干，持之以恒；（4）方法。要采取多种形式的安全教育，上下齐动员，不断创新教育形式；（5）班前班后，对重点岗位上的职工，要有针对性地开展教育，要针对安全薄弱环节，提建议，补措施，抓整改，提高班组安全意识；（6）行动硬。对违章违纪的职工严格管理，做到奖惩兑现，使班组“三不”伤害制度落到实处。

8、在安全质量标准化工作上坚持“安全尽责、超前思维、务实创新”的工作作风，从基础、细节和规范员工行为入手，以理念导入为出发点，以流程梳理为关键点，以完善奖惩机制为着力点，以规范现场管理为切入点，以提高职工素质为落脚点，不断完善工作机制，创新工作方法，高标准，严要求抓安全质量标准化建设，按照全面夯实，局部治理、整体推进的安全质量标准化建设要求，使煤矿始终处于安全生产的良好状态，以适应保障矿工的生命安全、身体健康和矿井长治久安的需要。

我矿在安全生产管理、瓦斯抽采利用、安全质量标准化建设方面虽然取得了较显著成绩，赢得了一定的荣誉，但这绝不是我们企业的终极目标，时代潮流浩浩荡荡、社会发展日新月异，没有最好，只有更好，只有不断适应社会发展需求，做大做强我们的企业才是我们追求的发展目标。

地址：贵州省仁怀市长岗镇　邮编：564506
电话：0769-65768579

回坡底煤矿

矿长 庞学军

党委书记 张昆

回坡底煤矿是山西汾河焦煤股份有限公司下属矿井，隶属于山西焦煤霍州煤电集团有限公司。拥有一个回坡底井口和一个150万吨重介洗煤厂，回坡底井口位于洪洞县城西北刘家垣镇，始建于1978年，原设计能力15万吨/年，现核定生产能力为110万吨/年；区内主要可采煤层有10#低灰高硫肥煤、11#高灰低硫焦煤。全矿共设有21个科室，27个队组（车间），共有员工2587人，各类专业技术人员187名，其中高级技术职称4名，中级技术职称24名，其他各类技术人员103名。

矿井原为洪洞县地方煤矿，1997年党的十五大之后，按照当时“退出集中，抓大放小”的战略调整，市县领导和霍州煤电达成共识，以整体形式划归国有煤矿序列。经过10年来的治理补欠、环节改造和规范管理，矿井实现了安全、生产和经济运行的重大革新，特别是企业安全生产环境发生了根本变化，进入了一个稳定健康良好的发展态势。

矿井生产配套的150万吨重介洗煤厂，投资总额1.4亿元，是国家第三批重点技术改造“双高一优”项目导向计划的发展项目，2004年9月建成投产，采用脱泥无压三产品重介旋流器分选，浮选精煤用加压过滤机脱水，浮选尾煤用板框压滤机脱水的联合工艺流程；主要核心设备全部为进口设备，全厂可实现集中起停车控制。

地址：洪洞县刘家垣镇　邮编：641600　电话：0357-6513686

神华宁夏煤业集团太西洗煤厂

“太西”无烟煤及超低灰纯煤产品

太西洗煤厂隶属于神华宁夏煤业集团有限责任公司，是神华宁煤集团按照宁夏回族自治区党委、政府和神华集团对太西无烟煤资源优化整合，促使稀有资源由燃料向化工原料转变，实现产业升级和效益最大化的总体要求，作出重要战略决策，于2008年2月15日和2009年2月6日，将原太西洗煤厂、西大滩洗煤厂和大石头煤业公司下属三个洗煤厂深度整合、划归所成立的中心型无烟煤洗煤厂。

该厂下设三个分区，一分区（原太西洗煤厂）位于宁夏石嘴山市山水景观大道东段，与美丽的星海湖相毗邻，铁路专用线与包兰铁路石嘴山站接轨，距高速路网3公里，距首府银川约60公里。二分区（原西大滩洗煤厂）位于宁夏石嘴山市西大滩工业园区东南角，与沙湖旅游景区相毗邻，距一分区20公里，铁路专用线与包兰铁路西大滩车站接轨，公路和110国道交接，北与平西公路、109国道相贯通。三分区（原大石头煤业公司下属三个洗煤厂）位于平罗县崇岗工业园区，距一分区30公里，距二分区18公里，距大武口市中心20多公里，与110国道相接。全厂全年入洗能力达到700万吨，年工业总产值突破49亿元。

厂长叶庆春领取国家科学技术进步奖

集团本安体系建设地面单位现场推进会

多年来，太西洗煤厂在各级安全监管部门的引导下，贯彻落实国家安全生产法律、法规及有关方针政策，坚持科学发展、安全发展、和谐发展，以创建神华集团本安体系“标杆”洗煤厂为目标，始终将安全生产工作作为第一责任，作为第一要务，作为各项工作的重中之重，始终将员工作为第一牵挂，不断健全完善机制，严格执行行业标准及安全规程，深化危险源辨识，强化隐患排查整治，规范员工安全行为，加强员工安全教育，突出重点环节的安全防范，科学管控，强化执行，实现了安全生产。先后获得“全国十佳选煤厂”、“中国煤炭工业科技创新示范厂”、“中国煤炭工业50强选煤厂”、“全国文明单位”、“中央企业先进集体”、全国“优质高效选煤厂”、全国“行业级质量标准化选煤厂”、“全国环境保护先进单位”、和“宁夏回族自治区五一劳动奖状”等荣誉，被神华集团授予“安全质量标准化特级单位”称号。

今年，太西洗煤厂牢固树立“以人为本，生命至上”及“风险可以控制，事故可以预防”的理念，把安全生产作为一种自觉行动，把关爱生命作为一种社会责任，深入开展“安全生产年”、“安全生产月”、“百日安全生产无事故”等专项活动，加快推进本质安全管理体系建设，紧紧抓住“风险预控”这一核心，规范体系运行程序，加大隐患排查整治工作力度，努力提升安全生产管控水平，消灭了轻伤及以上事故，杜绝了重大非伤亡事故，实现“零”事故的管理目标。

企业发展无止境，安全生产不放松。太西洗煤厂将不断巩固和提升安全管控水平，创新安全管理机制，构建安全生产格局，实现科学、安全、和谐大发展。

地址：宁夏市石嘴山市大武口区山水大道　邮编：753000　电话：0952-2434021

盐源西钢精煤有限责任公司

国家安监总局副局长、国家煤监局局长赵铁锤（左四）、四川省安监局局长林书成（左五）、在攀西煤监分局局长田建文（右一）、盐源西钢精煤有限责任公司董事长陈立民（左三）的陪同下视查盐源西钢精煤有限责任公司干塘煤矿安全生产情况

盐源西钢精煤有限责任公司隶属于川威集团下属的矿业总公司，是川威集团控股子公司。精煤公司于2003年11月27日注册成立，原注册资金为500万元人民币，2010年增资为1.4亿元人民币。公司位于盐源县盐塘乡，目前该公司下辖干塘沟选煤厂、老蛮沟选煤厂、干塘煤矿三个煤炭生产、加工企业。

老蛮沟洗煤厂设计原煤处理能力为15万吨/年，投资200多万元，于2004年元月底建成投入生产。

干塘沟选煤厂地处盐源县盐塘乡干塘沟，占地38.1亩。主要从事原煤洗选加工、精煤销售、公路运输等业务，于2003年11月27日开工建设，2004年8月5日竣工投产。洗煤厂设计原煤处理能力为90万吨/年，主体投资6000多万元。选煤厂的布置、工艺流程、设备配置均本着先进、合理、实用、可靠的原则进行设计，其工艺流程采用跳汰——浮选联合流程，生产设备采用计算机集中控制，尤其是洗水处理设施非常先进齐全，完全达到了无污染排放的环保标准。该厂目前在国内同类型选煤厂中是属于最先进、最合理的，是四川省少有的几家大型煤炭洗选加工企业。

盐源县干塘煤矿1999年经县法院宣告破产，由盐源县水泥厂接管后并多次转包；2004年9月，盐源西钢精煤有限责任公司接管了干塘煤矿；2005年10月，盐源县委、县政府根据《凉委议（2004）10号会议纪要》，同意川威集团下属的精煤公司兼并重组干塘煤矿；2008年6月16日经四川省国土资源厅《采矿权转让审批通知书（川国土资采转[2008]54号）》批准，2008年10月盐源县干塘煤矿采矿权成功过户到盐源西钢精煤有限责任公司，干塘煤矿下有三个井田。

一号井田面积约2.8845km2，煤炭资源储量约1030万吨。150kta /a技改工程于2005年通过省经委立项，从2007年4月开始进行扩能技改，井巷工程施工按照四川煤炭设计研究院的设计方案进行，完成技改投资近5000万元。2010年3月一号井田干塘煤矿顺利通过质量标准化验收，进入试生产，技改扩能工程于2009年12月建成并投入试生产，于2010年1月顺利通过安全质量标准化验收，达煤矿安全质量标准化二级标准，2010年2月顺利通过安全设施竣工验收，2010年3月顺利通过投产及煤炭生产许可证颁证条件验收。2010年10月顺利通过竣工验收，依法取得了《安全生产许可证》及《煤炭生产许可证》，成为盐源县仅有的一家合法煤炭生产企业。

二号井田位于一号井田与三号井田之间，面积约12.9 km2左右。由于二号井田没有大的地质构造存在，因此计算估计，333+334级储量在1600—1800万吨左右。扣除在二号井田的已设立的5 km2探矿权的储量400—600万吨，还有剩余储量1200万吨左右有待详查，二号井田的煤质量类似三井田。

2005年元月我公司在凉山州资源市场上以780万元成功竞买了盐源县东瓜岭煤田三号井田16.6 km2探矿权，2010年6月三号井田的地质精查工作已经结束，勘探结果表明三号井田的煤种较好，多属于焦煤或瘦焦煤，煤炭质量属低硫、低磷，中灰，煤炭储量2650万吨，有效解决选煤厂原料的供应，加之地处凉山缺煤地区，开发前景较好。目前公司计划投资2亿元对三号井田进行开发，预计在2015年建成450kt/a的现代化矿井，并同时达产达效。

精煤公司两个洗煤厂的建成和对干塘沟煤田进行科学、合理、有序地开发，将形成规模生产。这不仅能创造数亿元的工业产值和数千万元的财政收入，解决6000多名人员就业问题，带动汽车运输、饮食娱乐等相关产业的发展，而且可以基本满足凉山州境内未来三年90万吨/年机焦的生产能力，使州内煤化工产业形成产业链，变资源优势为经济优势，推动凉山州经济健康、快速、持续地发展，产生巨大的经济效益和社会效益。

国家安全生产监督管理总局副局长、国家煤监局局长赵铁锤视察干塘煤矿

盐源西钢精煤有限责任公司干塘煤矿一井关于生产建设和领导带班下井的情况汇报

尊敬的各位领导：

欢迎各位领导到盐源西钢精煤有限责任公司来检查指导工作！下面我代表公司向各位领导就我公司生产建设情况和领导带班下井的情况做如下汇报：

一、公司的生产建设情况

1、矿井生产建设情况

盐源西钢精煤有限责任公司干塘煤矿一井属于技改扩能矿井，矿井设计生产能力9万吨/年。经过矿井建设立项、初步设计、安全专篇等各项程序的审批后，矿井于2007年4月开工建设。经过两年半的建设，于2009年9月建设完成，实现建设投资1938万元，其中安全设施投入886万元。矿井建成后进行了联合试运转，并分别于2009年12月、2010年3月、2010年4月完成了矿井安全质量标准化、矿井安全设施竣工、矿建工程及煤炭生产许可证颁证条件的验收。矿井于2010年9月取得了安全生产许可证和煤炭生产许可证。现在矿井为证照齐全的合法生产矿井。

2、矿井现状

干塘煤矿一井现有在籍人员256人，其中一线生产人员142人。矿井配备了矿长1人、总工1人、安全、生产、机电矿长各1人，配备相关技术人员3人。相关安全生产管理人员12人，各岗位特种作业人员25人。设置了安全科、生产技术科、、机电科、采掘队、矿山救护队等相应机构。

目前矿井正常生产，有一个采煤工作面、一个掘进工作面，平均日产量220-260吨/天。矿井自2007年4月开工建设至今，未发生过安全事故，累计已实现安全生产1329天。

二、领导带班下井执行情况

为了认真贯彻落实《国务院关于进一步加强企业安全生产工作的通知》（国发[2010]23号）和国家安监总局、国家煤监局《关于认真贯彻落实国务院〈通知〉精神切实加强煤矿安全生产工作的实施意见》（安监总煤监[2010]152号）的文件精神，我公司高度重视，精心组织，切实严格执行矿领导带班下井规定。我公司做了以下方面的工作：

1、在州、县管理部门安排下，公司收到该文件后，认真组织矿主要管理人员进行了文件的贯彻学习，并给职工进行了宣传。

2、根据文件的规定和要求，成立了公司董事长、总经理、矿长、总工、安全矿长、生产矿长、机电矿长共7人的带班领导组，制定了相应的矿领导带班下井管理制度和带班下井交接班制度。印制了相关的领导带班下井记录和交接班记录。

3、在每个月的25号左右，公司安全科就根据各领导下月的工作计划安排，把次月的值班计划表排出来，并通告全公司。

4、公司从9月27日开始执行领导带班下井，每个带班领导都按照安排的日期和班次执行。到生产作业现场，监督、指导职工们的现场生产、施工作业。

5、按照国家规定要求，结合公司实际，带班领导执行井下手上交接班，确保矿井井下24小时都有带班领导。

三、“六大系统”建设情况

按照安监总煤装[2010]146号《国家安监总局 国家煤矿安监局关于建设完善井下安全避险“六大系统”的通知》要求，我公司积极进行了矿井“六大系统”的建设。

1、矿井监测监控系统：在2009年12月前已完成，并通过了验收，系统设有5个分站，28个各种类型的传感器。目前该系统能够正常、稳定、安全运行。

2、矿井压风自救系统：在2009年12月前已完成，目前的压风管线已布置到各采掘作业点，空气压缩机安装在地面。能够保证安全可靠的供风。

3、矿井供水系统：在2009年7月前已建设完成。地面设立有2个共计300m3消防水池，管线布置到了各采掘作业点。每隔50-60米安装有阀门。

4、矿井通信系统：在2009年9月前已完成。在采煤面上下安全出口、掘进头、硐室等均安装有电话直通地面调度室。

5、人员定位系统：目前尚未安装，公司已做了计划，在2011年6月前完成，并已落实机电矿长负责联系相应的厂家。

6、紧急避险系统：目前尚未安装。公司计划着手与四川省煤炭设计研究院联系给我公司进行设计，在2012年6月前完成。

四、矿山应急救援中心建设情况

我公司配合盐源县政府成立了盐源县矿山应急救援中心，应急救援中心设在干塘煤矿一井矿部。计划应急救援中心按照三级救援资质进行建设。

1、公司已送培第一批救护队员19人，并全部取得了资质证。计划在2011年5月前送培第二批救护队员。

2、应急救援中心办公楼、器材库工程建设已接近尾声，计划在2011年1月投入使用。

3、应急救援中心训练场地、演习设施建设基本完工。

4、待应急救援中心所有设施、设备建设完工后，即按照三级救援资质的标准进行队员的训练、培训装备配备和申请验收。

地址：四川省盐源县盐塘乡　邮编：615700　电话：0834-6370103

抚顺莱河矿业有限公司

依法从严管理　实现安全生产
构建和谐矿山

辽宁方大集团是以机电、冶金、矿业、化工为主业，集科研开发、生产经营、贸易、投资为一体的跨行业、跨地区的多元化大型民营企业集团，倡导“诚信为先、以人为本”的经营理念，遵循“取之于社会，回报于社会”的宗旨，坚持“经营企业一定要对政府有利、对企业有利、对职工有利”的企业价值观。抚顺莱河矿业有限公司隶属于辽宁方大集团，抚顺莱河矿业有限公司现有员工760人。从事铁矿开采和加工，主导产品为铁精矿粉，年生产能力80万吨，为辽宁民营单体矿山之最。

几年来，在省、市、县安监部门的正确领导下，莱河矿业在经济快速发展的同时，高度重视安全生产工作。坚持“以人为本，安全第一”的安全理念，紧紧瞄准安全“零”目标，狠抓各级管理人员安全生产责任制的落实，加大现场隐患排查力度，全面推行网络管理和班组建设工作，大力加强安全文化建设，积极开展形式多样的安全活动，确保了安全生产顺利进行。公司连续三年没有发生生产安全事故，连续7年没有发生较大以上安全事故，各类轻伤事故逐年下降。连续四年荣获抚顺市安监局安全生产“红旗单位”称号。

一、加强领导、完善制度、落实责任

公司成立了以总经理为组长、分管生产和安全的副经理为副组长，基层主要领导为成员的安全生产委员委会，配备了4名专职安全生产管理员。始终把安全生产工作放在一切工作的首位，做到主要领导亲自抓，分管领导具体抓，中层干部现场抓；把安全责任细化到每一个岗位和每一位员工身上，防范措施落到实处，做到每项工作都有章可循，各岗位互相监督；形成了以良好按章操作光荣，违章操作可耻的良好安全生产氛围。

几年来，公司建立和完善了一整套行之有效的安全管理责任、制度。共编写制定安全生产管理规定105项；岗位职责与工作标准79项；岗位安全生产操作规程64项，现场专项安全检查表60多个，覆盖了企业生产的每一个岗位。同时编制了“重特大安全事故应急救援预案”，并已通过了专家评审。

公司根据《安全生产责任制》的要求和安全生产管理方面的责、权、利统一的原则，层层签订了责任状，把安全生产责任逐级分解，建立了责任和指标明确到部门、班组、个人，做到一级抓一级，一级对一级负责，用制度管理人的工作机制。

二、重视基层班组建设，坚持安全生产从班组抓起

公司始终重视和加强班组建设，近年来认真学习推广“白国周班组管理法”，不断改进、提升班组建设的内容，形成一套行之有效的班组工作管理体系，着力提高班组安全管理水平，为矿山安全生产提供保障。其主要内容可以概括为“四个到位”、“五个保证”。

四个到位：

组织落实到位。建立了公司、车间、班组三级推进网络，车间每年对“一长二员”进行考核选拔，对不称职的进行撤换。经过多年发展，涌现出20多名担任班组长职务十年以上的员工，形成了一批素质较好、富有经验、敢抓敢管、安全观念强的班组队伍。

制度落实到位。通过多年的探索和总结，制订出适应各单位和班组实际需要的管理办法和制度，特别是近年来学习推广“白国周班组管理法”先进经验，着力把“三勤”跑现场、“三细”保质量、“三到位”抓落实、“三不少”查隐患、“三必谈”聚亲情、“三提高”塑团队的管理经验落实到生产一线，以此加强基层、基础、基本功“三基”建设，形成一套行之有效的班组工作管理体系，并通过落实制度促进班组安全管理的实施。

检查落实到位。对班组建设实行“三级”检查制度。每季度由公司进行班组安全工作检查，每月由车间进行班组建设考核检查，每周由安全管理人员及挂点人员到班组进行班组学习检查，特别是制定管理人员挂点制度，把矿长、专业技术人员等分别挂点到各班组参加学习，“监督”、“查看”、“提问”班组活动内容，提高班组安全活动的质量。

考核落实到位。公司专门成立班组建设考核小组，每月对全矿班组进行严格考核，每季度总评。凡出现重大人身险肇事故，有严重违章违纪及事故隐瞒不报，有发生重大设备、重大火灾事故及经考核验收总分低于85分的，取消安全生产合格班组资格。同时，在考核上做到“四挂钩”，即：班组建设工作同经济责任制挂钩，同车间业绩挂钩，同班组长待遇挂钩，同评先树模挂钩。考核总分达到90分以上才能参加安全生产先进班组评比。

五个保证：

学习时间有保证。根据实际情况，建立每周一次的班组安全活动制度，保证学习时间不得少于1小时。

记录内容有保证。班组长班前班后安全讲话记录、每周安全活动记录、岗位检查表、设备运行记录、交接班记录、隐患排查记录等。对于这些表格，要求班组长和岗位人员如实准时填写。

2008年7月13日，抚顺市副市长马瑞、市安全生产监督管理局局长张弘卓、副局长王刚等一行领导来公司调研，公司董事长林辉陪同视察。

市安监局领导到公司视察

2009年6月26日安监局领导视察工作

一行苍鹭上青天

检查考核有保证。班组建设检查制度中坚持“一班三检”制度，特别是在作业现场实行“三级安全确认制”即由当班队长、当班班组长和作业人员三方共同确认安全后才准予作业，有效地控制了事故的发生。

隐患整改有保证。采用下发《事故隐患整改通知书》的方式，指定其限期整改检查出的问题。隐患整改实行“三定”即定措施、定时间、定负责人，记录在案，同时实行“三不推”即班组能解决的不推到车间，车间能解决的不推到公司。

违章处罚有保证。制定严格的奖罚制度，对事故处理按“四不放过”的原则处罚，对于习惯性违章，要求班组长做到两个“百分百”，即对违章违纪行为百分百登记上报，对违章违纪者百分百按规定进行处罚，即使是生产骨干，也照章办事。通过处罚起到警示，教育广大职工的作用。

公司结合本单位实际，以近在身边的榜样和白国周等先进典型引路，促进班组建设不断创新，一大批具有高素质、有责任心的班组长，班组脱颖而出，目前全矿34个班组70余名班组长达到不同级别水平，从而实现了班组科学化、规范化、正规化，也提高了班组的执行力、凝聚力和战斗力，为全公司的安全生产奠定了坚实的基础。

三、加强安全隐患检查力度，确保隐患整改措施落实

加强安全隐患检查力度。开展例行安全检查，是我公司长期坚持的安全生产制度。我们公司例行安全检查包括：

1. 班长要在班前、班中两次检查安全；并在每班开工前必须进行岗位工作作业前的设备、设施和作业环境检查。

2. 车间检查，由车间组织每周二进行一次检查，检查情况在周六公司生产调度会议上作情况汇报。

3. 公司安全大检查，每月生产安全部组织综合部、设备部等部门相关人员，进行安全生产综合检查。

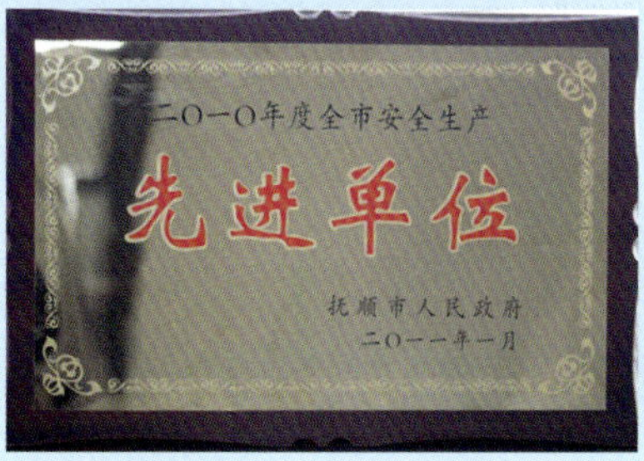

4. 临时性安全生产检查，由生产安全部与车间领导一起组织检查。

强化隐患整改措施落实。公司及各部门、车间负责人高度重视安全隐患整改工作，对安全检查和工作生产中发现的安全隐患或不安全因素进行彻底整改。按照《国务院安委会办公室关于贯彻落实<国务院关于进一步加强企业安全生产工作的通知>精神进一步加强非煤矿山安全生产工作的实施意见》（安委办[2010]17号）要求，完善企业主要负责人、技术负责人安全检查制度，建立以安全生产专业人员为主导的隐患整改效果评价制度。

四、加大危险源监控措施的落实，防止重大事故发生

以尾矿库为例，依照专业安全评价机构的《尾矿库安全评价报告》，针对尾矿库这个重大危险源，我公司聘请省安监局指定的辽宁省尾矿库技术支撑单位“辽宁有色勘察研究院”为我公司尾矿库做常年的技术指导。

对发现、检查出的安全隐患，及时报告部门负责人、安全管理部门负责人，由安全管理部门负责人下达安全隐患整改通知书，明确安全隐患整改责任部门、整改内容及要求。责任部门明确安全隐患整改责任人，组织专业技术人员和安全员制定切实可行的安全隐患整改措施、方案。

在2009年作为辽宁有色勘察研究院与省安全技术服务中心共同完成的关于《尾矿库治理关键技术研究与示范工程建设》项目课题，示范工程在我公司尾矿库安装了在线监测系统，实现了对尾矿库的现场视频、放矿情况、坝体变形、浸润线、干滩长度等指标的全天候的实时远程在线监控，并对出现的异常情况自动短信和电话预警，实现了重大危险源管理的科技化手段。

几年来的工作实践，我们深切地感受到，安全生产工作是保证企业可持续发展、保护员工权益的一项不容忽视的基础性工作。保障安全生产将是一项长期而艰苦的工作，任重而道远。但是，我们坚信，有国家、省、市的正确领导，有多年来积累的丰富经验，我们有信心抓好安全生产工作，打造一个平安、和谐的矿山。

地址：辽宁省抚顺市清满族自治县　邮编：113317　电话：0413-3279460

云南金鼎锌业有限公司

云南金鼎锌业有限公司是在国家实施西部大开发政策及深化国有企业改革和大力发展非公有制经济精神的指导下，为了规模化开发世界级兰坪铅锌矿资源，通过多方努力，引入四川宏达集团作为引资开发合作伙伴，以增资扩股的方式，于2003年组建成立的有限责任公司。

公司是兰坪铅锌矿的唯一合法业主，兰坪铅锌矿是中国目前探明储量巨大的铅锌矿床，铅锌储量达1487万吨，由七个矿段组成，矿区面积达7平方公里，目前保有金属储量近1000万吨。

云南金鼎锌业有限公司总经理 黄大雄

公司成立后，兰坪铅矿科学规模化开发取得了突破性进展。公司兰坪大矿开发一期10万吨电锌项目，于2003年12月19日奠基，2004年3月23日破土动工，经过为期15个月的奋战，于2005年6月29日试车投产，配套的矿山原矿开采、选矿等工程已建成投产，兰坪大矿开发一期工程年产10万吨电锌项目的成功建成，实现了兰坪大矿规模化开发第一阶段的战略目标，并迅速形成采、选、冶一条龙铅锌产业链，产业规模和竞争实力实现质的飞跃。销售收入从2003年的2.16亿元提升到2009年的16.61亿元。超额完成云南省政府第一轮工业企业销售收入倍增计划，迈进云南省工业企业销售收入前十强。2006年、2007年连续两年位列中国有色金属行业销售收入第49位。2007年，位列云南国税纳税第13位。

在建设10万吨项目的同时，采取赎买退出方式，对兰坪铅锌矿区进行了全面资源整合，实现了兰坪矿区“一矿一主、一公司一法人”的整合目标，结束了兰坪铅锌矿区20多年无序开采、资源浪费、环境污染、安全事故濒发的混乱局面，使兰坪铅锌矿区走上了可持续发展的道路。这一模式被称为“兰坪模式”，成为云南整合矿产资源的重要经验。

一期10万吨/年电解锌项目全景

云南金鼎锌业有限公司的最终产品“慈山”牌0#锌锭

省、州、县安监局领导到云南金鼎锌业有限公司露天矿山检查指导工作（从右至左：云南金鼎锌业有限公司总经理黄大雄 云南省安监局局长段丽元 怒江州安监局局长木云杰 兰坪县安监局局长 李绍德）

云南金鼎锌业有限公司安全标准化动员大会

云南金鼎锌业有限公司井下开采系统

（跑马坪矿段1#斜井开采系统）

经过七年的艰苦努力，公司目前已形成采、选、冶一条龙，年矿山露天采矿70万吨，坑采60万吨，选矿年处理80万吨，年产12万吨电锌，6万吨硫酸的生产规模。

在“规模效益同步增长、环境社会和谐发展”的指导思想下，金鼎锌业计划在未来5年内，实现年产22万吨电锌，5万吨电铅、3万吨碳酸锶、22万吨硫酸的生产规模，年销售收入60亿元，年创利税约15亿元的目标。一座国内有较大影响力的锌生产基地，正在怒江大地崛起。

公司生产的“慈山”牌0号锌锭产品有较高的声誉，已获得ISO9001质量管理体系认证，产品受到广大用户的青睐。公司拥有完善的产品市场营销网络，产品销售到全国广大地区，“慈山”牌0号锌锭已在上海金属交易所挂牌上市。

公司拥有一支高素质的管理团队，具有较强的管理能力和驾驭市场经济能力。公司拥有工商管理MBA硕士研究生5名，全国注册安全工程师4名，各类工程技术人员500余名，确保公司生产、经营的顺利进行。

公司十分重视安全生产管理工作，始终把安全工作作为公司的头等大事来抓。公司总经理是安全生产的第一责任人，对公司的安全生产负总责，分管生产的副总经理负有安全分管责任。下设部门经理、厂长、安全主管、专职安全员逐级分管不同部门、不同区域的安全工作，并逐级对上一级负责人负责，直到某个具体的岗位。公司设安全环保部，安全环保部在总经理的领导下负责公司的安全生产工作。各厂、各部门设置了安全办，具体开展各分厂的安全工作，安全生产实行党、政、工、团齐抓共管、群防群制、全面抓安全，形成“专管成线，群管成网，横向到边，纵向到底”的安全管理体系。

同时加强制度建设，制定了各级领导、各职能部门、各车间、班组以及各岗位、各工种安全生产责任制，并与责任人签订了责任状，制定和完善了安全检查、整改、培训、奖惩管理制度。为使规章制度得以落实，公司安全环保部作为具体的监督部门，监督检查安全生产责任制及各项规章制度的落实情况进行考核，将考核与经济挂钩，通过制度建设和考核的到位，并实行严厉的安全生产问责，促使安全管理制度化、规范化。

安全是依靠技术手段作为支撑来实现的，公司在2005年就引入了露天中深孔爆破开采工艺，采用安全性较高的电磁起爆新技术，地下开采也逐步推广中深孔爆破技术；在选、冶生产线上对危险性较大的设备完善安全设施，设置超限报警安全连锁装置，防范机械事故。同时，委托中介机构对生产线、重大危险源进行技术评估，并根据评估结果进行改进，进一步提高工艺安全性。

近年来，公司加大安全投入大力治理事故隐患。公司成立七年来共投入两亿多元对矿山地质灾害、泥石流、排废场进行工程治理，对地下开采系统进行技术改造和重大危险源的整治，配套完善安全设施，并加大员工的安全教育培训工作，从而使企业的安全生产条件不断得到改善，重大事故得到有效遏制。

长期以来，公司积极探索安全管理的长效机制，通过管理创新、技术创新，坚持隐患排查与整治工作，成立七年来未发生重特大生产性安全事故，安全管理水平有了长足的发展。公司的安全管理工作受到上级安监部门的肯定，2006年获得《云南省安全生产示范企业》称号。

同时，公司正积极开展安全生产标准化建设，通过标准化建设，促使公司安全管理和岗位操作走向程序化、标准化。

开展安全标准化是贯彻实施《安全生产法》，提高企业安全保障能力，使人、机、料、法、环相互协调，规范运作，持续改进和自我完善，提高企业安全技术水平和生产力的重要手段，也是公司既定的安全发展战略。

公司确定了“先易后难、以点带面、整体推进、逐级提高”的安全标准化建设总体工作思路，并根据公司各生产系统的现状和特点，确定首先在露天矿山和尾矿库开展安全标准化工作试点。目前，尾矿库已申请外部考评，露天矿山正处于试运行阶段。通过这两块的安全标准化建设工作，总结推广好的经验和方法，以推动公司地下矿山和危化品生产系统安全标准化的建设工作。

公司安全生产发展战略思路是：进一步建立健全安全生产责任体系，把安全责任落实到公司决策、执行、监督的各个层面；加大安全措施技改工程的资金投入，通过调整结构、优化生产布局，淘汰落后的工艺和陈旧的设备设施，发展有安全保障的生产能力，提高安全生产的整体水平；强化技术创新对安全工作的支撑作用，通过技术创新引领安全发展，创建安全与生产和谐发展的现代化有色金属企业。

云南金鼎锌业有限公司办公大楼

施多措并举　倾全部之力
促长治久安　造安全绿洲
——龙煤双鸭山分公司铁路运输部安全生产先进事迹

省煤炭工业优秀厂（处）长、部主任纪殿武

双鸭山分公司铁路运输部是隶属于龙煤集团双鸭山分公司的一个专业铁路运输部门，现有员工3217名；拥有内燃机车21台；自备货车310辆，客车63辆；铁道线路269公里，贯穿三县四区四个国营农场，是全国线路最长、覆盖面最广的煤矿铁路；年货物运输量2600万吨；年输送旅客380万人次；固定资产10.2亿元。主要职责是担负公司产煤运输及职工通勤、三县四区旅客输送以及矿区生产、生活物资和部分地方经济的货物运输任务。

近年来，双鸭山分公司铁路运输部充分依托龙煤集团和双鸭山分公司的正确领导，深入贯彻龙煤集团和双鸭山分公司的各项文件要求和指示精神，紧紧围绕安全和质量标准化是铁路运输的根基和命脉这一行业特点，不断强化安全管理，狠抓质量标准化建设，以抓基础、抓机制、抓教育、重投入、除隐患等多措并举，大力和深度实施平安工程，先后共投入资金1千多万元，开展质量标准化建设；投入资金1亿1千多万元，改善装备质量、提升装备品位、巩固生产基础；整治安全隐患、更新安全技措，不断提高安全管理和质量标准化建设水平，质量标准化建设迅猛发展，一年一个新变化，一年一个新台阶，不仅在公司地面厂队检查评比中名列第一，而且在全国煤炭铁路运输联合会举办的全国同行业质量标准化检查评比中名列第一；安全局面持续稳定，事故件数连年大幅下降，截止到2010年6月末，已实现安全生产4476天，创出了建部以来最长安全周期。先后被评为国家级现场管理先进单位、设备管理先进单位；部级质量标准化单位；被省授予质量达标准、安全创水平金杯、省“安康杯”竞赛优胜企业及省“五一劳动奖状”等。他们的主要做法是：

省优秀党务工作者、部党委书记李兴国

一、落实方针，安全高于一切

多年来，该部始终把“安全第一”的方针贯穿于运输生产的全过程，坚持安全为了生产、生产必须安全、不安全不生产的刚性原则。线路存在隐患，坚决封锁；机车存在隐患，坚决不出；车辆存在隐患，坚决扣修。从部领导到各级管理人员都把安全工作作为天字号工程来抓，给予了高度重视。对违章作业、违章指挥人员从严查处，给予严厉处罚。对事故责任者给予严厉追究。从而在全部形成了浓厚的安全第一的氛围，有力地保证了安全生产。

省委领导深入铁路运输部检查安全生产工作

二、强力投入，坚实安全根基

近年来，该部从强基固本、保证安全的角度出发，全力加大对生产基础的投入力度，尤其是针对十年危困时期由于资金紧张、投入欠帐而造成设备设施质量下滑、安全基础受到削弱、根基动摇这一严峻局面，倾全部之力，全面加大了对安全基础的投入。一是加大了对生产主要设备——机车动力的投入，全面实行了机车更型。自02年起，该部针对运用的蒸汽机车严重老化、故障频繁、对安全运输构成严重威胁这一实际情况，以过人的胆略和魄力，仅用几年的时间，共投入资金近亿元，购进新型内燃机车21台，全面淘汰了蒸汽机车和老东风1型内燃机车，实现了机车动力的全部更型。二是加大了对运输基础——铁道线路的投入，全面提升了线路质量。由于十年危困时期的投入欠帐，该部的铁道线路质量一度严重下滑，慢行地段比比皆是，隐患处所随处可见，对运输安全形成了严重威胁。近年来，该部以每年投入1000多万元的力度，对铁道线路进行了大力整治，使线路总体质量得到了大幅提升，总体状况得到了大幅改善，不仅消除了安全隐患，建成了标准化线路，并且使铁道线路得到了大面积、大幅度的提速。

开展团干部、青岗员培训班

三、提升质量，营造安全环境

质量标准化是安全工作的重要基石和保障。近年来，该部积极从保证安全、改善环境的角度出发，大力开展了质量标准化建设热潮。针对客运候车室拥挤及封闭不好、对旅客乘车安全构成威胁这一情况，对候车室进行了改造，建成了宽敞明亮、高标准的旅客候车和乘降场所；针对集贤站建站以来无站台、对旅客乘车安全带来威胁的情况，投入35万元资金新建了高标准站台，结束了集贤站30年来无站台的历史，保证了旅客和通勤职工的乘车安全；对全线26处道口进行了翻修改造，全部更换成了橡胶铺面，有力地保证了公路车辆的通行安全，受到了社会的广泛好评。近年来，先后共投入1千多万元资金，对50余处重点生产岗部位、员工生产、工作、生活场所进行了高标准的质量标准化建设，建成质量标准化单位、车站、车间、处所等精品工程10余处，建成质量标准化站台、列车等亮点工程50余处，并在全部形成了处处讲标准、处处兑标准、处处达标准的良好作风，有力地促进了安全工作。

四、根治隐患，消除安全病灶

为确保安全局面的良好稳定，近年来该部全面加大了对安全隐患的整治力度。一是加大了对长期存在的老大难隐患的整改力度。09年共筹集、投入资金500多万元对下沉地段进行了隐患治理，消除了这些长期存在的安全危险源。二是以每年春秋两次开展安全质量标准化大检查的形式，对全部各部位进行严格、深入、细致的隐患排查，对检查出的隐患，逐项予以整改落实。09年共查出各类安全隐患200余件，均得到了整改，有力地净化了安全环境。三是抓好动态环节的安全隐患。注重充分发挥各级群监组织作用，大力开展群众性的安全活动。为进一步强化这方面的工作，以部主任聘任的形式，专门聘用了50名在各个生产岗位上素质高、责任心强的员工为群众安全监察员，每月发给补助津贴，以强化生产过程中对设备、环境、尤其是人员作业过程中员工行为上的安全隐患的监督和治理。有力地强化了安全保障作用。

五、建立机制，实现长治久安

一是注重不断建立和完善安全管理机制。在长期坚持“七有六坚持五不放过”的安全管理十八项制度的同时，该部还积极根据情况和形势变化，大力开展了整章建制工作，重新修定、完善了《安全管理办法》、《矿区铁路行车组织规则》，根据形势发展和实际需要，新制定了《员工人身安全规则》、《员工岗位安全生产责任制》、《统一工种安全技术操作规程》及《岗位标准化作业标准》等一系列安全管理长效机制。二是不断强化安全检查、监督机制。除严格坚持每年春秋两检及充分发挥各生产岗部位群监员作用外，规定部、站段、车间三级领导及安全管理部门每周不得少于三次深入基层和生产一线进行安全工作检查，从而达到了几方面结合后基本每天、每时都有安全检查监督的眼睛。三是建立了强劲的激励机制。为充分调动和激发各单位抓好安全工作的积极性，该部在全部范围内根据各单位的不同性质和特点，实行了180天、365天、500天、1000天等不同长度的安全周期奖励机制，安全周期内不得出现任何大小责任事故，每出现一起，安全周期重新计算；每实现一个安全周期，按单位人数给予嘉奖，奖励落实到每名职工人头；每多实现一个安全周期，奖励加倍。从而有力地调动了各单位及全体员工做好安全工作的积极性，实现了安全关口前移、管理重心下移，保证了良好的总体安全环境。四是积极引入竞赛机制。在全部范围内大力开展“安康杯”竞赛、“百日安全竞赛”、“安全月活动”、“质量标准化达标竞赛”等，每年用于各类安全竞赛活动的奖励资金达50多万元，有力地促进和推动了安全

部主任亲临现场指挥安全生产工作

深入乡镇开展安全宣传活动

安全消防百人签名活动

安全消防演练

作业标准化，作风军事化

工作的深入开展。五是建立强有力的联保联防机制。一方面是部与各基层单位层层签定安全合同，层层包保；另一方面是在各相关工种、岗位和人员中建立起了严格的联保联防制度，相互制约，相互监督，互为包保，一人违章或出现事故，事故责任者和联保人一并追究责任，一并受罚。从而形成了一条有机的安全防护链条和完善的纵横交错的安全防护屏障。六是建立严格的奖罚机制。对“三违”人员和事故责任者实行严惩，2009年，共查处“三违”人员426人次，罚款金额21100多元；对防止事故或在安全工作上有功人员实行奖励，有效地遏制了各类事故的发生。仅2009年，全部共防止各类事故33件，奖励有功人员26人次，合计奖励金额3800余元。

六、以人为本，形成自主保安

一是以提高职工安全意识为目的，大力开展安全教育。通过采取安全演讲报告会、安全知识竞赛、安全教育大课、现身说法、案例剖析等多种形式，深入开展安全教育，并尤其注重在入脑入心、引起员工强烈共鸣和心灵震撼上下功夫，注重教育实效。仅09年，全部开展安全思想教育活动251次，受教育11792人次。

二是以提高员工自主保安素质为目的，大力开展安全培训。以脱产培训和业余培训双重并举的原则，近年来，共举办全面质量管理培训班十余期，培训员工6000余人次；实行岗位安全培训1万余人次；实行群监员脱产培训50人；员工技师培训832人。并在全部范围内广泛建立起了员工五级培训基地，大规模实施了全员五级安全培训，有力地提高了员工队伍安全素质。

三是以提高职工安全技术技能为目的，大力开展岗位安全质量标准化技术练功活动。多年来，该部始终把岗位安全质量标准化技术练功作为提高员工安全作业技能的一项重要措施长期坚持。近年来，根据具体情况和形势的发展变化，该部又不断在创新、发展和深化上下功夫。自08年以来，又把全员岗位标准化技术练功活动与“创建学习型组织、争当知识型员工”活动有机结合，进一步完善和更新练功形式、练功内容，有力地促进了员工安全技术作业技能。

四是以提高公众安全意识为目的，大力开展社会宣传活动。为确保铁路道口交通安全，减少和避免道口交肇及路外伤亡事故的发生，多年来，该部从对公众、对社会、对人民生命财产安全负责的角度出发，始终坚持经常派出宣传车到沿线周边地区的市、区、县、乡、村屯及厂、矿、学校等地大力宣传道口交通安全，用血淋淋的事故案例及图片，增强公众的道口交通安全意识，使道口交肇及路外伤亡事故呈明显下降趋势。

五是以提高企业安全素质为目的，大力开展安全文化建设。为把安全工作向更深推进和向更高层次发展，近年来，该部全力加大了安全文化建设力度，确立了“一言一行，规章至上”的安全理念，形成了安全行为观、安全责任观、安全价值观等一系列强劲的安全文化体系，使其在安全工作中发挥出了巨大的影响力、感召力、凝聚力和推动力。

七、摆正关系，注重科学发展

当安全与发展、安全与员工经济利益、眼前利益与长远利益发生矛盾时，该部始终坚持把安全作为首选目标而予以优先选择。近年来，员工工资的快速增长是一个普遍现象，也是员工的一个迫切要求，但该部能够摆正安全与发展、眼前利益与长远利益的关系，宁可员工工资的增长速度略为放缓，也要全力加大安全基础的投入，确保安全。因为他们深刻认识到，只有安全，才有发展；只有安全，员工的切身利益和根本利益才能得到保障，员工才能真正幸福安康；只有牢牢筑好安全的根基，企业才能有长远的发展，经济效益才能得到持续、大幅增长，员工的收入才能得到更大幅度的提高。几年来，他们正是牢牢秉承这一宗旨，坚持落实科学发展观，才使得该部具有了充足的发展后劲。

目前，该部正以良好的内部发展环境、充足的实力和强劲的发展势头向着即定的目标迅跑；正在以不懈的努力、扎实的工作、科学的态度、严谨的作风和为企业、为员工、为社会高度负责的责任心责任感，打造着矿铁安全的绿洲，营造着一片蔚蓝的天空。

双鸭山铁路运输部安全管理理念

安全理念：一言一行 规章至上
安全行为观：作风军事化 作业标准化
安全责任观：在岗一分钟 尽责六十秒
安全价值观：安全是企业最大的效益
安全是家庭幸福的保障
安全是矿铁发展的根基
安全责任追究制：“失管必查”谁主管谁负责
“失职必究”谁违章谁负责
安全管理十八项制度：七有、六坚持、五不放过

“七有”安全教育有大课；安全部署有办公会；安全查岗有记录；违章违纪有登记，奖罚情况有记录；安全隐患有报告；群众自主保安全有内容；安全技术培训计划有落实。

“六坚持”坚持三级检查制度；坚持干部值班制度；坚持查岗和抓标准化作业不走过场；坚持联防联责制度；坚持按“安全奖罚条例”办事；坚持从严治部领导带头。

“五不放过”发生事故做到“四不放过”；（即：事故原因没有查清不放过；事故责任者没有严肃处理不放过；事故责任者和广大员工没有受到教育不放过；防范措施没有落实不放过）。发生事故苗子没按“四不放过”处理不放过。发生“三违”行为没按“四不放过”处理不放过。领导失职不放过。发现安全隐患不解决、不落实处理单位、无防范措施不放过。

安全愿景：强基固本，无不安全因素、状态、环境；与时俱进，创建安全型矿铁运输企业。

铁路运输部简介

铁路运输部始建于1956年12月，主要担负着公司煤炭、生产建设物资运输，辅以双鸭山市地区部分生产生活物资运输，以及矿区员工通勤和市民的输送任务。现有在册员工3146人，下属27个基层单位和15个职能部门。该部共有铁道线路267.91公里，牵引动力21台内燃机车，自备车辆373辆，160T救援吊车1台，营运范围除贯穿公司的八大主力煤矿外，纵横跨越地方三县四区四个国营农场。年货物运输量近2600万吨，年输送旅客达380万人次。

多年来，铁路运输部始终坚持以“特别能吃苦、特别能攻坚、特别讲奉献”的豪情壮志和准军事化作风，推进百里矿铁一路延伸、煤炭运输事业突飞猛进。特别是进入21世纪以来，矿铁人紧紧抓住时机阔步前进，打造强势企业文化，创建学习型企业，构建和谐矿铁，改善员工生活，建设“花园式”车站，并于2002年5月，矿铁运输动力实现了第二次更型，具有46年运营史的蒸汽机车全部更型为内燃机车，领先同行业进入了矿铁内燃机车时代。多年来，这个部在公司党委和公司的正确领导下，以党的十七大精神为指导，深入开展学习实践科学发展观，紧紧围绕公司总体工作思路，全面推进矿铁的安全发展、科学发展、和谐发展、大上线路提速、站场改造、解决民生等强基固本工程，并创造了运输总量、运营效益、员工收入持续增长和安全质量标准化工作稳步提升的喜人佳绩。截止2010年6月30日已实现安全生产4476天，消灭了行车B类及人身重伤以上事故。充分发挥了煤炭生产先行官和地方经济大动脉的作用，为矿区煤炭事业和地方经济腾飞做出了突出贡献。

近年来，铁路运输部先后获得公司双文明先进单位、市党建工作先进党委、龙煤集团先进党、省“三大工程”十佳单位、全省“五一”劳动奖状、全国煤炭行业五星级单位、公司双文明先进单位、安全生产先进单位等90多项殊荣。

大连天元矿业有限公司

大连天元矿业有限公司位于大连市甘井子区辛寨子街道前革村地域。石灰岩地质贮存量大，矿山开采已初具规模，年生产能力达百万吨，属于中型露天开采矿山。开采方式由过去的高阶段，小阶段，一面坡的落后开采方式，逐年改造成目前的由上而下，水平阶段，斜坡道汽车运输的分层开采，生产方式由过去的人工半机械化生产，发展成目前的机械化生产方式。由过去的人工小台阶浅孔爆破的方式，发展成目前的中深孔非电微差爆破的方式。形成采矿工作平台宽，可采掘的掌子面长，便于穿爆、采掘、运输等自由度大，采矿工作安全性高，生产能力可持续发展的露天矿山。

公司现有员工90多人，主要生产设备有150潜孔钻机2台，40m³空压机2台，一立方米挖掘机4台，T20矿山运输车10台，2L50装载机3台，D85推土机一台，解放洒水车3台。企业安全生产机构健全，安全生产管理制度，岗位责任制，安全生产操作规程及员工安全教育培训等资料齐全，生产条件和作业环境良好生产活动有安全保障。公司采取的主要措施如下：

1、在各级政府和安全生产监督部门的正确领导下，公司全矿干部职工认真贯彻各项有关安全生产的法规和规定，建立健全安全管理机构，明确责任，完善各项安全生产制度、责任及安全技术操作规程，加强车间、班组二级管理，充分发挥基层领导作用，建立严格的安全生产奖罚制度。

2、加强全体职工的安全教育制度。对管理人员、工人进行安全培训，考试合格后方可上岗。平时每天对工人、管理人员进行安全技术的监督指导和互相交流。

3、加强安全生产的检查制度、会议制度、事故分析处理制度。确实树立安全第一，以人为本的思想。

4、根据采场状况比较规范，段高得到控制的实际情况，把安全督察的重点放到爆破过程、汽运过程及用电过程。对爆破作业正规化，对爆破施工、警戒、起炮时间进行了非常具体的规定，按操作规程办事，来解决矿生活区矿山生产区太近的问题。

5、在开采方法上继续采用“自上而下水平阶段开采”方法，控制段高不超过12米，保障了大生产作业的采段高度及安全性。

6、在爆破方法上采用“中深孔非电微差导爆”方法，严格控制地震波和冲击波，减小对周边环境的影响。随着矿山采段高度的降低，爆破过程中，一次爆破所产生的地震波和冲击波对周边环境的影响逐渐增大，为了减少原有爆破方式给周边环境带来的地震波和冲击波，公司采取了缩小穿孔直径，控制一次爆破药量的办法，新购置了两台空压机、一台钻机、改造两台钻机，使得原有爆破给周边环境带来的地震波和冲击波大大的减轻。

7、爆破过程是矿山安全生产中最易发生事故的环节，为了尽量减少爆破次数，避免二次爆破带来的安全隐患，公司购买了两台挖掘机振动器，直接对大的石块进行破碎，消除二次爆破给周围环境带来的安全隐患；

8、对采场供电问题，采用由电工专职负责进行布线，巡检处理，对采场供电开关有专人进行操作，对雨、雾天要求电工加强检查、监督。

9、在生产方式上进一步完善机械化作业，改善职工的作业环境，降低劳动强度，保障安全生产。报废三台老式电铲，更新四台新式挖掘机，彻底解决老电铲漏电潜在的安全隐患，保证操作人员的人身安全和工作效率。

天元矿区的石灰石资源为辽宁省优质石灰石资源之一，本矿也非常珍惜宝贵资源的合理利用，采矿回采率达98%，产品有工业用、建筑用、修路用等，2007年开始已出口到台湾地区王永庆的电厂做脱硫剂用。在2008年末，世界金融危机影响波及企业后，我们积极响应党委和政府的号召，加大科技研究力度，投资一千多万元，对矿产资源进行深加工项目建设，建成全国首创的生产脱硫剂（电厂和热电厂燃煤过程中脱硫用）和人工砂两用生产线，即提高了矿产资源利用率又增加了附加值，也为我市环保事业做出了较大贡献，得到了市场的充分认可。

在安全生产管理上，通过几年来的大投入、快速上、科学采矿、合理利用矿产资源等实际行动，先后投入了1000多万元，进行矿山安全治理和改造，使天元矿业发生了翻天覆地的变化，取得了一定的成效，达到了国家露天矿标准化开采企业标准，得到了国家、省、市有关领导的亲临现场的视察与指导，并给予了充分的肯定与赞扬，作为典型单位予以推广。在今后，我们将戒骄戒躁，继续开拓创新，在安全生产与经济效益上再上新台阶。

大连天元矿业有限公司

上海华谊（集团）公司

HUAYI

公司简介 Company Introduction

上海华谊（集团）公司（以下简称华谊集团）是由上海市国资委授权，通过资产重组建立的大型企业集团。中国企业联合会发布2009年中国企业500强榜单上，华谊集团名列第176位。华谊集团下属二级全资和控股企业主要有双钱集团股份有限公司、上海氯碱化工股份有限公司、上海三爱富新材料股份有限公司、上海焦化有限公司、上海吴泾化工有限公司、上海华谊丙烯酸有限公司、上海涂料有限公司19家等，在岗员工2.6万名，共有各类企业360多家。2009年集团实现工业总产值386亿元，销售收入310亿元，总资产400亿元。宜　　、一亓ㄒ等都是集团旗下的知名品牌。华谊集团八大业务平台分别是煤基多联产、绿色轮胎、氯碱及化工新材料、精细化学品；化工物流及服务贸易、工程总承包、地产开发及房屋租赁、对外投资管理。

华谊集团主要从事危险化学品生产、经营、使用、储存、运输及化工工程技术服务。集团下属国有及合资控股的危险化学品生产经营单位共30家，其中危险化学品生产企业12家、储存企业1家、使用企业6家、经营企业7家、运输企业4家。其中涉及剧毒化学品生产企业4家，危险化学品重大危险源监控企业8家。

华谊集团2006年8月成立了应急联动中心，下设5个应急联动分中心，24小时监控主要企业关键装置生产运行和重大危险源安全，并有应急处置预案。在应急情况下可调动5支危险化学品事故应急处置专业队伍，12支企业专业消防队伍。

华谊集团坚持宜南嘤原则：企业发展要与生态环境相容，与上海产业发展导向和化工行业发展趋势相符，与所在地区经济发展相联，与上海国际大都市的形象相称。

华谊集团HSE追求三大管理目标：不伤害人员，不影响健康，不破坏环境。实施可持续性发展。力求零事故。2009年生产安全死亡事故为零。

上海华谊（集团）公司颁布安全生产八大禁令

一、严禁在禁烟区内吸烟、在岗饮酒，违者予以解除劳动合同。

二、严禁高处作业不按规定系安全带、戴安全帽，违者予以解除劳动合同。

三、严禁无操作证从事电气、起重、电气焊作业，违者予以解除劳动合同。

四、严禁工作中无证或酒后驾驶机动车，违者予以解除劳动合同。

五、严禁违反操作规程进行动火作业、违者予以解除劳动合同。

六、严禁违反操作规程进入受限空间、临时用电作业、无操作证从事压力容器作业，违者给予行政处分并离岗培训；造成后果的，予以解除劳动合同。

七、严禁危险化学品装卸人员擅离岗位，违者给予行政处分并离岗培训；造成后果的，予以解除劳动合同。

八、严禁放射源、火工器材管理人员擅离岗位，违者给予行政处分并离岗培训；造成后果的，予以解除劳动合同。

修订出版实施华谊集团《安全管理制度》（2010版）

2010年上半年在2009年版《安全管理制度》的基础上修订出版实施华谊集团《安全管理制度》（2010版），7月1日起实施。

1、综合安全管理制度：安全生产责任制、事故管理规定、未遂事故管理规定、安全检查管理规定、安全教育管理规定、HSE台帐管理规定、安全奖惩管理办法。

2、专项安全管理制度：建设项目HSE管理规定、关键装置、重点部位安全管理规定、承包商安全管理规定、防雷防静电装置安全管理规定、气瓶安全管理规定、易燃、可燃液体防静电安全规定、事故隐患排查治理管理规定、专用铁道装卸安全管理规定、防汛防台管理规定、出租场所安全管理规定。

3、直接作业环节安全管理制度：动火作业安全管理规定、进入受限空间作业安全管理规定、临时用电安全管理规定、施工作业安全管理规定、高处作业安全管理规定、起重作业安全管理规定、破土作业安全管理规定、高温作业安全管理规定。

4、危险化学品管理制度：危险化学品安全管理规定、危险化学品码头装卸安全管理规定、应急准备与响应、剧毒物品安全管理。

5、职业健康、劳动保护管理制度：职业健康管理规定、劳动防护用品发放、使用管理规定、防止酸碱灼伤安全管理规定、氯气生产使用储运安全管理规定、硫化氢防护管理规定、听力保护管理规定、放射防护管理规定。

6、环境保护管理制度：环境保护管理规定、废水污染防治管理规定、废气污染防治管理规定、固体废弃物管理规定。

7、消防、气防安全管理制度：消防安全管理规定、消防设施器材管理规定、办公及公共场所消防安全管理规定、仓库消防安全管理规定、气体防护器材使用规定。

8、企业交通运输安全管理制度：道路交通安全管理规定、海（水）上船舶交通运输安全管理规定。

9、安全生产专项费用管理制度：安全生产专项费用管理规定、安全环保技术措施项目申报管理规定、安全环保风险抵押金考核实施办法。

10、办公区域安全、健康制度：办公区域安全、健康行为规范。

11、安全生产禁令和规定：安全生产八大禁令、人身安全十条规定、防火防爆十条规定、车辆安全十条规定、防止储罐跑料十条规定、防止中毒窒息十条规定、防止静电危害十条规定、防止硫化氢中毒十条规定。

夯实基础平安建设

建外街道自2007年获得国际安全社区认证后，积极开展推进工作，通过树立安全文化理念、开展试点建设、推广已有经验等方式，使得社区可防性治安案件下降，居民的安全感明显增强，外事安全得到有效保证，安全文化进一步提升，政府、社区、居民以及社会单位的关系更加密切。2010年，街道结合自身实际情况，围绕基层平安建设开展工作，以“保稳定”、“保民生”为切入点开展安全社区建设工作。

一、建立高层楼宇消防安全五员联动体系

开展地区消防安全“四个能力”和防火墙建设，落实社区消防“六个一”等专项工作。针对建外地区高层商务楼宇多、消防安全压力大的特点，建外街道加大工作组织体系的研究，建立以派出所民警、消防队员、社区安全协管员、楼宇安全指导员、单位安全信息员为组成的地区“五员”消防体系，明确职责，联查联动，实现“区域有组织、大楼有队伍、房间有专人”的工作目标。在辖区336栋楼宇内设立安全指导员739人、安全信息员3084人；参与组织单位3226家（含六小单位），建立消防安全组织79个、组员1128人；成立义务消防队32个，义务消防员454人。组织开展消防安全知识培训53次，消防演习19次，受训及参加演习人员达到8000余人次。

传播安全社区理念

二、广泛开展安全生产大检查

街道充分发挥地区安全生产委员会作用，深入开展“平安朝阳”、“三项行动”工作，在地区范围内展开全方位的安全生产大检查。2010年建外街道各安委会成员单位共出动检查组55个，检查人员1450人次，检查生产经营单位共计4100余家，并对粉尘与高毒物品危害、危化企业、高层楼宇物业公司特种设备、建筑施工工地等地区开展专项整治行动，共下达隐患整改通知书270余份，发现隐患440余处，行政处罚违法单位3家，处罚金额6000元；经督促复查，隐患处已基本整改达到要求。

三、积极组织“脉冲行动”有效治理交通秩序

针对非法运营黑摩的等可能造成安全损害的行为予以严厉打击，开展黑车整治“脉冲行动”14波次，出动警力出动警力、保安共计870余人次，执法车240余车次。执法人员采取“拦查登罚”的工作模式进行整治，即见到黑摩的进行拦截，查看证件，对拦截车辆、人员进行登记，根据首次发现警告再次发现查抄的原则进行处罚。共整治黑摩的164辆，其中对黑摩的司机警告97人，拘留67人。有效缓解了黑车揽客拉活的不良现象，确保居民、单位人员的安全出行。

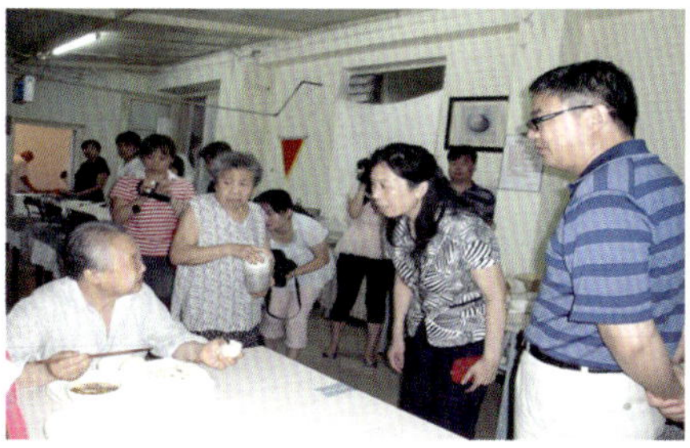

四、继续深化“为老服务”，降低老年人伤害事故

为解决老年人用火、用电、用汽过程中可能发生的各种意外伤害事故，街道大力整合资源，为地区老年人开办老年餐桌。通过解决老年人用餐，减少使用煤火、天然气的次数，降低发生事故的几率。投资7.7万元用于老年餐桌工作奖励，与地区8家餐饮企业签约合作，重点做大做好小王府老年餐桌品牌工作，努力实现地区的老年餐桌全覆盖工作。

夯实基础平安建设

传播安全社区理念

未雨绸缪　居安思危　安全让社区更和谐
——上海市闵行区虹桥镇创建"安全社区"记实

一、 社区基本概况

虹桥镇位于上海市西南内外环线之间，隶属上海市闵行区，北接长宁、东邻徐汇，南靠漕河泾高新技术开发区，　西靠虹桥机场，交通发达，总面积8.98平方公里，辖区内有6个行政村、18个居委会、84个居住小区，是典型的农村城市化城镇。

全镇总人口103621人，户籍人口占总人口数量的32.9%；还有占16.4%的来自34个国家的近17000名外籍人士，外省市来沪流动人员占50.7%，是外来人口导入区。社区居住人口主要分为户籍人口、外省市来沪流动人口和外籍人口。2006年度虹桥镇户籍人口统计，每户平均人口数为2.51人，户籍人口出生率6.42‰，死亡率4.85‰，自然增长率1.15‰，据统计分析属低死亡、低增长的再生产人口类型。

我镇近年来曾先后获得"全国创建文明村镇工作先进镇"、"国家卫生镇"、"全国环境优美镇"、"全国安全社区"、"上海市文明镇"、"上海市健康社区先进"等荣誉称号。

自开展安全社区创建工作以来，为保证创建活动的开展，我镇各类资金投入达1.2亿元人民币，有力保障了安全社区项目所需软硬件要求。

安全社区研讨会

二、 居安思危　未雨绸缪　创建安全社区

创建平安小区动员大会

1、健康促进为安全社区的创建打下了基础

2003年SARS事件的爆发，对已提前迈入小康的我镇敲响了警钟，引发社区和居民对公共卫生的深入思考，政府充分调研居民的公共卫生需求，"伤害"以其造成的巨大负担成为关注重点，因而相继开展了交通安全等8个伤害预防控制相关项目。

近年来我镇根据WHO安全社区的理念，与全市同步开展了健康城区建设，充分考虑社区特点及发展要求，开展了伤害预防控制工作。2005年起积极探索项目化管理模式，紧密结合平安社区和健康社区建设，全面开展"安全社区"创建活动。健康城区的建设为我们创建"安全社区"打下了坚实的基础。

"忧民之忧者，民亦忧其忧"。正是基于解决民生问题的初衷，安全社区项目伊始，就得到社区各界和居民群众积极拥护，调动了社区组织和群众的积极性和创造活力。为此建立一个跨部门组织领导的互帮互助基层机构，负责社区安全促进工作。

2、社区诊断为创建安全社区提供了依据

在我镇社区诊断中发现，社区户籍居民前五位的死因为肿瘤、循环系统、呼吸系统、传染寄生虫病、伤害。近年来，社区在创建安全社区工作的扎实推进中，社区居民对安全相关知识的知晓水平明显提高，安全意识和防范意识不断增强。而这些知识认知水平的提高和意识的增强也已经开始推动居民改善不安全的行为和生活习惯。安全宣传的途径得到不断扩展、力度不断加大。居民获得安全知识的途径，由原先的主要通过“电视、广播”、“报纸、杂志或书籍”和“宣传栏”，逐步拓展到“办公室、学校”、“朋友”、“家庭”以及“政府部门”，由被动的接受到主动的探求，“安全”的理念逐渐深入人心。

越来越多的社区居民认识到，创建安全社区不仅仅是政府的责任，此项工作还需要每一个社区成员的参与和努力。在调查中，“所有市民”的责任被提到了第一位，同时“个人”和“社区”在社区健康安全促进和伤害预防状况改善中的责任得到强调。

“交通安全”、“涉水安全”、“老年人健康安全”和“家居健康安全”、“工作场所、公共场所健康安全”始终是社区居民最关注的安全问题。

诊断发现，这些居民虽然对安全问题比较关注，但出于各种各样的原因，他们不大愿意主动参加创建安全社区的活动或志愿者活动。因此，在不断加大宣传力度的同时，我们也重新考量一下现有活动的质量，应尽量多地组织一些对社区居民有吸引力、具实效性的活动。而社区诊断的结果为安全社区的创进提供了科学的依据。

3、和谐社会的提出为安全社区的提出了新要求。全世界每年有700万人死于伤害和暴力，至少有3亿人发生一次以上伤害，其中1500万人遗留不同程度的功能损害，300万人终生残疾。不论是发达国家还是发展中国家，

领导小组联席会议

伤害是前5位的死亡原因，是1~44岁人群的第一位致死原因。每年用于伤害和暴力的受害者的外科手术、延长住院和长期康复等费用达数百亿美元（不包括劳动力损失的费用）。伤害和暴力所造成的人类、社会和经济负担正在加重，破坏了人类社会和谐发展。

原WHO总干事布伦特兰博士在1999年世界卫生大会上的年度工作报告中指出：未来10年中，人类的主要挑战是抑郁症、缺血性心脏病、肺癌、伤害和酗酒，包括伤害在内的非传染性疾病的疾病负担，将由1990年的55%上升到2020年的73%；然而，故意伤害和非故意伤害是所有地区最容易被忽视的较大安全问题。

我国伤害死亡率为65/10万，每年大约有70万–80万人死于各类伤害。

交通伤害死亡率亦居全球之前列（14/10万），每6分钟就有1人死于车祸。淹溺是我国伤害致死的第三位原因（9/10万），是0–14岁年龄段的第一位死亡原因。

我镇自2003年起创建健康社区以来，结合创建安全社区的工作，开展了多项伤害预防和安全促进项目。为了解和掌握2003–2005年安全社区在创建工作的成果及现阶段社区伤害情况，2007年6月在全镇开展了社区伤害横断面流行病学调查，以确定现阶段社区的主要伤害问题，寻找造成伤害问题的可能原因和影响因素，确定我镇伤害防制的优先问题与干预重点人群及因素。

4、市民生活质量的提高，小康社会的建设为安全社区的创建提出了新目标。开展安全社区的创建，降低和防止伤害是我们达到小康以后市民提高生活质量的强烈要求。开展适合各种不同人群、不同领域、不同形式、不同要求的项目活动，充分发挥社区内学校、卫生服务中心等教育服务机构的功能和作用，提高市民的安全意识和行为意识，以保障社区居民安全降低伤害为目标，坚持预防为主、以人为本的方针，因地制宜，通过政府推进、部门协作、社区主导、全民参与，进而充分整合社区资源、向网络成员学习和分享经验，从而达到减少伤害发生、保障社区安全、发扬和促进安全文化是我们开展安全社区创建的新目标。

通过建立一个多部门合作的组织网络，建立健全伤害预防网络，完善伤害监测体系，开展、推进安全项目，引导社区居民广泛参与，组建志愿者队伍，进一步改善社区安全环境，进行工程干预是我们开展安全社区创建的过程和手段。

三、项目化推进安全社区的创建

依据社区诊断、安全社区定性访谈及入户调查结果所确定的社区居民关注议题等三方面因素，听取专家意见，确定干预项目的选择。具体项目活动设计主要考虑改善社区安全环境、避免伤害发生危险因素、改善社区居民安全行为和增进安全意识。

河道安全、健身安全、消防安全、交通安全、防盗安全共5个项目系我镇开展的长期可持续性伤害预防项目，同时针对弱势人群开展了儿童伤害预防、残疾人无障碍设施工程和老年人跌倒防上等3个安全社区项目。

1、涉水安全项目

镇水务站健全完善涉水健康安全管理网络和岗位职责，落实管理责任制。共投资1487万元，开展河道疏浚和修筑护拦工程，在社区全部7条河道醒目的地方设置涉水安全警示标志，2只机动艇上设置救生圈、竹竿等设施，组织救护人员、居民等学习各种安全知识和营救技巧。现已连续十年未出现涉水伤害事件。

河道安全

2、体育运动安全

引入体育健身俱乐部非政府组织参与健身项目，在居委、村、单位推广太极拳等健身活动，现全镇经常参加体育锻炼的人数占全镇人口的30%。建立、健全安全管理制度；94个健身点全部设置了“健身须知”警示牌，并配备兼职安全人员，94个健身器材等完好率达99.67%。3年来，未发生因健身引起的重大伤害事故。

3、小企业分类监管项目

对小企业安全生产信用程度复评完善小企业档案，按照风险实行分类管理。完成了生产型、建筑和服务经营型企业安全生产信用评估工作，评出A类、B类、C类、D类企业。经过开展专项整治，对存在问题的企业提出整治意见。安全事故逐年下降，2007年目前尚未发生安全事故。

健身安全

儿童伤害预防

4、儿童伤害预防项目

学前教育总园，着力改善幼儿园的硬件环境和提升软实力。在运动场地铺设塑胶、用废旧轮胎作阶梯、将楼梯扶手打磨成圆角，在楼梯上画中线，操作台尖角弧形化。家园之窗栏目——每日一问，介绍日常生活中的安全常识，帮助孩子克服恐惧心理，掌握安全防范的方法。对幼儿开展社会场景的危险模拟训练。进行自救技能训练。

5. 交通安全项目

制作交通、防火安全宣传牌安装在各居民小区，制通安全为主要内的“家庭安全手册”，通过全镇交通志愿者发放到全镇居民家中，将交通安全宣传覆盖到了全镇每个家庭。普及驾驶员、居民、学生、外来务工者交通法规知识。

组建了上海市首支由待岗人员组成的虹桥镇平安建设志愿者队伍，投入巨资建设道路安全监控系统，在社区重点单位、重点部位、重点路段设置了监控点、监控探头52个，配置流动图像监控车；在派出所建立监控中心，镇区东、南、西设立三个警务室，建立监控室，通过建立两级实时图像监控室和监控中心，实行24小时监控。

交通安全

6. 残疾人无障碍设施工程干预项目

对辖区内有残疾人居住的居民小区、村宅率先实施了无障碍设施改建，到目前为止，已完成居民小区、村宅的无障碍设施改建率达51.2%。

在完成社区事务办理中心、虹桥社区卫生服务中心、敬老院等重要公共事务性单位及环镇南路、环镇西路的无障碍设施改建和盲道建设。设立无障碍设施指示标牌、完成坡道改建、添置扶手、改造厕所、设立残疾人停车位、设置残疾人专用升降平台、修筑盲道等。

7. 社会治安安全项目

建立护楼队，联防队、社区保安队，护村队等，组建社区综合协管员队伍。

率先在来沪务工人员实施旅馆式管理，作为一种新的管理模式在全区推广，实施封闭式管理的村宅，加快建成封闭式小区；对进出大门口带有行李的来沪务工人员实行登记制度，及时掌握人员变动。

改造小区车棚，加装非机动车地桩锁；购买防范安全设备工具；安装、更换小区防盗门；加筑防盗墙、防盗铁栅栏、防盗铁丝网；安装、更新红外线探头、报警器等报警系统。社区盗窃案件发生率逐年下降，人员伤亡损失也逐年减少。

目前有6个村、居委会申报创建市级“安全小区”，18个村、居委会申报创建区级“安全小区”。

居家安全

8. 消防安全项目

形成火灾群防群治的三级防控机制。添置、安装各种防火灭火器材，开辟社区消防安全宣传专栏或版面，编印消防安全宣传材料，组织各种知识培训、灭火逃生技能演练、组织类似消防模拟演练。同时针对独居老人家庭开展消防安全结对签约活动。近3年火灾总起数下降趋势明显，连续5年发生的火灾事故均未涉及人员伤亡。

四、领导重视、动静结合、区域互动、学有所长

（一）领导重视，项目推进

领导重视，项目推进是创建安全社区的前提和重要手段，领导的重视程度是项目成败的关键，我镇为推进安全社区的创建成了一个由镇党委书记任顾问，镇长担任组长的创建安全社区领导小组，成员包括社区相关部门、非政府组织及基层机构，负责社区安全促进工作。领导小组下设办公室负责统一协调各部门、各单位开展创建安全社区工作，领导创建安全社区项目，建立部门协作机制。办公室（项目办）：负责安全促进项目的组织、管理、统筹和协调，组织专家及专业技术人员对安全促进项目进行指导和评估，同时承担与市、区的信息交流、沟通等日常性事务工作。办公室下设6个工作小组（项目组），负责安全促进项目的具体实施。

6个项目组为交通安全工作小组、涉水安全工作小组、消防安全工作小组、弱势群体安全工作小组（儿童安全、校园安全、老年人安全）、家居安全工作小组、体育运动安全工作小组；主要由安全办、综治办、水务站、卫生服务中心、社区办、文化管理站等部门牵头负责，组织安全项目的具体实施。根据安全促进项目的要求，由各工作小组起草相应的项目计划、进行自我评估和总结；项目工作小组（责任部门）定期召开联席会议，研究、检查和落实项目的推进情况。

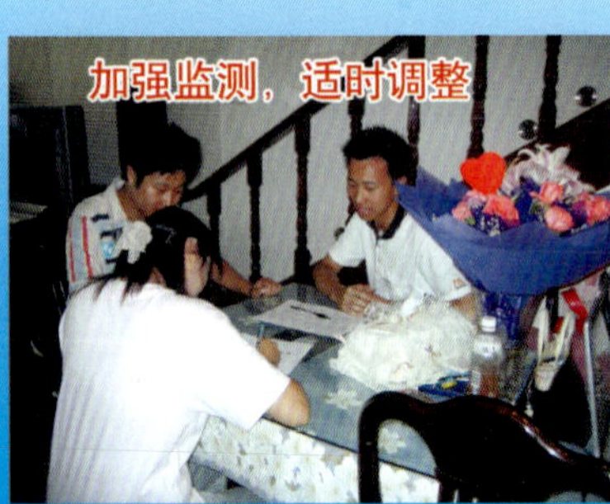

（二）加强监测，适时调整

加强监测，适时调整是安全社区创建具有实效性的基础，充分利用社区诊断和伤害监测系统，对社区的伤害适时提出预警，及时调整项目活动，这是安全社区创建是否具有实效和生命力的关键所在。社区充分整合卫生服务中心、学校、派出所、安全办等相关的职能部门的资源，加强协调， 统筹安 排，社区联动，使居民在伤害危险的领域得到及时的帮助和指导。降低了伤害的危险，取得了实际的效果。

（三）区域互动，全员受益

区域互动，全员受益是安全社区创建的成败的关键，安全社区的创建是以人为本的，安全社区创建的最大收益者是社区的居民，为保证将安全社区创建工作的项目化落实到每个居住小区，使之成为人们乐于接受、主动参与、形成特色的活动我们采取区域互动，各有特点的创建模式，全镇根据人员居住的特点和安全、伤害的发生预警情况，按属地划分为六大区域，形成各有特色，各有项目，各尽其责的模式。使受益的人群达到最大化。夯实了安全社区的成功创建的基础，形成了安全社区创建的氛围，社区群众从中得到收益达到了创建安全社区创建的目的。

区域联动，全员受益

专家指导，媒体参与

（四）专家指导，媒体参与

聘请知名高校复旦大学、市安全生产监督协会、市疾病预防控制中心、区CDC等专家组成专家顾问组，对安全社区创建工作进行指导。媒体新民晚报（闵行新闻）、闵行区电视台、闵行区安全生产报、闵行区爱卫办网站、闵行区安全生产监督管理局网站等均为我镇社区创建安全社区相关项目及活动进行了报道。扩大影响，提高参与力度和知效率。

（五）加强交流，学人之长

自创建安全社区工作启动以来，积极参加市建设安全社区技术指导组及区相关部门组织的培训、研讨，组织人员赴大陆第一家安全社区考察学习，接受WHO社区安全促进合作中心、亚洲认证中心考察，接受中国安全生产监督管理总局、安全生产监督协会的考核验收。学习研讨项目管理、组织与实施方法及经验，吸纳先进经验，增强项目管理、执行能力，积极与安全社区网络成员沟通。达到相互交流，学人所长。

加强交流，学人之长

五、我们的思考

根据我镇实际，将持续性的推进安全社区建设，我们将采取措施，将安全社区的创建工作推向新的高度。

（1）根据监测系统反映出来的伤害问题，及时调整相关项目活动的开展。

（2）进一步强化项目评估，保证项目活动的执行效果；

（3）不断完善伤害的监测系统，继续开展年度入户调查，进一步提升伤害监测信息作用；为预防伤害，建设安全社区提供预警。

（4）结合项目设定和推进要求，加大投入进一步改善社区安全环境。提升市民的安全意识，将社区作为安全防范的阵地，开展适合市民需求的活动和教学。

（5）积极开展社会热点问题的项目干预，诸如因社会、心理和精神因素导致的自杀和抑郁的咨询和心理疏导。

（6）适时扩展到公共场所的安全防范和外来流动人员的伤害防治项目。

我镇自安全社区创建以来，从预防伤害入手，致力于推广安全文化，通过项目化开展安全项目，建设安全社区，为构建和谐社会夯实基础。在过去的几年里，通过各项目组的积极努力推进和跨界组织的协助，寻求社区内的各单位和居民的共同参与，通过工程干预和项目干预，河道安全、消防安全、交通安全、防盗安全等8个项目均取得了初步的成绩。同时近2年来又初步建立了伤害监测综合系统、开展了每年一次的伤害入户调查，结合定性研究及其它结果，及时掌握伤害的发生趋势及危险因素，有针对性地增加、强化及调整安全社区各项目和子项目活动，防止同类伤害的发生。全社区的总体伤害发生率呈下降的趋势，社区居民安居乐业，幸福祥和，社会安定团结。在整个安全社区创建过程中，我们得到了世界卫生组织温思朗教授、赵俊铋教授的现场指导，得到了复旦大学夏昭林教授 、王书梅教授、上海市安全生产监督协会高级工程师孙安弟和汤兆兆老师、上海市疾病预防控制中心专家的悉心指导，也得到了上海市安全生产监督局的领导和专家以及闵行区政府、闵行区卫生局、闵行区安全生产监督局等领导的大力支持和帮助。我们将在今后的时间里进一步强化安全社区工作，持续开展安全社区创建，使虹桥的市民能够在更安全、更和谐的社区环境中生活和工作。

地址：上海市闵行区莲花路2251号　邮编：201103

山西兰花科技创业股份有限公司望云煤矿分公司

强基固本 科学发展 务实创新
全面构建安全平稳高效发展新矿山

望云煤矿矿长　郭福中

山西兰花科技创业股份有限公司望云煤矿分公司位于高平市西北约12公里的寺庄镇望云村。矿井始建于1958年，1998年山西兰花科技创业股份有限公司成功上市后成为其核心企业之一，矿区内有2km的铁路专用线与太焦线西阳村车站相接，207 国道纵贯矿区西侧，地理位置优越。

望云煤矿分公司是一个集煤炭开采、加工、储装、运销为一体的综合性优势企业，现有2100多名员工，年生产能力达90万吨。企业生产的“兰花”牌系列产品，以其发热量高、机械强度高、低硫、低灰、可磨性适中的独特优势，享誉海内外，深受冶金、化工、电力等行业客户的青睐，企业生产的洗精煤获得了“国家出口产品质量许可证书”，产品远销法国、日本、韩国等国家。矿井于2004年先后通过了“质量管理体系、环境保护管理体系、职业安全健康体系”三个体系的认证，实现了质量管理与国际标准的接轨。

自建矿以来，望云矿始终把安全工作放在各项工作的首位，以制度和责任落实为主线，坚持深化和完善企业安全管理体系，持续加强安全教育培训，创新安全发展理念和安全管理方法模式，创建和完善特色的企业安全文化，同时不断加大安全投入力度，改善安全装备水平和作业环境，增强企业的科技发展能动力，加快自主创新步伐，强化安全生产综合治理，实现了矿山的安全平稳高效发展。

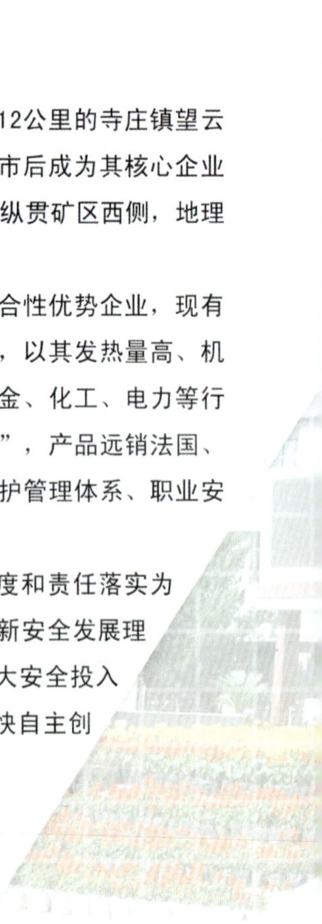

发放宣传资料

安全演讲比赛

上级领导调研

一、落实安全责任，创新安全理念

望云矿始终认真贯彻执行党和国家的安全生产方针及上级一系列安全指示精神，逐级落实安全生产责任制，落实现场安全监督检查和安全生产管理，改善安全生产的硬环境和软环境，安全生产总体水平逐年提高，确保了全矿安全生产顺利进行。与此同时，望云矿通过创新、探索和引进先进的安全管理，形成了具有自身特色的安全管理模式。全矿干部职工充分认识到，“安全工作”是全矿一切工作的出发点和落脚点，正确处理好了“安全与生产，安全与发展”的关系，各级管理人员牢固树立“安全第一、预防为主、综合治理”的思想，严格执行了以“安全生产管理为核心”的管理理念。

二、全员共抓安全管理，形成系统完善的管理机制

望云矿坚持将“从零开始，向零迈进”的安全理念落到实处，通过实施并不断完善安全风险抵押、安全绩效工资切块管理、开展明星班组竞赛、推行安全帐户等一系列安全管理措施，实现了风险和利益相统一的安全管理模式。

——实行安全风险抵押。望云矿建立健全了安全风险抵押金制度，完善了考核实施方案与细则，执行了风险抵押制，实行月考核，季兑现，全面形成了安全经济利益共同体。

——推行安全绩效工资切块管理。对提取出的20%吨煤工资，进行了量化、细化、考核，将安全与每位员工切身利益紧紧相连，并月月兑现，奖惩严明，取得了明显成效。

——开展明星班组竞赛。为了在全矿范围内营造遵章守纪、规范作业、学习先进、赶超先进的浓厚氛围，望云矿实行百分考核制，每月考核评比，张榜公示，重奖重罚，考核结果存档，作为年终评比先进的重要依据之一。

——推行安全帐户工程。望云矿于2007年8月1日起制定实施了“个人安全工程帐户”管理办法，通过运行将安全压力传送到现场每位作业人员身上，为实现安全目标管理工作打下坚实的基础。

三、因材施教，深入开展，全面提升职工综合素质

一直以来，望云矿始终不断加强自身教学管理，完善教学基础设施配置，强化教师队伍素质提升，形成了规范完善的安全培训、教学档案管理体系，取得国家四级煤矿安全培训机构资质。

望云矿按照“强制培训、分级管理、统一标准、考核发证、提高素质”的指导思想，找准切入点，实现安全教育经常化。每年初都制定有全年职工安全培训计划。培训中以岗位培训为重点，以特殊工种培训为主线，采取集中与分散、脱产与业余相结合等多种形式，本着“干什么、学什么、缺什么、补什么”的原则，坚持矿、科（队）、班组三级安全教育，大力开展事故案例及安全警示教育，使培训工作更加扎实、有效。重点加强对新员工的培训，严格师徒传帮带管理，切实做好转岗员工培训工作，并建立档案，在新技术、新设备、新工艺、新方法投入生产运行前加强对操作人员和管理人员的专项培训工作，确保员工熟悉性能指标、工作机理、操作方法和安全操作知识，避免事故发生。此外，望云矿还十分注重强化特殊作业人员、“单岗”和“新岗”作业人员的安全意识、责任意识和自律意识教育，尤其是特殊工种进行经常性的和定期性的安全技术教育，切实提高自身业务素质，使其熟知自身工作的重要性，提高自身的安全责任和自律意识。

四、构建特色安全文化，为安全生产营造良好的软环境

观念决定行为，决定着对安全制度执行的自觉性和效果。望云矿把提高安全意识作为安全文化建设的着力点，通过开展亲情教育、安全生产月、安全宣传咨询日、百日安全无事故及反思周等活动，设置宣传牌板报，横幅标语、黑板报，发放安全传单，利用班前会、职工例会大力宣传安全生产法律、法规等知识，强势灌输，形成了“安全第一、生产第二”的安全地位观、“带着感情抓安全，岗位责任重泰山”的安全责任观、“三不伤害”的自保互保观、“安全就是效益”的安全效益观。提高了职工安全意识，同时利用反思周活动，组织职工认真学习，举一反三，防微杜渐，吸取教训，深刻反思，从而提高了职工自主保安意识和对安全工作的重视，为安全生产的顺利推进奠定了思想基础。此外，望云矿还十分注重安全文化阵地建设，先后对人行暗道、副井口、候车室、信号室、救护室进行了高标准装修，并在人行暗道至皮带大巷安设了安全文化宣传灯箱、电子显示屏，建立了蕴味浓厚、宽敞明亮的安全文化长廊，加深了对员工安全文化的渲染，为员工营造了良好的安全生产环境，使员工时时处处感受到强烈的安全文化氛围，为安全生产创建了良好的软环境。

五、确保安全投入，提升装备实力，提高矿井综合抗灾能力

望云矿本着“专户专储、专款专用”的原则，实行专用资金帐户，先后投入4757余万元，用于一通三防、采掘、运输、机电、防治水等安全项目，积极采用新工艺、新技术、新装备，有效地遏止了灾害事故的发生，改善了安全生产硬环境，安全装备科技水平不断提高，矿井防灾能力得到加强，特别是推行信息化、数字化监控技术，加大安全防护设备和应急救援物资的投入和安全设施鉴定等，大大提高了矿井的安全水平。

望云煤矿举行安全生产咨询日活动

在确保安全生产的基础上，望云矿还把环境保护工作放在了企业发展的重要位置，以建设“资源节约型，环境友好型，生态环保型”的新型绿色环保矿山为重点，稳步扎实推进矿山生态文明建设，节能减排工作取得了显著的效果：对裸露堆放的矸石场进行了综合治理，覆土绿化。先后投资480万元建成了煤场挡风抑尘墙；投资900多万元建成了矿井水处理站和生活污水处理站，改善了当地环境，实现企业经济效益、社会效益和生态效益的完美统一；绿化面积累计达18万平方米，形成了“人在绿中、楼在林中、矿在园中”的碧绿秀美景观，被省环保厅评为“省级生态示范矿井”和“企业环境行为最高等级绿色等级”，并在2010年被评为“全国环境保护优秀企业”。

望云煤矿调度监控中心

六、提高企业自主创新，加快自主创新步伐，强化安全生产综合治理

望云矿大力实施技术创新战略，建立产学研结合的技术创新体制，全面促进企业升级，坚持依靠技术创新提高企业竞争能力，营造出依靠知识、依靠科技、依靠人才的良好氛围，充分发挥工程技术人员在企业生产经营中的核心作用，创造有利于科技人才施展才能，大胆创新的内部环境，建立了以适应现代企业制度和发展的用人机制，完善制定了有利于激发科技人员创新精神和创业潜能的收入分配和激励制度，有力地保证了企业技术创新工作开展。一九九五年，望云矿与台湾商人开发研制的皮江法炼镁工艺技术被评为晋城市技术进步二等奖；自行开发研制的快速结焦型焦被山西省科委列入一九九七年山西省火炬计划；自行开发研究的无烟粉煤型焦焦结炉。一九九七年十月由中华人民共和国专利局授于实用新型专利。特别是十一五期间，望云矿以科学技术为先导，以实现安全生产和提高经济效益为目的，大力实施科技兴矿和可持续发展战略，不断加强和加大技术创新、技术改造和技术推广力度，完成了井下锚网支护技术创新项目的实施、验收工作；完成了矿区节能改造规划设计编制工作；引进了掘进机割煤工艺；推广了液压凿岩台车打眼、侧卸装岩机装岩和中深孔光面爆破机械一体化快速掘进技术，采煤机械化程度和掘进机械化程度分别达到100%和89%；自发研制了滑动式电缆拖移架，获得了国家实用新型专利；研制了斜井过泥化带特殊支护技术，获得了晋城市科技进步二等奖；推广了重介选煤厂降耗提效自动控制技术，获得了兰花集团技术进步二等奖；实施了地面低电压配电系统节能改造，获得了兰花集团技术进步三等奖；同时上马了煤泥水净化处理技术，不仅完善了洗煤厂的洗选工艺流程，还有效降低了洗选成本，大大提升了矿井科技含量。

远瞩未来，追求卓越的望矿人正站在新的起点上，满怀干事创业的豪情和坚定不移的信念，牢牢把握科学发展观，凝全员之智，聚全员之力，向更高水平、更高境界阔步迈进！

电话：0356-5828088　邮编：048407　地址：山西高平市马村镇万云村

南京银茂铅锌矿业有限公司

王方汉，山东诸城人，中共党员，研究员级高级工程师，现任江苏银茂控股（集团）有限公司党委书记兼副董事长、南京银茂铅锌矿业有限公司董事长兼总经理；

中国有色金属学会采矿学术委员会委员；

中国有色金属工业采矿信息网副理事长；

江苏省安全生产委员会专家库成员；

江苏省金属学会常务理事；

南京市金属学会副理事长；

中国资源综合利用协会金属矿产固体废物专业委员会委员；

一、企业介绍

南京银茂铅锌矿业有限公司是由江苏银茂集团控股的有色金属采选企业。地处长江南岸，毗邻4A级南京栖霞山风景区，已探明铅锌矿地质储量1600万吨，是华东地区最大的铅锌矿。矿山始建于1957年，经三次技术改造，目前已形成年采选35万吨的生产能力，主要产品为铅精矿、锌精矿、硫精矿和锰精矿，年产铅、锌金属量近4万吨，生产规模居全国有色铅锌矿十强之列。公司现有职工980人，固定资产2.5亿元。

矿山为地下开采，采用平硐盲竖井开拓系统，主平硐位于+14米水平，中段高度50米，目前开采中段主要为−475米及−525米中段，最大开拓深度为−625米，采矿方法为上向水平分层点柱充填法。充填采用全尾砂高浓度胶结充填工艺。选矿方法采用硫化铅锌矿电位调控优先浮选工艺，浮选尾矿磁选锰。主要采选技术指标达到国内铅锌矿先进水平。

公司致力于采用现代化的管理模式与管理技术，2004年通过ISO9001质量管理体系和ISO14001环境管理体系认证，2006年通过HOSAS18001职业安全管理体系的认证。

二、积极推进矿山安全标准化建设，规范矿山安全管理

坚持“系统管理、持续改进、以人为本、依法生产”的公司安全生产方针，认真贯彻落实《关于加强金属非金属矿山安全标准化建设的指导意见》（安监总管〔2009〕80号文），紧密围绕《金属非金属矿山安全标准化规范》（AQ2007—2006）积极开展安全标准化建设工作，得到了省、市安全监督管理部门的肯定，公司于2009年底经江苏省安全生产监督管理局推荐成为“国家非煤矿山强基固本五个一百”安全标准化建设示范单位。

三、坚持安全发展和环保发展，建设绿色示范矿山

1、实施生态型开采，有效保护地表安全与环境。

栖霞山是著名的风景名胜区，内有全国文物保护单位两处，矿山开发必须保护好栖霞山的文化遗产和自然景观。为了降低爆破作业对地表的冲击扰动，我们将中深孔爆破改为浅孔爆破采矿；为了有效保护地表安全，矿山将空场采矿方法改为上向水平分层胶结充填采矿方法，同时我们还对历史遗留的十五万方老采空区进行了充填处理，有效地保护了栖霞寺以及栖霞山风景区。

随着开采深度的不断增加，公司与高校合作进行《复杂工程条件下地表和岩层稳定性技术研究》，研究成果在矿山应用后，结合矿山无废开采工艺，解决了风景区地下开采的技术难题，矿区及周边环境得到了切实保护，矿产资源得到了有效利用，保证了地表沉降在控制范围内，减少及避免地面沉降变形诱发地质灾害，确保矿区经济发展和人们生活的安全，有效保护了地表风景区生态环境，取得了良好的社会效益和经济效益。该技术项目于2010年通过南京市科学技术委员会鉴定，相关技术达到国际先进水平，并获得了江苏省安全生产科学技术成果奖。

2、依靠技术创新，改进充填工艺，实现尾矿零排。

矿山于1985年开始进行尾砂充填法采矿试验，将选矿部分尾矿应用于井下充填。自2000年起，公司与国家金属采矿工程技术研究中心合作进行全尾砂高浓度胶结充填技术试验研究，并设计建造了全尾砂胶结充填系统用于井下采矿生产。该全尾砂胶结充填系统流程短，运行稳定可靠，实现了选矿尾矿的全部充填利用。充填体强度明显提高，提高了矿体围岩稳固性，降低矿石损失，减少了贫化。该研究成果获中国有色金属行业科技进步一等奖。

3、开展清洁生产，实现选矿废水全部回用。

1998年起，公司与高校合作进行了选矿废水净化处理技术的试验研究工作，成功开发了选矿生产废水处理与循环利用技术，通过“选矿废水分质分步回用、部分废水深度处理、剩余废水适度处理后再回用”的方法，实现了选矿废水全部回用，消除了选矿废水对地表环境的影响。该研究成果获中国有色金属行业科技进步一等奖。

多年来，公司始终坚持依靠技术进步和科学管理，做好矿山安全生产、环境保护和资源综合利用工作，达到了南京市政府提出的“既开采矿山资源又保护好风景区”的要求。矿山被国家金属矿山固体废物处理与处置工程技术中心授予“示范基地”，2006年被国土资源部表彰为“全国矿山资源合理开发利用先进企业”。2010年被南京市授予“循环经济示范企业”称号。

我们将认真贯彻落实国务院《关于进一步加强企业安全生产工作的通知》（国发〔2010〕23号）精神，进一步增强做好安全生产工作的紧迫感、责任感，坚持“安全第一、预防为主、综合治理”的方针，扎实推进安全标准化体系，加快地下矿山安全避险“六大系统”建设，全面提高公司安全生产水平，为建设一座国内有示范意义的绿色矿山而努力。

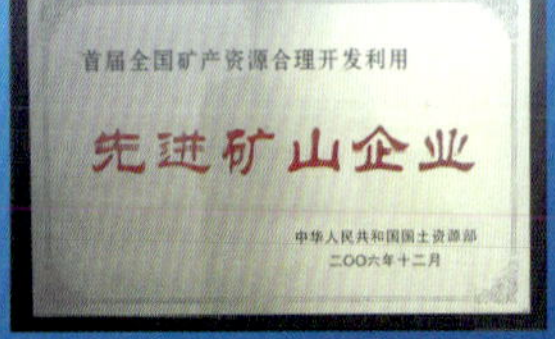

东风悦达起亚汽车有限公司是东风公司、悦达集团、韩国起亚三方合作的中韩合资汽车制造企业，主产品智跑、SOUL秀尔、Forte福瑞迪、赛拉图/赛拉图欧风、RIO锐欧、狮跑、嘉华、远舰系列车型均引自韩国起亚，以先进技术精心打造，并得到了广大公务、商务和私家车用户的高度评价；现已在盐城建有生产工厂两座和在南京设立了销售本部，累计产销量跨百万台行列。

在安全管理中公司不断吸收和融入了三家股东方的优势文化元素和中韩因素，并以国家、地方安全生产法律、法规为准则，以各级安全主管部门工作部署为要求，全面贯彻“安全第一，预防为主，综合治理”的工作方针，在近几年运营中，随着企业规模、产能的不断提高、扩大，通过自我摸索和积累，初步形成了具有自身特色的安全管理文化，继承和推广了国内企业好的管理模式和经验，推行了以总经理为首，分管副总为主要安全管理人，各部门负责人参加，安全管理部门为常设办公室的安全生产委员会，并以各车间、部门、班组、岗位负责人为本部门、岗位第一责任人，各部门岗位兼职安全员为安全管理员，全员参与的一个安全管理格局。该公司现拥有专职安全管理人员16名(其中注册安全工程师4人)，兼职安全管理人员27名的安全管理队伍，并在安全管理职能部门专门设置了现场安全巡查管理组，24小时不间断对生产现场安全进行检查，及时落实隐患整治和对三违现象的制止，有效地推动了公司安全管理能力和水平的提高。

历年来公司安全生产管理工作得到了国家、省、市各级安全主管部门的肯定和好评，一直被盐城市评为“安全生产先进单位”，2007年被全国总工会等单位授予“全国模范劳动关系和谐企业”称号，2009年被江苏省安监局评为全省首批“安全生产诚信企业”等。

该公司秉承“处处零缺点、天天零灾害”的安全目标和“挑战、精诚、和合、超越”的企业理念，正在以内部安全生产为根本，对外顾客至上为宗旨，不断挖掘企业蓬勃的创造力，在“激情超越梦想”的品牌精神鼓舞下，力求向中国消费者奉献安全环保、超越期望的汽车产品以及完善的售后服务，为消费者创造更加美好、便捷的汽车生活。

组织安全检查

江苏省安监执法用车发车仪式

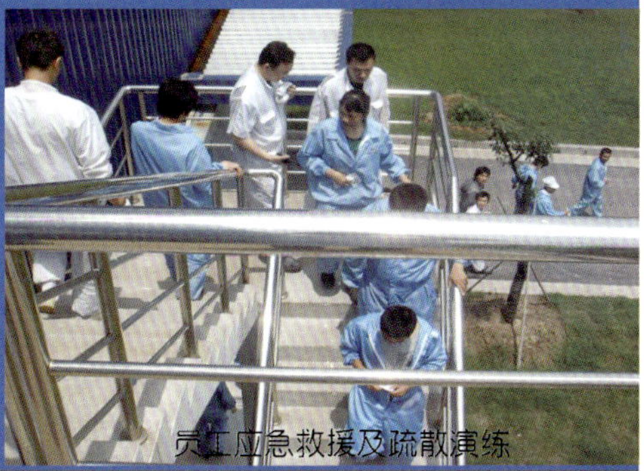
员工应急救援及疏散演练

公司车辆被选为全省安全执法用车

KIA
东风悦达·起亚
The Power to Surprise
激情超越梦想

东风悦达起亚汽车有限公司

公司总部地址：江苏省盐城市经济开发区希望大道南路1号
销售本部地址：江苏省南京市汉中路1号 南京国际金融中心26-28楼
全国呼叫中心：800-828-5985
网　　址：www.dyk.com.cn

上海赛科石油化工有限责任公司

上海赛科是目前国内最大的石油化工合资项目之一，是由中国石油化工股份有限公司、中国石化上海石油化工有限股份公司和BP华东投资有限公司分别按30%、20%、50%的比例出资组建的特大型石油化工装置，总投资约27亿美元，占地约204公顷，位于上海化学工业区内。

上海赛科建有8套主要生产装置，具有世界级上下游一体化的特点，体现了规模经济效应。石化产品每年超过320吨，分别是乙烯、丙烯、聚乙烯、聚丙烯、苯乙烯、聚苯乙烯、丙烯腈、丁二烯、苯、甲苯及副产品等。

1932年美国洛克菲勒中心。
建筑工地的工人们正在休息，被摄影记者拍下并刊载，用以展示当时社会经济的高速发展。
现在看来，这个行为非常不可思议。
但是，我们现在的行为会被后人如何评论呢？

赛科 IIF无事故/无伤害文化 -- 创建一种当前被认为不可能的未来

IIF无事故/无伤害是赛科对创建良好HSSE文化的承诺。**IIF无事故/无伤害**不仅是所追求的目标、结果或奖励，而是一种态度，即：不容忍任何等级、频率或任何程度的事故和伤害。有了**IIF无事故/无伤害**的理念，人们不但学会如何避免不希望看到的，还学会如何创建想要的：

在这样的环境中，安全不仅是第一要务，还体现着人们的价值观。无论对个人还是对公司而言，安全永远是第一位的。正如效率、质量、生产率、环保、社会责任，或其它象征卓越的指标一样，安全已被视为要把事情做对时不可或缺的要素。

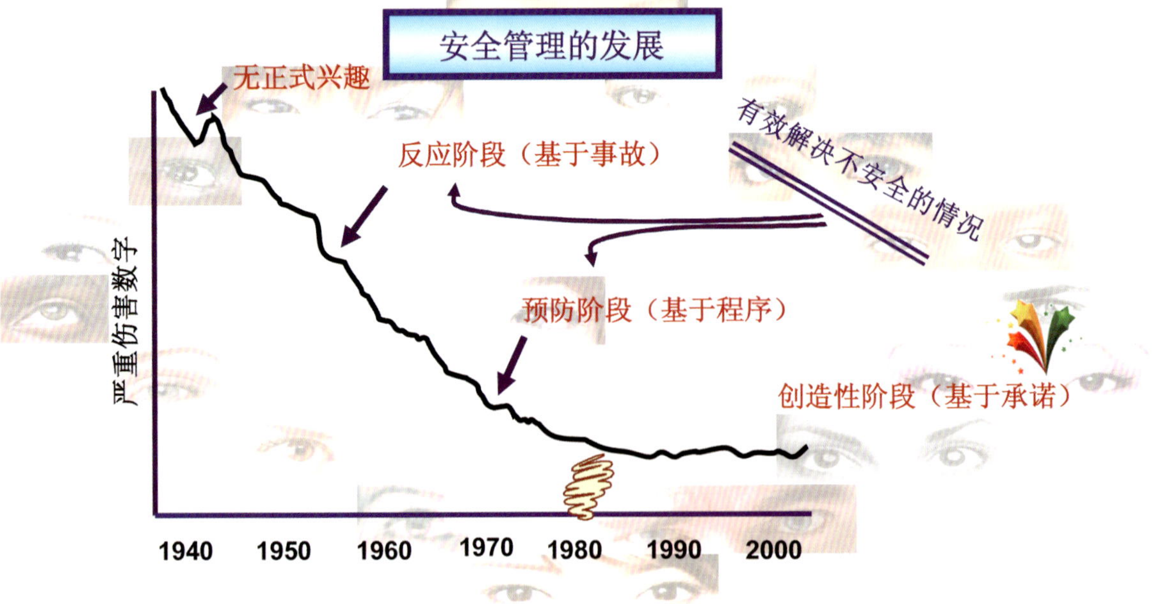

赛科 - 超过2000双眼睛时时关注着我们的HSSE业绩和IIF文化！

秭归三金硅业有限公司

法人代表 宋文诏

秭归三金硅业有限公司是专业生产工业硅的冶金企业，位于三峡库首的秭归沙镇溪工业园区，水、陆交通十分便利。公司始建于1988年，在职员工460人，注册资本1200 万元，总资产7810万元。年生产能力1.2万吨，是湖北省最大的工业硅生产企业之一，是国家发改委批准符合铁合金生产条件准入的企业。

公司始终坚持“高科技、高质量、创一流名牌”的发展战略，严格执行ISO9001国际质量体系管理模式。以优化产业结构为基础、技术创新为动力、资本运营为杠杆，快速成长，迅猛发展，率先在秭归打造出工矿产品口创汇，主导产品为：工业硅（又名金属硅、结晶硅），远销欧美、日本、韩国、东南亚等国家和地区，被评为“湖北省名牌产品”，“三金”硅商标被评为“湖北省著名商标”，在国际、国内享有较好的声誉，公司拥有自营出口经营权。

公司把环境保护与企业发展放在同等重要的位置，以打造绿色环保型企业为基点，引进挪威埃肯集团铁合金粉尘过滤技术——布袋除尘器干法除尘，建成了具有国际先进水平的烟气净化与回收系统，对电炉烟气、水、渣、噪声都采用了综合处理，并每年可回收硅微粉2000多吨。企业年实现产值过亿元，实现利税近千万元，经济效益连年递增，实现了跨越式增长，迈上了新的台阶。公司多年来被誉为“国家AAA级企业”、“中国百佳企业”、“中国优秀创新企业”、“省、市守合同重信用企业”等称号。

面对飞速变化的市场环境，公司积极进行调整转型和变革，正在实现由“产品导向”到“市场导向”的转变，制定了清晰的中长期发展战略。未来五年，传承和弘扬“更高、更快、更强”的奥林匹克精神，以“追求卓越、再创辉煌”为自己的信念，锲而不舍地在同行业中“打造华中硅都”、“争创第一”。

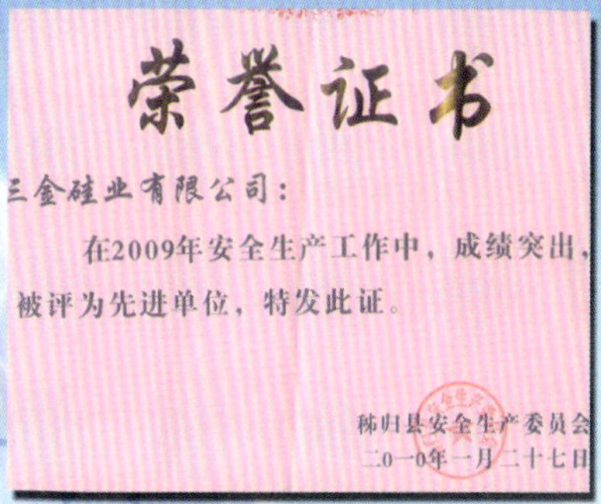
荣誉证书

三金硅业有限公司：

在2009年安全生产工作中，成绩突出，被评为先进单位，特发此证。

秭归县安全生产委员会
二0一0年一月二十七日

安全荣誉证

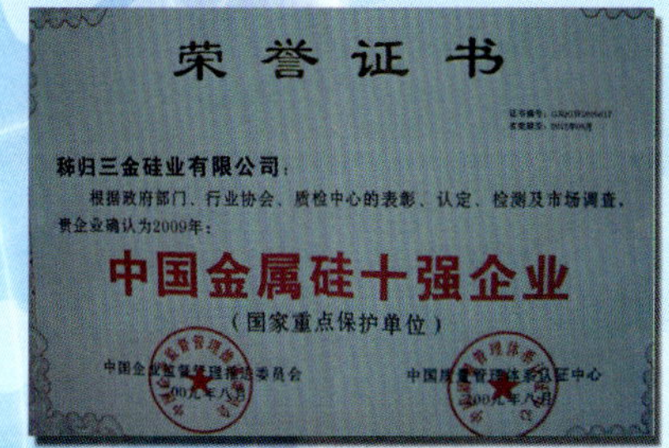
荣誉证书

秭归三金硅业有限公司：

根据政府部门、行业协会、质检中心的表彰、认定、检测及市场调查，贵企业确认为2009年：

中国金属硅十强企业

（国家重点保护单位）

金属硅十强

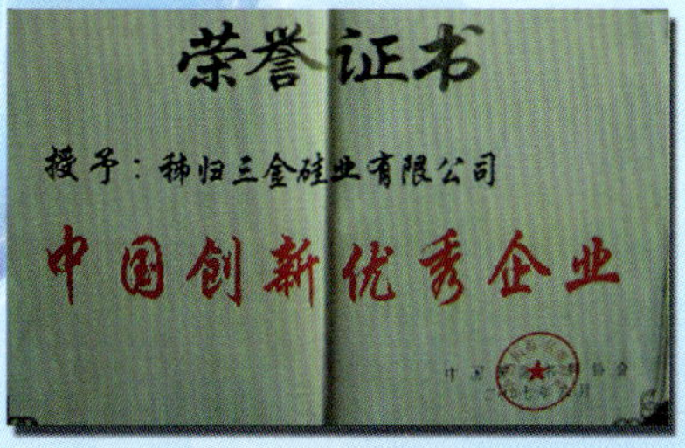
荣誉证书

授予：秭归三金硅业有限公司

中国创新优秀企业

中国优秀企业

公司法人代表：宋文诏　联系电话：0717—2611128　传真：0717-2611126　英文域名：HTTP://WWW.SANJINGUI.CN

地址：湖北省秭归县沙镇溪镇　邮政编码：443611　电子信箱：SWZH2929@VIP.SINA.COM　公司通用网址：三金硅业

扬州科进船业有限公司

农业部总经济师张玉香率安委会安全督查组来我公司检查安全生产工作

扬州市安全生产推进会在我公司召开

扬州科进船业有限公司坐落于环境秀美、交通便捷的江苏省江都经济开发区。厂区占地面积80万平方米，拥有长江岸线1500多米。公司主要从事17万吨级以下成品油船、化学品船、液化气船、海上石油工程船等各类船舶的生产销售和成品油、化学品的远洋运输业务；是江苏省集船舶制造、修理、远洋运输为一体的综合性企业。

公司成立于2004年，总投资28亿元人民币。公司拥有17万吨级船台两座，10万吨级以下船台6座，舾装码头8座，500吨以下各种吊车100余台，20万平方米内业车间、分段车间、管装车间、涂装、舾装和集配中心。并配有钢材预处理生产线、数控等离子切割机、2000吨门式油压机、300吨分段运输车等先进生产设备，整个生产流程和生产工艺科学规范，合理有序，具备年交船30余艘，150万载重吨生产能力。公司现有员工5000余名。

公司坚持安全生产，以人为本的安全长效管理机制，以"造船需要一年，用船需要三十年，决不将遗憾带到三十年"为质量训导；以优质、诚信、一流的服务，精心打造特色精品。公司能够建造符合按照CCS、BV、NK、ABS等世界十大船级社规范，满足国际通用技术标准和安全公约要求，适航于任何海域高品质船舶。产品远销挪威、德国、西班牙、希腊、土耳其、新加坡等国家，为船东取得了良好的经济效益，受到国际船东的广泛赞誉。

造船需要一年，用船需要三十年，决不将遗憾带到三十年

第4章

B 全国安全生产服务机构篇

2010年
中国安全生产工作手册

2010

SCANDPOWER
Risk Management

Lloyd's Register

斯堪伯奥公司先进的三维后果模拟分析

斯堪伯奥公司在1996年开展了第一个基于CFD（计算流体力学）的事故火灾爆炸模拟分析项目，其后每年我们均开展了100个以上的 CFD后果模拟项目，丰富的项目经验保证了后果模拟分析工作的准确性和质量。目前公司拥有30位以上咨询师专门从事CFD后果模拟工作，我们是FLACS （气体扩散和爆炸）软件和KameleonFireEX（气体、液体泄漏扩散和火灾）软件的最大用户。

通过三维后果模拟来分析、验证和评价油气及炼油化工设施防火距离、空间布局、消防系统、应急系统、关键的安全和仪表系统等的可靠性、完整性和耐受性情况，提出减少和控制风险的措施和建议。

我们在中国的成功项目经验包括：

- 中石化普光高含硫气田开发项目硫化氢扩散模拟和应急防护距离确定
- 中石油龙岗含硫气田开发项目硫化氢扩散模拟和应急防护距离确定
- 中石化伊朗雅达油田开发油气处理厂三维火灾爆炸硫化氢扩散模拟分析
- 中石油陕京输气管线榆林压气站三维火灾爆炸模拟分析
- 中石油西气东输二线霍尔果斯首站三维火灾爆炸模拟分析

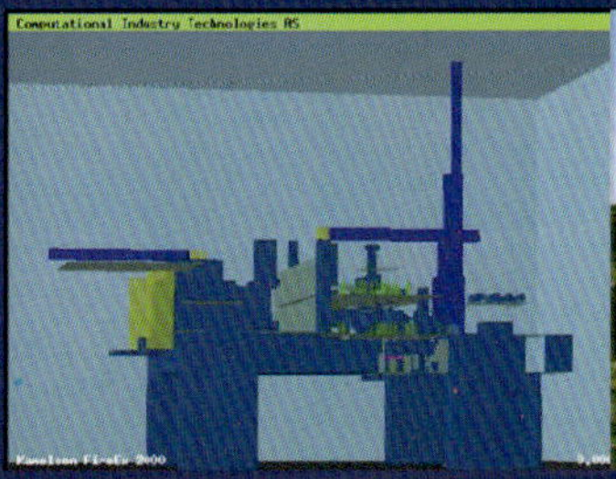

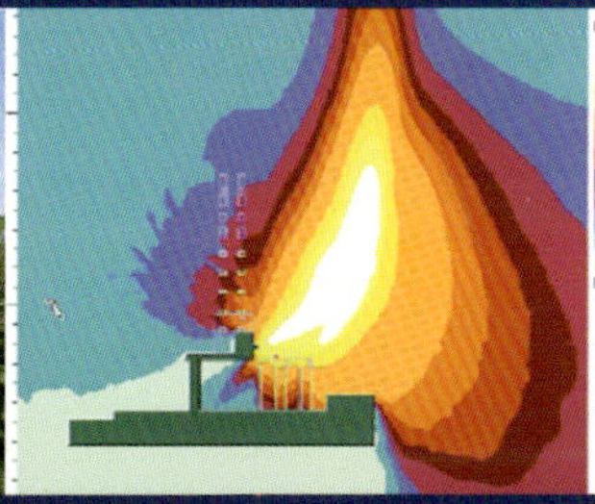
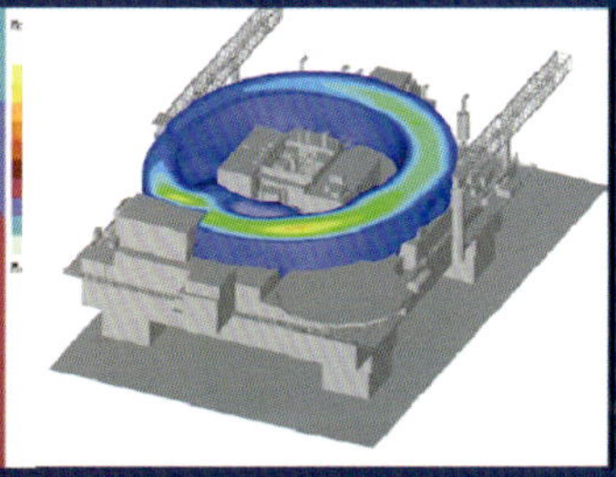

斯堪伯奥公司 — 人因工程

人因工程公司成立于1995年，是全球最大的独立人因咨询公司，现拥有75名人因专家，在布里斯托尔、伦敦、阿伯丁、悉尼、香港、北京等地设有办事处。

人因工程公司为多个领域提供技术咨询，包括石油天然气、轨道交通、航空、公路交通、海运、军工、商业、工业设施、医疗/健康、核工业、建筑等。

更多详情，请登录：www.humaneng.co.uk

我国煤矿救生专用食品研制成功

由中国人民解放军总后军需装备研究所负责的煤矿救生专用食品日前研制成功，近期将在全国15个大型试点煤矿推广应用。

据中国职业安全健康协会有关负责人介绍，我国现有煤矿一万九千余座，一线作业工人500余万，近年来每年因各种矿难死亡约1000-2000人。尽管矿难起数和死亡人数均呈逐年递减趋势，但煤矿安全一直是社会关注的热点问题。尤其是矿难发生后如何最大限度保证井下被困人员的人身安全，为救援工作争取时间，成为业内人士关注的焦点。3.28王家岭煤矿特大透水事故以及智利圣何塞铜矿事故被困工人的成功获救，给我们最重要的启示就是：要尽最大可能提供延续生命所需的专用食品、水、氧气及其它应急设备，为救援赢得时间。

国家煤矿安全监察局《关于建设完善煤矿井下安全避险“六大系统”的通知》中要求，要有序推进煤矿井下紧急避险系统建设，并制定了《煤矿井下紧急避险系统建设管理暂行规定》。

为支持煤矿井下紧急避险系统建设，中国人民解放军总后军需装备研究所充分发挥长期从事军用救生食品科研的优势，在较短时间内，研制成功了体积小、效能高、贮存期长、营养均衡、维持体能效果良好的煤矿救生舱专用食品及煤矿救援队能量补充食品。煤矿救生舱专用食品由特制压缩干粮、军用能量棒、军用营养液和军用救生水组成，可满足人体对能量、营养素和水的基本需要，该食品平时存放于煤矿各种类型的救生舱、避难硐室内，矿工遇紧急情况进入避难场所时使用。煤矿救援队能量补充食品专供救援队员执行紧急救援任务时使用，配合正常膳食，可起到快速补充能量，有效改善体力和精力，提高工作效率的作用。

该系列食品于2011年1月起在全国15个大型试点煤矿开始试用，随后逐步推广至全国所有煤矿，为煤矿井下紧急避险以及救援工作提供有力保障。

研制单位：总后勤部军需装备研究所　　电　话：010-69411566转2091
地　　址：北京市顺义区京密路牛山段8号　　传　真：010-69416624
联 系 人：陈学勤　　手　机：15811108181

煤矿救生舱、避难硐室专用食品

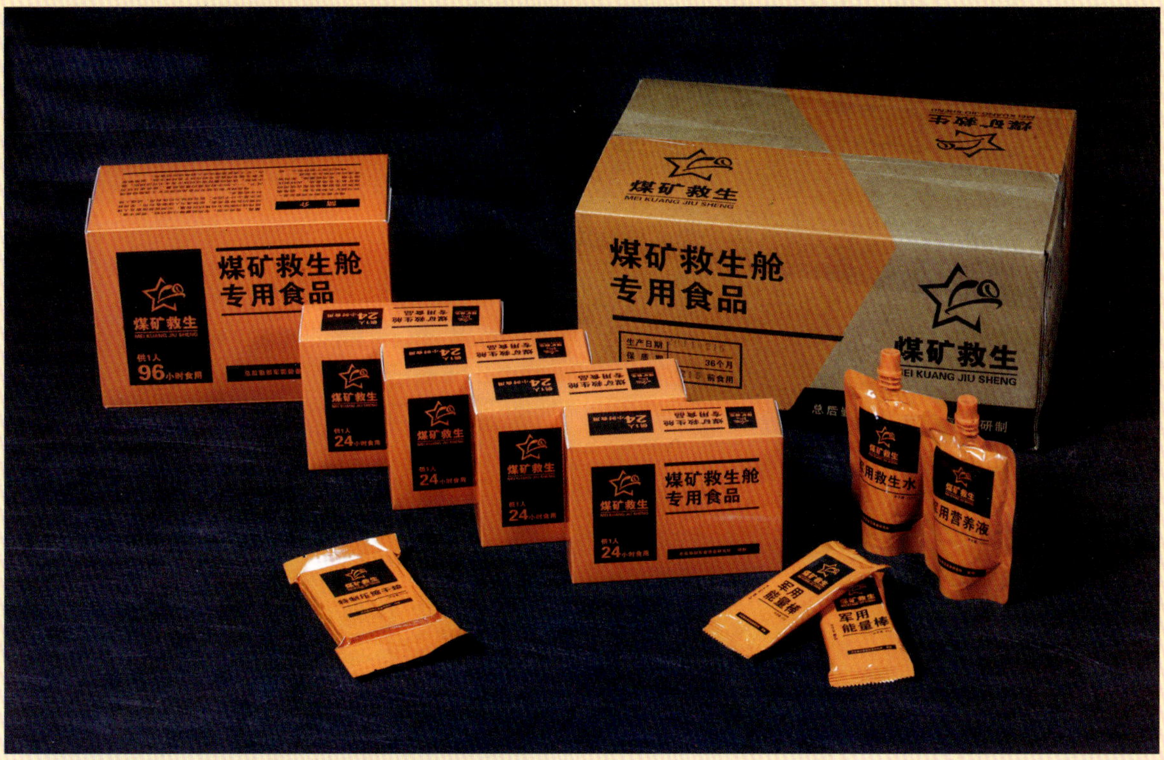

简　介

煤矿救生舱专用食品是一种与煤矿各种救生舱、避难硐室等应急避难场所配合使用的煤矿救生专用食品，由特制压缩干粮、军用能量棒、军用营养液和军用救生水组成。

特制压缩干粮体积小、能量高，营养全面；军用能量棒口感松软、营养丰富，能持续均衡地为机体供应能量；军用营养液富含人体所需的各种营养素，能快速为人体吸收利用；军用救生水是小分子团水，能有效地为机体利用，延缓人体对水的需求。

一套煤矿救生舱专用食品能满足矿工遇险待救情况下，一人96小时所需的最低能量、营养素及饮用水供给，该供给量可保证机体不发生不可逆损伤。煤矿救生舱专用食品平时存放于各种救生舱、避难硐室内，矿工遇紧急情况进入避难场所时食用。

食用方法

每套食品为四日份，每日份供一人24小时食用。特制压缩干粮打开包装，撕去内层透明包装膜后即可食用；军用能量棒开袋即食；军用营养液、救生水开盖即可饮用。建议少食多餐，特制压缩干粮、军用能量棒充分咀嚼后吞咽效果更佳。

煤矿救援队能量补充食品

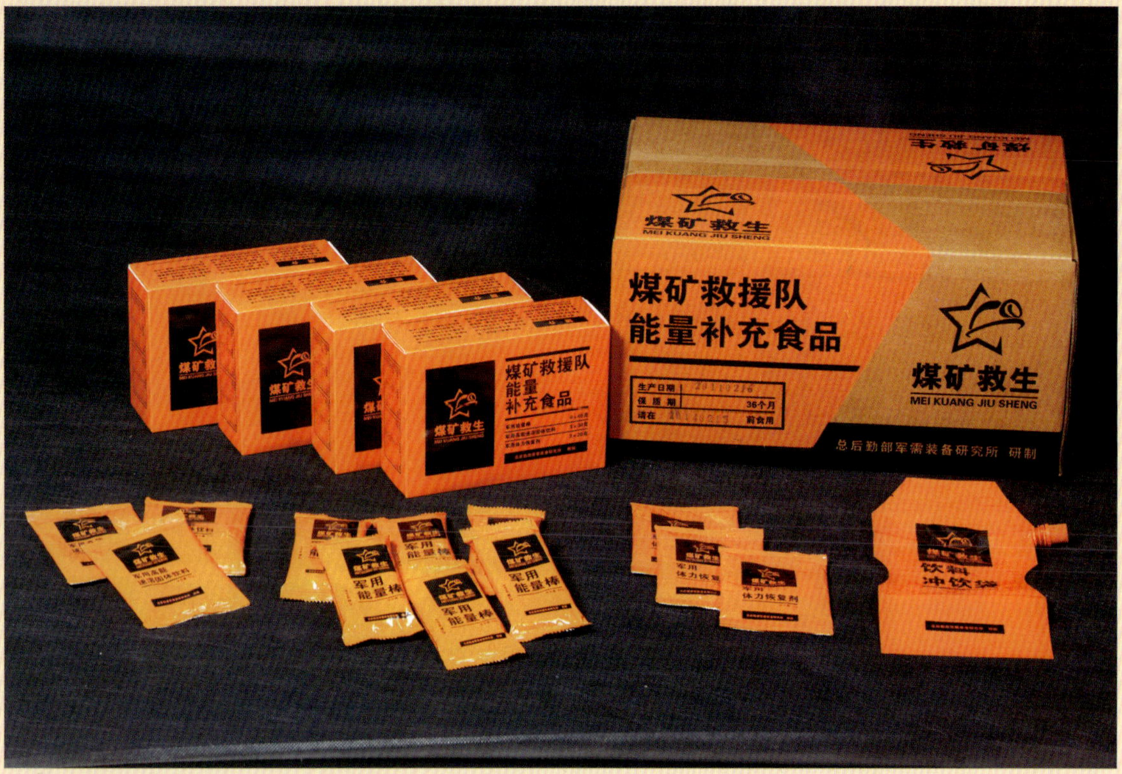

简　　介

煤矿救援队能量补充食品专供煤矿救援队员快速补充能量、快速恢复体能食用，由军用能量棒、军用高能固体饮料和军用体力恢复剂组成。

军用能量棒口感松软、营养丰富，能快速而持续地为机体供应能量；军用高能固体饮料，能快速补充能量，延缓疲劳发生；军用体力恢复剂，能保持机体电解质平衡，促进疲劳的消除和体能的恢复。

每份食品可提供9270千焦的能量，配合正常膳食，可满足极重度体力劳动时的能量需求，能够很好地改善救援队人员的体力和精力，提高工作效率。

食用方法

每份食品供一名救援队员一天食用，军用高能固体饮料在重度劳动前食用，军用体力恢复剂在重度劳动后食用，两种产品需用饮用水(温度不超过50℃)，在配套的饮料冲饮袋内(也可用其他餐具)冲调后饮用；军用能量棒打开包装即可食用。

军用救生水

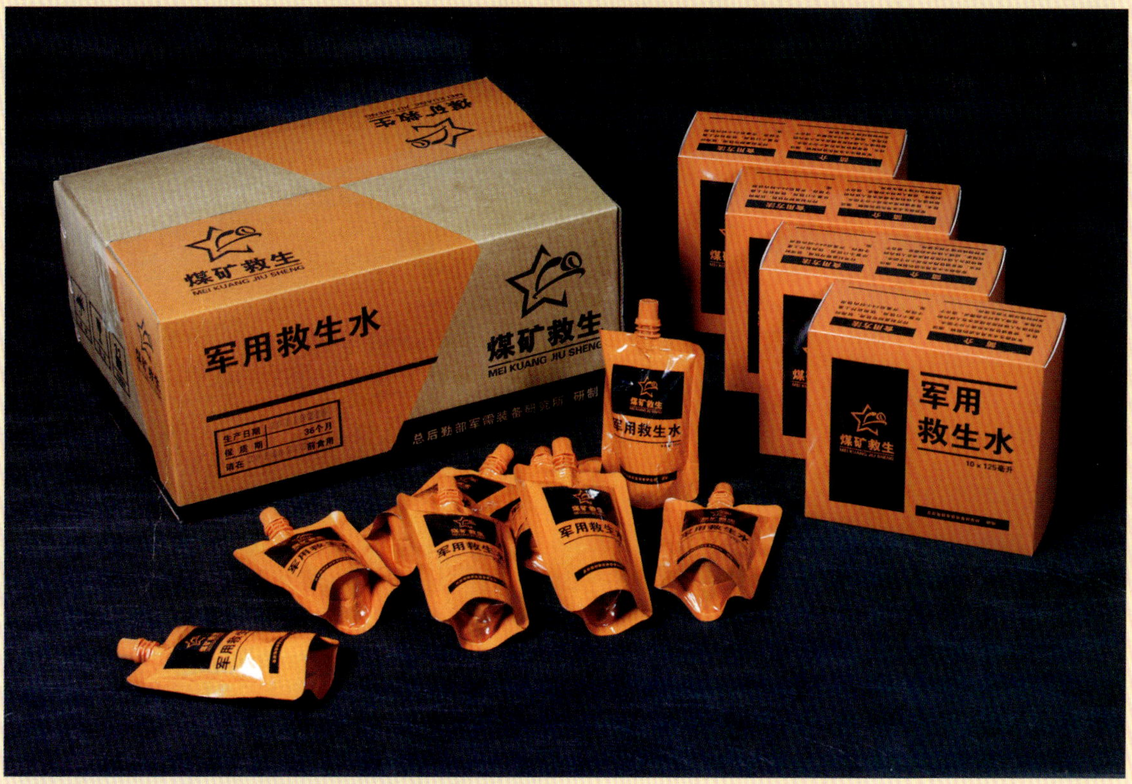

简　　介

军用救生水是采用先进的裂解、激活技术，将普通水经高科技装置转化为小分子团水，能快速为人体吸收，使有限的水量，充分被人体利用，可提高细胞代谢的通透性，从而延缓人体对水的需求，非常适合于特殊环境和场合下救生使用。

食用方法

拧开封盖即可饮用，饮用时尽量小口饮用，饮用后拧上盖子保存。开盖后24小时内饮用完。

中盛国际保险经纪有限公司

一、董事长致辞

董事长 宋贵民

专业创造价值 创新成就未来

自公司成立以来，历经5年的风雨历程，面对保险市场的快速发展和日趋激烈的市场竞争，中盛国际振奋精神、知难而上、勇于进取、开拓创新，公司发展取得显著成效与骄人业绩。

在社会各界的大力支持与中盛国际全员的共同努力下，经过市场的历练，中盛国际业务不断发展，服务水平不断提高，技术力量不断加强，开创了跨越式发展的新局面，同时也得到了社会各界的广泛关注与认可。公司能拥有今天的成绩得益于我国经济发展的历史机遇，渗透着客户对我们的信任和期待，凝聚着广大员工的智慧和辛勤汗水。我们将以此为公司发展的源泉和动力，为不断地向客户提供更加优质高效的服务而努力。我们深悉成就来之不易，使命任重而道远！

专业创造价值，创新成就未来。作为一家专业化的国有保险经纪企业，我们紧紧依托中国人保这一强大品牌，不断拓展整体经营能力。经营范围涵盖包括金融、交通、电力、煤炭、电子商务等多个行业与领域。站在新的起点，机遇与挑战并存，我们要在专业能力与服务水平上下功夫，在创新发展上做文章，不断提高公司的市场竞争能力，实现新的跨越式发展，为把公司建成国内一流的大型保险经纪公司而努力奋斗！

为实现这一发展目标，公司提出新的发展战略：以科学发展观为指导，按照中国人保集团的发展战略，不断拓展直保经纪、再保经纪、保险公估、保险代理四个业务领域，着力加强公司销售能力、盈利能力、核心竞争力三个方面建设，坚持两条腿走路的业务拓展策略，实现集团内外两个市场资源利用最大化，通过业务领域的拓展，打造完整的中介服务体系，实现综合经营，把公司建设成为管理科学、专业领先、执行有力、服务一流的大型保险中介服务公司，引领中国保险中介行业的发展。公司将弘扬“求真务实、锐意创新、艰苦奋斗、追求卓越”的企业精神。科学谋划、狠抓落实，努力开创中盛国际跨越式发展的新局面！

回顾过去，我们深深感到中盛国际所取得的成就，与人保集团的正确领导，与社会各界的支持和帮助，与广大客户的信赖和托付密切相联。我们期待大家能一如既往地关心和支持中盛国际的发展。“长风破浪会有时，直挂云帆济沧海”。立足新的起点，展望未来征程，挑战孕育机遇，坎坷彰显风采。只要我们坚定信心，振奋精神，以无往不胜的气概，求真务实的精神，脚踏实地的作风，开拓创新，科学发展，中盛国际的跨越式发展的梦想指日可待！中盛国际已蓄势待发，向着更好更高的目标迈进！

二、公司介绍

中盛国际保险经纪有限责任公司（以下简称中盛国际）是经中国保险监督管理委员会、中华人民共和国商务部批准成立的全国性、综合性保险经纪公司，总部设在北京。中盛国际由中国人民保险集团公司及日本东京海上日动火灾保险株式会社出资共同设立。中国人民保险集团公司是国有独资大型保险（金融）集团，东京海上日动火灾保险株式会社是亚洲最大的非寿险公司。股东有多年经营历史、雄厚经济实力和丰富专业技术，业务遍布中国及世界各地，总资产超过7000亿元人民币。中盛国际是国内第一家由保险（金融）集团和国际一流保险公司投资设立的保险经纪公司，于2005年6月16日登记注册。

中盛国际建立了较为完善的现代企业制度，公司股东大会下设董事会、监事会。董事会设经营决策委员会、战略规划委员会、预算管理委员会、绩效考核委员会、专家顾问委员会等五个专门委员会。

相关资质：

中国保险行业协会会员单位

北京保险中介行业协会理事单位

中国安全生产协会理事单位

经营理念：专业铸就品质 诚信铸就成功

服务宗旨：诚信 专业 服务 创新

企业精神：解放思想 改革创新 勤俭建司 依法合法 狠抓落实

三、经营范围

根据有关法律、法规，公司核准的经营范围包括：

☆ 为投保人拟订投保方案、选择保险人、办理投保手续；

☆ 协助被保险人或受益人进行索赔；

☆ 再保险经纪服务；

☆ 为委托人提供防灾、防损或风险评估、风险管理咨询服务；

☆ 中国保监会批准的其他业务。

四、核心优势

◆ 实力雄厚的股东背景

中国人民保险集团公司自1949成立至今，拥有深厚的历史底蕴和杰出的品牌优势，是中国保险业在国际上的杰出品牌形象代表。东京海上火灾保险株式会社自1879 年创建以来，成为日本最大、历史最悠久的非寿险公司，确立了在全球保险界良好的信誉和地位。

◆ 先进的风险管理技术

风险管理技术是公司的第一生产力。公司积极吸收、引进股东丰富的保险和风险管理智力资源，结合国际化风险管理技术优势，以股东派驻公司的风险管理专家为核心，组建了一支专业的风险管理技术队伍。

◆ 成熟的保险经纪业务

公司在保险经纪与顾问咨询业务的拓展方面，凭借国际一流的专业技术、高素质的团队、丰富的行业经验和深厚的行业背景，依靠优质的服务，赢得了客户的信任和支持。

◆ 畅通的再保险经纪渠道

公司目前与国内多数保险公司建立了再保险经纪业务合作关系，并保持与亚洲、美洲以及欧洲市场的经常性联系，能够为客户提供合同再保险、临时再保险以及共保经纪服务。

◆优质的理赔公估服务

公司秉承“公平、公正、高效、创新”的经营理念，坚持以科学技术为手段，以法律为准绳，以客观事实和真实凭证为依据，进行客观、合理、公平的估定。能够为客户提供保险标的的风险评估，勘验、鉴定、估损、理赔、代位求偿、公估业务培训等多种相关公估业务服务。

◆ 经验丰富的专业人才

公司核心团队由股东方选派的骨干和来自国内外大型保险公司或保险经纪公司的精英组成，均具有10年以上保险从业经验和丰富的保险专业知识，在保险专业技术和保险安排方面均具备国内较高的专业水准。

◆ 广泛的服务网络体系

公司充分利用股东优势，提供覆盖全国及世界各地的专业服务，使国内外客户均能体会到便捷、高效的服务能力。

◆ 完善的综合服务体系

公司可提供从风险评估、保险方案设计、防灾防损管理到索赔协助服务等一揽子解决方案，积累形成了完整而独特的综合服务优势。

五、服务内容

·保险经纪业务

公司在保险经纪与顾问咨询业务的拓展方面，凭借国际一流的专业技术、高素质的团队、丰富的行业经验和深厚的行业背景，依靠优质的服务，赢得了客户的信任和支持。

设计最合理的保险方案

中盛国际凭借丰富的风险管理经验，准确识别投保人的风险；同时利用保险方面的专业知识和对各家保险公司产品的了解，为客户设计出保障全面、价格合理的保险保障方案。

争取最优惠的保险费率

客户直接向保险公司投保会因缺乏保险专业知识、行业经验和信息不对称而无法获得最优惠的保险费率。中盛国际凭借集团采购优势和安排保险公司竞标等方式来争取投保人最合理的保险费率和最合适的保险保障。

选择最适宜的保险公司

保险市场上保险公司的数量众多，每家保险公司都有各自的产品特点。客户由于缺乏专业保险知识和相关信息，很难选择到合适自身特点的保险公司。中盛国际保险经纪公司凭借对各家保险公司的深入了解，为客户选择到最合适的保险公司。

安排最恰当的投保手续

中盛国际将选取多家保险公司进行市场询价，在为客户争取最优的承保条件后，协助客户办理投保手续，代表客户的利益审核合同条款，并监督执行。

获得最周到的保险理赔

中盛国际基于投保人的利益，受客户委托，参与保险理赔的全过程，协助进行事故调查，搜集索赔单证，并利用专业知识和技巧在索赔事务中尽力为客户争取最大利益，大大节省了投保人的人力和财力。同时，中盛国际凭借自身的专业知识等，督促保险公司理赔，保障投保人的合法权益。

提供最全面的经纪服务

中盛国际将定期回顾您的保险计划，分析风险变化状况，根据风险的变化或有关法规、业务政策的调整而提出建议。同时对客户的资料进行统一管理，提醒到期、提供保单咨询，根据客户的意愿对保险方案再评估，必要时通知客户进行保单批改。

·再保险经纪业务

作为再保险经纪人，我们致力于在世界范围内为客户提供专业的服务，包括从业务合同设立、往来帐单管理、帐务处理、协助索赔到理赔完结的一整套服务，满足客户的再保险业务需求。

全面的再保险分入分出服务始终坚持诚信为本的风格，为客户提供优质、高效、全面的再保险经纪服务。畅通的再保险业务渠道利用我们在中国大陆、香港、亚洲、美洲及欧洲市场建立的网络，我们可以为您：

◆ 安排合同再保险

◆ 安排临时再保险

◆ 安排共保

全面广泛的多险种服务

利用我们的资源和专业经验，为客户寻求满意的再保险解决方案，提供包括以下险种领域的再保险经纪服务：水险：货运险、船建险、船舶险等非水险：财产险、工程险、责任险、能源险、意外险等特殊风险：农险、核风险、航空险等选择最合适的再保公司在再保险接受公司的选择上，我们从以下几方面着重予以考察，保证业务处理的优质、高效与安全：

◆ 财务能力 ◆ 承保能力

◆ 理赔能力 ◆ 险种专长

技术力量与优势

◆ 依托于人保控股及东京海上日动的股东优势，我们在渠道和技术上拥有着强有力的支持。

◆ 利用公司在直接经纪业务上的技术和经验，我们有着对市场和业务更深刻的认识和把握。

◆ 凭借风险管理服务对再保险经纪业务的支持，形成更加完整与完善的服务体系。

公司坚持“客户至上，优质服务”的经营原则。努力维护保险人和被保险人的合法权益，争取为客户的最大满意度提供有力的保障，获得被服务群体的高度赞赏。

广泛接受保险公司、被保险人的业务委托

◆ 保险公司就保险标的承保、理赔方面的业务委托。

◆ 被保险人就保险标的承保、理赔方面的业务委托。

畅通的理赔公估业务渠道

◆ 为保险公司提供在保险标的承包前、后的风险评估服务。

◆ 为保险公司提供在保险标的出险后的勘验、鉴定、估损、理算服务。

◆ 为被保险人提供保险标的出险后勘验、鉴定、估损、理算等服务。

全方位广泛多险种服务

提供公估服务的险种包括：

财产险、机损险、利损险、工程险、责任险、意外险、货运险、水险能源险、特殊风险等

服务范围：

◆ 为客户提供价值鉴定、损因鉴定、理赔理算、监装监卸、代位求偿等其他业务。

◆ 为客户提供协商、调停保险人、被保险人或其他代理人之间，对遭损的物的处理和理赔争议；提供与检验、鉴定等有关的信息咨询服务；提供保险理赔及公估业务培训；防损安全项目研制与开发等业务。

雄厚的实力与优势

依托于人保集团及东京海上日动的股东优势，在渠道和技术上拥有着强有力的支持，为客户提供最为优质的理赔公估业务服务，成为保险人、被保险人的好助手。

· 风险管理咨询业务

公司与世界知名企业－TRC风险管理与咨询公司签署了技术合作协议，为客户提供专业化的风险管理服务。风险管理主要依托东京海上日动火灾保险株式会社长期派驻公司的团队，为政府客户编制公共突发事件的紧急预案、为企业客户构建全面风险管理体系和事业可持续发展计划（Business ContinuityPlanning），该业务属国内创新业务。

六 经营业绩

经过四年的发展，公司的机构客户数量达到100余家，逐步与客户建立了相互依存、共同发展的良好局面。公司在金融集团统保、高速公路建设（包括地铁）、电力行业、煤炭行业等积累了较为成熟的营销模式和专业经验，使公司的成长速度和持续盈利能力在业内处于领先地位。公司以持续快速增长的业务收入，不断提高的技术能力，扎实严谨的专业精神，诚信高效的工作态度，赢得了国内外委托人的肯定和业界的高度评价，被誉为“行业新锐”。

七 公司联系方式

北京市东城区安定门东大街28号雍和大厦A座11层 邮编：100007

11/F,Tower A,Yonghe Plaza,No.28,Andingmen East Street,Dongcheng District,Beijing 100007,P.R China

电话 Tel：（8610）51239700

传真Fax：（8610）51239710

网 址：www.zsib.com.cn

四川矿山安全技术培训中心

一、基本情况

四川矿山安全技术培训中心（以下简称中心）是四川省安监局、四川煤监局直属的一家专门从事煤矿安全培训、教育、科研和技术服务工作的机构，2005年9月经国家总局批准成立，2007年6月被国家安监总局批准为二级安全培训机构资质。

中心内设办公室、教务部、教研室、通安室、财务部、总务部，现有教职工68人，其中高级技术职称10人，中级职称9人，硕士学历以上13人、大学本科30人。成立以来，以解决四川煤矿安全生产的现实问题为重点，积极拓展和深化业务工作，加强煤矿安全生产应用技术的研究和总结集成，并采取开展技术服务、科研成果进课堂、进实践等形式，大力普及推广、应用科研成果和实用技术，积极为基层政府、部门和煤矿企业服务， 形成了培训、教育、科研、技术服务“四位一体”工作格局和特色，为四川安全生产形势的稳定好转，发挥了培训教育的基础支撑作用。

中心始终坚持“一切为了安全发展；一切为了科研培训”的指导思想，已经形成了“尚仁、守正、敬业、求实”的工作宗旨，“讲责任、讲协作、讲纪律、讲质量、讲奉献”的工作理念，“针对性、实用性、时效性、新颖性、先导性”的培训理念，“学员至上，质量为先，用心服务”的工作原则，“严、细、实、快”的工作作风。培训效果、质量和科研服务工作均受到了送培单位、学员和科研技术服务对象的广泛赞誉和普遍认可。国家安监总局领导曾经先后来中心视察指导工作，对中心的工作和取得的成绩给予了充分的肯定。

二、安全培训工作

中心主要承担全省安全生产监管监察系统公务员和工作人员、县乡领导干部安全生产业务知识培训，承担全省矿山救护基层指挥员和队员培训，开展以煤矿企业为主的主要负责人和管理人员安全生产知识、技术和能力培训。自成立以来，已先后举办10余类220期培训班，共计培训学员16883人，学员对培训教学的满意率达90％左右。

三、函授教育工作

2008年7月得到中国矿业大学支持，成立了中国矿业大学成都函授站，开展煤矿主体专业专科、本科、工程硕士点三个层次的函授学历教育，已招收2009级专科35人、本科12人，2010级144人。今年中国矿业大学在四川矿山安全技术培训中心设立工程硕士教学点，开始招收工程硕士专业学位研究生。

四、教研工作

编著教材：《四川煤矿安全监管技术与管理》、《煤矿安全管理教材》、《驻矿安监员工作手册》、《驻矿安监员煤矿安全监管检查指南》、《煤矿生产知识与安全技术》、《驻矿安监员煤矿安全监管技术》、《安全生产法律法规文件选编》、《四川小煤矿抽采瓦斯实用技术》、《四川煤矿安全检查技术与方法》、《煤矿安全监察行政处罚自由裁量实施标准（试行）培训教材》、《四川省小煤矿采掘班组长培训教材》等。其中，《南方煤矿安全生产管理人员安全培训教材》和《南方煤矿瓦斯抽采与利用实用技术》已由中国矿大出版社正式出版。《南方煤矿安全检查技术与方法》专著也将正式出版。

2009年，根据安全生产实践需要，中心开发了《煤矿安全管理心理学及其运用》和《安全生产哲学》两门课程，并进入课堂，效果较好。策划、拍摄和制作《四川煤矿井下瓦斯抽采实用技术与利用实例》科教片，该片在全省煤矿瓦斯防治工作现场会上，得到了参会者的一致好评。

同时，中心积极将应用于生产实践，《四川小煤矿安全高效模式研究》、《四川小煤矿薄煤层瓦斯抽采工艺研究》等课题研究成果；还科研成果带进课堂，在每期煤矿负责人、管理人员、专业技术人员培训班，认真进行讲解，提高了培训教育的针对性、实用性、时效性、新颖性、先导性。

五、搭建“产、学、研”发展平台

中心目前已与（IMM）国际煤机集团、四川恒鼎集团、中国矿业大学等大学、大集团，形成战略合作、技术合作关系，合作初见成效。

图为第三十八期煤矿矿长资格培训班现场

图为四川矿山安全技术培训中心单位文化建设系列讲座现场

六、科研工作

围绕四川小型煤矿安全高效矿井建设配套技术、四川煤矿瓦斯治理应用技术研究，已完成《极薄煤层小煤矿提高抽采瓦斯效果关键技术研究》、《四川小煤矿安全高效模式研究》、《四川煤矿防治煤与瓦斯突出作业指南》、《四川小型煤矿安全生产技术管理人员配置标准》、《四川煤矿特种作业人员配置标准》等6个课题研究。

其中，《极薄煤层小煤矿提高抽采瓦斯效果关键技术研究》已于2010年5月13日通过四川省科学技术厅主持的科研成果鉴定。其成果取得了国内开采极薄煤层小煤矿抽采瓦斯技术的突破，处于国内领先水平，具有显著的社会效益和经济效益，市场前景好。该成果已应用在四川乐山、眉山、内江等地的汪洋、白鹤、胜利、滴水岩等20余对极薄煤层矿井，有4对矿井已实现了瓦斯抽采发电，产生经济效益达千万以上，有效地遏制了煤与瓦斯事故的发生，实现了以用促抽，以抽保安全。该课题针对我国开采极难抽采、极薄煤层小煤矿瓦斯抽采效果特别差的难题，将现场试验与理论研究有机结合，深入现场进行煤层瓦斯基础参数测定，系统地获得煤层瓦斯压力和相关参数的第一手资料，研究极薄煤层瓦斯抽采存在的技术难点，并进行井下各种抽采瓦斯技术试验性研究。历经三年多时间，形成了极薄煤层提高抽采瓦斯效果的关键技术及相关科研成果，解决了以采动卸压瓦斯涌出为主的极薄煤层抽采瓦斯技术难题，形成了高位顶板钻孔和底板钻孔的抽采瓦斯技术，提高了极薄煤层的小煤矿瓦斯抽采效果。

《四川小煤矿安全高效模式研究》课题结合我省小煤矿开采的煤层条件，分析了小煤矿资源分布广、薄及极薄煤层、急倾斜煤层、复杂结构煤层、地质构造复杂、灾害因素多、开采难度大等特点，提出了实现小煤矿高效的方法和途径，提出了四川小煤矿安全高效矿井建设评判体系。已在达州、乐山、泸州等地数10个煤矿得到实践应用，转化为现实生产力，促进了小型煤矿安全高效发展，取得了良好的社会效益和经济效益。该课题已通过四川省安全生产监督管理局、四川煤矿安全监察局科研成果验收。为四川省安全生产监督管理局、四川煤矿安全监察局、四川省经委制定《关于推进煤矿安全高效矿井建设实施意见》（川安监〔2008〕317号），为四川省人民政府安全生产委员会办公室制定《关于进一步抓好小煤矿安全高效矿井建设工作的通知》（川安监〔2009〕43号），指导全省小型煤矿安全高效矿井建设，提供了理论技术支撑。

七、技术服务工作

中心成立以来，积极服从和服务国家总局、省局的工作重点，在煤矿瓦斯治理“双百工程”建设中，为古蔺、叙永、珙县、荥经、兴文5个瓦斯治理示范县建设服务，完成了这5个县的县域煤矿瓦斯治理规划；还为资中县开展县域煤矿安全现状研究。积极服务煤矿企业，已完成200余个煤矿企业瓦斯抽采、瓦斯基础参数考察、瓦斯治理“一矿一策”、安全高效矿井建设技术服务。

校党委书记　张玉柱教授

校长　袁聚祥教授

河北联合大学是河北省属重点骨干大学，坐落于环渤海湾中心地带的河北省唐山市，是一所以工、医为主，理、经、管、文、法多学科协调发展，具有研究生教育、本科教育、专科教育、留学生教育、继续教育等多种办学层次和类型的综合性大学。

学校百年传承，底蕴深厚。河北联合大学由原河北理工大学和原华北煤炭医学院共同组建。河北理工大学系由唐山铁道学院部分科系和成建制转入的天津大学矿冶系（前身为创办于1895年的北洋西学学堂矿务学学门）组建而成，曾沿用过唐山矿冶学院、唐山工学院、河北矿冶学院、唐山工程技术学院、河北理工学院等校名。华北煤炭医学院前身为创办于1926年的开滦高级护士职业学校，解放后改建为开滦医学专科学校，1963年经国务院批准成立唐山煤矿医学院，1998年实行中央与地方共建。为实现强强联合，快速发展，2010年5月经教育部批准正式组建为河北联合大学。两校传承了北洋大学"刻苦朴实、脚踏实地、实事求是"的治学精神，天津大学"实事求是"的办学思想，唐山铁道学院"严谨治学、刻苦钻研、艰苦朴素、实事求是"的优良校风和开滦"科学严谨，特别能战斗"的精神品格，为我国高等教育事业的发展做出了不可磨灭的贡献。胡锦涛、江泽民、温家宝、朱镕基、贾庆林、李长春等党和国家领导人以及许多驻华使节、国内外知名人士曾来校视察。

学校师资力量雄厚，办学条件优越。现有专任教师1651人，其中教授326人，副教授494人，具有博士学位的教师232人，燕赵学者、"新世纪百千万人才工程"国家级人选、国家和省级突出贡献专家、享受国务院特殊津贴专家、教育部新世纪优秀人才、河北省跨（新）世纪优秀人才80余人，双聘院士13人。有各类全日制在校生4万余人。校园占地2300亩，建筑面积100万平方米，教学科研仪器设备总值3亿多元。建有省内一流的语音教室、多媒体教室、电子阅览室、CAD中心、计算中心、电教中心和网络中心等现代化教学设施。学校图书馆为河北省甲级图书馆，学术期刊检索咨询二级站，藏书218万册，电子图书260万种，拥有近30个大型中外文数据库。学校办有理工类、医学类、社科类6种期刊，在国内外具有一定影响。学校附属医院为三级甲等医院，通过了ISO9001国际质量标准认证，技术力量雄厚，医疗设备先进。

学校学科设置齐全，专业特色鲜明。学校于1985年开始正式招收硕士研究生，是河北省开展研究生教育最早的高校之一，1998年开始与中科院、东北大学、北京科技大学、中国军事医学科学院、中国医科大学等单位联合培养博士研究生，2009年跻身博士学位授权立项建设单位行列。现有76个一批、二批本科招生专业，122个硕士学位授权点，4个专业学位授权类别，12个工程硕士专业学位授权领域，具有以同等学力申请硕士学位授权以及推荐优秀应届本科毕业生免试攻读硕士学位研究生资格。拥有采矿工程、冶金工程、金属材料工程、临床医学、机械设计制造及其自动化、康复治疗学、化学工程与工艺、护理学、土木工程、预防医学等10个国家级特色专业，钢铁冶金、采矿工程、防灾减灾工程与防护工程、材料加工工程、材料学、骨外学、流行病与卫生统计学、产业经济学、外国语言学及应用语言学、呼吸内科、劳动卫生与环境卫生学、病理学与病理生理学等12个河北省重点学科和重点发展学科；建有河北省现代冶金技术实验室、河北省无机非金属材料实验室、河北省地震工程研究中心、河北省矿业开发与安全技术实验室、河北省煤矿卫生与安全实验室、河北省煤化工工程技术研究中心6个河北省重点实验室（中心），河北省现代冶金技术实验室为河北省、教育部共建重点实验室。国家安全生产监督管理总局矿山医疗救护中心培训基地、河北省创伤研究所、河北省哲学社会科学研究基地、中科院唐山科学发展研究院、唐山市城乡一体化发展研究中心、唐山市院士工作站以及10余个唐山市重点实验室设在我校。学校逐步形成了矿业工程、冶金工程、防灾减灾工程及防护工程、职业卫生与安全、煤矿创伤救治等特色优势学科，并发展成为矿山、冶金行业专业技术人才、医疗卫生及职业安全卫生高级专门人才的培养和培训基地，是国家煤炭职业卫生与安全研究领域的领军单位，建有国家职业流行病学研究中心，煤矿创伤救治研究中心及培训中心。

学校坚持服务地方和行业的办学理念，始终把教学质量作为生存与发展的生命线，不断深化教学改革，成绩突出。近年来，我校先后在教育部本科教学工作水平评估、教育部英语专业本科教学工作评估、教学管理评估、成人教育评估中获得优秀，并顺利通过了全国硕士研究生教育合格评估，向全社会彰显了我校雄厚的办学实力和跨越式的发展能力。同时我校不断加强教学质量与教学改革工程建设，加强教育教学改革研究，拥有国家级、省级教学团队8个、精品课51门，本科教育创新高地11个，人才培养模式创新试验区2个，实验教学示范中心8个，获得优秀教学成果奖48项。

学校贯彻因材施教的原则，注重学生创新能力和综合素质的培养，人才培养质量不断提高。近年来，学生在国际、国内各类竞赛中获奖励800余项，其中美国大学生数学建模竞赛、全国英语演讲比赛、全国电子设计竞赛等国际级、国家级奖励百余项。在河北省组织的英语、计算机等可比性统考中均取得优异成绩。英语专业四级通过率连续6年达96%以上，其中3年达100%，专业八级通过率连续5年达96%以上。学生工作连续11年得到中宣部、团中央和教育部的嘉奖。本科教育开展50多年来，共培养十多万名专业技术及管理人才。毕业学生以素质高、能力强、作风实、适应社会需求，具有创业、创新能力强等特点，受到用人单位的一致好评，就业率连续多年名列省内前茅。

学校坚持以学科建设为龙头，大力开展内涵建设，科研、科技开发工作硕果累累。近五年来，获得国家科技进步二等奖1项、国家教学成果二等奖1项、河北省省长特别奖1项、省部级科技进步奖80多项，承担国家"十一五"科技支撑计划、"863"、"973"前期研究及国家自然科学基金等项目共百余项；获得专利授权235项；与国内外大中型钢铁、矿山等企业合作开展技术攻关项目达200余项，转化科研成果130余项，创造经济效益约70亿元。

学校积极开展国际交流与合作，办学渠道不断拓展，合作领域不断扩大。学校是中-匈医学论坛中方承办单位，与英国利兹大学和林肯大学合作建立了"中英合作英语培训中心"。先后与美国麻省州立大学、日本北海道大学和日本山形大学医学部等10个国家的20多所大学建立了合作关系，在学生联合培养、留学生互派、教师互访、科研协作、学术交流等方面开展了实质性合作。学校于2007年开始全日制留学生教育，目前在校留学生近200人，是河北省内留学生教育发展最快的高校。依托留学生教育和国际合作，学校的国际声誉和影响力与日俱增。

面临两校合并的崭新形势，百年老校焕发出了新的生机。全校师生将秉承"明德博学、勤奋求实"的校训，实施"特色立校、人才兴校、质量强校"的发展战略，努力把学校建设成为一所特色鲜明的高水平综合性大学，使学校发展成为中华大地上一颗璀璨的教育明珠。河北联合大学的建立也为行业服务增添了新的力量，尤其是为国家职业卫生与安全服务奠定了坚实基础，在人才培养、科学研究和智力支撑方面都具备一定基础，全校师生员工愿为国家安全生产贡献自己的智慧和力量。

国家安全生产监督管理总局矿山医疗救护中心
培训基地简介

国家安全生产监督管理总局于2006年9月18日在我校挂牌成立了国家矿山医疗救护中心培训基地，培训基地现有工作人员2人，其中副主任1人、培训科1人，特聘教授18人，副教授3人，外聘专家教授10余人。培训基地至今已经承办了六次培训工作，分别是2007年12月和2008年11月的矿山医疗救护培训班，2008年5月和9月的煤矿职业危害预防与控制研修班，2009年6月煤矿创伤现场急救培训班，2010年7月煤矿创伤现场急救培训班。参与培训的学员200余人，来自全国20多个省市自治区，他们中绝大部分是来自各矿山医疗救护分中心的科主任和学术带头人、各煤炭企业负责职业危害工作的领导或专职人员，且基本都具有副主任医师以上职称。五次培训均取得了圆满的成功。

为切实做好培训工作，学校投入了大量的人力、物力，授课地点为拥有先进现代化多媒体教学设备的国际报告厅，装饰一新的学院招待所和餐厅为学员提供了良好的生活环境，在改建并扩建矿山医疗救护培训基地临床实验室的同时，投入巨资购置了较为先进的临床教学实验设备，所有这些都为学员在校期间的学习和生活提供了有力保障。在制订并做好详细培训计划和教学安排的基础上，培训基地领导在每次开班前还都专门召集学院多个部门的人员集中布置培训准备工作。培训课程的内容丰富、形式多样，以“强化矿山医疗救护责任意识，注重现场救治实际”为宗旨，力求从矿山医疗救护的体系、程序到瓦斯爆震伤害、骨折、颅脑损伤等具体症状的救治方法等全方位进行培训。资深教授们声情并茂的精彩授课、形式新颖、针对性强的临床实验学习、业内知名专家教授的专题讲座已经逐渐成为培训中的亮点。在培训过程中，学员们不但认真学习新知识、新理念，还通过彼此之间的交流、讨论，汲取了更多有益的启示和丰富的经验，进一步增强了培训的效果。为了总结经验，使培训工作更加科学、规范，我们还对参加培训的学员进行了问卷调查，学员们也积极踊跃的提出了各自对培训课程及相关工作的看法和建议。这些都是我们继续做好培训工作的宝贵经验和基础。

在2008年的抗震救灾工作中，培训基地积极响应，共计派出了10多名教师分三批亲赴抗震救灾第一线，参与灾区人民的心理咨询疏导工作，他们不怕吃苦、夜以继日，为抗震救灾工作做出了重要贡献。2008年10月，培训基地获得了国家安全生产监督管理总局颁发的“抗震救灾先进集体”荣誉称号，张小平等三人分别获得了“抗震救灾先进个人”荣誉称号。

矿业工程学院简介

矿业工程学院始建于1958年，办学历史可追溯到1895年创办的北洋西学学堂矿务学学门。1959年天津大学矿冶系成建制并入我校，采矿和选矿专业并入我院。学院曾沿用过采矿系、资源工程系、资源与环境系、资源与环境学院等名称。现有采矿工程、矿物加工工程、资源勘查工程、测绘工程、地理信息系统、安全工程、石油工程7个本科专业。拥有矿业工程硕士授权一级学科，地质工程和大地测量学与测量工程2个硕士授权二级学科，矿业工程、安全工程、测绘工程3个工程硕士授权领域。2009年矿业工程学科被批准为博士学位授权立项建设学科。现有专兼职教师66人，其中教授11人，副教授30人博士学位教师35人，博士生导师3人。有河北省有突出贡献中青年专家1人，新世纪三三三人才工程二层次人选2人，有国家煤矿、非煤矿山安全生产专家2人，中国工程爆破行业专家库专家1人。目前在读硕士研究生198人，全日制本科生1649人。学院累计为社会培养本科生6000多人，硕士研究生300多人。

学院建设有优质教学和科研平台。采矿工程为国家第二类特色专业，采矿工程学科为河北省重点学科。拥有“河北省矿业开发与安全技术重点实验室”、“唐山市矿业开采与安全技术重点实验室”和“唐山市新型环保技术重点实验室”；拥有“河北省地质矿产教育创新高地”、“河北省矿业开发与安全技术教学团队”、“河北省实验教学示范中心”等省级质量工程项目，有“采矿学”等六门省级精品课程。

学院致力于学科前沿和矿山领域关键技术的研究，近年来，完成百余项省级以上科研项目和企业技术攻关课题，在露天转地下开采、难选矿的选取分离、煤矿瓦斯防治、矿区生态恢复与重建等方面取得了一系列成果。目前在研省部级以上科研项目30多项，其中国家科技支撑计划项目研究课题4项，国家自然科学基金项目6项，经费总额达700余万元。

矿业工程学院与河北钢铁集团矿业有限公司、首钢矿业公司、开滦集团有限责任公司、煤炭科学研究总院唐山研究院等许多企业及科研院所保持紧密合作，保证了学科研究经费和科研成果的快速转化，累计为企业创造经济效益20多亿元，为河北省及全国矿业行业的发展做出了巨大的贡献。

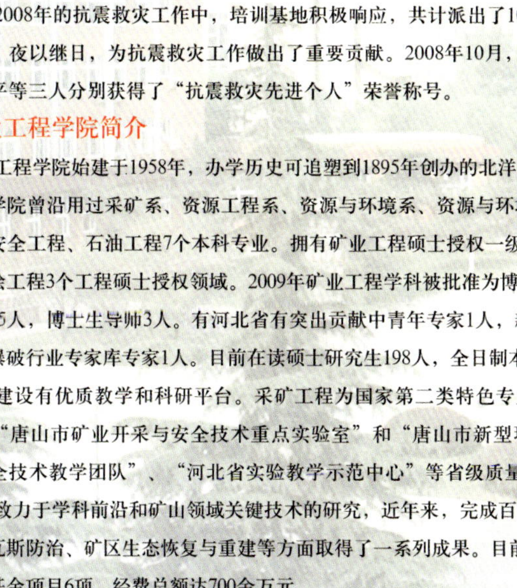

学校大门

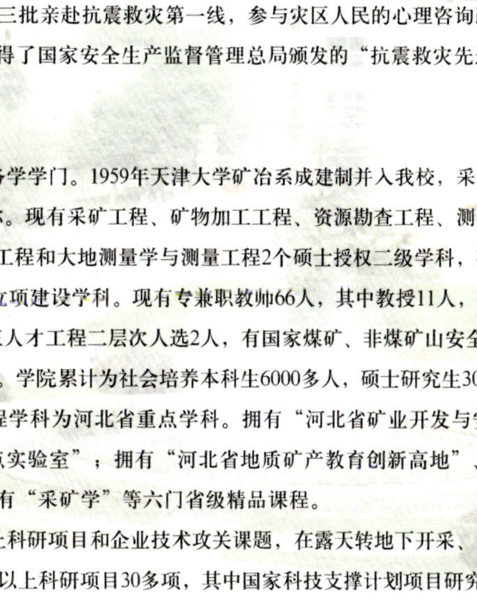

建设路校区科技楼

地址：唐山市新华西道46号　邮编：063009　电话：0315-2232875

四川物联恒安安全技术研究有限公司

四川物联恒安安全技术研究有限公司（以下简称“四川物联恒安公司”）是2010年6月由感知物联网集团（无锡）有限公司、四川省安监局（四川煤监局）直属事业单位四川安全生产检测检验技术研究院、四川省安全科学技术研究院、四川矿山安全技术培训中心共同出资成立，注册资金2000万，公司主要从事安全生产领域内物联网技术产品的研发与生产，并通过商业化运作推动物联网技术在安全生产领域的产业化发展，是西部乃至全国首家以物联网技术在安全生产领域的研发应用为核心业务的公司，具有首发优势。

一、公司架构

四川物联恒安安全技术研究有限公司具备完整的内部质量体系建设，拥有先进的传感科技设备以及项目施工地点，内设行政人事部、总经理办公室、财务部、技术方案部、销售部、售前支持部、采购部等部门。公司现有35名职工，其中博士学历1人，硕士研究生学历3人，本科学历15人，学士学历3人，在读研究生2人，本科以上学历占总人数的69%。随着四川物联恒安公司不断发展壮大，高水平人才队伍建设也在不断加强。

二、重要项目简介

1、成都市重大危险源监督管理系统

四川物联恒安公司通过设计成都市重大危险源监督管理系统建设方案，突出了物联网技术在安全生产领域的应用。前端使用物联网传感技术和成都本土企业生产制造的气体、液位、压力等传感器传输相

办公环境

办公外景

工程案例1

工程案例2

关监管数据到重大危险源管理系统。后台具备报警预案管理、系统应急联动接口设计、数据备份与灾难恢复等功能。本方案主要解决全成都市500家重大危险源企业的综合监管难题，第一期选取20家重大危险源企业作为试点，成功后在全市和全省推广应用。方案突出了该项目作为物联网示范项目的重大意义，理论上近期和中期能带动1.2亿的产业规模。

2、四川省矿山安全生产监督管理系统

四川物联恒安公司通过完成系统平台的建设方案设计，能够实现改造现有瓦斯监管平台，调查和研究目前一些县、市、州安监部门监管平台的建设和使用情况。结合目前全省正在筹备和推广的煤矿井下人员定位系统，安全生产监控系统，救灾系统等六大系统的技术特点，设计和研发统一集成各种系统的综合监管平台。架构设计方案改造整合现有瓦斯监控系统，集成实测矿图在煤矿井下人员定位系统的显示和利用，接入煤矿视频监管，预留重大危险源等的接入接口，筹划省、市、县、企业四级监管平台，规划省级数据中心建设。

3、煤矿井下人员定位系统

四川物联恒安公司技术研发团队到四川省内重要市县考察煤矿安全生产管理现状，调查多个在四川煤矿实际使用的井下人员定位系统技术特点和指标，从现有井下定位系统着手，比较各系统技术优劣，整理出煤矿井下定位系统参考标准初稿，在与四川省安全监管局（四川煤监局）安全技术中心多位专家深入交流后，最终确定井下人员定位系统参考标准，目前该项目已在顺利推进之中。

4、双流航空港货运站防入侵系统

四川物联恒安公司完成了该项目的方案设计、深化设计、系统集成等工作，双流航空港货运站防入侵系统采用统一的平台和接口，集多种探测手段于一体，实现全天候、全天时对货运站敏感围界进行实时主动监控，当有对监控围界的入侵行为（攀爬翻越围界、抛物和破坏围界等）发生时，系统将自动保存告警消息及通知指控中心，调出相关位置的视频图片供工作人员确认和跟踪现场状况，同时与现场照明和声音告警子系统联动，通过灯光照射、播放警告录音对入侵者进行劝阻和威慑。系统中采用的物联网设备包括震动传感器、微波传感器、智能视频技术、号角告警灯等，通过专业的施工、调试及系统集成，构建起综合性的监控管理平台。该系统是国内技术先进的防入侵系统也是在四川省实施的首个系统。

工程案例3

办公大楼

国家安全生产太原矿用设备检测检验中心
国家煤矿掘进机械质量监督检验中心

国家安全生产太原矿用设备检测检验中心、国家煤矿掘进机械质量监督检验中心是国家安全生产监督管理总局认可授权的安全生产检测检验甲级机构，也是国家质量监督检验检疫总局授权的国家级产品质量监督检验机构。山西省煤机产品质量监督检验站、煤炭行业煤矿专用设备标准化委员会刮板输送机分会、掘进机械分会也设在本中心。

中心成立于20世纪80年代，为国家级大型综合性检测检验机构。在国内外享有很高的声誉，曾多次对美国JOY、德国DBT等国际知名企业的矿用产品进行了检验，为保证我国矿山安全生产与质量监督做出了积极贡献。中心下设综合办公室、计量室、第一检验室、第二检验室和技术室，主要承担着煤矿输送机械、掘进机械、乳化液泵站、液压软管等整机及元部件产品的质量监督抽查检验、安全标志检验、发证检验、仲裁检验、科技成果检测鉴定检验、进出口商品检验和委托检验等工作。中心目前拥有国家质量监督检验检疫总局授权的计量标准器组5个，山西省质量技术监督局授权的计量标准器组4个，可以开展长度、温度、压力、电参量、扭矩等计量器具的计量检定工作。此外，本中心还承担着检验技术研究与咨询、检验设备研制与开发、标准制修订及专业检验技术培训等工作。

中心是经中国合格评定国家认可委员会（CNAS）认可的国家实验室，具有完善的质量保证体系。中心拥有国内外先进的检验测试设备，主要有1000kN和2500kN液压脉动材料试验机；2000kN和6000kN电液伺服万能材料试验机；250kW～660kW电力测功机、乳化液泵站试验系统、液压胶管试验台、三相异步电动机试验系统、电气性能和防爆试验系统。中心以“客户至上”为服务宗旨，坚持“科学公正，廉洁高效”的工作方针，做到对所检产品及时做出公正、科学、权威的评价，提供令客户满意的技术服务。本中心郑重承诺“向社会提供优质服务，对客户知识产权保密，对检验工作质量负责”。为国家煤矿安全生产提供可靠的技术支持和服务。

柴油机发动机试验台

防爆试验装置

2500kN液压脉动材料试验机

试验楼

地址：山西省太原市并州南路108号　邮编：030006
电话：0351-7685030　传真：0351-7685028
E-mail：bgs123@sohu.com

山西省煤炭工业局综合测试中心

2010年国家安全生产总局监督评审会

山西省煤炭工业局综合测试中心是经山西省煤炭工业局、山西省编办批准的全民事业单位，隶属于山西省煤炭工业厅煤炭资源地质局，成立于1982年。是国家安全生产监督管理总局批准授权的安全检测检验乙级资质单位；是国家煤炭标准委员会团体会员单位。现开展煤、焦炭的日常委托检验；煤芯煤样、生产大样的全面分析；煤尘爆炸性和煤自燃倾向性的鉴定；煤矿井下粉尘、有毒有害气体检测；矿井通风阻力测定；矿井瓦斯基础参数测定；矿井瓦斯涌出量预测；矿井瓦斯等级鉴定；地下水水质分析等22个产品，219个项目。

外国友人参观

安全生产检测检验机构资质证书

资质认定计量认证证书

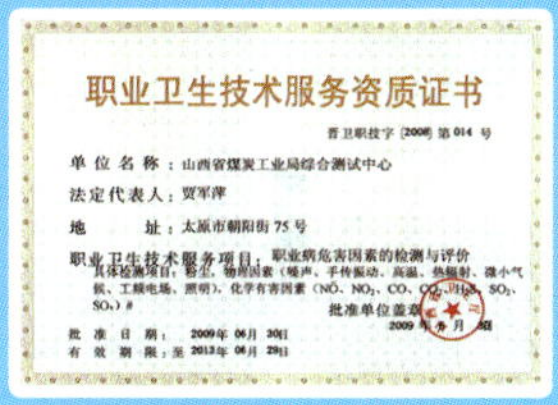

职业卫生技术服务资质证书

部分资质及技术成绩

1991年通过山西省技术监督局首次计量认证，现证书编号为2009040360T。

1997年被（原煤炭部）批准授权进行煤尘爆炸性鉴定单位，2006年被国家安全生产监督管理总局授予安全检测检验乙级资质单位，现证书编号为（2009）晋煤监检乙 0603。

2003年被全国煤炭标准化技术委员会吸纳为会员单位。

2004-2008年参加了国家煤检中心组织的CNAS能力验证，符合率达到97%以上。

2004年取得了山西省卫生厅“职业病危害因素检测与评价”资质，证号为：晋卫职技字［2008］第014号。

2009年矿井瓦斯基础参数测定及矿井瓦斯涌出量预测通过国家安全生产监督管理总局安全检测检验乙级资质认定。

具体可开展的部分业务

1. 煤炭、焦炭等产品进行日常委托检验、现场抽样检验和仲裁检验；
2. 煤芯煤样、生产大样的全面分析；
3. 煤尘爆炸性和煤自燃倾向性鉴定；
4. 职业病危害因素检测与评价（包括煤矿井下作业场所粉尘检测及化学有害因素、物理因素和高温作业环境气象条件的检测）；
5. 矿井通风阻力测定；
6. 矿井瓦斯基础参数测定及矿井瓦斯涌出量预测；
7. 矿井瓦斯等级鉴定；
8. 地下水水质分析；

其中：煤尘爆炸性和煤自燃倾向性鉴定，矿井瓦斯基础参数测定及矿井瓦斯涌出量预测在全省处于领先地位。

地　　址：太原市朝阳街75号　　电　　话：0351-4379185　　主　　任：贾军萍

山东正元地质勘查院烟台分院

（地质资源勘查有限责任公司烟台分公司）

山东正元地质勘查院烟台分院（地质资源勘查有限责任公司烟台分公司）成立于2002年，位于山东省烟台市只楚路44号，其前身是成立于1957年的中国冶金地质勘查局第三勘探队。目前，已发展成为一支集地、物、化、测、钻探施工、化验分析、科研等专业为一体技术力量雄厚的综合性地质勘查队伍。除承担公益性、商业性地质勘查及研究工作外，还涉及灾害地质、煤田地质、工程地质、环境地质、农业地质等领域。由于找矿成绩显著，曾受到山东省委、省政府、冶金部、国务院黄金工作领导小组、地质矿产部的表彰。先后被评为省先进企业、冶金部探矿先进单位，还被国务院黄金工作领导小组评为先进集体，并荣立地质矿产部金矿勘查一等功。

烟台分院院长高守荣（左二）与烟台金泽黄金有限公司（加拿大在中国注册的公司）签订《合作勘查和开发矿产资源的协议》

山东电视台在烟台分院施工的乳山金青顶工地拍摄《金色足迹》时的情景

2005年，院长高守荣同志荣获了山东省富民兴鲁劳动奖章，2007年烟台分院荣获了山东省富民兴鲁劳动奖状。2008年以来，分院3号和5号机台先后被山东省总工会授予“工人先锋号”机台，2010年9月，5号机台又荣获“中央企业红旗班组”称号。同年，分院自行研制的轻便式全液压岩心钻机、“三路液压合流阀”等三项发明荣获国家专利。2011年1月，分院承担的三山岛危机矿山接替资源项目荣获国家2010年十大地质成果。在山东局、正元地质勘查院年度评比中，连续多年被评为先进单位和精神文明建设先进单位。

分院拥有雄厚的技术力量，高级工程师人数占23%，具有工程师职称的占51%，大学本科学历的人数占43%以上。具有丰富的地质勘查、设计施工及报告编制经验和综合研究能力。曾勘查探明山东大泥河铁矿、香夼铅锌矿、乳山金矿、望儿山金矿、海阳曲水河及栖霞马院山水泥用大理岩等大、中型矿床10余处，小型矿床20余处。在承担的莱州三山岛、乳山金青顶危机矿山接替资源项目勘查中新增金金储量70余吨。完成了《山东胶东半岛西北部招掖金矿带成矿地质规律及找矿方向》、《山东省胶东东部金矿地质条件、成矿预测》等6部科研报告，为指导找矿提供了可靠的理论根据。

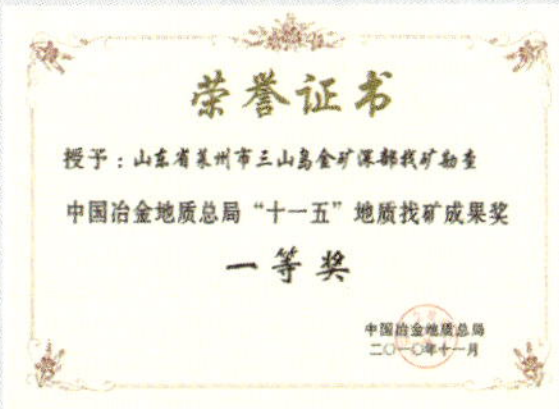

在地环灾害评估领域，相继完成了龙（口）烟（台）铁路地质灾害危险性评估报告、烟台西港区液体化工码头一、二期工程地质灾害危险性评估报告、烟台－淄博输油管道地质灾害危险性评估报告、海（阳）即（墨）跨海大桥建设用地开展地质灾害危险性评估勘查及压覆矿产资源调查、矿山地灾评估、治理等400余份大、中型报告的编制工作，报告优质率100%。

烟台分院研制的轻便式全液压岩心钻机正在施工，最大深度可达446米

分院具有同行业先进设备、仪器150台（套）。地球物理探矿、岩矿测试和化验分析技术、研究及所用的设备、仪器达到国内先进水平、有的进入国际先进行列。钻探设备在同行业亦具有领先水平，拥有瑞典阿特拉斯公司生产的CS14型全液压地表取芯钻机，国产YDF-5A、YDX-3G、YX-6B、HXY-6等钻机20余台。形成了轻重搭配、深浅结合的最佳施工组合，具备了复杂工程、大型工程的设计与施工能力。

赞比亚项目部员工与当地黑人员工进行拔河比赛

2008年12月，烟台分院5号机台在莱州三山岛矿区创造了小口径金刚石绳索钻探单孔进尺2060.5米的全国纪录，取得了深部找矿及深部钻探施工工艺的重大突破。标志着分院的地质探矿技术已发生了质的飞跃，跨入了全国黄金地质小口径岩芯钻探的先进行列，并处于领先地位。

2010年4月，烟台分院与中国地质科学院勘探技术研究所共同合作，出色完成了国家863计划项目zk43-1示范钻的施工任务，孔深2213米。同时还在煤田探矿领域取得了突破，完成了在贵州、新疆等地煤田的勘查探矿工作。

这是烟台分院1号机台使用瑞典阿特拉斯公司生产的CS14型全液压地表取芯钻机，在青海格尔木沙漠施工时的情景

烟台分院不但在探矿领域尤其是在深孔钻探方面已掌握了较为成熟的钻探工艺，有着十分丰富的经验，并有自己独特的优势和特点。更为可贵的是培养了一支敢打硬仗、善打硬仗，技术过硬、作风顽强的员工队伍。 近年来，为了获取更大的经济效益，分院正在稳步走向全国，在青海、云南、黑龙江、辽宁等地有了自己的“领地”，在非洲的赞比亚也建立了勘查基地。

一个充满活力、和谐、且作风顽强、具有高度凝聚力、战斗力的烟台分院正以崭新的风貌书写着更加美好的篇章。

撰稿人：李民

地址：山东省烟台市只楚路44号　邮编：264002　电话：0535-6531051

上海市化工职业病防治院
上海市职业安全健康研究院

上海市职业安全健康研究院揭牌仪式

上海市化工职业病防治院创建于1969年5月，1970年6月正式对外服务，2006年本院由上海华谊（集团）公司整建制划归上海市安全生产监督管理局管理，成为上海市安全生产监督管理局下属的专业从事职业安全与健康服务的公益型事业单位。2009年9月24日，根据市编委《关于同意上海市化工职业病防治院调整机构级别及增挂牌子的批复》（沪编[2009]210号）的精神，上海市化工职业病防治院增挂“上海市职业安全健康研究院”牌子．

我院这次增挂“上海市职业安全健康研究院”牌子，是适应职业安全健康监管工作由卫生部门划转到安监部门的新形势，有利于发挥我院在职业安全与职业健康工作方面的业务优势，不断提高各项业务工作水平。同时，将进一步推动安监系统有效资源的快速整合，提高职业健康服务水平，这对于促进整个上海的职业健康监管工作是十分有利的。

上海市职业安全健康研究院揭牌仪式

主要职责:

上海市化工职业病防治院、上海市职业安全健康研究院是专业从事职业安全健康服务的差额拨款事业单位。现具有上海市职业病诊断机构资质；上海市职业性化学物质、物理因素及粉尘作业健康检查（甲级）资质；上海市职业卫生技术服务资质；安全评价机构（甲级）资质；上海市危险化学品生产经营单位负责人、安全生产管理人员及其从业人员的安全培训资质等。现有主要职责：

上海市职业安全健康研究院揭牌仪式

- 职业中毒、物理因素所致职业病、职业性皮肤病、职业性眼病、职业性肿瘤、尘肺等职业病的诊断、治疗和康复。
- 接触职业病危害作业人员的职业健康检查。包括上岗前、在岗期间、离岗时职业健康检查和离岗后的医学随访。
- 建设项目职业病危害预评价和控制效果评价；职业病危害因素的识别、检测和劳动条件分级评价。
- 为用人单位提供建设项目（工程）安全预评价、安全验收评价、安全现状评价和安全生产技术咨询服务。
- 为用人单位提供健康监护评价书、分析常见病、多发病及职业病的原因。为用人单位编制职业安全卫生计划和提供职业安全卫生知识培训。
- 对本市生产经营单位负责人、安全生产管理人员及危险化学品从业人员进行安全培训和考核。
- 为危险化学品相关单位提供医学咨询、化学事故应急救援咨询及危险性鉴定与分类技术指导。
- 为社会提供化学事故24小时应急医学咨询热线服务。
- 主办《职业卫生与应急救援》杂志，宣传党和政府有关职业卫生工作的方针、政策，普及职业卫生与健康知识。
- 根据上海市安全生产监督管理局《组建上海市安全生产应急救援队的决定》，参与安全生产事故的现场医学救护。接受市内外各医院急、慢性化学中毒的会诊。
- 根据《关于全面开展危险化学品登记的通知》的有关规定，受上海市安全生产监督管理局的委托，承办本市危险化学品从业单位登记工作。
- 配合市局开展职业卫生监管工作，协助市局组织、指导全市职业安全健康培训工作,指导职业危害申报工作。做好职业危害因素监督性监测工作，职业危害事故监测、调查工作。并配合市局开展职业安全健康日常监管工作。

地址：上海市成都北路369号　邮编：200041　电话：021－62672200

上海化工研究院检测中心

上海化工研究院检测中心创建于1958年，是我国危险化学品分类鉴定工作的拓荒者，是我国化肥标准化和质量检测工作的奠基者。

半个世纪以来，我们一直秉承“鉴别危险、关注安全、尊重科学、服务贸易”的服务宗旨，倡导“关爱、尊重、创新、科学、安全、环保”的核心价值观，坚持“公正、科学、服务”的质量方针，始终孜孜不倦的追求高品质服务。丰富的检测经验、高端的仪器配备、优秀的人才配置、充裕的科研资金、进取的创新热情和先进的服务理念，帮助我们获得了国家质检总局、国家安全生产监督管理总局、国家环保部、国家认监委、国家民航总局等政府主管部门的授权认可。

我们已经建立起我国第一家危险化学品分类鉴定公共服务平台，实验室面积4500m2，大型设备160多台套；拥有两个硕士培养点，现有博士3人，硕士21人，专业涉及同位素、军事化学等15个方向；具备了各类化学品及其制品物理、健康和环境危险性分类方法研究、设备研制、研究生培养的综合服务能力；在化肥质量检测方法研究及标准化、监督抽查和生产许可证领域是国内领航者。

我们的服务范围以上海为中心，覆盖长三角地区，辐射全国，客户遍布国内外。我们已在危险品分类鉴定和化肥检测领域成为国内领先、国际一流的实验室。　　灿灿比秋五十年，勃勃胜春今后是。中心主任刘刚携全体员工诚挚的欢迎来自国内外的新老朋友来我中心指导工作、洽谈业务，我们将竭诚为您提供优质服务！

一、现状概述

检测中心主要从事化工产品物理、化学性能测试，国家标准制修订及方法研究，化学危险品的海、陆、空运输条件鉴定，货物安全性能数据单（MSDS/SDS）制作，肥料质量检测、监督抽查、生产许可证细则制定及审查、标准化工作，是上海国际航运研究中心发起理事单位，也是全国化学危险品标准化技术委员会委员单位，目前获得国家各类授权认可资质有：

- 国家化学品及制品安全质量监督检验中心
- 国家安全生产上海危险化学品分类检测检验中心
- 化学工业危险化学品分类鉴定中心
- 国家民航总局、国家铁道部和上海海事局授权鉴定单位
- 中外各大航空公司、机场、海运公司委托鉴定单位
- 上海市政府授权的安全生产应急救援队伍
- 中国合格评定国家认可委员会的ISO17025实验室认可
- 中国合格评定国家认可委员会的ISO17020检查机构认可
- 中国认监委认可的首家GLP实验室
- 国家化肥质量监督检验中心（上海）
- 全国肥料与土壤调理剂标准化技术委员会
- 全国工业产品生产许可证办公室化肥审查部
- 分子筛准化技术归口单位
- ISO/TC 134 无机肥料工作组召集人单位
- ISO技术归口单位
- 科技部科技成果鉴定单位
- 上海市化肥质量监督检验站
- 上海化工行业职业技能鉴定中心分析工考核站
- 劳动部化学工业职业技能鉴定实训基地

二、科研历程概述（2001~2009）

危险化学品分类检测鉴定工作

自1994年从事危险化学品分类鉴定检测业务以来，检测中心经过16年的不断创新与发展，目前在该领域已形成我国第一家拥有自主知识产权的具有十万种以上货物安全性能数据库（目前已超过30万条）的专业鉴定检查机构；第一家同时从事海、陆、空货物运输条件鉴定的实验型鉴定检查机构；第一家能够从事所有九类危险化学品分类鉴定的综合性鉴定检查机构，整体研究水平国内领先、国际认可。目前，检测中心在危险化学品分类检测鉴定领域已经形成以下专业领域和研究方向，并已达到国际先进和国内领先地位，至目前为止，年样品鉴定量已超过8万个。

危险化学品分类检测方法的研究

危险化学品分类鉴定仪器的研制

海陆空运危险化学品分类鉴定工作（按照国际、国家相关标准及法规对1－9类危险化学品分类，已获ISO17020、17025和GLP资质，获得国家民航局、国家安全生产监督管理局、国家环保部、国家铁道部上海海事局等的认可）

危险化学品危险性指标测试

锂电池　　磁性

健康毒理　　生态毒理

爆炸（粉尘爆炸和烟花爆竹等）　　农药登记理化测试

MSDS/SDS(包括按GHS分类)制作

危险化学品分类鉴定方面的国际及国家标准化工作

货物定性定量检测

危险废物检测

实验室信息管理系统研发

面向政府的咨询服务

管理服务工作

检测中心自2001年后累计投入资金3100多万元进行实验室建设改造和设备更新，现有试验及办公场地面积达4800m²，其中实验室面积为3600m²，具有温度湿度控制的实验室面积为1000m²（包括200m²的SPF级动物实验室），现有专用较大型仪器设备186台（套），拥有锂电池、磁性、健康毒理、生态毒理、爆炸、基础、化肥、GLP和定性定量实验室，具备对各类化学品危险性分类鉴定以及对肥料、分子筛产品进行质量检测的能力。

2007年，检测中心依据GLP、ISO17025、ISO17020质量管理体系自主开发实验室信息管理系统（LIMS），实现了检测全程的无纸化流程，经过三次升级，已成为现代化的网络实验室信息管理系统。

2008年，新建近300m²的接待大厅，接样和发报告各8个窗口，3个财务窗口，配备了录像监控系统，并购买了一辆厢式电瓶车濑户传递样品，扩大了客户接待能力，也解决了化学品进出院门的安全问题。

2009年，新建立了生态毒理实验室，当年投入使用，具备了鱼类、藻类、水蚤、蚯蚓及有毒废弃物降解的试验功能。另外，新扩建了电池实验室，新添置的设备已具备对大型锂电池安全性能检测的能力，检测项目范围进一步扩大。

2009年，检测中心Internet网站全面更新，已实现网上业务委托和查询功能，为客户提供及时的信息、快捷的服务；能通过美国食品局认可的毒性预测软件、试验手段和与国际上有关机构和网站的合作获取危险化学品对海洋环境影响的评价数据。

2009年，投资60多万建立了电话呼叫系统，接入了一根30B+D数字中继，同时实现了内务管理、客户管理、电话录音、电话自动转接、文件随电话转接等功能，解决了客户电话打不进、打进没人接的瓶颈问题。

2010年，自主开发危险化学品信息系统，危险化学品种类已达到5000条以上，每种化学品有140多条信息，在世博会运行期间已协助上海市安监局完成多项应急救援工作。

科研开发工作

检测中心于2009年成立了技术委员会和研发部，并按专业或业务领域成立了众多技术小组，为科研工作提供了技术支持。近三年已经申请了26项专利，预计2010年将再申请7项。科研方面的发展更是为检测业务发展提供强力支持，三年来，建立70多项新的检测方法，承担了国家、市和院课题15项，出版专著三本。在为政府的服务方面从国家质检系统拓展到安监、海事、科技、公路、公安、民航、环保、认证认可、铁路等政府管理部门。标准化的业务从化肥扩展到危险品，从国家标准扩展到国际标准。

三、历任负责人名录

主任	刘刚	1992～至今
副主任	周勇明	1998.2～至今
	商照聪	2007.3～至今
支部书记	周勇明	

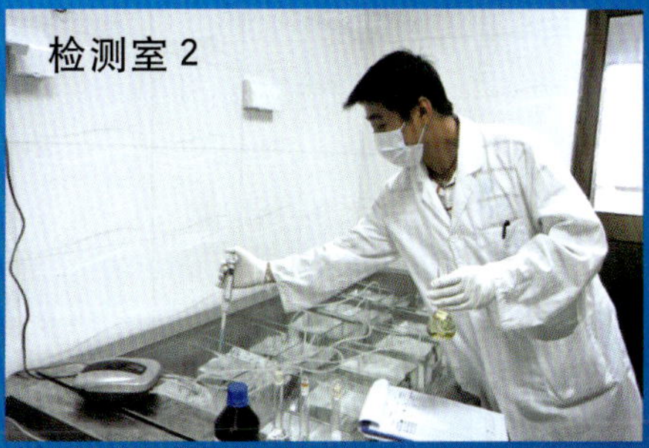

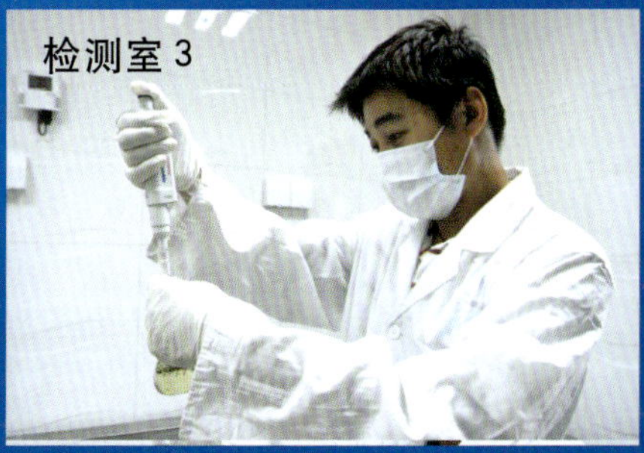

地址：上海市普陀区云岭东路345号　邮编：200062　电话：021-52815377　传真：021-52505134

广州安准职业安全事务有限公司

公司前台

广州安准职业安全事务有限公司是经广东省安全生产监督管理局核准业务范围，并在广州市工商行政管理局注册登记的广州市首家安全生产中介服务组织。公司成立于2001年9月，先后获得过广州市、广东省和国家安全生产监督管理局的资质认可，具有多年从事安全评价和安全技术咨询服务的经验。

2010年6月13日，广东省安全生产监督管理局批准本公司延续安全评价乙级资质并已换发新的资质证书。资质范围为：第一类：金属矿采选业，非金属矿采选业，其他矿采选业；石油加工业，化学原料、化学品及医药制造业，燃气生产及供应业，炼焦业。第二类：尾矿库，房屋和土木工程建筑业，仓储业，火力发电业，热力生产和供应业，黑色、有色金属冶炼及压延加工业，金属制品业，非金属矿物制品业，机械设备制造业，电器制造业，轻工业，纺织业，烟草加工制造业的乙级安全评价机构资质（资质编号：APJ－（粤）－307）。

典型项目

公司现有员工60多人，拥有一批从事安全生产工作多年的资深专家、安全评价师和职业安全健康管理体系审核员等专业技术人员，涵盖了化工、石油、电力、医药、机械制造、锅炉压力容器、劳动保护、安全工程和建筑、矿山等专业。其中具有国家注册安全评价员资格的有34人，具有国家注册安全工程师资格的有14人。

煤科总院沈阳研究院

1、沈阳研究院简介

煤炭科学研究总院沈阳研究院（以下简称沈阳院）是国资委所属中煤科工集团公司旗下的、由原国家事业型科研机构转制的科技型企业，企业集科学研究、安全装备及产品生产、安全产品的检测检验、高等教育为一体，全方位面向煤炭行业及相关领域服务。

沈阳院历经五十多年的发展，已经形成“矿山安全技术研究”、“矿用安全装备及产品的研发与生产”、“安全产品检测检验”与“高等教育”四大功能板块，在位于辽宁抚顺的总部功能不断完善和扩大的同时，经国家同意收并“沈阳煤炭科学研究所”并在沈阳组建“科学研究中心”，在大连组建“大连矿山安全科学技术研究院”，形成了业务优势和地理优势突显，科研、产业、检测检验及高等教育协调并进、相互促进的一院三地的发展格局。

沈阳院现有职工1000余人，其中专业技术人员500余名，研究员18名，高级工程师150名，硕士研究生93名，博士研究生20名，硕士生导师50余名，博士生导师5名；同时还拥有一批结构合理、工种齐全、水平较高的知识技能型人才。沈阳院是列入国家计划内的硕士研究生、安全工程博士研究生培养单位，设有国家相关部门批准的煤矿安全技术国家重点实验室和博士后科研工作站。煤矿安全标准化技术委员会、中国煤炭学会安全专业委员会、中国煤炭工业劳动保护科学技术学会瓦斯防治专业委员会、火灾防治专业委员会、矿井降温专业委员会和露天煤矿安全专业委员会均挂靠在沈阳院，并主办发行有《煤矿安全》和《露天采矿技术》两种全国中文核心期刊。

2、企业主要领导人的介绍、安全生产先进事迹和管理理念

沈阳院院长：王建国，男，汉族，1955年5月生，山东海阳人，1974年3月加入中国共产党，1975年9月参加工作，1982年阜新矿业学院（现辽宁工程技术大学）地质测量系煤田地质专业本科毕业。博士研究生学历，研究员，工程力学博士研究生导师，现任煤炭科学研究总院抚顺分院院长、党委书记。第九届、第十届辽宁省人大代表。兼任中国煤炭学会理事，中国煤炭学会安全专业委员会主任委员，中国煤炭学会露天开采专业委员会副主任委员，中国劳保学会露天煤矿安全专业委员会副主任，《煤矿安全》杂志编辑委员会副主任，《露天采矿技术》编委会副主任、主编，中国地质灾害研究会滑坡与崩塌专业委员会副主任委员，中国岩石力学与工程学会东北分会副理事长，中国岩石力学与工程学会地面工程专业委员会委员，煤炭部技术咨询委员会副主任委员。1993年起享受国务院政府特殊津贴，1996年选拔为煤炭部科技拔尖人才，2005年获抚顺市科学技术功勋奖。

20多年来，一直坚持在科研一线从事露天采矿技术、边坡工程与地质灾害防治理论和技术研究。主持完成了15项课题，指导组织并参与完成国家、行业攻关等课题27项。获国家科技进步三等奖1次，省部级科技进步一等奖1次，二等奖3次，负责组织撰写露天矿边坡稳定研究专著2部，发表论文20余篇。

王建国院长

沈阳院书记、副院长：罗海珠，男，汉族，1962年8月生，江西省吉水县人。 中共党员。研究员，副院长，博士生导师，政府特殊津贴及第八届中国青年科技奖获得者。1983年毕业于淮南矿业学院（现安徽理工大学）获工学学士学位，1989年获煤炭科学研究总院硕士学位，2001年获中国矿业大学安全技术及工程专业博士学位。参与出版专著1部，发表学术论文20余篇，主要从事矿井通风防灭火技术与装备的研究工作，特别是在矿井火灾预测预报技术领域有较深的造诣。兼任中国劳保学会火灾防治专业委员会主任委员，辽宁省抚顺市科协常委，辽宁省科协委员，辽宁省政协委员。1995年获孙越崎“优秀青年科技奖”，1996年被评为煤炭系统专业技术拔尖人才，1996年被评为“国家百千万人才工程”第一、二层次人才。1998年获首届辽宁省青年科技奖，被评为抚顺市跨世纪优秀青年专家、十佳科技英才、优秀科技工作者。提出并承担完成了“七五”、“八五”、“九五”“十五”等20余项重大科研项目，获国家、省部级科技进步奖8次。先后培养了硕士、博士研究生4名。目前承担着国家自然科学基金会项目、国家“十五”科技攻关项目、科技部社会公益项目等多项课题研究任务。

3、企业安全生产方面的科技成果、所获奖项

沈阳院始终立足于煤矿安全领域，经过几代人的呕心沥血，取得了一大批高水平的科研成果，在煤矿瓦斯防治技术和矿井通风防灭火技术领域跻身国际先进行列，众多科研成果获得各级各类奖项，其中获国家级奖18项，省部级奖166项，国家专利15项，同时制修订全国及行业标准300余项。多次参加我国《煤矿安全规程》、《煤矿安全规程执行说明手册》等技术法规和专著专集的制修订和编写工作。许多研究成果属国内首次提出或首创，在我国相关技术领域起先导作用，如：扫描电子显微镜和压汞法对煤体结构的研究，地质勘探期间煤层瓦斯含量测定方法，瓦斯涌出量分源预测法，我国工业规模化煤矿瓦斯抽放试验及煤层注水、水力压裂、预裂爆破、交叉布孔等开创性研究，保护层开采实践与“四位一体”的综合防突措施，我国煤矿矿井风量计算方法和标准，矿井均压通风防灭火技术，我国煤层自然发火预测预报体系及其技术内涵的建立，我国首台燃油惰气发生装置、煤矿火灾束管监测系统、矿用膜分离制氮机等装备的诞生，国内第一家防爆电气设备检验机构的建立，我国第一部电气防爆标准的起草等。此外，沈阳院拥有的露天采矿安全、矿井降温、矿山救护与应急救援等均是在我国建立最早、也是我国目前较专业的研究机构。沈阳院已与世界各主要产煤国家建立了良好的技术交流和合作关系，取得多项合作研究和开发成果，每月汇编来自世界各地的煤矿安全信息，对我国及时跟踪世界煤矿安全动态促进我国矿山安全技术进步起到了重要作用。

地址：沈阳市沈河区汙北108号　邮编：110015　电话：024-24117801

冀中能源高级技工学校

冀中能源高级技工学校成立于1980年，隶属冀中能源邢台矿业集团公司。2005年被国家劳动和社会保障部评为国家级重点技工学校，2008年被确认为高级技工学校，2010年9月经河北省政府批准成立冀中工程技师学院。

学校现有学生6200人，占地面积150亩，分主校区、南校区，建筑总面积85000平方米，其中实习实验场地16000平方米。学校建有教学楼、安全培训楼、图书馆、学生宿舍楼和餐厅，配有物理、化学、金相、电工、电子、数控模拟实验室、汽车维修仿真室，设有6个安全培训实验室（有PLC应用及变频技术实验室、机电安全实验室、矿井开采综合仿真室、通风与安全实验室、综合机械化开采实验室、矿井通风系统实验室）。有电工、钳工、焊工、车工、数控、机修、电修、综修、机加工等15个实习车间，实习实验设备总值1508.2万元。

学校拥有现代化教学设备，先后建立了先进的多媒体教室，配备有移动投影、笔记本电脑和卫星地面接受系统，拥有摄像机，能够独立完成采编、制作音像等辅助教材；建立了完善的互联网络系统，并建有网站（对外网站，局域网、办公网）。目前，学校每个处室都配备了较高配置的计算机，实现了现代化教学，现代化办公。教学仪器设备总值370万元。

学校现有专兼职教师209人。其中具有本科以上学历教师139人，本科以上教师占教师总数的67%；具有高级专业技术职务的教师82人，占教师总数的39%；既有理论教学能力又有实践操作能力的“双师型”教师69人，占专职教师总数的33%。

学校以服务为宗旨，以就业为导向，积极主动地适应区域经济结构调整、产业结构升级和劳动力市场变化需求，开设采掘电钳、采煤、测量、焊接、机械加工等16个专业的中级、高级和技师班三个层次教育。其中采掘电钳、机加工、焊接是河北省重点专业。

学校坚持学历教育与职业培训并举，是国家煤矿二级安全培训机构，河北省非煤三级安全培训机构；是冀中能源职工培训基地；是邢台市农村劳动力转移培训、下岗职工再就业“阳光培训”、农民工技能培训基地。自2002年以来，平均每年为冀中能源集团安全培训、办证5714人，为社会安全培训、办证3462人，为邢台地区各企业安全生产、社会和谐做出了积极的贡献。

冀中能源集团组建后，在职职工13万多人。已拥有10个子公司、3家上市公司。煤炭、制药、航空三大核心产业和电力、化工、装备制造、现代物流等产业板块，位居中国企业500强第97位。2010年冀中能源集团销售收入突破1000亿元，利税过百亿。企业综合实力的快速壮大，为冀中能源高级技工学校搭建了一座广阔的培训平台，同时也为做大做强冀中能源高级技工学校提供了有力支撑和保障。

校长　程彦涛

机械化采煤仿真实验室

签字仪式

地址：邢台市育才路29号　邮编：054001　电话：0319-2068631

甘肃宏业安全评价咨询有限公司

甘肃宏业安全评价咨询有限公司是具有独立法人资格的安全评价机构，始建于二〇〇三年，是省内最早的专业安全评价机构之一。按照二〇〇六年甘肃省安全生产监督管理局审核颁发的安全评价机构资质证书（资质编号：APJ-（甘）-004-2006）确定的业务范围，公司主要从事非煤矿山、水利、水电和冶炼加工、机械、电气、食品、水的生产和供应等行业的安全评价业务。多年来，在各级安监管理部门的大力支持、指导下，经过全体员工辛勤耕耘和不懈努力，先后为省内一大批生产企业的安全生产做出了自己应有的贡献。

二〇〇九年，按照国家安全生产监督管理总局《安全评价机构管理规定》（总局令第22号）和《国家安全生产监督管理总局关于贯彻落实<安全评价机构管理规定>工作的通知》（安监总规划〔2009〕181号）文件精神的要求，公司通过积极整合和重组，管理理念的更新，现代企业管理制度的实施，特别是省内原甲级安全评价机构数量可观的主要技术人才和管理人才的引进，公司的技术实力和管理实力得到了显著的提升，业务范围也得到了进一步的扩展。

公司现有地质、采矿、选矿、冶炼、机电、矿山通风、水电和建筑等专业专职安全评价师25名（9名评价师具有高级技术职称），其中一级安全评价师7名，二级安全评价师16名，三级安全评价师2名。另有9名注册安全工程师。公司建立了技术专家库，还聘用有安全工程、化学工程、化工机械、工业分析、化工工艺、爆破器材与技术、水电工程、电气技术、地质勘查、采矿工程、选矿工程、冶炼、采煤、矿井通风与安全、矿山机电、机械制造等专业高级技术专家44人。

公司严格按现代企业制度建设，实行董事会领导下的总经理负责制，设有市场经营部、兰州评价部、酒泉评价部、质量技术部和综合管理部等五个职能部门，并系统的制定了部门规章和全员岗位责任制等管理制度。

公司十分重视质量管理，明确提出了公司质量控制指导方针、目标，实行全员质量责任制。系统编制了适合本公司特点的《安全评价过程控制手册》和《安全评价过程控制程序文件》及各类《安全评价作业指导书》，并在评价工作实践中不断升级和完善，有力保证了评价报告的技术含量和安全服务工作的质量。

指导方针：管理结构简洁，制度、规章健全，岗位权责明确，质量保证有效，运营流畅高效，持续改进提高，提供一流服务，勇创一流业绩。

经营理念：用技术提升服务、靠管理规范经营、凭质量赢得客户、以诚信维护合作！

安全评价机构基本情况

公司一贯坚持“科学、公正、优质、高效”的服务宗旨，为全省生产经营和建设单位提供各种安全评价技术服务。近年来，先后组织完成酒钢集团公司、金川集团公司、白银公司、连城铝厂、东兴铝业、格萨尔公司玛曲金矿和贡北金矿、李坝金矿等大中型企业和酒泉、嘉峪关、甘南、陇南、武威、白银、金昌、天水、定西、平凉、临夏等十余个市州中小型企业的矿山、冶金、水利水电、尾矿库，以及建设项目“三同时”的安全预评价、安全验收评价、安全现状评价470多个项，其中安全预评价110余项、安全验收评价100余项、安全现状评价260余项。同时，还完成了甘肃酒泉奥凯种子机械厂、北东金矿等企业的安全标准化复评，中国人民解放军第二七六五工厂安全标准化考核复评工作。

二〇〇九年，公司已完成安全评价业务120项，其中安全预评价项目40项，安全验收评价项目26项，安全现状评价项目54余项。另有安全标准化复评项目4项。公司提交的安全评价报告全部通过省、市安全生产监督管理部门组织的专家评审，报告评审通过率达100%。公司还积极响应二〇〇九年全省安全工作会议精神，组织评价技术人员参加相关培训30多人次；并全力配合市县安监部门推进安全标准化工作，历时3个多月，分赴相关企业进行的义务宣讲，为全省生产企业深入开展安全标准化工作尽了我们的微薄之力。

评价业务范围

机构名称	甘肃宏业安全评价咨询有限公司				
资质编号	APJ-（甘）-304				
资质证书有效期	2013年9月30日				
业务范围（填写内容）	第一类： 金属矿采选业、非金属矿采选业；其他矿采选业； 石油加工业，化学原料、化学品及医药制造业，燃气生产及供应业，炼焦业。 第二类： 尾矿库；房屋和土木工程建筑业；仓储业； 水利业，水电工程业；风力发电，太阳能发电，再生能源发电业； 黑色、有色金属冶炼及压延加工业，金属制品业，非金属矿物制品业； 轻工业，纺织业，烟草加工制造业。				
企业法人营业执照编号	620900000000481				
颁发机关	酒泉市工商管理局		颁发日期	2001年3月19日	
注册地址	酒泉市肃州区北大街46号				
办公地址	兰州市平凉路286-316号				
联系电话	0931-8878353		传真	09318418685	
电子邮件	LZyga@126.com		邮政编码	730000	
法定代表人	王克勤	性别	男	移动电话	13609353991
联系电话	09318418685		电子邮箱	Wangkq1225@163.com	
机构联系人	张国兴	性别	男	移动电话	
联系电话	0937-2624526		电子邮箱	Jqhygs@163.com	

四川省安全生产监督管理局（四川煤矿安全监察局）安全技术中心
主任　胡孝荣

胡孝荣，男，汉族，1964 年 1 月出生，重庆丰都县人，大学本科学历，大连理工大学本科班毕业，地质高级工程师，四川安全生产专家，西安科技大学客座教授、四川科技职工大学，四川职业健康协会常务副理事长，四川职业健康协会职业卫生分会会长，四川省人民政府研究室特约研究员，四川省安全生产专家委员会职业卫生和检测检验专家委员会副主任委员，中国煤炭建设协会常务理事。1989 年加入中国共产党，1981 年 8 月参加工作。现任四川安全生产检测检验技术研究院院长、党总支书记。同时兼任煤炭工业四川建设工程质量监督站站长和四川省矿山安全仪器计量监督管理站站长。

该同志 1981 年 8 月重庆煤矿学校地质专业毕业；1981 年 8 月至 1984 年 3 月任四川煤田地质公司普查队从事野外地质技术员；1984 年 4 月至 1991 年 3 月任四川煤田地质局地测队地质、水文组长，助理工程师，团委委员，工会委员；1991 年 4 月至 1994 年 12 月任四川煤田地质局地测队党委办公室宣传干事、地测队团委负责人；1995 年 1 月至 1997 年 12 月任成都东方皮鞋长任厂长（正科级），1996 年破格晋升为地质工程师；1998 年 1 月至 2003 年 11 月任四川煤田地质工程勘查设计研究院项目经理、经营处副处长；2003 年 12 月至 2007 年 8 月任四川省科源工程技术测试中心主任（副处级），2004 年 12 月起兼任四川省安全生产检测检验中心副主任；2007 年 8 月任四川煤矿矿用安全产品检验中心主任（正处级）；2007 年 11 月兼任煤炭工业四川建设工程质量监督站站长；　2008 年 5 月任四川安全生产检测检验技术研究院院长（正处级）；2008 年 9 月兼任该院党总支书记。

该同志自参加工作以来，能够坚持理论联系实际，密切联系群众，不断开拓进取，勇攀高峰，积累了丰富的安全生产科技工作的理论知识和实践经验，先后多次在刊物上发表论文。拥有较强的管理能力和较高的管理技术水平。

该同志多次荣获四川煤田地质系统先进个人称号。2006 年被评为全国优秀质监站长，两次被省安监局四川煤监局评为“优秀共产党员”。

中电学汇 DLAP 南京中电学汇电力安全评价有限公司

南京中电学汇电力安全评价有限公司（以下简称公司）是中国电机工程学会与国电科学技术研究院、华北电力科学研究院有限责任公司共同组建的安全评价中介机构。公司依托中国电机工程学会和国电科学技术研究院、华北电力科学研究院有限责任公司的技术和人才优势，以国电科学技术研究院安全性评价中心为技术和管理支撑。中国电机工程学会理事长陆延昌任公司名誉董事长，国电科学技术研究院院长刘建民任公司董事长，全国电力安全专家委员会秘书长黄幼茹任公司技术总监，国电科学技术研究院安全性评价中心主任苗永旗任公司总经理。

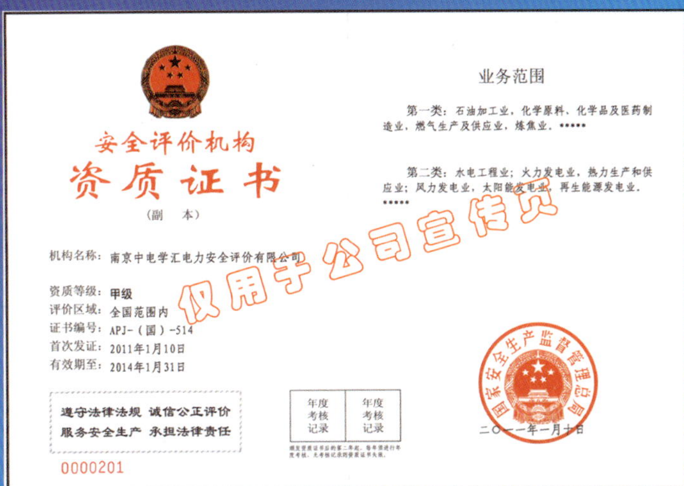

安全评价机构

资质证书

（副　本）

机构名称：南京中电学汇电力安全评价有限公司

资质等级：甲级

评价区域：全国范围内

证书编号：APJ-（国）-514

首次发证：2011年1月10日

有效期至：2014年1月31日

遵守法律法规　诚信公正评价

服务安全生产　承担法律责任

0000201

年度考核记录　年度考核记录

业务范围

第一类：石油加工业，化学原料、化学品及医药制造业，燃气生产及供应业，炼焦业。*****

第二类：水电工程业；火力发电业，热力生产和供应业；风力发电业，太阳能发电业，再生能源发电业。*****

国家安全生产监督管理总局

二〇一一年一月十日

公司具有国家甲级安全评价机构资质（证书编号：APJ-(国)-514），主要从事第一类：石油加工业；化学原料、化学品及医药制造业；燃气生产及供应业；炼焦业。第二类：水电工程业；火力发电业；热力生产和供应业；风力发电，太阳能发电，再生能源发电业的安全现状评价、发电机组并网安全性评价、建设项目安全预评价和安全验收评价及电力安全教育培训等咨询服务。

企业法人营业执照

（副　本）　编号：32011300020110512O014N　（1/1）

注册号　320191000023348

名　称　南京中电学汇电力安全评价有限公司

住　所　南京市栖霞区仙林街道文苑东路2号商住综合楼412室

法定代表人姓名　刘建民

注册资本　665万元人民币

实收资本　665万元人民币

公司类型　有限公司

经营范围　许可经营项目：无。一般经营项目：电力技术与其它科学技术的安全评价、技术咨询、技术服务、技术开发及转让；企业管理咨询；会展服务；市场调查服务。

成立日期　2009年9月24日

营业期限　2009年09月24日 至 2029年09月23日

年度检验情况

已参加2009年度年检

南京市工商行政管理局栖霞分局

公司作为具有电力专业特色的安全评价机构，汇集国内权威的电力安全评价专家，评价团队有多年从事安全评价、安全管理的经历，具有的深厚的学识功底、一流的技术水平、丰富的现场经验和高度的责任心。目前已完成了火电、水电、风电项目安全评价200余项，在电力安全咨询行业内拥有知名度和品牌效应。

公司在国家安全生产监督管理总局、国家电力监管委员会等主管部门的领导下，坚持“守法合规、公正公平、技术为本、质量第一”的企业方针，秉承“开放、专业、创新、高效”的理念，努力成为一个专业性强、知识含量高、技术先进、富有竞争力的安全评价咨询服务机构，为政府和企业提供优质的安全评价咨询服务，向社会传播安全文化，普及安全知识，强化安全意识，推广先进安全管理理念，为提升企业安全生产水平做出贡献。

公司总部联系方式

电话：025-58621783　58621775

传真：025-58621790

主页：http://www.nepri.com

邮箱：njzdxh@163.com

地址：南京市浦口区浦东路10号　邮编:210031

北京分部联系方式

电话：010-63414227

传真：010-63414319

主页：http://www.csee.org.cn

邮箱：Haomin-fu@csee.org.cn

地址：北京市宣武区白广路二条一号

南昌安达安全技术咨询有限公司

总经理 何永新

南昌安达安全技术咨询有限公司在南昌市工商行政管理局注册登记，具有独立法人资格、注册资金500万元。2006年5月获得国家安全生产监督管理总局颁发的甲级安全评价资质证书（编号:APJ-（国）-499，有效期至2013年7月31日），具有在全国范围内开展相关项目的安全评价和安全技术服务资格。公司现有员工40多人，公司拥有数名省内安全生产管理和安全评价经验丰富的知名专家，国家安全评价师29名（其中专职评价人员25名，高级工程师11人）、注册安全工程师10人，公司另外聘技术专家14人（其中教授2人，高级工程师12人），主要专业结构以安全工程、化学工程、非煤矿山工程、民爆工程、建筑工程为主，包括机械、冶金、烟花爆竹、民爆、化工、矿山、机电、压力容器、无损检测、建筑、环保、理化分析等多学科的群体。

公司开展的业务范围：一类：金属矿采选业，非金属矿采选业，其他矿采选业；石油加工业，化学原料、化学品及医药制造业，燃气生产及供应业，炼焦业；烟花爆竹制造业。二类：尾矿库；黑色、有色金属冶炼及压延加工业，金属制品业，非金属矿物制品业；机械设备制造业，电器制造业；轻工业、纺织业、烟草加工制造业。

公司现有办公用房面积688㎡，配备的自动化办公设备、设施60余套，公司为了保障安全技术咨询服务工作，主动与多家相关检测、测试、分析的机构签定技术合作协议，切实帮助企业解决安全生产和经营管理方面的安全需求，帮助企业获得最佳经济效益。公司建立健全了内部管理制度和过程控制体系。公司安全评价师、注册安全工程师通过自学、培训和实践锻炼，安全评价水平不断提高，先后为省内外一定数量的大型企业提供安全评价服务，获得这些企业的好评。公司能自觉接受各级安监部门的监督管理，认真推进安全评价诚信体系建设。按照安全管理法律、法规、规章和技术标准规范各项工作，为争创一流的安全评价技术咨询服务中介机构而不懈努力。

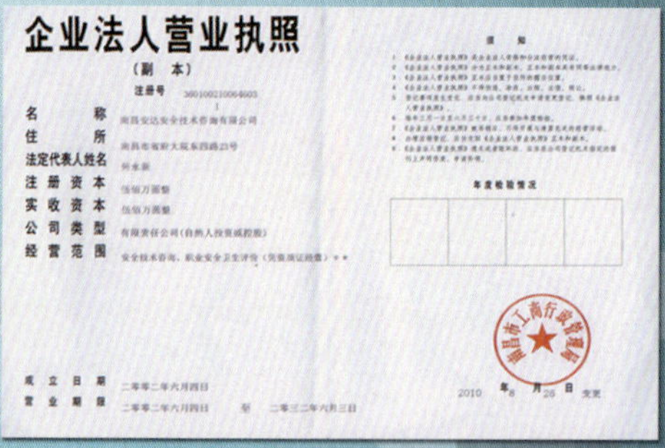

地　址：江西省南昌市省政府大院东四路23号龙式大厦A座9楼
邮　编：330046
电　话：0791-2082135　0791-6281250　手机：13807919122
传　真：0791-2161603
网　址：http://www.ncadaq.com
邮　箱：nanchanganda@sohu.com

天津渤海化工集团化工设备检验检测中心站

天津渤海化工集团化工设备检验检测中心站，是隶属于天津渤海化工集团公司、面向化工企业、服务全社会的事业法人单位。渤化集团检测中心站成立于1983年，是国家事业单位登记管理局批准并注册的具有独立法人资格的事业单位。主要从事特种设备检验检测，目前已取得国家质量监督检验检疫总局颁发的特种设备检验检测资质（《资质证书编号：TS7210094-2010》），获准从事下列项目的特种设备检验检测工作：

1、第Ⅰ、第Ⅱ类在用压力容器定期检验；

2、第Ⅲ类在用压力容器定期检验；

3、球型储罐定期检验；

4、锅炉定期检验（额定蒸汽压力≤2.45MPa、蒸发量≤20T/h的蒸汽锅炉和额定供热量≥0.06MW的热水锅炉内外部检验）；

5、工业管道定期检验；

6、安全阀定期校验。

天津渤化集团检测中心站机构设有综合办公室、财务部、特种设备检验检测部、图书资料室、设备仪器室及安全阀校验室等六个职能部室。我站共有职工38名，其中有大专、大本学历的人员35人（其中高级职称7人，中级职称15人，初级职称3人），专业技术人员有33人，占职工总数的86.8%。有各类检验持证人员为33人，占职工总数的86.8%。共有检验师12名（其中压力容器检验师6名，锅炉检验师2名，压力管道检验师4名），容器检验员18名，锅炉检验员4名，压力管道检验员3名，无损检测人员6名（其中持无损四项Ⅲ级1名，持无损四项Ⅱ级1名，持无损三项Ⅱ级2名、持无损两项Ⅱ级1名，持无损一项Ⅰ级1名），组成了具有扎实的专业知识与丰富的检验检测实践经验的专业技术队伍。此外我站还拥有能适应资质范围检验项目的各种先进的检验、检测仪器、设备30余台套，为各项检验检测任务的顺利开展提供了可靠的保证。

天津渤化集团检测中心站遵循“ 以法规为依据、以质量求生存、靠科技促发展、用服务赢满意”的质量方针，坚持以法律、法规、标准、规范及科学数据为检验检测依据和准则，秉承公平、公正的原则，为各企事业单位提供科学、公正、准确可靠的、质量一流的特种设备检验检测服务。

地　址：天津市河西区广东路西楼北里3号楼1楼2门　　邮　编：300203

联系人：杨沛　　电　话：022-83818545　　传　真：022-83818545-82

重庆煤矿安全技术培训中心

重庆煤矿安全技术培训中心位于重庆市九龙坡区中梁山田坝，于1985年经原煤炭工业部批准成立，是西南片区唯一的国家安监总局授予的“一级煤矿安全资格培训基地”，与重庆煤炭职工中等专业学校实行“一套班子两块牌子”。

功能完善的培训大楼

现代化的实验实训基地

全国煤矿安全警示教育基地

学风严谨的课堂

现代化网络考试中心

20多年来，中心（学校）坚持“全方位、多层次、多渠道”发展的办学理念。不断加强队伍建设，拥有一支由专业教师、兼职教师、客座教授组成的学历高、实践经验丰富的教师队伍。始终坚持以服务煤矿安全生产为宗旨，以解决煤矿企业所需要解决的实际问题为出发点和落脚点，以提高安全培训质量为核心，不断创新培训理念和方法，注重教学研究，形成了以安全培训为重点，短期培训与学历教育相结合的办学路子，构建了煤矿安全培训及相关业务培训、学历教育、继续教育互为依托、共同发展的培训支撑体系，积累了丰富的培训经验。不断加强硬件建设，拥有网络考试中心、图书阅览室、实验室、警示教育基地等较为完善的配套教学设施。从2004年至今连续7年被重庆煤监局评为煤矿安全培训“先进单位”，在全市煤矿安全培训系统发挥了良好的示范作用，为煤矿安全生产稳定好转提供了坚强的人才保证和智力支持，为开创煤矿安全生产工作的新局面做出了积极贡献！

重庆市九龙坡区中梁山田坝二村32幢

邮编：400052　电话：023-65254866　传真：023-65255463

江苏安信安全科技服务有限公司

江苏安信安全科技服务有限公司前身为宜兴市安信安全科技服务有限公司，公司于2002年经江苏省安全生产监督管理局批准并颁发安全评价中介机构资质证书。

2010年，在政府各级安监局的关心、支持、指导下，宜兴市安信安全科技服务有限公司、江阴市泰信安全综合服务有限公司、江阴俱进综合咨询有限公司和无锡恒信安全技术有限有限公司进行合并重组，组建了江苏安信安全科技服务有限公司。注册地址在江苏省宜兴市。

合并重组后的江苏安信公司资质等级为乙级，业务范围为：一类：金属矿采选业、非金属矿采选业、其他矿采选业；石油加工业，化学原料，化学品及医药制造业，燃气生产及供应业，炼焦业。二类:房屋和土木工程建筑业；仓储业；火力发电业，热力生产和供应业；金属制品业，非金属矿物制品业，黑色、有色金属冶炼及压延加工业；港口码头；机械设备制造业，电器制造业；轻工、纺织、烟草加工制造业。

目前江苏安信公司共有国家注册安全评价师45名（一级评价师17名，占安全评价师比例为37.78%，二级评价师13名，占安全评价师比例为28.89%，三级评价师15名，占安全评价师比例为33.33%）。45名评价师中有专职评价人员27名，其中一级评价师6名，占安全评价师比例为22.2%，二级评价师9名，占安全评价师比例为33.5%，三级评价师12名。安全评价师中高级工程师13名，其中有4人为无锡市政府安委会专家组成员，还有工程师24名;45名评价师中国家注册安全工程师37名，占安全评价师比例为82.22%。公司专家库现有28名专家，涵盖地质、有色冶炼、热能、焊接、机械、建筑、电子与电气、医药、热工、火药、化工等专业。

联系电话：0510-80761376

传真电话：0510-87960762

电子邮箱：anxinanquan@sohu.com

黑龙江煤矿矿用安全产品检验中心

中心主任　孙敬明

黑龙江煤矿矿用安全产品检验中心是经国家煤矿安全监察局批准成立的，隶属于黑龙江煤矿安全监察局。该中心经国家安全生产监督管理总局和黑龙江省质量技术监督局认证，具有省级计量证书和国家安全生产乙级检测检验资质。其职能是依照有关法律、法规和技术标准从事辖区内煤矿在用设备的定期安全性能检验、维修检验、监督检验、作业场所安全性能检验。保证检测检验结果客观、准确、真实；为煤矿的安全生产及煤矿安全生产许可证的颁发提供技术支撑和科学依据。

在此基础上，对经检修和更换主要配件的设备进行检验和鉴定，配合煤矿安全监察机构进行技术验证和抽检工作，受煤矿安全监察机构委托，从事煤矿安全事故调查检验，从事辖区内煤矿热风炉安全性能检验工作。同时，他们还建立煤矿在用设备检测检验技术档案，为煤矿安全监察黑龙江矿山机构的监察执法提供技术服务保障，以及承担实验室（煤矿、非煤矿山）的相关工作，并承办黑龙江煤矿安全监察局交办的其他事项。

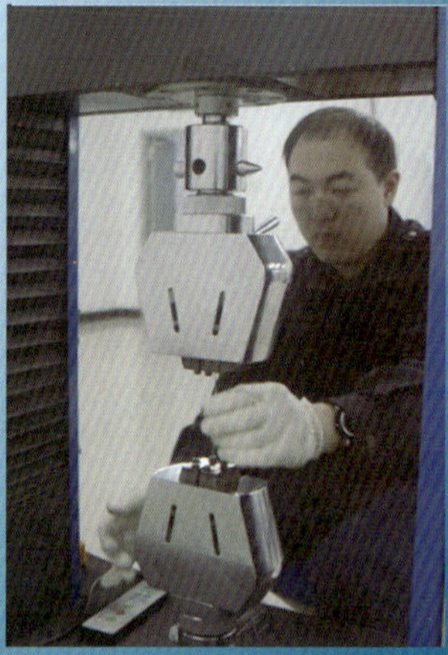

在开展检验工作的过程中，他们宣传矿用安全产品检验对推动建设本质性安全矿井的重要性。宣传煤矿矿用安全产品检验、检测，可及时发现安全隐患，预防预警事故的发生，宣传普及矿用安全产品使用，维护常识。引导煤矿矿用产品朝节能、环保、先进的方向发展，推动煤矿的科技进步，实现煤矿朝着本质安全型矿井方向大跨步发展。

黑龙江煤矿矿用安全产品检验中心成立以来，煤矿矿用安全产品的检验工作迅速开展起来，煤矿生产的重要设备、提升系统、通风系统、排水系统、空气动力系统，经过检验中心的科学、严谨的检验，部分重要设备得以更新，系统得以完善，使一些不合格设备、国家明令淘汰设备退出煤矿生产领域。对实现煤矿设备更新、系统完善做出了巨大的贡献，推动了煤矿设备装备水平的提高，促进了煤矿生产力的发展。

“煤矿矿用安全产品检验工作，是煤矿安全监察工作的重要技术支撑，它通过科学的方法、先进的技术手段，对煤矿矿用安全产品进行定性、定量的数据采集、分析，得出准确的判断，从而改变了煤矿安全监察人员凭经验判断煤矿矿用安全产品是否合格历史”黑龙江煤矿矿用安全产品检验中心主任孙敬明介绍说，煤矿矿用安全产品检验事业的发展和进步，将推进煤矿的技术进步，消灭因煤矿矿用安全产品不合格而引发的矿难。

检验中心成立以来，他们高度重视队伍素质的提高，打造一支作风硬朗、技术先进、装备精良、高素质的检验机构是他们一支追求的目标。为此，他们鼓励员工在学术上争论，百家齐鸣，鼓励学术论文的撰写，鼓励员工在实践中加强检验规范的理解和认识。

检验中心目前拥有中高技术人员 19 名，其中高级职称 11 人，注册安全工程师 8 人。

装备是检验工作的前提和基础，检验中心完成看基地建设，装备购置，安装，调试，运行。使检验中心无论在办公条件、实验室建设、装备水平处于全国省级检验中心的前列。已经拥有年检 1200 座矿井的能力钢丝绳实验室填补了黑龙江省内空白，为龙江煤矿检验事业奠定了坚实的基础。

地址：黑龙江省哈尔滨市南岗区邮政街 33-2-1 号　邮编：150001　电话：0451-87539507　传真：0451-87539510

广州元景安全评价检测有限公司

国家安监总局在我公司进行资格审查

公司领导在带领贵宾参观公司档案室

惠州市安监局领导莅临我公司考察

公司领导领取09年惠州市安全评价机构先进单位证书

元景公司技术专家参加广东省天然气管网公司二期工程项目评审会

广州元景安全评价检测有限公司是1998年经广州市工商行政管理局批准注册、具有独立法人资格的有限责任公司，公司自2003年起专业从事安全评价、安全评估、企业安全标准化以及企业安全生产技术咨询与培训、企业经营与管理、风险预测咨询等技术服务。于2011年1月10日取得了安全评价机构甲级资质，安全评价业务范围包括："金属矿采选业、非金属矿采选业、其他矿采选业；石油加工业，化学原料、化学品及医药制造业，燃气生产和供应业，炼焦业；烟花爆竹制造业；尾矿库；房屋和土木工程建筑业；管理运输业；仓储业；风力发电业、太阳能发电业、再生能源发电业；黑色、有色金属冶炼及压延加工业，金属制品业，非金属矿物制品业；港口码头；轻工业、纺织业、烟草加工制造业"等。

自公司成立以来，始终坚持以社会效益与经济效益并重为原则，以预防事故、消除隐患，保护劳动者的生命、财产安全与身体健康为己任。不断开拓进取，企业发展日新月异，在目前安全评价行业的激烈竞争中，企业积极吸纳综合素质强，专业水平高，经验丰富的优秀专业人才，注重信誉、大胆创新、科学管理，不断提升专业服务水平。公司现已发展成为一家具备一定综合实力，技术力量较为雄厚的大型安全评价企业。八年间累计为数千家企业提供安全评价、企业安全标准化、安全评估、应急预案等安全技术服务工作，以实际行动做到了"政府的助手，企业的帮手"，多次受到各级安监局的表扬与肯定，深受企业好评。并有幸成为中国安全生产协会会员单位、广东省安全生产监督管理协会常务理事单位及广东省矿业协会常务理事单位。

"信誉是基础，质量是生命"，这已深入植根于公司每一个员工的脑海中。为实现这一目标，我们一直把建立一支业务过硬、专业多样、品德高尚的技术队伍放在首位。公司现有职工68人，下设评价部一部、评价二部、技术质量部、行政部、财务部、市场部六个部门。

安全评价人员42人，专职安全评价师32人。安全评价人员中硕士研究生学历4人，本科学历28人，专科学历7人，本科以上学历的占安全评价人员的82%；评价人员中高级工程师18人，注册安全工程师20人，注册安全工程师比例达51.3%。

安全评价人员专业涵盖：安全工程、安全技术与工程、采矿工程、选矿工程、矿井通风、给排水、土木工程、建筑工程、机械制造工艺及设备、火工与烟火技术、火炸药制造、火工品、电气技术、自动化、化学工程、分析化学、精细化工、林产化工、工业分析、化学工程与工艺、环境化工、应用化学、油气储运工程、城市燃气热能供应工程、计算机科学与技术等二十多个专业。

为了提高评价质量，公司还积极寻求多渠道技术支持，目前已采用了建立外聘专家和与科研机构合作两项措施：

1、外聘专家：为公司长期提供技术支持的专家12人，均是高级工程师，其中教授级高级工程师2人。技术专家的专业包括：采煤、矿区开采、水文地质、地层学及古生物学、安全工程、硅酸盐工学、炼油工程、工业电气自动化等。

2、技术协作：公司已与有着多项安全生产检验检测资质的广东省劳动防护用品质量监督检验站，以及有着多项地质实验测试、计量认证、检测资质的广东省物料实验检测中心建立了紧密合作关系，它们先进、科学的检测手段，为更好地开展安全评价提供了有力地专业技术保障。

元景公司坚持以"依法评价、客观公正、科学准确、诚信守约"为原则，秉承"优质服务、顾客满意"的宗旨。是国家安全生产协会会员单位，广东省安全生产监督管理协会常务理事单位等，经过几年的安全评价工作，我们为多家大型企业提供了优质的服务，并得到他们的赞许。其中包括：曼秀雷敦（中国）药业有限公司，华润集团，广东广晟有色金属集团有限公司，广东省天然气管网有限公司，广东省移动公司各地分公司，广东风华高科技股份有限公司，广州港务局集团等。

公司地处广州黄花岗中国科学院广州分院内，交通便利。目前办公面积610平方米，办公环境良好，办公设备齐全，配备有充足数量的办公车辆、先进的办公设备以及符合国家安监总局要求的专用设备等。

元景公司以广州为基地，立足广东，面向全国，积极为企业提供全过程、高水平、深层次的优质服务。

地址：广州先烈中路100号大院8号楼301-304　电话：02037618233　传真：02037618301　网站：http://www.gzyjsafety.com

河北科防冶金安全评价有限公司

◎公司门厅

◎公司前台

河北科防冶金安全评价有限公司成立于2004年5月，经省安监局批准为省级安全评价资质，于2006年5月12日被国家安监总局予以甲级资质。

公司成立甲级资质以来，认真贯彻国家安监总局、省市安监部门的文件指示精神，精心致力于安全工作，为政府安全监管服务，为企业安全生产把关。

业务范围

第一类：金属矿采选业，非金属矿采选业，其他矿采选业；石油加工业，化学原料、化学品及医药制造业，燃气生产及供应业，炼焦业。

第二类：尾矿库；房屋和土木工程建筑业；仓储业；黑色、有色金属冶炼及压延加工业，金属制品业，非金属矿物制品业；机械设备制造业，电器制造业。

●明确的经营理念

公司坚持“以质量求生存，以信誉求发展”的经营理念，以诚信为本、讲求职业道德，秉承“科学、客观、公正、负责”的宗旨，立足河北，面向全国，努力发挥自身优势，竭诚为企业安全生产管理服务。

◎公司评价部

◎公司走廊

◎公司会议室

安全评价机构资质证书

机构名称：河北科防冶金安全评价有限公司
资质等级：甲级
评价区域：全国范围内
资质编号：APJ-（国）-0481-2006
有效期至：2009年5月12日

●雄厚的技术力量

建立了一支能打硬仗的专业技术队伍。主要专业涉及安全工程、黑色冶金、有色冶金、金属压力加工、机械、电气、化学工程、采矿等，专业配套。公司与冶金、化工等方面的高校及设计研究院所等单位建立了密切合作关系，还聘请了20余名长期从事炼铁、炼钢、轧钢、化学工程、燃气以及能源等行业知名专家，作为公司专家组成员，形成了理论深厚、经验丰富、能指导安全评价的专家队伍。并结合自身的特点配备了安全评价法律法规、标准规范和技术资料、物质特性、事故案例等数据库及评价技术软件。雄厚的技术力量为公司今后腾飞奠定了有利基础。

●严谨的队伍作风

公司制定了以岗位责任制为中心的多项管理制度、安全评价过程控制文件和安全评价作业文件。在安全评价工作中，评价人员深入现场、深入实际，获得第一手全面系统资料；开展技术大讨论，各抒己见，相互补充、借鉴。评价人员把质量放在第一位，严格执行安全评价导则、评价过程控制程序、评价质量控制等相关文件。

●可靠的评价过程控制

为了保证安全评价工作质量，制定了一套规范而行之有效的安全评价质量保证体系。安全评价的各个阶段实施过程控制，做到精心评价、严格审校，保证安全评价结果的科学性、公正性和准确性，确保高质量地完成企业委托的安全评价任务。

地　　址：河北省石家庄市广安大街15号天滋官鲤2号公寓3层
网　　址：www.hebeikefang.com
电　　话：0311-86696573
传　　真：0311-86696573
电子信箱：hebeikefang2004@163.com

六盘水市煤矿安全技术培训中心

六盘水市煤矿安全技术培训中心隶属六盘水市煤炭协会，设立在六枝职业技术学校，成立于2002年7月。黔煤安监人［2002］115号文件批复认定为煤矿安全技术三级资质培训机构，2005年12月国家安监总局监总培字［2005］215号文件批复认定为煤矿安全技术二级资质培训机构。现开办有煤矿电工、瓦斯检查员、安全员、主提升司机、矿下爆破工、安全监测监控操作员等特种作业人员的安全技术培训及煤矿技术负责人、法人代表、副矿长等安全资格培训。通过培训，强化了受训人员的安全意识，提高了受训人员的操作技能，增强了受训人员的现场管理能力，为地方煤矿健康有序的发展及安全生产提供了有力的保障。

培训中心占地60.46亩，用于培训教室、实习实训的建筑面积7085平方米，配有电工电子电力拖动实验室、多媒体教室，通风及瓦斯实验室、采掘实验室、电钳工实习实训室、绞车实习实训基地、图书室、阅览室、安全教育展览室等教学培训设施。

六盘水市煤矿安全技术培训中心自成立以来共计培复训了煤矿特种作业人员26600余人，培复训生产副矿长、安全副矿长、技术副矿长工程师、机电副矿长、防突技术专业人员等安全管理人员4040余人次，且培训效果受到了参训学员和送培单位的一致好评，社会影响也在日渐扩大。

培训中心现有主任一名、副主任二名，拥有一支理论和专业素质较强的教师队伍，其中专任教师17人，外聘教师7人，高级职称3人，中级职称18人。

培训中心的理念是：“以人为本，安全第一”。

培训中心的宗旨是：“一切为煤矿的安全生产服务”。

地址：中国.贵州省六盘水市六枝特区致富路11号
电话：0858—5313127
传真：0858—5313127
网址：http://www.lzzyxx.com
联系人：赵东起　郭　琳

中国冶金地质总局第一地质勘查院

常务副局长
地勘院院长
党委书记 马文荣

中国冶金地质总局第一地质勘查院隶属于国务院国资委管辖的中国冶金地质总局，其前身是成立于一九七四年的冶金地质会战指挥部所属各野外队地质勘查部分，院机关设在河北省三河市东燕郊经济开发区，下辖分布在河北、浙江、新疆的七个分院及测试中心等12个二级经营单位、一个国内合资公司、一个国外独资公司。

第一地勘院拥有区域地质调查、固体矿产勘查甲级资质；地球物理勘查、地球化学勘查、地质钻探、地质实验测试乙级资质；水文地质、工程地质、环境地质调查丙级资质。2001年通过了ISO9001—2000质量体系认证。现已形成了以固体矿产勘查、研究、开发为龙头，工程地质、环境地质并举，地、物、化、测专业齐全的产业格局。技术实力居国内同行业前列。

全院职工80%以上是专业技术人员，具有高级职称以上67人，具有中级职称167人，是一支知识密集型、人才密集型的高素质队伍。

第一地勘院自成立三十多年来共找到并勘查矿床200余处，提交铁矿资源资源储量30亿吨，金矿资源储量300吨，有色金属近200万吨，非金属近30亿吨，完成地质科研项目70余个，提交各类地质报告512份，为首钢、鞍钢、包钢、唐钢、邯钢、宣钢等大、中型钢铁企业的发展以及国家黄金生产做出了历史性贡献，获得了全国地质勘查功勋单位、全国黄金找矿先进集体、国家科技进步奖、中国冶金地质科技大会一等奖、冶金地质“十一五”先进集体等荣誉，2007年又获得全国地质勘查行业先进集体的殊荣。

近几年，与多家企业合作在国内外取得地质找矿突破，探明了多处中大型铁、钼、铅锌矿床。

联系人：袁华钵　　电话：010-61599510

煤炭科学研究总院上海分院测试中心
国家安全生产上海矿用设备检测检验中心
国家采煤机械质量监督检验中心
上海安矿设备检测检验中心

煤炭科学研究总院上海分院测试中心成立于1982年6月，是煤炭科学研究总院上海分院下属独立开展业务活动的检测检验机构。1987年7月经原国家经委和国家技术监督局验收并授权为“国家采煤机质量监督检验中心”（证书号：国认监认字021）；1993年8月，原煤炭工业部批准中心成立“煤炭工业上海电气防爆检验站”；1997年12月，首次通过中国实验室国家认可委组织的“三合一”现场评审认可并授权“煤炭科学研究总院上海分院测试中心”为国家级实验室（证书号：L0477）；2004年5月获国家安全生产监督管理局资质认可并授权“国家安全生产上海矿用设备检测检验中心”为国家安全生产甲级资质检测检验机构（证书号：国安监检甲04002）；2004年8月，煤科总院批准上海分院设立具有独立法人资格的“上海安矿设备检测检验中心”，并于2006年6月获中国实验室国家认可委评审认可并授权A类检查机构（证书号：I0068）。

中心位于上海奉贤区综合工业开发区，占地近40亩，建筑面积达32000余平方米，已先后投入近5000万元重点对33台（套）大型典型检测设备进行新建、更新与改造，与中心原有的包括76台进口设备在内的851台（套）各类专业检测设备，使中心整体检测能力得到较大提升，并于2009年8月顺利通过了国家认可委（CNAS）、国家安监总局组织的现场联合复评审。中心成立二十余年来，通过引进、消化与吸收国外先进采煤设备检测技术与测试装备，在采煤机械、运输机械、防爆电气设备、井下照明和非金属阻燃材料等领域已成为一个具有国际先进、国内领先、行业一流的综合性矿用机电产品检测检验机构。

中心大门

电气防爆试验

测试中心按国家级实验室、检查机构及国家安全生产检测检验机构甲级资质要求，配备了相应的管理人员和专业技术人员，设置了综合管理、技术管理、业务管理、资产财务管理四个职能部门以及涵盖采煤、运输、提升、电气防爆、电力拖动与控制、矿灯灯具及仪表、电线电缆、非金属阻燃材料等专业的三大板块检测检验所，以及专门从事检测设备开发、检验方法研究、标准制修订的检测技术研究所。中心现有员工190人，研究生及以上学历 15人，大学本科学历86人，大、中专学历50人。其中获研究员、教授级高工职称3人，高级工程师22人，工程师41人，助理工程师39人，专业技术人员占70 %以上。有40位技术人员获得国家注册安全工程师执业资格。中心的主要技术人员均能胜任各专业检测检验工作，同时还是行业协会及相关专业委员会委员，承担着相关技术工作，参与国标及行标制修订，是一支有着丰富检测经验和高技术能力的检验队伍。

目前中心检测能力均能满足授权项目的检测要求，在矿用机电产品领域已具备国家级检测检验综合技术能力和检测手段。可对采煤机、刨煤机、耙斗装岩机、矿用绞车、矿井提升机、带式输送机、刮板输送机、矿用电机车等采运机械及其原部件、防爆类电气设备（包括防爆电机、防爆电器、防爆灯具、防爆仪表和防爆电气附件）、矿灯、煤矿用阻燃输送带、矿用非金属制品、矿用管材、煤矿用阻燃电缆等矿用机电产品的安标、质量监督及认证检测检验等。同时还承担爆炸性环境用电气设备和石化加工设备的设计审查、防爆安全检查、工程安装验收。承担国家安全生产监管总局、国家质监总局、国家商检局、安标国家中心指定的产品质量监督及认证检测工作。承担或参与归口产品的国标、行标制修订工作。开展技术培训、国际认证检验、委托检验。研究开发先进检测技术、检测方法和检验设备。

测试中心还承担着行业协会及专业委员会的相关工作，主持或参与国家及行业标准的制修订工作，是煤炭工业煤矿安全标委会抗静电及阻燃材料分会、中国煤炭工业劳保学会阻燃防静电专委会、中国煤机协会矿灯及井下照明专委会、中国煤炭工业劳保学会机电安全专委会矿灯学组等行业专委会的主任委员及秘书长单位。

采煤机械试验

阻燃试验

地址：上海市奉贤区南桥镇吴塘路369号　　邮编：201401

电话：021-57437068（总机）　　传真：021-52809777 （综合办）、57437250（业务办）

网址http://www.testshm.com　　电子信箱E-mail:csst@testshm.com

普光气田应急救援中心

普光气田位于四川省达州市宣汉县境内，是国内迄今为止发现的特大海相整装气田。伴随着气田的勘探开发，2006年6月，组建中石化川东北地区应急救援指挥中心（中原油田普光应急救援中心）。2007年6月，被国家安全生产监督管理总局命名为“国家油气田救援川东北基地”，成为全国4个油气田救援基地之一。现有人员192人，配备消防坦克、强风车等国内一流的抢险装备55台，各类抢险器材217套（件），担负着川东北地区井喷失控、H_2S泄漏、火灾爆炸、自然灾害等抢险救援任务。

抗震救灾

该中心以争当全国一流抢险救援队伍为目标，创新工作理念，完善工作机制，加强队伍建设，弘扬“亮剑”精神，全面打造政治合格、业务过硬、纪律严明、能打善战的救援队伍。目前，已具备“气防、消防、医疗救护、环境监测、泥浆配送、工程抢险”等功能。该中心是一支年轻而富有战斗力的队伍。2007年4月，成功举办了多科目、多装备、多兵种企地大型联合处置井喷演习；多次在各类应急救援技术比赛中取得佳绩，有30余人获得上级部门表彰和奖励。成立以来，参加各类生产抢险和社会救援40余起，为普光气田的开发建设和当地群众生命财产安全提供了保障。

应急演练

地址：四川省达州市宣汉县土主乡普光分公司应急救援中心　　邮编：636156　　电话：0818-4736835

江苏省烟花爆竹产品质量监督检验中心

盐城市产品质量监督检验所

我所成立于1983年，1989年取得烟花爆竹产品检验认证资格，2003年11月，通过国家实验室认可和省质监局计量认证/审查认可“二合一”验收，成为具有第三方公正性产（商）品质量监督检验资质的法定检验机构。2007年4月，取得国家安监局安全生产烟花爆竹检测检验机构资质，是我省唯一全国第三家取得该资质的检验机构。还是江苏唯一的省高院产品质量仲裁检验机构、省司法厅产品质量司法鉴定机构，是全省唯一能对涉及烟花爆竹安全的产品质量纠纷、伤害事故进行仲裁鉴定、安全检测的检验机构。2008年4月省质监局批为江苏省烟花爆竹产品质量监督检验中心。

我所管理体系完善，检验设备先进，建有集跌落、殉爆、燃放试验为一体的野外试验场，具备承担烟花爆竹产品检验和药剂安全性能检测、防雷装置检验、防静电设施检验、作业环境粉尘测试等能力，可依法独立对烟花爆竹产品质量进行监督检验，也可接受厂（商）委托检验。

多年来，我所一贯坚持科学、公正、准确、高效的宗旨，连续5年承担全省质监和工商系统生产、流通领域烟花爆竹产（商）品质量监督抽查任务，为南京等大中城市烟花行业协会提供质量咨询、质量检验服务，为政府决策、企业发展、群众消费提供了科学依据。

我所本着“科学、公正、高效、廉洁”的方针，为各级安监、质监、工商等部门提供技术支撑；为批发、生产企业提供更有力产品质量检验服务和产品质量技术咨询服务。

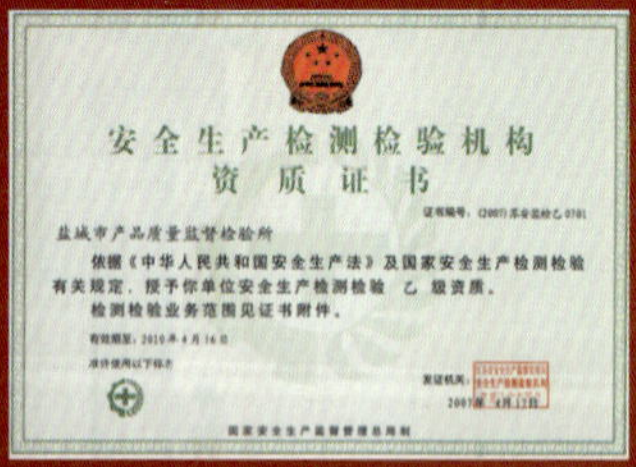

地　　址： 盐城市解放南路112号
邮　　编： 224005
联系电话： (0515) 88184631
传　　真： (0515) 88412557

北京国信安科技术有限公司

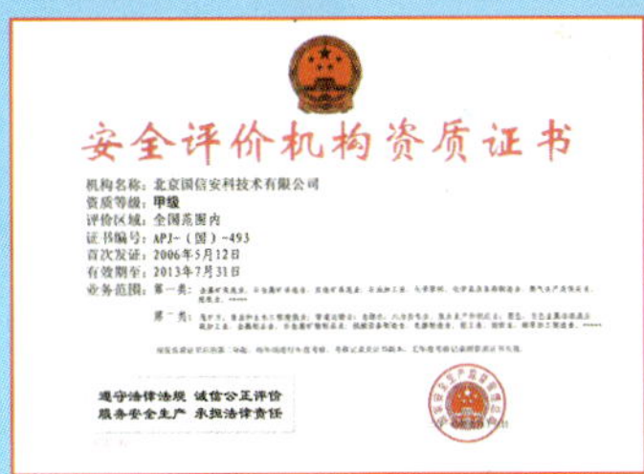

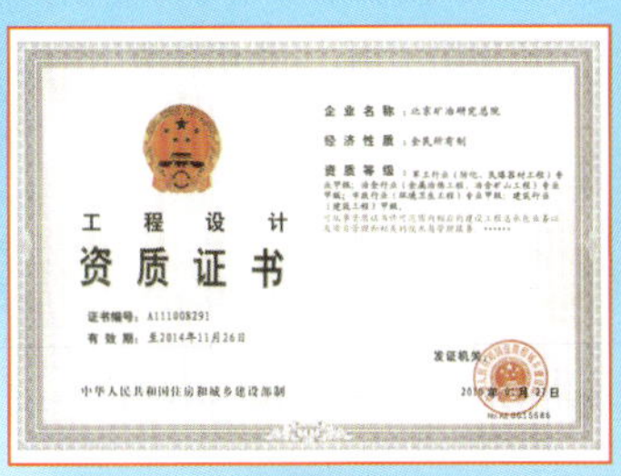

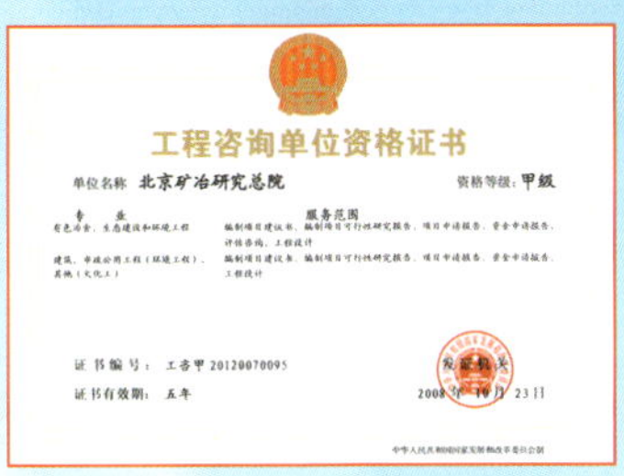

北京国信安科技术有限公司是北京矿冶研究总院的二级子公司，专业从事安全评价、安全标准化、安全托管、地下矿山“六大系统”设备安装、培训等安全生产技术服务工作，拥有国家安全生产监督管理总局颁发的安全评价甲级资质；同时还从事节能评估和能源审计工作，同样拥有甲级资质。

北京矿冶研究总院是我国学科齐全、专业配套的大型综合性研究与设计机构，拥有甲级设计、咨询资质。全院现有从业人员3000余人，专业技术人员1391人，中国工程院院士3名，外籍院士2名，享受政府特殊津贴专家101人，博士生导师9人，博士、硕士400余人。1999年转制为中央直属的大型科技企业，现隶属于国务院国有资产监督管理委员会。我院历来是承担国家工程技术领域重大科技攻关的主力军，也是承担国家和行业共性、基础性、战略性、前瞻性科学研究与技术开发任务的中坚力量。

公司聘请前任董事长汪旭光院士为高级技术顾问，汪院士同时担任国家安监总局非煤矿山专家组组长、安全评价工作委员主任、中国有色金属协会副会长及中国工程爆破协会理事长等的社会职务，在我国安全生产、炸药及工程爆破等多个领域享有很高的声望。

现任董事长余斌教授，矿山工程研究所所长，国家首批新世纪百千万人才工程国家级人选、中组部联系专家，享受国务院政府特殊津贴。是国家安监总局事故调查、项目评审专家。公司谢源教授，是国家安监总局非煤矿山专家组秘书，协调非煤矿山专家组有关事务。

公司从2006年5月取得国家安全生产监督管理总局颁发的安全评价甲级资质以来，已完成数百个各类安全评价项目，其中通过国家总局评审的重大或重点项目达20余项，所完成的项目得到了各级安监部门、专家及业主的认可与好评，在行业树立了良好的声誉。

公司现有安全生产专家和学者35人，其中高级技术职称19人，中级技术职称10人，博士5人，硕士9人，均是既有丰富经验又年富力强的技术骨干。

公司业务范围：

第一类：金属矿采选业，非金属矿采选业，其他矿采选业；石油加工业，化学原料、化学品及医药制造业，燃气生产及供应业，炼焦业。

第二类：尾矿库；房屋和土木工程建筑业；管道运输业；仓储业；火力发电业，热力生产和供应业；黑色、有色金属冶炼及压延加工业，金属制品业， 非金属矿物制品业 ；机械设备制造业，电器制造业；轻工业 ，纺织业 ，烟草加工制造业。

公司主要业务范围：

1、安全评价及安全研究

2、矿山设计、咨询

3、节能评估

4、尾矿库相关在线监测设备的销售及技术服务

5、排土场专项评价

6、制定应急预案、培训

7、金属非金属矿山安全标准化认证咨询、培训、安全管理系统建立辅导

8、金属非金属地下矿山安全避险“六大系统”的设备安装、管理、培训、演练等

9、矿山采空区变形监测

地址：北京市南四环西路188号总部基地十八区23号楼14层　　邮编：100070　　E-mail：info@sarva.cn

联系人：龚宇同、谢源　　电话：010-63299678、010-63299679、15810529398　　传真：010-63707001

国家安全生产南阳防爆电气检测检验中心
国家防爆电气产品质量监督检验中心

检测中心办公楼

国家安全生产南阳防爆电气检测检验中心是国家安全生产监督管理总局授权的第一批安全生产检测检验甲级机构，也是原国家技术监督局第一批授权的国家产品质量监督检验中心—国家防爆电气产品质量监督检验中心(CQST)。同时，我中心也是中国合格评定国家认可委员会(CNAS)认可的防爆电气产品检验实验室、中国质量认证中心授权的电动机产品节能检验实验室、中国机械联合会授权的机械工业防爆电气产品质量监督检验中心、河南省政府授权的电气防爆安全重点实验室。CQST 还是美国能源部认可的电动机效率实验室、国际电工委员会(IEC)授权的 IECEX 实验室。

CQST 建有完善的质量保证体系和具有国际水平的科研检验实验室，拥有一支高素质的科研、实验专家队伍，坚持“科学、公正、准确、高效”的工作原则，依据国家标准、行业标准及 IEC、EN、CSA、UL 等国外标准，开展各类防爆电气产品检验，如生产许可证检验、防爆合格证检验、安全标志产品检验、电动机节能产品检验、CE 产品检验、UL 认证产品检验、高效电动机检验、国家产品质量监督抽查和质量仲裁检验等等。

安全生产检测检验机构
资质证书

检验机构资质证书

CQST 已分别与美国 UL、FM、德国 PTB、TUV、挪威 NEMKO、DNV、澳大利亚 Testsafe、俄罗斯 CCVE、法国 LCIE、荷兰 KEMA、英国 Baseefa、sira、日本 TIIS 等 10 余家国际著名防爆科研实验机构签署了相互认可实验结果的合作协议。开展 UL 认证、FM 认证、ATEX(欧洲防爆)认证、CE 认证、美国高效电机认证等，对于我国防爆技术、电动机实验技术与世界先进技术交流及产品出口起到了巨大的推动作用。同时，为国外防爆技术及产品进入我国市场提供了便捷服务。

国家安全生产南阳防爆电气检测检验中心积极响应国家发展战略，为安全生产事业和煤炭工业发展服务，在安全标志检验方面充分发挥各类防爆电机、电器产品的检测设备、试验能力和技术专长优势，积极主动地开展产品检验和优质服务，得到广大用户一致好评。在煤矿用防爆电气产品的检测检验以及工厂用防爆电气产品监督检验，油库、加油站安全改造方面开展了大量富有成效的工作，为企业安全生产提供了有力的保障。

多年来，中心主持完成了我国防爆领域的一系列重大科研项目，在防爆电气领域的科学研究硕果累累，曾获得近百项国家级、省部级、市级科研成果，为我国防爆电气事业的发展作出了突出贡献。

联系人：吴建国　　穆大玉　　电话：(0377)63258564　　传真：(0377)63208175

地址：河南省南阳市仲景北路 20 号　邮编：473008　　网址：www.china-ex.com　　E-mail:cqst@cn-ex.com

防爆试验大罐

电机可靠性试验装置

第4章

C 全国安全生产物资装备篇

2010年
中国安全生产工作手册

2010

山西兰花汉斯瓦斯抑爆设备有限公司

ShanXi Lanhua HS Suppression System Co.,Ltd

公司成立庆典

领导视察

山西兰花汉斯瓦斯抑爆设备有限公司位于晋城市经济开发区，成立于2006年8月，是由山西兰花煤炭实业集团有限公司联合国内其他三家企业与南非HS设计与制造有限公司共同组建的一家中外合资企业。

公司致力引进的南非HS公司拥有的具有世界领先水平的瓦斯主动抑爆系统，该系统技术是军用技术在民用领域的拓展，是针对煤矿井下可能发生的瓦斯煤尘爆炸事故专门设计开发的超高速灭火抑爆系统，具有主动监测、高速启动、自动抑爆等突出特点，能有效弥补被动隔爆方式的不足，消除或减少瓦斯爆炸事故的发生。为中国煤炭的安全开采，杜绝或减少瓦斯/煤尘爆炸事故危害构建一道更为可靠的前沿防线。

公司的成立立足于对南非HS主动抑爆技术的引进、吸收、消化，致力于为中国煤矿提供全方位的矿下瓦斯抑爆解决方案。公司主营业务包括：煤矿主动抑爆设备的生产和销售，抑爆网络体系的设计与安装，主动抑爆系统的维护和鉴定等方面。

领导视察

领导视察

领导视察

领导视察

主动抑爆系统的工作原理

当前端发生瓦斯或煤尘爆炸时，传感器通过光学原理捕捉爆炸信号并传递到中央处理器；中央处理器对信号进行识别，如信号被解析辨别为设定的事故对象（瓦斯，煤尘爆炸），中央处理器在爆炸接近防护区间的瞬间发出抑爆指令至触发装置及其配套的高压储能器，在千分之五秒内启动设备，通过喷射模块排出处于压缩状态的抑爆介质，瞬间生成高能抑爆屏障进行主动抑爆，抑制爆炸、阻断爆炸的扩散，有效保护抑爆屏障后的人员生命和财产安全。

Kloppersbos 10m 测试隧道未抑爆状态下（ 正面视角 ）

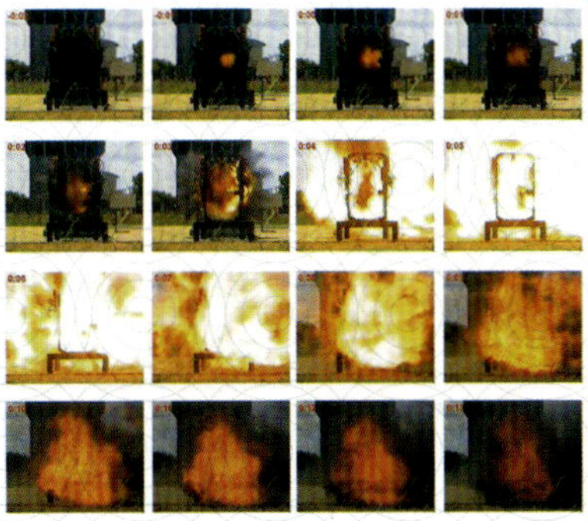

Kloppersbos 10m 测试隧道抑爆状态下（ 正面视角 ）

系统的主要性能特点有：

1. 智能化识别　2. 超高速启动　3. 全自动抑爆
4. 程式化自检　5. 模块化设计　6. 单元化产品

系统核心参数：

1. 阀门启动时间：　≤5ms
2. 系统总响应时间：　≤10ms
3. 抑爆屏障峰值持续时间：　≥200ms

国际化认证

HS主动抑爆设备在15余年的发展历程中，经受了包括南非、西班牙、澳大利亚、美国、德国、中国等多个国家官方和第三方独立机构超过一千多项的在各种环境和条件下的测试和鉴定。其先进性和可靠性得到了所有测试机构的一致认可，其产品以独到的技术性能领先于世界，得到了南非、西班牙、德国、美国等多个国家矿业集团的青睐。

作为一套成熟可靠的煤矿安全产品，HS主动抑爆设备从研发、设计、制造和检测都经历了严格的管理和认证。

2009年中国安标国家矿用产品安全标志中心及其所属单位重庆和抚顺检测检验中心对HS主动抑爆系统在安全性能，基本性能和抑爆性能等多方面进行了一系列综合而全面的论证和测试后，于2009年12月正式颁发了中国矿用安全标志许可证。

历经4年的中国本地化后，HS主动抑爆产品正式走向中国市场，为中国煤矿开展瓦斯/煤尘防治和爆炸灾害的控制提供了全新的手段，为煤矿提升安全生产水平提供了更有力的支撑。

模块化设计

为了用户更有效和便捷使用产品，HS公司采取模块化设计，单元化产品的开发模式，系统核心模块包括：传感器，中央处理器，高压储能器。系列化产品在核心模块的基础上，配有多种协作模块，方便根据用户不同作业情况，配置更便捷有效的产品单元，这些人性化和多元化的协作模块包括喷射释放模块、后备电源、闭锁开关、自动清洗模块、电缆及连接器、接线盒、防护机架及设备衍生件等。

系统部件和模块从设计到生产都遵循严格的规范和质量控制，核心部件故障率小于百万分之一。

山西兰花汉斯瓦斯抑爆设备有限公司

ShanXi Lanhua HS Suppression System Co.,Ltd

单元化产品

根据煤矿井下不同环境和防护的需求，针对不同开采方式，HS主动抑爆系统具有多种防护机型，其煤矿产品系列主要有3大类，分别是巷道屏障系列，液压支架系列和机载系列。

机载系列

机载系列是针对机械化采掘过程中的抑爆需求而专门设计开发的主动抑爆设备，是一种与掘进机和采煤机等采掘设备配套的同步移动式超高速抑爆设备。HS机载系列产品主要应用在掘进头和回采工作面等机械采掘工作面，用以抑制机械采掘过程中触发的瓦斯或煤尘爆炸。

巷道屏障系列

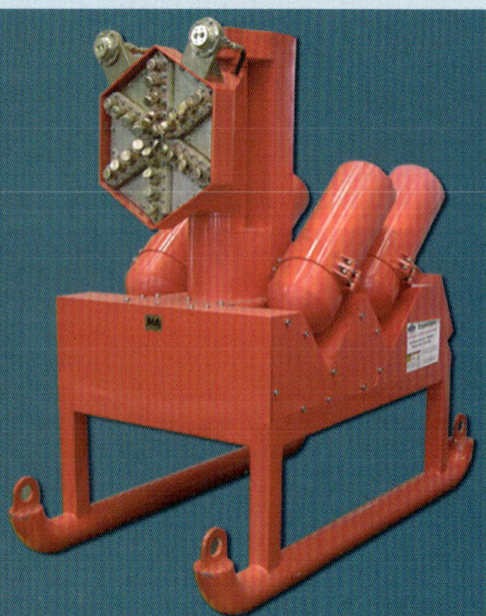

巷道屏障系列是针对各种不同巷道抑隔爆需求而设计开发的主动抑爆设备，是一种具备独立移动结构的固定式超高速抑爆设备。HS巷道屏障系列产品主要应用在掘进巷道、工作面进风和回风巷道、上隅角和下隅角以及其他需要防护的作业区域，例如转载点、煤仓口等，用以抑制巷道或作业区域瓦斯或煤尘爆炸、隔断瓦斯和煤尘爆炸的扩散。

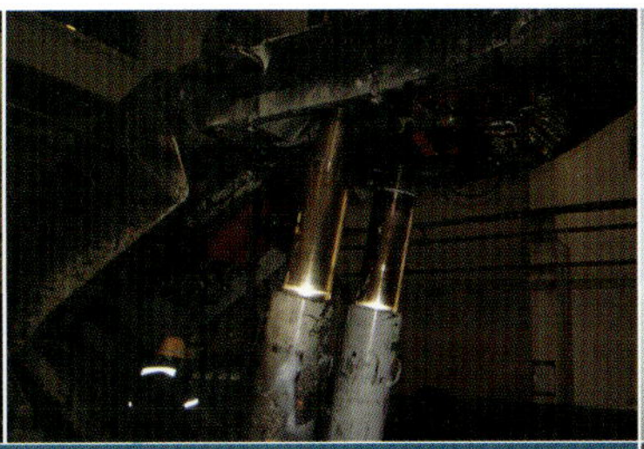
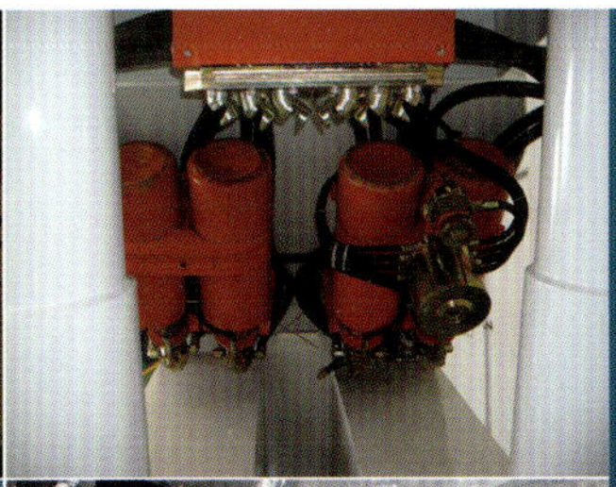

液压支架系列

液压支架系列是针对综合机械化采煤方式的抑爆需求而设计开发的主动抑爆设备，是一种附着在液压支架上的同步移动式超高速抑爆设备。HS液压支架系列产品主要应用在回采工作面、上隅角和下隅角，用以抑制工作面瓦斯爆炸、隔断瓦斯爆炸的扩散。

系列产品的防护能力可有效覆盖掘进头、掘进巷道、回采工作面、上隅角和下隅角、工作面进风和回风巷道、以及其他需要防护的作业区域，例如转载点、煤仓口等。

通过合理的配置，主动抑爆系统可方便的安装在采掘机上、液压支架上、及各种巷道中。根据国内不同煤矿开采作业特点和开采环境需要，公司可提供轮式，雪橇式，箱式，分体式等多种设计方案，为客户提供专业的防护设计和产品安装设计。公司提供的全面可靠的抑爆解决方案，为煤矿井下构建起一套安全可靠的抑爆防护网。

社会关爱

HS主动抑爆技术的引入和公司的发展长期以来得到了有关领导和社会各界人士的高度重视，温家宝总理和张德江副总理等中央领导先后作出了学习借鉴南非经验减少煤矿安全事故的重要批示。山西省省长王君、国家煤矿安全监察局副局长兼总工程师王树鹤、中共中央统战部副部长胡德平、山西省副省长陈川平、晋城市市委书记张茂才、市长王茂设等领导先后多次莅临我公司考察指导工作，为公司的发展提出了建议和期望。

同时，国内诸多专家学者对于HS主动抑爆技术给予了充分的肯定，诸多媒体也对产品及技术给予了高度关注。

企业愿景

目前，公司在进一步完善和扩大国内生产基地的同时，正在积极开展同国内知名科研院所及机构的共建和研发，并着手协同国内外专家及国家安全、安检机构在中国打造世界级矿井安全生产设备测试和培训基地，全方位的提升国内煤矿安全生产水平和人员安全作业水平。

地址：山西省晋城市开发区吕匠路北　邮编：048000　电话：0356-2623322　传真：0356-2623322

宁夏西北骏马电机制造股份有限公司

宁夏西北骏马电机制造股份有限公司

（西北煤矿电机厂）

董事长 马树成

宁夏西北骏马电机制造股份有限公司原称西北煤矿电机厂，始建于1969年，建厂近40年经过体制改革，由国有企业改为民营股份制企业。公司贯彻“安全第一，预防为主，综合治理”的安全生产方针。

2008年12月10日，公司被自治区安全生产监督管理局核准为机械制造企业安全质量标准化二级标准企业，成为自治区第二家达二级标准的机械制造企业。

公司安全方针及其内涵

（一）安全方针

以人为本、安全第一、科学管理、持续改进、安全生产

（二）内涵

1、该方针阐明了安全的重要性，明确规定了“科学管理、安全生产”的安全管理理念；安全生产关系到员工生命安全和企业的生存、发展，因此必须要以人为本，牢固树立“安全第一”的核心安全观念，坚持预防为主，认真落实安全生产责任制，变“要我安全”为“我要安全”，保证员工生命安全，树立良好的企业品牌和社会形象。

2、该方针承诺了本企业必须严格遵守安全法律法规和持续改进安全绩效，不断改善安全生产技术设施，持续为员工创造良好的安全和舒适的工作环境，激发全体员工的潜能，提高企业的核心竞争力。

（三）、安全目标

1、逐步创建国家一级安全质量标准化企业，真正做到安全生产。

2、安全管理水平逐步标准化、规范化、科学化、模块化。

3、无死亡、重大事故，无重大机电、火灾、交通事故发生。

4、轻伤事故频率不高于1.5‰。

公司安全生产主要业绩

1、公司领导重视安全生产工作，积极推进安全质量标准化工作的开展

公司领导把安全生产工作列为工厂生产经营活动的重要议程，及时认真解决安全生产中的问题，认真贯彻安全生产法、职业病防治法、工会法，牢固树立安全第一，预防为主的思想，坚持生产安全在计划、布置、检查、总结、评比的五同时制度，落实安措计划，根据人事变动，适时调整安全生产委员会组织机构，明确安全生产目标、责任，完善制度措施。实行安全生产目标管理，保证有措施，有奖罚，责任明确到人，使安全生产与经济责任制奖金挂钩，把安全工作贯穿于生产经营活动的全过程。充分发扬党、政、工、团齐抓共管的安全生产传统，并在公司各生产单位，科室配兼职安全员，形成专管成线，群管成网的安全生产管理格局。

近几年来，公司大力整改安全隐患，改善作业条件，尤其在技改、基建及厂容厂貌方面投入上千万元资金，彻底改善了过去那种作业拥挤的现场环境。

公司领导不仅重视安全质量标准化的开展工作，同时也重视其他每一项安全生产工作，并认真落实。每年公司制定安措计划并落实。

公司将安全生产目标列入了部门及个人的绩效合约中，使安全生产目标值在当月就能反映到个人绩效工资中去，从而有力保证了安全文明生产。

2、抓好安全生产的宣传及教育工作，增强广大职工的安全意识

①抓好职工日常安全教育，利用广播、报纸、标语、班前会等各种形式对广大员工进行劳动安全法规，安全生产知识教育，报导安全生产的好人好事，先进经验和事故教训等。

②抓好新员工入司三级安全教育。使他们从入司之日起逐步树立遵章守纪，安全生产的习惯及意识。

③抓好特种作业人员的安全技术培训，保证持证上岗，每年根据特种作业人员管理制度适时安排公司特种作业人员培训。

④抓好其他方面的各种员工培训工作，包括安全生产方面的教育与培训，同时也包括职工劳动技能培训，干部思想培训，企业文化培训等多种形式的培训

3、开展各项活动，促进安全文明生产，加大检查及隐患整改力度

每年的1—4月期间，公司都要开展百日安全生产活动，提出奋斗目标，明确考核内容及奖励处罚的细则，纳入绩效考核体系，6月份结合全国安全生产月活动，公司在完成百日安全活动的基础上，进一步搞好安全生产月活动，深化安全活动内容，提升员工安全素养。

同时加大检查力度和安全隐患的整改，发现问题及时处理，公司全面开展6S管理工作，更使公司检查力度与现场清理整顿上一个新的台阶。

在现场检查的过程中，公司又注意了相关方安全管理，除与施工单位签订了安全健康协议，在后期的施工过程中，施工方的现场也列入公司安全检查范围之内，对施工方及施工人员存在的不安全行为予以制止，并将其现场管理与清理工作纳入相关部门绩效考核中。

4、做好职业病的防治工作及工伤管理工作

职业病的防治工作也是公司生产经营活动中一项重要工作，上世纪80—90年代，公司就已经建立职业卫生档案，2003年公司为了进一步规范职业危害的管理，将公司各种接触职业危害的工种进行了分类，并根据危害程度的大小做了一定的区分，在保健费的补贴上有了明显的体现。2004年公司在企业经济回升的时候，对全厂350位接触到职业危害的人员进行体检，未发现职业病疑似病例。2006年公司对全公司职工进行了一次体检，其中有400名接触到职业危害的职工进行特殊体检，未发现职业病疑似病例。2008年我公司又进行了部分特种作业人员的体检工作。2010年，全公司全产部人员再次进行体检，并规定间隔一定时期，将对全公司人员进行体检。这些体检工作排出了职工在心理上的障碍，稳定了生产。

在工伤管理方面，公司从0204年开始，就参加了社会工伤保险，积极推进工伤保险的开展。

5、抓好技术改造工作

公司的发展经历了40年风风雨雨，许多设备已到报废期限，设备技改工作已成为公司发展过程中刻不容缓的工作，设备技改工作也是改善操作工操作条件的必要工作。

自2005年以来公司每年投资2000—4000万元进行设备更新造，提升产品制造装备水平，同时增加作业安全性能。

6、做好基础建设，扩大作业面积，改善职工作业环境及条件，提升产能

公司扩建和扩建大型车间厂房，全面提升产能条件，扩大作业面积，改善作业环境，从而全面改观了过去混乱的作业现场。

新建和扩建厂房全部采用钢架结构，设置水冲厕所，员工休息室和办公室均铺上地瓷砖，使其环境就像在家里一样。

④投资58万元，对公司变电所进行改造装修，安装了隔音隔热顶板，大大改善了操作人员的工作环境。

7、抓好安全管理日常工作

①做好特种设备的审验工作，结合每年ISO9001质量认证和MA生产工厂条件审查，抓好设备维护保养、设备精度鉴定工作。

②做好消防管理工作，公司配备专职消防人员，负责全公司消防器材的使用与管理，及时更新失效的消防器材，并组织学习消防知识，宣传正确使用消防器材。

③做好防汛防、暑工作及防震工作。每年汛期来临，公司都要下发防汛文件要求各单位做好防汛准备工作，测试避雷装置，检测用电线路。

安全管理工作是一项常抓不懈的工作，需要警钟长鸣。必须牢固树立安全第一，预防为主的思想，抓好事故的预防，创造安全文明工作环境，创建一个安全文明和谐企业这是公司一项长期而又艰巨的任务。

地址：宁夏石嘴山大武口区　邮编：753001　电话：0952-2176498

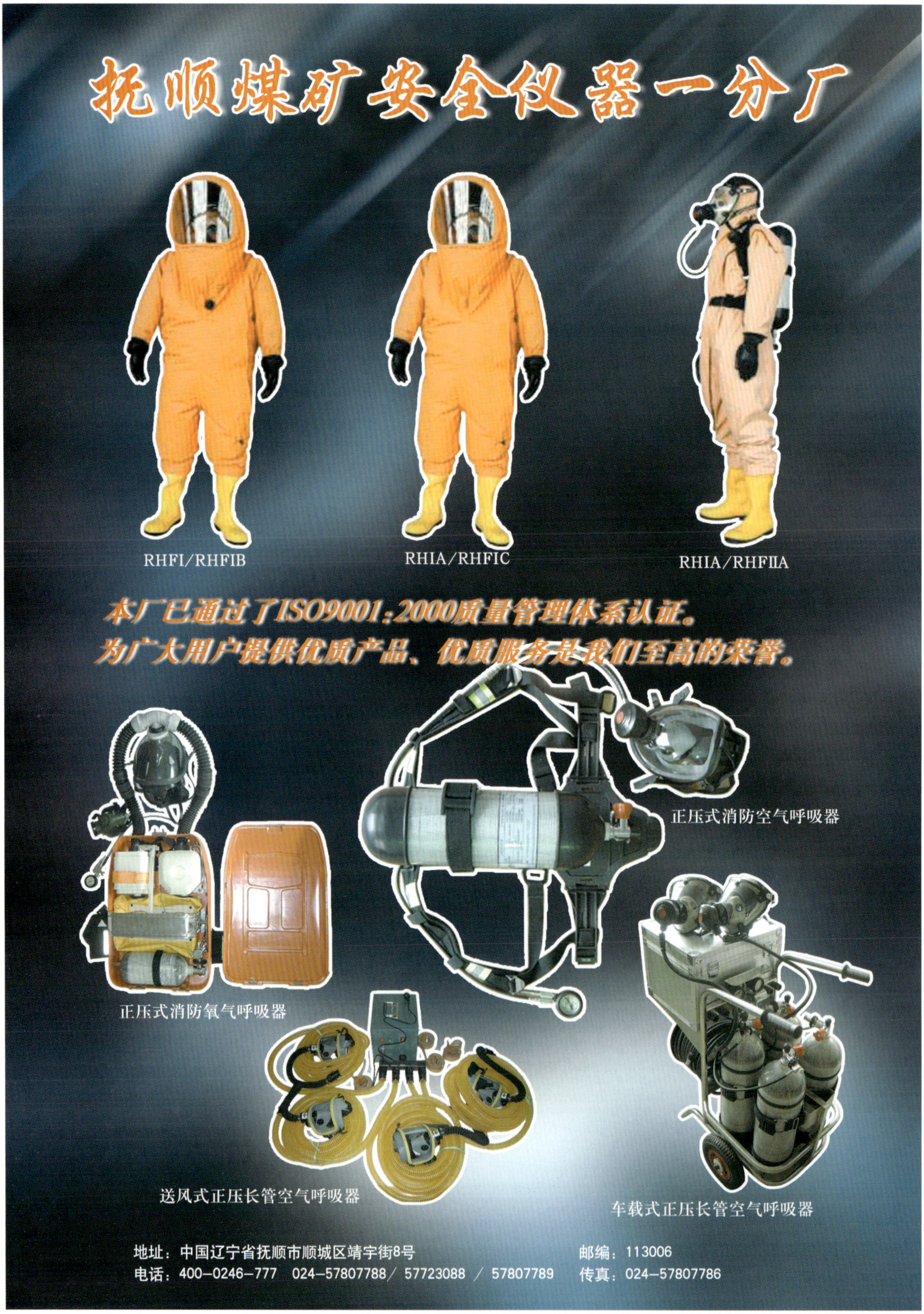
抚顺煤矿安全仪器一分厂
RHFI/RHFIB
RHIA/RHFIC
RHIA/RHFⅡA
本厂已通过了ISO9001:2000质量管理体系认证。
为广大用户提供优质产品、优质服务是我们至高的荣誉。
正压式消防空气呼吸器
正压式消防氧气呼吸器
送风式正压长管空气呼吸器
车载式正压长管空气呼吸器
地址：中国辽宁省抚顺市顺城区靖宇街8号
邮编：113006
电话：400-0246-777 024-57807788/ 57723088 / 57807789
传真：024-57807786

湖南省长沙化工原料总公司

Hu Nan Sheng Chang Sha Hua Gong Yuan Liao Zong Gong Si

湖南省长沙化工原料总公司成立于1956年，是国有中型企业，属于长沙市国资委。计划经济时期，承担长沙市化工产品的经营和存储。公司拥有一支规范、专业的化工仓库管理队伍，多年来坚持科学、严谨的管理制度，积累了丰富的危险化学品存储管理经验。

公司所属的651、652仓库两座大型化工专业仓库均建于上世纪五十年代末，由于长沙城区的发展，省市两级政府决定对651仓库危险化学品仓库实施搬迁。公司按照长沙市政府的规划要求，安全、环保、高起点、高标准设计建设了651仓库，仓库的一期工程于2008年7月1日动工建设，2009年6月底投入运营，并于同期完成位于城区内的老651、652危险化学品仓库的搬迁工作任务。

新的651仓库项目，是长沙市的公共安全项目，解决了长沙危险化学品的集中存储。新的651危险化学品仓库是目前中南地区库容最大、设施最先进的专业化学品仓库，2009年在全国危险化学品仓储业排名第六。自投入运营以来，我们严格遵循"规范高效、诚信创新"的经营理念，规范管理，服务客户努力打造一流的化学品物流企业！

651仓库

651仓库位于长沙市望城县丁字镇，占地282亩，地处长沙市规划的化工物流园区，距芙蓉北路仅1.8公里，距长沙铁路南北货站、霞凝港及金霞物流园区10公里，地理位置优越，交通便利。

1、优良的仓储条件和安全保障

651仓库是按照大型危险化学品仓库的标准设计建设，总建筑面积44614平方米，包括办公生活区、固体库房区、液体储罐区和库区配套铁路专用线四部分。已投入使用的有库房22栋，总建筑面积28900平方米；液体储罐36台，总容积2940立方米，储存能力达3万吨。仓库配有防爆叉车、登车桥、托盘车等机械搬运设备，装卸作业安全、便捷。罐区所有储罐均配有独立的输送、计量、监控设备，既能确保储存商品的安全和质量，又能实现准确收发货物。仓库建有专职消防队，配备了消防车，消防设备齐全，安全措施严密，并有健全的安全管理制度和完善的安全管理机构，在安全管理方面受到了各级安全管理部门和专家们的好评。仓库拥有一支高素质的员工队伍，有几十年危险化学品储运管理经验，商品储存安全可靠，在中南地区同行业有较强的竞争实力和良好的信誉。

2、完备的经营资质

储存经营范围：

(1)危险化学品：压缩气体和液化气体；易燃液体；易燃固体、自燃物品和遇湿易燃物品；氧化剂和有机过氧化物；毒害品；腐蚀品。

(2)其他化工原料。

3、诚信的配套服务

651仓库凭借着完善的仓储安全设施、覆盖全国的运输网络功能、现代化管理手段、突出的行业优势、优质的服务和经验丰富、高度敬业的员工队伍，形成了以仓储、物流配送、包装等综合配套的全方位、全过程、全天候为内容的多维立体仓储服务体系。现与多家大型国家直属企业建立了仓储、运输、物流、终端客户服务等全方位合作关系。我们正朝着集储存、运输为一体，运作规范、管理严谨的一流物流企业方向发展。

目前仓库已步入管理规范、安全运行、稳步发展的轨道，项目后期还有铁路专线、交易市场配套。项目全部投入运营后，我们将为广大客户提供更加高效、安全、便捷、优惠的服务，真正发展成为中南地区新的危险化学品物流中心。

仓库主任：88405758　　13908494746　　黄先生　　营业大厅：88405756　　传真：88405757

地址：长沙市望城县丁字镇（芙蓉北路金霞物流园以北7公里左拐2公里即到）

四川银利华应用

四川银利华应用科技有限责任公司是集开发、应用为一体的高科技公司。目前公司拥有博士1名，研究员2名，研究生3名，大学本科生12名。致力于从事监测监控工程、环保工程、楼宇自动化工程、工业生产自动化控制工程、企业管理软件的研究开发和应用，目前主打产品为矿井井下人员跟踪定位管理及考勤管理系统，为国内的用户提供专业的高性能监测监控系统解决方案和信息化系统解决方案。公司在矿业领域、楼宇控制、自动化控制、监测监控等行业内积累了丰富的经验和忠实的客户群。

公司煤矿系列产品

1、 煤矿井口安检系统

涉及到考试、酒精检测、人脸识别、金属检测等内容。

2、 人员定位系统

主界面：

从矿到县市省的联网界面：

具有专有特色：完全B/S结构，支持语音报警、从矿到县市省联网等特色。

我公司自主研制开发的煤矿井下人员定位跟踪及考勤管理系统第三代产品主要功能：给上级部门提供一个便利主管有力的远程监控手段；给事故情况下的应急救援提供一个安全详实的方案；给企业提供一个全方位的自动化管理平台；严格执行国家安监总局的“三超”要求。该产品在全国处于技术绝对领先地位，一些功能在全国独一无二，解决了一些技术上的难题，该技术可转让。

煤矿井下人员定位管理系统

我公司开发设计的矿井井下人员跟踪管理及考勤管理系统采用先进的设计理念和思想，改变RFID传统采用的433M技术，而采用2·4G的RFID技术和ZigBee技术相结合，使得系统的稳定性能和可靠性能得以大幅度提高；改变传统采用的基站读卡，而采用动态目标识别器读卡，使得系统的精度和反应速度得到大幅度提高；系统采用全智能监测手段，改变传统的只监测人员，而是在监测人员的同时，兼并监测系统本身，系统本身具有自诊断功能，使得系统的的性能智能化和操作使用的傻瓜化。

科技有限责任公司

公司目前现有成套系统

矿井下人员定位跟踪管理及考勤管理系统
煤矿井口安检系统（考试、酒精检测、人脸识别、金属检测）
煤矿培训综合考试系统
煤矿智能OA系统
矿井水文动态监测报警系统
水泥生产线生料、熟料自动化配料系统
企事业单位综合管理系统
学校综合管理系统
学校教务管理系统（中文版及英文版）
学校班主任办公系统
学校学籍管理系统
酒店宾馆综合管理系统
污水处理自动化控制系统
城市供水自动化控制系统
企事业单位工资管理及人事管理系统
企事业单位资料管理系统
房地产销售管理系统
小区物业管理系统
电业部门远程自动化抄表系统
餐饮管理系统
宾馆休闲中心、洗浴中心、桑拿中心管理系统
超市管理系统
企业OA办公自动化系统
医院综合管理系统（医院收费管理、门诊管理、药品管理）
连锁店综合管理系统
仓库管理系统
企事业考勤管理系统
企事业员工档案管理系统
进销存管理系统
企业ERP系
乡镇供电所电费处理系统
固定资产及设备管理系统

3、 煤矿培训考试综合管理系统

管理端界面：

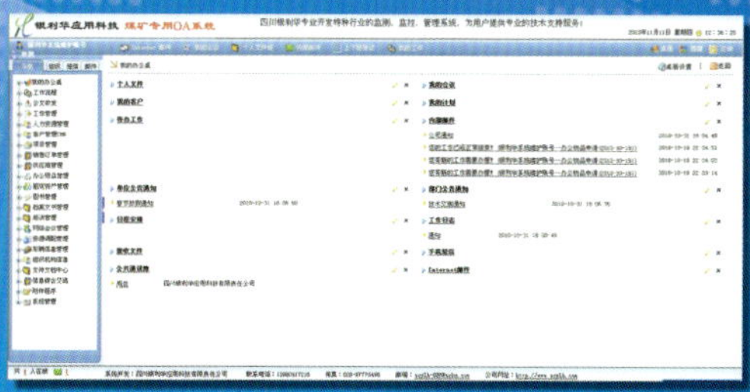

考试端界面：

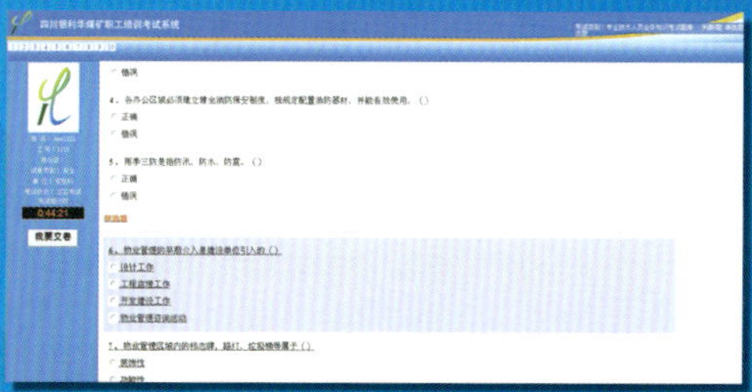

4、 煤矿专业OA系统

煤矿OA主界面：

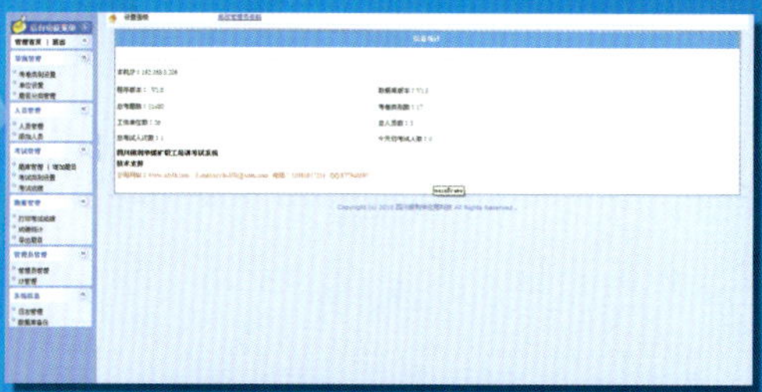

业务电话：13980917216　　技术支持：13980917216
市场部电话：13880574095公司传真：028-87770498
E_mail：ylh_888@sohu.com　　Scylh-888@sohu.com
公司网站：www.scylh.com　　www.scylh.com.cn

乐清市华熙防爆电器有限公司

JHH-13矿用本安型电路用接线盒

KTH106-1Z

矿用本安型自动电话机

KTH106-3Z

矿用本安型自动电话机

KTH109

矿用选号电话机

JHH-4矿用本安电路用接线盒

公司简介 Company Introduction

我公司创建2005年，专业生产各种防爆电话机及防爆接线盒和其它防爆产品等。产品广泛用于矿山、石油化工，炼油厂等有爆炸性气体和粉尘的场所，公司前身是 92 年创建的华通电信设备厂，一直致力于通信产品的生产。公司是《中国煤矿安全技术与装备》会员单位。

公司产品严格按照相关国标和企标生产，并按标准配备了各种专用测试仪器和通用测试仪器，如台湾阳光公司的电声仪，上海精仪公司的电话分析仪器等，以保证产品在各种仪器监测下处于良好的质量状态。

地址：浙江省乐清市象阳镇前横工业区
邮编：325619
电话：0577-62626588
传真：0577-62627529
销售热线：0577-62623188　62752859
网址：www.chhxi.com
E-mail:　hxi@chhxi.com

成都远见复合材料有限公司

成都远见复合材料有限公司是一家集研发、生产、销售为一体的，为现代工业、农业及能源行业等领域提供新型材料的高新技术企业。厂区目前占地80亩，总投资过亿，年设计产值超过5亿元。远见科技长期致力于新产品的开发和持续创新，荣获国家安全生产监督管理局、国家煤矿安全监督局的安全生产科技成果奖；国家标准GB/T9900-2008<<橡胶或塑料织物导风筒>>第一起草单位。依托远见研究院及先进的设备、强大的研发能力和完善的管理体系，所生产的安全矿用系列产品有：聚力牌矿用风筒、新通道牌矿用及隧道导风筒、聚力5S安全矿用挂钩、聚力安全矿用不燃漆，世界500强杜邦公司共同研发，生产的“铠甲”安全抗炮崩风筒；以及领军软体沼行业的专用密闭性材料和户外高端PVC篷材。公司目前是国内唯一同时具备独立自主研发、并独创多项自主核心技术，同时在各涉足领域销售同时领先的复合材料领军企业。

加工设备

拥有复合材料行业最先进纺织系统：国内最先进的绕性高速剑杆宽幅织机、大型牵经机、大型撵丝机、高速剑杆织机32基布生产能力4千万平方米。

拥有国内目前先进的压延系统，总投资额达到4000万；能生产3米幅宽的聚力膜，设计年生产能力2万吨。

自主研发生产的先进PVC贴合机，年复合能力6千万平方米。

技术水平

矿用复合材料是目前国内风筒行业唯一获得安全生产科技成果奖的产品，安全性能（抗静电性能），目前处于国内最领先的水平，不会随时间的延长而衰减带来安全隐患。是成都远见复合材料有限公司拥有自主知识产权的独有技术。

是国家标准GB/T9900《橡胶或塑料织物导风筒》第一起草单位；是煤矿行业标准MT 164-2007《煤矿用涂覆布正压风筒》和MT 165-2007《煤矿用涂覆布负压风筒》的第二起草单位。公司一直秉承开拓创新、拼搏务实、诚实守信、追求共赢的核心价值观，不断谋求改善和进步，进而贡献于社会。

地址：四川省成都市龙谭寺光明村四组

电话：028-84211061　传真：028-84211016

Dräger

装备有价
生命无价
Dräger PSS BG 4
正压式氧气呼吸器
支持长达四小时呼吸
Dräger Pac 7000
便携式单一气体检测仪
可检测CO、H_2S、O_2等
Dräger X-plore 6530
全面罩+滤毒罐
Dräger CPS 5900
气密型化学防护服
Dräger Hazmat Simultest
应急侦毒箱
德尔格产品为应急救援人员提供自身安全保护！德尔格是一家在安全领域拥有超过120年专业经验的全球化集团公司，是生产个人防护与气体检测设备的世界顶级供应商之一，同时还为客户量身定制系统解决方案。德尔格集团秉承技术造福生命的理念，每年将销售额的7%用于研发。德尔格遍及全球超过100个国家的子公司和服务网络将为您随时随地提供满意的产品和服务。
德尔格，您可信赖的合作伙伴！
德尔格 · 生命的技术
www.draeger.cn
详情请洽：德尔格安全中国 电 话：010-8049 8000 上海分公司 电 话：021-5298 9668

中国煤矿机械装备有限责任公司

平朔矿区维修中心

中国煤矿机械装备有限责任公司平朔矿区维修中心（以下简称中心）是中国煤矿机械装备有限责任公司的下属企业，同时也肩负着中煤装备公司驻平朔办事处的职能。中心成立于2005年11月，位于朔州市经济开发区，已获得ISO9001：2000质量体系认证，能够承接普采、综采工作面，包括液压支架、刮板输送机、采煤机、转载机、破碎机等三机配套设备的维修服务和技术改造。

中心成立以来，按照“服务、保障、配合”的工作方针和准确定位，不断创新内部管理机制和运行程序，全面服从服务于中煤集团“亿吨级”煤炭基地建设，同时积极开发朔州地方煤机维修市场；维修质量达到国内标准，所修设备各项性能完全达到或接近原出厂标准，有力的保证了综机设备的正常、高效运转。

中心技术改造项目08年9月15日开工建设，2010年3月15日竣工验收。项目总投资12966万元，建筑总面积：23788.02㎡，其中：主车间20763.96㎡，办公楼3024.06㎡，厂房跨度均为24m，共五跨，长度180.3m，新增各类设备共计34台（套）。项目整体规划为“一轴三区”，分别为厂房区、景观区和办公区，设置总装车间、液压车间、传动车间、采掘车间、电机车间及综合库房，技改后将实现13台套综采设备及相关采煤机械的维修能力，项目建成后将是晋北地区规模最大、现代化程度最高的煤机设备维修基地。

中心成立以来狠抓安全质量标准化建设，制定了《平朔矿区维修中心安全质量标准化》和相应的组织机构和实施计划，力争在年内取得二级企业安全质量标准化认证证书；健全标准化考核体系和实施办法，并制定年度实施计划，严格目标考核激励，全面提升标准化水平；健全安全管理和技术保障体系，加强安全监管、层层落实责任，把“零死亡”等安全理念落实到生产、管理、监督各个环节，推进“环境、素质、责任”建设，构建本质安全的软硬件环境。

中心2007年被朔州市经济开发区管理委员会授予“税收贡献奖”，2008年被山西省国税局、地税局联合授予“纳税信用A级单位”，2008、2009年被装备公司党委授予“先进党总支”，中心以中煤集团科学发展新思路为指针，解放思想，真抓实干，把具体行动落实到“1458”工作思路和“22255”发展目标上，尽快建成“国内第一、世界领先”的煤机维修企业，为实现集团公司的五年规划和发展目标做出新的更大的贡献！

防火保温外墙装饰系统　低碳 环保 节能 高效

产品特点

基础材料直接复合　节省材料 30%

快速连续自动生产　节约工时 50%

施工安装一次完成　节约工期 50%

仿石、仿砖、仿金属、效果任意

色彩丰富、自洁性强

轻质耐磨、坚固耐久

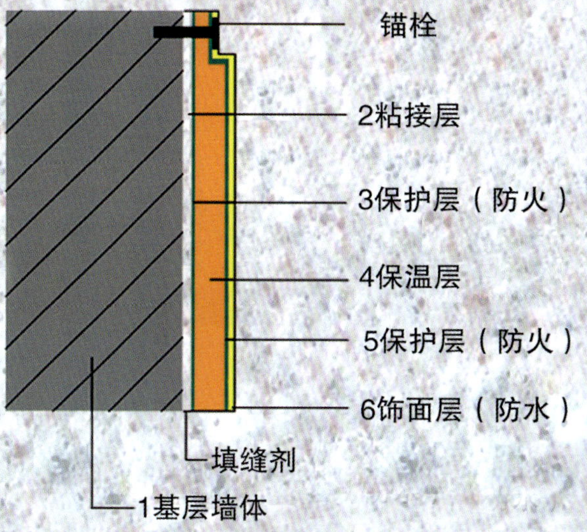

防水 防火 保温三防一体板结构图

技术指标	
吸水量（浸水 24 小时）：≤350g/m²	点火 30s，60s 内燃烧长度：≤110mm
抗冲击强度：≥13.0J	时间为 600s 时的总放热量：≤7.0MJ
水蒸气湿流密度：1.1 克/（m²/ h）	耐冻融性能：30 次动容循环后，保护层无空鼓、脱落，无渗透裂缝；保护层与保温层的拉伸粘结强度 0.1MPa，破坏部分位于保温层
不透水性：污水渗透	
抗风压值：6.7KPa	耐候性（实验经 80 次热雨周期，5 次热冷周期后性能）：抹面层与保温层的拉伸粘结强度不得小于 0.15MPa，破坏位于保温层
燃烧值增长率指数：≤117W/S	
火焰横向蔓延长度：<0.20m（式样边缘）	

华智

创立模块化外墙板标准体系

创建专利技术支撑体系

创造科研生产市场联盟体系

公司领导

滦县县委副书记、县长方成毅和滦县县委
副县长杜庆勇亲临现场参观指导

董事长、总工程师牛智勇向领导和专家
介绍自动化生产线设计方案

奥林匹克森林公园施工现场

旧楼保温施工现场

样板工程

温暖全中国，会世界！

技术咨询：18631585988 18631585986 186315859890 （唐山）
13371679550 （北京） 13326697728 （珠海）
电　话：0315--7160661 7390000（传真）
地　址：唐山市滦县台商工业园　http://www.tshzjj.com　Email: tshzjj@yeah.net

GANGKAI & MASCO

www.gnm.cn

Quality System

- EN ISO 9001:2008
- EN ISO 13485:2003

Products Certification

- EN 149:2001+A1:2009 FFP1 NR
- EN 149:2001+A1:2009 FFP2 NR
- GB 2626:2006 KN95
- NIOSH N95

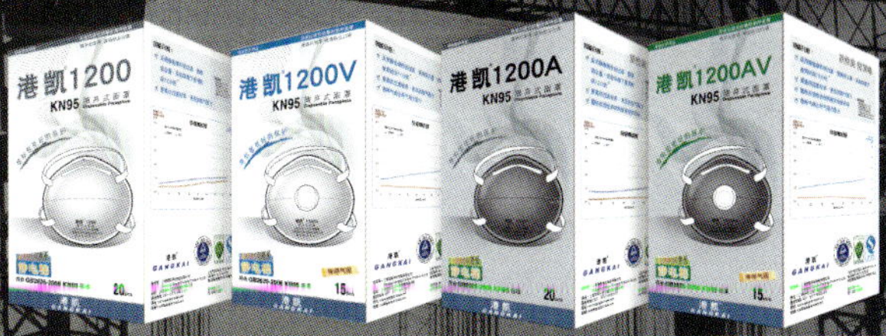

港凯1200 口罩系列特点

港凯1200

港凯1200 是GIKO 1200的升级版。采用本司研发的新材料与高效过滤材料复合，使过滤效率同样达到中国标准KN95或美国NIOSH标准的N95等级。但它的阻力下降近5mmH20。容尘量却增加数倍，表现在佩戴本品时感觉舒适、透气性好。且使用时间可达到15小时以上，明显降低使用成本。使用港凯1200，节省开支，健康安全有保证

港凯1200V

本品采用本司研发的新材料与高效滤材复合，增加了容尘量，延长了使用时间。还配置了呼气阀，呼气通畅，口罩内几乎没有CO2废气积聚，不会造成缺氧损害。阀片材料，经过严格的高低温试验，不变形、不收缩、气密性好。保证吸气时不泄漏，有力地保护用户的安全和健康。

用途:适用建筑、矿业、打磨、水泥、制药、玻璃、五金等产生生产性粉尘的作业场所。

港凯1200A

本品在1200系列产品优异性能的基础上，添加了颗粒状活性碳吸附新材料，具有吸附异味的性能，活性碳颗粒粉末状，吸附表面积增加，能和口罩使用时间相匹配。

港凯1200AV

本品除了具有港凯1200A的优异性能外，配置了呼气阀，呼气通畅，口罩内几乎没有CO2废气积聚，不会造成缺氧损害。阀片材料，经过严格的高低温试验，不变形、不收缩、气密性好。保证吸气时不泄漏，有力地保护用户的安全和健康。

用途:适用建筑、矿业、打磨、水泥、制药、玻璃、五金等产生生产性粉尘的作业场所及有异味的场所。

咸阳超越离合器有限公司

咸阳超越离合器有限公司成立于一九九九年，是以研发、生产、销售机械基础件为一体的专业化公司。通过了ISO9001质量管理体系认证，为陕西省高新技术企业。

二00六年“CHAOYUE”牌单向离合器被授予陕西省名牌产品称号，同年 “CHAOYUE”商标被评为陕西省著名商标。

公司现在已形成了以单向离合器为龙头，胀紧联结套、电磁离合器和联轴器为主导的四大类、近百个系列、几千种规格型号的产品。秉承 “客户的需求就是我们产品开发的方向；客户的不满意就是我们产品改进的方向”的产品开发理念，围绕客户的需求，公司致力于机械基础件产品的开发和攻关。

咸阳超越离合器有限公司以卓越的产品品质、完善的售后服务及可靠的信誉在业界赢得了较高的知名度，深得客户的信赖。目前公司产品已销往全国各地及海外，我们也可根据您的需求生产加工。您的需求就是我们发展的方向，我们期待与您真诚的合作。

超越离合器

CKF-A

CKZ-A

CK-A

CK-N

CKZ-F

NJZ型接触式逆止器

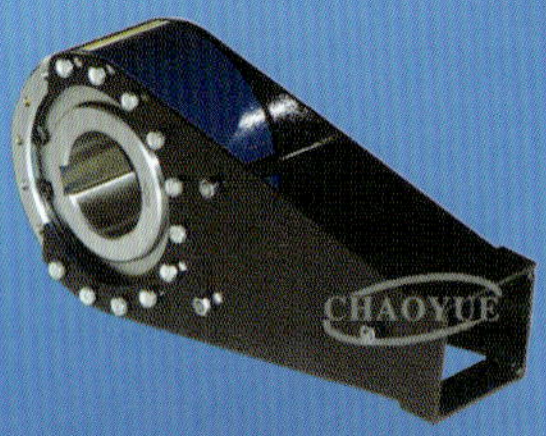

NJ型接触式逆止器

NF型非接触式逆止器

胀紧套

Z2

Z3

Z4

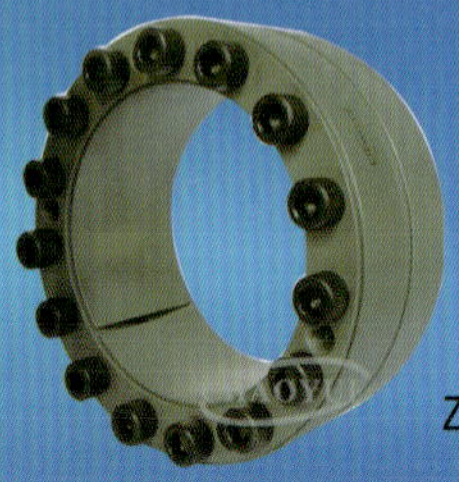

Z5

Z9

Z12a

联轴器

弹性柱销齿式联轴器

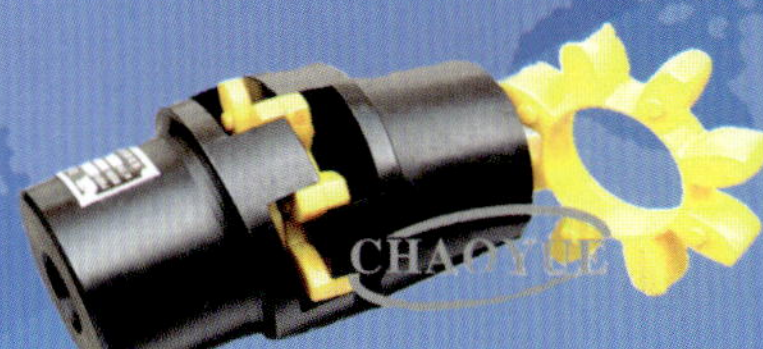

梅花联轴器

鼓形齿联轴器

滚子链联轴器

LTZ弹性套柱销联轴器

星形联轴器

质量管理体系认证证书

咸阳超越离合器有限公司

GB/T 19001-2008/ISO 9001:2008标准要求

单向离合器和涨紧联轴套的设计开发和生产

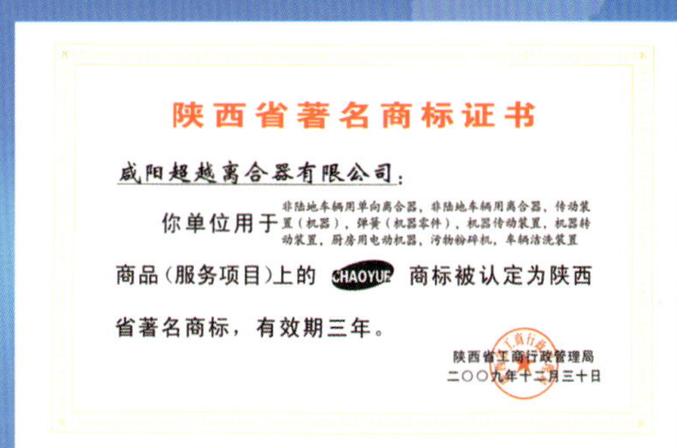

陕西省著名商标证书

咸阳超越离合器有限公司：

你单位用于非陆地车辆用单向离合器，非陆地车辆用离合器，传动装置（机器），弹簧（机器零件），机器传动装置，机器转动装置，厨房用电动机器，污物粉碎机，车辆清洗装置商品（服务项目）上的 CHAOYUE 商标被认定为陕西省著名商标，有效期三年。

陕西省工商行政管理局

二〇〇九年十二月三十日

矿用产品安全标志证书

矿用产品安全标志证书

矿用产品安全标志证书

地址：陕西省咸阳市毕塬西路14号 邮编：712000

网址：www.xy-cy.cn www.xy-cy.com

邮箱：chaoyue@xy-cy.cn

电话：（总　　机）029-33215252 33276859

（直拨电话）029-33215251 33280111

传真：029-33160536

天津市东丽警报器厂

公司简介

天津市东丽警报器厂建于1984年，是国内生产可燃气体报警设备较早厂家之一。多年来产品不断改进，产品规格越来越多，生产规模越来越大。目前产品已形成系列化。产品广泛应用于石油化工，制药，仓储，石油液化气等企事业单位。

QJ-D-99F型可然/有毒气体报警控制器

产品介绍

QJ－D－99F型可燃/有毒气体报警控制器与QJ－T－08型可燃气体探测器或QJ－T型有毒气体探测器构成分线制可燃/有毒气体报警系统。

控制器采用三位LED显示监控点的可燃/有毒气体浓度，直观清晰。

本控制器规格有一、二、四、八路，并有Ⅰ级报警和Ⅱ级报警两种机型

Ⅰ级报警：只设低限报警，当检测气体浓度达到报警低限值时，报警控制器发出声、光指示度启动联动输出；

Ⅱ级报警：低限报警时，发出声、光指示；高限报警时，报警控制器发出声、光指示同时启动联动输出。

本系统各个检测回路相互独立，具有检测速度快、响应及时、结构简单、使用方便、安装成本低等特点。

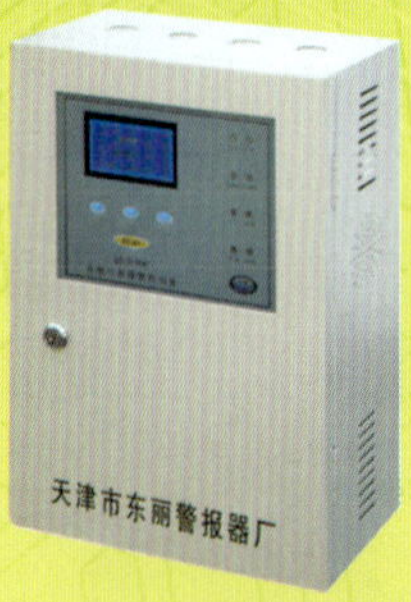

QJ－D－99F型可燃气体报警控制器

产品介绍

QJ－D－99F型可燃气体报警控制器，可配接4支QJ－T－08型可燃气体探测器构成分线制报警系统。

控制器的采用大屏幕液显示，界面直观、内容充实，可实时显示系统的高、低报警及故障状态；本系统具有结构简单、使用方便、安装成本低等特点。

本控制器有：Ⅰ级报警和Ⅱ级报警两种机型。

Ⅰ级报警：只设低限报警，当检测气体浓度达到报警低限值时，报警控制器发出声、光指示并启动联动输出；

Ⅱ级报警：低限报警时，只发出声、光指示；高限报警时，报警控制器发出声、光指示同时启动联动输出。

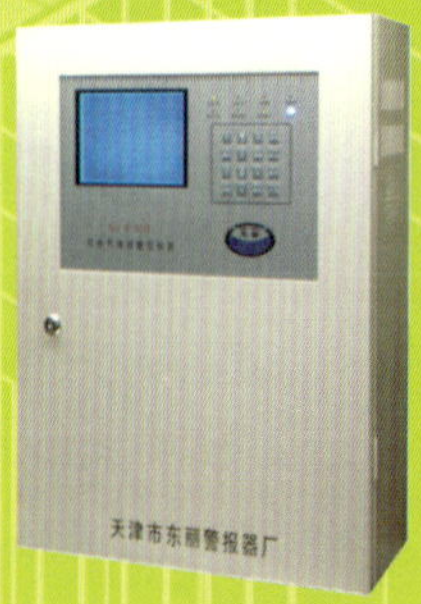

QJ－D－99Z型
可燃气体报警控制器

产品介绍

QJ－D－99Z型可燃气体报警控制器，采用总线通讯方式，可配接64支以内QJ－T－04Z型可燃气体探测器构成总线制可燃气体探测器构成总线制可燃气体报警系统。控制器采用大屏幕液晶显示，界面直观、内容充实，可实时显示各个监控点的气体浓度。

近年来，我厂加强了与有关设计院（所），消防工程公司等单位的横向联合，使产品集生产、安装、服务于一体。产品以性能稳定、优质服务、价格合理，深得用户的好评。产品先后通过国家消防电子产品质量监督检验中心及国家防爆电气产品质量监督检验测试中心的检测及产品型式认可。

http://www.dljbq.com

天津市东丽警报厂

企业宗旨

治企业 如理天下

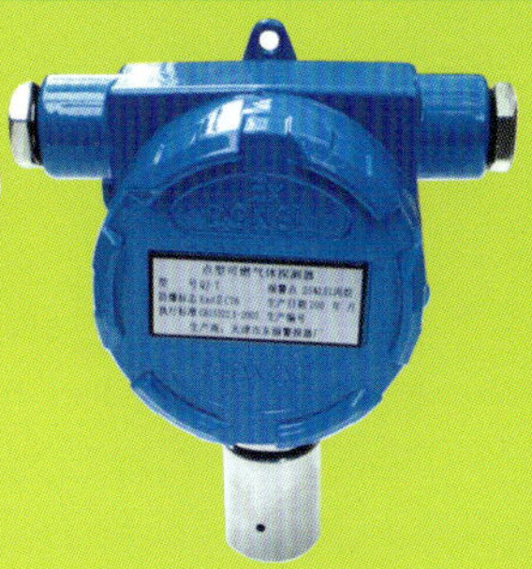

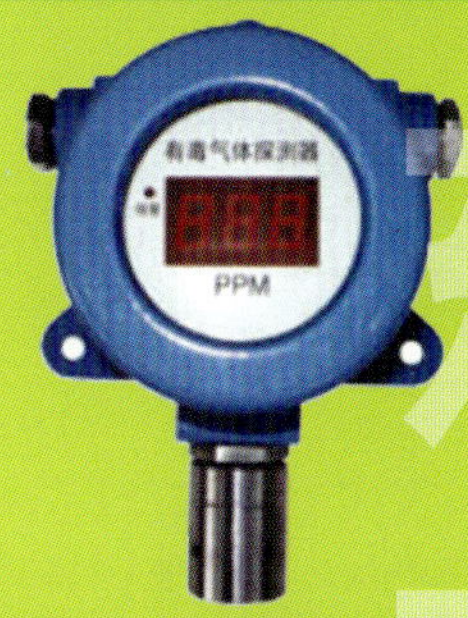

QJ-D-99F隔爆型可燃气体报警控制器

产品介绍

QJ-D-99F隔爆型可燃气体报警控制器，与QJ-T-08型可燃气体探测器（或QJ-T有毒气体探测器）及隔爆型声光报警器，通过电缆连接构成可燃气体（或有毒气体）检测、报警系统。当环境中可燃气体（或有毒气体）浓度达到报警浓度数值时，即时发出声、光报警。

本控制器为隔爆型可燃气体报警控制器，可直接安装于防爆场合，解决了过去非防爆产品远离现场操作难的不足，而且减少了系统管线安装的大量成本。

适用范围：天然气、石油液化气、城市煤气、氢气、一氧化碳、甲烷、乙烷、丁烷、乙烯、丙烯、丁烯、乙炔、丙炔、丁炔等可燃气体进行监测。

QJ-T-04Z点型可燃气体探测器

产品介绍

本探测器与QJ－D－99Z型报警控制器构成可燃气体检测系统。

QJ－T－08点型可燃气体探测器

技术特性

1.型　号：QJ-T-08
2.工作电压：DC24V±15%
3.信　号：4~20mA
4.检测器件：催化燃烧
5.环境温度：-40-70℃
6.防爆等级：ExdⅡCT6
7.检测范围：0-100%LEL
8.重　量：1Kg

QJ－T型有毒气体探测器

产品说明

QJ－T型有毒气体探测器，采用进口电化学传感器具有检测精度高、性能可靠、响应时间短等特点，广泛应用于石油、化工、橡胶、皮革、冶金、环保等行业，对环境中的有毒有害气体进行监测，当有毒气体浓度超过标准安全值时及时报警，防止有毒有害气体造成人身危害，是实现安全生产必备的理想产品。

电话：(022)24390824/24930625
传真：(022)24390824
地址：天津市津塘公路四号桥（驯海路）
邮编：300300
http://www.dljbq.com
E－mail:bgg@dljbq.com

AX003

AX006

AX3028

AX001

AX6029

AX005

AX061

AX057

AX013白

SHENSHINE®

上海澳翔鞋业有限公司

穿澳翔鞋　走安全路

服务热线：400 670 6366

传真：021-62966516

网址：Http://www.4006706366.com

E-mail：web@chinaaoxiang.cn

地址：上海市闵行区纪鹤路3号3楼

邮编：201106

AX3040C

AX032B

AX3067

AX080

AX079

AX6028

AX6026

AX9005

公司简介

上海澳翔鞋业有限公司是一家专业从事中高档防护用品的研发、设计、生产、销售、服务为一体的现代化中型合资企业。

公司坐落于上海市闵行区巨龙经济城内。公司现拥有注射、冷粘等多条处于国际领先水平的生产流水线；公司拥有自己独立的标准试验室，配备先进的试验及检测设备数十台，能够充分满足企业产品质量是否符合要求的试验与检测。检验员通过劳保用品检验中心定向培训。成熟的产品质量检验系统可以充分的保证您工作的安全，并成为同行业质量检验检测的标杆。

“澳翔”“澳牌”安全鞋行销全国，是公司的拳头产品，经过公司数年的跨越式发展，澳翔个体防护和工业防护用品立足国内，辐射东南亚，出口欧美，已建立面向世界，服务全球的销售网络。

公司本着“以人为本”倡导“以质量求生存、以管理促销售、以信誉待客户”的销售宗旨，迅速崛起于中国安全防护业。

“保护您的生命财产安全是我们的天职”。澳翔每一位员工每时每刻都牢记着，我们的安全鞋及防护用品只为一个目的——保护您的生命财产安全。

重庆格雅制衣有限公司

company
introduction

重庆格雅制衣有限公司，建于1981年，是集服装设计、培训、生产销售为一体的企业。实行独立核算，自负盈亏。我公司生产的全衬里西服与1987年被评为重庆市优秀产品。1990年3月，经渝劳护字（[1990]F05-211）文批准，至今一直为重庆市劳动保护用品定点生产企业，并于2000年至今通过国家有关部门检验、考核、认证合格，取得国家颁布的防静电、防酸、阻燃等特种工作防护服的生产许可证。我公司在2006年8月获得中国质量信誉监督管理协会推介的“质量、信誉、服务AAA级会员单位”和“重质量、守信誉先进单位”以及“质量稳定，用户放心明星企业”等称号。

我公司具有雄厚的技术实力，先进的生产设备，完善的管理措施，在西南地区名列前茅。现有职工500余人，其中高级技术人员、专业设计师、管理人员占职工人数的12%左右，年生产能力50余万套，劳保皮鞋10余万双，工作中严把质量关，绝不生产不合格产品。

服务宗旨

我公司产品质量可靠，价格合理；交货迅速，实行三包；信守合同，服务周到；信誉第一，用户至上。针对个行业、个企事业单位的需要进行生产，以用户的满意为己任。我公司全体员工热忱欢迎各位领导，各界朋友前来我公司考察参观，指导工作、洽谈业务。谢谢合作！

主要产品

1、各种面料、款式的普通劳保工作服。按GB/T1335.2 — 1997标准生产。同时也根据需方的要求生产各种服装。

2、各种面料的工作帽、帆布劳保手套。

3、普通劳保皮鞋、耐油劳保　、防砸劳保皮鞋。

4、特种劳保服：阻燃服（GB8965—1998）、防静电服（GB12014—89）、耐酸服（GB12012—12013—89），按以上标准进行生产、制作。

5、各种职业装、休闲服、校服、床上用品及各种缝制品。

经营方式

看样订货、来样订货、来料加工；代设计新颖款式的服装、皮鞋；代办运输，送货上门。

公司地址：重庆市北碚区蔡家正街52号　　邮编：400707

电话（传真）023-68277142　　E-mail:gyzyyxgs@163.com

常熟市练塘胶木塑料配件厂

常熟市练塘胶木塑料配件厂地处江南鱼米之乡的中心，是连接上海、苏州、无锡的交通枢纽。自1988年开始研制、生产矿用本安信号电缆连接器、分线盒以来，至今已有20多年生产经验。由于我厂长期注重产品质量和售后服务，企业信誉良好，深受广大用户信赖，并被推荐为建设标准化矿井中本质安全电路电缆配套的规范产品。

矿用信号电缆连接器、分线盒产品概述

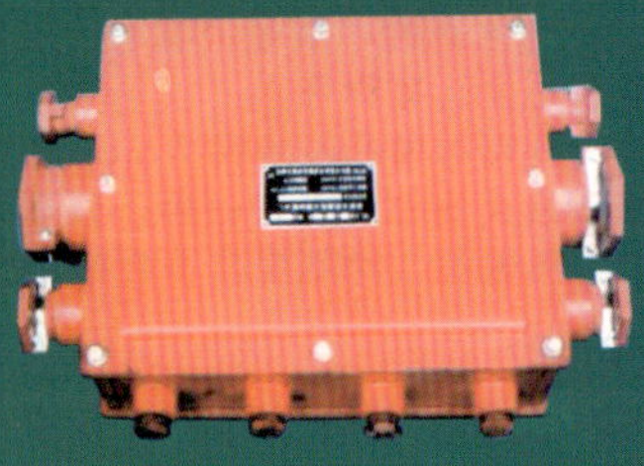
KHH-50型矿用本安信号电缆分线盒

产品名称：矿用信号电缆连接器、分线盒

本系列可与煤矿通讯、监控系统所使用的电缆配套，可用于煤矿井下采掘工作，巷道洞室，上下山等有瓦斯，煤尘爆炸危险环境，作为与本安型通讯，监控系统设备的电缆连接装置。所连接的系统，电源部分和负载部分、均需取得防爆合格证，并且只能用于《防爆合格证》所规定的能相互配套的电源部分和负载部分之间的连接。

1.使用环境

有爆炸性气体

有煤尘

有淋水

环境温度-20℃~+40℃

相对温度95±%3% 防外物5级 防水4级

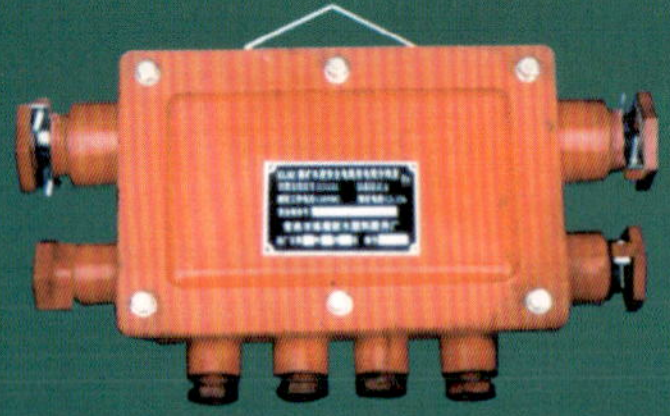
KHL型矿用本安信号电缆连接器

矿用本安光缆分线盒

2.技术要求

接触电阻小于0.01欧姆

绝缘电阻大于500兆欧

表面绝缘电阻小于1×Ω

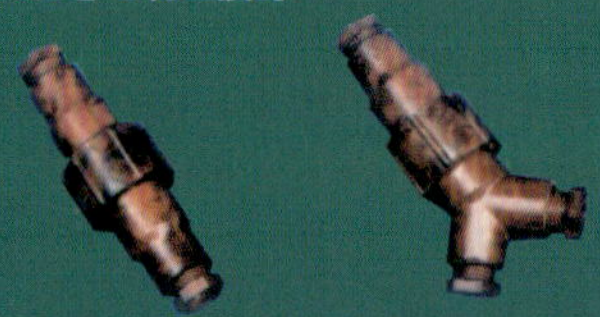
KHH-10型矿用本安信号电缆分线盒

3.使用说明

(1)本系列的规格从一对—五十对，可按需要任意选用。

(2)本系列只能用于工作电压60伏直流以下，工作电压≤3.15A的本安电路上使用。

(3)本系列的密封圈，平垫圈的内径、可按使用电缆线径，在安装时随意选用。

(4)安装时必须拧紧进线罗母，紧固罗钉、保证密封可靠。

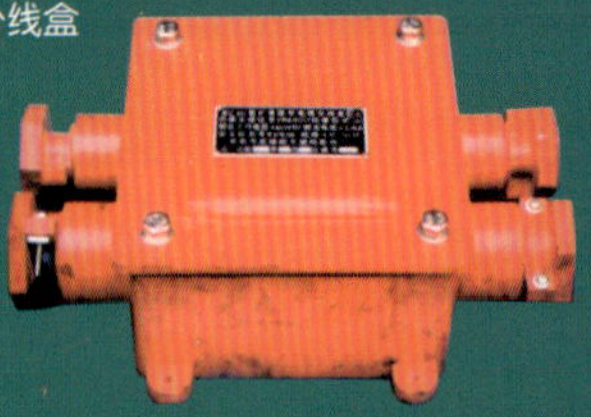
KHH-10型矿用本安信号电缆分线盒

4.使用须知

(1)本系列可用于60伏以下的本安型通讯，监控设备中，未经防爆审查机关确认，不能同时接通二路本安电源。

(2)本连接器可用于符合上述条件的所有矿井区域中、包括采掘工作面。

KHH-10型矿用本安信号电缆分线盒

地址：江苏省常熟市练塘镇东街10号　邮编：215551

电话/传真:0512-52428483　联系电话：13906232183

联系人：金颖芳　13862321280

东莞三江港口储罐有限公司

储罐区

东莞三江港口储罐有限公司成立于2004年4月，于2007年9月28日正式投产，建有长300米2万吨级的国家一类开放口岸码头：共建有液体化工品储罐97座，总罐容约 2 5万立方米，装车台四座，可满足所有储罐同时装车的需要：桶装仓库总面积4200平方米，装备自动灌装机，设计年灌装能力100万桶：可以储存政府核准的物料：苯类、醇类、酯类、酮类、醚类化工品和油品，共80多种物料。

地址：广东省东莞市虎门港沙田镇立沙岛化工区　网站：www.egtchina.com

战略定位：

领先的危险化学品物流基地

——国际化的管理水平

——精良的操作及安环设施

——全过程的优质服务

企业使命：

为员工搭建发展平台　为客户提供优质服务

为社会创造综合价值　为股东获取丰厚回报

企业价值观：

诚信　共赢　效率　创新

装车台

中控室

地磅房

我们的服务：

散装货物储存服务

桶装货物储存服务

装、卸船服务

装、卸车服务

灌桶服务

增值服务项目：

进出口货物保税仓服务

库存货物货权转移服务

代办船只报关报港服务

代办货物商检服务

代办运输服务

宁波天弘电力器具有限公司
宁波天弘电力器具有限公司是全国安全生产协会会员企业、全国安全生产协会劳动防护专委会委员单位、全国架空线路标委会运行分会单位委员、全国电力系统送电运行工作网成员单位、全国带电作业标准化技术委员会的单位委员、省安全生产协会常务理事单位、省劳动防护专业委员会副理事长单位。
公司已形成安全防护用品和电力施工、带电作业器具三大类产品。企业已取得“ISO9001 质量体系认证”、“特种劳动防护用品安全标志”。产品通过了国家权威机构的型式试验和检测，在相关网、省电力公司认可采用或办理入网使用。
公司承担并完成了相关省（市）电力公司委托或合作的科研项目。多项科研项目通过相关部门的鉴定。“防坠落保护装置”是唯一通过国家安全生产监督管理总局鉴定的防坠落装置，已有 11 项专利授权，已在国家电网公司及南方电网公司范围的部分 10kV~1000kV 线路杆塔或变电构架上安装使用，并也在发电、通讯行业的高处作业场所安全使用，有效地保护了高空作业人员的安全。
公司受浙江、安徽及福建省公司委托，研制了适用于不同工况的“220kV 和 500kV 抢修塔”。产品获多项专利并通过检测和验收，目前已被国家电网及南方电网公司的运行单位采用；“防潮绝缘绳索”通过原国家电力公司的鉴定，并有二项发明专利授权，另有三项实用新型专利授权。它有效地解决了绝缘绳的防潮问题，其应用有利于提高我国带电作业的安全可靠性。
公司目前已拥有二十八项专利（发明、实用新型专利），其中六项获得发明博览会金奖、银奖和铜奖。公司为国家标准《带电作业用绝缘绳索》、《架空输电线路抢修杆塔通用技术条件》、《坠落防护 带刚性导轨的自锁器》和电力行业标准《带电作业用绝缘垫》、《带电作业用便携式接地和接地短路装置》的起草单位，并被邀参与国家电网公司《杆塔作业防坠落装置》企业标准的初稿讨论和送审稿审查。
固定导轨式防坠落保护装置
救生绳
救生软梯
绳式缓冲器
钢丝绳速差保护器
新款安全带
全身型安全带
围杆绳调节器
全身型双挂点安全带
天弘电力器具
地 址：浙江省宁波市象山县西周机电工业园区 联系人：陶爱云 手 机：13456110034
电 话：0574-65839888 /65837628 传 真：0574-65836222
网 址：www.cnnbth.com 邮 箱：thxsb@126.com

江苏江煤科技集团股份有限公司

——徐州江煤科技有限公司

XUZHOU JIANGMEI TECHNOLOGY CO;LTD.

企业简介 Company Introduction

江苏江煤科技集团是集煤矿安全综合监控系统及安全仪器、机电设备的科研开发、生产制造、经营、安装于一体的国家级高新技术企业。集团下设徐州江煤科技有限公司、徐州中讯电子科技有限公司、徐州中恒机电制造有限公司，公司占地面积56亩，建筑面积48 000平方米，注册资本3 000万元，员工685人，年营业额达三亿元以上，现主要生产矿井安全生产（综合）监控系统、井下人员定位跟踪管理系统，矿用应急求援语音数字广播系统，各种矿用传感器、矿用安全仪器、检测检验设备及各种救护设备，其中YTC10型煤层瓦斯突出预测仪是国家863计划项目研究成果、国家高新技术产品，其技术成果填补了国内空白，CJC4X型悬挂式甲烷测定器2005年被江苏省科技厅评为高新技术产品，并承担着国家星火计划。公司近几年来被评为国家级高新技术企业、省级诚信单位及市级重合同守信用企业等荣誉称号，并通过了ISO9000质量体系认证，本公司产品均具有自主知识产权。

2010年8月，集团公司与中国矿业大学、矿大科技园、徐矿集团联合成立了江苏中矿智慧物联网科技股份有限公司，公司在感知矿山灾害征兆、灾害事故预警预报、井下安全环境感知、主动式安全保障、感知矿山设备、预知维修等领域的科技成果产业化方面已取得重大突破。公司以感知矿山领域的国际一流的物联网领军企业为企业愿景，努力成为煤炭安全生产相关技术标准的制定者，感知矿山相关硬件、软件等产品的主要供应者，并带动徐州地区成为国家矿山物联网创新示范区，为物联网产业发展贡献力量。

多年来我公司本着精益求精的科学态度，秉承“科技第一、品牌第一”的企业准则，“诚信、合作、求实、创新”的发展理念，为实现”成为中国煤矿安全监测监控系统、仪器仪表一流供应商的愿景而不懈努力。

徐州江煤科技有限公司产品一览表

序号	产品名称	规格型号	序号	产品名称	规格型号
1	矿井安全监测监控系统	KJ379A	35	便携式红外甲烷测定器	JHB10
2	矿用隔爆兼本安型不间断电源箱	KDW-660/18A	36	便携式智能甲烷测定器	CJC4
3	矿用分站	KJ379A-F	37	硫化氢测定器	CLH100B
4	矿用信息传输接口	KJ379A-J	38	多参数测定器	CD4
5	井下人员定位跟踪管理系统	KJ386	39	氧气测定器	CYH25B(A)
6	矿用人员定位系统分站	KJ386-F	40	一氧化碳测定器	CTH1000B(A)
7	矿用人员定位信息传输接口	KJ386-J	41	甲烷氧气测定器	CJY4/25B(A)
8	矿用读卡分站	KJ386-D	42	甲烷二氧化碳测定器	CJR10/4
9	人员定位识别卡	KJ386-K	43	个体粉尘采样器	CCX-2
10	矿用语音广播系统	KXY127	44	全自动粉尘测定器	CCZ1000
11	矿用隔爆兼本安型音箱	KXY127A	45	粉尘采样器	CC-20
12	矿用隔爆兼本安型音箱	KXY127B	46	光干涉式甲烷测定器	CJG10
13	矿用本安型对讲器	KXY127C	47	矿用电子风速表	CFJD25
14	矿用隔爆型不间断电源箱	KDW660/127B	48	矿用红外测温仪	CWH550
15	矿用风门开闭状态传感器	GFK30	49	矿用激光指向仪	YHJ800
16	矿用设备开停传感器	GKT5L	50	甲烷报警矿灯	KLW4LM(A)
17	煤矿用高低浓度甲烷传感器	GJC4/100	51	矿灯	KL2.5LM(A)
18	煤矿用一氧化碳传感器	GTH1000	57	矿井压风自救装置	ZYJ（A）
19	矿用风速传感器	GFW15	52	隔绝式正压氧气呼吸器	HYZ4
20	煤矿用本质安全型声光报警器	KXB18	53	隔绝式正压氧气呼吸器	HYZ2
21	温度传感器	GWD100	54	隔绝式压缩氧自救器	ZYX45
22	粉尘传感器	GCG1000	55	隔绝式化学氧自救器	ZH30
23	压力传感器	GPD5F	56	隔绝式化学氧自救器	ZH15
24	水位传感器	GUY10	58	矿用安全仪器校验装置	BAX-1
25	遥控器	FYF1.0	59	矿用安全仪器综合检测校验装置	JMXY-A
26	矿用接线盒	JHH-4	60	多功能传感器故障诊断仪	JMJC-B
27	矿用接线盒	JHH-3	61	多功能分站故障诊断仪	JMJC-A
28	矿用接线盒	JHH-2	62	多功能便携仪故障诊断仪	JMJC-C
29	瓦斯突出预测仪	YTC10	63	多功能传感器故障诊断仪	JMJC-B
30	悬挂式甲烷测定器	CJC4X	64	矿灯故障诊断仪	JMJC-D
31	悬挂式甲烷氧气测定器	CJY4/25X	65	矿用风门自关自闭一体装置	MBS-6A
32	悬挂式甲烷一氧化碳测定器	CJT4/1000X	66	矿井自动供水自救装置	JMSY-10
33	悬挂式多参数仪	CD4X	67	智能型多参数流量标准仪	ZNDCS-1
34	悬挂式红外甲烷测定器	CJH100X	68	分站电池检测维护仪	JMAH-102E

荣获专利项目产品一览表

序号	产品名称	规格型号	专利项目
1	矿井安全监测监控系统	KJ379A	实用新型专利
2	煤矿用高低浓度甲烷传感器	GJC4/100	实用新型专利
3	煤矿用一氧化碳传感器	GTH1000	实用新型专利
4	矿用风速传感器	GFW15	实用新型专利
5	悬挂式甲烷测定器	CJC4X	实用新型专利
6	便携式智能甲烷测定器	CJC4	实用新型专利
7	甲烷氧气测定器	CJY4/25B(A)	实用新型专利

荣获江苏省高新技术产品一览表

序号	产品名称	规格型号
1	矿井安全监测监控系统	KJ379A
2	煤矿用一氧化碳传感器	GTH1000
3	矿用风速传感器	GFW15
4	温度传感器	GWD100
5	粉尘传感器	GCG1000
6	甲烷氧气测定器	CJY4/25B(A)
7	粉尘采样器	CC-20

该产品是我公司与中国矿业大学联合研制，是国家863计划项目研究成果、国家高新技术产品，其技术成果填补了国内的空白。

YTC10煤层瓦斯突出预测仪

国家火炬计划
CJC4X悬挂式甲烷测定器

CJY4/25X悬挂式甲烷氧气测定器

CJT4/1000X
悬挂式甲烷一氧化碳测定器

CD4X悬挂式多参数测定器

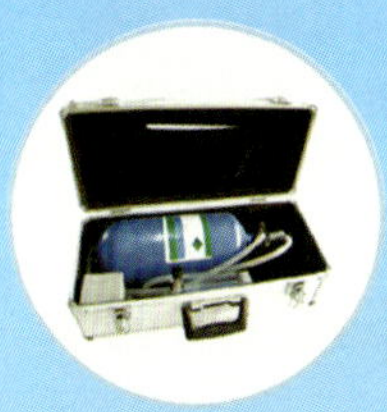

AJK-2便携式气体仪表校正仪

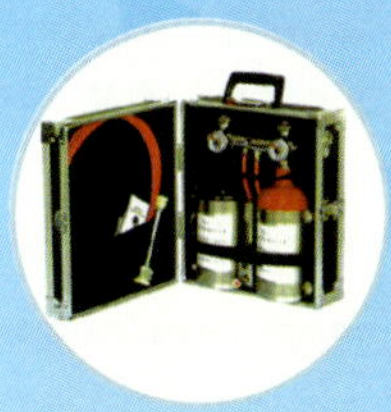

BAX-1B精密气体流量调校装置

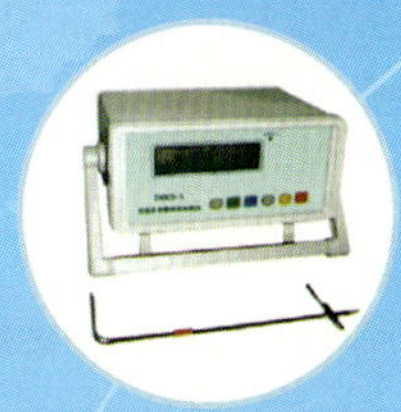

ZNDCS-1智能多参数流量标校仪

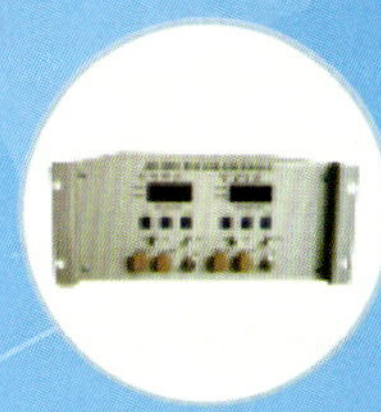

JMAH-102E分站电池检测维护仪

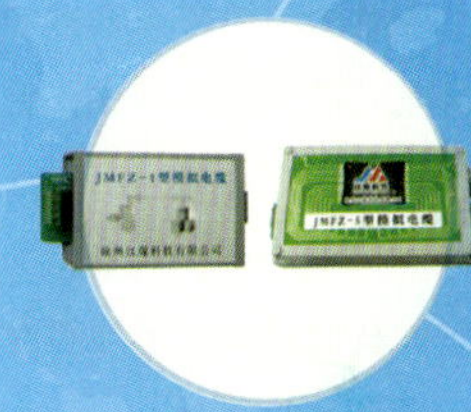

JMFZ-1/5模拟电缆

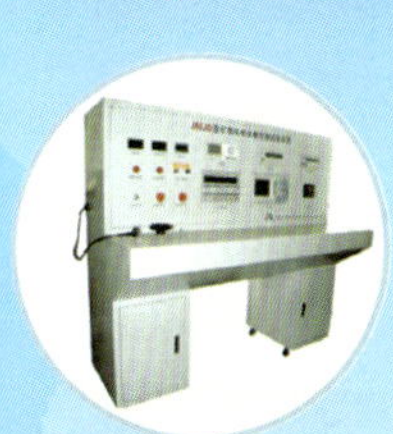

JMXY矿用机电设备检测试验装置

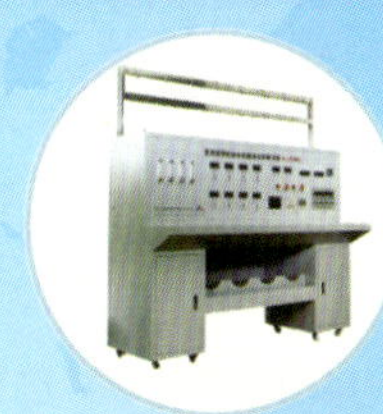

JMXY-A
矿用安全仪器综合检测校验装置

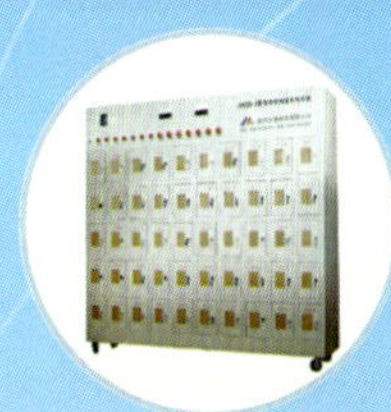

JMCD-2多功能恒温充电装置

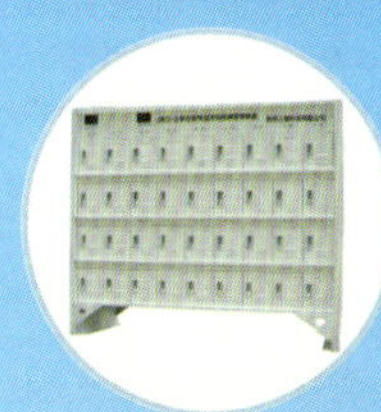

JMCD-8多功能恒温充电检测管理装置

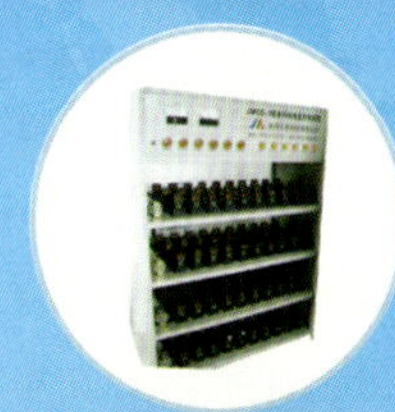

JMCD-1多功能恒温充电装置

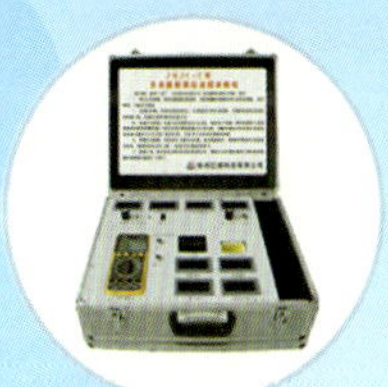

JMJC-C
多功能便携仪故障诊断仪

JMJC-B
多功能传感器故障诊断仪

JMJC-A多功能分站故障诊断仪

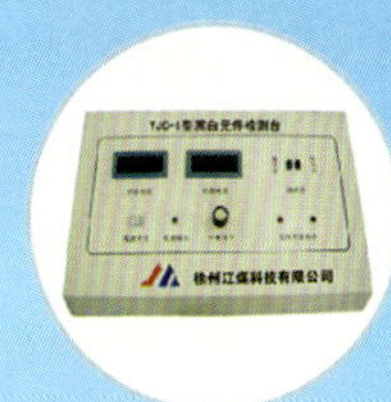

YJC-1黑白件检测台

BAX-1井下安全仪器校验装置

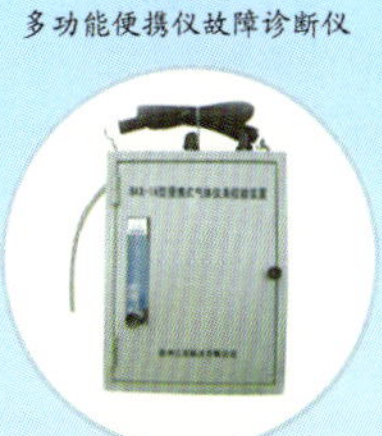

BAX-1A
便携式气体仪表校验装置

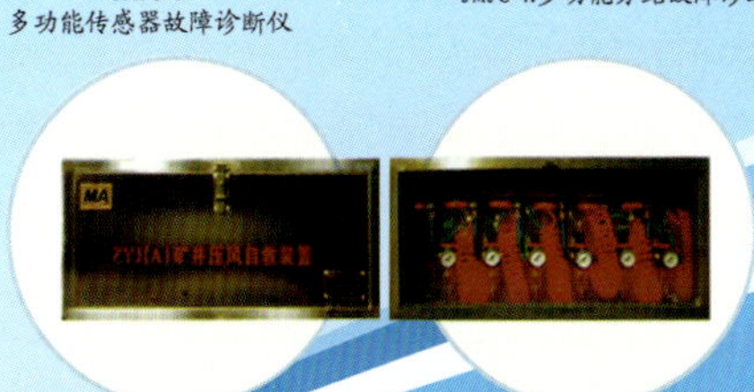

ZYJ(A)矿井压风自救装置

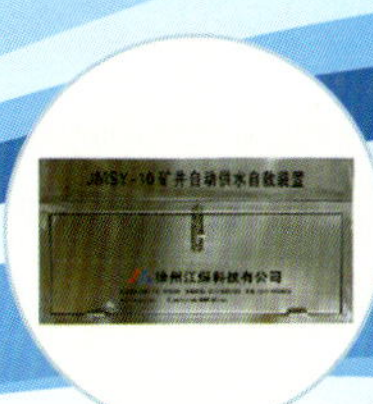

JMSY-10矿井自动供水自救装置

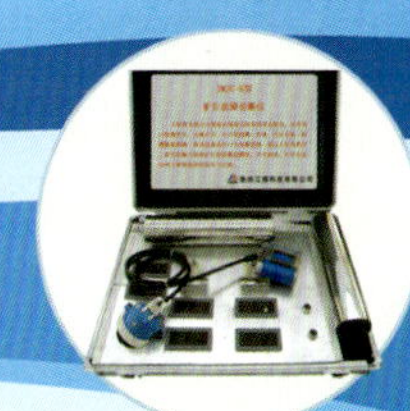

JMJC-D矿灯故障诊断仪

徐州江煤科技有限公司

单位：徐州江煤科技有限公司
地址：江苏省丰县解放东路168号
邮编：221700
传真：0516-89209228

售后服务热线：400—1806658
销售服务热线：联系人：彭艳18626028277、0516-89227728
总经理：李臣华15952216888、13505207398
Http://www.xzjmkj.com　E-mail：xzjmkj888@163.com

北京合康亿盛变频科技股份有限公司

北京合康亿盛变频科技股份有限公司位于北京中关村高科技园区，是专业从事研发、生产、销售各种高、中、低压变频器和防爆变频器的高科技企业。公司成立于2003年，2009年初获得联想投资及联想控股的投资，2010年1月登陆资本市场，在深交所挂牌上市，证券简称：合康变频，证券代码：300048。公司目前注册资本2.46亿元，净资产超过13亿元。

合康变频下设3家全资子公司，一个重点实验室和一个技术中心，现有员工超过600人，其中研发、技术人员约占20%，大专以上学历达到70%。公司凭借雄厚的技术实力、领先的生产工艺，树立了国内领先的变频节能和控制专家的形象，成为该行业的领军企业。

合康变频研发、生产、销售的高压变频器，分为通用高压变频器和高性能高压变频器两大系列，广泛应用于电力、矿业、冶金、水泥、石化、市政等领域，可实现对各类高压电动机驱动的风机、水泵、空气压缩机、提升机、皮带机等负载的软启动、智能控制和调速节能，从而有效提高工业企业的能源利用效率、工艺控制及自动化水平。2011年公司拓展中、低压变频器和防爆变频器的研发、生产及销售，由于其调速精度高、占地小、工艺先进、功能丰富、操作简便、通用性强、易形成闭环控制等特点，优于以往的任何调速方式，在矿业、起重机械、纺织化纤、油气钻采、冶金、电力、石油化工、电梯、建材等行业得到广泛应用。

2004年，大冶特殊钢集团第四炼钢厂7＃电弧炉引风机1800kW变频器为国内当时投运容量最大的国产高压变频器之一；胜利油田海洋石油开发公司埕岛中心1号平台2＃注水泵630kW变频器为国产第一台应用于海洋平台的高压变频器，打破了国外产品的垄断。

2006年，随着风机、水泵类产品的完善，攻克了矢量控制及能量回馈这两大技术难题，成功推出具备四象限运行能力的能量回馈型系列产品HIVERT－YVF高压变频器，该系列与通用高压变频器相比具备优越的恒转矩起动及快速制动特性，特别适用于矿井提升机等应用场合。

2007年，6kV／4000kW高压变频器出口俄罗斯夏诺夫格罗德电厂，目前合康变频已成为俄罗斯高压变频器市场的主要供应商之一。

2008年，在国内和国际市场均处于领先地位的合康同步电机矢量控制变频器项目获得成功，标志着合康变频在球磨机、轧钢机、大型矿井提升机等变频器高端应用领域上抢得先机。

2009年，公司投资兴建了亦庄生产研发基地，该基地集科研、生产、仓储等功能于一体，拥有目前国内总容量最大、台数最多的高压变频器同、异步电机带载和能量回馈试验平台，年产能达1200台。

2010年6月　“合康”商标被认定为北京市著名商标。2010年10月，合康变频成为国家发改委公布的第一批节能服务公司成员之一。

2011年5月，合康变频（武汉）工业园在武汉东湖新技术开发区举行了隆重的奠基典礼，将建设8.5万平方米的高、中、低压及防爆变频器研发生产基地。

合康变频始终专注于节能减排与工业控制领域，致力于为客户提供高效、稳定的变频技术解决方案，持续改善能源利用效率，努力成为工业自动化领域的领导者。精益求精的技术设计、稳定可靠的产品品质、独具优势的性价比和先人后己的服务心态是合康变频的经营特色和制胜法宝。合康变频愿与国内外广大同行共同开创中国工业的绿色能源时代。

浩淼科技
浙江浩淼科技有限公司
浙江浩淼科技有限公司是外商独资企业，是应急救援设备器材的专业研发及生产厂家，工厂座落在美丽的西施故里---浙江诸暨，位于五泄江岸边，占地10519平方米。工厂生产经营的范围主要有：各类生命探测器的研发及生产；新型消防器材、抢险救援器材、民用社会公共安全器材的生产；销售自产产品及经营进出口业务。
我厂已有十余项专利，自发研制的应急救援器材，包括：充气式照明灯柱、多功能救援手工具、无线数码视频生命探测仪、蓝牙无线扩音器、直流发光导向绳、机动双轮异向多功能切割锯、直流双轮异向切割锯、核生化数据库、套管层叠式救援铝梯。经过一段时间的宣传推广，市场反映热烈，目前正在寻找优秀代理商加盟。
浩淼科技有着坚实的技术背景，与国内著名的高校包括东南大学、北京信息科技大学及美国科研所等有着紧密的联系，形成了一支雄厚的科研力量。
地址：浙江省诸暨市经济开发区西二环路7号
电话：0575-87102119
传真：0575-87103085
网址：www.zjhaomiao.com

充气式照明灯柱——功能技术介绍

一、概述

充气式照明灯柱，它采用目前世界上最先进的强透雾性、高亮度、高压钠灯（可以选配金属卤化物灯）作为光源--------每瓦的光效可达150Lm，是能提供360°全方位照明的独立式便携光源设备，最大可为约两个足球场提供照明，连续工作时间长达几百个小时。充气式照明灯柱采用特种高强度纤维，使用高压大流量进口风机制造而成；内置过欠压保护器、漏电保护开关、延时继电器等保护器件；按键指示开关内嵌LED材料用作指示灯，同时具有操作自锁与互锁功能；柱体在绑绳、支撑脚保护下可以抵御17-20米/秒（相当于7-8级）的风力；座体采用防雨布罩，在雨量中等的情况下可以正常使用。

二、应用范围

充气式照明灯柱即可广泛应用于火灾现场、行政执法、紧急事故、灾难恢复、医院、部队、移动指挥中心等特殊现场以及体育馆（场）、大型展览中心、购物中心、游乐场所等显色性要求高的室内外照明，也可使用于街道、广场、码头、货栈、停车场、工矿企业等一般场所的照明。

三、基本特性

1、体积小、可折叠，易携带，可由一个人完成操作。

2、标准220V/50HZ工频电源供电，可选配“本田”发电机或“开普”数码变频发电机。

3、完成充气只需10s，5min后达到最大亮度，4min回收存储。

4、在绑绳、支撑脚保护下，可耐受最强17-20米/秒（相当于7-8级）的风力；座体采用防雨布罩，在雨量中等的情况下可以正常使用。

5、光通量为90000~~130000Lm，可为12032平方米（约两个足球场）提供照明；在离照明灯柱70m远处，其亮度依然可阅读书报。

6、内置过欠压保护器、漏电保护开关（断电后自动复位）、关机延时器件（可选）；按键开关具有操作自锁与互锁功能同时内嵌LED材料用作指示灯。

四、型号

共有四种型号：HM2000\HM3000\HM5000\HM7000，高度分别是2米、3米、5米和7米。

第4章

矿山六大避险系统资料汇编

2010年
中国安全生产工作手册

青岛磐石生命科技股份有限公司

公司简介

青岛磐石生命科技股份有限公司于2010年11月11日登记注册，注册资本5000万元，是磐石集团的一个全资子公司，位于山东省青岛平度市。

主要从事PG系列避难硐室、KJR系列充气式软体救生舱、KJYF系列矿井可移动方形救生舱、KJYF系列矿井可移动圆形救生舱等。技术水平处于国际先进、国内领先水平。现有生产技术人员92人，其中，管理技术人员27人。

目前已经在山东安装避难硐室多个，救生舱已经成功取得各项试验结果。

国家安监总局党组成员、总工程师黄毅来我公司视察

已安装完毕硐室实景

救生舱项目简介

我公司于2010年成立了救生舱项目研发中心，利用潜艇学院、中科院有关院所的技术平台，借助航天冶金材料、航天保温生命保障成果、坦克装甲、核潜艇制造技术等多学科多领域的高端科学技术，于2010年11月研制出样品，2011年2月–3月经过各项测试，救生舱气密性、供氧、综合防护性能试验、真人实验，各项性能全部符合矿井救生要求，并在五月中旬经过安标办及重庆煤科院专家的验收。目前，该项目已拥有6项国家专利，分别是：救生舱圆舱、救生舱方舱、氧气发生器、有毒有害气体过滤器两项、救生舱外观专利等。

我公司已于2010年11月完成全部建设规划，计划总投资15亿元，在青岛平度市占地500亩，建设生产车间、机械加工车间、组装车间、试验车间及配套附属设施等，总建筑面积20.6万平方米。其中，2011年计划投资10亿元，建设生产车间、组装车间、实验检测室、模拟室等土建工程，当年达到1000台矿井救生舱的生产规模。2012年，达到3000台的生产规模。最终于2013年达到5000台的生产规模。项目全部达产后，每年可实现产值60亿元，实现利税8.85亿元，增加就业1200人。

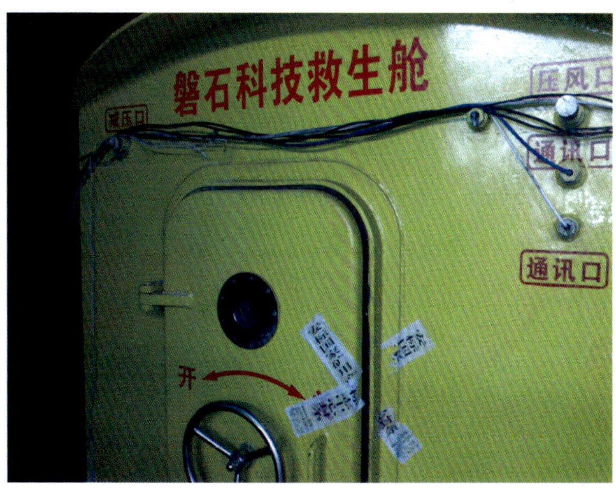

安标办验收现场实景

地址：山东省青岛市平度磐石路1号
邮编：266700
电话：0532–82309889　82309899
传真：0532–82308111
网址：http://www.panshikeji.com
邮箱：panshikeji@panshi.com

湖南韶力电气有限公司

湖南韶力电气有限公司（湘潭市电机车厂有限公司）是国内知名的矿山设备研发、制造、服务于一体的综合型股份制企业，是全国煤炭行业机电设备、配件定点生产企业，生产的矿山运输装备都取得煤安证、防爆证和生产许可证。

近年来来随着国家对煤矿及非煤矿山要求建立紧急避险系统的提出，公司先后多次与国外救生舱装备制造知名厂商联系交流，引进井下移动式救生舱及固定式避难硐室设计和制造技术，在引进国外先进技术的同时与湖南科技大学（原湘潭矿业学院）等矿山安全研究方面的学科带头人、博士以及煤矿系统安全技术管理专家参与的产品研发团队。目前已成功研发了适合我国煤矿井下紧急避险方面的装备，主要产品有：移动式救生舱、固定式避难硐室等紧急避险装备。

公司在现有厂房、办公楼基础上，投资新建10000平米标准厂房,建立了移动救生舱生产加工车间和专门生产线，并建立救生舱检测试验中心，具有1500台套/年的生产能力。

ISO9001:2008质量管理体系在公司得到有效运行，“以质量求生存，以技术求发展”理念贯穿公司每个管理环节；公司注重人才的培养、储备、激励，拥有大批的具备丰富经验的专业技术人员、管理人员和熟练地操作人员；公司拥有遍布全国各地的销售和服务网络32个；并设有井下紧急避险设施开发服务中心，提供全天候服务，建立全面的客户数据库档案；致力打造矿山安全装备研制、开发、生产、服务的专业化平台，为中国煤矿企业和非煤矿山企业井下遇险人员的生命安全提供可靠保障。

◆ “一对一”的一站式服务，针对不同的客户要求提供全面的井下移动式救生舱、固定式避难硐室、井下避险系统建立方面的技术咨询、方案设计、系统装备的安全调试，以及人员培训和系统的维护保养。

◆ 一流的技术保障和技术支撑，紧急避险系统设计团队由湖南科技大学的教授、博士生导师、矿山安全专业学科带头人、矿山安全工程专家以及公司内部电气控制专业、通风空调专业、机械设计专业高级工程师等组成。

产品名称：煤矿井下移动式救生舱

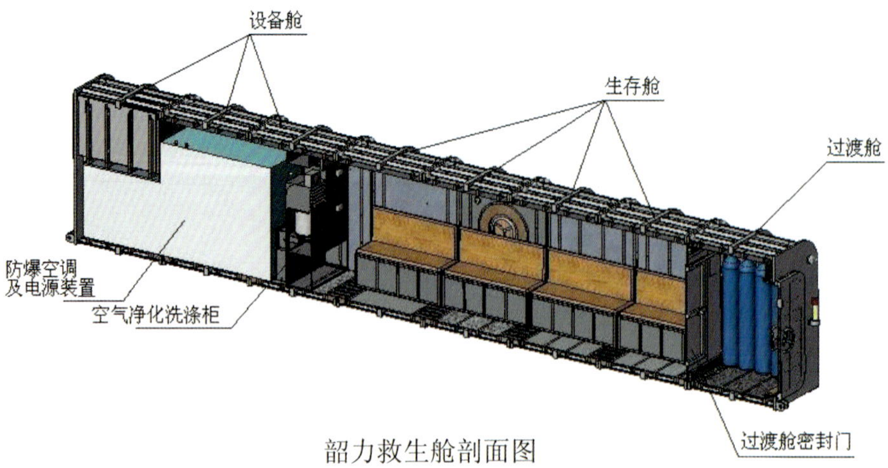

韶力救生舱剖面图

技术参数：

项　目	参数
额定人数	8-38 人
额定防护时间	≥96 h
抗冲击力	≥1MPa
抗爆炸冲击力	≥1MPa
瞬间耐高温能力	1200℃(≤0.2S)
舱外持续耐高温能力	≥55℃
舱内持续温度	≤33±2℃
舱内持续湿度	45%~65%
供氧量	不低于 0.5L/min*人
人均占有容积	0.8 m^3
舱内正压	200Pa
处理二氧化碳能力	≥ 0.5L/min 每人
处理一氧化碳能力	20 分钟内从 0.04%降到 0.0024%
二氧化碳浓度	≤1.0%
一氧化碳浓度	≤0.0024%
甲烷浓度	≤1.0%
供电电压	380/660/1140V

产品概述：

救生舱采用分体组合式结构，由过渡舱、生存舱和设备舱三个部分组成，舱体之间通过法兰连接。法兰与加强筋交错布置，形成矩形网格布局。舱体外层是高强度焊接钢板，内衬为不锈钢板，中间为复合保温层，可承受 1MPa 的爆炸冲击与 1800℃的瞬时高温。同时，舱体的气密性能可满足维系舱内正压和保温隔热要求。

过渡舱内设有空气幕和空气喷淋处理装置。在避险人员分批次由过渡舱进入生存舱时，空气幕隔断舱门开闭时舱内外的气体交换，空气喷淋去除衣物上夹带的有毒有害气体，再通过快速换气将其排除舱外。舱内压力一旦超过标准，过渡舱和设备舱内的两只机械泄压阀将自动泄压，保证避险人员的安全、舒适。

设备舱内配有防爆空调、蓄冰冰柜、电源装置及电源控制箱、空气处理系统装置以及气瓶。配有电源，水源接管。

井下紧急避险系统服务专线：0731—57808668

周先生：13807324953　吉先生：15973237690

湖南韶力电气有限公司　　湘潭市电机车厂有限公司

地址：湖南湘潭易俗河经济开发区海棠路

四川航天天盛科技有限责任公司

四川航天天盛科技有限责任公司（以下简称公司）位于成都市国家级经济技术开发区，创建于1998年5月，是一家以航天为本，军民结合的公司，公司拥有强大的科研开发能力、制造能力、完善的工艺配套能力和严格的质量保证体系。

公司依托多年在国防装备研制领域深厚的技术积累，积极推进军品技术向民用领域转化。利用载人航天工程的成熟技术，致力于安全避险系统的开发，为顾客提供高安全、高可靠的安全装备产品。

公司研发的用于煤矿及非煤矿山的井下紧急避难设施由整体结构系统、环境控制与生命保证系统、通讯照明系统和供配电系统等四大系统构成，具有抗爆炸冲击波、抗冲击、耐压、耐高温、防巷道有害气体渗入、维持舱内环境的功能，舱内配备环境控制与生命保障系统，保障舱内供气调压、气体成分控制通风净化、温湿度控制、水管理、废物处理、食品管理、测量控制等。维持多人舱内不少于96小时的生存环境。

根据顾客需求可以提供移动式救生舱和避难硐室系统。

一、主要技术参数

项　目	参　数
额定人数	8～20人不等，避难硐室可到50人
额定防护时间(h)	96（不小于1.1倍安全余量）
抗冲击力(MPa)	≥1.5，7ms
0.2S内耐高温能力(℃)	1200
持续耐高温能力(℃)	≥55（保证舱内温度≤35℃）
气密要求	+500±20Pa压力下，泄压速率不大于300±20Pa/h
规格尺寸（L×W×H）（m）	8人救生舱外形尺寸为（8.5×1.65×1.9）可根据巷道情况，量身定做
质量(T)	15T(8人)
有效容积(m^3)	≥0.8/人
过渡舱有效容积(m^3)	≥1.5，避难硐室≥2
接口	外界电源、压风系统、供水系统、单向排气接口、外界通讯接口
内部空气循环	空气流速≥20L/min
氧气浓度	18.5%～23%
二氧化碳浓度	≤1%
一氧化碳浓度	≤24ppm
相对湿度	≤85%
温度	≤35℃
过渡舱环境压力	≥+100Pa
生活舱环境压力	≥+100Pa
检测要求	过渡舱内的氧气、一氧化碳、压力，生活舱内的氧气、甲烷、二氧化碳、一氧化碳、温湿度、压力和救生舱外的氧气、甲烷、二氧化碳、一氧化碳进行检测或监测
照明要求	配备不少于0.25倍人数一体化矿灯，包括生活舱、过渡舱、设备舱及逃生照明
通讯要求	实现舱内和外界的通讯
食物要求	食物不少于5000KJ/(人.天)
饮用水要求	不少于1.5L/(人.天)
自救器	不少于额定人数的1.5倍

二、产品结构图

移动式救生舱结构图如图 1 所示，避难硐室示意图如图 2 所示。

图1 移动式救生舱结构图

图2 避难硐室示意图

四川航天天盛科技有限责任公司一直秉承“严、慎、细、实”的航天理念，将航天先进的研发手段、完善的制造能力、严格的质量管理模式引入到安全装备制造中来，为在井下的工作人员提供安全、可靠的避难场所。

航天科技，守护生命、造福人类！

兰州泓瑞航天机电装备有限公司是中国航天科技集团五院下属兰州空间技术物理研究所的全资子公司。兰州空间技术物理研究所1962年建所，现隶属于中国航天科技集团公司空间技术研究院，是我国第一批直接从事空间飞行器研制的单位。兰州空间技术物理研究所建有“真空低温技术与物理”、“表面工程技术”2个国家级重点实验室，1个“国防科技工业真空一级计量站”和1个“国家低温容器质量监督检验中心”，目前形成了宇航武器产品研制、航天技术应用和服务等多业并举的良好发展格局。

兰州泓瑞航天机电装备有限公司是兰州空间技术物理研究所下属从事矿用救生装备及低温制冷设备相关产品的设计、开发、制造、销售、技术咨询和技术服务的专业公司，公司集产、销、研于一体，系中国真空学会团体会员，兰州高新技术企业。

兰州泓瑞航天机电装备有限公司依托所内军品研制技术经验，开发出了非电力驱动的矿用救生舱生命保障系统，其性能达到国际先进水平，并申请了多项国家专利，成功通过了龙煤机械装备公司的矿用救生舱真人试验和安标认证试验，生保产品已随救生舱获得国家煤安认证。目前，泓瑞公司分别与龙煤机械装备、无锡军工电力、长治清华机械厂、航天机电设备研究所等多家单位开展了合作关系。产品性能稳定、可靠，获得了行业用户单位的充分肯定和认可。

产品名称：矿用救生舱生命保障系统

一、产品概述：

矿用救生舱生命保障系统是为救生舱提供生命保障支持的救生设备，可以在矿难发生时，为救生舱内的避难人员生存提供必需的生存环境条件，有效保障井下工作人员的生命安全。

二、产品特点：

1. 全系统采用无电力工作模式，符合煤炭井下安全标准；
2. 可采用多种工作模式，适应井下有压风或无压风两种工况，最大限度改善舱内人员舒适性；
3. 采用自主知识产权的制冷方式进行制冷降温，并驱动舱内空气流动和循环，完成空气净化流程；
4. 降温除湿单元和空气净化单元采用集成式设计，可大幅节约舱内的宝贵空间；
5. 采用冗错设计，可有效防止人为误操作；
6. 采用多项制冷新技术，制冷效率高；
7. 启动速度快、反映迅速，即开即用；
8. 控制简单、可靠性高、易操作；
9. 安装、拆卸方便，便于运输。

三、生命保障系统的组成：

1. 供氧单元；　2. 过渡舱空气过滤单元；　3. 降温除湿及空气净化单元。

四、生命保障系统产品规格：

LSS　12/120　Y　K　F

LSS:生命保障系统英文缩写；

12:额定人数：6、8、10、12、16人；

120：额定保障时间（96小时、106小时、120小时以上）；

Y（或N）：Y-有压风型，N-无压风型；

K（或Z）：K-宽体型，　Z-窄体型；

F（或H）：F-分体型，　H-合体型。

五、生命保障系统LSS12/120YZH型各单元介绍：

（一）生命保障系统——供氧单元

1.功能介绍：

（1）采用存储式供氧方式向舱内进行氧气供给；

（2）可根据舱内避难人数的实际状况，大范围独立调节供氧压力和流量，保证舱内氧分压在合适浓度水平。

2.性能指标：

（1）O_2控制浓度范围：18.5%~23%；

（2）O_2消耗量：由具体的舱型和人数确定。

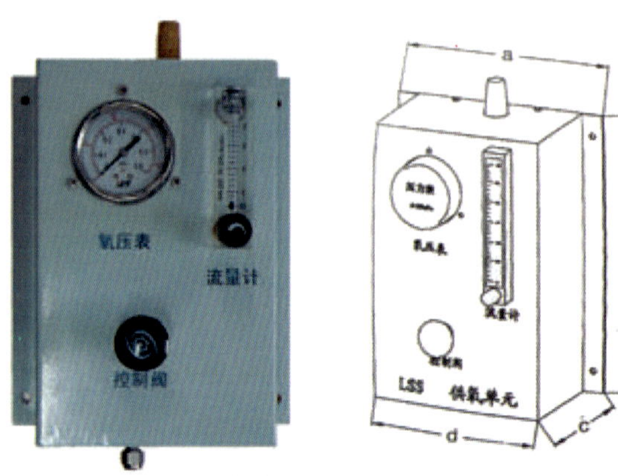

供氧单元及型号尺寸图

（3）型号尺寸如下表（实际外形尺寸随型号不同有所改变）

型号	a(mm)	b(mm)	c(mm)	d(mm)
LSS12/120YZH	200	250	97	160

（二）生命保障系统——过渡舱空气过滤单元

1. 功能介绍：

（1）对过渡舱内的烟雾粉尘进行有效过滤；

（2）对过渡舱内的浓度较高的有毒有害气体进行净化。

2. 性能指标：

（1）过滤后烟尘颗粒：不大于5μm；

（2）压缩空气消耗量：2瓶（符合GB5099的气瓶，可根据要求增加）；

（3）型号尺寸如下表（实际外形尺寸随型号不同有所改变）

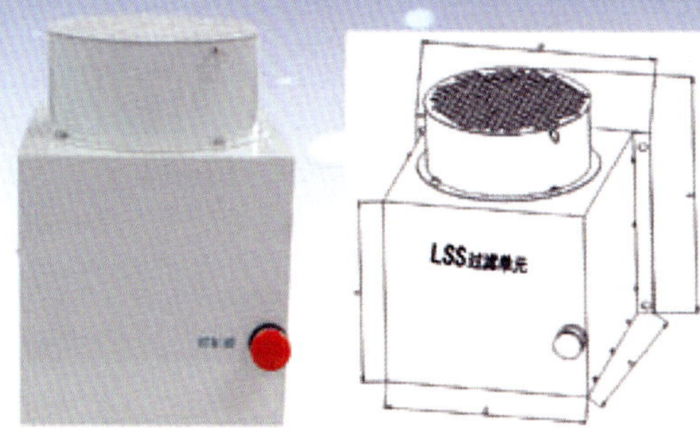

过渡舱空气过滤单元及型号尺寸图

型号	a(mm)	b(mm)	c(mm)	d(mm)	e(mm)
LSS12/120YZH	240	380	220	184	242

（三）生命保障系统——降温除湿及空气净化单元

1. 功能介绍：

（1）可对舱内避险人员呼吸和代谢产生的CO_2、CO和H_2S进行有效去除；

（2）可对舱内进行制冷降温，消除人体产热和舱外高温条件下导致舱内温度过高现象，使舱内人员处于相对舒适的环境；

（3）可有效去除舱内空气中的水蒸气，使舱内湿度控制在人体舒适的范围内。

2. 性能指标：

（1）CO_2控制浓度≤1%，处理能力≥0.5L/（人•min）；

（2）CO控制浓度≤24ppm，吸收速率：20分钟内CO浓度由400ppm降为24ppm以下；

（3）舱内环境：温度≤32°C，湿度≤75%；

（4）制冷剂消耗量：由具体的舱型和人数确定。

（5）型号尺寸如下表（实际外形尺寸随型号不同有所改变）

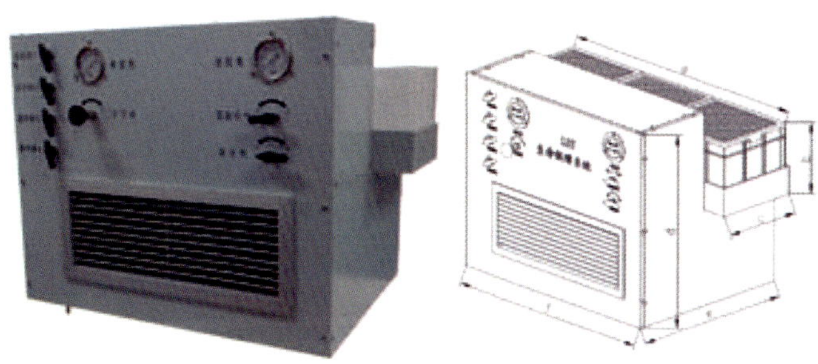
降温除湿、空气净化单元及型号尺寸图

型号	a(mm)	b(mm)	c(mm)	d(mm)	e(mm)	f(mm)
LSS12/120YZH	815	268	268	533	508	662

六、安标认证试验：

1. 试验介绍：

依据救生舱建设最新要求和安标认证要求，进行真人综合热防护试验、CO_2和CO吸附能力试验等。

2. 性能要求：

舱外55℃加热环境下，保障舱内温度≤35℃，湿度≤85%，CO_2控制浓度≤1%，20分钟内CO浓度由400ppm降为24ppm以下，CO控制浓度≤24ppm，O_2控制浓度范围（18.5~23%）。

3. 试验结果：

顺利完成舱外55℃加热环境下12人120小时综合热防护试验和CO_2和CO吸附能力试验，生命保障系统性能和质量均优于国家最新要求，生保产品已随救生舱获得国家煤安认证。

公司地址：甘肃省兰州市城关区南昌路209-217号　邮编：730000　传真：0931--4585211
联 系 人：朱恩宝　电话：0931—4585551　4585244　手机：13919211440

无锡市军工电力电器有限公司

经营理念：让客户用的省心、放心；

企业文化：报效社会，厚载客户，惠泽员工；

品质管理：每一根导线连接着矿区的安全，每一颗螺丝钉承载着军工的信誉；

服务理念：工程不论大小，一视同仁；条件不论好坏，一丝不苟；距离不论多远，一触即发。

无锡市军工电力电器有限公司创建于1992年，是一家具有自主开发能力的高科技型企业，也是江苏省重点发展培育的高新技术企业。

无锡军工始终坚持与中国煤炭共同成长的信念，专心致力于煤炭行业设备的研究、开发；各类产品资格证书齐备，公司管理机构健全；并且拥有多个全资子公司和多个驻外办事处机构。

公司董事长周渭江先生毕业于清华大学，是我国最早研发高压设备的高级技术人员之一。公司拥有一支毕业于上海交通大学、西安科技大学、南京师范大学、中国矿大、江南大学等知名院校的科技团队，并与清华大学、中国航天科技集团、中国南车时代集团、中国电力科学研究院等建立着长期的友好合作关系，丰富的人才资源和科研后盾支持保证了军工强大的科研力量。

军工博采众长，对国外先进技术进行引进、消化、吸收，使军工产品始终走在行业前沿，在矿用设备方面获得12项国家专利，创造了7个行业第一，受邀参与《矿用一般型电器设备》国家标准的起草，是起草单位中唯一的一家定点生产型单位，军工从标准的执行者一跃成为了国家行业标准的制定者，更是军工技术实力的一次飞跃。

多年来，无锡军工凭借技术领先、质量稳定、服务优良，赢得了广大用户的高度信赖和支持。同军工产品还走出了国门，出口到伊朗、孟加拉、俄罗斯等国家，军工人用不懈的努力获得了海内外客户的一致赞誉。

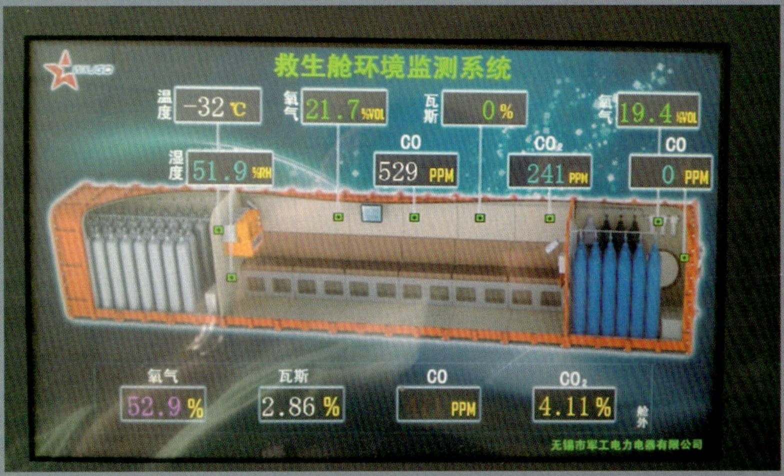

产品特点

各种环境的可拆卸式的坚固结构– 救生舱总体由多个结构单元组成，可以方便的拆卸、组装，便于下井运输安装；外壳由高强度钢板制成，可承受2兆帕的冲击压力。

全国唯一的物联网技术无线通讯系统–保证与地面的有效信息传递。

航天技术的生命保障系统–物理降温系统能在外界温度持续280°C的情况下维持舱内33°C恒温，空气净化系统可以有效去除有害气体，保持舱内良好的生存环境，可靠保证人员120小时以上的生存时间。

主要性能

（1）防护设计：耐压、抗冲击、防火、防毒、隔热、密封性好。能承受1200度的瞬间高温，持续24h隔热270度以下，能够承受2MPa以上的外部冲击压力。

（2）生存环境参数监测系统：舱内应配备独立的内外环境参数监测仪器，

对舱内的O2、CO2、CO、CH4 、温度、湿度和舱外的O2、CO2、CO、CH4 、温度、湿度的监测，并有自动语音报警提醒功能，不但可以与井下通讯网联网，也可通过物联网无线传输，将各种环境监测数据上传到地面。

（3）氧气系统：救生舱有两套供氧系统，压风自救供氧系统和压缩氧气供氧系统。配置的供氧系统供氧量不低于0.5升/分每人，保持氧气浓度在18.5%~23.0%之间。

（4）有毒有害气体处理：处理舱内CO2的能力达到每人0.5升/分钟，能保证20分钟内将CO浓度由0.04%降到0.0024%。保持舱内CO2小于1%，CO小于0.0024%，CH4小于1%。温、湿度控制：保持舱内温<30度，湿度65%~85%。

（6）具备基本功能：储备食物、水、医疗药品，应用水量为1.5升/人每天，食品为5000千焦/人每天。配置气体监测仪、直通地面调度电话、排泄物处理设施。

（7）舱内空气流动：具备促进舱内空气流动相关措施，在额定防护时间内提供额定避险人员人均供风量0.3m3/分每人。

（8）电力系统：能提供监测系统120小时以上的不间断供电。

类　型	小型			中型			大型		
额定人数(人)	6	8	12	16	20	24	30	36	42
安全余量(人)	+2			+3			+4		
最大人数(人)	8	10	14	19	23	27	34	40	46
防护时间（小时）	＞120								
启动时间（秒）	＜10								
抗冲击能力（兆帕）	＞2								
瞬间耐高温能力	1200℃								
持续耐高温能力	连续外界恒温 270℃12 小时，舱内温度不高于 33℃ 连续外界恒温 60℃12 小时，舱内温度不高于 28℃								
标准配置	生命保障系统、内外环境监测系统、通讯系统 动力保障系统、照明和指示系统、生命保障系统								
选配件	□　矿用冷却背心　□　闭式循环自给式自救器								

地址：无锡市新区硕放工业园经发五路 2 号　邮编：214143　电话：0510–85308598

山东鼎诺矿产品发展有限公司

产品：矿用可移动式救生舱

JMAH-96/--型矿用可移动式救生舱是在煤矿井下发生紧急情况下，为井下人员安全避险提供生命保障的设备。该设备对外能抵御高温烟气，隔绝有害气体，对内提供氧气、食物、水，去除有毒有害气体，创造生存基本条件，为应急救援创造条件、赢得时间。可移动式救生舱可通过牵引、吊装等方式实现移动，适应井下采掘作业地点变化要求。

一、主要参数

（1）额定人数：10 人

（2）额定防护时间：96h

（3）抗冲击能力：2MPa

（4）瞬间耐高温能力：1200℃

（5）持续耐高温能力：55℃

（6）可承受最大冲击波压力：1.5MPa

（7）最大耐水压能力：0.1MPa

（8）规格尺寸（长*宽*高）：7780mm*1500mm*1950mm

（9）空载质量：12T

二、基本性能

（1）工作电压：监控主机额定工作电压为 12V

（2）误差：监控主机可显示两路粉尘浓度值，粉尘显示浓度范围为 0～1000mg/m³，对应频率范围为 200Hz～1000Hz。粉尘浓度传感器输入与输出处理误差不应大于 0.5%。

（3）信号输入：a）两路模拟量输入信号　频率范围为 200Hz～1000Hz；　b）四路开关量输入信号　高电平≥3V，低电平≤1V；

（4）控制输出：四路高低电平输出　　高电平≥3V，低电平≤1V；

（5）高低电误差平转换：当粉尘浓度超过监控主机洒水设定值时，粉尘主机输出高电平；当热释光控传感器输入高电平时，粉尘浓度超标控制除尘信号时，高电平变为低电平，25s～40s 后，粉尘主机低电平变为高电平。

公司地址：山东省济南市天桥区蓝翔路 15 号时代总部基地 2 区 18 号楼

电　　话：0531-85950566

向日葵
SUNFLOWER

尚腾环保设备（天津）有限公司

SUNTEN TECHNOLOGY TIANJIN CO., LTD.

尚腾环保设备(天津)有限公司是向日葵国际集团特种安全防护设备、环保安全设备的载体和生产企业。公司自成立以来，坚持立足高端科技的研究与应用，从2003年开始致力于矿山救生系统的研究、开发、制造。通过不懈努力、创新、摸索，在中科院院士周士宁、周心权，高等院校教授金龙哲，海军军工专家史玉林博士参与与指导下，2006年产品定型，2007年在北京应急救援设备展览会正式推出。现有专业技术人员50多名，其中博士2人，硕士研究生2人，高级工程师4人，具有较强的自主创新能力，拥有自主知识产权45项，其中发明专利10项，实用新型专利31项，外观设计专利4项。

公司作为矿山应急救生系统的发明者和行业先驱，以挽救矿工生命造福社会为己任，顺应和谐时代要求，上下求索，历经7载修成正果。公司的技术推广也奠定了整个应急救生系统行业的技术基础和技术标准。我们致力于全人类的劳动安全事业，推动国内外安全装备的发展与进步，首家提出矿山企业应急安全解决方案---- 矿山应急救生系统。它包括预警设施、自救器、应急救生舱、快速救援风筒四个部分。矿山应急救生系统的问世打破了目前单纯依靠外部救援的矿难应急救援模式，实现了由被动待援到主动自救与外部救援相结合的思路转变，让"矿难不死人"成为可能。

1、预警设施

运用化学气味剂触发，发出事故报警信息，随后井下人员采取自救避难措施。

2、自救器

矿工接到事故报警，配戴自救器快速撤向应急救生舱。

3、应急救生舱

它是一个独立安全的避难空间，遇险人员可在其内安全的等待，为应急救援赢得宝贵时间。

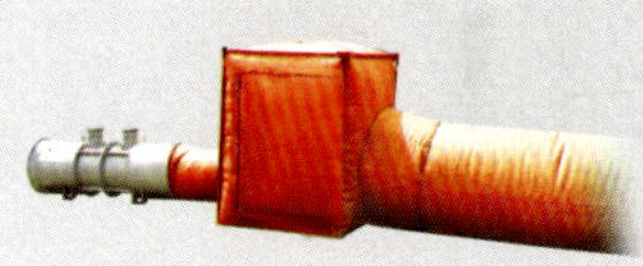

4、快速救援风筒

矿难发生后，开启风机，形成筒状通道，并连接到应急救生舱门，使得避难人员快速撤离灾区。

核心产品：

应急救生舱是整个应急救生系统的核心，它具有抗压、抗冲击波、防火、防毒、隔热、通讯、供氧、空气净化的功能并能提供必要生存环境，可以在相对恶劣的条件下保障避难人员6人生活120小时。

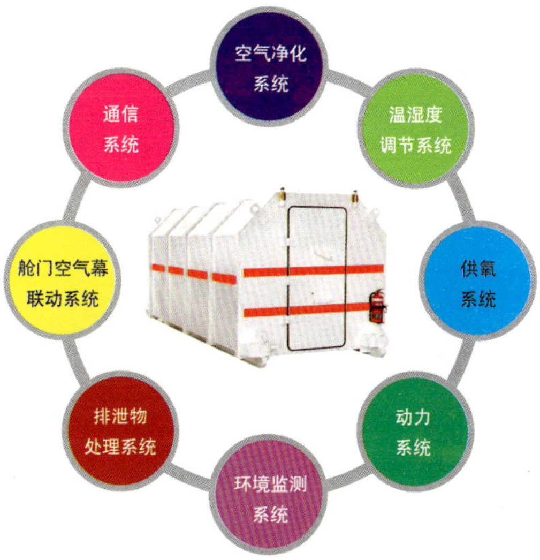

※ 产品技术参数

通用规格	5.400mmX1.640mmX1.900mm	整体重量	10.5X10³ kg
防爆型式	矿用防爆	保护标准	空气气体密封隔离
防护环境	非强腐蚀气体或液体	舱体抗冲击波能力	≥2.0Mpa
O_2平均浓度	18.5-23%	内外压差	≥200pa
CO平均浓度	≤24ppm	CO_2平均浓度	≤1%
标准防护环境	瞬时温度1200℃，持续高温55℃ 12h 舱内温度保持在33℃以下,湿度≤85%	拖动方式	轨道车轮或滑靴拖动
承载人数/人	6	8	10
维生天数/天	5	4	3
舱内食物和水	食品＞2000KJ /人·天	食用水＞0.5L /人·天	

※ 产品应用领域

非煤矿山、隧道工程、煤矿、石油化工、核废料、火山多发地区。

向日葵国际集团中国有限公司
尚腾环保设备(天津)有限公司
地址：天津市武清区崔黄口工业区（301702）
电话：022-29578663 转 880/832/850
传真：022-29578663 转 842
邮箱：sales@adamslin.com　网址：www.adamslin.com

三一重型装备有限公司

SANYI

三一抢险救援系统说明

近年来，我国矿难虽大幅度减少，但仍高发。非煤井工矿井的矿难有塌方、透水、火灾、矿震四种主要形式。而煤矿则还有瓦斯爆炸、煤尘爆炸、瓦斯突出三种形式，共七种。井下矿难发生时，幸存人员无法撤出的原因主要是：水全淹、火全封、塌方全堵住了撤出需经巷道，幸存者大多因窒息、饥饿而发生死亡。

目前国内只有少数煤矿在巷道内放置临时避难用单一的救生舱，发生矿难时，被困人员可以临时避难。但是由于井下没有专门的救生通道，在矿难发生后，塌方、透水、生产系统断电，使得救援人员不能及时到达事故发生现场，从而延误了宝贵的救生时间，大大降低了被困人员生还的机会。

针对目前国内外矿山井下救援现状，为了提高矿工的安全系数，发生矿难时能够营救出更多的矿工，三一创造性地研制了世界首套矿山救援成套装备，能保证将所有进入了井下救生舱的幸存人员在1-6天内全部安全地救援到地面。

三一矿山救援系统的优点：

1、可靠性

该成套设备中的三一救生舱，生存时间是目前全球最长的168小时（7天）；救生舱采用的隔热防火材料为航空航天飞机采用的隔热防火材料，最大限度的保障了三一救生舱的品质。

2、成套性

三一矿山救援成套装备，集井下自救、井上援救于一体，解决了在塌方、透水、生产系统断电情况下安全施救的世界难题，可使幸存人员3-6天内安全升井，改变了国内单一采用救生舱。

3、主动性

将生存待援与主动救生相结合，改变了以往完全被动待援的情形。且实现成功救援的时间大大缩短到1-6天，改变了国外营救旷日持久的现状。

4、成熟性

三一矿山救援成套系统，以成功参与智利矿难救援的设备为基础，加以成套完善。经过智利矿难的实践，积累了宝贵的矿难救援经验。

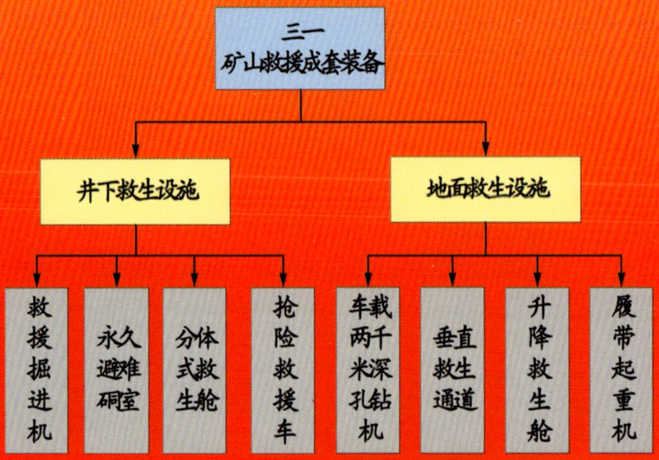

（整套矿山救援系统组成图）

井下分体式救生舱

垂直升降救生舱

地面履带式起重机

地址：辽宁省沈阳市经济技术开发区　　邮编：110027　　电话：024-31808007

CASIC 中国航天科工集团公司

CHINA AEROSPACE SCIENCE & INDUSTRY CORP.

北京新立机械有限责任公司是中国航天科工集团第二研究院所属国家大型二级企业，是中国500家最大机械工业企业之一。通过了GJB9001A-2001质量体系认证，企业拥有强大的研发、生产能力。公司拥有设备总量超过1423台，是集设计、制造为一体的机电结合型国防尖端武器骨干生产企业。移动式救生舱是我公司最新设计研发的民用产品之一，该产品设计严谨，安全可靠，具有航天产品的质量，所有技术参数都经过严格的模拟计算和验证。

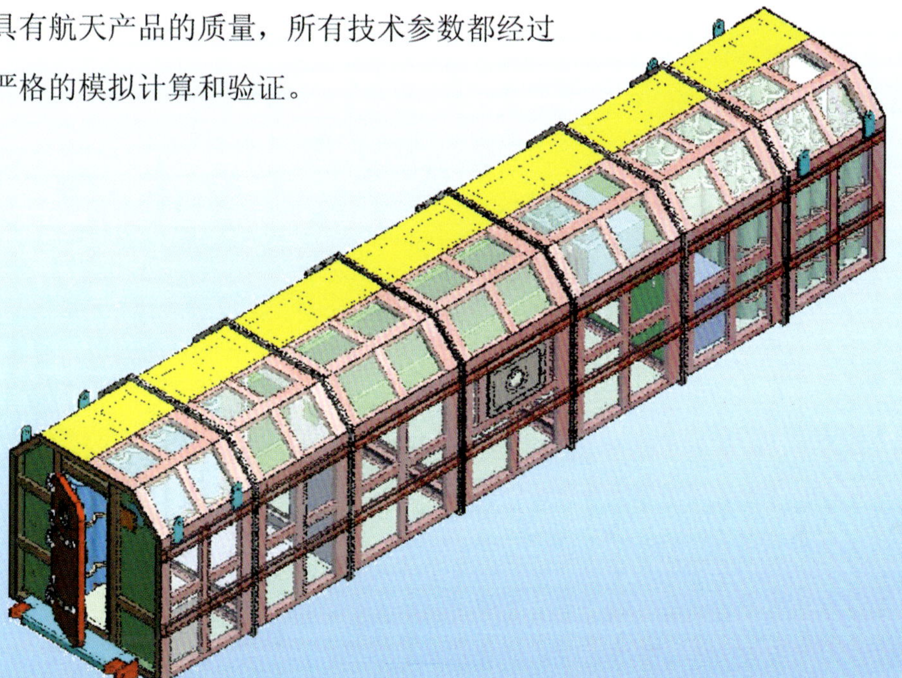

矿用分体式移动救生舱

产品特点：

1. 舱内、外环境实时智能监测，人员舱环境实时智能控制与调节；
2. 具有高可靠性的空气净化系统；
3. 分体式设计，具有高适用性、维修性，使用成本低；
4. 制冷和保温系统高效、省电；
5. 产品系列化，8人、12人、16人等；
6. 提供客户定制设计、生产及售后服务，产品品质追求卓越。

生产商：中国航天科工集团公司　北京新立机械有限责任公司

地址：北京市海淀区永定路50号　邮编：100039　电话：(010) 6838746

山东中泰新能源集团
济南中泰矿山设备有限公司

山东中泰新能源集团目前拥有山东中泰新能源集团有限公司、济南中泰风电新能源有限公司、济南中泰工业设备设计有限公司、济南中泰矿山设备有限公司四家子公司，集团利用自主知识产权技术，专业从事特大型垂直轴风力发电设备和矿用移动式救生舱的技术研发、产品设计、设备制造、安装和售后服务。集团注册资金6000万元人民币，并拥有占地100亩的研发和设备生产基地。

济南中泰矿山设备有限公司成立于2011年，属山东中泰新能源集团下设子公司，是一家专业从事研发、生产、销售矿用移动式救生舱的高新技术型企业。公司具有雄厚的技术力量，拥有员工百余人，其中高级工程师5人，工程师11人，专业技术人员14人，高素质高学历人员30余人。

公司长期关注和研究矿业安全问题，并积极响应政府的号召，着力推动先进的煤矿救生舱设备在中国的应用。公司愿与业界有识之士共同努力，以最饱满的工作热情，最严谨的工作态度，最踏实的工作风格，最高效的工作节奏，为中国的矿山安全事业跻身于世界一流水平而努力奋斗!

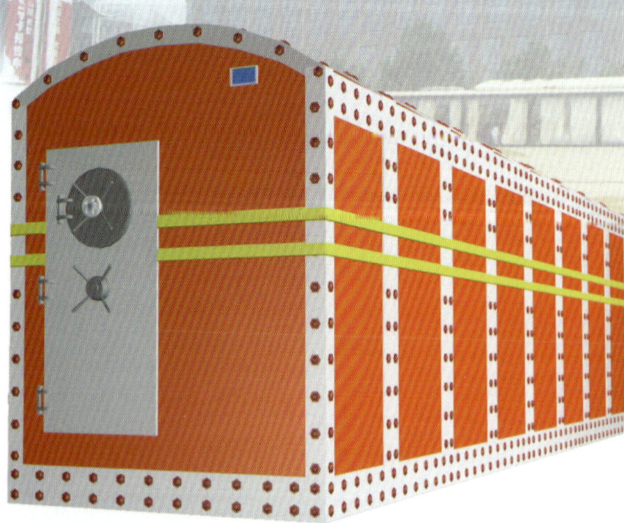

地址：山东省济南高新区舜华路2000号舜泰广场6号楼23层
总机：0531—88884117　　传真：0531—81665127　　E—mail：jnztks@126.com

济南中泰矿山设备有限公司

产品名称：矿用可移动式救生舱

产品概述：

矿用可移动式救生舱（以下简称救生舱）整体结构为硬体式组装结构，包括钢结构骨架及钢结构防护墙外壳，材料均为 Q235 钢。救生舱骨架及外壳均采用模块化设计，模块之间采用螺栓连接，组装成型后为全密封。舱体共有二道密封门，第一道密封门为防爆门，第二道密封门门为二次密封门。

救生舱内部结构分为三室，分别为过渡舱、生活舱和设备舱。过渡舱将生活舱与矿井环境进行了二次隔离，有效保证了生活舱的密封安全性，同时过渡舱兼作卫生间使用，并配有消毒除菌装置；生活舱空间大，能够有效保证被困人员的活动需要。生活舱内存放了一些生活必需设施，如水、食物、急救箱、氧气瓶、冰柜等，同时，生活舱内配备了 LED 灯、无线电话、摄像头及收音机等设备，被困人员可以通过多种方式与地面取得联系并可以进行一定的休闲娱乐。设备舱内放置配电系统、高压空气贮存装置、真空泵及负压箱等。

救生舱内部系统由 8 大部分组成：氧气供给保障系统、空气净化系统、温湿度调节系统、环境监测系统、通讯系统、舱内照明及指示系统、动力保障系统及生存保障系统。救生舱具备压风供氧、压缩氧供氧二级供氧保障体系以及自救器逃生保障系统；空气净化系统采用空气收集 、再生与净化一体式系统，若干梯形收集器均匀分布于底盘 ，收集器末端安装循环轴流风扇，将人员呼出的浑浊空气送至空气净化器；温湿度调节系统采用储冷缓释降温方式，在生活舱内制作冰柜式座椅 ，当舱内温度高于 35℃时 ，逐步按冰吸热当量取出冰块放于饮水容器中，将舱温维持在 35℃以下；环境监测系统主要由触摸屏、可编程控制器和各种环境参数传感器组成，可完成对舱内各种环境参数的智能调节和对舱外环境参数的检测，并具有报警功能；通讯系统具备与井下通讯网连接的接口及通讯方式失效情况下的信息交流方法；救生舱内安装 LED 照明灯，保证额定工况下的照明需要，同时救生舱内贮备逃生用矿灯，外部设指示灯及反光标志；救生舱内动力供应系统采用 12V 铅酸蓄电池 ，电池规格根据用电设备维持 7 天选用；救生舱配备额定防护时间内额定人员生存所需要的食品和饮用水 ，并配备应急救助所需要的医疗设备，包括急救箱、苏生器等 。救生舱人员生理排泄物的处理采用真空泵负压收集方式，负压箱内容积根据 15 人 7 天正常排泄标准设计。

技术参数：

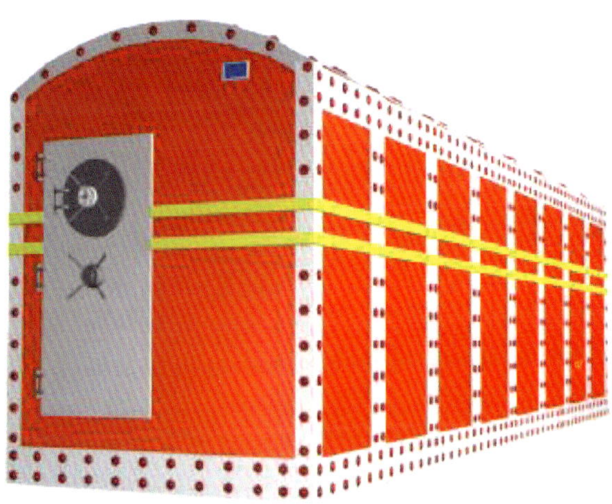

额定人数：15-30 人

额定防护时间：≥96h

抗冲击力：≥2Mpa

抗爆炸冲击力：≥2Mpa

瞬间（≤0.2s）耐高温能力：1200℃

舱内持续温度：≤35℃

人均占有容积：1.0m³

规格尺寸（L×W×H）：8×2×2.2

15×2×2.2

公司名称：济南中泰矿山设备有限公司

公司地址：济南高新区舜华路 2000 号舜泰广场 6 号楼 23 层

公司电话： 0531-88884117　传真：0531-81665127

中船重工 武昌船舶重工有限责任公司

办公大楼

武昌船舶重工有限责任公司，简称武船，隶属于中国船舶重工集团公司，是我国重要的军工生产基地和以造船为主的大型现代化综合性企业。为保障矿工的生命安全，我公司投入大量的精力，设计、生产出安全、适用的煤矿救生舱，并逐步向多元化、系列化发展，以满足不同对象的需求。

系统及功能

我公司煤矿救生舱主要由舱体、空气气幕系统、氧气供给保障系统、空气净化及温湿度调节系统、环境监测系统、通讯系统、舱内照明及指示系统、动力保障系统、生存保障系统、支撑系统等系统组成。

舱体抗冲击、抗高压；外形设计为可拆卸安装式，模块化，便于运输，更利于后续产品的批量生产。

空气气幕系统，有效地阻止有毒气体的进入。

氧气供给保障系统，维持舱内氧气在额定浓度并满足舱内人员正常需求。

空气净化及温湿度调节系统，保障舱内空气和有害气体浓度以及舱内温湿度维持在正常范围内。

环境监测系统，实时检测舱内外环境情况，便于调控及逃生。

通讯系统，将舱内情况及时传出。

舱内照明及指示系统，用以指导在事故状态下，遇险避难人员的逃生救助方向。

动力保障系统，供给救生舱电能，保障各大系统的顺利运行。

生存保障系统，保障人员的生活起居，保障人员急救，保障设备维修等。

支撑系统，便于移动或固定救生舱。

产品型号：JYC-96/16B

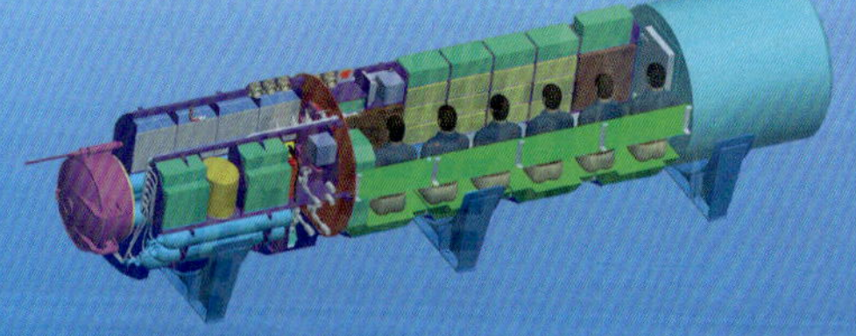

产品型号：JYC-168/6A

二、煤矿救生舱主要性能指标

序号	主要性能		指标 JYC-168/6A	指标 JYC-96/16B
1	舱体设计压力（外压）		0.9MPa	0.1MPa
2	舱体外壳瞬间（0.02s）高温		1200℃	1200℃
3	舱内压力			
3.1	生存舱		常压	常压
3.2	过渡舱(舱门开启时)		~0.105 MPa	~0.105 MPa
4	舱内定员		6人	16人
5	舱内满员生命维持		168小时	96小时
6	舱内食物、水保质期		≥1年	≥1年
7	舱内气体浓度	O2	18.5%~23%	18.5%~23%
		CO2	≤1.0%	≤1.0%
		CO	≤24×10-6	≤24×10-6
		CH4	≤1%	≤1%
8	舱内氧气再生系统保质期		≥5年	≥5年
9	空气净化装置保质期		≥3年	≥3年
10	适用矿井井下可能出现的瓦斯爆炸、燃烧、透水或塌方等事故		适用	适用
11	矿井矿道的高度要求		≥2m	≥2.5m
12	透水时坑道中水深		≤100m	≤10m
13	矿井环境温度		≤60℃	≤35℃

地址：湖北省武汉市武昌区张之洞路2号
邮编：430060
TEL：027-68887861
Fax：027-68887859
Email：wsnpc@vip.163.com

兴船报国 创新超越

北方重工集团有限公司

产品：矿用可移动救生舱

1. 主要用途

矿用可移动式救生舱是一种具备抗爆炸、耐高温、防毒气、耐水压等功能并能够提供一段时间生命保障的井下逃生避难装备。将其放置于采掘工作面附近，当煤矿井下突发瓦斯突出、透水、坍塌和火灾等重大事故时，井下遇险人员在不能立即升井逃生脱险的紧急情况下，可快速进入救生舱内利用救生舱配备的生命保障设施保证最低生存需要并等待救援，改变单纯依赖外部救援的矿难应急救援模式，由被动待援到主动自救与外部救援相结合，对救援工作科学有效进行起到至关重要的作用。

2. 型号及意义

JM A H-240/14 A

- A —— 救生舱应用类型分类
- 14 —— 额定人数，人
- 240 —— 额定防护时间，h
- H —— 第三特征代号：硬体式 H
- A —— 第二特征代号：组装式 A
- M —— 第一特征代号：移动式 M
- J —— 产品类型代号：救生舱 J

3. 技术参数

项目	技术参数
舱体结构材质	高强度钢板
额定人数	6-38 人
额定防护时间	≥240h
起动时间	≤1min
抗冲击能力	≥1.5MPa
可承受最大冲击波压力	≥1.0MPa
最大耐水压力	4MPa
瞬间耐高温能力	1200℃ （≤0.2s）
持续耐高温能力	持续环境温度 55℃条件下，舱内温度不高于 33℃±2℃
制氧方式	化学制氧
O_2浓度控制	18.5～23%
CO 浓度控制	$\leq 24\times10^{-6}$
CO_2浓度控制	＜1.0%
CH_4浓度控制	≤1.0%
SO_2浓度控制	$\leq 0.35\times10^{-6}$
H_2S 浓度控制	$\leq 0.1\times10^{-6}$
温度控制	33℃±2℃
湿度控制	≤85%
电源条件	有源/无源
规格尺寸	10000x1500x2000
空载质量	19t

4. 产品优势

北方重工研制的救生舱最大优势是采用了不同于其它厂家的潜艇军工技术，避免了需要储存大量高压氧气瓶（氧气瓶本身易泄漏、有发生爆炸的危险），供氧方式安全可靠，维护、操作简单易行，所能维持的救护时间达 10 天以上；同时，蓄电池、制冷系统安全可靠，完全满足 10 天救护时间的要求。远远超出目前大部分厂家的 4 天防护时间的指标。北方重工具有煤矿井下设备研制团队，熟悉煤矿井下设备的各项安全标准，开发了多种煤矿井下设备；北方重工，加工能力强、检测设备齐全、质量保证体系完善，研制救生舱具备独特的优势。

5. 结构及技术特点

矿用可移动救生舱是北方重工集团有限公司与太仓军科矿用安全设备科技有限公司联合开发研制。（军科拥有二项系统专利专利号：200820056319.6 专利号：201020238756.7 并在 09 年在武汉做了 6 人 7 天试验）

救生舱主要由舱体、氧气供给保障系统、空气净化与温湿度调节系统、环境监测系统、通讯系统、控制系统、舱内照明及指示系统、动力保障系统、生存保障系统等组成。

我公司研制的救生舱产品采用了航天、潜艇的产品技术。舱体主要由过渡舱、生存舱、设备舱组成。为适应煤矿井下环境，舱体采用分体组装式结构。根据井下空间及避难人数的不同，我们对救生舱进行了系列化设计，能够满足6-38人的不同需求。舱门结构采用双向控制多点锁紧的潜艇技术，能够达到隔热、隔音、防水、防毒气的要求。在舱体的两侧设有观察窗，能够随时观察外界环境变化。救生舱能够抵御不低于1.5MPa的抗冲击能力；瞬时（≤0.2s）耐高温1200℃，持续环境温度55℃条件下，舱内温度不高于33℃；舱体抗水压能力可根据煤矿地质情况制造，可达到50-300m防水深度。舱体材料要保证在外界持续高温下的隔热及耐腐蚀要求，舱体内与外部、舱门、观察窗要密封隔绝，具有良好的气密性、水密性；通过生命保障系统和环境控制等系统为舱内工作人员提供氧气以及满足生存所必须的环境条件，在此密闭环境下避难时间要达到10天。舱内拥有空气净化系统，可清除 CO、CO_2、CH_4等多种有害气体。过渡舱设有风幕装置，防止有害气体进入舱内；制冷系统采用空气压缩机制冷，保证在外界持续高温情况下，舱内保持设定温度；舱内拥有有害气体、湿度及温度等自动检测、自动控制装置，保证CO_2浓度不高于1%、CH_4浓度不高于1%、CO浓度不高于0.0024%，舱内湿度不高于85%，舱内压力要保持在正压100-500Pa之间；供电系统采用固定式和蓄电池两种形式，蓄电池可在外部电源中断情况下，为空调、控制、检测、照明等系统提供10天以上的电力供应；舱内设有与井下通讯网连接的通讯接口；舱内备有在额定防护时间内的额定人员生存所需的食品、饮用水或营养液等养分供给食品，保证人体所需的营养要求。配备应急救助所需医疗设备，包括急救箱、苏生器等。配备应急维修所需工具箱、灭火工具；舱内具有人体排泄物处理功能。

6. 系列化产品：北方重工将对救生舱产品完成以下规格系列化生产。

类　型	小型			中型			大型		
额定人数/人	6	10	14	18	22	26	30	34	38
安全余量/人	+2			+3			+4		
最大人数/人	8	12	16	21	25	29	34	38	42

7. 各主要功能系统简介

为了实现救生舱的防护功能，除了具备气密性、防爆性能的壳体之外，还有下列各功能系统：氧气供给保障系统、空气净化与温湿度调节系统、环境监测系统、通讯系统、控制系统、舱内照明及指示系统、动力保障系统、生存保障系统。

7.1 氧气供给保障系统

救生舱有与矿井压风系统接口的压风系统供氧装置，在矿井压风系统未破坏的情况下对舱内供氧。

救生舱还具备化学供氧二级保障系统，在不会影响舱内压力和环境的情况下，能自动消除二氧化碳，化学供氧保障系统能够保证救生舱的额定保护时间不低于240h，起动时间不超过1min，且保障救生舱内人员呼吸氧气浓度在18.5%-23.0%之间。化学供氧系统具有存放时间长，维修费用低等特点（解决了经常要为井下几十瓶氧气充气，及供氧引起的舱内压力波动问题），可使救生舱的避难时间延长到10天以上。克服了其他试验舱压缩氧不宜控制氧含量和容易引起氧中毒和二次爆炸的设计缺陷。

在自救器逃生保障系统方面，救生舱配备了隔绝式氧气自救器，自救器使用时间不低于45min，配备量不低于额定人数的1.5倍。

7.2 空气净化与温湿度调节系统

救生舱具有有效的空气净化与温湿度调节系统，在额定防护时间240h内，保障舱内空气及CO、CO_2、CH_4

等有害气体浓度满足国家规定的要求。并且在此基础上，根据矿井实际需要，增加了 SO_2、H_2S、甲硫醇、有机酸、臭粪素等因排便、代谢等产生的各种异味、有害气体的吸收净化，使浓度控制在适合人体要求范围内。同时在救生舱舱内设有内部空气循环系统，保证有害气体的及时吸收。

温度湿度调节系统采用自主研发技术，稳定可靠，能够保证在外界电力供应中断或空调机组意外停转情况下，舱内制冷除湿的需要。

7.3 环境监测系统

在救生舱内，可以对舱内、舱外环境参数进行实时监测、显示，并超限报警。救生舱内环境监测的参数包括 CO、CO2、O2、CH4、温度和湿度；舱外环境监测参数包括 CO、O2、CH4、CO2、温度。并且环境监测系统设有超限报警点，环境参数超出规定值时自动声光报警。

7.4 通讯系统

通过舱体设置的通信穿舱件接口和煤矿现有的通信装置连接,实现舱内与地面进行语音和图像及舱内各种数据（有线）转到地面通信中心，使地面人员能够及时了解舱内避险人员数量、生存状态等各项参数，以便施救。

7.5 控制系统

救生舱能够完全依赖舱体动力保障系统、智能控制系统，自动控制完成气体检测、空气净化、正压保证等生命维持工作，使用时不产生任何不安全因素，操作简便易行，系统运行安全可靠。

救生舱内部电气系统采用全自动低功耗的智能化数字系统，能时时监测舱内各种气体含量的检测，并能通过一键按钮检测舱外气体含量(此处不采用自动监测，是防止舱外发生透水时损害监测系统，因此采用人工方式)。通过智能化数字系统保证了舱内恒温，恒压。

7.6 舱内照明及指示系统

救生舱配备照明设备，保证不小于 240h 的照明需要。在舱内贮备逃生用矿灯，数量不少于额定人数的 25%。救生舱外设有高穿透性的外部指示灯。并在舱体上设置明显的安全荧光条码、安全标志标识、舱门开启符号等标识。

7.7 动力保障系统

动力保障系统采用有源、无源两种工作模式。并且舱内、外部供电系统能自动转换。

在救生舱舱体上设有外部电源接入接口，在救生舱处于备用状态下利用外部电源对救生舱内部蓄电池充电。外部电源及电源接口设有完善的安全保护，保证在意外情况下的供电安全。

同时，保证在发生在灾变条件下外部电源中断时，救生舱内部动力保障系统的不低于 240h 的供电安全。救生舱内部动力保障系统具备自动充电、电量显示、均衡充电、均衡放电等电源管理和过充、过放等安全保护功能。充放电系统采用目前国内先进技术，在系统维护时，对电瓶进行深度放电维护时，不产生热量。并且能定时进行维护。

7.8 生存保障系统

生存保障系统中的食品、饮用水、急救药品按照《中国居民膳食营养素参考摄入量，DRIS》设计，维持生命所需要的最低营养摄入量，密封储存压缩食物、饮用水、维生素营养液、急救箱、苏生器等，保质期在 1 年以上。并且配备必要的应急维修所需工具箱、灭火工具等。人体排泄物采集采用干式坐便器，完成粪便收集、封装，减少有害气体挥发。

地址：沈阳经济技术开发区开发大路16号 邮编:110141 电话：024-25802014 024-25802052

南京韩威南冷制冷集团有限公司

南京韩威南冷制冷集团有限公司是一家生产销售制冷空调及空气处理设备的大型集团化公司。公司设有科技公司、销售公司、工程公司、环境公司等四家子公司，是集空气处理、环境控制产品的科研开发、生产销售、工程维修安装、用户服务为一体的集团化公司，为国民经济各领域提供了大量的制冷、除湿、空气处理设备，并出口至欧美、非洲、俄罗斯及中东、东南亚等国家和地区。

公司是江苏省民营科技企业，设有南京市江宁区工程研发中心，与南京航空航天大学建立了“产学研基地”，近期正在筹建企业博士后工作站。公司汇集了一批多年从事环境科技、空气品质产品研发的高科技人才和管理人才，研发了矿用可移动式救生舱、手术室水平层流屏、溶液式除湿机、大功率风力发电冷却系统等高科技产品，在工业制冷、空调、净化等方面走在了行业的前列。公司已经拥有发明专利2项，实用新型专利5项。目前正在申请发明专利2项，实用新型专利4项。

KJYF96/8型矿用可移动式救生舱产品介绍

由南京韩威南冷制冷集团和南京航空航天大学联合研制开发的KJYF96/8型可移动矿用救生舱主要用于煤矿井下发生爆炸、煤与瓦斯突出、冒顶等事故时遇险人员的避难。

本产品采用国际先进技术，舱体采用全钢材质，能承受2MPa的冲击压力而不产生巨大变形，可保证在矿难发生时产品的可应用性和安全性。采用双过渡舱设计方案，大大提高了救生可靠性，减少避难人员进舱时间；舱体经专业绝热设计，采用优质绝热材料，在发生矿难时可有效隔离舱外高温环境，保障人员在舱内的生存条件。舱内环境采用先进的开放式气体膨胀制冷系统进行温湿度调节，采用CO/CO2一体式过滤系统进行有害气体的过滤，利用压缩氧气瓶和化学制氧的双重供氧方式，确保供氧安全，可以维持8人120小时生存所需的空气环境。同时，舱内有CO、CO2、O2、CH4等多种有害气体检测装置，可以实时检测舱内气体成分，以便避难人员及时了解情况，采取应对措施；同时在舱内设有采样器，可以抽取舱外空气样本至舱内进行气体检测，使避难人员及时掌握舱外环境，制订最佳的逃生方案。舱内还设有通讯系统及其接口，可实现舱内避难人员与外界救援人员的沟通，方便营救。此外，舱内还设有食品、药品、医用水、排泄和垃圾集中等条件和设施，保证舱内避险人员必须的生活条件。

产品特色

1、模块化设计理念业内领先

本救生舱的各功能系统采用模块化设计，功能集成度高：同步实现温度湿度的控制；各种有害气体通过一体式过滤系统去除。各系统尺寸小，大大增加了舱内的有效空间，同时便于检修，方便了相关人员的使用和操作。

2、维护成本低，经济性高

本救生舱采用国际先进技术，利用二氧化碳绝热膨胀进行制冷，该制冷方式能大大降低维护成本，产品一旦投入，除日常安全检查外，无需任何维护费用。

3、安全性高

本救生舱所有使用材料均达到国家矿用安全防爆标准。舱内空调系统和空气净化系统为本质安全型系统，对人员无危害。在避难时，鉴于舱体本身的承压能力和保温能力，在外界温度55°C高温的情况下，可提供不少于120小时的有效保护时间，同时本救生舱采用开放式制冷系统所排出的废气可二次利用，有效降低环境温度、隔绝火焰，提高了外环境的安全性。

救生舱产品

救生舱基本参数

技术指标		标准
防护环境		非强腐蚀性气体或液体
防护温度		瞬时温度≤1200℃ 持续环境温度≤55℃
防护压力		≥2MPa
额定救援人数		8
额定救援时间		≥116H
布置范围		距采煤掘进面600～1000m
防爆类型		矿用防爆
最大下井尺寸（mm）		3900×1670×1900
舱内环境控制水平	相对压力	200～1000Pa
	相对湿度	≤85%
	温度	≤35℃
	氧气浓度	18.5%～22.0%
	CO浓度	≤24ppm
	CO_2浓度	≤1.0%
	CH_4浓度	≤1.0%
外形尺寸	长（mm）	9500
	宽(mm)	1670
	高(mm)	1900

地址：江苏省南京市江宁区　　邮编：210019　电话：025-52737799

西安博深煤矿安全科技有限公司

西安博深煤矿安全科技有限公司是专业从事矿用可移动式救生舱、固定式避险硐室、矿井紧急避险系统研发、设计、生产、销售和服务的高科技企业。位于西安市高新技术开发区新型工业园，是区内重点支持的创新型企业。

公司坚信，客户是博深存在的唯一理由。任何时候，无论是采用新技术，开发新产品，还是优化内部工作流程；无论是提供客户服务，还是与客户沟通交流，博深公司始终关注的最根本问题是客户满意。了解客户需求是博深工作的起点，满足客户需求是博深工作的目标，达到客户满意是博深工作的追求。

公司坚持“为客户提供一流产品，给员工搭建发展平台，让股东获得投资回报，使社会增添进步动力”的经营理念，愿与业界同仁共同奋斗，为创造中国煤矿生产安全事业的美好明天而不懈努力。

公司拥有一支由工商管理硕士组成的管理团队和由多年从事矿用安全设备研发的工程师组成的技术团队。经验丰富的质量工程师和专业检验人员以及技校毕业的一线生产工人是公司产品质量的基本保证。

公司采用先进的生产检测设备和测试方法，严格按照国际ICE标准组织生产，时刻致力于技术上的不断创新和工作上的持续改进，以确保产品质量更高，安全性更好，服务更周到。

公司坚持与大学科研院所以及煤炭企业开展多种合作，随时了解行业发展最新动态，始终使企业的产品、技术、服务处于市场领先地位。

JMAH−96/10A矿用可移动式救生舱

JMAH−96/10A矿用可移动式救生舱是矿井下发生灾变事故时，在存在高温、爆炸、透水、冒顶、有毒、有害气体等危险因素的环境中，为遇险人员提供应急避险空间和生存条件的特定装置，是矿井紧急避险系统中必不可少的关键设备。

JMAH−96/10A矿用可移动式救生舱是西安博深煤矿安全科技有限公司在对我国煤矿主要灾害特点、采煤方式、井巷结构、人员情况、管理模式等方面进行综合系统分析研究的基础上，将潜艇结构技术、航天生命保障技术等高新技术应用到项目过程中，而研发出的具有自主知识产权，广泛适用于我国煤炭生产企业的高科技产品。

合作单位

江苏科技大学航船海洋工程学院、北京航空大学人机与环境工程系、西安科技大学能源学院安全工程系

指导单位

国家应急救援技术西安研究中心、江苏省船舶先进设计制造技术重点实验室、军事医学科学院卫生装备研究所

产品定位

JMAH−96/10A矿用可移动式救生舱是当矿井下发生煤与瓦斯突出，瓦斯煤尘煤堆、火灾、水害、冒顶、有毒有害气体集聚等灾变事故后，在逃生路径被阻或自救器防护时间不足的情况下，为无法及时撤离的遇险人员提供一个安全的密闭空间，并创造基本生存条件，为应急救援赢取时间。

知识产权

序号	专利名称	专利类型	申请号
1	新型矿用可移动式救生舱	发明专利	201010525782.2
2	一种用于矿用可移动式救生舱的空气净化与温度调节系统	发明专利	201010525759.3
3	一种矿用可移动式救生舱的环境监测装置	实用新型	201020525285.8
4	矿用可移动式救生舱高温试验装置	实用新型	201020575789.0
5	一种隔爆型 LED 照明灯	实用新型	201020525476.4

产品功能

1、抵御二次爆炸冲击波

2、隔绝外部有毒有害气体

3、提供氧气，食物和水

4、舱内空气净化（去除二氧化碳、一氧化碳和水气）

5、舱内降温

6、舱内、舱外环境监测

7、提供照明和急救用品

8、具备对外通讯联络手段

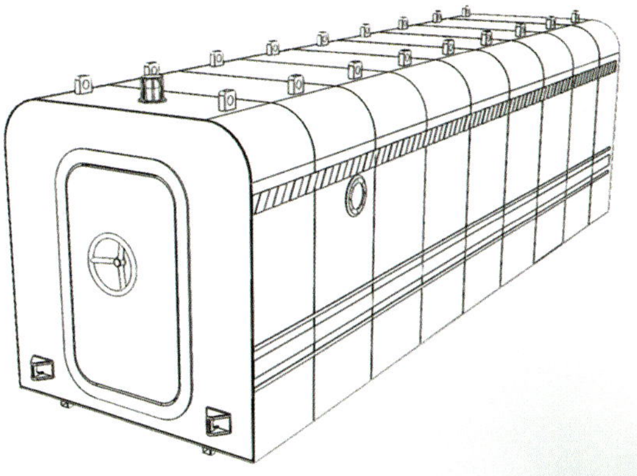

技术指标

1、额定防护人数：8人

最大防护人数：10人

2、额定防护时间：96小时

3、抗爆炸冲击能力：≥2Mpa

4、瞬间耐高温能力：≥1200℃

5、持续耐高温能力：舱外温度40℃时，舱内温度≤35℃

6、整舱气密性：泄压速率≤300Pa/h（500Pa压力下）

7、生存保障参数

自备供氧量≥0.5L/分钟.人

食品供给量≥5000KJ/天.人

饮用水供给量≥1.5L/天.人

8、舱内环境参数：

9、舱内空间参数

过渡舱有效容积：≥1.2 m³

生存舱有效容积：≥7 m³

10.产品类型

结构型式：钢制硬体组装式

移动方式：吊装、滑撬牵引和钢轨滚轮移动

外形尺寸：5995×1790×1795mm

空载质量：6.5T

氧气 O_2	二氧化碳 CO_2	一氧化碳 CO	甲烷 CH_4	温度	湿度	压力
18.5%～23%	≤1.0%	≤$24*10^{-6}$	≤1.0%	≤35℃	≤85%	100-500Pa

西安东风仪表厂

中船重工（西安）东仪矿用安全装备有限公司

矿用可移动式救生舱

2011年西安东风仪表厂组建的中船重工（西安）东仪矿用安全装备有限公司研制成功目前国内自动化水平程度最高，采用一键式操作，防护人数最多，防护时间最长的救生舱。该舱由安全防护系统、供氧系统、净化系统、动力保障系统、生存保障系统、通讯系统等六大系统组成。

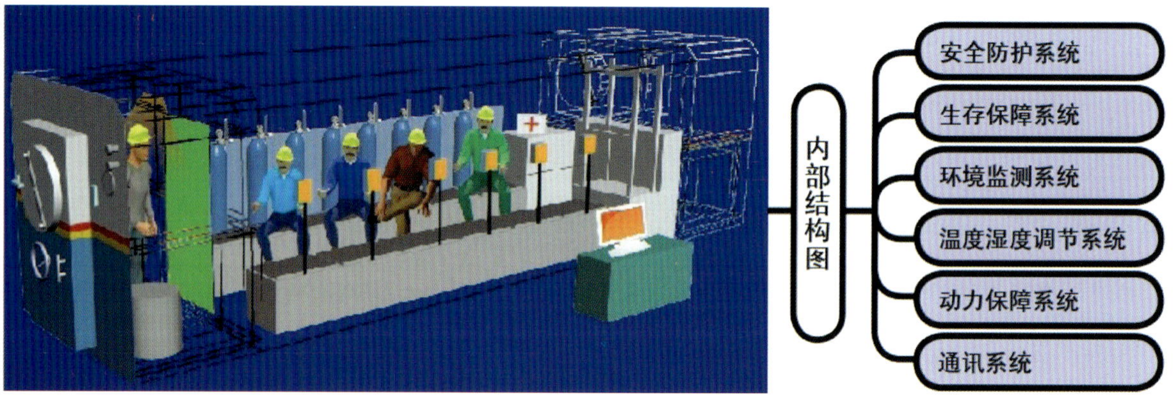

救生舱简介

矿用可移动式救生舱是矿山井下的救生装置，主要用于发生矿难是作为遇险人员的紧急避难场所。矿用可移动式救生舱由安全防护系统、供氧系统、净化系统、动力保障系统、生存保障系统、通讯系统等六大系统组成。其在矿难发生时对外能够抵御爆炸的冲击、高温烟气、隔绝有毒有害气体的功能，对内能为被困矿工提供氧气、食物、水，去除有害气体，为矿工赢得较长待援时间，同时通过舱内通讯设备，引导外界救援。

救生舱结构分为过渡舱、生存舱和设备舱三部分：

一. 过渡舱

前舱门采用“门中门”结构（此项设计已取得国家专利），除了能防止瓦斯爆炸外，还可以防水。过渡舱还设有空气气幕系统和喷淋装置，可有效隔绝舱外有毒有害气体进入生存舱内。并设有压风管道供气系统和生理排泄系统。

二. 生存舱

配置有监测系统、供氧系统、空气净化系统、空调系统、通讯系统。

◆监测系统：

生存舱内外装有环境监测系统，设有氧气、二氧化碳、一氧化碳、甲烷、温度、温度传感器，实时监测舱内外生存环境。

◆供氧系统：

设计为自动和手动双重供氧系统，由氧气传感器测出生存舱的氧气含量，通过信号处理来控制氧气的释放量，使舱内的氧气含量始终控制在18.5~23%之间，并且可根据需要调节氧气含量。保证供氧系统的高可靠性。

◆空气净化系统：

采用军工净化技术，独家拥有。空气的净化，实现自动控制，使二氧化碳的含量控制在1%以下，一氧化碳的含量控制在24ppm之下。

◆空调系统：

采用蓄冰式空调和超导取冷技术，可保证在无任何电力支持的条件下，保证舱内温度在30℃以下。

◆通讯系统；

本舱设有通讯系统，以便遇险人员及时与舱外指挥机关联系，以方便救援。

三.设备舱

设备舱装有动力保障系统，给救生舱提供可靠的动力保障，可实现电源系统自维护。并设有制冷机组，在正常工作状态下随时处于制冰状态，以确保在发生矿难后能提供足够的冷源，以保证舱内的温度调节。

救生舱主要特点介绍

1.救生舱额定舱位设计按6～32人考虑。

2.救生舱额定安全维持待救援时间突破120小时。

3.救生舱系统实行智能化管理，通过“一键式”操作，可在最短时间内启动系统运行，使其自动运行，减少矿工的劳动强度，同时设有手动操作装置，实现双保险。

4.救生舱设置多扇开启的多功能逃逸密封门（专利号：200920099782.3），舱体可拆解运输至井下，在工作现场模块化组装，方便移动。具备防爆、防火、隔热、防水功能。

5.利用专利技术（专利号：201020165877.3），将舱内排放的气体收集到救生舱外气体收集器内，Ñ 环使用，或与N_2混合，将空气中氧含量稀释后再进行安全排放。避免了向舱外排气而引起二次爆炸的危险，填补了国内外救生舱制造技术的空白。

6.对于救生舱内的温度控制，采用自主研发的专有技术，利用蓄冰制冷和超导技术，达到制冷的目的。在矿难发生时，采用先进的超导技术，自动控制舱内的温度，保持在30℃以下。

7.对舱内有毒有害气体的监控，利用组合式多功能气体检测传感装置来实现，对救生舱内、外的CO、CO_2、CH_4、O_2，温度、湿度进行实时监测，通过舱内LED综合显示屏来显示。

8.空气净化系统采用军工技术，对有毒、有害气体进行高效净化，使CO_2的含量保持在1%以内，使CO的含量保持在24ppm以内。

9.生存保障系统利用进口高能量食品（保质期6年），其营养丰富，含各种矿物质，维生素配比合理，保存期长。同时，按人员数额配备饮用水和各种急救药品。

10.采用苏生急救系统，苏生供氧，特殊急救供氧系统。矿工进入救生舱时，在第一时间内给轻微中毒的人员进行苏生急救，以利用最佳救护时机。

11.舱内压力控制利用均衡控制的Ô 理，实现自动化控制的目的，使舱内、外压差始终保持在200～500pap之间。

12.过渡舱设有气幕装置，当遇险人员进入时，最大限度地隔绝有毒、有害气体的进入，并对过渡舱的空气进行置换。

基本规格：

类型	额定人数（人）
小型	6
	12
	18
中型	20
	24
	28
大型	32
	36

性能指标：

(1) 防爆型式：矿用防爆

(2) 额定防护时间：≥120小时

(3) 启动时间：≤5秒

(4) 抗冲击能力：≥1Mpa

(5) 持续耐高温能力：60℃/120小时

(6) 可承受最大冲击波应力：≥1.5Mpa

(7) 最大耐水压能力：0.2Mpa

(8) 12人舱外形尺寸：8755×1783×1795（mm）

(9) 可根据用户实际需求设计及制造

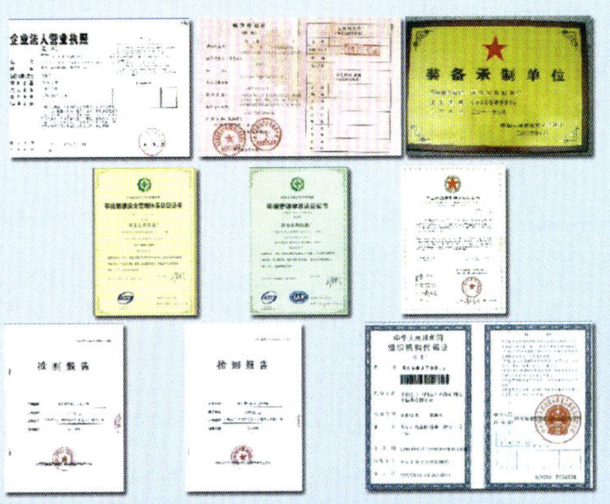

公司地址：西安市高新区锦业二路20号　邮编：710075　生产地址：西安市南郊东仪路3号　邮编：710065

电话：029-88727400　88728872　传真：029-88728872　网址：www.csicsafety.com　E-mail：csicjsc@126.com

南阳一通防爆集团

南阳一通防爆集团位于我国防爆电气技术科研生产及实验基地——河南南阳。主要从事防爆电气的科研、开发和生产，开发生产各种防爆电器、防爆仪表、防爆通讯监控、防爆暖通及其它防爆电气设备。同时承接各类防爆电气设备及成套系统的设计开发和横向技术合作。

公司占地十万多平方米，建筑面积达六万多平方米，下设6个分公司（防爆暖通分公司、防爆监控通讯分公司、防爆仪表分公司、防爆厂用分公司、防爆矿用分公司、防爆电梯分公司）和2个防爆电气研发中心，同时拥有4个全资控股子公司。

公司依托南阳防爆电气优势，集全国防爆电气专家于一身，以绝对权威技术，倾力打造国内防爆电气王国。公司拥有100多位专业技术人才，大量实验检测设备，坚持开拓创新，开发出一批具有自主知识产权的高新技术产品，填补了多项国内空白，产品开发技术在国内、国际均处于领先地位，并获得多项专利技术。目前已形成国内最大的防爆空调、除湿机科研基地，国际一流的防爆监控通讯科研基地。

“天高任鸟飞，海阔任鱼跃”，一通人会在“诚信、创新、发展、领先”的企业理念和“创业、团结、奋进、博发”的企业精神带动下踏踏实实做事，认认真真做人，一步一个脚印去探索和攀登防爆领域的巅峰，为人民大众的生命财产安全，为中国成为世界第一经济强国贡献一份力量。公司热忱欢迎海内外各界朋友莅临指导，携手共进！

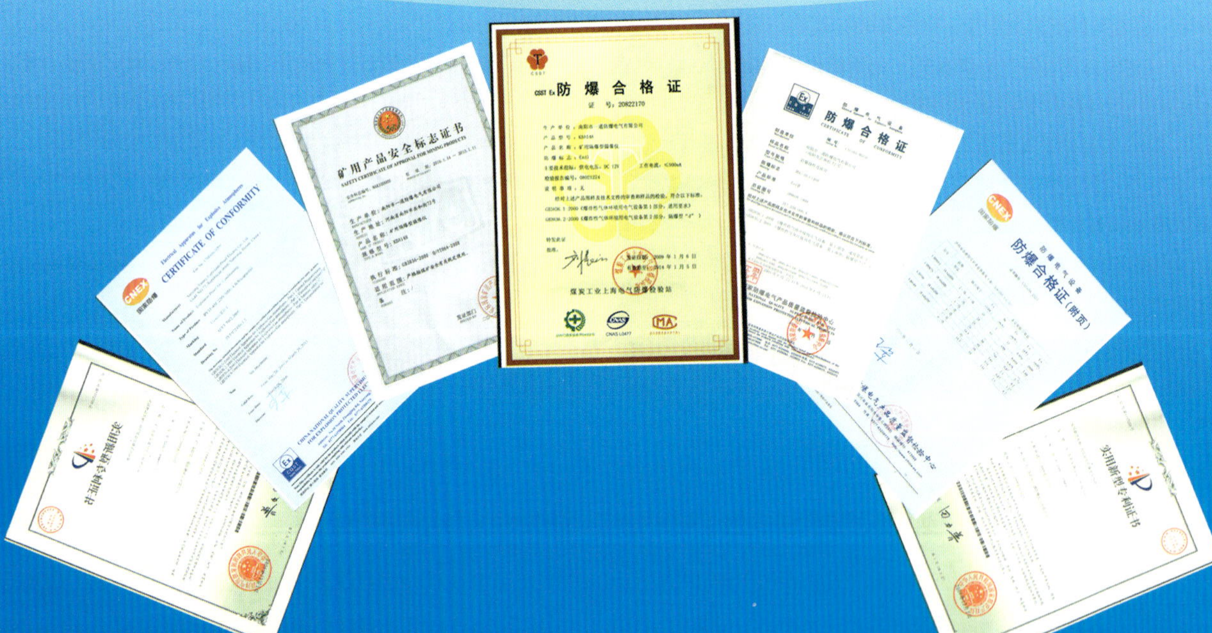

所获得的证书分类：

防爆合格证书（各类产品合格证书400多份）

入网证书（中石化、中石油及各大油田入网）

煤安证书（矿用饮水机、救生舱、摄像仪等）

专利证书（钻采防爆空调机、管道用节能防爆电加热器、超低温型防爆电加热）等

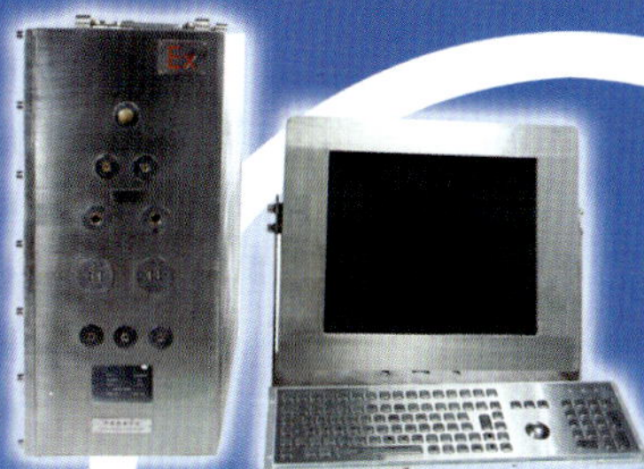

防爆计算机

防爆手机

防爆摄像仪

矿用防爆直饮水机

矿用防爆热饭饮水机

矿用防爆饮水机

防爆窗式空调

防爆柜式空调

救生舱用隔爆型锂离子蓄电池电源系统

--湖南天恒新能源有限公司

公司简介

湖南天恒新能源有限公司成立于2007年8月（原湖南星莹新能源有限公司），是苏州海竞信息科技集团有限公司所控股的一家专业生产高性能救生舱锂离子电源管理系统、矿用照明锂电池、矿用监测设备锂电池，并集生产、研发、销售、服务于一体的高新技术企业。

公司在锂电开发技术方面拥有自主知识产权，并聚集了一大批电池研发、电源管理系统研发经验丰富的高级技术团队。公司与国防科研著名学府建立了产、校同盟，使公司具备强大的技术保障能力，在锂电池技术开发方面，特别是在高性能特种锂电池的开发和生产方面具备领先水平。

产品介绍

系统功能介绍

系统构成：我公司矿用隔爆型锂离子蓄电池电源系统主要由锂离子电池组模块、充电及检测模块、显示报警控制模块、输出电源模块等系统组成。

锂离子电池组模块：锂离子电池组采用24V/50Ah磷酸铁锂电池组，电池组安装放置于独立的隔爆腔内。单个电池表面放置温度传感器进行温度监控。电池安全性能已通过北方汽车质量监督检验鉴定所安规测试。

充电、检测模块：充电模块采用29.2V/10A锂离子电池充电器，检测模块具有单节电池过充保护、单节电池过放保护、单节电池温度保护、电池组模块过流保护、模块外部短路保护等功能。并安装放置于独立的隔爆腔内。

输出电源模块：选用隔爆型双路输出电源模块，根据客户救生舱电源实际需要可选配24V、18V、15V、12V、5V输出及输出回路。

显示报警控制模块：显示模块选用320*240单色点阵液晶显示屏；报警功能包括电芯电压过高报警、电芯电压过低报警、电芯温度过高报警、电池模块电流过大报警、外部短路报警等功能。控制模块包括通讯、运算及单节电池电压过高或过低、单节电池温度过高、电池组模块电流过大及模块外部短路时自动切断功能。

安全保护功能：保护功能分为两级保护，检测板的过充、过放、过温、过载、短路保护功能为二级保护。中央控制器对电池电压过高或过低、温度过高、电流过大及外部短路的控制是一级保护。通过RS485总线将电源信息传递至井上调度室进行监控 。

系统主要性能指标

单体电池电芯性能参数

规格型号：PFL36130150A
标称容量：50Ah （放电电流5A）
内　　阻：≤ 5 mΩ
工作电压：2.5～3.65 VDC
重　　量：1.45±0.05 kg
标准充电电流：5A
标准放电电流：5A
充电限制电压：3.65V
放电截止电压：2.5V
循环寿命： ≥ 1500次

电池组模块性能参数

规格型号：DX B 1280/25.6(A)
电池组模块额定容量：50Ah
电池组模块额定能量：1280Wh
标称电压：25.6V
工作电压：20.0～29.2V
最大放电电流：10A
最大充电电流：10A
电源输入电压：127VAC~220VAC

隔爆型锂离子蓄电池电源系统标准配置表

模块名称	规格型号	数量	备注
锂离子电池组	DX B 1280/25.6（A）	根据客户容量要求选配	专用隔爆箱
充电、检测模块	充电器规格：29.2V、10A 根据电池组数选用8串均衡板	1套	专用隔爆箱
显示报警控制模块	320*240单色点阵液晶显示屏	1套	防爆设计
本质安全型直流电源	多路输出：24V~5V可选 输出电流：500mA~2000mA	1套	防爆设计
防爆型安全隔离变压器	500VA ~1000VA	1套	选配件
配件	根据实际系统选配	1套	防爆设计

公司名称：湖南天恒新能源有限公司
公司地址：湖南省环保科技园创业中心
（长沙市雨花区振华路199号）
联系电话：0731-85206111/84147222/84120555
传真号码：0731-84897666
网　　址：http://www.thxny.com.cn
全国免费服务热线：400-007-7168

中国煤炭科工集团重庆研究院

矿山安全监控系统

根据金属非金属地下矿山安全监控的需要，在原 KJ90 煤矿安全监控系统基础上，依据《金属非金属矿山安全规程（GB16423-2006）》、《金属非金属地下矿山通风技术规范（AQ2013-2008）》、《金属非金属地下矿山安全避险“六大系统”安装使用和监督检查暂行规定（安监总管一〔2010〕168 号）》等要求，开发了 KJ90 型矿山安全综合自动化监控系统、KJ3000 型矿山安全监控系统。系统采用工业以太环网+RS485 现场总线结构，主要监测矿井 CO、H_2S、CH_4、SO_2、CO_2、O_2 等有毒有害气体，以及矿井视频、风速、温度、负压、顶板压力、位移变化、矿井涌水、设备状态等，同时具有报警、断电等联动控制功能，可与企业管理信息系统实现互联，为矿山安全生产，经营决策提供科学依据。

一、 KJ90 型矿山安全综合自动化监控系统

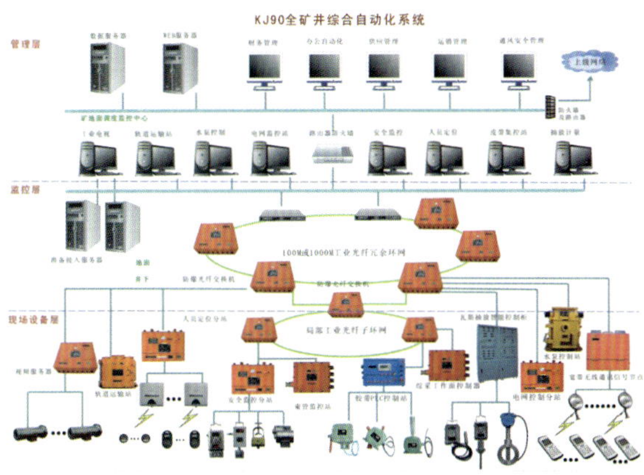

1、系统结构

系统总体结构分为管理层、控制层和设备层三层结构。其中管理层为地面局域网系统；控制层以工业以太环网为数据传输平台，主要包括整个监控中心设备及环网平台；设备层主要由各个子系统设备组成，采用现场总线，保证了现场子系统的实时性和可靠性。

2、功能特点

- 采用工业以太环网 + 现场总线信息传输平台，主通讯协议采用 TCP/IP 协议，现场采用 RS485 总线形式，布线简单、组网灵活，能满足各型矿井监控经济运行。
- 图文界面，可实时多屏显示，提供动态图形、事件记录、趋势显示、报警显示、实时数据、历史数据、参数曲线、模拟光柱、报表显示等，精美直观、操作简单。
- 支持光纤多模、单模、超五类双绞线和普通双绞线传输介质，结构灵活，支持多环结构，满足井下巷道的复杂布置。
- 设备种类齐全，防护等级达 IP65 以上，可满足矿井恶劣环境使用。
- 可选备用电源，在交流停电情况下，可工作 2 小时以上。
- 丰富的自动控制功能，支持就地控制、集中控制、远程控制、交叉控制，带控制反馈及异常报警等。
- 具有自检功能，可对控制器、电源、传感器、电缆等进行自动诊断，并提供异常报警。

3、集成能力

系统具有开放的技术标准，可集成：1）矿井安全监控系统 2）矿井人员管理系统 3）矿井移动通讯系统 4）矿井调度电话系统 5）压风机监控系统 6）通风机在线监控系统 7）工业电视监控系统 8）采掘工作面自动化系统 9）胶带输送机监控系统 10）提升监控系统 11）锅炉房监控系统 12）水处理监控系统 13）矿井供电监控系统 14）井下排水自动控制系统 15）矿井产量调运系统 16）井下机车调度信集闭系统 17）井下防尘控制系统 18）矿井无绳机车监控系统

地址：重庆市九龙坡区二郎科技新城 邮编：400039 电话：023-65239229 65239991 传真：023-65239241

19）矿井架空乘人监控系统　20）矿井设备管理系统　21）矿井空调集控系统　22）调度大屏幕显示系统　23）视频会议系统

4、典型工程

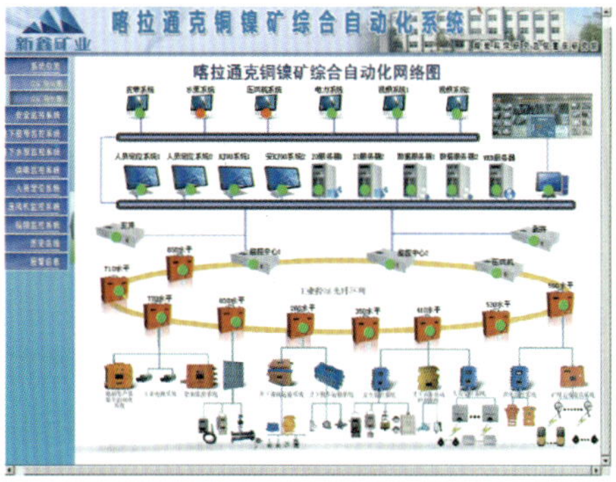

二、　KJ3000型矿山安全监控系统

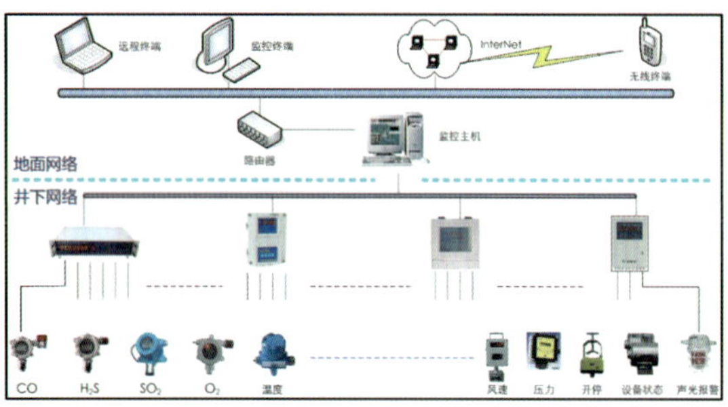

1、系统结构

KJ3000矿山安全监控系统采用RS485总线形式，设备包括地面中心站及监控软件、通讯传输设备、控制器、各种传感器等，井下设备防护等级为 IP65 以上。

2、功能特点

- 系统采用RS485总线，布线简单、组网灵活，能满足各型矿井监控经济运行。
- 图文界面，可实时多屏显示；提供动态图形、实时数据、历史数据、参数曲线、模拟光柱、报表显示等，功能强大、精美直观、操作简单。
- 多级用户权限管理，提供统一标准登录画面和应用画面模版，向不同用户开放不同的控制权限，让不同职能的人员各行其职，提高监控管理的规范性及安全性。
- 传感器种类齐全，自带数值显示、声光报警等，可检测矿井各种毒害气体及通风、设备运行、视频等安全生产信息，防护等级达 IP65 以上。
- 丰富的自动控制功能，支持就地控制、集中控制、远程控制、交叉控制，并带控制反馈及异常报警功能等。
- 具有自检功能，可对控制器、电源、传感器、电缆等进行自动诊断，并提供异常报警。
- 可选备用电源，在交流停电情况下，仍可工作2小时以上。
- 可与矿井综合自动化系统互联。

3、技术指标

通讯方式：RS-485总线

监测信息：CO、O_2、H_2S、CH_4、SO_2、CO_2、风速、温度、压力等

系统容量：64、128、256、512及无限点可选

总线无中继传输距离：≤10km

电源到传感器距离：≤1.5km

历史数据存储时间：≥1年

系统供电电源：220V/380V AC可选

备用供电电源：≥2小时

传感器信号：4～20mA、200Hz～1000Hz可选

地址：重庆市九龙坡区二郎科技新城　邮编：400039　电话：023-65239229　65239991　传真：023-65239241

4、**典型工程**

重庆钢铁（集团）股份有限公司綦江铁矿

济钢集团有限公司

莱芜钢铁集团有限公司

株洲冶炼集团股份有限公司

中国铝业股份有限公司水江铝矿

…………

矿井人员管理系统

KJ251A 型矿井人员管理系统采用远距离射频识别技术、网络与通讯技术、防碰撞技术、可靠性校验、低功耗设计等，专为我国矿山企业开发，实现对下井人员实时监测、跟踪定位、双向通讯、领导带班下井管理、广播信息发布、轨迹回放等功能，为矿井生产调度、人员管理、紧急救援等提供实时可靠的决策依据。该系统实用性强、技术先进、功能完善、性能可靠，也可作为子系统接入矿井综合自动化系统，无须重复布线。

1、**系统结构**

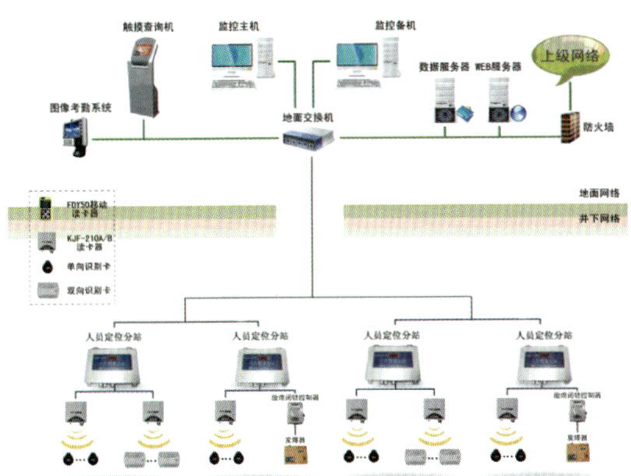

KJ251A 矿井人员管理系统由地面监控主机及管理软件、通讯传输设备、人员管理分站、读卡器、识别卡等组成，井下设备防护等级为 IP65 以上。

2、**功能特点**

- **跟踪定位：** 带识别卡的人员或车辆进入监测区域后，系统自动完成人员定位、实时跟踪监测。
- **考勤管理：** 系统实时记录作业人员出入井时间，可对全矿井人员进行考勤统计及报表打印，对领导干部带班下井进行专项管理。
- **双向通讯：** 系统不仅接收识别卡信息，还可由监控主机对全矿井或指定区域群发“撤离”命令，或对单个指定目标下发“撤离升井”或“回电话”命令。
- **数据存储：** 矿用读卡器和分站具有实时存储多条数据信息功能，在通讯中断的情况下，也能存储不少于 2 小时的数据信息。
- **查询统计：** 能够对井下人数、区域人数、分布情况、超时员工、上下井人数、系统运行信息等进行统计查询。
- **报警搜救：** 识别卡可发送求救信息，并作实时记录，防止误操作，保证报警有效，中心站进行报警提示，显示求救时间、地点等信息，搜救人员借助手持式读卡器可对井下人员进行精确搜寻。
- **门禁功能：** 可在矿井特殊区域设置限制进入，如有禁入人员接近该区域，就地及地面监控主机将发出报警信号。
- **电子巡更：** 可对特殊工种人员进行实时监控，巡更管理。

3、**技术指标**

- 系统容量：系统可接分站数 ≥64 台，每台分站可接读卡器数 ≤ 8 台，识别卡总容量 ≤65535 张
- 数据传输速率：2400bps（RS485 方式）
- 通讯距离：读卡器至分站 ≥3Km，读卡器至识别卡：0～100m 可调
- 系统巡检周期：≤ 30s（RS485 方式）
- 最大并发识别数量：200 张

地址：重庆市九龙坡区二郎科技新城　邮编：400039　电话：023-65239229　65239991　传真：023-65239241

- 识别卡电池工作时间：≥3年
- 标识卡发射功率：≤1mW
- 防护等级：井下设备≥IP65
- 系统供电电源：220V/380V AC 可选

4、典型工程

KJ251A矿井人员管理系统已在新疆新鑫矿业喀拉通克铜镍矿、中金岭南公司凡口铅锌矿等企业成功应用。

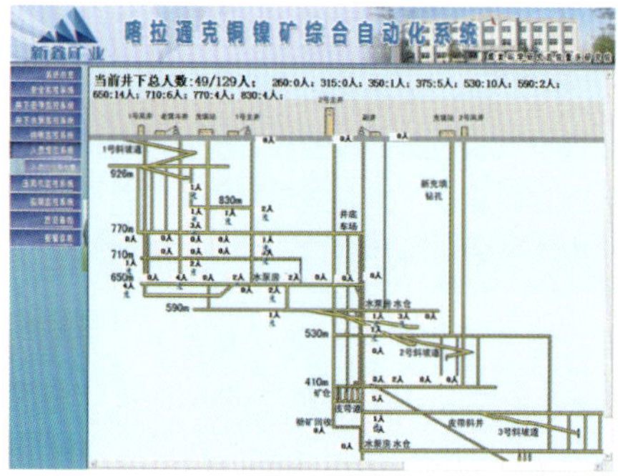

金属非金属地下矿山紧急避险系统

参照《煤矿井下紧急避险系统建设管理暂行规定》的要求，开发了金属非金属地下矿山紧急避险系统（包括井下永久避难硐室及临时避难硐室成套设备、矿用硬体可移动式救生舱），具有安全防护、氧气供给保障、空气循环净化、温湿度调节、环境监测、通讯、照明和指示、动力保障、生存保障、污物收集等功能。可移动式救生舱体通过了中国煤炭科工集团重庆研究院大型地下试验巷道中进行的“救生舱舱体抗爆炸性能试验测试”，舱体具备抵抗2MPa以上的爆炸冲击波破坏的能力。

一、 避难硐室设计及装备

1、避难硐室组成

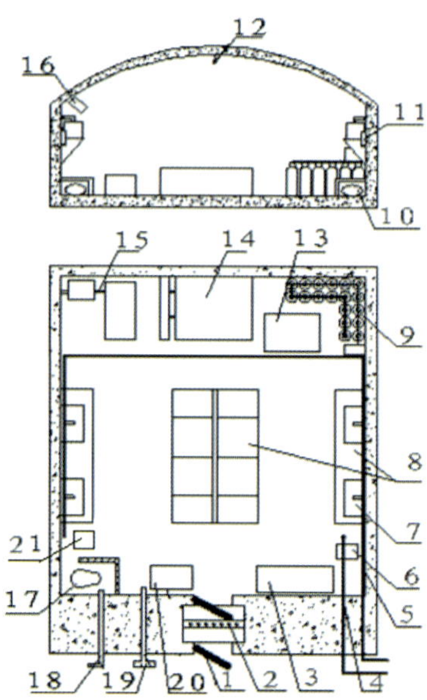

井下固定式避难硐室（见图1）主要由硐室主体、防爆门（见图2）和避难硐室成套设备组成，成套设备包括氧气供给保障系统、空气净化与温湿度调节系统、环境监测系统、通讯系统、舱内照明和指示系统、动力保障系统、生存保障系统、备用自救器及苏生器等。

1、隔离门； 2、喷淋系统； 3、药品食品柜； 4、供水管； 5、压风管； 6、人员管理系统终端； 7、压风自救器箱； 8、座椅；9、压缩氧供气系统（选择性安装）；10、担架；11、环境参数监测仪器；12、矿用荧光灯；13、空气过滤系统；14、空调（选择性安装）；15、电源箱；16、矿用红外摄像仪（选择性安装）；17、集便器；18、排水管；19、排气管；20、自救器及工具柜；21 通讯系统。

2、主要技术参数

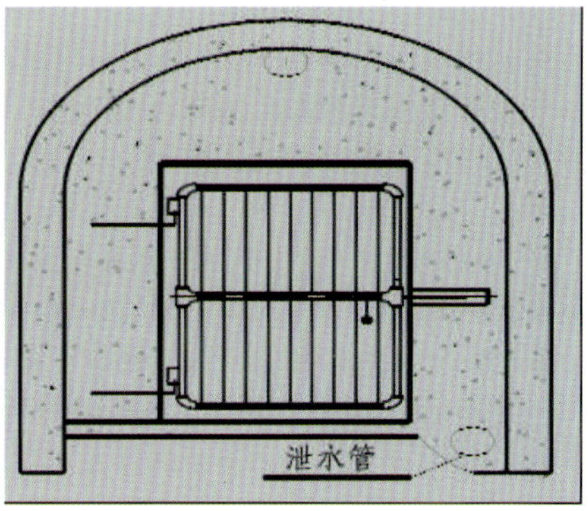

1）硐室规格：　　　　　　　≥15m×2.8m×2.5m（30人硐室，其余可根据人数变化而变化，要求达到0.75m²/人）

2）额定避难时间：　　　　　7天

3）额定容纳人数：　　　　　≥10人、15人、30人、40人、50人、100人

4）备用电源供电时间：　　　7天

5）CO浓度：　　　　　　　　<24PPm

6）CO_2浓度：　　　　　　　<1%

7）O_2浓度：　　　　　　　18.5%~23%

3、功能

✧ 压风、压缩氧两种独立供氧方式，确保供气安全；
✧ 利用空气循环净化系统，可有效吸收过滤舱内CO_2、CO；
✧ 降温除湿系统可有效控制舱内温湿度；
✧ 硐室内外环境参数监测（CO、CO_2、O_2浓度、温度、湿度等）；
✧ 通过固定电话可直通矿调度室；
✧ 具备永久照明和临时照明设施；
✧ 蓄电池组及供电控制箱组成备用电源系统，确保外部电源断电情况下供电需求；
✧ 具备食物、饮用水、急救处置、污物收集等生存保障功能。

4、适用条件

✧ 设置位置：井下车场、井下各中段采区、独头巷道、采掘工作面附近；
✧ 灾害类型：有毒有害气体涌出、顶板坍塌等事故。

二、矿用硬体组装移动式救生舱

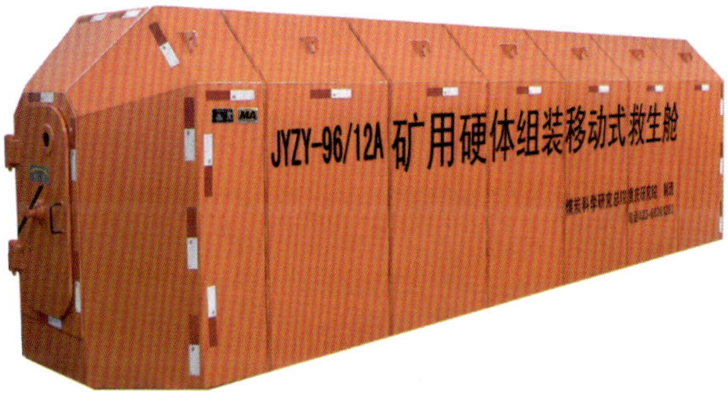

1、救生舱构成

矿用硬体组装移动式救生舱（以下简称救生舱）是一种可移动、生存保障条件好、分别能满足8、12、16、20、24、26、30名避难人员生存96h以上的紧急避险等待救援的系列装备。适用于有毒有害气体、火灾、水害、顶板垮塌等危险性的金属非金属地下矿山，当井下发生灾难性事故时，遇险人员可快速进入避难舱内等待救援。

救生舱系统主要由舱体、氧气供给保障系统、气体净化系统、温湿度控制系统、环境监测系统、通讯系统、舱内照明和指示系统、动力保障系统、排泄物收集装置、生存保障配置组成。

2、主要技术参数

序号	项目	参数						
1	额定人数，人	8	12	16	20	24	26	30
2	抗爆炸冲击，MPa	≥2.0						
3	额定防护时间，h	≥100						
4	备用电源供电时间，h	≥100						
5	供气方式	压风+压缩氧						
6	外形尺寸（n×1.7×1.9），m	6	6.8	8	9.5	11	13	15

地址：重庆市九龙坡区二郎科技新城　邮编：400039　电话：023-65239229　65239991　传真：023-65239241

3、功能特点

- 舱体采用高强度钢板加骨架焊接而成，结构坚固；
- 舱体采用分段式法兰连接结构，便于吊装、运输与移动；
- 设有压风和压缩氧两种独立供气方式，确保氧气供给安全；
- 能实时监测、显示舱内外的环境参数（CO、CO_2、O_2浓度、温湿度等）；
- 可快速净化CO_2、CO、恶臭气等有毒有害气体；
- 具备温、湿度控制与调节功能；
- 舱内动力保障系统，当矿难发生后且失去外部供电的情况下，能够满足净化、环境参数监测、除湿、照明的用电需要；
- 具有通讯功能，便于避难人员与外界保持联系，提高救援效率；
- 具有收集排泄物、消除异味功能；
- 储存了食物、水、自救器、急救药品、苏生器等应急物品，生存保障可靠；
- 舱内备有自救器，确保危险缓解后避难矿工可佩戴自救器安全撤离。

4、适用条件

- 安放位置：井下各中段采区、独头巷道、采掘工作面附近等；
- 温　　度：-10℃～+55℃；
- 相对湿度：0～100%；
- 大气压力：70 kPa～125 kPa；
- 安放空间尺寸：宽度不小于3.0m，高度不小于3.0m。

金属非金属地下矿山压风自救系统

压风自救系统适用于有毒有害气体的金属非金属地下矿山，在避难硐室、井下各作业地点和采掘作业地点设置供气阀门或压风自救装置。当井下产生有毒有害气体时，工作人员可就近到达安装有自救装置处，打开供气阀避灾。

1、压风自救系统组成

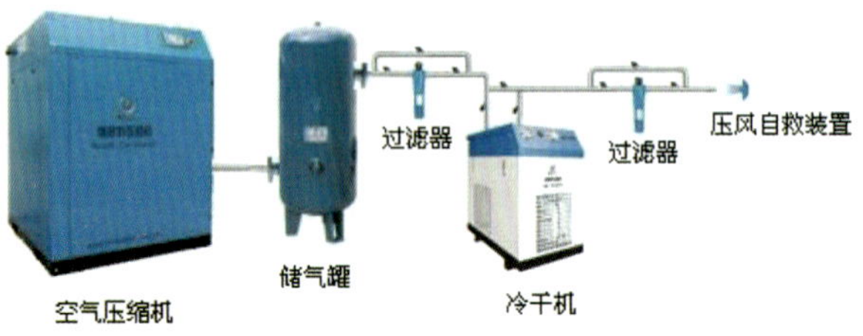

压风自救系统（见图1）由空气压缩机、储气罐、过滤器、送气管路、阀门、汽水分离器、压风自救装置等组成。

压风自救装置（见图2）包括减压、节流、消噪声、过滤、开关等部件及防护袋或面罩，该装置一箱四组或六组，能同时提供四人或六人使用，达到互相照顾的效果。该装置通过半面罩与人体进行呼吸连接输送新鲜空气，使避灾人员能长时间轻松呼吸，达到安全避灾，稳定情绪的目的，并且避灾人员能在橡胶管长度范围内活动。

2、压风自救装置的技术参数

- 系统供气压力：0.3-0.7MPa
- 压力调节范围：0.05-0.2MPa
- 消噪能力：<85dB(A)
- 单个装置耗气量：50-150L/min
- 防护方法：半面罩
- 供气方式：连接压风系统或单独配气站（地面）
- 箱体内半面罩数：4个或6个

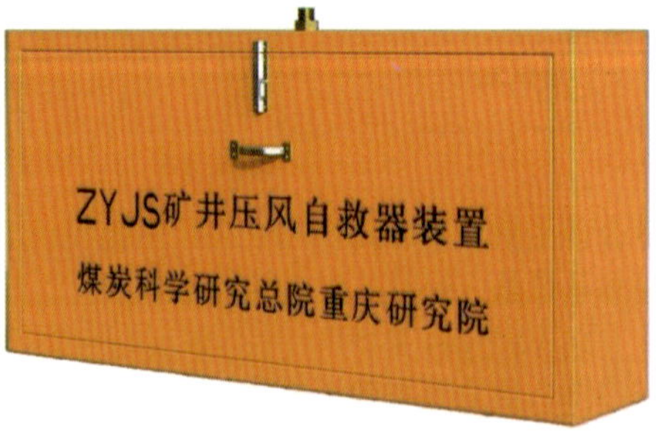

地址：重庆市九龙坡区二郎科技新城　邮编：400039　电话：023-65239229　65239991　传真：023-65239241

矿井供水施救系统

矿井供水施救系统的建设原则，主要考虑在矿井现有防尘供水管网的基础上，结合矿山企业实际及井下作业人员相对集中的情况，合理完善扩展水网，以满足供水施救系统的基本要求。

对于还没有建设防尘供水管网的矿井，则必须新建矿井供水管网，并在设计系统时同时考虑防尘供水和灾变时能满足供水施救的需要。

中国煤炭科工集团重庆研究院具有独立承担矿井防尘供水管网和供水施救系统的工程设计、配套设施提供、安装调试的综合能力。

供水施救系统建设的基本要求如下：

1.供水水源应引自消防水池或专用水池，有井下水源的应与地面供水管网形成系统，地面水池应采取防冻和防护措施。

2.对于供水施救系统，应考虑灾害发生时，地面能方便将自来水作为供水水源切换注入到井下供水管网。

3.主要运输巷、带式输送机斜井与平巷、上山与下山、采区的运输巷与回风巷、采场运输巷与回风巷、掘进巷道、卸载点等地点都必须敷设防尘供水管路，并安设支管和供水阀门，防尘用水均应过滤。

4.原则上为供水施救系统设置的支管的出水阀门处应有减压阀、过滤装置，以满足遇险人员使用需要。

5.在压风自救设施、避难硐室、作业人员集中地处应安装供水阀门，避难硐室应提供过滤水装置，便于供避险人员使用。

6.供水管路进入永久避难硐室应提供管路保护（如20米前深埋或高压胶管）。

7.供水施救系统应能在紧急情况下为避险人员供水并输送营养液提供条件。

8.加强供水管路维护，不得出现跑、冒、滴、漏现象，保证阀门开关灵活。

矿用无线通讯系统

采用无线WiFi及工业以太网技术，开发出适应我国矿井环境的KT106型矿用无线通讯系统，实现井下移动通讯及多媒体信息综合传输。

1、系统结构

包括管理服务器及管理软件、通讯电源、以太网交换机、语音网关、WiFi手机、无线基站、传输线缆等设备。

2、功能特点

- 可与其它设备共用工业以太网平台，无须单独铺设通讯线路。
- 采用TCP/IP协议，每台设备拥有一个唯一IP地址，采用远程WEB方式管理，维护简单。
- 开放的WiFi协议，可方便接入WiFi设备，包括无线手机、无线视频、无线安全监控设备等，系统还可升级实现人员定位功能。
- 无线基站及手机等井下设备采用IP65高防护设计，适应矿井恶劣环境。
- 通过网关可与矿山企业行政电话及调度电话互联互通。

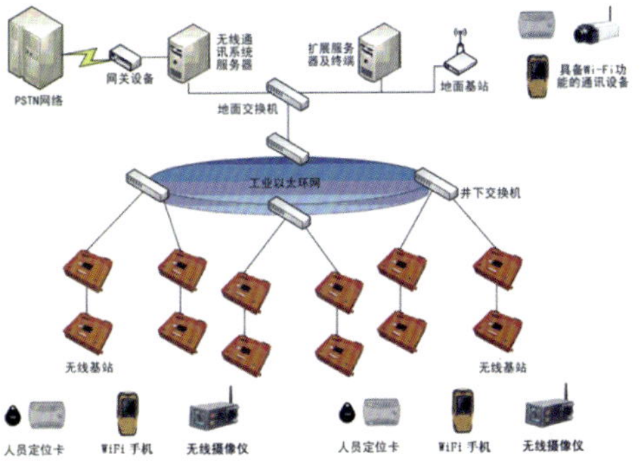

3、性能指标

1）射频频率：2.4GHz；　2）传输速率：54Mbps；　3）基站与手机通讯距离：＜500m；

4）手机待机时间：＞50小时；　5）手机持续通话时间：＞3小时；　6）备用电池时间：＞3小时。

4、典型工程

新疆新鑫矿业喀拉通克铜镍矿　　中国铝业股份有限公司水江铝矿

地址：重庆市九龙坡区二郎科技新城　邮编：400039　电话：023-65239229　65239991　传真：023-65239241

天地科技股份有限公司

天地科技股份有限公司开采设计事业部采矿技术研究所是专门从事采煤方法、矿山压力与岩层控制、冲击地压防治研究及矿压监测仪器开发的机构。先后承担国家级、省部级研究项目40余项，企业技术开发、技术服务、技术咨询项目200余项，其中获国家科技进步奖3项，省部级科技进步奖16项。国家发明专利2项、实用新型专利9项；起草和制订国家标准19项，煤炭行业标准27项。

采矿技术研究所现有研究人员近50人，其中博士后2名、博士6名、硕士20名，研究员3名、高级工程师8名、工程师14名。

采矿技术研究所以煤矿安全、高效、高回收率、绿色开采为目标，致力于煤矿开采成套技术的研究与开发，在采煤方法、回采工艺、工作面设备选型配套、冲击地压预测预报与综合防治、矿山压力与岩层控制、煤岩物理力学性质测试与冲击倾向性测定、矿压监测仪器、安全救护设备、粉煤灰综合利用技术研究方面取得多项成果，并广泛应用于全国各大矿区。

多年来，采矿技术研究所开发了适合我国不同煤层条件的开采方法和工艺。其中，综合机械化放顶煤开采已成为我国厚及特厚煤层实现高产高效的主要开采方法；率先提出的大采高综放开采技术已成为特厚煤层实现单面年产1000万吨的重要途径；急倾斜薄及中厚煤层走向长壁开采技术与装备研发填补了国内外空白。以冲击倾向性测定、冲击危险性区域划分、微震与地音及矿压监测预测、卸压解危、效果检验等技术为基础，形成了冲击地压防治成套技术；根据冲击地压能量释放原理提出了剩余能量理论；结合卸压解危与围岩支护提出了能量耗散理论；为提高我国冲击地压煤层开采技术做出了积极探索，为降低我国深部矿井开采中的冲击地压危害提供了技术支持。新型矿压监测系统及其软件开发为我国煤矿采掘工作面实现矿压实时监测及数字化矿山建设提供了条件。

ARAMIS M/E微震监测系统

1.系统概述

ARAMIS M/E微震监测系统集成数字通信系统（DTSS），实现了矿山震动定位及震动能量计算。拾震器（或微震探头）获得震动事件并将其处理为数字信号，然后由数字通信系统传送至地面。系统可以监测震动能量大于100J、震动频率0~150Hz及动态范围低于100dB的震动事件。根据监测范围的不同，系统可选用不同频率范围的传感器。数字通信系统采用远距离通信电缆实现三向震动速率变化（X，Y，Z）信号的传输。系统通过24位σ－δ转换器提供震动信号的转换和记录，基于记录服务器完成连续、实时的震动监测。标准版系统软件每个通道提供一路监测信号；可选的每通道3路信号监测需采用非标准版的软件，能够实现三向监测的微震活动。

系统特点：

□ 集中供电，拾震器（或微震探头）布置方便，无需井下供电；

□ 供电与信号传输共用一路通信电缆；

□ 一路通信电缆可实现三向信号的同步传输；

□ 系统通信采用数字信号方式，且信号处理能力强（24位）；

□ 传感器即可采用拾震器也可配合低频微震探头共同使用，配置灵活；

□ 地面集中控制，系统设置简便；

□ 实现微震现象的不间断、持续测量；

□ GPS时钟精确计时；

□ 系统监测精度高，监测范围大。

2.系统原理

微震是岩体破裂的萌生、发展、贯通等失稳过程，并伴随有弹性波或应力波在周围岩体快速释放和传播的动力现象。在矿山，微震是由地下开采活动诱发的，其震动能量为10^2～10^{10}J；震动频率低，大约0～150Hz；影响范围从几百米到几百公里，甚至几千公里。相比大地地震，微震震中浅，强度低；震动频率高，影响范围小；而与地音相比，其为一种低频率、高能量的震动。

微震监测就是采用微震网络进行现场实时监测，通过提供微震震源位置和发生时间来确定一个微震事件，并计算释放的能量；进而统计微震活动性的强弱和频率，并结合微震事件分布的位置判断潜在的矿山动力灾害活动（冲击地压）规律，通过识别矿山动力灾害活动规律（冲击地压）实现危险性评价和预警。

ARAMIS M/E传感器（拾震器或微震探头）接收原始的微震信号后将其转变为电信号，并进行模数转换发送到系统的信号采集单元；经滤波处理后保存到记录服务器，然后发送到分析计算机；分析计算机上的系统软件采用三种定位方法和两种能量计算方法对微震事件数据处理和分析，实现对微震事件的定位及能量计算，并将定位结果显示在矿区平面示意图上。

3.系统结构

微震监测技术涉及计算机技术、软件技术、电子技术、通信技术、应用数学理论和地球物理学，是相关学科交叉集成的应用结果。因此，ARAMIS M/E微震监测系统如图1所示，包括以下部分：

系统地面部分：

□ 由安装在系统数据分析服务器上的ARAMIS WIN软件（微震事件定位、震动能量计算）和MAP_CREATOR软件（定位结果显示）组成的数据处理部分；

□ 安装有ARAMIS_REJ软件（DTSS传输系统监测软件）的系统数据记录服务器；

□ 数字通信子系统（DTSS），该部分包括：SP/DTSS地面中心站，其由OCGA数字信号接收器、配备GPS时钟的ST/DTSS传输控制器、TRS-2安全变压器及SR15-150-4/11 I 供电装置。

系统井下部分：

SN/DTSS井下分站（通过通信电缆与地面部分联接），其包括SPI-70拾震器及NSGA发射器。另外，NSGA发射器还可与GVu（顶板微震探头）、GVd（底板微震探头）、GH（水平微震探头）以及自带SPI-70拾震器的CS/DTSS连接。

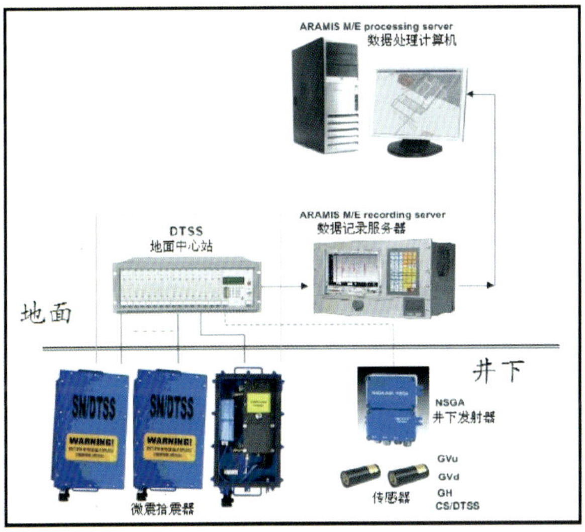

图1 ARAMIS M/E 系统结构图

4.系统功能

ARAMIS M/E标准版配备ARAMIS_WIN软件，系统能够监测矿山井下微震事件并提供以下功能：

□ 即时、连续、自动收集震动信息记录并进行滤波处理；

□ 自动生成震动信号波形图；

□ 定期打包保存震动记录信息；

□ 历史震动信息查看；

□ 手动拾取通道信息进行震源定位并显示在平面图上（如图2所示）；

□ 震动图形的保存；

□ 拾震器（或微震探头）参数的输入和修改；

□ 设置微震事件的传输方式；

□ 与地面微震监测系统ARP2000软件和冲击地压综合评价系统HESTIA软件配合使用，实现更精确震源定位和震动危险性的评价。

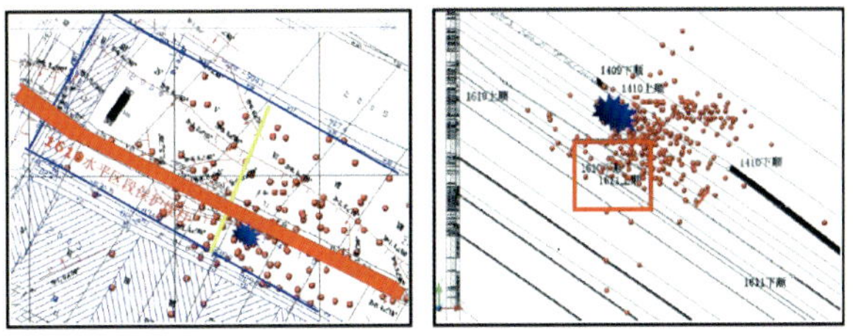

图2 某矿工作面平面布置图及微震监测结果分布图

软件界面友好，保证用户方便使用系统的各个功能；同时，系统软件提供了连续自动显示来自ARAMIS M/E震动记录信息功能。系统软件根据震动记录信息的日期自动实现每月生成信息的文件目录，按年打包保存。用户可以无限制访问存档数据，并且能实现震动信息回放、便捷分析震动现象、灵活处理震动记录信息。

ARAMIS WIN系统软件处理定位震源位置和震动能量基于下列方法：

□ 震源定位：P波法，圆周计算法、S—P波法

□ 震动能量计算：信号全能法，信号周期法

□ 频率分析及震动记录信号的数字滤波。

震源定位点可显示在矿图中，矿图能够放大和平移方便观察震动源点，并且还可以设置在矿图中查看震动定位的计算初始点。

5.技术参数

表1 ARAMIS M/E微震监测系统技术参数列表

监测通道	每个 DTSS 模块 16 通道（标准）
传感器	SPI-70 拾震器或低频 GVu、GVd 及 GH 微震探头
地下监测信号频率范围	0-150 Hz
信号传输形式	数字式、二进制
记录动态处理范围	<=110dB
井下设备安全类型	地面以下为本质安全型
通信电缆电压	直流 ≤35 V
信号传输距离	10 km
DTSS 通信系统传输速率	19200 b/s
定位精度	合理布置传感器后 ±20m (X,Y), ±50m (Z)
采样频率	500 Hz
震源定位的最小震动能量	10^2J
系统井下部分安全等级	IP 54
系统井下部分防爆等级	EExia I (可用于任何瓦斯条件下)
防爆证书编号	1094373、1094372
矿用产品安全标志证书编号	J2009236、J2009237、J2009240

6.应用情况

ARAMIS M/E微震监测系统由波兰EMAG公司生产，是煤岩动力灾害微震监测法的专用设备。波兰EMAG公司作为世界上开发研究微震监测专用设备最早的公司之一，在上世纪70年代研发了第一代微震监测系统SYLOK，ARAMIS M/E是其第5代

产品。

目前，ARAMIS M/E微震监测系统在我国新汶矿业集团华丰煤矿、抚顺矿业集团老虎台煤矿、淄博矿业集团唐口煤业有限公司、河南义马煤业集团千秋煤矿、跃进煤矿、龙煤双鸭山集团集贤煤矿、神华新疆集团宽沟煤矿等煤岩动力灾害典型矿井成功应用；该套系统在乌克兰（扎夏德科煤矿）、俄罗斯、南非及美国的煤矿均有应用；波兰90%以上冲击地压矿井均装备了该套系统。

ARES-5/E 地音监测系统

1.系统概述

ARES-5/E地音监测系统是采用地音监测法进行矿井冲击危险性评估的专用设备，能够对监测区域范围内的地音事件进行实时监测。通过布置在井下的地音探头监测到地音事件并将其处理为模拟信号，然后经过井下发射器处理后，由通讯电缆传输至地面。系统可以监测震动频率为28～1500Hz、能量小于1000J的地音事件，其监测范围与微震监测系统形成了很好的互补。应用该系统可以实现对监测区域内较弱震动事件进行实时监测，经过系统软件的统计分析后，可以对监测区域当前的危险等级进行评估，并对其下一时段的危险等级进行预测，预防可能发生的冲击危险争取了宝贵的时间，对提高冲击地压防治工作效率、有效控制冲击地压事件的发生有很大的帮助。

系统特点：

☐ 地面集中供电，无需井下供电；

☐ 供电与信号传输共用一路通信电缆；

☐ 地面集中控制，系统设置简便；

☐ 系统监测精度高，监测范围大，地音探头布置方便；

☐ 实现地音现象的不间断、持续测量；

☐ GPS时钟精确计时；

☐ 实时显示监测区域地音事件统计数据；

☐ 可以对监测区域进行冲击危险等级评价。

2.系统原理

地音是煤岩体破裂释放的能量，以弹性波形式的向外传递过程中所产生的声学效应。在矿山，地音是由地下开采活动诱发的，其震动能量一般为0～10^3J；震动频率高，大约150～3000Hz。相比微震现象，地音为一种高频率、低能量的震动。大量科学研究表明地音是煤岩体内应力释放的前兆，利用地音现象与煤岩体受力状态的关系，可以监测到局部范围内未来几天可能发生的动力现象。

地音监测就是应用监测网络对现场进行实时监测，其监测区域一般集中在主要生产空间（主要包括回采工作面和掘进工作面）。地音监测系统的工作原理是：通过提供统计单位时间监测区域内地音事件的数量和释放的能量，来判断监测区域的冲击危险等级；经过长期监测后，可以在已有数据的基础上，对下一时段内监测区域危险等级进行预测，从而实现对监测区域的危险性评价和预警。

ARES-5/E井下传感器对地音事件进行实时监测，并将监测得到的数据发送到井下发射器内；发射器对监测信号进行放大、过滤后，将其转化为电压信号后传送到地面中心站；地面中心站会对接收到的信号进行分类、统计，并将其转化为数字信号，然后发送到系统分析软件内；最终，由系统分析软件根据实时监测数据对监测区域的冲击危险性进行综合评价，并给出相应统计图表。

3.系统结构

地音监测技术涉及计算机技术、软件技术、电子技术、通信技术、应用数学理论和地球物理学，是相关学科交叉集成的应用结果。ARES-5/E地音监测系统结构如图1所示，包括以下部分：

系统地面部分：

☐ 安装在系统数据分析服务器上的OCENA_WIN软件。软件的主要功能是统计地音事件数量及其释放的能量，并以此为依据对监测区域危险等级进行评估；

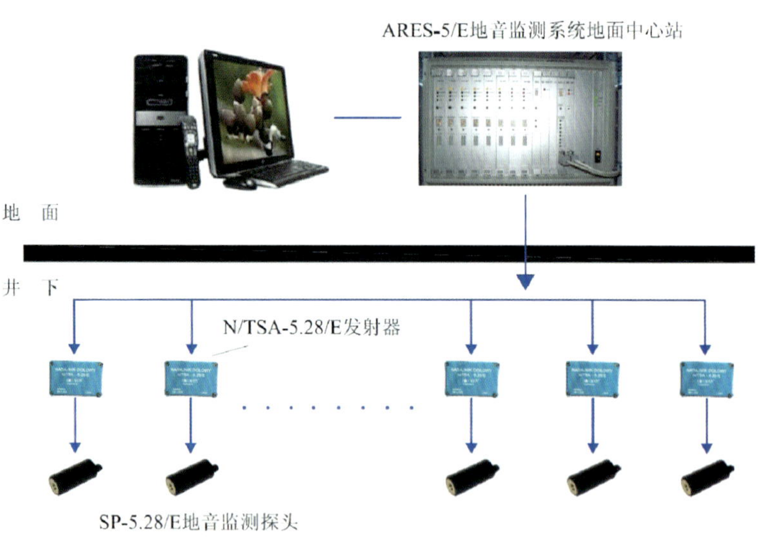

图1 ARES-5/E系统结构图

☐ ARES-5/E地面中心站。主要由信号接收模块、信号处理模块、TRS-2安全变压器及SR15-150-4/11 I 供电装置组成。其功能是接收发射器发送的信号，经过数字化处理及分类统计后，将数据发送到OCENA_WIN软件进行分析。

系统井下部分：

☐ SP−5.28/E探头。其功能是实时监测震动信号，并将数据发送至发射器。

☐ N/TSA−5.28/E发射器。其功能是接收SP−5.28/E探头监测到的信号，经过放大、过滤处理后，通过通信电缆传输至地面中心站。

4.系统功能

ARES−5/E地音监测系统配备了OCENA_WIN软件，系统能够监测矿山井下地音事件，主要提供以下功能：

☐ 可以将岩体破裂过程中发出的声音频率转化为电信号；

☐ 对电信号进行放大、过滤并传输到地面中心站；

☐ 连续记录地音信号并转化为数字形式；

☐ 自动监测地音事件；

☐ 连续记录地音事件数字波动曲线；

☐ 以报告和图表形式实现地音信号处理结果的可视化；

☐ 向装有OCENA_WIN软件的电脑传输数据；

☐ 通过GPS35−LVS或GPS16−LVS型卫星接收器实现几个ARES−5/E地面中心站的同步使用

☐ 对监测区域进行危险等级评价。

软件界面友好，保证用户方便的使用系统的各个功能，可以直接输入命令对系统进行操作；同时，系统软件提供了连续自动显示来自中心站记录信息的功能。

用户可以在现有屏幕上设置一个新的窗口，如数据和平均值每小时的变化，将一个探头监测得到的能量强度和地音变化的数据用不同形式的图表表示出来，监测曲线每分钟变化更新一次。

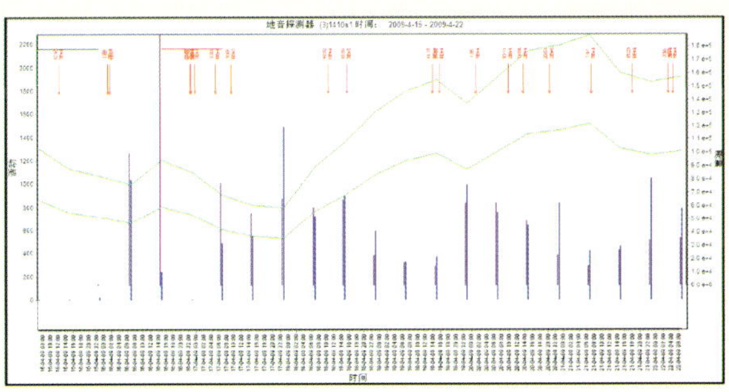

图2 地音监测结果统计图

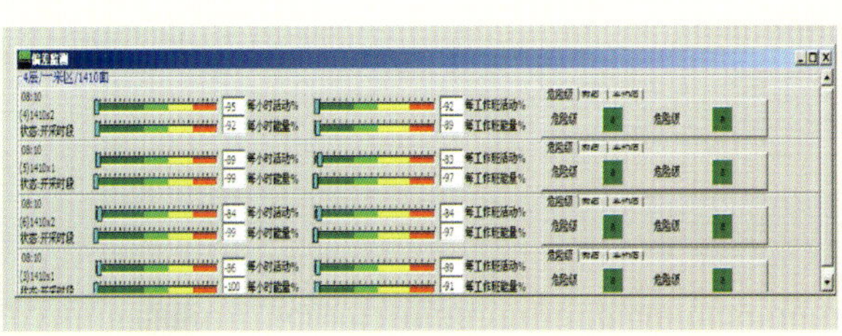

图3 地音监测系统危险等级预测界面

图2为地音监测系统软件处理后输出的地音事件数量变化图，监测图中红色标注为统计期间发生的微震事件，并给出了具体的发生时间和能量级别。

在一段时间数据统计的基础上，通过分析地音事件的发生规律，可以对相应监测区域在下一时间段内的危险等级进行预测，如图3所示，图的右侧区域即为系统对不同监测区域危险等级的预测结果。

5.技术参数

- 监测通道	- 8 个（最多可扩容至 8 个地面中心站，64 个通道）
- 信号传输距离	-10 km
- 监测频率范围	- 28～1500Hz
- 传感器	- SP-5.28/E 探头
- 信号传输形式	- 数字式、二进制
- 信号的最大采样频率	- 10kHz
- 信号传输信噪比	- 54 dB
- 井下设备安全类型	- 地面以下为本质安全型
- 传输线电压	- 32V±1V
- 传输线电流	- 40mA
- 系统井下部分安全等级	- IP 54
- 系统井下部分防爆等级	- EExia I (可用于任何瓦斯条件下)
- 防爆证书编号	1094374、1094375、1094376
- 矿用产品安全标志证书编号	J2009235、J2009238、J2009239、J2009241

6.应用情况

ARES−5/E地音监测系统由波兰EMAG公司生产，是煤岩动力灾害地音监测法的专用设备。波兰EMAG公司作为世界上开发研究地音监测专用设备最早的公司之一，ARES−5/E地音监测系统也是目前世界上最先进的地音监测设备之一。

目前，ARES−5/E地音监测系统在我国新汶集团华丰煤矿、华亭集团华亭煤矿、砚北煤矿等煤岩动力灾害典型矿井成功应用；该套系统在乌克兰（扎夏德科煤矿）、俄罗斯、南非及美国的煤矿均有应用；波兰国内冲击地压矿井均装备了该套系统。

公司地址：北京市朝阳区和平里青年沟路5号

邮　　编：100013

联 系 人：邓志刚

手　　机：18601241802

联系电话：010−84262077

传　　真：010−84263556

北京天一众合科技发展有限责任公司

产品名称：KJ133C矿用人员管理系统

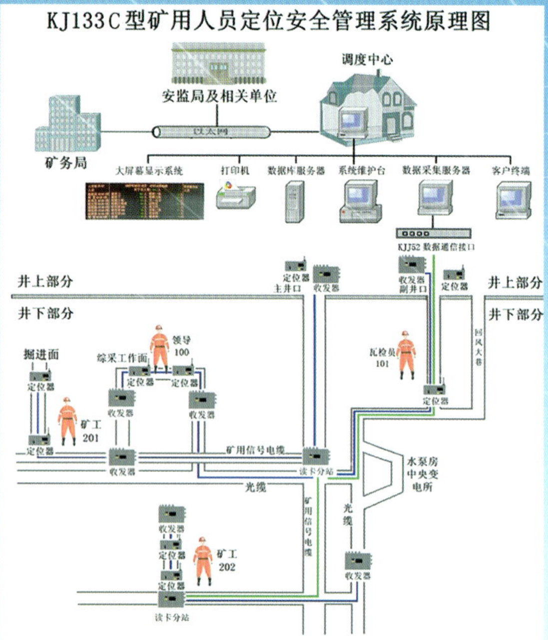

技术参数：

读卡分站容量：1台数据通信接口可以连接32台读卡分站；

1台分站可分4路连接8个无线收发器；

传输距离：不小于10Km，采用光缆时可达100Km以上；

传输速率： 4800bps；

传输误码：小于10-8；

巡检周期：小于30s；

支持光缆/电缆混合网络。

识别距离：单台分站有效识别范围达4公里以上；（为连接矿用本安型无线收发器时的实际有效识别距离，不受任何地形条件限制）

定位精度：±10米。

识别数量：1台KJF82A型矿用本安型读卡分站可同时识别射频卡数量≥300个。

工作频率：433MHz。

应用案例

重点案例表（部分）

序号	用户名称
1	中国神华神东煤炭集团上湾等16个大型矿井
2	中国神华宁夏煤业集团有限责任公司磁窑堡、汝箕沟煤矿
3	中国神华集团乌海能源老石旦、公乌素煤矿
4	中煤集团上海大屯能源股份有限公司孔庄煤矿
5	黑龙江龙煤集团双鸭山矿业集团东荣二矿、东荣三矿、新安煤矿
6	山东兖矿集团有限公司杨村煤矿

地址：北京市海淀区花园路1号3号办公楼　　电话：010-51261933

北京天一众合科技发展有限责任公司

产品名称：井下无线移动瓦斯监测系统

系统原理

井下无线移动瓦斯监测系统通过在井下相关位置布置分站、无线收发器、定位器和泄露电缆，实现特殊位置大面积信号连续覆盖，瓦检员携带便携式瓦检仪，利用无线通讯技术，随行走路径实时将环境瓦斯浓度及位置信息上传到地面控制中心。系统主要适用于煤矿有瓦斯爆炸危险的场所，如煤矿井巷、采掘工作面、采空区、回风巷道、机电峒室等处。井下无线移动瓦斯监测系统集瓦斯检测报警、定位、双向汉字寻呼呼救、实时无线传输为一体，解决了现有便携式瓦检仪分散、无法联网、数据无法自动实时上传、存在人为因素、信息孤岛、无法闭锁控制等问题，是固定式瓦斯监测系统的有效补充。

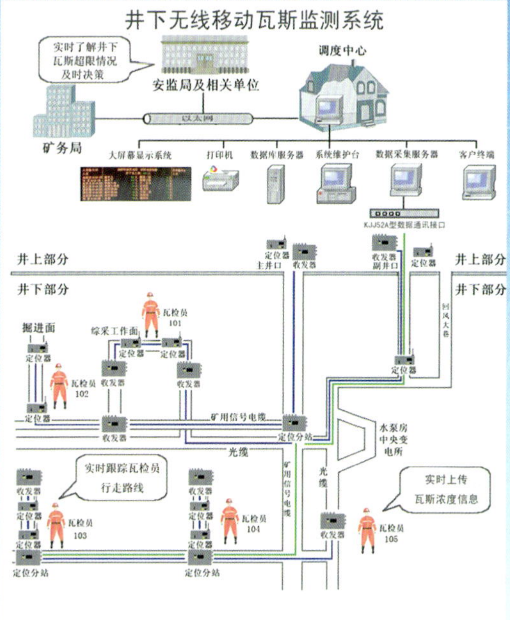

神华宁煤汝箕沟矿案例

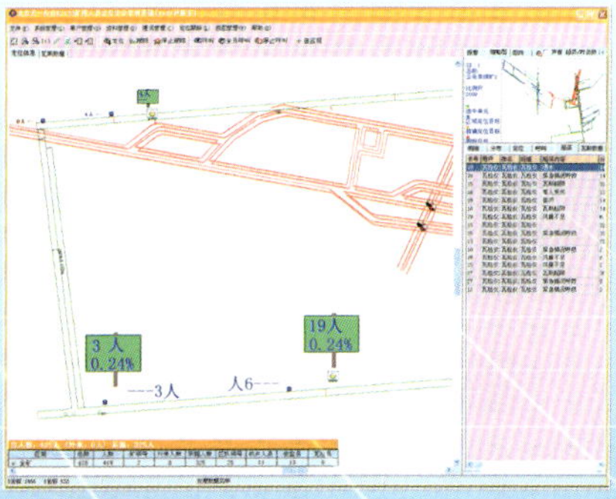

技术参数

JCB4便携式甲烷检测报警仪
防护等级：不低于IP54
尺　寸：110×60×26（mm）
重　量：190g
报警仪的响应时间：不大于20S。
一次充电连续工作时间：>10小时
测量范围：0.00～4.00%CH4
精 确度 ：±10米
使用环境条件：
工作温度 0～40℃　相对湿度 ≤98%（25℃）
贮存温度 -40～60℃　气　压 80～116 kPa
测量误差：0.00～1.00%CH4时，≤±0.1%CH4
1.00～3.00%CH4时，≤真值的±10%
3.00～4.00%CH4时，≤±0.3%CH4
响应时间：≤ 20 S

瓦斯监测监控系统、便携式瓦检仪、便携式无线瓦检仪比较

项目	在线式瓦斯监测监控系统	便携式瓦检仪	**便携式无线瓦检仪**
工作方式	瓦斯监测＋有线数据传输	单纯瓦斯监测	**瓦斯监测＋无线数据传输**
安装使用方式	固定	移动	**移动**
监测范围	小	大	**大**
自动监测	是	否	**是**
实时上传通讯	有	无	**有**
人为因素干扰	较小	大	**小**
闭锁控制功能	强	无	**可以有**
瓦斯数据计算机实时显示、存储、查询、图表	有	无	**有**
井下定位功能	—	无	**有**
汉字显示、汉字双向寻呼呼救	—	无	**有**
瓦检员等人员管理功能	无	无	**有**
瓦斯超限时系统响应速度	快	很慢	**较快**

沙鸥通信，为矿山安全护航

湖北沙鸥通信股份有限公司是一家军工民用高新企业，专业从事煤炭及非煤矿山安全生产装备。

上世纪九十年代初，公司首家研发了矿用无线通讯联络系统，率先在煤矿实现了井下无线通信。目前公司矿用产品已形成矿用通讯联络系统（人车信号系统、矿用采掘面通信系统、矿用机车调度通信系统、矿用生产调度通信系统、矿用集群通信系统、矿用广播通信系统）、矿用井下人员定位系统、视频监测监控系统、矿用无线应急救援通信系统等多个系统产品，特别是矿用无线应急救援通信系统填补了国内多项空白。

按照国家安全监管总局、国家煤矿安监局关于建设完善煤矿井下安全避险“六大系统”的要求，以专业技术助力矿井“安全避险六大系统”的建设，致力于做矿井“安全避险六大系统”的领跑者。

地址：湖北省荆州市江津西路287号

销售热线：0716-8254081

售后热线：0716-8253136

传真电话：0716-8255487

网址：www.711-shaou.com

邮箱：web@711-shaou.com

湖北沙鸥通信股份有限公司

KTW123ZW无线应急救援系统

KTW123ZW无线应急救援系统，采用了最新无线Mesh网络技术，融合了WLAN和Adhoc的优势，是国内独创的专业无线应急救援通信设备。本系统无需基础设施架设，可快速、方便地组成临时作业小分队，完成临时作业任务。并可广泛地运用于紧急救援、抢险救灾等复杂环境，系统展开快捷、撤收方便。

KTW123ZW通信机

充电器

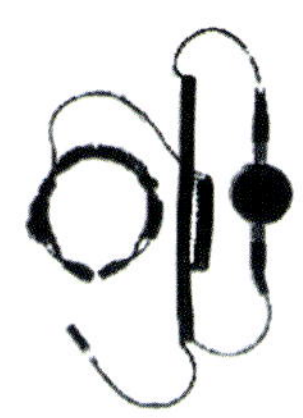

抗噪喉骨送受话器

系统主要特点及功能：

- 矿用本安型设计，对讲机外形，配备抗噪喉骨送受话器，解放使用者的双手，适用于抢险救灾等特殊场合。
- 采用最新MESH网络（无线网状网）技术，具有自组网、自愈合、多跳级联、节点自我管理等特点。
- 在应急通信时，无需基础架设，通过本通信机自动级联，将前方信息传递到后方安全地方。
- “一键通”通信方式，具有图象和数据传输能力。
- 配接“无线中继器”和“远端控制器”，网络通信信息远距离延伸至矿井外面。

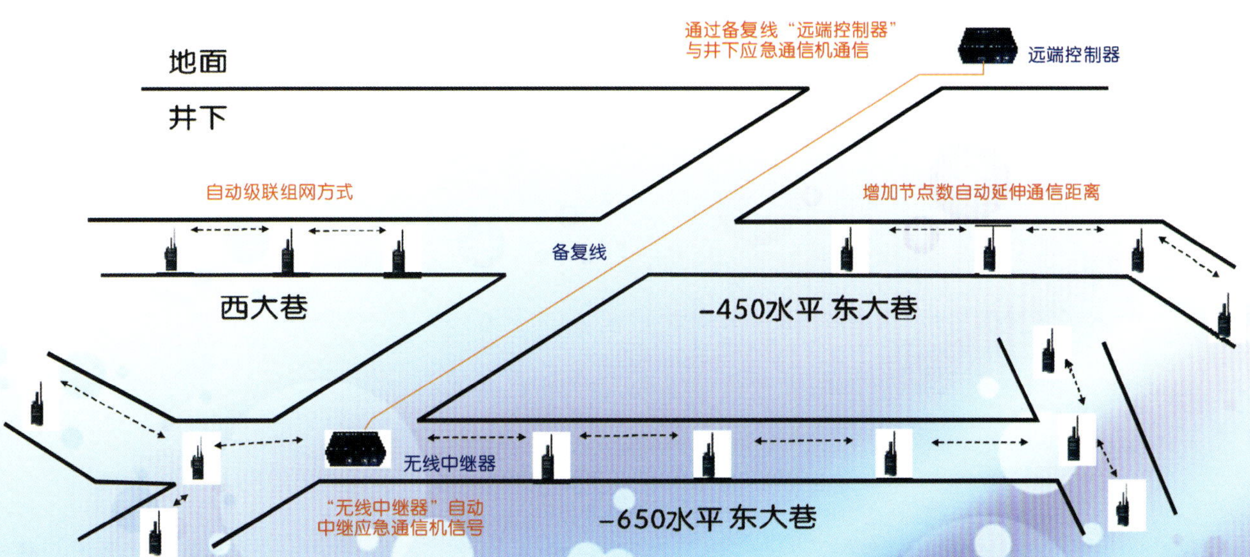

系统网络拓扑图

救援通信设备的比较

当矿难发生时，井巷完好的基础设施可能遭受毁灭性的破坏，造成井下断电、各种管网、电缆断裂或水浸塌方，这样矿山无线救援通信受有限空间, 线状场景, 短距离通信等特殊环境制约, 要求设备具有便携式, 本质安全, 动态拓扑, 自组网络, 即铺即用等特点。

当前矿井移动通信的主要形式有：利用动力线路的动力载波通信、利用金属管线的中频感应通信、通过敷设漏泄电缆的漏泄通信、通过架设电话线的有线电话通信系统、通过井下基站管理的的WIFI无线局域网通信系统和小灵通系统。

动力载波通信利用电力线为传输媒介，其传输阻抗匹配很好才能保证通话的效果，通常安装在架线机车上使用，组建机车调度系统。矿难时，如电力线受损被截断，其传输通道就不完整，难以发挥正常的通信功能。

漏泄通信系统是利用电缆表面开孔的同轴电缆（漏泄电缆）起到天线的作用，引导无线电波在巷道中传播，获得理想的通信质量，其缺点是需要架设电缆、中继器、分配器等基础设施；一旦发生矿难，造成漏泄电缆断裂，或设备被水浸，必然会导致通信链路的损坏，就难以发挥正常的通信功能。

中频感应通信是利用电磁感应的原理实现话音传输，通常借助井下金属管道、钢轨和电缆的引导作用进行无线传播，但其传输参数不稳定、电气干扰大，天线体积大难于便携。矿难发生时井巷各种管网的状态会发生变化，而影响通话效果。作为救援通信设备存在体积大难以便携的问题。

WIFI无线局域网和小灵通等新兴数字通信系统，终端设备话音质量好、体积小，但需要井下安装大量基站设备的支撑，工程造价高。当矿难发生时，井巷完好的基础设施可能遭受毁灭性的破坏，造成井下断电、各种管网、电缆断裂或水浸。系统无法正常工作。

有线电话通信也会因电话线的受损而无法保证正常的通信。

目前我公司自主开发的KTW123ZW矿用自组网通信机采用无线mesh网络技术和语音数字编码技术，与普通对讲机最显著的特点是采用数字技术，多个手机之间可以进行信令沟通、移动自组网构建通信网络；具有自供电、自组织、自愈合、多级联跳、节点自我管理、移动性强等特点，当矿难发生导致井巷电力中断、电缆毁损等灾难环境条件下，该手机因不需基站、电缆等其他任何基础设施的支持，可自供电、自组网，方便组成临时抢险分队，适用于紧急救援、抢险救灾等负责环境。

结束语：综上所述，载波通信、漏泄通信、WIFI无线局域网、小灵通、中频感应通信和有线电话等通信系统难以在矿难发生时及时有效的构建无线通信网，而mesh手持机因其具有便携、自组网、无需其他基础设施的支持、即铺即用、网络开通拆收迅速方便的特点，可以作为一种及时可靠的救援通信设备。

地址：湖北省荆州市江津西路287号
销售热线：0716-8254081
售后热线：0716-8253136
传真电话：0716-8255487
网址：www.711-shaou.com
邮箱：web@711-shaou.com

湖北沙鸥通信股份有限公司

徐州弘毅电子科技有限公司

徐州弘毅电子科技有限公司是以中国矿业大学为依托的贸易公司。成立于2010年12月，注册资金500万人民币，主要从事电子产品开发、销售、以及科技项目咨询等服务。

目前，公司现有员工20名，多数员工来自中国矿业大学冲击矿压课题组科研团队，长期从事课题组科研项目、研发产品以及国外引进代理产品（波兰SOS微震监测仪）的技术指导和售后服务，并形成了一支业务娴熟的员工队伍。

公司的依靠单位中国矿业大学，长期进行煤矿冲击矿压灾害监测与治理研究。针对目前煤矿冲击危险性预测及治理的关键技术问题，以岩层运动与围岩应力场为基础，研究煤岩体的强度弱化减冲理论，巷道围岩的强弱强结构效应，形成了以综合指数法、矿震法、电磁辐射法和钻屑法为一体的冲击矿压矿震预测预报技术，以松散煤岩体为主的治理技术，以柔性蓄能为主的防冲支架与支护技术，从而建立煤矿冲击矿压防治理论与技术体系。

冲击矿压课题组已经建立了微震监测试验示范基地，积极开展了相关的前期研究工作，并已经取得了一系列研究成果，微震监测系统已成功应用于甘肃砚北、甘肃华亭、临沂古城、兖州鲍店、大同忻州窑、山东天安星村、鹤岗峻德、淮北海孜、平顶山十一等煤矿现场冲击的监测预报。研究成果位居世界先进水平。

SOS微震监测仪简介

波兰SOS微震监测仪是波兰矿山研究总院采矿地震研究所设计制造的新一代微震监测仪。采矿地震研究所80年代开发了第一代数字微震监测仪LKZ，90年代开发了新一代的发展为ASI数字化微震监测仪，目前已经更新为WINDOWS-XP下的SOS微震监测仪。该仪器已在波兰大多数矿井安装并用于冲击矿压危险的监测预报工作。

该微震监测仪主要由井下安装的16个DLM-2001检波测量探头、地面安装的16通道DLM-SO信号采集站和AS-1信号记录器等组成，他们相互配合形成一个整体工作。

井下部分：DLM-2001检波测量探头（由拾震、磁变电转换处理、放大增益、发射等部分组成），通过井下的电话线，由井上对其供电，并将信号传到地面。DLM-2001检波测量探头垂直安装在底板1m以上长的锚杆上，便于施工、维护和移动。

井上部分包括：DLM-SO信号采集站（由向DLM-2001检波测量探头供电部分和信号接收、整流、滤波、光电转化、信号放大增益、A/D转化等部分组成）、AS-1信号记录器（信号接收、A/D转化、控制部分等组成）及中心计算机等组成。整个仪器，包括GPS时钟、信号传输与拾震器检测等均通过中心计算机控制。DLM-SO信号采集站用来采集DLM-2001检波测量探头传过来的信号并向DLM-2001检波测量探头供电。AS-1信号记录器将矿震信号转换成数字信号。

软件部分：系统软件由“MULTILOK”和“SEISGRAM”组成。“SEISGRAM”软件来完成有用（震动）信号的提取、微震信号的可视化及其分析、波群的分离和筛选等等。“MULTILOK”软件完成包括定位、能量大小等所有关于岩体震动参数的计算。

AS-1 Sejsgram记录仪是基于内嵌入有32通道A/D转换卡的IBM PC计算机而设计的，记录仪用于记录岩层的震动。尽管它可以独立工作，但通常是通过地面局域网与另一台IBM PC计算机连接使用；该设备能连续、自动探测、采集和记录从DLM-SO采集站采集到的地震数据。根据矿山震动监测的要求，AS-1 Seisgram记录仪是32输入通道，并与2套DLM-SO信号采集站连接，可使用32个DLM-2001检波测量探头进行地震记录与分析。AS-1 Sejsgram记录仪的供电电源为220V交流电。

1套DLM-SO采集站通过与16个DLM-2001检波测量探头配合共同工作，采集站将本质安全型信号和非本质安全型信号隔离。测量探头里的电流调制信号通过矿井电缆传输进入采集站。在采集站内，通过运算放大器和两个传输器将从各个探头检测到的信号准确复制，并转换为相应的电压信号。传输线中的电流大小由安装在采集器前端的双基色色发光二极管显示。检波电路中的各电压信号经滤波器滤波处理，信号的幅频响应（即频带宽度、信号水平）便可确定。信号通过电路板上不同电阻（x1,x2,x5,x10）改变其放大倍数，并对信号按需进行放大。主要电缆噪音可通过内置50Hz的可控开关带通滤波器消除。DLM-SO采集站的供电电源为220V交流电，采集站经电缆分别向每个DLM-2001检波测量探头提供21～42V本质安全电压。并通过避雷设备将探头串接到DLM-SO采集站上。DLM2001检波测量探头与DLM-SO采集站之间的最大传输距离为10km。

★系统组成

SOS微震系统主要有硬件和软件两部分组成，分别介绍如下：

硬件：“SOS”微震监测系统中的硬件是由安装在地面主站内的信号采集站、记录仪系统（图1-1）本安装置、供电电源、信号传输线、以及井下检波测量探头（图1-2）等组成。

图1-1 记录仪系统

图1-2 检波测量探头

软件：软件部分包括用于完成微震信号（震动）提取、可视化分析、波群分离和筛选等功能的“SEISGRAM”软件和用于岩体震动信号三维精确定位和能量计算的“MULTILOK”软件。

配套软件：中国矿业大学编制的配套软件包括具有矿震频次、能量和震源集中度规律分析、日程报表等功能的PLOT软件、SUTFER日常图形分析报表软件、与三维CAD地质模型结合的微震时空分布规律分析软件Seismic 3Dview微震三维可视化软件。

★系统功能

“SOS”微震监测系统具有以下功能：

①岩体震动信号采集、记录和分析；

②多组波形处理；

③矿震三维定位和能量计算；

④积分、微分、滤波和频谱分析等；

⑤记录信号报警功能。

★系统特点

①系统结构简单，操作方便、安全可靠；

②系统扩展能力强，可由16通道扩展为32通道；

③检波探头敏感度高，抗干扰能力强，记录的信号准确；

④“SEISGRAM”和“MULTILOK”软件操作简单，可视化能力强；

⑤波形分析功能强大，比如：积分、微分、滤波和频谱分析等；

⑥多种矿震定位方法，且定位计算快速、准确；

⑦矿震能量计算准确。

除P波首次到达时间需分析人员标定外，其它工作均有计算机完成。

SOS微震监测系统现场应用

总部地址：徐州市淮海东路51号华联商厦21楼D室

电话：0516−83708678

传真：0516−83995904

联 系 人：王杰

联系电话：15895220091

E-mail：wjkog@163.com

SOS微震监测仪的技术参数

SOS 微震监测仪的技术参数

传输通道个数	16 通道（标准，可扩展至 32 通道）)
传感器	安装在锚杆上的 DLM-2001 检波拾震探头
拾震器灵敏度：	50～15000 mA×s/m
地下震动信号频带宽度	0.1～600Hz
信号传输形式	电流型、数字式
非线形误差	<3%
井下测量准确性	>95%
记录和处理的动态范围	≤110dB
采样频率	最大 2500 Hz,
信号线电压等级	直流≤42 V
设备安全类型	地面信号采集站到井下为本质安全型
信号传输距离	回路电阻≤880Ω时，传输线与地间的绝缘电阻≥2 MΩ，传输导线间电阻≥1MΩ，传输距离≤10 km。
定位精确度	监测区域：整个矿井区域 10×10Km^2 井上下空间优化布置传感器 ±20m (X,Y), ±50m (Z)； 井下合理布置传感器后 ±20m (X,Y), ±70m (Z) ；
震源定位最小震动能量	100J
系统井下部分安全等级	IP 54
系统井下部分防爆等级	EExi$_a$ I (可用于任何瓦斯条件下).
供电	地面集中供电，微震探头布置方便，无需井下供电

丹东东方测控技术有限公司

详情登陆公司网站
www.dfmc.cc
业务咨询：0415-3860888

丹东东方测控技术有限公司成立于1996年，是一家集软件开发、仪表研发、系统集成于一体，为冶金、矿山、建材等行业提供生产信息化解决方案的专业化公司，是工业自动化国家工程研究中心丹东分中心、国家重点高新技术企业、博士后科研基地、全国模范劳动关系和谐企业、辽宁十大优秀软件企业。本公司承担了九项国家重点科技攻关和示范工程项目，成为信得过的“国家队”。

创业之初，公司以开创冶金矿山磨矿自动化先河为契机，十余年里相继推出了十二大系列49种同位素在线检测仪表，50多项重点自动化工程，在全国冶金矿山领域已实施的选矿自动化工程中占有90%的市场份额。公司掌控的测控技术位居世界前沿，在我国冶金矿山检测控制领域处于技术领军地位，现已成为亚洲最大的核仪表研发基地。

公司科研队伍强大，现有的员工中，80%以上具有大学本科及本科以上学历，平均年龄27岁，是一支由多名资深专家学者领军、学科齐全、结构合理、富于创新的金字塔形人才队伍。

东方测控以客户为关注焦点，以满足客户需求来构造我们的组织、技术、市场服务体系及企业价值观，与客户共同创造一个同兴共赢、持续发展的和谐局面。

井下矿综合安全监控系统

系统简介：

系统主要针对井下矿中的瓦斯爆炸、煤尘爆炸、瓦斯突出、透水事故、矿井失火、顶板塌方六大矿难因素，开发出一套能实现人员定位、井下环境监测、设施联动功能的，具有专家预测、预警、预案能力的井下综合安全监控系统。

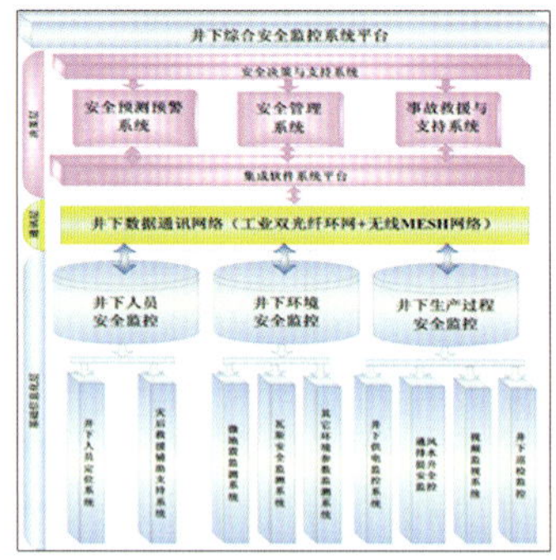

主要功能：

■ 实现全方位的数据存储、传输和表述。专家系统在矿山生产安全与决策中发挥作用。
■ 实现井下人员的安全监控。
■ 实现了井下生产过程的自动化安全控制。
■ 实现了井下环境监控的安全监控。

技术特点：

■ 系统将井下人员定位、安全监控、井下环境监测、生产过程自动化控制和井下生产优化调度进行整合，实现了井下安全监控和生产监控的高度集成。
■ 使用具有冗余的双光纤环网和无线网络相结合，既保证了网络通信速率，又保证了网络的可靠性。
■ 引进世界上对井下矿安全监控最先进的技术方法——微地震监测。可大幅提高我国井下矿的安全预警技术水平。
■ 系统不仅实现了监测监控，而且能根据被监测环境地点的参数进行有效的危险性判别、分析和提出专家决策方案。
■ 系统大部分基站产品采用坑道壁挂式设计，无需在坑道进行现场施工。
■ 系统采用集散式多级体系结构，配置灵活，可满足大、中、小型煤矿的不同情况的需要。可根据各煤矿的实际情况进行拆分和集成，选择不同的传感器和网络结构。

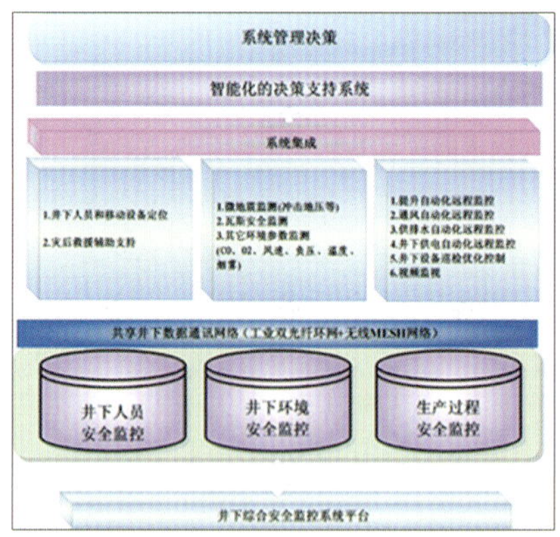

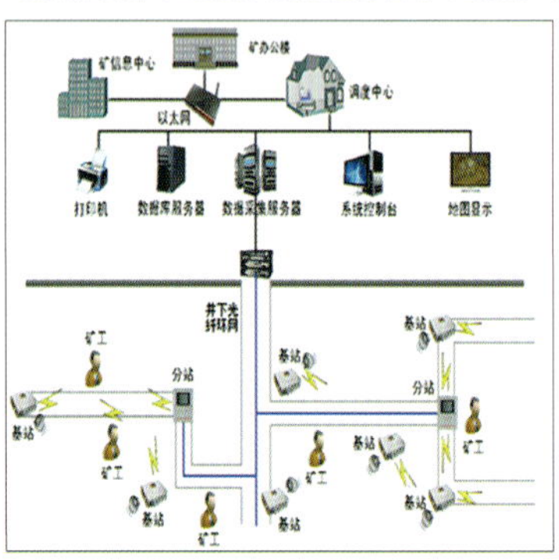

井下人员生命特征及定位监控系统：

实现下井作业人员进出的有效识别，实现井下人员分布的可视化，并且使系统管理充分人性化、信息化和高度自动化。

利用井下GIS空间数据及空间分析功能和生命特征信息，提高井下人员定位的数据信息多元化。

为高级管理人员提供考勤作业、人员进出限制等多方面的信息查询。

一旦发生安全事故，通过该系统立刻可以知道坑道作业面工作人员的数量、生命特征，保证抢险救灾和安全救护工作的高效运作。

微地震技术用于对冲击地压的监测：

■ 通过监测获取岩石破裂与开采进度之间的关系来推测应力应变变化。
■ 利用微地震事件的强度及集中程度来推测矿体和岩体的破碎程度。
■ 利用微地震事件的空间分布来推测冒落区的发展与形态。
■ 根据微地震源的破裂机理发现在采区附近岩体的应力状态。

与传统技术相比，微地震定位监测具有以下优点：

■ 实时监测，及时发现微地震事件并确定其位置。
■ 动态监测，可实现长时间连续监测。
■ 空间监测，可在观测范围内进行三维空间定位。

公司地址：辽宁省丹东市沿江开发区滨江中路136号
电 话：0415-3860888 传真：0415-3860611
公司网址：http://www.dfmc.cc 邮箱：dfmc@dfmc.cc

东方测控 世界的测控
DFMC Leader in the world of Measurement&Control

北京众生洲矿业科技中心

Beijing Zhengzhou Mining Technology Center

北京众生洲矿业科技中心位于首都北京朝阳区，是一个拥有雄厚科技研发力量，致力于井下避难硐室成套技术研发、系统设计、配套安装的专业化科技企业，公司在北京门头沟区设立有自己的研发基地，注册资金1000万元。近年来，本公司与北京科技大学、山西潞安集团常村矿合作研究开发的“矿井应急避难硐室成套技术研究”项目，开展全国首个“矿井新型安全防护体系示范矿”建设，全面引领我国矿山安全防护成套技术在中国煤矿企业的实际应用。该技术的应用推广，不仅填补了国内相关技术领域空白，为井下作业人员在灾变环境下提供了一个安全、有效的维生空间，减少了人员伤亡和财产损失，降低了救援工作的难度，同时也将进一步促进我国安全生产理念的转变革新，为构建具有中国矿井特点的、以矿用避难硐室救生舱和为核心的矿井新型安全防护体系建设奠定理论和技术基础。

本公司秉承“生命至上，安全至上，信誉第一、服务第一”的宗旨，着眼科技高端，汇聚科技精英，竭诚为广大矿山企业提供先进、系统、可靠地矿井安全防护成套技术与装备，为中国百万矿工打造井下的生命绿洲，保佑众生，造福社会。

主导产品：

井下避难硐室成套技术

井下避难硐室具有容纳人数多、节省巷道空间及救援系统齐全的特点。避难硐室根据救生系统布置及容纳人数等方面的不同，分为永久性避难硐室和临时性避难硐室。

◆ 永久性避难硐室：在矿井巷道两侧地层中直接挖掘而成，主要布置在主巷或逃生路线上，利用贯穿岩层到达地面的钻孔或与矿井现有压风系统并联，为避难硐室内持续地输送氧气，实现通讯联系。永久性避难硐室一般作为整个采区的应急避难场所，服务年限在10年以上。

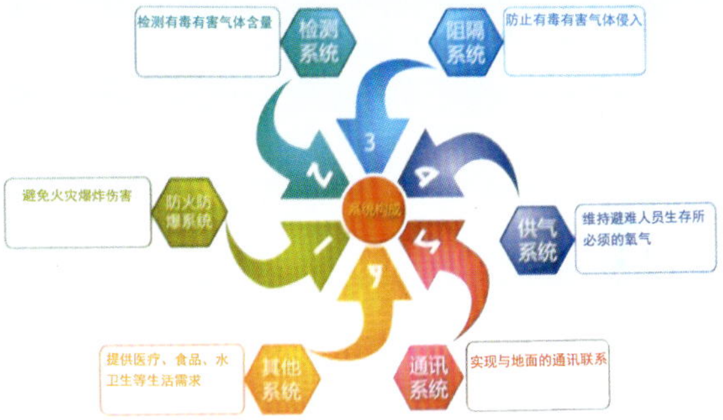

井下避难硐室的系统构成图

◆ **临时性避难硐室**：在矿井工作面附近的巷道或煤层中挖掘而成，依靠氧气瓶等设备为避难硐室提供一定时间的氧气。临时性避难硐室一般在采区内部，用于为2—3个工作面的范围内井下工作人员提供应急避难场所，服务年限为3年以上。当此处采掘工作完成后，临时性避难硐室被废弃后，避难硐室内密封门、氧气瓶、通讯、监测仪器等设备可以转移到新的临时或永久性避难硐室中重复使用。

井下避难硐室具有以下特点

足够坚固，能够有效抵御外部灾变环境危害因素的侵袭，如顶板冒落、爆炸冲击等；气密、隔热、能够将外部有毒的气体环境、高温热环境隔绝；空间内部能在一定时间内提供维持生命所必需的氧气、水、食物等；内部设备能够监测空间内外环境状况，并能依靠通讯设备向外主动传递井下信息。在矿井发生事故时，无法撤离到安全区域的矿工能够进入到避难硐室中，与外部有毒有害气体、高温环境隔离开，在安全的密闭环境中赢得更多的生存时间，其间通过通讯设备联系，协助外部救援工作，能够大大提高井下被困人员的生还几率。

井下避难硐室主要技术指标

空间规格：根据井下实际开采情况，人员分布情况和采区水文地质情况确定

防爆标准：爆炸侧面冲击波1Mpa

防高温标准：瞬间温度1000℃

保护标准：空气气体密闭隔离

避难硐室在容纳25人的情况下可以提供16日的生命保障，在容纳50人的情况下可以提供8日的生命保障，在100人的情况下可以提供4日的生命保障。

井下避难硐室防护功能

井下避难硐室具有防御瓦斯爆炸、矿井火灾、顶板冒落等功能

中国矿山安全防护体系整体方案设计的引领者

井工矿安全防护装备（设施）专业供应商

办公地址：北京市朝阳区小关北里45号世纪嘉园3号楼30D　工厂地址：北京市门头沟区增产路6号
电　话：010-84897819　传　真：010-84897789　邮　箱：bjzszkj@126.com　邮　编：100029

长春东煤高技术股份有限公司

长春东煤高技术股份有限公司是专业从事煤矿监测监控、井下人员管理、工业电视、信息化系统等产品开发和生产的科研生产单位。公司现有计算机专业、自动控制专业和通风安全专业的科技人员200余人，其中高级职称占40%，中级职称占45%，拥有2000多万元固定资产。1991年公司并被长春市科委和高新技术开发区认证为长春市首批高新技术企业，2000年被省政府5厅联合确定为省级技术中心，2004年通过ISO9001：2000质量体系认证。经过全体员工的不懈努力，公司已成为具有核心技术产品、广泛用户群体、高效管理团队和无限发展空间的新型科研生产企业。

作为快速发展中的技术型科技企业，东高公司拥有现代化的科研实验室，实验设备先进，有以电子技术专家、机械制造专家以及计算机软件高级工程师等为核心的一大批学术带头人。同时，东高人在产品的开发及实验等诸多方面与吉林大学、长春理工大学、长春工业大学、长春光机所等高校和科研单位的的资深教授和学者长期以来保持着紧密的联系与合作。注重科技成果产业化，依靠科技创新、科学管理加快了企业发展步伐。

东高人经过十几年的探索和钻研，积累了丰富的、独具特色的宝贵经验，以先进的技术为依托，广泛地吸收国内外同类产品的精华，创造出自己独特的产品，主导产品有：KJ19N煤矿安全监控系统、KJ241煤矿人员管理系统、工业电视监视系统、煤矿通风安全信息化管理系统、型风电甲烷闭锁装置、各类矿用传感器、移动式瓦斯抽放泵站等。用户遍布吉林、黑龙江、辽宁、内蒙古、山西、陕西、河南、贵州、新疆、河北、宁夏、云南等省区。为煤矿的安全生产提供了保障。为满足广大用户的需求，以便于为用户提供更优质的服务，我们在全国各地设立了多个办事处及营销机构，全国各地都有东高的工作人员为您提供服务。公司拥有一支训练有素的售后服务队伍，为用户提供安装、调试、培训等项服务。还定期派技术人员走访用户，指导用户使用并及时解决使用过程中遇到的问题，解除了用户的后顾之忧。 东高人愿与社会各界携手并肩，与时俱进，共同发展，创造美好的未来！

KJ525煤矿电力监控系统

近年来，对煤矿井上、井下变电所的监测监控，日益被人们所重视。采用嵌入式数字处理器，采集变电所的电参量和开关量实现遥控、遥测、遥调和遥信功能，已从20世纪90年代流行的单片机发展到21世纪初的ARM芯片；主机软件已从WINDOWS环境下的单机版发展到开放式的组态网络版，上述这些技术目前均已成熟，从而实现煤矿变电所的无人值守。

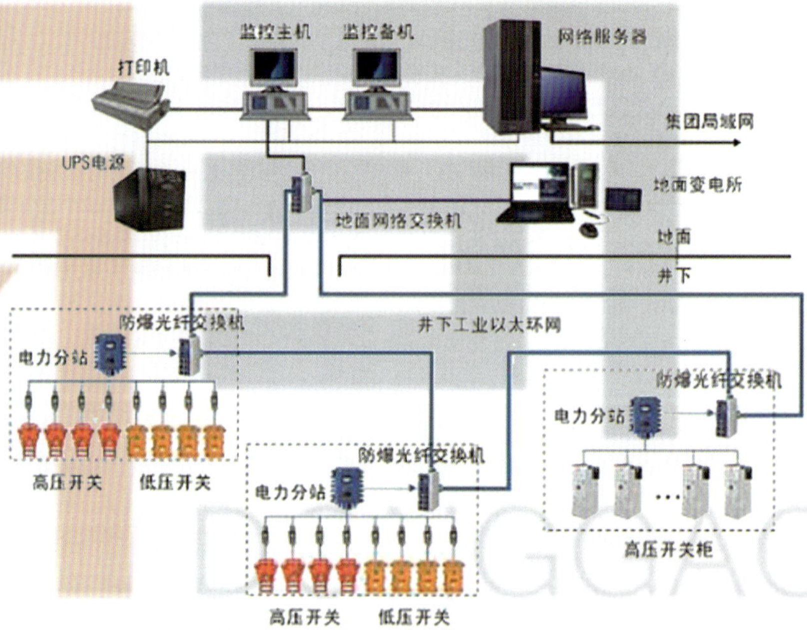

KJ525煤矿电力监控系统

系统用途

KJ525煤矿电力监控系统适用于含有爆炸性气体（如甲烷等）和煤尘的煤矿井下以及地面含有爆炸性气体的危险场所，对煤矿井上、井下变电所低压供电系统中实时过程测量、控制及监视，实现连续监测电力系统运行参数及时发现故障，有助于防止事故扩大和缩短停电时间，合理调配电力，提高电网运行质量减轻电费支出，实现变电所的无人值守。

系统组成及特点

本系统把地面工控机、KJ525-J数据传输接口、KJ525-F矿用隔爆兼本安型电力传输分站、和内置PIR-800Ⅱ智能型馈电保护器(设备包括KJZ-200/1140(660)矿用隔爆兼本质安全型真空馈电开关和KJ525-F1矿用隔爆兼本安型电网参数监测分站)有机的结合起来，构成变电所自动化系统。由工控机实现对控制范围内井下变电所中开关设备的远方分、合闸遥控操作、电气参量的遥测、开关状态的遥信、保护参数的远方设定及故障保护信息的上传。使地面对矿井下变电所各开关的状态、电量参数及故障性质一目了然。

KJ241型煤矿人员管理系统

本系统是我公司自主研发，完全符合AQ6210标准的系统。该系统采用国际最新RFID和ZigBee技术、远程通讯技术、计算机编程与网络技术。可实现对出入井人员实时监测、跟踪定位、轨迹回放、考勤管理、报表查询、信息网络发布、双向通讯、人机交互、紧急搜救、生产调度等功能，为煤矿安全生产以及紧急救援提供第一手可靠的决策实时信息。

系统主要由地面监控主机、数据库服务器、网络终端、传输接口、避雷器、地面交换机和井下读卡器、标识卡、分站、基站、井下交换机等组成。

系统工作原理

根据现场具体情况和需要，在进行人员管理的区域巷道中放置一定数量KJ241—F煤矿用本安型读卡器，KJ241—F煤矿用本安型读卡器通过传输总线与地面计算机连接，当佩带无线标识卡的人员下井通过或接近放置在巷道内的任何一个KJ241—F煤矿用本安型读卡器，KJ241—F煤矿用本安型读卡器便会马上接收到无线标识卡信号，并上传到中心站主机。这样中心站主机就可判断出具体信息（如：是谁，在哪个位置，什么时间），同时可把它显示在控制中心的大屏幕或电脑显示屏上，并做好备份。管理者也可以根据大屏幕上或电脑上的分布示意图查看某一区域的人员情况统计并显示出来，根据一段时间的人员出入信息整理出这一时期的每个下井人员的各种出勤报表。

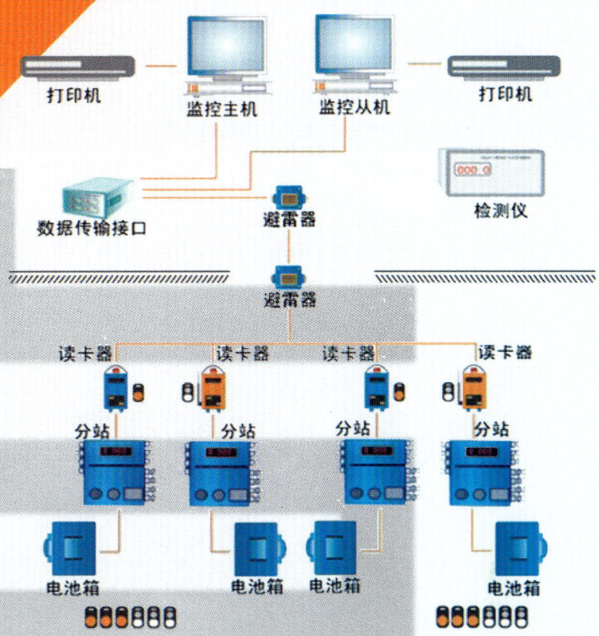

KJ241型煤矿人员管理系统

FSK通讯方式

中心站主机、KJ19-J(N)数据传输接口、ZJB660-Z隔爆兼本安型风电甲烷闭锁装置主机、KJ241—F煤矿用本安型读卡器以及KJ241-K标识卡。

KT128R煤矿无线通讯系统

KT128R型矿用无线通讯系统采用当前最广泛使用的WIFI网络技术，以光纤网络为骨干(接入现有工业环网或独立组网)，以无线网络延伸，在煤矿井下设立若干基站，通过无线通讯手段，为实现人员的语音通讯、人员管理、数字化视频监控及环境监测等提供了一个共用的平台；也为实现生产调度、应急救援与安全监控与督察提供了良好的应用基础。系统可根据用户的实际需要灵活配置，它的推广应用将使煤矿通讯走上新的台阶。

KT128R矿用无线通讯系统可根据煤矿企业的不同需求，配备不同的功能模块从而实现不同的功能。通过无线通讯系统，可以实现煤矿企业的通讯一体化、管理一体化，数据交换的一体化、数据存储与使用的一体化。避免了采用多个单独系统所带来的数据格式不一、交换效率低下、安全性差等诸多问题。

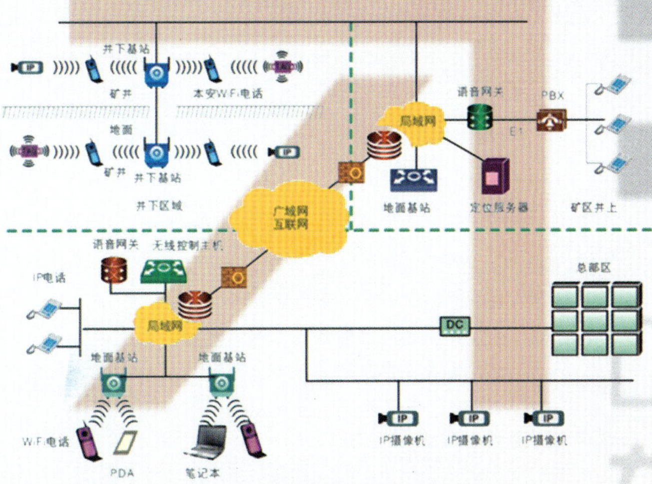

KT128R煤矿无线通讯系统

系统组成

KT128R煤矿无线通讯系统主要由无线控制主机、IP/PBX语音服务器、网络交换机、KT128R-F矿用隔爆兼本安型无线基站、KDC-24矿用隔爆型电池箱、KJJ145矿用隔爆网络交换机、矿用本安手机、网管系统等部分组成。

KJ406R煤矿安全监控系统

KJ406R煤矿安全监控系统由员公司著名产品KJ19N安全监控系统、KJ241人员定位管理系统发展而来，符合国家煤矿安全认证要求。系统保留了原系统的一切功能，并在此基础上增加了千兆工业以太环网、多系统标准配接接口、多系统通用总线等功能。亦可根据用户的实际需要灵活配置，它的推广应用将使煤矿信息化生产走上新的台阶。

KJ406R煤矿安全监控系统以光纤网络为骨干，以井下总线网络为延伸，在煤矿井下设立若干基站和光纤交换机，通过通用总线为安全监控系统和人员定位管理系统等提供了一个共用的平台；也为实现生产调度、应急救援与安全监控与督察提供了良好的应用基础。

系统构成：

井上设备主要有两台监控主机（主机和备用机）、打印机、本地终端及远程终端等。监控主机放置在监控室，负责数据采集、数据分析、处理、记录、显示及打印。

井下设备主要有网络交换机、网络基站、监控分站、电控箱、风电甲烷闭锁装置主机、无线读卡器、无线标识卡、备用电源以及各种传感器组成。

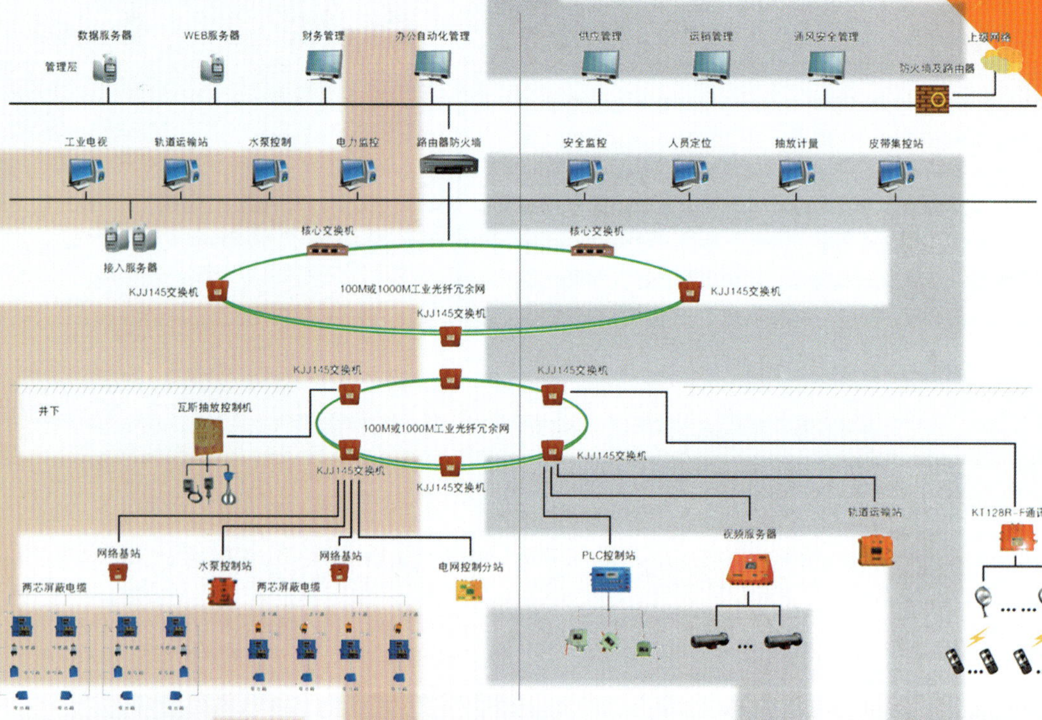

KJ406R煤矿安全监控系统

工业电视

工业电视监视系统综合了应用当今最先进的无线电与电子技术、计算机技术、电视技术、光电技术、机电一体化技术、光纤技术、红外技术和硬盘记录等技术，针对煤炭企业的特殊环境，进行了防爆防尘处理，具有长寿命易维护等特点，由调度指挥中心集中控制，直观再现各监控点的视频图像，便于生产、安全监控，提高工作效率，减少、降低事故发生率，是现代化企业不可缺少的一种安全监视生产指挥系统。

系统组成

系统由前端设备部分、中间传输部分、终端控制及显示部分组成，前端图像信息采集部分包括彩色一体化摄像机、黑白摄像机、室内外云台等设备；中间传输部分采用光纤、视频线、电源线、控制线作为信号传输介质，实现图像和控制信号的传输；终端设备主要包括矩阵控制系统、数字硬盘录制系统、画面分割处理器等。中央控制及显示设备可将前端设备传送的视频信号进行显示、记录、切换及相关处理。

系统组成示例

工业电视

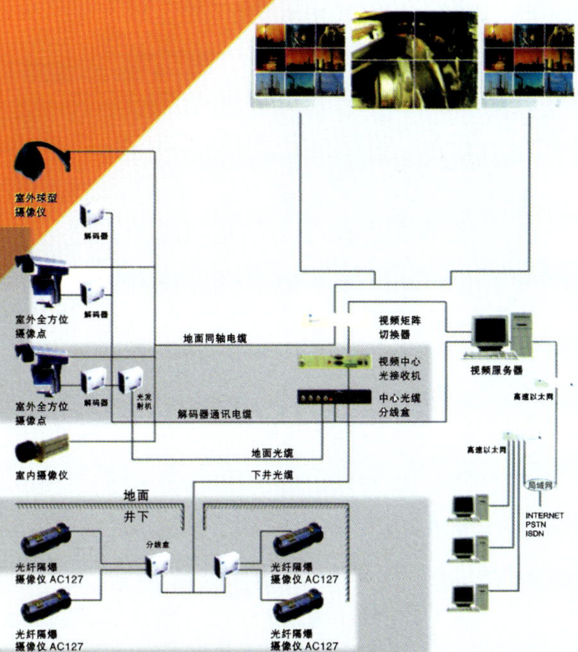

KJ19N安全监控系统

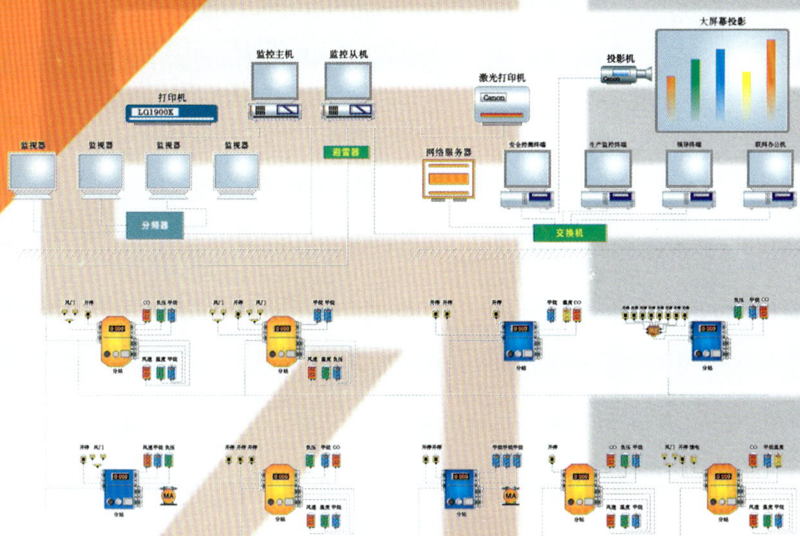

KJ19N安全监控系统

系统通过地面监控主机对井下重要地点的安全环境进行实时监控，当井下测点出现异常时监控主机能发出声光报警，并能对各测点的历史数据进行查询和分析。各测点的数据通过监控主机数据库能实现存储、备份、分析和打印。系统具备风电甲烷闭锁装置的全部功能，并具有防雷保护功能。

系统由地面中心站（Windows2000/2003平台）数据传输接口、监控分站、风电甲烷闭锁装置主机、各种制式的模拟量和开关量传感器等部分构成，可对矿井中的甲烷、一氧化碳、风速、温度、负压、烟雾、水位、氧气、二氧化碳等环境参数以及地面、井下各种设备的开停状态进行实时监控和连续记录。

电话(总机)：(0431)85100590 85100670 85159555 85174824
电话(直线)：(0431) 85111181 85039922
传　　真：(0431)85111181
E-mail：cccc0431@163.com

西安科灵自动化科技有限公司

西安科灵

西安科灵自动化科技有限公司是集科研开发、设计制造、系统集成、安装服务为一体的省级高新技术企业，产品涵盖LED冷光源照明系列、矿用永磁馈电开关系列、多回路组合开关系列、各种自动化控制系统、防爆工业计算机等。

公司位于西安市高新技术开发区企业壹号公园，依托西安深厚的文化底蕴、丰富的科研资源，与西安知名院校联合建立校企合作试验中心和大型产学研实习基地，培养煤炭行业专业技术人才。在井下泵房、通风机、压风机、锅炉房热工、矿井水系统等控制系统的设计、系统集成方面，西安科灵有多年的设计经验和众多成功案例。

坚持“科技以人为本”的发展理念，公司汇聚了一支光、机、电、自动化等专业化的研发团队，产品的各项性能指标已达到或超过国内外先进水平。秉承“不断创新、精益求精”的企业精神，实现了产品多元化、产业规模化的品牌运营模式，企业效益持续健康稳步发展；坚持“以质量求生存、以创新谋发展”的经营方针，建立了完善的质量控制管理体系和售后服务保障体系，生产性价比一流的设备为煤矿安全高效生产提供强有力的支持。

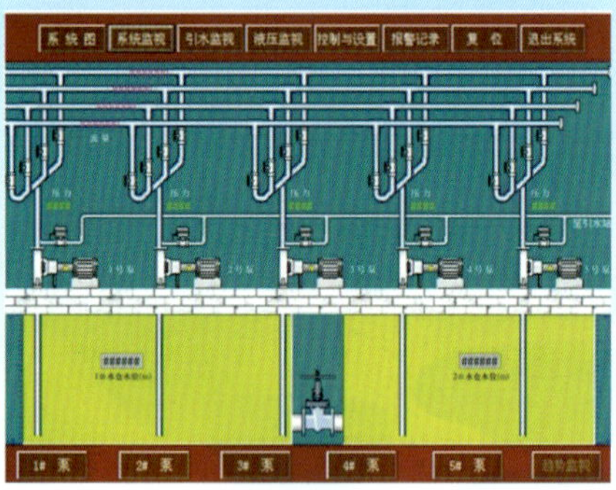

井下泵房控制系统

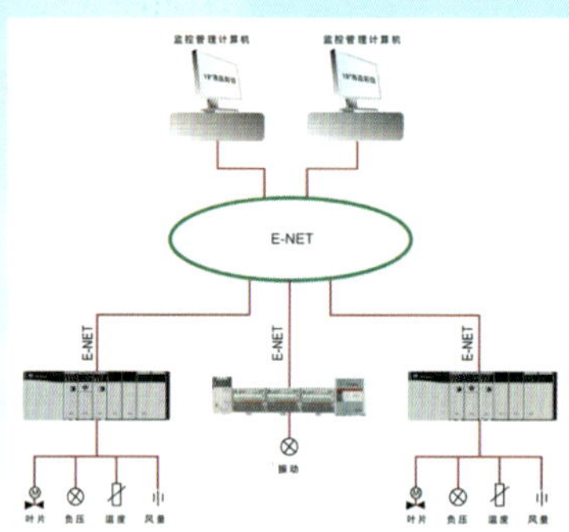

通风机控制系统

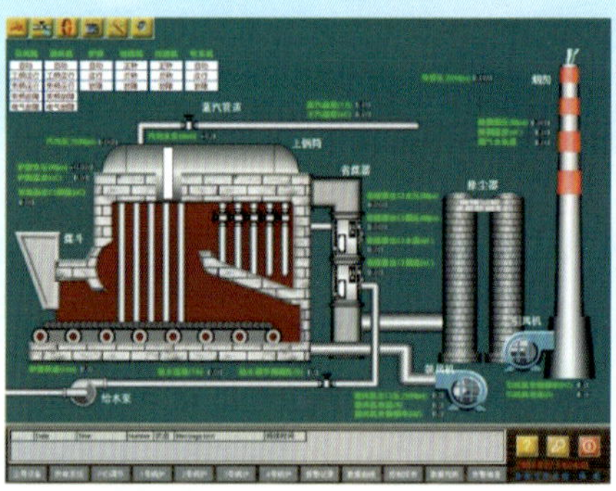

锅炉房热工控制系统

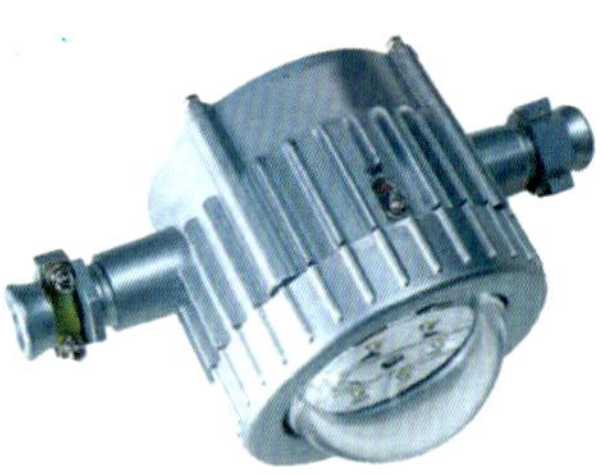

DGS18/127L（B）
矿用隔爆型LED巷道灯

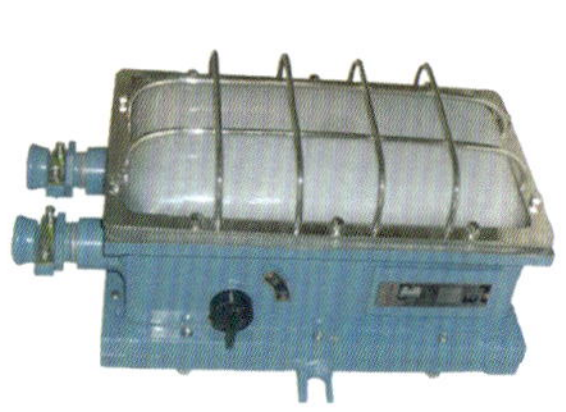

DJC20/127L（A）
矿用隔爆兼本质安全型LED支架灯

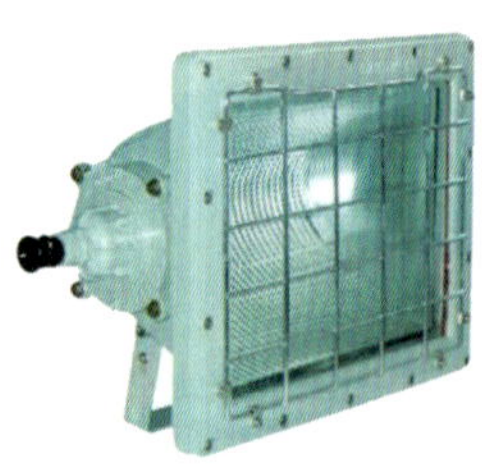

DGS50/127L（A）
矿用隔爆型LED巷道灯

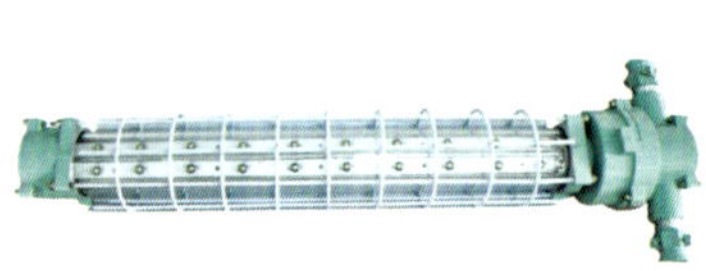

DGS20（30）/127L（A）
矿用隔爆型LED巷道灯

特点：

1、采用进口LED芯片（正常寿命10万小时），发光效率高，节能：耗电量是白炽灯的十分之一，普通荧光灯的二分之一。

2、光色柔和，无眩光，LED显像指数可达80以上，灯具发光颜色接近于自然光。

3、电源范围宽，85–265V正常使用，LED始终恒流工作，亮度稳定。

4、散热性能良好，使用寿命长，整灯使用寿命可达7年以上；终身免维护，极大的降低了灯具的日常维护费用，避免了井下维修灯具要大面积停电等一系列麻烦。

QBC−4×40/660(380)

特点：

1、快开门结构，维修方便；
2、中文液晶显示屏，配合菜单式人机界面，操作直观简便，显示内容丰富；
3、专用智能保护器，具有：漏电闭锁、过压、欠压、三相不平衡、过载、短路等保护功能；
4、具有故障查询、记忆功能；具有通讯功能：RS485接口，MODBUS协议或自由协议；
5、具有试验功能。

QBC−4×40/660(380)
矿用隔爆型多回路电磁起动器

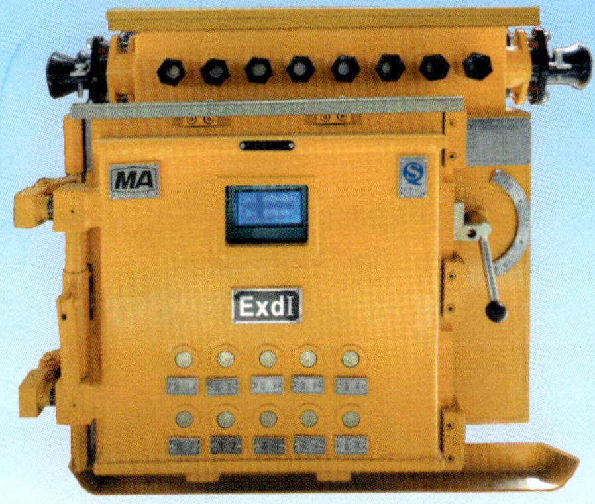

QBZ−4×100/1140(660)
矿用隔爆型多回路真空电磁起动器

QBZ−4×100/1140(660)

特点：

1、快开门结构，维修方便；
2、中文液晶显示屏，配合菜单式人机界面，操作直观简便，显示内容丰富；
3、专用智能保护器，具有：漏电闭锁、过压、欠压、三相不平衡、过载、短路等保护功能；
4、具有故障查询、记忆功能；具有通讯功能：RS485接口，MODBUS协议或自由协议；
5、抽拉式结构，更换方便。

QJZ7−600/3300−□

特点：

1、快开门结构，检查维修方便；
2、选用专为煤炭行业开发的专用可编程控制器实现系统控制和保护，可实现对各回路的漏电闭锁、漏电保护、过载、短路、断相、过压、欠压等保护功能；
3、控制系统可将模拟信号全部转化为数字信号，抗干扰能力强，运行稳定、性能可靠；
4、采用中文液晶显示屏，可显示开关的工作状态、运行参数、故障类别及设置相关参数；具有故障显示、记忆功能，方便排除故障；系统操作简单，方便。

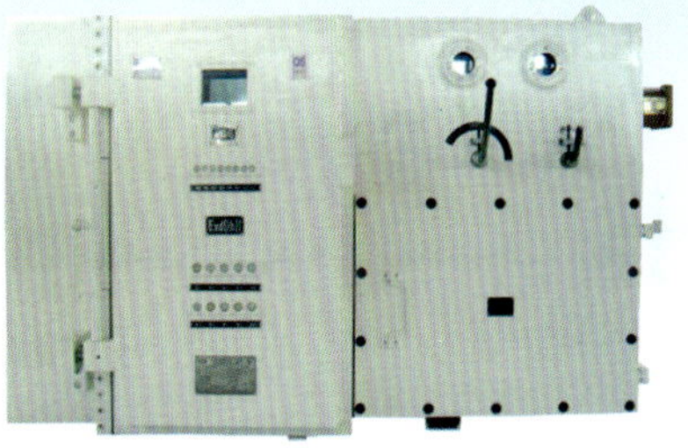

QJZ7−600/3300−2（4）
矿用隔爆兼本质安全型多回路真空起动器

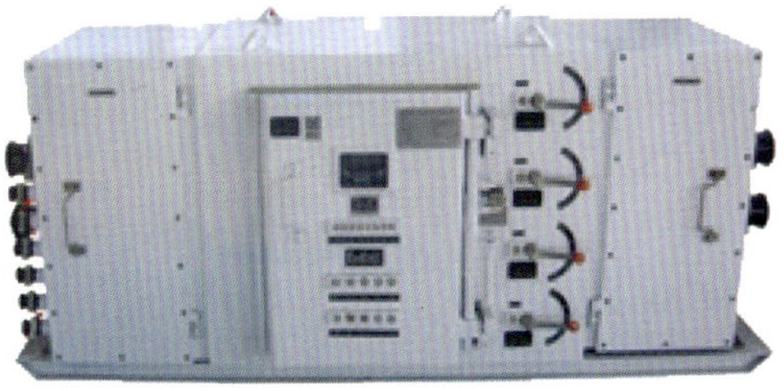

QJZ7−1600/1140（660）−4（8）
矿用隔爆兼本质安全型多回路真空起动器

QJZ7−1600/1140−□

特点：

1、快开门结构，检查维修方便；
2、选用专为煤炭行业开发的专用可编程控制器实现系统控制和保护，可实现对各回路的漏电闭锁、过载、短路、断相、过压、欠压等保护功能；
3、控制系统可将模拟信号全部转化为数字信号，抗干扰能力强，运行稳定、性能可靠；
4、采用中文液晶显示屏，可显示开关的工作状态、运行参数、故障类别及设置相关参数；具有故障显示、记忆功能，方便排除故障；系统操作简单，方便。

地址：西安市高新区西部大道2号企业壹号公园J36号

电话：029−88880853　传真：029−88880859　邮箱：xiankeling@sina.com

济南科一力软件工程有限公司

济南科一力软件工程有限公司成立于2001年4月，是一家集煤矿安全考勤管理、改善煤矿职工生活、提高煤矿生产效率为研发方向的股份制公司。总部位于济南市高新技术开发区内，是国家大型软件基地齐鲁软件园入园企业和济南高新技术企业。

公司产品主要有四大系列，一类涉及矿山的煤矿安全考勤系统和人员安全定位跟踪系统，并以自主产权的管理软件及领先的硬件技术为依托，为客户提供全方位的考勤、定位解决方案；一类涉及矿井井下AC（127V、380V、660V）电源转换为DC（12V）电源，为矿井安全和生产提供便利；一类涉及改善矿工生活而自主研发的YJD-6/660矿用隔爆型兼本质安全型电热饮水机，现已成功申报发明专利，保证井下工人随时饮用开水；一类涉及井下工作面的皮带综合保护控制系统，为煤矿安全生产、提高工作效率提供协助。现所有井下设备已通过国家防爆安全产品质量监督检验中心检测，并取得了煤矿矿用产品安全标志证书。目前公司已经拥有全国七百多家的客户，遍布全国各地。

产品一：科一力人员定位管理系统

一、概述

人员定位管理系统是基于计算机软硬件技术、信息采集处理技术、RFID无线射频技术、网络数据通讯技术、自动控制技术等多学科综合应用为一体的自动识别信息技术产品。系统是通过对人员和移动设备位置的监测，实现人员考勤、人员跟踪定位、灾变救援支持、日常安全管理等多种综合应用功能，对于落实和完善安全管理制度、加强对特定人员监控、全面实施信息化管理等具有重大意义。

二、系统功能与特点

1、无线数据接收器同时读卡能力可达200个/s，可识别目标的移动速度<40km/h，漏读率≤10-4，读卡距离≥50m。

2、标识卡采用节能设计，电池寿命可达3年。

3、监控报警功能，系统自动监测工作人员经过某个监测点的时间、地点信息并加以分析，当出现异常情况时，为管理人员提供报警提示。

4、系统日常安全管理，通过对人员岗位和工作性质分类，依据定位数据信息，实时监控，保证安全管理制度的落实。

5、地图管理，随时查询某人员或设备的历史轨迹。

6、考勤功能，强大的考勤管理软件可满足各种复杂的考勤管理需要。

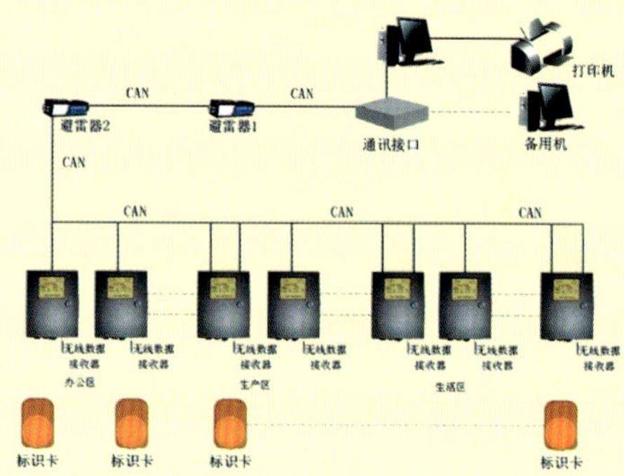

系统结构图

产品二：YJD-6/660矿用隔爆兼本安型电热饮水机

矿用饮水机

一、产品简介

YJD-6/660矿用隔爆型兼本质安全型电热饮水机是专门为了改善矿工井下工作条件，实现“井下也能随时喝上开水”而研发设计的，产品具有极高的安全性和稳定性，能随时供应工人喝开水。由于箱体内有冷水、温水和开水三个水箱，容积共计25L，能实现特殊情况的井下饮水施救功能。

二、六大优势

1、全面引入健康饮用水新概念

2、出色的节能环保技术

3、微电子全自动控制技术的应用

4、全食品级不锈钢制造、适应性强

5、完善的防爆技术

6、功率强大随时满足开水供应

三、主要技术参数

1、 额定工作电压：AC660V

2、 额定功率：6KW

3、 制热水能力：额定制热水能力60L/h

4、 外形尺寸和重量　外形尺寸：1500×600×500mm

5、 重量：145kg

6、 工作方式：长期自动工作方式

济南科一力软件工程有限公司

地址:济南市高新区颖秀路1356号知慧大厦五层

电话：0531-88886000　传真：0531-88886060　网址：www.keyili.com

详情登陆公司网站

http://www.keyili.com

电话：0531-88886000

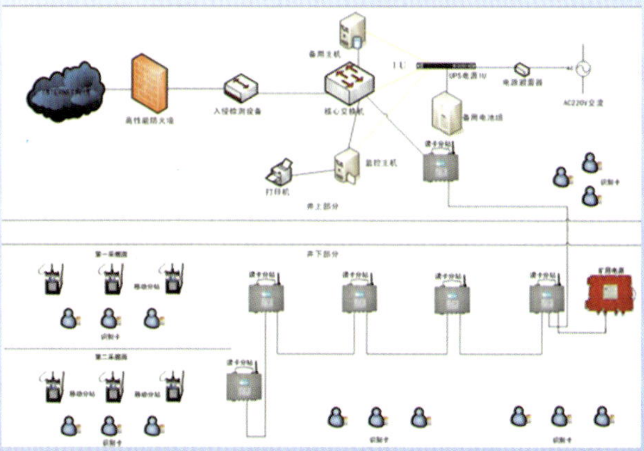

系统组成

KJ152矿用人员管理系统由地面设备和井下设备组成。

1、地面设备

系统的地面设备由监控主机、数据传输接口、UPS电源、打印机、交换机、避雷器等组成。

2、井下设备

系统的井下设备主要由KJ152-F矿用本安型读卡分站、KJ152-Z矿用本安型中继器、KJ152-D矿用本安型读卡器（便携式移动读卡分站）、KJ152-K型矿用本安型识别卡、KDW660/24B矿用隔爆兼本安直流稳压电源和通讯电缆组成。

系统功能

1、定位和考勤功能

实时监测井下工作人员（掘进和采煤工作面）总数；实时监测、查询井下指定工作人员的位置；对井下人员的分布情况分重点、禁止、普通区域实时监测；按人员统计某段时间的下井次数、下井总时间等；能够准确统计矿工上下时间，可按班次、部门、人员生成日考勤、月考勤统计报表。

2、安全管理功能

区域超员报警；特殊区域的非法人员进入禁区报警；工作超时报警。

3、显示和GIS地图功能

系统具有模拟动画显示功能；显示下井人员（重点区域、超时报警人员、超员报警、限制区域报警人员等）总数及人员，显示轨迹符合GIS模式；地图分巷道、设备、重点区域、识别区域、人员位置等图层层次显示，各图层可选择不同叠加显示；地图具有鹰眼组件，指示当前可见区域在总图中的位置，可通过鹰眼组件拖动可见区域，具有漫游、总图加局部放大、分页显示等方式。

4、互联互通和联网功能

系统通过与以太网和KT105A矿用无线通讯系统联通，KJ152系统软件可通过PBX向手机发送报警短信息，实现定位和手机的统一报警；KT105A和KJ152系统互通后，KT105A的基站和手机可在KJ152中的GIS地图上画出轨迹路线和显示位置。

系统可将多个煤矿的人员管理系统的数据统一传送到上级局端数据服务器，煤炭局（煤监局、集团总公司）可以通过网页的形式察看各矿人员管理系统的数据。

5、其他功能

（1）打印功能　　（2）双机热备功能

（3）紧急呼救功能　　（4）软件容错、自诊断功能

KJ152-F矿用本安型读卡分站

KJ152-D矿用本安型读卡分器

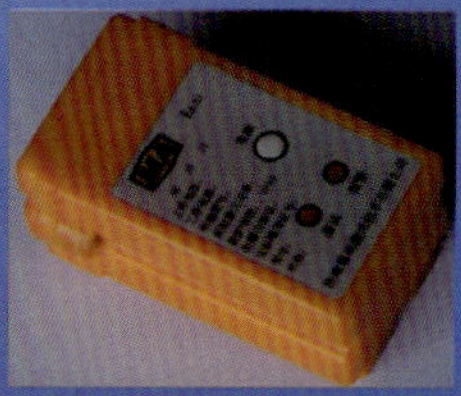

KJ152-K型矿用本安型识别卡

北京布莱迪工程技术有限公司

BEIJING BRIGHTY ENGINEERING TECHNOLOGY CO.,LTD.

企业精神

以人为本／先声夺人／扎实进取／敢于担当

公司简介

布莱迪公司于1989年成立，以生产压力仪表为主，有着20多年的悠久历史。为了顺应市场的发展于2008年北京布莱迪工程技术有限公司注册成立，2009年12月成为京仪集团二级企业，2010年12月京仪科技股份有限公司成立，我公司成为首批进入京仪科技股份有限公司成员。

布莱迪公司是现代化仪表的生产、研发、制造基地，推崇“一站式服务”理念，是为了给广大用户提供高品质的产品和高效率的服务。通过多年的积累，布莱迪公司自有压力、温度、阀门产品得到了广大用户的认可，领域遍及石油、化工、煤炭、火电、核电、钢铁、医药、轻工等各个行业。同时，布莱迪公司通过与高校、科研院所的合作，不断完善产品链，创新研发新产品，整体提升公司竞争力。我公司提供全套救生舱配套设备，包括用于井下可移动救生舱系统、井下永久（临时）避难硐室的氧气供气系统、空气隔绝系统、动力系统。其中：氧气供气系统包括：压风供氧、氧气瓶供氧、安全泄放阀；空气隔绝系统包括：气幕门系统、喷淋系统、开启系统；动力系统包括：矿用隔爆兼本安不间断电源和隔爆型手摇发电机。除此之外，我公司还生产煤矿环境所需的相关仪表。

BLD KD-660/12矿用隔爆兼本安不间断电源

应　　用：电源箱为矿用隔爆兼本安型。

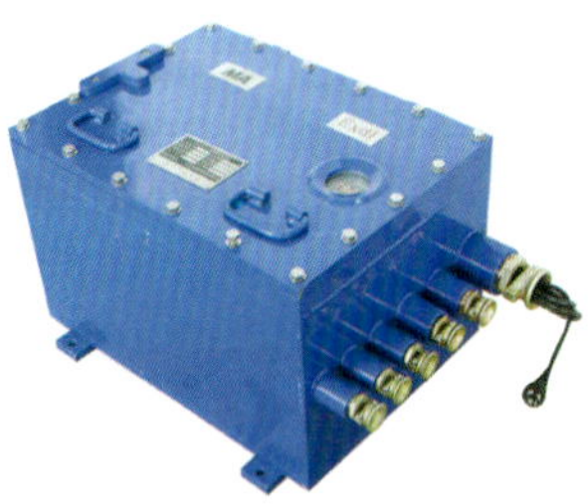

技术参数：

名 称	200Ah参数	60Ah参数
输 入	AC110V、220V、660V（带抽头），保险管30A，频率50Hz	AC110V、220V、660V（带抽头），保险管10A，频率50Hz
供电时间	无网电：96h 有网电：直供	无网电：29h 有网电：直供
电池材质	磷酸铁锂	磷酸铁锂
电池容量	200Ah(单体3.3V)×4	60Ah(单体3.3V)×4
电池电压	13.2V	13.2V
充电电流	20A	6A
充电时间	8－12h	8－12h
充电方式	恒压恒流	恒压恒流
放电电流	3A/12V 本安600mA×2/12V	3A/12V 本安600mA×2/12V
保护方式	过压、过流、欠压、自动/手动恢复	过压、过流、欠压、自动/手动恢复
工作方式	连续、自动切换网电、电池	连续、自动切换网电、电池
工作温度	-20℃～50℃	-20℃～50℃
工作湿度	≤96%RH	≤96%RH
存储温度	-30℃～60℃	-30℃～60℃
外形尺寸	555×410×340	460×260×260
净重	约150Kg	约55Kg

井下可移动式救生舱相关产品（根据客户要求设计）

YQG 井下可移动式救生舱氧气流量控制柜：

应　　用：应用于可移动式救生舱（以下简称救生舱）内氧气的流量控制。

功　　能：①救生舱内多路氧气的汇集；

②通过高压阀控制输入氧气管路数量；

③对高压氧气瓶输出氧气的压力调节；

④氧气输出的流量监测及控制；

⑤输出氧气的降噪消声。

技术参数：

①预留4管路氧气接口；

②输出管路螺纹M16×1.5；

③接入氧气初始测压压力表为氧压表，压力范围：0-1.6MPa；

④减压器材质为不锈钢SUS304，流量在0.4-15L/min范围内可调；

⑤减压器减压后测压压力表为氧压表，压力范围：0-0.6MPa；

⑥柜体及主要管路、阀门、减压器材质均为不锈钢SUS304；

⑦流量计采用玻璃转子流量计，测量范围：5-1000ml/min；

⑧消声器材质为铜烧结形式；

⑨所有管路及零件均经除脂、氧气喷吹工艺处理；

⑩控制柜整体管路均经测漏工艺处理。

YFG 井下可移动式救生舱压风流量控制柜：

应　　用：应用于井下可移动式救生舱（以下简称救生舱）内压风的流量控制。

功　　能：①救生舱内压风压力调节；

②对压风（压缩空气）的油水分离；

③对救生舱内外压差的检测；

④对舱内较高压力手动泄压；

⑤输出空气的降噪消声。

技术参数：

①输入控制柜接口螺纹G1/2″（其他螺纹可选）；

②输入控制柜压风初始测压压力表压力范围为：0-1.6MPa；

③调压过滤器减压范围0-1MPa；

④微差压表测量范围为0-1KPa，0-2KPa，0-3KPa可选；

⑤差压管路连接舱外管路接口螺纹M16×1.5；

⑥泄压管路连接舱外管路接口螺纹3/4″；

⑦消声器材质为铜烧结形式；

⑧柜体及主要管路、阀门材质均为不锈钢SUS304；

⑨控制柜整体管路经测漏工艺处理。

●地址：北京朝阳区南三环成寿寺路甲135号　●邮编：100164　●电话：010-67633539　●传真：010-67633532

井下永久避难硐室相关产品（根据客户要求设计）

DSYQG井下永久避难硐室氧气流量控制柜:

应　　用：应用于井下永久避难硐室（以下简称硐室）内氧气的流量控制。

功　　能：① 救生舱内多路氧气的汇集；
② 通过高压阀控制输入氧气管路数量；
③ 对高压氧气瓶输出氧气的压力调节；
④ 氧气输出的流量监测及控制。

技术参数：
① 预留8管路氧气接口；
② 输入管路螺纹M16×1.5；
③ 接入氧气初始测压压力表为氧压表，压力范围：0-1.6MPa；
④ 减压器材质为不锈钢SUS304，流量在0.4-15L/min范围内可调；
⑤ 减压器减压后测压压力表为氧压表，压力范围：0-0.6MPa；
⑥ 柜体及主要管路、阀门、减压器材质均为不锈钢SUS304；
⑦ 流量计采用玻璃转子流量计，测量范围：5-10000ml/min；
⑧ 输出管路螺纹为M16×1.5；
⑨ 所有管路及零件均经除脂、氧气喷吹工艺处理；
⑩ 控制柜整体管路均经测漏工艺处理。

DSYFG井下永久避难硐室压风流量控制柜:

应　　用：应用于井下永久避难硐室（以下简称硐室）内压风的流量控制。

功　　能：① 救生舱内压风压力调节；
② 压风（压缩空气）的油水分离；
③ 输出空气的流量监测。

技术参数：
① 输入控制柜接口螺纹2寸；
② 输入控制柜压风初始测压压力表压力范围为：0-1.6MPa；
③ 减压器材质为铝，流量在80-800m³/h范围内可调；
④ 减压器减压后压力表压力范围为：0-0.6MPa；
⑤ 流量计材质为不锈钢SUS304，测量范围为：80-800m³/h；
⑥ 输出控制柜管路螺纹为ZG1/2″；
⑦ 柜体及主要管路、阀门材质均为不锈钢SUS304；
⑧ 控制柜整体管路经测漏处理。

YQPJ井下永久避难硐室氧气瓶架:

应　　用：应用于井下永久避难硐室（以下简称硐室）内氧气源站内氧气瓶的固定及输出流量控制。

技术参数：
① 根据现场要求制作多瓶架（现有4瓶、6瓶及9瓶可选）；
② 氧气瓶架所有零件管路均为不锈钢SUS304；
③ 每个氧气瓶均配备独立的开关阀门；
④ 所有氧气瓶配备一个总控制阀；
⑤ 所有管路及元件均经除脂、氧气喷吹工艺处理；
⑥ 氧气瓶架整体管路均经测漏工艺处理。

井下可移动式救生舱、永久（临时）避难硐室气幕喷淋系统（根据客户要求设计）

应　　用：应用于井下可移动式救生舱、永久（临时）避难硐室隔离门气幕的生成。

功　　能：当发生紧急情况逃生至救生舱或硐室时，舱门打开后自动生成气幕，隔离舱外有毒有害气体进入救生舱或硐室，并有喷淋装置去除进入舱内或室内人员身上附带的有害气体。

技术参数：
① 输入管道接口螺纹M16×1.5；
② 输入气幕系统初始测压压力表压力范围为：0-25MPa；
③ 减压器材质为不锈钢SUS304,流量在0.4-15L/min；
④ 减压器减压后测压压力表压力范围：0-1.6MPa；
⑤ 调压过滤器减压范围0-1MPa；
⑥ 气幕生成方管孔直径为Φ0.5mm（其他尺寸可选）；
⑦ 主要管路、阀门材质为不锈钢材质SUS304；
⑧ 气幕整体管路经测漏工艺处理。

济宁电真空

SUNNY ®

KJ505井下作业人员管理系统

济宁电真空器件厂是山东济宁高新技术开发区的骨干企业，企业注册资本520万元。自1993年建厂以来，已发展成为集生产制造和科技研发为一体的高科技股份制企业，企业拥有7项国家专利，多个产品列入省级科技星火计划项目，企业检测手段先进，质保体系完善。

2010年，根据国家安全生产行业标准<AQ6210井下作业人员管理系统通用技术要求>的规定，我公司设计开发了KJ505井下作业人员管理系统，于2010年底通过了国家专职检验机构的审核。取得了安标证和防爆证，有效期2011.1.24-2016.1.24。

KJ505井下作业人员管理系统是由济宁电真空器件厂研发的新一代信息化管理系统。该系统完全按照《AQ6210井下作业人员管理系统通用技术要求》研发，将井下人员定位系统、考勤、跟踪、搜救等功能集于一体，是煤矿作业人员信息化管理的必要手段。

KJ505井下作业人员管理系统具有：人员考勤、人员位置、携卡人员出入井时刻、重点区域出入时刻、工作时间、井下和重点区域人员数量、井下人员活动路线、超员、超时、监控领导干部带班等监测、显示、打印、存储、查询、异常报警、路径跟踪、管理等功能。

KJ505井下作业人员管理系统在遏制工作人员超时超强度工作、事故应急救援、领导下井带班管理、特种作业人员管理、井下作业人员考勤等方面发挥着重要作用。是煤矿遏制三超的有效手段。

KJ505井下作业人员管理系统，实现煤矿井下作业人员进出的有效识别和监测，是管理系统充分体现“人性化、信息化和高度自动化”，实现数字矿山的目标。为煤矿管理人员提供人员进出限制、考勤作业、监测监控等多方面的管理信息。系统设计遵循“安全性、可扩展性、易维护性、易操作性、及双向报警通讯”的原则，以满足煤矿企业和监管部门的需要。

器 件 厂

WWW.YGJN.COM

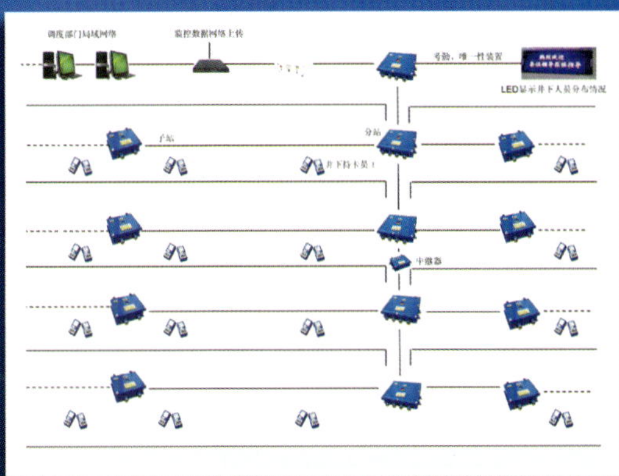

系统构成示意图

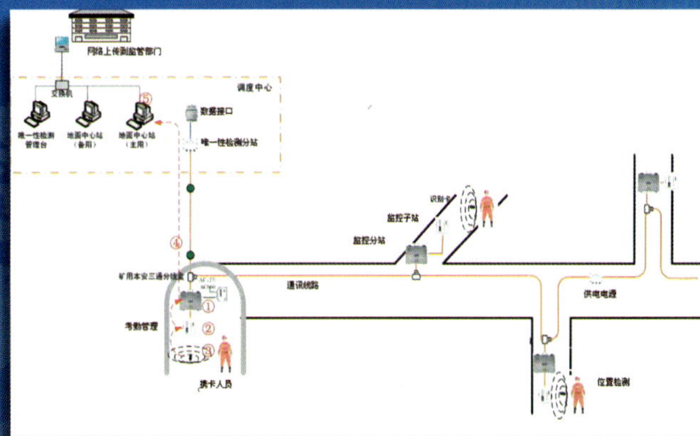

系统运行示意图

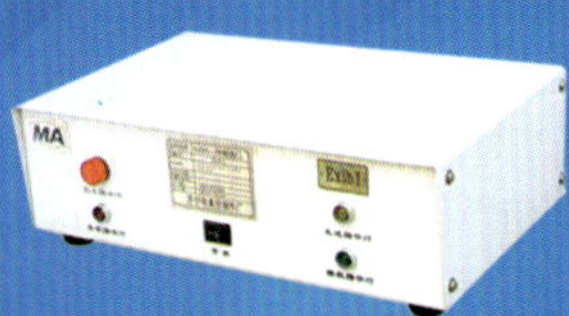

传输接口

读卡分站

读卡子站

信息卡

中继器

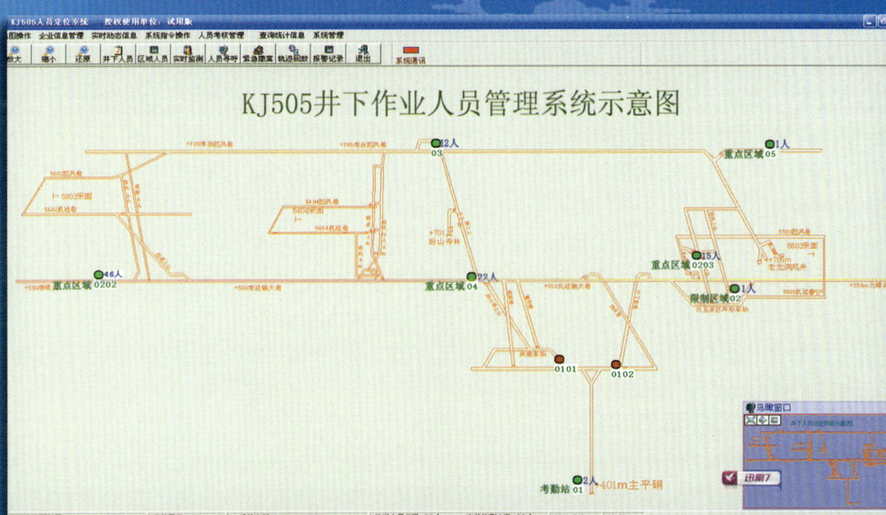

定位系统软件界面

电　　话：0537-2364573　　传　　真：0537-2324573

市 场 部：13355131616　　13792374637

技术支持：18953773096　　18953773090

邮　　箱：YS4573@126.com　邮　　编：272100

地　　址：山东省济宁市高新区火炬路29号1号楼

ChemBio SHELTER

CLCT CHINA LOW CARBON

中资国泰低碳技术发展（北京）有限公司

凯泰公司理念

凯泰公司和中资国泰公司秉承“矿山安全无国界，扎根中国，全心全意为煤矿安全生产服务，为矿工兄弟安全保障服务”的理念，“科技兴安、关爱生命”，以适用的材料和可靠的科技手段促成井下安全保障物质基础的全面提升，以关爱矿工的安危，实现安全意识的全面提高。凯泰公司和中资国泰公司通过最高效、快捷灵活的合作机制，由中资国泰公司中国本土团队灵活主导市场营销、设备供应、技术支持等，从而达到最紧密、最灵活地与政府、煤矿、代理商和事业伙伴开展合作。

1、公司介绍

美国凯泰救生舱公司是矿用救生舱、安全避难硐室、安全避险防护设备供应的专业公司，制造工厂位于西弗吉尼亚州，公司产品已经在美国的煤矿进行了大量应用和安装。凯泰公司是国际上售价研发创新出软体救生舱、拥有独家专利产权的专业救生舱公司。

中资国泰低碳技术发展（北京）有限公司是美国凯泰公司井下救生舱系列产品在中国的战略合作伙伴和总代理单位，负责市场营销、产品安装、技术培训、售后服务、零配件供应等工作。

2、凯泰救生舱适用范围

救生舱不是万能的，以“救生为主”而非“抗震救灾”。救生舱的技术性能、工艺水平、制作材料和使用功能应该是经过长期实践考验和经过长期工业验证的；救生舱的使用，不能够以牺牲矿工生命为代价；救生舱的制作与性能不能够以井下环境作为实验场所。凯泰救生舱技术原发于美国军方防生化与核扩散污染与毒害，技术性能可靠；舱的制造材料与气体容器选用最为可靠的工业常规制品，性能坚固，经久耐用。

美国矿山安全与健康管理局避难设施标准里要求煤矿经营者提供救生舱以保护矿工在发生威胁生命的事故时有机会逃生。当矿工生命在矿井突发事件中受到威胁时矿工应该第一选择逃生，其次才是到救生舱避难，如果救生舱是逃生和救援综合预案的一部分，并且进行了适当的培训，救生舱作为煤矿安全的最好一道防线，就有可能挽救矿工的生命。凯泰救生舱的适用范围是在矿井发生瓦斯突出、瓦斯事故、火灾、顶板事故和水害灾变后，在矿工逃生路径被阻和逃生不能的情况下，为无法及时撤离的人员提供一个安全密闭空间。救生舱可隔离有毒气体及高温烟气，为避难人员提供氧气、食物、水等给养，从而为避险人员赢得较长的生存时间及宝贵的救援时间。

截止到 2010 年 9 月，美国所有一千多座煤矿已配备救生舱共计 1193 台，其中，软体救生舱 1000 台，占 80%以上；硬体救生舱 123 台，避难硐室 70 个。

凯泰救生舱适用于各类开拓方式的井工矿，包括平硐、立井、斜井。救生舱配有空气供给与处理设备、饮水、食品、应急救援设备等，最大型号可容纳 35 人，不需外部能源就可以提供 35 人 96 小时的基本生存所需。煤矿通过救生系统的装备，将提高煤矿安全防护能力和应急救援水平，最大限度的减少人员伤亡。

美国国家职业安全与健康研究所在关于救生舱的报告中指出：救生舱挽救生命的可能性，只有在煤矿经营者结合救生舱制定全面的逃生救援计划的情况下才会实现。

3、凯泰可移动充气式软体救生舱

3.1 凯泰救生舱主要特点：

■领先性：国际上首家研发创新出可移动钢制存储式充气软体救生舱并拥有独家专利产权的专业救生舱公司。于 2007 年 3 月 9 日，获得西尼弗尼亚州避难设施标准认证，2008 年 9 月 2 日，获得宾西法尼亚州认证，是最早拿到认证的救生舱厂家。2010 年 6 月获得国家安全生产监督管理总局及国家煤矿安全监督局下井许可批复。

■体积小：凯泰软体舱被存储在一个抗暴、抗压且防火防水的钢制箱体里，可放在井下的重要位置。钢制箱整体被坚固改装系统保护，即使受到碰撞也不易损坏，最适用于中国使用的凯泰救生舱尺寸为 3.8×1.5×1.5（长、宽、高、单位：m）

■可移动：无论平硐、立井或斜井在下井、井下运输和井下移动时都很方便。

零拆卸：凯泰钢制存储箱可根据需要吊装、拖移和加固，无需在井下拆卸与组装整体移动，大大降低井下作业成本并保证井下生产安全。

■独立性：一旦井下矿难发生后，在井下通风系统、排水系统等固有施救与安全保障设施受到损坏或无法工作时，凯泰救生舱无需任何动力，可独立提供 96 小时生存需求以待救援。

快速性：幸存矿工在井下矿难发生后，3 分钟内迅速展开凯泰救生舱并进入舱内避难，从而节省了宝贵的时间。

■长效性：凯泰救生舱能够提供 96 小时生存所需的食物、饮用水、药品、应急工具、气体检测仪、氧气与空气处理设施、化学卫生间。

■吸附性：凯泰救生舱采用凯泰公司独家并已申请专利的 CO_2 洗涤幕帘将软体救生舱内 CO_2 完成吸附，并不产生二次污染。幕前，凯泰的 CO_2 吸附技术是世界上最先进的环保高效吸附技术，而成本仅是传统技术的三分之二。

■可视性：唯一一家拥有救生舱“非工作状态气瓶压力计”技术的公司，通过气瓶压力计可随时监测读取气瓶压力，方便日常维护、防止气体泄漏、为排除隐患提供便利。

■人数多：凯泰救生舱在未使用时占地面积仅为 5.7m2，一旦展开占地面积可达 33.5m2 并能容纳 30 人，可保证人均面积大于 1m2，保证避难人员的舒适度。

■可靠性：凯泰救生舱无需任何外部电力能源驱动，在井下使用安全可靠。

■简易性：操作简单，五分钟学习终生会用（见 3.2 操作规程）。

■安全性强：创新性的构造，凯泰救生舱可以提供一个密封舱，避免矿难时可能发生的一氧化碳或其他有毒气体造成的生命威胁。

■性价比高：凯泰救生舱使用寿命长达 20 年，容纳避难人员多、操作简单、易学易用、日常维护量小、运行成本低、井下放置地点施工简单、环保无二次污染、一次性投入换来长久保障、可根据客户需求定制各类型号凯泰钢制存储箱、凯泰钢制移动拖撬。

■适用性广：适合各类开拓方式的井工矿使用。

3.2 救生舱操作规程

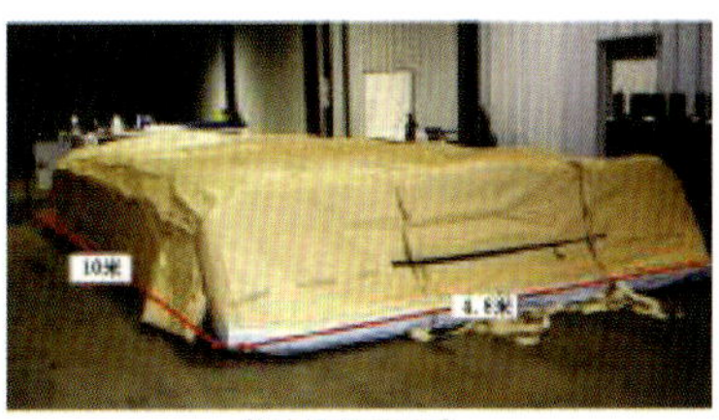

软体舱展开区域

第一步：检查软体舱展开区域一定无任何杂物与障碍物；

第二步：打开展开舱，充气舱体出铺开；

第三步：打开空气瓶舱门和氧气舱门，按一下顺序打开气瓶阀门：

首先打开两个黑色阀门；然后打开舱门 1 内底部黄色气瓶阀门 1、2、3，再按数字顺序打开所有黄色气瓶阀门；最后按数字顺序打开所有的绿色气瓶阀门。

第四步：舱体展开后，打开入口舱门后，经由气密舱进入充气舱体内：每批 5 人进入气密舱，洗涤完成后，拉开充

气舱体内拉链进入软体舱，将拉链拉好；

入口

气密舱

充气舱体内部

第五步：首先进入软体舱的人员，找到控制操作台，关闭空气梁充气开关，打开氧气供给开关；

第六步：根据充气舱体内的人数调节“氧气流量计”；

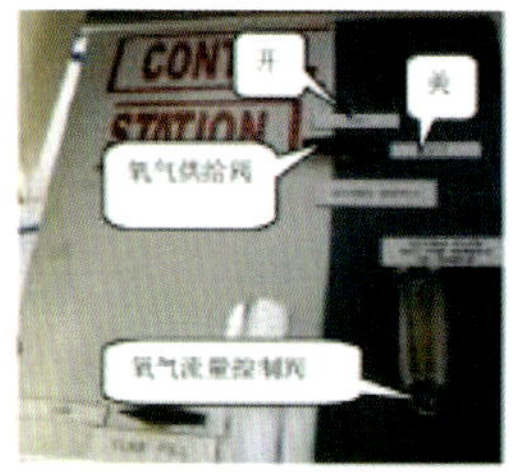

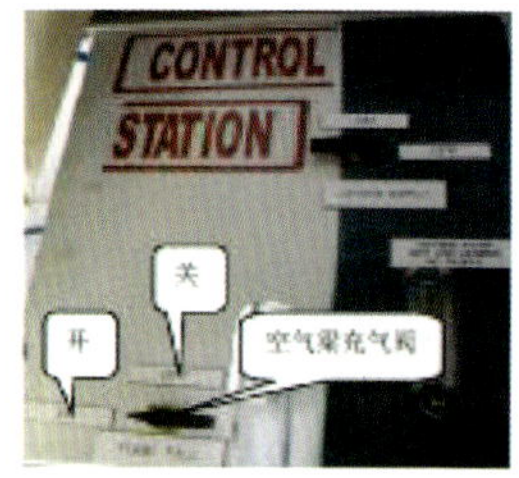

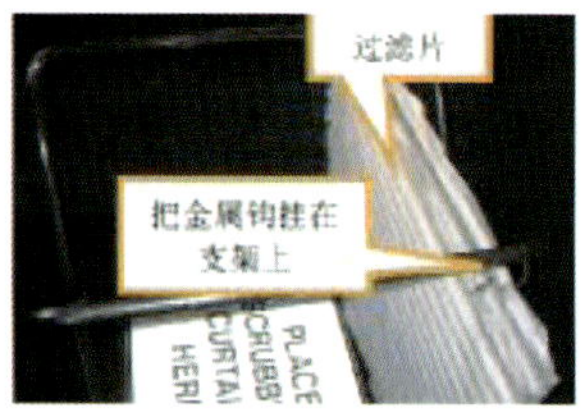

第七步：架好二氧化碳洗涤幕帘；

3.3 专利与资质认证

同时获得美国西弗吉尼亚州和宾西尼亚州二个州的安全认证。

美国西弗吉尼亚州
矿工健康和安全办公室认证

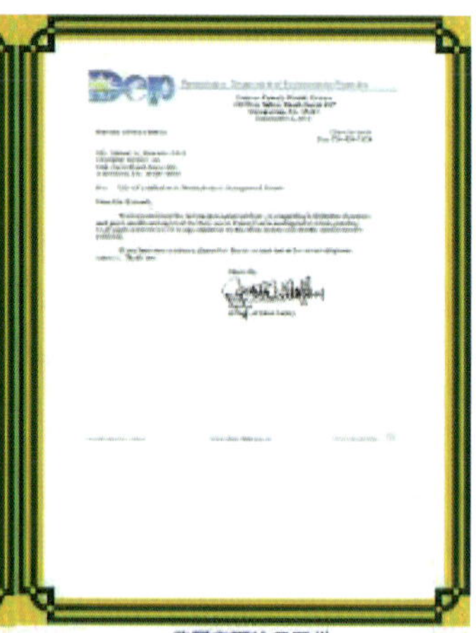

美国宾西法尼亚州
矿山安全局认证

在美国和中国申请的专利证书

中国专利申请

美国专利申请

产品规格和参数		凯泰救生舱				
型号		LS1515-30	LS4042-35	LS1703-15	LS1415-15	LS1503-10
规格参数	储存舱尺寸（长、宽、高）	3.8×1.5×1.5	4.85×2.59×1.01	3×1.4×1.7	3.4×1.4×1.5	3×1.4×1.5
	软体展开舱尺寸（长、宽、高）	8.66×3.86×1.12	8.43×4.11×1.19	14×1.5×1.2	14×1.5×1.2	14×1.5×1.2
规格说明		适用综采工作面		适用掘进工作面		
标准配置		结构防护系统、空气处理系统、压缩供氧系统、环境监测系统、生存保障系统；■气密舱 ■温度传感器、测量矿井温度 ■应急照明 ■食物、水 ■医疗急救用品、药品、包括担架		■本质安全发光灯 ■心理调节物品 ■紧急维修材料 ■化学处理卫生间、个人卫生用品 ■泡沫灭火器，装置于安全和受保护区域		
选配件		■气驱式降温除湿系统 ■矿用冷却服 ■闭式循环自给式自救器、钢制托撬、轮板。				

4、凯泰安全避难硐室

4.1 凯泰避难硐室拖撬

凯泰安全避难硐室拖撬用于矿井下建造的应急硐室，凯泰避难硐室构筑严密，安全可靠，可运用凯泰安全避难硐室拖撬，提供可呼吸的新鲜空气、有毒有害气体去除装置、气体监测设备及必要的救护器材等。凯泰硐室的隔壁和防爆门都达到相应的防爆要求。

凯泰安全避难硐室拖撬组件包括：

a.可根据客户需求设计提供最大容纳100人并维持96小时生命所需； b.两端有牵引环扣，方便拖拉移动； c.氧气供应系统，压缩医用氧； d.凯泰二氧化碳环保洗涤幕帘，消除二氧化碳聚集； e.安全气密式防爆通道门，内置气隔间，配有空气洗涤净化设备，可以去除有害气体； f.本质安全监测仪和探测仪（检测一氧化碳、二氧化碳、氧气、瓦斯浓度和空气质量），并能够从内部安全区域测试舱体内外部的各项指标； g.应急照明； h.医疗急救用品，包括担架； i.通讯设备接口，以实现与地面的联系； j.最新的矿图； k.本质安全发光灯； l.食物、水； m.化学处理卫生间、个人卫生用品和药品供应； n.泡沫灭火器，装置于安全和受保护区域，用于灭火；

4.2 凯泰安全避难硐室防爆门和气密舱

凯泰避难硐室将装有加厚钢制防爆门，超强抗超压，可以承受达15psi(0.10Mpa)单位的压力，能够在井下紧急事件中保护避难硐室，并经由气密舱进入主室。

凯泰可充气式气密舱，装置于凯泰避难硐室内紧凑的钢制储存架（宽1.6米×高0.9米×纵深0.6米），凯泰气密舱位于凯泰避难硐室内。展开后的充气气密舱长2米×宽0.9米×高0.9米，钢制气密舱体积大小一样，都配备有空气过滤系统进行一氧化碳和瓦斯等有害气体的洗涤过滤，并供应可呼吸的新鲜空气。

5、凯泰安全避险防护设施设备

5.1、凯泰闭式循环自给式自救器

凯泰闭式循环自给式自救器供给和维持 1 小时、2 小时、4 小时或 8 小时呼吸，为矿工在缺氧和有毒气体（如一氧化碳和瓦斯）情况下提供保护，并可保护眼部部位，我们提供的 1 小时自救器，工矿工随身携带，体积小重量轻，在 1 小时实际测试中证明了优良性能和可靠的品质。同时，自救器可放置于救生舱或避难硐室内，可使用自救器搜寻逃生路径，若所有逃生路径受阻，则自救器仍然可提供充裕的时间和保护，供避难人员返回救生舱或避难硐室。

5.2 凯泰二氧化碳环保洗涤幕帘

矿用救生舱、避难硐室内部 CO_2 过滤工作对于维护避险人员的生命极为重要。在这个环节上，我们采用了过滤效率高、使用简单、环保效果好的专利技术方案，利用悬挂在救生舱、避难硐室内含有化学成分的幕帘来完成。这一技术不需要电力驱动，也不需要流动空气，从而避免了额外增加电池或压缩气驱动的洗涤器，凯泰幕帘可自动高效的进行二氧化碳吸收。与氢氧化锂幕帘技术相比较，成本降低了 2/3，CO_2 清洗功能也大幅增强而且更加环保。

包装在真空袋中的凯泰幕帘使用简便，打开袋子，取出幕帘，将其直接挂在挂架上即可，每个挂架可以同时悬挂 15 个幕帘，可供 4 个人避险 96 小时清洗 CO_2 之间，达到了美国国家矿山安全与健康监察局的相关规定标准。此外，根据美国环保局的鉴定，这种幕帘放弃后对环境没有任何污染。

5.3 凯泰气密舱过滤系统

凯泰气密舱过滤系统用于过滤有毒有害气体，可快速将一氧化碳从 400ppm 过滤到 25ppm,将瓦斯从 12%的浓度降到 1%。

5.4 凯泰避难硐室压风设备

凯泰硐室压风设备在 6.9 千帕的负压下每分钟可输送 40 立方新鲜空气，在 69 千帕的负压下每分钟可输送 36.8 立方新鲜空气。

5.5 凯泰可移动充气式培训舱

凯泰可移动充气式培训舱，钢制储存舱长 2.92 米、宽 2.09 米、高 1.05 米，是为矿工提供实用培训和熟练操作救生舱而设计制造的。该设备体积小、重量轻、易于运输到煤矿开展现场培训会。

凯泰培训舱展开后的总长 8.56 米、总宽 3.05，所有功能和操作符合真实救生舱的规程和标准，可确保矿工按照标准流程进行培训和作业。

5.6 凯泰温度湿度控制系统（备选）

凯泰公司为客户提供备选的降温除湿系统，若煤矿矿井气温过高或深井地热高温存在，需要控制救生舱和避难硐室的温度和湿度，我们可提供低温液态冷煤气驱动式降温除湿系统和矿用冷却服。

6.凯泰救生舱在中国的实践

（战略合作伙伴：中国职业健康安全协会）

2010 年 5 月 9 日，第一台凯泰软体救生舱运抵中国,5 月 19 日，凯泰救生舱在国家安监总局和国家煤矿安监局组织的“全国煤矿坚决遏制重特大事故，推广井下救生舱避险设施”的现场会上进行了展示，会议上参会领导和代表视察并积极肯定了凯泰救生舱的性能。2010 年 6 月 8 日，大同煤矿集团塔山煤矿在 6 月安全月开展了救生舱的操作培训和纳入救生舱道德应急救援演练。《救生舱入井管理办法》、《救生舱井下布置地点规划》、《救生舱的日常管理、定期维护规章》、《救生舱紧急避灾培训和定期组织应急演练办法》等文件也相应制定。2010 年 8 月 29 日，中国首台软体救生舱在大同煤矿集团塔山煤矿成功下井。

7、项目案例

2010 年 6 月同煤塔山煤矿有限公司中标，8 月 29 日已成功下井；

2010 年 8 月阳泉煤业集团中标，计划 11 月下井；

2010 年 10 月山西晋城无烟煤矿业集团有限责任公司中标，计划 12 月下井；

2010 年 11 月 3 日神华集团乌达区五虎山煤矿订购 2 台救生舱和 1 台培训舱；

2010 年 12 月 5 日山西阳泉新景煤矿、国一矿成功下井。

8、合作模式和工作流程

工作流程和实践规划

项目阶段	我公司的工作	矿方的工作	时间规划
项目准备阶段	与矿方配合，着手进行救生舱项目相关的技术调研和沟通，制定项目方案； 签订项目合作协议。	企业共同进行相关调研，填写技术问卷； 成立项目小组，确定项目负责人和联络人； 签订项目合作协议。	1 个星期。
项目方案阶段	救生舱规格和配置； 安全避难硐室设备和配置； 使用、维护和维修方案； 培训方案：操作员、检查员培训课程。	提供项目方案所需的各种资料： 技术问卷填写； 矿井相关情况，开拓系统、采区布置、巷道硐室图； 纸和数据；煤矿地质情况、井下温度、湿度；井下矿工的动态； 井下通风系统监控系统及运行状况。	2 个星期。
	协助制定： 《救生舱入井管理办法》；《救生舱井下布置地点规划》；《救生舱的日常管理、定期维护规章》；《救生舱紧急避灾培训和定期组织应急演练办法》	制定安全防护体系和救生舱方案： 与矿井沟通安全事故应急预案集成； 《救生舱入井管理办法》； 《救生舱井下布置地点规划》； 《救生舱的日常管理、定期维护规章》； 《救生舱紧急避灾培训和定期组织应急演练办法》。	
产品制造阶段	签订《救生舱设备合同》、产品加工生产、交货。	签订《救生舱设备合同》。	根据双方议定的时间而定。
实施和培训阶段	确保设备安全交付；将设备相关文件交付矿方； 培训：对矿方管理人员、救生舱项目负责人和管理人员、矿工尽享救生舱的使用和操作培训； 售后服务。	验收，并确定设备交付培训和运营； 矿方按照培训和设备操作规程进行操作； 矿方组织矿工进行培训。	根据双方议定的时间而定。
设备年度检查（每半年检查）	检查设备状况；检查气瓶的压力；评审培训情况； 沟通进一步要求。	矿方开展日常检查；矿方配合检查设备状况； 矿方配合检查气瓶的压力； 矿方配合评审培训情况；沟通进一步要求。	3 天。
五年期主要服务和整修	提供相应配件； 共同全面检查设备状况。	矿方更换相应配件； 共同全面检查设备状况。	3 天。

中国总经销
中资国泰低碳技术发展（北京）有限公司
地 址：中国北京市东城区东直门南大街 9 号华普花园 B 座 505　　邮 编：100007
电 话：010-84098068　　传 真：010-84098078　　技术及售后热线：400-650-9802
网 址：www.china-lowcarbon.com　　邮 箱：info@china-lowcarbon.com

上海律邦机电设备有限公司

救生舱气体控制与净化系统简介

一、 氧气供应自动控制系统(产品编号：LBYQ-1)

1、 基本功能

1）对压缩氧气瓶汇流并集中供氧。氧气瓶数不限，皆可通过本系统自动控制。

2）通过氧气浓度传感器自动侦测舱内氧气浓度，当浓度低于某设定值时（如 18.5%），系统自动打开电磁阀向舱内充氧；当浓度高于某一设定值时（如 23%），系统自动关闭电磁阀停止充氧。

3）氧气浓度上限值、下限值、报警值均可通过触摸屏灵活设定。

4）系统具有声光报警功能，即当氧气浓度低于或高于预先设定的报警值时，DDC 控制板自动进行声音报警和 IED 灯闪烁报警，偏离度越大，报警声音将越急促，灯光闪烁也越快速。用户可以关闭声光报警功能。

5）四寸彩色液晶屏动态显示低浓度区、适宜浓度区及高浓度区，显示直观清晰，方便用户观察。

6）气体管路末端带消音阻尼装置（亦可加装流量计），使氧气缓慢匀称释放。

7）气体管路采用双回路控制，即自动装置失效后，用户可以马上切换使用手动装置，确保系统具有较高的可靠性及适应性。

2、 技术参数

1）DDC 控制器电量特征：12VDC，电流小于 60mA，功耗：小于 0.72W

2）电磁阀电量特征：12VDC，电流小于 450mA，间隙性工作，管径 Φ20

3）氧气传感器电量特征：9~24VDC，30mA 电流，0~25%量程，200－1000HZ 频率信号输出

4）外观尺寸：控制箱体采用金属烤漆材质，外观尺寸可随客户的要求订制（标准尺寸：宽 500 mm，高 500 mm，厚 150 mm）

5）显示屏：4 寸全彩液晶显示屏，带触摸操作功能。

6）管路工作压力：0.4Mpa

二、 舱体增压自动控制系统（产品型号:LBCY-1）

1、 基本功能

1）对氮气瓶或空气瓶进行汇流并集中供气。瓶数不限，可适应任何数量的气瓶

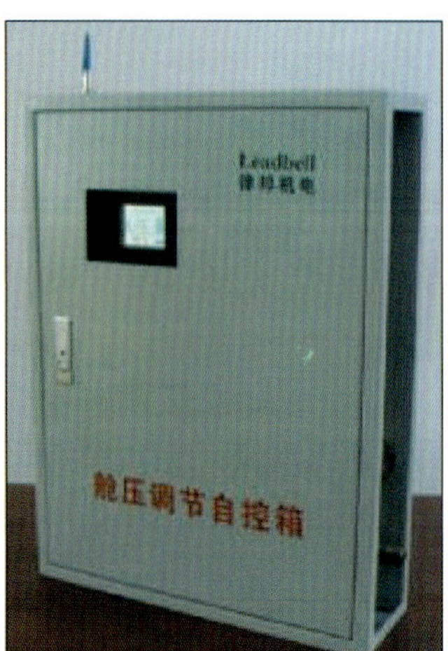

2）自动检测舱内气体压力(相对于舱外的压力，也称为压差，下同)，当舱压低于某一设定值时（如 100pa），系统自动打开电磁阀进行充气增压；当舱压超过某一设定值时（如 500pa），系统自动关闭电磁阀停止充气。当因为特殊原因（如减压器失效）导致舱压超过更高压力值（如 1000pa）时，系统自动打开排气电磁阀进行排气泄压，若压力回落到 500pa 时，排气电磁阀将自动关闭。

3）压力下限值、上限值及排气压力值均可通过 4 寸触摸屏界面进行灵活设定。

4）传感器可采用绝对压力传感器，允许用户根据当地压力值进行调零初始化处理，也可使用压差传感器（须保证传感器上有软管接通到舱外）。

5）用户界面可动态显示电磁阀的开关状态。

6）气体管路采用双回路控制，即自动装置因断电、电磁阀失灵等原因失效后，用户可以马上启动手动装置进行工作。

7）气体管路末端带消音阻尼装置。

2、技术参数

1）控制系统电量特征：12VDC，电流小于60mA，功耗：小于0.72W

2）压力传感器电量特征：12~24VDC，电流小于50mA，0~20Kpa量程，200－1000HZ频率信号输出

3）氮气瓶电磁阀电量特征：12VDC，电流小于500mA，间歇性工作，工作压力范围：0~8Mpa；排气电磁阀电量特征：12VDC，电流小于500mA，间歇性工作，工作压力：0~0.12Mpa

4）外观尺寸：控制箱体采用金属烤漆材质，外观尺寸可随客户的要求订制(标准尺寸：宽__500__mm，高__650__mm，厚__150__mm)

5）显示屏：4寸全彩液晶显示屏，带触摸操作功能。

6）管路工作压力：0.4Mpa

三、舱内气体参数监测及数据记录系统（产品型号：LBJCN-1）

1、基本功能

1）自动监测舱内的O_2、CO_2、CO、CH_4、温度、湿度6个指标

2）采用双彩色液晶显示屏（4寸），每个显示屏上显示3个传感器信号值

3）主显示板带SD存储卡，可自动记录每个传感器的当前测量值，每隔5分钟记录一次。文件格式为文本文件，用户可通过任意SD读卡器读出。

4）每个传感器的上下限值都可以通过触摸屏灵活设定，并通过动态彩色显示条进行显示，方便观察。

5）主显示屏带日期及时钟显示功能

6）当某路传感器输入信号有误，系统自动提示该路传感器接线错误或工作失效。

7）当某路传感器测量值超限时（上限或下限），系统自动进行声光报警提示；偏离度越大，报警声音越急促，灯光闪烁越快速。用户可关闭声、光报警功能。

8）传感器量程可以在控制板上进行灵活设定，因此具有极强的传感器适应性。

9）系统允许将各传感器设定值自动恢复到出厂设定值。

2、技术参数

1）控制系统电量特征：12VVDC，电流小于120mA，功率小于1.5W，连续工作

2）O2、CO、CH4工作电压9~24VDC，电流小于30mA，CO2传感器工作电压9~24VDC，工作电流小于150mA，温度传感器工作电压12~18VDC，工作电流小于25mA，湿度传感器工作电压，湿度传感器24VDC供电，0－20mA输出。除湿外传感器外，其它传感器均有煤安认证。

3）显示屏：4寸全彩液晶显示屏，带触摸操作功能。

4）标准控制柜外观尺寸：宽__800__mm，高__800__mm，厚__150__mm

四、舱外气体参数监测及数据记录系统(产品型号：LBJCY-1)

1、基本功能

1）自动监测舱内的O_2、CO_2、CO、CH_4、温度5个指标

2）采用双彩色液晶显示屏（4寸），主显示屏上显示3个传感器信号值，副显示屏上显示2个传感器信号。

3）主显示屏带SD存储卡，可自动记录每个传感器的当前测量值，每隔5分钟记录一次。文件格式为文本文件，用户或通过任意读卡器读出。

4）每个传感器的上下限值都可以通过触摸屏灵活设定，并通过动态彩色显示条进行显示，方便观察。

5）主显示屏带日期及时钟显示功能

6） 当某一路传感器输入信号有误，系统自动提示该路传感器接线错误或失效。

7） 当某一路传感器超限（上限或下限），系统自动进行声光报警提示；偏离度越大，报警声音越急促，灯光闪烁越快速。用户可关闭声、光报警功能。

8） 传感器量程可以在控制板上进行灵活设定，因此具有极强的传感器适应性。

9） 系统允许将各传感器参数自动恢复到出厂设定值。

2、技术参数

1） 控制系统电量特征：18~24VDC，100mA，连续工作

2） O2、CO、CH4 传感器工作电压 9~24VDC，电流小于 30mA，CO2 传感器工作电压 9~24VDC，工作电流小于 150mA，温度传感器工作电压 12~18VDC，工作电流小于 25mA，湿度传感器工作电压，湿度传感器 24VDC 供电，0－20mA 输出。

3） 每个控制板外观尺寸：120*80*20mm

4） 显示屏：4 寸全彩液晶显示屏，带触摸操作功能。

5） 箱体与舱内气体参数监测系统共用一个不锈钢箱体

五、 过渡舱空气喷淋吹洗系统(产品型号:LBKQ-1)

1、基本功能

1） 采用 DN15 管径的电磁阀进行大流量气路控制

2） 可连接和控制任意多个压缩空气瓶，标准配置为 2 瓶

3） 可通过气幕开关进行自动控制，启动速度快，气流大，流量稳定。也可采用无电源方式进行系统的启闭。

4） 采用龙门式气幕管，通过左、上、右三个方向同时进行喷气。共有 100 个气孔，保证气流均匀喷出。

5） 2 瓶压缩空气，可连续工作 4－6 分钟

6） 气体管路均采用双回路控制，即自动装置失效后，用户可以马上启动手动装置进行工作。

2、技术参数

1） 电动阀电量特性：12VDC，小于 500mA，间隙性工作

2） 控制箱采用不锈钢材质，可根据用户舱体尺寸进行定制（标准尺寸：宽 220 mm，高 550 mm，厚 200 mm）。

3） 管路工作压力：1.5Mpa

六、 压风管道调压控制模块(产品型号：LBYF-1)

1、基本功能

1） 可对 0.7Mpa 压风进行减压、消音、过滤、油水分离处理；

2） 气体管路均采用双路控制，当其中一路失效后，用户可启用另一路进行压力调节和控制。

3） 采用 C、A、T 三级过滤装置，确保空气符合人体使用标准

2、技术参数

1） 输入压力：0.7Mpa

2） 输出压力：0.1-0.3Mpa 可调

3） 过滤器参数：0.3m³/人·min

4） 箱体外观尺寸：宽 420mm，高 470mm,厚 200mm

七、 一体式空气净化处理装置(产品型号：LBAC-S)

1、基本功能

1） 可对空气进行除臭、CO_2 吸附、CO 催化、空气干燥处理

2） 通过自动控制装置可实现对风机的转速控制，即当 CO_2、CO、温度三个指标中的任意一个指标超过设定

值时，风机自动启动，偏离度越大，风机转速越快，加速空气质量回归正常。

3） CO_2吸附采用高效吸附剂，最高吸附效率可达72%，平均超过50%以上。由于采用多个料箱设备，用户避免现场灌装散料，且失效后的料箱仍可以持续发挥吸附作用。吸附剂有颜色指示功能，即未反应时颜色呈粉红色，反应完后呈纯白色。用户可通过吸附剂颜色判断吸附剂的当前工作效能。吸附剂密度：218KG/立方米。每个料袋可装吸附剂7公斤。

4） CO催化采用贵金属催化剂与常规催化剂组合方式，降低成本，同时实现催化效能。

5） 通过特殊配制的药剂对空气进行除臭处理，清除人体散发出的有机臭味，吸附有机大分子，净化空气质量。

6） 采用化学药剂方式制冷，化学药剂加入自来水后立即使水温降低到零下5至零下15度。在水箱内装有金属盘管，热空气经过盘管后与冰水进行热量交换，使出口气温下降，出口温度可达8－11度，实现空气制冷的目的。

7） 采用医用干燥剂对空气进行除湿干燥处理。还可采用除湿帘对舱内空气进行除湿处理，每公司吸附剂可吸附1.5KG水汽。

8） 采用立式柜体结构，方便用户装料及现场操作，且节约舱内空间。

9） 该设备目前为国内处理救生舱空气质量成本最低、占用空间最小、效能较显著的一体化解决方案。

2、 技术参数

1） 电量指标：移动式救生舱采用65W风机，24VDC供电，风机全速时电流为2.9A。风机可调速，采用自动控制系统，可使能耗降到最经济值。对于12人以下舱体，配备的分机功率为45W。

2） 处理机箱体尺寸：5500*850*410mm（宽*高*厚）。

3） 药箱尺寸：460*385*155（单位mm,长*宽*高），制冷箱尺寸：430*350*200mm。

4） 药剂用量：按12人舱120小时计算，CO_2吸附剂大约用量140KG，化学制冷剂用量约1000 KG，CO催化剂用量：贵金属用量4KG，常规催化剂用量6KG，干燥剂用量20KG。

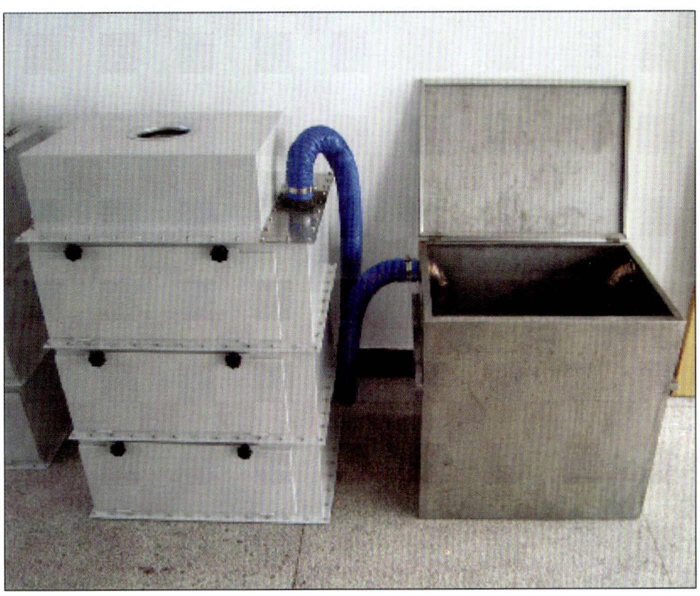

LBAC-S型空空气净化处理机，适用于硐室及16人以人救生舱

化学药箱（尺寸：460*385*155mm）

化学反应料袋

八、联系方式

- 上海律邦机电设备有限公司
- 电话：021－59768025
- 传真：021－59768062
- 手机：13916026481
- 联系人：白雪飞
- 网址：www.leadbell.com

天长市欣万顺船用配件制造有限公司

天长市欣万顺船用配件制造有限公司于2006年6月6日登记注册，注册资本106万元，位于长江之滨的皖东明珠——安徽省天长市，南邻古城南京，东与扬州相邻，宁连高速公路贯穿境内，交通便利。

本公司主要生产船用A-60级、A-0级防火舷窗、防火矩形窗、A-60级船用防火门、铝质铜质舷窗、矩形窗及门、盖、梯、系泊件等几十个品种和几百种规格的船用舾装产品。现我公司与江南大学共同研发抗瓦斯爆炸防爆防火耐压密封门，公司产品已被生产救生舱企业：山东磐石集团、华盾集团、安徽山河集团选用。我公司产品外型美观、开启灵活、承受压力达到2.5Mpa、隔温性能好。

公司生产的设备和检测手段齐全，技术力量雄厚，建立和完善了产品质量保证体系，产品均可提供中国CCS、法国BV、美国ABS、德国GL船级社的证书。

公司一贯注重产品的质量，为使产品精益求精，时时虚心接纳客户的建议和要求，不断改进，不断创新。

企业意识：客户需求为先，技术创新为本，合作交流为源，开发新品为重。

企业精神：诚实 创新 求精 超越

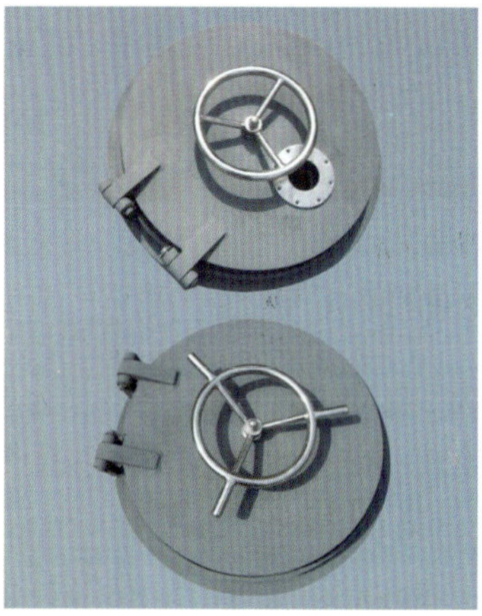

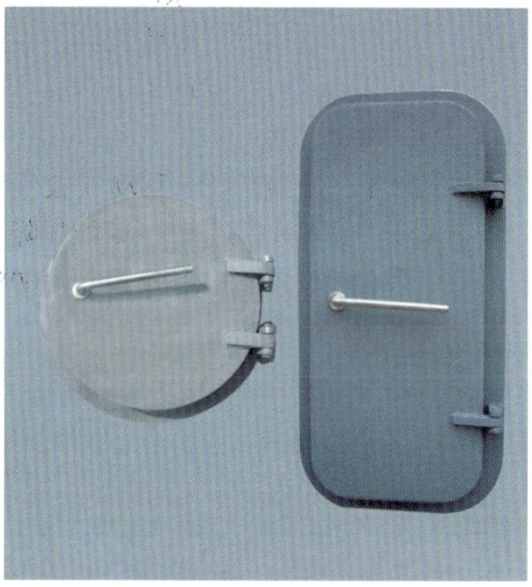

1、产品名称：快开闭耐压防火水密方门
规格型号：XWS-A1200×500-12
XWS-A1200×600-12
XWS-A1400×600-12
XWS-A1600×800-12
抗爆炸冲击力：2.5Mpa
抗冲击能力：2.5Mpa
瞬时耐高温能力：1260℃
持续耐高温能力：60℃
门内温度：≤35℃
适用舱室：过渡舱、生活舱、避难硐室等

2、产品名称：快开闭耐压防火水密圆门
规格型号：XWS-D500-18
XWS-D600-18
抗爆炸冲击力：2.5Mpa
抗冲击能力：2.5Mpa
瞬时耐高温能力：1260℃
持续耐高温能力：60℃
门内温度：≤35℃
适用舱室：逃生舱等

3、产品名称：普通防火水密门
规格型号：XWS-C1200×500-12
XWS-C1200×600-12
XWS-C500-12
XWS-C600-12
抗爆炸冲击力：0.5Mpa
抗冲击能力：0.5Mpa
瞬时耐高温能力：500℃
持续耐高温能力：60℃
门内温度：≤35℃
适用舱室：生活舱、设备舱等

说明：所有产品均分带视窗和不带视窗，且可按照客户的需求进行设计和制造。

地址：安徽省天长市永丰镇桥湾街道人民西路116号
电话：0550-7315362、7788877 传真：0550-7786902、7314365
E-mail：xinws@vip.163.com 网址：www.xinws.shipe.cn 法人：刘如林（手机：13955075646）

兰青环保 LQEPE

青岛市兰青环保工程有限公司

青岛市兰青环保工程有限公司成立于1996年，是青岛市科委重点扶持的高新技术企业之一，具有国家质监部门颁发的I类、II类压力容器制造许可证和BR1、BR2级压力管道施工资质，具有国家建设部门颁发的机电设备安装三级资质，并于2009年取得了挪威船级社DNV ISO9001质量体系认证。多年来公司主要从事化工成套装备、船舶栖装件及工业环保治理等项目的制造和安装业务。代表产品有：高速离心喷雾干燥装置、高压静电除尘器、气力输灰、白炭黑成套生产线等，技术水平均居国内领先水平。

公司占地面积12000m^2，厂房及综合楼面积6000m^2。现有职工150人，其中工程技术人员36人，高级工程师10人，拥有科研、实验、设备制造及工程安装的专用、通用设备300余台套，具备雄厚的产品开发、设计、制造及安装的综合能力。

在社会各界的大力支持下，经过全体员工十几年的共同努力，公司已发展成为，以装备制造为支柱的集团化实体企业，业务范围涉及工业设备制造、工程安装、海洋工程、新型建筑材料、进出口贸易等多个领域和行业，部分产品已出口到俄罗斯、伊朗等国。目前下属企业为：青岛城阳荣建工程有限公司，青岛格瑞森船业有限公司、青岛玛瑞泰克机械装备有限公司，青岛聚瑞琪砂浆科技有限公司，青岛勤昌工贸有限公司。

公司紧紧围绕国家产业政策，及时调整企业发展战略，坚持“科技兴厂，质量兴业”的指导方针，与国内联合中国空间技术研究院、北京康拓科技有限公司、青岛潜艇学院、北京太阳能电力研究院（青岛分院）建立了长期战略合作伙伴关系，提高了公司的整体实力。

我公司研制的煤矿用移动式救生舱采用特殊的舱体结构形式，最大限度的提高了舱内有效容积，具有承压高、密封好、易装配、对煤矿井下环境适应广的特点，特别适合我国煤矿复杂的矿井环境，为我国矿难救生装置的制造注入了新的力量。

总经理 秦成甫

救生舱项目讨论会

办公楼一角

公司领导班子合影

www.lq365.com

崇尚科技 保卫生命

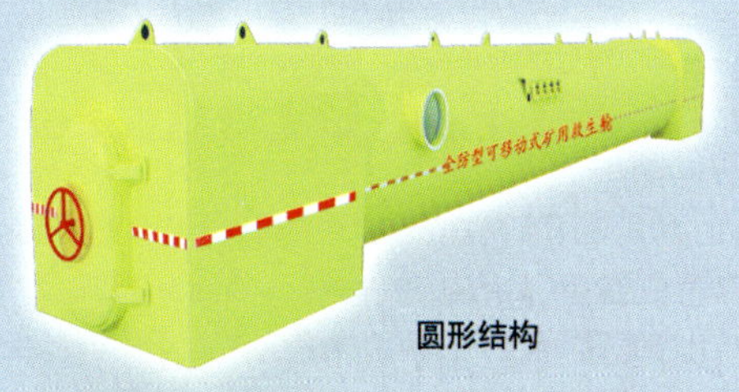

圆形结构

方形结构

JYC-□□煤矿移动式救生舱

◎**结构布局：**

JYC-120/10煤矿移动式救生舱中段的生活舱，采用圆形舱体结构，两端过渡舱与设备舱采用方形结构。舱体设计充分考虑了承压能力及运输装配条件，具有内部有效空间大，便于运输装配的特点，能够适应复杂矿井条件。

◎**产品性能：**

舱体采用圆形钢质材料，结构合理，抗冲击，高承压，可方便的组合拼装，便于移动；

舱门采用潜艇舱门技术，舱体之间采用耐压内连接法兰，密封性能好，具有良好的防水性能；

舱体采用真空加特殊保温材料设计，具有最佳的保温性能；

完美的环境监控系统，为避险人员及施救人员提供可靠的参考数据；

充足的能量储备，提供可靠的应急动力保障；

完善的能量储备管理系统，均衡控制能量输出，延长储备能源使用时间；

舱体各种电源及信号连接器具备良好的防水功能；

氧气供给，舱内压力，舱内外各种参数监测等采用集成自动控制和手动控制二种方式，确保各项参数在控制范围内；

采用双重温度调节方法，具有良好的舱内温湿度控制调节能力；

具有应急通信方式，多一份通信保障。

◎**特点优势：**

采用潜艇舱门技术，密封好，操作简便，耐压高。各舱段之间采用法兰连接，密封好、便于装配，保证舱体具有良好的承压性能，舱体在满足防坍塌及瓦斯爆炸突害的同时，还可防突水灾害，为全防型结构形式。

公司十几年从事压力容器制造，具有雄厚的容器设计制造方面的综合能力。

救生舱的生命保障系统是由中国空间技术研究院给予的技术支持，具有系统结构紧凑、能源消耗低、运行稳定可靠等特点。为国内最先进技术。

JYC-□□煤矿用移动式救生舱

主要技术指标

项　目	参　数
额定人数	8～30人
额定防护时间	≥96小时
最大承载冲击压力外部瞬间（≤0.2秒时）	≥1.5MPA
最大承载冲击温度外部瞬间（≤0.2秒时）	≥1200℃
气密性（在1000PA压力下）	压力上升值≤200PA
最大耐水压能力	≥0.15MPA(15M水深)
生存舱内压力	100~500PA保持正压
生存舱内O2 浓度	18.5%~23.0%
生存舱内CO浓度	≤24X10-4
生存舱内CO2浓度	最大值≤0.8%,平均值≤0.5%
生存舱内CH4浓度	≤1.0%。平均值≤0.5%
生存舱内温度规定时间内	平均≤30℃
生存舱内湿度规定时间内	≤85%
舱内人均空间	≥1M³

JYC-□□煤矿用移动式救生舱规格型号

型号	外形尺寸	额定防护人数	额定防护时间	承压能力
JYC-96/6	视矿情而定	8人	96小时 防护时间大于96小时按需要定制	≥0.15Mpa或根据矿情而定
JYC-96/10		12人		
JYC-96/14		16人		
JYC-96/18		20人		
JYC-96/20		24人		
JYC-96/25		26人		
JYC-96/36		30人		

避难硐室

简要说明：

防爆墙和气密式防爆通道门

过渡室内配有空气净化系统

三级供氧、供电系统

使用操作便捷

可与地面通讯、电力、流食、压风系统相连

配有两种二氧化碳洗涤装置

主动式气动洗涤器

被动式碱石灰挂帘

兰青环保

LQEPE

地址：青岛市城阳区夏庄街道王沙路华阴村西

电话：0532-87871199　　传真：0532-87875551

网址：http://www.lq365.com

邮箱：lanqinghb@126.com

北京中才华源高新技术有限责任公司

北京中才华源高新技术有限责任公司是国家安全生产监督管理总局直属事业单位——国家安全生产监督管理总局培训中心发起成立的全资子公司。公司地处北京上地信息产业基地，是集产品研发、技术研究和生产制造为一体的综合性高新技术企业。多年来，一直致力于煤矿火灾和瓦斯爆炸防治领域的相关技术、产品研究和开发，拥有专门的研究团队，并与中国矿业大学（北京）等高校、科研院所合作，具有较强的研发能力和技术创新能力。JSG6矿井火灾束管监测系统是本公司针对当前煤矿火灾监测的实际需求，为解决现有束管监测系统存在的问题和不足而研发的新产品，2007年通过专家鉴定，达到“国际先进，国内领先”水平。当前已经在河北、吉林、内蒙、山西、贵州、山东等多个矿井安装使用，取得了良好的使用效果。

矿用火灾束管监测系统系列产品介绍

- 第一种形式：JSG6矿井火灾束管监测系统（在线红外分析）
- 第二种形式：JSG6矿井火灾束管监测系统（色谱分析）
- 第三种形式：JSG4矿井火灾束管监测系统（井下分站分析）

JSG6矿井火灾束管监测系统（在线红外分析）

系统组成：

1）气体采样子系统：主要完成井下气体的采集和气体样本地面输送的自动控制，包括：井下束管、真空泵机组、采样泵、分路控制箱、采样控制箱等。

2）气体分析子系统：主要完成气体样本组分的精确测量，包括连续在线红外分析仪、气相色谱仪及相关配套装置等。

3）数据处理和共享系统：主要完成测定数据的获取、存储、分析；束管采样控制、管路维护控制等的软件系统；专业化的测量数据辅助分析和数据Web共享所需的软件系统。包括：进气系统控制工控机、数据库服务器、Web服务器、打印机、工作站、系统软件等。

矿山气体在线监测及综合分析系统

Mine Gas On-line Analysis System

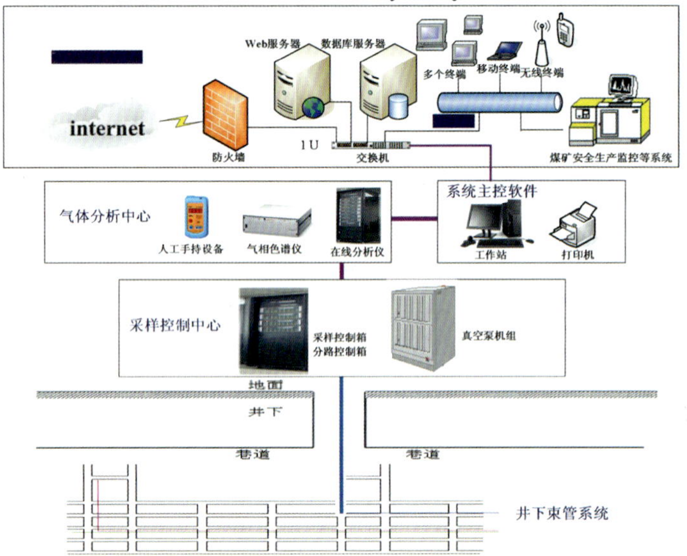

功能特点：

1）系统提供的气体爆炸危险趋势四方图，用于判断混合气体在成分变化的过程中爆炸危险性的趋势。从而为判断其爆炸危险性提供方便的工具。

2）系统提供的Graham’s Ration指数也称CO指数（ICO），分析煤在自燃发火过程中，氧化产生的一氧化碳与氧耗量之比（CO/△O2），该值与氧化源温度及氧化时间成正比，反映燃料氧化反应状况。

3）系统提供的特里克特比率(琼斯—特里克特比率)Tr：是一种剔除无效气样，避免错误判断的有力工具，增加了系统的可靠性。它主要根据火灾生成气体的浓度之间有一定的相互依存比例来确定的。当比例不正常时，意味着气样受到某种干扰而无效。当气样的Tr超过1.6时，该气样不予考虑。若火灾的主要燃料是煤，Tr大于1的气样就值得怀疑。

4)系统提供远程监控及数据网上实时发布功能。

JSG6矿井火灾束管监测系统（色谱分析）

系统组成：

1）气体采样子系统：主要完成井下气体的采集和气体样本地面输送的自动控制。包括：井下束管系统、气体采样控制柜等。

2）气体分析子系统：主要完成气体样本组分的精确测量。包括：气相色谱仪及相关配套装置等。

3）数据处理和共享子系统：主要完成测定数据的获取、存储、分析；束管采样控制、管路维护控制等的软件系统；专业化的测量数据辅助分析和数据Web共享所需的软件系统。包括：系统控制工控机、数据库服务器、打印机、工作站、系统软件等。

功能特点：

JSG6矿井火灾束管监测系统是一套集实时数据采集、数据分析、数据存储及数据发布功能于一体的矿山气体发火和爆炸性全自动分析、预警、发布系统。系统具有的主要功能有：

第一：实现了对井下自燃气体的全分析。

JSG6矿井火灾束管监测系统对矿山各重点区域的CO、CO2、CH4、O2 、C2H6、C2H4、C2H2、H2、N2等气体的浓度通过气相色谱仪进行采样分析，并将监测结果和采样气体组分存入数据库中，以报表、曲线、爆炸三角形、爆炸趋势四方图等形式在网上实时发布。

第二：系统采用先进可靠的样品采集装置。

1）安装有三根预切柱装置，有效防止分析柱被污染，确保整套仪器长期不间断工作。

2）独立的管路压力及流量监测，监测每根管路的泄漏情况，便于对井下束管的维护管理。

3）电磁阀、流量计及压力测量等关键部件均为进口产品。

4）具有完善的气路阻火设计，系统更加安全。

第三：系统具备数据保存、报警并以报表、曲线、爆炸三角形等形式查询外，还具备如下特有功能：

1）系统提供的气体爆炸危险趋势四方图，用于判断混合气体在成分变化的过程中爆炸危险性的趋势，从而为判断其爆炸危险性提供方便的工具。

2）系统提供的Graham's Ration指数也称CO指数（ICO），分析煤在自燃发火过程中，氧化产生的一氧化碳与氧耗量之比（CO/△O2），该值与氧化源温度及氧化时间成正比，反映燃料氧化反应状况。

3）系统提供的特里克特比率(琼斯一特里克特比率) Tr，是一种剔除无效气样，避免错误判断的有力工具，增加了系统的可靠性。它主要根据火灾生成气体的浓度之间有一定的相互依存比例来确定的。当比例不正常时，意味着气样受到某种干扰而无效。当气样的Tr超过1.6时，该气样不予考虑。若火灾的主要燃料是煤，Tr大于1的气样就值得怀疑。

4）系统提供远程监控及数据网上实时发布功能。

JSG4矿井火灾束管监测系统（井下分站分析）

系统组成：

1)矿井气体实时监测装置：本装置是系统核心部件，放置在井下，本装置为嵌入式，由隔爆机箱、分析仪组件、采样组件、控制组件、自动校准和显示组件、数据接口组件等组成。

2）系统辅助性配件：包括滤尘器、束管、地面工作站等 。

3）系统软件部分：由三部分组成：①实现实时监测装置上的管理、控制、显示等功能的嵌入式软件；②地面工作站的主控软件；③用于网络发布及信息共享服务的WEB发布软件。

系统总体结构图如下：

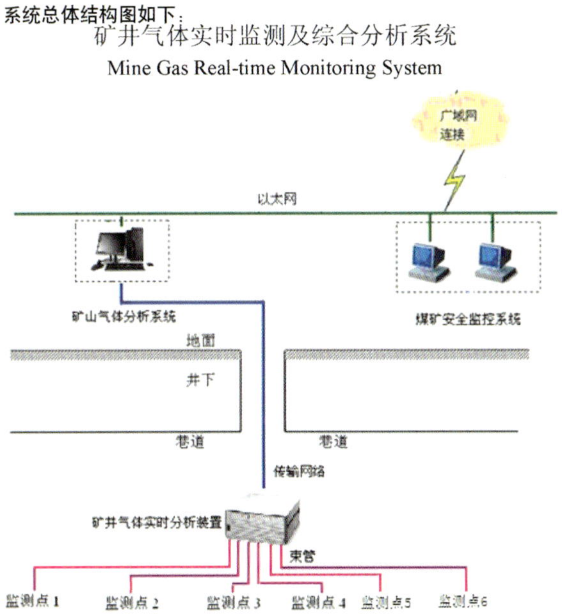

功能特点：

JSG4矿井火灾束管监测系统，采用实时式监测方式实现，整个系统的核心是使用在井下的矿井气体实时监测装置进行矿井气体实时监测。此方式是将矿井气体监测装置安放在井下，通过矿井气体实时监测装置的气体采集取样部件和少量的束管抽监测点的空气，进入实时监测装置中进行实时分析；井下的人员可以通过此监测装置实时监测监测点的空气；监测装置将分析的结果通过通讯线路传到地面，地面工作人员同时可以在地面监控室里实时监测监测点的空气，并通过分析预警软件对一段时间内的分析结果分析预警，同时能在地面上的网络上发布数据，提供信息服务。主要有以下功能：

采样功能：通过束管将监测点的空气采集到装置中；

设置功能：设置工作状态、分析装置的工作方式等；

转换功能：将分析的结果转换成传输所需的格式以传输；

传输功能：数据可通过串口、网口等方便的传输，协议设计规范、合理，传输功能强大；

分析功能：对采样气体进行高准确度和精度的分析；

预警功能：通过爆炸三角形、趋势四方图等进行火灾和爆炸预警；

监测功能：气体组份数据、采样流量流速、各管路流量流速、采样压力、管路压力等实时监测；

查询功能：通过表格、图形等方式查询历史数据，报表齐全；

校准功能：手动或自动校准分析装置；

控制功能：对设备、操作等程序控制；

管理功能：设备、用户、安全管理；

显示功能：具备各种元素的显示功能；

存储功能：数据库服务器完成所有数据的存储功能达十年以上；

网络接入功能：方便的接入到各类网络中去；

数据发布功能：分析数据发布到局域网或Internet中去；

数据上传功能：分析数据实时上传给综合管理系统；

其他功能：流量调节、报警等功能。

地　　址：北京市海淀区志新东路5号

邮　　编：100083

联系电话：010—82894930

联系传真：010—82894930

电子邮件：zc_wml@163.com

南京弘毅电气自动化有限公司

南京弘毅电气自动化有限公司是集电气设备及自动化系统的科研、生产、销售、服务为一体的高科技企业。弘毅电气以“推进我国矿山数字化建设进程”作为企业的使命，坚持用领先的科技和卓越的研发流程开发高质量的产品，致力于提供完整的煤矿监控系统方案集成，为我国智慧矿山建设贡献力量。

公司已建立一套完备的产品研发、生产、销售及服务体系，并拥有一流素质的技术开发队伍和高效简洁的管理体制。公司通过ISO9001质量管理体系认证、ISO14001环境管理体系认证、GB/T28001职业健康安全管理体系认证，获评江苏省软件企业，AAA资信等级。公司所有产品均已通过国家级检测中心的检测，矿用产品均已通过矿用产品安全标志认证及国家工业产品生产许可认证。

弘毅电气主营业务包括煤矿井下电力监控系统、弧光保护系统、电力保护及自动化系统三大类，产品覆盖电力、煤炭、冶金、铁路、船舶、石油化工等行业。弘毅电气研发团队十余年来先后研发的三代自动化系统，产品遍布全国，现场投运已达数千套，保持了100%的成功率，创出了自己的品牌。弘毅电气以质量优异的产品、及时到位的服务，赢得了客户和同行的广泛嘉许和信任，在业界中享有极好的声誉。

弘毅电气发扬“士不可以不弘毅，任重而道远”的精神，坚持用领先的科技和卓越的研发流程开发高质量的产品，通过持续创新带来的公司业绩快速增长，努力成为行业引导者。

企业法人营业执照

软件企业认定证书

资信等级证书

持证须知

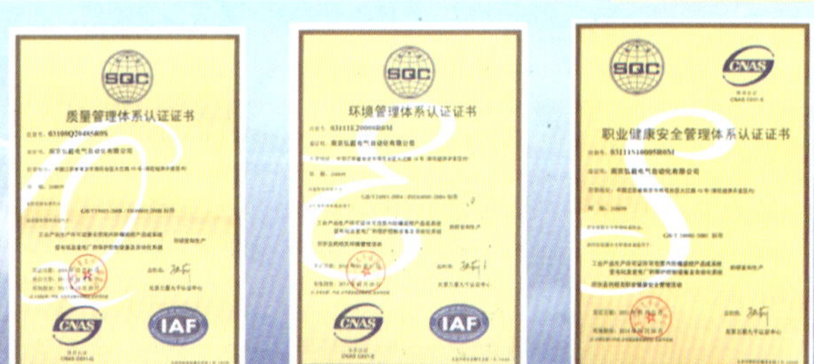
质量管理体系认证证书

环境管理体系认证证书

职业健康安全管理体系认证证书

弘毅电气

KJ38煤矿供电监控系统主要实现煤矿供电系统的继电保护、测量、监视、控制、调度和管理等功能。**该系统采用本公司独立自主研发的专利技术彻底解决了煤矿多级供电系统普遍存在的“越级跳闸”难题，填补了目前煤矿井下供电防越级跳闸技术的空白。**

该系统已获得全国工业产品生产许可证及矿用产品安全标志证书，如下图所示：

★相关证书

★系统主要用户

山西西山煤电股份有限公司，山西汾西矿业集团有限责任公司，山西三元煤业股份有限公司，山西潞安矿业集团有限责任公司，华晋焦煤有限责任公司，兖矿集团有限公司，兖州煤业股份有限公司，淮北矿业（集团）有限责任公司，淮北矿业股份有限公司，枣庄矿业（集团），陕西燕家河煤矿，内蒙古聚祥煤业集团有限公司，山东王晁煤电集团热电有限公司，徐矿新疆天山矿业有限公司等等。

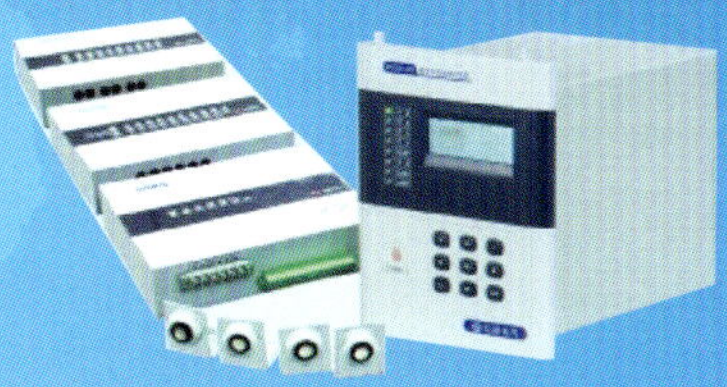

DPR360ARC弧光保护系统适用于中低压母线的快速保护，打破了国内弧光保护依赖于国外产品的局面，开创了弧光保护的自主品牌。该系统具备频谱识别功能，能够准确反映电弧光故障，有效防止干扰光可能造成的误动作，为开关柜、母线和各种变流设备出现的电弧光故障提供准确、快速的保护，最大限度保障人身及设备安全。

公司相关产品关键技术均已申请专利及著作权保护，并有8项产品获批高新技术产品。

★公司部分专利如下：

序号	专利名称	专利号/申请号	专利类别
1	一种辐射型配电网络上下级继电保护配合的方法	200910262839.1	发明
2	基于FPGA的AD转换器V形采样方法	200910263115.9	发明
3	基于FPGA的微机保护装置内部通信方法	200910263116.3	发明
4	一种发变组保护装置的组态方法	200910263117.8	发明
5	一种同期合闸的多CPU协同处理方法	200910263118.2	发明
6	一种基于固定频率采样系列的采样值校正方法	200910263119.7	发明
7	一种异步通信的时钟提取装置和方法	200910263120.X	发明
8	一种厂矿零时限防越级跳闸系统	201110005049.2	发明
9	一种小电流接地系统的接地保护方法	201010260614.5	发明
10	一种弧光保护系统	200920282798.8	实用新型
11	一种馈线保护装置	200920282797.3	实用新型
12	一种弧光保护装置	200920282800.1	实用新型
13	一种非电量检测继电器	200920282799.2	实用新型
14	自动化设备面板（1）	200930685822.8	外观设计
15	自动化设备面板（2）	200930685823.2	外观设计
16	自动化设备面板（3）	200930685824.7	外观设计
17	自动化设备面板（4）	200930685825.1	外观设计

★KJ38煤矿供电监控系统

KJ38煤矿供电监控系统集地面变电站、井下高爆开关的保护、测控、通信等功能为一体，可实现与矿井调度系统、煤矿瓦斯安全监测监控系统、防爆摄像头监视系统等进行联网。系统设备涵盖10kV、6kV、3.3kV等电压等级的矿用隔暴型高压配电装置及磁力启动器，1140V、660V、380V、220V等电压等级的矿用隔暴型低压配电开关及磁力启动器。系统采用分层、分布式、模块化的设计思想，充分考虑了系统组态的灵活性，可根据现场和用户的不同需要实现煤矿井下电力自动化控制的要求，是矿用电站自动化系统的最佳选择。

井下供电防越级跳闸系统是KJ38煤矿供电监控系统其中的子系统，以我公司独创的智能零时限保护技术、零序导纳法漏电保护技术、软件过采样及纠错技术、防爆型矿用光纤差动保护技术为核心，有效解决了煤矿多级供电系统普遍存在的"越级跳闸"、漏电等多年来困扰煤矿供电安全的行业技术难题，解决了矿用供电系统继电保护在选择性和灵敏性上存在的严重缺陷，填补了目前煤矿井下供电防越级跳闸技术的空白。

1）智能零时限电流保护防越级跳闸系统技术

通过网络技术、光纤通讯技术、继电保护技术和故障定位等技术的有效融合，准确检测故障区域和故障类型，实现上、下级继电保护的密切配合，达到有选择地切除系统故障的目的，解决了煤矿井下供电系统继电保护选择性和速动性的矛盾，解决井下越级跳闸问题。

2）改进型零序导纳原理的漏电保护技术

通过对零序导纳原理的改进、优化保护算法、提高漏电信号的采样精度等技术措施，确保漏电保护功能的可靠性，有效避免保护装置的误动作。

3）防爆型矿用光纤差动保护技术

采用光纤数据传输方式实现分相电流差动保护功能，使被保护线路和设备具有绝对的选择性，解决了矿用保护装置在选择性和灵敏性上存在的缺陷，填补了目前煤矿井下保护空白。

4）独创的井下设备三电源供电技术：

正常运行时由PT供电，故障时由CT取电，跳闸后由储能装置供电。

技术指标：

1）智能零时限电流保护技术：各级保护均可整定为0s出口；

2）零序导纳原理的漏电保护技术：漏电保护瞬时动作时间≤30ms；

3）光纤差动保护技术：解决了国内井下设备保护配置的死区；

4）系统失电后，装置继续正常工作时间不小于5s。

系统结构

KJ38煤矿供电监控系统分为变电站层和间隔层。变电站层存在一个或多个监控主机服务器以及多个操作站，网络可互连或独立运行。

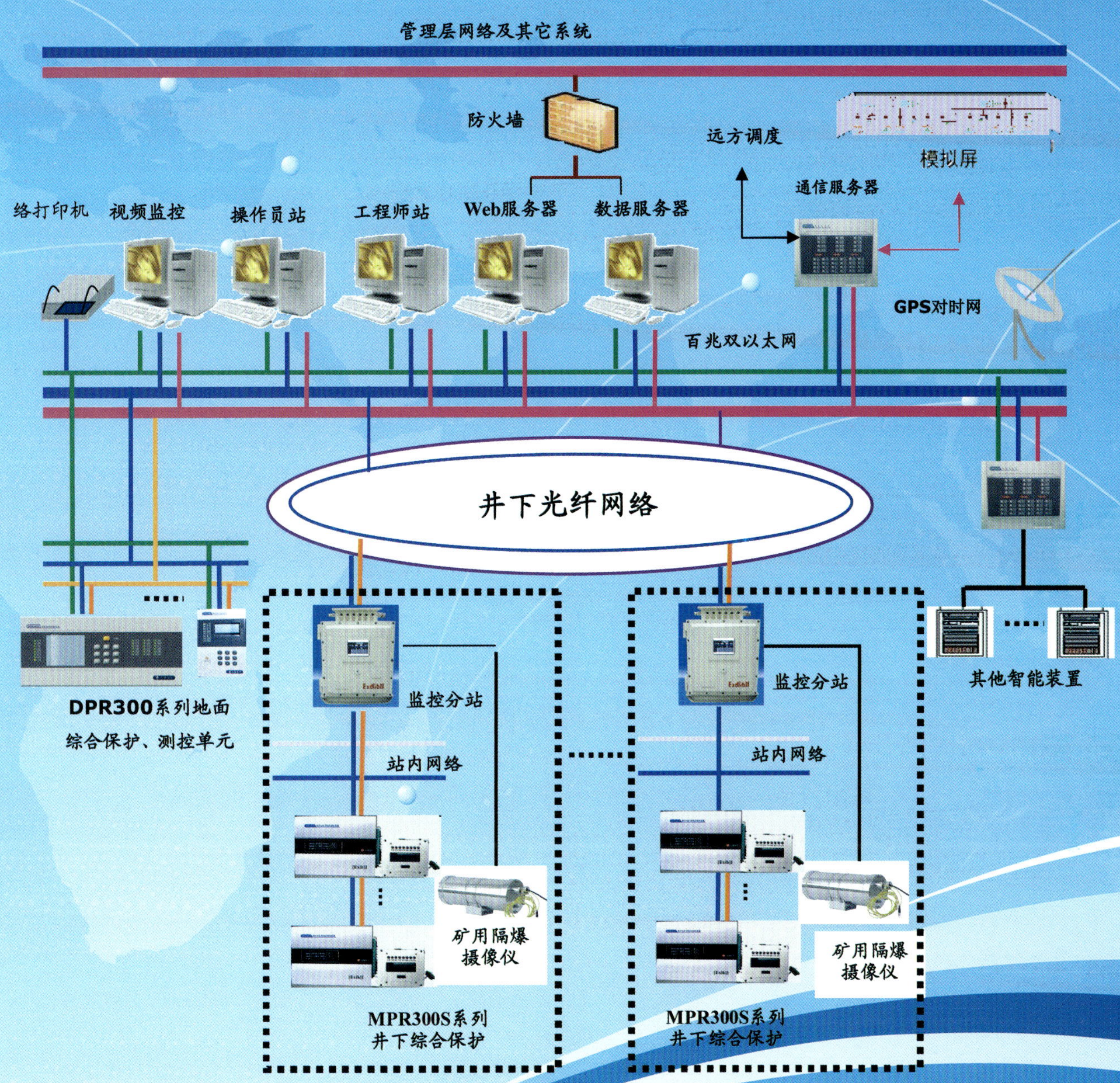

■分散分布式安装配置。

各间隔层设备相互独立，仅通过通讯网络连接。

■间隔层通信网络

井下的间隔层设备采用CANBUS总线互联，CANBUS经KJ38-F隔爆兼本安型电力监控分站与井下以太网系统互联或使用光纤直接到地面，与地面变电站层网络互联。

地面使用的DPR300系列间隔层设备使用以太网与变电站层网络连接。

地面的非KJ38系列其他智能设备经DPR321CM通信服务器与变电站层网络互联。

弘毅电气

KJ38煤矿供电监控系统多主机多操作站系统结构、设备组成及功能详见下表。根据现场规模和实际要求，系统结构可相应简化。

设备型号	设备名称	应用范围
MPR301S	数字式矿用综合保护装置	KJ38煤矿供电监控系统的终端设备。适用于煤矿井下3.3、6、10kV高压供电系统，安装于高压隔爆型配电装置内，实现井下高压电网的数据采集、保护测控和通信功能。
MPR302S	数字式矿用综合保护装置	KJ38煤矿供电监控系统的终端设备。适用于煤矿井下380、660、1140V低压供电系统，安装于低压隔爆型配电装置内，实现井下低压电网的数据采集、保护测控和通信功能。
MPR303S	数字式矿用综合保护装置	KJ38煤矿供电监控系统的终端设备。采用光纤差动保护技术，适用于煤矿井下各种大型设备或重要负荷联络线路，解决了井下设备保护配置在选择性和灵敏性上存在缺陷。装置集保护、测控、通信等功能于一体，是实现煤矿井下电力自动化控制的理想终端设备。
MPR304S	数字式矿用综合保护装置	KJ38煤矿供电监控系统的终端设备。采用零时限智能电流保护实现辐射型配电网络中上下级继电保护的配合，可以可靠、迅速的实现故障的定位，从原理上彻底解决了故障越级跳闸问题。
DPR300	系列数字式保护测控装置	适合于地面环境的厂站、变电站综合自动化系列装置，由线路和各种元件保护装置组成，是实现地面电网数据采集、保护测控和通信功能的间隔层设备。
KJ38-F	隔爆兼本安型电力监控分站	KJ38煤矿供电监控系统的井下通信管理单元。适用于煤矿井下环境，用于收集终端设备发送的信息，实现网络转发。分站可选配本地监控功能。
DPR321CM	通信服务器	KJ38煤矿供电监控系统的地面通信管理单元。适用于地面环境，收集和转发信息，实现网络管理。
DPS301M	厂站自动化监控系统	KJ38煤矿供电监控系统的主站监控系统。适用于工矿企业变电站、配电网、煤矿井下电力监控自动化系统，实现主站监控功能。

★主要特点

■内存式并行实时数据库系统，避免了复杂的文件管理和系统缓存管理任务，缩短了应用程序和数据之间的编码路径，更少的CPU指令使得系统实时性得到更大的提高。

■双网、双机冗余技术，采用双服务器、双网配置，当系统中A服务器故障并恢复之后，B服务器会将A服务器故障期间的数据同步到A服务器上，实现服务器之间数据准确同步。

■网络客户端实时数据同步，提供点对点带消息序列号的实时数据同步机制，实现高效的网络实时数据同步，保证了系统网络数据的实时性和一致性。

■基于软总线的分布式运行环境，可分别组成单机系统或多机系统；

■系统基于网络化设计，用以太网通讯为基础，实现分层、分布式构架；

■面向对象开放式应用平台，内置完善的通信规约库，支持用户控制语言，提供API用户应用编程接口。利用通信网络实现基于保护、测控、智能装置的分层分布式综合自动化功能；

■完善的故障录波及分析功能，大大方便了事故分析。

地址：江苏省南京市雨花台区大江路10号　电话：025-86708019　86708017　传真：025-86708017　83467610

网址：http://www.hongyichina.net; http://www.honyelectric.com

深圳市幻方科技发展有限公司

深圳市幻方科技发展有限公司成立于 2001 年，集研发、生产、销售、服务为一体的高科技的综合型企业。总部位于深圳市高新技术产业园，在北京、沈阳、包头、太原等地分别设有办事外、技术开发部、技术支持与服务中心、设备生产加工基地。

产品名称：东晓系列矿用安全移动式救生舱

基本特点：

★专业的结构设计、强度设计，可用于千米深井、高大气压等极端恶劣环境

★舱体由生产潜艇、神六外壳的具高工艺水平的军工企业专业制造，严格遵循国际质量管理体系

★舱内供养、氧气供给、废气处理、通信等均采用国际最先进技术产品

★并行运行的最可靠的多重冗余系统

★采用航天器技术，高可靠性、高安全性

★具有良好的隔热性-专利隔热技术，真正达到了在无外界支持条件下，环境温度 55℃以上持续 96 小时，舱内温度不高于 35℃

专利技术：

★系统总构

★把压式板扣系统

★全自动导引、供给系统

★正压加强密封机构

★抓撑式移动、组装用强矩转轮系统

基本配置：

★装甲车耐冲击斜矩形外形，双层加厚钢板及高强度加强筋舱体，高密度热保护层，常用门、应急侧门、双向启固顶口；

★组合式结构可应用于多种复杂矿井构造；

★过度舱、生活舱、设备舱，三舱独立；

★多重保护式气密组件；

★正压设计采用适宜人生存的单向泄压装置；

★压缩空气喷淋系统；

★氧气浓度检测及供给系统；

★温度调节系统；

★湿度调节系统；

★内外部环境监测系统；

★设备运行状态远程监控系统；

★舱体位置定位系统；

★通讯系统；

★供电保障系统；

★导引、指示系统；

★便携式备用逃生装备；

★野战军用食品、饮用水、急救箱、常用药物；

★生活垃圾用粪便处理器；除臭、异味用安全剂。

深圳市幻方科技发展有限公司（总部）

深圳市高新技术产业园中区高新三道 9 号环球数码大厦 8 楼 A 区

电话：86-755-82737537 **传真：**86-755-82737365 **网址：**www.hf-tech.cn

北京泰安特科技有限公司

北京泰安特科技有限公司地处于有中国硅谷之称的中关村，是专门从事煤矿安全产品的研发、生产、销售的高科技公司。

泰安特公司的产品和解决方案涵盖KT115矿井移动通信系统、KJ351型煤矿井下人员管理系统、MAJ-2P320便携式读码器(原煤矿安全检查管理系统)等,产品经多年的应用为煤矿安全高效生产提供强有力的保证,深受客户好评。

KT115矿井移动通信系统

KT115矿井移动通信系统主要安全技术性能指标及优越性

※系统通信网络的设计基于成熟、普及的IP网络技术,系统无线通信部分采用先进可靠的DECT通信标准(欧洲数字增强型无绳电话标准)。

※系统井下用电设备均为本质安全型设备。

※基站信号覆盖有效工作半径500M,同一基站信号覆盖范围可允许11部移动电话同时通信。

※移动电话-固话,移动电话-移动电话,固话-移动电话间拨号、被呼叫快捷自如,且语音清晰。

※移动电话一次充电待机时间可达7天以上。

※系统在电网断电后具备两小时以上备用供电能力。

※系统移动电话容量可达4000部。

※系统组网延伸距离可达30km以上。

※系统技术先进,结构简单,设备设施数量少,体积小,制作精,运输安装快捷方便,管理维护量几乎为零,用户投资省。

※系统主干网络采用光纤传输,传输距离远,完全满足各种大中小型矿井,包括超大型矿井、多矿整合矿井建设移动通信之需要;在已建有光纤传输监测监控系统、工业以太环网的矿井,可以方便地接入KT115系统设备,实现矿井移动通信。

※已建有程控调度电话通信系统矿井,系统组网距离在5-6KM范围内可将系统中的用户交换器直接安设在系统地面终端控制器机柜内,与矿井调度交换机局端侧相连,利用矿井调度程控交换电话原有线路,传输用户交换器到基站之间的ADSL数字信号。

KJ351型煤矿井下人员管理系统

KJ351型煤矿井下人员管理系统是严格按照国标AQ 6210-2007的要求设计、研发、生产的新一代产品,并通过了MA认证,煤安号MFD080068。该系统采用双频双向RFID(无线射频非接触式自动识别)信息技术,通过设定的矿用分站自动识别读取目标对象——佩戴具有身份代表的RFID卡的井下人员信息,并将读取信息上传至终端管理计算机,经专门设计的计算机软件处理,实现考勤定位系统的全部功能。

系统的特点、优点:

(1)整套系统由本质安全型设备与一般兼本质安全型设备组成,可以在任何爆炸性气体环境下使用;

联系人:吕女士　电话:010-62139530　传真:010-62139531　E-mail:president_tat@263.net

地址:北京市海淀区北三环西路48号北京科技会展中心2号楼22A　邮编:100086

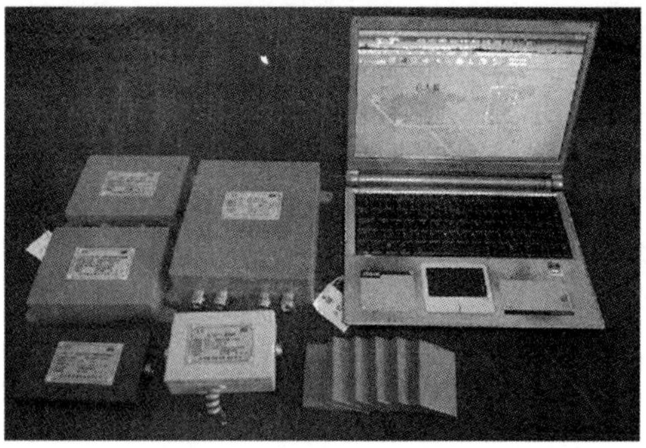

(2)系统能精确统计并随时显示井下总人数及井下人员分布状况;

(3)可根据现场条件选择交直流两种供电方式;

(4)系统设备体积小、重量轻、安装便捷;

(5)矿用分站与人员识别卡之间采用双向、主从工作方式,正常使用保证不漏读;

(6)单线通讯距离达10km以上;

(7)身份识别卡功耗低,电池寿命长;

(8)系统对矿用分站、身份识别卡的电源电压有监控显示功能。

(9)泰安特公司实行产品质量负责制,技术服务终身制,保障系统正常运行和发挥应有作用。

应用案例:山西太原李家楼煤业有限公司、山西岚县昌恒煤焦有限公司等百家案例。

MAJ-2P320便携式读码器

煤矿安全检查管理系统是经过充分的市场调研、论证并消化和吸收国外先进技术后开发研制出来的新一代煤矿安全检查管理系统。煤矿安全检查管理系统硬件包括读码器、信息卡、专用通讯电缆、管理软件。该系统是能适合各种场合使用的检查管理系统。经国家煤矿防爆安全产品质量监督检验中心检测，适用于甲烷及煤尘爆炸危险场所。该产品已取得矿用本质安全型、防爆标志Exibl,防爆号:1084693和MA标志,标志号:MFC030016,其性能稳定可靠,完全能够满足煤炭行业不同环境、不同工种的安全检查管理的需求。

煤矿安全检查管理系统可以单独使用，也可以和安全监测监控系统结合使用，能够使安全监测监控系统在功能和性能上得到进一步改善,在安全生产和安全管理中发挥更大的作用。

技术参数:

MAJ-2P320系统配置:便携读码器、射频信息卡(或射频信息钮)、数据通讯电缆、运行平台

便携读码器

工作频率:134.2KHZ	电源:1.5VX2,七号碱性电池	电池寿命:读卡30000次
感应距离:5~15cm	记忆容量:2700条	使用温度:-250℃~550℃
传输接口:RS23256K BPS	存储温度:-250℃~550℃	外壳:ABS高强度工程塑料
尺寸:150×50×24(mm)	内存:256KB	

射频信息卡

厂家:美国德州仪器公司	型号:PIT-TRP-R9EF	材料:ABS工程塑料
工作频率:134.2KHZ	重量:12克	尺寸:86(长)×54(宽)×1.3(厚)
使用寿命:-250℃~550℃	寿命:使用寿命10年以上	

数据通讯电缆

长度:1.5米	连接器:9孔D型,小型4芯插头	数据传输:波特率56K

应用案例:1.王封煤矿;2.南峪煤矿;3.五龙煤矿;4.黄冶煤矿;5.南杏庄矿业有限责任公司;6.张家坟煤矿;7.代家沟二号井;8.北深井煤矿;9.胡泉沟煤矿;10.羊尾巴三号井煤矿

联系人:吕女士 电话:010-62139530 传真:010-62139531 E-mail:president_tat@263.net
地址:北京市海淀区北三环西路48号北京科技会展中心2号楼22A 邮编:100086

HS 煤矿主动抑爆系统的推广使用问题探讨

牛德文

（晋城市安全生产监督管理局，山西 晋城，048000）

摘要：为了弥补传统瓦斯爆炸防治手段的不足，很有必要推广煤矿主动抑爆技术，该技术基于HS抑爆系统的超高速特性，能够在毫秒级的短时间内以特定的阻燃介质形成抑爆屏障，阻断瓦斯爆炸传播链，避免瓦斯爆炸事故或阻断事故的进一步扩大，实现了真正意义上的抑爆；探讨了在现有煤矿瓦斯治理和安全措施的基础上，推广此项技术的3个必要性，瓦斯爆炸防治技术具有突破性，瓦斯综合治理体系趋于全面性，瓦斯爆炸事故侵害程度上施以限制性；另外还提出了"补缺措施，增强手段，合理使用"的推广使用原则。

晋城市是煤矿瓦斯危险程度较严重的地区。近年来，全市煤矿在瓦斯治理方面取得显著成效，有效遏制了以往瓦斯事故多发的局面。总结经验，很重要的一条就是依靠科技进步治理瓦斯。在瓦斯抽放、建立"数字煤矿"安全网络系统方面都走在全国地方煤矿的前列，又在学习借鉴南非煤矿安全管理经验中，确定引进南非HS瓦斯引爆系统（以下通称HS抑爆系统）技术项目。

1 HS抑爆系统简介

1.1 基本原理

HS瓦斯抑爆系统的原理是通过在煤矿巷道、作业面和采掘设备上安装探测装置和控制系统，在探测到火星或火苗的毫秒级时间内启动灭火装置，以特定的阻燃介质形成抑爆屏障，阻断瓦斯爆炸传播链，避免瓦斯爆炸事故或阻断事故进一步扩大。

1.2 系统的构成、性能和特点

1）探测器。采用光学探测器，其在1/1000s就可探测到爆炸的发生，最多为8个/组。

2）控制箱。探测器得到的信号传输控制箱，经过识别系统的鉴别，若为正确信号、控制箱将在4~9ms启动灭火释放装置。电动控制箱能识别和关联启动设备，具有自动测试和自动维护功能，使系统保持正常运行状态。

3）扑灭释放装置。由高压容器箱和喷射器组成。高压容器箱可装载液体、气体、粉剂、泡沫等不同阻燃介质；喷射器将根据控制箱的指令，在2ms内释放阻燃介质。

4）HS抑爆系统采用特殊设计的自动分析控制技术，具有2个明显特点，一是能正确识别燃源信号，而对非事故爆炸和安全性能量突变（光能、热能、压力、震动）具有免疫能力，避免在伪信号情况下的误启动；二是系统配备即时自动检测和报警系统，不仅免除工人监测和维护，而且可提高系统的可靠性。配套的内置黑匣子可为事故分析研究和日常管理分析提供可靠数据。

1.3 系统的种类和南非煤矿使用情况

目前南非使用的HS抑爆系统产品主要包括2大类，分别是机载阻燃抑爆系统和道路屏障系统。

1）机载阻燃抑爆系统。该设备安装于采煤机前端，系统在爆炸发生瞬间启动，隔断设备前后空间并扑灭爆炸和燃烧（在0.5ms内侦测并确定爆炸，于2ms内启动系统，系统在5ms内打开屏障），物理屏障可以根据需要最长持续1s。该系统不仅可以在发生爆炸时保护后方工作人员在生命安全，也可以确保采煤机司机的安全。

2）道路屏障系统。该设备安装在巷道中或其他认为有重要抗风险意义的位置。该系统可以再爆炸发生后瞬间形成可靠的物理屏障，隔绝爆炸能量扩散，保护屏障后的人员和设备安全。

南非在有关安全法令中作出了强制性规定，在可燃易爆区作业必须装备主动抑爆系统。从1994年开始南非就将HS抑爆系统应用在煤矿、金矿等矿井，并成功抑制了4次爆炸，避免了瓦斯事故的发生。

2 推广使用HS抑爆系统的必要性

众所周知，瓦斯是威胁煤矿安全的第一杀手。据统计，煤矿重特大事故绝大多数是瓦斯事故。建国以来我国煤矿一次死亡100人以上事故发生23起，其中瓦斯（煤尘）爆炸事故21起，且多数是由瓦斯爆炸而引发煤尘爆炸。在瓦斯防治工作中，基础是管理，关键是技术装备水平和由此产生的防灾、抗灾能力。由于HS抑爆系统的性能和特点有别于传统方式的瓦斯爆炸防治手段，其推广必要性主要在于3方面。

2.1 瓦斯爆炸防治技术上具有突破性

1）实现了真正意义上的抑爆。实验可知，瓦斯爆炸是在瞬间发生的，此瞬间是千分之几秒的毫秒级时间概念，由于爆炸的超高速特性，传统观念认为爆炸不可能得到真正的抑制。HS抑爆系统是一项由军工转为民用的技术，是超高速控制技术发展的产物。其先进性在于：系统的侦测、反应、启动都在毫秒级时间内完成，抑爆将在瓦斯爆炸的初始小能量时空段将燃源熄灭，而其防止其发展为瓦斯爆炸事故或蔓延扩大成为瓦斯煤尘爆炸事故。因此可以说，HS抑爆系统实现了真正意义上的抑爆，与水棚、岩粉棚等被动隔（抑）爆装置有本质上的区别。

2）弥补了瓦斯防治手段的不足。在未有真正意义的抑爆技术之前，传统方式的瓦斯爆炸防止手段，主要是消除瓦斯爆炸的条件（以下简称消爆）。按照瓦斯爆炸三因素（瓦斯、火源、氧气）理论，采取了抽放、通风和监测监控等消爆手段。在一般矿井条件下，氧气是足够的，防瓦斯爆炸的重点在于控制瓦斯不积存，浓度不超限，火源不产生。但在矿井实际生产作业中，很难完全避免产生火源，也极难控制开采过程中的瓦斯不稳定涌出，在客观上存在一定的消爆意外风险。尤其是矿井实行大功率机械化作业，暴露出消爆手段解决不了的问题更为突出。如综掘面作业就存在3个难消除的危险因素：一是截齿碰撞岩石可能产生火花；二是工作面落煤点可能处于通风盲区；三是大强度落煤可能造成瓦斯大量涌出。诸多此类的用消爆手段很难解决的问题，造成了矿井安全隐患，这些危险因素一旦耦合，即可酿成瓦斯爆炸事故。显然解决这些问题，就需要一种可抑爆的手段。HS抑爆系统所具有的主动抑爆功能，弥补了瓦斯爆炸防治手段的不足。

3）有望把瓦斯爆炸事故风险降低到零。解决了真正意义上的瓦斯抑爆问题，也就解决了瓦斯爆炸防治技术上的一个关键性的问题。可以说这是瓦斯爆炸防治技术的突破性进步。在现有瓦斯治理和安全技术措施的基础上，推广使用HS抑爆系统技术及装备，消爆与抑爆两手段并用，将会在很大程度上增强防范瓦斯爆炸事故的能力，进一步提高煤矿安全保障程度。正如煤矿实行综合机械化采煤基本解决了顶板事故一样，HS抑爆系统技术也有望把瓦斯爆炸事故风险降低到零。

2.2 瓦斯综合治理体系上趋于全面性

随着科学技术的不断进步，瓦斯防治也应同预防其他自然灾害一样，应该做到可防、可治、可控。现有的瓦斯综合治理体系为“通风可靠，抽采达标，监控有效，管理到位”，而传统的瓦斯治理手段只包含了可防、可治2方面，尚不包含真正意义上的可控。其“监控有效”的含义，指的是矿井安全监控系统可以监控瓦斯超限报警和断电。从HS抑爆系统的技术性能和抑爆方式来看，其具备直接监测监控瓦斯爆炸的功能，可把其当作高级的瓦斯监测监控系统，从而在瓦斯防治中才有了真正意义上的可控，赋予“监控有效”新的含义。使瓦斯综合治理体系更趋于全面性。

具有全面性的瓦斯综合治理体系，就是在可防、可治上，再加上可控。可防为监测监控，防火、防爆；可治为合理通风，抽采达标；可控为抑爆、隔爆，控制事故。按照十六字瓦斯综合治理体系的要求，以严格的管理统领“可防、可治、可控”，使三者相辅相成，互为依存，构成具有统一性的预防体系。但此三者不可等量齐观。从总体上说，前两者为主体防线，后者为前沿防线；从三者在综合体系中所起到的作用来说，前两者居主要地位，后者居次要地位，但后者所能起到的作用具有关键性，不可小视。

2.3 瓦斯爆炸事故侵害程度上施以限制性

为预防瓦斯爆炸事故的扩大，现主要采取的隔（抑）爆技术措施，就是在巷道设置水棚、岩粉棚等设施。这种被动的隔（抑）方式只能起到一定的隔爆作用，抑爆效果甚微。根据HS抑爆系统的技术性能和特点，其能达到以下抑隔爆效果。

1）在爆炸能量上施以限制性。即在爆炸的小能量初始状态，即可启动系统来熄灭燃源，不使爆炸产生破坏性后果。HS 机载抑爆系统因属近距离抑爆，达此效果最佳。

2）在爆破空间上施以限制性。系统在抑爆时可形成可靠的物理屏障，隔绝爆炸能量于限阻的空间，保护屏障后的人员和设备安全。HS 道路屏障系统达此效果最佳。

3）在爆炸恶化环境上施以限制性。以下是在试验中得到的抑爆数据：①温度变化小于 100°C；②大气压力变化小于 500Pa；③爆炸产生的有毒气体通过通风系统消减到人所能承受的水平（尚无瞬间有毒气体浓度数据）；④动物试验表明，动物能在抑爆状况下存活下来。由此可见，HS 抑爆系统所能达到的抑隔爆效果对于防止瓦斯爆炸事故的扩大，隔阻灾情的蔓延，可起到显著的限制性作用。如将 HS 抑爆系统的主动抑爆装置与现有的被动隔爆设施结合使用，将能在很大程度上提高矿井抵御瓦斯爆炸事故的能力，把灾情的侵害程度降到最低。

3 推广使用问题探讨

3.1 推广使用应明确的问题

对于 HS 抑爆系统技术的推广使用的问题，首要的是应明确一下指导思想，即在现有的瓦斯治理基础上，坚持"补缺措施，增强手段，合理使用"的原则。

1）补缺措施。应用 HS 抑爆系统技术，只是对现有的瓦斯防治手段的补充。而对于现有的瓦斯防治安全技术措施只能加强，丝毫不可淡化和削弱。否则就要犯本末倒置的错误。基于这种指导思想，在现有瓦斯治理的基础上，应用此项技术来解决那些消爆手段解决不了的问题，并补充完善其安全技术措施。煤巷掘进工作面是瓦斯爆炸事故多发地点之一，据统计，我国煤矿发生工作面 10 人以上的瓦斯爆炸事故，其中掘进面发生的事故起数和死亡人数分别占总数的 62.71%和 63.31%。南非矿产能源部做出了规定，要求综掘面必须使用机载抑爆系统。因此应借推广使用 HS 抑爆系统技术之机，来补充完善有关现有安全技术措施的不足。

2) 增强手段。应用 HS 系统技术，如上所述只是在原有的主体防线上，又增设一道前沿防线。这就应在对主体防线强本固基的同时，建立新的前沿防线，增强防范瓦斯爆炸事故的手段和防灾、抗灾能力。如经技术论证，在那些需强化预防手段的一些高爆炸危险区域，增设道路屏障系统。

3）合理使用。在应用此项技术中切忌盲目，要做到科学合理，用之得当。既要确保安全，又要避免无故增加安全成本。虽然理论上来说，矿井的爆炸发生点可能在矿井的任何位置，其发生的地点和时间存在一定的不确定性。但在实际工作中，对高爆炸危险区域，就是那些容易产生火源，容易瓦斯积聚，或者一旦发生失火、失爆的意外而后果严重的地点。根据矿井不同的巷道布置方式和采煤工艺，对这些高危区域的认定，一般情况下还是可以掌握的。

3.2 具体使用方式探讨

1）直接沿用。对于 HS 机载阻燃抑爆系统和 HS 道路屏障系统（I 型）来说，鉴于其在南非已作为成熟技术在使用，可参照南非煤矿的使用方法直接沿用。

2）改造使用。主要是牵涉到炮采工作面的使用问题。目前地方煤矿的炮采工作面占相当大的比例。HS 抑爆系统要适合炮采工作面使用，就必然要经过改造。机载抑爆系统预防的是机载截割过程中可能产生的花火，其随机运行紧靠危险源，抑爆效果可达到最佳程度。由此可考虑，为预防放炮产生的火花，并达到最佳抑爆效果，可改造成不是采煤机的机载抑爆系统装置骑在刮板输送机上运行，随时移动到放炮的位置。还有经改造后，安装在矿井架线式电机车或其他运输设备上，解决一些煤矿的安全需求问题。

3）研究论证后使用。还有一些使用问题，既无经验可借鉴，又无规章可参照，对如何使用尚存疑问，就应作为科研课题研究讨论证。如 HS 抑爆系统在放顶煤工作面的使用问题等。

4）道路屏障系统替代隔爆水棚、岩粉棚。鉴于 HS 抑爆系统主要适用于近距离抑爆，在距离爆炸点 30m 范围内的隔爆效果很好。因此，按照《煤矿安全规程》关于使用隔爆设施的 2 条规定，对第 155 条所规定的设置水棚、岩粉棚，HS 抑爆系统仍不可取代此被动隔爆设施；而对第 150 条规定的"高瓦斯矿井煤巷掘进面应安设隔（抑）爆设施"，应由 HS 抑爆系统替代。

作者简介：

牛德文（1949-），男，山西晋城人，教授级高工，现任晋城市安全生产监督管理局调研员，从事煤矿安全技术管理方面的工作。电话：0356-2068004。

E-mail:mljndw@163.com

加强培训，提高从业人员素质，促进安全生产形势好转

——记中国煤矿安全技术培训中心卓有成效开展安全培训

中国煤矿安全技术培训中心是国家安全生产监督管理总局（国家煤矿安全监察局）的安全生产教育培训基地，2000年取得国家安全生产和煤矿安全技术两个一级培训资质，2003年、2006年、2009年复审均取得良好成绩，继续取得一级培训资质。

中心成立于1986年，在建设过程中，与联合国开发计划署长期合作，并得到了122万美元的援助，引进了一大批先进的教学、实验设备，先后派出40多名教师出国考察进修，接待了30多名外国专家来中心讲学、考察。目前，中心与美、英、日、俄、法、波、澳等国家的有关部门和高等院校保持着稳定的合作关系。

中心自成立以来，尤其是具有国家安全生产和煤矿安全技术两个一级培训资质以来，已成功举办了国家煤矿安全监察人员执法资格培训班、国家煤矿安全监察员监察实务培训班、国家煤矿安全监察员监察专题培训班、国家局机关和省局领导干部行政执法培训班、煤矿安全监察分局负责人培训、矿山救护大中队指挥员培训、复训班、安全生产应急管理人员培训、煤矿安全监控培训班、煤炭企业工会劳动保护干部安全管理培训班、煤矿安全技术类培训班等近800期，培训学员40000余人。学员中既有国家局各司局司长、副司长、各省局局长、副局长、总工程师等领导，又有国家局各处室、各省级煤矿安全监察局监察一线的工作人员及全国各煤矿企业的安全管理人员。培训工作无论是从教学的组织与管理，还是对学员的生活、活动安排与服务，都得到了国家局领导和学员的认可与好评，中心已成为国家重要的安全生产培训基地。

中国煤矿安全技术培训中心和华北科技学院实行“两块牌子，一套机构”的管理体制，它既是高等学校，又是国家一级培训中心。中心（学院）坚持以安全生产为第一服务面向，坚持安全培训和普通教育并重的原则，坚持以工为主、以安全科技为特色的多科性现代大学和培训机构的办学定位，把中心（学院）建成为安全生产一线输送专业人才、攻克科技难题的一流的教育培训基地是我们一直追求的目标。

中心（学院）以安全科技为特色，就是要为国家安全生产服务。安全培训是我们为安全生产服务的一个方面，是一个窗口，是学校办学特色的需要，是丰富学校特色内涵的一个重要方面。

中心自成立以来，一直探索教培相长的机制。加强安全培训与普通教育和科学研究工作的联系，充分利用校内师资等教育资源和科学研究的最新成果为安全培训服务，同时借助安全培训工作的开展，有效地推动了安全工程类专业的建设和学生的实习与就业工作，实现“教培相长”。在师资方面，中心近几年来不断引进来自安全生产现场的有着丰富现场经验的高学历专家，他们既从事安全培训的教学和研究工作，也为学历教育的普通本科生授课。同时，学校的教师通过去企业考察学习、跟随培训学员听课和交流也获得了很多的现场知识以及解决实际问题的方法和能力，而后他们又将学到的知识传授给在校学生。通过培训与企业取得联系，在企业建立实习基地，为在校学生的生产实习打下

了良好的基础。同时也通过与企业的交往交流，让企业了解了中心(学院)的师资力量和教学质量，他们也乐于吸收毕业生前去工作，从而促进了学生就业。

培训中心经过20多年的建设与发展，已具备功能齐全、环境优美的培训条件。中心现有专门用于培训的功能齐全的教室4个，其中能容纳200人的高标准阶梯教室1个，能容纳80人的多媒体教室2个，能容纳60人教室1个，可同时容纳300人的学习生活。教室采光、音响、投影效果良好，多媒体教学设备齐全，周围环境不干扰学习；成人用桌椅齐全完好。计算机房1个，配备70台计算机，可满足70人同时上机需求。25970平米的综合图书馆1个，收藏图书、报刊、资料、多媒体文献等65万册，其中安全类图书、期刊、报纸、影像资料等共1.7万种；安全数据库2个，阅览室6个；学员研讨室8个。专门用于安全培训的实验室4个，能够满足培训学员的正常学习与实验。

供培训学员住宿的兴安苑交流中心是中心2006年投资4000多万元新建的内部宾馆，整体的硬件设施按三星级酒店的标准配备。兴安苑占地面积16亩，建筑面积18000平方米，共有标准间150间，床位306个，室内设备有空调、电视、电话、床、柜、桌、椅、台灯、卫生间、24小时热水洗浴等设施。有专供学员使用的大餐厅2个，共1412.64平米，可同时容纳400多人同时就餐。兴安苑餐厅环境优美，装修典雅，设施精良，卫生条件达到餐饮A级标准。各项证照齐全，有特、一级厨师多人，餐具、餐厅卫生条件符合卫生管理规定。

中心备有供学员体能训练与活动的场地和场馆。有投资近千万元的高标准田径运动场，铺设有人造草坪和塑胶跑道，看台可容纳6000余人，篮、排、网球场、体育馆、游泳池、健身房等体育活动的设施齐备。有500平米的多功能活动中心，备有高质量的音响、乒乓球室、台球室，可举办卡拉OK舞会、乒乓球、台球活动，可容纳150人同时活动。

近年来，中国煤矿安全技术培训中心坚持以邓小平理论和“三个代表”重要思想为指导，坚持安全生产为第一服务面向，用科学发展观统揽全局，深入贯彻落实党的十七大精神，围绕国务院“安全生产年”活动的有关要求和国家安全生产监督管理总局工作重点，强化安全培训工作，提高从业人员素质、卓有成效地开展安全培训，为开展“三项行动”、加强“三项建设”做出了重要的贡献。

为实现建设一流的安全生产培训教育基地的目标，中国煤矿安全技术培训中心着力扩大培训规模、着力提高培训质量、着力发挥示范作用；努力实现培训内容的规范化、培训手段的现代化、培训方式的多样化、培训管理的信息化。

中国煤矿安全技术培训中心以服务安全生产、提高培训质量为宗旨，进一步转变观念，加强培训研究，拓展培训项目，拓宽培训渠道，扩大培训规模，创新培训方式，提高培训质量，提升管理水平。具体说来体现在以下几个方面：

1. 积极争取并落实总局培训任务，加强基地建设

围绕着安全生产中心工作，中心发挥自己的特长和优势，积极与总局有关司室加强联系，争取了更多的培训任务，要求有中心关部门团结协作、密切合作，圆满完成国家安监总局下达的培训任务。承办的各类总局培训班都实现了预定目标，得到了国家总局相关司室和参训学员的充分认可，使得中心作为国家总局培训基地的功能得到不断强化。

2. 认真调研，积极策划，创新方式，扩大规模

中国煤矿安全技术培训中心每年都要组织有关人员深入到各省煤矿安全监察局、分局及煤炭企业进行认真调研，认真分析近三年培训班学员测评资料，确切掌握培训需求。在调研和分析的基础上，制定科学、合理的培训计划，做好各类培训班培训方案的策划工作。所有培训班，无论是国家总局下达的指令性培训任务，还是根据企业需求所举办的“订单式”培训，我们都认真制定和设计系统的培训方案，并保证培训方案的严格执行。

3. 强化管理，创立品牌，保证培训质量

中心在培训和日常管理中做到人人有职责，事事有目标，工作有考核。通过强化管理，调动每一位工作人员的积极性，使培训管理水平有一个稳步提高。在所有的培训班中高度重视培训质量和培训过程监控，积极摸索新的培训管理方法，为学员服务的水平也得到了很好的提升，从而保证了培训质

量。上级机关、参训学员及所在单位等都对我们的培训给予了高度评价，中心的品牌效应进一步显现，优良的培训质量和品牌影响力也吸引了一些企业和政府等主动上门要求培训。

4. 主动服务，扩大影响

积极主动参与国家总局组织的有关活动，发挥中心作为一级培训基地的参谋作用。今年，安全培训处派出多人参加了由总局组织的一、二安全培训机构的认定和复审工作、国务院农民工培训专项调研活动、煤矿安全工程项目设计审查和竣工验收、中国煤炭工业协会安全管理专题讲座以及煤矿事故调查工作等。

坚持走出去战略，主动联系有关地方政府和煤炭企业，为他们提供培训服务和技术咨询。

同时，加大宣传的力度，在有关刊物、报纸、总局网站、华矿安全报、华北科技学院学报及网站等媒体上报道培训活动、宣传培训理念和经验。进一步提高中国煤矿安全培训中心在全国煤炭行业和其他安全领域的影响力和知名度。

5. 加强研究，健全体系，提高培训水平

积极开展相关课题研究，研究培训教学规律，建立健全相关类型培训的课程体系。中心作为主要参与单位密切配合国家总局开展《安全生产教育培训体系建设研究》、《国家级执法能力实训基地建设研究》、《应急救援培训演练基地建设研究》、《提高安全培训能力的措施研究》等课题。还开展了《中国煤矿安全技术培训中心培训实施方法研究》、《基于安全生产需要的安全培训模式研究》等校内课题的研究工作。另外，在国际、国内刊物上发表了数十篇关于培训工作的论文，并且根据总局的要求和学员需要建立了安全监管监察人员煤矿专业及金属非金属矿山专业培训的课程体系，为今后开展此类培训打下了良好的基础。

为了更好地服务于安全生产，为安全生产形势的好转做出应有贡献，中国煤矿安全技术培训中心未来的安全培训工作思路是：稳定规模，强化质量，拓宽渠道，加强研究，服务社会，以建设国内一流的安全生产培训教育基地为奋斗目标，全面推进安全培训战略，为在“十二五”期间安全培训的全面提升奠定坚实基础。

MOTOROLA 井下无线通信系统在矿山安全生产中的应用

MOTOROLA 矿用应急与无线调度通信系统，是北京达因瑞康电气设备有限公司与 MOTOROLA 针对我国井下无线通信长期以来滞后的现状，而合作研发的一套专门解决矿井生产中应急通信与无线调度问题的管理平台。该系统对于预防和减少安全事故的发生、降低事故造成的损失等具有重要的意义，在促进我国矿井安全生产、有序运作、高效管理等方面，将发挥重要的作用。

一、井下无线通信系统对于安全生产的重要性

2006 年，美国矿工法案《2006 矿业发展与新应急法》中规定，“所有矿工下井必须佩带双向无线电通信设备以及电子追踪系统，以便从地面确定被困矿工的位置”。而在我国，国家安监总局在 2010 年下发的《关于建设完善煤矿井下安全避险“六大系统”的通知》中，也对矿井通信联络系统的建设提出了明确要求：“煤矿企业必须按照《煤矿安全规程》的要求，建设井下通信系统，并按照在灾变期间能够及时通知人员撤离和实现与避险人员通话的要求，进一步建设完善通信联络系统。要积极推广使用井下无线通信系统、井下广播系统。发生险情时，要及时通知井下人员撤离。”由此可见，无论是国际大环境还是国内行业形势，都已经将井下无线通信作为矿井安全生产中一个必不可少的组成要素，其高度的可靠性和快捷的通话方式，能够帮助企业提高生产效率、加大安全管理力度，并在灾情发生时最大限度地保护人员生命、降低财产损失。

二、鹤岗矿难的启示

2009 年，在黑龙江鹤岗新兴煤矿发生的重大瓦斯爆炸事故中，作为井下唯一通信联络手段的小灵通并未在第一时间发挥应有的应急救援联络作用，耽误了宝贵的应急处置时间，造成多名矿工因得不到及时通知而被困甚至不幸遇难。由此可见，在之前相当长一段时间内被广泛应用于国内多个煤矿的小灵通，在应急处置与调度通信中，存在着其不容忽视的弊端。

1. 存在井下盲区

小灵通必须依靠设置基站来实现无线信号的覆盖，而井下基站系统的通信能力与基站的覆盖范围有关，同时依赖于基站的位置。在井下特殊、恶劣的通信环境（巷道狭长、分支、拐弯多）中，必须设置大量的基站，才能实现井下无线信号的畅通。但随着系统的老化，井下天线的覆盖区会发生变化，使用者需要不断地对基站及天线进行调整，这对于一般矿井很难完成，因此使得小灵通等井下基站系统存在井下盲区的问题，进而影响通信的可靠性。

2. “公网”通信体制不适合矿井应急调度通信方式

小灵通手机在通话前需要经过拨号、等待、应答一系列过程，一般情况下，前期都需要经过大约 30 秒的准备时间，在时间如同生命一样宝贵的紧急环境中，这种“公网”通信体制表现出明显的不适应性。无论是国际通用惯例还是国内的实际操作，在警察、保安、铁路、运输、消防等各个行业中，都没有哪个大型企业将小灵通作为日常调度网络，更别说是紧急处理突发事件了。

3. 较高的设备投资及维护成本

如前所述，依靠小灵通系统进行无线通信，必须在井下设置大量的基站，而且需要比较频繁地对各

个基站进行必要的检测、维护和维修，这项投资和维护成本对每个企业经营者来说，都是一个不小的负担。

国家工信部已经在2009年发出通知，要求相关电信运营企业在2011年底前完成1900~1920MHz的清频退网工作，小灵通将在该时间前退出市场。

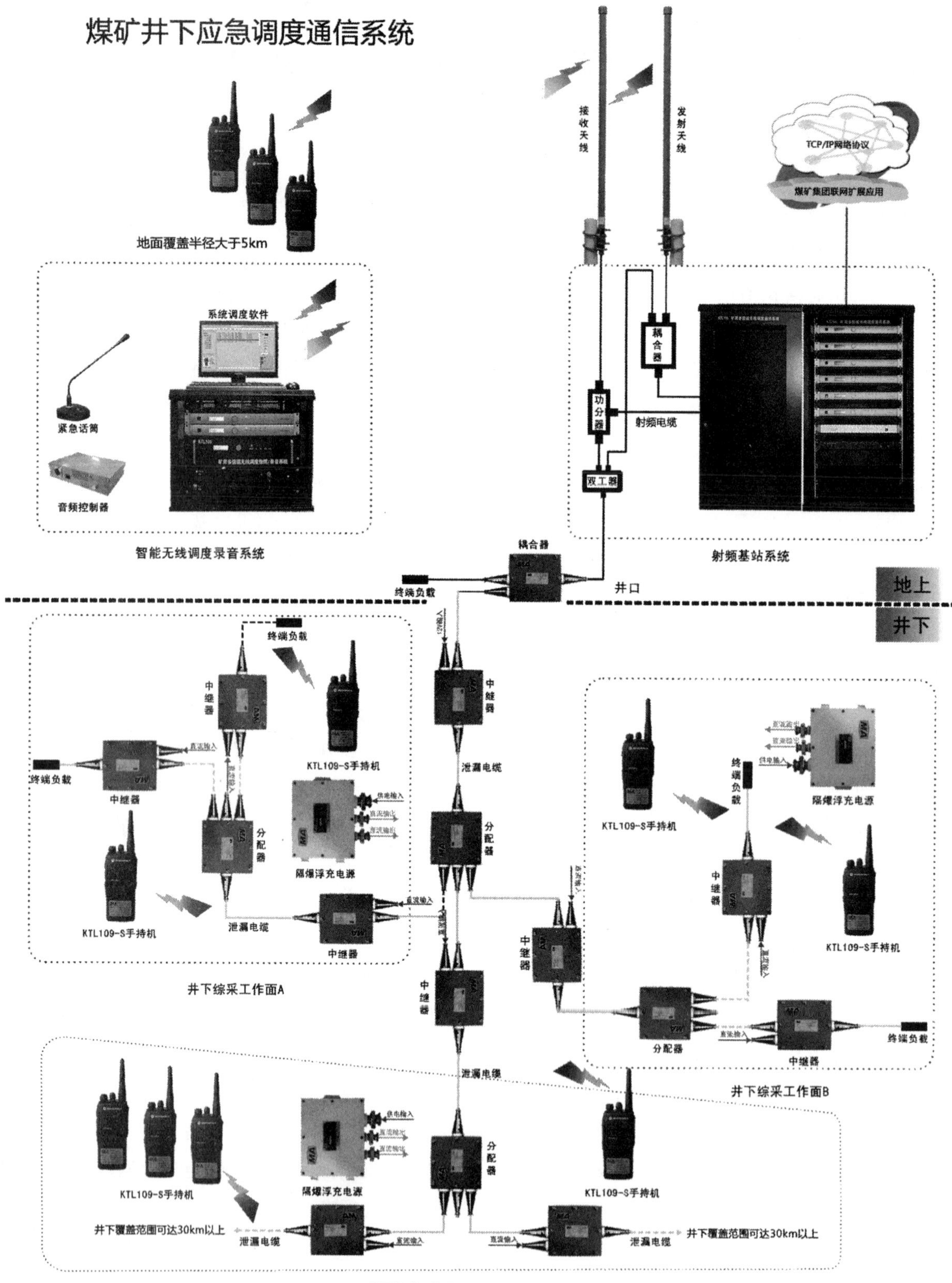

图1　系统示意

其主要生产厂商UT-斯达康也明确表示将停止生产，日后小灵通系统的维护和配件购买都将变得十分困难。种种现实都意味着，以对讲机替代手机作为通信终端的井下应急与无线调度系统，将成为行业内新的发展趋势。

三、MOTOROLA矿用应急与无线调度通信系统的优势

MOTOROLA矿用应急与无线调度通信系统是以泄漏电缆作为传播天线，使用对讲机方式进行通信联络的井下无线通信系统。它采用了近年来国际上最先进可靠的井下通信技术，该技术已经在澳大利亚的Olympic Dam铜铀矿、南非的Koornfortein Mine煤矿和加拿大的Brunswick Mine等矿山得到广泛使用。目前，这套系统也已经在国内吉林、山西、重庆等地的多个煤矿得到实际应用。其优势主要表现在以下几个方面。(见图1)

1. 采用泄漏电缆替代基站系统作为信号传输媒介

井下无线通信系统的可靠性取决于井下信号的分布，只有井下接收信号良好，才能使井下通信保证良好的可靠性和畅通性。MOTOROLA矿用应急与无线调度通信系统利用泄漏电缆作为天线，实现无线高频信号在地下巷道中的传输和均衡分布，从而实现井上与井下人员及车辆之间的无线移动通信，解决了井下信号分布不均匀、井下通信存在盲区的问题。同时，泄漏电缆覆盖距离长、范围广以及易于维修的特点，也能够帮助矿井有效地降低系统的安装和维护成本。除此之外，系统可以连接井下光纤环网，依靠现有的光缆实现系统覆盖，提高通信可靠性。

2. 可靠的安全性能保障

MOTOROLA矿用应急与无线调度通信系统有效借助了MOTOROLA深厚的技术实力和设备优势。其工业级设备性能稳定、品质可靠、简捷实用；井下手持设备均符合防爆标准并通过军用标准测试，能适应高温、低温、水淋、煤粉等各种恶劣环境，外壳耐冲击。系统各设备全部通过煤监局MA认证，能够保证在井下各种作业环境中安全、可靠地使用。所有井下使用的防爆本安型对讲机均由国家安监总局通信信息中心监制，加贴中心提供的含有电子芯片的登记标签，并能够通过RFID射频识别技术记录对讲机的身份信息及流向信息。

3. "专网"通信，提高救援力度

从地面应急调度及国外煤矿应急调度的通信案例来看，作为"专网"使用的双向无线电应急调度通信方式才更适合各行各业的应急通信需求。该系统在紧急情况发生时能做到"一键即通"，仅需约50ms即可实现井上/井下的语音通话，大大缩短了应急处置时间。同时，它具备的调度强插功能和单键紧呼功能，都能在对方占线的情况下进行紧急通话，为煤矿的安全生产指挥提供了保证。

4. 功能综合性，管理智能化

MOTOROLA矿用应急与无线调度通信系统在对讲机系统的基础之上，可以扩展井下人员管理、井下广播、人员巡更、图像传输等系统，而不用重复建设，节省投资，从而使整个系统在功能上，实现了生产调度、紧急救援、监控监测、无线广播、录音查询、图像传输、人员定位、人员巡更八大功能间的高效联动，为管理者提供了一个功能丰富、操作简便的管理平台，既满足井下安全生产的需要，又满足地面调度、指挥、管理等各方面需求，同时满足了新形势下对通信信息量的需求，大大提高了工作效率。

5. IP互联实现集团式通信管理

MOTOROLA矿用应急与无线调度通信系统具备很大的弹性组合方案，可以适应大、小矿的性价比需求。系统采用MOTOROLA成熟的技术，引入多站IP联网，通过IP网络实现多矿互联，适合于集团化企业进行应急通信与调度管理。这一特点也适应了国家对行业的发展要求和行业自身的发展趋势。

MOTOROLA矿用应急与无线调度通信系统有助于矿山建设者和管理者建立智能化、数字化的矿井综合信息系统，以实现矿山生产和监测的自动化、智能化，为将来建设数字化矿山搭建好软硬件网络平台，最终形成生产统一调度、设备集中监控和生产信息的高度集成；并将帮助我们建设具有国际竞争力的新型现代化矿山，使生产技术装备接近国际矿业发达国家水平，促进矿山生产系统运行更加平稳高效。

ZTEHoldings

中兴新通讯设备有限公司
推出守护者紧急避险系统解决方案

深圳市中兴新通讯设备有限公司(中兴新)创立于1985年,是多家大型国有企业集团控股的中国高新技术企业,也是国务院确定的全国520户重点国有企业之一。

经过多年的长足发展,目前的中兴新已经成为一个投资控股型的企业集团。中兴新发起创立的中兴通讯股份有限公司在深港两地上市。目前,中兴通讯已成为中国最大的通信设备上市公司和全球领先的综合通信解决方案提供商。

中兴新专注于机械和通讯产品研发、设计和制造,提供矿业避险系统、机房节能、动力电源、集装箱IDC等系列产品和解决方案,业务涉及通讯、煤炭、电力、交通、广电、金融和医疗等行业。目前在国内设立了5大区域总部,海外设立了13个区域平台,为全球140多个国家及地区提供端到端的服务。

中兴新在2007年就组建150多人的救生舱大项目团队,汇集了相关领域的一流科研人员,与国内甲级煤炭设计院合作研发,经过长达4年的研发测试,在救生舱&避难硐室方面拥有深厚技术积累,获得多项专利,产品安全可靠。此外,中兴新建立了强大的供应链管理能力和灵活高效的生产制造系统,37万余平米的厂房及2.2亿的生产设备保证救生舱产品及时生产交付,年产量达2000台,可实现快速交付。

中兴新利用自己强大的资金和技术优势,发挥企业社会责任,立志为中国矿业安全避险系统做出贡献,为建设和谐煤矿、和谐社会添砖加瓦。

第5章

全国安全生产监督管理机构名录

第五章 全国安全生产监督管理机构名录

国家安全生产监督管理总局

地址:北京市东城区和平里北街21号
电话:010-64463366
邮编:100713
网址:http://www.chinasafety.gov.cn

主要职责

(一)组织起草安全生产综合性法律法规草案,拟订安全生产政策和规划,指导协调全国安全生产工作,分析和预测全国安全生产形势,发布全国安全生产信息,协调解决安全生产中的重大问题。

(二)承担国家安全生产综合监督管理责任,依法行使综合监督管理职权,指导协调、监督检查国务院有关部门和各省、自治区、直辖市人民政府安全生产工作,监督考核并通报安全生产控制指标执行情况,监督事故查处和责任追究落实情况。

(三)承担工矿商贸行业安全生产监督管理责任,按照分级、属地原则,依法监督检查工矿商贸生产经营单位贯彻执行安全生产法律法规情况及其安全生产条件和有关设备(特种设备除外)、材料、劳动防护用品的安全生产管理工作,负责监督管理中央管理的工矿商贸企业安全生产工作。

(四)承担中央管理的非煤矿矿山企业和危险化学品、烟花爆竹生产企业安全生产准入管理责任,依法组织并指导监督实施安全生产准入制度;负责危险化学品安全监督管理综合工作和烟花爆竹安全生产监督管理工作。

(五)承担工矿商贸作业场所(煤矿作业场所除外)职业卫生监督检查责任,负责职业卫生安全许可证的颁发管理工作,组织查处职业危害事故和违法违规行为。

(六)制定和发布工矿商贸行业安全生产规章、标准和规程并组织实施,监督检查重大危险源监控和重大事故隐患排查治理工作,依法查处不具备安全生产条件的工矿商贸生产经营单位。

(七)负责组织国务院安全生产大检查和专项督查,根据国务院授权,依法组织特别重大事故调查处理和办理结案工作,监督事故查处和责任追究落实情况。

(八)负责组织指挥和协调安全生产应急救援工作,综合管理全国生产安全伤亡事故和安全生产行政执法统计分析工作。

(九)负责综合监督管理煤矿安全监察工作,拟订煤炭行业管理中涉及安全生产的重大政策,按规定制定煤炭行业规范和标准,指导煤炭企业安全标准化、相关科技发展和煤矿整顿关闭工作,对重大煤炭建设项目提出意见,会同有关部门审核煤矿安全技术改造和瓦斯综合治理与利用项目。

(十)负责监督检查职责范围内新建、改建、扩建工程项目的安全设施与主体工程同时设计、同时施工、同时投产使用情况。

(十一)组织指导并监督特种作业人员(煤矿特种作业人员、特种设备作业人员除外)的考核工作和工矿商贸生产经营单位主要负责人、安全生产管理人员的安全资格(煤矿矿长安全资格除外)考核工作,监督检查工矿商贸生产经营单位安全生产和职业安全培训工作。

(十二)指导协调全国安全生产检测检验工作,监督管理安全生产社会中介机构和安全评价工作,监督和指导注册安全工程师执业资格考试和注册管理工作。

(十三)指导协调和监督全国安全生产行政执法工作。

(十四)组织拟订安全生产科技规划,指导协调安全生产重大科学技术研究和推广工作。

(十五)组织开展安全生产方面的国际交流与合作。

(十六)承担国务院安全生产委员会的具体工作。

(十七)承办国务院交办的其他事项。

内设机构

办公厅(国际合作司、财务司) …… 010-64463104

主要职责:拟订机关的各项工作规则和制度;负责文电、信息、保密、档案、信访等工作;承担体制改革、机构编制管理相关工作;承担机关和所属行政事业单位财务、经费、国有资产管理和审计工作;组织开展安全生产国际交流与合作,承担有关外事管理工作;承担国务院安全生产委员会办公室的综合协调工作。

政策法规司 ……………………… 010-64463150

主要职责:组织起草安全生产法律法规草案;组织拟订工矿商贸行业及有关综合性安全生产规章、规程和工矿商贸安全生产标准;拟订安全生产重大政策;发布全国安全生产信息;承担安全生产执法监督、行政复议和行政应诉工作；组织指导安全生产新闻宣传工作；负责机关有关规范性文件的合法性审核工作。

规划科技司 ························ 010-64463176

主要职责：组织拟订安全生产规划和科技规划；指导协调安全生产重大科学技术研究和推广工作；承担安全生产信息化建设工作；承担规定权限内固定资产投资项目管理有关工作；承担安全生产社会中介机构、安全评价、劳动防护用品和安全标志的监督管理工作；承担综合协调建设工程和技术改造项目安全设施同时设计、同时施工、同时投产使用有关工作；承担国家安全生产专家组有关工作。

安全生产应急救援办公室(统计司)

································· 010-64463284

主要职责：拟订安全生产应急救援和信息统计的规章、规程、标准；指导安全生产应急救援体系建设；组织安全生产应急救援预案编制和演练；指导协调安全生产应急救援工作；提出全国安全生产控制考核指标；综合管理全国安全生产和职业危害信息统计工作；承担应急值守、事故信息接报处置工作；分析预测安全生产形势和特别重大事故风险，发布预警信息。

安全监督管理一司(海洋石油作业安全办公室)

································· 010-64463216

主要职责：依法监督检查非煤矿矿山(含地质勘探)、石油(炼化、成品油管道除外)行业生产经营单位贯彻执行安全生产法律法规情况及其安全生产条件、设备设施安全情况；组织相关大型建设项目安全设施的设计审查和竣工验收；承担非煤矿矿山企业安全生产准入管理工作；指导监督相关安全标准化和不具备安全生产条件的非煤矿矿井关闭工作；承担海上石油安全生产综合监督管理工作；参与相关行业特别重大事故调查处理和应急救援工作。

安全监督管理二司 ·················· 010-64463494

主要职责：按照规定，指导、协调和监督有专门安全生产主管部门的行业和领域安全监督管理工作；参与相关行业和领域特别重大事故的调查处理和应急救援工作；指导、协调相关部门安全生产专项督查和专项整治工作。

安全监督管理三司 ·················· 010-64463237

主要职责：依法监督检查化工(含石油化工)、医药、危险化学品和烟花爆竹生产经营单位安全生产情况，承担相关安全生产和危险化学品经营准入管理工作，组织查处不具备安全生产条件的生产经营单位；承担危险化学品安全监督管理综合工作；组织指导危险化学品名录编制和国内危险化学品登记；指导非药品类易制毒化学品生产、经营监督管理工作；组织相关大型建设工程项目安全设施的设计审查和竣工验收；指导和监督有关安全标准化工作；参与相关行业特别重大事故的调查处理和应急救援工作。

安全监督管理四司 ·················· 010-64463783

主要职责：依法监督检查冶金、有色、建材、机械、轻工、纺织、烟草、商贸等行业生产经营单位贯彻执行安全生产法律法规情况及其安全生产条件、设备设施安全情况；组织相关大型建设项目安全设施的设计审查和竣工验收；参与相关行业特别重大事故的调查处理和应急救援工作。

职业安全健康监督管理司 ········· 010-64463834

主要职责：依法监督检查工矿商贸作业场所(煤矿作业场所除外)职业卫生情况；按照职责分工，拟订作业场所职业卫生有关执法规章和标准；组织查处职业危害事故和违法违规行为；承担职业卫生安全许可证的颁发管理工作；组织指导并监督检查有关职业安全培训工作；组织指导职业危害申报工作；参与职业危害事故应急救援工作。

人事司(国家安全生产监察专员办公室)

································· 010-64463266

主要职责：承担机关和直属单位人事管理、队伍建设、劳动工资等工作；监督和指导注册安全工程师执业资格考试及注册管理工作；指导全国安全生产培训工作；组织指导和管理有关安全资格考核工作；监督检查工矿商贸生产经营单位安全培训工作；承担国家安全生产监察专员日常管理工作。国家安全生产监察专员负责组织协调或参加特别重大事故的调查处理工作。

机关党委 ···························· 010-64463276

主要职责：负责局机关和在京直属单位的党群工作。

离退休干部局 ······················ 010-64463655

主要职责：负责机关离退休干部工作，指导直属单位的离退休干部工作。

国家安全监管总局直属事业单位

国家安全生产监督管理总局调度中心

地址:北京市东城区和平里北街21号

电话:010-64463284

邮编:100713

国家安全生产监督管理总局国际交流合作中心

地址:北京市东城区和平里北街21号

电话:010-64463386　64463133

邮编:100713

网址:http://www.ncics.org.cn/

国家安全生产监督管理总局档案馆
(煤炭工业档案馆)

地址:北京市东城区和平里北街21号

电话:010-64463391

邮编:100713

国家安全生产监督管理总局机关服务中心
(机关服务局)

地址:北京市东城区和平里北街21号

电话:010-64463400　64463397

邮编:100713

国家安全生产监督管理总局矿山救援指挥中心

地址:北京市东城区和平里北街21号

电话:010-64463298

邮编:100713

网址:http://www.emc.gov.cn/emc/

国家安全生产监督管理总局通信信息中心
(煤炭工业通信信息中心)

地址:北京市东城区和平里九区甲4号

电话:010-64463687

邮编:100013

网址:http://www.chinasafety.com.cn

国家安全生产监督管理总局宣传教育中心

地址:北京市东城区和平里化工大院9号楼

电话:010-64463641　64463541

邮编:100013

网址:http://www.china-safety.org

国家安全生产监督管理总局培训中心
(煤炭工业人才交流培训中心)

地址:北京市东城区和平里北街21号

电话:010-64463376　64276911

邮编:100713

网址:http://www.zyapzx.net/

国家安全生产监督管理总局研究中心
(中国煤炭工业发展研究咨询中心)

地址:北京市东城区和平里北街21号

电话:010-64463470

邮编:100713

网址:http://www.ctcci.org/

中国安全生产科学研究院

地址:北京市朝阳区惠新西街17号

电话:010-64914670

邮编:100029

网址:http://www.chinasafety.ac.cn/

国家安全生产监督管理总局化学品登记中心

地址:山东青岛延安三路218号

电话:0532-83889191

邮编:266071

网址:http://www.nrcc.com.cn/

中国安全生产报社(中国煤炭报社)

地址:北京市朝阳区和平街13区35号楼煤炭大厦

电话:010-64463048　64463168

邮编:100013

网址:http://www.aqb.cn/index.html

国家安全生产监督管理总局信息研究院
(煤炭信息研究院)

地址:北京市朝阳区芍药居35号

电话:010-84657848　84612550

邮编:100029

网址:http://www.coalinfo.net.cn/ccii/

煤炭总医院
(国家安全生产监督管理总局矿山医疗救护中心)

地址:北京市朝阳区西坝河南里29号

电话:010-64662319　64650108

邮编:100028

网址：http://www.mtzyy.com.cn/

华北科技学院(中国煤矿安全技术培训中心)

地址：北京东燕郊三河镇

电话：0316-61591417 61591418

邮编：101601

网址：http://www.ncist.edu.cn/

中国煤矿文工团(中国安全生产艺术团)

地址：北京市东城区青年沟路23号

电话：010-84282691 8428348

邮编：100013

网址：http://www.ccmat.cn

国家安全生产监督管理总局职业安全卫生研究所

地址：北京市门头沟区石龙北路27号

电话：010-69805342

邮编：102300

网址：http://www.iosh.org.cn

北京市安全生产监管机构

北京市安全生产监督管理局

地址：北京市宣武区枣林前街70号中环广场B座14、16-17层

电话：010-65023616

邮编：100053

网址：http://www.bjsafety.gov.cn/

内设机构

值班室 ………………………… 010-83560916

办公室 ………………………… 010-83560916

政策法规处 …………………… 010-83970902

安全生产协调处 ……………… 010-83970835

监督管理一处 ………………… 010-83970863

监督管理二处 ………………… 010-83970853

危险化学品监督管理处 ……… 010-83530268

人事教育处 …………………… 010-83970866

执法监察队 …………………… 010-83970912

煤矿安全监督管理处 ………… 010-83970960

职业安全监督管理处 ………… 010-83970978

生产安全事故应急工作处 …… 010-8391700

事故调查处 …………………… 010-8351188-4012

机构职能

(一)综合管理本市的安全生产工作，分析、预测安全生产形势，拟订安全生产工作规划，依法履行安全生产监督管理职责。

(二)研究起草本市安全生产方面的地方性法规、规章草案，制定相关政策并组织实施；负责安全生产重大问题的调查研究，并提出对策建议。

(三)负责统计本市生产安全事故，发布安全生产信息；依法组织调查处理生产安全事故，提出生产安全事故责任追究的意见并监督事故查处的落实情况；组织、协调安全生产事故应急救援工作。

(四)依法监督检查本市新建、改建、扩建工程项目的安全设施与主体工程同时设计、同时施工、同时投产使用(以下简称"三同时")情况。

(五)依法监督检查本市生产经营单位贯彻执行安全生产方面法律法规情况、作业场所职业卫生情况和重大危险源监控、重大事故隐患的整改工作，及其安全生产条件和有关设备设施（特种设备除外)、劳动防护用品的安全管理工作，依法查处不具备安全生产条件的生产经营单位。

(六)负责本市从事安全生产评价、咨询、检测、检验等社会中介组织的资源管理，并进行监督检查。

(七)负责组织本市安全生产宣传教育，依法负责安全生产方面的培训、考核工作；负责注册安全工程师执行资格的有关工作。

(八)负责综合监督管理本市危险化学品和烟花爆竹的安全生产工作。

(九)负责拟订本市安全生产科技规划，组织指导安全生产科学技术研究和新技术的推广工作。

(十)开展本市安全生产方面的国际交流与合作。

(十一)承办市政府交办的其他事项。

直属机构

北京市安全生产协会

地址：北京市宣武区广安门德源胡同8-1金泰写字楼305、307、309室

电话：010-63522105

邮编：100053

下属机构

东城区安全生产监督管理局

地址：东四十一条 83 号
电话：010-64055528
邮编：100007
网址：http://jjwyh.bjdch.gov.cn/n1569/n2583697/index.html

西城区安全生产监督管理局

地址：西城区马甸裕中西里 28 楼 330 室
电话：010-82283114
邮编：100088
网址：http://www.bjxch.gov.cn/pub/xch_zhuzhan/gnpd/gywm/

崇文区安全生产监督管理局

地址：崇文区幸福大街 32 号
电话：010-67133715
邮编：100061
网址：http://ajj.cwi.gov.cn/sub/index.jsp

宣武区安全生产监督管理局

地址：宣武区南菜园街 51 号
电话：010-83975432
邮编：100054
网址：http://ajj.bjxw.gov.cn/index.ycs

海淀区安全生产监督管理局

地址：颐和园路 12 海淀体育馆内
电话：010-82611220
邮编：100080
网址：http://www.bjhd.gov.cn/eform/eform/viewForm?fiid=660

朝阳区安全生产监督管理局

地址：朝阳区南磨房双龙南里 128 号楼
电话：010-87312475
邮编：100021
网址：http://aqscj.bjchy.gov.cn/sub/index.jsp

丰台区安全生产监督管理局

地址：丰台区文体路 2 号
电话：010-83656693
邮编：100071
网址：http://ajj.bjft.gov.cn/

顺义区安全生产监督管理局

地址：顺义区仓上街 3 号
电话：010-69443437
邮编：101300
网址：http://www.ajj.bjshy.gov.cn

昌平区安全生产监督管理局

地址：昌平区南环东路 1 号广电大厦 1526 室
电话：010-69742156
邮编：102200

通州区安全生产监督管理局

地址：通州区新华北路 117 号
电话： 010-6954193
邮编：101100
网址：http://ajj.tz.gov.cn

房山区安全生产监督管理局

地址：房山区良乡镇长虹西路 65 号
电话：010-89360960
邮编：102401
网址：http://ajj.bjfsh.gov.cn/index.ycs

大兴区安全生产监督管理局

地址：大兴区黄村镇兴华大街三段 15 号
电话：010-81296776
邮编：102600
网址：http://www.dxaj.gov.cn/web/ajj/

怀柔区安全生产监督管理局

地址：怀柔区南大街 37 号
电话：010-69628662
邮编：101400
网址：http://www.hrajj.gov.cn/

平谷区安全生产监督管理局

地址：平谷区新平南街 205 号
电话：010-69960044
邮编：101200
网址：http://www.pgsafety.gov.cn/

石景山区安全生产监督管理局

地址：石景山路 18 号
电话：010-88680381

邮编：100043
网址：http://ajj.bjsjs.gov.cn/

门头沟区安全生产监督管理局
地址：门头沟区城子大街 56 号
电话：010-69842130
邮编：102300
网址：http://ajj.bjmtg.gov.cn/index.html

天津市安全生产监管机构

天津市安全生产监督管理局

地址：天津市河西区宾水道增 9 号
环渤海发展中心 10-11 层
电话：022-28450345
邮编：300060
网址：http://www.tjsafety.gov.cn/

内设机构

办公室 …… 022-28450345
政策法规处 …… 022-28208755
科技规划处 …… 022-28208879
监督管理一处 …… 022-28208901
监督管理二处 …… 022-28208853
监督管理三处 …… 022-28208786
监督管理四处 …… 022-28208776
人事教育处 …… 022-28208709
机关党委 …… 022-28208713
纪检、监察室 …… 022-28208713
安全生产应急管理办公室 …… 022-28208707
安全生产应急管理办公室处置中心 …… 022-28208992
生产安全事故调查处理办公室 022-28208811

直属机构

天津市安全生产执法监察大队
地址：河西区宾水道增 9 号环渤海发展中心
A 座 10 层
电话：022-28208972
邮编：300060

天津市安全生产技术研究中心
地址：河西区澳景大厦 2 门 2501/2601，
2502/2602（大沽南路与利民道交口）
电话：022-28270326
邮编：300200

天津市安全生产宣传教育中心
地址：和平区建设路 2 号 7 门
电话：022-23193689
邮编：300040

下属机构

河西区安全生产监督管理局
地址：河西区绍兴道四号
电话：022-23278771
邮编：300202
网址：http://zwgk.tjhexi.gov.cn/

河东区安全生产监督管理局
地址：河东区十四经路荣泰公寓 12 号楼
电话：022-24312324
邮编：300171
网址：http://www.tjhd.gov.cn/Default.aspx

和平区安全生产监督管理局
地址：和平区曲阜道 81 号
电话：022-23196338
邮编：300042
网址：http://www.tjhp.gov.cn

南开区安全生产监督管理局
地址：天津市南开区黄河道 390# 区机关大楼 7 楼
电话：022-27586366
邮编：300100
网址：http://www.tjnk.gov.cn/tabid/171/Default.aspx

红桥区安全生产监督管理局
地址：红桥区勤俭道育苗路 1 号
电话：022-86516166
邮编：300130
网址：http://hqqajj.pub.tjhqqzf.gov.cn/

塘沽区安全生产监督管理局

地址：天津市塘沽区营口道734号
(政通大厦A座11层)
电话：022-66896446
邮编：300450
网址：http://www.tgajj.gov.cn/

汉沽区安全生产监督管理局

地址：汉沽区新开北路9号
电话：022-25694046
邮编：300480

大港区安全生产监督管理局

地址：大港区世纪大道6号
电话：022-63109660
邮编：300270

东丽区安全生产监督管理局

地址：天津市东丽区津塘公路180号
电话：022-84375497
邮编：300300

西青区安全生产监督管理局

地址：天津市西青区杨柳青润杨道99号
电话：022-27390199
邮编：300380
网址：http://gk.xq.gov.cn/ConInfoParticular.jsp?id=2982

津南区安全生产监督管理局

地址：咸水沽镇津岐公路人防办院内
电话：022-28399103
邮编：300350

北辰区安全生产监督管理局

地址：天津市北辰区京津公路342号
电话：022-86817598
邮编：300400
网址：http://www.tjbc.gov.cn/html/bumen_bumen_danweiid159_flag1.html

武清区安全生产监督管理局

地址：天津武清区杨村镇建国北路2号
电话：022-29343238
邮编：301700
网址：http://www.tjwq.gov.cn/zwgk/zzjg/

宝坻区安全生产监督管理局

地址：宝坻区商业街13号
电话：022-29240350
邮编：301800

蓟县安全生产监督管理局

地址：天津蓟县天津市蓟县城内文昌街
电话：022-29142040
邮编：301900
网址：http://4411558.71ab.com/

静海县安全生产监督管理局

地址：天津市静海县开发区泰山道
电话：022-68692820
邮编：301600
网址：http://ajj.tjjh.gov.cn/

宁河县安全生产监督管理局

地址：宁河县工业经委1楼
电话：022-69562690
邮编：301500
网址：http://www.tjnh.gov.cn/Open/jgzn/anjianju/

天津市开发区安全生产监督管理局

地址：天津开发区投资服务中心A区4楼
电话：022-25201209
邮编：300450
网址：http://www.teda.gov.cn/cms/html/92/index.html

保税区安全生产监督管理局

地址：天津空港物流加工区西三道166号
电话：022-84906065
邮编：300450
网址：http://aqscjdglj.tjftz.gov.cn/bmjj/lxfs.html

高新区安全生产监督管理局

地址：天津华苑产业区梅苑路6号
海泰大厦907室
电话：022-83715990
邮编：300384
网址：http://anjian.thip.gov.cn/default.asp

河东区安全生产监督管理局

地址：河东区十四经路荣泰公寓12号楼

电话:022-24312324
邮编:300171

河北省安全生产监管机构

河北省安全生产监督管理局

地址:石家庄市和平西路457号
电话:0311-87907546
邮编:050071
网址:http://www.hebsafety.gov.cn/index.do?templet=index

内设机构

办公室
政策法规处
规划科技处
安全生产协调处
安全生产协调处
生产安全应急救援办公室(省安全生产应急救援指挥中心)
监管一处
监管二处
危险化学品安全监督管理处
机关党委(人事培训处)
河北省煤矿安全生产监督管理办公室

机构职能

(一)承担省安全生产委员会办公室的日常工作。具体职责是:组织实施国家安全生产的法律、法规和重大方针政策,落实省安委会有关抓好安全生产的各项措施;监督检查、指导协调省政府有关部门和各设区市人民政府的安全生产工作;组织省政府安全生产大检查和专项督查;参与研究有关部门在产业政策、资金投人、科技发展等工作中涉及安全生产的相关工作;负责组织省政府重特大事故调查处理和办理结案工作;组织协调重特大事故应急救援工作;指导协调全省安全生产行政执法工作;承办省安委会召开的会议和重要活动,督促、检查安委会会议决定事项的贯彻落实情况;承办省安委会交办的其他事项。

(二)综合管理全省安全生产工作。组织起草安全生产方面的地方性法规和行政规章,研究拟订安全生产工作方针政策,组织实施工矿商贸行业安全生产标准及有关综合性安全生产规章规程。

(三)依法行使省安全生产综合监督管理职权,指导、协调和监督有关部门安全生产监督管理工作;制定全省安全生产发展规划;定期分析和预测全省安全生产形势,研究、协调和解决安全生产中的重大问题。

(四)负责发布全省安全生产信息,综合管理全省生产安全伤亡事故调度统计和安全生产行政执法分析工作;依法组织、协调重特大事故的调查处理工作,参与特别重大事故的调查处理工作,并监督事故查处的落实情况;组织、指挥和协调安全生产应急救援工作。

(五)负责综合监督管理危险化学品和烟花爆竹安全生产工作。

(六)指导、协调全省安全生产检测检验工作;组织实施对工矿商贸企业安全生产条件和有关设备(特种设备除外,包括锅炉、压力容器、压力管道、电梯、起重机械、厂内机动车辆、游乐设施、客运索道等,下同)进行检测检验、安全评价、安全培训、安全咨询等社会中介组织的资质管理工作,并进行监督检查。

(七)组织、指导全省安全生产宣传教育工作,负责安全生产监督管理人员的安全培训、考核工作,依法组织、指导并监督特种作业人员(特种设备作业人员除外)的考核工作和生产经营单位主要经营管理者、安全管理人员的安全资格考核工作;监督检查生产经营单位安全培训工作。

(八)负责监督管理省管理的工矿商贸企业安全生产工作,依法监督工矿商贸企业贯彻执行安全生产法律、法规情况及其安全生产条件和有关设备(特种设备除外)、材料、劳动防护用品的安全管理工作。

(九)依法监督检查新建、改建、扩建工程项目的安全设施与主体工程同时设计、同时施工、同时投产使用情况;依法监督检查生产经营单位作业场所职业卫生情况和重大危险源监控、重大事故隐患的整改工作,依法查处不具备安全生产条件的生产经营单位。

(十) 拟订安全生产科技规划,组织、指导安全生产科学技术研究和技术示范工作。

(十一) 组织实施注册安全工程师执业资格制度,监督和指导注册安全工程师执业资格考试和注册工作。

(十二) 组织开展安全生产方面的国际交流与合作。

(十三) 承办省政府交办的其他事项。

直属机构

河北省安全生产监察总队 --- 0311-87803198

下属机构

石家庄市安全生产监督管理局

地址:兴凯路219号
电话:0311-87852243
邮编: 050051
网址:http://www.sjzaj.gov.cn/

邯郸市安全生产监督管理局

地址:邯郸市人民路119号
电话:0311-3022276
邮编:056002
网址:http://ajj.hd.gov.cn

唐山市安全生产监督管理局

地址:西山道3号
电话:0315-5907777
邮编:063000
网址:http://www.tssw.gov.cn

沧州市安全生产监督管理局

地址:解放西路 22号
(原市国土资源局办公楼)
电话:0317-8699022
邮编:061001
网址:http://www.czsafety.gov.cn/

邢台市安全生产监督管理局

地址:河北省邢台市钢铁北路222号
电话:0319-2620329
邮编:054000

保定市安全生产监督管理局

地址:保定市东风西路1号
电话:0312-3088800
邮编:071000

秦皇岛市安全生产监督管理局

地址:秦皇岛海港区燕山大街
玉峰国际公寓903室
电话:0335-7917778
邮编:066000
网址:http://www.qhdsafety.com/index.asp

张家口市安全生产监督管理局

地址:张家口市桥东区建设东街28号
电话:0313-5906808
邮编:075000
网址:http://www.ajj.zjk.gov.cn

承德市安全生产监督管理局

地址:承德市南环路1号
电话:0314-2055799
邮编:067000
网址:http://www.cdsaqsc.cn/

廊坊市安全生产监督管理局

地址:新华路41号供销社4楼
电话:0316-2030338
邮编:065000
网址:http://www.lfajj.lf.gov.cn

衡水市安全生产监督管理局

地址:衡水市新华东路351号
电话:0318-7809805
邮编:053000
网址:http://www.hsanquan.com

山西省安全生产监管机构

山西省安全生产监督管理局

地址:山西省太原市并州北路67号

电话：0351-4094909
邮编：030012
网址：http://www.sxaj.gov.cn/

内设机构

办公室(综合协调处、财务处)
人事培训处(省安全生产监察专员办公室)
政策法规处
规划科技处
安全生产应急救援办公室(信息统计办公室)
安全监督管理一处
安全监督管理二处
安全监督管理三处(省烟花爆竹安全管理办公室)
安全监督管理四处
职业安全健康监督管理处
机关党委负责机关和直属单位的党群工作

机构职能

(一) 组织起草全省综合性安全生产地方性法规、规章草案，拟定安全生产政策和规划，指导协调全省安全生产工作；分析和预测全省安全生产形势，发布全省安全生产信息，协调解决安全生产中的重大问题。

(二)承担安全生产综合监督管理责任，依法行使综合监督管理职权，指导协调、监督检查省人民政府有关部门和设区的市人民政府安全生产工作，监督考核并通报安全生产目标责任制执行情况。

(三)承担非煤矿山(含地质勘探)、尾矿库、石油开采(含天然气开采)、危险化学品、烟花爆竹、化工(含石油化工)、医药、冶金、有色、建材、机械、轻工、纺织、烟草、商贸等行业生产经营单位(以下简称职责范围内的工矿商贸生产经营单位)安全生产监督管理责任，按照分级、属地原则，依法监督检查职责范围内的工矿商贸生产经营单位贯彻执行安全生产法律法规情况及其安全生产条件和有关设备(特种设备除外)、材料、劳动防护用品的安全生产管理工作。

(四)承担全省非煤矿山企业、尾矿库和危险化学品、烟花爆竹生产企业安全生产准入管理责任，依法实施安全生产准入制度；负责危险化学品安全监督管理综合工作和烟花爆竹安全生产监督管理工作。

(五) 承担职责范围内的工矿商贸作业场所职业卫生监督检查责任，负责职业卫生安全许可证的颁发管理工作，组织查处职业危害事故和违法违规行为。

(六)贯彻执行国家及省关于工矿商贸行业安全生产法律法规、规章、标准和规程；监督检查职责范围内的工矿商贸生产经营单位重大危险源监控和重大事故隐患排查治理工作，依法查处不具备安全生产条件的工矿商贸生产经营单位。

(七)综合管理全省生产安全伤亡事故和安全生产行政执法统计分析工作。

(八)负责监督检查职责范围内的新建、改建、扩建工程项目的安全设施与主体工程同时设计、同时施工、同时投产使用情况。

(九)组织指导并监督特种作业人员(煤矿井下特种作业人员、特种设备作业人员除外)的考核工作；组织指导并监督职责范围内的工矿商贸生产经营单位主要负责人、安全生产管理人员的安全资格考核工作；监督检查职责范围内的工矿商贸生产经营单位安全生产和职业安全培训工作。

(十)指导协调全省安全生产检测检验工作(煤矿除外)，监督管理安全生产社会中介机构和安全评价工作，监督和指导注册安全工程师、安全评价师执业资格考试和注册管理工作。

(十一)组织拟定全省安全生产科技规划，指导协调安全生产重大科学技术研究和推广工作。

(十二) 组织开展安全生产方面的国际交流与合作。

(十三)省安监局挂省人民政府安全生产委员会办公室的牌子(以下简称省政府安委办)，承担省人民政府安全生产委员会 (以下简称省政府安委会)的日常工作。主要职责是：研究提出安全生产重大方针政策和重要措施的建议；监督检查、指导协调设区的市和省直有关部门的安全生产工作；组织全省安全生产大检查和专项督查；参与研究有关部门在产业政策、资金投入、科技发展等工作中涉及安全生产的相关工作；研究拟定年度安全生产控制考核指标；组织重大事故调查处理和办理结案工作，监督事故查处和责任追究落实情况；组织指挥和协调重大安全事故应急救援工作；指导协调和监督全省安全生产行政执法工作；承办省政府安委会召开的会议和重要活动，督促、检查省政府安委会会议决定事项的贯彻落实情况；承担省政府安委会协调煤炭行业管理涉及安全生产方面的工作，督促检查各项工作和措施的落实情况；承办省人民政府与省直有关部门、设区的市签订的安全生产目标责任书完成情况的考核工作。

（十四）承办省人民政府、省政府安委会交办的其他事项。

下属机构

太原市安全生产监督管理局

地址：太原市菜园街26号
电话:0351-7240058
传真：0351-7240058
邮编：030012
网址：http://www.sxaj.gov.cn/

大同市安全生产监督管理局

地址：新建南路迎宾园机关综合楼A座8-9层
电话:0352-5193233
传真：0352-5193383
邮编：037008
网址：http://www.dtsafety.gov.cn/

阳泉市安全生产监督管理局

地址：阳泉市德胜东街14号
电话:0353-2032259
传真：0353-2033742
邮编：045000
网址：http://www.sxaj.gov.cn/#

长治市安全生产监督管理局

地址：长治市城东南路6号
电话:0355-3081059
传真：0355-3083122
邮编：046000
网址：http://www.changzhisafety.gov.cn/

晋城市安全生产监督管理局

地址：晋城市黄花街安泰大厦
电话:0356-2025790
传真：0356-2022365
邮编：048000
网址：http://www.jcsafety.gov.cn/

朔州市安全生产监督管理局

地址：朔州市平朔中路
电话:0349-6886893
传真：0349-6886893
邮编:036002
网址：http://www.shuozhousafety.gov.cn/

忻州市安全生产监督管理局

地址：忻州市元遗山（原建设）北路5号
电话:0350-3021160
传真：0350-33142535
邮编：034000
网址：http://www.sxaj.gov.cn/#

晋中市安全生产监督管理局

地址：榆次区玉湖路西一巷一号院
电话:0354-3026361
传真：0354-3026361
邮编：030600
网址：http://www.sxjz.gov.cn/jz/wbj/anjianju/index.jsp

临汾市安全生产监督管理局

地址：临汾市五一西路16号
电话:0357-3366102
传真：0357-3366893
邮编：041000
网址：http://www.lfajj.gov.cn/

运城市安全生产监督管理局

地址：运城市河东东街426号
电话:0359-2091089
传真：0359-2091089
邮编：044000
网址：http://www.sxycsafety.gov.cn/

吕梁市安全生产监督管理局

地址：吕梁市离石区永宁西路133号
电话:0358-8222952
传真：0358-8223766
邮编：033000
网址：http://www.sxaj.gov.cn/#

内蒙古自治区安全生产监管机构

内蒙古自治区安全生产监督管理局

地址：呼和浩特市敕勒川大街1号党政综合大楼
电话：0471-4826786
邮编：010098
网址：http://www.nmgaqsc.gov.cn

内设机构

值班室 ………………………… 0471-4826786
办公室 ………………………… 0471-4924965
人事处 ………………………… 0471-4826773
机关党委 ……………………… 0471-4826772
综合处 ………………………… 0471-4825128
非煤矿山处 …………………… 0471-4821050
危险化学品监督管理处 ……… 0471-4825136
执法监督和综合监管处 ……… 0471-4825139
应急救援和职业卫生处 ……… 0471-4825143

机构职能

（一）贯彻落实有关法律、法规、规章，执行国家和自治区安全生产监督管理方针、政策，拟订安全生产的相关规划并组织实施，指导、协调全区安全生产工作，分析和预测安全生产形势，发布安全生产信息，协调和解决安全生产中的重大问题。

（二）承担自治区安全生产综合监督管理责任。依法行使综合监督管理职权，指导、协调、监督检查自治区人民政府有关部门和各市、县（区）人民政府安全生产工作，监督考核并通报安全生产控制考核指标执行情况，监督事故查处和责任追究落实情况。

（三）承担全区非煤矿山企业和危险化学品、烟花爆竹安全生产准入管理责任。负责全区非煤矿山企业和危险化学品、烟花爆竹企业安全生产准入管理；依法指导监督实施安全生产准入制度。

（四）负责作业场所职业卫生的监督检查，负责职业卫生安全许可证的颁发管理工作，组织查处职业危害事故和违法违规行为。

（五）负责组织全区安全生产大检查和专项督查，根据自治区人民政府授权，依法组织较大、重大事故调查处理工作并监督责任追究落实情况。

（六）负责组织指挥和协调安全生产应急救援工作，负责全区生产安全伤亡事故统计分析工作。

（七）负责监督管理煤矿安全工作，查处煤矿违法违规行为，参与煤矿事故的查处，参与制定煤炭行业安全标准实施细则，拟订煤炭行业管理中涉及安全生产的重大政策，会同有关部门审核煤矿安全技术改造、瓦斯综合治理与利用项目、科技发展规划。

（八）负责监督检查职责范围内新建、改建、扩建工程项目的安全设施与主体工程同时设计、同时施工、同时投产使用情况。

（九）组织、指导并监督特种作业人员（特种设备作业人员除外）的考核工作和安全生产管理人员的安全资格（含煤矿矿长、煤矿特种作业人员资格）考核工作。

（十）指导、协调全区安全生产检测检验工作；监督管理安全生产社会中介机构和安全评价工作。

（十一）组织、协调、监督全区安全生产行政执法工作，组织，指导安全生产科学技术研究和推广工作，组织开展安全生产方面的对外交流合作。

（十二）承办自治区人民政府交办的其他事项。

下属机构

呼和浩特市安全生产监督管理局

地址：呼和浩特市海拉尔东路劳动花园8号楼4楼
电话：0471-2309006
邮编：010051
网址：http://www.huhhot.gov.cn

包头市安全生产监督管理局

地址：包头市昆都仑区青年路8号街坊
电话：0472-5919342
邮编：014010
网址：http://www.btsafety.gov.cn

乌海市安全生产监督管理局

地址：乌海市市政府大楼5楼

电话：0473-3998586

邮编：016000

网址：http://www.whsajj.gov.cn

赤峰市安全生产监督管理局

地址：赤峰市新城区党政综合楼A座660号

电话：0476-8337436

邮编：024000

网址：http://www.chifeng.gov.cn

呼伦贝尔市安全生产监督管理局

地址：呼伦贝尔市海拉尔区阿荣路7号

电话：0470-8293606

邮编：021008

网址：http://www.hulunbeier.gov.cn

兴安盟安全生产监督管理局

地址：乌兰浩特市兴安北路32号

电话：0482-8230202

邮编：137400

网址：http://ajj.xam.gov.cn/

通辽市安全生产监督管理局

地址：通辽市和平路506号

电话：0475-8212614

邮编：028000

网址：http://www.tlgov.cn

锡林郭勒盟安全生产监督管理局

地址：锡林郭勒盟锡林浩特市盟行政中心

电话：0479-8219577

邮编：016000

网址：http://ajj.xlgl.gov.cn/

乌兰察布市安全生产监督管理局

地址：乌兰察布市乌兰察布西街

电话：0474-4886690

邮编：016000

网址：http://www.wulanchabu.gov.cn

鄂尔多斯市安全生产监督管理局

地址：鄂尔多斯市东胜区鄂托克西街锦绣苑南门写字楼

电话：0477-8378241

邮编：017000

网址：http://www.ordosaj.gov.cn

巴彦淖尔市安全生产监督管理局

地址：巴彦淖尔市新华西街

电话：0478-8655890

邮编：015000

网址：http://www.bynr.gov.cn

阿拉善盟安全生产监督管理局

地址：阿左旗巴彦浩特镇土尔扈特南路

电话：0483-8332780

邮编：750306

网址：http://www.als.gov.cn/ajj/index.shtml

辽宁省安全生产监管机构

辽宁省安全生产监督管理局

地址：沈阳市皇姑区北陵大街 45-1 号

电话：024-86893519

邮编：110000

网址：http://www.lnsafety.gov.cn/

内设机构

办公室(国际合作处) ………… 024-86893519

政策法规处 …………………… 024-86893387

规划科技处 …………………… 024-86896635

安全生产协调处 ……………… 024-86901906

安全生产应急救援办公室 …… 024-86895256

监督管理一处 ………………… 024-86896480

监督管理二处 ………………… 024-86896461

危险化学品安全监督管理处 … 024-86896459

人事培训处 …………………… 024-86890179

执法监察处 …………………… 024-86902526

纪检监察室 …………………… 024-86902656

机关党委 ……………………… 024-86896279

机构职能

(一)组织起草安全生产综合性地方法规和省政府规章草案;拟订安全生产政策和规划;指导协调全省安全生产工作; 分析和预测全省安全生产形势,发布全省安全生产信息,协调解决安全生产中的重大问题。

(二) 承担全省安全生产综合监督管理责任,行使综合监督管理职权;指导协调、监督检查省政府有关部门和各市人民政府安全生产工作;监督考核并通报安全生产控制指标执行情况,监督事故查处和责任追究落实情况。

(三)承担工矿商贸行业(煤矿除外)安全生产监督管理责任,按照分级、属地原则,监督检查工矿商贸生产经营单位(煤矿除外)贯彻执行安全生产法律法规情况及安全生产条件和设备设施安全生产管理工作;负责监督管理职责范围内工矿商贸企业(煤矿除外)的安全生产工作。

(四)承担职责范围内的非煤矿矿山企业和危险化学品、烟花爆竹生产企业安全生产准入管理责任,组织并指导监督实施安全生产准入制度;负责危险化学品安全生产监督管理综合工作和烟花爆竹安全生产监督管理工作。

(五)承担工矿商贸作业场所(煤矿作业场所除外)职业卫生监督检查责任,负责职业卫生安全许可证的颁发管理工作;组织查处职业危害事故和违法违规行为。

(六)制定工矿商贸行业(煤矿除外)安全生产地方标准和规程并组织实施;监督检查重大危险源监控和重大事故隐患排查治理工作,查处不具备安全生产条件的工矿商贸生产经营单位。

(七)负责组织省政府安全生产大检查和专项督查;根据省政府授权,组织、协调重、特大事故调查处理和办理结案工作,监督事故查处和责任追究落实情况。

(八) 负责组织指挥和协调安全生产应急救援工作;综合管理全省安全生产伤亡事故和安全生产行政执法统计分析工作。

(九)负责监督检查职责范围内新建、改建、扩建工程项目的安全设施与主体工程同时设计、同时施工、同时投产使用情况。

(十)组织指导全省安全生产宣传教育和培训工作;组织实施并监督特种作业人员(煤矿特种作业人员、特种设备作业人员除外)的考核工作和工矿商贸生产经营单位(煤矿除外)主要负责人、安全生产管理人员的安全资格 (煤矿矿长安全资格除外)考核工作;监督检查工矿商贸生产经营单位安全生产和职业安全培训工作。

(十一) 指导协调全省安全生产检测检验工作,监督管理安全生产社会中介机构和安全评价工作;监督和指导注册安全工程师执业资格考试和注册管理工作。

(十二)承担工矿商贸生产经营单位(煤矿除外)安全生产行政执法的责任,组织指导协调和监督全省安全生产行政执法工作。

(十三)组织拟订安全生产科技规划,指导协调安全生产重大科学技术研究和推广工作。

(十四)监督管理全省铁路无人看守道口的安全监护工作。

(十五) 组织开展安全生产方面的国际交流与合作。

(十六)承担省安全生产委员会的具体工作。

(十七)承办省政府交办的其他事项。

下属机构

沈阳市安全生产监督管理局

地址:沈阳市于洪区白山路2号

电话:024-86589609

邮编:110034

网址:http://www.sysafety.gov.cn/

大连市安全生产监督管理局

地址:大连市西岗区唐山街2-6号

电话:0411-83722919

邮编:116011

网址:http://www.ajj.dl.gov.cn/index.asp

抚顺市安全生产监督管理局

地址:辽宁省抚顺市顺城区临江路东段

电话:0413-7500719

邮编:113006

网址:http://www.aqjdj.com/

本溪市安全生产监督管理局

地址:本溪市明山区峪明路
电话:0414-4516205
邮编:117000
网址:http://www.benxi.gov.cn/wbj/aqscjdindex/index.jsp

锦州市安全生产监督管理局

地址:凌河区和平路四段12号
电话:0416-3195311
邮编:121000
网址:http://www.jzssafety.gov.cn/index.htm

营口市安全生产监督管理局

地址:营口市辽河大街东12号
电话:0417-2660012
邮编:115000
网址:http://www.ykaj.gov.cn

铁岭市安全生产监督管理局

地址:铁岭市银州区柴河街南段39号
电话:0410-2651195
邮编:112000
网址:http://www.tlsafety.gov.cn/

盘锦市安全生产监督管理局

地址:盘锦市兴隆台区市府大街45号
电话:0427-28123300
邮编:124000
网址:http://ajj.panjin.gov.cn/

葫芦岛市安全生产监督管理局

地址:葫芦岛市高新科技园区
电话:0429-3105801
邮编:125000
网址:http://www.hldsafety.gov.cn/

阜新市安全生产监督管理局

地址:阜新市中华路150号
电话:0418-6282810
邮编:123000
网址:http://ajj.fuxin.gov.cn

丹东市安全生产监督管理局

地址:辽宁省丹东市锦山大街1号
电话:0415-2122130
邮编:118000

吉林省安全生产监管机构

吉林省安全生产监督管理局

地址:吉林省长春市人民大街3727号
电话:0431-85096369
邮编:130021
网址:http://www.jlsafety.gov.cn/

内设机构

办公室 …… 0431-85096369
法规处 …… 0431-85096317
规划科技处 …… 0431-85096318
安全生产协调处 …… 0431-85096313
安全生产应急救援办 …… 0431-85096314
非煤矿山安全监管处 …… 0431-85096315
行业安全监督管理处 …… 0431-85096316
危险化学品监督管理处 …… 0431-85096323
职业卫生监督管理处 …… 0431-85096311
行政审批办公室 …… 0431-82752823
煤矿安全监管一处 …… 0431-85944796
煤矿安全监管二处 …… 0431-85943914
人事处 …… 0431-85096310
机关党委 …… 0431-85800128
监察室 …… 0431-85096328

机构职责

(一)承担省安全生产委员会办公室的日常工作。研究提出安全生产重大政策和措施的建议;监督检查、指导协调省政府有关部门和各市州人民政府的安全生产工作;组织全省安全生产大检查和专项督查;参与研究有关部门在产业政策、资金投入、科技发展等工作中涉及安全生产的相关工作;负责组织省政府重特大事故调查处理和办理结案工作；组织、协调重特大事故应急救援工作；指导协调全省安全生产行政执法工作；承办省安全生产委员会召开的会议和重要活动,督促、检查省安全生产委员会会议决定事项的贯彻落实情况；承办省安全生产委员会交办的其他事项。

(二)综合管理全省安全生产工作。组织起草安全生产方面的地方性法规、行政规章草案,研究拟订安全生产工作政策；制定发布工矿（指非煤矿山,下同)商贸行业及有关综合性安全生产规章规程,研究拟订安全生产技术标准并组织实施。

(三)依法行使全省国家安全生产综合监督管理职权,指导、协调和监督有关部门安全生产监督管理工作；制定全省安全生产发展规划 ；定期分析和预测全省安全生产形势,研究、协调和解决安全生产中的重大问题。

(四)负责发布全省安全生产信息,综合管理全省生产安全伤亡事故调度统计和安全生产行政执法分析工作；依法组织、协调重大、特大事故的调查处理工作,并监督事故查处的落实情况,协助国家调查处理特别重大事故,受省政府委托对重大、特大事故的调查报告进行批复 ；组织、指挥和协调安全生产应急救援工作。

(五)协调煤炭工业管理部门的安全工作,参与煤矿安全监察机构组织的对煤矿重大、特大事故的处理。

(六)负责综合监督管理危险化学品和烟花爆竹生产经营企业的安全生产工作。

(七)指导、协调全省安全生产检测检验工作；组织实施对工矿商贸企业安全生产条件和有关设备(特种设备除外)进行检测检验、安全评价、安全培训、安全咨询等社会中介组织的资质管理工作,并进行监督检查。

(八)组织、指导全省安全生产宣传教育工作；负责安全生产监督管理人员的安全培训、考核工作；依法组织、指导并监督特种作业人员（特种设备作业人员除外）的考核工作和生产经营单位主要经营管理者、安全生产管理人员的安全生产培训和资格考核工作；监督检查生产经营单位安全培训工作。

(九)负责监督管理省管工矿商贸企业安全生产工作；依法监督工矿商贸企业贯彻执行安全生产法律、法规情况及其安全生产条件和有关设备（特种设备除外)、材料、劳动防护用品的安全管理工作。

(十)依法监督检查新建、改建、扩建工程项目的安全设施与主体工程同时设计、同时施工、同时投产使用(以下简称“三同时”)情况 ；依法监督检查生产经营单位作业场所职业卫生情况和重大危险源监控、重大事故隐患的整改工作；依法查处不具备安全生产条件的生产经营单位。

(十一)拟订全省安全生产科技规划,组织、指导安全生产科学技术研究、技术示范和技术推广工作。

(十二）组织实施注册安全工程师执业资格制度, 监督和指导注册安全工程师执业资格考试和日常管理工作。

(十三)承办省政府交办的其他事项。

直属机构

吉林省安全调度中心(吉林省安全生产信息中心)

地址：长春市人民大街 3727 号
电话：0431-85096333
邮编：130021
网址：http://www.jlsafety.gov.cn/ddzx/

吉林省安全生产执法监察总队

地址：长春市人民大街 3727 号
电话：0431-85096360
邮编：130021
网址：http://www.jlsafety.gov.cn/zfzd/

吉林省安全科学研究院

地址：吉林省长春市人民大街副 54 号
（省政府 4 号楼）
电话：0431-8939227
邮编：130051
网址：http://www.ccst.gov.cn/kjsl/kyjy/kyys/ys-aqjs.htm

吉林省安全生产宣传教育中心

地址：长春市绿园区春郊胡同 199 号
电话：0431-88919919

邮编:130062

网址:http://www.jlsafety.gov.cn/xjzx/

吉林省安全技术评审鉴定中心
(吉林省职业卫生监督所)

地址:长春市人民大街永发胡同98号

电话:0431-88910760

邮编:130012

网址:http://www.jlsafety.gov.cn/pszx/

吉林省安全生产协会

地址:吉林省长春市人民大街副54号(省政府4号楼)

电话:0431-88905939

邮编:130051

网址:http://www.jlsafety.gov.cn/aqgcxh

下属机构

长春市安全生产监督管理局

地址:长春市人民大街10111号

电话:0431-88777081

邮编:130021

网址:http://www.ccsafety.gov.cn/

吉林市安全生产监督管理局

地址:吉林市越山路11号

电话:0432-4805566

邮编:132021

网址:http://www.jlssafety.gov.cn/

辽源市安全生产监督管理局

地址:人民大街256号

电话:0437-5095095

邮编:136200

网址:http://www.0437.gov.cn/gov/anquan

通化市安全生产监督管理局

地址:通化市新华大街802号

电话:0435-3907119

邮编:134001

网址:http://www.thssafety.gov.cn/

白城市安全生产监督管理局

地址:文化东路1号

电话:0436-3225450

邮编:137000

网址:http://www.bcsafety.gov.cn/

松原市安全生产监督管理局

地址:松原市经济开发区青年大街4569号

电话:0438-2165005

邮编:138000

网址:http://www.syssafety.gov.cn/

延边州安全生产监督管理局

地址:明河胡同345号

电话:0433-2876610

邮编:138000

网址:http://www.ybsafe.gov.cn/user/

黑龙江省安全生产监管机构

黑龙江省安全生产监督管理局

地址:哈尔滨市南岗区文明街11号

电话:0451-87015866

邮编:150040

网址:http://www.hlsafety.gov.cn/

内设机构

办公室	0451-87015866
监督管理一处	0451-87017099
监督管理二处	0451-87012022
规划科技处	0451-87016233
政策法规处	0451-87015877
安全生产协调处	0451-87017066
危险化学品安监管理处	0451-87016199
煤矿安全监督管理处	0451-87018033
人事培训处	0451-87016200
机关党委	0451-87015022
监察室	0451-87015022
应急救援办公室	0451-87010922

机构职能

（一）承担省政府安全生产委员会办公室的日常工作。具体职责是：研究提出安全生产重要措施的建议；监督检查、指导协调省政府有关部门和各市（地）人民政府（行政公署）的安全生产工作；组织省政府安全生产大检查和专项督查；参与研究有关部门在产业政策、资金投入、科技发展等工作中涉及安全生产的相关工作；负责组织省政府特大事故调查处理和办理结案工作；组织协调特大事故应急救援工作；指导协调全省安全生产行政执法工作；承办省政府安委会召开的会议和重要活动，督促、检查安委会会议决定事项的贯彻落实情况；承办省政府安委会交办的其他事项。

（二）综合管理全省安全生产工作。组织起草安全生产方面的综合性的地方法规和行政规章，指导协调有关行业主管部门和社会中介组织拟定行业安全技术标准。

（三）依法行使国家安全生产综合监督职权，指导、协调和监督有关部门安全生产监督管理工作；拟定全省安全生产发展规划；定期分析和预测全省安全生产形热，研究、协调和解决安全生产中的重大问题。

（四）负责发布全省安全生产信息，综合管理全省生产安全伤亡事故高度统计和安全生产行政执法分析工作；依法组织、协调重特大事故的调查处理工作，受省政府委托对重特大事故的调查报告进行批复，并监督事故查处的落实情况；组织、指挥和协调安全生产应急救援工作。

（五）负责综合监督管理危险化学品和烟花爆竹安全生产工作。

（六）指导、协调全省安全生产检测检验工作；组织实施对工矿商贸企业安全生产条件和有关设备（特种设备除外）进行检测检验、安全评价、安全培训、安全咨询等社会中介组织的资质管理工作，并进行监督检查。

（七）组织、指导全省安全生产宣传教育工作；负责全省安全生产监督管理人员的安全培训、考核工作；依法组织、指导并监督特种作业人员（特种设备作业人员除外）的考核工作和生产经营单位主要经营管理者、安全管理人员的安全资格培训考核。

（八）依法监督工矿商贸企业贯彻执行安全生产法律、法规情况及其安全生产条件和有关设备（特种设备除外）、材料、劳动防护用品的安全管理工作。

（九）依法监督检查新建、改建、扩建工程项目的安全设施与主体工程同时设计、同时施工、同时投产使用（以下简称“三同时”）情况；依法监督检查生产经营单位作业场所职业卫生情况和重大危险源监控、重大事故隐患的整改工作，依法查处不具备安全生产条件的生产经营单位。

（十）拟订全省安全生产科技规划，组织、指导安全生产重大科学技术研究和技术示范工作；监督管理安全技术措施经费；组织开展安全生产方面的国际、省际间的交流与合作。

（十一）贯彻实施注册安全工程师执行资格制度，组织考前培训和注册管理。

（十二）承办省政府交办的其他事项。

下属机构

齐齐哈尔市安全生产监督管理局

地址：市党政办公中心6号楼4楼
电话：0452-2796403
邮编：161006
网址：http://qqhrsafety.gov.cn

佳木斯市安全生产监督管理局

地址：佳木斯市长安路2666号
电话：0454-8693255
邮编：154000
网址：http://a.safety.jms.gov.cn

牡丹江市安全生产监督管理局

地址：牡丹江市党政办公中心2楼
电话：0453-6922141
邮编：154000
网址：http://www.dpcm.cn/ad/aj/

七台河市安全生产监督管理局

地址：七台河市茄子河区杨扬大街
电话：0464-8685005
邮编：154600

网址:http://www.qthsafety.gov.cn

鹤岗市安全生产监督管理局

地址:鹤岗市辖区
电话:0468-3224118
邮编:154100

伊春市安全生产监督管理局

地址:伊春市辖区
电话:0458-3878907
邮编:153000

双鸭山市安全生产监督管理局

地址:双鸭山市尖山区文化路63号
电话:0469-4272830
邮编:155100

鸡西市安全生产监督管理局

地址:黑龙江省鸡西市鸡冠区
电话:0467-2350477
邮编:158100

上海市安全生产监管机构

上海市安全生产监督管理局

地址:上海市大沽路100号
电话:54667027
邮编:200003
网址:http://www.shsafety.gov.cn

内设机构

办公室(党组办公室、研究室)
组织人事处(包括纪检监察、机关党委、工会)
政策法规处(宣传培训处)
发展与科学技术处
监督管理一处
监督管理二处
危险化学品监督管理处
安全生产协调处

机构职责

(一)贯彻执行有关安全生产监督管理的方针、政策和法律、法规、规章;结合本市实际,研究起草有关安全生产监督管理的地方性法规、规章草案和政策,并组织实施有关法规、规章和政策。

(二)综合管理本市的安全生产工作,分析和预测本市安全生产形势,拟定本市安全生产工作规划。指导、协调各区、县的安全生产工作。

(三)依据国家和本市有关安全生产的法律、法规、规章、规程、标准,监督检查行业、生产经营单位的贯彻落实情况,对违反安全生产法律、法规和规章的行为实施行政执法。

(四)综合管理本市生产安全事故统计报告工作,通报全市生产安全事故的情况,发布本市安全生产信息;依据国家和本市生产安全事故报告、调查处理的有关规定,负责组织、协调本市重大、特大生产安全事故的调查、处理。

(五)组织开展本市安全生产宣传工作。负责本市安全生产教育培训的监督管理工作。

(六)依照有关法律、法规的规定,负责本市生产经营单位新建、改建、扩建工程项目的安全设施审查,并参与竣工验收。负责对本市重大危险源实施评估分级及监控,监督重大事故隐患的治理。

(七)负责责本市危险化学品安全生产监督管理综合工作;对危险化学品生产、经营、储存、使用企业的安全生产实施监督管理。负责本市特种劳动防护用品的监督管理工作。

(八)研究制定本市安全生产规程和安全技术标准,组织指导本市安全生产科学技术、新产品、新技术的研究、开发、推广工作。

(九)负责本市安全生产社会中介机构的监督管理工作。

(十)开展安全生产方面的国际交流与合作。

(十一)负责有关行政复议受理和行政诉讼应诉工作。

(十二)承办市政府交办的其他事项。

直属机构

上海市安全生产科学研究所

地址：上海市田林路 191 号
电话：021-64954508
邮编：200233
网址：http://www.shsafety.gov.cn/jgzn/zsdw/200901/t20090108_5867.html

上海市化工职业病防治院

地址：上海市成都北路 369 号
电话：021-62672200
邮编：200041
网址：http://www.shhgzf.com

上海市安全生产信息中心

地址：上海市复兴中路 593 号民防大厦 19 楼
电话：021-54667000
邮编：200020
网址：http://www.shsafety.gov.cn/jgzn/zsdw/200901/t20090108_5865.html

下属机构

上海市浦东区安全生产监督管理局

地址：浦东新区世纪大道 2001 号
电话：021-28282686
邮编：201205
网址：http://www.pdsafety.gov.cn/pdweb/index/index.asp

普陀区安全生产监督管理局

地址：大渡河路 1668 号 3 号楼 716
电话：021-52564588 转 4716
邮编：200333
网址：http://www.ptaqsc.gov.cn/index.asp

虹口区安全生产监督管理局

地址：飞虹路 518 号 1311 室
电话：021-25658379
邮编：200086
网址：http://www.hksafety.gov.cn/

长宁区安全生产监督管理局

地址：长宁路 599 号 9 楼
电话：021-22050922
邮编：200000
网址：http://safety.changning.sh.cn/

闸北区安全生产监督管理局

地址：大统路 480 号 12 楼
电话：021-63176102
邮编：200070
网址：http://www.zbaj.gov.cn/index.aspx

杨浦区安全生产监督管理局

地址：江浦路 549 号
电话：021-55218357
邮编：200082
网址：http://www.ypajj.com/

卢湾区安全生产监督管理局

地址：卢湾区重庆南路 100 号
电话：021-63310067
邮编：200020
网址：http://safety.luwan.sh.cn/

金山区安全生产监督管理局

地址：金山区石化龙胜路 688 号
电话：021-67960637
邮编：200540
网址：http://jsajj.jinshan.gov.cn

松江区安全生产监督管理局

松江区中山中路 38 号 1 号楼
电话：021-37736538
邮编：201600
网址：http://ajj.songjiang.gov.cn

宝山区安全生产监督管理局

地址：宝山淞滨路 28 号 6 楼
电话：021-56848073
邮编：200940
网址：http://www.bsajj.cn/

青浦区安全生产监督管理局

地址：青州路 220 号 5 楼
电话：021-69736079

邮编:201700

网址:http://safety.shqp.gov.cn

奉贤区安全生产监督管理局

地址:南桥镇南奉公路 8847 号

电话:021-67184555

邮编:201401

网址:http://www.fxaj.gov.cn

南汇区安全生产监督管理局

地址:南门大街 41 号 8 号楼

电话:021-68006030

邮编:201300

网址:http://www.nhajj.gov.cn/

静安区安全生产监督管理局

地址:延平路 81 号 4 楼

电话:021-62322251

邮编:200042

网址:http://ajj.jingan.gov.cn/

崇明县安全生产监督管理局

地址:崇明县城桥镇嘉乐弄 42 号

电话:021-59614557

邮编:202150

网址:http://www.cmaqsc.gov.cn/

徐汇区安全生产监督管理局

地址:漕溪北路 336 号

邮编:200030

网址:http://ajj.xh.sh.cn/

嘉定区安全生产监督管理局

地址:嘉定区东大街 388 号

电话:021-59530780

邮编:201800

网址:http://aqsc.jiading.gov.cn

闵行区安全生产监督管理局

地址:沪闵路 6558 号 5 楼

电话:021-64131882

邮编:201100

网址:http://mhsafety.shmh.gov.cn

江苏省安全生产监管机构

江苏省安全生产监督管理局

地址:南京市北京西路 15-1 号

电话:025-83304292

邮编:210024

网址:http://www.jssafety.gov.cn/

内设机构

办公室 …… 025-83332311

财务处 …… 025-83332321

人事培训处 …… 025-83332421

纪检组监察室 …… 025-83332352

机关党委 …… 025-83332351

老干部处 …… 025-83332350

政策法规处 …… 025-83332385

规划科技处 …… 025-83332419

信息调度处 …… 025-83332380

值班室 …… 025-83304292

监督管理一处 …… 025-83332381

监督管理二处 …… 025-83332375

危险化学品监督管理处 …… 025-83332359

科技装备处 …… 025-83332417

安全监察处 …… 025-83332405

执法监督处(事故调查处) …… 0516-85321073

机构职能

承担省安全生产委员会办公室的日常工作。具体职责是:研究提出省安全生产重大方针政策和重要措施的建议;监督检查、指导协调省有关部门和各市人民政府的安全生产工作;组织省安全生产大检查和专项督查;参与研究有关部门在产业政策、资金投入、科技发展等工作中涉及安全生产的相关工作;负责组织省重特大事故调查处理,受省政府委托对重特大事故调查报告进行批复;组织协调重特大事故应急救援工作;指导协调全省安全生产行政执法工作;承办省安全生产委员会召开的会议和重要活动,督促、检查省安全生产委员会议决定事项的贯彻落实情况。

综合管理全省安全生产工作。组织起草全省安全生产综合性地方性法规、规章和政策，制定发布工矿商贸行业及有关综合性安全生产规章规程，研究拟订工矿商贸安全生产标准，并组织实施。

依法行使省安全生产综合监督管理职权。指导、协调和监督有关部门安全生产监督管理工作；制定全省安全生产发展规划；定期分析和预测全省安全生产形势，研究、协调和解决安全生产中的重大问题。

负责发布全省安全生产信息，综合管理全省生产安全伤亡事故调度统计和安全生产行政执法分析工作；依法组织、协调重特大事故的调查处理工作，并监督事故查处的落实情况；组织、指挥和协调安全生产应急救援工作。

负责综合监督管理危险化学品和烟花爆竹安全生产工作。

指导、协调全省安全生产检测检验工作；组织实施对工矿商贸企业安全生产条件和有关设备（特种设备除外）进行检测检验、安全评价、安全培训、安全咨询等社会中介组织的资质管理工作，并进行监督检查。

组织、指导全省安全生产宣传教育工作，负责安全生产监督管理人员安全培训、考核工作，依法组织、指导并监督特种作业人员（特种设备作业人员除外）的考核工作和生产经营单位主要经营管理者、安全管理人员的安全资格考核工作；监督检查生产经营单位安全培训工作。

负责监督管理省管的工矿商贸企业安全生产工作，依法监督工矿商贸企业贯彻企业安全生产法律、法规情况及其安全生产条件和有关设备（特种设备除外）、材料、劳动防护用品的安全管理工作。

依法监督检查“三同时”（新建、改建、扩建工程项目的安全设施与主体工程同时设计、同时施工同时投产使用）的情况；依法监督检查生产经营单位作业场所职业卫生情况和重大危险源监控、重大事故隐患的整改工作，依法查处不具备安全生产条件的生产经营单位。

拟订安全生产科技规划，组织、指导安全生产重大科学技术研究和技术示范工作。

组织实施安全工程师执业资格考试及注册的管理工作。

组织开展安全生产方面的交流与合作。

承办省政府和省安全生产委员会交办的其他事项。

直属单位

江苏省安全生产科学研究院

地址：南京市花园路9号

电话：025-85283079

邮编：210042

网址：http://www.jssafety.net/

江苏省安全生产宣传教育中心

地址：南京市花园路9号

电话：025-85412817

邮编：210042

徐州机电工程高等职业学校

地址：徐州贾汪区育才路1号

电话：0516-85336005

邮编：221011

网址：http://www.xzjdgz.com/

徐州机电高级技工学校

地址：徐州经济开发区大黄山

电话：0516-83158946

邮编：221031

网址：http://www.xzjdc.com.cn/index.asp

扬州生活科技学校

地址：扬州市文昌中路579号（市人大对面）

电话：0514-87898656

邮编：225002

网址：http://www.yzshkjxx.com/

下属机构

南京市安全生产监督管理局

地址：南京市江东中路259号新城大厦28楼

电话：025-83630312

邮编：210009

网址：http://www.njsafety.gov.cn

无锡市安全生产监督管理局

地址:无锡市健康路2号
电话:0510-82753616
邮编:214001
网址:http://safety.chinawuxi.gov.cn/

连云港市安全生产监督管理局

地址:连云港新浦区海昌南路17号
电话:0518-5515976
邮编:222300
网址:http://www.jssafety.gov.cn/lyg/

镇江市安全生产监督管理局

地址:镇江市解放路357号
电话:0511-85082118
邮编:212000
网址:http://www.jszjsafety.gov.cn/

苏州市安全生产监督管理局

地址:苏州市三香路998号
电话:0512-68611752
邮编:215000
网址:http://www.suzhousafety.gov.cn/

徐州市安全生产监督管理局

地址:江苏省徐州市淮海东路138号(海关大楼5楼)
电话:0516-83739289
邮编:221003
网址:http://safety.xz.gov.cn/

泰州市安全生产监督管理局

地址:江苏省泰州市青年南路18号
电话:0523-6895017
邮编:225300
网址:http://www.tzsafety.gov.cn/

南通市安全生产监督管理局

地址:南通市人民中路95号
电话:0513-85129678
邮编:226001
网址:http://www.ntsafety.gov.cn/

扬州市安全生产监督管理局

地址:扬州市文昌西路8号东综合楼2楼
电话:0514-87963500
邮编:225000
网址:http://www.yzsafety.gov.cn/

常州市安全生产监督管理局

地址:常州市新行政中心1号楼
电话:0519-85683106
邮编:213002
网址:http://www.czssafety.gov.cn/

淮安市安全生产监督管理局

地址:淮安市淮海南路130号
电话:0517-83508069
邮编:223001
网址:http://ajj.huaian.gov.cn/

浙江省安全生产监管机构

浙江省安全生产监督管理局

地址:杭州市体育场路479号
电话:0571-87053080
邮编:310007
网址:http://www.zjsafety.gov.cn/

内设机构

办公室 ………………………… 0571-87058209
规划科技处(政策法规处) ‐ ‐ ‐ 0571-87053651
矿山安全监察处 ……………… 0571-87055025
综合安全监督管理处 ………… 0571-87055020
危险化学品安全监督管理处 … 0571-87058123
人事培训处 …………………… 0571-87058113
安全生产应急救援管理处 …… 0571-87056772
机关党委(监察室) ………… 0571-87053601

机构职责

(一)承担省安全生产委员会办公室的日常工

作。具体职责是:研究提出全省安全生产重大政策和重要措施的建议;监督检查、指导协调省人民政府有关部门和各市人民政府的安全生产工作;组织全省安全生产大检查和专项督查;参与研究有关部门在产业政策、资金投入、科技发展等工作中涉及安全生产的相关工作;负责组织全省特大事故调查和办理结案工作;组织协调特大事故应急救援工作;指导协调全省安全生产行政执法工作;承办省安全生产委员会召开的会议和重要活动,督促、检查省安全生产委员会会议决定事项的贯彻落实情况;承办省安全生产委员会会议交办的其他事项。

(二)综合管理全省安全生产工作。受委托组织起草本省安全生产方面的地方性法规、规章草案,研究拟订安全生产工作政策,制定发布工矿商贸行业及有关综合性安全生产规章、规程,研究拟订工矿商贸安全生产标准,并组织实施。

(三)依法行使全省安全生产综合监督管理职权,指导、协调和监督有关部门安全生产监督管理工作;制定全省安全生产发展规划;定期分析和预测全省安全生产形势,研究、协调和解决安全生产中的重大问题。

(四)依法行使全省安全生产监察职权。依法监察工矿商贸企业贯彻执行安全生产法律、法规及其安全生产条件、有关设备(特种设备除外)、材料、劳动防护用品的安全管理情况;对不具备安全生产条件的矿山依法进行查处;组织矿山建设工程安全设施的设计审查和竣工验收。

(五)负责发布全省安全生产信息,综合管理全省生产安全伤亡事故统计和安全生产行政执法分析工作;依法组织、协调重大、特大事故的调查处理工作,并监督事故查处的落实情况;组织、指挥和协调安全生产应急救援工作。

(六)负责综合监督管理危险化学品和烟花爆竹安全生产工作。

(七)指导、协调全省安全生产检测检验工作;组织实施对工矿商贸企业安全生产条件和有关设备(特种设备除外)进行检测检验、安全评价、安全培训等社会中介组织的资质管理工作,并进行监督检查。

(八)组织、指导全省安全生产宣传教育工作,负责安全生产监督管理人员的安全培训、考核工作,依法组织、指导并监督特种作业人员(特种设备作业人员除外)的考核工作和生产经营单位主要经营管理者、安全管理人员的安全生产知识和管理能力考核工作;监督检查生产经营单位安全培训工作。

(九)依法监督检查新建、改建、扩建工程项目的安全设施与主体工程同时设计、同时施工、同时投产使用情况(以下简称"三同时"情况);依法监督检查重大危险源监控、重大事故隐患的整改工作,依法查处不具备安全生产条件的生产经营单位。

(十)拟订安全生产科技规划,组织、指导安全生产重大科学技术研究和技术示范工作。

(十一)组织开展安全生产方面的国际交流与合作。

(十二)管理直属单位,指导有关协会工作。

(十三)承办省政府交办的其他事项。

下属机构

杭州市安全生产监督管理局

地址:杭州市延安路484号市政府综合办公楼3号楼4楼
电话:0571-85811402
邮编:310006
网址:http://www.hzsafety.gov.cn

宁波市安全生产监督管理局

地址:市解放南路202号(建筑大厦11楼)
电话:0574-87264110
邮编:315000
网址:http://ajj.ningbo.gov.cn

温州市安全生产监督管理局

地址:温州市市府路市行政管理中心主楼四楼
电话:0577-88968096 88965017 88965011
邮编:325000
网址:http://www.wzsafety.gov.cn

湖州市安全生产监督管理局

地址:湖州市环城西路77号
电话:0572-2032689
邮编:313000
网址:http://www.huzsafety.gov.cn

绍兴市安全生产监督管理局

地址:绍兴市胜利西路657号

电话:0575-85168090

邮编:312000

网址:http://www.sxajj.gov.cn/#

台州市安全生产监督管理局

地址:台州市府大道406号

电话:0576-8510733

邮编:318000

网址:http://www.tzaj.gov.cn

金华市安全生产监督管理局

地址:金华市双龙南街801号市府大楼5楼

电话:0579-82468236

邮编:322300

网址:http://www.jhsafety.gov.cn/

舟山市安全生产监督管理局

地址:新城海天大道681号

电话:0580-2280504

邮编:316021

网址:http://www.zsaqjg.gov.cn/

丽水市安全生产监督管理局

地址:丽水市莲都区继光街27号

电话:0578-2521032

邮编:323000

网址:http://ajj.lishui.gov.cn/

嘉兴市安全生产监督管理局

地址:嘉兴市中山路1135号

电话:0573-83966907

邮编:314001

网址:http://www.jxajj.gov.cn/

安徽省安全生产监管机构

安徽省安全生产监督管理局

地址:合肥市屯溪路296号地矿大厦

电话:0551-4673117

邮编:230000

网址:http://www.anhuisafety.gov.cn/

内设机构

办公室 ………………… 0551-4673117 4673116

综合协调处 ………… 0551-4672755 4669659

规划科技处 ………… 0551-4671963 4669560

事故统计室 ………… 0551-4672997 4660199

危险化学品安全监管处 ……… 0551-4672963

监督管理一处 ……… 0551-4650969 4672911

监督管理二处 ……… 0551-4669063 4672655

人事培训处 ………… 0551-4673200 4664249

工作职能

(一)承担省安委会办公室的工作。具体职能是:研究提出安全生产重要措施的建议;监督检查、指导协调有关部门和各省辖市政府的安全生产管理工作;组织安全生产大检查和专项督查;参与研究有关部门在产业政策、资金投入、科技发展等工作中涉及安全生产的相关工作;负责特大安全事故和有关重大安全生产事故处理和办理结案工作;组织协调特大、特别重大安全生产事故应急救援工作;指导协调全省安全生产行政执法工作;承办省政府安全生产委员会(以下简称省安委会)会议以及安全生产对外交流与合作等重要活动,督促、检查省安委会会议决定事项的贯彻落实情况;承办省安委会交办的其他事项。

(二)综合管理全省安全生产工作。组织起草安全生产方面的地方性法规和行政规章,贯彻实施安全生产政策、规章和规程;研究拟订工矿商贸安全生产的省控指标并组织实施。

(三)依法行使省安全生产综合监督管理职权,指导、协调有关部门的安全生产监督管理工作;制定全省安全生产发展规划、科技规划;定期分析和预测全省安全生产形势,研究、协调和解决安全生产中的重大问题;协调省控重大危险源的监控措施。

(四)负责发布全省安全生产信息,综合管理全省安全生产伤亡事故调度统计和安全生产行政执法分析工作;依法组织、协调重大、特大、特别重大安全生产事故的调查处理工作,监督事故查处的落实情况；组织、指挥和协调安全生产应急救援工作。

（五）负责综合监督管理矿山、危险化学品和烟花爆竹安全生产工作。

（六）指导、协调全省安全生产检测检验工作；组织实施对工矿商贸企业安全生产条件和有关设备（特种设备除外）进行检测检验、安全评价、安全认证、安全培训、安全咨询等社会中介组织的资质管理工作并监督检查。

（七）组织、指导全省安全生产宣传教育工作，负责安全生产监督管理人员的安全培训、考核工作、依法组织、指导并监督特种作业人员（特种设备作业人员除外）的考核工作和生产经营单位主要经营管理者、安全管理人员的安全资格考核工作；监督检查经营单位安全培训工作。

（八）负责监督管理省属工矿商贸企业安全生产工作，依法监督工矿商贸企业贯彻执行安全生产法律法规及其安全生产条件和有关设备（特种设备除外）、材料、劳动防护用品的安全管理工作。

（九）依法监督检查新建、改建、扩建工程项目的安全设施与主体工程同时设计、同时施工、同时投产（以下简称“三同时”）情况；依法监督检查生产经营单位作业场所职业卫生、劳动防护工作和重大危险源监控、重大安全事故隐患的整改工作，依法查处不具备安全生产条件的生产经营单位。

（十）贯彻实施注册安全工程师执业资格制度，监督指导注册安全工程师执业资格考试和注册有关工作。

（十一）承办省政府交办的其他事项。

下属机构

合肥市安全生产监督管理局

地址：合肥市东流路100号市政务中心三区B楼5层
电话：0551-3537766
邮编：230000
网址：http://sajj.hefei.gov.cn/n1105/n32894/index.html

芜湖市安全生产监督管理局

地址：芜湖市芜湖南路24号
电话：0553-8829121
邮编：241000
网址：http://www.whanhuisafety.gov.cn/

黄山市安全生产监督管理局

地址：黄山市政府大楼13楼
电话：0559-2355107
邮编：245000
网址：http://www.hsanhuisafety.gov.cn/

蚌埠市安全生产监督管理局

地址：蚌埠市东海大道行政办公中心
电话：0552-3115391
邮编：233000
网址：http://www.bbsafety.gov.cn/

铜陵市安全生产监督管理局

地址：市党员电教中心4楼
电话：0562-2110021
邮编：244000
网址：http://www.tlanhuisafety.gov.cn/

宣城市安全生产监督管理局

地址：鳌峰新村综合办公楼4楼
电话：0563-3022561
邮编：242000
网址：http://www.anhuisafety.gov.cn/xuancheng/

安庆市安全生产监督管理局

地址：安庆市龙山路223号
电话：0556-5531661
邮编：246000
网址：http://www.aqanhuisafety.gov.cn/

池州市安全生产监督管理局

地址：池州市辖区
电话：0566-2037571
邮编：247100
网址：http://www.czanhuisafety.gov.cn/

六安市安全生产监督管理局

地址：六安市长安南路行政中心政协北楼（11号楼）3楼
电话：0564-3379200
邮编：237001
网址：http://www.laanhuisafety.gov.cn/

滁州市安全生产监督管理局

地址：滁州市凤凰西路21号
电话：0550-3075686
邮编：239000
网址：http://www.czsanhuisafety.gov.cn/

淮南市安全生产监督管理局

地址：龙河南路9号
电话：0554-2690165
邮编：232000
网址：http://www.hnanhuisafety.gov.cn/

亳州市安全生产监督管理局

地址：亳州市芍花路中段市行政中心办公楼
电话：0558-5555270
邮编：236800
网址：http://www.bzanhuisafety.gov.cn/

淮北市安全生产监督管理局

地址：淮北市人民路208号
电话：0561-3198877
邮编：235000
网址：http://www.hbanhuisafety.gov.cn/

宿州市安全生产监督管理局

地址：宿州市胜利路
电话：0557-3053552
邮编：234000
网址：http://www.szanhuisafety.gov.cn/

阜阳市安全生产监督管理局

地址：阜阳市清河乐路365号
电话：0558-2173661
邮编：236000
网址：http://www.fyanhuisafety.gov.cn/

巢湖市安全生产监督管理局

地址：巢湖路415号
电话：0565-2621096
邮编：238000
网址：http://www.chanhuisafety.gov.cn/

马鞍山安全生产监督管理局

地址：马鞍山市湖北路35号
电话：0555-2331358
邮编：243000
网址：http://safety.mas.gov.cn/

芜湖市安全生产监督管理局

地址：车风环路市政府商务文化中心C区4楼
电话：0533-3882248
邮编：241000
网址：http://www.wuhusafety.gov.cn

福建省安全生产监管机构

福建省安全生产监督管理局

地址：福州市东大路73号省直东湖大院
电话：0591-87521854
邮编：350000
网址：http://www.fjsafety.gov.cn/

内设机构

办公室 ………… 0591-87557095
值班室 ………… 0591-87521854
政策法规处(安全生产执法总队) ………… 0591-87668559
矿山处 ………… 0591-87557079
监管一处 ………… 0591-87557265
监管二处 ………… 0591-87557051
监管三处 ………… 0591-87513543
福建省重大危险源监控中心 ………… 0591-87270707

机构职能

（一）贯彻执行国家有关安全生产的方针政策和法律法规，起草并组织实施我省安全生产地方性法规、政府规章；拟订全省安全生产政策和规划，指导协调全省安全生产工作；分析和预测全省安全生产形势，发布全省安全生产信息；协调解决安全生产中的重大问题。

（二）承担全省安全生产综合监督管理责任，依法行使综合监督管理职权；指导协调、监督检查省政府有关部门和各设区市人民政府安全生产工作，监督考核并通报安全生产责任目标执行情况。

（三）会同省经济贸易委员会负责工业和内贸等行业安全生产监督管理；按照分级、属地管理原则，依法监督检查上述行业生产经营单位贯彻执行安全生产法律法规规章情况及其安全生产条件和有关设备（特种设备除外）、材料、劳动防护用品的安全生产管理工作；监督检查上述行业生产经营单位重大危险源监控和重大事故隐患排查治理工作；依法查处上述行业生产经营单位中不具备安全生产条件的单位。

（四）承担全省非煤矿矿山企业和危险化学品企业安全生产准入管理责任；负责全省危险化学品安全监督管理综合工作。

（五）负责组织省政府安全生产综合检查和专项督查工作；根据省政府授权，依法组织重大事故调查处理工作，监督事故查处和责任追究落实情况。

（六）负责组织指挥和协调全省安全生产应急救援工作；综合管理全省生产安全伤亡事故和安全生产行政执法统计分析工作。

（七）负责监督检查职责范围内建设项目的安全设施与主体工程同时设计、同时施工、同时投入使用（以下称建设项目"三同时"）情况。

（八）组织指导并监督特种作业人员（煤矿特种作业人员、特种设备作业人员除外）的考核工作和工矿商贸生产经营单位主要负责人、安全生产管理人员的安全资格（煤矿矿长、煤矿企业安全管理人员安全资格除外）考核工作；监督检查工矿商贸生产经营单位安全生产培训工作。

（九）指导协调全省安全生产检测检验工作，监督管理安全生产社会中介机构和安全评价工作；按照有关规定，监督和指导注册安全工程师、安全评价师执业资格考试和注册管理工作。

（十）指导协调和监督全省安全生产行政执法工作。

（十一）组织拟定并督促实施安全生产科技规划，指导协调安全生产重大科学技术研究和推广，推进安全生产技术支撑体系建设。

（十二）综合协调组织安全生产宣传教育工作，组织开展安全生产方面的国际交流与合作。

（十三）承担省政府安全生产委员会的日常工作。

（十四）承办省委、省政府交办的其他事项。

下属机构

南平市安全生产监督管理局

地址：南平市八一路439号市政府大楼11层
电话：0599-8831760
邮编：353000
网址：http://www.npajj.com

三明市安全生产监督管理局

地址：三明市东新二路红岩新村24幢5楼
电话：0598-8286928
邮编：365000
网址：http://www.sm.gov.cn/smsajj/

龙岩市安全生产监督管理局

地址：龙岩市溪畔路14号
电话：0597-2328366
邮编：364000
网址：http://ajj.longyan.gov.cn/

莆田市安全生产监督管理局

地址：莆田市荔城中大道2169号
电话：0594-2292259
邮编：351100
网址：http://www.ptsafety.gov.cn/

宁德市安全生产监督管理局

地址：蕉城区暑前路14号市委大院1号楼三层
电话：0593-2822710

邮编:352100
网址:http://www.ndsafety.gov.cn/

漳州市安全生产监督管理局

地址:漳州市胜利西路118号28座
电话:0596-2029910
邮编:363000
网址:http://zzajj.zhangzhou.gov.cn/

泉州市安全生产监督管理局

地址:泉州市温陵北路中侨集团公司5楼
电话:0595-22374213
邮编:362000
网址:http://www.ajj.fjqz.gov.cn/

厦门市安全生产监督管理局

地址:厦门市湖滨南路170号技术监督局大楼
电话:0592-2035555
邮编:361000
网址:http://www.xmsafety.gov.cn/

福州市安全生产监督管理局

地址:福州市六一北路601号
电话:0591-83222311
邮编:350000
网址:http://www.fzaj.gov.cn

江西省安全生产监管机构

江西省安全生产监督管理局

地址:南昌市东湖区省政府大院东四路23号
电话:0791-6266480
邮编:330000
网址:http://www.jxsafety.gov.cn/

内设机构

办公室(财务处) ················ 0791-6273179
政策法规处 ······················ 0791-6289566
规划科技处 ······················ 0791-6273367
监管一处 ························ 0791-6278176
监管二处 ························ 0791-6281106
监管三处 ························ 0791-6277139
烟花爆竹安全监督管理处 ······ 0791-6280106
机关党委(人事培训处) ········· 0791-6271659
纪检组(监察室) ················ 0791-6237932

机构职能

(一)贯彻执行国家有关安全生产的法律法规和方针政策;组织或参与起草有关安全生产的地方性法规、规章和政策。

(二)综合管理全省安全生产工作;分析和预测全省安全生产形势;拟定全省安全生产工作规划;依法行使国家安全生产监察职权;指导、协调和监督各有关行业、部门承担的安全生产监督管理工作;督促检查各有关部门、各级安全生产监督机构贯彻落实省政府和省安委会安全生产工作决议和安全生产工作部署情况。

(三)负责发布全省安全生产信息;综合管理全省伤亡事故统计工作;组织、协调重大安全事故的调查处理,参与特大安全事故的调查处理,承办重大安全事故的复核结案工作;受托承办特大安全事故审批结案的有关工作。

(四)指导、协调全省安全生产检测检验工作;组织实施对工矿商贸企业安全生产条件和有关设备(由其他有关部门承担的锅炉、压力容器、电梯、防爆电器、压力管道、起重机械、厂内运输车辆、架空索道、游乐设施等特种设备除外,下同)进行检测检验、安全评价、安全培训、安全咨询等业务的社会中介组织的资格认可工作,并负责监督检查。

(五)组织全省安全生产方面的宣传教育和本系统安全生产监察人员的培训、考核工作;依法组织、指导并监督全省特种作业人员(从事特种设备安全生产的作业人员除外,下同)的培训、考核、发证工作和企业主要经营管理者、注册安全主任的安全资格考核发证工作。

(六)监督工矿商贸企业贯彻执行安全生产法律、法规情况,安全生产条件、有关设备材料和劳动防护用品的安全管理工作。

(七)负责新建、改建、扩建工程项目的安全设施与主体工程同时设计、同时施工、同时投产使用(以下简称“三同时”)的安全监督检查工作;按照职业安全法规和标准,监督检查工矿商贸企业职业危害的防治工作;依法监督检查重大危险源的监控和重大事故隐患的整改工作,组织对不具备安全生产基本条件的生产经营单位的查处工作;组织、指导和协调化学事故应急救援等工作。

(八)拟定全省安全生产科研规划,组织、指导安全生产科学技术研究和技术示范推广工作。

(九)负责全省烟花爆竹安全生产的综合指导、协调和监察,并对生产企业进行经常性安全检查和监察。

(十)负责省安委会的日常工作。

(十一)承办省政府交办的其他事项。

下属机构

南昌市安全生产监督管理局

地址:南昌市红谷滩会展路199号

电话:0791-3986158

邮编:330200

网址:http://ajj.nc.gov.cn:8080

九江市安全生产监督管理局

地址:九江市浔阳区浔阳东路198-A

电话:0792-8563035

邮编:332000

网址:http://www.jjsafety.gov.cn/

赣州市安全生产监督管理局

地址:赣州市新赣南路

电话:0797-8297522

邮编:341000

网址:http://www.gzsafety.gov.cn/

鹰潭市安全生产监督管理局

地址:鹰潭市梅园大道12

电话:0701-6446186

邮编:335000

网址:http://www.ytajj.gov.cn/

新余市安全生产监督管理局

地址:新余市劳动南路280号

电话:0790-6441505

邮编:338000

网址:http://www.xysafety.gov.cn/

宜春市安全生产监督管理局

地址:宜春市宜阳北路321号

电话:0795-3590911

邮编:336000

网址:http://www.ycsafety.gov.cn/

景德镇安全生产监督管理局

地址:景德镇市瓷都大道686号

电话:0798-8386216

邮编:333000

网址:http://www.jdzsafety.gov.cn/

萍乡市安全生产监督管理局

地址:萍乡市建设东路609号

电话:0799-6773800

邮编:337000

网址:http://www.pxsafety.gov.cn/

抚州市安全生产监督管理局

地址:抚州市行政中心大楼B506

电话:0794-8252655

邮编:344000

网址:http://www.fzsafety.gov.cn/

吉安市安全生产监督管理局

地址:吉安市鹭洲东路1号国土大厦三楼

电话:0796-8216018

邮编:343000

网址:http://www.jgsafety.gov.cn/

上饶市安全生产监督管理局

地址:上饶市中山路市政府旁边

电话:0793-8237039

邮编:334000

网址:http://www.srajj.gov.cn/

山东省安全生产监管机构

山东省安全生产监督管理局

地址:济南市省府前街1号
电话:0531-6913096
邮编:250000
网址:http://www.sdaj.gov.cn

内设机构

办公室
政策法规处
信息科技处
安全生产协调处
监督管理一处
监督管理二处
危险化学品安全监督管理处

机构职能

(一)综合管理全省安全生产工作。组织起草安全生产方面的地方性法规和行政规章,研究拟订有关安全生产工作方针政策,制定工矿(以下均指非煤矿山)商贸行业及有关综合性安全生产规章规程,研究拟订工矿商贸安全生产标准,并组织实施。

(二)依法行使安全生产综合监督管理职权。指导、协调和监督有关部门安全生产监督管理工作;制定全省安全生产发展规划;定期分析和预测全省安全生产形势,研究、协调和解决安全生产中的重大问题。

(三)负责发布全省安全生产信息,综合管理全省生产安全伤亡事故调度统计和安全生产行政执法分析工作。依法组织、协调重特大事故的调查处理工作,监督事故查处的落实情况;组织、指挥和协调安全生产应急救援工作。

(四)负责综合监督管理危险化学品和烟花爆竹安全生产工作。

(五)指导、协调全省安全生产检测检验工作。组织实施对工矿商贸企业安全生产条件和有关设备(特种设备除外)进行检测检验、安全评价、安全培训、安全咨询等社会中介组织的资质管理工作,并进行监督检查。

(六)组织、指导全省安全生产宣传教育工作。负责全省安全生产监督管理人员的安全培训、考核工作;依法组织、指导并监督特种作业人员(特种设备作业人员除外)的考核工作和生产经营单位主要经营管理者、安全管理人员的安全资格考核工作;监督检查生产经营单位安全培训工作。

(七)负责监督管理省属的工矿商贸企业安全生产工作。依法监督工矿商贸企业贯彻执行安全生产法律、法规情况及其安全生产条件和有关设备(特种设备除外)、材料的安全管理工作。

(八)依法监督检查新建、改建、扩建工程项目的安全设施与主体工程同时设计、同时施工、同时投产使用情况;依法监督检查重大危险源监控、重大事故隐患的整改工作,依法查处不具备安全生产条件的生产经营单位。

(九)拟订全省安全生产科技规划,组织、指导安全生产重大科学技术研究和技术示范工作。

(十)组织实施注册安全工程师执业资格制度,监督和指导注册安全工程师执业资格考试和注册工作。

(十一)承担省安全生产委员会的日常工作。

(十二)承办省政府交办的其他事项。

下属机构

济南市安全生产监督管理局

地址:济南市经二路164号
电话:0531-6056762
邮编:250000
网址:http://www.jnsafety.gov.cn/

青岛市安全生产监督管理局

地址:青岛市市南区香港中路11号
电话:0532-85913578
邮编:266000
网址:http://www.qdajj.gov.cn/

淄博市安全生产监督管理局

地址:淄博市张店区共青团路86号
电话:0533-2301930
邮编:255000
网址:http://www.zbajj.gov.cn/

枣庄市安全生产监督管理局

地址：山东省枣庄市新城嘉汇大厦4楼B区
电话：0632-8685726
邮编：277000
网址：http://www.zzajj.com/

东营市安全生产监督管理局

地址：东营市东城府前街96号
电话：0546-8331757
邮编：257091
网址：http://ajj.dongying.gov.cn/

烟台市安全生产监督管理局

地址：烟台市莱山区银海路23号
电话：0535-6789790
邮编：264700
网址：http://ajj.yantai.gov.cn/index.jsp

潍坊市安全生产监督管理局

地址：潍坊市金光道9号
电话：0316-2017055
邮编：261000
网址：http://ajj.weifang.gov.cn/

济宁市安全生产监督管理局

地址：济宁市济宁市红星中路
电话：0537-2907728
邮编：272000
网址：http://www.jnajj.gov.cn/

泰安市安全生产监督管理局

地址：泰安市市政府大楼
电话：0538-6991585
邮编：271000
网址：http://www.ta-safety.gov.cn/

日照市安全生产监督管理局

地址：日照市北京路188号
电话：0633-8776892
邮编：276800
网址：http://www.rzaj.gov.cn/

威海市安全生产监督管理局

地址：威海市世昌大道45号
电话：0631-5225629
邮编：264200
网址：http://www.whaj.gov.cn/

莱芜市安全生产监督管理局

地址：莱芜市文化北路1号
电话：0634-6214587
邮编：271100
网址：http://www.lwaj.gov.cn/

临沂市安全生产监督管理局

地址：临沂市沂蒙路200号
电话：0539-8320149
邮编：276000
网址：http://www.lyajj.gov.cn/

德州市安全生产监督管理局

地址：德州市德城区东方红路
电话：0534-2687162
邮编：253000
网址：http://www.dzaj.gov.cn/

聊城市安全生产监督管理局

地址：聊城市东昌东路
电话：0635-8223223
邮编：252000
网址：http://www.lcajj.gov.cn/

滨州市安全生产监督管理局

地址：滨州市市政办公大楼0623室
电话：0543-3162798
邮编：256600
网址：http://www.bzajj.net/

菏泽市安全生产监督管理局

地址：荷泽市定陶县
电话：0530-5310886
邮编：274000
网址：http://www.hzaj.gov.cn/nweb/

河南省安全生产监管机构

河南省安全生产监督管理局

地址:郑州市金水路20号
电话:0371-63836216
邮编:450000
网址:http://www.hnsaqscw.gov.cn/

机构职责

(一)贯彻执行国家安全生产法律、法规,组织起草全省综合性安全生产地方性法规、规章草案和政策,拟订全省安全生产政策、规划及工矿商贸行业安全生产规章草案、标准和规程并组织实施。

(二)承担全省安全生产综合监督管理责任,依法行使综合监督管理职权,指导协调和监督检查有关部门和省辖市政府的安全生产工作,定期分析和预测全省安全生产形势,研究、协调和解决安全生产中的重大问题,督促、指导落实安全生产责任制和安全生产责任追究制。

(三)承担工矿商贸行业安全生产监督管理责任,按照分级、属地原则,依法监督检查工矿商贸生产经营单位贯彻执行安全生产法律法规情况、安全生产条件和有关设备(特种设备除外)、材料、劳动防护用品的安全管理工作、重大危险源监控及重大事故隐患的整改工作,依法查处不具备安全生产条件的工矿商贸生产经营单位。负责监督管理省管工矿商贸生产经营单位安全生产工作。

(四)承担非煤矿矿山和危险化学品、烟花爆竹生产经营单位安全生产准入管理责任,依法组织实施安全生产准入制度并负责监督管理工作。负责危险化学品安全监督管理综合工作。

(五)承担工矿商贸作业场所职业卫生监督检查责任,负责职业卫生安全许可证的颁发管理工作,组织查处职业危害事故和违法违规行为。

(六)承担全省煤矿安全生产监督监察责任,拟订煤炭行业管理中涉及安全生产的重大政策,组织对煤矿企业贯彻执行安全生产法律、法规情况进行监督检查,依法查处安全生产违法违规行为,指导、组织煤炭企业安全标准化、相关安全科技发展和煤矿整顿关闭工作,对重大煤炭建设项目提出意见,会同有关部门审核煤矿安全技术改造和瓦斯综合治理与利用项目,会同有关部门指导和监督煤矿生产能力核定工作。

(七)负责组织指挥和协调安全生产应急救援工作,综合管理全省生产安全伤亡事故、安全生产和职业危害信息统计分析工作,依法组织、协调重大生产安全事故的调查处理工作并监督事故查处的落实情况,协助国家调查处理特别重大事故。

(八)负责监督检查职责范围内新建、改建、扩建工程项目的安全设施与主体工程同时设计、同时施工、同时投产使用情况。

(九)指导协调全省安全生产检测检验工作,监督管理安全生产社会中介机构和安全评价工作。

(十)组织、指导全省安全生产宣传教育和安全文化建设工作,负责安全生产监督管理人员安全培训、考核工作,依法组织、指导并监督特种作业人员(特种设备作业人员除外)的考核工作和工矿商贸生产经营单位主要负责人、安全生产管理人员的安全资格考核工作,监督检查工矿商贸生产经营单位安全培训工作。

(十一)组织拟订全省安全科技规划,指导协调安全生产重大科学技术研究、科研成果申报、推广和技术示范工作。

(十二)指导协调和监督监察全省安全生产行政执法工作。

(十三)监督、指导注册安全工程师、注册助理安全工程师执业资格考试和注册管理工作。

(十四)组织开展全省安全生产方面的对外交流与合作。

(十五)承办省政府交办的其他事项。

下属机构

郑州市安全生产监督管理局

地址:郑州市工人南路16号
电话:0371-7710000
邮编:450000
网址:http://hnzz.hnsafety.com.cn/

开封市安全生产监督管理局

地址:开封市大梁路6号

电话:0378-3380610
邮编:475000
网址:http://hnkf.hnsafety.com.cn/

洛阳市安全生产监督管理局
地址:洛南新区市政府大楼 601 室
电话:0379-63910626
邮编:471000
网址:http://www.ly.gov.cn/

平顶山市安全生产监督管理局
地址:平顶山市光明路与联明路叉口路北安监局 2 楼煤一科
电话:0375-2218670
邮编:467000
网址:http://www.pdsaj.gov.cn/

安阳市安全生产监督管理局
地址:安阳市辉府胡同 6 号
电话:0372-5960323
邮编:455000
网址:http://hnay.hnsafety.com.cn/

鹤壁市安全生产监督管理局
地址:鹤壁市九洲路
电话:0392-3327859
邮编:458000
网址:http://www.hbsafety.gov.cn/

新乡市安全生产监督管理局
地址:新乡市人民路东段市红旗区政府
电话:0373-5812551
邮编:453000
网址:http://hnxx.hnsafety.com.cn/

焦作市安全生产监督管理局
地址:焦作市解放中路 502 号
电话:0391-3569520
邮编:454150
网址:http://www.jzaqjgj.ocm/

濮阳市安全生产监督管理局
地址:濮阳市胜利西路 195 号
电话:0393-6667789
邮编:457000
网址:http://www.pysafety.gov.cn/

许昌市安全生产监督管理局
地址:许昌市人民路区政府院内 5 号楼 2 楼
电话:0374-2793333
邮编:461000
网址:http://hnxc.hnsafety.com.cn/

漯河市安全生产监督管理局
地址:人民西路
电话:0395-2967699
邮编:462000
网址:http://hnlh.hnsafety.com.cn/

三门峡市安全生产监督管理局
地址:三门峡市文明路东段
电话:0398-2873502
邮编:472000
网址:http://www.hnsmx.hnsafety.com.cn/

南阳市安全生产监督管理局
地址:南阳市梅溪路
电话:0377-3137666
邮编:473000
网址:http://jajj.nanycang.gov.cn/

商丘市安全生产监督管理局
地址:商丘市新建南路 119 号
电话:0370-2212228
邮编:476000
网址:http://hnsq.hnsafety.com.cn/

信阳市安全生产监督管理局
地址:信阳市东方红大道
电话:0376-6365800
邮编:464000
网址:http://hnxy.hnsafety.com.cn/

周口市安全生产监督管理局
地址:周口市庆丰东路 1 号
电话:0394-8286998
邮编:466001

网址:http://www.zhoukou.gov.cn

驻马店市安全生产监督管理局

地址:驻马店市驿城区

电话:0396-2601108

邮编:463000

网址:http://hnzmd.hnsafety.com.cn/

湖北省安全生产监管机构

湖北省安全生产监督管理局

地址:武昌区水果湖洪山路64号湖光大厦

电话:027-87001166

邮编:430017

网址:http://www.hubeisafety.gov.cn/

内设机构

办公室(财务处)

政策法规处

规划科技处

安全生产应急救援与统计办公室

安全监督管理一处

安全生产监督管理二处

安全监督管理三处

安全监督管理四处

职业安全健康监督管理处

人事处

监察室

机关党委

离退休干部处

机构职能

(一)承担省安全生产委员会办公室的日常工作。研究提出安全生产重大政策和重要措施的建议;监督检查、指导协调省有关部门和各市、州、直管市、神农架林区人民政府的安全生产工作;组织全省安全生产大检查和专项督查;参与研究有关部门在产业政策、资金投入、科技发展等工作中涉及安全生产的相关工作;指导协调全省安全生产行政执法工作;承办省安委会召开的会议和重要活动,督促、检查省安委会会议决定事项的贯彻落实情况;承办省安委会交办的其他事项。

(二)综合管理全省安全生产工作。参与起草安全生产方面的综合性行政法规,研究拟订安全生产工作方针政策,制定工矿商贸行业及有关综合性安全生产规章规程,会同有关部门研究拟定工矿商贸企业安全生产标准,并组织实施。

(三)依法行使安全生产综合监督管理职权。指导、协调和监督有关部门安全生产监督管理工作;制定全省安全生产发展规划;定期分析和预测全省安全生产形势,研究、协调和解决安全生产中的重大问题。

(四)依法监督煤矿企业贯彻执行安全生产法律、法规情况及其安全生产条件、设备设施安全和作业场所职业卫生情况;对不具备安全生产条件的煤矿企业依法进行查处;组织煤矿建设工程安全设施的设计审查和竣工验收。

(五)负责发布全省安全生产信息,综合管理全省伤亡事故统计和安全生产行政执法分析工作;负责应急救援体系的建设,组织、指挥和协调安全生产应急救援工作;依法组织、协调重大、特大事故的调查处理,并监督事故查处的落实。

(六)负责综合监督管理危险化学品安全生产工作。

(七)指导、协调全省安全生产检测检验工作,组织实施对工矿商贸企业安全生产条件和有关设备(特种设备除外)进行检测检验、安全评价、安全培训、安全咨询等社会中介组织的资质管理认可工作,并负责监督检查。

(八)组织全省安全生产方面的宣传教育和本系统安全生产监督管理人员的培训、考核工作;依法组织、指导并监督特种作业人员(特种设备作业人员除外)的考核工作和生产经营单位主要经营管理者、安全管理人员的安全资格考核工作;监督检查生产经营单位安全培训工作。(九)负责监督管理工矿商贸企业安全生产工作,依法监督工矿商贸企业贯彻执行安全生产法律、法规情况及其安全生产条件和有关设备(特种设备除外)、材料、劳动防护用品的安全管理工作。

(十)依法监督检查新建、改建、扩建工程项目的安全设施与主体工程同时设计、同时施工、同时投产使用情况;依法监督检查生产经营单位作业场所职业卫生情况和重大危险源的监控、重大事故隐患的整改工作;依法查处不具备安全生产条件的生产经营单位。

(十一)拟订全省安全生产科技规划,组织、指导安全生产重大科学技术研究和技术示范工作。

(十二)协助有关部门做好注册安全工程师执业资格制度实施和安全专业技术职称评审工作。

(十三)开展安全生产方面的国际、地区交流与合作。

(十四)承办上级交办的其他事项。

下属机构

武汉市安全生产监督管理局

地址:武汉市黄浦路248兵站院内6号楼二楼
电话:027-82922506
邮编:430000
网址:http://www.whsafety.gov.cn/

黄石市安全生产监督管理局

地址:黄石市颐阳路 125号
电话:0714-6252332
邮编:435000
网址:http://www.hssafety.gov.cn:8080/aj

襄樊市安全生产监督管理局

地址:襄樊市樊城区长汉路 12号
电话:0710-3221686
邮编:441000
网址:http://www.xfsafety.gov.cn/

十堰市安全生产监督管理局

地址:十堰市人民路
电话:0719-8651833
邮编:442000
网址:http://ajj.shiyan.gov.cn/

鄂州市安全生产监督管理局

地址:鄂州市明塘后路 23号
电话:0711-3205215
邮编:436000
网址:http://ezajj.ezhou.gov.cn/

黄冈市安全生产监督管理局

地址:黄冈市经贸委
电话:0713-8897766
邮编:438000

荆州市安全生产监督管理局

地址:荆州市荆北路 54号
电话:0716-8468192
邮编:434000
网址:http://www.jzsafety.gov.cn/safety/

荆门市安全生产监督管理局

地址:荆门市象山大道 24号
电话:0724-2363234
邮编:448000
网址:http://dept.jingmen.gov.cn/html/jmajj/

咸宁市安全生产监督管理局

地址:咸宁市温泉淦河大道 19号
电话:0715-8256891
邮编:437000
网址:http://www.xianning.gov.cn/

孝感市安全生产监督管理局

地址:孝感市长征路 2号
电话:0712-2823823
邮编:432000
网址:http://613107.71ab.com

随州市安全生产监督管理局

地址:随州市沿河大道 113号
电话:0722-3326101
邮编:441300
网址:http://www.szsajj.com

宜昌市安全生产监督管理局

地址:宜昌市一马路
电话:0717-6225407

邮编:443000

网址:http://ajj.yichang.gov.cn/

天门市安全生产监督管理局

地址:天门市鸿渐大道 80号

电话:0728-5222063

邮编:431700

潜江市安全生产监督管理局

地址:潜江市章华大道 18号

电话:0728-6234315

邮编:433100

仙桃市安全生产监督管理局

地址:仙桃市长虹路 4号

电话:0728-3204281

邮编:433000

网址:http://www.xtaj.gov.cn

湖南省安全生产监管机构

湖南省安全生产监督管理局

地址:长沙市暮云工业园

电话:0731-85692900

邮编:410000

网址:http://www.hunansafety.gov.cn/

内设机构

办公室 ······························ 0731-85692873

财务处 ······························ 0731-85692861

综合法规处 ························ 0731-85692924

安全生产协调处 ················ 0731-85692830

应急救援办公室 ················ 0731-85692911

安全监督管理一处 ············ 0731-85692834

安全监督管理二处 ············ 0731-85692844

危险化学品安全监管处 ······ 0731-85692864

烟花爆竹安全监管处 ········· 0731-85692915

科技规划处 ························ 0731-85692825

人事培训处 ························ 0731-85692922

信息调度中心 ···················· 0731-85692900

监察室、纪检组机关党 ········ 0731-85692873

机构职责

（一）承担省安全生产委员会办公室的日常工作:研究提出安全生产重大方针政策和重要措施的建议;监督检查、指导协调省政府有关部门和各市州政府的安全生产工作,检查落实安全生产责任制和生产安全事故责任追究制;组织省政府安全生产大检查和专项督查;参与研究有关部门在产业政策、资金投入、科技发展等工作中涉及安全生产的相关工作;负责组织省内特大事故调查处理和办理结案工作;组织协调特大事故应急救援工作;指导协调全省安全生产行政执法工作;承办省安全生产委员会召开的会议和重要活动,督促、检查安全生产委员会会议决定事项的贯彻落实情况;承办省安全生产委员会交办的其他事项。

（二）承担《安全生产法》赋予的职责,依法行使安全生产监督管理和煤矿安全监察职权,综合监督管理全省安全生产工作。指导、协调和监督有关部门、行业承担的专项安全监察、监督工作;检查、落实安全生产责任制和生产安全事故责任追究制。

（三）组织起草安全生产方面的综合性地方法规和行政规章,研究拟定安全生产工作的方针政策及规定;监督检查有关部门及工矿商贸行业贯彻落实国家安全生产规章规程和安全生产标准的情况。

（四）依法行使省政府安全生产综合监督管理职权,指导、协调和监督有关部门安全生产监督管理工作;制定全省安全生产发展规划;定期分析和预测全省安全生产形势,研究、协调和解决安全生产中的重大问题。

（五）负责发布全省安全生产信息,综合管理全省生产安全作伤亡事故高度统计工作和安全生产行政执法分析工作;依法组织、协调重大、特大事故的调查处理工作,并监督事故查处的落实情况;组织、指挥和协调安全生产应急救援工作;受国家安全生产监督管理局的委托,参与或协助特别重大事故的调查处理。

（六）负责综合监督管理危险化学品和烟花爆竹的安全生产工作。

（七）指导、协调全省安全生产检测检验工作，组织实施对工矿商贸企业安全生产条件和有关设备特种设备除外、进行检测检验、安全评价、安全培训、安全咨询等社会中介组织的资质管理工作，并进行监督检查。

（八）组织全省安全生产方面的宣传教育和安全监察、监管人员的培训、考核工作；依法组织、指导并监督全省特种作业人员、生产经营单位主要经营管理者安全资格培训、考核和发证工作。

（九）监督检查生产经营单位贯彻执行有关安全生产的法律、法规和有关规章、规程及技术标准的情况，监督检查其安全生产条件及有关设备、材料、劳动防护用品的安全管理工作情况，依法查处其违法、违规行为；组织对不具备安全生产基本条件的生产经营单位的查处工作。

（十）根据《行政许可法》、《安全生产许可证条例》及有关的法律、法规和国家标准或行业标准规定的安全生产条件与程序，对涉及安全生产需要审查批准或验收的事项，进行审查或验收；对未依法取得批准或验收合格的单位擅自从事有关活动的，依法予以查处；对已取得批准又不再具备安全生产条件的，依法撤消原批准。

（十一）负责新建、改建、扩建工程项目可行性研究的安全评价工作，以及安全设施与主体工程同时设计、同时施工、同时投产使用简称"三同时"、的安全监督检查工作；按照职业安全法规和标准，监督检查有关部门、行业及生产经营单位职业危害的防治工作。

（十二）督促、指导各级安全生产监督管理部门做好安全生产的监督管理工作。

（十三）拟定全省安全生产的发展规划与科技规划，组织、指导安全生产重大科学技术研究、科研成果的鉴定和先进技术推广、示范工作。

（十四）归口管理国家和省级安全技术改造、安全技术措施、公共安全重大事故隐患治理等安全生产专项资金项目，并监督检查其资金的使用情况；监督检查生产经营单位安全生产所必需资金的投入及使用情况。

（十五）协同有关部门组织实施注册安全工程师执业资格制度，监督指导注册安全工程师执业资格考试和注册工作。

（十六）开展安全生产方面的国际交流与合作。

（十七）负责省安全生产委员会办公室的工作。

（十八）承办省人民政府、省安全生产委员会及国家安全生产监督管理局交办的其他事项。

下属机构

长沙市安全生产监督管理局

地址：长沙市岳麓大道 218 号
电话：0731-88666555
邮编：410000
网址：http://www.cssafe.gov.cn/

株洲市安全生产监督管理局

地址：株洲市黄河北路经委五楼
电话：0733-28681839
邮编：412000
网址：http://www.zzsafety.gov.cn/

湘潭市安全生产监督管理局

地址：湘潭市芙蓉路人民大厦 5 楼
电话：0732-58570268
邮编：411100
网址：http://www.xtsafety.gov.cn/

常德市安全生产监督管理局

地址：常德市武陵大道北段
邮编：415000
电话：0736-7703280
网址：http://www.cdcity.gov.cn/cdsajj/
3314649325 744685056 /index.html

岳阳市安全生产监督管理局

地址：岳阳市王家河人大办公楼 12 楼
电话：0730-8788526
邮编：414000
网址：http://www.yueyangsafety.gov.cn/

郴州市安全生产监督管理局

地址：郴州市五岭大道 35 号
电话：0735-2199110
邮编：423000
网址：http://www.0735safety.gov.cn/

永州市安全生产监督管理局

地址:永州市逸云路1号

电话:0746-8360839

邮编:425000

网址:http://www.ajj.yzcity.gov.cn/

邵阳市安全生产监督管理局

地址:邵阳市城北路6号

电话:0739-5363062

邮编:422000

网址:http://www.sysafe.gov.cn/

张家界市安全生产监督管理局

地址:张家界市宝塔岗加油站对面

电话:0744-8253559

邮编:427000

网址:http://www.zjjaq.com/

广东省安全生产监管机构

广东省安全生产监督管理局

地址:广州市吉祥路100号

电话:020-83324791

邮编:510000

网址:http://www.gdsafety.gov.cn

内设机构

办公室 ………………………… 020-83133227
政治法规处 …………………… 020-83133327
规划科技处 …………………… 020-83133473
综合协调处 …………………… 020-83135924
安全生产应急救援办公室 …… 020-83135920
监督管理一处 ………………… 020-83133341
监督管理二处 ………………… 020-83133417
危险化学品安全监督管理处 … 020-83133474
执法监察大队 ………………… 020-83135404
人事培训处 …………………… 020-83135909
监察室(纪检组、机关党办) … 020-83135905
省海上搜救中心办公室 ……… 020-83383505

机构职责

(一)贯彻执行国家和省有关安全生产工作的方针政策和法律法规，组织起草有关地方性法规、规章草案，拟订安全生产政策和规划，指导协调全省安全生产工作，分析和预测全省安全生产形势，发布全省安全生产信息，协调解决安全生产工作中的重大问题。

(二)承担省人民政府安全生产综合监督管理的责任。依法行使综合监督管理职权，指导协调、监督检查省人民政府有关部门和各地级以上市人民政府安全生产工作，监督考核并通报安全生产控制指标执行情况，负责组织全省性重大安全生产大检查和专项督查，依法组织重大生产安全事故调查处理和办理结案工作，监督事故查处和责任追究落实情况。

(三)负责监督管理职责范围内的工矿商贸企业安全生产工作。按照分级、属地原则，依法监督检查工矿商贸生产经营单位贯彻执行安全生产法律法规情况及其安全生产条件和有关设备(特种设备除外)材料的安全生产管理工作，承担劳动防护用品和安全标志的安全监督检查工作。

(四)承担非煤矿矿山企业和危险化学品生产经营单位安全生产准入管理的责任。依法组织并指导监督安全生产准入制度的实施，负责危险化学品安全生产监督管理综合工作和烟花爆竹经营安全生产监督管理工作。

(五)承担工矿商贸作业场所职业卫生监督检查的责任。负责职业卫生安全许可证的颁发管理工作，组织查处职业危害事故和违法违规行为。

(六)组织拟订本省工矿商贸行业安全生产标准和规程并组织实施，监督检查重大事故隐患排查治理工作，在职责范围内依法查处安全生产违法行为。

(七)负责组织指挥和协调安全生产应急救援工作，综合管理全省生产安全伤亡事故和安全生产行政执法统计分析工作。

(八)负责监督检查职责范围内新建、改建、扩建工程项目的安全设施与主体工程同时设计、同时施工、同时投产使用情况。

(九)组织指导并监督特种作业人员(特种设备作业人员除外)的考核工作和工矿商贸生产经营单位主要负责人、安全生产管理人员的安全资格考核工作,监督检查工矿商贸生产经营单位安全生产培训工作,开展安全生产宣传教育工作。

(十) 指导协调全省安全生产检测检验工作,监督管理安全生产社会中介机构。

(十一)组织指导协调和监督全省安全生产行政执法工作。

(十二)组织拟订安全生产科技规划,指导协调安全生产重大科学技术研究和推广工作。

(十三)组织开展安全生产方面的交流与合作。

(十四)承担省安全生产委员会的日常工作。

(十五)承办省人民政府和国家安全生产监督管理总局交办的其他事项。

下属机构

汕尾市安全生产监督管理局

地址:汕尾市汕尾大道中

电话:0660-3378922

邮编:516600

网址:http://www.swsafe.gov.cn/

茂名市安全生产监督管理局

地址:茂名市油城七路69号

电话:0668-2288882

邮编:525000

网址:http://www.mmsafety.gov.cn/

中山市安全生产监督管理局

地址:中山市松苑路1号市府大楼4楼

电话:0760-8324353

邮编:528400

网址:http://www.zs-safety.gov.cn/

湛江市安全生产监督管理局

地址:湛江市跃进路67号

电话:0759-3329228

邮编:524000

网址:http://www.zjajj.cn

广州市安全生产监督管理局

地址:广州市府前路1号

电话:020-83125210

邮编:510000

网址:http://www.gzajj.gov.cn/

江门市安全生产监督管理总局

地址:江门市建设路59号

电话:0750-3279607

邮编:529000

网址:http://www.jmaqsc.gov.cn/

珠海市安全生产监督管理局

地址:珠海市人民东路182号

电话:0756-2155611

邮编:519000

网址:http://www.zhsafety.gov.cn/

佛山市安全生产监督管理局

地址:佛山市禅城区普澜二路8号6楼

电话:0757-83992253

邮编:528000

网址:http://www.fssafety.gov.cn/

深圳市安全生产监督管理局

地址:深圳市福田区福中三路市民中心五楼

电话:0755-83328944

邮编:518000

网址:http://www.szsafety.gov.cn/

惠州市安全生产监督管理局

地址:惠州市平山镇人民路1号

电话:0752-8818266

邮编:516000

网址:http://anjian.huizhou.gov.cn:8080/aj

广西壮族自治区安全生产监管机构

广西安全生产监督管理局

地址:广西壮族自治区南宁市东宝路10号
电话:0771-2299110
邮编:530000
网址:http://www.gxws.chinasafety.gov.cn

内设机构

办公室 ………………… 0771-2299339 2299311
监督管理一处 ……… 0771-2299324 2299325
监督管理二处 ……… 0771-2299326 2299327
危险化学品监管处 …………… 0771-2299306
烟花爆竹监管处 ……………… 0771-2299309
法规与科技处 ……… 0771-2299347 2299350
煤矿安全监管处 …… 0771-2299310 2299314
安全生产协调处 ……………… 0771-2299320
应急救援办公室 …… 0771-2299331 2299332
人事培训处 ………… 0771-2299349 2299352
离退休工作处 ……… 0771-5622300 5887631
机关党委 ……………………… 0771-2299345

机构职责

(一)承担自治区安全生产委员会办公室(以下简称自治区安委办)的日常工作。具体职责是:研究提出自治区在安全生产方面的重要政策措施的建议;监督检查、指导协调自治区有关部门和各地级市人民政府的安全生产工作;组织自治区安全生产大检查和专项督查;参与研究有关部门在产业政策、资金投入、科技发展等工作 中涉及安全生产的相关工作;负责组织自治区特大事故调查处理和办理结案工作;组织协调重大特大事故应急救援工作;持续改进协调全区安全生产行政执法工作;承办自治区安委会召开的会议和重要活动,督促、检查自治区安委会会议决定事项的贯彻落实情况;承办自治区安全会交办的其他事项。

(二)综合管理全区安全生产工作。受委托组织起草全区安全生产方面的地方性法规和行政规章草案;研究拟订全区安全生产工作政策措施、全区工矿商贸行业及有 关综合性安全生产规程,研究拟订工矿商贸地方性安全生产标准,并组织实施。

(三)依法行使自治区安全生产监督管理职权,指导、协调和监督有关部门安全生产监督管理工作;制定全区安全生产发展规划;定期分析和预测全区安全生产形势,研究、协调和解决安全生产中的重大问题。

(四)依法行使自治区煤矿安全监察职权。依法监察煤矿企业贯彻执行安全生产法律、法规情况及其安全生产条件、设备设施安全和作业场所职业卫生情况;对不具 备安全生产条件煤矿企业依法进行查处;组织煤矿建设工程安全设施的设计审查和竣工验收。

(五)负责发布全区安全生产信息,管理全区生产安全事故统计和安全生产行政执法分析工作;依法组织、协调重大、特大事故的调查处理工作,并监督事故查处的 落实情况;协助国家局对区内特别重大事故的调查处理;组织、指挥和协调安全生产应急救援工作。

(六)负责综合监督管理危险化学品和烟花爆竹安全生产工作。

(七)指导、协调全区安全生产检测检验工作;组织实施对工矿商贸企业安全生产条件和有关设备(特种设备除外)进行检测检验、安全评价、安全培训、安全咨询等社会中介组织的资质管理工作,并进行监督检查。

(八)组织、指导全区安全生产宣传教育工作,负责安全生产监督管理人员、煤矿安全监察人员的安全培训、考核工作,依法组织、指导并监督特种作业人员(特种设备除外)的考核发证工作和生产经营单位主要经营管理者、安全管理人员的安全资格考核工作;监督检查生产经营单位安全培训工作。

(九)负责监督管理自治区管理的工矿商贸企业安全生产工作,依法监督工矿商贸企业贯彻执行安全生产法律、法规情况及其安全生产条件和有关设备(特种设备除外)、材料、劳动防护用品的安全管理工作。

（十）依法监督检查新建、改建、扩建工程项目的安全设施与主体工程同时设计、同时施工、同时投产使用情况；依法监督检查生产经营单位作业场所职业卫生情况和重大危险源监控、重大事故隐患的整改工作，依法查处不具备安全生产条件的生产经营单位。

（十一）依法组织实施安全生产许可证制度。

（十二）拟订安全生产科技规划，组织、指导安全生产科学技术研究和技术示范工作。

（十三）组织实施注册安全工程师、注册安全主任执业资格制度；组织、监督和指导注册安全主任执业资格考试和注册工作。

（十四）组织开展安全生产方面的交流与合作。

（十五）承办自治区人民政府交办的其他事项。

下属机构

南宁市安全生产监督管理局

地址：南宁市东宝路3号

电话：0771-5530733

邮编：530022

网址：http://www.nnsafe.com/

柳州市安全生产监督管理局

地址：柳州市城中区三中路66号

电话：0772-2810914

邮编：545001

桂林市安全生产监督管理局

地址：秀峰区榕湖北路5号

电话：0773-2821932

邮编：541001

梧州市安全生产监督管理局

地址：新兴三路市政大厦104号

电话：0774-6021932

邮编：543005

网址：http://www.wuzhou.gov.cn/

北海市安全生产监督管理局

地址：北海市海城区和平路市府大院

电话：0779-2025151

邮编：536000

防城港市安全生产监督管理局

地址：防城港市港口区中华路12号

电话：0770-2820059

邮编：538000

钦州市安全生产监督管理局

地址：钦州市富民路行政中心主楼四楼B0408

电话：0777-3688678

邮编：535000

贵港市安全生产监督管理局

地址：贵港市港北区中山北路行政中心西区512室

电话：0775-4563437

邮编：537100

玉林市安全生产监督管理局

地址：玉林市城东商务大厦3楼3B11

电话：0755-2828103

邮编：537000

百色市安全生产监督管理局

地址：百色市右江区城北二路1号

电话：0776-2822313

邮编：533000

河池市安全生产监督管理局

地址：河池市拥政路13号

电话：0778-2283660

邮编：547001

来宾市安全生产监督管理局

地址：来宾市维林大道290号

电话：0772-4228181

邮编：546100

崇左市安全生产监督管理局

地址：崇左市新城路1号

电话：0771-7968114

邮编：532200

海南省安全生产监管机构

海南省安全生产监督管理局

地址:海口市蓝天路46-1号海南省工业研究所办公楼二层
电话:0898-65320005
邮编:570145
网址:http://www.hnsajj.gov.cn/

内设机构

办公室 ……………………………… 0898-65320005
政策法规处 ………………………… 0898-65339200
安全生产监督一处 ………… 0898-65233198
安全生产监督二处 ………… 0898-65320006
安全生产监督三处 ………… 0898-65339405

机构职能

(一)贯彻执行党和国家安全生产法律、法规和方针、政策,依法拟定本省安全生产法规、规章、政策,以及生产经营单位的安全生产规章、规程和安全技术标准,经批准后组织实施。

(二)承担全省安全生产综合监督管理责任,依法行使安全生产综合监督管理职权,指导、协调和监督各市县人民政府和省政府有关部门安全生产工作,组织安全生产责任目标考核工作,协调解决安全生产中的重大问题。

(三)负责分析和预测全省安全生产形势,发布全省安全生产信息,综合管理全省生产安全伤亡事故和安全生产行政执法统计分析工作;根据省政府授权,依法组织重大事故调查处理和办理结案工作,监督事故查处和责任追究落实情况。

(四)指导、协调全省安全生产检测检验工作,组织实施对生产经营单位安全生产条件和有关设备(由质量技术监督部门以及其他部门负责的锅炉、压力容器、电梯等特种设备除外)进行安全生产检测检验、安全评价、安全培训、安全咨询,以及对事故技术鉴定等社会中介组织的资格认可工作,并负责监督检查。监督和指导注册安全工程师执业资格考试和注册管理工作。

(五)组织全省安全生产方面的宣传教育,依法组织、指导并监督特种作业人员(特种设备作业人员除外)的考核工作和工矿商贸生产经营单位主要负责人、安全生产管理人员的安全资格考核工作,监督检查工矿商贸生产经营单位安全生产和职业安全培训工作。

(六)承担工矿商贸行业安全生产监督管理责任,依法监督检查工矿商贸生产经营单位贯彻执行安全生产法律法规情况及其安全生产条件和有关设备(特种设备除外)、材料、劳动防护用品和安全标志的安全生产管理工作,负责监督管理工矿商贸企业安全生产工作。

(七)承担非煤矿矿山企业和危险化学品、烟花爆竹生产企业安全生产准入管理责任,依法组织并指导监督实施安全生产准入制度;负责综合监督管理全省非煤矿矿山企业的安全生产工作;负责危险化学品安全监督管理综合工作和烟花爆竹生产经营单位的安全生产监督管理工作;负责全省民用爆炸物品生产、销售的安全监督管理。

(八)承担工矿商贸作业场所职业卫生监督检查责任,负责职业卫生安全许可证的颁发管理工作,组织查处职业危害事故和违法违规行为。

(九)综合管理全省安全生产应急救援工作,组织、协调建立全省重特大生产安全事故应急救援体系,负责组织指挥和协调安全生产应急救援工作。

(十)负责组织全省安全生产大检查和专项督查。

(十一)负责监督检查职责范围内新建、改建、扩建工程项目的安全设施与主体工程同时设计、同时施工、同时投产使用情况。监督检查重大危险源监控和重大事故隐患排查治理工作,依法查处不具备安全生产条件的工矿商贸生产经营单位。

(十二)组织指导协调和监督全省安全生产行政执法工作。

(十三)负责制定全省安全生产工作规划,组织、指导协调安全生产有关科研成果的鉴定和技术推广工作。开展安全生产方面的国际、国内交流与合作。

(十四)承担省安全生产委员会办公室的具体工

作,承办省政府和上级部门交办的其他事项。

下属机构

海口市安全生产监督管理局

地址:海口市龙昆北路19号
电话:0898-66781720
邮编:570145
网址:http://www.haikou.gov.cn/zfxxgk/ShowClass.asp? ClassID=2423

文昌市安全生产监督管理局

地址:海南省文昌市清澜开发区
电话:0898-63330075
邮编:571300
网址:http://www.wenchang.gov.cn/zfjg/bmzz34.htm

琼海市安全生产监督管理局

地址:海南省琼海市
电话:0898-62935465
邮编:571400
网址:http://www.qionghai.gov.cn/zwgk/infomore_read.asp? orgid=90

万宁市安全生产监督管理局

地址:万宁市红专中路
电话:0898-62222320
邮编:571500

五指山市安全生产监督管理局

地址:国兴路政府办公大楼502房
电话:0898-86637709
邮编:572200

三亚市安全生产监督管理局

地址:西河西路政府第二办公楼6楼
电话:0898-88272446
邮编:572000

重庆市安全生产监管机构

重庆市安全生产监督管理局

地址:重庆市渝北区龙溪街道金山路8号科创大厦11楼
电话:023-67511396
网址:http://www.cqsafety.gov.cn/
邮编:400000

内设机构

办公室 ………… 023-67511650
政策法规处 ………… 023-67511685
规划科技处 ………… 023-67511601
安全综合协调处 ………… 023-67509315
人事培训处 ………… 023-67511639
监督管理一处 ………… 023-67511621
监督管理二处 ………… 023-67511956
应急救援与危险化学品安全监督处 ………… 023-67522703
烟花爆竹安全监督处 ………… 023-67516846
机关党委 ………… 023-67500173

机构职能

(一) 承担市政府安全生产委员会办公室的日常工作,具体职责是:研究提出安全生产重大政策的重要措施的建议;监督检查、指导协调市政府有关部门和各区县(自治县)人民政府的安全生产工作;组织市政府安全生产大检查和专项检查;协调安全生产专项整治工作;参与研究有关部门在产业政策、资金投入、科技发展等工作中涉及安全生产的相关工作;负责组织市政府重大事故调查处理和办理结案工作;组织协调重大事故应急救援工作;指导协调全市安全生产行政执法工作;承办市政府安委会召开的会议和重要活动,督促、检查安委会会议决定事项的贯彻落实情况;承办市政府安委会交办的其他事项。

(二) 综合管理全市安全生产工作,组织起草安全生产方面的综合性法规和行政规章,研究拟订安全生产工作政策。

(三) 依法行使市级安全生产综合监督管理职权,指导、协调和监督有关部门安全生产监督管理工作;制定全市安全生产发展规划;拟定全市安全生产目标责任制考核办法,并组织实施;定期分析和预测安全生产形势,研究、协调和解决安全生产中的重大问题。

(四) 负责发布全市安全生产信息,综合管理全市生产安全伤亡事故调度统计和安全生产行政执法分析工作;依法组织、协调较大、重大和特别重大事故的调查处理工作,并监督事故查处的落实情况;组织、指挥和协调安全生产应急救援工作。

(五) 负责综合监督管理危险化学品、烟花爆竹安全生产工作。

(六) 负责非煤矿山企业和危险化学品、烟花爆竹生产企业安全生产许可证的颁发和管理。

(七) 负责作业场所职业卫生(煤矿作业场所除外)的监督检查工作。

(八) 指导、协调全市安全生产检测检验工作;组织实施对工矿商贸企业(煤矿除外)安全生产条件和有关设备(特种设备除外)进行检测检验、安全评价、安全培训、安全咨询等社会中介组织的资质管理工作,并进行监督检查。

(九) 组织、指导全市安全生产宣传教育工作,负责安全生产监督管理人员的安全培训、考核工作,依法组织、指导并监督特种作业人员(特种设备作业人员除外)的考核工作和生产经营单位主要经营管理者、安全管理人员的安全资格考核工作;监督检查生产经营单位安全培训工作。

(十) 负责监督管理市属重点工矿商贸企业(煤矿除外)安全生产工作,依法监督工矿商贸企业(煤矿除外)贯彻执行安全生产法律、法规情况及其安全生产条件和有关设备(特种设备除外)、材料、劳动防护用品的安全管理工作。

(十一) 依法监督检查新建、改建、扩建工程项目的安全设施与主体工程同时设计、同时施工、同时投产使用情况;负责重大危险源监控和重大事故隐患的整改工作,依法查处不具备安全生产条件的生产经营单位。

(十二) 拟订安全生产科技规划,组织、指导安全生产重大科学技术研究和技术示范工作。

(十三) 组织开展安全生产方面的对外交流与合作。

(十四) 承办市政府和国家安全生产监督管理局交办的其他事项。

直属机构

重庆市安全生产应急救援指挥中心

地址:重庆市渝北区龙溪镇金龙路235号
电话:023-67611250
邮编:401147

重庆市化学品登记注册办公室

地址:重庆市渝北区龙溪镇金龙路235号
电话:023-67534490
邮编:401147

重庆市安全生产调度信息中心(宣传中心)

地址:重庆市渝北区龙溪镇金龙路235号
电话:023-67618069
邮编:401147

重庆市安全技术培训中心

地址:重庆市渝北区龙溪镇金龙路235号
电话:023-67610625
邮编:401147

下属机构

万州区安全生产监督管理局

地址:天城东路188号
电话:023-58371001
邮编:404000
网址:http://ajj.company.sxxww.com/

黔江区安全生产监督管理局

地址:新华大道西段1355号
电话:023-782266284
邮编:409000

涪陵区安全生产监督管理局

地址:涪陵区兴华中路62号

电话:023-72235112

邮编:408000

渝中区安全生产监督管理局

地址:渝中区和平路211号

电话:023-63843729

邮编:400010

大渡口区安全生产监督管理局

地址:大渡口区文体路126号行政中心西585号

电话:023-68952197

邮编:400084

江北区安全生产监督管理局

地址:江北区金港新区16号

电话:023-67855897

邮编:400025

沙坪坝区安全生产监督管理局

地址:沙坪坝区天星桥正街81号

电话:023-65465906

邮编:400038

九龙坡区安全生产监督管理局

地址:杨家坡西郊路27号

电话:023-68782042

邮编:400050

南岸区安全生产监督管理局

地址:南岸区南城大道199号

电话:023-62988178

邮编:400060

北碚区安全生产监督管理局

地址:北碚区人民路152号

电话:023-68863763

邮编:400700

万盛区安全生产监督管理局

地址:万盛区万东北路58号

电话:023-48271010

邮编:400800

双桥区安全生产监督管理局

地址:双桥区双龙西路26号

电话:023-43332906

邮编:400900

渝北区安全生产监督管理局

地址:渝北区双龙湖街道锦湖路28号

电话:023-67804066

邮编:401120

巴南区安全生产监督管理局

地址:巴南区鱼洞新市街79-14

电话:023-66221191

邮编:401320

网址:http://www.cqbn.gov.cn/aj/

长寿区安全生产监督管理局

地址:长寿区行政中心北楼

电话:023-40241136

邮编:401220

江津区安全生产监督管理分局

地址:江津区几江相府路152号

电话:023-47521454

邮编:402260

网址:http://ajj.jiangjin.gov.cn/

合川区安全生产监督管理局

地址:合川区希尔安大厦政府大楼

电话:023-42756845

邮编:401520

网址:http://hcaj.hc.gov.cn

永川区安全生产监督管理局

地址:永川区胜利路302号

电话:023-49862275

邮编:402160

四川省安全生产监管机构

四川省安全生产监督管理局

地址:四川省成都市人民中路一段1号
电话:028-86642334
邮编:610015
网址:http://www.scsafety.gov.cn/

内设机构

办公室 ………………………… 028-86647389
政策法规处
科技装备处
安全生产协调处
生产安全应急救援办公室(事故调查处)
执法监督处
煤矿安全监察一处
煤矿安全监察二处
监督管理一处
监督管理二处
危险化学品安全监督管理处
煤矿安全生产监督管理办公室
人事培训处
纪检组、监察室
机关机关党委

机构职责

(一) 承担省政府安全生产委员会办公室的日常工作。具体职责是:研究提出省政府安全生产重大方针政策和重要措施的建议;监督检查、指导协调省级有关部门和各市、州人民政府的安全生产工作;组织省政府安全生产大检查和专项督查;参与研究有关部门在产业政策、资金投入、科技发展等工作中涉及安全生产的相关工作;负责组织特大事故和较大影响的重大事故的调查处理和办理结案工作,参与特别重大事故的调查处理;组织协调特大事故和较大影响的重大事故应急救援工作;负责全省安全生产技措经费的监督落实;指导协调全省安全生产行政执法工作;承办省政府安委会召开的会议和重要活动,督促、检查安委会会议决定事项的贯彻落实情况;承办省政府安委会交办的其他事项。

(二) 综合管理全省安全生产工作。组织起草全省安全生产方面的综合性法规、政策,工矿商贸行业安全生产规章、规程、标准;研究拟订贯彻执行国家安全生产工作方针政策、工矿商贸行业及有关综合性安全生产规章规程、工矿商贸安全生产标准的实施意见,并组织实施。

(三) 依法行使全省安全生产综合监督管理职权,指导、协调和监督有关部门安全生产监督管理工作;制定全省安全生产发展规划;定期分析和预测全省安全生产形势,研究、协调和解决安全生产中的重大问题。

(四) 依法行使国家煤矿安全监察职权。依法监察煤矿企业贯彻执行安全生产法律、法规情况及其安全生产条件、设备设施安全和作业场所职业卫生情况;对不具备安全生产条件的煤矿企业依法进行查处;组织煤矿建设工程安全设施的设计审查和竣工验收。对所属煤矿安全监察办事处(站)进行管理。

(五) 负责发布全省安全生产信息,综合管理全省生产安全伤亡事故调度统计和安全生产行政执法分析工作;依法组织、协调或参与安全生产事故的调查处理工作,并监督事故查处的落实情况;组织、指挥和协调安全生产应急救援工作。

(六) 负责综合监督管理危险化学品和烟花爆竹安全生产工作。

(七) 负责《安全生产许可证条例》规定的矿山企业、危险化学品、烟花爆竹生产企业安全生产许可证的颁发和管理。对建筑施工企业、民用爆破器材生产企业取得安全生产许可证的情况进行监督。

(八) 指导、协调全省安全生产检测检验工作;组织实施对工矿商贸企业安全生产条件和有关设备进行检测检验、安全评价、安全培训、安全咨询等社会中介组织的资质管理工作,并进行监督检查。

(九) 组织、指导全省安全生产宣传教育工作,负责安全生产监督管理人员、煤矿安全监察人员的安全培训、考核工作,依法组织、指导并监督生产经营单位主要经营管理者、安全管理人员和特种作业人员的安全培训、安全资格考核工作;监督检查生产经营单位安全培训工作。

(十) 负责监督管理省管理的工矿商贸企业安

全生产工作，依法监督工矿商贸企业贯彻执行安全生产法律、法规情况及其安全生产条件和有关设备、材料、劳动防护用品的安全管理工作。并根据国家安全生产监督管理局（国家煤矿安全监察局）的规定，协助做好中央在川工矿商贸企业安全生产监督管理。

（十一）依法监督检查新建、改建、扩建工程项目的安全设施与主体工程同时设计、同时施工、同时投产使用情况；依法监督检查生产经营单位作业场所职业卫生情况和重大危险源监控、重大事故隐患的整改工作，依法查处不具备安全生产条件的生产经营单位。

（十二）拟订安全生产科技规划，组织、指导安全生产重大科学技术研究和技术示范工作。

（十三）按照国家安全生产监督管理局（国家煤矿安全监察局）的规定，组织实施注册安全工程师执业资格制度，监督和指导注册安全工程师执业资格考试和注册工作。

（十四）组织开展安全生产方面的国际、国内交流与合作。

（十五）承办省委、省政府和国家安全生产监督管理局（国家煤矿安全监察局）交办的其他事项。

直属单位

成都市安全生产监测中心

地址：成都市西华们街7号
电话：028-86249967
邮编：610015

成都市安全技术工程服务中心

地址：成都市金牛区文华路4号
电话：028-87778182
邮编：610041

成都市劳动安全卫生教育培训中心
（成都市安全生产培训考试中心）

地址：成都市金牛区文华路4号
电话：028-87731012
邮编：610071

成都市安全生产应急救援中心

地址：成都市一环路西三段文华路4号
电话：028-87769748
邮编：610071

成都市危险化学品登记注册中心

地址：成都市二环路北一段4号
电话：028-87706080
邮编：610031

成都市职业安全健康协会

地址：成都市金牛区文华路4号
电话：028-87772590
邮编：610072

下属机构

成都市安全生产监督管理局

地址：成都市天府大道北段966号5号楼六楼
电话：028-61885777
邮编：610042
网址：http://www.cdwso.chengdu.gov.cn/

攀枝花市安全生产监督管理局

地址：攀枝花市临江路
电话：0812-5103726
邮编：617000
网址：http://www.pzhajj.gov.cn/

德阳市安全生产监督管理局

地址：德阳市泰山南路226号
电话：0838-2230791
邮编：618000
网址：http://www.dyaj.gov.cn/zhongc/web46/indexdyaj.asp?id=41079

绵阳市安全生产监督管理局

地址：涪城路193号
电话：0816-2305072 2343089
邮编：621000
网址：http://aqb.my.gov.cn

广元市安全生产监督管理局

地址：广元四川省广元市东坝人民路

电话:0839-2801005

邮编:628000

网址:http://www.gysajj.gov.cn/index.asp

南充市安全生产监督管理局

地址:南充市顺庆区万年西路2号1号楼910

电话:0817-2222419

邮编:637000

网址:http://www.scncaj.gov.cn/index.asp

甘孜藏族自治州安全生产监督管理局

地址:四川省甘孜藏族自治州康定县沿河路

电话:0836-2822667

邮编:626000

网址:http://www.gzzsafety.gov.cn/

宜宾市安全生产监督管理局

地址:四川省宜宾市中山街126号

电话:0831-8201475

邮编:644000

网址:http://ajj.yb.gov.cn/

巴中市安全生产监督管理局

地址:巴中市江北大街21号

电话:0827-5260046

邮编:636600

网址:http://www.bzaj.cn/index.asp

资阳市安全生产监督管理局

地址:资阳市市政府2号楼

电话:0832-6110137

邮编:641300

网址:http://www.zysafety.gov.cn/

自贡市安全生产监督管理局

地址:自贡市丹桂大街310号

电话:0813-2112364

邮编:643000

内江市安全生产监督管理局

地址:内江市市中区交通路55号

电话:0832-2109854

邮编:641000

乐山市安全生产监督管理局

地址:乐山市市中区海棠路78号

电话:0833-2134054

邮编:614000

网址:http://www.leshan.gov.cn/

眉山市安全生产监督管理局

地址:彭寿街83号

电话:0833-8168856

邮编:620000

网址:http://www.msajj.gov.cn/

广安市安全生产监督管理局

地址:广安市政府办公楼一楼

电话:0826-2334746

邮编:638500

雅安市安全生产监督管理局

地址:雅安市雨城区八一路63号

电话:0835-2223829

邮编:625000

网址:http://www.yasafety.gov.cn

阿坝州安全生产委员会办公室
(阿坝州安全生产监督管理局)

地址:马尔康崇列街1号

电话:0837-2822394

邮编:624000

网址:http://www.abazhou.gov.cn/publicfiles/business/htmlfiles/zwzx/s1004/

贵州省安全生产监管机构

贵州省安全生产监督管理局

地址:贵州省贵阳市宝山南路564号

电话:0851-6891354

邮编:550005

网址:http://www.gzaj.gov.cn/

内设机构

办公室(财务处) ………………… 0851-6891343
政策法规处 …………………… 0851-6891154
规划科技处(技术装备处) …… 0851-6891133
安全生产协调处(安全生产监察专员办公室)
……………………………… 0851-6891107
安全生产应急救援办公室 …… 0851-6891021
安全监察处 …………………… 0851-6891007
事故调查处 …………………… 0851-6891039
安全生产监督管理一处 ……… 0851-6891243
安全生产监督管理二处 ……… 0851-6891399
危险化学品安全监督管理处 … 0851-6891476
人事培训处 …………………… 0851-6891171
纪检组(监察室) ……………… 0851-6891173
机关党委 ……………………… 0851-6891167
离退休干部管理处 …………… 0851-6891248

安监局机构职能

(一) 承担省安全生产委员会办公室的日常工作。具体职责是:研究提出安全生产重大方针政策和重要措施的建议;监督检查、指导、协调省人民政府有关部门和各市(州、地)、县(市、区)人民政府的安全生产工作;组织全省安全生产大检查和专项督查;参与研究有关部门在产业政策、资金投入、科技发展等工作中涉及安全生产的相关工作;指导协调全省安全生产行政执法工作;承办省安全生产委员会召开的会议和重要活动,督促检查省安全生产委员会会议决定事项的贯彻落实;承办省安全生产委员会交办的其他事项。

(二)综合监督管理全省安全生产工作。组织起草安全生产方面的综合性地方法规,研究拟订安全生产方针政策,研究拟订工矿商贸行业及有关综合性安全生产规章、规程,研究拟订工矿商贸安全生产标准,并组织实施。

(三) 依法行使安全生产综合监督管理职权,按照分级、属地原则,指导、协调和监督有关部门安全生产监督管理工作;制定全省安全生产发展规划;定期分析和预测全省安全生产形势,研究、协调和解决安全生产中的重大问题。

(四)负责发布全省安全生产信息,综合管理全省安全生产伤亡事故调度统计和安全生产行政执法分析工作;依法组织、协调重大、特大事故的调查处理工作,并监督事故查处的落实情况;组织、指挥和协调安全生产应急救援工作。

(五) 负责全省煤矿安全监督管理工作。对全省煤矿安全进行监督检查,检查督促煤矿企业落实安全生产技术标准;对煤矿安全生产违法行为依法进行监督管理;监督煤矿企业对事故隐患进行整改并组织复查;制定全省煤矿安全投入、安全装备、安全科技创新的规划和措施并督促落实;组织开展全省煤矿安全专项整治和安全质量标准化工作;督促煤矿企业对煤矿职工开展安全生产技能和安全生产知识培训。

(六) 负责综合监督管理危险化学品、烟花爆竹和非药品类易制毒化学品安全生产工作,指导危险化学品登记工作。

(七) 指导、协调全省安全生产检测检验工作;组织实施对工矿商贸生产经营单位安全生产条件和有关设备(特种设备除外)进行检测检验、安全评价、安全培训、安全咨询等社会中介组织的资质管理工作,并进行监督检查。

(八) 组织、指导全省安全生产宣传教育工作,负责安全生产监督管理人员的安全培训、考核工作;依法组织、指导并监督特种作业人员(特种设备作业人员除外)的考核工作和工矿商贸生产经营单位主要经营管理者、安全生产管理人员的安全资格考核工作(煤矿矿长安全资格除外)。

(九) 负责监督管理省管工矿商贸生产经营单位安全生产工作,依法监督工矿商贸生产经营单位贯彻执行安全生产法律、法规情况及其安全生产条件和有关设备(特种设备除外)、材料、劳动防护用品的安全生产管理工作。

(十) 依法监督检查职责范围内新建、改建、扩建工程项目的安全设施与主体工程同时设计、同时施工、同时投产使用情况;依法监督检查生产经营单位作业场所(煤矿作业场所除外)职业卫生情况,监督检查重大危险源监控、重大事故隐患的整改工作,依法查处不具备安全生产条件的工矿商贸生产经营单位。

(十一) 组织拟订安全生产科技规划,组织、指导和协调相关部门和单位开展安全生产重大科学技术研究和技术示范工作。

(十二) 组织实施注册安全工程师执业资格制度,监督和指导注册安全工程师执业资格考试和注册工作。

(十三) 负责非煤矿矿山企业和危险化学品、烟花爆竹生产企业安全生产许可证以及非药品类易制毒化学品生产经营许可证的颁发和管理,对建筑施工企业取得安全生产许可证的情况进行监督,根据有关法规,对涉及安全生产的事项需要审查批准(包括批准、核准、许可、注册、认证、颁发证照等)或验收的,依照规定条件和程序进行审查,办理相关行政许可事项。

(十四) 负责制定作业场所职业卫生监督检查、职业危害事故调查的规章、标准,并监督实施,发放作业场所职业卫生安全许可证。

(十五) 组织开展安全生产方面的国际交流和省际间合作。

(十六) 承办省人民政府、省安全生产委员会交办的其他事项。

直属机构

贵州省安全生产科学研究院
(贵州省劳动保护科学技术研究院)

地址:贵州省遵义市桃溪路 51 号
地址:贵阳办事处地址:贵阳市北京路 204 号
京瑞宾馆 9 楼
电话:0852-8403051
邮编:563000
网址:http://www.gzsafety.org

贵州煤矿矿用安全产品检验中心

地址:贵州省遵义市桃溪路 51 号
邮编:563000
网址:http://www.gzsafety.org
遵义办公室电话 ……………… 0852-8402756
贵阳办公室电话 ……………… 0851-6891618

贵州省安全技术培训中心

地址:贵州省贵阳市北京路 194 号京瑞大厦
电话:0851-6891207
邮编:550004

贵州省安全生产协会

地址:贵州省贵阳市北京路 204 号
京瑞宾馆副楼 212 室、206 室
电话:0851-6891479 6891106
邮编:550002

下属机构

贵阳市安全生产监督管理局

地址:贵阳市金阳新区市级行政中心
“一期“综合办公楼 A 区六层
电话:0851-7989019
邮编:550000
网址:http://ajj.gygov.gov.cn/ajj/
180143985094819 8400/

六盘水市安全生产监督管理局

地址:六盘水市开投大厦 7 楼 701 室
电话:0858-8224363
邮编:553001
网址:http://aj.gzlps.gov.cn

遵义市安全生产监督管理局

地址:遵义市厦门路
电话:0852-8684555
邮编:563003
网址:http://ajj.zuyi.gov.cn

安顺市安全生产监督管理局

地址:贵州省安顺市东郊路
电话:0853-3456802
邮编:561000
网址:http://ajj.anshun.gov.cn

铜仁市安全生产监督管理局

地址:贵州省铜仁地区解放街
电话:0856-5212020
邮编:554200
网址:http://trsafety.gov.cn

毕节市安全监督管理局

地址：贵州省毕节市新政府办公大楼A座四楼

电话：0857-8345031

邮编：551700

网址：http://www.gzbjaj.com.cn/

云南省安全生产监管机构

云南省安全生产监督管理局

地址：昆明市董家湾曙光小区中路1号

电话：0871-8025600

邮编：650041

网址：http://www.ynsafety.gov.cn/web/guest/home

内设机构

办公室 ………………… 0871-8025600 8025603

政策法规处 ………………………… 0871-8025628

安全生产协调处 ………………… 0871-8025579

监督管理一处 …………………… 0871-8025586

监督管理一处 …………………… 0871-8025587

科技信息处 ……………………… 0871-8025592

宣传教育处 ……………………… 0871-8025618

应急救援办 ……………………… 0871-8025625

人事处 ………………………… 0871-80256597

省评价检测中心 ………………… 0871-8025635

省危化品登记中心 ……………… 0871-8025620

省劳动保护学会 ………………… 0871-8025637

机构职能

(一)综合管理全省安全生产工作,负责拟定全省安全生产监督管理的有关法规草案、规章并组织实施;拟订全省安全生产工作规划;指导、协调和监督省政府有关部门承担的专项安全监察、监督工作。

(二)负责发布全省安全生产信息,综合管理全省生产安全伤亡事故工作;依法组织、协调重大、特大事故的调查处理工作;协调安全生产应急救援工作;受省政府委托对特大事故进行调查。

(三)指导、协调和监督全省安全生产检测检验工作;组织实施对工矿商贸企业安全生产条件和有关设备(特种设备除外)进行检测检验、安全评价、安全培训、安全咨询等社会中介组织的资质认证工作,并进行监督检查。

(四)组织、指导全省安全生产方面的宣传教育工作;负责安全生产监督管理人员、煤矿安全监察人员的安全培训、考核工作;依法组织、指导并监督特种作业人员的考核工作和生产经营单位主要经营管理者以及安全管理人员的安全资格考核工作;监督检查生产经营单位安全培训工作。

(五)负责监督工矿商贸企业贯彻执行安全生产法律、法规情况和安全生产条件、职业卫生、有关设备、材料及劳动防护用品的安全管理工作;负责综合监督管理危险化学品和烟花爆竹安全生产和经营工作。

(六)依法监督新建、改建、扩建工程项目的安全设施与主体工程同时设计、同时施工、同时投产使用情况;依法监督检查生产经营单位作业场所职业卫生情况和重大危险源监控、重大事故隐患的整改工作;依法查处不具备安全生产条件的生产经营单位。

(七)拟订安全生产科技规划;组织指导安全生产重大事故科学技术研究和技术示范工作。

(八)组织实施注册安全工程师执业资格制度,监督和指导注册安全工程师执业资格考试和注册工作。

(九)承担省安全生产委员会办公室的日常工作。

(十)承办省政府交办的其他事项。

下属机构

昆明市安全生产监督管理局

地址：昆明市东风东路17号市政府大院
一幢三单元附18号

电话：0871-3165398

邮编：650011

网址：http://lc.xxgk.yn.gov.cn/canton_model1/default.aspx?departmentid=10514

曲靖市安全生产监督管理局

地址：曲靖市麒麟区园林路73号

电话：0874-3317736

邮编：655000

网址：http://qj.xxgk.yn.gov.cn/aj

楚雄州安全生产监督管理局

地址：云南省楚雄州政府公务中心A区一楼1048

电话：0878-3391186 3389650 3395916

邮编：675000

网址：http://lc.xxgk.yn.gov.cn/CX_Model/default.aspx

玉溪市安全生产监督管理局

地址：云南省玉溪市红塔区棋阳路66号

电话： 0877-2022631

邮编：653100

网址：http://lc.xxgk.yn.gov.cn/yx_model/default.aspx

昭通市安全生产监督管理局

地址：昭通市昭阳区青年路18号

电话：0870-2129518

邮编：657000

网址：http://www.ztsafety.cn

红河州安全监督管理局

地址：云南省红河哈尼族彝族自治州蒙自县天马路西段67号

电话：0873-3732825

邮编：661100

网址：http://www.ajj.hh.hov.cn

文山州安全生产监督管理局

地址：云南省文山县建禾东路14号

电话：0876-2134209

邮编：663100

网址：http://www.wssafety.gov.cn/

保山市安全生产监督管理局

地址：保山市隆阳区同仁26号市政府一楼

电话：0875-2127469

邮编：678000

网址：http://www.bssafety.gov.cn/

德宏州安全生产监督管理局

地址：德宏州潞西市芒市镇勇罕街5号

电话：0692-2125282

邮编：678400

网址：http://dhaj.yn.gov.cn/dhajj/7926335344172 07296/index.html

丽江市安全生产监督管理局

地址：丽江市古城区金甲村

电话：0888-5155099

邮编：674100

网址：http://www.ynf.gov.cn/canton_model1/default.aspx?departmentid=6042

大理州安全生产监督管理局

地址：大理市龙山州级行政办公区

电话：0872-2316998 2316994

邮编：671000

网址：http://lc.xxgk.yn.gov.cn/canton_model57/default.aspx?departmentid=5791

临沧市安全生产监督管理局

地址：临沧市临翔区凤翔镇南屏西路101号

电话：0883-2136368

邮编：677700

网址：http://www.ynf.gov.cn/

西双版纳州安全生产监督管理局

地址：西双版纳州宣慰大道69号

电话：0691-2120225

邮编：666100

网址：http://lc.xxgk.yn.gov.cn/canton_model59/default.aspx?departmentid=9290

迪庆州安全生产监督管理局

地址：长征路迪庆州人民政府大院3号楼3楼

电话：0887-8223570

邮编：674400

网址：http://lc.xxgk.yn.gov.cn/zmb/default.aspx?departmentid=9377

怒江州安全生产监督管理局

地址：泸水县六库镇临江西路金桥园大院二楼

电话：0886-3622512

邮编：673100
网址：http://lc.xxgk.yn.gov.cn/canton_model17/default.aspx?departmentid=10886

西藏自治区安全生产监管机构

西藏自治区安全生产监督管理局

地址：拉萨市宇拓路17号
电话：0891-6913289 6321816
邮编：85000

内设机构

办公室
政策法规处(培训处)
监督管理

机构职能

(一)承担安全生产委员会办公室工作。具体职责是：研究提出全区安全生产政策和重要措施的建议；监督检查、指导协调自治区有关部门和各地(市)行署(政府)的安全生产工作；组织自治区安全生产检查和专项督查；组织协调特大事故应急救援工作；指导协调全区安全生产行政执法工作；承办人自治区安委会召开的会议和重要活动，督促、检查安委会会议决定事项的贯彻落实情况；承办自治区安委会交办的其他事项。

(二)综合管理全区安全生产工作。组织起草全区安全生产方面的法规、规章和政策。制订、发布全区工矿商贸行业及有关综合性安全生产规章、规程。

(三)依法行使安全生产综合监督管理职权，指导、协调和监督自治区有关部门安全生产工作；制订全区安全生产发展规划；定期分析和预测全区安全生产形势；研究、协调和解决安全生产中的重大问题。

(四)依法行使工矿安全监察职权。

(五)负责发布全区安全生产信息，综合管理全区生产安全伤亡事故调查统计和安全生产行政执法分析工作；依法组织、协调特大安全生产事故的调查处理工作，并监督事故查处的落实情况；组织、指挥和协调安全生产应急救援工作。

(六)负责综合监督管理危险化学品和烟花爆竹安全生产工作。

(七)指导、协调全区安全生产检测检验工作；组织实施对工矿商贸企业安全生产条件和有关设备(特种设备除外)进行检测检验、安全评价、安全培训、安全咨询等社会中介组织的资质管理工作，并进行监督检查。

(八)组织、指导全区安全生产宣传教育工作，负责安全生产监督管理人员安全培训、考核工作，依法组织、指导并监督特种作业人员(特种设备作业人员除外)的考核工作和生产经营单位主要经验管理者、安全管理人员的安全资格考核工作；监督检查生产经营单位安全培训工作。

(九)负责监督管理自治区管理的工矿商贸企业安全生产工作，依法监督工矿商贸企业贯彻执行法律、法规情况及其安全生产条件和有关设备(特种设备除外)、材料、劳动防护用品的安全管理工作。

(十)依法监督检查新建、改建、扩建工程项目的安全设施与主体工程同时设计、同时施工、同时投产使用情况；依法监督检查生产经营单位作业场所安全情况和重大危险源监控、重大事故隐患的整改工作，依法查处不具备安全生产条件的生产经营单位。

(十一)制订安全生产科技规划，组织、指导安全生产重大科技研究和技术示范工作。

(十二)负责实施注册安全工程师执法资格制度的有关工作，协助有关部门开展注册安全工程师执法资格考试工作。

(十三)承办自治区人民政府交办的其他事项。

下属机构

那曲地区安全生产监督管理局

地址：那曲地区浙江西路
电话：0896-3820290
邮编：852000

昌都地区安全生产监督管理局

地址：昌都西路九号
电话：0895-4828325

邮编:854000

山南地区安全生产监督管理局

地址:山南地区乃东路九号

电话:0893-7836000

邮编:856100

日喀则地区安全生产监督管理局

地址:日喀则地区年河南路7号

电话:0892-8835893

邮编:857000

林芝地区安全生产监督管理局

地址:林芝地区工布路

电话:0894-5998862

邮编:860000

陕西省安全生产监督管理机构

陕西省安全生产监督管理局

地址:西安市新城大院省政府大楼7层

电话:029-87292823

邮编:710000

网址:http://www.snsafety.gov.cn/

内设机构:

办公室 ………………………… 029-87293432

综合协调处 ………………………… 029-87290653

监察一处 ………………………… 029-87293076

监察二处 ………………………… 029-87292634

危化品监管处 ………………………… 029-87293535

应急救援处 ………………………… 029-87294384

法规信息处 ………………………… 029-87291255

人事教育处 ………………………… 029-87294325

机关党委 ………………………… 029-87294271

纪检监察室 ………………………… 029-87294271

机构职能

(一) 承担省安全生产委员会办公室的日常工作。

(二) 研究起草安全生产方面的地方性综合行政规章,研究拟订安全生产工作方针政策,制定发布工矿商贸企业(煤矿企业除外,下同)安全生产规章规程,研究拟订工矿商贸安全生产标准,并组织实施。

(三) 综合管理全省安全生产工作。分析和预测全省安全生产形势,拟定全省安全生产工作规划;研究、协调和解决安全生产的重大问题;依法行使全省安全生产监督管理职权,指导、协调和监督有关部门安全生产监督管理工作。

(四) 负责发布全省安全生产信息,综合管理全省生产安全伤亡事故统计和安全生产行政执法分析工作;依法组织、协调重特大事故的调查处理,并监督事故查处的落实情况,组织、指挥和协调安全生产应急救援工作。

(五) 负责综合监督管理危险化学品和烟花爆竹安全生产工作。

(六) 指导、协调全省安全生产检测检验工作,组织实施对工矿商贸企业安全生产条件和有关设备(特种设备除外,下同)进行检测检验、安全评价、安全培训、安全咨询等社会中介组织的资格认可工作,并负责监督检查。

(七) 组织、指导全省安全生产宣传教育工作,负责安全生产监督管理人员的培训、考核工作,组织、指导并监督特种作业人员(特种设备作业人员除外)的考核工作和生产经营单位主要经营管理者、安全管理人员的安全资格考核工作;监督检查生产经营单位安全培训工作。

(八) 负责监督管理全省工矿商贸企业贯彻执行安全生产法律、法规情况和安全生产条件、有关设备、材料及劳动防护用品的安全管理工作。

(九) 依法监督检查新建、改建、扩建工程项目的安全设施与主体工程同时设计、同时施工、同时投产使用情况;依法监督检查生产经营单位作业场所职业卫生情况和重大危险源的监控、重大事故隐患的整改工作;依法查处不具备安全生产条件的生产经营单位。

(十) 拟定安全生产科研规划，组织、指导安全生产重要科学技术研究和技术示范工作。

(十一) 负责注册安全工程师执业资格制度的管理工作，负责注册安全工程师执业资格考试和注册工作。

(十二) 承办省政府和国家安全生产监督管理总局交办的其他事项。

下属机构

西安市安全生产监督管理局

地址：西安市北院门 159 号

电话：029-87296905

邮编：710007

网址：http://www.xasafety.gov.cn/

宝鸡市安全生产监督管理局

地址：宝鸡市经二路 105 号

电话：0917-3201771

邮编：721000

网址：http://www.bjajj.gov.cn/

咸阳市安全生产监督管理局

地址：渭阳中路 6 号市政府办公大楼 10 楼

电话：029-33210796

邮编：712000

网址：http://www.xyssafety.gov.cn/

铜川市安全生产监督管理局

地址：铜川市正阳路

电话：0919-3185912

邮编：712000

网址：http://ajj.tongchuan.gov.cn/

榆林市安全生产监督管理局

地址：榆林市青山路

电话：0912-3891828

邮编：719000

网址：http://www.ylsafety.gov.cn/

汉中市安全生产监督管理局

地址：汉中市民主街 43 号

电话：0916-2626739

邮编：723000

网址：http://ajj.hanzhong.gov.cn/

安康市安全生产监督管理局

地址：安康市政府七楼

电话：0915-3212029

邮编：725000

网址：http://ajj.ankang.gov.cn

商洛市安全生产监督管理局

地址：商洛市府前路

电话：0914-2332831

邮编：726000

网址：http://ajj.shangluo.gov.cn/

甘肃省安全生产监管机构

甘肃省安全生产监督管理局

地址：兰州市城关区民主东路 290 号

电话：0931-8822982

邮编：730000

网址：http://www.gssafety.gov.cn/

内设机构

办公室 …………………………… 0931-8820192

政策法规与规划处 ……………… 0931-8820131

安全生产协调处 ………………… 0931-8820263

监督管理一处 …………………… 0931-8865458

监督管理二处 …………………… 0931-8820153

危化品安全监管处 ……………… 0931-8820265

甘肃省安全生产执法大队 …… 0931-8820131

机关党委 ………………………… 0931-8858844

机构职能

(一) 承担省政府安全委员会办公室的日常工作。

(二) 综合管理全省安全生产工作。组织起草安全生产方面的综合性地方法规和政府规章，拟定及审核工矿商贸企业安全生产标准，并组织实施；组织指导全省工矿商贸企业安全质量标准化工作。

(三) 依法行使全省安全生产综合监督职权，制定全省安全生产发展规划；定期分析和预测全省安全生产形势，研究、协调和解决安全生产中的重大问题；指导、协调和监督有关部门的安全生产监督管理工作。

(四) 负责发布全省安全生产信息，综合管理全省生产安全伤亡事故调度统计和安全生产行政执法分析工作；依法组织、协调重特大事故的调查处理和办理结案工作，并监督事故查处的落实情况；组织协调全省安全生产应急救援工作。

(五) 负责综合监督管理危险化学品和烟花爆竹安全生产工作。

(六) 指导、协调全省安全生产检测检验工作；组织实施对工矿商贸企业安全生产条件 和有关设备(特种设备除外)进行检测检验、安全评价、安全培训、安全咨询等社会中介组织的资质管理工作，并进行监督检查。

(七) 组织、指导全省安全生产宣传教育工作；负责全省安全生产监督管理人员的安全培训、考核工作；依法组织、指导并监督特种作业人员(特种设备作业人员除外)的考核工作和生产经营单位主要经营管理者、安全管理人员的安全资格培训考核工作；监督检查生产经营单位安全培训工作。

(八) 依法监督工矿商贸企业贯彻执行安全生产法律、法规、规章、标准情况；对安全生产条件和有关设备(特种设备除外)、材料、劳动防护用品等安全管理实施监督检查。

(九) 依法监督检查新建、改建、扩建工程项目的安全设施与主体工程同时设计、同时施工、同时投产使用(以下简称“三同时”)情况；依法监督检查生产经营单位作业场所职业卫生情况和重大危险源监控、重大事故隐患的整改工作，依法查处不具备安全生产条件的生产经营单位。

(十) 拟订全省安全生产科技规划，组织、指导安全生产科学技术研究和技术示范工作；归口管理安全技术改造、安全技术措施资金项目，并监督检查其资金的使用情况。

(十一) 组织实施注册安全工程师执业资格制度，组织考前培训和注册管理。

(十二) 组织开展安全生产方面的国际、省际间的交流与合作。

(十三) 承办省政府交办的其他事项。

下属机构

兰州市安全生产监督管理局

地址：兰州市城关区金昌北路 75 号
电话：0931-8866917
邮编：730030
网址：http://www.lzssafety.gov.cn

嘉峪关市安全生产监督管理局

地址：嘉峪关市新华中路
电话：0937-5966505
邮编：765100
网址：http://61.178.152.84/department/aqjd/

张掖市安全生产监督管理局

地址：张掖市大衙门街 49 号
电话：0936-8213512
邮编：734000
网址：http://www.zhangye.gov.cn/zysajj/

金昌市安全生产监督管理局

地址：新华路 82 号
电话：0931-2105110 2105114
邮编：737100
网址：http://ajj.jc.gansu.gov.cn

白银市安全生产监督管理局

地址：白银市广场北路 1 号
电话：0943-8236049
邮编：730900
网址：http://61.178.146.167/ajj

陇南市安全生产监督管理局

地址：陇南市政府 2 号楼
电话：0939-8212383
邮编：746000

平凉市安全生产监督管理局

地址:平凉市西大街141号

电话:0933-8122432

邮编:744000

网址:http://www.pingliang.gov.cn/ajj

甘南藏族自治州安全生产监督管理局

地址:合作市州政府统办楼423号

电话:0941-8225388

邮编:747500

网址:http://www.gnsafety.gov.cn/www/default.asp

青海省安全生产监管机构

青海省安全生产监督管理局

地址:青海省西宁市西关大街57号

电话:0971-6139782

邮编:810001

网址:http://www.qhws.chinasafety.gov.cn

内设机构

办公室 ………………………… 0971-6139036

安全生产监督管理一处 ……… 0971-6139762

安全生产监督管理二处 ……… 0971-6136382

科技教育处 …………………… 0971-6139792

安全与健康监督管理处 ……… 0971-6138729

机构职能

(一)综合管理全省安全生产工作,负责拟定全省安全生产监督管理的有关法规草案、规章并组织实施;拟订全省安全生产工作规划;指导、协调和监督省政府有关部门承担的专项安全监察、监督工作。

(二)负责发布全省安全生产信息,综合管理全省生产安全伤亡事故工作;依法组织、协调重大、特大事故的调查处理工作;协调安全生产应急救援工作;受省政府委托对特大事故进行调查。

(三)指导、协调和监督全省安全生产检测检验工作;组织实施对工矿商贸企业安全生产条件和有关设备(特种设备除外)进行检测检验、安全评价、安全培训、安全咨询等社会中介组织的资质认证工作,并进行监督检查。

(四)组织、指导全省安全生产方面的宣传教育工作;负责安全生产监督管理人员、煤矿安全监察人员的安全培训、考核工作;依法组织、指导并监督特种作业人员的考核工作和生产经营单位主要经营管理者以及安全管理人员的安全资格考核工作;监督检查生产经营单位安全培训工作。

(五)负责监督工矿商贸企业贯彻执行安全生产法律、法规情况和安全生产条件、职业卫生、有关设备、材料及劳动防护用品的安全管理工作;负责综合监督管理危险化学品和烟花爆竹安全生产和经营工作。

(六)依法监督新建、改建、扩建工程项目的安全设施与主体工程同时设计、同时施工、同时投产使用情况;依法监督检查生产经营单位作业场所职业卫生情况和重大危险源监控、重大事故隐患的整改工作;依法查处不具备安全生产条件的生产经营单位。

(七)拟订安全生产科技规划;组织指导安全生产重大事故科学技术研究和技术示范工作。

(八)组织实施注册安全工程师执业资格制度,监督和指导注册安全工程师执业资格考试和注册工作。

(九)承担省安全生产委员会办公室的日常工作。

(十)承办省政府交办的其他事项。

下属机构

西宁市安全生产监督管理局

地址:青海省西宁市石坡街2号

电话:0971-8248084

邮编:810000

网址:http://www.xining.gov.cn

海北州安全生产监督管理局

地址:青海省海北藏族自治州银滩路

电话:0970-8644120

邮编:810300

网址:http://www.qhhb.gov.cn:85/

格尔木市安全生产监督管理局

地址：青海省格尔木市柴达木路55号
电话：0979-8415215
邮编：810000
网址：http://www.gem.gov.cn/

海南州安全生产监督管理局

地址：共和县北路十一号
电话：0914-8514446
邮编：813000

德令哈市安全生产监督管理局

地址：德令哈市河东乌兰东路2号
电话：0979-8212998
邮编：817000

格尔木市安全生产监督管理局

地址：青海省格尔木市柴达木中路55号
电话：0979-8412140
邮编：816000
网址：http://ajj.gem.gov.cn/

宁夏回族自治区安全生产监管机构

宁夏回族自治区安全生产监督管理局

地址：宁夏回族自治区银川市新华西街313号
电话：0951-5066102
邮编：750001
网址：http://www.gssafety.gov.cn/

内设机构

办公室（行政审批办公室）
法规科技处（职业卫生监督管理处）
矿山安全监督管理处
综合监督管理处
危险化学品安全监督管理处
自治区安全生产应急救援指挥中心

机构职能

（一）贯彻落实有关法律、法规、规章，执行国家和自治区安全生产监督管理方针、政策，拟订安全生产的相关规划并组织实施，指导、协调全区安全生产工作，分析和预测安全生产形势，发布安全生产信息，协调和解决安全生产中的重大问题。

（二）承担自治区安全生产综合监督管理责任。依法行使综合监督管理职权，指导、协调、监督检查自治区人民政府有关部门和各市、县（区）人民政府安全生产工作，监督考核并通报安全生产控制考核指标执行情况，监督事故查处和责任追究落实情况。

（三）承担全区非煤矿山企业和危险化学品、烟花爆竹安全生产准入管理责任。负责全区非煤矿山企业和危险化学品、烟花爆竹企业安全生产准入管理；依法指导监督实施安全生产准入制度。

（四）负责作业场所职业卫生的监督检查，负责职业卫生安全许可证的颁发管理工作，组织查处职业危害事故和违法违规行为。

（五）负责组织全区安全生产大检查和专项督查，根据自治区人民政府授权，依法组织较大、重大事故调查处理工作并监督责任追究落实情况。

（六）负责组织指挥和协调安全生产应急救援工作，负责全区生产安全伤亡事故统计分析工作。

（七）负责监督管理煤矿安全工作，查处煤矿违法违规行为，参与煤矿事故的查处，参与制定煤炭行业安全标准实施细则，拟订煤炭行业管理中涉及安全生产的重大政策，会同有关部门审核煤矿安全技术改造、瓦斯综合治理与利用项目、科技发展规划。

（八）负责监督检查职责范围内新建、改建、扩建工程项目的安全设施与主体工程同时设计、同时施工、同时投产使用情况。

（九）组织、指导并监督特种作业人员（特种设备作业人员除外）的考核工作和安全生产管理人员的安全资格（含煤矿矿长、煤矿特种作业人员资格）考核工作。

（十）指导、协调全区安全生产检测检验工作；监督管理安全生产社会中介机构和安全评价工作。

（十一）组织、协调、监督全区安全生产行政执法工作，组织，指导安全生产科学技术研究和推广工作，组织开展安全生产方面的对外交流合作。

(十二)承办自治区人民政府交办的其他事项。

下属机构

银川市安全生产监督管理局

地址：宁夏回族自治区银川市北京中路166号

电话：0951-6888689

邮编：750100

网址：http://www.nxycsafety.gov.cn

石嘴山市安全生产监督管理局

地址：石嘴山市大武口区

电话：0952-2218446

邮编：753000

网址：http://qh.szsnews.com/

吴忠市安全生产监督管理局

地址：宁夏回族自治区吴忠市新区
行政中心大楼二楼东侧

电话：0953-2037266

邮编：751100

网址：www.wzaj.gov.cn

固原市安全生产监督管理局

地址：宁夏回族自治区固原市小川子行政中心

电话：0954-2088154

邮编：756000

网址：www.nxgysafety.gov.cn

新疆维吾尔自治区安全生产监管机构

新疆维吾尔自治区安全生产监督管理局

地址：中国新疆乌鲁木齐市健康路253号

电话：0991-2823284

邮编：830002

网址：http://www.xjsafety.gov.cn/chushi/?chushi=1

内设机构

(一)办公室 …………………… 0991-2823284

(二)政策法规处 ……………… 0991-2823284

(三)规划科技与信息处 ……… 0991-2309556

(四)安全生产协调与行业管理处(自治区安全生产监察专员办公室)

(五)非煤矿山安全监督管理处

(六)危险化学品安全监督管理处

(七)事故调查处

(八)人事培训处

机构职能

一、承担自治区安全生产委员会办公室的工作。具体职责是：依法综合管理全区安全生产工作；组织起草全区安全生产方面的综合性行政法规、规章，拟定全区安全生产工作规划和计划，研究提出安全生产重大方针政策和重要措施的建议；监督检查、指导协调自治区有关部门和各地州市人民政府(行署)的安全生产工作；组织自治区安全生产大检查和专项督查；参与研究有关部门在产业政策、资金投入、科技发展等工作中涉及安全生产的相关工作；负责组织自治区重、特大事故调查处理和办理结案工作；组织协调重、特大事故应急救援工作；指导协调自治区安全生产行政执法工作；承办自治区安全生产委员会召开的会议和重要活动，督促检查自治区安全生产委员会会议决定事项的贯彻落实情况。

二、负责全区安全生产伤亡事故统计和安全生产行政执法统计工作，分析预测全区安全生产形势，发布全区安全生产信息；负责全区安全生产宣传教育工作，监督检查工矿、商贸生产经营单位安全生产培训工作；按照有关法律、法规和规章，组织、指导安全生产监督管理人员的安全培训、考核工作，组织、指导并监督特种作业人员(煤矿特种作业人员、特种设备作业人员除外)和工矿、商贸生产经营单位主要经营管理者、安全生产管理人员的安全资格考核工作。

三、依法综合监管非煤矿山、危险化学品和烟花爆竹安全生产工作，并负责生产经营单位安全生产许可证的颁发和管理工作。负责监管工矿、商贸生产经营单位安全生产工作，依法监督工矿、商贸生产经营单位贯彻执行《中华人民共和国安全生产法》情况，以及安全生产条件、有关设备设施(特种设备除外)、材料的安全生产管理工作；负责劳动防护用品的监督管理工作。负责非煤矿山建设工程项目新建、改建、扩建的安全设施与主体工程同时设计、同时施工、同时投产使用情况的安全监督检查工作;负责工矿、商贸生产经营单位作业场所职业卫生情况的监督检查和职业卫生安全许可证的颁发管理;负责监督检查重大危险源监控、重大事故隐患的整改工作。

四、指导、协调全区安全生产检测检验工作;依法对工矿、商贸生产经营单位安全生产条件、劳动防护用品和有关设备、设施(特种设备除外)进行检测检验、安全评价、安全培训、安全咨询等社会中介组织的资质进行管理和监督检查;负责对注册安全工程师资格进行审查和管理。组织、指导和协调相关部门和单位开展安全生产重大科学技术研究和技术示范工作。

五、负责自治区安全生产信息化建设、应急救援体系建设;组织区内外安全生产方面的交流与合作。

六、承办自治区人民政府和自治区安全生产委员会交办的其他事项。

下属机构

喀什地区安全生产监督管理局

地址:新疆维吾尔自治区喀什市解放南路76号

电话:0998-2846386

邮编:844000

网址:http://subsite.kashi.gov.cn/safety/

哈密地区安全生产监督管理局

地址:哈密市光明路建设大厦

电话:0902-6999119

邮编:839001

网址:http://ajj.hami.cn/

伊犁州安全生产监督管理局

地址:新疆伊宁市斯大林街78号

电话:0999-8096200

邮编:835000

网址:http://www.xjylajj.gov.cn/

塔城地区安全生产监督管理局

地址:塔城市建设街32号
(塔城地区人大、政协楼)

电话(传真):0901-6237706

邮编:834700

网址:http://ajj.tczx.cc/

克孜勒苏柯尔克孜自治州安全生产监督管理局

地址:新疆克州阿图什市天山路东4院

电话:0908-4222631

传真:0908-4222631

邮编:845350

网址:http://www.kzajj.gov.cn/structure/index

乌鲁木齐市安全生产监督管理局

地址:新疆维吾尔自治区乌鲁木齐市天山区
乌市人民路20号

电话:0991-2822734

传真:0991-2840914

邮编:830002

克拉玛依市安全生产监督管理局

地址:中国新疆克拉玛依市克拉玛依市
迎宾路60号

电话:0990-6232113

邮政:834000

网址:http://ajj.klmy.gov.cn/Pages/default.aspx

阿克苏地区安全生产监督管理局

地址:阿克苏市西大街19号

电话:0997-2124421

邮编:843000

网址:http://ajj.aks.gov.cn/

昌吉回族自治州安全生产监督管理局

地址:昌吉州政府综合楼四楼

电话:0994-2320170

传真:0994-2320170

邮编:831100

网址:http://ajj.cj.gov.cn/structure/index.htm

博尔塔拉蒙古自治州安全生产监督管理局

地址:博乐市北京路584号

电话:0909-2327671

邮编:833400

网址:http://ajj.boz.gov.cn/index.asp

阿勒泰地区安全生产监督管理局

地址:阿勒泰市解放路384号
电话:0906-2122323
传真:0906-2122323
邮编:836500
网址:http://www.xjalt.gov.cn/10190/

石河子市安全生产监督管理局

地址:石河子市北四路政府楼3楼
电话:0993-2014895
邮编:832000

阿克苏市安全生产监督管理局

地址:阿克苏市南大街3号
电话:0997-2122531
邮编:843000
网址:http://www.akss.gov.cn/

喀什市安全生产监督管理局

地址:喀什市人民东路55号
电话:0998-2831132
邮编:844000

和田市安全生产监督管理局

地址:和田市
电话:0903-2054361
邮编:848000

吐鲁番市安全生产监督管理局

地址:吐鲁番市高昌路园林局3楼
电话:0995-8531110
邮编:838000
网址:http://ajj.tlf.gov.cn

哈密市安全生产监督管理局

地址:哈密市天山北路济困医院右面
金魁大厦4楼
电话:0902-2321106
邮编:839000

昌吉市安全生产监督管理局

地址:昌吉市建国西路市政府大楼3楼
电话:0994-2596737
邮编:831100

库尔勒市安全生产监督管理局

地址:库尔勒市文化路电大综合楼6楼
电话:0996-2279399
邮编:841000

伊宁市安全生产监督管理局

地址:伊宁市新华西路665号
新政府办公大楼6楼
电话:0999-8359320
邮编:835100
网址:http://aj.yining.gov.cn/

塔城市安全生产监督管理局

地址:塔城市新华街建行楼内
电话:0901-6229580
邮编:834700

阿勒泰市安全生产监督管理局

地址:阿勒泰市团结路文化中心5楼
电话:0906-2120620
邮编:836500

博乐市安全生产监督管理局

地址:博乐市北京南路
电话:0909-2277053
邮编:833400

新疆生产建设兵团安全生产监管机构

新疆生产建设兵团安全生产监督管理局

地址:新疆乌鲁木齐市建设路26号光明大厦
电话:0991-8108900
邮编:830002

新疆维吾尔自治区安全生产监督管理局

地址:中国新疆乌鲁木齐市健康路253号
电话:0991-2823284
邮编:830002

第 6 章

国家煤矿安全监察机构名录

第六章　国家煤矿安全监察机构名录

国家煤矿安全监察局

地址：北京市东城区和平里北街21号
电话：010-64463366
邮编：100713
网址： http://www.chinacoal-safety.gov.cn/mkaj/

主要职责

(一)拟订煤矿安全生产政策，参与起草有关煤矿安全生产的法律法规草案，拟订相关规章、规程、安全标准，按规定拟订煤炭行业规范和标准，提出煤矿安全生产规划。

(二)承担国家煤矿安全监察责任，检查指导地方政府煤矿安全监督管理工作。对地方政府贯彻落实煤矿安全生产法律法规、标准，煤矿整顿关闭，煤矿安全监督检查执法，煤矿安全生产专项整治、事故隐患整改及复查，煤矿事故责任人的责任追究落实等情况进行监督检查，并向地方政府及其有关部门提出意见和建议。

(三) 承担煤矿安全生产准入监督管理责任，依法组织实施煤矿安全生产准入制度，指导和管理煤矿有关资格证的考核颁发工作并监督检查，指导和监督相关安全培训工作。

(四) 承担煤矿作业场所职业卫生监督检查责任，负责职业卫生安全许可证的颁发管理工作，监督检查煤矿作业场所职业卫生情况，组织查处煤矿职业危害事故和违法违规行为。

(五) 负责对煤矿企业安全生产实施重点监察、专项监察和定期监察，依法监察煤矿企业贯彻执行安全生产法律法规情况及其安全生产条件、设备设施安全情况，对煤矿违法违规行为依法做出现场处理或实施行政处罚。

(六)负责发布全国煤矿安全生产信息，统计分析全国煤矿生产安全事故与职业危害情况，组织或参与煤矿生产安全事故调查处理，监督事故查处的落实情况。

(七) 负责煤炭重大建设项目安全核准工作，组织煤矿建设工程安全设施的设计审查和竣工验收，查处不符合安全生产标准的煤矿企业。

(八)负责组织指导和协调煤矿事故应急救援工作。

(九)指导煤矿安全生产科研工作，组织对煤矿使用的设备、材料、仪器仪表的安全监察工作。

(十)指导煤炭企业安全基础管理工作，会同有关部门指导和监督煤矿生产能力核定和煤矿整顿关闭工作，对煤矿安全技术改造和瓦斯综合治理与利用项目提出审核意见。

(十一)承办国务院及国家安全生产监督管理总局交办的其他事项。

内设机构

办公室 …………………………… 010-64463932

拟订机关工作规则和工作制度；承担机关公文管理、政务信息、机要保密工作；协调机关人事、财务、外事等相关工作。

安全监察司 ………………………… 010-64463186

依法监察煤矿企业执行安全生产法律法规情况及其安全生产条件、设备设施安全情况，依法查处不具备安全生产条件的煤矿；组织煤矿建设工程安全设施的设计审查和竣工验收；承担煤矿企业安全生产准入管理工作；承担对重大煤炭建设项目的安全核准工作；指导和监督煤矿整顿关闭工作；检查指导地方煤矿安全监督管理工作。

事故调查司 ………………………… 010-64463203

依法组织指导煤矿安全事故和职业危害事故的调查处理；按照职责分工，拟订煤矿作业场所职业卫生执法规章和标准；监督检查煤矿作业场所职业卫生情况；指导协调或参与煤矿事故应急救援工作；监督煤矿安全生产执法行为；承办相关行政复议；指导监督煤矿事故与职业危害统计分析及职业危害申报工作；发布煤矿安全生产信息；承担国家煤矿安全监察专员日常管理工作。

科技装备司 ………………………… 010-64464134

参与起草煤矿安全生产、安全监察有关法律法规草指导和组织拟订煤炭行业规范和标准；组织煤矿安全生产科研及科技成果推广工作；组织监察煤矿设备、材料、仪器仪表安全；审核国有重点煤矿安全技术改造和瓦斯综合治理与利用项目。

行业安全基础管理指导司 010-64464044

指导和监督煤炭企业安全基础管理、安全标准化工作；指导和监督煤炭企业建立并落实安全隐患排查、报告和治理制度；指导和监督地方煤炭行业管理部门开展煤矿生产能力核定工作；依法监督检查中央管理的煤炭企业和为煤矿服务的(煤矿矿井建设施工、煤炭洗选等)企业的安全生产工作；指导和管理煤矿有关资格证的考核颁发工作并监督检查，指导和监督相关安全培训工作。

北京煤矿安全监察分局

地址：北京市宣武区枣林前街 70 号
电话：010-83970842
邮编：100053
网址：http://www.bjsafety.gov.cn

河北煤矿安全监察局

地址：河北省石家庄市桥西区华安街 80 号
电话：0311-87212162
邮编：050051
网址：http://www.hebmaj.gov.cn/

直属机构

邯郸监察分局

地址：河北省邯郸市澄河北大街 114 号
电话：0310-3106323
邮编：056031

冀中监察分局

地址：河北省邢台市八一大街 86 号
电话：0319-2069217
邮编：054000

冀东监察分局

地址：河北省唐山市新华西道 21 号
电话：0315-2820213
邮编：063000

张家口监察分局

地址：河北省张家口市桥东区工业街乙 83 号负 2 号
电话：0313-2215500
邮编：075000

山西煤矿安全监察局

地址：山西省太原市并州北路 219 号
电话：0351-4094909
邮编：030012
网址：http://www.sxsafety.gov.cn/

直属机构

太原监察分局

地址：山西省太原市和平南路 111 号
电话：0351-6378317
邮编：030024

大同监察分局

地址：山西省大同市城区南三环北侧
电话：0352-5036869
邮编：037008

晋中监察分局

地址：山西省晋中市安宁大街 150 号
电话：0354-3039233
邮编：030600

阳泉监察分局

地址：山西省阳泉市开发区虹桥路 12 号
电话：0353-2913709
邮编：045000

晋城监察分局

地址：山西省晋城市凤台西街2286号

电话：0356-2095451

邮编：048000

长治监察分局

地址：山西省长治市太行西街丰盛巷30号

电话：0355-2089991

邮编：046011

临汾监察分局

地址：山西省临汾市五一东路19号

电话：0357-2285096

邮编：041000

吕梁监察分局

地址：山西省吕梁市离石区龙凤南大街

电话：0358-8210696

邮编：03300

内蒙古煤矿安全监察局

地址：内蒙古自治区呼和浩特市新城西街

电话：0351-4094909

邮编：030012

网址：http://www.sxsafety.gov.cn/

直属机构

乌海监察分局

地址：内蒙古自治区乌海市海勃湾区海河北路

电话：0473-2097091

邮编：016000

包头监察分局

地址：内蒙古自治区包头市青山区幸福路9号

电话：0472-3103025

邮编：014030

赤峰监察分局

地址：内蒙古自治区赤峰市英金路中段

电话：0476-8443180

邮编：016000

呼伦贝尔监察分局

地址：内蒙古自治区呼伦贝尔市海位尔区河东贝尔浴园街

电话：0470-8221415

邮编：016000

辽宁煤矿安全监察局

地址：辽宁省沈阳市大东区天后宫路59号

电话：024-88576800

邮编：110042

网址：http://www.lnmj.gov.cn/

直属机构

辽东监察分局

地址：辽宁省沈阳市大东区天后宫路59号

电话：024-88576665

邮编：110042

辽南监察分局

地址：辽宁省锦州市福州街16号甲

电话：0416-3868809

邮编：121003

辽西监察分局

地址：辽宁省阜新市海州区新华路129号

电话：0418-3381694

邮编：230000

辽北监察分局

地址：辽宁省铁岭市银州区邮电新村世纪园1号组团8号楼

电话:0410-4191076

邮编:112000

吉林煤矿安全监察局

地址:吉林省长春市延安大路987号

电话:0431-85955875

邮编:130021

网址:http://www.jlmj.gov.cn/

直属机构

辽源监察分局

地址:吉林省辽源市龙山区辽河大路595号

电话:0437-5085076

邮编:136200

白山监察分局

地址:吉林省白山市怡宾小区北

电话:0439-3258156

邮编:134300

延边监察分局

地址:吉林省延吉市延朝路

电话:0433-2260663

邮编:133001

黑龙江煤矿安全监察局

地址:黑龙江省哈尔滨市南岗区龙江街91号

电话:0451-53631395

邮编:150001

网址:http://www.hljmkaj.gov.cn/

直属机构

哈南监察分局

地址:黑龙江省鸡西市鸡冠区201国道南侧

电话:0467-2395585

邮编:158100

鹤滨监察分局

地址:黑龙江省鹤岗市鹤伊公路零公里处

电话:0468-3737033

邮编:154103

哈东监察分局

地址:黑龙江省双鸭山市双福路

电话:0469-4260857

邮编:155100

佳合监察分局

地址:黑龙江省七台河市茄子河区杨大街

电话:0464-8695879

邮编:154600

江苏煤矿安全监察局

地址:江苏省南京市北京西路15-1号

电话:025-83304292

邮编:210024

网址:http://218.94.123.97/main/index.htm

直属机构

徐州监察分局

地址:江苏省徐州市矿山路3号

电话:0516-85321095

邮编:221006

安徽煤矿安全监察局

地址:安徽省合肥市长江中路2号

电话:0551-2657468

邮编:230008

网址:http://www.anhuimj.gov.cn/

直属机构

淮南监察分局

地址：安徽省淮南市舜耕西路
电话：0554-6424992
邮编：232001

淮北监察分局

地址：安徽省淮北市经济技术开发区董庄路
电话：0561-4956150
邮编：235000

皖南监察分局

地址：安徽省芜湖市弋江中路
电话：0553-2878380
邮编：241000

福建煤矿安全监察局

地址：福建省福州市东大陆73号
机关东湖大院1号楼
电话：0591-87521854
邮编：350001
网址：http://www.fjsafety.gov.cn/

江西煤矿安全监察局

地址：江西省南昌市丁公路115号煤炭大厦
电话：0791-6316101
邮编：330002
网址：http://www.jxmkaqjc.gov.cn/

直属机构

赣西南监察分局

地址：江西省萍乡市安源经济开发区
横板管理处第七组
电话：0799-6786200
邮编：337000
网址：http://www.gxnfj.com/

赣中监察分局

地址：江西省新余市仰天西大道622号
电话：0790-7026500
邮编：338000
网址：http://www.gz-cmss.gov.cn/

赣东北监察分局

地址：江西省景德镇市昌江大道185号
电话：0798-8292833
邮编：333000
网址：http://www.gdb-cmss.gov.cn/

山东煤矿安全监察局

地址：山东省济南市天桥区堤口路141号
电话：0531-85686222
邮编：250031
网址：http://www.sdcoal.gov.cn/

直属机构

鲁西监察分局

地址：山东省济宁市洸河东路2号
电话：0537-2399611
邮编：272000

鲁南监察分局

地址：山东省枣庄市新城区光明大道
电话：0632-8689898
邮编：277800

鲁东监察分局

地址：山东省淄博市高新技术开发区
中润大道57号

电话:0533-3590700

邮编:255086

鲁中监察分局

地址:山东省济南市堤口路141号

电话:0531-25697639

邮编:250031

河南煤矿安全监察局

地址:河南省郑州市金水路20号

电话:0371-63833782

邮编:450003

网址:http://www.hnsafety.gov.cn/

直属机构

郑州监察分局

地址:河南省郑州市郑东新区民生路

电话:0371-68091910

邮编:450052

豫北监察分局

地址:河南省鹤壁市华夏南路东侧

电话:0392-3327823

邮编:458030

豫西监察分局

地址:河南省洛阳市九都路东段46号

电话:0379-65356805

邮编:410002

豫南监察分局

地址:河南省平顶山市长青路北段

电话:0375-2836001

邮编:467000

豫东监察分局

地址:河南省商丘市长江路东段

电话:0370-2681911

邮编:476000

湖北煤矿安全监察局

地址:湖北省武汉市武昌区水果湖洪山路64号湖光大厦11楼

电话:027-87001166

邮编:430071

网址:http://www.hubeisafety.gov.cn/

湖南煤矿安全监察局

地址:湖南省长沙市南托岭暮云工业园

电话:0731-5692901

邮编:410118

网址:http://www.hunanmj.go.cn/

直属机构

娄底监察分局

地址:湖南省娄底市娄星区湘阳东路

电话:0738-8211467

邮编:417000

衡阳监察分局

地址:湖南省衡阳市外环西街

电话:0734-8812331

邮编:421000

常德监察分局

地址:湖南省常德市武陵区

电话:0734-7170327

邮编:415003

郴州监察分局

地址:湖南省郴州市五岭大道35号

电话:0735-2199200

邮编:423000

广东煤矿安全监察局

地址:广东省广州市麓苑路36号
电话:020-83597588
邮编:510095

广西煤矿安全监察局

地址:广西壮族自治区南宁市东宝路10号骏豪大厦
电话:0771-2299311
邮编:530012
网址:http://www.gxmj.gov.cn

重庆煤矿安全监察局

地址:重庆市渝北区白杨路32号
电话:023-86722111
邮编:400060
网址:http://www.cqmj.gov.cn/

直属机构

渝中监察分局

地址:重庆市南岸区开发路31号科尔大厦五楼
电话:023-62821216
邮编:400060
网址:http://yz.cqmj.gov.cn/

渝东监察分局

地址:重庆市万州区周家坝路46号
电话:023-62821216
邮编:404040

渝南监察分局

地址:重庆市綦江县健康路7号
电话:023-85891666
邮编:401420
网址:http://www.cqyn.gov.cn/

四川煤矿安全监察局

地址:四川省成都市人民东路66号
电话:028-86632449
邮编:610015
网址:http://www.scsafety.gov.cn/

直属机构

攀西监察分局

地址:四川省攀枝花市仁和区迤沙拉大道1598号
电话:0812-5109045
邮编:671000

川南监察分局

地址:四川省成都市人民东路66号
电话:0831-3880186
邮编:671000

川北监察分局

地址:四川省广元市利州东路三段
电话:0839-3371518
邮编:671000

川西监察分局

地址:四川省达州市西外永安街2号
电话:0818-2981798
邮编:671000

贵州煤矿安全监察局

地址:贵州省贵阳市北京路204号
电话:0851-6824213

邮编:550004

网址:http://www.gzaj.gov.cn/

直属机构

林东监察分局

地址:贵州省贵阳市乌当区新添大道北段164号附6号

电话:0851-6317650

邮编:550018

遵义监察分局

地址:贵州省遵义市红花岗区海尔大道状元路2号

电话:0852-8436336

邮编:563000

水城监察分局

地址:0858-8972545

电话:贵州省六盘水市钟山区钟山中路

邮编:553000

盘江监察分局

地址:贵州省兴义市桔山开发区碧云南路

电话:0859-3121118

邮编:562400

云南煤矿安全监察局

地址:云南省昆明市白塔路329号

电话:0871-3137968

邮编:650011

网址:http://www.ynmj.gov.cn/WPublisher/default.aspx

直属机构

曲靖监察分局

地址:云南省曲靖市麒麟区和平路

电话:0874-6123902

邮编:655000

红河监察分局

地址:云南省蒙自县文萃路茂源街

电话:0873-3721314

邮编:661100

昭通监察分局

地址:云南省昭通市

电话:0870-2222355

邮编:657000

大理监察分局

地址:云南省大理市大丽路

电话:0872-2280338

邮编:671000

陕西煤矿安全监察局

地址:陕西省西安市和平路东十一道巷六号

电话:029-87671695

邮编:710001

网址:http://www.smaj.gov.cn/

直属机构

榆林监察分局

地址:陕西省榆林市

电话:0912-3813794

邮编:719000

渭南监察分局

地址:陕西省渭南市渭南市中心部

电话:0913-2115781

邮编:714000

铜川监察分局

地址:陕西省铜川市耀州区铁诺南路

电话:0919-3185101

邮编:727031

咸阳监察分局

地址:陕西省西安市风城二路
电话:02986511235
邮编:710016

甘肃煤矿安全监察局

地址:甘肃省兰州市天水南路333号
电话:0931-8822315
邮编:730000
网址:http://www.gscms.chinasafety.gov.cn/index.htm

直属机构

兰州监察分局

地址:甘肃省兰州市城关区雁滩邮局15信箱
电话:0931-8559608
邮编:730000

陇东监察分局

地址:甘肃省平凉市崆峒西路150号
电话:0933-8715201
邮编:744000

青海煤矿安全监察局

地址:青海省西宁市西关大街57号
电话:0971-6136310
邮编:810001

宁夏煤矿安全监察局

地址:宁夏回族自治区银川市文化西街82号
电话:0951-5971300
邮编:750011
网址:http://www.nxmj.gov.cn/

直属机构

银南监察分局

地址:宁夏回族自治区灵武市
电话:0951-6961884
邮编:753000

银北监察分局

地址:宁夏回族自治区石嘴山市大武口区解放西街
电话:0952-2051070
邮编:730000

新疆煤矿安全监察局

地址:新疆维吾尔自治区乌鲁木齐市友好南路
电话:0991-4585062
邮编:830000
网址:http://www.xjcms.chinasafety.gov.cn

直属机构

南疆监察分局

地址:新疆自治区库尔勒市梨香南路18号
电话:0996-2113691
邮编:2113691

北疆监察分局

地址:新疆自治区乌鲁木齐市六道湾路10号
电话:0991-8440110
邮编:830000

新疆生产建设兵团煤矿安全监察分局

地址:新疆自治区乌鲁木齐市建设路26号光明大厦
电话:0991-8108900
邮编:830002

第 7 章

全国安全生产应急救援机构名录

第七章 全国安全生产应急救援机构名录

国家安全生产应急救援指挥中心

地址:北京市东城区和平里北街21号

电话:010-64463948

邮编:100713

网址:http://www.emc.gov.cn/emc/

主要职责

(一)参与拟定、修订全国安全生产应急救援方面的法律法规和规章,制定国家安全生产应急救援管理制度和有关规定并负责组织实施。

(二) 负责全国安全生产应急救援体系建设,指导、协调地方及有关部门安全生产应急救援工作。

(三)组织编制和综合管理全国安全生产应急救援预案。对地方及有关部门安全生产应急预案的实施进行综合监督管理。

(四)负责全国安全生产应急救援资源综合监督管理和信息统计工作,建立全国安全生产应急救援信息数据库,统一规划全国安全生产应急救援通信信息网络。

(五)负责全国安全生产应急救援重大信息的接收、处理和上报工作。负责分析重大危险源监控信息并预测特别重大事故风险,及时提出预警信息。

(六)指导、协调特别重大安全生产事故灾难的应急救援工作;根据地方或部门应急救援指挥机构的要求,调集有关应急救援力量和资源参加事故抢救;根据法律法规的规定或国务院授权组织指挥应急救援工作。

(七)组织、指导全国安全生产应急救援培训工作。组织、指导安全生产应急救援训练、演习。协调、指导有关部门依法对安全生产应急救援队伍实施资质管理和救援能力评估工作。

(八)负责安全生产应急救援科技创新、成果推广工作。参与安全生产应急救援国际合作与交流。

(九)负责国家投资形成的安全生产应急救援资产的监督管理,组织对安全生产应急救援项目投入资产的清理和核定工作。

(十)完成国务院安全生产委员会办公室交办的其他事项。

内设机构

综合部 ………………………… 010-64463948

负责办公综合业务,制定机关工作规则和制度;承担文秘、档案和行政事务等工作;起草重要文件和报告、组织会议、对外联络等工作;负责党务和人事管理工作;负责安全生产应急救援国际合作与交流。

指挥协调部 …………………… 010-64464119

负责安全生产应急救援信息的接收、处理、上报及值班工作。跟踪事故救援情况, 提出应急救援建议方案。调集相关资源, 为现场应急救援提供技术支持,根据授权下达指挥命令。组织、指导安全生产应急救援的宣传教育和专业应急救援人员的培训工作,组织、指导应急救援演习和训练。

信息管理部 …………………… 010-64464056

负责全国安全生产应急救援信息管理, 分析特别重大事故风险,提出发布预警信息的建议;建立应急救援队伍、专家和应急预案数据库。协调、指导有关部门依法对安全生产应急救援队伍实施资质管理和救援能力评估工作。

技术装备部 …………………… 010-64464319

组织安全生产应急救援培训基地建设。协调全国安全生产应急救援指挥系统的技术装备保障工作; 负责应急救援基础研究及科技成果推广工作; 负责国家安全生产应急救援专家组工作。

资产财务部 …………………… 010-64464096

负责国家投资形成的安全生产应急救援资产的监督管理,组织对应急救援项目投入资产的清理和核定工作;负责中心财务工作。

全国省级安全生产应急救援管理机构

北京市生产安全事故应急工作处

地址：北京市宣武区槐柏树街2号院3号楼421室

电话：010-65023616

邮编：100053

传真：010-63027605

天津市安全生产应急管理办公室

地址：天津市河西区宾水道增9号环渤海发展中心A座11层

电话：022-28208707

邮编：300060

传真：022-28208707

河北省安全生产应急救援指挥中心

地址：河北省石家庄市和平西路456号

电话：0311-87212016

邮编：050071

传真：0311-87024226

山西省安全生产应急救援指挥中心

地址：山西省太原市长风西大街1号

电话：0351-4090558

邮编：030021

传真：0351-4093897

内蒙古安全生产应急救援指挥中心

地址：内蒙呼和浩特市刺勒川大街1号常政综合楼

电话：0471-6946786

邮编：010098

传真：0471-6610860

辽宁省安全生产应急救援指挥中心

地址：辽宁省沈阳市皇姑区陵东街2号

电话：024-28510856

邮编：110032

传真：024-28510857

吉林省安全生产应急救援指挥中心

地址：长春市人民大街3727号

电话：0431-85096300

邮编：130021

传真：0431-85096300

黑龙江省安全生产应急救援指挥中心

地址：黑龙江省哈尔滨市南岗区文明街11号

电话：0451-87010922

邮编：150001

传真：0451-87010922

上海市应急救援管理处

地址：上海市复兴中路593号18,19楼

电话：021-54667769

邮编：200020

传真：021-54666346

江苏省应急救援管理处

地址：江苏省南京市北京西路15-1号

电话：025-83304292

邮编：210024

传真：025-83334292

浙江省应急救援管理处

地址：浙江省杭州市体育场路479号

电话：0571-87056772

邮编：310007

传真：0571-87053040

安徽省安全生产应急救援指挥中心

地址：安徽省合肥市马鞍山路省政府政务中心

电话：0551-2999519

邮编：230001

传真：0551-2999522

福建省安全生产应急救援指挥中心

地址：福州市东大路73号1号楼

电话：0591-8751308

邮编：350001

江西省安全生产应急救援指挥中心

地址：江西省南昌市抚河南路199号

电话：0791-85257096

邮编：330001

传真：0791-85257098

山东省安全生产应急救援指挥中心

地址：山东省济南市历下区闵子骞路15号

电话：0531-81792219

邮编：250014

传真：0531-81792255

河南省生产安全应急救援指挥中心

地址：郑州市金水区金水路16号

电话：0371-65865839

邮编：450003

传真：0371-65866110

湖北省应急救援办公室

地址：湖北省武汉市武昌区洪山路65号湖光大厦11楼

电话：027-87362510

邮编：430071

传真：027-87362510

湖南省安全生产应急救援指挥中心

地址：湖南省长沙市芙蓉中路二段251号海利集团办公楼

电话：0731-89751200

邮编：410119

传真：0731-89751239

广东省安全生产应急救援指挥中心

地址：广州市越秀区建设大马路19号

电话：020-83160888

邮编：510060

传真：020-83160800

广西安全生产应急救援指挥中心

地址：南宁市东宝路10号

电话：0771-2299337

邮编：530022

传真：0771-2299300

海南省应急救援处

地址：海口市海府路59号省政府办公大楼

电话：0898-65383112

邮编：570204

传真：0898-65383112

重庆市安全生产应急救援指挥中心

地址：重庆市渝北区龙溪镇金龙路235号

电话：023-67611250

邮编：401147

传真：023-67074556

四川省生产安全应急救援办公室

地址：四川省成都市东二道街54号八单元

电话：028-86634045

邮编：610031

传真：028-86634045

贵州省安全生产应急救援指挥中心

地址：贵州省贵阳市北京路204号

电话：0851-6824213

邮编：550004

传真：0851-6891134

云南省安全生产应急救援指挥中心

地址：昆明市董家湾曙光呼中路1号

电话：0871-8025601

邮编：650041

传真：0871-8025614

西藏自治区应急救援办公室

地址：西藏自治区拉萨市宇拓路17号

电话：0891-6328060

邮编：850000

传真：0891-6320502

陕西省应急救援办公室

地址:陕西省西安市新城区省政府大楼七层

电话:029-87291072

邮编:710006

传真:029-87291072

甘肃省应急救援办公室

地址:甘肃省兰州市城关区广场南路13号

电话:0931-8826920

邮编:730000

传真:0931-8826920

青海省应急救援处

地址:西宁市城西区西关大街57号水电大厦

电话:0971-6165129

邮编:810001

传真:0971-6127604

宁夏自治区安全生产应急救援指挥中心

地址:宁夏银川市新华西街313号

电话:0951-5012289

邮编:50001

传真:0951-5053645

新疆安全生产应急救援指挥中心

地址:乌鲁木齐市健康路253号

电话:0991-2309269

邮编:830002

传真:0991-2819936

新疆生产建设兵团监察三处

地址:乌鲁木齐市建设路26号

电话:0991-2358529

邮编:830002

传真:0991-2358535

国家和区域矿山应急救援队依托单位及通信地址

救援队名称	依托单位	通信地址
（一）国家队		
国家开滦队	河北开滦（集团）有限责任公司	河北省唐山市增盛中街 8 号
国家大同队	山西大同煤矿集团有限责任公司	山西省大同市新平旺
国家鹤岗队	黑龙江龙煤矿业控股集团有限责任公司	黑龙江省哈尔滨市闽江路 235 号
国家淮南队	安徽淮南矿业（集团）有限责任公司	安徽省淮南市洞山中路 1 号
国家平顶山队	中国平煤神马能源化工有限责任公司	河南省平顶山市矿工中路 21 号
国家芙蓉队	四川煤炭产业集团有限责任公司	四川省成都市青羊区金泽路 1 号
国家靖远队	甘肃靖远煤业集团有限责任公司	甘肃省白银市平川区
（二）区域队		
区域汾西队	山西焦煤集团汾西矿业集团公司	山西省介休裕华路 95 号
区域平庄队	内蒙古平庄煤业（集团）有限责任公司	内蒙古赤峰市元宝山区平庄镇哈河街
区域沈阳队	沈阳煤业（集团）有限责任公司	辽宁省沈阳市沈北新区虎石台镇
区域乐平队	江西煤炭集团公司乐平矿务局	江西省景德镇市新厂东路 289 号
区域兖州队	山东兖矿集团有限公司	山东省邹城市凫山路 40 号
区域郴州队	湖南省煤业集团有限公司资兴矿业集团有限责任公司	湖南省郴州市资兴市三都镇
区域华锡队	华锡集团有限责任公司	广西省柳州市桂中大道华锡大厦
区域天府队	重庆能源投资集团天府矿业有限责任公司	重庆市北碚区后丰岩
区域六枝队	六枝工矿集团公司	贵州六枝特区人民路 22 号
区域东源队	云南东源煤业集团有限公司	云南江东花城 66 幢
区域铜川队	陕西煤业化工集团有限责任公司	西安市太乙路 182 号
区域青海队	青海煤业集团公司	青海省西宁市大通县桥头镇矿山东路 170 号
区域新疆队	新疆煤矿安全监察局和新疆煤炭工业管理局	新疆乌鲁木齐市西北路友好南路 546 号
区域兵团队	新疆生产建设兵团农二师金川矿业有限责任公司	新疆库尔勒市塔什店镇西北

全国矿山救援队伍情况总表

序号	省（市）	数量	救援力量						单位性质		属性		资质等级				培训率%
			大队	独立中队	中队	小队	编制人数	现有人数	事业	企业	煤矿	非煤矿	一级	二级	三级	四级	
1	北京	1		1		8	91	91		1	1						100
2	天津	无															
3	河北	21	4	12	20	107		1652	6	15	19	5	2	2	14	3	97
4	山西	35	17	16	60	188	3305	3305	23	12	33	3	2	13	12		100
5	内蒙古	19	9		29	75	1021	1025	3	16	15	4			4		100
6	辽宁	22	6	7	27	113	1320	1356	3	19	17	5	1	5	7	4	98
7	吉林	14	4	9	10	62	703	717	6	8	11	3		4	6		97
8	黑龙江	16	5	4	29	105	1146	1417	4	12	9	7	3	1	4	1	86
9	上海	无															
10	江苏	15	2	1	6	34	511	508		15	15			2	1	12	100
11	浙江	1	1			4	50	50		1	1				1		100
12	安徽	5	4	1	22	75	966	937	1	4	5	1	2	2	1		100
13	福建	3	1		2	10	183	183	2	1	3			1			100
14	江西	18	3	2	23	72		842	9	9	18			5	9	2	94
15	山东	8	7	1	26	86	1196	1196		8	8		5	2	1		100
16	河南	25	5	20	30	158	2441	2436	14	11	25		4	3	15	3	100
17	湖北	6		6		26		317	3	3	6	6			6		89
18	湖南	18	5	6	19	72	696	712	13	5	18				8	5	96
19	广东	3		3		9	43	96	2	1		3			3		100
20	广西	11			11	32	374	374	1	10	7	5			8	3	100
21	海南	1		1		4	250	250		1		1					
22	重庆	14	4	1	23	77	807	807		14	13	1			8		100
23	四川	34	3	31	11	135		1378	17	17	34	34			22	2	100
24	贵州	25	4	11	23	84	1229	1311	8	17	22	3	1	1	18	1	99
25	云南	22		22		62	650	697	9	13	22				18	3	99
26	西藏	无															
27	陕西	19	5	5	21	71	948	837	8	11	19	4			4	9	97
28	甘肃	11	6	5	24	67	824	808	1	10	10	4					100
29	青海	4			2	2	106	94	1	3	4				2	2	72
30	宁夏	2	2		6	21	302	300		2	2		1	1			100
31	新疆	18	1	5	9	54	628	608	6	12	18				11	5	99
32	新疆兵团	6			6	18	218	218		6	6				6		100
33	合计	397	98	170	439	1831	20008	24522	140	257	361	89	21	42	189	55	97

北京市矿山救援队伍基本情况

序号	救护队名称	救援力量						单位性质		属性		资质等级	培训率%	办公电话	通讯地址
		大队	独立中队	中队	小队	编制人数	现有人数	事业	企业	煤矿	非煤矿				
1	昊华能源公司矿山救援队		1		8	91	91		企业	煤矿			100	010-69826974	门头沟中门寺13号
	合计		1	0	8	91	91								

河北省矿山救援队伍基本情况

序号	救护队名称	救援力量						单位性质		属性		资质等级	培训率%	办公电话	通讯地址
		大队	独立中队	中队	小队	编制人数	现有人数	事业	企业	煤矿	非煤矿				
1	开滦集团公司救护大队	1		10	36		652		企业	煤矿		一级	100	0315-3022946	唐山币新华东道70号
2	峰峰集团公司救护大队	1		3	10		223		企业	煤矿		一级	100	0310-7711525	邯郸市峰峰矿区
3	邯郸集团公司救护队	1		2	6		74		企业	煤矿		二级	100	0310-7751362	邯郸市康城镇
4	金牛能源股份公司救护队	1		3	10		139		企业	煤矿		二级	100	0319-2063538	邢台市邢台煤矿
5	井陉矿务局救护队		1		3		34		企业	煤矿		三级	100	0311-82086736	石家庄市井陉矿区
6	兴隆矿务局救护消防队		1		3		30		企业	煤矿		三级	100	0314-5372551	承德市营子矿区
7	盛源公司救护队		1		3		41		企业	煤矿		三级	100	0313-5063837	张家口市下花园区
8	邯郸市矿山救护队		1		3		44	事业		煤矿	非煤	三级	100	0310-5729273	邯郸市康城镇
9	邢台市矿山救护队		1		3		35	事业		煤矿	非煤	三级	100	0319-6961195	邢台市内邱磨窝
10	唐山市矿山救护队		1		3		46		企业	煤矿		三级	100	0315-3045464	唐山市开平区矿南路
11	秦皇岛市矿山救护队		1		3		37	事业		煤矿	非煤	三级	100	0335-5943888	秦皇岛抚宁石门寨
12	保定市矿山救护队		1		3		30		企业	煤矿		三级	100	0312-4388002	保定市曲阳县灵山镇
13	鑫发矿业公司救护队		1		3		32		企业	煤矿		三级	100	0314-3069940	承德市泵待县暖儿河
14	杨树岭矿业公司救护队		1		3		31		企业	煤矿		三级	100	0314-6251018	承德币平泉杨树岭镇
15	巨丰源煤炭公司救护队		1		3		34		企业	煤矿		三级	100	0314-5219655	承德营子矿区涝洼滩
16	平安堡煤矿救护队				2		22		企业	煤矿		四级	100	0314-5038408	承德兴隆县平安堡镇
17	尚义煤矿救护队				2		22		企业	煤矿		四级	100	0313-4512637	张家口尚义红土梁镇
18	涿鹿煤矿救护队				2		31		企业	煤矿		四级	100	0313-6718119	张家口涿鹿武家沟
19	蔚县煤炭局救护队		1		3		30	事业		煤矿		三级	100	0313-7199016	张家口市蔚县煤炭局
20	赤城县矿山救护队			1	3		30	事业			非煤	三级	60	0313-6315158	赤城县鼓楼东街
21	宣化县矿山救护队			1	3		35	事业			非煤	三级	80	0313-6028061	宣化县东望乡
	合计	4	12	20	110		1652	6	15	19	5		97.143		

山西省矿山救援队伍基本情况

序号	救护队名称	救援力量						单位性质		属性		资质等级	培训率%	办公电话	通讯地址
		大队	独立中队	中队	小队	编制人数	现有人数	事业	企业	煤矿	非煤矿				
1	大同煤矿集团公司救护队	1		3	11	191	191		企业	煤矿		一级	100	0352-7013074	大同市新平旺
2	西山煤电集团公司救护队	1		3	9	160	160		企业	煤矿		二级	100	0353-7034611	阳泉市道北街
3	汾西矿业集团公司救护队	1		2	6	95	95		企业	煤矿		二级	100	0351-6215118	太原市河龙湾
4	潞安矿业集团公司救护队	1		3	9	131	131		企业	煤矿		一级	100	0354-7092575	孝义市城关镇封赵路11号
5	晋城无烟煤集团公司救护队	1		2	6	87	87		企业	煤矿			100	0355-5922429	襄垣县侯堡
6	霍州煤电集团公司救护队	1		3	12	204	204		企业	煤矿		二级	100	0356-3668947	晋城市北石店
7	阳泉煤业集团公司救护队	1		2	6	128	128		企业	煤矿		二级	100	0357-5638129	霍州市白龙镇
8	省监狱管理局救护大队	1		4	12	175	175		企业	煤矿		二级	100	0351-2675703	太原市东华门8号
9	轩岗煤电集团公司救护队		1	1	3	50	50		企业	煤矿			100	0350-8288119	原平市轩岗镇
10	平朔公司救护队		1		4	48	48		企业	煤矿		三级	100	0349-2051118	朔州平朔区
11	太原市矿山救护大队	1		2	5	87	87	事业		煤矿		二级	100	0351-7053500	太原市坞城路135号
12	大同市矿山救护大队	1		1	4	132	132	事业		煤矿			100	0352-2191221	大同市同云路135号
13	大同市南郊区矿山救护大队		1	1	4	76	76	事业		煤矿		三级	100	0352-4065226	大同市南郊区泉落路
14	大同市左云县矿山救护大队		1	1	4	62	62	事业		煤矿		三级	100	0352-3822549	左云县环城路东侧
15	大同市浑源县矿山救护队		1	1	3	48	48	事业		煤矿		三级	100	0352-8321762	浑源县永安镇恒山南路
16	大同市新荣区矿山救护队		1	1	2	47	47	事业		煤矿			100	0352-3072212	大同市新荣去
17	阳泉市矿山救护大队	1		2	6	96	96	事业		煤矿		二级	100	0353-2033128	阳泉市南庄路4号
18	阳泉市盂县矿山救护队		1	1	3	71	71	事业		煤矿		三级	100	0353-8083047	阳泉市盂县盂寿路
19	晋中市矿山救护大队	1		2	6	93	93	事业		煤矿		二级	100	0354-3062861	晋中市榆次区
20	长治市矿山救护队		1	2	6	94	94	事业		煤矿		二级	100	0355-6011678	长治市五一路长安街54号
21	晋城市矿山救护大队	1		2	6	145	145	事业		煤矿		二级	100	0356-2124889	晋城市中原东街1650
22	临汾市矿山救护大队	1		2	7	158	158	事业		煤矿		二级	100	0357-2316080	临汾市南外环立交桥西
23	吕梁市矿山救护大队	1		2	6	115	115	事业		煤矿		二级	100	0358-8221725	吕梁市离市区
24	吕梁孝义市矿山救护队		1	1	3	58	58	事业		煤矿		三级	100	0358-5560446	孝义市三环路北
25	运城市矿山救护队		1	1	4	60	60	事业		煤矿		二级	100	0359-2092116	运城市河东东街426号
26	忻州市河保偏矿山救护队		1	1	3	45	45	事业		煤矿		三级	100	0350-7226594	忻州市河曲县城朝阳路
27	忻州原平市矿山救护队		1	1	3	40	40	事业		煤矿		三级	100	0350-8282017	原平市段家宝乡红池村
28	朔州市矿山救护队		1		3	128	128	事业		煤矿		三级	100	0349-3035170	怀仁县云中镇通泰路
29	朔州市朔城区矿山救护队		1	1	3	78	78	事业		煤矿		三级	100	0349-2024365	朔城区鄯阳街228号
30	朔州市平鲁区矿山救护队		1	1	3	78	78	事业		煤矿		三级	100	0349-6064980	朔州井坪镇平安西街
31	朔州市阴县矿山救护队		1	1	3	57	57	事业		煤矿		三级	100	0349-7025911	山阴县广益小区1号
32	忻州市山救护大队	1		2	4	60	60	事业		煤矿			100	0350-4788073	宁武县马家湾
33	太原钢铁集团矿山救护队			1	3	42	42		企业		非煤		100	0351-6262678	兴华街32号
34	山西省矿山地质应急救援中心救援队	1		6	13	136	136	事业		煤矿	非煤		60	0351-7086472	省煤炭地质局
35	中条山有色集团金属公司矿山救援队			1	3	30	30		企业		非煤		100	0359-6031494	运城垣曲
	合计	17	16	60	188	3305	3305	23	12	33	3		100		

内蒙古自治区矿山救援队伍基本情况

序号	救护队名称	救援力量						单位性质		属性		资质等级	培训率%	办公电话	通讯地址
		大队	独立中队	中队	小队	编制人数	现有人数	事业	企业	煤矿	非煤矿				
1	平庄煤业公司救护大队	1		4	12	183	184		企业	煤矿			100	0476-3325548	赤峰市元宝山区
2	大雁煤业公司通风救护中心救护大队	1		2	6	88	88		企业	煤矿			100	0470-8645208	呼伦贝尔市大雁矿区
3	扎米诺尔公司救护大队	1		2	7	100	100		企业	煤矿			100	0470-6564113	呼伦贝尔市扎赉诺尔矿区
4	神华包头矿业公司救护大队	1		2	5	46	47		企业	煤矿			100	0472-8722108	包头市石拐区
5	神华乌达矿业公司救护大队	1		2	6	66	66		企业	煤矿			100	0473-3114350	乌海市乌达区
6	神华海勃湾矿业公司救护大队	1		2	6	65	65		企业	煤矿			100	0473-2116525	乌海市海勃湾卡布琪
7	太西煤集团矿山救护大队	1		2	4	33	33		企业	煤矿			100	0483-8800314	阿拉善盟阿左旗
8	鄂尔多斯市区域矿山消防救护大队	1		2	6	82	82	事业		煤矿			100	0477-8324615	鄂尔多斯市东胜区
9	神华神东公司救护大队	1		2	6	70	70		企业	煤矿			100	0477-8272230	鄂尔多斯市伊旗上湾
10	包头市杨圪塄矿业公司救护中队			1	3	31	31		企业	煤矿			100	0472-8723119	包头市东河区
11	准旗矿业救护中队			1	3	29	30	事业		煤矿			100	0477-4923570	鄂尔多斯市准格尔旗
12	宝日希勒煤业有限公司救护中队			1	3	27	28		企业	煤矿			100	0470-676409	呼伦贝尔市海达尔区
13	巴彦淖尔市矿山救护队			1	3	30	30	事业		煤矿			100	0478-7974796	市乌拉特前旗
14	伊东煤业集团矿业救护队			1	3	30	30		企业	煤矿			100	0477-4887739	准格尔旗沙圪堵开发区
15	四龙煤业集团公司矿山救护队				2	18	18		企业	煤矿				0476-4840130	赤峰市宁城县四龙镇
16	通辽尖塔矿山救护队			1		27	27		企业		非煤	四级		0475-7473700	通辽杜鲁特旗
17	赤峰白音诺尔矿山救护队			1		27	27		企业		非煤	四级		0476-7782378	巴林右旗白音诺尔
18	东乌旗多金属矿救护队			1		29	29		企业		非煤	四级		0479-3361718	西盟东乌旗
19	乌兰察布市矿山救护队			1		40	40		企业		非煤	四级		0474-6543320	乌兰察布市察右后旗
	合计	9		29	75	1021	1025	3	16	15	4		100		

辽宁省矿山救援队伍基本情况

序号	救护队名称	救援力量						单位性质		属性		资质等级	培训率%	办公电话	通讯地址
		大队	独立中队	中队	小队	编制人数	现有人数	事业	企业	煤矿	非煤矿				
1	沈阳煤业集团救护大队	1		6	18	202	202		企业	煤矿		二级	100	024-62546201	沈阳市苏家坨区红菱矿
2	阜新矿业集团救护大队	1		5	18	229	229		企业	煤矿		二级	88.70	0418-6552498	市海州区韩家店镇西苑8号
3	铁法煤业集团救护大队	1		5	20	258	258		企业	煤矿		一级	100	0410-6828380	铁岭调兵山市铁秀路
4	南票矿务局救护大队	1		3	9	134	134		企业	煤矿		二级	100	0429-3940524	葫芦岛市南票区黄甲街
5	抚顺矿业集团救护大队	1		2	6	87	87		企业	煤矿		二级	100	0413-2558711	市东洲区虎万路西街19号
6	北煤公司救护大队	1		2	6	36	36		企业	煤矿		二级	100	0421-5887615	北票市南山街24号
7	铁岭市地方煤矿救护队		1		3	33	33	事业		煤矿		三级	100	0410-4571019	市银州区汇工街148号
8	抚顺新宾县大平四地区救护队		1		3	32	32		企业	煤矿		三级	100	0413-5485072	抚顺市新宾县大四平镇
9	本溪市地方煤矿救护队		1		3	30	30	事业		煤矿		三级	100	0414-5896165	本溪市溪湖区溪彩路37号
10	本溪县矿山救护队		1		3	33	33		企业	煤矿		三级	100	0414-6823180	本溪市小市镇育才街106号
11	丹东凤城市煤矿救援队		1		3	35	35		企业	煤矿		三级	100	0415-8605314	凤城市爱阳镇潘家村
12	阜新市地方煤矿救护队		1		3	34	34		企业	煤矿		三级	100	0418-6536551	市细河区西环路4号
13	辽宁灯塔市煤矿救护队		1		3	35	35		企业	煤矿		三级	100	0419-8141600	辽宁灯塔市铧子镇
14	沈阳市法库县边家煤矿救护队				2	20	20		企业	煤矿		四级	100	024-87156795	沈阳法库县慈恩寺边家村
15	沈阳市康平县三台子煤矿救护队				2	21	21		企业	煤矿		四级	73.7	024-87251896	沈阳康平县三台子煤矿
16	朝阳市向阳煤业救护队				2	20	20		企业	煤矿		四级	100	0421-3600389	朝阳市龙城区向阳街29号
17	朝阳北票和尚沟煤业救护队				2	20	20		企业	煤矿		四级	100	0421-5627187	北票市黑城子镇和尚沟村
	合计	6	7	23	106	1259	1259	2	15	17			98		

吉林省矿山救援队伍基本情况

序号	救护队名称	救援力量						单位性质		属性		资质等级	培训率%	办公电话	通讯地址
		大队	独立中队	中队	小队	编制人数	现有人数	事业	企业	煤矿	非煤矿				
1	通辽矿业集团救护大队	1		3	11	125	125		企业	煤矿		二级	100	0437-6115411	辽源市东梅街8号
2	通化矿业（集团）救护大队	1		3	10	109	109		企业	煤矿		二级	100	0439-6162278	白山市建设街
3	珲春矿业公司救护大队	1		2		71	71		企业	煤矿		二级	100	0440-7546125	珲春市河南街
4	白山市矿山救护队	1		2		52	52	事业		煤矿		三级	100	0439-5082176	白山市向阳路10号
5	舒兰矿业救护大队		1			34	34		企业	煤矿		三级	100	0432-6165380	舒兰市吉舒保平路39号
6	杉松岗矿业集团救护队		1			39	39		企业	煤矿		三级	100	0448-8765119	杉松岗镇杉松路165号
7	九台市营城救护队		1			34	34	事业		煤矿		三级	100	0431-2333050	九台市工农大路217号
8	长春市双阳区救护队		1			29	29	事业		煤矿			100	0431-4238466	双阳区长山路22号
9	蛟河市矿山救护队		1			33	33	事业		煤矿			100	0432-7204789	蛟河市奶子山街
10	长春市救护队		1			32	32		企业	煤矿		三级	100	0431-4592225	九台市东湖镇羊草煤业股份有限公司
11	东辽县救护队		1			30	30	事业		煤矿		三级	100	0437-5108902	东辽县白泉镇
12	吉林市中国黄金集团夹皮沟矿业公司救护队		1		4	75	71		企业		非煤		100	0432-6472111	桦甸市夹皮沟镇
13	延吉市吉林海沟金矿公司救护队		1		3	30	55		企业		非煤		70	0433-5732306	安图县两江镇金城街
14	通化县非煤矿山救援队				1	10	3	事业			非煤		100	0435-5230566	通化县快大茂县团结路557号
		4	9	10	29	703	717								

黑龙江省矿山救援队伍基本情况

序号	救护队名称	救援力量						单位性质		属性		资质等级	培训率%	办公电话	通讯地址
		大队	独立中队	中队	小队	编制人数	现有人数	事业	企业	煤矿	非煤矿				
1	龙煤集团鸡西分公司救护大队	1		6	19	169	217		企业	煤矿		一级	100	0467-23763537	鸡西市鸡西矿务局救援队
2	龙煤集团鹤岗分公司救护大队	1		5	15	203	253		企业	煤矿		一级	100	0468-3703299	鹤岗市鹤岗矿务局救援队
3	龙煤集团双鸭山分公司救护大队	1		4	12	128	248		企业	煤矿		一级	100	0469-4012757	双鸭山矿务局救援队
4	龙煤集团七台河分公司救护大队	1		6	18	206	238		企业	煤矿		二级	100	0464-8790824	七台河矿务局救援队
5	中煤集团依兰二矿救护队		1		3	30	39		企业	煤矿		三级	75	0451-57203502	哈尔滨市依兰达连河依兰二矿救护队
6	沈煤集团盛龙集团鸡东煤矿救护队			1	2	20	22		企业	煤矿		四级	75	0467-5556951	鸡西市鸡东煤矿救护队
7	黑河市矿山救护队		1		3	30	30		企业	煤矿		三级	75	0456-7553168	黑河市黑河煤矿救护队
8	鸡西市矿山救护队		1		4	38	38	事业		煤矿		三级	75	0467-2398119	市煤炭工业局矿山救护队
9	七台河矿山救护队		1		3	30	40	事业		煤矿		三级	75	0464-8699118	市安监局矿山救护队
10	乌拉嘎金矿救护队			1	3	30	30		企业		非煤		100	0458-2634666	
11	西林钢铁公司救护队	1		4	12	137	137		企业		非煤		100	0458-3788555	
12	西林钢铁公司五星石灰石矿救护队				2	20	20		企业		非煤		100	0458-3411222	
13	西林钢铁公司大西林铁矿救护队			1	3	35	35		企业		非煤		100	0458-2776666	
14	东宁县矿山救护队				1	11	11	事业			非煤		100	0453-8162535	
15	伊春市金林铁矿有限公司救护队			1	3	39	39		企业		非煤			0458-3602007	
16	伊春市伊春区安监局救护队				2	20	20	事业			非煤			0458-3723676	
	合计	5	4	29	105	1146	1417								

江苏省矿山救援队伍基本情况

序号	救护队名称	救援力量						单位性质		属性		资质等级	培训率%	办公电话	通讯地址
		大队	独立中队	中队	小队	编制人数	现有人数	事业	企业	煤矿	非煤矿				
1	徐州集团救护大队	1		3	10	126	126		企业	煤矿		二级	100	0516-85322152	徐州市
2	张双楼煤矿救护队				1	18	18		企业	煤矿		四级	100	0516-85364737	沛县张双楼煤矿
3	张集煤矿救护队				1	19	19		企业	煤矿		四级	100	0516-85367368	徐州张集煤矿
4	沱城煤矿救护队				1	20	20		企业	煤矿		四级	100	0516-85365340	沛县沱城煤矿
5	夹河煤矿救护队				1	18	18		企业	煤矿		四级	100	0516-85353637	徐州市九里区
6	旗山煤矿救护队				1	18	18		企业	煤矿		四级	100	0516-85349112	徐州旗山煤矿
7	韩桥煤矿救护队				1	18	18		企业	煤矿		四级	100	0516-85331138	韩桥旗山煤矿
8	大屯煤电公司救护大队	1		3	9	98	98		企业	煤矿		三级	100	0516-89024461	沛县大屯煤电公司
9	龙东煤矿救护队				1	22	19		企业	煤矿		四级	100	0516-89034357	大屯龙东煤矿
10	徐庄煤矿救护队				1	20	20		企业	煤矿		四级	100	0516-89034357	大屯徐庄煤矿
11	孔庄煤矿救护队				1	29	29		企业	煤矿		四级	100	0516-89037789	大屯孔庄煤矿
12	姚桥煤矿救护队				1	40	40		企业	煤矿		四级	100	0516-89032521	大屯姚桥煤矿
13	天能集团公司救护中队		1		3	29	29		企业	煤矿		三级	100	0516-8508929	徐州铜山县
14	宏安集团公司救护队				1	18	18		企业	煤矿		四级	100	0516-87123218	徐州贾汪区
15	连云港煤炭公司救护队				1	18	18		企业	煤矿		四级	100	0516-87021778	徐州贾汪区
	合计	2	1	6	34	511	508						100		

浙江省矿山救援队伍基本情况

序号	救护队名称	救援力量						单位性质		属性		资质等级	培训率%	办公电话	通讯地址
		大队	独立中队	中队	小队	编制人数	现有人数	事业	企业	煤矿	非煤矿				
1	长广集团救护大队	1			4	50	50		企业	煤矿		三级	100	0572-60790181	湖州市长兴县
	合计	1			4	50	50		1	1					

安徽省矿山救援队伍基本情况

序号	救护队名称	救援力量						单位性质		属性		资质等级	培训率%	办公电话	通讯地址
		大队	独立中队	中队	小队	编制人数	现有人数	事业	企业	煤矿	非煤矿				
1	淮南矿业集团公司救护队	1		4	20	297	281		企业	煤矿		一级	100	0554-7643390	淮南市谢家集区分
2	淮北矿业集团公司救护消防队	1		12	32	393	393		企业	煤矿		一级	100	0516-4952313	淮北市相山区
3	皖北煤电集团公司救护队	1		4	13	159	146		企业	煤矿		二级	100	0577-3990320	宿州市西昌路
4	国投新集公司救护队	1		2	7	74	74		企业	煤矿		二级	100	0554-8668728	淮南市凤台县新集镇
5	皖南区域矿山救护队		1		3	43	43	事业	企业	煤矿	非煤	三级	100	0562-6862236	铜陵市芜铜路
	合计	4	1	22	75	966	937	1	4	4	1		100		

福建省矿山救援队伍基本情况

序号	救护队名称	救援力量						单位性质		属性		资质等级	培训率%	办公电话	通讯地址
		大队	独立中队	中队	小队	编制人数	现有人数	事业	企业	煤矿	非煤矿				
1	福建煤炭集团公司救护队	1		2	8	165	165		企业	煤矿		一级	100	0591-87556319	福州市省府路1号
2	三明市煤炭矿山救援队				1	9	9	事业		煤矿			100	0598-7410585	三明市大田县
3	泉州市矿山救援队				1	9	9	事业		煤矿			100	0595-23982095	泉州市永春县
	合计	1		2	10	183	183	2	1	3			100		

江西省矿山救援队伍基本情况

序号	救护队名称	救援力量						单位性质		属性		资质等级	培训率%	办公电话	通讯地址
		大队	独立中队	中队	小队	编制人数	现有人数	事业	企业	煤矿	非煤矿				
1	萍乡矿业集团救护大队	1		4	14		145		企业	煤矿		二级	95	0799-6589119	萍乡市安源镇
2	丰城局救护大队	1		3	6		94		企业	煤矿		二级	100	0795-6688471	丰城市上塘镇
3	乐平救救护大队	1		3	6		85		企业	煤矿		二级	98	0798-6350320	乐平市沿沟
4	英岗岭局救护队		1		4		45		企业	煤矿		二级	95	0795-5643123	高安市建山镇
5	天河煤矿救护队			1	3		34		企业	煤矿		三级	100	0796-8466018	吉安县天河镇
6	八景煤矿救护队			1	2		24		企业	煤矿		四级	100	0795-7062100	高安市八景镇
7	花鼓山矿救护队			1	3		30		企业	煤矿		三级	100	0790-6708996	新余市渝水区
8	大光山矿救护队			1	3		32		企业	煤矿			95	0796-7690545	安福县福田乡
9	棠浦煤矿救护队			1	2		18		企业	煤矿		四级	100	0795-2939000	宜丰县棠浦乡
10	萍乡市救护队			1	3		36	事业		煤矿		三级	95	0799-6681842	萍乡市安源区
11	连花县救护队			1	3		32	事业		煤矿		三级	95	0799-7222107	莲花县琴台镇
12	伊春市救护队			1	3		33	事业		煤矿		三级	90	0795-3563700	宜春市宜阳北路
13	袁州区救护队			1	3		38	事业		煤矿		三级	95	0795-3919891	袁州区西郊源仙台
14	丰城市救护队		1		4		59	事业		煤矿		二级	95	0795-6211103	丰城市剑南路
15	九江市救护队			1	3		32	事业		煤矿		三级	60	0792-8903239	庐山区莲花路
16	上饶市救护队			1	4		41	事业		煤矿		三级	80	0793-7101182	市铁路天桥西路
17	上饶县救护队			1	3		29	事业		煤矿		三级	95	0793-8652108	尚饶县旭日镇
18	赣州市救护队			1	3		35	事业					95	0797-3208862	赣州市信丰县铁石口镇
	合计	3	2	23	72		842						94		

山东省矿山救援队伍基本情况

序号	救护队名称	救援力量						单位性质		属性		资质等级			培训率%	负责人	联系电话	值班电话	通讯地址	备注
		大队	独立中队	中队	小队	编制人数	现有人数	事业	企业	煤矿	非煤矿	一级	二级	三级						
1	淄博矿业集团矿山救护大队	1		3	9	128	128		企业	煤矿		√			100	李刚业	13869361100	0533-5850000	淄博市淄川区湖南路15号，邮编255120	
2	新汶矿业集团矿山救护大队	1		4	11	134	134		企业	煤矿		√			100	徐西国	13953867199	0538-7832572	泰安市新泰市新汶办事处，邮编271219	含1个消防中队（2个小队19人）
3	枣庄矿业集团矿山救护大队	1		3	12	212	212		企业	煤矿		√			100	王祥安	15866216166	0632-4073200	枣庄市市中区北马路18号，邮编277100	
4	肥城矿业集团矿山救护大队	1		3	9	116	116		企业	煤矿		√			100	姜广安	13953871283	0538-3128804	泰安市肥城市王瓜店镇，邮编271619	
5	兖州煤业公司矿山救护大队	1		7	21	344	344		企业	煤矿		√			100	孙忠坦	13805478945	0537-5381497	济宁市邹城市，邮编273500	
6	龙口矿业集团矿山救护大队	1		3	9	111	111		企业	煤矿		√			100	闫壮达	13864509899	0535-8650772	烟台龙口市振兴路249号，邮编265700	
7	临沂矿业集团矿山救护大队	1		2	12	119	119		企业	煤矿			√		100	杨在军	13505498881	0539-8286050	临沂市罗庄区龙潭路中段，邮编276017	
8	新方矿业集团矿山救护中队		1	1	3	32	32		企业	煤矿				√	100	席光利	13589196190	0536-7656231	潍坊市坊子区北海路，邮编261200	
	合　计	7	1	26	86	1196	1196		8	8		6	1	1	100					

河南省矿山救援队伍基本情况

序号	救护队名称	救援力量						单位性质		属性		资质等级	培训率%	办公电话	通讯地址
		大队	独立中队	中队	小队	编制人数	现有人数	事业	企业	煤矿	非煤矿				
1	平煤集团救护大队	1		11	38	595	595		企业	煤矿		一级	100	0375-2922214	平顶山市程平路中段5号
2	鹤煤集团救护大队	1		3	9	137	133		企业	煤矿		一级	100	0392-2921219	鹤壁市鹤山区中山北路
3	义煤集团救护大队	1		5	16	268	267		企业	煤矿		一级	100	0398-5890121	义马市毛沟
4	郑煤集团矿山救援中心	1		9	27	298	298		企业	煤矿		一级	100	0371-9783031	郑州新密市赵坡
5	焦煤集团救护大队	1		2	8	125	125		企业	煤矿		二级	100	0391-3534812	焦作市安阳城乡李庄
6	永煤集团救护大队		1		3	38	38		企业	煤矿		三级	100	0370-5192077	永城市光明路两段
7	登封市矿山救护队		1		4	130	130	事业		煤矿		二级	100	0371-2872330	登封市城东迎仙阁2号
8	新密市矿山救护队		1		4	76	76	事业		煤矿		二级	100	0371-67186702	新密市嵩山大道50号
9	巩义市矿山救护队		1		3	60	60	事业		煤矿		三级	100	0371-64126679	巩义市北山口
10	荥阳市矿山救援中心		1		3	48	48	事业		煤矿		三级	100	0371-64822040	荥阳市崔庙镇辘轳坡
11	平顶山市地方煤矿救护队		1		4	37	37	事业		煤矿		三级	100	0375-2820088	西市场东土建公司构建公司
12	汝州市矿山救护队		1		3	88	88	事业		煤矿		三级	100	0375-6862843	汝州市煤山区赵庄24号
13	宝丰县矿山救护队		1		3	48	48	事业		煤矿		三级	100	0375-6523432	宝丰县兴华路76号
14	石龙区矿山救护队		1		3	42	42	事业		煤矿		三级	100	0375-2527383	平顶山市石龙区
15	鲁山县矿山救护队		1		3	33	33	事业		煤矿		三级	100	0375-5096795	鲁山县人民路东段
16	禹州市矿山救护队		1		3	77	77	事业		煤矿		三级	100	0374-8183259	禹州市五里堡
17	洛阳市矿山救护队		1		3	37	37	事业		煤矿		三级	100	0379-65980612	洛阳市洛龙路91号
18	新安县矿山救护队		1		3	50	50	事业		煤矿		三级	100	0379-7261393	新安县城
19	三门峡市矿山救护队		1		3	40	40	事业		煤矿		三级	100	0398-4730344	渑池县英豪镇
20	济源市矿山救援中心		1		2	24	24	事业		煤矿		三级	100	0391-6701110	济源市克井镇石河村
21	安阳市矿山救护队		1		4	67	67		企业	煤矿		三级	100	0372-5818259	安阳县徐家沟乡西子
22	鑫龙煤业集团矿山救护队		1		3	61	61		企业	煤矿		三级	100	0372-5853390	安阳县水治镇
23	新乡陈召煤矿救护队		1		2	24	24		企业	煤矿		四级	100	0373-4162484	新乡市陈召煤矿
24	登封市金岭煤矿救护队		1		2	19	19		企业	煤矿		四级	100	0371-62862330	登封市金岭煤矿
25	登封市教学三矿救护队		1		2	19	19		企业	煤矿		四级	100	0371-62921111-8699	登封市教学三矿
	合计	5	20	30	158	2441	2436	14	11	25			100		

湖北省矿山救援队伍基本情况

序号	救护队名称	救援力量						单位性质		属性		资质等级	培训率%	办公电话	通讯地址
		大队	独立中队	中队	小队	编制人数	现有人数	事业	企业	煤矿	非煤矿				
1	黄石矿山救护队		1		4	46			企业	煤矿	非煤	三级	100	0714-6364718	黄行市柏塞山区李家坊 41 号
2	松宜矿山救护队		1		5	64			企业	煤矿	非煤	三级	92	0717-4601970	宜都市松木坪镇松宜矿山救护队
3	远安矿山救护队		1		5	48			企业	煤矿	非煤	三级	100	0717-3817999	安远县士垭路 15 号
4	荆门矿山救护队		1		4	39		事业		煤矿	非煤	三级	77	0724-2446119	荆门市掇刀区迎春村三组
5	恩施矿山救护队		1		5	93		事业		煤矿	非煤	三级	91	0718-8245348	恩施市东风大道 349 号
6	十堰矿山救护队		1		3	27		事业		煤矿	非煤	三级	73	0719-8761567	十堰市新疆路 86 号
	合计		6		26	317		3	3	6	6		89		

湖南省矿山救援队伍基本情况

序号	救护队名称	救援力量						单位性质		属性		资质等级	培训率%	办公电话	通讯地址
		大队	独立中队	中队	小队	编制人数	现有人数	事业	企业	煤矿	非煤矿				
1	邵阳市煤矿救护大队	1		2	6	38	71	事业		煤矿			100	0739-5329379	邵阳市大响区城南乡祭旗坡
2	资兴矿业公司救护消防大队	1		3	9	75	75		企业	煤矿			100	0735-3420119	资兴市三都镇资矿集团救护消防大队
3	白沙煤电集团救护消防大队	1		3	9	91	91		企业	煤矿			100	0734-4713145	耒阳市珠玑滩白沙煤电集团救护消防大队
4	长沙矿业公司救护大队（宁乡市）	1		2	6	55	55		企业	煤矿			100	0731-7903349	宁乡县煤炭坝镇坝能救护大队
5	娄底市矿山救护队	1		3	9	96	78	事业		煤矿			95	0738-8312405	娄底市煤炭局娄底煤矿救护大队
6	衡阳市煤炭矿山救护队			1	3	31	31	事业		煤矿		三级	95	0734-7611152	衡阳市煤炭矿山救护队
7	永兴县矿山救护队（郴州市）			1	3	28	28	事业		煤矿		三级	95	0735-5536810	永兴县煤炭局
8	永州市矿山救护队		1		3	35	35	事业		煤矿		三级	95	0746-3568190	祁阳县关音滩镇矿山救护队
9	张家界市矿山救护队		1		3	27	27		企业	煤矿		三级	95	0744-6512921	张家界市桑植县瑞铺镇分水岭煤矿
10	怀化市矿山救护队		1		3	34	31	事业		煤矿		三级	95	0745-2350129	怀化市正清路28号
11	湖南万世达机械能源有限公司矿山救援队（耒阳市）		1		3	30	30	事业		煤矿		三级	95	0734-4711043	耒阳市新生煤矿
12	常德市矿山救援队（临澧县）		1		3	30	30	事业		煤矿		三级	95	0736-5822449	临澧县安福镇常德市矿山救护队
13	株洲市矿山救护队（攸县）		1		3	27	27	事业		煤矿		三级	95	0733-4681758	攸县黄丰桥镇
14	嘉禾县矿山救护队（嘉禾县）			1	2	27	18	事业		煤矿		四级	95	0735-6622472	嘉禾县城关镇人民北路43号
15	湘潭矿山公司救护消防队（湘潭县）			1	2	20	20		企业	煤矿		四级	95	0732-7299037	湘潭市谭家山镇
16	湘潭市矿山救护队（湘潭县）			1	2	15	29	事业		煤矿		四级	95	0732-7853100	湘潭县杨家桥镇电厂街
17	辰溪县矿山救援队（辰溪县）			1	2	22	18	事业		煤矿		四级	95	0745-5230588	辰溪县五一煤矿
18	宜章县矿山救护队（宜章县）				1	15	18	事业		煤矿		四级	95	0735-3861300	宜章县梅田镇
	合计	5	6	19	72	696	712	13	5	18					

广东省矿山救援队伍基本情况

序号	救护队名称	救援力量						单位性质		属性		资质等级	培训率%	办公电话	通讯地址
		大队	独立中队	中队	小队	编制人数	现有人数	事业	企业	煤矿	非煤矿				
1	韶关市浈山区矿山救护队		1		3	31	31	事业			非煤	三级	100	0751-6523827	韶关市浈山区犁市向阳路东63号
2	梅州市矿山救护队		1		3	12	33	事业			非煤	三级	100	0753-2270190	梅州市梅江一路4号
3	清远矿山救护队		1		3		32		企业		非煤	三级	100	0763-6662987	清远连州市巾峰路83号
	合计		3		9	43	96	2	1		3		100		

广西省矿山救援队伍基本情况

序号	救护队名称	救援力量						单位性质		属性		资质等级	培训率%	办公电话	通讯地址
		大队	独立中队	中队	小队	编制人数	现有人数	事业	企业	煤矿	非煤矿				
1	广西矿山救援大队华锡中队			1	3	34	34		企业		非煤	三级	100	0778-7577119	广西南丹县大厂镇
2	广西矿山救援大队合山中队			1	3	48	48		企业	煤矿		三级	100	0772-8987222	广西合山矿务局救护队
3	广西矿山救援大队右江中队			1	3	34	34		企业	煤矿		三级	100	0776-5305017	广两田东县新州村
4	广西矿山救援大队百色中队			1	3	30	30		企业	煤矿		三级	100	0776-2771919	百色市右江区冬笋路23号
5	广西矿山救援人队崇左中队			1	3	30	30		企业	煤矿		三级	100	0778-2300125	河池市东江收费站旁
6	广西矿山救援大队桂林中队			1	3	35	35		企业	煤矿	非煤	三级	100	0771-7657371	崇左市扶绥县东罗镇
7	广西矿山救援大队贵港中队			1	3	35	35		企业	煤矿	非煤	三级	100	0773-7436399	桂林市龙胜县铅锌矿矿部
8	广西矿山救援大队河池中队			1	3	34	34		企业	煤矿	非煤	三级	100	0775-4523600	贵港市江北西路297号
9	广西矿山救援人队钦州中队			1	3	26	26		企业	煤矿		四级	100	0775-2690299	广西钦州市矿务局
10	广西矿山救援久队贺州中队			1	3	18	18	事业			非煤	四级	100	0774-8831328	贺州市八步区西湾镇
11	广西矿山救援大队南宁中队			1	2	23	23		企业	煤矿		四级	100	0771-5120640	南宁市上林县上林南
	合计			11	32	347	347	1	10	9	5		100		

海南省矿山救援队伍基本情况

序号	救护队名称	救援力量						单位性质		属性		资质等级	培训率%	办公电话	通讯地址	备注
		大队	独立中队	中队	小队	编制人数	现有人数	事业	企业	煤矿	非煤矿					
1	海钢公司救护队		1		4	250	250		企业		非煤		100	0898-26609246	海南海钢公司	队员均为兼职
	合计		1		4	250	250		1		1		100			

重庆市矿山救援队伍基本情况

序号	救护队名称	救援力量						单位性质		属性		资质等级	培训率%	办公电话	通讯地址
		大队	独立中队	中队	小队	编制人数	现有人数	事业	企业	煤矿	非煤矿				
1	天府矿业公司救护队	1		3	9	96	96		企业	煤矿			100	023-68302146	重庆合川三汇镇
2	中梁山煤电公司救护队	1		2	8	77	77		企业	煤矿			100	023-61726570	重庆中梁山田坝
3	永荣矿业公司救护队		1		3	50	50		企业	煤矿			100	023-46384743	重庆荣昌广顺镇
4	松藻矿业公司救护队	1		5	13	150	150		企业	煤矿			100	023-48731237	重庆綦江打通镇
5	南桐矿业公司救护队	1		4	12	127	127		企业	煤矿			100	023-48340243	重庆万盛区
6	渝中矿业公司救护队			1	3	33	33		企业	煤矿		三级	100	023-42834886	重庆合川三汇镇
7	渝南矿业公司救护队			1	3	35	35		企业	煤矿		三级	100	023-48271010	重庆万盛区
8	渝西矿业公司救护队			1	3	27	27		企业	煤矿		三级	100	023-46736245	重庆荣昌县
9	渝东矿业公司救护队			1	3	30	30		企业	煤矿		三级	100	023-89980532	重庆奉节县
10	渝东南矿业公司救护队			1	3	35	35		企业	煤矿		三级	100	023-78456719	重庆彭水县
11	开县矿业公司救护队			1	4	56	56		企业	煤矿		三级	100	023-85871217	重庆开县
12	石柱矿业公司救护队			1	3	29	29		企业	煤矿		三级	100	023-73327065	重庆石柱县
13	渝西南矿业公司救护队			1	3	30	30		企业	煤矿		三级	100	023-40791089	重庆长寿西山
14	城口县矿业公司救护队			1	4	32	32		企业		非煤	三级	100		
	合计	4	1	23	74	807	807		14	13	1		100		

四川省矿山救援队伍基本情况

序号	救护队名称	救援力量						单位性质		属性		资质等级	培训率%	办公电话	通讯地址
		大队	独立中队	中队	小队	编制人数	现有人数	事业	企业	煤矿	非煤矿				
1	芙蓉集团救护消防大队	1		4	9		96		企业	煤矿	非煤	三级	100	0831-4051118	宜宾市珙县巡场镇
2	攀煤矿山救护消防大队	1		4	10		111		企业	煤矿	非煤	三级	100	0812-5990118	攀枝花市西区陶家渡
3	广能集团公司大队	1		3	9		78		企业	煤矿	非煤	三级	100	0826-4442045	广安市华金市东风路125号
4	达州市矿山救援大队		1		5		45	事业		煤矿	非煤	三级	100	0818-2241536	达州市朝阳东路西圣寺巷12号
5	宜宾市救护大队		1		4		41	事业		煤矿	非煤	三级	100	0831-7809215	宜宾市高庄156号水产研究生
6	广安市矿山救护大队		1		4		44	事业		煤矿	非煤	三级	100	0826-4838662	广安市华金市东风路125号
7	广旺集团公司救护队		1		4		43		企业	煤矿	非煤	三级	100	0839-4029191	旺苍县黄洋镇赵家坝煤矿
8	广元市矿山救护队		1		8		82	事业		煤矿	非煤	三级	100	0839-3303588	广元市市中区兴安路85号
9	达竹煤电集团矿山救护队		1		4		43		企业	煤矿	非煤	三级	100	0818-2311119	达州市达县石板镇金刚煤矿
10	内江市安全生产应急救援大队		1		4		40	事业		煤矿	非煤	三级	100	0832-5243160	内江市资中县双河镇
11	筠连县救护队		1		3		32	事业		煤矿	非煤	三级	100	0831-7680733	宜宾市筠连煤管局
12	芙蓉煤矿救护队		1		3		36		企业	煤矿	非煤	三级	100	0831-4098119	宜宾市珙县巡场镇
13	川南煤业救护队		1		3		30		企业	煤矿	非煤	三级	100	0831-7318236	筠连县巡司镇鲁班山北矿
14	兴文县救护队		1		3		32	事业		煤矿	非煤	三级	100	0831-8831110	县环城东路煤管局宿舍区
15	盐边县煤矿矿山救护中队		1		4		41		企业	煤矿	非煤	三级	100	0813-8657591	攀枝花市盐边县
16	益门煤矿矿山救护中队		1		3		32		企业	煤矿	非煤	三级	100	0834-5645111	凉山州会理益门镇中村
17	邻水县救护中队		1		3		33	事业		煤矿	非煤	三级	100	0826-3211403	邻水县鼎屏镇煤炭局
18	巴中市矿山救护队		1		3		30	事业		煤矿	非煤	三级	100	0827-8212098	南江县南江镇朝阳路100号
19	成都市彭州救护中队		1		3		31	事业		煤矿	非煤	三级	100	028-83707622	成都市彭州市天府南路22号
20	什邡市矿山救护中队		1		3		31	事业		煤矿	非煤	三级	100	0838-8801019	德阳市什邡市云华镇
21	德阳市天池煤业集团公司救护队		1		3		30		企业	煤矿	非煤	三级	100	0838-6308119	德阳市绵竹市汉旺镇
22	雅安市矿山救护队		1		3		29		企业	煤矿	非煤	三级	100	0835-7741038	荥经县烈士乡斑鸠井煤业公司
23	荥经县矿山救护中队		1		3		29	事业		煤矿	非煤	三级	100	0835-7623798	荥经县荥兴路西一段13号
24	眉山市矿山救护队		1		3		31		企业	煤矿	非煤	三级	100	0833-6505648	仁寿县汪洋镇江湖路323号
25	泸州市矿山化学救援中心		1		4		42	事业		煤矿	非煤	三级	100	0830-3101801	泸州市矿山化学救援中心
26	泸州市古蔺县矿山救护队		1		3		27		企业	煤矿	非煤	三级	100	0830-7205879	泸州市古蔺县矿山救护队
27	威远煤矿救护队		1		2		18		企业	煤矿	非煤	四级	100	0832-8158018	内江市威远县
28	珙县安顺救护队		1		3		30	事业		煤矿	非煤	三级	100	0831-4326255	宜宾市珙县珙泉镇
29	乐山市矿山救护队		1		6		55	事业		煤矿	非煤	三级	100	0833-3280095	乐山市五通桥区金粟镇
30	嘉阳集团公司救护队		1		2		20		企业	煤矿	非煤	四级	100	0833-4092062	犍为县跃进桥嘉阳煤矿
31	出江煤矿救护队		1		3		30		企业	煤矿	非煤	四级	100	028-88308482	成都市大邑县天宫庙镇
32	甘洛县矿山救护队		1		2		18	事业		煤矿	非煤	三级	100	0834-7812807	甘洛县安监局
33	叙水县救护队		1		3		33		企业	煤矿	非煤	三级	100		叙水县安监局
34	汉源市矿山救护队		1		3		35	事业		煤矿	非煤	三级	100		汉源市安监局
	合计	3	31	11	135		1378	17	17	34	34		100		

贵州省矿山救援队伍基本情况

序号	救护队名称	救援力量						单位性质		属性		资质等级	培训率%	办公电话
		大队	独立中队	中队	小队	编制人数	现有人数	事业	企业	煤矿	非煤矿			
1	黔西县青龙煤矿救护队			1	3	30	31		企业	煤矿		三级	100	0857-4698119
2	安顺市矿山救护队			1	3	10	30	事业	企业	煤矿			100	0853-3253119
3	荔波县青利公司救护队		1		3	34	34		企业	煤矿		三级	100	0854-3752949
4	瓮安县瓮安煤矿救护队		1			35	35		企业	煤矿		三级	100	0854-2629119
5	天柱县矿山救护队				1	18	18	事业		煤矿		四级	100	0855-7521877
6	黔西县金坡煤矿救护队			1		30	30		企业	煤矿		三级	100	0857-4841074
7	盘县矿山救护队		1			40	34	事业		煤矿		三级	100	0858-3222951
8	黔两南州矿山救护队		1		3	27	37	事业		煤矿		三级	100	0851-6221159
9	六盘水市六枝特区矿山救护队		1		3	45	42		企业	煤矿		三级	100	0858-5316222
10	毕节市矿山救护中队		1		3	34	34		企业	煤矿		三级	100	0857-8278119
11	金沙县林华矿业有限公司救护队				4	48	33		企业	煤矿		三级	100	0857-7445053
12	普安县矿山救护队			1		44	36	事业			非煤	三级	100	0859-7232403
13	织金县救护队			1		32	39	事业		煤矿		三级	90	0851-7634179
14	遵义市应急数援大队	1		2	8	136	114		企业	煤矿			100	0852-8664121
15	盘江煤电集团救护队	1		4	12	120	142		企业	煤矿		二级	100	0858-3712500
16	赫章县矿山救护队			1	3	27	27	事业		煤矿		三级	100	0857-3226587
17	金沙县矿山救护中队		1				43		企业	煤矿		三级	100	0857-7222256
18	凯里市安生矿山救护服务有限责任公司		1			38	35		企业	煤矿		三级	98	0855-8511699
19	贵阳市林东矿业集团有限责任公司矿山救护队		1			60	74		企业	煤矿		三级	100	0851-4817208
20	六枝工矿(集团)公司救护大队	1		3	11	105	127		企业	煤矿		三级	100	0858-8123118
21	纳雍县救援中心			1		34	33	事业			非煤		100	0857-3525033
22	水城县能安矿山救护有限公司		1		3	32	32		企业	煤矿		三级	100	0858-8933120
23	安顺市轿子山煤矿救护队			1		35	34		企业	煤矿			100	0853-3505269
24	水城县水城矿业集团公司矿山救护大队	1		6	21	189	191		企业	煤矿		一级	100	0858-8179265
25	松挑县吉利救护队		1		3	26	26		企业		非煤		99	
	合计	4	11	23	84	1229	1311	8	17	22	3			

云南省矿山救援队伍基本情况

序号	救护队名称	救援力量						单位性质		属性		资质等级	培训率%	办公电话	通讯地址
		大队	独立中队	中队	小队	编制人数	现有人数	事业	企业	煤矿	非煤矿				
1	云南省后所煤矿矿山救护队		1		4	43	43		企业	煤矿		三级	100	0874-6193877	云南省富源县城
2	云南省圭山煤矿矿山救护队		1		3	31	31		企业	煤矿		三级	100	0871-7739119	云南省石林县圭山乡
3	羊场煤矿救护队		1		3	37	37		企业	煤矿		三级	100	0874-6132119	云南省宣威市羊场镇
4	一平浪煤矿救护队		1		3	30	33		企业	煤矿		三级	100	0878-4829474	禄丰县干海资
5	云南省恩洪煤矿矿山救护队		1		3	30	33		企业	煤矿		三级	100	0874-3938119	云南省麒麟区东山镇恩洪新村
6	云南省田坝煤矿矿山救护中队		1		3	25	25		企业	煤矿		三级	100	0874-6131631	云南省宣威市田坝镇
7	师宗县矿山救护中队		1		3	30	34	事业		煤矿		三级	100	0874-5752207	云南省师宗县丹凤镇小石村
8	富源县矿山救护中队		1		3	30	29	事业		煤矿		三级	100	0874-4626419	云南省富源县中安镇毛尔脚
9	宣威市矿山救护中队		1		3	30	31	事业		煤矿		三级	100	0874-7202773	云南省宣威市龙堡中路74号
10	曲靖市麒麟区矿山救护中队		1		3	30	31	事业		煤矿		三级	100	0874-3951366	云南省麒麟区东山镇高家村
11	华坪县矿山救护队		1		3	30	30	事业		煤矿		三级	100	0888-6121676	云南省华坪县中兴镇柳溪社区
12	昭通市矿山救护队		1		3	30	36	事业		煤矿		三级	100	0870-2121513	昭阳区龙泉路34号
13	镇雄县矿山救护队		1		3	37	47	事业		煤矿		三级	100	0870-3120739	镇雄县上街彭良瓦房
14	云南省威信县矿山救护队		1		2	22	22	事业		煤矿		三级	100	0870-6127119	威信县扎西镇老木寨
15	普洱市矿山救护队		1		3	31	31		企业	煤矿		三级	100	0879-3331019	普洱县梅子
16	玉溪市股甸煤矿股份有限公司救护队		1		3	30	31		企业	煤矿		三级	100	0877-4462353	峨山县塔甸镇
17	云南省风鸣村煤矿救护队		1		4	25	41		企业	煤矿		三级	100	0871-7677119	宜良县汤池镇凤鸣村
18	祥云县矿山救护队		1		3	33	38	事业		煤矿		三级	100	0872-3126810	祥西县城南九峰路
19	云南省益东总厂陆东煤矿救护队		1		2	22	24		企业	煤矿		四级	100	0874-3951309	麒麟区东山镇
20	宣威来宾光明煤电公司救护中队		1		2	21	20		企业	煤矿		四级	100	0874-7942069	宣威市来宾镇
21	云南省湾甸农场崩龙田煤矿救护队		1		2	22	21		企业	煤矿		四级	100	0875-7850543	宁县湾甸乡
22	云南东源镇雄公司救护队		1		3	31	29		企业	煤矿		四级	97	0870-3841128	镇雄县赤水沿镇
	合计		22	0	64	650	697	9	13	22			99		

陕西省矿山救援队伍基本情况

序号	救护队名称	救援力量						单位性质		属性		资质等级	培训率%	办公电话
		大队	独立中队	中队	小队	编制人数	现有人数	事业	企业	煤矿	非煤矿			
1	铜川局救护队	1		4	13	220	220		企业	煤矿			100	0919-2392118
2	韩城局救护队	1		3	8	120	78		企业	煤矿			100	0913-5265193
3	澄合局救护队	1		2	5	54	31		企业	煤矿			100	0913-6781998
4	蒲白局救护队	1		2	4	90	56		企业	煤矿			100	0913-7560460
5	彬长公司救护队	1		1	3	42	42		企业	煤矿			100	029-34766093
6	崔家沟矿救护队		1		3	54	44		企业	煤矿			92.5	0919-7568185
7	榆林市			1	2	28	28		企业	煤矿		三级	100	0912-3895529
8	子长县救护队			1	2	16	16	事业		煤矿	非煤	四级	100	0911-7117177
9	延安市救护队		1		3	44	32	事业		煤矿	非煤	四级	100	0911-2931265
10	黄陵县救护队			1	2	30	33	事业		煤矿		三级	100	0911-5511245
11	铜川耀州区救护队			1	4	37	37		企业	煤矿		四级	100	0919-6288373
12	咸阳市救护队		1		3	48	39	事业		煤矿		四级	72	029-34920114
13	彬煤公司救护队		1		3	34	34		企业	煤矿		四级	100	029-34791211
14	旬东公司救护队		1		3	23	23		企业	煤矿		四级	100	029-34615509
15	汉中镇巴县救护队			1	3	9	30	事业		煤矿	非煤	四级	100	0916-6712410
16	安康市救护队			1	3	24	20	事业		煤矿		四级	100	0915-3214138
17	宝鸡北马坊救护队			1	3	29	29		企业	煤矿		四级	100	0917-7910017
18	宝鸡秦源救护队			1	2	19	19		企业	煤矿		四级	100	0917-4661081
19	商洛市救护队			1	2	27	26	事业		煤矿	非煤	三级	100	0914-2313195
	合计	5	5	21	71	948	837	8	11	19	4		97	

甘肃省矿山救援队伍基本情况

序号	救护队名称	救援力量						单位性质		属性		资质等级	培训率%	办公电话	通讯地址
		大队	独立中队	中队	小队	编制人数	现有人数	事业	企业	煤矿	非煤矿				
1	靖远煤业公司矿山救护大队	1		3	10	130	130		企业	煤矿			100	0934-6657968	白银市平川区
2	窑街煤电公司矿山救护大队	1		4	12	128	128		企业	煤矿			100	0931-6901708	兰州市红古区
3	华亭煤业集团公司矿山救护大队	1		3	9	126	126		企业	煤矿			100	0933-7761476	平凉市华亭县
4	张掖市矿山救护大队	1		2	6	74	74	事业		煤矿	非煤		100	0936-6388123	武威市九条岭
5	酒泉市矿山救护大队	1		4	8	86	86		企业	煤矿	非煤		100	0937-2682506	酒泉市
6	兰阿煤矿矿山救护队		1	1	3	32	32		企业	煤矿		三级	100	0937-2771504	兰州市阿干镇
7	九条岭煤矿矿山救护队		1	1	4	40	40		企业	煤矿		三级	100	0936-6388522	武威市九条岭
8	金昌市永昌县矿山救护队		1	1	2	25	25		企业	煤矿	非煤	三级	100	0935-7521915	金昌市永昌县
9	陇南市两当县西坡矿山救护队		1	1	2	25	25		企业	煤矿		四级	100	0939-7181008	两当县西坡镇
10	白银市靖远县王家山矿山救护队		1	1	2	25	25		企业	煤矿		四级	100	0943-7220218	靖远县王家山
11	金昌市金川基地	1		3	9	113	97		企业		非煤		100	0935-8811119	金昌金川公司
	合计	6	5	24	67	804	788	1	10	8	7		100		

青海省矿山救援队伍基本情况

序号	救护队名称	救援力量						单位性质		属性		资质等级	培训率%	办公电话	通讯地址
		大队	独立中队	中队	小队	编制人数	现有人数	事业	企业	煤矿	非煤矿				
1	青海省海北州门源县救护队				1	18	18	事业		煤矿		四级	63	0970-8618499	青海省门源县救护队
2	青海省海北州青海西海煤炭公司救护队				1	18	20		企业	煤矿		四级	57	0970-6556424	青海省刚察县热水矿区西海煤炭公司救护队
3	青海省海北州青海西海煤电公司救护队			1		35	27		企业	煤矿		三级	97	0970-8671715	青海省祁连县默勒乡西海煤电公司救护队
4	青海省西宁市青海煤业集团公司救护队			1		35	29		企业	煤矿		三级	70	0971-2812119	青海省大同县桥头镇青梅集团公司救护队
	合计			2	2	106	94	1	3	4			72		

宁夏回族自治区矿山救援队伍基本情况

序号	救护队名称	救援力量						单位性质		属性		资质等级	培训率%	办公电话	通讯地址
		大队	独立中队	中队	小队	编制人数	现有人数	事业	企业	煤矿	非煤矿				
1	宁夏石嘴山市太西救护大队	1		3	10	139	138		企业	煤矿		一级	100	0952-4611191	宁夏石嘴山市大武口区石炭井镇
2	宁夏银川市宁东救护大队	1		3	11	163	162		企业	煤矿		二级	100	0951-6962119	宁夏银川市宁东镇
	合计	2		6	21	302	300		2	2			100		

新疆维吾尔族自治区矿山救援队伍基本情况

序号	救护队名称	救援力量						单位性质		属性		资质等级	培训率%	办公电话
		大队	独立中队	中队	小队	编制人数	现有人数	事业	企业	煤矿	非煤矿			
1	新疆矿山救护基地	1		2	6	75	74	事业		煤矿		三级	100	0991-4641267
2	吕吉州矿山救护队		1		5	68	60	事业		煤矿		三级	100	0994-2727168
3	吐鲁番地区矿山救护队		1		2	38	22	事业		煤矿		三级	100	0995-8633150
4	阿克苏地区矿山救护队		1		2	30	25	事业		煤矿		三级	100	0997-8622119
5	徐矿铁煤集团矿山救护队			1	3	34	34		企业	煤矿		三级	100	0901-3811111
6	伊犁州矿山救护支队		1		3	24	28	事业		煤矿		三级	100	0999-8124802
7	疆南电力公司救护队		1		5	52	51	事业		煤矿		三级	100	0908-4681208
8	乌苏四棵树煤炭公司救护队			1	3	31	31		企业	煤矿		三级	100	0992-8951143
9	新疆焦煤集团矿山救护队			1	3	35	32		企业	煤矿		三级	100	0991-2939237
10	神新新疆能源有限公司矿山救护队			1	3	43	43		企业	煤矿		三级	100	0991-6808369
11	哈密煤业集团公司矿山救护队			1	3	32	32		企业	煤矿		三级	100	0902-6181355
12	神华新疆能源公司六道湾煤矿矿山救护队				2	28	28		企业	煤矿		四级	100	0991-6807357
13	神华新疆能源公司苇湖梁煤矿矿山救护队				2	22	22		企业	煤矿		四级	100	0991-6806309
14	神华新疆能源公司金川煤矿矿山救护队				2	18	18		企业	煤矿		四级	100	0991-6813571
15	徐矿集团俄矿救护队				2	19	19		企业	煤矿		四级	100	0997-6780430
16	和田布雅煤矿矿山救护队			1	2	34	34		企业	煤矿		三级	100	13369032079
17	拜城铁热克煤业公司矿山救护队				2	23	23		企业	煤矿		四级	100	0997-8880300
18	徐矿集团赛尔能源公司矿山救护队			1	3	32	32		企业	煤矿		三级	92	0990-6723153
	合计	1	5	9	53	638	608	6	12	18			99	

新疆生产建设兵团矿山救援队伍基本情况

序号	救护队名称	救援力量						单位性质		属性		资质等级	培训率%	办公电话	通讯地址
		大队	独立中队	中队	小队	编制人数	现有人数	事业	企业	煤矿	非煤矿				
1	塔什店联合矿业有限责任公司矿山救护队			1	3	31	31		企业	煤矿		三级	100	0996-2183114	新疆库尔勒塔什店矿西路塔什店联合矿业有限公司
2	铁厂沟煤矿救护队			1	3	36	36		企业	煤矿		三级	100	0999-8151999	新疆伊宁市巴彦岱铁厂沟煤矿
3	大黄山煤矿救护队			1	3	40	40		企业	煤矿		三级	100	0994-3366024	新疆阜康市大黄山煤矿
4	新疆天富电力有限公司南山煤矿救护队			1	3	45	45		企业	煤矿		三级	100	0993-2903819	石河子南山煤矿石场镇
5	屯男煤业有限公司矿山救护队			1	3	30	30		企业	煤矿		三级	100	0990-6728933	新疆和什托洛盖十师煤矿
6	红山煤业总厂救护队			1	3	36	36		企业	煤矿		三级	100	0902-6597509	博尔羌吉镇红山煤业总厂
	合计			6	18	218	218		6	6			100		

第 8 章

全国安全生产中介机构名录

全国一、二级安全生产培训机构名录

序号	单位名称	机构类别	所在省市	级别
1	国家安全生产监督管理总局培训中心	安全生产	北京	一级（安全培训）
2	中国安全生产科学研究院	安全生产	北京	一级（安全培训）
3	中国石油大学(北京)	安全生产	北京	一级（安全培训）
4	中国矿业大学（北京）	安全生产	北京	一级（安全培训）
5	国家安全生产监督管理总局宣传教育中心	安全生产	北京	一级（安全培训）
6	中国职业安全健康协会	安全生产	北京	一级（安全培训）
7	北京市经济管理干部学院	安全生产	北京	一级（安全培训）
8	北京石油管理干部学院	安全生产	北京	一级（安全培训）
9	中央农业干部教育培训中心	安全生产	北京	一级（安全培训）
10	华北科技学院(中国煤矿安全技术培训中心)	安全生产	河北	一级（安全培训）
11	东北大学	安全生产	辽宁	一级（安全培训）
12	大连交通大学	安全生产	辽宁	一级（安全培训）
13	江苏大学	安全生产	江苏	一级（安全培训）
14	安徽省安全生产宣传教育中心	安全生产	安徽	一级（安全培训）
15	中国石化集团安全工程研究院	安全生产	山东	一级（安全培训）
16	中国石油大学（华东）	安全生产	山东东营	一级（安全培训）
17	山东大学	安全生产	山东	一级（安全培训）
18	河南理工大学	安全生产	河南	一级（安全培训）
19	武汉安全环保研究院	安全生产	湖北	一级（安全培训）
20	长沙煤矿安全技术培训中心	安全生产	湖南	一级（安全培训）
21	重庆市消防培训基地	安全生产	重庆	一级（安全培训）
22	西安科技大学	安全生产	陕西西安	一级（安全培训）
23	中国矿业大学(北京)	煤矿安全	北京	一级（煤矿安全培训）
24	中国煤炭工业协会培训中心	煤矿安全	北京	一级（煤矿安全培训）
25	中国煤矿安全技术培训中心(华北科技学院)	煤矿安全	河北	一级（煤矿安全培训）
26	潞安矿业(集团)公司安全技术培训中心	煤矿安全	山西	一级（煤矿安全培训）
27	辽宁工程技术大学	煤矿安全	辽宁	一级（煤矿安全培训）
28	中国矿业大学	煤矿安全	江苏	一级（煤矿安全培训）
29	中国煤炭工业环保安全培训中心	煤矿安全	山东	一级（煤矿安全培训）
30	长沙煤矿安全技术培训中心	煤矿安全	湖南	一级（煤矿安全培训）
31	重庆煤矿安全培训中心	煤矿安全	重庆	一级（煤矿安全培训）
32	北京工业职业技术学院	安全生产	北京	二级（安全培训）

（续表）

序号	单位名称	机构类别	所在省市	级别
33	北京天地大方公司安全培训中心	安全生产	北京	二级（安全培训）
34	北京市工伤及职业危害预防中心	安全生产	北京	二级（安全培训）
35	中国石化集团北京燕山石油化工公司教育培训中心	安全生产	北京	二级（安全培训）
36	中国航天科工集团第二研究院教育培训中心	安全生产	北京	二级（安全培训）
37	北京理工大学	安全生产	北京	二级（安全培训）
38	北京林业管理干部学院	安全生产	北京	二级（安全培训）
39	航空工业生产力促进中心	安全生产	北京	二级（安全培训）
40	中国兵器工业集团人力资源开发中心	安全生产	北京	二级（安全培训）
41	中国爆破器材行业协会	安全生产	北京	二级（安全培训）
42	核工业培训中心	安全生产	北京	二级（安全培训）
43	首都经济贸易大学	安全生产	北京	二级（安全培训）
44	天津市劳动和社会保障宣传教育中心	安全生产	天津	二级（安全培训）
45	天津市安全生产技术研究中心	安全生产	天津	二级（安全培训）
46	南开大学	安全生产	天津	二级（安全培训）
47	开滦（集团）有限责任公司安全技术培训中心	安全生产	河北唐山	二级（安全培训）
48	航天人才培训中心	安全生产	河北廊坊	二级（安全培训）
49	河北保信安全生产评价咨询服务有限公司	安全生产	河北	二级（安全培训）
50	河北省安全生产宣传教育中心	安全生产	河北	二级（安全培训）
51	北京中油宇安健康安全环境咨询中心	安全生产	河北	二级（安全培训）
52	太原理工大学	安全生产	山西	二级（安全培训）
53	太原市安全生产培训中心	安全生产	山西	二级（安全培训）
54	阳泉煤业集团公司安全技术培训中心	安全生产	山西	二级（安全培训）
55	太原劳动保障教育培训中心	安全生产	山西	二级（安全培训）
56	晋城市安全生产技术培训中心	安全生产	山西晋城	二级（安全培训）
57	包头市劳动培训中心	安全生产	内蒙包头	二级（安全培训）
58	内蒙古煤矿安全培训中心	安全生产	内蒙古包头	二级（安全培训）
59	辽宁省安全科学研究院	安全生产	辽宁	二级（安全培训）
60	沈阳航空工业学院	安全生产	辽宁	二级（安全培训）
61	中国石油辽阳机电仪研修中心	安全生产	辽宁	二级（安全培训）
62	辽宁省安全生产监督管理局宣传教育中心	安全生产	辽宁	二级（安全培训）
63	吉林省安全生产宣传教育中心	安全生产	吉林长春	二级（安全培训）
64	吉化集团公司人才培训交流中心	安全生产	吉林	二级（安全培训）
65	中国第一汽车集团公司教育培训中心	安全生产	吉林	二级（安全培训）
66	黑龙江省劳动安全科学技术研究中心	安全生产	黑龙江	二级（安全培训）
67	大庆油田建设集团有限责任公司技术培训中心	安全生产	黑龙江	二级（安全培训）
68	大庆油田技术培训中心	安全生产	黑龙江	二级（安全培训）
69	中国船舶工业安全生产培训中心	安全生产	上海	二级（安全培训）
70	上海市劳动保护科学研究所	安全生产	上海	二级（安全培训）
71	上海宝钢集团公司教育培训中心	安全生产	上海	二级（安全培训）

（续表）

序号	单位名称	机构类别	所在省市	级别
72	江苏省安全生产宣传教育中心	安全生产	江苏	二级（安全培训）
73	南京工业大学	安全生产	江苏	二级（安全培训）
74	苏州市职业培训指导中心	安全生产	江苏	二级（安全培训）
75	盐城市劳动保护教育中心	安全生产	江苏	二级（安全培训）
76	浙江省安全生产宣传教育中心	安全生产	浙江	二级（安全培训）
77	福建省劳动保护科学研究所	安全生产	福建	二级（安全培训）
78	福建省安全生产隐患监控中心	安全生产	福建福州	二级（安全培训）
79	南昌大学	安全生产	江西南昌	二级（安全培训）
80	山东双胜职业安全健康管理体系认证有限公司安全教育中心	安全生产	山东	二级（安全培训）
81	中国石化集团胜利石油管理局钻井职工培训中心	安全生产	山东东营	二级（安全培训）
82	山东科技大学	安全生产	山东	二级（安全培训）
83	中国煤炭工业环保安全培训中心	安全生产	山东	二级（安全培训）
84	山东省化工研究院（山东齐安安全技术中心）	安全生产	山东	二级（安全培训）
85	山东工商学院	安全生产	山东	二级（安全培训）
86	胜利油田高级人才培训中心	安全生产	山东	二级（安全培训）
87	山东城安安全培训中心	安全生产	山东	二级（安全培训）
88	河南省化学工业学院	安全生产	河南	二级（安全培训）
89	中国石化集团河南石油勘探局人力资源开发中心	安全生产	河南	二级（安全培训）
90	中国石化集团中原石油勘探局培训中心	安全生产	河南	二级（安全培训）
91	河南省电力公司培训中心	安全生产	河南	二级（安全培训）
92	河南省劳动保护监测检验宣传教育中心	安全生产	河南	二级（安全培训）
93	汉江集团劳动保护教育中心	安全生产	湖北	二级（安全培训）
94	湖北省劳动保护教育中心	安全生产	湖北	二级（安全培训）
95	武汉大学	安全生产	湖北	二级（安全培训）
96	中南大学	安全生产	湖南	二级（安全培训）
97	湖南有色冶金劳动保护研究院	安全生产	湖南	二级（安全培训）
98	广东省安全科学技术研究所	安全生产	广东	二级（安全培训）
99	中海石油南海西部安全技术培训中心	安全生产	广东湛江	二级（安全培训）
100	广州市安全生产宣传教育中心	安全生产	广东	二级（安全培训）
101	广西安全生产职业培训中心 (广西煤炭工业职工培训中心)	安全生产	广西	二级（安全培训）
102	广西乡镇企业培训中心	安全生产	广西	二级（安全培训）
103	北海市安全生产培训中心	安全生产	广西	二级（安全培训）
104	桂林技术交流站	安全生产	广西	二级（安全培训）
105	重庆五一高级技工学校	安全生产	重庆	二级（安全培训）
106	重庆市安全技术培训中心	安全生产	重庆	二级（安全培训）
107	重庆科技学校	安全生产	重庆	二级（安全培训）
108	四川师范大学草堂校区	安全生产	四川	二级（安全培训）

（续表）

序号	单位名称	机构类别	所在省市	级别
109	四川省职业安全健康协会	安全生产	四川	二级（安全培训）
110	四川省安全宣传教育培训中心	安全生产	四川	二级（安全培训）
111	四川矿山安全技术培训中心	安全生产	四川	二级（安全培训）
112	泸州市工业技工学校	安全生产	四川泸州	二级（安全培训）
113	贵州省安全技术培训中心	安全生产	贵州贵阳	二级（安全培训）
114	贵州大学	安全生产	贵州	二级（安全培训）
115	贵州科技工程职业学院	安全生产	贵州	二级（安全培训）
116	昆明理工大学	安全生产	云南	二级（安全培训）
117	云南省安全生产宣传教育中心	安全生产	云南	二级（安全培训）
118	长庆石油勘探局安全生产技术培训中心	安全生产	陕西	二级（安全培训）
119	西安市安全生产宣传教育中心	安全生产	陕西	二级（安全培训）
120	铜川矿务局安全培训中心	安全生产	陕西	二级（安全培训）
121	酒泉钢铁(集团)公司有限责任公司职工培训中心	安全生产	甘肃	二级（安全培训）
122	金川集团有限责任公司职工培训中心	安全生产	甘肃	二级（安全培训）
123	甘肃兰炼教育集团职业培训中心	安全生产	甘肃	二级（安全培训）
124	青海省企业干部培训中心	安全生产	青海	二级（安全培训）
125	青海省矿山安全技术培训中心	安全生产	青海	二级（安全培训）
126	中国水利水电第四工程局培训中心	安全生产	青海	二级（安全培训）
127	宁夏电力科技教育工程院	安全生产	宁夏	二级（安全培训）
128	宁夏工业职业学院	安全生产	宁夏	二级（安全培训）
129	宁夏铁路培训中心	安全生产	宁夏	二级（安全培训）
130	石嘴山市第一职业中专学校	安全生产	宁夏	二级（安全培训）
131	新疆石油管理局准东勘探开发公司职工培训中心	安全生产	新疆	二级（安全培训）
132	新疆生产建设兵团安全生产培训中心	安全生产	新疆	二级（安全培训）
133	克拉玛依技师培训学院	安全生产	新疆	二级（安全培训）
134	中国石油天然气集团公司新疆职工培训中心	安全生产	新疆	二级（安全培训）
135	新疆维吾尔自治区安全科学技术研究院	安全生产	新疆	二级（安全培训）
136	西藏安源职业安全技术培训中心	安全生产	新疆	二级（安全培训）
137	河北煤炭管理干部学校	煤矿安全	石家庄	二级（煤矿安全培训）
138	河北煤矿安全技术培训中心	煤矿安全	河北	二级（煤矿安全培训）
139	山西煤矿安全技术培训中心	煤矿安全	山西	二级（煤矿安全培训）
140	山西煤矿安全监察局培训中心	煤矿安全	山西太原	二级（煤矿安全培训）
141	山西晋城无烟煤矿业集团有限责任公司安全技术培训中心	煤矿安全	山西晋城	二级（煤矿安全培训）
142	汾西矿业集团公司安全技术培训中心	煤矿安全	山西汾西	二级（煤矿安全培训）
143	临汾市安全生产教育培训中心	煤矿安全	山西临汾	二级（煤矿安全培训）
144	大同煤矿集团有限责任公司技工学校	煤矿安全	山西大同	二级（煤矿安全培训）
145	山西煤炭职业技术学院	煤矿安全	山西太原	二级（煤矿安全培训）
146	山西省煤炭职工培训中心	煤矿安全	山西	二级（煤矿安全培训）

（续表）

序号	单位名称	机构类别	所在省市	级别
147	山西焦煤集团西山煤矿总公司安全培训中心	煤矿安全	山西	二级（煤矿安全培训）
148	中国神华能源股份有限公司神东煤炭分公司教育培训中心	煤矿安全	内蒙古	二级（煤矿安全培训）
149	内蒙古东部煤矿安全技术培训中心	煤矿安全	内蒙古	二级（煤矿安全培训）
150	辽宁煤矿安全技术培训中心	煤矿安全	辽宁	二级（煤矿安全培训）
151	抚顺矿业集团公司安全技术培训中心	煤矿安全	辽宁	二级（煤矿安全培训）
152	通化矿务局安全技术培训中心	煤矿安全	吉林	二级（煤矿安全培训）
153	吉林煤矿安全技术培训中心	煤矿安全	吉林	二级（煤矿安全培训）
154	吉林煤矿安全培训中心	煤矿安全	吉林	二级（煤矿安全培训）
155	黑龙江科技学院	煤矿安全	黑龙江	二级（煤矿安全培训）
156	黑龙江煤矿安全培训中心	煤矿安全	黑龙江	二级（煤矿安全培训）
157	江苏煤矿安全技术培训中心	煤矿安全	江苏	二级（煤矿安全培训）
158	淮北煤矿安全技术培训中心	煤矿安全	安徽	二级（煤矿安全培训）
159	安徽煤矿安全培训中心	煤矿安全	安徽合肥	二级（煤矿安全培训）
160	淮南煤矿安全技术培训中心	煤矿安全	安徽	二级（煤矿安全培训）
161	安徽理工大学	煤矿安全	安徽	二级（煤矿安全培训）
162	龙岩学院	煤矿安全	福建龙岩	二级（煤矿安全培训）
163	福建省煤炭(集团)公司安全技术培训中心	煤矿安全	福建	二级（煤矿安全培训）
164	江西煤矿安全技术培训中心	煤矿安全	江西	二级（煤矿安全培训）
165	山东煤矿安全技术培训中心	煤矿安全	山东	二级（煤矿安全培训）
166	山东泰山煤矿安全技术培训中心	煤矿安全	山东	二级（煤矿安全培训）
167	淄博矿业（集团）有限责任公司安全技术培训中心	煤矿安全	山东	二级（煤矿安全培训）
168	山东煤矿安全宣传教育培训中心	煤矿安全	山东	二级（煤矿安全培训）
169	河南煤矿安全监察局安全技术培训中心	煤矿安全	河南	二级（煤矿安全培训）
170	义马煤业（集团）有限责任公司安全培训中心	煤矿安全	河南	二级（煤矿安全培训）
171	平顶山煤业(集团)有限责任公司安全技术培训中心	煤矿安全	河南	二级（煤矿安全培训）
172	河南理工大学	煤矿安全	河南	二级（煤矿安全培训）
173	郑州经济管理干部学院	煤矿安全	河南	二级（煤矿安全培训）
174	中南财经政法大学	煤矿安全	湖北	二级（煤矿安全培训）
175	湖南科技大学	煤矿安全	湖南	二级（煤矿安全培训）
176	广西煤炭工业职工培训中心	煤矿安全	广西	二级（煤矿安全培训）
177	重庆工程职业技术学院	煤矿安全	重庆	二级（煤矿安全培训）
178	四川师范大学草堂校区	煤矿安全	四川	二级（煤矿安全培训）
179	贵州煤矿安全培训中心	煤矿安全	贵州	二级（煤矿安全培训）
180	贵州省林东矿务局安全培训中心	煤矿安全	贵州林东	二级（煤矿安全培训）
181	六盘水市煤矿安全技术培训中心	煤矿安全	贵州六盘水	二级（煤矿安全培训）
182	六枝工矿（集团）公司安全技术培训中心	煤矿安全	贵州	二级（煤矿安全培训）
183	贵州盘江煤电有限公司煤矿安全技术培训中心	煤矿安全	贵州	二级（煤矿安全培训）
184	贵州水城矿业（集团）有限责任公司安全技术培训中心	煤矿安全	贵州水城	二级（煤矿安全培训）

（续表）

序号	单位名称	机构类别	所在省市	级别
185	贵州省毕节地区煤矿安全技术培训中心	煤矿安全	贵州毕节	二级（煤矿安全培训）
186	云南省煤矿安全技术培训中心	煤矿安全	云南	二级（煤矿安全培训）
187	陕西煤矿安全技术培训中心	煤矿安全	陕西	二级（煤矿安全培训）
188	陕西能源职业技术学院	煤矿安全	陕西	二级（煤矿安全培训）
189	甘肃煤炭工业学校	煤矿安全	甘肃	二级（煤矿安全培训）
190	甘肃煤矿安全培训中心	煤矿安全	甘肃兰州	二级（煤矿安全培训）
191	宁夏煤矿安全技术培训中心	煤矿安全	宁夏	二级（煤矿安全培训）
192	新疆煤矿安全技术培训中心	煤矿安全	新疆	二级（煤矿安全培训）

全国甲级安全生产评价机构名录

机构名称	所在省份	证书编号
中国安全生产科学研究院	北京市	APJ-(国)-0001-2005
北京交运安全卫生技术咨询中心	北京市	APJ-(国)-0004-2006
北京中油建设项目劳动安全卫生预评价有限公司	北京市	APJ-(国)-0005-2006
北京市工伤及职业危害预防中心	北京市	APJ-(国)-0006-2006
首都经济贸易大学	北京市	APJ-(国)-0007-2005
兵器工业安全技术研究所	北京市	APJ-(国)-0020-2006
北京实华油海工程技术有限公司	北京市	APJ-(国)-0028-2006
北京市劳动保护科学研究所	北京市	APJ-(国)-0037-2005
中国航天建筑设计研究院（集团）	北京市	APJ-(国)-0064-2007
北京达飞安评管理顾问有限公司	北京市	APJ-(国)-0074-2006
煤炭科学研究总院	北京市	APJ-(国)-0087-2006
中国水利水电建设工程咨询公司	北京市	APJ-(国)-0176-2005
国家安全生产监督管理总局研究中心	北京市	APJ-(国)-0206-2006
北京中交华安科技有限公司	北京市	APJ-(国)-0216-2008
北京安创管理顾问有限公司	北京市	APJ-(国)-0258-2006
北京国科安联科技咨询有限公司	北京市	APJ-(国)-0278-2006
北京维科尔安全技术咨询有限责任公司	北京市	APJ-(国)-0292-2006
世纪万安科技（北京）有限公司	北京市	APJ-(国)-0294-2007
北京天地大方科技文化发展有限公司	北京市	APJ-(国)-0318-2006
北京中智联合国际工程技术有限公司	北京市	APJ-(国)-0353-2005
北京华海安科科技发展有限公司	北京市	APJ-(国)-0369-2006
北京国泰民康安全技术中心	北京市	APJ-(国)-0395-2006
北京百灵天地环保科技有限公司	北京市	APJ-(国)-0396-2005
中环冶金总公司	北京市	APJ-(国)-0409-2007
北京安信兴业管理咨询有限公司	北京市	APJ-(国)-0428-2006
北京中安质环技术评价中心有限公司	北京市	APJ-(国)-0461-2006
北京国信安科技术有限公司	北京市	APJ-(国)-0493-2006
北京华煤安信科技有限公司	北京市	APJ-(国)-0494-2006
北京华夏诚智安全环境技术有限公司	北京市	APJ-(国)-0495-2006
北京国石安康科技有限公司	北京市	APJ-(国)-0506-2007
北京中矿基业安全防范技术有限公司	北京市	APJ-(国)-0508-2007
北京神龙安科技术发展中心	北京市	APJ-(国)-0509-2007
核工业北京化工冶金研究院	北京市	APJ-(国)-0512-2008
天津市滨海健康安全环境评价所	天津市	APJ-(国)-0009-2005
天津东方泰瑞科技有限公司	天津市	APJ-(国)-0023-2005

（续表）

机构名称	所在省份	证书编号
石家庄常丰环境工程有限公司	河北省	APJ-(国)-0344-2005
河北华飞科技咨询有限责任公司	河北省	APJ-(国)-0394-2006
河北国泰安全评价有限公司	河北省	APJ-(国)-0479-2006
河北科防冶金安全评价有限公司	河北省	APJ-(国)-0481-2006
保定平安安全评价有限公司	河北省	APJ-(国)-0484-2006
河北洁源安评环保咨询有限公司	河北省	APJ-(国)-0501-2006
河北安科工程技术有限公司	河北省	APJ-(国)-0502-2006
河北汇正安全评价有限公司	河北省	APJ-(国)-0504-2007
山西兴新安全生产技术服务中心	山西省	APJ-(国)-0031-2006
化学工业第二设计院	山西省	APJ-(国)-0061-2006
山西正诚矿山安全技术研究所(有限公司)	山西省	APJ-(国)-0239-2006
山西安宇科技有限责任公司	山西省	APJ-(国)-0306-2006
晋城泽泰安全评价中心	山西省	APJ-(国)-0308-2006
山西赛福特安环科技有限公司	山西省	APJ-(国)-0326-2006
太原市宏宇煤炭技术咨询有限公司	山西省	APJ-(国)-0361-2006
山西天成元矿山安全技术咨询有限公司	山西省	APJ-(国)-0398-2006
中国辐射防护研究院	山西省	APJ-(国)-0511-2008
内蒙古安邦安全科技有限公司	内蒙古自治区	APJ-(国)-0231-2005
内蒙古科电工程科学安全评价有限公司	内蒙古自治区	APJ-(国)-0407-2006
辽宁省安全科学研究院	辽宁省	APJ-(国)-0002-2005
煤炭科学研究总院沈阳研究院	辽宁省	APJ-(国)-0059-2005
大连天籁安全卫生环境咨询有限公司	辽宁省	APJ-(国)-0066-2005
沈阳万益安全科技有限公司	辽宁省	APJ-(国)-0096-2005
葫芦岛安全科学技术研究所	辽宁省	APJ-(国)-0457-2005
大连凤林安全评价检验咨询有限公司	辽宁省	APJ-(国)-0478-2006
辽宁东科电力有限公司	辽宁省	APJ-(国)-0507-2007
吉林省安全科学技术研究院	吉林省	APJ-(国)-0036-2005
吉林宝华安全评价有限公司	吉林省	APJ-(国)-0402-2006
吉林省诚信安全技术评价有限公司	吉林省	APJ-(国)-0485-2006
长春煤炭设计研究院	吉林省	APJ-(国)-0491-2006
哈尔滨天元劳动安全技术开发有限责任公司	黑龙江省	APJ-(国)-0035-2005
哈尔滨工业大学环保科技股份有限公司	黑龙江省	APJ-(国)-0204-2006
大庆中安安全风险评价有限公司	黑龙江省	APJ-(国)-0289-2006
黑龙江省长力安全评价咨询有限公司	黑龙江省	APJ-(国)-0340-2005
黑龙江安龙科技咨询有限公司	黑龙江省	APJ-(国)-0380-2005
大庆亚兴安全科技有限公司	黑龙江省	APJ-(国)-0500-2006
大庆泰鸽安全科技有限公司	黑龙江省	APJ-(国)-0503-2007
上海锦辉职业安全卫生咨询事务所	上海市	APJ-(国)-0008-2005
上海天麟安全管理咨询有限公司	上海市	APJ-(国)-0125-2005
上海天谱安全技术咨询有限公司	上海市	APJ-(国)-0498-2006
江苏省安全生产科学研究院	江苏省	APJ-(国)-0039-2006
南京理工科技化工有限责任公司	江苏省	APJ-(国)-0447-2006
浙江科健安全卫生咨询有限公司	浙江省	APJ-(国)-0033-2007
浙江省安全生产科学研究所	浙江省	APJ-(国)-0040-2005
宁波寰球安全科技有限公司	浙江省	APJ-(国)-0082-2006

（续表）

机构名称	所在省份	证书编号
宁波国际投资咨询有限公司	浙江省	APJ-(国)-0112-2006
杭州安全生产科学技术有限公司	浙江省	APJ-(国)-0265-2006
浙江泰鸽安全科技有限公司	浙江省	APJ-(国)-0266-2006
中国科学技术大学科技实业总公司	安徽省	APJ-(国)-0021-2007
安徽省安全生产科学研究院	安徽省	APJ-(国)-0044-2006
中钢集团马鞍山矿山研究院有限公司	安徽省	APJ-(国)-0095-2005
安徽华泰安全评价有限责任公司	安徽省	APJ-(国)-0299-2006
安徽煤安科技咨询研究中心	安徽省	APJ-(国)-0365-2006
煤炭科学研究总院爆破技术研究所	安徽省	APJ-(国)-0492-2006
福建省劳动保护科学研究所	福建省	APJ-(国)-0042-2006
福建康泰安全环保科技开发有限公司	福建省	APJ-(国)-0386-2005
江西省赣华安全科技研究咨询中心有限公司	江西省	APJ-(国)-0148-2005
江西赣安安全生产科学技术咨询服务中心	江西省	APJ-(国)-0159-2005
江西安达安全评价咨询有限责任公司	江西省	APJ-(国)-0277-2006
南昌安达安全技术咨询有限公司	江西省	APJ-(国)-0499-2006
国家石化项目风险评估技术中心	山东省	APJ-(国)-0018-2005
青岛中油华东院安全环保有限公司	山东省	APJ-(国)-0019-2006
胜利油田安全环保研究中心	山东省	APJ-(国)-0054-2006
山东海普劳动安全技术咨询有限公司	山东省	APJ-(国)-0081-2006
青岛欧赛斯环境与安全技术有限责任公司	山东省	APJ-(国)-0118-2005
山东省思威化学品安全评价中心	山东省	APJ-(国)-0133-2006
山东鲁轻安全评价中心	山东省	APJ-(国)-0138-2006
山东兴平安全评价有限公司	山东省	APJ-(国)-0139-2005
济南华源安全评价有限公司	山东省	APJ-(国)-0141-2005
济南浩宏伟业技术咨询有限公司	山东省	APJ-(国)-0142-2005
山东信力安全技术有限公司	山东省	APJ-(国)-0300-2006
山东欣鹏安全技术咨询有限公司	山东省	APJ-(国)-0311-2005
济南斯泰普咨询有限公司	山东省	APJ-(国)-0334-2005
山东中济安全评价有限公司	山东省	APJ-(国)-0364-2006
山东圣泰安全评价有限公司	山东省	APJ-(国)-0483-2006
山东中实能源安全评价有限公司	山东省	APJ-(国)-0487-2006
山东鲁电工程安全评价有限公司	山东省	APJ-(国)-0505-2007
河南省安全科学技术研究中心	河南省	APJ-(国)-0014-2006
河南省正大工业工程技术有限公司	河南省	APJ-(国)-0145-2007
郑州新世纪设计技术服务有限公司	河南省	APJ-(国)-0226-2006
河南省祥泰安全评价有限公司	河南省	APJ-(国)-0268-2006
河南中咨安全工程师事务所有限公司	河南省	APJ-(国)-0270-2006
郑州瑞尔铁路安全技术有限责任公司	河南省	APJ-(国)-0432-2006
河南鑫安利安全评价有限公司	河南省	APJ-(国)-0444-2005
河南振安企业管理咨询有限公司	河南省	APJ-(国)-0488-2006
河南集诚化工工程有限公司	河南省	APJ-(国)-0489-2006
河南兴荣行安全服务有限公司	河南省	APJ-(国)-0490-2006
河南油田工程咨询有限公司	河南省	APJ-(国)-0510-2007
中钢武汉安环院绿世纪安全管理顾问有限公司	湖北省	APJ-(国)-0048-2005
湖北寰安安全咨询有限责任公司	湖北省	APJ-(国)-0129-2006

（续表）

机构名称	所在省份	证书编号
湖北安源安全环保科技有限公司	湖北省	APJ-(国)-0179-2006
湖北当代安全技术有限公司	湖北省	APJ-(国)-0333-2006
湖南有色冶金劳动保护研究院	湖南省	APJ-(国)-0049-2005
广东科安安全评价有限公司	广东省	APJ-(国)-0098-2006
广东靖安安全评估咨询有限公司	广东省	APJ-(国)-0325-2007
广西桂能工程咨询有限公司	广西省	APJ-(国)-0050-2007
海南省工业技术发展中心	海南省	APJ-(国)-0379-2006
煤炭科学研究总院重庆研究院	重庆市	APJ-(国)-0060-2005
中煤国际工程集团重庆设计研究院	重庆市	APJ-(国)-0089-2006
重庆市化工研究院	重庆市	APJ-(国)-0261-2006
重庆渝油科技开发有限公司	重庆市	APJ-(国)-0262-2006
四川天宇石油环保安全技术咨询服务有限公司	四川省	APJ-(国)-0051-2006
四川省诚实安全咨询技术服务有限责任公司	四川省	APJ-(国)-0155-2005
中国工程物理研究院安全评价中心	四川省	APJ-(国)-0198-2007
四川赛富特技术顾问有限公司	四川省	APJ-(国)-0322-2006
四川现代安全工程技术有限公司	四川省	APJ-(国)-0471-2006
贵州省劳动保护科学技术研究院	贵州省	APJ-(国)-0052-2005
贵州荣基安全科技有限责任公司	贵州省	APJ-(国)-0122-2006
六枝工矿(集团)恒达勘察设计有限公司	贵州省	APJ-(国)-0244-2006
贵州省化工研究院	贵州省	APJ-(国)-0442-2006
贵州省煤矿设计研究院	贵州省	APJ-(国)-0486-2006
云南巨星安全技术有限公司	云南省	APJ-(国)-0193-2005
云南煤矿安全评价中心	云南省	APJ-(国)-0246-2006
云南安益安全评价有限公司	云南省	APJ-(国)-0279-2006
云南省安全生产评价检测中心	云南省	APJ-(国)-0350-2006
昆明阳光安全科技工程有限公司	云南省	APJ-(国)-0476-2005
云南云天咨询有限公司	云南省	APJ-(国)-0480-2006
云南方圆中正工贸有限公司	云南省	APJ-(国)-0497-2006
陕西省安全生产科学技术中心	陕西省	APJ-(国)-0157-2006
兵器工业卫生研究所	陕西省	APJ-(国)-0192-2006
甘肃利安管理咨询有限责任公司	甘肃省	APJ-(国)-0154-2006
兰州中诚信工程安全咨询有限责任公司	甘肃省	APJ-(国)-0255-2006
甘肃工程地质研究院	甘肃省	APJ-(国)-0259-2006
甘肃信安安全科技咨询有限责任公司	甘肃省	APJ-(国)-0482-2006
青海省安全生产科学技术中心	青海省	APJ-(国)-0275-2007
宁夏煤矿设计院	宁夏回族自治区	APJ-(国)-0496-2006
新疆石油管理局工程咨询中心	新疆维吾尔族自治区	APJ-(国)-0056-2005
乌鲁木齐泰迪安全技术有限公司	新疆维吾尔族自治区	APJ-(国)-0120-2007
新疆玖安劳动安全评价检测中心(有限公司)	新疆维吾尔族自治区	APJ-(国)-0287-2006
新疆天盾安全工程咨询有限公司	新疆维吾尔族自治区	APJ-(国)-0303-2005
乌鲁木齐德诺安全技术咨询有限公司	新疆维吾尔族自治区	APJ-(国)-0327-2005

震撼心灵书系

Zhen Hanxin Ling ShuXi

这一生只牵你的手

给你一片紫色的天，让你的笑容刻在我心，
给你一片紫色的天，我们一定会再次相见，
给你一片紫色的天，无论未来有多么遥远，
给你一片紫色的天，我们携手走向美好明天。

主编 高连营 李金凤

内蒙古人民出版社

震撼心灵书系 这一生只牵你的手 主编 高连营 李金凤 内蒙古人民出版社

震撼心灵书系

Zhen Hanxin Ling ShuXi

怀念今天，怀念昨天，
怀念着从前，回忆竟然如此遥远。
一直以为，就算不说，美丽的诗篇，你也一定能够体会。
我的心情，除了给你，我不曾让它去太远，多么简单，你却不懂，
爱就在身边，当我们之间不说的誓言再也无法实现，
你是否看见曾拥有过的甜美在改变……

这一生只牵你的手

责任编辑：娜 拉
装帧设计：张 娜

ISBN 7-204-08332-6

ISBN 7-204-08332-6/I·1753
（全 45 册）总定价：1788.00 元